Lehrbuch der Bodenkunde

Vorwort

Nachdem der Begründer dieses Lehrbuchs Prof. Dr. Dr. h. c. *Fritz Scheffer* im Jahre 1979 verstorben ist, oblag die Herausgabe der 11. Auflage allein den Unterzeichnern dieses Vorworts. *Fritz Scheffer* gebührt Dank und Anerkennung für seine langjährige Tätigkeit als Mitherausgeber des Lehrbuchs.

Nahezu alle Kapitel des Buches wurden neu bearbeitet und auf den neuesten Wissensstand gebracht. Die Abhandlung neuer Aspekte, vor allem auch im Bereich der Umweltwissenschaften, hat eine Erweiterung des Textes um 50 Seiten notwendig gemacht. Etwa 400 neue Literaturangaben wurden aufgenommen, die Zahl der Abbildungen wurde um 31 und die der Tabellen um 20 erhöht, zahlreiche ältere wurden ausgetauscht.

Im Vergleich zur 10. Auflage wurden vor allem folgende Kapitel neu gefaßt und erweitert: Bei den *Tonmineralen* wird gezeigt, daß durch Elektronenmikroskopie mit hohem Auflösungsvermögen die Struktur dieser Minerale nunmehr direkt sichtbar gemacht werden kann. Beim *Kationenaustausch* nimmt die besonders für tropische Böden wichtige variable Ladung der anorganischen Austauscher einen breiteren Raum ein. Im Kapitel *Organische Substanz* wird die Bedeutung der Komplexierung von Schwermetallen diskutiert. Im Kapitel *Bodenorganismen* ist deren Funktion im Wirkungssystem Boden stärker als bisher herausgestellt worden.

Im Kapitel *Bodenacidität* wurde deren Entstehung, vor allem unter der Wirkung der aus der Atmosphäre zugeführten starken Säuren, und die Schadwirkung der Aluminiumionen in der Bodenlösung auf das Pflanzenwachstum stärker in den Vordergrund gestellt.

Im Kapitel *Bodenwasser* wurden die Wasserversorgung der Pflanzen und der kapillare Aufstieg aus dem Grundwasser, die Wasseraufnahme durch die Pflanzenwurzeln sowie die wechselseitigen Beziehungen zwischen Wasserverbrauch und Pflanzenertrag stärker berücksichtigt. Neu konzipiert wurden die Kapitel *Bodenluft, Bodentemperatur* und *Bodenfarbe*.

In den Kapiteln *Nährstoffe, Ertrags-* und *Düngerentwicklung* werden die Düngung in der Bundesrepublik Deutschland einer kritischen Betrachtung unterzogen und Vergleiche mit den relativ niedrigen Düngungsempfehlungen benachbarter Länder gezogen. Über den Nährstoffaufwand und den tatsächlichen -bedarf werden Bilanzen aufgestellt und die ökonomischen Auswirkungen dargelegt. Außerdem wird auf mögliche Schadwirkungen einer überhöhten Düngung, vor allem auch auf die *Eutrophierung der Gewässer,* eingegangen.

Eine wesentliche Erweiterung erfuhr das Kapitel *Schadstoffe,* das nun einen besonderen Schwerpunkt darstellt. Neben der Bedeutung der Böden als Puffer-, Filter- und Transformationssysteme für Schadstoffe wird ausführlich auf die derzeitige Belastung der Böden in der Bundesrepublik Deutschland und die methodischen Möglichkeiten zur analytischen Erfassung der Schadstoffbelastung von Böden eingegangen. Behandelt werden bei den anorganischen Schadstoffen z. B. Schwefeldioxid, Stickstoffoxide, Fluor, Cadmium, Blei, Quecksilber, Nickel, Zink und Chrom, bei den organischen Schadstoffen Nitrosamine, chlorierte Kohlenwasserstoffe, polycyclische aromatische Kohlenwasserstoffe und Ölrückstände in Böden. Eingegangen wird auch auf die Emissionsquellen der Schadstoffe und deren Verhalten in Böden sowie ihre Wirkung auf Pflanze, Tier und Mensch.

Im Kapitel *Klärschlamm* und *Müllkompost* werden die Vorteile, aber auch die mit der Ausbringung dieser Substrate verbundenen Probleme für die Böden und deren landwirtschaftlichen Nutzung dargelegt.

Neu aufgenommen wurde das Kapitel *Böden als Teile von Ökosystemen,* in dem vor allem die Funktion des Bodens in einem Waldökotop exemplarisch behandelt wird. Im Teil *Bodenentwicklung* werden Einflüsse des Menschen stärker berücksichtigt. Die *Bodensystematik* fußt nunmehr auf diagnostischen Horizonten unter Betonung quantifizierbarer Merkmale entsprechend der US-Soil Taxonomy, wodurch eine präzise Definition von Bodeneinheiten ermöglicht wird. Die *außereuropäischen Böden* wurden als Bodeneinheiten der FAO/UNESCO Bodenkarte weitgehend neu beschrieben. Verbreitung und Nutzbarkeit der Böden werden in dem erweiterten Kapitel Bodenzonen der Erde behandelt.

Die *anthropogene Erosion* und der Bodenschutz wurden in einem eigenen Kapitel zusammengefaßt.

Unter den Herausgebern waren die einzelnen Kapitel wie bei der vorigen Auflage folgendermaßen aufgeteilt:

H.-P. Blume: Organische Substanz, Bodenorganismen, Böden als Teile von Ökosystemen, Bodenentwicklung, Bodensystematik, Bodenverbreitung, Bodennutzung.

K. H. Hartge: Flockung und Peptisation, Bodengefüge, Bodenwasser, Bodenluft, Bodentemperatur.

P. Schachtschabel: Körnung, Bodenacidität, Nährstoffe, Ertragsentwicklung, Düngeraufwand und -bedarf.

U. Schwertmann: Anorganisches Ausgangsmaterial, Verwitterung, Tonminerale, Oxide, Organo-mineralische Verbindungen, Kationenaustausch, Anionenadsorption, Bodenfarbe, Biozide, Erosion.

Außerdem konnten wir uns dankbar der Mitarbeit mehrerer Fachkollegen erfreuen, welche die folgenden Kapitel übernahmen: Prof. Dr. *G. Brümmer:* Metallorganische Komplexe, Redoxreaktionen, Gewässereutrophierung, Schadstoffe, Müllkompost und Klärschlamm. Priv.-Doz. Dr. *M. Renger:* Wasserversorgung der Pflanzen.

Kleinere Abschnitte wurden bearbeitet von Priv.-Doz. Dr. *W. Fischer* (Huminstoffe), Priv.-Doz. Dr. *H. C. Scharpf* (N-Verfügbarkeit und N-Bedarf) und Dr. *O. Strebel* (N-Auswaschung und Grundwasserbelastung durch Nitrat).

Für Diskussionen und Verbesserungsvorschläge auf dem Gebiete der Auswertung von Bodenuntersuchungen sind wir Dr. *W. Köster* sowie auf dem Gebiete der Bodenacidität und von Ökosystemen Prof. Dr. *B. Ulrich* zu großem Dank verpflichtet.

Für die kritische Durchsicht mehrerer Kapitel und Änderungsvorschläge danken wir vor allem Dr. *B. Beyme,* Prof. Dr. *H. Graf v. Reichenbach* und Prof. Dr. *D. Schroeder,* für Diskussionen und Anregungen Prof. Dr. *R. Bornkamm,* Prof. Dr. *C. Miehlich,* Prof. Dr. *E. Niederbudde,* Prof. Dr. *P. Wallnöfer,* Prof. Dr. *G. Weigmann* und Prof. Dr. *W. Zeil.*

Den Mitarbeitern des Ferdinand Enke Verlags danken wir für die gute Zusammenarbeit.

Auch diese Auflage will nicht nur den speziellen Bodenkundler ansprechen, sondern auch Landwirte, Forstwirte, Gärtner, Landespfleger, Ökologen, Kulturtechniker, Hydrologen, Geographen, Geologen, Mineralogen, Chemiker, Biologen, Archäologen sowie alle, die mit Problemen des Umweltschutzes beschäftigt sind. Möge das Buch allen, insbesondere den Studenten und dem wissenschaftlichen Nachwuchs, ein guter Führer sein und möge es nicht nur Fachwissen vermitteln, sondern auch Anregungen für weitere Forschung geben.

Berlin, Hannover, Freising-Weihenstephan, Sommer 1982

Die Herausgeber: *H.-P. Blume, K. H. Hartge, P. Schachtschabel, U. Schwertmann*

Inhalt

Einleitung

Begriff und Wesen des Bodens

Ein *Boden* ist Teil der belebten obersten Erdkruste; er ist nach unten durch festes oder lokkeres Gestein, nach oben durch eine Vegetationsdecke bzw. die Atmosphäre begrenzt, während er zur Seite gleitend in benachbarte Böden übergeht.

Ein Boden besteht aus *Mineralen* unterschiedlicher Art und Größe sowie organischen Stoffen, dem *Humus*. Minerale und Humus sind in bestimmter Weise im Raum angeordnet, bilden miteinander ein *Bodengefüge* mit einem bestimmtem Hohlraumsystem; dieses besteht aus Poren unterschiedlicher Größe und Form, die mit *Bodenlösung*, d. h. Wasser mit gelösten Salzen und Gasen, und *Bodenluft* gefüllt sind. Ein Boden weist Horizonte auf, die oben streuähnlich sind, nach unten gesteinsähnlicher werden.

Ein Boden ist ein Naturkörper, bei dem ein Gestein unter einem bestimmten Klima und einer bestimmten streuliefernden Vegetation durch bodenbildende Prozesse, d. h. Verwitterung und Mineralbildung, Zersetzung und Humifizierung, Gefügebildung und Verlagerung, umgewandelt wurde und wird. Ein Kulturboden entwickelt sich zudem unter dem Einfluß des Menschen.

Böden sind verschieden, weil sich ihre Eigenschaften mit der Zeit verändern und weil Gesteins- und Relief-, Klima- und Vegetationsunterschiede, bei Kulturböden auch Nutzungsunterschiede, ihre Entwicklung beeinflussen.

Die Böden einer *Landschaft* sind miteinander durch Stofftransporte verknüpft, beeinflussen sich mithin in ihren Eigenschaften und bilden mit den anderen Bestandteilen der Landschaft, dem Luftraum und der Lebewelt, ein gemeinsames Wirkungsgefüge, d. h. ein Ökosystem.

Böden dienen Organismen als *Lebensraum*. Pflanzen bieten sie als Wurzelraum Verankerung sowie Versorgung mit Wasser, Sauerstoff und Nährstoffen in ausgewogener Dosierung. Die *Versorgung* wird bestimmt durch Angebot und Widerstand. *Angebot* an Wasser, Sauerstoff und Nährstoffen im Wurzelraum ergibt sich aus *Vorrat* und *Verfügbarkeit*. *Widerstände* ergeben sich aus *Durchwurzelbarkeit* sowie *Leitfähigkeit* des Wurzelraumes für Flüssigkeiten und Gase, außerdem als „physiologisch" wirksame Widerstände an Wurzeloberfläche und in der Pflanze (z. B. Nährelementselektivität, Intensität des Saftstroms). Die Fähigkeit des Bodens, den Pflanzen als Standort zu dienen, bezeichnet man als *Bodenfruchtbarkeit*.

Kulturböden dienen vor allem der Nahrungsmittelproduktion und der Erzeugung organischer Rohstoffe. Sie bilden aber auch die Grundlage wertvollen Grüns, das Menschen Erholung spendet, Freizeitaktivitäten ermöglicht und damit unserer Gesundheit dient. Die *Ertragsleistung* eines Bodens als Standort für Kulturpflanzen steht häufig nicht mit seiner *Ertragsfähigkeit* im Einklang, weil erstere außerdem durch zahlreiche nicht bodeneigene Faktoren wie Klima, Pflanzenart, Bodenbearbeitung, Düngung, Schädlingsbefall usw. beeinflußt wird. So erbringen die sehr fruchtbaren ukrainischen Schwarzerden infolge ungünstigerer Klimabedingungen geringere Erträge als die weniger fruchtbaren Böden Mitteleuropas mit günstigeren klimatischen Voraussetzungen. Immer aber wird ein Boden mit größerer Bodenfruchtbarkeit unter vergleichbaren Bedingungen bestimmte Aufwendungen mit höheren Erträgen lohnen als ein weniger fruchtbarer Boden und diesem vor allem auch in der *Ertragssicherheit* überlegen sein.

Böden wirken schließlich als *Puffer* gegenüber den verschiedensten Umwelteinflüssen, filtern Schadstoffe ab und ermöglichen so die Bildung sauberen Grundwassers.

Auf Grund der genannten Funktionen gehören Böden (laut Bodencharta des Europarates) zu den kostbarsten und damit schützenswürdigsten Gütern der Menschheit.

Die *Bodenkunde* ist die Wissenschaft von den Eigenschaften, der Entwicklung und Verbreitung der Böden sowie den Möglichkeiten ihrer Nutzung und Verbesserung für den Menschen.

A. Ausgangsmaterial, Zusammensetzung und Eigenschaften der Böden

I. Anorganisches Ausgangsmaterial

Das anorganische Ausgangsmaterial der Böden und die primäre Quelle für die meisten Pflanzennährstoffe sind die Gesteine der Erdkruste. Ihr mittlerer Gesteins- und Mineralbestand sowie ihr Chemismus sind in Tab. 1 angegeben.

In den *Magmatiten* sind die *Silicate* mit 80 % die häufigsten Minerale. Sie sind auch die wesentlichsten Ausgangsprodukte für die Mineralneubildungen (sekundäre Minerale), die durch Verwitterung entstehen. In Tab. 2 sind

Tabelle 1 Mittlerer Gesteinsbestand, Mineralbestand und Chemismus der Erdkruste (Masse 28,5 · 10^{24} g) (*Ronov* u. *Yaroshewsky* 1969[1])

Gesteinsbestand (Vol.-%)		Mineralbestand (Vol.-%)		Chemismus (Gew.-%)	
Granite	10,4	Quarz	12	SiO_2	57,6
Granodiorite, Diorite	11,6	K-Feldspäte	12	TiO_2	0,8
u. Syenite		Plagioklase	39	Al_2O_3	15,3
Basalte, Gabbros u. a.		Glimmer	5	Fe_2O_3	2,5
basische Magmatite	42,5	Amphibole	5	FeO	4,3
Sande u. Sandsteine	1,7	Pyroxene	11	MnO	0,2
Tone und Tonschiefer	4,2	Olivine	3	MgO	3,9
Carbonatgesteine	2,0	Tonminerale	4,6	CaO	7,0
Gneise	21,4	Calcit u. Dolomit	2,0	Na_2O	2,9
Kristalline Schiefer	5,1	Magnetit	1,5	K_2O	2,3
Marmor	0,9	Andere Minerale	4,9	P_2O_5	0,22
				Übrige	3,0

1. Minerale

Von der großen Zahl der gesteins- und bodenbildenden Minerale können hier nur die wichtigsten besprochen werden. Eines der verbreitetsten Minerale ist der *Quarz*. Er ist die häufigste kristallisierte Form des SiO_2 (Dichte 2,65 g/cm³) und an seinem muscheligen Bruch, seinem Fettglanz und seiner meist hellen Farbe auch in kleinen Körnern leicht von anderen Mineralen zu unterscheiden. Infolge seiner hohen (Ritz-)Härte (H. 7) und seiner chemischen Widerstandsfähigkeit wird er bei der Verwitterung stark angereichert. Im Quarz ist jedes Si-Atom in tetraedrischer Anordnung von 4 O-Atomen umgeben (Abb. 12). Da im Kristall die Si-Atome über die O-Atome dreidimensional miteinander verknüpft sind, gehört jedes O-Atom gleichzeitig 2 Si-Atomen an, so daß sich die Formel SiO_2 ergibt.

Mittelwerte und Schwankungsbereiche der chemischen Zusammensetzung einiger wichtiger Silicate angegeben. Wie die Schwankungen zeigen, haben die Silicate meist nicht die der Formel entsprechende theoretische Zusammensetzung, da sich in den Kristallgittern Atome oder Ionen ähnlicher Größe gegenseitig vertreten können (*isomorpher* oder *diadocher Ersatz*).

In den Magmatiten haben unter den Silicaten die *Feldspäte* mit 64% die größte Verbreitung. Es sind helle oder schwach gefärbte Alumosilicate* mit guter Spaltbarkeit und der Härte 6.

---

[1] *Ronov, A. B., A. A. Yaroshevsky:* In: The earth's crust and upper mantle (*P. J. Hart,* Ed.), Amer. Geophys. Union 1969.

* Al-Silicate, in denen das Si der Tetraeder zum Teil durch Al ersetzt ist, werden als Alumosilicate bezeichnet, solche ohne Ersatz sind Aluminiumsilicate.

Tabelle 2   Chemismus (Gew.-%) wichtiger Minerale magmatischer und metamorpher Entstehung (n. *Rösler* u. *Lange*[2])

	Kalifeldspäte	Plagioklase	Muskovite	Biotite	Pyroxene[1]	Amphibole[2]	Olivine
SiO_2	63 – 66	43,5 – 69	39 – 53	33 – 45	47 – 53	39 – 54	38 – 47
TiO_2	–	–	– 3,9	– 10	– 4,4	–	– 3
Al_2O_3	19 – 21	19 – 36	20 – 46	9 – 32	1 – 7	4 – 15	–
Fe_2O_3	– 0,5[3]	–	– 8,3	0,1 – 21	0,4 – 7,6	0,2 – 23	–
FeO	–	–	–	3 – 28	4 – 21	– 9	8 – 12
MnO	–	–	– 2,3	–	–	–	–
CaO	–	0 – 19,5	– 4,5	–	13 – 22	10 – 14	–
MgO	–	–	– 2,4	0,3 – 28	10 – 18	3 – 25	38 – 47
Na_2O	0,8 – 8,4	0 – 12	– 5,2	–	–	0,5 – 2,3	–
K_2O	3 – 16	–	7,3 – 13,9	6 – 11	–	– 1,7	–
H_2O	–	–	2 – 7	0,9 – 5	–	0,2 – 2,7	–

[1] Augite,   [2] gem. Hornblende,   [3] lies „bis zu 0,5 %"

Die Feldspäte gehören zu den Gerüstsilicaten, in denen ähnlich wie im Quarz ein dreidimensionaler Tetraederverband vorliegt. Allerdings ist in den Tetraederzentren der Feldspäte das vierwertige Si zu 25 oder 50% durch das dreiwertige Al ersetzt. Daraus ergibt sich ein positiver Ladungsunterschuß (= negativer Ladungsüberschuß), der durch Einbau von vorwiegend K-, Na- und Ca-Ionen in die Lücken des Alumosilicatgitters ausgeglichen wird (Abb. 1).

Die wichtigsten Feldspattypen sind der *Kalifeldspat (Orthoklas)* $KAlSi_3O_8$, der *Natronfeldspat (Albit)* $NaAlSi_3O_8$ und der *Kalkfeldspat (Anorthit)* $CaAl_2Si_2O_8$.

In den Gesteinen kommen diese reinen Typen nur sehr selten vor. So enthalten die Kalifeldspäte meist Na (z. B. Sanidin, Anorthoklas, Mikroklin); sie werden dann zusammen mit dem Albit als *Alkalifeldspäte* bezeichnet.

Manche von ihnen sind durch Hämatit rötlich gefärbt. Zwischen Albit und Anorthit besteht die lückenlose Mischungsreihe der *Plagioklase* (Kalknatronfeldspäte), weil sich Na und Ca wegen ihres ähnlichen Ionendurchmessers (Na 1,96 Å; Ca 2,12 Å) – im Gegensatz zu Na und K (2,66 Å) – gegenseitig vollständig ersetzen können. Mit sinkendem Albit-Anteil bzw. steigendem Anorthit-Anteil steigen der Ca- und Al-Gehalt und sinken der Na- und Si-Gehalt. Daraus erklären sich die Schwankungen der chemischen Zusammensetzung der Plagioklase (Tab. 2).

In den basischen Magmatiten treten als relativ Si-arme Minerale außer Ca-reichen Plagioklasen auch die Feldspatvertreter *Nephelin* $Na[AlSiO_4]$ und *Leucit* $K[AlSi_2O_6]$ auf, die ebenfalls Gerüstsilicate sind.

Im Gegensatz zu den Gerüstsilicaten bauen sich die meist dunkel gefärbten *Pyroxene und Amphibole* aus parallel angeordneten Tetraederketten (Abb. 2) bzw. -doppelketten auf. In den Tetraederzentren ist ein Teil der Si-Atome wiederum durch Al-Atome ersetzt. Die zum Ladungsausgleich zwischen jeweils 2 Ketten eingebauten Ionen, wie Ca, Mg, Fe^{2+} u. a., bewirken den Zusammenhalt der Ketten. Da diese Bindung schwächer ist als die Si−O- und Al−O-Bindungen innerhalb der Ketten, sind die Pyroxene und Amphibole parallel zu den Ketten spaltbar. Zu den Pyroxenen gehören vor allem der *Augit* (Ca, Mg, Fe, Al, Ti)$_2$

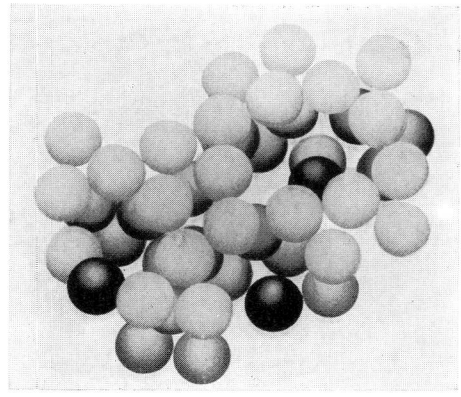

Abb. 1 Kugelmodell des Orthoklases. Die weißen Kugeln stellen Sauerstoffatome, die schwarzen K-Ionen dar. Die im Zentrum der Sauerstofftetraeder befindlichen Si- und Al-Atome sind nicht dargestellt[3]

[2] *Rösler, J. H., H. Lange:* Geochemische Tabellen, Enke, Stuttgart, 1966.
[3] *Marshall, C. E.:* The physical chemistry and mineralogy of soils, Band I Soil materials. Wiley a. Sons, New York 1964.

$(Si,Al)_2O_6$ und die nahe verwandten Minerale Enstatit, Hypersthen und Diopsid. Zu den Amphibolen gehören in erster Linie die *Hornblende* $Ca_2(Mg,Fe,Al)_5(Si,Al)_8O_{22}(OH)_2$ sowie – vorwiegend in metamorphen Gesteinen – Aktinolith. Hornblende enthält im Mittel mehr Al und weniger Ca als Augit. Die grünschwarze bis schwarze Farbe dieser Minerale ist durch den oft hohen Gehalt an 2- und 3wertigem Fe bedingt (Tab. 2).

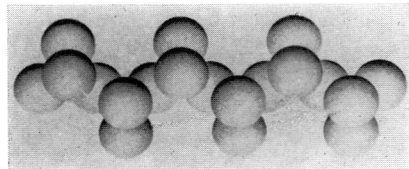

Abb. 2 Kettenartige Vernetzung von Tetraedern (wie bei Pyroxenen). Die weißen Kugeln stellen Sauerstoffatome dar. Die im Zentrum der Sauerstofftetraeder befindlichen Si- und Al-Atome sowie die außerhalb der Kette gebundenen Metallkationen sind nicht dargestellt[3]

Die Glimmer sind blättchenförmig ausgebildete Alumosilicate mit sehr guter Spaltbarkeit, die auf dem schichtförmigen Aufbau des Gitters beruht (Schicht- oder Phyllosilicate). Das Kristallgitter der Glimmer gleicht in seinen wesentlichen Eigenschaften dem Gitteraufbau der Dreischichttonminerale und wird daher im Kap. IV 1 a näher behandelt. Die am weitesten verbreiteten Glimmer sind der hell gefärbte *Muskovit* $KAl_2(Si_3Al)O_{10}(OH)_2$ und der dunkel gefärbte *Biotit* $K(Fe^{2+},Mg)_3Si_3AlO_{10}(OH)_2$. Die Biotite sind um so dunkler, je höher ihr Fe-Gehalt ist, der stark variieren kann (Tab. 2). Der K-Gehalt der Glimmer liegt zwischen 5 und 9%. Zu den Glimmern gehört auch der dem Muskovit nahestehende Na-reiche *Paragonit* $NaAl_2(Si_3Al)O_{10}(OH)_2$ und der dem Biotit nahestehende Mg-reiche *Phlogopit* $KMg_3(Si_3Al)O_{10}(OH)_2$. Die Glimmer sind vorwiegend magmatischer, aber auch metamorpher und sedimentärer Entstehung.

In basischen Magmatiten treten häufig die grüngefärbten *Olivine* $(Mg,Fe)_2SiO_4$ auf; strukturell gehören sie zu den Inselsilicaten, in denen die SiO_4-Tetraeder nicht über gemeinsame O-Ionen, sondern über die Fe- und Mg-Ionen miteinander verbunden sind.

In sehr schnell abgekühlten Magmatiten treten in großer Menge nichtkristallisierte Silicate, sog. *vulkanische Gläser* auf, deren chemische Zusammensetzung entsprechend der des Magmas in weiten Grenzen variieren kann.

In fast allen Magmatiten sind zu einem geringen Anteil Schwerminerale (spez. Gewicht > 2,9) vorhanden, wie vor allem *Apatit* $Ca_5(PO_4)_3(OH,F,Cl)$, *Ilmenit* $FeTiO_3$, *Titanit* $CaTiSiO_5$, *Magnetit* Fe_3O_4, *Pyrit* FeS_2, *Zirkon* $ZrSiO_4$, *Turmalin* (B-Al-Silicat) und *Rutil* TiO_2.

Charakteristische Minerale *metamorpher* Entstehung sind neben Quarz, Feldspäten, Glimmern und Amphibolen *Sericit* (feinschuppiger Muskovit), *Serpentin* $Mg_3Si_2O_5(OH)_4$, *Chlorit* (Kap. IV 2 b), *Talk* $(Mg_3Si_4O_{10}(OH)_2)$, *Granat* $(Ca,Mg,Fe^{2+},Mn)_3(Al,Fe^{3+},Cr^{3+})_2(SiO_4)_3$, *Andalusit* und *Sillimanit* Al_2SiO_5, *Staurolith* $Al_4(SiO_5)_2Fe(OH)_2$, *Epidot* $Ca_2(Al,Fe^{3+})Si_3O_{12}(OH)$ und *Graphit* (C).

In *Sedimenten* treten neben magmatisch und metamorph gebildeten Mineralen Verwitterungsneubildungen auf *(sekundäre Minerale)*. Die wichtigste Gruppe dieser Verwitterungsneubildungen sind die *Tonminerale* (z. B. Kaolinit, Smectit, Illit, Glaukonit) und die *Si-, Al-, Fe- und Mn-Oxide und -Hydroxide*; sie werden wegen ihrer besonderen Bedeutung für den Boden später eingehend behandelt. Unter den Carbonaten ist das häufigste das Calciumcarbonat $CaCO_3$. Es tritt meist als *Calcit* (Kalkspat) mit der Härte 3, seltener als *Aragonit* auf. Verbreitet sind Carbonate mit mehreren Kationen, wie *Dolomit* $CaMg(CO_3)_2$ (theoretisch 13,1% Mg) und *Ankerit* $CaFe(CO_3)_2$, der meist auch Mg und Mn enthält. Kalkspat und Dolomit sind die Hauptbestandteile der Carbonatgesteine. *Siderit* (Eisenspat) $FeCO_3$ tritt sowohl in Sedimenten als auch in Böden unter vorwiegend anaeroben Verhältnissen auf, z. B. in Niedermooren und im Raseneisenstein. *Anhydrit* $CaSO_4$ und *Gips* $CaSO_4 \cdot 2H_2O$ (Härte 2) sind die Hauptbestandteile der Gipsgesteine. Gips kommt aber in kleiner Menge auch in vielen Sedimenten und Böden vor. Seltener ist das Vorkommen von *Baryt* $BaSO_4$. Andere *Salze*, vor allem die Sulfate und Chloride, in geringerem Ausmaß auch Nitrate und Borate des Na, K und Mg, sind in marinen und kontinentalen Ablagerungen teilweise in großer Menge (im Extremfall Salzlagerstätten) anzutreffen.

2. Gesteine

a) Magmatite

Die Magmatite bilden sich durch Erstarrung glutflüssiger Magmen entweder in der Tiefe (Tiefengesteine) oder an der Erdoberfläche

(Ergußgesteine). Innerhalb der beiden Gruppen werden die Gesteine nach ihrem Si-Gehalt in saure, intermediäre, basische und ultrabasische Magmatite unterteilt*. Benannt werden sie

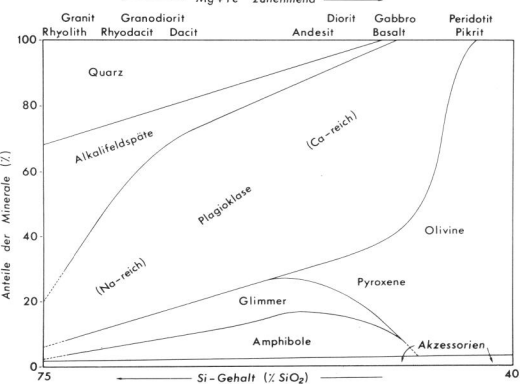

Abb. 3 Die verbreitetsten Magmatite und ihr Mineralbestand (Bearb. v. *E. Murad*). (Nicht aufgeführt sind die Gesteine mit Feldspatvertretern sowie Syenit und Monzanit und deren Ergußgesteinsäquivalente Trachyt und Latit)

Tabelle 3 Mittlerer Chemismus (Gew.-%) und Mineralbestand (Vol.-%) verbreiteter Magmatite (n. *Nockolds*[5] in *Wedepohl*[6])

	Alkali-granite	Grano-diorite	Gabbro	Basalt*
SiO_2	73,9	66,9	48,4	50,8
TiO_2	0,20	0,57	1,3	2,0
Al_2O_3	13,8	15,7	16,8	14,1
Fe_2O_3	0,78	1,3	2,6	2,9
FeO	1,1	2,6	7,9	9,0
MnO	0,05	0,07	0,18	0,18
MgO	0,26	1,6	8,1	6,3
CaO	0,72	3,6	11,1	10,4
Na_2O	3,5	3,8	2,3	2,2
K_2O	5,1	3,1	0,56	0,82
H_2O^+	0,47	0,65	0,64	0,91
P_2O_5	0,14	0,21	0,24	0,23
Plagioklas	30	46	56	49
K-Feldspat	35	15	–	5
Quarz	27	21	–	4
Amphibol u. Pyroxen	1	13	33	37
Olivin	–	–	5	–
Biotit	5	3	–	–
Magnetit u. Ilmenit	2	2	4	8
Apatit	0,5	0,5	0,6	0,5

* Tholeiitbasalte

nach ihrem Mineralbestand[4]. In Abb. 3 und Tab. 3 sind die wichtigsten Vertreter der Tiefen- (obere Reihe) und Ergußgesteine (untere Reihe) mit ihrem Mineralbestand zusammengestellt. In den (Si-reichen) sauren Gesteinen herrschen Quarz, Alkalifeldspäte, Na-reiche Plagioklase und Glimmer, in den basischen (Si-armen) Gesteinen Ca-reiche Plagioklase und die dunklen Pyroxene, Amphibole und Olivine vor. Die sauren Magmatite sind daher meist hell, die basischen dunkel gefärbt.

Entsprechend dem Mineralbestand variiert auch der Chemismus der Magmatite. Wie aus Tab. 3 hervorgeht, steigen mit abnehmendem Si-Gehalt der Ca-, Mg-, Fe-, Mn- und häufig auch der P-Gehalt, während der K-Gehalt sinkt. Die einander entsprechenden Tiefen- und Ergußgesteine zeigen weitgehende Übereinstimmung in ihrer chemischen Zusammensetzung, unterscheiden sich jedoch in ihrer Struktur. In den Tiefengesteinen sind infolge der langsamen Abkühlung alle Minerale relativ grobkristallin ausgebildet (granitische Struktur), während bei der raschen Abkühlung der Ergußgesteine eine glasige oder feinkristalline Grundmasse entsteht, in die nur einzelne gröbere Kristalle eingebettet sind, die sich bereits im noch flüssigen Magma gebildet haben (porphyrische Struktur).

An den Gesteinen der Erdkruste (Masse: $28,5 \cdot 10^{24}$ g) sind unter den Magmatiten die Granite und Granodiorite zu 22, die Basalte und Gabbros zu etwa 43 Vol.-% beteiligt. Der Rest entfällt auf Sedimente und Metamorphite (Tab. 1). In Deutschland sind die Magmatite an der Erdoberfläche nur in geringem Umfang vertreten und ausschließlich auf Gebirgslagen beschränkt (Abb. 4). Im Böhmischen Massiv mit seinen Randgebirgen (Riesengebirge, Erzgebirge, Fichtelgebirge, Bayrischer Wald und Böhmerwald), im Schwarzwald und im Harz treten weit verbreitet Granite auf, während zusammenhängende Basaltmassen nur im Gebiet

---

* Die Bezeichnung saure (anstelle von Si-reiche) und basische (anstelle von Si-arme bzw. Ca- und Mg-reiche) Gesteine ist zwar vom chemischen Standpunkt nicht exakt, wird aber trotzdem noch meist verwendet.
[4] *Streckeisen, A.:* Neues Jahrb. Min. Abh. 107 (1967) 144; Geol. Rundschau 63 (1974) 773.
[5] *Nockolds, S. R.:* Bull Geol. Soc. Amer. 65 (1954) 1007.
[6] *Wedepohl, K. H.:* In Handbook of geochemistry Vol. I, Springer, Berlin 1969.

des Vogelsberges und der Rhön sowie in Böhmen zu finden sind. Die übrigen Basaltvorkommen wie auch die an Quarzporphyr, Gabbro usw. haben nur lokale Bedeutung (z. B. Basalt des Kaiserstuhls, Quarzporphyr Sachsens und des Thüringer Waldes, Gabbro des Harzes).

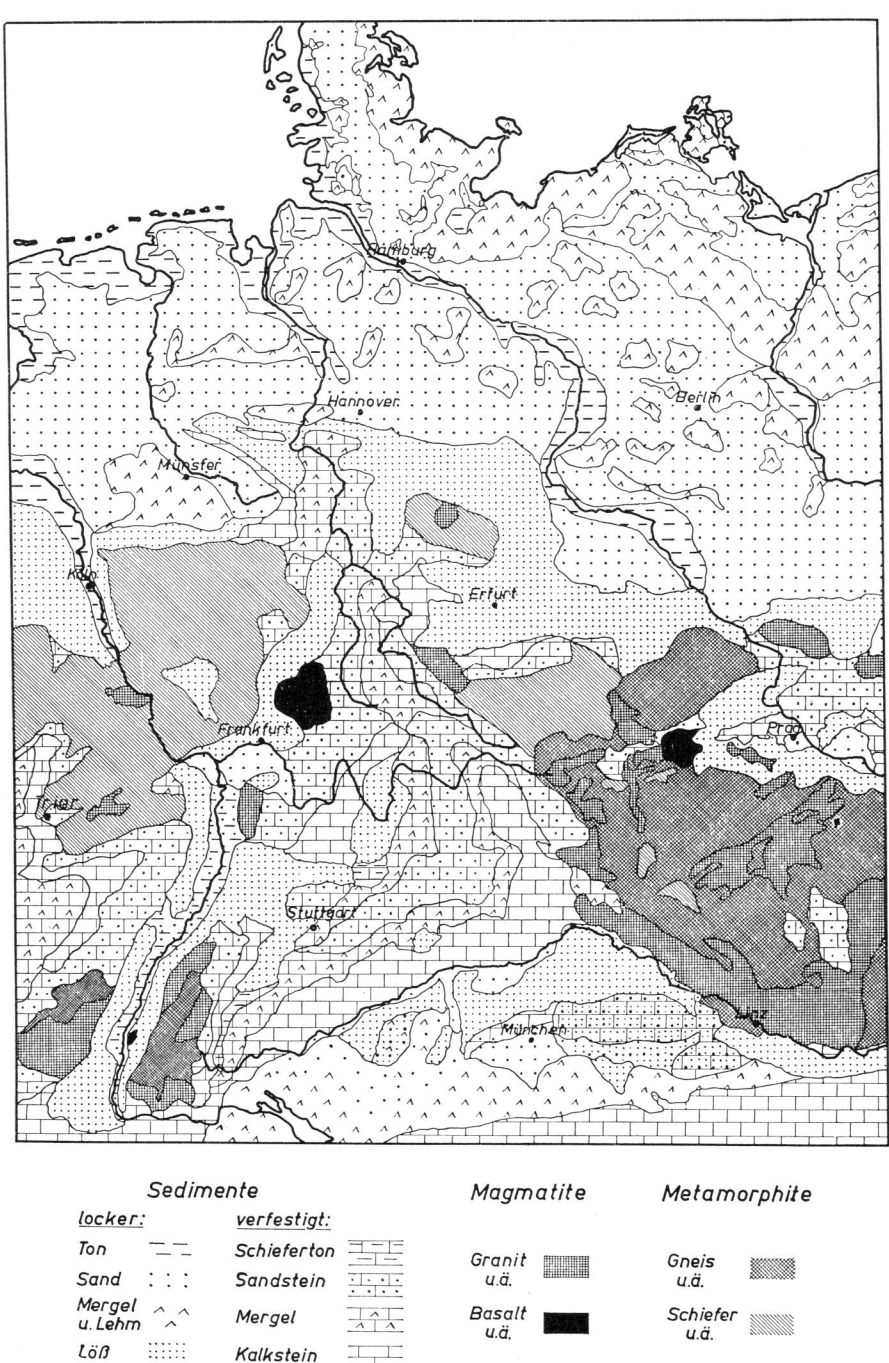

Abb. 4 Verbreitung von Magmatiten, Metamorphiten und Sedimenten in Mitteleuropa (n. *E. Schlichting*)

Die grobkörnigen Tiefengesteine verwittern physikalisch meist schneller als die feinkörnigen Ergußgesteine. Die aus den sauren Vertretern entstandenen Böden haben im gemäßigten Klima meist niedrige bis mittlere Nährstoff- und Tongehalte, die aus den basischen entstandenen sind dagegen meist nährstoff- und tonreich.

b) Sedimente

Bei der Verwitterung der Magmatite werden ebenso wie bei der Verwitterung anderer Gesteine die *leichter löslichen* Anteile durch das Wasser als Ionen oder Moleküle überwiegend in Seen und Meere verfrachtet. Dort werden sie zum Teil von Organismen in Schalen und Skelette eingebaut (Bildung *biogener* Sedimente, wie der meisten Carbonatgesteine), zum Teil werden sie infolge veränderter Löslichkeitsverhältnisse [z. B. durch Abnahme des CO_2-Gehaltes in $Ca(HCO_3)_2$-haltigen Wässern oder durch Verdunstung] ausgeschieden (Bildung *chemischer* Sedimente, wie z. B. mancher Carbonatgesteine, Gips und anderer Salze).

Die *schwer löslichen* Bestandteile der Magmatite verbleiben entweder am gleichen Ort oder werden durch Wasser, Wind, Gletschereis oder Selbstbewegung am Hang im festen Zustand verlagert und an anderer Stelle als *mechanische* (klastische) Sedimente abgesetzt. Je nach der Größe der abgesetzten Teilchen entstehen *Kiese, Sande, Schluffe* oder *Tone*. Die beim Transport durch fließendes Wasser entstehenden Sedimente sind meist an der Schichtung zu erkennen. Durch den Wind werden im allgemeinen nur feinere Teilchen verfrachtet und z. B. als *Flugsand, Sandlöß* (Flottsand) oder *Löß* abgelagert. Beim Transport durch Gletscher entstehen unsortierte und ungeschichtete *Geschiebemergel* oder *-sande*, die Ablagerungen unterschiedlicher Körnung umfassen.

Alle Sedimente werden zunächst in lockerer Form abgesetzt, in der sie entweder verbleiben (Lockersedimente) oder im Laufe größerer Zeiträume durch Verkittung und/oder Druck verfestigt werden (*Diagenese*). So entstehen (1) *Breccien* aus kantigem Material (Schutt), (2) *Konglomerate* aus gerundetem Material (Geröll), (3) *Sandsteine, Quarzite, Grauwacken* und *Arkosen* aus Sanden, (4) *Schiefertone* und *Tonschiefer* (leiten zu den Metamorphiten über) aus Tonen, (5) *Carbonatgesteine* aus carbonatreichem Schlamm und (6) *Kieselschiefer*

aus Kieselskeletten von Radiolarien. Die Verkittung wird dadurch eingeleitet, daß Lösungen der Hydrogencarbonate von Ca, Mg und Fe oder von Kieselsäure die lockeren Ablagerungen durchsetzen. Nach dem Eintrocknen der Lösungen wirken die Carbonate und Oxide als Kittsubstanzen und verfestigen die Lockersedimente. Die verfestigten Sedimente können ihrerseits wieder aufbereitet und verfrachtet werden, so daß ein Sediment u. U. einer mehrmaligen Aufeinanderfolge von Verwitterung, Transport und erneuter Ablagerung unterliegt.

Die chemische und mineralogische Zusammensetzung der Sedimente variiert auch bei solchen gleichen Namens in relativ weiten Grenzen. Generell nimmt mit steigendem Si-Gehalt der Quarzgehalt zu und derjenige an Silicaten ab (Tab. 4). Höhere K-Gehalte zeugen meist für höhere Gehalte an Kalifeldspäten und/oder Glimmern und Illiten (Grauwacken, Tonschiefer, Löß), höhere Mg-Gehalte für solche an Chloriten und Tonmineralen (Grauwacken, Tonschiefer) oder an Dolomit (Carbonatgesteine), höhere Ca-Gehalte für solche an Calcit (Carbonatgesteine, Löß).

Obwohl die Sedimente nur $\approx 8\,\%$ der Erdrinde (Tab. 1) ausmachen, bedecken sie doch etwa 75 % der Erdoberfläche. Etwas mehr als die Hälfte der Sedimente sind Tongesteine, der Rest teilt sich etwa zu gleichen Anteilen auf Sand- und Carbonatgesteine auf (Tab. 1). Im folgenden sollen einige der für Deutschland besonders wichtigen Sedimente näher beschrieben werden.

(1) Sandsteine, Quarzite

Sandsteine sind Gesteine mit $> 50\,\%$ der Fraktion 0,063–2 mm. Die Sandsteine i. e. S. haben $> 75\,\%$ Quarz. Solche, die weniger Quarz, dafür mehr Silicate enthalten, werden bei $> 12\,\%$ Phyllosilicaten *Grauwacken*, bei $< 12\,\%$ Phyllosilicaten *Arkosen* genannt. Von 295 Sandsteinen unterschiedlichster Herkunft waren 49 % Grauwacken, 30 % Sandsteine i. e. S. und 15 % Arkosen[7].

In Deutschland treten Sandsteine vor allem im Buntsandstein, Keuper und der Kreide auf (z. B. Sandsteine des Buntsandsteins im Solling, Reinhardswald, Hessischen Bergland,

---

[7] *Huckenholz, H. G.*: Geol. För. Stockholm Förh. 85 (1962) 156.

Tabelle 4   Mittlerer Chemismus (Gew.-%) und Mineralbestand (Vol.-%) von Sedimenten (aus *Wedepohl*[6])

	Sand-steine[5]	Grau-wacken	Ton-schiefer	Carbonat-gesteine	Flug-sand[1]	Löß[1]	Geschiebe-mergel[1]
SiO_2	70,0	66,7	58,9	8,2	96,8	72,8	64,2
TiO_2	0,58	0,6	0,78	n.b.[6]		0,77	0,48
Al_2O_3	8,2	13,5	16,7	2,2	1,3	8,6	6,3
Fe_2O_3	2,5	1,6	2,8	1,0	0,2	2,4	3,2
FeO	1,5	3,5	3,7	0,68	–	–	
MnO	0,06	0,1	0,09	0,07	n.b.	n.b.	0,06
MgO	1,9	2,1	2,6	7,7	0,1	0,85	1,0
CaO	4,3	2,5	2,2	40,5	0,1	5,1	9,7
Na_2O	0,58	2,9	1,6	n.b.	n.b.	n.b.	0,7
K_2O	2,1	2,0	3,6	n.b.	1,1	2,6	2,1
H_2O^+	3,0	2,4	5,0	n.b.	0,5[3]	n.b.	2,4[3]
P_2O_5	0,10	0,2	0,16	0,07	n.b.	n.b.	0,11
CO_2	3,9	1,2	1,3	35,5	–	3,4	7,7
Quarz	82	48	20		85	40 – 45[4]	38
Feldspäte	5	23	10 – 15		13	10 – 15	16
Glimmer[2]	8	–	–	12	2	20	22,5
Chlorit	–	26	14			1	2
Kaolinit	–	–				2	
Calcit	3	3	3	53		10 – 15	17,5
Dolomit				35			4
Übrige	2	–	–	–	–		

[1] Einzelanalyse von *E. Schlichting* und *H. P. Blume* (Flugsand, Geschiebemergel) bzw. *D. Schroeder* (Löß)
[2] Einschl. Dreischichttonminerale
[3] Einschl. org. Substanz
[4] Werte für mitteldeutsche Lösse
[5] Der Chemismus bezieht sich auf Sandsteine i. w. S., der Mineralbestand auf solche i. e. S.
[6] nicht bestimmt

Spessart, östlichen Odenwald, Pfälzer Wald, Nord-Schwarzwald; Keupersandsteine im Steigerwald und in der Frankenhöhe; Kreidesandsteine im Elbsandsteingebirge, Hils, Osning, Deister). Der Wert der Sandsteine für die Bodenbildung ist von ihrem Silicatgehalt und der Art des Bindemittels abhängig. So haben manche Gesteine des Buntsandsteins oft einen hohen Gehalt an Alkalifeldspäten sowie ein toniges Bindemittel. Daher entstehen aus ihnen nährstoffreichere Böden als z. B. aus silicatarmen Kreidesandsteinen. Aus silicatarmen Sanden und Sandsteinen haben sich durch Diagenese die Quarzite gebildet (z. B. im Hunsrück und Taunus), aus denen sich nährstoffarme Böden entwickelten.

(2) Carbonatgesteine

Carbonatgesteine sind in Deutschland als bodenbildendes Material weit verbreitet, z. B. in Mitteldeutschland (Muschelkalk), Süddeutschland (Jurakalk) und im Alpengebiet (Trias- und Jurakalke). Man kann die Carbonatgesteine nach dem Carbonat-Gehalt unterteilen in *Kalk-*steine mit 75−100 % und *Mergel* mit 25−75 % Carbonat. Sie enthalten meist einige Prozente Mg, das vorwiegend in Form von Dolomit vorliegt. Als *Dolomite* werden Carbonatgesteine bezeichnet, deren Gehalt an dem Mineral Dolomit mehr als 50 % beträgt; dies entspricht einem Mg-Gehalt von > 6,6 %. Bei der Verwitterung der Carbonatgesteine werden die Carbonate gelöst und weggeführt, so daß die nichtcarbonatischen Anteile (vorwiegend Glimmer und Tonminerale) als bodenaufbauende Verwitterungsrückstände zurückbleiben (s. Rendzina).

(3) Löß und Sandlöß

Der Löß ist ein meist carbonathaltiges, gelblich gefärbtes Lockersediment mit einem ausgeprägten Korngrößenmaximum zwischen 10 und 60 μm Durchmesser ($\approx$ 60 %); der Anteil der Tonfraktion beträgt in Mitteleuropa 10 bis 25 %, der der Schlufffraktion 70−80 %, der der Sandfraktion 10−15 % (vorwiegend Fein- und Mittelsand). Der Löß wurde vom Wind aus den glazialen Schotter- und Sanderflächen, den Hochflutabsätzen der Urstromtäler und den periglazialen Frostschutzonen ausgeweht und in einer breiten Zone vor den deutschen Mittelgebirgen, in Schlesien und im Rhein-, Donau- und Elbetal abgelagert. Die Lößmächtigkeit variiert in Deutschland von wenigen Dezimetern bis zu 30 m im Oberrheingebiet. Ein dünner Lößschleier überzieht in Mitteleuropa weite Teile höherer Lagen bis etwa 800 m über NN. Auch in Rußland, China und Amerika sind große Flächen von Löß bedeckt, der in China > 100 m mächtig sein kann. Der Mineralbestand mitteldeutscher Lösse ist in Tab. 4 angegeben. Unter den Tonmineralen überwiegt in diesem Raum der Illit; süddeutsche Lösse enthalten dagegen auch höhere Anteile von Smectit. Der Carbonat-Gehalt von Lössen, die aus carbonatreichen Ablagerungen ausgeblasen wurden, kann, wie z. B. im Gebiet der Voralpen, bis 35 % $CaCO_3$ betragen. Unter den humiden Klimabedingungen der Nacheiszeit wurden die Carbonate in den oberen Horizonten vollständig ausgewaschen und der gelbe Löß durch Eisenoxid- und Tonbildung in gelbbraunen Lößlehm umgewandelt. Aus dem Löß haben sich die fruchtbarsten Böden, z. B. die Schwarzerden und Parabraunerden, entwickkelt. Eine gröberkörnige Abart des Lösses ist der Sandlöß (früher Flottsand), der in einigen Gebieten Nord- und Süddeutschlands inselartig vorkommt.

(4) Andere Lockersedimente

Neben Löß sind in der Norddeutschen Tiefebene, dem Alpenvorland und dem Oberrheintal weitere pleistozäne Lockersedimente weit verbreitet. Hierzu gehören Schotter (vor allem in Flußtälern), Sande, die als Schmelzwassersande (Sander), Talsande der Urstromtäler oder Flugsande (Korngrößenmaximum zwischen 100 und 200 μm) abgelagert wurden, und ton- und $CaCO_3$-reiche Ablagerungen, die als Moränen nach dem Schmelzen des Eises zurückblieben. Das Gestein der $CaCO_3$-haltigen Moränen wird im allgemeinen als Geschiebemergel, das der kalkfreien oder entkalkten Moränen als Geschiebelehm bezeichnet. Der $CaCO_3$-Gehalt beträgt in den norddeutschen Moränen meist 6−12 % $CaCO_3$, in den Moränen des Voralpengebietes meist 40−80 %. Ein Teil der Moränen ist infolge des höheren Ton- und Silicatgehaltes ein weitaus günstigeres Ausgangsgestein für die Bodenbildung als die Sande. Endmoränen sind oft grobkörniger als Grund-

moränen (z. B. Geschiebesande und Schotter), da die feineren Bestandteile ausgespült wurden. Als ältere Lockersedimente treten in Deutschland Röt-, Keuper-, Jura-, Kreidetone, die zum Teil auch carbonathaltig sind, sowie tertiäre Kiese, Sande und Tone, z. B. im süddeutschen Molassebecken, auf. Holozäne Lockersedimente sind die Ablagerungen in den Flußniederungen und Küstengebieten, aus denen sich die Auenböden und Marschen entwickelt haben. Ihre Körnung und ihr Carbonatgehalt variieren in weiten Grenzen.

(5) Fließerden und Solifluktionsschutt

Fließerden sind Lockersedimente, die sich in Hanglagen (> 2°) auf gefrorenem Untergrund als wassergesättigter Brei bewegten. Sie entstanden im Pleistozän, als bei Jahresmitteltemperaturen um −2 °C Permafrostböden die gletscherfreien Bereiche Mitteleuropas bedeckten und während des sommerlichen Auftauens umgelagert wurden. Sie liegen heute in den meisten Mittelgebirgslagen als eine 1−4 m mächtige, geschlossene Decke über den verschiedensten Locker- oder Festgesteinen. Fließerden sind an hangparallel eingeregelten Steinen, Fluidalstrukturen und oft blättrigem Gefüge zu erkennen; Körnung und Mineralbestand werden vom Liegenden bestimmt und können daher sehr verschieden sein. Häufig sind Fließerden schluffreich, weil dünne Lößdecken mit Frostschutt des Liegenden transportiert und vermischt wurden. Steinreiche Fließerden werden als *Solifluktionsschutt* bezeichnet.

c) Metamorphite

Die Eigenschaften der Magmatite und Sedimente können durch hohen Druck und hohe Temperatur so stark verändert werden, daß aus ihnen neue Gesteine werden (*Metamorphose*), die man *Metamorphite* nennt. Diese können je nach dem Ausgangsgestein und dem Grad der Metamorphose sehr verschiedenartig sein. Metamorphite aus Magmatiten nennt man *Orthogesteine*, solche aus Sedimenten *Paragesteine*; allerdings ist besonders bei starker Metamorphose die Herkunft häufig nicht mehr feststellbar.

Die Metamorphose beginnt bei etwa 200 °C und 2 kb (entspricht einer Tiefenlage von 7 km) und reicht bis etwa 6−700 °C und 10 kb. Sie verändert die Gesteine daher sehr viel tiefgreifender als die Diagenese. Minerale werden eingeregelt, vergröbert oder sogar umgewandelt, während sich der Chemismus der Gesteine seltener verändert. Die Einregelung der Minerale, d. h. die parallele Ausrichtung der blättchen- und stengelförmigen Minerale senkrecht zur Hauptrichtung des Druckes führt zur *Schieferung* der Metamorphite. Die Lage der Schieferungsflächen in den Paragesteinen ist meist nicht mit der Lage der Schichtflächen in den Ausgangssedimenten identisch. Gröbere Calcit-Kristalle entstehen z. B. bei der Metamorphose von Carbonatgesteinen zu Marmor. An typischen neuen Mineralen entstehen außer den magmatischen Mineralen z. B. Sericit, Epidot, Chlorit, Serpentin, Talk, Granat, Disthen, Staurolith und Graphit.

Die Metamorphite entstanden in Deutschland erst während des Paläozoikums und Mesozoikums aus älteren Gesteinen. Sie treten vor allem in Gebieten starker Gebirgsbildung wie den Kernen von alten und jungen Faltengebirgen (Alpen, Schwarzwald, Odenwald, Spessart, Rheinisches Schiefergebirge, Harz, Thüringer Wald, Bayrischer Wald, s. Abb. 4) und vor allem in den alten Schilden (Skandinavien, Kanada u. a.) und älteren Komplexen der Faltengebirge auf.

Weit verbreitete Metamorphite sind die *Gneise* (Ortho- und Paragneise), die aus verschiedenartigen Si-reichen Magmatiten sowie aus zahlreichen silicatreichen Sedimenten entstanden sein können und ca. 20 % der Erdkruste ausmachen (Tab. 1). Sie besitzen häufig eine den Graniten oder Dioriten ähnliche Mineralzusammensetzung (> 20 % Feldspäte), weisen jedoch eine parallele Anordnung vor allem der Glimmerblättchen auf. Aus Si-armen Magmatiten (z. B. Gabbro) gehen *Grünschiefer*, *Amphibolite* und *Eklogite* hervor. Verbreitet sind auch die meist aus Tonen, Schiefertonen, Tonschiefern, tonreichen Sandsteinen und Grauwacken hervorgegangenen *Phyllite* und *Glimmerschiefer* (< 20 % Feldspäte). Während bei den Tonschiefern die Glimmer noch kaum hervortreten, sind sie bei den Phylliten bereits als feine Schuppen und bei den Glimmerschiefern in Form größerer Kristalle deutlich erkennbar. Durch Metamorphose entstehen ferner aus hochprozentigen Kalksteinen *Marmore*, aus Mergeln *Talk-, Chlorit-, Kalkglimmerschiefer* u. a. Im Kontakthof glutflüssiger Magmen (Plutone) können sich aus tonreichen Gesteinen, Mergeln u. a. die sehr dichten, ungeschieferten *Hornfelse* bilden.

II. Verwitterung*

Unter dem Begriff Verwitterung werden die Veränderungen der Minerale und Gesteine an der Erdoberfläche zusammengefaßt, die sie im Kontakt mit der Atmosphäre, Hydrosphäre und Biosphäre erfahren. Die Verwitterung stellt einen wichtigen Teilprozeß der Bodenentwicklung dar. An der Verwitterung sind physikalische, chemische und biologische Prozesse beteiligt.

1. Physikalische Verwitterung

Diese Art der Verwitterung bewirkt einen mechanischen Zerfall der Gesteine in kleinere Teilchen, ohne daß dabei die Minerale chemisch verändert werden. Die physikalische Verwitterung kommt vor allem durch Druckabnahme, Temperatur-, Frost- und Salzsprengung sowie durch mechanischen Druck von Pflanzenwurzeln zustande.

Wenn kompakte Gesteinskörper durch Abtragungsvorgänge allmählich von den überlagernden Gesteinsmassen befreit werden, so nimmt der Druck ab und die Gesteine dehnen sich aus. Hierdurch entstehen Klüfte und Spalten, an denen die übrigen Kräfte der physikalischen Verwitterung angreifen. Von diesen wirkt sich die *Temperatursprengung* dann besonders stark aus, wenn die Temperaturen und die Geschwindigkeit der Temperaturänderung extreme Werte erreichen wie z. B. in subtropischen und tropischen Wüstengebieten und im Hochgebirge. In Wüsten treten bei Jahresmit-

---
* Zusammenfassende Literatur[1-3].
[1] *Caroll, D.*: Rock weathering, Plenum Press, New York−London 1970.
[2] *Ollier, C.*: Weathering, Oliver a. Boyd, Edinburgh 1969.
[3] Alteration des roches crystallines en milieu superficiel. Sci. du Sol (1979) 83.

teltemperaturen von mindestens 17 °C Tagesschwankungen von 30−50 °C auf. Die Temperatursprengung wirkt um so stärker, je häufiger Erwärmung und Abkühlung aufeinander folgen. So sind in den Tropen Temperaturen von Steinen an der Bodenoberfläche bis zu 84 °C gemessen worden, die durch Regen in kurzer Zeit auf 30−20 °C absanken. Durch den raschen Temperaturwechsel werden die äußeren und inneren Teile der Gesteine infolge ihrer geringen Wärmeleitfähigkeit unterschiedlich erwärmt oder abgekühlt. Sie expandieren oder schrumpfen daher unterschiedlich, so daß Druckunterschiede bis zu 500 bar entstehen. Dies führt zu Kernsprüngen im Gestein und läßt scharfkantigen Blockschutt entstehen. Daneben kommt es zu schaligem Abplatzen oder feinplattigen Abschuppen und schließlich zur Vergrusung, die zu Rissen und Spalten und schließlich zum Zerfall der Gesteine führen.

Beschleunigt wird dieser Vorgang durch unterschiedliche Farbe und Ausdehnungskoeffizienten der verschiedenen Minerale eines Gesteins, und zwar besonders bei großem Mineraldurchmesser. Granit zerfällt z. B. leichter als Basalt, weil er ein gröberes Gefüge aufweist und aus dunklen und hellen Mineralen besteht. In Böden reicht die Temperatursprengung bis 50 cm tief.

Noch intensiver als die Sprengung durch Temperaturunterschiede kann die *Frostsprengung (Kryoklastik)* wirken. Sie ist in der Eigenschaft des Wassers begründet, beim Gefrieren sein Volumen um ≈ 10 % zu erhöhen. In Gesteinsspalten und -risse eindringendes Wasser vermag somit beim Gefrieren eine erhebliche Sprengwirkung zu entfalten und so die Gesteine zu zertrümmern. Dabei werden insbesondere klüftige Gesteine erfaßt und Minerale mit hoher Spaltbarkeit wie Glimmer und Feldspäte, aber auch der Quarz.

Der Höchstdruck, der bei dieser Eissprengung auftreten kann, wird mit 2200 bar angegeben. Es entstehen auf diese Weise aus festen Gesteinen Schutt und aus diesen bzw. aus Kies und Sand Schluff und sogar Grobton. Die Sprengwirkung ist dann besonders intensiv, wenn die Risse beim Abkühlen durch einen festhaftenden Eispfropfen verschlossen werden.

Die Frostsprengung ist besonders in solchen Klimaten wirksam, in denen die Bodentemperaturen bei reichlichen Niederschlägen häufig um den Nullpunkt schwanken, was für viele subpolare und Hochgebirgslagen gilt.

Sie ist um so intensiver, je häufiger Gefrieren und Tauen wechseln und erreicht bei Dauerfrostböden 0,2 bis 1,5 m, je nach der Tiefe des sommerlichen Tauens. Demzufolge ist sie in subarktischen bzw. subalpinen Regionen stärker als in arktischen bzw. alpinen; in kühleren Regionen sind besonders Südhänge betroffen, weil hier der vereiste Boden häufiger und tiefer taut, in wärmeren Regionen hingegen oft die Nordhänge, wenn ihnen eine wärmeisolierende Vegetationsdecke fehlt. Sehr hohe Niederschläge vermindern die Kryoklastik, weil dann eine mächtige Schneedecke Temperaturunterschiede ausgleicht, ebenso wie sehr geringe, weil dann die Böden zu trocken sind.

In ähnlicher Weise wirkt die *Salzsprengung*. In ariden Gebieten werden gelöste Stoffe nicht ausgewaschen, sondern beim Verdunsten des Wassers in der äußeren Gesteinsschicht angereichert. Kristallisieren Salze aus übersättigten Salzlösungen aus, z. B. bei Temperaturveränderungen, so werden erhebliche Sprengkräfte wirksam, da die Summe der Volumina der gesättigten Lösung und der ausgeschiedenen Kristalle größer ist als das Volumen der übersättigten Lösung. Eine zweite Art von Salzsprengung beruht auf der Volumenzunahme von Salzkristallen bei der Hydratbildung. Dabei können Drucke von mehreren 100 bar auftreten.

Häufiger Wechsel von Austrocknung und Durchfeuchtung ist besonders wirksam und führt zur Absprengung von Körnern und Schalen. Schließlich kann selbst bereits ein häufiger Feuchtewechsel wegen der starken Bindung der H_2O-Moleküle leicht spaltbare Minerale, wie Blattsilicate, zerteilen. Salzsprengung wurde nicht nur in Wärme- sondern auch in Kältewüsten beobachtet.

Aber auch *Pflanzen* können einen mechanischen Zerfall der Gesteine bewirken, weil ihre Wurzeln in Risse und Spalten eindringen und durch ihr Dickenwachstum die Gesteine auseinandersprengen, wenn auch der hierbei auftretende Druck nicht mehr als 10−15 bar beträgt.

Das so gebildete Lockermaterial wird beim Transport durch Eis, Wasser oder Wind abgerieben und weiter zerkleinert, so daß die Gesteinsbruchstücke auf ihrem Transportweg abgerundet werden und erhebliche Mengen feinen Materials liefern. Die Zerkleinerung wird durch geringe Härte der Minerale, lockeren Zusammenhalt der einzelnen Mineralkörner sowie durch eine gute Spaltbarkeit der Minerale und Gesteine begünstigt. Feldspäte, Pyroxene und Amphibole werden daher schneller zerkleinert als Quarz. In einem Bach mit 0,2 % Gefälle war z. B. zur Zerkleinerung eines Gesteinsbrockens von 20 cm auf 2 cm Durchmesser bei Granit ein Transportweg von ≈ 11 km, bei Gneis und Glimmerschiefer von $\approx 1,5$ km erforderlich. In Wüsten kann der mit dem Wind transportierte Sand zur physikalischen Verwitterung fester Gesteine beitragen.

2. Chemische Verwitterung*

Die chemische Verwitterung beruht im wesentlichen auf einer Reihe von chemischen Reaktionen, durch die die Minerale im Gegensatz zur physikalischen Verwitterung in ihrem Aufbau verändert oder gar völlig aufgelöst werden. Da die chemischen Reaktionen an der Oberfläche der Gesteine und Minerale ablaufen, wächst ihr Ausmaß mit der Größe der Angriffsfläche, d. h. mit abnehmender Korngröße der Minerale. Die physikalische Verwitterung leistet daher der chemischen erhebliche Vorarbeit.

Das wichtigste Agens der chemischen Verwitterung ist das Wasser, das als Lösungsmittel und bei der hydrolytischen Zersetzung schwer löslicher Verbindungen wirksam wird. Die Wirkung des Wassers wird durch anorganische und organische Säuren sowie durch steigende Temperatur (Ausnahme schwerlösliche Carbonate) verstärkt. Daher erfaßt die chemische Verwitterung neben den leichter löslichen auch schwerlösliche Minerale, vor allem die Silicate. Sie zerlegt sie in ihre Bausteine, die Ionen, und bildet aus ihnen neue Minerale. Diese neugebildeten Minerale unterscheiden sich von den Ausgangsmineralen magmatischer und metamorpher Entstehung meist dadurch, daß sie feinkörniger, schlechter kristallisiert und reicher an OH-Gruppen und Wasser sind. Sie sind besonders charakteristisch für die Böden (pedogene Minerale), da die Bodendecke der wichtigste Ort der Gesteinsverwitterung ist, und beeinflussen ihre Ertragsfähigkeit in hohem Maße.

a) Lösung

Unter Lösung wird hier der Übergang eines Minerals in die wäßrige Verwitterungslösung verstanden, ohne daß hierbei eine chemische Reaktion im eigentlichen Sinne stattfindet. Die Lösung kommt dadurch zustande, daß sich die Bestandteile des Minerals (Kationen und Anio-nen) mit Wassermolekülen umgeben (hydratisieren). Auf diese Weise verwittern** vor allem die leicht löslichen Alkali- und Erdalkalisalze z. B. Chloride, aber auch der etwas schwerer lösliche Gips (Löslichkeit 2,6 g/l Wasser bei 20 °C). In nicht gedüngten Böden des humiden Klimabereichs kommen sie daher nur sehr selten vor.

b) Hydrolyse

Die Minerale können sich außer durch reine Auflösung auch durch eine chemische Reaktion mit den H- und OH-Ionen des Wassers im Verwitterungsmilieu zersetzen. Dies betrifft alle Verbindungen, die aus einer schwachen Säure und/oder schwachen Base bestehen, also z. B. Carbonate und Silicate, und damit den größten Teil der gesteinsbildenden Minerale. Die Hydrolyse ist somit die wichtigste Reaktion der chemischen Verwitterung.

In der Regel ist die Reaktion eines Minerals mit den H-Ionen der Lösung die eigentliche Triebkraft dieser Verwitterungsart (Protolyse***). Hierbei werden Sauerstoff-Brückenbindungen zwischen Metallen M (Fe, Al, Ca, Mn, Mg u. a.) und Si (Silicate) bzw. C (Carbonate) gesprengt:

$$-Si-O-M + H^+ = -Si-OH + M^+ \qquad (1)$$

$$-C-O-M + H^+ = -C-OH^- + M^{++} \qquad (2)$$

Als protonisierte Formen entstehen dabei Kieselsäure bzw. Hydrogencarbonationen und außerdem freie Metallkationen. Aus den Gleichungen folgt, daß der Umfang dieser Reaktion mit steigender H^+-Konzentration, d. h. sinkendem pH der Lösung steigt; saure Lösungen sind also in der Regel verwitterungswirksamer als neutrale (Herkunft der H-Ionen s. Kap. XII).

---

* Zusammenfassende Literatur[4-6].
[4] *Barshad, I.:* In *Bear, F. E.* (Ed.): Chemistry of the soil. Reinhold, New York 1964.
[5] *Sticher, H., R. Bach:* Soils a. Fert. 29 (1966) 321.
[6] *Loughnan, F. C.:* Chemical weathering of the silicate minerals. Elsevier, New York–London–Amsterdam 1969.
** Bei Salzen spricht man im allgemeinen nur dann von Verwitterung, wenn hiervon Gesteine (z. B. Gipsgesteine) betroffen werden. Die Fortführung von Salzen durch das Sickerwasser im Boden wird dagegen meist als Auswaschung bezeichnet.
*** Bei der Hydrolyse wirken nur die H-Ionen des Wassers, bei der Protolyse können die H-Ionen auch anderer Herkunft sein.

Diese Verwitterungsvorgänge sollen am Beispiel der Carbonate und Silicate erörtert werden. Der schwer lösliche Dolomit wird z. B. durch Kohlensäure gemäß der folgenden Reaktion zu leicht löslichen Hydrogencarbonaten zersetzt:

$$CaMg(CO_3)_2 + 2H_2CO_3 = Ca(HCO_3)_2 + Mg(HCO_3)_2$$

Die Konzentration an Kohlensäure in der Verwitterungslösung steigt gemäß

$$CO_{2(g)} + H_2O = H_2CO_3$$

(g = gasförmig) mit dem CO_2-Partialdruck der mit ihr im Gleichgewicht stehenden Atmosphäre. Daher nimmt in gleicher Richtung auch die Löslichkeit der Carbonate zu (Tab. 5).

Im Gegensatz zu vielen anderen verwitternden Mineralen steigt die Löslichkeit der Carbonate außerdem mit abnehmender Temperatur. So beträgt bei einem CO_2-Partialdruck von 0,3 mbar die Löslichkeit bei 25 °C 49 mg, bei 15 °C 60 mg und bei 0 °C 84 mg $CaCO_3$/l. Die Carbonatverwitterung führt zur Auflösung von Carbonatgesteinen und zur Entkalkung carbonathaltiger Böden aus Löß und Geschiebemergel und anderen carbonathaltigen Gesteinen.

Die Hydrolyse der Silicate soll am Beispiel eines Feldspates erläutert werden, weil die Feldspäte die häufigsten Silicate der Gesteine sind. Abb. 5 zeigt stereoelektronenmikroskopische Aufnahmen von Feldspatkristallen unterschiedlichen Verwitterungsgrades aus einem Boden. Die zunehmend löchrige Oberfläche macht wahrscheinlich, daß sich der Feldspat bei der Verwitterung völlig auflöst, seine Kristallstruktur also zerstört wird. Dabei laufen vermutlich folgende Reaktionen ab:

Zunächst werden die K-Ionen an der Oberfläche durch H-Ionen ersetzt und gehen auf diese Weise in Lösung. Erfolgt diese Reaktion in reinem Wasser, so bildet sich hierbei KOH, das man an der alkalischen Reaktion einer Aufschlämmung von Feldspatpulver in Wasser erkennen kann.

Tabelle 5 Löslichkeit von $CaCO_3$ in Wasser in Abhängigkeit vom CO_2-Partialdruck bei 25 °C (mittlerer CO_2-Partialdruck der Atmosphäre = 0,33 mbar, entspr. 0,033 Vol.-%)

CO_2-Partialdruck (mbar)	$CaCO_3$-Löslichkeit (mg $CaCO_3$/l)
0,31	52
3,3	117
16	201
43	287
100	390

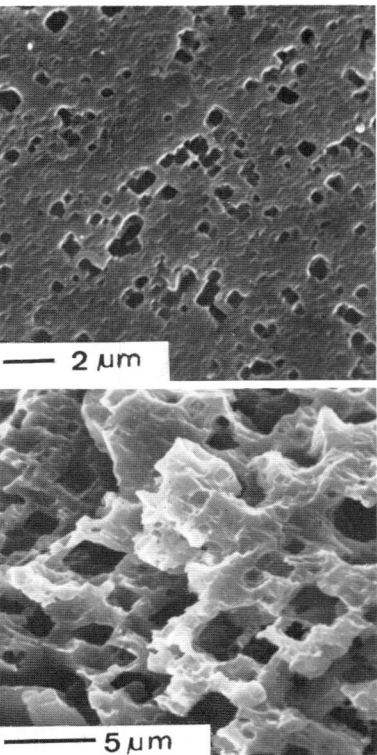

— 2 µm

—— 5 µm

Abb. 5 Lösungsmuster auf Feldspatkörnern aus einem Boden mit beginnender (oben) und fortgeschrittener (unten) Verwitterung. (Rasterelektronenmikroskopische Aufnahme, reprod. mit freundlicher Erlaubnis des Autors[7])

$$K\text{-Feldspat} + HOH = H\text{-Feldspat} + K^+ + OH^- \quad (3)$$

$$\equiv \underset{\underset{K}{|}}{Si-O-Al} \equiv + H^+ \rightarrow \equiv \underset{\underset{H}{|}}{Si-O-Al} \equiv + K^+ \quad (4)$$

In der Natur werden die OH-Ionen meistens durch H-Ionen der Verwitterungslösung neutralisiert. Die Anlagerung des Protons (nach Reaktion 4) hat eine Spaltung der $Si-O-Al$-Bindung zur Folge. Hierbei bildet sich eine SiOH-(Silanol-) und eine $Al-OH$-Gruppe, so daß die Gesamtreaktion wie folgt lautet:

$$\equiv \underset{\underset{K}{|}}{Si-O-Al} \equiv + HOH \rightarrow \equiv SiOH +$$

$$+ HOAl \equiv + K^+ \quad (5)$$

[7] *Robert, M.* u. a.: Sci. du Sol 4 (1980) 313. *Berner, R. A., G. R. Holden:* Geology 5 (1979) 369.

Die Spaltung der Si−O−Si-Bindung erfolgt wahrscheinlich nicht auf die gleiche Weise wie die der Si−O−Al-Bindung (= Säure-katalysierte Hydrolyse), sondern eher durch Base-katalysierte Hydrolyse, indem ein OH-Ion an Si angelagert wird (Reaktion 6):

$$\equiv Si{-}O{-}Si \equiv\ +\ HOH \rightarrow\ \equiv Si{-}O{-}Si \equiv\ +$$
$$\underset{OH}{|}$$
$$+\ H^+ \rightarrow\ \equiv Si{-}OH + HO{-}Si \equiv \qquad (6)$$

Die dadurch bedingte Erhöhung der Koordinationszahl von 4 auf 5 hat eine Schwächung der benachbarten Si−O-Bindung zur Folge, die schließlich zu ihrer Spaltung führen kann.

Die Stabilität der Si−O−Si-Bindung ist auch von der Art der benachbarten Metallionen im Silicatgitter abhängig. Sie ist um so geringer, je weniger elektronegativ* das betreffende Element ist (K < Na < Ca < Mg).

Als Endprodukte der hydrolytischen Spaltung der Kalifeldspäte können sich aus den ionaren oder molekularen Zersetzungsprodukten außer Kieselsäure Aluminiumhydroxid (Reaktion 7) oder Tonminerale wie Kaolinit (Reaktion 8) und − unter Einbau des freigesetzten Kaliums − Illit bilden.

$$KAlSi_3O_8 + 8H_2O \rightarrow Al(OH)_3 +$$
$$+\ 3H_4SiO_4 + KOH \qquad (7)$$

$$2KAlSi_3O_8 + 11H_2O \rightarrow Al_2Si_2O_5(OH)_4 +$$
$$+\ 4H_4SiO_4 + 2KOH \qquad (8)$$

Diese Neubildungen entstehen entweder am Ort der Verwitterung oder aber nach Transport der Zersetzungsprodukte an anderer Stelle. In ersterem Fall findet man sie häufig auf der Oberfläche der verwitternden Silicatkristalle.

Die für Kalifeldspäte geschilderte Hydrolyse kann sinngemäß auch auf die Hydrolyse anderer Silicate wie Plagioklase, Pyroxene, Amphibole, Olivine übertragen werden. Die Verwitterung der Glimmer und Chlorite, sowie die Möglichkeiten der Entstehung und Umwandlung der verschiedenen Tonminerale werden im Kapitel Tonminerale näher behandelt.

In der Natur wird das Hydrolysegleichgewicht nur selten erreicht, da die Verwitterungsprodukte auf folgende Weise ständig dem System entzogen werden: (a) Abfuhr der gelösten Verwitterungsprodukte, insbesondere der Alkali- und Erdkaliionen und des Siliciums durch Sickerwasser und Pflanzenaufnahme, (b) Bildung schwerlöslicher Hydrolyseprodukte (Carbonate, Oxide, Hydroxide usw.), (c) Bildung von löslichen organischen Komplexverbindungen des Aluminiums und Eisens und de-

ren Abfuhr, (d) Neutralisation der freigesetzten OH-Ionen durch H-Ionen der sauren Verwitterungslösungen. Aus diesen Gründen schreitet die Verwitterung ständig weiter fort. Außer durch hohe H-Ionenkonzentration wird die Intensität der Silicatverwitterung auch durch höhere Temperatur gesteigert. Da in Mitteleuropa ein gemäßigtes Klima vorherrscht und die Böden überdies meist sehr jung sind, enthalten ihre Schluff- und Sandfraktionen meist noch höhere Anteile an mittel- und schwerverwitterbaren Silicaten. Die langsame Verwitterung ist vor allem in der Grobkörnigkeit der Minerale und der geringen Temperatur begründet.

c) Oxidation

Viele Minerale enthalten Fe^{2+} und Mn^{2+}. Diese werden im O_2-haltigen Verwitterungsmilieu chemisch oder mikrobiell (bes. Mn) oxidiert.

Die Oxidation des Fe^{2+} bzw. Mn^{2+} zu Fe^{3+} bzw. Mn^{3+} oder Mn^{4+} erfolgt im Gitter des Minerals. Die Zunahme der positiven Ladung wird z. T. dadurch ausgeglichen, daß ein Teil der oxidierten oder anderen Kationen (z. B. H [Umwandlung von OH in O], K oder Mg beim Biotit) das Gitter verlassen. Die oxidierten Kationen werden als Oxide ausgeschieden. Durch diese Vorgänge wird das Gitter z. T. instabil und dem weiteren Zerfall Vorschub geleistet, z. B. dadurch, daß das freigesetzte H-Ion an anderen Stellen des Gitters Si−O−M-Bindungen hydrolytisch sprengt.

Auf diese Weise zerfallen z. B. Fe(II)-Silicate, aber auch Fe(II)-Carbonat und andere Fe(II)-Minerale unter Bildung von braunen oder roten Fe(III)-Oxiden. Da viele Minerale Fe^{2+} enthalten, ist die Verwitterung eines Gesteins daher fast immer von einer Braun- oder Rotfärbung begleitet. Bei höheren Mn^{2+}-Gehalten treten außerdem Schwarzfärbungen durch Mn(III,IV)-Oxide auf.

Bei Eisensulfiden, FeS und FeS_2, werden außer Fe^{2+} auch die Sulfidionen oxidiert. Diese Oxidation führt zu Fe(III)-Sulfat (Reaktion 9), das zu FeOOH und H_2SO_4 hydrolysieren kann (Reaktion 10):

---

* Die Elektronegativität eines Atoms ist ein Maß für seine Fähigkeit, Elektronen anzuziehen. Das elektronegativste Element Fluor erhielt von *L. Pauling* die willkürliche Zahl 4,0. Innerhalb des Periodensystems sinkt in der gleichen Periode die Elektronegativität von rechts nach links und innerhalb der gleichen Gruppe von oben nach unten.

$$4FeS_2 + 15O_2 + 2H_2O \rightarrow 2Fe_2(SO_4)_3 + 2H_2SO_4 \quad (9)$$
$$2Fe_2(SO_4)_3 + 8H_2O \rightarrow 4FeOOH + 6H_2SO_4 \quad (10)$$

Tone, die durch feinverteiltes Fe-Sulfid blauschwarz gefärbt sind, hellen sich hierdurch an der Luft auf und werden bräunlich. In Gegenwart von K-Ionen und bei niedrigem pH kann anstelle von Fe(III)-Sulfat auch der gelbe Jarosit $KFe_3(OH)_6(SO_4)_2$ entstehen.

Bei der Umwandlung von Biotit in ein Tonmineral wird außer K — wie beim Muskovit — auch Fe^{2+} aus dem Gitter freigesetzt und als Fe(III)-Oxid z. T. auf der Oberfläche des verwitterten Biotits ausgefällt[8]. Hierdurch entstehen gebleichte Biotite, die sich häufig als goldgelbe Schüppchen in Böden finden. Wie beim FeS_2 so ist auch an der oxidativen Verwitterung der Silicate die Hydrolyse beteiligt, wie die folgende Verwitterungsreaktion eines Pyroxens (Hedenbergit) zeigt (Reaktion 11):

$$4CaFeSi_2O_6 + 6H_2O + 4H_2CO_3 + O_2 \rightarrow 4CaCO_3 + 4FeOOH + 8H_2SiO_3 \quad (11)$$

Die Oxidation des Magnetits, Fe_3O_4, führt häufig zum Maghemit, γ-Fe_2O_3 (Reaktion 12):

$$4Fe_3O_4 + O_2 \rightarrow 6Fe_2O_3 \quad (12)$$

d) Komplexierung

Verwitterungsversuche haben gezeigt, daß einfache organische Säuren die Zersetzung primärer Silicate gegenüber Vergleichslösungen mit gleichem pH verstärken. Diese allgemein zu beobachtende Wirkung läßt sich auf die Bildung stabiler löslicher und unlöslicher metallorganischer Komplexe insbesondere mit den Metallen Al, Fe und Mn zurückführen (meist Chelate). Die organischen Stoffe entstehen vor allem bei der mikrobiellen Streuzersetzung oder werden von der lebenden Pflanzenwurzel ausgeschieden. Als chelatisierende Stoffe wirken z. B. Weinsäure, Citronensäure, Ketoglutarsäure, Brenzkatechin, Salicylaldehyd und Salicylsäure. Besonders wirksam können Derivate von o-Dihydroxybenzol sein, weil diese nicht nur mit vielen mehrwertigen Kationen wie Al, Fe und Ti stabile Komplexe bilden, sondern auch mit Si. Aber auch die höher molekularen Huminstoffe, insbesondere die Fulvosäuren, beteiligen sich an der Komplexierung obiger Metalle. Entstehen hierbei lösliche Komplexe, so können die Metalle auf diese Weise im Profil verlagert und damit dem Verwitterungssystem entzogen werden.

3. Verwitterungsstabilität von Mineralen

Die Verwitterungsstabilität von Mineralen ist abhängig von ihren physikalischen, chemischen und kristallographischen Eigenschaften. Da die Geschwindigkeit der chemischen Verwitterung mit abnehmender Korngröße steigt, sind Minerale, die infolge geringer Härte und guter Spaltbarkeit mechanisch leicht zerkleinert werden, auch einer verstärkten chemischen Verwitterung ausgesetzt. Unterschiede in der chemischen Zusammensetzung und in der Kristallstruktur bedingen eine unterschiedliche chemische Verwitterungsstabilität.

Die geringe Stabilität der Carbonate und Sulfate ist eine Folge ihrer relativ hohen *Löslichkeit;* die hohe Stabilität der Oxide und Hydroxide des Si, Al, Fe und Ti ist dagegen in ihrer sehr geringen Löslichkeit begründet; sie sind daher häufig die Endprodukte der chemischen Verwitterung.

Die Verwitterungsstabilität der übrigen Minerale, besonders der Silicate, ist von zahlreichen Faktoren abhängig, die häufig ineinandergreifen. Im allgemeinen steigt bei den Silicaten die chemische Verwitterungsstabilität mit steigendem *Kondensationsgrad* des Silicatgitters in der Reihenfolge Inselsilicate < Di-und Ringsilicate < Kettensilicate < Blattsilicate < Gerüstsilicate. In der gleichen Strukturgruppe sinkt die Stabilität mit steigendem Ersatz von Si durch Al, also in der Reihenfolge Quarz > Orthoklas > Nephelin und bei den Plagioklasen von Albit zum Anorthit. Dies liegt daran, daß die 4 Sauerstoffatome der Tetraeder durch das im Vergleich zum Si- größere Al-Ion (Al: 1,14 Å, Si: 0,78 Å) etwas auseinandergedrängt werden und dadurch im Kristallgitter Spannungen auftreten, die eine Abnahme der Stabilität zur Folge haben können.

Fe^{2+}- und Mn^{2+}-haltige Minerale verwittern leicht, da Fe^{2+} und Mn^{2+} an der Erdoberfläche oxidiert werden. Auch die Art der Kationen, die die SiO_4-Tetraeder verknüpfen, beeinflussen die Stabilität. Diese sinkt z. B. wenn in einem Kalifeldspat die K-Ionen teilweise durch Na-Ionen ersetzt sind. Hierbei spielen vor allem die Größe und die Ladung der Ionen eine wesentliche Rolle. Ihr Einfluß kann jeden anderen strukturbedingten Einfluß überlagern.

[8] *Gilkes, R. J., A. Suddhiprakarn:* Clays Clay Min. 27 (1979) 349, 361.

So gehört Zirkon (ZrSiO₄) zu den stabilsten Silicaten, obgleich es wie der Olivin aus isolierten SiO₄-Tetraedern aufgebaut, also ein Inselsilicat ist.

Insgesamt ergibt sich aus diesen Betrachtungen für die wichtigsten gesteinsbildenden Silicate etwa folgende Reihe steigender Verwitterungsstabilität: Olivine < Granat < Pyroxene < Amphibole < Biotit < Plagioklase < Orthoklas < Muskovit < Quarz. In kühleren Klimaten verwittern dagegen wegen der Kryoklastik die Glimmer schneller als die Feldspäte. Auf die Verwitterungsstabilität der Tonminerale wird später näher eingegangen.

Eine differenziertere Betrachtung der Verwitterungsstabilität ist mit Hilfe sog. *Stabilitätsdiagramme* möglich, in denen die Stabilitätsfelder als Funktion der Zusammensetzung der Verwitterungslösung dargestellt sind. Diese Diagramme lassen sich aus den Konstanten der Umwandlungsreaktionen konstruieren[9]. Sie können experimentell bestimmt oder aus den freien Energien der Reaktionspartner errechnet werden.

Ein für die chemische Verwitterung wichtiges Stabilitätsdiagramm ist in Abb. 6 dargestellt. In ihm sind die Stabilitätsbereiche der häufigsten Minerale im System $K_2O-Al_2O_3$-SiO_2-H_2O, nämlich Orthoklas, Muskovit, K-Smectit, Kaolinit und Gibbsit als Funktion der Konzentration an Kieselsäure (Abszisse) und des Konzentrationsverhältnisses von K^+ und H^+ dargestellt. Quantitative Aussagen lassen sich aus diesem und ähnlichen Diagrammen allerdings deswegen nur beschränkt ableiten, weil (1) die Reaktionskonstanten nur ungenau bekannt sind, (2) die Gleichgewichte im Verwitterungsmilieu nur selten erreicht werden und (3) sich metastabile Phasen nur sehr langsam in die stabilen umwandeln. Ein Beispiel hierfür ist, daß die Si-Konzentration in vielen Verwitterungslösungen über der des Gleichgewichtes mit Quarz liegt, dieser sich aber nicht bildet, weil er sehr schwer auskristallisiert. Dies hat zur Folge, daß sich Orthoklas direkt in Kaolinit umwandeln kann, zu dessen Bildung die Si-Gleichgewichtskonzentration des Quarzes nicht ausreichen würde. Das Diagramm muß dann um die metastabilen Phasen wie z. B. amorphes SiO_2 (s. Abb. 6) erweitert werden.

Trotzdem lassen sich aus dem Diagramm in Abb. 6 wichtige Trends der Mineralumbildung ablesen. So werden Orthoklas und Muskovit umso eher verwittern, je niedriger die K- und Si-Konzentration und je höher die H-Konzentration in der Verwitterungslösung ist. Je schneller also freigesetztes K und Si durch Sickerwasser abgeführt werden, desto intensiver zersetzen sich die primären K-Minerale. Auch die Bedingungen, unter denen die verschiedenen Verwitterungsneubildungen entstehen, lassen sich dem Diagramm entnehmen. So bilden sich bei hoher Si-Konzentration Smectit, bei mittlerer Kaolinit und bei niedriger Gibbsit (s. Tonmineralbildung).

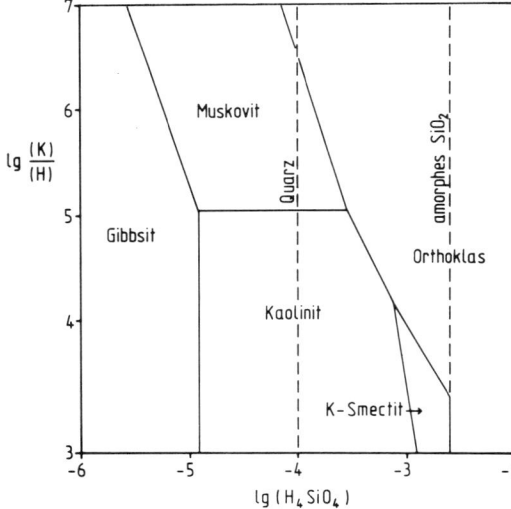

Abb. 6 Stabilitätsbereiche von Muskovit, Orthoklas, K-Smectit, Kaolinit und Gibbsit als Funktion der Konzentration an K^+, H^+ und H_4SiO_4 bei 25 °C und 1 bar Gesamtdruck. Die beiden senkrechten gestrichelten Linien markieren die H_4SiO_4-Sättigungskonzentration von Quarz und amorphem SiO_2

4. Verwitterungsstabilität von Gesteinen

Die Stabilität von Gesteinen gegenüber physikalischer und chemischer Verwitterung ist außer von der Stabilität ihrer Minerale noch von zahlreichen anderen Eigenschaften abhängig. Grobkörnige, saure Tiefengesteine wie z. B. Granit verwittern vor allem physikalisch leicht und daher tiefgründiger als feinkörnige, basische Ergußgesteine wie z. B. Basalt, bei de-

[9] *Garrels, R. M., C. L. Christ:* Solutions, minerals and equilibria. Harper & Row, New York 1965; *Lindsay, W. L.:* Chemical equilibria in soils. Wiley, New York, 1979.

nen die physikalische Verwitterung sehr langsam fortschreitet. Umgekehrt ist es bei der chemischen Verwitterung. Hier verwittern basische Magmatite insbesondere feinkristalline Ergußsteine wegen ihres höheren Gehaltes an leicht verwitterbaren Mineralen (Olivin, Pyroxene, Amphibole und Ca-reiche Plagioklase) schneller und durchgreifender als saure Magmatite. Aus Graniten entstehen daher im gemäßigt-humiden Klima tiefgründige, aber im Mineralbestand gegenüber dem Gestein wenig veränderte Böden, aus Basalten dagegen flachgründige, aber mineralogisch stark veränderte Böden. Sind die Magmatite sehr porös und enthalten sie große Anteile vulkanischer Gläser, wie z. B. die Tuffe, so verwittern sowohl saure als auch basische Gesteine leicht.

Bei den geschichteten und geschieferten Gesteinen ist die Verwitterung von der Lage der Schicht- und Schieferungsflächen abhängig. Aus dem gleichen Gestein ergeben sich bei waagrechter Schichtung und Schieferung flachgründige, bei schräger und senkrechter Schichtung und Schieferung tiefgründige Verwitterungsdecken (s. a. Kap. XXVII 2).

5. Veränderungen des Chemismus durch die Verwitterung

Entsprechend dem Mineralbestand verändert sich auch der Chemismus im Verwitterungsmaterial mit fortschreitender Verwitterung. Elemente leicht verwitterbarer Minerale werden dann ausgewaschen, wenn sie nicht als schwer lösliche sekundäre Minerale wieder ausgefällt werden. Der Verwitterungsbereich verarmt also zuerst vor allem an Na, Ca und Mg, während der K-Gehalt wegen der Schwerverwitterbarkeit der Kalifeldspäte, des Muskovits und Illits langsamer abnimmt. Obwohl auch in den Anfangsphasen der Verwitterung bereits Si verloren geht, tritt der Hauptverlust an Si erst in einem fortgeschrittenen Verwitterungsstadium auf; er erfolgt stufenweise, da sich zunächst Si-reiche sekundäre Minerale (Tonminerale) und dann Si-ärmere bilden, bis schließlich im Extremfall nahezu alles Si verloren geht. In diesem Zustand haben sich die Elemente Al, Fe, Ti und einige Spurenelemente wie Ni und Cr sehr stark angereichert, da diese sehr schwer lösliche Oxide und Hydroxide (Kap. V) bilden, die diese Elemente nahezu vollständig immobilisieren.

Insgesamt ergibt sich also für die Kationen

die Reihenfolge des Elementverlustes zu Na $\approx$ Ca $\approx$ Mg > K > Si > Mn. Unter den Anionen wird Cl^- am leichtesten, dann SO_4^{2-} und am schwersten Phosphat ausgewaschen, an dem aber auch junge Böden des gemäßigt-humiden Klimas Mitteleuropas bereits z. T. verarmt sind.

Die geschilderten Unterschiede im Chemismus des Verwitterungsmaterials als Ausdruck des Verwitterungsgrades sind meist klimabedingt (s. Kap. XXVII 1). Abweichungen von der genannten Reihenfolge der Elementverluste treten allerdings auf; sie bedingen z. T. die Vielfalt der Böden eines Klimaraumes. So können z. B. in Mitteleuropa Glimmer leichter verwittern als Na-Feldspäte, sodaß der K-Gehalt schneller abnimmt als der Na-Gehalt. Im Bereich der Podsolierung (s. Kap. XXVIII 5) oder der Naßbleichung (s. Kap. XXXI 1 n) können in einzelnen Profilteilen Fe und Mn bevorzugt abgeführt werden.

6. Verwitterungsgrad von Böden

Der Verwitterungsgrad eines Sedimentes oder Bodens kann entweder mineralogisch oder chemisch gekennzeichnet werden. So verwenden *M. L. Jackson* und *G. D. Sherman* zur Kennzeichnung des Verwitterungsgrades verschiedener Böden sog. *Leitminerale* unterschiedlicher Verwitterungsstabilität.

Es wird z. B. eine schwache Verwitterung durch Gips, Calcit und Olivin angezeigt, eine mäßige durch Biotit, Illit und Smectit, eine starke durch sekundären Chlorit und Kaolinit und eine sehr starke durch Gibbsit, Hämatit, Goethit und Anatas. Abweichungen hiervon sind jedoch je nach lokalen Bedingungen möglich.

Um ein quantitatives Maß für den Verwitterungsgrad innerhalb eines Bodenprofils zu erhalten, bestimmt man den Verlust eines von der Verwitterung erfaßten Minerals z. B. eines Feldspats gegenüber dem unverwitterten Ausgangsgestein. Dabei ist zu beachten, daß der Gehalt dieses Minerals nicht nur durch Verwitterung, d. h. *absolut* abnimmt; er kann auch durch Verlust anderer noch leichter verwitterbarer Minerale, z. B. Calcit, *relativ* ansteigen. Um diesen Effekt auszuschalten, bezieht man den Gehalt des Minerals auf den eines sehr schwer verwitterbaren Minerals (*Indexmineral*). Der wirkliche Verlust durch Verwitterung gegenüber dem Ausgangsgestein (= 0) ergibt sich dann aus der Beziehung (Indexmineral-methode n. *Marshall*):

$$1- \frac{\dfrac{\text{Geh. d. Min. i. Boden}}{\text{Geh. d. Min. i. Ausggst.}}}{\dfrac{\text{Geh. d. Indexmin. i. Boden}}{\text{Geh. d. Indexmin. i. Ausggst.}}}$$

Als Indexmineral eignet sich z. B. Quarz oder noch besser ein sehr verwitterungsresistentes Schwermineral, wie z. B. Zirkon ($ZrSiO_4$).

Will man die Verwitterungsunterschiede einzelner Horizonte bilanzieren, so muß das Indexmineral auch verlagerungsresistent sein, was z. B. für Quarz der Tonfraktion nicht zutrifft.

Anstelle eines Minerals kann auch der Gehalt eines Bodens an einem bestimmten Element herangezogen werden, das in einem solchen Mineral enthalten ist. So wurde z. B. anstelle des Feldspatgehaltes der Ca-Gehalt bestimmt und auf den Quarzgehalt bezogen. In gleicher Weise kann die Bestimmung des Indexminerals durch die eines Elements ersetzt werden, das in verwitterungsresistenten Mineralen enthalten ist, wie z. B. Zirkon.

Mit Hilfe der genannten Methoden ist es möglich, das absolute Ausmaß der Verwitterung quantitativ durch den Verlust oder den Gewinn eines Minerals oder Elementes im Vergleich zum Ausgangsgehalt zu messen. Voraussetzung für die Anwendbarkeit dieser Methoden ist es, daß das Ausgangsgestein entweder im gesamten Profil bzw. im jeweils betrachteten Profilabschnitt gleichmäßig zusammengesetzt war oder sich sein Ausgangszustand rekonstruieren läßt[10]. Diese *Gleichmäßigkeit* kann durch Bestimmung des Mengenverhältnisses (a) zweier verlagerungs- und verwitterungsresistenter Fraktionen (z. B. Mittel- und Feinsand), (b) eines schwer verwitterbaren Minerals in 2 Fraktionen (z. B. Quarz der Mittel- und Feinsandfraktion), (c) zweier schwer verwitterbarer Minerale geprüft werden. Je weniger diese Verhältnisse innerhalb des Profils variieren, desto gleichmäßiger ist das Ausgangsgestein; Sedimente sind meist sehr ungleichmäßig zusammengesetzt und erschweren daher die Bilanzierung der Verwitterung.

---

[10] *Blume, H. P.:* DBG-Mitt. 25 (1977) 797.

III. Körnung (Textur)*

Böden sind Gemische aus Mineralkörnern verschiedener Form und Größe sowie organischen Teilchen. Die Körnung, abgekürzter Begriff für *Korngrößenverteilung,* ist eine der wichtigsten Bodeneigenschaften hinsichtlich der Ertragsfähigkeit, der Bodenentwicklung und der Filterung von anorganischen und organischen Stoffen.

Die Körnung eines Bodens unterteilt man in *Korngrößenfraktionen* mit konventionell festgelegten Grenzen (Sandfraktion usw.). Diese Fraktionen sind in verschiedenen Böden mit unterschiedlichen Anteilen vertreten, die man in den Bodenarten zusammenfaßt (z. B. Sandböden bei hohem Anteil der Sandfraktion). In Böden treten die einzelnen Körner selten (z. B. in manchen Sandböden) als diskrete Teilchen isoliert nebeneinander auf, sondern sie sind zu einem mehr oder weniger hohen Anteil zu Aggregaten verklebt, besonders die feineren Teilchen (s. Bodengefüge). Unter dem *Begriff* Körnung versteht man aber in der Regel nur die

Verteilung der einzelnen Körner, wie sie nach einer Dispergierung der Aggregate auf konventionellem Wege durch mehr oder weniger weitgehende Entfernung der Klebstoffe isoliert sind.

1. Kornformen, Oberfläche, Korngrößenfraktionen

Die Körner haben verschiedene *Form,* in den gröberen Fraktionen sind sie meist abgerundet und häufig kugelähnlich, bedingt durch den

---

* Zusammenfassende Literatur[1-3].
[1] *De Leenheer, L.:* Soil Texture, in: *Linser, H.* (Hrsg.): Handbuch der Pflanzenernährung und Düngung. II. Springer, Wien 1966–1968.
[2] *Hartge, K. H.:* Einführung in die Bodenphysik. Enke, Stuttgart 1978.
[3] *Schlichting, E., H.-P. Blume:* Bodenkundliches Praktikum, 2. Aufl. Parey, Hamburg, Berlin 1976.

vorherrschenden Quarzanteil. Nach den feineren Fraktionen steigt der Anteil blättchenförmig ausgebildeter Minerale, bedingt durch den zunehmenden Gehalt an Glimmern und Tonmineralen.

Die verschiedenen *Korngrößen* der Bodenteilchen erklären sich aus der Mineralgröße in den Ausgangsgesteinen bzw. der Größe der Gesteinsbruchstücke, dem Ausmaß der physikalischen und chemischen Verwitterung und der Korngröße der Neubildungen. Die Verlagerung durch Wasser und Wind hat eine weitere Differenzierung nach der Korngröße zur Folge.

Mit abnehmender Korngröße nehmen Kornzahl und *Oberfläche* bei gleichem Gesamtvolumen der Teilchen stark zu (Tab. 6). Die in dieser Tabelle angegebenen Oberflächen beziehen sich jedoch nur auf kugelförmige Teilchen. Da aber in Böden mit abnehmender Korngröße der

Anteil blättchenförmiger Minerale zunimmt (größere Oberfläche), und aufgeweitete Tonminerale eine große innere Oberfläche haben, kann die Oberfläche der Tonfraktion von Böden bis 400 m²/g betragen (s. Kap. X 3 a).

Zur Gliederung der Korngemische werden Bereiche gewählt, die sich auf wesentliche Bodeneigenschaften sehr verschiedenartig auswirken. In Deutschland erfolgt sie nach den in Abb. 7 angeführten Fraktionsgrenzen und Bezeichnungen der *Korngrößenfraktionen*. Die Unterteilung erfolgt also in Form einer logarithmischen Skala mit den Grenzwerten 2, 6,3, 20 usw., so daß dann auch der gesamte Korngrößenbereich grafisch gut darstellbar ist. Die Ziffer 6,3 teilt die Intervalle 2 bis 20 in 2 geometrisch gleiche Teile*.

Die Fraktionen < 2 mm werden häufig in dem Begriff *Feinboden* zusammengefaßt. Die Fraktionen > 2 mm werden als *Bodenskelett* bezeichnet, bei ihrer Unterteilung wird die äußere Form berücksichtigt. Abgerundetes Mate-

Tabelle 6 Beziehung zwischen Korngröße, Kornzahl und Oberfläche bei Zerteilung einer Kugel von 1 cm Radius in kugelförmige Teilchen

Kugelradius	Kugel-zahl	Gesamtoberfläche
1 cm	1	12,6 cm²
1 mm	10^3	126 cm²
0,1 mm	10^6	1260 cm²
0,01 mm	10^9	12600 cm²
0,001 mm = 1 µm	10^{12}	126000 cm² = 12,6 m²
0,1 µm	10^{15}	126 m²

* In anderen Ländern sind teilweise andere Fraktionsgrenzen gebräuchlich, z. B. in angelsächsischen Ländern für die Schlufffraktion (silt) der Bereich 2–50 µm. Abweichungen bestehen auch in der Sand- und Kiesfraktion. Nach dem Vorschlag der Internationalen Bodenkundlichen Gesellschaft unterteilt man die Fraktionen in: Ton < 2 µm, Schluff 2–20 µm, Feinsand 20–200 µm und Grobsand 200–2000 µm.

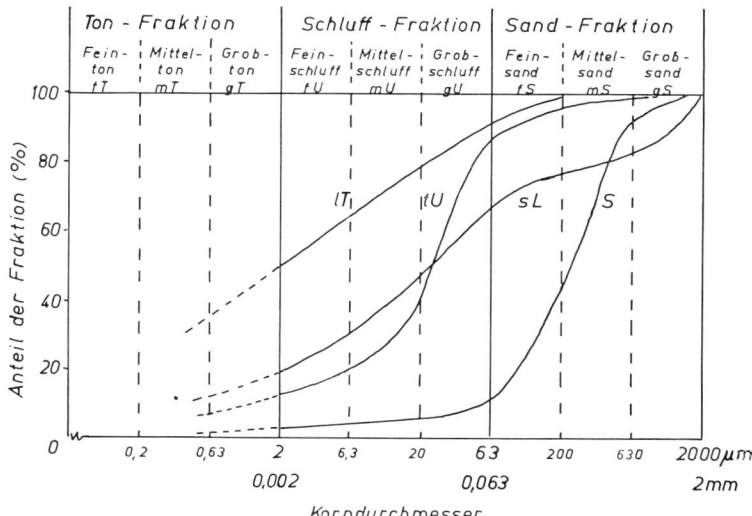

Abb. 7 Körnungs-Summenkurven eines Sandbodens (S) tonigen Schluffbodens (tU) aus Löß, sandigem Lehmboden (sL) und lehmigen Tonbodens (lT) sowie Bezeichnung und Äquivalentdurchmesser der Korngrößenfraktionen

rial wird bei einem Korndurchmesser von 2–63 mm als *Kies* (Abkürzung G) (Feinkies 2–6,3, Mittelkies 6,3–20 und Grobkies 20–63 mm) und von 63–200 mm als *Geröll* bezeichnet, eckigkantiges Material von 2–6,3 mm als *Grus* und 6,3–200 mm als *Steine* (Abkürzung X), alle Korngrößen > 200 mm als *Blöcke.*

Zur *Bestimmung* der Körnung muß der durch ein Sieb mit 2 mm Maschenweite gesiebte Boden zunächst von den Kittstoffen befreit werden. Dies geschieht durch Zusatz von Salzsäure (löst Carbonate) und Wasserstoffperoxid, Hypobromid oder Hypochlorid (oxidieren organische Stoffe). Für Spezialuntersuchungen erfolgt eine weitere Vorbehandlung mit einer Mischlösung von Natriumdithionit-Natriumcitrat-NaHCO₃ (löst Fe-, Mn- und Al-Oxide). Bei speziellen Fragestellungen wird manchmal auf die gesamte Vorbehandlung verzichtet.

Im Anschluß an diese Vorbehandlung wird ein Dispergierungsmittel wie Natriumpyrophosphat zugesetzt (Pyrophosphate komplexieren adsorbiertes Ca^{2+} und Mg^{2+}, die dann durch die stark peptisierenden Na-Ionen ersetzt werden), die Sandfraktion durch Siebung bestimmt und die feineren Fraktionen durch Sedimentationsanalyse (Pipett- oder Aräometermethode). Die Analysenwerte werden auf $CaCO_3$- und C(org.)-freies Material bezogen. Ebenso wie die Sandfraktion werden auch die gröberen Fraktionen, allerdings ohne Vorbehandlung, durch Siebung bestimmt.

Die *Sinkgeschwindigkeit* der Teilchen ist bei gleicher Teilchendichte und Temperatur in wäßriger Suspension nur vom Teilchendurchmesser abhängig, wie aus dem Stokesschen Widerstandsgesetz ersichtlich ist:

$$v = \frac{2}{9} \cdot \frac{r^2(d_1 - d_2) \cdot g}{\eta}$$

(v = Sinkgeschwindigkeit, r = Teilchenradius, d_1 = Teilchendichte, d_2 = Dichte der Flüssigkeit, g = Erdbeschleunigung, η = Viskosität der Flüssigkeit).

Das Gesetz gilt streng nur für kugelförmige Teilchen, so daß für die blättchenförmigen Minerale bei der Sedimentationsanalyse nur ein Durchmesser ermittelt wird, der dem von kugelförmigen Teilchen gleicher Fallgeschwindigkeit entspricht *(Äquivalentdurchmesser).* Da im Boden der Quarz meist überwiegt, wird seine Dichte von 2,65 als Mittelwert zugrunde gelegt. Aus Tab. 7 ist ersichtlich, daß die Sinkzeit mit abnehmenden Teilchendurchmesser stark ansteigt.

Die *grafische Darstellung* der Körnung kann erfolgen in Form eines Säulendiagrammes (s. z. B. Abb. 9), einer entsprechenden Häufigkeitsverteilungskurve oder einer Summenkurve (Abb. 7). Die letzte wird durch Summieren der Fraktionsanteile, die der Größe nach aufeinanderfolgen (d. h. von links nach rechts)ʼerhalten.

Tabelle 7 Sinkzeit kugelförmiger Teilchen (Dichte 2,65 g/cm³) in Wasser von 20 °C je 10 cm Sinkhöhe

Teilchendurchmesser (μm)	Sinkzeit
2	7 h 43 min
6,3	51 min 26 s
20	4 min 38 s
63	31 s
200	5 s

Ein steiler Verlauf der Kurve deutet auf einen hohen Anteil der betreffenden Fraktion (z. B. von mU und gU beim Schluffboden und mS beim Sandboden), ein flacher Verlauf auf einen geringen Anteil; die Summenkurve ermöglicht die Ablesung aller Fraktionen unterhalb einer bestimmten Korngröße.

2. Bodenarten

Für praktische Zwecke faßt man das Gemisch der Korngrößenfraktionen in Kurzbezeichnungen zusammen, die, ausgenommen Lehmböden, meist durch die vorherrschende Korngrößenfraktion charakterisiert sind. Man erhält auf diese Weise Bodenarten. In übersichtlicher Form werden die Körnungen einer größeren Bodenanzahl in *Dreiecksdiagrammen* dargestellt[4]. Bei der Unterteilung der Bodenarten steht das Bestreben im Vordergrund, die in einem Land vorkommenden Böden möglichst weit aufzuteilen, so daß auch die Grenzwerte und Bezeichnungen der Bodenarten in den einzelnen Ländern verschieden sind. Bei dem in der Bundesrepublik meist angewandten Diagramm wurde weiterhin die Abgrenzung der Bodenarten so vorgenommen, daß sie durch die Fingerprobe differenziert werden können (Abb. 8).

Die *Fingerprobe* wird meist im Felde vorgenommen und kann von geübten Kräften im Bereich von 0–20 % Ton mit einer Genauigkeit von etwa 5 % Ton durchgeführt werden. Bei der Fingerprobe dienen als Kriterien die Plastizität, Rollfähigkeit, Schmierfähigkeit und Rauhigkeit. Beim Reiben einer Bodenprobe mittlerer Feuchtigkeit zwischen den Fingern haben die verschiedenen Kornfraktionen die folgenden Merkmale: *Ton:* formbar, beschmutzend, glatte und glänzende Gleitfläche. *Schluff:* wenig formbar, mehlig, zerbröckelnd, nicht beschmutzend, rauhe Gleitfläche. *Sand:* nicht formbar, nicht beschmutzend, körnig. Die Eigenschaften der einzelnen Bodenarten resultieren aus dem Mischungsverhältnis dieser Kornfraktionen.

[4] *Billib, H.:* Z. Kulturtechnik 2 (1961) 30.

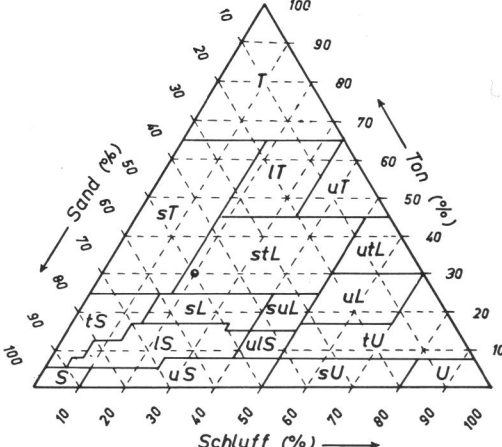

Abb. 8 Dreiecksdiagramm der Bodenarten nach dem Vorschlag der Ämter für Bodenforschung (S = Sand, s = sandig, U = Schluff, u = schluffig, L = Lehm, l = lehmig, T = Ton, t = tonig). Beispiel: Der Punkt o entspricht einem Gehalt des Bodens an der Fraktion Sand = 50 %, Schluff = 20 % und Ton = 30 %[5]

Die Bodenarten werden gegliedert in Sand- (S), Schluff- (U), Lehm- (L) und Tonböden (T), die weitere Unterteilung erfolgt durch die zusätzlichen Begriffe: sandig, schluffig, lehmig und tonig mit den entsprechenden kleinen Buchstaben. Sand-, Schluff- und Tonböden sind häufig annähernd durch den überwiegen-den Anteil der entsprechenden Korngrößen-fraktionen gekennzeichnet, Lehmböden neh-men eine Mittelstellung zwischen den 3 anderen Bodenarten ein und haben einen Tongehalt von 15–45 % (s. Abb. 8).

In Abb. 9 sind einige Beispiele für die Kör-nung von Böden angegeben, die in Deutschland weit verbreitet sind.

Zur besseren Charakterisierung der Nähr-stoffversorgung der Böden wird in der Regel nur eine einzige Korngrößenfraktion herange-zogen, meist die Tonfraktion < 2 μm, aber auch die Fraktion < 6 μm oder 10 μm (z. B. Reichsbodenschätzung). Der Gehalt der Frak-tion < 2 μm beträgt bei einer mehr oder weni-ger hohen Streuung im Mittel ≈ 75 % der Fraktion < 6 μm und 65–70 % der Frak-tion < 10 μm. Die Bezeichnung der Boden-arten stimmt dann auch nicht mehr mit der in Abb. 8 überein.

Häufig werden zur Kennzeichnung der Kör-nung die Begriffe *grobkörnig* (Sandböden) und *feinkörnig* (sonstige Mineralböden) gebraucht.

---

[5] Kartieranleitung der Arbeitsgemeinschaft Boden-kunde der Geologischen Landesämter und der Bun-desanstalt für Bodenforschung. Schweizerbart, Stuttgart 1982.
[6] *Hartge, K. H.:* Z. Pflanzenernähr. Bodenkd. 107 (1964) 1.

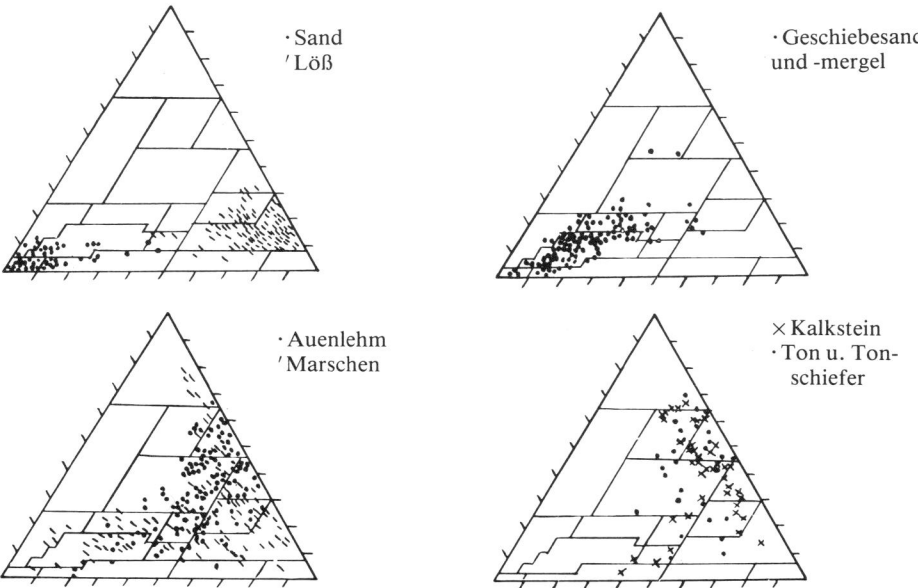

Abb. 9 Beispiele für die Körnung weit verbreiteter Böden unterschiedlicher Ausgangsgesteine[6]

Die im praktischen Landbau gebräuchlichen, nicht genau definierten Begriffe *leichte* (Sandböden), *mittelschwere* (Schluff- und Lehmböden) und *schwere Böden* (Tonböden) beziehen sich auf die Bearbeitbarkeit.

Nach *E. Mückenhausen* beträgt der flächenmäßige Anteil einiger Bodenarten an der Gesamtfläche der BRD:
Sand- und lehmige Sandböden 20 %; Schluffböden (Löß- und Sandlöß) 13 %; sandige Lehm- bis Lehmböden 27 %; tonige Lehm- bis Tonböden 6 %; steinige, lehmige Sand- bis steinige, lehmige Tonböden der Mittel- und Hochgebirge 34 %.

3. Einfluß der Körnung auf die Eigenschaften und die Ertragsfähigkeit der Böden

Die Einteilung der Böden nach ihrer Körnung erfolgt nicht willkürlich, sondern aufgrund der unterschiedlichen Eigenschaften, die die einzelnen Kornfraktionen den Böden verleihen.

Sandböden haben günstige physikalische Eigenschaften, wie gute Wasserdurchlässigkeit, gute Durchlüftung und leichte Bearbeitbarkeit, besitzen aber nur einen geringen Gehalt an nativen Nährstoffen, ein geringes Adsorptionsvermögen für K- und NH_4-Ionen (leichtere Auswaschung) und ein geringes Speicherungsvermögen für pflanzenverfügbares Wasser (nutzbare Feldkapazität 50–120 mm Niederschlag je 1 m Profiltiefe). Dieses geringe Wasserhaltevermögen ist die wesentliche Ursache für die geringere Ertragsfähigkeit der Sandböden (Abb.10) und die niedrigen Bodenzahlen. Der Einfluß der Feuchtigkeit als Minimumfaktor kann daraus ersehen werden, daß die Erträge auf Sandböden bei künstlicher Bewässerung oder bei hoch anstehendem Grundwasser bei ausreichender Düngung häufig die Erträge von Böden höchster Ertragsleistung erreichen.

Tonböden haben zwar von allen Bodenarten das höchste Porenvolumen, aber nur einen geringen Anteil an Grobporen, der häufig unter der kritischen Grenze von 10 % liegt. Auch der Anteil an Mittelporen ist gering und daher auch die nutzbare Feldkapazität (50–150 mm Niederschläge je 1 m). Mit dieser Porenverteilung stehen einige Bodeneigenschaften im Zusammenhang, die für die geringe Ertragsfähigkeit der Tonböden in erster Linie verantwortlich sind: Schlechte Wasserführung, Durchlüftung

und Durchwurzelbarkeit. Außerdem haben die Tonböden in ausgeprägtem Maße die Eigenschaft der Quellung und Schrumpfung, wodurch häufig die Pflanzenwurzeln geschädigt werden. Sie sind schwierig zu bearbeiten und haben nur in sehr eng begrenzten Zeiträumen eine für die Bodenbearbeitung optimale Bodenfeuchte. Da die Tonböden eine geringe Wasserleitfähigkeit aufweisen, sind sie häufig nasse Standorte und werden dann nicht mehr als Ackerland, sondern als Weide genutzt.

Schluffböden, sowie *Lehmböden* mittleren Tongehaltes, haben bei gutem Gefüge die günstigste Konstellation chemischer und physikalischer Eigenschaften. Sie haben eine hohe nutzbare Feldkapazität (150–220 mm je 1 m), hohen Gehalt an nativen Nährstoffen, sowie einen guten Luft- und Wasserhaushalt. Auf ihnen werden die anspruchsvollsten Kulturen angebaut und bei guter Nährstoffversorgung Erträge bis 80 dt Weizen und bis 600 dt Zuckerrüben je ha erzielt. Schluffböden geringen Tongehaltes ($< \approx 15$ %) haben jedoch häufig eine geringe Gefügestabilität und unterliegen daher leicht der Verschlämmung und Erosion.

Die hohe *Ertragsfähigkeit* der Schluff- und Lehmböden geht auch aus Abb. 10 hervor. Hier sind die relativen Erträge von Roggen und Kartoffeln sowie die jeweils höchsten und niedrigsten Bodenzahlen der Bodenschätzung (als Maß der Ertragsfähigkeit) in Beziehung gesetzt zu dem Gehalt der Böden an der Fraktion $< 10\,\mu m$. Danach weisen die Böden im mittleren Bereich (vorwiegend Lößböden) die höchsten Bodenzahlen und Erträge auf. Die sinkenden Werte bei Abnahme an Teilchen $< 10\,\mu m$ beruhen vorwiegend auf der Abnahme der Feldkapazität der Böden, bei Zunahme der Teilchen $< 10\,\mu m$ auf der sich verschlechtern-

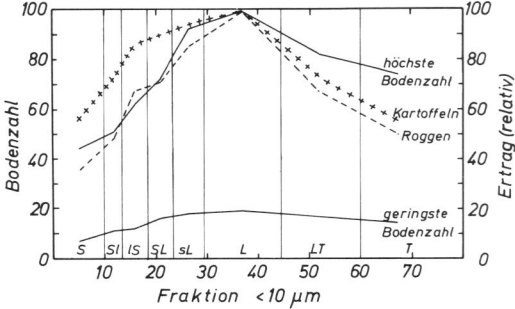

Abb. 10 Beziehungen zwischen dem Anteil deutscher Böden an der Fraktion $< 10\,\mu m$ und der Bodenzahl sowie dem Ertrag aufgrund statistischer Erhebungen (n. *Sagave*)

den Durchlüftung der Böden. Bei künstlicher Beregnung und ausreichender Düngung würden sich die für Kartoffeln und Roggen dargestellten Ertragskurven derart ändern, daß die Kurven unterhalb eines Anteils von 40 % der Fraktion < 10 μm annähernd der Abszisse parallel verlaufen, d. h. daß zwischen Sand-, Schluff- und Lehmböden kaum Unterschiede in der Ertragsleistung bei gutem Gefüge und ausreichender Düngung bestehen.

Die Ermittlung der Bodenart bildet seit *A. Thaer* eine gute Unterlage für die Beurteilung der Ertragsfähigkeit eines Bodens und wurde daher auch bei der Reichsbodenschätzung herangezogen. Wie aber aus den großen Unterschieden zwischen der jeweils höchsten und niedrigsten Bodenzahl bei der gleichen Körnung hervorgeht (Abb. 10), sind zur Kennzeichnung der Ertragsfähigkeit eines Bodens noch andere Bodeneigenschaften zu berücksichtigen. Diese sind vor allem das Gefüge, der Nährstoff- und Wasserhaushalt, der Gehalt an organischer Substanz und die Art der Tonminerale.

IV. Tonminerale*

1. Allgemeine Eigenschaften

Einen wesentlichen Anteil an den bei der Verwitterung entstandenen Mineralen der Böden bilden die Tonminerale. Es sind OH-haltige Silicate, die überwiegend der Tonfraktion angehören, jedoch auch in der Schlufffraktion vorkommen. Die meisten Tonminerale bilden blättchenförmige Kristalle und gehören daher wie die Glimmer zu den Schicht- oder Phyllosilicaten. Der Durchmesser der Blättchen liegt meist unter 2 μm, die Dicke bei 2–50 nm. Die Tonminerale verleihen tonreichen Böden eine hohe Plastizität, sind zum Teil in Wasser aufweitbar und haben die Fähigkeit des Ionenaustausches.

In Tab. 8 ist die Einteilung, in Tab. 9 die mittlere chemische Zusammensetzung und in Tab. 10 sind die Strukturformeln einiger Tonminerale angeführt. Die chemische Zusammensetzung variiert selbst bei dem gleichen Tonmineral je nach Herkunft in weiten Grenzen[6] und kann daher von den in Tab. 10 angegebenen Formeln mehr oder weniger stark abweichen. Nur die Zweischichtminerale haben eine relativ gleichmäßige Zusammensetzung.

a) Gitterbau

Eine Voraussetzung zum Verständnis der Bildung, Umwandlung und Eigenschaften der Tonminerale ist die Kenntnis ihres Gitterbaus. Die Gitterbausteine werden im folgenden aus Gründen der Einfachheit meist als Ionen bezeichnet, obwohl bei den Tonmineralen neben Ionenbindung auch Atombindung (= kovalen-

Tabelle 8 Einteilung der in Böden verbreiteten Tonminerale mit Schichtstruktur

Schichttyp	Zwischen-schicht	Negative Ladung	Gruppen-bezeichnung
1 : 1 $Si_2O_5(OH)_4$	keine	0	Kaolinit
2 : 1 $Si_4*O_{10}(OH)_8$	Einzelkationen nackt oder hydratisiert	0,2–0,6 0,6–0,9 1,0	Smectit Vermiculit Glimmer**
	Hydroxid-schicht	variabel	Chlorit

* z. T. auch Al;   ** bezüglich der Illite s. Kap. IV 2b (1)

* Zusammenfassende Literatur[1-7].
[1] *Grim, R. E.:* Clay mineralogy, McGraw-Hill, London 1968 – Applied clay mineralogy. McGraw-Hill, London 1962.
[2] *Brindley, G. B., G. Brown* (Ed.): Crystal structures of clay minerals and their x-ray identification. Min. Soc. London (1980).
[3] *Rich, C. I., G. W. Kunze:* Soil clay mineralogy. Univ. N. Carolina Press, Chapel Hill 1964.
[4] *Marshall, C. E.:* The physical chemistry and mineralogy of soils Bd. I, Soil materials. Wiley, New York 1964.
[5] *Millot, G.:* Geology of clays. Springer, Heidelberg, Berlin 1970.
[6] *Weaver, C. E., L. D. Pollard:* The chemistry of clay minerals. Elsevier, Amsterdam 1973.
[7] *Dixon, J. B., S. B. Weed* (Ed.): Minerals in soil environments. Soil Sci. Soc. Amer., Madison, Wis. 1977.

Tabelle 9   Schwankungsbereich der chemischen Zusammensetzung (Gew.-%) einiger Tonminerale

Tonminerale	SiO_2	Al_2O_3	Fe_2O_3	TiO_3	CaO	MgO	K_2O	Na_2O
Kaolinite	45 – 48	38 – 40	–	–	–	–	–	–
Smectite	42 – 55	0 – 28	0 – 30	0 – 0,5	0 – 3	0 – 2,5	0 – 0,5	0 – 3
Illite	50 – 56	18 – 31	2 – 5	0 – 0,8	0 – 2	1 – 4	4 – 7	0 – 1
Vermiculite	33 – 37	7 – 18	3 – 12	0 – 0,6	0 – 2	20 – 28	0 – 2	0 – 0,4
Chlorite	22 – 35	12 – 24	0 – 15	–	0 – 2	12 – 34	0 – 1	0 – 1

Tabelle 10   Mittlere Strukturformeln verbreiteter Tonminerale (X = austauschbare Kationen in Äquivalenten, y = wechselnde Anteile von H_2O, diokt. = dioktaedrisch, triokt. = trioktaedrisch)[7a]

	K, X*	Zentralkationen der Oktaeder	Zentralkationen der Tetraeder	Anionen und Wasser
Kaolinit	$X_{0,02}$	$(Al_{1,96}Fe^{3+}_{0,04})$	$(Si_{1,98}Al_{0,02})$	$O_5(OH)_4$
Halloysit[2]		Al_2	Si_2	$O_5(OH)_4 \cdot 2H_2O$
Illit (diokt.)	$K_{0,66}X_{0,08}$	$(Al_{1,47}Fe^{3+}_{0,18}Fe^{2+}_{0,05}Mg_{0,31})$	$(Si_{3,58}Al_{0,42})$	$O_{10}(OH)_2 \cdot yH_2O$
Glaukonit	$K_{0,72}X_{0,04}$	$(Al_{0,48}Fe^{3+}_{0,96}Fe^{2+}_{0,17}Mg_{0,41})$	$(Si_{3,74}Al_{0,26})$	$O_{10}(OH)_2 \cdot yH_2O$
Vermiculit (triokt.)	$X_{0,71}$	$(Mg_{2,40}Fe^{3+}_{0,34}Fe^{2+}_{0,09}Al_{0,14})$	$(Si_{2,87}Al_{1,13})$	$O_{10}(OH)_2 \cdot yH_2O$
Montmorillonit (diokt.)	$X_{0,39}$	$(Al_{1,50}Fe^{3+}_{0,12}Fe^{2+}_{0,01}Mg_{0,38})$	$(Si_{3,95}Al_{0,05})$	$O_{10}(OH)_2 \cdot yH_2O$
Chlorit		$(Mg_{4,65}Fe^{2+}_{0,40}Al_{0,90})^1$	$(Si_{3,20}Al_{0,80})$	$O_{10}(OH)_8$
Palygorskit[4]	$X_{0,08}$	$(Mg_{1,35}Al_{0,46}Fe^{3+}_{0,24}Ti_{0,03})$	Si_4	$O_{10}(OH)(OH_2)_2 \cdot 2H_2O$
Allophan[3]		Al_2	(Si_2Al)	$O_{4,5}(OH)_8 \cdot 3H_2O$
Imogolit[3]		Al_4	Si_2	$O_6(OH)_8$

[1] Hierin sind Kationen der Hydroxid-Zwischenschicht und der Oktaederschicht zusammengefaßt, da ihre Aufteilung nicht bekannt ist.
[2] Ohne Berücksichtigung eines isomorphen Ersatzes.
[3] Idealisierte Durchschnittsformel (*Wada, K.;* in Soils with variable charge. NZ Soc. Soil Sci. (1980).
[4] *Singer, A., K. Norrish:* Amer. Min. 59 (1974) 508.
* Kationen an den inneren und äußeren Oberflächen der Silicatschichten.

te Bindung) vorliegt. Der Durchmesser der verschiedenen Ionen in Kristallgittern ist in Abb. 11 dargestellt.

Die Kristallgitter der Tonminerale bestehen aus Schichten dichtgepackter, kugelförmiger O- und OH-Ionen (Liganden), in deren Zwischenräumen kleine Kationen (Zentralkationen) wie Si, Al, Fe, Mg eingelagert sind, die die negative Ladung der O- und OH-Ionen neutralisieren (s. Abb. 16). Dabei sind den kleineren Kationen, wie Si^{4+} (aber auch Al^{3+}) 4 O-Ionen zugeordnet (Koordinationszahl Kz = 4), den größeren wie Al, Fe und Mg 6 O- bzw. OH-Ionen (Kz = 6). Verbindet man die Mittelpunkte der O- und OH-Ionen miteinander, so ergeben sich zwei unterschiedliche Körper; bei der Kz 4 ergibt sich ein *Tetraeder* und bei der Kz 6 ein *Oktaeder* (Abb. 12).

Die (Si, Al)O_4-Tetraeder und die (Al,Mg,Fe) (O,OH)$_6$-Oktaeder sind über gemeinsame O- und OH-Ionen zu Schichten verbunden. In Abb. 14 ist die Vernetzungsweise der O-Ionen in der Tetraederschicht abgebildet. Man erkennt eine kleinere Lücke zwischen je 3 O-Ionen als Basis des Tetraeders, die das kleine Si-

Ion aufnimmt, und eine größere, freie Lücke, die von 6 O-Ionen ringförmig umgeben ist.

Die Tetraeder- und Oktaederschichten sind aufeinander gestapelt und wiederum über gemeinsame O-Ionen in der in Abb. 13 skizzierten Weise miteinander verknüpft. In dieser Abbildung (und in Abb. 15) sind die O- und OH-Ionen stark verkleinert dargestellt, um die Tetraeder und Oktaeder sichtbar zu machen. In Wahrheit sind sie so groß, daß sie die Zentralkationen vollständig verdecken. Dies geht aus Abb. 12 und 16 hervor.

Der Schichtaufbau der Tonminerale kann durch starke Vergrößerung im Elektronenmikroskop direkt sichtbar gemacht werden. Als Beispiel zeigt Abb. 13 a Illitkristalle mit einem Schichtabstand von 10 Å.

Die Anordnung der O- und OH-Ionen in Schichten ist die Ursache für die blättchenförmige Gestalt der Tonminerale (Phyllosilicate).

Je nach der Stapelfolge von Tetraeder- und Oktaederschichten (Abb. 13 und 16) unterscheidet man *Zweischicht-* oder *(1 : 1)-Mine-*

[7a] *Köster, H.-M.:* Proc. 7th Int. Clay Conf. 1981.

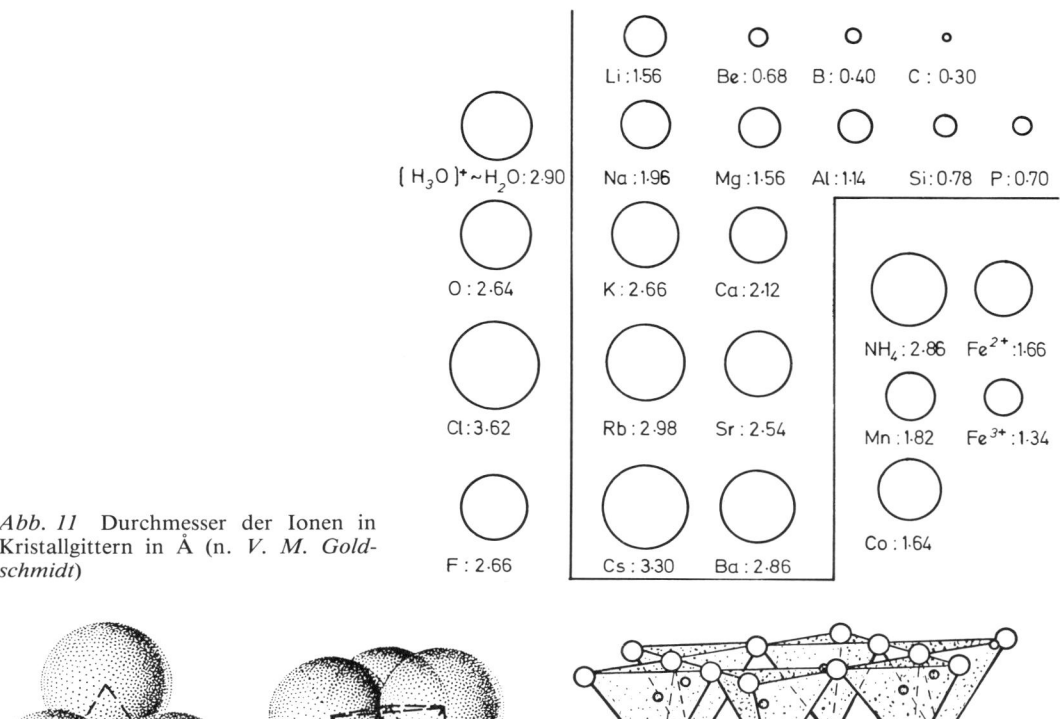

Abb. 11 Durchmesser der Ionen in Kristallgittern in Å (n. *V. M. Goldschmidt*)

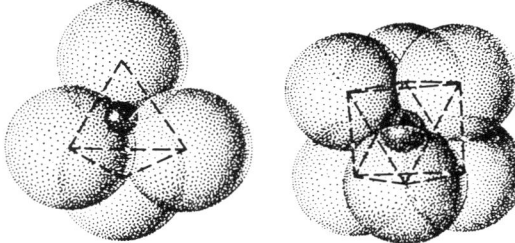

Abb. 12 Strukturmodell eines SiO_4-Tetraeders (links) und eines $Al(O, OH)_6$-Oktaeders (rechts)

rale mit einer regelmäßigen Folge von je einer Oktaeder- und einer Tetraederschicht und *Dreischicht-* oder *(2 : 1)-Minerale* mit der Folge Tetraeder-Oktaeder-Tetraederschicht.

Jeweils eine solche Folge wird als *Silicatschicht* bezeichnet. Die 1 : 1-Silicatschicht besteht demnach aus 3(O,OH)-Schichten (Abb. 16), von denen die eine der beiden äußeren ausschließlich der Tetraeder-, die andere ausschließlich der Oktaederschicht, die mittlere dagegen beiden Schichten angehört. Bei den 2 : 1-Mineralen sind es 4 (O,OH)-Schichten (Abb. 16), von denen die beiden äußeren ausschließlich den beiden Tetraederschichten, die beiden mittleren sowohl den Tetraederschichten als auch der Oktaederschicht angehören.

Der Aufbau wiederholt sich periodisch nicht nur in der Richtung senkrecht zu den Schichten, sondern auch innerhalb der Schichten in den beiden anderen Richtungen des Raumes. Diese kleinen, sich in allen Richtungen perio-

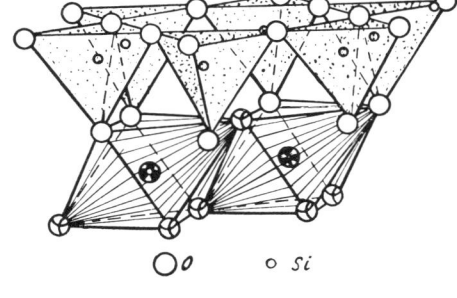

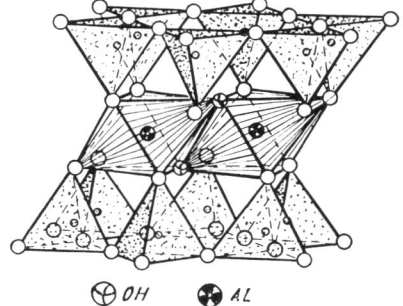

Abb. 13 Anordnung der Tetraeder- und Oktaederschichten in Zweischichtmineralen (oben) und Dreischichtmineralen (unten) (n. *K. Jasmund*)

disch wiederholenden Einheiten des Kristalls nennt man *Elementarzellen*, durch deren Zusammensetzung und Größe ein Mineral definiert ist. Die Formeln in Tab. 10 entsprechen der Zusammensetzung einer halben Elementarzelle.

Der Zusammenhalt zwischen den Schichten erfolgt bei den 1:1-Mineralen über Wasserstoffbrückenbindungen (OH...O), bei den 2:1-Mineralen durch Einlagerung von Ionen zwischen den Schichten, da diese eine elektrische Ladung tragen (s. nächstes Kapitel).

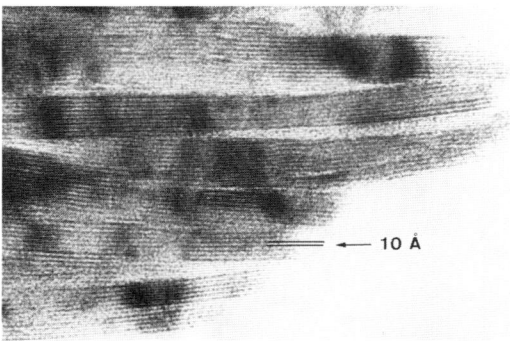

Abb. 13a Querschnitt durch das Schichtpaket von Illitkristallen bei sehr hoher elektronenmikroskopischer Vergrößerung (Aufn. *H. Vali*)

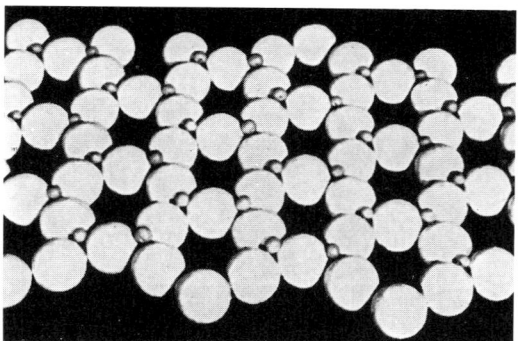

Abb. 14 Flächenhafte Vernetzung des Sauerstoffs in einer Tetraederschicht. Die großen Kugeln stellen die Sauerstoffe, die kleinen Kugeln die Zentralkationen (Si, Al) der Tetraeder dar (n. *C. E. Marshall*)

Das eigentliche Kristallplättchen wird durch mehrere (häufig 10–40) solcher Silicatschichten gebildet (Abb. 13 a). Den Abstand zwischen den Basisflächen zweier Silicatschichten (s. Abb. 15) bezeichnet man als *Basisabstand* (d_{001}); er kann röntgenographisch ermittelt werden. Da die Bindung zwischen den Silicatschichten schwächer ist als innerhalb der Silicatschichten, sind die Tonminerale leicht parallel zu den Schichten spaltbar.

Alle Tetraederzentren sind durch Zentralionen besetzt. Von den Oktaederzentren können entweder ebenfalls alle oder nur $\frac{2}{3}$ besetzt sein. In letzterem Fall fehlt also jedes 3. Zentralion (s. z. B. Abb. 15). Minerale, in denen alle Oktaeder besetzt sind ($\frac{3}{3}$), bezeichnet man als *trioktaedrisch* (s. z. B. Chlorit in Abb. 16), solche mit $\frac{2}{3}$-Besetzung als *dioktaedrisch*. Zwischen diesen beiden Endgliedern bestehen jedoch Übergänge.

b) Ladung der Silicatschichten

Dort, wo innerhalb einer Silicatschicht die positive Ladung aller Zentralkationen gleich der negativen Ladung aller Anionen (O und OH) ist, trägt die Silicatschicht keine Ladung. Dies ist z. B. für das dioktaedrische Dreischichtmineral *Pyrophyllit* ($Al_2Si_4O_{10}(OH)_2$) und das trioktaedrische Dreischichtmineral *Talk* ($Mg_3Si_4O_{10}(OH)_2$) der Fall, die jedoch selten in Böden auftreten.

Meist wurden demgegenüber schon bei der Bildung des Tonminerals z. T. Zentralkationen eingelagert, die zwar ihrer Größe nach in die Tetraeder- oder Oktaederlücken passen, jedoch

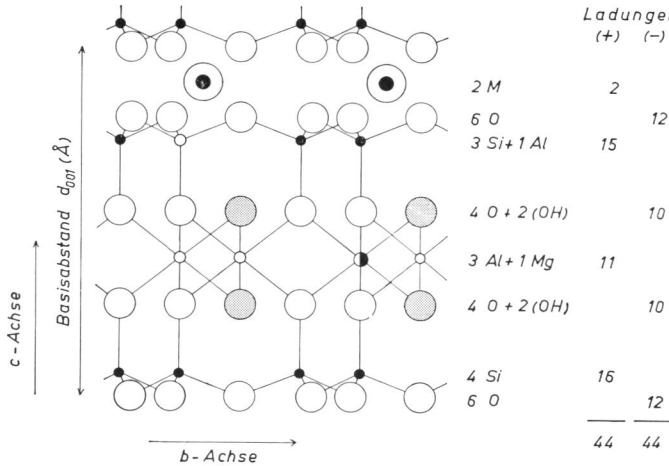

	Ladungen (+)	(−)
2 M	2	
6 O		12
3 Si + 1 Al	15	
4 O + 2 (OH)		10
3 Al + 1 Mg	11	
4 O + 2 (OH)		10
4 Si	16	
6 O		12
	44	44

Abb. 15 Modell der Elementarzelle eines dioktaedrischen Dreischichtminerals der Zusammensetzung $M_2(Al_3Mg)(Si_7Al)O_{20}(OH)_4$ (M = einwertige Zwischenschichtkationen)

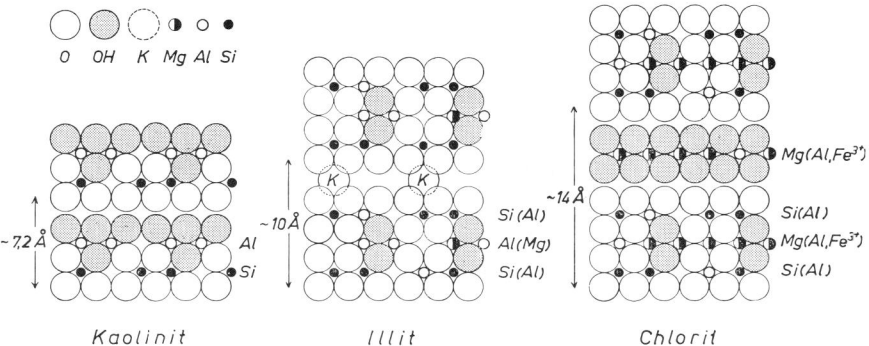

Abb. 16 Beispiele für Strukturmodelle eines dioktaedrischen Zweischichtminerals (Kaolinit), eines dioktaedrischen (Illit) und eines trioktaedrischen Dreischichtminerals (Chlorit)

eine andere Ladung haben (*isomorpher Ersatz*). Tritt hierbei ein Kation niederer Wertigkeit an die Stelle eines mit höherer Wertigkeit, z. B. Al^{3+} an die Stelle von Si^{4+} in einem Tetraeder oder Mg^{2+} an die Stelle von Al^{3+} in einem Oktaeder, so entsteht in diesem Tetraeder oder Oktaeder ein Defizit an positiver Ladung, das, da die Zahl der O- bzw. OH-Ionen und damit die negative Ladung fixiert ist, zu einer *negativen* Überschußladung führt. Umgekehrt erzeugt der Ersatz eines niederwertigen Kations durch ein höherwertiges, z. B. Mg^{2+} durch Al^{3+}, eine *positive* Überschußladung. Die Nettoladung der Silicatschicht richtet sich nach der Art und dem Ausmaß des jeweiligen isomorphen Ersatzes. Bei den Tonmineralen der Böden ist die Nettoladung stets negativ.

Die negative Überschußladung wird durch die positive Ladung von Kationen oder von positiv geladenen Hydroxidschichten ausgeglichen, die *zwischen* die Silicatschichten plaziert werden und sie auf diese Weise zusammenhalten. Die Stärke des Zusammenhaltes benachbarter Silicatschichten steigt mit zunehmender Ladungshöhe. Bei manchen Dreischichtmineralen ist der Zusammenhalt jedoch so schwach, daß sich die Zwischenschicht-Kationen mit einer Wasserhülle umgeben (*Hydratation*), und die Silicatschichten auf diese Weise auseinanderdrängen (= innerkristalline Quellung n. *U. Hofmann*). Dies zeigt, daß die Hydratationsenergie der Zwischenschicht-Kationen größer ist als die Energie, mit der die Schichten zusammengehalten werden. Das Ausmaß der Quellung ist von der Höhe der Schichtladung und der Art der Zwischenschicht-Kationen abhängig und ist neben der Schichtladung ein wesentliches Merkmal zur Unterscheidung der Dreischichtminerale (s. Tab. 11). Ist zwischen den

Silicatschichten eine Hydroxidschicht eingelagert, so ist das Mineral nicht quellbar.

Ein Beispiel für die Ladungsverhältnisse eines Dreischichtminerals erläutert Abb. 15. Hier hat die Silicatschicht 44 negative und 42 positive Ladungen. Dieser Überschuß von 2 negativen Ladungen wird durch 2 positive Ladungen neutralisiert, und zwar dadurch, daß eine entsprechende Menge von Kationen (also z. B. 2 einwertige Kationen) zwischen die Silicatschichten eingelagert werden.

2. Tonminerale der Böden

a) Zweischichtminerale

Die am weitesten verbreiteten dioktaedrischen Zweischichtminerale sind der *Kaolinit* und der *Halloysit*, während Nakrit, Dickit, die Fireclay-Minerale (= schlecht kristallisierte Form des Kaolinits) (haben alle die gleiche Formel wie der Kaolinit) sowie der trioktaedrische *Serpentin* $Mg_6Si_4O_{10}(OH)_8$ seltener auftreten.

Beim Kaolinit und Halloysit ist jede Silicatschicht auf der einen Seite von O-, auf der anderen von OH-Ionen begrenzt. Während jedoch die Silicatschichten des Kaolinits durch Wasserstoffbrücken OH...O zusammengehalten werden, ist beim Halloysit eine H_2O-Schicht zwischen den Silicatschichten eingelagert. Der Basisabstand des Kaolinits beträgt 7,2 Å (Abb. 16), der des Halloysits durch die H_2O-Schicht ≈ 10 Å. Beim Erhitzen, z. T. aber auch schon bei Lufttrocknung, entweicht das Wasser, und es bildet sich der Metahalloysit.

Die Formel von Kaolinit und Halloysit wird meist so angegeben, daß die positiven und ne-

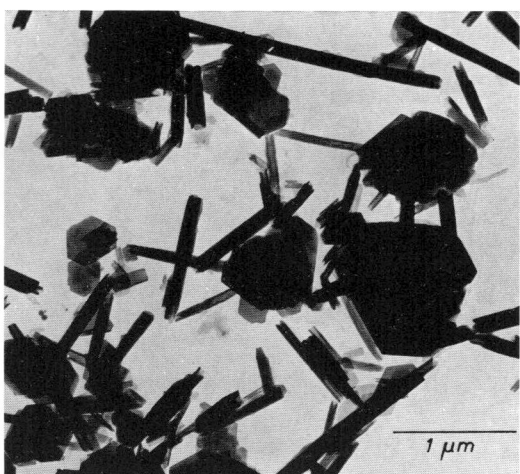

Abb. 17 Elektronenmikroskopische Aufnahme eines Gemisches aus Koalinit (sechseckige Blättchen) und Halloysit (Röhrchen) (Aufn. *Th. F. Bates*)

gativen Ladungen *innerhalb* der Silicatschichten gleich sind, so daß keine Kationen außerhalb der Silicatschichten gebunden werden (s. Formel des Halloysits in Tab. 10). Es ist jedoch sehr wahrscheinlich, daß in den Tetraedern ein wenig Si durch Al, in den Oktaedern ein wenig Al durch Fe^{3+} ersetzt ist. Durch den Si–Al-Ersatz erhält die Silicatschicht eine geringe negative Ladung, die durch Kationen an den äußeren Oberflächen ausgeglichen wird (s. Formel des Kaolinits in Tab. 10).

Der Kaolinit bildet meist sechseckige Blättchen (Abb. 17), der Halloysit Röhren (Abb. 17), aber auch Hohlkugeln. Der Kaolinit ist der wesentliche Bestandteil der Kaoline, die als Füllstoffe und keramische Tone verwendet werden[8].

b) Dreischichtminerale

Die verschiedenen Dreischichtminerale unterscheiden sich vor allem nach Art und Umfang des isomorphen Ersatzes und der Zwischenschichtbesetzung (s. Tab. 8). Hiervon hängen die chemische Zusammensetzung, die Höhe der negativen Ladung und das Aufweitungsverhalten ab.

(1) Illite

Die Illite sind mit den beiden Glimmern, dem dioktaedrischen *Muskovit* $KAl_2(Si_3Al)O_{10}(OH)_2$ und dem trioktaedrischen *Biotit* $K(Mg,-$

$Fe^{2+},Mn^{2+})_3(Si_3Al)O_{10}(OH)_2$ eng verwandt. In beiden Glimmern ist in den Tetraederschichten im Idealfall eines von 4 Si-Ionen durch Al ersetzt. Der Ladungsausgleich erfolgt durch K-Ionen zwischen den Silicatschichten. Die Oktaederzentren sind im Muskovit zu $\frac{2}{3}$, und zwar mit Al^{3+}, im Biotit zu $\frac{3}{3}$, und zwar mit Fe^{2+} und Mg^{2+} besetzt. Der Basisabstand der Glimmer beträgt ≈ 10 Å.

Der starke *Zusammenhalt der Silicatschichten* ist in der hohen Schichtladung und in der Größe der K-Ionen begründet, die der Lücke im Zentrum der Sauerstoffringe (Abb. 14) besonders gut angepaßt ist, sowie in ihrer hohen Polarisierbarkeit (Tab. 35). Je höher die Polarisierbarkeit eines Kations ist, um so stärker wird es unter sonst gleichen Bedingungen angezogen.

Die Stärke des Zusammenhaltes der Schichten ist beim trioktaedrischen Biotit geringer als beim dioktaedrischen Muskovit, die Verfügbarkeit der K-Ionen für die Pflanzen daher beim Biotit höher als beim Muskovit. Dieser Unterschied kann wie folgt erklärt werden: (a) In trioktaedrischen Mineralen ist die K–O-Bindung etwas länger und damit schwächer als bei dioktaedrischen Mineralen, (b) bei den trioktaedrischen Dreischichtmineralen steht der Vektor der OH-Bindung annähernd senkrecht zur Schichtebene, während er bei den dioktaedrischen Mineralen einen Winkel von 74° bildet. Infolgedessen sind bei den trioktaedrischen Glimmern die H-Ionen den K-Ionen näher, daher die Abstoßung zwischen beiden stärker und die K-Bindung schwächer als bei den dioktaedrischen (Zusammenfassende Literatur s. *Norrish*[9]). Daß diese Abstoßung eine Rolle spielt, geht aus Austauschversuchen mit Glimmern verschiedenen F-Gehaltes hervor[10]. Je weitgehender die OH-Gruppen durch Fluor ersetzt waren, um so geringer war die K-Konzentration in der Gleichgewichtslösung, um so stärker war also Kalium gebunden. Dies bedeutet, daß durch Ersatz von OH durch F und damit durch eine geringere Menge an Protonen die Abstoßung der K-Ionen verringert wird. So ist es auch zu erklären, daß K sehr viel schwerer abgegeben wird, wenn die Fe^{2+}–OH-Gruppen durch Oxidation (z. B. durch Erhitzen) in Fe^{3+}–O-Gruppen umgewandelt werden[11].

Auch bei den Illiten entsteht die negative Ladung der Silicatschichten vorwiegend durch Si–Al-Ersatz in den Tetraedern und auch hier

---

[8] Über Tonlagerstätten in der BRD s. Geol. Jb. D, 39, 1980.
[9] *Norrish, K.:* Proc. Int. Clay Conf. Madrid (1971) 417.
[10] *Newman, A. C. D.:* J. Soil Sci. 20 (1969) 357.
[11] *Robert, M., G. Pedro:* C. R. Acad. Sci., Paris 267 (1968) 1805.

werden die Schichten durch K-Ionen sehr fest zusammengehalten und der Basisabstand beträgt $\approx$ 10 Å (Abb. 13 a). Obwohl zwischen den Glimmern und Illiten kontinuierliche Übergänge bestehen, unterscheiden sie sich doch in einigen Punkten. Die Illite sind von kleinerer Teilchengröße ($<$ 2 μm) und schlechter kristallisiert. Ihr isomorpher Ersatz und damit ihre Ladung und ihr K-Gehalt (4−6% K) sind geringer und ihr H_2O-Gehalt höher (s. Tab. 10). Im Kristallblättchen treten außerdem K-freie und damit aufgeweitete Randzonen oder Einzelschichten auf (Abb. 18), wodurch der K-Gehalt eine weitere Variation erfährt. Wegen der hierdurch bedingten chemischen und strukturellen Variabilität der Illite sind diese bisher auch nicht als definiertes Mineral anerkannt worden (s. Tab. 8). Unter dem Elektronenmikroskop zeigen die Illite unregelmäßig begrenzte Blättchen. Ihre Kristalle bestehen häufig nur aus 10−20 Elementarschichten (Abb. 13 a).

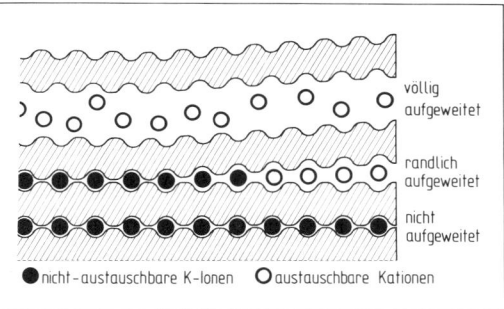

Abb. 18 Schema eines Illits mit einer nicht aufgeweiteten, einer randlich aufgeweiteten und einer durchgehend aufgeweiteten (vermiculitischen oder smectitischen) Schicht

Werden die *K-Ionen* durch andere Kationen (z. B. Ca, Mg, Na und H) ersetzt, so werden diese nicht wie das K-Ion in die napfartigen Vertiefungen der O-Sechserringe hineingezogen. Sie umgeben sich vielmehr mit einer Wasserhülle, so daß die Schichten aufweiten. Da dieser Umtausch vom Rand der Kristalle her beginnt, bilden sich zunächst teilweise aufgeweitete Schichten (s. Abb. 18, 2. Zwischenschicht). Der Umtausch kann jedoch auch von Rissen ausgehen, die sich auf äußeren Basisflächen befinden, und dann ähnlich wie in Abb. 18 dargestellt unter Aufweitung und Aufrollung der Schichten seitlich weiterlaufen. Bei stärkerem K-Verlust können schließlich einige

Schichten vollkommen aufgeweitet werden (s. oberste Zwischenschicht in Abb. 18), die je nach der Höhe der Aufweitung als Vermiculit- oder Smectitschichten anzusehen sind.

Die Aufweitung wird dadurch erleichtert (oder sogar erst ermöglicht), daß die *negative Schichtladung* abnimmt. Bei den Fe^{2+}-haltigen Glimmern erfolgt dies durch Oxidation von Fe^{2+} zu Fe^{3+}. Aus Biotiten entstandene Vermiculite haben daher eine um so geringere Ladung, je mehr Fe^{3+} sie enthalten[9]. Die Ladungsabnahme ist in der Regel jedoch geringer als das Ausmaß der Fe^{2+}−Fe^{3+}-Oxidation, weil sich Fe^{2+}−OH-Gruppen z. T. durch H-Abgabe in Fe^{3+}−O-Gruppen umwandeln und/oder ein Teil des Fe^{3+} und Mg^{2+} der Oktaeder vom Gitter ausgestoßen und an der Oberfläche als Hydroxid ausgefällt (Fe) bzw. austauschbar gebunden (Mg) wird[12, 13]. Bei den dioktaedrischen Glimmern nimmt die Ladung wahrscheinlich durch Anlagerung von Protonen an O-Ionen ab.

Die Illite weisen wohl stets einen mehr oder weniger hohen Anteil an randlich aufgeweiteten Schichten auf, bei stärkerer K-Verarmung zusätzlich vollkommen aufgeweitete Schichten. Im letzten Fall spricht man von einer Wechsellagerung von Illit und Vermiculit bzw. Smectit.

Die Aufweitung der Illite kann bei *Zufuhr von K-Ionen* (z. B. Düngung) wieder rückgängig gemacht werden. Dabei werden Ca-, Mg- und andere Kationen in den Zwischenschichten gegen K-Ionen ausgetauscht, so daß die Silicatschichten wieder zusammenklappen und kein Wasser mehr eindringen kann. Damit gehen die zugesetzten K-Ionen in den schwer austauschbaren Zustand über, sie werden „fixiert" (s. Kap. XX 8).

Mit den Illiten verwandt sind die grün gefärbten *Glaukonite*. Sie sind in marinen Sedimenten und deren Böden verbreitet und unterscheiden sich von Illiten durch einen höheren Fe-Gehalt in den Oktaederschichten (s. Tab. 10). Auch sie enthalten meist K-verarmte, aufweitbare Schichten.

(2) Vermiculite

Die Vermiculite sind dadurch charakterisiert, daß sie im Mg-gesättigten Zustand in Glycerin auf $\approx$ 14 Å und in Wasser auf $\approx$ 15 Å aufweiten und bei K-Zusatz auf $\approx$ 10 Å kontrahieren. Die Wassermoleküle in den Zwischen-

[12] *Farmer, V. C.* et al.: Min. Mag. 38 (1971) 121.
[13] *Veith, J. A., M. L. Jackson:* Clays a. Clay Min. 22 (1974) 345.

schichten sind ähnlich wie die Sauerstoffionen in den Silicatschichten (s. Abb. 14) in Form von Sechserringen angeordnet und untereinander als auch mit den O-Ionen der Silicatschichten durch Wasserstoffbrücken verbunden. In die H_2O-Sechserringe sind die Zwischenschicht-Kationen eingebettet. Die Schichtladung der Vermiculite ist mit 0,6–0,9 pro Si_4O_{10}-Einheit geringer als die der Glimmer ($\approx$ 1,0) und wie bei diesen vorwiegend in den Tetraedern lokalisiert (s. Tab. 10). Da Vermiculite sowohl aus Biotiten als auch aus Muskoviten entstehen, können sie tri- und dioktaedrisch sein. Feinkörnige Vermiculite ($< 2\,\mu m$) mit einer Schichtladung von 0,6–0,8/Si_4O_{10} weiten mit Glycerin wie Smectite auf 18 Å auf. In süddeutschen Lößböden sind sie wesentlich für die K-Fixierung verantwortlich[14a].

Die Vermiculite sind grünlich bis bräunlich gefärbt. In reinen Lagerstätten sind sie vorwiegend Verwitterungsprodukte basischer Magmatite. Beim Erhitzen blättern sie bis zum Vielfachen ihres ursprünglichen Volumens auf und werden in diesem Zustand als Isolier- und Verpackungsmaterial verwendet.

(3) Smectite

Noch geringer als die Schichtladung der Vermiculite ist die der Smectite (0,2–0,6 negative Ladungen pro Si_4O_{10}-Einheit), so daß sie in Wasser im Mg-gesättigten Zustand bis auf 20 Å aufweiten. Die Struktur eines aufgeweiteten Smectits zeigt Abb. 19. Die Ladung der einzelnen Elementarschichten innerhalb eines Kristallblättchens ist nicht gleich, sondern kann in starkem Maße variieren[14]. Die Höhe der *Aufweitung* ist außer von der Höhe der Schichtladung und des relativen Wasserdampfdruckes auch von der Art der Zwischenschicht-Kationen abhängig. Ein mit Ca oder Mg gesättigter Smectit lagert stufenweise 4 Wasserschichten zwischen die $\approx$ 10 Å dicken Silicatschichten ein, so daß sein Basisabstand $\approx$ 20 Å beträgt (10 Å + 4 $\times$ 2,5 Å). Ein Na-Smectit weitet dagegen sehr viel weiter auf und kann schließlich in seine einzelnen Elementarschichten aufblättern. Dies führt in Natriumböden zum Gefügezerfall und beruht darauf, daß adsorbierte Na-Ionen stärker hydratisieren und weniger stark gebunden werden als adsorbierte Ca- und Mg-Ionen. Infolgedessen werden bei stärkerer Aufweitung durch die Hydration die zwischen den Silicatschichten wirksamen anziehenden Kräfte so gering, daß schließlich der Zusammenhalt der Silicatschichten verloren geht.

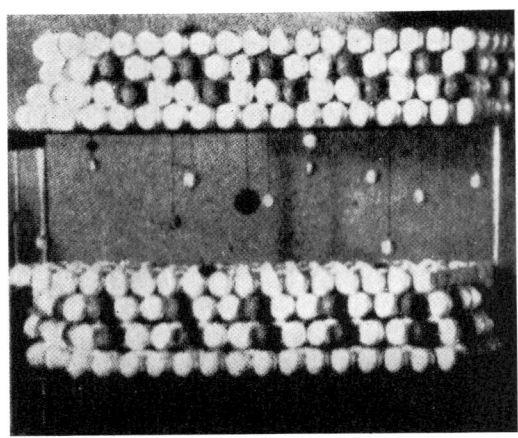

Abb. 19 Strukturmodell eines Smectits im aufgeweiteten Zustand. Die weißen Kugeln in den Silicatschichten stellen die Sauerstoffionen dar, die schwarzen Kugeln OH-Ionen, die Kugeln zwischen den beiden Silicatschichten austauschbare Kationen (n. *C. E. Marshall*)

Bei den Smectiten verschiedener Herkunft variieren die Höhe der Schichtladung, der Anteil tetraedrischer und oktaedrischer Ladung sowie die chemische Zusammensetzung. Mg-reiche Formen mit vorwiegend oktaedrischer Ladung heißen *Montmorillonit*, während Al-reiche mit vorwiegend tetraedrischer Ladung *Beidellit*, Fe^{3+}-reiche *Nontronit* genannt werden. Die Smectite reiner Lagerstätten sind meist Montmorillonit. Smectite aus Böden liegen in ihrer chemischen Zusammensetzung häufig zwischen den genannten Formen. Meist haben sie höhere Fe- und tiefere Mg-Gehalte als Montmorillonite aus Lagerstätten. Ihre Ladung liegt bei 0,3–0,4/Si_4O_{10} und ist vorwiegend tetraedrisch lokalisiert[14a].

Unter dem Elektronenmikroskop erscheinen die Kristalle der Smectite entweder als scharf begrenzte, sehr dünne und z. T. gefaltete Blättchen (Abb. 20 links) oder sie sind unscharf begrenzt und von wolkenartigem Aussehen. Im rechten Teil der Abb. 20 erkennt man, wie die dünnen Smectitblättchen in einer natürlichen Lagerstätte aufeinander gestapelt sind. Smectite sind die Hauptminerale der wirtschaftlich bedeutsamen Bentonite, die in Deutschland in Niederbayern, in den USA z. B. in Wyoming und Mississippi vorkommen und vielseitige technische Verwendung finden (z. B. als Ad-

---

[14] *Lagaly, G.:* Clay Min. 16 (1981) 1.
[14a] *Rühlicke, G.:* Diss. T.U. München, 1982.

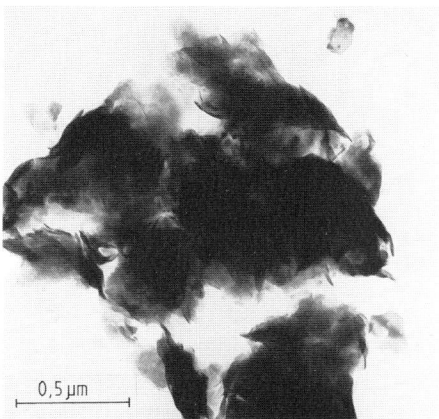 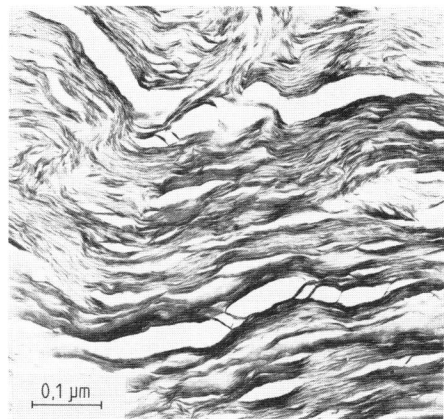

Abb. 20 Elektronenmikroskopische Aufnahmen von Smectiten. Die linke Aufnahme zeigt die dünnen, randlich z. T. aufgerollten Blättchen eines Smectits aus einer Basalt-Braunerde, Eisenach, Thüringen (Aufn. *H.-Ch. Bartscherer*). Die rechte Aufnahme ist ein Schnitt durch ein Smectitpaket einer Bentonitlagerstätte (Otay, Calif., USA) (Aufn. *H. Vali*)

sorbentien, Klebemittel bei Gießereisanden, Spülmittel bei Tiefbohrungen).

(4) Chlorite

Die Chlorite umfassen eine Gruppe meist grünlich gefärbter Dreischichtminerale, die in primärer Form vor allem in Metamorphiten, z. B. den Chloritschiefern, auftreten.

Die *Struktur* der primären Chlorite ist aus Abb. 16 zu ersehen. In den Tetraederschichten ist Si zum Teil durch Al ersetzt (negative Ladung) und in den meist trioktaedrischen Oktaederschichten Mg zum Teil durch Al und Fe^{3+} (positive Ladung). Insgesamt hat diese 2 : 1-Silicatschicht eine negative Ladung, die durch die positive Ladung einer zwischen den Silicatschichten liegenden trioktaedrischen Oktaederschicht von der Zusammensetzung (Mg, Al, Fe^{2+}, Fe^{3+})$_3$(OH)$_6$ (Hydroxidschicht) ausgeglichen wird (− 0,8 bzw. + 0,8 im Beispiel der Tab. 10). Die positive Ladung dieser Hydroxidschicht entsteht dadurch, daß Mg zum Teil durch Al und Fe^{3+} ersetzt ist. Der relativ feste Zusammenhalt der Silicatschichten mit den Hydroxidschichten wird außer durch die gegensinnige Ladung auch durch H-Brücken zwischen den OH-Gruppen der Hydroxidschichten und den O-Ionen der anschließenden Tetraederschichten bewirkt. Die Chlorite sind daher in Wasser nicht aufweitbar. Der Basisabstand beträgt 14 Å.

In sauren Böden treten verbreitet sog. „*sekundäre Chlorite*" auf, die durch Einlagerung

einer meist unvollständigen dioktaedrischen Aluminiumhydroxidschicht zwischen die Silicatschichten aufweitbarer Dreischichtminerale entstehen können[15]. Von der sekundären *Chloritisierung* werden Vermiculite und Smectite betroffen. Sie beginnt meist mit einer inselförmigen Einlagerung von polymeren Hydroxy-Al-Kationen (Abb. 21), deren Al aus der randlichen Zersetzung der Tonminerale durch Protonen im sauren Bereich stammt. Diese Hydroxy-Al-Ionen unterscheiden sich vom Mineral Gibbsit (Al$_2$(OH)$_6$) durch ein unter 3 liegendes OH/Al-Verhältnis; sie sind daher positiv gela-

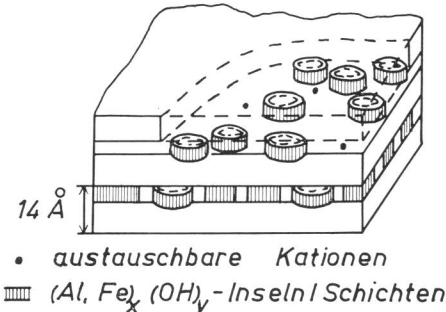

• austauschbare Kationen
▥ (Al, Fe)$_x$ (OH)$_y$-Inseln/Schichten

Abb. 21 Dreischichtmineral mit inselförmigen Einlagerungen von (Al,Fe)-Hydroxiden (schematisiert)[16]

[15] *Barnhisel, R. I.:* In *Dixon, J. B., S. B. Weed*, Minerals in Soil environments Soil Sci. Soc. Amer. Mad./Wisc. (1977).
[16] *Dixon, J. B., M. L. Jackson:* Soil Sci. Soc. Amer. Proc. 26 (1962) 358.

den und neutralisieren die negative Schichtladung der 2 : 1-Silicatschichten, spielen also diesbezüglich die gleiche Rolle wie die Zwischenschichtkationen bei anderen Dreischichtmineralen. Ob auch Fe an der Einlagerung teil nimmt, ist bisher nicht sicher nachgewiesen. Im alkalischen Bereich kommt auch Mg dafür in Betracht.

Bereits die Einlagerung eines nur geringen Anteils von Al-Polymeren (schon ⅙ der Austauschkapazität) hat zur Folge, daß der Schichtabstand auf 14 Å fixiert ist, daß die Minerale nicht weiter aufweitbar sind, daß bei K-Zufuhr keine Kontraktion und K-Fixierung mehr stattfindet und daß die Austauschkapazität sinkt, weil Austauschplätze durch die polymeren Al-Ionen belegt werden. Durch Behandlung mit NaOH, NaF oder Na-Citrat (100 °C) können die Al-Inseln gelöst und die oben geschilderten Veränderungen rückgängig gemacht werden. Ähnliches bewirkt eine Kalkung, falls die Tonteilchen nicht zu groß (Feinton) und der Chloritisierungsgrad nicht zu hoch ist[17]. Durch die pH-Erhöhung werden die polymeren Kationen neutralisiert (OH/Al = 3) und können daher nicht mehr von den negativ geladenen Silicatschichten gebunden werden.

Die günstigsten Bedingungen für die Einlagerung von polymeren Hydroxy-Al-Ionen und damit für die sekundäre Chloritisierung aufweitbarer Dreischichtminerale sind saure Reaktion (pH 4−5) und ein nicht zu hoher Gehalt an organischer Substanz, da diese das Al komplex bindet und so an der Ausfällung als Hydroxid zwischen den Silicatschichten hindert.

c) Palygorskit und Sepiolit

In alkalischen Böden trockener Zonen treten häufig zwei Mg-reiche Tonminerale auf, der *Palygorskit* (früher Attapulgit) und der *Sepiolit* (Formel s. Tab. 10). Beide Minerale bestehen aus kurzen 2 : 1-Silicatschichtstücken, die um eine Schichtdicke gegeneinander versetzt sind, so daß Silicatbänder ähnlich wie bei den Amphibolen entstehen. Die beiden Minerale unterscheiden sich lediglich durch die Breite der Bänder (Palygorskit 5 Oktaeder, Sepiolit 8 Oktaeder pro Band). Diese Bandstruktur kommt äußerlich in der Nadelform der Kristalle zum Ausdruck. Zwischen den Bändern liegen Kanäle, die mit H_2O-Molekülen gefüllt sind, z. T. zur Vervollständigung der Koordination der oktaedrischen Kationen, z. T. als freies H_2O. Alle Oktaederplätze sind besetzt, und

zwar vorwiegend mit Mg, so daß die Minerale trioktaedrisch sind, z. T. ist Mg durch Al, Fe und Ti ersetzt. Der negative Ladungsüberschuß ist gering.

d) Allophane und Imogolite[18]

Allophane sind wasserreiche, sekundäre Aluminiumsilicate mit einem Si/Al-Molverhältnis von 0,5−1,0, die vor allem bei der Verwitterung vulkanischer Gläser (s. S. 4) entstehen. Sie bestehen aus winzigen Hohlkugeln mit ca. 5 nm äußerem Durchmesser (Abb. 22), deren

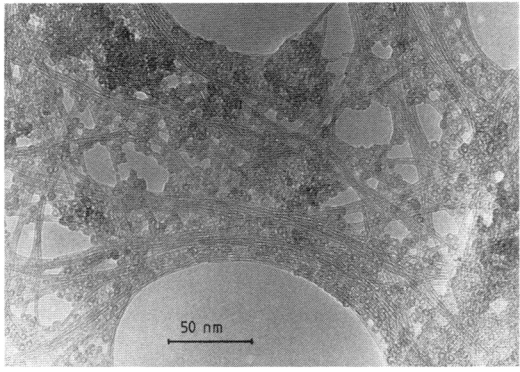

Abb. 22 Elektronenmikroskopische Aufnahme von Allophan(Ringen) und Imogolit(Fäden) aus dem B-Horizont eines Andosols in Japan[19]

Wände aus einer Al-O-OH-Oktaederschicht und einer Si-O-Tetraederschicht bestehen, die ähnlich wie im Kaolinit miteinander verknüpft sind. Ein Teil der Si ist durch Al ersetzt, und die dadurch entstehende Ladung wird durch eine positive Ladung in der Oktaederschicht ausgeglichen. Die sehr kleinen Teilchen und die defekte Struktur haben zur Folge, daß die Allophane meist zu den amorphen Tonmineralen gerechnet werden. Hierzu gehören auch Al-Silicate noch geringeren Ordnungsgrades, aber ähnlicher Zusammensetzung, die als *allophanartige* Minerale bezeichnet werden.

Deutlich besser geordnet sind dagegen die meist mit Allophanen vergesellschafteten *Imo-*

[17] *Niederbudde, E. A., G. Rühlicke:* Z. Pflanzenernähr. Bodenk. 144 (1981) 127.
[18] *Wada, K.:* In *Dixon J. B., S. B. Weed* (Ed.), Minerals in soil environments. Soil Sci. Soc. Amer. Madison/Wis. (1977).
[19] *Henmi, T., K. Wada:* Amer. Min. 61 (1976) 379.

golite. Sie bilden feinste Röhren mit 1 nm innerem und 2 nm äußerem Durchmesser und mehreren μm Länge (Abb. 22). Die Außenseite der Röhren bildet eine Al-O-OH-Oktaederschicht, die nach innen mit isolierten Si-O-OH-Tetraedern verknüpft ist, in denen kein Si-Al-Ersatz stattgefunden hat. Die äußere Oberfläche der Röhren ist daher von Al-OH-Gruppen, die innere durch Si-OH-Gruppen gekennzeichnet. Das Si/Al-Verhältnis liegt mit $\approx 0,5$ unter dem der Allophane.

e) Wechsellagerungsminerale

Die Tonmineralkristalle der Böden haben häufig keine homogene, sondern eine unterschiedliche Schichtenfolge (s. Abb. 18). Solche Minerale nennt man Wechsellagerungsminerale. In ihnen können die verschiedenen Einzelschichten in unterschiedlichen Anteilen in regelmäßiger oder unregelmäßiger Weise aufeinanderfolgen. Am Beispiel eines Illits wurde dies bereits gezeigt (Abb. 18). Beim Austausch der K-Ionen durch andere Kationen bilden sich zunächst randlich aufgeweitete Schichten, bei stärkerer Abgabe dann eine Wechsellagerung von illitischen und vermiculitischen bzw. smectitischen Schichten und bei völliger K-Abgabe schließlich ein vollkommen aufweitbares Mineral. Als Übergang findet man z. B. regelmäßige Wechsellagerungen zwischen Biotit- und Vermiculitschichten im Verhältnis 1 : 1, die auch als *Hydrobiotit* bezeichnet werden. In Böden häufiger auftretende, meist unregelmäßige Wechsellagerungen sind solche zwischen Chlorit oder Illit einerseits und Vermiculit oder Smectit andererseits, die meist durch partielle Verwitterung von Chlorit und Illit entstehen. Auch zwischen Kaolinit und Smectit kommen Wechsellagerungen vor. Die Eigenschaften der Wechsellagerungsminerale ergeben sich aus der Art und dem Anteil der Komponenten.

3. Bestimmung

Wegen der geringen Teilchengröße scheiden lichtmikroskopische Verfahren zur Bestimmung der Minerale der Tonfraktion von Böden mit Ausnahme des Phasenkontrast- und Grenzdunkelfeldverfahrens praktisch aus. Am meisten wird die *Röntgenanalyse* nach der Methode von *Debye-Scherrer* angewandt[2]. Hierbei werden die auf die pulverförmige Probe fallenden monochromatischen Röntgenstrahlen durch die Netzebenen der Kristalle gebeugt bzw. reflektiert und auf einem Film oder mit Hilfe eines Zählrohrs registriert. Aus der Lage der Reflexe werden die d-Werte berechnet und mit ihrer Hilfe die einzelnen Tonminerale identifiziert. Meist erfolgt die Identizierung aus den d-Werten der Basisflächen (d_{001}-Werte), da diese für die einzelnen Tonminerale charakteristisch sind. Aus der Intensität der Reflexe können auch die Mengenanteile der Tonminerale in Annäherung abgeschätzt werden.

Da der Basisabstand bei den aufweitbaren Mineralen von Art und Menge der Quellflüssigkeit und der Art der Zwischenschicht-Kationen abhängig ist, wird die Probe vor der Untersuchung meist mit Mg-bzw. K-Ionen und anschließend meist mit Glycerin oder Glykol gesättigt, die infolge ihrer Dipoleigenschaften ebenso wie Wasser zwischen die Silicatschichten eingelagert werden.

Die Lage der Röntgenreflexe der verschiedenen Tonminerale nach unterschiedlicher Behandlung ist aus Tab. 11 zu ersehen. Die Smectite unterscheiden sich von den anderen Tonmineralen dadurch, daß sie im Mg-gesättigten Zustand 2 Glycerinschichten einlagern und dadurch auf $d_{001} \approx 18$ Å aufweiten, während die Vermiculite nur eine ($d_{002} \approx 14$ Å) und Illite keine Glycerinschicht einlagern ($d_{001} \approx 10$ Å). Nur bei den randlich aufgeweiteten Illiten (s. Abb. 18) macht sich eine geringe Glycerineinlagerung durch asymmetrische Verbreiterung der 10-Å-Interferenz zur Seite höherer d-Werte bemerkbar. Vermiculite der Tonfraktion können mit Glycerin auf 18 Å aufweiten[14a].

Durch Sättigung mit K-Ionen und nach dem Eintrocknen bei Zimmertemperatur kontrahieren Vermiculite auf 10 Å, während Chlorite unverändert bei 14 Å verbleiben. Durch die Intensitätsabnahme des

Tabelle 11 Basisabstand (in Å) der Tonminerale unter verschiedenen Bedingungen

Mineral	Basisreflex	Mg-gesättigt Zim.-temp.	Mg-gesättigt Zim.-temp. + Glyzerin	K-gesättigt Zim.-temp.	K-gesättigt 560 °C
Illit	d_{001}	10	10	10	10
Smectit geringer Ladung	d_{001}	14	18	12	10
Vermiculit	d_{002}	14	14 od. 18	10	10
Chlorit, primär	d_{001}	14	14	14	14*
Chlorit, primär	d_{002}	7	7	7	7**
Kaolinit	d_{001}	7	7	7	***

* verstärkt   ** geschwächt   *** Kaolinit zerstört

14-Å-Reflexes können Vermiculite in Gegenwart von Chloriten nachgewiesen werden.

Beim *Erhitzen* auf *560 °C* bleibt der 14-Å-Reflex primärer Chlorite erhalten oder wird sogar noch verstärkt, während Smectite und Vermiculite auf ≈ 10 Å kontrahieren. Sekundäre Chlorite kontrahieren oft unvollständig. Der 7-Å-Reflex der Kaolinite, der mit dem d_{002}-Reflex der Chlorite zusammenfällt, verschwindet bei der Erhitzung.

Auch durch *Einlagerung anderer organischer Verbindungen* in die Zwischenschichten lassen sich einige Tonminerale unterscheiden. So ist der Nachweis von Kaolinit neben Chlorit durch Einlagerung von Dimethylsulfoxid möglich, das den Kaolinit auf 11,8 Å aufweitet, den Chlorit aber unverändert auf 14 und 7 Å läßt. Kaolinit kann man von Halloysit z. B. durch Behandlung mit K-acetat trennen. Hierbei werden beide Minerale auf 14 Å aufgeweitet, durch Auswaschen mit H_2O geht jedoch nur Kaolinit auf 7 Å, Halloysit dagegen auf ≈ 10 Å zurück[20].

Allophane werden in der Röntgenanalyse durch stark verbreiterte Reflexe bei 2,25 Å, 3,34 Å und im Bereich von 4–4,6 Å angezeigt. Sie sind nur in reinen Vorkommen zu identifizieren, da bei allen Tonmineralen Interferenzen in diesem Bereich auftreten.

Mit Hilfe des *Elektronenmikroskops*[21], dessen Auflösungsvermögen bis in den Å-Bereich reicht, können Tonminerale mit charakteristischen Formen identifiziert werden, wie z. B. Kaolinit, Halloysit, Nontronit, Allophan und Imogolit. Eine Unterscheidung der Illite von Smectiten und Vermiculiten ist mit Hilfe von Elektronenbeugungsaufnahmen möglich. Zusätzliche Information über die Gestalt und Oberflächen der Teilchen und ihre räumliche Anordnung im Boden erhält man mit der *Rasterelektronenmikroskopie*.

Bei der *Differentialthermoanalyse*[22] (DTA) wird die Probe kontinuierlich erhitzt und die Wärmetönungen der dabei auftretenden Reaktionen (z. B. H_2O-Abgabe, Kondensation von OH-Gruppen) im Vergleich zu einer inerten Probe (z. B. Al_2O_3) mit Hilfe eines Differenzthermoelements registriert. Lage und Größe einiger dieser Effekte sind spezifisch für manche Minerale.

Die *Ultrarotabsorptionsspektrographie*[23] ermöglicht u. a. Aussagen über die Bindung der OH-Gruppen im Mineral, die z. B. in Form von SiOH, AlOH, oder FeOH vorliegen können, und ist auch für amorphe Substanzen verwendbar (Allophane). Die *Mößbauerspektroskopie*[24] ist für die Bestimmung der Feoxide und der Wertigkeit und kristall-chemischen Positionen des Fe in Tonmineralen anwendbar. Die *chemische Analyse* kann wegen der ähnlichen Zusammensetzung der Tonminerale nur beschränkt zur Identifizierung herangezogen werden, weil meist ein Mineralgemisch vorliegt. Aus dem K-Gehalt der Tonfraktion kann aber z. B. in Abwesenheit von Kalifeldspäten annähernd auf den Illitgehalt des Bodens geschlossen werden, wobei meist ein K-Gehalt der Illite von 5 % zugrunde gelegt wird. Der Allophangehalt kann annähernd aufgrund der Löslich-

keit von Allophanen in saurer NH_4-Oxalatlösung ermittelt werden. Wertvolle Ergänzungen zur Tonmineralbestimmung bilden außerdem die Bestimmung der Austauschkapazität und der K-Fixierung[25].

Eine *quantitative Bestimmung* der Tonminerale ist selbst bei Kombination mehrerer Methoden nur begrenzt möglich. Dies ist vor allem darauf zurückzuführen, daß die in Böden vorhandenen Tonminerale hinsichtlich chemischer Eigenschaften, Kristallisationsgrad und Teilchengröße nur teilweise mit den zur Eichung herangezogenen Standardmineralen reiner Lagerstätten übereinstimmen. Je mehr der erwähnten Methoden herangezogen werden, um so weitgehender kann die Auswertung erfolgen. Etwas genauer als die der Tonminerale ist die quantitative Bestimmung der Fe- und Al-Oxide möglich.

4. Bildung und Umwandlung der Tonminerale

Die Tonminerale können entweder aus Dreischichtsilicaten (vor allem Glimmer, Chlorite) durch Veränderung ihres Zwischenschichtmaterials oder aber durch Neuaufbau aus Zerfallsproduktion von Silicaten (s. a. Kap. II 2) gebildet werden.

a) Bildung aus Phyllosilicaten durch Veränderung der Zwischenschichtbesetzung

Unter den Schichtsilicaten sind die Glimmer (Muskovit und Biotit) wegen ihres häufigen Vorkommens für die Tonmineralbildung am wichtigsten. Durch physikalische Verwitterung, vor allem unter der Einwirkung des Frostes, werden die größeren Glimmerblättchen

[20] *Range, K. J., A. Range, A. Weiss:* Proc. 3. Int. Clay Conf. Tokyo 1 (1969) 3.

[21] *Beutelspacher, H. W., H. W. v. d. Marel:* Atlas der Elektronenmikroskopie der Tonminerale und ihrer Beimengungen. Elsevier, Amsterdam 1968. *Gard, J. A.* (Ed.): The electron optical investgation of clays. Min. Soc., London 1971.

[22] *Mackenzie, R. C.* (Ed.): The differential thermal investigation of clays. Min. Soc., London 1957.

[23] *Farmer, V. C.* (Ed.): The infrared spectra of minerals. Min. Soc., London 1975.

[24] *Goodman, B. A.:* Mössbauer Spectroscopy. In *Stucki, J. M., W. L. Banwart* (Ed.), Advanced chemical methods for soil and clay minerals research. *Reidel* (1980) 1. Hier weitere moderne spektroskopische Methoden.

[25] *Jackson, M. L., C. A. Alexiades:* Clays a. Clay Min. Proc. 14. Nat. Conf. 35 (1966).

zum Teil parallel und auch senkrecht zu den Schichten so weit zerkleinert, daß sie die Korngröße der Tonfraktion erreichen und damit zu Illiten geworden sind. Mit der Zunahme der Oberfläche geht eine verstärkte chemische Verwitterung einher, bei der die K-Ionen der Randzone durch andere Kationen wie H, Ca und Mg ersetzt werden, so daß die Illite K-ärmer sind als die Ausgangsglimmer. Die weitere Umwandlung der Illite in teilweise oder vollständig aufgeweitete Dreischichtminerale (Vermiculit, Smectit) wurde bereits in Kap. 2 b beschrieben (s. a. Abb. 18). Bei dieser Umwandlung bleiben die Silicatschichten unverändert. In analoger Weise wandeln sich primäre Chlorite dadurch in aufgeweitete Dreischichtminerale um, daß ihre Hydroxidschicht durch Reaktion mit Protonen herausgelöst wird.

Im Labor können die Glimmer durch Behandlung mit Elektrolytlösungen (z. B. NaCl, $BaCl_2$) oder mit Na-Tetraphenylborat aufgeweitet werden, da dessen K-Form schwer löslich ist. Biotit kann auch durch mehrmaliges Bepflanzen in Vermiculit umgewandelt werden.

b) Bildung aus Zerfallsprodukten von Silicaten

Bei der Bildung von Tonmineralen aus Zerfallsprodukten von Feldspäten, Pyroxenen, Amphibolen u. a. zerfällt im Gegensatz zu der aus Schichtsilicaten das Gitter nach Abgabe der Alkali- und Erdkaliionen Elementarzelle nach Elementarzelle zu Silicat- und Al-, Fe- und Mn-Ionen, aus denen sich dann Tonminerale neu aufbauen. Dieser Vorgang ist allerdings auch

Abb. 23 Aufwachsungen von Allophan (6000×) (oben links), Imogolit (2500×) (oben rechts), Kaolinit (1500×) (unten links) und Halloysit (2500×) (unten rechts) auf der Oberfläche eines verwitterten Feldspats (Aufn. *H. Eswaran*)

bei Schichtsilicaten möglich. Die Neubildungen können entweder am Ort der Verwitterung oder nach Verfrachtung der Verwitterungsprodukte aus der Bodenlösung entstehen oder im Meerwasser ausgeschieden werden. So kann die Bildung von glimmerartigen Mineralen (Illite, Glaukonite) im Meerwasser aus der Abnahme des K/Na-Verhältnisses von 0,37 im Flußwasser auf 0,04 im Meerwasser gefolgert werden.

Die Bildung der Tonminerale und Oxide am Ort des verwitternden Ausgangsminerals läßt sich im Rasterelektronenmikroskop gut beobachten. Abb. 23 zeigt z. B., daß Feldspatoberflächen von den drusigen Aufwachsungen des Allophans, den Fäden des Imogolits, den Blättchenstapeln des Kaolinits und den Stäbchen des Halloysits bedeckt sein können. In analoger Weise wurden Smectitkristalle auf Hornblenden und Gibbsit- (Abb. 25) und Goethitkristalle auf Biotiten gefunden.

Die Bildung von Tonmineralen im Labor aus entsprechend zusammengesetzten Lösungen führt unter den Bedingungen der Erdoberfläche meist nur zu sehr schlecht kristallisierten Produkten, während die Oxide des Fe und Al sehr leicht zu synthetisieren sind. Eine andere Möglichkeit Tonminerale in vitro zu erzeugen besteht darin, primäre Silicate im Labor „verwittern" zu lassen. Experimente dieser Art geben wertvolle Hinweise auf die Entstehungsbedingungen der Tonminerale im Verwitterungsbereich.

Die Tendenz zur Bildung bestimmter Tonminerale läßt sich aber auch aus thermodynamischen Daten ableiten. So kann man mit Hilfe der Löslichkeitsprodukte der Tonminerale diejenigen Bereiche für die Konzentrationen ihrer Bestandteile (Si, Mg, K, OH) in der Bodenlösung errechnen, in denen ein bestimmtes Mineral gegenüber anderen stabil ist. Hierbei bleiben allerdings kinetische Gesichtspunkte außer acht; es wird vielmehr davon ausgegangen, daß sich das Gleichgewicht zwischen Bodenlösung und Tonmineralen eingestellt hat. Solche Berechnungen, in Stabilitätsdiagrammen dargestellt (s. Abb. 6), ergeben z. B., daß bei hohem pH und hoher Konzentration an Si und Mg Smectite, bei etwas niedrigerem pH und niedriger Si-Konzentration Kaolinit und bei noch niedrigerer Si-Konzentration Gibbsit stabil sind. Montmorillonit und Gibbsit schließen sich demnach gegenseitig aus. Dies stimmt mit den Beobachtungen in der Natur häufig überein. Ist dies nicht der Fall, so gelten entweder die verwendeten thermodynamischen Daten nicht für die im Boden vorliegenden Minerale oder − wahrscheinlicher − es liegt kein Gleichgewicht vor. Tatsächlich stellt sich das Gleichgewicht im Boden meist sehr langsam ein, so daß metastabile Phasen sehr lange beständig sein können.

Aus allen diesen Befunden lassen sich für die Bildungsbedingungen der Tonminerale aus den Einzelbausteinen folgende allgemeine Tendenzen ableiten: (a) bei höherem pH und höherer Konzentration an Alkali- und Erdalkaliionen in der Lösung bilden sich vorwiegend Dreischichtminerale, und zwar bei Anwesenheit von K-Ionen Illite, von Mg-Ionen Smectite, bei hoher Mg-Konzentration auch Chlorite und Palygorskit, (b) bei niedrigem pH und niedriger Konzentration an Kieselsäure, Alkali- und Erdalkaliionen bilden sich vorwiegend Zweischichtminerale, (c) bei extrem niedriger Konzentration an Kieselsäure ($\approx$ 1 mg/l SiO_2), Alkali- und Erdalkaliionen dann nur noch Gibbsit.

c) Tonmineralumwandlung

In Böden unterliegen die bei der Verwitterung primärer Silicate gebildeten Tonminerale einer weiteren Umwandlung. Da im gemäßigt bis kühl humiden Klimabereich die Verwitterungsintensität im Profil der meisten Böden von unten nach oben steigt, ist die Umwandlung der Tonminerale in den oberen Horizonten am stärksten ausgeprägt. Sie führt hier zu einem erhöhten Gehalt an aufweitbaren Mineralen. In ariden Gebieten kann dagegen das Maximum der Bildung und Umwandlung der Tonminerale in tieferen Horizonten liegen, weil diese im Mittel einen höheren Wassergehalt und damit günstigere Bedingungen für die chemische Verwitterung als die oberen Horizonte aufweisen.

In stärker sauren Böden ist die Umwandlung der Tonminerale mit der Bildung aufweitbarer Minerale jedoch noch nicht abgeschlossen. Im pH-Bereich von $\approx$ 4−5 können die verstärkt auftretenden Al-Ionen unter Bildung von Al-Hydroxidschichten zwischen den Silicatschichten eingelagert werden und sich so sekundäre Chlorite bilden.

Auch durch Eintausch von K-Ionen zwischen die Silicatschichten kann die Aufweitbarkeit von Tonmineralen wieder rückgängig gemacht werden, wobei Vermiculite[26] in Illite übergeführt werden. Die K-Ionen können z. B. der Verwitterung von Biotit, der Zersetzung von Pflanzenrückständen oder der Düngung entstammen.

Bei intensiver Verwitterung, wie sie unter dem Einfluß einer sauren Reaktion, hoher Nie-

---

[26] *Niederbudde, E. A.*: Z. Pflanzenernähr., Bodenkd. (1975) 217.

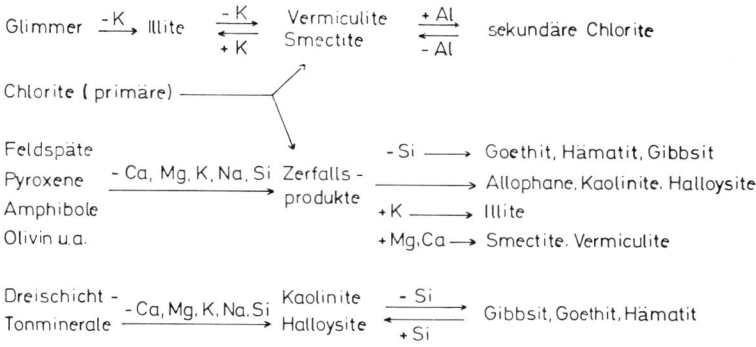

derschläge und hoher Temperatur vonstatten geht, können in längeren Zeiträumen die Tonminerale ebenso in ihre Gitterbestandteile zerfallen wie die primären Minerale. Die Dreischichtminerale gehen hierbei unter Verlust von Si *(Desilifizierung)* und anderen Elementen in Zweischichtminerale über, die sich schließlich unter weiterem Si-Verlust in Al-oxide, vor allem in Gibbsit, umwandeln können. Der letzte Prozeß ist wahrscheinlich reversibel *(Resilifizierung)*.

In der Übersicht oben sind die wichtigsten Möglichkeiten der Bildung und Umbildung von Tonmineralen zusammenfassend an einigen Entwicklungsreihen dargestellt.

d) Bildung in Abhängigkeit vom Ausgangsgestein

Die in Böden vorkommenden Tonminerale entstammen entweder dem Ausgangsgestein oder sind während der Bodenentwicklung in situ entstanden. Je nach dem Klima und der Mineralzusammensetzung der Gesteine steht die Umwandlung von Schichtsilicaten oder aber die Tonmineralneubildung aus den Zerfallprodukten von Silicaten im Vordergrund; meistens laufen im gleichen Boden beide Prozesse neben- und nacheinander ab. Je stärker die Böden verwittert sind, desto mehr verwischt sich der Einfluß unterschiedlicher Ausgangsgesteine auf den Tonmineralbestand.

Aus basischen *Magmatiten* mit ihrem hohen Gehalt an Mg- und Ca-reichen Mineralen bilden sich zunächst bevorzugt Smectite, Vermiculite und Chlorite, aus den glimmerreichen sauren Magmatiten dagegen bevorzugt Illite. Werden aber die bei der Verwitterung freigesetzten Alkali- und Erdalkaliionen sehr schnell ausgewaschen oder/und infolge geringen Gehaltes an leicht verwitterbaren primären Silicaten nur sehr langsam nachgeliefert, so bilden

sich sofort Zweischichtminerale, vor allem Kaolinite, sowie Si-, Al-, Fe- und Mn-Oxide.

Im Gegensatz zu den Böden aus Magmatiten entstammt in Böden aus *Sedimenten* ein Teil der Tonminerale dem Sediment selbst, dessen Tonmineralbestand in weiten Grenzen variieren kann. Dies trifft um so mehr zu, je stärker das Material bei der Sedimentation bereits verwittert war und je weniger die Verwitterung in Böden fortgeschritten ist. So ist es zu erklären, daß junge Böden aus Sedimenten, wie z. B. Auenböden und carbonathaltige Böden aus Löß, die gleiche oder eine sehr ähnliche Tonmineralzusammensetzung haben wie das Ausgangsgestein. Da in Sedimenten die Glimmer angereichert sind, spielen sie für die Bildung von Tonmineralen eine wichtige Rolle. Die in Böden aus Sedimenten neu gebildeten Illite, Vermiculite, Smectite und Wechsellagerungsminerale können daher häufig auf Biotite und Muskovite als Ausgangsminerale zurückgeführt werden.

Böden aus *Metamorphiten* enthalten häufig primäre Chlorite, die sich im Laufe der Bodenentwicklung entweder in aufweitbare Dreischichtminerale umwandeln oder — vor allem im stark sauren Bereich — völlig zersetzt werden.

5. Vorkommen und Bildung in Böden[27]

Tonminerale sind der wesentlichste Bestandteil der Tonfraktion der Böden und daher in fast allen Böden in mehr oder weniger großen Mengen enthalten.

---

[27] Tonmineralogie der Böden der BRD s. *Niederbudde, E. A., U. Schwertmann:* Geol. Jb. D 39 (1980) 99.

Kaolinit tritt zwar in der Tonfraktion fast aller Böden auf, in solchen des gemäßigt-humiden Klimabereiches jedoch meist nur in geringer, vom Ausgangsgestein ererbter Menge. Dagegen besteht die Tonfraktion von stärker verwitterten Böden des subtropischen und tropischen Klimabereichs häufig im wesentlichen aus Kaolinit. Auch *Halloysit* ist in solchen Böden zu finden. Beide entstehen dort vor allem aus Plagioklasen sowie aus vulkanischen Gläsern über die Zwischenstufe der Allophane, während aus Kalifeldspäten und Muskoviten bei intensiver chemischer Verwitterung bevorzugt Kaolinite gebildet werden.

Da *Dreischichtminerale* einen geringeren Verwitterungsgrad anzeigen als Zweischichtminerale, findet man sie auch in Böden des gemäßigt-humiden Klimabereiches in reichlicher Menge. *Smectite* treten in vielen Böden aus den unterschiedlichsten Sedimenten (Schlick, Löß, Geschiebemergel, Kalke) auf und sind hier besonders in der Fraktion des Feintons ($< 0,2 \ \mu m$) angereichert. Smectitreich sind im gemäßigt-humiden Klima vor allem Böden aus basischen Magmatiten, in Deutschland z. B. in Vogelsberg, Rhön, Kaiserstuhl, Hegau und dem Thüringer Wald. In den im wechselfeuchten Klimabereich der Tropen und Subtropen verbreiteten Vertisolen kann die Tonfraktion bis zu mehr als 80 % aus Smectiten bestehen. Sie bildeten sich dort besonders in muldigen Lagen mit gehemmtem Wasserabfluß. Hier reichern sich nämlich schwach alkalische Si- und Mg-reiche Lösungen an, die aus der Verwitterung in den höher gelegenen Teilen der Landschaft stammen und aus denen die Smectite auskristallisieren.

Illite bilden in Böden des gemäßigt-humiden Klimabereiches häufig den größten Anteil der Tonminerale, insbesondere in Böden aus Sedimenten. Marschen, Böden aus Löß und Geschiebemergel, aber auch Böden aus Tongesteinen sind hierfür typische Beispiele. Der hohe K-Gehalt der Tonfraktion solcher Böden, der häufig bis 4 % K beträgt, spiegelt den hohen Illitgehalt deutlich wider.

Trioktaedrische *Vermiculite* treten in manchen weniger sauren Böden auf, die sich auf biotit- und chlorithaltigen Gesteinen entwickelt haben, und kommen besonders in den Fraktionen des Grobtons und Feinschluffes vor, jedoch selten als vorherrschende Tonminerale. Dioktaedrische Vermiculite können bei stärkerer Verwitterung muskovithaltiger Gesteine und Böden entstehen.

Primäre *Chlorite* (trioktaedrisch) treten in Böden des gemäßigt-humiden Klimabereiches aus chlorithaltigen Gesteinen, z. B. Tonschiefern und Metamorphiten, sowie aus basischen Magmatiten auf. Sie verwittern jedoch leicht und fehlen daher in stärker sauren Böden. In vielen stark sauren Böden des gemäßigt-humiden und subtropischen Klimabereiches findet man dagegen verstärkt sekundäre Chlorite als Anzeiger für eine hohe Verwitterungsintensität.

Palygorskit und *Sepiolit* kommen lediglich in alkalischen Böden arider Zonen vor. Sie sind dort vom Ausgangsgestein (meist Kalkgesteine) vererbt oder pedogen. Bei Versauerung des Bodens zerfallen sie.

Allophane und *Imogolite* sind besonders in jungen Böden aus jungvulkanischen Gesteinen (Andesit, Rhyolit) mit hohem Glasgehalt in hoher Konzentration zu finden. Solche Böden sind in Neuseeland, Japan und den USA verbreitet; in Deutschland sind sie in Böden aus Bims enthalten.

V. Oxide und Hydroxide

Zu den typischen Verwitterungsneubildungen im Boden gehört die überwiegende Menge der Oxide und Hydroxide des Al, Fe und Mn sowie ein Teil der Oxide des Si und Ti. Unter dem Begriff „Oxide" sollen in diesem Buch nicht nur die reinen Oxide, sondern auch die Hydroxide und Oxidhydroxide zusammengefaßt werden, also z. B. Al_2O_3, $Al(OH)_3$ und $AlOOH$. Das Ausmaß der Oxidbildung hängt von den Verwitterungsbedingungen ab. Bewirken diese eine rasche Abfuhr des Si (s. Ferrallitisierung), so werden vor allem Al- und Fe-Oxide angereichert. Bei weniger rascher Si-Abfuhr herrscht dagegen die Tonmineralbildung vor, die jedoch je nach der Zusammensetzung des Ausgangsmaterials von der Bildung von Oxiden begleitet wird. Die bei der Verwitterung entstandenen Oxide bilden nur sehr kleine Kristalle (häufig < 0,2 μm), die sich entweder zu Mikroaggregaten zusammenfügen oder an Oberflächen anderer Mineralkörner angelagert werden. Oft wirken sie dann als Kittsubstanz zwischen den Mineralteilchen (Kap. X V 4).

1. Siliciumoxide[1]

a) Formen und Vorkommen

Das im Boden vorhandene Silicium nichtsilicatischer Bindung liegt vorwiegend als Quarz, SiO_2, vor (s. Kap. A I). Dieser entstammt zum Teil Magmatiten und Metamorphiten (primärer Quarz), zum Teil der Verwitterung von Silicaten (sekundärer Quarz). Als weitere SiO_2-Modifikation findet sich weit verbreitet in Böden aus vulkanischen Gesteinen der *Cristobalit,* der allerdings meist dem Gestein entstammt.

Der in Böden und Sedimenten häufig auftretende *Opal* ist ein Gemisch von amorphem Si-Oxid und schlecht kristallisiertem Cristobalit bzw. Tridymit[2]. Sein H_2O-Gehalt beträgt je nach Alterungsgrad meist 4−9 %, seine Dichte 2,1−2,2. In Böden aus vulkanischen Aschen kann der Opal unmittelbar der chemischen Verwitterung entstammen[3], während er in vielen anderen Böden biogenen Ursprungs ist und in mannigfaltiger Form, z. B. als Leisten oder Spieße vorwiegend in der Schlufffraktion vorliegt. Dieser Biopal entstammt entweder dem Stützgewebe von Pflanzen, vor allem Gräsern (*Phytolithe*) oder den Nadeln von Schwämmen. So enthalten z. B. Getreidestroh 1−1,5 % und Gräser ≈ 5 % Si. In Oberböden unter Gras wurde bis zu 3 % Biopal festgestellt. Dieser gibt oft wertvolle Hinweise auf die Entstehungsgeschichte der Böden. In Pflanzenopalen wurden eingeschlossene organische Stoffe festgestellt, die wahrscheinlich dem Cytoplasma entstammen. Der C-Gehalt des Pflanzenopals betrug bis zu ca. 5 %; er kann der Altersbestimmung des Pflanzenopals nach der ^{14}C-Methode dienen.

b) Entstehung

Von dem bei der Verwitterung primärer Silicate freiwerdendem Silicium wird der größte Teil zur Bildung sekundärer Silicate verwendet. Nur ein kleiner Teil fällt als pedogenes, freies Si-Oxid aus. Es entsteht aus dem gelösten Si, das als Orthokieselsäure H_4SiO_4* in der Lösung vorliegt. Die Orthokieselsäure ist eine sehr schwache Säure (Dissoziationskonstante $k_s = 10^{-9}−10^{-10}$) und daher unterhalb pH 7 praktisch undissoziiert. Mit steigender Konzentration steigt ihre Neigung zur Polymerisation, bei der sich die Monomere über Sauerstoffbrücken miteinander verbinden. Die Neigung hierzu ist besonders ausgeprägt bei pH 5−7. Gleichzeitig nimmt die Löslichkeit dieser Polykieselsäuren ab, so daß sich schließlich wasserreiches, amorphes Si-Oxid bildet, das sehr langsam zu mehr oder weniger gut geordnetem Cristobalit bzw. Tridymit (Opal) oder zu Quarz wird. Die Polymerisation wird allerdings meist durch Adsorption des Si an anderen Mineralen, z. B. Fe- und Al-Oxiden verhindert.

c) Löslichkeit der Si-Oxide und Si-Konzentration der Bodenlösung

Die Löslichkeit der freien Si-Oxide ist sehr gering. Frisch ausgefälltes, amorphes Si-Oxid hat eine Löslichkeit von ca. 60 mg Si/l. Dieser Wert steigt mit zunehmender Temperatur und ist im Bereich von pH 2−8 annähernd unabhängig vom pH. Ab pH 8−9 bilden sich Silicat-Anionen und die Löslichkeit steigt stark an.

---

[1] *Wilding, L. P., N. E. Smeck, L. R. Drees:* In *J. B. Dixon, S. B. Weed,* Minerals in soil environments. SSSA Inc. Madison Wis. (1977).
[2] *Wilson, M. J.* et al.: Contrib. Mineral. Petrol. 47 (1974) 1.
[3] *Shoji, S., J. Masin:* J. Soil Sci. 22 (1971) 101.
* Häufig wird auch die Formel $Si(OH)_4$ angegeben, um das Vorhandensein von OH-Gruppen zum Ausdruck zu bringen. Die strukturelle Anordnung dieser OH-Gruppen um die Si-Atome ist die gleiche wie die der O-Atome in den SiO_4-Tetraedern des Quarzes.
[4] *Schachtschabel, P., G. Heinemann:* Z. Pflanzenernähr. Bodenkd. 118 (1968) 22.

Tabelle 12 Wasserlösliches Si (mg/l) (Extraktionsverhältnis Boden : Wasser = 1 : 5) in Horizonten von Parabraunerden und Schwarzerden (Mittelwerte und Standardabweichungen; n = Anzahl der Profile)[4]

Profile	n	A_p	A_h	A_l	B_t	C
Parabraunerden	4	6,6 ± 2,2	−	4,8 ± 2,2	3,2 ± 1,2	
Schwarzerden	16	6,8 ± 0,4	3,0 ± 0,6	−	−	2,1 ± 0,1

Im Laufe der Kristallisation amorpher Si-Oxide nimmt die Löslichkeit ab. Sie beträgt bei Quarz je nach Korngröße nur noch 1,4–3,3 mg Si/l (25° C). Die Löslichkeit sinkt also in der Reihenfolge amorphes Si-Oxid > Opal > Cristobalit > Quarz.

Die Si-Konzentration von Bodenlösungen variiert im Bereich von wenigen bis zu > 40 mg Si/l. Bei norddeutschen Parabraunerden und Schwarzerden war der Gehalt an wasserlöslichem Si in den Ap-Horizonten, vermutlich wegen des dort vorliegenden Bioopals, am höchsten, sank im Profil nach unten ab und war im C-Horizont am niedrigsten (Tab. 12)[4]. Er steigt mit sinkendem pH (Abb. 24) und zunehmender Temperatur, erreicht im allgemeinen zwischen pH 9 und 10 ein Minimum und steigt dann wieder leicht an. Die Si-Konzentration ist weder von dem Gehalt der Bodenlösung an Ca-und Mg-Ionen noch vom $CaCO_3$-Gehalt der Böden abhängig.

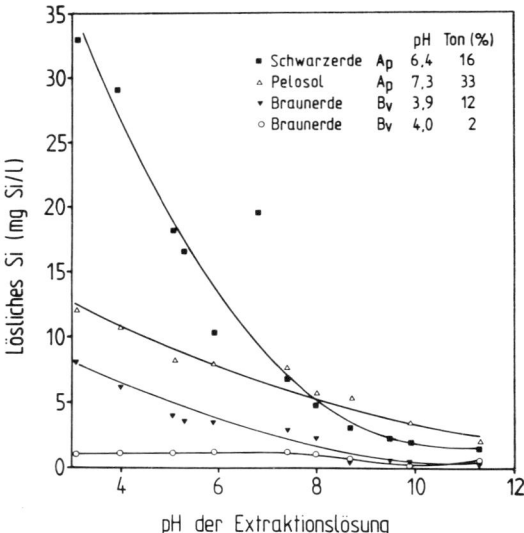

Abb. 24 Lösliches Silicium in verschiedenen Böden in Abhängigkeit vom pH einer wäßrigen Boratlösung[4]

Die Konzentration der Bodenlösung ist in der Regel geringer als der Löslichkeit des amorphen Si-Oxids entspricht, so daß sich dieses nur bei hohem Si-Angebot aus der Lösung bildet. Dagegen ist die Bodenlösung hinsichtlich Quarz meist übersättigt. Seine direkte Bildung aus der Lösung ist daher zwar möglich[5,6], jedoch – wohl wegen der hohen Kristallisationsenergie – in Böden nicht sehr verbreitet. Die

Werte für die Si-Konzentrationen in Bodenlösungen und ihre pH-Abhängigkeit legen nahe, daß diese nicht so sehr von festen Si-Verbindungen, sondern vermutlich vorwiegend durch Adsorptionsgleichgewichte bestimmt werden. Hierfür spricht, daß das Minimum der Si-Konzentration in einem pH-Bereich liegt, in dem das Maximum der Si-Adsorption durch Goethit gemessen wurde[7].

Auch im Grund- und Flußwasser liegt das gelöste Si als H_4SiO_4 vor. Der Gehalt beträgt meist weniger als 16 mg Si/l. Hohe Si-Gehalte treten auch in stehenden Gewässern auf; sie können hier bis ≈ 30 mg Si/l betragen. Im Meerwasser beträgt der Si-Gehalt ≈ 2 mg/l.

Die leicht reaktionsfähigen Si-Oxide werden häufig durch Extraktion des Bodens mit einer alkalischen Lösung (NaOH, Na_2CO_3) bestimmt. Hierbei werden, besonders wenn bei erhöhter Temperatur extrahiert wird, nicht nur amorphes Si-Oxid gelöst, sondern auch Tonminerale, vor allem Allophane, und andere Silicate angegriffen. Die Gehalte an NaOH-löslichem Si in Böden liegen je nach Ausgangsgestein, Bodenart, Mineralbestand (besonders hoch in allophanhaltigen Böden) und Stadium der Pedogenese zwischen 0,1 und 5 % Si. Das wasserlösliche Si wird im Sättigungsextrakt oder in einer wäßrigen Aufschlämmung (1 : 5) bestimmt.

2. Aluminiumoxide[8]

Unter den kristallisierten Al-Oxiden, die im Boden auftreten, herrscht der *Gibbsit*, γ-Al(OH)$_3$, bei weitem vor. In ihm bilden die Al^{3+}-Ionen mit 6 OH-Ionen Oktaeder, die über gemeinsame OH-Ionen zu Schichten verbunden sind, die wiederum über H-Brücken miteinander verknüpft werden. Gibbsit bildet häufig 6eckige Täfelchen von einer Größe, die sie sowohl der Ton- als auch der Schlufffraktion angehörig macht (Abb. 25).

Als weitere Al(OH)$_3$-Formen treten vereinzelt der *Nordstrandit* und der *Bayerit*, α-Al(OH)$_3$, vor allem in Bauxiten (Al-Erze) auf, in denen gelegentlich auch die beiden AlOOH-

[5] *Mackenzie, F. T., R. Gees:* Science 173 (1971) 533.
[6] *Harder, H.:* Geochim. Cosmochim. Acta 29 (1965) 429.
[7] *Hingston, F. J.* et al.: Trans. 9. Int. Congr. Soil Sci. Adelaide 1 (1968) 669.
[8] *Hsu, P. H.:* In *Dixon, J. B., S. B. Weed*, Minerals in soil environments, SSSA Inc., Madison, Wisc., 1977.

Abb. 25 Gibbsitkristalle auf einer mit Goethit bedeckten Porenoberfläche aus einem Laterit, Kamerun, Vergr. 4000fach (Rasterelektronenmikroskopische Aufn. *G. Boquier*)

Formen *Böhmit,* γ-AlOOH, und *Diaspor,* α-AlOOH, gefunden werden. Ein Teil des oxidisch gebundenen Al liegt im Kristallgitter der Fe-Oxide vor, in denen es Fe ersetzt.

Gibbsit bildet sich aus dem bei der Verwitterung von Al-haltigen Silicaten (Feldspäte, Glimmer, Tonminerale u. a.) freigesetzten Al. Dies kann bereits in den Anfangsstadien der Verwitterung erfolgen, wenn durch einen starken Sickerwasserdurchzug die Si-Konzentration der Verwitterungslösung unter ca. 0,5 mg Si/l absinkt. Hierbei können z. B. Plagioklase direkt in Gibbsit umgewandelt werden, dessen Kristalle den Plagioklaskristall ausfüllen (*Pseudomorphose*). Als solche Frühbildung ist der Gibbsit mit leicht verwitterbaren Mineralen wie Biotit und Olivin vergesellschaftet, z. B. in durchlässigen Böden des mediterranen Raums[9].

In stark verwitterten Böden der Tropen und Subtropen tritt der Gibbsit dagegen als Endstadium der Verwitterung auf, nachdem die zunächst gebildeten Tonminerale einschl. des Kaolinits aufgelöst worden sind. Der Gibbsitbildung wirken aufweitbare Tonminerale entgegen, weil sie freigesetztes Al als Hydroxy-Al-Polymere zwischen den Silicatschichten binden (s. Kap. V 2 b. 4), und organische Substanzen, weil sie Al komplexieren. In der Bundesrepublik wurde Gibbsit bisher nur in Böden aus Granit des Bayerischen Waldes festgestellt, stammt hier jedoch aus einer vorholozänen Verwitterung des Granits und scheint sich unter den Bedingungen der Podsolierung (stark sauer, hoher C-Gehalt) aufzulösen, da hier sein Löslichkeitsprodukt ($10^{-33}-10^{-34}$) unterschritten wird.

Auf die Al-Konzentration in Bodenlösungen wird im Kap. Bodenacidität näher eingegangen.

Die Bestimmung der Al-Oxide kann in Böden auf die gleiche Weise wie die der NaOH-löslichen Si-Oxide erfolgen. Nach dieser Methode liegen die Werte in mitteleuropäischen Böden meist unter 0,5 % Al. Dieses Al kann allein obengenannten kristallinen Oxiden, z. T. aber auch schlecht kristallisierten und amorphen Al-Oxiden und Tonmineralen entstammen. Mit saurem NH_4-Oxalat wird austauschbares, organisch-komplexiertes und Al aus Allophanen gelöst, mit Dithionit das Al in Fe-Oxiden.

3. Eisenoxide[10]

Das bei der Verwitterung aus Biotiten, Pyroxenen, Amphibolen, Olivinen u. a. Fe-haltigen Silicaten freigesetzte Fe wird im Gegensatz zum Al nur zu einem kleinen Anteil in Tonminerale (vor allem in Dreischichtminerale) eingebaut und überwiegend am Ort der Verwitterung oder nach Verlagerung in Form von Fe(III)-Oxiden ausgeschieden. Lediglich unter reduzierenden Bedingungen entstehen auch feste Fe(II)-Verbindungen. Die Fe(III)-Oxide treten in Böden sowohl gleichmäßig verteilt und dann stark färbend auf als auch akkumuliert in Form von Flecken, Konkretionen und Horizonten (ferricrete).

a) Formen

Die Zahl der Fe-Oxid-Minerale ist hoch, die meisten von ihnen treten auch in Böden auf. Am häufigsten sind die meist gelbbraunen (7,5 bis 10 YR*) und nadelförmig ausgebildeten *Goethit* α-FeOOH und die blutrote (2,5 YR−5 R), in sechseckigen Plättchen kristallisierende *Hämatit* α-Fe$_2$O$_3$ (Abb. 26).

Weniger häufig, aber keineswegs selten, sind der orangefarbene (5−7,5 YR) *Lepidokrokit,* γ-FeOOH, der in Form stark gelappter oder gezähnter Plättchen oder Leisten auftritt (Abb. 26) und meist besser kristallisiert ist als der Goethit, und der rotbraune *Maghemit,* γ-

[9] *Marcias, F.:* Clay Min. 16 (1981) 43.
[10] *Schwertmann, U., R. M. Taylor:* In *Dixon, J. B., S. B. Weed* (Ed.), Minerals in soil environments. SSSA Inc. Madison, Wisc. 1977. *Murray, J. W.:* In Marine minerals. MSA Short Course Notes 6 (1979).
* Munsell Farbton, s. Kap. X.

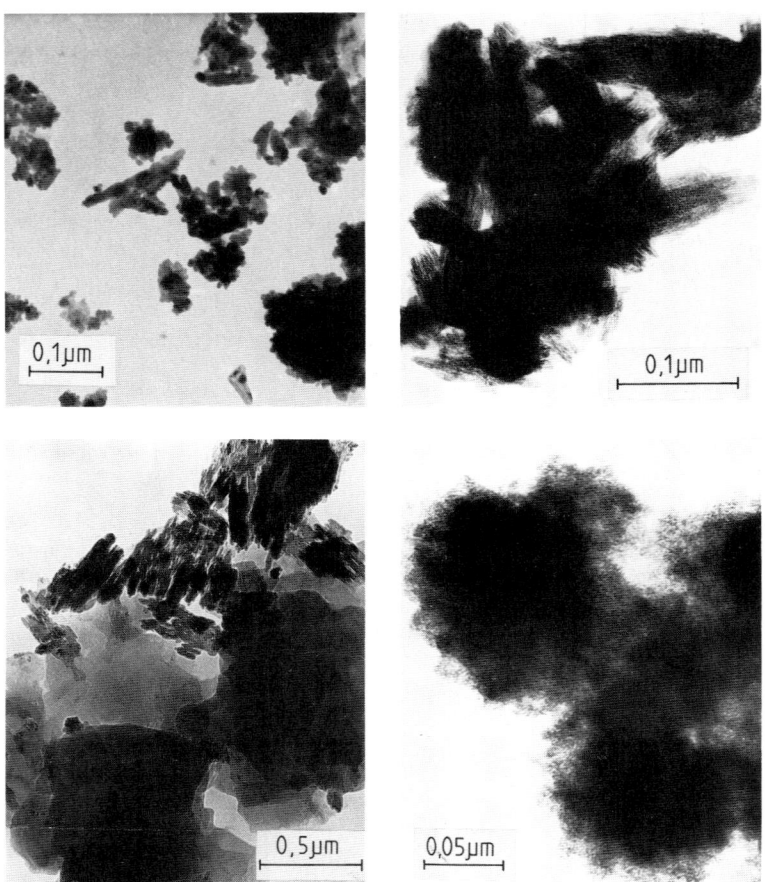

Abb. 26 Elektronenmikroskopische Aufnahmen von Eisenoxiden (Aufn. *H.-Ch. Bartscherer*). Oben links: Hämatit (kleine runde Teilchen) und Goethit (längliche Teilchen) aus einem Oxisol, Brasilien. Oben rechts: Goethit aus einem Niedermoor, Freising, Obb. Unten links: Lepidokrokit (gelappte Blättchen) aus einem Pseudogley (mit Illit), Paderborn, NRW. Unten rechts: Ferrihydrit aus einer Fe-haltigen Quelle, Finnland

Fe_2O_3, die ferrimagnetische Form des Fe_2O_3. Außerdem tritt in Böden ein schlecht kristallisiertes, wasserhaltiges Fe(III)-Oxid auf, der *Ferrihydrit* (früher: amorphes Fe(III)-Hydroxid) mit der Zusammensetzung $5Fe_2O_3 \cdot 9H_2O$, der aus 2−5 nm großen, runden Teilchen besteht (Abb. 26). Neuerdings wurde auch eine schlecht kristallisierte Form des δ-FeOOH gefunden[11], die *Feroxyhit* (δ'-FeOOH, *Chukhrov*) genannt wurde.

In allen Fe-Oxiden bilden die Fe^{3+}-Ionen mit 6 O- bzw. OH-Ionen Oktaeder, die in den verschiedenen Oxiden über gemeinsame O- bzw. O- und OH-Ionen unterschiedlich miteinander verknüpft sind: beim Goethit zu Doppelketten, beim Lepidokrokit zu Zick-Zack-Schichten und beim Hämatit in dreidimensionaler Weise. Die Ketten oder Schichten der FeOOH-Formen werden über H-Brücken miteinander verknüpft. Im Goethit und Hämatit kann als Ausdruck bestimmter pedogenetischer Bedingungen ein Teil der Fe-Ionen des Gitters durch Al-Ionen ersetzt sein, die eine Verkleinerung der Elementarzelle bewirken.

b) Vorkommen, Entstehung und Gehalt

Der hohen Stabilität des Goethits (Löslichkeitsprodukt $10^{-42}-10^{-44}$) entspricht es, daß er un-

---

[11] *Carlson, L., U. Schwertmann:* Clays Clay Min. 28 (1980) 272.

ter den Fe-Oxiden der Böden aller Klimate am weitesten verbreitet ist. In Abwesenheit von Hämatit gibt er den Böden die typisch gelb- bis rostbraune Farbe. Goethit entsteht im Boden dann, wenn Fe(III)-Ionen aus einer beliebigen Fe-haltigen Verbindung (Eisensilicat, Eisenhydroxid, Fe-organische Komplexe u. a.) in geringer Konzentration angeliefert werden und in Gegenwart von Wasser langsam hydrolysieren. Da reine Fe(III)-Lösungen nur im stark sauren Bereich sehr langsam hydrolysieren, ist die Goethitbildung im schwach sauren Bereich nur dann möglich, wenn das Fe entweder langsam z. B. durch Verwitterung nachgeliefert oder wenn die Konzentration an Fe(III)-Ionen durch Komplexbildner niedrig gehalten wird. Aus den partiell hydrolysierten Fe-Ionen, insbesondere aus $Fe(OH)_2^+$-Ionen, bilden sich zunächst Goethitkeime, deren Wachstum dann durch Fe(III)-Ionen aus der Fe-Quelle genährt wird. Goethit entsteht aber auch durch direkte Oxidation fester Fe(II)-Verbindungen (z. B. Siderit), vor allem in Anwesenheit von Carbonationen.

Erfolgt dagegen die Hydrolyse der Fe(III)-Ionen relativ rasch, so kann das im Vergleich zum Goethit viel höhere Löslichkeitsprodukt des Ferrihydrits (10^{-37}–10^{-38}) überschritten werden und dieser fällt aus. Er wurde in höherer Konzentration als Ockerschlamm in Drängräben, -rohren und Austritten Fe-haltiger Quellen gefunden. Hier ist er vermutlich durch schnelle Oxidation von Fe^{2+} entstanden. Silicat, Phosphat und organische Bestandteile der Lösung werden durch den Ferrihydrit adsorbiert und verzögern oder verhindern seine Umwandlung zu stabileren, besser kristallisierten Oxiden, im gemäßigten Klimabereich vor allem zu Goethit. Ferrihydrit tritt jedoch auch in Böden auf, und zwar in Fe-Oxid-Anreicherungen von Gleyen (Konkretionen, Raseneisenstein) und in B_s-Horizonten von Podsolen.

Bei höherer Bodentemperatur und daher schnellerem Umsatz organischer Komponenten kann sich aus Ferrihydrit auch Hämatit bilden, dessen Kristalle innerhalb der Ferrihydritaggregate entstehen. Da hieran eine Entwässerung beteiligt ist, wird die Hämatitbildung durch höhere Temperaturen gefördert. Hämatit tritt daher in vielen Böden der Tropen und Subtropen auf, reicht aber noch bis in die Böden aus würmzeitlichen Kalkschottern Süddeutschlands[12]. Je nach seiner Konzentration erzeugt er in den Böden Rottöne von 5 YR–5 R. Er ist fast stets mit Goethit vergesellschaftet, und das

Hämatit/Goethit-Verhältnis spiegelt das Bodenklima, insbesondere die Bodentemperatur wider.

Wegen der hohen Stabilität von Goethit und Hämatit wandeln sich diese in Böden nicht direkt durch De- bzw. Rehydroxylierung ineinander um. Hämatit entsteht also nicht durch Entwässerung aus Goethit sondern aus Ferrihydrit. In zahlreichen Gebieten der Erde beobachtet man jedoch, daß sich rote, hämatithaltige, ältere Böden unter einem feucht-kühleren Klima von oben her in gelb-braune Böden umwandeln. Hierbei wird der Hämatit durch Reduktion oder Komplexierung unter Mitwirkung organischer Substanz aufgelöst, oder aus dem gelösten Fe wird neuer Goethit gebildet.

Lepidokrokit entsteht vorwiegend bei der Oxidation von Fe(II)-Verbindungen, z. B. aus blaugrünen Fe(II,III)-Hydroxysalzen, sog. Grüner Rost[13], und zwar besonders bei geringer Carbonationen-Konzentration. Dies erklärt sein häufiges Auftreten in relativ tonreichen, carbonatfreien, staunassen Böden, in denen während der Staunässe Fe^{2+} gebildet wird. Der Lepidokrokit ist gegenüber dem Goethit metastabil. Seine Umwandlung in diesen erfolgt jedoch sehr langsam; sie wird durch Fe^{2+}-Ionen beschleunigt, durch Silicationen dagegen gehemmt.

Maghemit ist in Böden entweder durch Oxidation von gesteinsbürtigem Magnetit, durch Hitzeeinwirkung (Brände) auf andere Fe(III)-Oxide oder möglicherweise auch durch Oxidation von Fe(II,III)-Hydroxysalzen entstanden. Er ist vor allem in Böden der Tropen und Subtropen, feinverteilt oder in Konkretionen, weit verbreitet.

Der Gehalt an Fe-Oxiden liegt in Böden, in denen die Fe-Oxide gleichmäßig verteilt sind, meist im Bereich von 0,2–20 %; er hängt insbesondere von der Körnung (S < T), vom Ausgangsgestein und vom Stadium der Pedogenese ab. In Anreicherungszonen, wie Rostflecken, Konkretionen und Horizonten kann er jedoch bis auf 80–90 % ansteigen.

c) Löslichkeit

Die Löslichkeit der Fe(III)-Oxide ist, wie aus dem niedrigen Löslichkeitsprodukt (s. Kap. 3 b) hervorgeht, sehr gering; sie gehören damit

---

[12] *Schwertmann, U.* u. a.: Geoderma 26 (1982) 209.
[13] *Taylor, R. M., R. M. McKenzie:* Clays Clay Min. 28 (1980) 179.

zu den stabilsten Produkten der chemischen Verwitterung. Die Konzentration an Fe(III)-Ionen in wässriger Lösung steigt mit sinkendem pH-Wert an; entsprechend dem geringen Löslichkeitsprodukt erreicht sie jedoch erst unter stark sauren Bedingungen (< pH 3) meßbare Werte. Sie entsprachen in Bodenlösungen einem Fe(III)-Oxid mit einem Löslichkeitsprodukt von ca. 10^{-39}.

Die Löslichkeit der Fe(III)-Oxide in Böden kann jedoch wesentlich erhöht werden, wenn entweder reduzierende Bedingungen vorliegen oder die Bodenlösung organische Verbindungen enthält, die Fe komplexieren können. Unter diesen Bedingungen enthält die Bodenlösung größere Mengen an gelöstem Eisen in Form von Fe(II)-Ionen oder Fe-organischen Komplexen. Dieses trifft auf den gesamten pH-Bereich der Böden zu.

Die Fe(II)-Ionen entstehen durch Reduktion und Auflösung der Fe(III)-Oxide nach

$$FeOOH + 3\,H^+ + e^- = Fe^{2+} + 2\,H_2O$$

Wie die Gleichung zeigt, steigt die Fe^{2+}-Konzentration mit sinkendem Redoxpotential (= steigender „Elektronendruck") und sinkendem pH (s. Kap. XIII). Außerdem nimmt sie aber auch mit steigender Löslichkeit des Fe(III)-Oxids zu. So ist die Fe^{2+}-Konzentration z. B. bei gleichem pH und Redoxpotential im Gleichgewicht mit Ferrihydrit um 3–5 Zehnerpotenzen höher als im Gleichgewicht mit dem sehr viel schwerer löslichen Goethit. Die Fe^{2+}-Konzentration der Bodenlösung von unter Wasser gesetzten Böden lag bei Werten zwischen diesen beiden Formen.

Die Mobilisierung von Fe aus Fe(III)-Oxiden ist reversibel. Steigt das Redoxpotential oder sinkt die Stabilität der Fe-organischen Komplexe (z. B. durch pH-Anstieg, Abnahme der Ligandenkonzentration oder mikrobiellen Abbau der Liganden) so können sich Fe(III)-Oxide erneut bilden; die Mineralform richtet sich dann nach den jeweiligen Bedingungen. Auf diese Weise wandelt sich eine Form in eine andere um, und die Fe(III)-Oxide werden im Bodenprofil räumlich neu verteilt, z. B. in Form von Flecken, Konkretionen u. a. Anreicherungen.

Die unterschiedliche Löslichkeit der Fe(III)-Oxide als organische Komplexe macht man sich für eine Trennung schlecht kristallisierter von gut kristallisierten Formen nutzbar. Dazu dient eine Extraktion mit saurer Oxalatlösung, bei der Ferrihydrit nahezu vollständig, die anderen Fe-Oxide, wie Goethit, Hämatit und (gut kristallisierter) Lepidokrokit fast gar nicht gelöst werden. Der oxalatlösliche Anteil an der Gesamtmenge der Fe-Oxide in Böden als ungefähres Maß für den schlecht kristallisierten Anteil ($\approx$ Ferrihydrit) kennzeichnet in gewissem Maße das Bodenalter und die Kristallisationsbedingungen von Fe-Oxiden in Böden. So ist der Anteil z. B. in den häufig sehr alten tropischen Böden sehr tief (< 1 %), beträgt bei den durchweg wesentlich jüngeren Böden des gemäßigten Klimabereiches ca. 20–50 % und liegt meist über 50 % in A_h-, B_s- und B_h-Horizonten, weil hier die Alterung der Fe-Oxide durch die organische Substanz verzögert und auch der Anteil an organisch gebundenem Fe hoch ist.

d) Bestimmung

Die Bestimmung der verschiedenen Fe-Oxid-Minerale erfolgt mithilfe der Röntgenographie, Differentialthermoanalyse, Infrarotabsorptionsspektrographie und, besonders empfindlich, der Mößbauerspektroskopie. Die gesamten Fe-Oxide werden meist mit festem Na-Dithionit ($Na_2S_2O_4$) in einer Lösung von Na-Citrat und $NaHCO_3$ bei pH 7,3 (günstige Reduktionsbedingungen ohne Zersetzung Fe-haltiger Tonminerale) extrahiert. Schwerlöslich sind in dieser Lösung Magnetit und Ilmenit. Auf die Extraktion mit einer sauren Lösung von NH_4-Oxalat im Dunkeln wurde bereits hingewiesen. Das organisch gebundene Fe wird mit Natriumpyrophosphat extrahiert. Eine besonders in Podsolen auftretende leicht bewegliche Fe-Form (Fe-organische Komplexe) erhält man durch Extraktion mit KCl.

4. Titanoxide

Das bei der Verwitterung der Minerale freigesetzte Ti kann einer Reihe von primären, leicht (Biotit, Amphibol) oder schwer verwitterbaren (Ilmenit, Titanit, Titanomagnetit) Mineralen entstammen. Es wird nur untergeordnet in Tonminerale eingebaut, sondern meist als TiO_2 ausgefällt. Von den TiO_2-Modifikationen ist allerdings nur der *Anatas* eine Neubildung, während der *Rutil* dem Gestein entstammt. Anatas läßt sich bei Raumtemperatur leicht synthetisieren[14]. Er kann Fe ins Gitter einbauen und wird dann „*Pseudorutil*" genannt, der ebenfalls im Verwitterungsbereich vorkommt.

---

[14] *Fitzpatrick R. W.* et al.: Clays Clay Min. 26 (1978) 189.

Diese beiden Neubildungen sind offenbar oxalatlöslich, nicht dagegen die primären, schwer verwitterbaren Ti-Minerale. Letztere reichern sich daher durch die Verwitterung an. Folglich beträgt der Ti-Gehalt in stark verwitterten Böden bis über 1 %, in manchen tropischen Böden auf Ti-reichen Gesteinen sogar bis über 10 %, während er in den jungen Böden des gemäßigten Klimas meist nur bei 0,1−0,6 % liegt.

5. Manganoxide[15]

Bei der Verwitterung Mn-haltiger Silicate (z. B. Biotite, Pyroxene, Amphibole), die Mn stets als Mn^{2+} enthalten, wird dieses unter aeroben Bedingungen überwiegend als schwarzbraun bis schwarz gefärbte, schwerlösliche Mn-Oxide und -hydroxide gefällt. Die Mineralogie und der Chemismus dieser Oxide ist vielfältiger als beim Al und Fe, weil das vierwertige Mn in ihnen durch Mn^{3+} und Mn^{2+} ersetzt und zum Ladungsausgleich Kationen, wie Li, Na, K, Ca, Ba, Al und Fe als Gitterbausteine aufgenommen werden können. Die Oxide sind daher häufig, wie die Tonminerale, nicht stöchiometrisch zusammengesetzt.

Von diesen Oxiden wurden bisher nur wenige in Böden sicher identifiziert. Zu ihnen gehört der aus MnO_6-Schichten aufgebaute *Birnessit* (Na, Ca, K) (Mg, Mn) Mn_6O_{14} · 5 H_2O (Schichtabstand 7 Å), der durch H_2O-Einlagerung zwischen den Schichten zum 10-Å-Manganit, dem *Buserit* (Todorokit) aufweiten kann. Ebenfalls schichtförmigen Bau hat der *Lithiophorit,* der zum Ausgleich der negativ geladenen Schichten (Ersatz von Mn^{4+} durch Mn^{2+}) Li und Al zwischen den Schichten gebunden hat. Schlecht kristallisierte Formen des Schichttyps sind als *Vernadit* (*Chukhrov*) be-

zeichnet worden. Seltener treten die reinen, kettenförmig aufgebauten, MnO_2-Formen wie *Pyrolusit, Ramsdellit* (β-MnO_2) und *Nsutit* (γ-MnO_2) auf, sowie der K-haltige *Kryptomelan* ($K_2Mn_8O_{16}$) und der Ba-haltige *Hollandit* ($BaMn_8O_{16}$).

Die Mn-Oxide haben wie die Fe-Oxide eine geringe Löslichkeit, aber auch die Möglichkeit, mikrobiell reduziert und damit gelöst zu werden. Dies erfolgt bei den Mn-Oxiden bereits bei oxidativeren Verhältnissen (höherem Redoxpotential) als bei den Fe-Oxiden, so daß in den Böden häufig meßbare Mn^{2+}-Konzentrationen auftreten (s. Kap. XIII). Durch die Reduktion wird das Mn nicht nur für die Pflanze verfügbar (s. Kap. XX 13), sondern es kann auch, wie Fe^{2+}, im Boden verlagert werden. Die Mn^{2+}-Ionen werden dabei entweder ausgewaschen oder an Stellen höheren Redoxpotentials wieder oxidiert und erneut als Oxid abgeschieden. Dies geschieht häufig in Form von braunschwarzen Flecken, Porenwandbelägen oder Konkretionen.

Der Gehalt von Böden an Mn-Oxiden variiert in weiten Grenzen. Er steigt generell mit steigendem Mn-Gehalt des Ausgangsgesteins, mit steigendem Tongehalt und mit sinkendem Verwitterungsgrad. Er kann wie beim Fe mit einem Reduktionsmittel (Dithionit) bestimmt werden. Bei gleichmäßiger Verteilung der Mn-Oxide werden Gehalte zwischen 0,01−0,3 % Mn festgestellt. Sehr niedrige Werte treten in Verarmungshorizonten von Podsolen und Stagnogleyen auf, deutlich höhere Werte (bis 10 % Mn) in Anreicherungsformen wie Konkretionen und Kluftbelägen.

---

[15] *McKenzie, R. M.*: In *Dixon, J. B., S. B. Weed* (Ed.), Minerals in soil environments, SSSA Inc. Madison, Wisc. 1977. *Burns, R. G., V. M. Burns:* In Marine Minerals, AMS Short Course Notes 6, 1979. *Giovanoli, R., E. Stähli:* Chimia 24 (1970) 49.

VI. Mineralzusammensetzung von Böden

Die meisten Böden enthalten Gemische aus den in den Kapiteln I, IV und V besprochenen Mineralen. Bei der Verwitterung sind sie entweder chemisch unverändert aus dem Ausgangsgestein übernommen worden oder haben sich neugebildet (pedogene Minerale).

Der Gehalt an magmatischen Mineralen

hängt von dem Gehalt des Ausgangsgesteines an diesen Mineralen, von deren Verwitterungsstabilität sowie vom Verwitterungsgrad des Bodens ab. Im Laufe der Verwitterung werden daher stabilere Minerale wie Quarz, Kalifeldspäte, Glimmer und zahlreiche Schwerminerale in der Sand- und Schlufffraktion relativ ange-

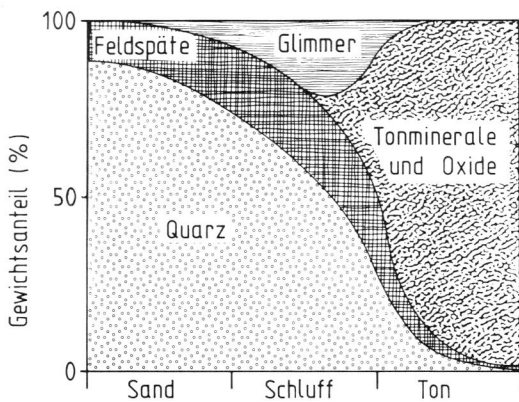

Abb. 27 Mittlere Gehalte der verbreitetsten Minerale in den Kornfraktionen Sand, Schluff und Ton von Böden des gemäßigt-humiden Klimabereiches

reichert, während die Tonfraktion überwiegend aus Verwitterungsneubildungen, vor allem Tonmineralen und Oxiden besteht (Abb. 27).

Bei fortschreitender Bodenversauerung werden nicht nur die primären Silicate, sondern schließlich auch die Tonminerale z. T. zersetzt und die Zersetzungsprodukte in tiefere Horizonte verlagert. In stark verwitterten Böden des gemäßigt-humiden Klimabereichs wie Podsolen reichert sich daher im A-Horizont der Quarz relativ stark an. In Gebieten mit intensiver Verwitterung, andersartigen Verwitterungsbedingungen und sehr langer Verwitterungsdauer, wie z. B. in den Tropen, werden häufig Al- und Fe-Oxide angereichert.

Der *Quarz* entstammt zum Teil Magmatiten und Metamorphiten, aus denen er durch Verwitterung freigelegt wurde, zum Teil wurde er bei der Silicatverwitterung neu gebildet. Wegen seiner hohen chemischen Widerstandsfähigkeit und großen Härte ist er in den Sedimenten stark angereichert. Autochthone Böden aus sauren Magmatiten bestehen meist zu über 50 % aus Quarz. Bei Böden aus basischen Magmatiten, Löß, Kalk- und Tongesteinen liegt der Quarzgehalt meist unter 50 %. Bei Böden aus Sandsteinen, Fluß- und Flugsanden kann der Quarzgehalt bis auf etwa 95 % ansteigen. Der Anteil des Quarzes ist in der Sandfraktion am größten und nimmt zu den feineren Fraktionen hin ab (Abb. 27). Auch die Tonfraktion enthält oft noch 10−20 % Quarz.

Der Gehalt an *Feldspäten* liegt in Böden des gemäßigt-humiden Klimabereichs häufig zwischen etwa 5 und 30 %; sie bestehen zu über 80−90 % aus Alkalifeldspäten. Der Einfluß des Verwitterungsgrades geht z. B. daraus hervor, daß Böden aus altpleistozänen Sanden meist weniger als 10 % Feldspäte enthalten, solche aus jungpleistozänen Sanden im Mittel 15−20 %. Ein hoher Feldspatgehalt findet sich auch in Böden aus Oberem Buntsandstein (bis 30 %), während Böden aus Löß, Ton und Tonschiefer mittlere Werte von 10−15 % aufweisen. Der Feldspatgehalt sinkt zu den feineren Fraktionen hin ab (Abb. 27). In Böden aus Gesteinen mit hohem Gehalt an Alkalifeldspäten können diese jedoch auch in der Tonfraktion auftreten, wie z. B. in Böden des Oberen Buntsandsteins. In vielen Böden der feuchten Tropen sind die Feldspäte meist völlig in Tonminerale oder Gibbsit umgewandelt.

Plagioklase, Pyroxene, Amphibole, Olivine und unverwitterte *Biotite* sind auch in den gröberen Fraktionen nur in geringer Menge vorhanden, da sie im Vergleich zu Alkalifeldspäten leichter verwittern. Ihr Anteil steigt innerhalb eines Profils in der Regel von oben nach unten, weil die Verwitterung in den oberen Horizonten am weitesten fortgeschritten ist. In Böden der feuchten Tropen fehlen sie häufig ganz.

Der Gehalt an *Glimmern,* vorwiegend Muskovit und gebleichter Biotit, die bei der Verwitterung magmatischer Gesteine freigesetzt und in Sedimenten bereits erheblich angereichert werden, ist in der Schlufffraktion am höchsten. Die Tonfraktion besteht vor allem aus *Tonmineralen und Oxiden des Fe und Al.* In Böden des gemäßigt-humiden Klimas herrschen unter den Tonmineralen die Dreischichtminerale vor, während in den stärker verwitterten Böden der feuchten Tropen Zweischichtminerale und/oder die Oxide dominieren. Fast alle Böden enthalten geringe Mengen von *Schwermineralen,* z. B. Apatit, Magnetit, Ilmenit, Granat, Rutil, Zirkon, Turmalin u. a. Die schwer verwitterbaren Schwerminerale sind um so stärker angereichert, je stärker die Böden verwittert sind; ihr Gehalt liegt jedoch meist unter 1−2 %.

Zahlreiche Böden des gemäßigt-humiden Klimabereiches, wie z. B. manche Rendzinen, Auenböden und Marschen, enthalten selbst noch im A-Horizont Calcit und Dolomit. In Trockengebieten kann auch der Gehalt der Böden an Gips, Boraten und anderen Salzen ein erhebliches Ausmaß annehmen. Im Bereich des sauerstoffarmen Grundwassers treten Eisensulfide und Vivianit auf und verleihen den entsprechenden Horizonten eine schwarze bzw. blaue Farbe.

VII. Organische Substanz[*]

1. Definition, Bestimmung und Einteilung

Zur organischen Substanz der Böden gehören alle in und auf dem Boden befindlichen *abgestorbenen* pflanzlichen und tierischen Stoffe sowie deren organische Umwandlungsprodukte. Die *lebenden* Organismen, das aus Bodenflora und -fauna bestehende *Edaphon*, gehören als Bodenbewohner nicht zur organischen Substanz der Böden. Mengenmäßig verhalten sich lebende und tote organische Substanz in der Ackerkrume etwa wie 1:10.

Die organische Substanz der Böden besteht aus nicht oder nur schwach umgewandelten Ausgangsstoffen mit großenteils noch morphologisch sichtbaren Gewebestrukturen, den *Streustoffen*, und aus stärker umgeformten, dunklen, hochmolekularen Produkten, den *Huminstoffen*. Zu den Streustoffen gehören sowohl oberirdisch abgestorbene Pflanzenreste als auch tote Wurzeln und Bodenorganismen bzw. deren Bestandteile. Die Gesamtheit der organischen Substanz bildet den *Humus* (wenngleich manche Autoren diesen Begriff auf Huminstoffe beschränken). Der Humuskörper durchsetzt im Boden teils den Mineralkörper, teils bedeckt er diesen als Auflagehumus.

Den Abbau organischer Substanz nennt man *Zersetzung*, die Umwandlung in Huminstoffe *Humifizierung*. Als *Mineralisierung* bezeichnet man einen vollständigen mikrobiellen Abbau zu anorganischen Stoffen wie Kohlendioxid und Wasser, bei dem auch für das Pflanzenwachstum wichtige Mineralstoffe freigesetzt werden.

Die Bestimmung der organischen Substanz erfolgt entweder über eine Bestimmung des C-Gehalts durch Oxidation auf trockenem Weg (800–950 °C), Auffangen und Bestimmung des gebildeten CO_2, oder durch Oxidation auf nassem Weg mit einer Dichromat-Schwefelsäure-Lösung. Bei tonarmen Sanden kann die organische Substanz auf direktem Weg durch die Bestimmung des Glühverlusts des bei 105 °C getrockneten Bodens ermittelt werden; bei höherem Tongehalt wird eine Korrektur für das aus dem Ton freigesetzte Wasser erforderlich.

Bei der Bestimmung der organischen Substanz wird das Edaphon teilweise mit erfaßt, weil es sich vor der Analyse bis auf größere Wurzeln kaum abtrennen läßt. Der dabei gemachte Fehler beträgt aber

kaum mehr als 10 % (s. o.). Ebenso ist es nur schwer möglich, analytisch zwischen zerkleinerten, teilweise zersetzten Pflanzenrückständen und Huminstoffen zu unterscheiden, so daß es auch aus diesem Grund zweckmäßig ist, beide Stoffgruppen als Humus zu bezeichnen. Davon auszunehmen wäre nur die frisch gefallene unzerkleinerte Streu (L-Lage).

Die Umrechnung vom C-Gehalt in organische Substanz erfolgt unter Annahme eines mittleren C-Gehalts der organischen Substanz von 58 % (Faktor = 1,724). Nach Tab. 13 können jedoch die C-Gehalte stark schwanken: je höher der Huminstoffgehalt der Böden, um so höher ist auch der C-Gehalt der organischen Substanz. Die übliche Annahme eines mittleren C-Gehaltes von 58 % ist daher mit einer hohen Streuung behaftet.

Tabelle 13 C-Gehalt der organischen Substanz in Abhängigkeit vom C-Gehalt belgischer Böden (Tongehalt 1 – 70 %, n. *De Leenheer*)

Probenzahl	C-Gehalt der Bodenhorizonte (%)	C-Gehalt der org. Substanz (%)
34	0 – 2,5	54,9
82	2,5 – 5	51,5
50	5 – 10	45,2
38	> 10	49,8

Der Gehalt der einzelnen Horizonte eines Bodens an organischer Substanz und der mittlere Gehalt verschiedener Böden schwankt in weiten Grenzen und unterliegt außerdem einem jahreszeitlichen Rhythmus[5]. Bei vielen Waldböden sinkt der Gehalt von nahezu 100 % im Auflagehorizont bis auf < 1 % in den tieferen Mineralhorizonten. In Mooren liegt er über 30 % und kann fast 100 % betragen, in Anmoorgleyen bei 15–30 %. Die Pflughorizonte (A_p-Horizonte) deutscher ackerbaulich genutz-

---

[*] Zusammenfassende Literatur[1–4].
[1] *Scheffer, F., B. Ulrich:* Humus. Enke, Stuttgart 1960.
[2] *Kononowa, M. M.:* Soil organic matter, 2. Aufl., Pergamon, Oxford 1966.
[3] *Gieseking, J. E.* (Ed.): Organic components, Springer, Heidelberg 1975.
[4] *Schnitzer, M., S. U. Khan:* Soil organic matter. Elsevier, Amsterdam 1978.
[5] *Zachariae, G.:* Spuren tierischer Tätigkeit im Boden des Buchenwaldes. Parey, Hamburg 1965.

ter Mineralböden weisen 1,5–4 % organische Substanz auf. Der Humusgehalt von Bodenhorizonten wird folgendermaßen klassifiziert:

Bezeichnung	Symbol		%
	alt	neu	Humus
humusarm	h″	h1	< 1
schwach humos	h′	h2	1 – 2
mittel humos	h̄	h3	2 – 4
stark humos	h̳	h4	4 – 8
sehr stark humos	h̄	h5	8 – 15
humusreich		h6	15 – 30

Die organische Substanz der Böden enthält außer *Nichtmetallen* (C, H, O, N, S, P) auch *Metalle*. Diese liegen entweder in austauschbarer Form vor (vor allem Ca und Mg) oder in Form von Komplexen (Cu, Mn, Zn, Al, Fe u. a.) (s. Kap. 3 c).

Die *stoffliche Zusammensetzung* der organischen Substanz ist sehr heterogen, da sowohl pflanzliche und tierische Ausgangsstoffe in den verschiedenen Stadien ihrer Umwandlung als auch Huminstoffe vorhanden sind. Auf die überwiegend nach morphologischen Gesichtspunkten erfolgende Gliederung von Humuskörpern nach der *Humusform* wird in Kap. XXVIII 2 eingegangen, auf ihre *Sorption* in Kap. X 3 e und ihre *Acidität* in Kap. XII 2 c.

2. Organische Ausgangsstoffe und ihre Umwandlung

Organische Ausgangsstoffe sind einmal die von grünen Pflanzen durch Fotosynthese stets neu produzierten Sproßorgane, die nach Abfall (Blätter, Nadeln, Zweige) oder dem Absterben als Streu *auf* den Boden gelangen. Außerdem gehören abgestorbene Wurzeln, organische Ausscheidungsprodukte der Pflanzenwurzeln (z. B. organische Säuren) und Mikroorganismen (z. B. Schleimstoffe) sowie die Leichen der Bodentiere und Mikroorganismen dazu. Diese Wurzel- und Edaphonrückstände fallen laufend *in* den verschiedenen belebten Horizonten eines Bodens an. Kulturböden werden neben eingepflügten Ernterückständen auch organische Stoffe durch Düngung zugeführt.

Die Ausgangsstoffe bestehen aus Wasser, Mineralstoffen (Aschebestandteilen) und organischen Verbindungen. Die Wassergehalte verschiedener Pflanzenteile und -arten sowie Bo-

denorganismen wechseln sehr stark (10–90 % der Frischsubstanz). Als organische Verbindungen dominieren Pektin, Hemicellulose, Cellulose und Lignin in den Zellwandbestandteilen, dagegen Zucker, Stärke und N-haltige Verbindungen wie Proteine, Proteide und Nukleinsäuren als Zellinhaltsstoffe. Der Anteil der einzelnen Stoffgruppen schwankt bei den verschiedenen Ausgangsstoffen sehr stark (s. Tab. 14). Außerdem können in kleineren Mengen Fette, Wachse, Harze, Gerb- und Farbstoffe vorhanden sein.

Die Pflanzenrückstände dienen den Bodentieren und Mikroorganismen als Nahrung und werden dabei zersetzt.

Abb. 28 zeigt den Humuskörper eines Waldbodens mit frischer Laubstreu über zerkleinerten Blättern und Huminstoffen in Kotballen von Bodentieren. Die Mineralisierung und Humifizierung verläuft in drei Phasen, die mehr oder weniger ineinandergreifen:

Die *erste Phase* beginnt kurz vor oder unmittelbar nach Absterben der Pflanzenorgane oder Tiere und besteht in chemischen Reaktionen organismeneigener Stoffe. Hierbei werden im Zellinnern durch Hydrolyse- und Oxidationsvorgänge unter dem Einfluß von Gewebeenzymen hochpolymere Verbindungen in Einzelbausteine zerlegt wie Stärke in Zucker, Eiweiß in Aminosäuren oder Chlorophyll in aromatische Abbauprodukte, was sich dann z. B. in der herbstlichen Verfärbung der Blätter äußert.

In der *zweiten Phase* findet eine mechanische Zerkleinerung durch Organismen der Makro- und Mesofauna (Abb. 28) statt, wobei das Ausmaß des chemischen Abbaus gering ist. Diese zerbeißen und zernagen die Pflanzenrückstände. Beim Passieren des Darmtraktes besonders von Regenwürmern und Borstenwürmern findet dann eine intensive Vermischung mit Bodenpartikeln statt; außerdem werden die zerkleinerten oberirdischen Pflanzenrückstände in den Boden eingearbeitet (Bioturbation, s. Kap. XXVIII 9 a).

In der *dritten Phase* werden die zerteilten Pflanzenrückstände durch Mikroorganismen umgesetzt. Am leichtesten zersetzbar sind die wasserlöslichen Kohlenhydrate sowie Stärke, Pektine und Eiweiß. Da das Edaphon vornehmlich aus solchen Stoffen besteht, werden deren Leichen besonders rasch abgebaut. Bei Pflanzenrückständen haben sich hingegen nach Abbau der Zellinhaltsstoffe oft die Zellwände, mithin die pflanzliche Struktur noch kaum verändert. Das gilt besonders für die älteren inkrustierten Gewebeteile, die reich an Cellulose und Lignin sind. Mit dem Abbau der Cellulose durch Pilze und Spezialisten unter den Bakterien geht die pflanzliche

---

[6] *Lieth, H.:* Ecological Studies 14 (1978).

Tabelle 14 Häufige Zusammensetzung verschiedener Organismen(teile) in % der Trockensubstanz (aus *Lieth*[6], ergänzt)

	Cellu-lose	Lig-nin	Hemi-cell.	Zuck. Stärke[1]	Ei-weiß[2]	Fette Wachse Harze[3]	Asche	C/N
Nadelhölzer								
Holz	44	30	15	1,1	1,3	7,7	0,3	100 – 400
Zuwachs[4]	44	18	9	16	4,0	5,8	4,2	40 – 80
Laubhölzer								
Holz	47	20	24	0,8	2,5	1,8	0,3	100 – 400
Zuwachs[4]	37	12	14	23	6,4	2,8	4,2	30 – 50
Wurzelholz[5]	33	22	18		1,6	1,3	1,3	190
Feinwurzeln[5]	19	33	10	> 3	5,4	3,1	3,4	55
Wiesen								
Sprosse		31		50	8,7	2,7	7,6	10 – 40
Wurzeln	28	18	27		7,5	8,5		10 – 40
Getreide								
Stroh	39	24	25		2,0	(2)	5,0	50 – 100
Seen								
Phytoplankton		18		50	17	1,5	14	5 – 12
Konsumenten (Beispiele)		Chitin[6]						
Isopoden		9		19	63	3	6	
Insekten		6		23	65	3	3	
Zooplankton		9		16	50	10	15	
Zersetzer (Beispiele)								
Regenwürmer		17			58	6	19	4 – 6
Eisenia rosea		19			61	4	16	4 – 6
Pilzmycel		10		32	25	10	6	10 – 15

[1] und andere nichtstrukturelle Kohlenhydrate
[2] und andere N-haltige Verbindungen
[3] und andere ätherlösliche Verbindungen, z. B. Chlorophyll
[4] vornehmlich Nadeln bzw. Blätter
[5] von Buchen, n. *Bornkamm*
[6] und ähnliche Gerüststoffe

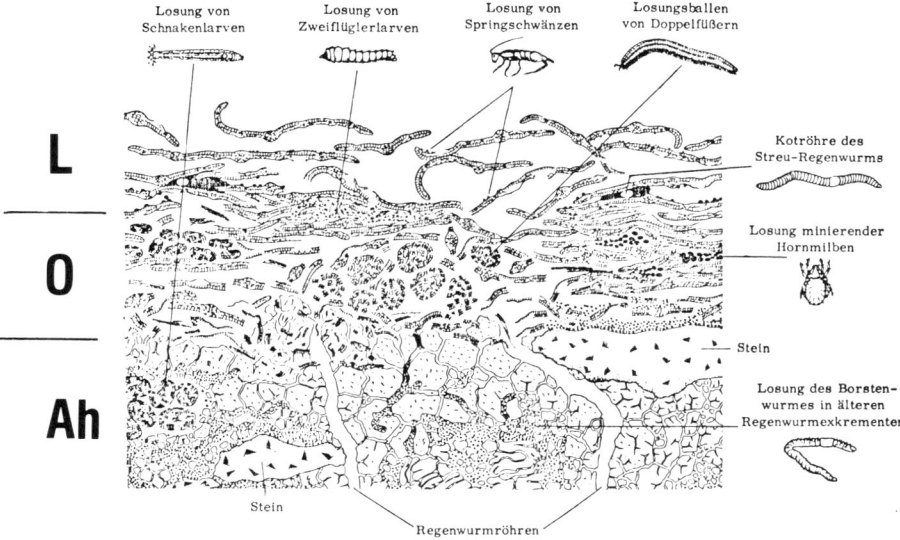

Abb. 28 Humuskörper eines Waldbodens günstiger Zersetzungsbedingung mit den Losungsspuren der im Bild vereinigten Bodentiere (L: frische Buchenstreu, O: Humusauflage, Ah: humoser Mineralboden; n. *Zachariae*[5], Tiere (nicht maßstabsgerecht) von *Böhlmann* ergänzt)

Struktur verloren. Hierdurch wird auch das relativ schwer zersetzbare Lignin freigelegt, das nunmehr durch die verstärkt auftretenden Basidiomyceten abgebaut werden kann.

Beim mikrobiellen Abbau entstehen zunächst Spaltprodukte, die wiederum von den Mikroorganismen entweder zum Aufbau eigener Körpersubstanz (Baustoffwechsel) oder als Energiequelle (Betriebsstoffwechsel) genutzt werden. In letzterem Falle findet eine völlige Zerlegung in H_2O und CO_2 statt, wobei gleichzeitig NH_4 und Mineralstoffe in die Bodenlösung gelangen.

Die *Abbaugeschwindigkeit* der Pflanzenrückstände ist zum einen weitgehend von ihrer stofflichen Zusammensetzung abhängig. Je höher die Gehalte an Lignin und Cellulose, um so langsamer erfolgt im allgemeinen der mikrobielle Abbau, während ein hoher Gehalt an leicht zersetzbaren und N-haltigen Stoffen den Abbau beschleunigt. Da mit zunehmendem Alter der Pflanzen auch der Anteil „holziger" Zellwandbestandteile zunimmt, werden Rückstände älterer Pflanzen langsamer als die jüngerer abgebaut. Auch verschiedene Pflanzenteile unterscheiden sich in ihrer Zersetzbarkeit. So werden das Xylem der Wurzeln, die Epidermis und die Adern der Blätter langsamer abgebaut, weil sie einen höheren Ligningehalt aufweisen. Auch Gerbstoffe werden nur schwer abgebaut, so daß ihr Vorhandensein (z. B. bei Heiden) die Zersetzung stark verzögern kann. Einen großen Einfluß auf die Abbaugeschwindigkeit hat der Nährstoffgehalt des Ausgangsmaterials, da Mikroben einen ähnlichen Nährstoffbedarf wie höhere Pflanzen haben.

Außerdem hängt die Abbaugeschwindigkeit entscheidend von den Lebensbedingungen der Bodenorganismen ab: Wärme-, Wasser-, Sauerstoff- und Nährstoffmangel können die Zersetzung entscheidend hemmen. Dann reicht bei Waldstandorten häufig die Zeit bis zum nächsten Streufall für den völligen Abbau nicht aus, so daß mächtige Auflagen teilzersetzter Streu entstehen können. Standorte mit hoher Produktion an Biomasse und damit Streu zeichnen sich hingegen im allgemeinen auch durch besonders intensiven Abbau aus, weil höhere Pflanzen und Zersetzer ähnliche Standortansprüche haben.

Beim Vorhandensein von *Hemmstoffen* in Streu- und Ernterückständen wird die Umsetzung verzögert und erst nach Auswaschung oder Umwandlung dieser antimikrobiellen Stoffe intensiver. Weitgehend kann daher der mikrobielle Abbau unterbunden werden, wenn aus den Pflanzenrückständen Hemmstoffe nachgeliefert werden, wie es bei Rohhumus-bildenden Pflanzen vermutet wird. Auch die aromatischen Verbindungen, die in der Anfangsphase des Abbaus mit dem Eiweiß reagieren, haben wahrscheinlich teilweise Hemmstoffcharakter. Bisweilen können nur Spezialisten Hemmstoffe abbauen. So wurde in Australien der Kot eingeführter Rinder erst abgebaut, nachdem auch auf diesen Kot spezialisierte Mistkäfer aus Übersee eingeführt und ausgesetzt worden waren.

Da in Oberböden viel Pflanzenrückstände nachgeliefert werden, ist deren Anteil an der

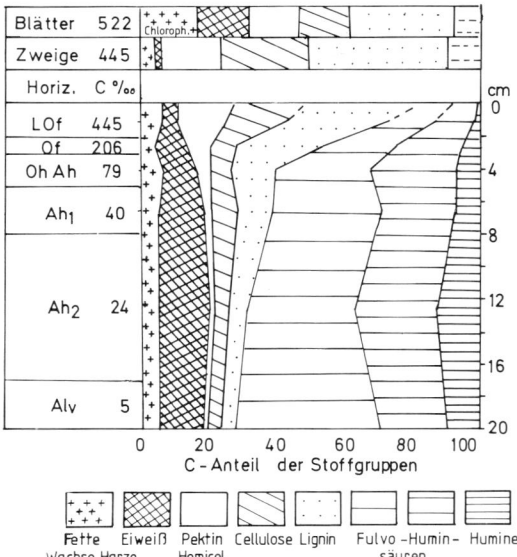

Abb. 29 Streu- und Humin-Stoffgruppen einer Geschiebemergel-Parabraunerde mit moderartigem Mull unter Buche/Eiche
Wegen begrenzter Selektivität der Methoden konnte nur eine mögliche Zusammensetzung dargestellt werden; außerdem wurde angenommen, daß Streu-Stoffgruppen wie Aminosäuren nicht in Huminstoffen enthalten sind. Fraktionierende Extraktion: Alkohol-Benzol-lösl. = Fette, Wachse, Harze (+ Chlorophyll d. Blätter); 0,05 N H_2SO_4-lösl. reduz. Zucker = Pektin, Hemicellulose (+ Zucker, Stärke); 72 % H_2SO_4-lösl. reduz. Zucker = Cellulose; α-Amino-N $\times 6{,}25$ = Eiweiß, Methoxyl $\times 6{,}7$ = Lignin; Differenzierung der Huminstoffe s. Kap. 3 b; n. *Blume*[7], verändert.

organischen Substanz dort vielfach auch am höchsten.

Im Waldboden sinkt daher von oben nach unten der Anteil an Cellulose und Lignin, während der Anteil an Huminstoffen steigt (Abb. 29). Eiweiß bleibt auch unten relativ stark vertreten, weil die relativ eiweißreichen lebenden und toten Bodenorganismen mit analysiert wurden und auch Huminstoffe Aminosäuren enthalten, die bei der Analyse das Vorhandensein von Eiweiß vortäuschen.

Beim Abbau der Streu gelangen neben Mineralstoffen auch niedermolekulare organische Säuren als Stoffwechselprodukte der Mikroorganismen (Ameisensäure, Essigsäure, Oxalsäure u. a.) in die Bodenlösung. Bei der Zersetzung unter anaeroben Bedingungen treten CH_4 und H_2S auf; außerdem wird *Energie* freigesetzt, die pro g Trockenmasse 4−5 Kalorien beträgt. Für die Bodenentwicklung und besonders für die Bodenfruchtbarkeit ist aber entscheidend, daß beim Abbau der organischen Ausgangssubstanzen auch *Huminstoffe* entstehen.

3. Huminstoffe*

Huminstoffe sind hochmolekulare, organische Verbindungen von meist dunkler Farbe. Sie bilden Teilchen von geringer Größe ($< 2 \mu m$), weisen eine große spezifische Oberfläche auf und vermögen Wasser und andere Moleküle sowie Ionen reversibel anzulagern. Im Boden liegen sie zum Teil als Einzelteilchen vor, z. T. mit Streuresten und Mineralen zu größeren Aggregaten verklebt, z. B. als Losung der Bodentiere (Abb. 28); z. T. sind sie an Tonminerale und Oxide sorbiert. Relativ starke mikrobielle Resistenz führt zur Anreicherung der Huminstoffe; ihre dunkle Farbe bedingt dann die charakteristische Dunkelfärbung vieler Oberböden.

a) Zusammensetzung und Eigenschaften

Ein Huminstoffmolekül besteht nach bisheriger Kenntnis bei vereinfachter Betrachtung aus aromatischen Kernen (mit 5er- und 6er-Ringen), die über verschiedene Brücken (-O-, -NH-, -N-, -CH$_2$-, -S-) miteinander verknüpft sind, und an denen funktionelle Gruppen gebunden sind (Carboxyl-, Carbonyl-, Hydroxyl-, Methoxylgruppen). Die H-Atome der Carboxyl- und phenolischen Hydroxylgruppen sind dissoziierbar, verleihen den Huminstoffen also Säu-

recharakter (z. B. Huminsäuren). Diese H-Ionen können teilweise oder vollständig durch andere Kationen ersetzt sein, die entweder austauschbar (z. B. Ca^{2+}) oder in Form metallorganischer Komplexe (z. B. Chelate) gebunden sind. Auf die Fähigkeit des Kationenaustausches wird in Kap. X 3 e näher eingegangen. Außerdem können Proteinfragmente, Phenole, aliphatische Kohlenwasserstoffketten und Polysaccharide vorliegen, daneben auch hydrophobe Komponenten wie Fettsäuren und Alkane.

Die Huminstoffe variieren in ihrer Zusammensetzung aufgrund unterschiedlicher Bildungsbedingungen (Bodentyp, Vegetation, Bodenbiologie) sehr stark.

Die komplexe Natur der Huminstoffe erschwert die Analyse ihrer Zusammensetzung. Die klassische Untersuchungsmethode beruht zunächst auf einer Extraktion mit alkalischen wäßrigen Lösungen, wobei oft über 80 % der Huminstoffe erfaßt werden (s. a. Tab. 19). Nachteilig ist dabei jedoch, daß auch Bestandteile der lebenden und abgestorbenen Biomasse mit erfaßt werden. Außerdem verändern sich die Huminstoffe bei der Extraktion chemisch, so daß die Spaltprodukte nicht mehr als direkte Bausteine der Huminstoffmoleküle angesehen werden können.

Huminsäuren sind in alkalischer Lösung besonders empfindlich gegenüber Oxidationsmitteln. Oft genügt bereits der Luftsauerstoff, um eine oxidative Umwandlung der Moleküle auszulösen. Aber auch durch die Einwirkung von OH-Ionen allein werden Huminstoffe in irreversibler Weise verändert. So wird bereits durch Behandlung mit kalter Natronlauge der alkohollösliche Anteil oft beträchtlich vergrößert.

Diese Nachteile entfallen teilweise bei einer schonenden Extraktion mit organischen Lösungsmitteln (z. B. Ameisensäure, Äthanol, Äthylalkohol), doch lösen diese meist nur wenige Prozent der Huminstoffe.

Neben den quantitativ-analytischen Methoden der klassischen organischen Chemie, wie

* Zusammenfassende Literatur[2, 4, 8−10].
[8] *Ottow, J.:* Naturwissenschaften 65 (1978) 413.
[9] *Ziechmann, W.:* Huminstoffe. V. Chemie, Weinheim 1980.
[10] *Hayes, M. H. B., R. S. Swift:* In *Greenland, D. J., M. H. B. Hayes,* Hrsg.: The chemistry of soil constituents. The chemistry of soil processes. Wiley a. Sons, Chichester 1978, 1981.

Elementaranalyse, Bestimmung der funktionellen Gruppen oder Säure/Base-Titrationen werden vor allem spektralphotometrische Verfahren im sichtbaren und infraroten Spektralbereich herangezogen, um Spaltstücke von Huminstoffen zu identifizieren. In letzter Zeit sind zur Untersuchung von Huminstoffen bzw. deren Abbauprodukten auch neuere physikalische Verfahren benutzt worden, wie kernmagnetische Resonanzspektroskopie (NMR), Elektronenspinresonanz-Spektroskopie (ESR) oder Massenspektroskopie. Allerdings setzt die Anwendung physikalischer Meßverfahren meist eine sorgfältige Trennung der komplizierten Stoffgemische des Huminstoff-Abbaus voraus, da es sonst oft nicht möglich ist, die Spektren genau genug zu interpretieren. Ferner werden zur Identifizierung und Isolierung von Huminstoffkomponenten alle chromatographischen Verfahren angewendet; nach Methylierung oder Silylierung (Spaltung unter Einführung von -CH₃- oder -Si(CH₃)₃-Gruppen zur Erhöhung der Flüchtigkeit) sind auch gas-chromatographische Methoden möglich.

Durch Gruppenanalyse, Chromatographie und Massenspektrometrie wurde festgestellt, daß verschiedene Aminosäuren, größere Lignin- und Kohlenhydrat-Spaltstücke sowie die in der Abb. 30 aufgeführten Bausteine häufig am Aufbau bodenbürtiger Huminstoffe beteiligt sind. Man kann sie allerdings zum Teil auch als Streustoffreste ansehen (z. B. Lignin).

Die wechselnden Mengenverhältnisse, die unregelmäßige Verknüpfung sowie die unterschiedlichen Substituenden an den aromatischen oder alicyclischen Kernen lassen es nicht

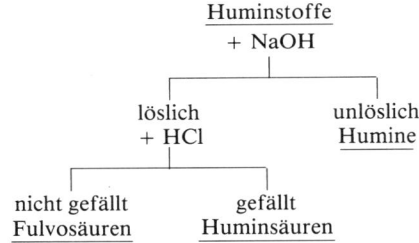

COOH   COOH   OH

HO   OH   COOH   OH
OH   COOH

Hydroxybenzoesäuren   Phthalsäure   Hydroxybenzole

                      O OH OH
                      ‖
                      —C—CH—CH—

Benzochinon   Furan   Zucker

Ringverknüpfungen

Abb. 30 Häufig vorkommende Bausteine von Huminsäure-Molekülen

zu, ein allgemein gültiges Humin- oder Fulvosäure-Molekül oder ein „Monomeres" einer polymeren Huminstoff-Verbindung zu definieren. Ein mögliches Molekülmodell, das die wichtigsten der bisher nachgewiesenen Atomgruppierungen wie auch ihre ungefähren Mengenverhältnisse widerspiegelt, ist in Abb. 34 (S. 68) in sorptiver Bindung an einem Tonmineral dargestellt. Phosphor und Schwefel kommen auch in chromatographisch gereinigten Humin- und Fulvosäuren in geringen Konzentrationen stets vor. Wahrscheinlich sind sie in Eiweißspaltprodukten eingebaut.

b) Huminstoff-Fraktionen

Eine Unterteilung der Huminstoffe nach strukturchemischen Gesichtspunkten ist wegen ihrer heterogenen Zusammensetzung nicht durchführbar. Die Fraktionierung in einzelne Stoffgruppen erfolgt daher häufig nach der klassischen Methode durch Behandlung des Bodens mit 0,5 M Natronlauge, wobei die mit den unlöslichen Huminen ebenfalls nicht gelösten Verbindungen von Streustoffen (Fette, Wachse, Lignin usw.) gesondert bestimmt werden müssen. Die Fraktionierung der Huminstoffe kann durch folgendes Schema dargestellt werden:

Huminstoffe
+ NaOH

löslich   unlöslich
+ HCl   Humine

nicht gefällt   gefällt
Fulvosäuren   Huminsäuren

Von den Huminsäuren können weiterhin die in Alkohol löslichen Hymatomelansäuren abgetrennt werden.

In der Tab. 15 sind verschiedene Eigenschaften von aufgetrennten Huminstoffen zusammengestellt. Diese Eigenschaften variieren jedoch stark, da sie wesentlich von den Bildungsbedingungen der Huminstoffe (Bodentyp, Vegetation, Bodenbiologie) abhängen.

(1) Fulvosäuren

Die Fulvosäuren sind der alkalilösliche, nicht säurefällbare Teil der organischen Substanz. Sie unterscheiden sich von den Huminsäuren vor allem durch ihr niedriges Molekulargewicht

Tabelle 15 Allgemeine Eigenschaften von Huminstoff-Fraktionen

Merkmal	Fulvosäuren		Huminsäuren		Humine
		Hymatome-lansäuren	Braunhumin-säuren	Grauhumin-säuren	
Farbe	gelb bis gelbbraun	braun	tiefbraun	grauschwarz	schwarz
C-Gehalt	43 – 52 %	58 – 62 %	50 – 60 %	58 – 62 %	n.b.
Molekulargewicht	800 – 9000		zunehmend bis 10^5 ⟶		stark unter-schiedlich
innere Vernetzung		zunehmend ⟶			
Löslichkeit, funktionelle Gruppen, Sauerstoffgehalt		abnehmend ⟶			

Tabelle 16 Elementarzusammensetzung und funktionelle Gruppen einer Huminsäure-(Tschernosem-A_h, 6,1 % C, pH(H_2O) 6,4) und einer Fulvosäurefraktion (Podsol-B_h, 4,2 % C, pH(H_2O) 4,0)[11]

	C	H	N	S	O	COOH	OH phenol.	OH alkohol.	C = O keton.	C = O chinoid	OCH_2
			(%)					(mval/g)			
Huminsäure	56,4	5,5	4,1	1,1	33,0	4,5	2,1	2,8	2,5	1,9	0,3
Fulvosäure	50,9	3,3	0,7	0,3	44,7	9,1	3,3	3,6	2,5	0,6	0,1

sowie durch den höheren Gehalt an Carboxylgruppen (Tab. 16). Die Fulvosäuren sind eine Vielzahl heterogener Verbindungen, in denen u. a. ein Polysaccharid-Anteil bis zu 30 % festgestellt wurde. Sie sind ebenso wie ihre Salze teilweise wasserlöslich und vermögen Eisenoxide durch Reduktion zu lösen und Metallionen komplex zu binden.

In Böden liegen die Fulvosäuren meist in adsorbierter Form vor, gebunden z. B. an Eisen- und Aluminiumoxide, Tonminerale und höhermolekulare organische Verbindungen.

Die Fulvosäuren entstehen besonders bei niedriger biologischer Aktivität und bilden daher in Podsolen den Hauptanteil der Huminstoffe (Tab. 19). Außerdem können sie auch durch Aufspaltung größerer Huminstoff-Moleküle entstehen, wie z. B. bei der Versauerung von Schwarzerden nachgewiesen wurde.

(2) Huminsäuren

Als Huminsäuren werden die organischen Stoffe bezeichnet, die aus dem NaOH-Bodenextrakt durch starke Säuren (z. B. HCl) wieder ausgefällt werden können.

Da die Huminsäuren in Wasser schwer löslich sind und auch mit mehrwertigen Ionen, wie Ca-, Mg-, Fe- und Al-Ionen schwerlösliche Verbindungen (Humate) bilden, kann ihre Extraktion – zusammen mit den Fulvosäuren – auch durch Salzlösungen erfolgen, deren Anionen mit den Ca-, Mg-, Fe- oder Al-Ionen Komplexe oder schwerlösliche Salze bilden und deren Kationen mit den Huminsäuren wasserlösliche Verbindungen eingehen, wie z. B. wäßrige Lösungen von Na- und NH_4-Fluorid, -Polyphosphat oder -Oxalat. Die höhere Löslichkeit in Natronlauge beruht zusätzlich darauf, daß durch Dissoziation von schwach sauren funktionellen Gruppen die pH-abhängige Ladung der Huminsäuren und damit die Ladung der Teilchen erhöht wird. Ferner werden durch die pH-Erhöhung bestehende Bindungen zu den Humaten gelöst. Außer NaOH sind auch einige N-haltige organische Lösungsmittel wie Pyridin oder Dimethylformamid imstande, einen großen Anteil der Huminsäuren zu lösen.

Bei weitgehender Dispergierung zeigen sich isolierte Huminsäuren im Elektronenmikroskop als sphärische Partikel mit schwammigem Gefüge und Durchmessern zwischen ca. 20 und 40 nm. Ihr Röntgenbeugungsdiagramm weist breite Interferenzen auf, die auf ein Graphitähnliches Gitter oder auf ein schlecht geordnetes System aromatischer Strukturen hindeuten. Der Säurecharakter der Huminsäuren und damit auch die Fähigkeit zum Kationenaustausch beruht wie bei den Fulvosäuren vorwiegend auf der Anwesenheit von COOH- und phenolischen OH-Gruppen. Insgesamt ist bei den Huminsäuren die Anzahl dieser sorbierenden

---

[11] *Ogner, G., M. Schnitzer:* Can. J. Chem. 49 (1971) 1053.

Gruppen jedoch geringer als bei den Fulvosäuren (Tab. 16).

Huminsäuren, die in Alkohol und Acetylbromid löslich sind, werden auch als *Hymatomelansäuren* bezeichnet. Sie sind in verrottendem organischen Material angereichert, so z. B. in faulem Holz oder Stallmist.

(3) Humine

Als Humine werden die in kalter Natronlauge unlöslichen Anteile der Huminstoffe bezeichnet. In die Huminfraktion fallen jedoch auch diejenigen Humin- und Fulvosäuren, die so fest an Tonminerale gebunden sind, daß sie nicht mit kalter Natronlauge extrahiert werden können. Nicht dazu gehören Holzkohle von Waldbränden sowie unzersetzte Pflanzen- und Tierreste, die methodisch aber nur schwer abtrennbar sind.

c) Metallorganische Komplexe

Zwischen organischen Substanzen und mineralischen Bodenkomponenten bestehen eine Vielzahl sehr enger Wechselwirkungen (siehe Kap. VIII). Von besonderer Bedeutung ist der Einfluß komplexierend wirkender organischer Stoffe auf die Löslichkeit von Metallen. Vor allem die Löslichkeit von Eisen und Aluminium sowie der Spurenmetalle (Mn, Cu, Zn u. a.) und potentiell toxischer Schwermetalle (Hg, Cd, Pb u. a.) kann durch Bildung metallorganischer Komplexe beträchtlich erhöht werden. Damit beeinflussen organische Komplexbildner die Mineralverwitterung (Kap. II 2 d) und die Verlagerung von Metallen im Boden (Kap. XXVIII 5). Auch die Versorgung der Pflanzen mit Mikronährstoffen und die ökologische Wirksamkeit potentiell toxischer Schwermetalle in Böden (Kap. XXIII) steht in enger Beziehung zur Dynamik organischer Komplexbildner.

(1) Organische Komplexbildner

Als Komplexbildner wirken Fulvo- und Huminsäuren sowie vor allem organische Stoffe, die beim Abbau von Vegetationsresten und organischen Abfällen freigesetzt, bei mikrobiellen Stoffwechselvorgängen neu gebildet und von Pflanzenwurzeln ausgeschieden werden. Zu diesen Stoffgruppen gehören vor allem verschiedene Dicarbonsäuren (z. B. Oxalsäure, Fumarsäure), Ketocarbonsäuren (Oxalessigsäure, Ketoglutarsäure u. a.), aliphatische Hydroxycarbonsäuren (z. B. Citronensäure, Weinsäure, Gluconsäure), aromatische Hydroxycarbonsäuren (Salicylsäure, Protocatechusäure, Gallussäure), Dihydroxybenzole (z. B. Brenzcatechin, Hydrochinon) sowie verschiedene Aldehyde (z. B. Salicylaldehyd), Polyphenole und Aminosäuren. Die Konzentration dieser Komplexbildner in der Bodenlösung wird in starkem Maße von der Mikroorganismentätigkeit beeinflußt. Sie kann mehr als 10^{-3} Mol/l betragen[12] und eine stärker komplexierende Wirkung als eine 10^{-4} M EDTA- oder Salicylat-Lösung aufweisen[13]. Der Gehalt der Bodenlösung an organischen Verbindungen erreicht Werte von mehreren 100 mg C/l.

Weiterhin können auch industriell produzierte organische Komplexbildner durch die Ausbringung von Klärschlamm und anderen Siedlungsabfällen sowie die Verrieselung von Abwasser in die Böden gelangen und dort eine Mobilisierung verschiedener Metallverbindungen bewirken.

Die Bindung der Metalle an die organischen Komplexbildner findet durch funktionelle Gruppen statt. Hierbei handelt es sich vor allem um Carboxyl-(-COOH), Carbonyl-($=C=O$), phenolische Hydroxyl-(-OH), Methoxyl-(-OCH₃), Amino-(-NH₂), Imino- ($=NH$) und Sulfhydryl-(-SH)Gruppen[4, 12]. Die Bindung zwischen Metall und organischen Liganden kann dabei durch elektrostatische Kräfte zwischen positiv geladenen Metallionen und negativ geladenen funktionellen Gruppen, durch kovalente Bindung mit gemeinsamen Elektronenpaaren zwischen Metall und O- oder N-Atomen der funktionellen Gruppen oder durch beide Bindungsarten gleichzeitig erfolgen. Die Bindung der Metalle an die organischen Liganden erfolgt bei Beteiligung von COOH-Gruppen und z. T. auch bei phenolischen OH-Gruppen unter Abgabe von Protonen. Wird das Metall durch zwei oder mehrere funktionelle Gruppen der Liganden unter Bildung von 5- oder 6gliedrigen Ringen eingeschlossen, dann entstehen Komplexe sehr hoher Stabilität, die als Chelate (Scherenverbindungen) bezeichnet werden. In Abb. 31 sind verschiedene Chelatkomplexe dargestellt.

(2) Eigenschaften metallorganischer Komplexe

In Abhängigkeit von den Eigenschaften und der Konzentration der jeweiligen Metalle und

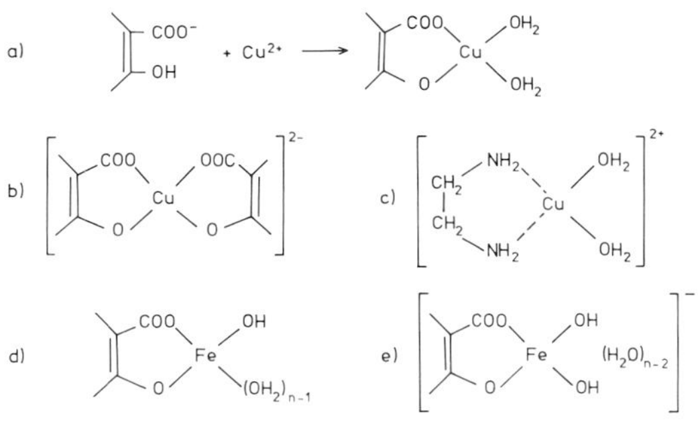

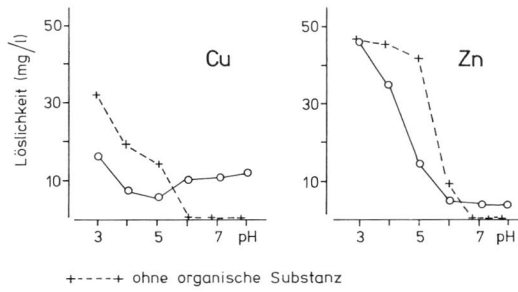

Abb. 31 Chelatkomplexe von Kupfer bzw. Eisen mit Carboxyl- und phenolischen OH-Gruppen von Fulvosäure sowie Beispiel für ein Kupfer-Diamin-Chelat (c)

organischen Liganden sowie der Bodenreaktion entstehen Komplexe sehr unterschiedlicher Art und Stabilität, die positiv, negativ oder ungeladen sein können. Schwermetalle liegen dabei offenbar vorwiegend als negativ geladene metallorganische Komplexe in der Bodenlösung vor (vgl. Abb. 31). Auch Aluminium und Eisen können − vor allem mit Dicarbon- und Hydroxycarbonsäuren (z. B. Citronensäure, Salicylsäure) sowie Dihydroxybenzolen − negativ geladene Komplexe bilden[4, 13, 15]. Dadurch wird die Löslichkeit der Metalle vor allem bei pH-Werten oberhalb 5 bis 6 im Vergleich zu anorganischen Lösungsgleichgewichten beträchtlich erhöht[14]. In Abb. 32 ist die unterschiedliche Löslichkeit von Zink und Kupfer in einem mineralischen Boden mit und ohne Zusatz an organischen Komplexbildnern dargestellt. Unterhalb von pH 5−6 kann dagegen durch Adsorption der negativ geladenen metallorganischen Komplexe an positiv geladene Eisen- und Aluminiumoxide eine Erniedrigung der Metalllöslichkeit stattfinden (vgl. Abb. 32). Auf diese

Weise können bei der Podsolierung metallorganische Komplexe in Fe-reichen Unterböden ausgefällt werden und u. a. damit die Entstehung von B_h-Horizonten bewirken (Kap. XXVIII 5).

Die Löslichkeit metallorganischer Komplexe wird in starkem Maße vom Mol-Verhältnis zwischen organischem Liganden und Metall bestimmt. Bei einem Überschuß an Fulvosäuren oder anderen Chelatbildnern können Komplexe hoher Löslichkeit mit einem Mol-Verhältnis von Ligand zu Metall von 2 : 1 bei zweiwertigen Kationen (Abb. 31 b) und von 3 : 1 bei dreiwertigen Kationen gebildet werden. Mit zunehmendem Metallangebot entstehen Komplexe mit einem Mol-Verhältnis von 1 : 1 (Abb. 31 a) und schließlich unlösliche Komplexe mit einem Mol-Verhältnis < 1[4]. Neben Chelaten können bei hohem Metallangebot auch einfache Komplexe zwischen Metallen (M) und Carboxyl-Gruppen, z. B. des Typs −COOM(OH), gebildet werden. Das Mol-Verhältnis von Ligand zu Metall ist außerdem in der Regel vom pH abhängig und steigt mit zunehmendem pH. Damit nehmen gleichzeitig Löslichkeit und Stabilität der metallorganischen Komplexe zu[14−16]. Beim Kupfer steigt ab pH 5,5, beim Zink ab pH 6,5 der komplexierte Anteil in der Bodenlösung stark an (vgl. Abb. 32). Bei neutraler bis schwach alkalischer Bodenreaktion liegen Cu^{2+}-, Zn^{2+}- und andere Metallionen fast zu 100 % komplexiert in der Bodenlösung vor. Mangan wird dagegen deutlich weniger stark durch organische Komplexbildner gebunden[13, 16].

Als Maß für die Komplexstabilität werden in der Regel Stabilitätskonstanten verwendet.

Wenn a Mole eines Metalls M mit b Molen eines organischen Liganden L einen Komplex der Zusammensetzung M_aL_b bilden, dann gibt die Stabilitätskonstante K − nach dem Massenwirkungsgesetz

$$K = \frac{[M_a L_b]}{[M]^a [L]^b}$$ − das Verhältnis der Konzentration von gebildeten Komplexen zu nicht umgesetzten

[12] Stevenson, F. J., M. S. Ardakani: In Mortvedt, J. J. et al.: Micronutrients in agriculture. Soil Sci. Soc. America, Inc., Madison Wisc. 1973.
[13] Olumo, M. O. et al.: Soil Sci. Soc. Am. Proc. 37 (1973) 220.
[14] Herms, U., G. Brümmer: Landw. Forsch. 33 (1980) 408.
[15] Sanders, J. R., C. Bloomfield: J. Soil Sci. 31 (1980) 53.
[16] Sims, J. L., W. H. Patrick: Soil Sci. Soc. Am. J. 42 (1978) 258.

Löslichkeit (mg/l)

Cu

Zn

+-----+ ohne organische Substanz

o——o mit Zusatz von 5% fermentierter org. Substanz

sterile Bedingungen

Abb. 32 Einfluß von pH-Wert und organischen Komplexbildnern auf die Löslichkeit von Kupfer und Zink im Boden[14]

Ausgangssubstanzen an und ist damit ein Maß für die Stabilität der jeweiligen metallorganischen Komplexe.

Für die in Böden gebildeten metallorganischen Komplexe ist die Ermittlung von Stabilitätskonstanten jedoch mit Schwierigkeiten verbunden, da in der Bodenlösung ein Gemisch vieler, z. T. noch unbekannter Komplexbildner vorliegt, von denen wiederum jeder in der Regel mehrere verschiedene funktionelle Gruppen aufweist und damit mehrere Arten von Komplexen bilden kann. Die in der Literatur angegebenen Stabilitätskonstanten von Fulvo- und Huminsäure-Metall-Komplexen sind deshalb auch infolge unzureichend bekannter Struktur und großer Heterogenität der organischen Liganden mit Problemen behaftet und weisen beträchtliche Schwankungen auf. Im allgemeinen nimmt die Stabilität der Komplexe jedoch in folgender Reihe ab[4, 12]: $Fe^{3+} > Al^{3+} > Cu^{2+} > Pb^{2+} > Fe^{2+} > Ni^{2+} > Co^{2+} > Cd^{2+} > Zn^{2+} > Mn^{2+} > Ca^{2+} > Mg^{2+}$.

Für Stabilitätskonstanten von Cu-, Pb-, Cd- und Zn-Huminsäure-Komplexen werden für pH 5–5,5 log K-Werte von 8.65, 8.35, 6.25 und 5.72 angegeben[16a, 17], für Cu-, Pb- u. Zn-Fulvosäure-Komplexe Werte von 4.0, 4.0 und 3.6[4]. Die ermittelten Werte steigen in der Regel mit dem pH an und nehmen mit steigender Elektrolytkonzentration ab. Die Stabilitätskonstanten der Huminsäure- und Fulvosäure-Metall-Komplexe zeigen deutlich niedrigere Werte als die entsprechenden EDTA- und DTPA-Metall-Komplexe. Damit sind die durch Humin- und Fulvosäuren komplexierten Metalle leichter pflanzenverfügbar als durch EDTA und DTPA gebundene Metalle und können durch beide Chelatoren aus dem Boden extrahiert werden. EDTA- und DTPA-Lösungen stellen gebräuchliche Extraktionsmittel zur Bestimmung pflanzenverfügbarer Spurenelement- und Schwermetallgehalte der Böden dar.

Der Anstieg der Stabilitätskonstanten mit dem pH ist für die verschiedenen Elemente unterschiedlich und wird durch die Bildung von organischen Hydroxo-Metall-Komplexen beeinflußt sowie durch die Ausfällung von Metallhydroxiden begrenzt. So findet man z. B. beim Eisen mit steigendem pH zunächst die Bildung von Mono-, dann von Dihydroxo-Humato-Ferraten[4] (Abb. 31 d, e) und zuletzt von Eisen(III)hydroxiden. Anstelle von OH-Ionen oder zusätzlich zu diesen können auch Phosphate (und vermutlich andere Anionen) an das Metallion angelagert werden, so daß dann or-ganische Metall-Phosphat-Komplexe entstehen[4, 20].

(3) Einfluß der Redoxbedingungen

Unter reduzierenden Bedingungen, wie sie in Grund- und Stauwasserböden sowie Unterwasserböden und -sedimenten herrschen, findet im Vergleich zu oxidierenden Bedingungen eine wesentlich stärkere Bildung von metallorganischen Komplexen statt, da fakultativ und obligat anaerobe Mikroorganismen verstärkt komplexierend und reduzierend wirkende organische Stoffe produzieren[16, 18]. So können aromatische Polyhydroxycarbonsäuren (z. B. Gallus- und Protocatechusäure) und deren Aldehyde sowie eine Reihe anderer organischer Komplexbildner sowohl Protonen als auch Elektronen abgeben und damit z. B. Mangan und Eisen aus oxidischer Bindung durch eine Kombination von Säureangriff, Reduktionswirkung und Komplexierung in Mn^{2+}- und Fe^{2+}-Komplexe überführen (s. Kap. XIII 4). Auch in Böden mit vorwiegend oxidierenden Bedingungen kann auf diese Weise eine Mn- und Fe-Mobilisierung stattfinden (s. Kap. XXVIII 6).

Von einer verstärkten Komplexierung durch organische Stoffe unter reduzierenden Bedingungen sind auch die Schwermetalle betroffen. Dadurch kann es vor allem in stark belasteten Unterwasserböden und -sedimenten zu so hohen Schwermetallgehalten in der Porenlösung und in bodennahen Wasserschichten kommen, daß Schadwirkungen durch Schwermetalle ausgelöst werden können. Besonders bekannt ist die Mobilisierung von Quecksilber unter reduzierenden Bedingungen durch mikrobielle Alkylierung, die zur Entstehung von flüchtigen Quecksilberalkylverbindungen ($Hg(CH_3)_2$, $HgCH_3Cl$ u. a.) führt (Kap. XXIII). In gleicher Weise können auch Alkyle des Bleis und vermutlich anderer Schwermetalle gebildet werden[19].

d) Alter der Huminstoffe

Unterschiedlich ist das durch ^{14}C-Datierungen bestimmte Alter der einzelnen Huminstofffrak-

[16a] *Stevenson, F. J.:* Soil Sci. 123 (1977) 10.
[17] *Takamatsu, T., T. Yoshida:* Soil Sci. 125 (1978) 377.
[18] *Herms U., G. Brümmer:* Mitt. Dtsch. Bodenkdl. Ges. 27 (1978) 181.
[19] *Rowland, J. R.* et al.: Nature 265 (1977) 718.
[20] *Dhillon, K. S.* et al.: Plant a. Soil 43 (1975) 317.

tionen. Für leichtbewegliche und niedermolekulare organische Substanzen werden zwischen 25 und wenigen hundert Jahren angegeben, während Fulvosäuren, Huminsäuren und Humine wesentlich älter sein können (Tab. 17). Oft haben hierbei nicht die am schwersten löslichen Humine, sondern die Huminsäuren das größte ^{14}C-Alter. Abbauversuche durch Bodenbakterien ließen eine sinkende Abbaugeschwindigkeit in der Reihenfolge Fulvosäure > Hymatomelansäure > Grauhuminsäure > Braunhuminsäure erkennen. In 120 Tagen wurden bei 25 °C nur ≈ 2 % des als Braunhuminsäure eingesetzten Kohlenstoffs, hingegen nahezu das gesamte Fulvosäure-C umgesetzt[21].

Tabelle 17 ^{14}C-Alter verschiedener Huminstofffraktionen einer Schwarzerde (Agh-Horizont) und eines Moorbodens[21]

	ungefähres Alter in Jahren	
	Schwarzerde	Moorboden
Fulvosäuren	1800	4300
Hymatomelansäuren	1400	4500
Huminsäuren	4900	5400
Humine	2900	3500

e) Bildung von Huminstoffen

Die Huminstoffe enstehen aus Spaltprodukten des Streuabbaus. Vor ihrer Synthese werden oft größere Moleküle der Pflanzenrückstände in einfachere Verbindungen zerlegt: Kohlenhydrate zu Monosacchariden, Eiweiße zu Peptiden oder Aminosäuren und aromatische Zellbestandteile wie Lignine zu einfachen phenolischen Verbindungen. Auch einfachere Spaltprodukte wie Triosen, Amine und Ammonium sind an der Huminstoffbildung beteiligt.

Die Molekülstruktur der Pflanzenrückstände, aus denen die Huminstoffe gebildet werden, wird also dabei tiefgreifend verändert. Allerdings werden vermutlich auch größere, nur wenig veränderte Spaltstücke von Ligninen und Polysacchariden in die Moleküle der Huminstoffe eingebaut. Durch langsame Oxidation vergrößert sich dabei in charakteristischer Weise der Anteil an Carboxyl- und Phenolgruppen an der Festsubstanz und damit die Austauschkapazität der Huminstoffe.

[21] *Scharpenseel, H. W., C. Ronzani, F. Pietig:* Proc. IAEA-Symposium, Wien 1968, S. 67.

Tabelle 18 Übersicht über verschiedene chemische Reaktionen bei der Bildung von huminstoffähnlichen Substanzen

Pflanzliche Ausgangsstoffe	Abbauprodukte	Reaktion und Zwischenprodukte	Mögliche Polymerisate
Stärke, Cellulose Pektine, Uronsäuren	Monosaccharide	1. Zuckerspaltung, Ringschluß	verschiedene cyclische Körper
		2. Ringschluß zu Furanderivaten	Furfurol-Polymerisate
Eiweißstoffe	Aminosäuren	1. Mit Zuckerspaltprodukten Ringschluß	Heterocyclen, teils aromatisch
		2. Tyrosin, Ringschluß der Seitenkette	Melanine
		3. Mit Naphthochinon	4-Amino-naphthochinon
N-freie Aromaten, z. T. mit glycosidischer Seitenkette	substituierte Phenole	Oxyphenole, Chinone	Phenol- und Chinon-Polymerisate
		Mit Aminen über 3-Oxyanthranilsäure	3-Oxyphenoxazon-carbonsäure

(1) Syntheseversuche durch chemische Reaktionen

Über die Bildungsweise der Huminstoffe in Böden ist man vielfach auf Vermutungen und Analogieschlüsse angewiesen, die aus Syntheseversuchen in einfachen Systemen abgeleitet werden. Hierbei geht man meist von niedermolekularen reaktionsfähigen Stoffen aus, die als Abbauprodukte der Pflanzenbestandteile nachgewiesen werden oder vermutet werden, und polymerisiert sie unter bodenähnlichen Bedingungen. Tab. 18 faßt einige der Mechanismen zusammen, die dabei zu Huminstoff-ähnlichen Produkten führen.

Monosaccharide werden besonders im sauren Bereich in Furanderivate überführt, die eine große Neigung zur Polymerisation zeigen. Cyclische Aminosäuren wie Tyrosin gehen nach ihrer Oxidation zu Dioxyindolen in Melanine über, die huminstoffähnliche Eigenschaften haben. Die aromatischen Zellbestandteile wie Lignin werden durch Hydrolyse oder Abspaltung der Seitenketten und Oxidation in Phenole übergeführt. Über Oxyphenole und Oxychinone polymerisieren sie zu huminstoffähnlichen Substanzen.

Der heterocyclische Einbau des Stickstoffs in aromatische Verbindungen, die dann polymerisieren können, ist dadurch möglich, daß Aminosäuren und auch Ammoniak sehr leicht mit z. B. Aldehyden und Furanderivaten reagieren. Werden Aminosäuren an Chinone angelagert, so entsteht zunächst ein Aminochinon. Ist eine Umlagerung in die Orthoform möglich, so kann die aliphatische Seitenkette der Aminosäure abgespalten werden, und das entstehende Aminochinon oder Aminophenol ist polymerisationsfähig. Ist diese Umlagerung nicht möglich, so bleibt die Aminoverbindung erhalten. Beide Reaktionswege sind wahrscheinlich in Böden von Bedeutung: der eine führt zum Einbau von heterocyclischem oder Brückenstickstoff in Huminstoffe, der andere zu Anlagerung von Aminosäuren an Huminstoffe.

Allerdings ließ sich mit Hilfe der Elektronen-Spinresonanz-Spektroskopie zeigen, daß eine volle Übereinstimmung in allen Eigenschaften zwischen natürlichen und synthetischen Huminstoffen bisher nicht erreicht werden konnte.

(2) Syntheseversuche mit Hilfe von Organismen

Einen Schritt von der rein chemischen Synthese zur tatsächlichen Huminstoffbildung im Boden stellen Versuche dar, bei denen aus definierten chemischen Substanzen durch Mikroorganismen (Bakterien oder Pilze) Huminstoffe produziert werden. So entstanden z. B. huminstoffartige Verbindungen, wenn Glucose-Aminosäure-Gemische, verschiedene Phenole und Lignine mit Stachybotrys- und Epicoccum-Arten, ebenso verschiedene Kohlenhydrate mit Aspergillus inkubiert wurden. Auch im Substrat verschiedener Bakterienarten (Micrococcus, Bacterium, Azotobacter u. a.) wie auch von Actinomyceten wurde die Bildung von Huminstoffen beobachtet[23], ebenso durch Mycorrhiza-Pilze.

Die Übereinstimmung der dabei nach den Methoden der Huminstoff-Fraktionierung gewonnenen Substanzen mit Bodenhuminstoffen erstreckte sich über sehr weite Bereiche chemischer und physikalischer Eigenschaften, wie Elementarzusammensetzung, funktionelle Gruppen, Infrarotspektren, Abbaubarkeit, Aggregationswirkung auf anorganische Bodenbestandteile und andere.

(3) Biologische und abiologische Humifizierung

In der Natur erfolgt die Huminstoffbildung, die Humifizierung, fast immer unter Mitwirkung des Edaphons. Das Edaphon überführt mit Hilfe seiner Enzyme die hochpolymeren Ausgangsstoffe (Cellulose, usw.) in reaktionsfähigere, meist einfachere Verbindungen, aus denen dann, wiederum unter Mitwirkung von Mikroorganismen, die Huminstoffe aufgebaut werden. So konnte durch Markierung mit radioaktiven oder seltenen Isotopen (vornehmlich ^{14}C und ^{15}N) nachgewiesen werden, daß die Bausteine eingebrachter niedermolekularer Substanzen, wie z. B. Glucose, in sehr kurzer Zeit in die Huminsäurefraktion eingebaut worden waren.

Diese biologische Humifizierung verläuft am günstigsten im schwach alkalischen bis schwach sauren Bereich und bei einem Überschuß von Eiweiß gegenüber löslichen phenolischen Verbindungen, da sich nur unter diesen Bedingungen das Edaphon im Boden optimal entwickelt. Hierbei sind nicht nur die Mikroor-

---

[22] *Sauerbeck, D.:* Isotopes and radiation in soil organic-matter studies. IAEA, Wien 1968, S. 57–66.
[23] *Haider, K. M., J. P. Martin:* Isotopes and radiation in soil organic matter studies. IAEA, Wien 1968, S. 189 (IAEA-Symposium).

ganismen von Bedeutung, sondern auch kleinere Bodentiere, wie z. B. die Regenwürmer und Enchytraeiden. Diese Erdfresser nehmen die organischen Stoffe einschließlich der toten und lebenden Mikroorganismen zusammen mit den anorganischen Bodenbestandteilen auf und vermischen im Darm die nicht verdauten, aber chemisch z. T. umgebildeten organischen Stoffe innig mit den Mineralteilchen. Auf diese Weise können Verbindungen der organischen Stoffe mit anorganischen Bestandteilen entstehen, in denen die Huminstoffe oft gegen Zersetzung besonders stabilisiert sind (s. Kap. VIII).

Die abiologische Humifizierung verläuft, ohne Beteiligung des Edaphons, langsamer als die biologische Huminstoffbildung. Aus den Ergebnissen der Syntheseversuche muß geschlossen werden, daß sie vorwiegend dort Bedeutung besitzt, wo aus Pflanzenmaterial reaktionsfähige, niedermolekulare Verbindungen, häufig mit hohen Radikalkonzentrationen, freigesetzt werden. Dies ist besonders bei niedrigerem pH und geringem N-Gehalt der organischen Stoffe der Fall. Ein typisches Beispiel ist die Bildung der Hochmoore, in denen die biologische Aktivität durch die stark anaeroben Verhältnisse, ein niedriges pH und wahrscheinlich auch durch die Anwesenheit von Hemmstoffen fast ganz unterbunden ist. Auch in den Podsolen ist vermutlich der Anteil der abiologischen Humifizierung relativ hoch. Sie führt vorwiegend zur Bildung niedermolekularer Verbindungen, wie sie z. B. in den Fulvosäuren vorliegen. Für andere Böden kann angenommen werden, daß biologische und abiologische Humifizierung gleichzeitig in wechselnden Verhältnissen wirksam sein werden.

4. Gleichgewicht zwischen Anlieferung und Abbau der organischen Substanz

Organische Stoffe werden den Böden in Form von Bestandsabfall, Wurzeln, Ernterückständen, abgestorbenem Edaphon und als organische Düngung zugeführt.

Die jährliche Streuerzeugung hängt von Klima- und Bodenverhältnissen sowie vom Vegetationstyp ab. In Wäldern des gemäßigten Klimas werden jährlich 4−20 t/ha Biomasse produziert, in tropischen Regenwäldern 10−50, in Tundren und alpinen Gebieten 0,1−4 t Trockensubstanz[24].

Bei Ackerböden verbleiben mit den Ernterückständen im Mittel 10−20 dt/ha/Jahr Trockenmasse im Boden, bei Hackfrüchten weniger, bei Leguminosen mehr, und zwar teilweise überwiegend als Wurzelstreu (Tab. 21, s. S. 62). Diese mittlere Menge entspricht etwa einer durchschnittlichen Stallmistdüngung in Deutschland.

Unter gleicher langjähriger Vegetation besteht für jeden Boden zwischen Anlieferung und Abbau der organischen Substanz ein Gleichgewicht, so daß sich unter bestimmten Umweltbedingungen ein charakteristischer Gehalt an organischer Substanz einstellt. In ackerbaulich genutzten deutschen Böden beträgt die Menge an organischer Substanz 100−200 t/ha, bei Schwarzerden 300 t/ha.

Die in den Boden gelangenden organischen Stoffe unterliegen zum Teil einer schnellen Mineralisierung, während ein anderer Teil humifiziert und erst im Laufe von Jahren bzw. Jahrzehnten zersetzt wird. Daneben wird auch ein sehr kleiner Anteil der bereits seit langer Zeit angereicherten Huminstoffe mineralisiert. Die Mineralisierung wird gefördert durch häufigen Wechsel zwischen Austrocknen und Befeuchten des Bodens. Dies ist darauf zurückzuführen, daß (a) durch diese Prozesse Aggregate zerfallen und die eingeschlossenen organischen Stoffe nunmehr den Mikroorganismen zugängig sind, (b) organische Stoffe durch Desorption freigesetzt werden.

a) Einfluß ökologischer Standortverhältnisse

Gehalt und Eigenschaften der organischen Substanz werden maßgeblich vom Klima beeinflußt.

Unter den Bedingungen des *gemäßigt-humiden* Klimas erhöht sich mit dem Anstieg der *Temperatur* nicht nur die Produktion, sondern auch der mikrobielle Abbau von organischer Substanz. Da der Abbau jedoch stärker gefördert wird, sinkt in diesem Klimabereich mit steigender mittlerer Jahrestemperatur der Gehalt der Böden an organischer Substanz.

Der abbaufördernde Einfluß einer erhöhten Temperatur kann durch den abbauhemmenden Einfluß höherer *Niederschläge* und der dadurch bedingten anaeroben Verhältnisse überschattet werden. So haben die hohen Tempera-

---

[24] *Etherington, J. R.:* Environment and Plant Ecology. Wiley, New York 1976.

turen in den Tropen nicht immer eine Verarmung an organischer Substanz zur Folge, auch wenn hier das häufige Fehlen einer deutlich sichtbaren Braun- oder Schwarzfärbung der Böden darauf hindeuten könnte. Hierbei ist jedoch zu berücksichtigen, daß höhere Temperaturen in den feuchten Tropen auch eine höhere Streuproduktion bedingen. In ostafrikanischen Böden wurde z. B. mit zunehmender Niederschlagsmenge (430–1800 mm) im Boden eine beträchtliche Zunahme des Gehaltes an organischer Substanz gefunden[25]. Die Unterschiede in der Jahrestemperatur (12–27 °C) sowie im Kulturzustand, Tongehalt und Bodentyp hatten demgegenüber nur einen untergeordneten Einfluß. In Böden des Schwarzwaldes stieg der Gehalt an organischer Substanz mit zunehmender Höhenlage[26]. Auch dieser Anstieg hängt enger mit der Zunahme der Niederschläge als mit der Abnahme der Temperatur zusammen.

Eine stärkere Anreicherung findet auch unter dem Einfluß von hoch anstehendem Grundwasser statt, weil dann Sauerstoffmangel den Streuabbau hemmt (Moore, Anmoore). Die Abhängigkeit der Mineralisierung von der Durchlüftung ist aus Abb. 33 ersichtlich. Die Mineralisierung steigt mit zunehmendem Sauerstoffgehalt der Luft und erreicht bei 20 % O$_2$ die höchsten Werte.

Geringe Nährstoffgehalte, wie sie häufig bei sauren Sandböden (z. B. Podsolen) gegeben sind, aber auch niedrige Bodentemperaturen führen zu einer Anreicherung nur mäßig zersetzter organischer Substanz auf der Bodenoberfläche, weil die Tätigkeit der Mikroben und besonders der Bodentiere gehemmt ist.

Im semiariden Klima einer Steppe ermöglicht die eiweißreiche Streu von Gräsern und Kräu-

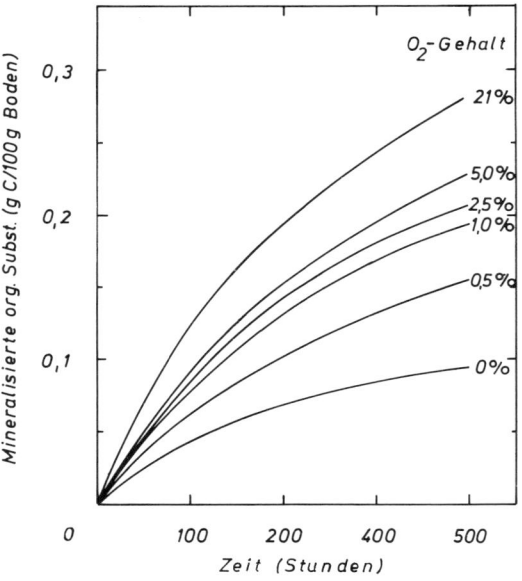

Abb. 33 Einfluß des Sauerstoffgehaltes der Luft auf die Mineralisierung von Weizenstroh (Zusatz 1,25 %) im Boden in Abhängigkeit von der Zeit[27]

tern einen raschen Abbau, während Huminstoffe angereichert werden, weil die biologische Aktivität zeitweilig durch Trockenheit gehemmt wird. Das gilt besonders für Schwarzerden (Tab. 19). Diese Verhältnisse kehren sich aber in Halbwüste und besonders Wüste wieder

[25] Birch, H. F., M. T. Friend: J. Soil Sci. 7 (1956) 156.
[26] Ganssen, R.: Z. Pflanzenernähr. Bodenkd. 79 (1957) 107.
[27] Parr, J. F., H. W. Reuszer: Soil Sci. Soc. Amer. Proc. 26 (1962) 552.

Tabelle 19 Humusgehalte und Stoffgruppenanteile in Abhängigkeit vom Bodentyp

Standort	Horizont	Tiefe (cm)	C (%)	C/N	Fette[a] u. a.	Fulvosäuren	Huminsäuren	Rest[b]	org. Sub. bis 1 m (kg/m^2)
					Anteile in % von Gesamt-C				
Parabraunerde, Buche, Holstein[7]	0	5 – 0	25	24	6	33	20	41	18
	Ah	0 – 14	2,4	11	6	38	25	31	
Podsol, Heide, Niedersachsen[7]	0	3 – 0	21	34	13	19	15	53	20
	Aeh	0 – 10	2,6	36	14	18	22	46	
	Bh	22 – 24	2,6	32	9	38	32	21	
Tschernosem, Steppe, Sibir. Tiefland[2]	Ah	0 – 7	7,4	14	4	26	39	31	58
		10 – 30	4,7	12	4	23	42	31	
Xerosol, Wüstensteppe, Sibir. Tiefland[2]	Ah	0 – 15	0,7	10		23	17		5

[a] Alkohol/Benzol-lösliches: Fette, Wachse, Harze   [b] Humine + Streustoffe

um, weil dort anhaltende Trockenheit kaum noch Vegetation und damit Streu entstehen läßt (s. Xerosol in Tab. 19).

Die in Tab. 19 aufgeführten Stoffgruppen wurden nach dem in Kap. 3b dargestellten Verfahren ermittelt. Voraus ging eine Alkohol/Benzol-Extraktion, um Harze zu entfernen, die ein Lösen des Übrigen erschweren. Der laugeunlösliche Rest besteht bei den O-Horizonten (bzw. Humusauflagen) sowie beim A-Horizont des Podsols überwiegend aus unzersetzten Pflanzenresten, bei den A-Horizonten der Parabraunerde und des Tschernosem hingegen überwiegend aus Huminen und an Tonminerale fest gebundene Huminsäuren.

Unter gleichen klimatischen Bedingungen haben Schluff-, Lehm- und Tonböden meist einen höheren Gehalt an organischer Substanz als Sandböden. Dies beruht in erster Linie (a) auf der Eigenschaft der Tonminerale, Aluminium- und Eisenoxide, organische Stoffe zu adsorbieren und damit den mikrobiellen Abbau zu verlangsamen, (b) auf der größeren Häufigkeit des Auftretens anaerober Verhältnisse, (c) auf dem höheren Gehalt an Aggregaten, in denen die eingeschlossenen organischen Stoffe vor der Zersetzung durch die Mikroorganismen geschützt sind. So wurde ein linearer Anstieg des C-Gehalts der Böden mit zunehmendem Gehalt an der Fraktion $< 2\,\mu\text{m}$[28] festgestellt. Aus diesen Untersuchungen kann man schließen, daß eine Zunahme des Tongehalts der Böden um 1 % einen Anstieg des C-Gehalts von $\approx 0,05$ % zur Folge hat. Der Einfluß amorpher Aluminiumsilikate auf die C-Anreicherung ist aus den hohen C-Gehalten von Allophan-reichen Böden zu ersehen[29].

Das Relief wirkt sich derart aus, daß an Südhängen infolge höherer Bodentemperaturen ein stärkerer Abbau erfolgt als an Nordhängen und daß demzufolge die Nordhänge im allgemeinen einen höheren Gehalt an organischer Substanz aufweisen. Andererseits wird in Hanglagen der Gehalt der Böden an organischer Substanz durch die Erosion beeinflußt. Aus dem A_h-Horizont der Hangkuppe wird Material zum Hangfuß verlagert, so daß der humose Horizont von der Hangkuppe zum Hangfuß hin mächtiger wird.

Auch die Eigenschaften der Huminstoffe werden stark von den ökologischen Standortbedingungen bestimmt und unterscheiden sich daher bei verschiedenen Bodentypen. So dominieren in lehmigen Steppen-Schwarzerden die Huminsäuren (weitgehend mit Ca^{2+} abgesättigt), während sandige Heidepodsole überwiegend Fulvosäuren aufweisen und bei lehmigen Laubwald-Parabraunerden Fulvosäuren und Huminsäuren zu etwa gleichen Anteilen vertreten sind (Tab. 19).

b) Einfluß der Nutzungsform

Im folgenden wird nur auf den Einfluß der Nutzung bei mitteleuropäischen Böden eingegangen. Für Böden warmer Klimate siehe FAO-Bulletin Bd. 27, 35, 36, 42.

Das bei langjähriger gleicher Nutzung bestehende Gleichgewicht zwischen Anlieferung und Abbau der organischen Stoffe in Böden wird gestört, wenn die Nutzungsform geändert wird. Solche Änderungen geschehen durch Rodung und Inkulturnahme bisher forstlich genutzter Standorte sowie durch Umwandlung von Steppe und Grünland in Ackerland und umgekehrt. Die hierbei auftretenden zeitlichen Änderungen des C-Gehalts der Böden nehmen den gleichen Verlauf wie die des organisch gebundenen Stickstoffs in Abb. 124 und 125 (Kap. XX 10).

---

[28] *Heinonen, R.:* J. Sci. Agric. Soc. Finland 34 (1962) 26.
[29] *Tohudome, S., J. Kanno:* Trans. 9. Int. Congr. Soil Sci. 3 (1968) 163.

Tabelle 20 C-Gehalte und Mengen an org. Substanz eines Pseudogley aus Löß in Abhängigkeit von der Nutzung (ursprüngl. Eichen-Hainbuchenwald; Ort: Wichtringhausen b. Hannover) (n. *D. Schroeder*)

Nutzung	Dauer (Jahre)	Tiefe (cm)	pH (KCl)	C (org.) (%)	Org. S. (kg/m² bis 1 m)
Eiche	2700	0 − 15	3,5	2,5	17
Hainbuche		− 60	5,3	0,5	
Fichte	80	0 − 20	3,3	3,8	21
		− 60	4,8	0,3	
Weide	400	0 − 25	7,0	4,1	30
		− 50	6,6	0,6	
Acker	1000	0 − 28	7,4	1,2	15
		− 45	7,3	0,8	

Danach enthalten Wald- und Weideböden mehr organische Substanz als benachbarte Akkerböden, weil mehr Streu anfällt und die Krume nicht bearbeitet wird (Tab. 20). Je häufiger ein Boden im Laufe des Jahres bearbeitet wird und je mehr wendende Geräte eingesetzt werden (besonders bei Hackfrüchten), um so stärker wird das Gleichgewicht in Richtung des Abbaus der organischen Substanz verschoben. Um den Abbau zu vermindern, werden anstelle des Pflügens lockernde Geräte bei der Bodenbearbeitung empfohlen.

Einen großen Einfluß auf den C-Gehalt der Böden hat die Menge der *Ernterückstände* und damit die Art der Fruchtfolge. Aus Tab. 21 ist ersichtlich, daß (a) bei Kartoffeln und Rüben die geringste Menge (< 10 dt/ha), bei Getreide eine mittlere Menge (12−17 dt/ha) und bei Kleegras und Luzerne (25−60 dt/ha) die höchste Menge an Wurzelrückständen dem Boden einverleibt werden; ein mehrjähriger Anbau mit diesen Leguminosen ist daher ein wirksames Mittel, den C-Gehalt der Böden auf einer bestimmten Höhe zu halten und die Fruchtbarkeit der Böden zu steigern, (b) die Wurzelrückstände bei Sandböden meist höher sind als bei Lehmböden, (c) die Hauptmenge der Wurzelrückstände ($\approx$ 90 %) in der Schicht 0−23 cm angereichert ist. Diese Werte sind noch durch die Menge an Wurzelhaaren (5−20 dt/ha) zu ergänzen, die während der Vegetationsperiode laufend abgestoßen werden. Bei hohem Anteil an Rüben in der Fruchtfolge ist der etwas niedrigere C-Gehalt der Böden nicht nur eine Folge der stärkeren Bodenbearbeitung, sondern auch der geringeren Wurzelrückstände.

Auch bei *Monokulturen* von Mais und Weizen sinkt der C-Gehalt der Böden, während er durch Einschaltung von Leguminosen in die Fruchtfolge annähernd aufrechterhalten wird, wie das folgende Beispiel aus den USA nach einer Versuchsdauer von 30 Jahren zeigt[31]. Der C-Gehalt in der Schicht von 0−17 cm betrug:

Anfang des Versuches	230 dt/ha
Monokultur von Mais	83 dt/ha
Monokultur von Weizen	144 dt/ha
Fruchtfolge Weizen-Klee-Mais	191 dt/ha

Wird *Ackerland in Dauergrünland* umgewandelt, so erfolgt ebenso wie bei N(org.) (Abb. 125) im Oberboden (etwa 0−10 cm) eine starke Zunahme des C-Gehaltes, wie aus Tab. 22 zu ersehen ist. Bei älterem Dauergrünland variiert der C-Gehalt im Bereich von etwa 2,5−7,5 %. Mit dieser Zunahme ist auch gleichzeitig eine Zunahme an organisch gebundenem Stickstoff verbunden, besonders bei hohem Anteil an Leguminosen.

Tabelle 22 C-Gehalt des Oberbodens unter Grünland verschiedenen Alters[32]

Alter des Grünlandes (Jahre):	6	28	100
C-Gehalte (%):	2,3	3,3	6,0

Wird andererseits *Grünland in Ackerland* umgewandelt, so sinkt der C-Gehalt zunächst schnell und dann langsamer auf das Niveau benachbarter langjähriger Ackerböden. Dies geht z. B. aus Versuchen auf einer Löß-Parabraunerde des Dikopshofer Versuchsgutes (bei Bonn) hervor. Der C-Gehalt sank bei dauerndem Kartoffelanbau wie folgt:

Versuchsbeginn	2,6 %
nach 1 Jahr	1,6 %
nach 7 Jahren	1,2 %

Die gleiche Tendenz der Abnahme ist auch bei N(org.) vorhanden, wie aus dem Beispiel der Umwandlung eines Steppenbodens in einen Ackerboden in Abb. 124 (Kap. XX) ersichtlich ist.

Tabelle 21 Wurzelrückstände in einer lehmigen Parabraunerde (L) und einem sandigen Podsol (S) in Abhängigkeit von der Pflanzenart[30] zum Zeitpunkt der Ernte

Bodentiefe	0 − 23 cm		23 − 45 cm	
Boden	L	S	L	S
		Trockensubstanz (dt/ha)		
Wintergerste	11	−	1,1	−
Winterweizen	8,6	−	0,8	−
Winterroggen	6,9	9,9	0,7	1,2
Mais	11	−	−	−
Kleegras				
2jährig	−	41	−	3,3
1jährig	19	31	1,3	2,9
Luzerne	36	−	6,7	−
Rotklee	13	18	1,0	0,7
Weißklee	8,2	15	0,7	2,4
Weiße Lupine	6,1	14	0,3	2,8
Gelbe Lupine	15	8,8	1,7	2,0
Sommerraps	3,3	4,5	0,8	1,5
Roggen/Wicke	14	14	0,6	1,4
Landsberger G.	18	22	1,9	4,8
Kartoffeln	3,5	−	0,7	−
Futterrüben	5,7	−	0,6	−

---

[30] *Köhnlein, J., H. Vetter:* Ernterückstände und Wurzelbild. Parey, Hamburg 1953.
[31] *Russel, E. W.:* Soil conditions and plant growth. Longmans, Green a. Co., London 1973.
[32] *Russell, E. J.:* The world of the soil. Collins, London 1957.

c) Einfluß der Düngung

Der Gehalt der Böden an organischer Substanz kann sowohl direkt durch die Zufuhr organischer Stoffe beeinflußt werden als auch indirekt durch anorganischen Dünger, weil mit steigenden Erträgen auch eine Zunahme der Wurzelrückstände verbunden ist. Aus Bestimmungen mit dem Kohlenstoffisotop ^{14}C geht hervor, daß in Böden nicht nur frisch zugeführte, sondern auch *ältere organische Substanz abgebaut* wird. So betrug z. B. der Abbau im Verlauf eines Jahres etwa 30−40 % des in Form von Stallmist zugeführten Kohlenstoffs und 1,5−2 % des bereits im Boden vorhandenen Kohlenstoffs: in beiden Fällen wurde ungefähr die gleiche *absolute* C-Menge mineralisiert[33]. Aus einem gleichbleibenden C-Gehalt eines Bodens bei organischer Düngung kann man daher nur folgern, daß sich Abbau und Anreicherung ausgleichen, nicht dagegen, daß die zugeführten organischen Stoffe vollkommen mineralisiert werden.

(1) Stallmist

Die in Deutschland im Mittel angewendete Stallmistdüngung beträgt etwa 70−80 dt/ha/Jahr (Trockenmasse 17−20 dt). Bei dieser Düngung liegt der C-Gehalt der Böden im Mittel etwa 0,05−0,1 % höher als der C-Gehalt der gleichen Böden bei alleiniger NPK-Düngung. Langjährige Feldversuche haben ergeben, daß nur bei höheren Stallmistgaben eine weitere Erhöhung in geringem Ausmaß möglich ist. In Tab. 23 sind die Ergebnisse langjähriger Feldversuche zusammengestellt.

Aus diesen und anderen Versuchen geht weiterhin hervor, daß auch die *Erträge* der Stallmist-Parzellen auf gleicher Höhe liegen wie die Erträge der NPK-Parzellen, sofern bei längerer Versuchsdauer wiederholt eine Gründüngung in die Fruchtfolge eingeschaltet wird.

(2) Stroh[38, 39]

Der Rückgang der Rindviehbestände und die Einführung des Mähdruschs haben auch in Deutschland der Strohdüngung eine größere Bedeutung gegeben. Für den mikrobiellen Abbau des Strohs wird wegen dessen weitem C/N-Verhältnis (s. Kap. XX 10) zusätzlicher Stickstoff benötigt. Ob aber eine zusätzliche N-Düngung notwendig ist, hängt von der Menge des noch im Boden vorhandenen NH_4- und NO_3-N in der Ackerkrume ab, sowie von dem Ausmaß der N-Mineralisierung, die ihrerseits von der leicht umsetzbaren N-Reserve im Boden sowie klimatischen Faktoren beeinflußt wird. Bei geringer N-Menge wird eine N-Düngung von 0,5−1 kg N/dt Stroh empfohlen; bei hoher N-Anlieferung durch Mineralisierung kann eine N-Düngung unterbleiben. Je feuchter und wärmer der Boden ist, um so schneller wird das Stroh abgebaut, vor allem, wenn es nach der Ernte möglichst bald in zerkleinertem Zustand flach in den Boden eingearbeitet wird.

Die Strohrotte verläuft besonders intensiv, wenn sie mit einer *Gründüngung gekoppelt* wird, z. B. von Klee, Raps oder Gras. Bei gemeinsamem Einpflügen von N-reichen Leguminosen und N-armem Stroh wird der Aufbau N-reicher organischer Neubildungen begünstigt und eine zusätzliche anorganische N-Düngung unnötig. So würden z. B. durch eine Gründüngung mit Rotklee 110 kg N/ha zugeführt, während die Rückstände von Winterweizen bei 8 dt/ha Wurzeln und 48 dt/ha Stroh nur ≈ 30 kg N/ha enthielten. Der in die organische Sub-

Tabelle 23 C-Gehalt der Ackerkrume langjähriger Feldversuche in Abhängigkeit von der Düngung

Ort	Halle[34]	Askow[35]		Lauch-städt[36]	Bonn[37]
Versuchsdauer (Jahre)	80	50	50	52	52
Ton (%)	13	4	9	26	17
pH (KCl)	6,4	5,9	7,2	7,0	7,0
Stallmist (dt/ha/Jahr)	120	95	95	100	108
C-Gehalt (%)					
ungedüngt	1,14	0,79	1,30	1,49	1,12
PK	−	−	−	1,48	−
NPK	1,26	0,96	1,43	1,61	1,18
Stallmist	1,69	1,09	1,52	1,77	1,21
NPK + Mist	−	−	−	1,86	1,29

[33] *Kortleven, J.:* Versl. Landbouwk. Onderz. 69 (1963) 1.
[34] *Schmalfuß, K., G. Kolbe:* Wiss. Z. Univ. Halle, Math.-Nat. X, 2/3 (1961) 425.
[35] *Iverson, H.:* Phosphorsäure 13 (1953) 200.
[36] *Ansorge, H.:* Z. Landw. Vers.-Untersuchwes. 3 (1957) 499.
[37] *Dhein, H., H. Mertens:* Z. Acker- u. Pflanzenbau 100 (1955) 137.
[38] *Barbier, G.:* Bodenkultur 13 (1962) 198.
[39] *Boguslawski, E. v.:* Ackerbau. DLG, Frankfurt 1981.

stanz eingebaute Stickstoff wird im Laufe der Jahre wieder mineralisiert. Die durch eine Stoppelsaat im Boden verbleibenden Wurzeln betragen 20−40 dt/ha Trockenmasse, entsprechend also 100−200 dt Stallmist.

Die zahlreichen Feldversuche haben ergeben, daß der *C-Gehalt der Böden* bei Zufuhr von Stroh auf gleicher Höhe verbleibt wie bei Zufuhr von Stallmist, sofern auch beim Stallmist die gleiche C-Menge zugrunde gelegt wird. Diese Voraussetzung muß gegeben sein, weil bei der Stallmistrotte bis 50 % der organischen Stoffe mineralisiert werden können, während beim unverrotteten Stroh dieser Abbauprozeß erst im Boden erfolgt. Selbst bei kontinuierlichem Anbau von Getreide ist eine jährliche Strohdüngung möglich, ohne daß bei Wintergetreide Schäden auftreten[40].

In neuerer Zeit hat die Strohverbrennung ein höheres Ausmaß angenommen. Die hierdurch bedingte Erwärmung der Böden bleibt auf die obersten 5 cm beschränkt und verursacht dort eine Temperaturerhöhung bis zu 50−75 °C. Zwar wird in dieser Bodenschicht die Bakterienzahl kurzfristig auf ≈ 25 % erniedrigt, jedoch wird diese Abnahme bereits nach 2 Monaten durch neues Wachstum überlebender Populationen wieder ausgeglichen. Auch die Bodenfauna wird durch die Strohverbrennung nicht geschädigt; selbst bei jahrelang durchgeführter Strohverbrennung (Getreidemonokultur) wurden die Regenwürmer nicht reduziert, wenn durch anschließende Gründüngung ihre Ernährung sichergestellt war[41].

In der BRD fielen im Jahr 1974 etwa 30 Mio. t Stroh an. Davon wurden 5−8 % auf dem Acker verbrannt, etwa ⅓ in den Boden eingearbeitet und der Rest geborgen. Aus der Sicht der Erhaltung des Gehaltes der Böden an organischer Substanz ist die Strohverbrennung abzulehnen.

(3) Mineraldüngung

Die anorganische Düngung beeinflußt den Gehalt der Böden an organischer Substanz über die Höhe der Erträge und damit der Ernterückstände. Je höher bei vergleichbarer Fruchtfolge die Erträge durch die Düngung gesteigert werden, desto stärker wird der *C-Gehalt* der Böden angehoben. Nach Tab. 23 liegt bei den NPK-Parzellen der C-Gehalt um 0,6−1,7 mg/g höher als bei den ungedüngten Parzellen. Der geringste Unterschied besteht bei dem tonigen Schluffboden Bonn, der größte bei dem Sand-

boden Askow. Die stärkste C-Anreicherung wird im allgemeinen durch die N-Düngung bewirkt, wie am Beispiel des Versuches Lauchstädt (Löß) zu ersehen ist (Vergleich zwischen NPK- und PK-Parzelle).

Während bei Kulturböden eine weitere Steigerung des Gehaltes an organischer Substanz sehr schwierig ist, wurde bei den *Neukultivierungen* in der Ville (Nähe Köln) eine sehr schnelle Steigerung festgestellt, wenn Löß aus dem Untergrund in einer Mächtigkeit von etwa 1 m auf Sand und Kies aufgeschüttet wurde. Bei den ackerbaulich genutzten Böden nahm der C-Gehalt pro Jahr um 0,23 mg/g zu, wobei neben einer starken NPK-Düngung eine mehrmalige Gründüngung vorgenommen wurde[42].

Aus den bisher vorliegenden Untersuchungsergebnissen kann die Folgerung gezogen werden, daß optimale *Erträge* auch ohne Düngung mit Stallmist erzielt werden können, wenn die anorganische Düngung durch eine Stroh- oder Gründüngung ergänzt wird.

(4) pH-Wert

Das pH hat in Naturböden auf den Gehalt an organischer Substanz einen indirekten Einfluß. Ein überdurchschnittlicher Gehalt kann sowohl im stark sauren als auch im schwach alkalischen Bereich auftreten, ebenso auch in Kulturböden.

Im *stark sauren* Bereich hat eine starke Anreicherung von organischer Substanz z. B. in den oberen Horizonten von Podsolen unter Heide und Nadelwald stattgefunden. Diese Anreicherung ist darin begründet, daß sich auf diesen nährstoffarmen Böden Pflanzen mit geringen Nährstoffansprüchen ansiedeln, daß Vegetationsrückstände schwerer zersetzbar sind, und daß bei niedrigen pH-Werten die Tätigkeit der Bodenfauna und -flora (Bakterien stärker als Pilze) eingeschränkt ist. Im *schwach alkalischen* Bereich und in Gegenwart von $CaCO_3$ hat eine starke Anreicherung von organischer Substanz im A-Horizont von Rendzinen und Schwarzerden stattgefunden. Diese Anreicherung ist aber nicht nur eine Folge des pH und $CaCO_3$-Gehaltes, sondern auch der be-

[40] *Kick, H., H. Poleschny:* Landw. Forsch. 30/II. Sonderh. (1973) 146.
[41] *Jagnow, G., O. Graff:* Mitt. DLG 34 (1974) 983.
[42] *Schulze, E., H. Engels:* Z. Acker- und Pflanzenbau 115 (1962) 115.

Tabelle 24   Einfluß einer Kalkung auf den C(org.)-Gehalt von Böden nach Feldversuchen[45]

Boden (Körnung)	Ort	Versuchs- dauer Jahre	Kalkzufuhr (dt CaO/ha)	pH (KCl) nach Ver- suchsende ohne CaO	mit CaO	C(org.) (%) ohne CaO	mit CaO	Mehrertrag im Mittel der Versuchsdauer (%)
Podsol (S)	Oldenburg	7	70 + 30	5,1	6,4	2,64	2,64	16
Plaggenesch	Lingen	7	70 + 30	4,9	5,9	2,91	2,87	18
Pseudogley (uL)	Oldenburg	7	70 + 30	4,5	4,9	2,75	2,89	29
Flußmarsch (tL)	Berne (Weser)	7	70 + 30	5,4	6,8	2,04	2,04	4
Schwarzerde (tU)	Lauchstädt	30	7 × 10	6,7	7,1	1,56	1,71	n.b.

sonderen klimatischen und biologischen Ver- hältnisse.

Bei Kulturböden ist vor allem die Frage von Bedeutung, ob durch eine pH-Erhöhung der Gehalt an organischer Substanz reduziert wird. Feldversuche haben ergeben, daß zwischen dem C-Gehalt von Ackerböden und ihrem pH keine Beziehung besteht und daß auch bei einer pH-Erhöhung saurer Böden der C-Gehalt nicht reduziert wird (s. Tab. 24).

Wie aus zahlreichen Untersuchungen hervor- geht, hat eine pH-Erhöhung, selbst bei hohen Kalkgaben, keine Verminderung der organi- schen Substanz im Boden zur Folge, häufig so- gar eine geringe Erhöhung. Dies ist darin be- gründet, daß der C(org.)-Gehalt der Böden ent- scheidend von den im Kap. 4a) und b) er- wähnten Faktoren bestimmt wird und daß die durch pH-Erhöhung verstärkte Mineralisie- rung durch höhere Vegetationsrückstände in- folge höherer Erträge kompensiert wird. Die erhöhte Mineralisierung bei der Kalkung saurer Böden ist im übrigen nur vorübergehend und ebbt nach einigen Monaten wieder ab, wie in Inkubationsversuchen nachgewiesen wur- de[43, 44]. Trotz gleichbleibenden Gehalts der Bö- den an organischer Substanz können jedoch Umsetzungen erfolgen. Dies ist z. B. daraus er- sichtlich, daß bei dem Podsol (Tab. 24) die Austauschkapazität nach erfolgter Kalkung um 10 % zunahm, so daß sich neue Säuregruppen gebildet hatten.

5. Bedeutung der organischen Substanz für Boden und Pflanze

Wesentliche Bodeneigenschaften werden durch Menge und Art der organischen Substanz be- dingt; einige können mehr auf die relativ leicht zersetzbaren Anteile, andere mehr auf die sta- bileren Huminstoffe zurückgeführt werden.

a) Chemische und bodenbiologische Wirkungen

Für das Pflanzenwachstum ist vor allem in un- gedüngten Böden der *Nährstoffgehalt* der or- ganischen Substanz bedeutungsvoll. Die in ihr festgelegten Nährstoffe werden durch die Bo- denflora unter Mithilfe der Bodenfauna in eine pflanzenverfügbare Form übergeführt, häufig auf dem Umweg über körpereigene Stoffe, so daß die organische Substanz zur langsam flie- ßenden Nährstoffquelle wird. Je höher die bio- logische Aktivität in einem Boden ist, um so in- tensiver erfolgt die Nachlieferung von Näh- stoffen aus der organischen Substanz.

Das Adsorptionsvermögen der Huminstoffe ist für die Bindung vieler Nährstoffe von Be- deutung, insbesondere in Mooren und tonar- men Mineralböden. Neben einer Bindung in austauschbarer Form (Kap. X 3 e) können viele Metallionen von Huminstoffen auch in festere Bindungen überführt werden, z. B. in Chelate (Kap. 3 c).

Da die organische Substanz die *Lebens- grundlage der heterotrophen Bodenorganis- men* ist, besteht unter sonst gleichen Verhält- nissen eine enge Beziehung zwischen dem Ge- halt der Böden an organischer Substanz und ih- rer Zusammensetzung einerseits und der Menge und Art der Bodenorganismen andererseits. Damit besteht auch eine enge Beziehung zwi- schen dem Gehalt an organischer Substanz und den Leistungen der Bodenorganismen, zu de- nen neben der Mineralisierung u. a. auch die Bindung von Luftstickstoff und die Gefügesta- bilisierung gehören. Hohe Gehalte an organi-

[43] *Schachtschabel, P.:* Z. Pflanzenernähr. Bodenkd. 61 (1953) 146.
[44] *Nyborg, M. P., B. Hoyt:* Can. J. Soil Sci. 58 (1978) 331.
[45] *Nieschlag, F., M. Müller, H. Westerhoff:* Landw. Forsch. 8 (1956) 163.

scher Substanz begünstigen das Wachstum saprophytischer Organismen und unterdrücken dadurch das Wachstum von Parasiten bzw. verhindern den Übergang von Saprophyten zur parasitischen Ernährung[46]. Die Aufrechterhaltung einer permanent hohen biologischen Aktivität erfordert einen ständigen Ersatz der verbrauchten organischen Substanz durch laufende Zufuhr organischer Stoffe zum Boden.

b) Physikalische Wirkungen

Die organische Substanz begünstigt in hohem Maße die Bildung und Stabilität eines grobporigen *Aggregatgefüges* besonders in tonreichen Böden. Dieses ist für Schluff-, Lehm- und Tonböden von Bedeutung, weil es deren Wasser- und Lufthaushalt verbessert.

Die organische Substanz besitzt eine hohe *Wasserkapazität;* sie vermag etwa das 3- bis 5fache ihres Eigengewichtes an Wasser festzuhalten. Diese Eigenschaft ist für Sandböden von Bedeutung, weil deren Feldkapazität überwiegend von dem Gehalt an organischer Substanz abhängig ist. Demgegenüber wirkt sich die laufende organische Düngung auf die Feldkapazität der Böden nur sehr wenig aus, weil die zugeführte Menge organischer Stoffe im Vergleich zu den bereits in Böden vorhandenen relativ gering ist. Die organische Substanz wirkt sich auf zahlreiche weitere Bodeneigenschaften aus, die direkt und indirekt das Pflanzenwachstum beeinflussen. Die Huminstoffe bewirken die dunkle *Farbe* im A_h-Horizont und begünstigen damit die Erwärmung der Böden im Frühjahr (längere Vegetationsperiode). Die *Konsistenzgrenzen* der Böden werden durch die organische Substanz zu höheren Wassergehalten verschoben, so daß die Bodenbearbeitung in einem größeren Feuchtigkeitsbereich der Böden möglich ist.

c) Wirkstoffe

Zur organischen Substanz der Böden gehören auch zahlreiche Verbindungen mit Wirkstoffcharakter, die mit dem Bestandsabfall in die Böden gelangen oder während des mikrobiellen Abbaus als Zwischenprodukte der vollständigen Mineralisierung gebildet werden. In Böden wurden u. a. Vitamine, Wuchsstoffe und Antibiotica nachgewiesen, Verbindungen, die schon in geringen Mengen positive oder negative Wirkungen auf Organismen ausüben können[47]. Da die Pflanzen diese Stoffe teilweise aufzunehmen vermögen (bis zu einem Molekulargewicht von $200-500$), können sie u. U. von entscheidender Bedeutung für das Pflanzenwachstum sein. Es ist anzunehmen, daß z. B. die Bodenmüdigkeit wenigstens zum Teil auf eine Anreicherung derartiger Stoffe mit toxischen Wirkungen zurückzuführen ist. Was für die organische Substanz der Böden insgesamt gilt, gilt wahrscheinlich auch für ihren Wirkstoffanteil: Es stellt sich bei langer gleichartiger Nutzung ein für jeden Boden typisches Gleichgewicht ein, das nur vorübergehend gestört werden kann. Die Kenntnisse über Vorkommen und Verhalten der Wirkstoffe in Böden und ihren Einfluß auf die Pflanzen sind noch unzureichend; derartige Untersuchungen sind u. a. aufgrund der Labilität dieser Verbindungen sehr schwierig.

---

[46] *Whitehead, D. C.:* Soils a. Fert. 26 (1963) 217.
[47] *Kloke, A.:* Die Humusstoffe des Bodens als Wachstumsfaktoren. Parey, Hamburg 1963.

VIII. Organo-mineralische Verbindungen*

In Böden ist ein Teil der mineralischen Komponente mit organischen Stoffen molekularer bis kolloider Größe zu organo-mineralischen Verbindungen vereinigt. Hierfür sprechen folgende Beobachtungen:

Der Gehalt an organischer Substanz steigt häufig mit dem Tongehalt an. Innerhalb der Tonfraktion wächst der Huminstoffgehalt von Grob- zum Feinton, d. h. mit steigender Oberfläche der Tonsubstanz an. In den A-Horizonten dunkel gefärbter Böden wie Schwarzerden, Vertisole und Andosole gelingt es meist nicht, die organische Substanz durch H_2O_2 völlig zu zerstören. Mit NaOH ist dann nur ein Teil der org. Substanz extrahierbar; ein weiterer Anteil wird extrahierbar, wenn man vorher die Tonminerale mit Flußsäure herauslöst (*U. Springer*). Bei gleichzeitiger Anwesenheit von Ton und organischer Substanz wird die Temperatur der thermischen Zersetzung der organischen Substanz erhöht[5]. Der Anteil an organischem C, der durch verschiedene Trennverfahren nicht vom Ton abtrennbar ist, lag bei 11 verschiedenen Böden, z. B. Schwarzerde, Rendzina, Podsol, zwischen 52 und 98 %[1, 6].

Art und Eigenschaften der organo-mineralischen Verbindungen in Böden sind nur sehr unzureichend bekannt. Hinweise erhält man jedoch aus *Modellversuchen*. Sie zeigen, daß eine Vielzahl organischer Verbindungen an Tonminerale gebunden werden kann. Hierzu gehören Alkohole, Zucker, Aminosäuren, Amine, Proteine, Enzyme sowie einfache aromatische Verbindungen wie Benzol, Phenole u. a. Aus diesen Versuchen sind die Bindungsmechanismen der Verbindungen insbesondere mit Hilfe spektroskopischer Verfahren, vor allem der Infrarotspektroskopie, abgeleitet worden.

Folgende *Bindungen*, die häufig kombiniert auftreten, sind möglich:

(a) Zwischen organischen Kationen und Anionen und den Tonmineralen erfolgt die Bindung in Form einer *Ionenbindung*, also durch Coulombsche Kräfte. Als organische Kationen kommen vor allem Amine, Aminozucker und Aminosäuren (unterhalb des isoelektrischen Punktes) sowie Alkylammonium-Ionen[7] in Betracht. Sie werden anstelle der austauschbaren anorganischen Kationen gebunden. Das Proton, durch dessen Anlagerung das organische Molekül zum Kation wird, kann auch dem Tonmineral selbst entstammen, z. B. dem Hydratationswasser der austauschbaren Kationen (insbes. bei mehrwertigen Kationen). Die Bindung organischer Anionen (z. B. Citrat) erfolgt an den Seitenflächen von Tonmineralkristallen und an der Oberfläche von Al- und Fe-Oxiden.

(b) *Wasserstoffbrücken* spielen eine besondere Rolle für die Vielfachbindung von größeren organischen Molekülen, z. B. von Polymeren[8], die daher trotz der im Vergleich zu (a) schwächeren und weniger weit reichenden Einzelbindung sehr fest sein kann. Nach *Mortland* bilden sich H-Brücken besonders über H_2O-Moleküle der austauschbaren Kationen oder zwischen bereits sorbierten und noch nicht sorbierten Molekülen (hier auch van-der-Waals-Kräfte), dagegen weniger zwischen diesen und den O- und OH-Ionen der Mineraloberflächen.

(c) Organische Dipole** (z. B. Glycerin, Harnstoff, Pyridin, Aminosäuren) können an die Stelle der H_2O-Dipole in die Hydratationshülle der austauschbaren Kationen treten und so eine *Ion-Dipol-Bindung* meist über O-Brücken eingehen. Diese Bindung ist um so bedeutsamer, je geringer der Wassergehalt des Systems ist.

In Böden weist die im Elektronenmikroskop sichtbare Assoziation von Huminstoffen und Tonmineralen auf die Existenz organo-mineralischer Verbindungen hin. Dabei sind, wie es die Abb. 34 schematisch zeigt, sicher mehrere

---

* Zusammenfassende Literatur[1-4].

[1] *Greenland, D. J.:* Soils a. Fert. 28 (1965) 415, 521.

[2] *Mortland, M. M.:* Advanc. Agron. 22 (1970) 75.

[3] *Theng, B. K. G.:* The chemistry of clay organic reactions. Hilger, London 1974.

[4] *Burdille, S., M. H. B. Hayes, D. J. Greenland:* In: The chemistry of soil processes. Wiley, Chichester, 1981, 221–400.

[5] *Kodoma, H., M. Schnitzer:* Proc. Int. Clay Conf., Tokyo 1 (1969) 765.

[6] *Thurchenek, L. W., J. M. Oades:* Geoderma 21 (1979) 311.

[7] *Weiss, A.:* Clays and Clay Min., 10. Conf. (1963) 191.

[8] *Theng, B. K. G.:* Formation and properties of clay-polymer complexes. Elsevier, Amsterdam, New York 1979.

** Moleküle haben Dipolcharakter, wenn die Schwerpunkte ihrer positiven und negativen Ladung nicht zusammenfallen. Sie können entweder permanent (z. B. Wasser) oder induziert sein, d. h. bei Annäherung eines geladenen Teilchens entstehen.

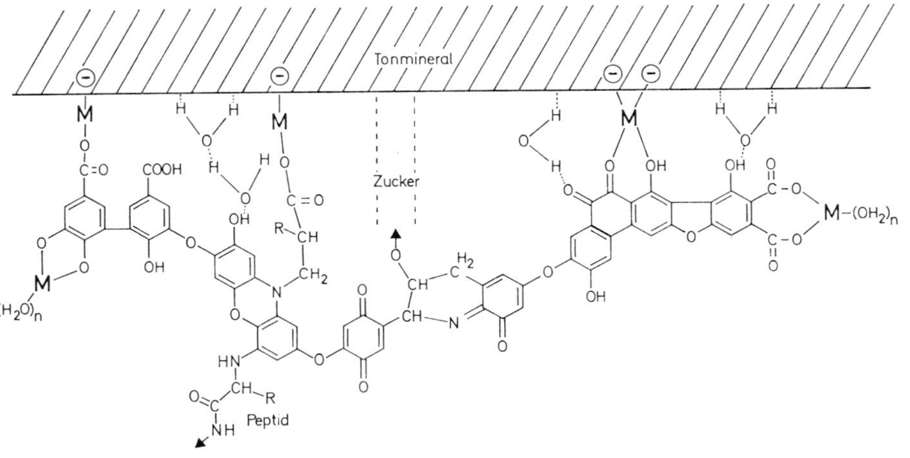

Abb. 34 Schema der Bindung eines Huminstoffmoleküls an die Oberfläche eines Tonminerals (M = Metallkation) (n. *Stevenson*, zit.[2] in Kap. XX)

Bindungsarten gleichzeitig wirksam. Vermutlich haben die austauschbaren Kationen der Tonminerale (M in Abb. 34), insbesondere polyvalente wie Ca, Al und Fe, eine wichtige Funktion. So stieg die Adsorption einer Huminsäure an einen Smectit, der mit verschiedenen Kationen gesättigt war, in der Reihenfolge Na < K < Ca < Al < Fe^{3+} [9]. Extraktionsmittel, die Fe, Al und Ca als lösliche Komplexe extrahieren, extrahieren daher auch viel organische Substanz aus Böden. Die Bindung erfolgt dabei vermutlich direkt (Ion-Dipol-Bindung) oder über H_2O-Moleküle der hydratisierten Kationen. Sie wird jedoch durch weitere der obengenannten Bindungen, insbesondere bei großen organischen Molekülen, verstärkt. Die Huminstoffe werden vorwiegend an den äußeren Oberflächen der Tonminerale gebunden (Abb. 34), nicht dagegen zwischen den Schichten aufweitbarer Dreischichtminerale. Auch gelang es bisher nicht, Huminsäuren in vitro in diese Position zu bringen[9]. Lediglich bei tiefem pH konnten Fulvosäuren aus dem B-Horizont eines Podsols zwischen Smectitschichten eingelagert werden[10]. In einem smectitreichen Boden wurden peptidartige Verbindungen im Zwischenschichtraum des Smectits gefunden[11]. Generell werden bei der Bindung niedermolekulare gegenüber höhermolekularen Huminstoffen bevorzugt[12].

In Böden wird die Bildung organo-mineralischer Verbindungen durch eine hohe biologische Aktivität gefördert, da hierdurch eine ständige Produktion reaktionsfähiger organischer Stoffe erfolgt. Beim Zusammenbringen von schwer abbaubaren organischen Stoffen (z. B. Torf) mit Tonmineralen treten dagegen selbst nach längerer Einwirkungsdauer keine Reaktionen in feststellbarem Umfang ein.

Die Bedeutung organo-mineralischer Verbindungen für den Boden liegt vor allem darin, daß die organischen Stoffe Mineralpartikel aneinander binden und so ein stabiles Aggregatgefüge im Boden erzeugen. Die Bindung an die Tonminerale macht die organischen Stoffe resistenter gegen mikrobiellen Abbau. Dies verleiht auch den durch sie gebildeten Aggregaten eine gewisse Dauerhaftigkeit. Zur mikrobiellen Resistenz trägt vermutlich auch bei, daß auch die mikrobiell erzeugten Enzyme gebunden und dadurch inaktiviert werden. Dies gilt auch für viele der heute verwendeten Biozide (Kap. XXV). Die Kationenaustauscheigenschaften der Tonminerale werden durch die Verbindung mit Huminstoffen offenbar kaum verändert. Dagegen können organische Stoffe wirksam mit der Sorption anorganischer Anionen an Tonmineralen und Oxiden konkurrieren. Auch können sie die Kristallisation der Al- und Fe-Oxide blockieren. Schließlich können die adsorbierten organischen Moleküle verändert (protonisiert, oxidiert, polymerisiert) werden;

[9] *Theng, B. K. G., H. Scharpenseel:* Int. Clay Conf. Mexico 1975, 643.
[10] *Kodama, H., M. Schnitzer:* Soil Sci. 106 (1968) 73.
[11] *Lagaly, G., A. Weiss, J. L. Pérez, F. Gonzales García:* Int. Clay Conf. Mexico 1975, 659.
[12] *Tan, K. H.:* Soil Biol. Biochem. 8 (1976) 235.

das Tonmineral kann also als Katalysator wirken[13]. Dies geschieht z. B. durch seine Protonendonatorfunktion, die an dem Hydratwasser mehrwertiger Kationen lokalisiert ist.

Die Bestimmung[1] des Anteils an organischer Substanz, die in Form organo-mineralischer Verbindungen (= gebunden) vorliegt, ist schwierig, weil ein Teil der freien (= ungebundenen) organischen Substanz nur mechanisch in Aggregaten eingeschlossen ist und weil die Bindungsintensität zwischen den organischen Stoffen und den Tonteilchen in einem weiten Bereich schwankt. Die Trennung erfolgt am besten durch Flotation der vorher dispergierten Böden in Flüssigkeiten, deren Dichte zwischen derjenigen der spezifisch leichteren freien organischen Substanz und derjenigen der spezifisch schwereren organo-mineralischen Verbindungen liegt[6]. Hierbei haben sich Flüssigkeiten mit einer Dichte zwischen 1,8 und 2,0 bewährt. Vorherige Dispergierung der Böden ist notwendig, um die mechanisch eingeschlossene organische Substanz freizusetzen; sie kann durch Ultraschall oder Erhitzen einer wäßrigen Bodensuspension erfolgen.

Dispergierende Extraktionsmethoden liefern dagegen unbefriedigende Ergebnisse, weil die organo-mineralischen Verbindungen durch das Extraktionsmittel teilweise zerstört werden. So werden durch Extraktion des Bodens mit einer NaCl-Lösung (Methode Tjulin) die Ca-Brücken der organo-mineralischen Verbindungen teilweise zerstört und durch verdünnte Alkalilauge organische Stoffe in Lösung gebracht, die an Al- und Fe-Oxide gebunden sind. Die Extraktion muß daher besonders schonend erfolgen[14].

---

[13] *Theng, B. K. G.:* Proc. 7th. Clay Conf. Bologna & Pavia, Italien 1981.
[14] *Rochus, W.:* Mitt. Dtsch. Bodenkdl. Ges. 4 (1965) 301.

IX. Bodenorganismen

Zahlreiche Organismen leben im Boden. Für manche ist er der alleinige Lebensraum (Biotop), und somit Ort der Nahrungsaufnahme, der Vermehrung, Zuflucht- und Rückzugsgebiet für Ruhe, Gefahr und ungünstige Lebensbedingungen wie Kälte, Hitze, Trockenheit. Für andere ist er nur der Ort für einen oder mehrere der erwähnten Lebensvorgänge. Unterschiedliche Bodeneigenschaften bedingen dabei eine große Vielfalt der Bodenlebewelt. Gleichzeitig beeinflussen die Organismen viele Umwandlungs- und Verlagerungsprozesse und damit die Bodenentwicklung. Diese Bedeutung erfordert über die in verschiedenen Kapiteln erfolgende Besprechung einzelner Leistungen hinaus eine zusammenfassende Darstellung, die im Rahmen dieses Buches nur kurz sein kann*.

1. Einteilung und Beschreibung

Die Bodenlebewelt, das *Edaphon,* setzt sich aus *Bodenflora* und *Bodenfauna* zusammen. Die nur im Boden wurzelnden höheren Pflanzen werden nicht dazu gerechnet; da sie aber die übrige Lebewelt stark beeinflussen, sollen auch sie mit der sie umgebenden Rhizosphäre kurz betrachtet werden.

a) Flora

Innerhalb des Edaphons stehen die pflanzlichen Organismen dem Umfang ihrer Tätigkeit nach an erster Stelle, unter ihnen wiederum die arten- und formenreiche Gruppe der *Bakterien.* Bei diesen handelt es sich um kleinste

---

* Ausführliche Literatur[1-10].
[1] *Müller, G.:* Bodenbiologie. Fischer, Jena 1965.
[2] *Beck, Th.:* Mikrobiologie des Bodens. Bayer. Landwirtschaftsverlag, München 1968.
[3] *Brauns, A.:* Praktische Bodenbiologie. Fischer, Stuttgart 1968.
[4] *Alexander, M.:* Microbial ecology. Wiley, London 1971.
[5] *Domsch, K. H., W. Gams:* Pilze aus Agrarböden. Fischer, Stuttgart 1970.
[6] *Dunger, W.:* Tiere im Boden. A. Ziemsen, Wittenberg 1964.
[7] *Wallwork, J. A.:* The distribution and diversity of soil fauna. Academic press, London 1976.
[7a] *Hole, F. D.:* Effects of animals on soil. Geoderma 25 (1981) 75.
[8] *Edwards, C. A., J. R. Lofty:* Biology of earthworms. 2. Aufl., Chapman and Hall, New York 1977.
[9] *Lee, K. E., T. G. Wood:* Termites in soils. Academic press, London 1971.
[10] *Brucker, G., D. Kalusche:* Bodenbiologisches Praktikum. Quelle und Meyer, Heidelberg 1976.

(0,5 – 3 μm), einzellige, schleimumgebene Organismen, die nach morphologischen (z. B. Kokken, Stäbchen, Spinellen, Abb. 35), physiologischen oder ökologischen Merkmalen eingeteilt werden. Die in Böden häufigsten Bakteriengattungen sind *Pseudomonas, Arthrobacter, Clostridium, Achromobacter, Bacillus, Micrococcus* und *Flavobacterium,* die bekanntesten die N-bindenden Gattungen *Azotobacter, Beijerinckia, Clostridium* und *Rhizobium* und die nitrifizierenden Gattungen *Nitrosomonas* und *Nitrobacter.* Trotz ihrer geringen Größe sind die Bakterien durch ihre Vielzahl und Verschiedenartigkeit zu außerordentlich umfangreichen und sehr mannigfachen Stoffumsetzungen befähigt und z. B. in sauerstoffarmer Umgebung nahezu allein für alle biochemischen Veränderungen verantwortlich.

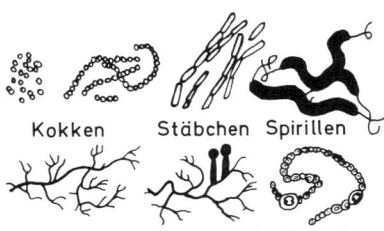

Abb. 35   Beispiele der Bodenflora

Die einzelligen, mycelbildenden *Strahlenpilze* (Actinomyceten) sind Übergangsformen zwischen Bakterien und Pilzen. Sie bilden nämlich wie Pilze oft ein weit verzweigtes Mycel (mit ca. 1 μm ∅ der Hyphen, Abb. 35), werden aber aufgrund ihrer Zellstruktur zu den Bakterien gestellt. In Böden sind besonders die Gattungen *Streptomyces* und *Nocardia* vertreten. Die Actinomyceten beteiligen sich an Zersetzung und Humifizierung, können Pflanzenkrankheiten verursachen, Antibiotica (z. B. Streptomycin) bilden und verleihen Böden wohl den charakteristischen frischen Erdgeruch. In Symbiose mit Holzgewächsen (z. B. Erle, Sanddorn) bindet die Gattung *Frankia* elementaren Stickstoff.

Die dritte wichtige Gruppe der Bodenflora umfaßt die *Pilze.* Sie durchziehen den Boden mit ihrem *Mycel* (Pilzfäden), das aus zylindrischen Hyphen von 3 – 10 μm Durchmesser und mehr besteht und bilden besondere, sporentragende Organe (Abb. 36). Als wichtige Vertreter der Schimmelpilze befinden sich in Böden die Gattungen *Mucor, Penicillium, Trichoderma* und *Aspergillus,* die zum Teil Antibiotica (z. B.

Penicillin) erzeugen. Einige leben räuberisch von Protozoen oder Nematoden. Für die Streuzersetzung sind Lignin-angreifende *Basidiomy-*

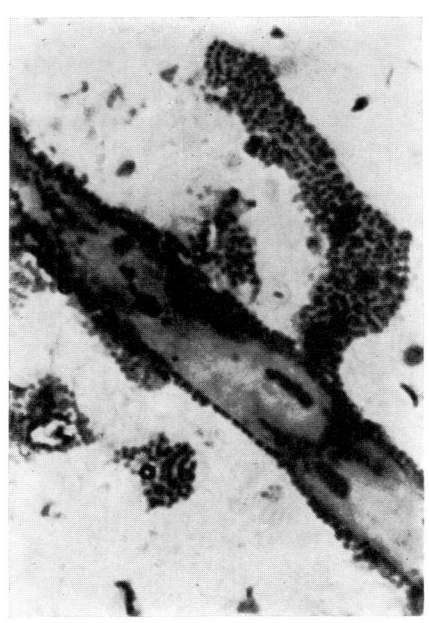

Abb. 36   Kokkenkolonie und Pilzhyphe, 2700fach vergrößert (Aufn. *H. Glathe*)

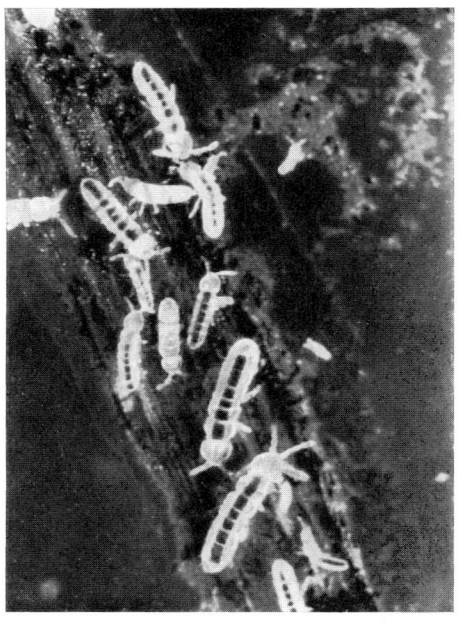

Abb. 37   Collembolen auf einem Strohhalm (dunkel: durchscheinender Darminhalt), 10fach vergrößert (Aufn. *O. Graff*)

ceten (z. B. Collybia, Marasmius) besonders wichtig. Den Pflanzen können die Pilze als Symbionten (Mykorrhiza) nützlich oder als Krankheitserreger schädlich sein.

Schließlich kommt auch den chlorophyllhaltigen *Algen* eine gewisse Bedeutung zu, von denen im Boden vor allem einzellige oder kurzfädige *Grünalgen* (Chlorophyceen), *Blaualgen* (Cyanophyceen) und *Kieselalgen* (Diatomeen) vorkommen. Infolge ihrer Fähigkeit, mit einfachen anorganischen Verbindungen als Nahrung auszukommen, spielen sie als Erstbesiedler von Gesteinen (zum Teil in Symbiose mit Pilzen als Flechten) und extremen Standorten (z. B. Wüstenböden) eine große Rolle. Manche Blaualgen vermögen N_2 zu binden, was insbesondere auf überfluteten Reisfeldern zu einem beachtlichen Stickstoffangebot führen kann.

b) Fauna

Innerhalb der Bodenfauna dominieren zahlenmäßig die einzelligen *Protozoen* mit den *Wurzelfüßern* (Rhizopoden), *Wimpertieren* (Ciliaten) und *Geißeltieren* (Flagellaten). Sie ernähren sich nicht nur von gelösten organischen Stoffen und Detritus, sondern auch von Bakterien, was aber deren Vermehrung (durch Teilung) stimuliert.

Von den *Mehrzellern* haben *Rädertiere* (Rotatorien) und *Bärtierchen* (Tardigraden) nur untergeordnete Bedeutung. Die *Fadenwürmer* (Nematoden) treten in großer Zahl auf – häufig als Pflanzenparasiten. Von den *Borstenwürmern* (Oligochaeten) bilden neben den *kleinen* Borstenwürmern (Abb. 28) (Enchytraeiden) vor allem die *Regenwürmer* (Lumbriciden) eine bodenbiologisch bedeutsame Gruppe, von denen die Gattungen *Dendrobaena, Lumbricus* (m. *L. terrestris,* dem großen Regenwurm), *Allolobophora* und *Octolasium* bei uns heimisch sind.

Innerhalb des großen Tierstammes der *Gliederfüßer* (Arthropoden) seien von den *Krebstieren* (Crustaceen) die Asseln (Isopoden), von den *Spinnentieren* (Arachniden) die Milben (Acarinen) mit den Hornmilben (Oribatiden), weiter die *Vielfüßer* (Myriapoden) besonders mit den *Doppelfüßern* (Diplopoden) und schließlich die große Zahl der Insekten als wichtige Bodenbewohner erwähnt. Unter den letzteren haben bodenbiologisch die *Springschwänze* (Collembolen, Abb. 37), die Larven der *Zweiflügler* (Dipteren) – soweit sie sich in Böden entwickeln –, die in Böden lebenden

Käfer bzw. deren Larven sowie die Ameisen und in den Tropen die Termiten die größte Bedeutung. Bodenbiologisch wichtig sind auch viele der zu den Mollusken gehörenden Schnekken (Gastropoden) und im Schlickwatt der Küsten viele *Muscheln.* Schließlich gibt es auch unter den Wirbeltieren einige, die ganz bzw. größtenteils in Böden leben. Die wichtigsten sind *Maulwürfe* und *Nagetiere* (Wühlmaus, Hamster, Kaninchen, in Steppengebieten Ziesel und Erdhörnchen). In Subtropen und Tropen gibt es bodenbewohnende *Schlangen* und schleichenähnliche Reptilien.

Von den submikroskopischen, weder zur Flora noch zur Fauna gehörenden Viren sind für das Bodenleben vor allem die von Bakterien und Actinomyceten lebenden Bacteriophagen von Interesse. Ihre Bedeutung läßt sich jedoch noch nicht abschätzen.

2. Lebensbedingungen der Bodenorganismen

Die Lebensweise aller angeführten Bodenorganismen ist den besonderen Eigenschaften der Böden als Lebensraum angepaßt. Bodenleben ist außer in den toten Pflanzen- und Tierresten nur in den mit Wasser bzw. Luft gefüllten Bodenhohlräumen möglich. Deren Größe und Zahl – soweit sich die Organismen keine eigenen Hohlräume schaffen – und die zur Verfügung stehende Nahrung sowie die Wasser-, Luft- und Wärmeverhältnisse bestimmen das Organismenleben in Böden.

a) Nahrung und Nährelemente

Zum Aufbau von Körpersubstanz und Aufrechterhaltung der Lebensprozesse müssen den Organismen Nährstoffe und Energieträger zur Verfügung stehen. Hierzu dient den meisten *heterotroph* lebenden Bodenorganismen die auf die Böden fallende Streu und die in den Böden vorhandene tote und lebende organische Substanz. Im einzelnen leben diese Organismen als *Phytophagen* von lebenden Pflanzenteilen (Engerlinge z. B. von Wurzeln, manche Protozoen von Bakterien), als *Zoophagen* von gefangenen Tieren und als *Saprophagen* von toten Pflanzenresten, Tierleichen und Huminstoffen. Sie decken dabei ihren C- und Energiebedarf durch den Abbau der anfallenden energiereichen organischen Stoffe zu energieärmeren. Welche Verbindungen ein Organismus verwenden kann, wird durch die Art der extra- und intrazellulären Enzyme bestimmt, die er zu erzeugen vermag. Das Spektrum der verwendbaren organischen Verbindungen ist bei den größeren Lebewesen meistens breiter als bei den kleineren. Am engsten ist es bei manchen Bakterien. Von vielen Organismen wird die aufgenommene Nahrung nur unvollständig verdaut. Andere Organismen ernähren sich von diesen Abfällen, Rückständen und Abbauprodukten oder sie verzehren als Räuber die erstgenannten Organismen, was zu *Nahrungsketten* führt. Das Endergebnis dieser Abbauvorgänge sind Mineralisierung (Bildung von H_2O, CO_2, SO_2) und Bildung bodeneigener Restprodukte (Humus), deren weiterer Abbau nur noch langsam vor sich geht (s. Kap. A VII). Insbesondere den Einzellern wird die Nahrungsaufnahme und damit der weitere Abbau durch die Tätigkeit größerer Lebewesen sehr erleichtert, die die anfangs kompakt vorliegende organische Substanz mechanisch zerkleinern.

Nur wenige Bodenorganismen vermögen wie die höheren Pflanzen organische Verbindungen aus CO_2 und H_2O zu bilden, sind also *C-auto-troph*. Die *fotoautotrophen* Organismen (Algen, einige chlorophyllhaltige Bakterien und Flagellaten) erhalten die dafür nötige Energie durch das Sonnenlicht, die *chemoautotrophen* Organismen (manche Bakterien) durch Oxidation anorganischer Verbindungen. Um derartige Oxidationen handelt es sich z. B. bei der Umwandlung von Ammonium in Nitrit durch *Nitrosomonas*, von Nitrit zu Nitrat durch *Nitrobacter*, von Schwefelwasserstoff und Schwefel in Sulfat durch *Thiobacillus* und bei der Umwandlung von Fe(II)- in Fe(III)-Verbindungen u. a. durch *Leptothrix*.

Bei der Freisetzung chemisch gebundener Energie durch Oxidation, d. h. bei der Atmung, werden Elektronen abgegeben. Als *Elektronenakzeptor* benötigen die *aeroben* Organismen molekularen Sauerstoff, die *anaeroben* organische oder anorganische (z. B. NO_3, SO_4^{2-}, CO_2, Fe^{3+}, Mn^{4+}) Verbindungen.

In bezug auf die *mineralischen Nährstoffe* stellen die Mikroorganismen und Bodentiere ähnliche Ansprüche wie die höheren Pflanzen: N, P, K, Mg, S, Mn, Fe, Ca, Cu und Zn sind für sie notwendig, außerdem z. T. B, Co, Mo und V. Hierauf beruhen die mikrobiologischen Methoden, die das Wachstum bestimmter Mikroben als Kriterium für den Nährstoffzustand benutzen (z. B. *Aspergillus niger* für P, K, Mg und verschiedene Mikronährstoffe).

Unterschiedliche Nährstoffansprüche spiegeln sich in Beziehungen zur Bodenreaktion wider. Die überwiegende Zahl der Bakterien und Strahlenpilze, Blaualgen und Kieselalgen gedeihen optimal bei pH-Werten zwischen 6 und 8 und dominieren dann gegenüber Pilzen. Diese haben ebenso wie die Grünalgen geringere Nährstoffansprüche bzw. vermögen sich Nährstoffe besser anzueignen (z. B. Schwermetalle als wasserlösliche, metallorganische Komplexe) und überwiegen daher in sauren Waldböden. Ähnliche Unterschiede bestehen bei den Bodentieren. Die großen Regenwürmer (z. B. L. terrestris) und auch die Weinbergschnecken sind vor allem infolge eines hohen Ca-Bedarfs an nährstoffreichere Standorte gebunden, die zumindest im Unterboden allenfalls schwach sauer sind, während manche kleinen Regenwürmer sowie die kleinen Borstenwürmer und viele Gliederfüßer (infolge großen Artenspektrums unterschiedliche Nährstoffansprüche) mit stark sauren, nährstoffarmen Böden vorlieb nehmen.

b) Wasser und Luft

Die Mikrofauna und der überwiegende Teil der Mikroflora leben aerob. Sie benötigen also molekularen Sauerstoff zur Atmung. Ein für sie ausgewogenes Angebot von Sauerstoff und Wasser ist in lockeren Sandböden etwa bei Feldkapazität, bei dichten Tonböden hingegen bei halber Feldkapazität gegeben. Die einzelnen Organismengruppen besitzen jedoch unterschiedliche Optima. So kommen viele Strahlenpilze und Pilze mit weniger Wasser aus als die aeroben Bakterien, so daß ihr Gehalt mit zunehmender Austrocknung eines Bodens relativ ansteigt. Zu hohe Wassergehalte schädigen andererseits die meisten Pilze stärker als andere Organismen, von denen die *Bodenschwimmer* (z. B. geißeltragende Bakterien, Geißeltiere, Wimpertiere und Fadenwürmer) auf Porenwasser angewiesen sind. Viele Mikroben können allerdings in Form ruhender *Cysten* (z. B. Bakterien, Protozoen) oder *Sporen* (Pilze) Trocken- oder Nässeperioden oft jahrelang überstehen.

Außer den aeroben Organismen gibt es einige pflanzliche, die ohne molekularen Sauerstoff leben können (fakultativ anaerob) bzw. nur in Abwesenheit von molekularem Sauerstoff gedeihen (obligat anaerob). Zu diesen Gruppen gehören die Bakterien *Clostridium butyricum* (Pektinzersetzer, Stickstoffbinder),

C. cellulosolvens (Zellulosezersetzer), *C. putrificus* (Eiweißzersetzer) u. a. sowie die Hefepilze, die anaerob leben können, jedoch zur Bildung und Keimung ihrer Sporen Sauerstoff benötigen.

Auch größere *Bodentiere* benötigen molekularen Sauerstoff zum Atmen, vermögen mithin in Bodenlagen mit stagnierender Nässe nicht zu leben. Bei Regenfällen treibt Luftmangel manche Bodentiere an die Oberfläche, wo Regenwürmer oft unter dem Einfluß ultravioletter Strahlung verenden, während Collembolen dort überleben. Andererseits muß für viele Tiere die Bodenluft nahezu wassergesättigt sein: Regenwürmer und Tausendfüßer suchen daher bei Trockenheit tiefere Bodenhorizonte auf.

c) Wärme

Der weitaus überwiegende Teil der *Bodenmikroorganismen* hat sein Temperaturoptimum zwischen 10° und 35 °C. Höhere Temperaturen als 80 °C töten die Mehrzahl der Bodenlebewesen ab. Doch können Endosporen der Bakterien und Pilzsporen auch höhere Temperaturen überstehen. Gegen Kälte sind insbesondere die Bakterien und Pilze sehr widerstandsfähig. Wärmeliebend sind z. B. viele Strahlenpilze und unter den Pilzen die Vertreter der Gattungen *Aspergillus* und *Trichoderma,* während die der Gattungen *Penicillium* und *Mucor* gemäßigte Temperaturen vorziehen. Als besonders wärmebedürftige *Tier*gruppen seien die Ameisen und Bärtierchen genannt; die meisten Bodentiere lieben jedoch Temperaturen unter 20 °C. Ganz allgemein gilt aber für die meisten Klimabereiche, daß die biochemische Aktivität in Böden mit steigender Temperatur zunimmt. Besonders kälteresistent sind Borstenwürmer: sie sind selbst bei 0 °C unter vereister Oberfläche oder Schneedecke noch aktiv, solange der Boden feucht ist.

Bodengefrieren führt zu einem Erliegen der Organismentätigkeit. Die Lebewesen können aber überwiegend Kälteperioden als Sporen, Cysten oder von Kokons umgebenen Eiern (Würmer) überdauern oder aber suchen tiefere, frostfreie Bodenhorizonte auf (Regenwürmer, Wirbeltiere).

3. Bodenorganismen als Lebensgemeinschaft

Die herrschenden Lebensbedingungen bewirken eine bestimmte Zusammensetzung des Edaphon. Je nach Klima, Relief, Vegetation, Bodenform, Bodentiefe und Jahreszeit findet man quantitativ und qualitativ sehr unterschiedliche Lebensgemeinschaften (Biozönosen; s. a. Kap. XXVI).

a) Wechselbeziehungen zwischen Bodenorganismen

An einem gegebenen Standort resultiert aus den verschiedenen Umwelteinflüssen eine charakteristische Biozönose (s. z. B. Abb. 151 a in Kap. XXVI), die nach *vorübergehenden* Gleichgewichtsstörungen immer wieder neu aufgebaut wird. Die Zusammensetzung der Bodenlebewelt wird wie ihr Umfang in erster Linie durch die verfügbare Nahrung bestimmt. So begünstigt leicht zersetzbare organische Substanz Organismen, die einfache Kohlenhydrate und Eiweiße zersetzen, zellulosereiche Nahrung zellulosezersetzende, ligninreiche Nahrung ligninabbauende Mikroorganismen. Während des Abbaus organischer Stoffe treten nacheinander verschiedene Organismen hervor (sog. *Sukzessionen*), da jeder Mikroorganismus auf die Verwertung einer bestimmten Stoffgruppe spezialisiert ist; nach deren Verbrauch wird er durch Organismen abgelöst, die die entstandenen Umwandlungsprodukte oder die toten oder lebenden Zellen ihrer Vorgänger zum Leben benötigen, bis auch sie wieder abgelöst werden.

Entscheidenden Einfluß auf die Zusammensetzung der Bodenlebewelt haben auch die mannigfaltigen Beziehungen der Organismen untereinander. So kann ein Organismus einen anderen unbeeinflußt lassen, fördern, hemmen oder sogar vernichten. Eine Förderung kann z. B. durch Wuchsstoffe erfolgen, die von einem Organismus erzeugt und von einem anderen gebraucht werden, eine Hemmung durch den Kampf um Nahrung und Raum oder durch Toxine, eine Vernichtung durch räuberische Organismen. Ein fremder Organismus, der in eine mehr oder weniger stabilisierte Biozönose eingeführt wird, z. B. durch Impfung, vermag sich nur selten darin zu halten.

b) Mittlerer Organismenbesatz europäischer Böden

Entsprechend den jeweils vorhandenen wechselnden Lebensbedingungen ist der Organismenbesatz der Böden auf engstem Raum und in kürzester Zeit großen Schwankungen unterworfen. Es ist daher schwierig, feststehende

Zahlen anzugeben, zumal auch die verschiedenen Zählmethoden unterschiedliche Werte ergeben[11].

Bei dem seit *Robert Koch* üblichen *Plattenkulturverfahren* wird eine Bodensuspension in eine Petrischale mit Agar- oder Gelatine-Nährlösung gegeben. Die sich entwickelnden Mikrobenkolonien werden gezählt. Dabei lassen sich nur Organismen erfassen, die auf dem gewählten Nährmedium gedeihen. Die unmittelbare *Mikroskopie* von *Bodenpräparaten* (z. B. nach Aufschlämmen und Anfärben mittels Phasenkontrastmikroskop) ermöglicht quantitative Arbeiten, läßt aber nicht zwischen lebenden und toten Organismen unterscheiden. Werden dafür Objektträger einige Zeit im Boden deponiert, läßt sich auch eine Vorstellung über räumliche Verteilung und Umweltbezug der Mikroben gewinnen. Mit *physiologischen Methoden* (z. B. CO_2-Entbindung oder O_2-Aufnahme im Brutversuch) läßt sich die Leistung aller Mikroben oder bestimmter Gruppen (nach Ausschluß anderer durch spezifische Hemmstoffe) ermitteln; ähnliches wird durch Messung der *Enzymaktivität* erreicht.

Zur quantitativen Erfassung größerer Bodenlebewesen, insbesondere der Bodenfauna, sind entsprechende *Fallen-, Schlämm-, Sieb-* und *Ausleseverfahren* entwickelt worden[10].

Tab. 25 vermittelt eine Vorstellung über Zahl und Gewicht wichtiger Organismengruppen in europäischen Böden. *Zahlenmäßig* dominieren stets Mikroflora und -fauna gegenüber größeren Organismen. Insbesondere die genannten Optimalwerte sind allerdings nie in *einem* Boden verwirklicht, da kein Standort allen Organismengruppen optimale Lebensbedingungen zu bieten vermag. So sind bei starker Entwicklung der Bakterien oder Regenwürmer die Pilze oder Kleinarthropoden meist schwächer vertreten. Minimalwerte liegen bei den Mikroorganismen noch um mehrere Zehnerpotenzen niedriger als die angegebenen mittleren Werte, während Gruppen größerer Tiere völlig fehlen können.

Die *Gewichte* der Biomasse ergeben einen besseren Eindruck der Leistungsfähigkeit einzelner Organismengruppen. Auch hierbei dominiert in der Regel die Mikroflora. Das Gesamtgewicht lebender Bodenorganismen kann $2,5 \text{ kg/m}^2$ betragen, woran die Mikroflora meist mit ca. 80 % beteiligt ist. Auch Regenwürmer können mengenmäßig stark vertreten sein; wo sie fehlen, ist die Leistung der Bodenfauna sehr viel niedriger. In stärker belebten Mineralböden beträgt der Anteil lebender Biomasse an der gesamten organischen Substanz 10–15 %, wovon lebende Pflanzenwurzeln allerdings etwa die Hälfte einnehmen.

Tabelle 25   Mittlere (m) und hohe (h) Anzahl sowie Gewichte der wichtigsten Bodenorganismen je m^2 (bis 30 cm Tiefe) in Böden Mittel- und Nordeuropas (n. *Dunger*[6])

Gruppe	Anzahl der Individuen		Gewicht g/m^2	
	m	h	m	h
Mikroflora				
Bakterien	10^{12}	10^{15}	50	500
Strahlenpilze	10^{10}	10^{13}	50	500
Pilze	10^9	10^{12}	100	1000
Algen	10^6	10^{10}	1	15
Mikrofauna (0,002 – 0,2 mm)				
Geißeltiere	$5 \cdot 10^{11}$	10^{12}	6	
Wurzelfüßler	10^{10}	$5 \cdot 10^{11}$	1,5	100
Wimpertiere	10^6	10^8	1,5	
Mesofauna (0,2 – 2 mm)				
Rädertiere	$2 \cdot 10^4$	$6 \cdot 10^5$	0,01	0,3
Fadenwürmer	10^6	$2 \cdot 10^7$	1	20
Milben	10^5	$4 \cdot 10^5$	1	10
Springschwänze	$5 \cdot 10^4$	$4 \cdot 10^5$	0,6	10
Makrofauna (2 – 20 mm)				
Kl. Borstenwürmer	10^4	$2 \cdot 10^5$	2	26
Schnecken	50	1000	1	30
Spinnen	50	200	0,2	1
Asseln	50	200	0,5	1,5
Doppelfüßler	150	500	4	8
übr. Vielfüßler	150	2300	0,5	3
Käfer m. Larven	100	600	1,5	20
Zweiflüglerlarven	100	1000	1	10
übr. Insekten	150	15000	1	15
Megafauna (20 – 200 mm)				
Regenwürmer	80	800	40	400
Wirbeltiere	0,001	0,1	0,1	10

c) Organismenverteilung in Abhängigkeit von Bodentiefe und Jahreszeit

Verschiedene Zonen eines Bodens sind unterschiedlich stark belebt. Algen sind in den obersten cm eines Bodens besonders stark konzentriert, da sie zur Assimilation Licht benötigen. Gleiches gilt für viele *Erstzersetzer* unter den Bodentieren, die sich von der frischen Laubstreu auf der Bodenoberfläche ernähren (z. B. Asseln, Tausendfüßler, Abb. 28).

In der Umgebung lebender Pflanzenwurzeln, in der *Rhizosphäre,* bildet sich eine Lebensgemeinschaft mit höherer Besatzdichte und anderer Zusammensetzung als im umgebenden Boden; dies gilt besonders für Bakterien, während

---

[11] *Domsch, K. H.* u. a.: Z. Pflanzenernähr. Bodenkd. 142 (1979) 520.

Tabelle 26 Verhältnis zwischen der Anzahl verschiedener Mikrobengruppen in der Rhizosphäre von Mangold (R) und in Kontrollböden (S)[12]

Organismen	R/S ungedüngt	R/S gedüngt
Algen	1,5	2,3
Protozoen	4	23
Pilze	6	19
Strahlenpilze		23
Bakterien (gesamt)	45	120
anaerobe B.	40	46
ammonifizierende B.	9	170
denitrifizierende B.	15	230

der Einfluß der Rhizosphäre auf Pilze, Strahlenpilze, Protozoen und vor allem Algen schwächer ist (Tab. 26). Die Zusammensetzung der Biozönose wird von der Pflanze, ihrer Wurzelausbreitung, ihren Wurzelausscheidungen und schließlich auch von der Art ihrer zerfallenden, den Organismen als Nahrung dienenden Gewebe bestimmt (s. a. Kap. 5). So konkurrieren die Rhizosphärenorganismen mit der Pflanze um Nährstoffe und Sauerstoff, können aber andererseits auch Bodennährstoffe den Pflanzen leichter zugänglich machen, freisetzen und Wuchsstoffe synthetisieren, die die Pflanzen aufnehmen können. Pathogene Organismen, die meist außerhalb der Rhizosphäre leben, müssen diese durchqueren, um in die Pflanzen einzudringen, und können durch die dort lebenden Organismen gehemmt oder gelegentlich auch gefördert werden.

Vor allem das bessere Nahrungsangebot durch stärkere Durchwurzelung und Streuzufuhr von oben bewirken, daß in vielen Böden die humosen Oberbodenhorizonte insgesamt einen sehr viel stärkeren Mikrobenbesatz aufweisen als tiefer gelegene (Tab. 27). Enthalten tiefer gelegene Horizonte hingegen mehr Nahrung als höhere, kann hier ein höherer Besatz vorliegen. So wurde in Podsolen festgestellt, daß der mit verlagertem Humus angereicherte Unterboden (Bh-Horizont, s. Kap. XXVIII 5)

höhere Bakteriengehalte aufweist als der höher gelegene humusarme Ae-Horizont[13]. Bisweilen ist auch der oberste Bodenhorizont infolge stark wechselnder Temperatur- und Feuchteverhältnisse schwächer besiedelt als tiefere.

Die Temperatur- und Feuchtigkeitsabhängigkeit des Organismenlebens führt zu einer *jahreszeitlichen Veränderung* der Bestandesdichte. Im gemäßigt humiden Klima ist sie in der Regel bei steigender Temperatur und ausreichender Feuchte im Frühjahr am größten; im Sommer sinkt sie infolge Trockenheit, während sie im Herbst aufgrund neu anfallender Streu und besserer Wasserversorgung wieder steigt, und schließlich im Winter auf ein Minimum sinkt, bedingt durch niedrige Temperatur.

d) Unterschiede zwischen Böden

Zwischen Böden als Summe unterschiedlicher Standortfaktoren bestehen naturgemäß beträchtliche Unterschiede im Organismenbesatz. Die Differenzen im Besatz aerober Bakterien der Tabelle 28 beruhen bei ähnlichen Klima- und Vegetationsverhältnissen vor allem auf Nährstoffunterschieden (bei pH 3 wenig Bakterien, bei pH 7 viel). Beim Pseudogley hat zudem der Luftmangel den Besatz des Alg beschränkt, beim Pelosol hat ein hoher Tongehalt, der infolge großer Oberfläche insbesondere Bakterien als Ansatzpunkt dient, Nährstoffe konzentriert und evtl. auch Toxine durch starke Bindung unschädlich gemacht. Strahlenpilze sind wegen hoher Trockenresistenz in sommertrockenen Steppenböden stark vertreten. Die Pilze weisen die größte Variationsbreite in den Standortansprüchen auf und sind daher in Extremstandorten relativ häufig, z. B. in den

[12] *Katznelson, H.:* Soil Sci. 62 (1946) 346.
[13] *Friesel, P., K. Hauschildt:* Mitt. Dtsch. Bodenkdl. Ges. 29 (1979) 399.

Tabelle 27 Mikrobenbesatz eines lehmigen dystrophen Cambisol unter Wiese Kroatiens (Organismen in tausend/g Boden; aus *Starc* 1942, zitiert in 4)

Hor.	Tiefe (cm)	pH (KCl)	org. S. (%)	Bakterien aerobe	Bakterien anaerobe	Strahlenpilze	Pilze	Algen
Ah1	3 – 8	4,1	3,0	7800	2000	2100	120	25
Ah2	20 – 25	4,0	1,3	1800	380	250	50	5
Ahv	30 – 40	3,7	0,9	470	98	49	14	0,5
Bv1	65 – 75	3,5	0,4	10	1	5	6	0,1
Bv2	135 – 145	4,5	0,4	1	0,4	–	3	

Tabelle 28   Aerobe Bakterien in deutschen Böden unter Laubwald in Millionen je g Boden (Mittelwert mehrerer Probenahme-Termine; n. *Dutzler-Franz*[14] 1977, verändert)

Bodentyp	Hor.	Tiefe (cm)	Niederschl. (mm)	Temp. (°C)	Körnung	pH (KCl)	org. S. (%)	Bakterien (Mio./g)
Pseudogley	Oh	5 – 8	770	9,0		2,4	88	3,9
-Podsol	Ae	30 – 35			S	3,5	0,6	
Pseudogley	Ah	5 – 10	650	9,0	lU	3,6	12	7,6
	Alg	40 – 50			lU	3,6	0,8	0,009
Sauer-	Ah	5 – 10	680	8,5	xsuL	4,4	4,4	7,0
braunerde	Bv	35 – 40			uL	3,9	1,0	0,55
Rendzina	Ah1	3 – 10	600	8,5	x'uL	7,0	9,6	36
	Ah2	20 – 25			uL	7,2	6,6	27
Pelosol	Ap	2 – 10	600	8,5	lT	6,9	3,9	42
(unter Acker)	Ba	40 – 45			T	6,7	1,2	7,0

nährstoffarmen Podsolen und den Salzböden, während sie unter günstigen Bedingungen von den vitaleren Bakterien zurückgedrängt werden. Große Lumbriciden kommen in grobkörnigem Boden nicht vor, weil Bau und Erhaltung ihrer Röhren hier sehr erschwert sind. Statt ihrer sind dann andere Tiergruppen stärker vertreten. In Böden mit lockerem Krümelgefüge leben große Ameisenarten, in dichten Böden kleine.

4. Einfluß der Bodenorganismen auf Bodeneigenschaften

Bodenorganismen sind in entscheidendem Maße an vielen in Böden ablaufenden Prozessen beteiligt: sie beeinflussen damit Intensität und Richtung der Bodenentwicklung ebenso wie die Eigenschaften der Böden als Pflanzenstandort.

a) Einfluß der Mikroorganismen

Die für Pflanzen wichtigste Lebenstätigkeit der Mikroorganismen ist der Abbau organischer Substanz, da bei ihm pflanzenverfügbare Nährstoffe und CO_2 freigesetzt werden. Die *Mineralisierung* ergänzt dabei die zum Teil – z. B. bei N und P – nur geringe Nährstoffnachlieferung durch chemische und physikalische Verwitterung. Die Mineralisierung erfolgt schrittweise über *Zwischenprodukte* (s. Organische Substanz), darunter auch toxisch wirkende, die, wenn sie angereichert werden, die Ertragsfähigkeit stark beeinflussen können.

Das für Pflanzen lebenswichtige *Kohlendioxid* wird im Boden vor allem durch Mikroorganismen beim Abbau organischer Substanz

als Endprodukt aerober Atmung gebildet, während Wurzel- und Tieratmung nur mit etwa einem Drittel beteiligt sind. In dieser Hinsicht leisten vor allem Bakterien viel, weil sie etwa 80 % der aufgenommenen Nahrung veratmen, während Pilze 40–60 % in körpereigene Verbindungen umwandeln. Besonders Strahlenpilze sind vielfach auf die Zersetzung schwer verdaulicher Stoffe (z. B. Cellulose, Lignin, Huminstoffe) spezialisiert. Die im Boden erzeugte CO_2-Menge kann (bei starker Streuzufuhr) über 10 000 kg/ha/Jahr betragen. Die enorme Atmungstätigkeit der Mikroorganismen ermöglicht daher in entscheidender Weise das Wachstum höherer Pflanzen, das auf CO_2 als einzige C-Quelle angewiesen ist. Zwar wird derzeit in Ballungsräumen auch durch das Verbrennen von Kohle und Öl die Atmosphäre mit CO_2 angereichert, was mit dem Versiegen der Vorräte aber ein absehbares Ende findet.

Mikroorganismen legen weiterhin Nährstoffe durch Einbau in die Körpersubstanz vorübergehend fest, was zu einem zeitweiligen Engpaß bei der Versorgung von Kulturpflanzen führen kann (z. B. *N-Sperre*), andererseits aber eine Nährstoffauswaschung vermindert und (wegen der Kurzlebigkeit der Mikroben) eine langsam fließende Nährstoffquelle darstellt. Nährstoffe werden von chemoautotrophen Mikroben auch durch Oxidation immobilisiert (z. B. Fe, Mn), oder sie dienen bei O_2-Mangel als Elektronenakzeptor für die Atmung und werden dann mobilisiert. All diese mikrobiellen Vorgänge verändern Konzentration und Verwertbarkeit der Nährstoffe.

[14] *Dutzler-Franz, G.*: Z. Pflanzenernähr. Bodenkd. 140 (1977) 329, 351.

Durch ihre Stoffwechselprodukte, zu denen organische und anorganische Säuren und CO_2 gehören, vermögen die Organismen schwer lösliche Verbindungen zu *lösen* — zum Teil durch Komplexbildung — und so deren Bestandteile für die höheren Pflanzen freizusetzen und die *Bodenreaktion* zu verändern.

Eine Reihe von Bakterien wie *Thiobacillus*-Arten können elementaren *Schwefel* zu Schwefelsäure oxidieren. Hierauf beruht die pH-Erniedrigung durch Schwefeldüngung, die z. B. zur Behebung von Manganmangel und zur Bekämpfung von Kartoffelschorf sowie zur pH-Senkung in alkalischen Böden angewendet wird. Andererseits kann bei der Entwässerung sulfidreicher Böden (z. B. Marschen) die Schwefelsäurebildung so stark sein (pH-Werte ≈ 2), daß ein Wachstum von Kulturpflanzen unmöglich ist.

Unter anaeroben Verhältnissen werden Sulfate zu Sulfiden, Mangan(III, IV)oxide zu Mn^{2+}, Fe^{3+} zu Fe^{2+} durch spezifische Bakterien reduziert und unter aeroben Verhältnissen unter Mitwirkung anderer Bakterien wieder oxidiert (s. Nährstoffe). So wurden z. B. in vergleyten Böden bis zu 10 Millionen Fe-reduzierende Bakterien pro g Boden nachgewiesen, und bei Mn-Mangel bestand eine Beziehung zwischen Dörrfleckenkrankheit des Hafers und der Zahl der Mn-oxidierenden Mikroorganismen in der Rhizosphäre.

Auch die *Humifizierung* erfolgt überwiegend durch Mikroorganismen (s. Kap. VII). An ihr sind vor allem Strahlenpilz- und Pilzarten beteiligt, während Bakterien die abgestorbene Biomasse häufig vollständig oxidieren.

Auf die gefügestabilisierende Wirkung der Mikroorganismen wird im Kapitel Bodengefüge eingegangen.

b) Einfluß der Bodentiere

Bodentiere *zerkleinern* abgestorbene Pflanzenstreu und Tierleichen und fördern damit sehr wesentlich die Zersetzung durch Mikroorganismen. Die oft sperrige, meist bereits am Stengel oder auf dem Boden von Mikroben befallene tote Biomasse wird durch Beiß-, Schabe- bzw. Kautätigkeit der *Primärzersetzer* (viele Insektenlarven, Diplopoden, Asseln, Regenwürmer, Schnecken: s. Abb. 28) zerkleinert, und so, zum Teil in Form von Exkrementen, den Mikroben zugänglich gemacht. Die Leistung verschiedener Tierarten wechselt dabei stark mit den Standortverhältnissen. In kalkreichen

Auenwäldern beherrschen Schnecken und Regenwürmer den Streuabbau. In nassen Böden spielen Schnakenlarven eine bedeutende Rolle und auch in einem sauren Buchenwald werden überwiegend Insektenlarven tätig und allein die Trauer- und Pilzmücken zerkleinern fast 30 % der Streu[15]. Vielfach vermögen Bodentiere frisches Fallaub zunächst nicht zu fressen. So werden frische Eichen- und Buchenblätter von Regenwürmern und Gliederfüßern erst nach Auswaschen wasserlöslicher Polyphenole gefressen[8].

Manche Tiere verlagern auch die Streu — Regenwürmer ziehen z. B. Blätter in ihre Röhren — oder bedecken sie mit aufgewühltem Bodenmaterial bzw. Kot, womit sie in Zonen hoher Mikrobenaktivität gelangt. Viele Tiere (z. B. Collembolen, Hornmilben, Schnecken, Termiten, manche Regenwürmer) scheiden selbst Enzyme aus bzw. besitzen eine Darmflora mit Enzymen zur Spaltung von Zellulose und Lignin: sie tragen daher auch direkt zum biochemischen Abbau der Streu bei. Durch Zerkleinerung und mischende Tätigkeit der Bodentiere wird auch verhindert, daß die Bodenoberfläche mit einer starken Schicht unzersetzter Abfallstoffe bedeckt ist, die für Keimlinge kaum zu durchdringen wäre: *Rohhumusauflagen* sind Zeichen schlechter Lebensbedingungen für Bodentiere.

Außerdem werden die *physikalischen* Bodeneigenschaften vor allem durch die wühlende Makrofauna beeinflußt[16]. Bodenwühler schaffen als *Erdfresser* (z. B. Regenwürmer), *Bohrgräber* (z. B. Regenwürmer, Larven von Schnellkäfern, Schlangen), *Schaufelgräber* (z. B. Maulwürfe, Maikäfer, Mistkäfer), *Scharrgräber* (z. B. Hamster, Ziesel, Mäuse) oder *Mundgräber* (z. B. Ameisen, Termiten) Röhren, die mehrere Meter tief reichen können (besonders Lumbricus terr., Allolobophora rosa). Da das Bodenmaterial dabei vorrangig auf der Bodenoberfläche abgelegt wird, führt das Wühlen zu einer *Lockerung* des Bodens. Hierdurch wird vor allem die *Belüftung* der Böden begünstigt, was besonders für dichte Böden wie Pelosole und Pseudogleye bedeutsam ist. Die drainierende Wirkung von Tiergängen ist demgegenüber gering, da diese blind enden und oft so angelegt werden, daß sie nicht bei jedem Regen voll Wasser laufen. Trotzdem

---

[15] *Altmüller, R.:* Pedobiolog. 19 (1979) 245.

[16] *Graff, O., F. Makeschin:* Z. Pflanzenernähr. Bodenkd. 142 (1979) 476.

Tabelle 29 Ausgeworfene Regenwurmexkremente in dt/ha · Jahr[17]

	Garten-erde	Dauer-wiese	Wald-wiese
1923	109	247	723
1924	90	441	784

	Obst-garten	Misch-wald	Fichten-wald
1923	181	120	171
1924	327	222	217

wirkt das Wühlen der Tiere auch einem *Wasserstau* entgegen, weil durch die Lockerung die Wasserkapazität erhöht wird. Unter den Wühlern leisten diejenigen besonders viel, die im Boden nicht nur Behausungen schaffen (z. B. Hamster, Ziesel, Schnecken), sondern dabei als Erdfresser auch Nahrung gewinnen (z. B. Regenwürmer, s. Tab. 29) oder Würmer fangen (z. B. Maulwürfe, s. Tab. 30).

Die Regenwürmer schaffen dabei durch ihre Kotablage auf dem Boden eine meist gleichförmige Lage von Aggregaten (Abb. 38), die zudem durch Schleimstoffe stabilisiert sind, mithin Verschlämmung und Erosion entgegenwirken. Aus diesem Grunde ist die Tätigkeit der Regenwürmer auch für die Bodennutzung von besonderer Bedeutung. Bodensäuger, Ameisen und Termiten schaffen demgegenüber Hügel – nach *Schreiber* wurden die „Buckelweiden" des Schweizer Jura vor allem durch die gelbe Wiesenameise geschaffen – was eine Nutzung erschwert und zudem Pflanzenkeime unregelmäßig auflaufen läßt. Das umgelagerte Bodenmaterial ist oft mit verfügbaren Pflanzennährstoffen angereichert, Kotballen der Regenwürmer ebenso wie Ameisenhaufen.

Mit der Umlagerung ist eine Mischung organischer und feinkörniger Mineralpartikel verbunden: der Feinboden wird durch die Bodenwühler also *homogenisiert*. Die Mischung erfolgt im Regenwurmdarm besonders intensiv und fördert die Bildung von Tonhumusverbindungen. Da grobe Bodenpartikel (bes. Kies und Steine) nicht transportiert werden können, führt die Umlagerung des Feinmaterials gleichzeitig zu einer Entmischung. Bei steinigen Standorten können auf diese Weise Steinsohlen im Unterboden entstehen (Abb. 38), was häufig als Folge intensiver Termitentätigkeit beobachtet wurde.

Abb. 38 Kiesschicht, die von Regenwürmern im Laufe von 11 Jahren mit Boden überdeckt wurde (Aufn. *O. Graff*)

Intensive Regenwurmtätigkeit schafft mächtige humose Oberböden ohne Humusauflage, mithin die Humusform *Mull;* fehlen diese, während Enchytraeiden, Milben und Springschwänze noch ausreichende Lebensbedingungen vorfinden, bleibt der Boden mit einer Humusauflage, dem *Moder* bedeckt; fehlen auch diese weitgehend, dann können mächtige, scharf abgesetzte *Rohhumus*- oder *Torf*auflagen beobachtet werden (Näheres s. unter Bildung von Humusformen).

5. Einfluß von Kulturmaßnahmen

Alle Kulturmaßnahmen des Menschen stellen einen mehr oder weniger tiefen Eingriff in den Lebensraum der Bodenorganismen dar. Dieser Eingriff ist bei ackerbaulicher Bodennutzung besonders stark, während als Forst und Grünland genutzte Böden weit weniger beeinflußt

Tabelle 30 Bodenumlagerung durch Tiere[16]

Tier	Ökotyp	Bodenmenge (kg/m² · Jahr)	Autor
Ameise	Wald	5	*Dunger* 1964
Landassel	Halbwüste	0,15	*Schmalfuß* 1975
Maulwurf	Wald	1,2 – 12	*Abaturov* 1968
			Voronow 1968
Regenwurm	Grünland	7 – 14	*Darwin* 1881
Termite	Savanne	6	*Lee* u. *Wood* 1916
Ziesel	Halbwüste	0,14 – 0,16	*Abaturow* u. *Zubkova* 1969

---

[17] *Stöckli, A.*: Z. Pflanzenernähr. Bodenkd. 48 (1950) 264.

werden und daher nicht kultivierten Böden ähnlicher sind. Vor allem sind es die Maßnahmen der Bodenbearbeitung, der Düngung und des Anbaus gleichartig zusammengesetzter Pflanzenbestände, die Art und Menge der Bodenlebewesen beeinflussen. Außerdem führen Bewässerung und Entwässerung zu starken Verschiebungen im Artenbestand und fördern in der Regel die Regenwürmer.

Auf die Bodenflora wirkt sich die Bodenbearbeitung allgemein fördernd aus. Die wichtigen aeroben Bakterien und Pilze erhalten günstigere Lebensbedingungen; der Umsatz an organischer Substanz und damit die CO_2-Produktion steigen an. Anders jedoch bei der Bodenfauna. Hier bedeutet jede Bodenbearbeitungsmaßnahme einen äußerst starken Eingriff, dem zahlreiche tierische Lebewesen durch Verschüttung, Quetschung usw. zum Opfer fallen. So ist der Tierbesatz in Ackerböden stets geringer und artenärmer als in vergleichbaren Grünlandböden. Es ist offensichtlich, daß z. B. Fräsenbearbeitung besonders den größeren Bodentieren (Regenwürmern) nicht zuträglich ist.

Betroffen sind hiervon vor allem Flachwühler, während die Tiefwühler unter den Regenwürmern teilweise erhalten bleiben (Tab. 31). Verzicht auf regelmäßiges Pflügen bei *Minimalbodenbearbeitung* bzw. Direktsaat hat in entsprechenden Versuchen bei Lehmböden zu einem erhöhten Regenwurmbesatz geführt[19].

Durch Düngung werden die Bodenorganismen wie die höheren Pflanzen allgemein gefördert. Die organischen Dünger erhöhen das Nährstoffangebot für die heterotrophen Organismen direkt, die anorganischen auf dem Umweg über einen vermehrten Anfall von Ernterückständen und Wurzeln und unmittelbar durch Zufuhr lebensnotwendiger anorgani-

Tabelle 31 Artenspektrum der Lumbricidenpopulationen (Zahl erwachsener Tiere je m²) und Streuzufuhr (kg/m²) einer Pseudogley-Parabraunerde unter Apfel unterschiedlicher Bodenpflege[18]

	Gras-mulch	Gras-ernte	Stroh-mulch	Bearbeit.
Sproßstreu	1,1	0,3	1,3	0,5
Wurzelstreu*	0,5	0,5	–	0,1
Lumbricus terr.	21	8	10	4
Allolobophora ros.	12	4	16	0
übrige Tiefwühler	0,5	2,5	2,4	0
Flachwühler	0,9	1,2	4,2	0
Summe	34	16	33	4

* von *Weller* geschätzt und ohne Baumwurzeln

Tabelle 32 Einfluß von Monokulturen auf den Pilzbestand (in Tausend/g Boden)[20]

	Aspergillus fumigatus	Penicillium funiculosum	Trichoderma sp.	Fusarium sp.	andere Pilze
Hafer	45	0,5	0	4	21
Weizen	4	1	7	5	18
Mais	1	31	6	4	13

scher Nährstoffe. Die Größe der Wurmpopulation eines Standortes wird demnach auch sehr stark vom Angebot organischer Nahrung bestimmt (Tab. 31), das bei ackerbaulicher Nutzung meist geringer als bei Grünlandnutzung ist[8].

Entscheidenden Einfluß hat auch die pH-Verschiebung durch Düngung, worauf im Kap. 2 e bereits hingewiesen wurde.

Über den Einfluß, den der Ersatz von natürlichen Pflanzengesellschaften durch *Rein-* und *Monokulturen* auf das Bodenleben ausübt, ist unser Wissen gering. Es ist jedoch anzunehmen, daß an den Ursachen der *Bodenmüdigkeit* und der Unverträglichkeit, die beim häufigen Anbau der gleichen Kulturpflanze in kurzen Abständen bzw. unmittelbar „nach sich selbst" auftritt, auch die Bodenorganismen einschl. der größeren Tiere beteiligt sind. Durch den wiederholten Anbau bestimmter Pflanzen kann es zu einem einseitigen Anfall organischer Nahrung sowie einer Anhäufung toxisch wirkender Wurzelausscheidungen kommen, was sich in einer Störung des Gleichgewichtes der natürlichen, vielseitigen Lebensgemeinschaften der Böden auswirken kann. Ein Beispiel für den Einfluß eines kontinuierlichen Anbaus der gleichen Pflanze auf Art und Zahl der Pilze in Böden gibt Tab. 32. Hinzu kommen andere Erklärungsmöglichkeiten, wie einseitiger Nährstoffentzug, Mangel an Spurenelementen, Vermehrung bestimmter Schädlinge u. a.

Erwähnt seien weiter Umbruch von Grünland, Rodung sowie Maßnahmen des Pflanzenschutzes und der Unkrautbekämpfung, die sich alle mehr oder weniger stark auf das Bodenleben auswirken, hier jedoch nicht im einzelnen besprochen werden sollen.

[18] *Niklas, J., F. Weller, W. Kemmel:* Z. Pflanzenernähr. Bodenkd. 142 (1979) 411.
[19] *Schwerdtle, F.:* Z. Pflanzenkrankh., Pflanzenschutz 76 (1969) 635.
[20] *Herr, L. J.:* OHIO J. Sci. 57 (1957) 203.
[21] *Edwards, C. A., A. R. Thompson:* Residue Reviews 45 (1973) 1.

X. Kationenaustausch*

In früheren Kapiteln wurde ausgeführt, daß die Tonminerale und die organischen Substanzen des Bodens negativ geladen sind und diese negative Ladung durch die Anlagerung (Sorption) von äquivalenten Mengen Kationen an die Oberfläche der Teilchen ausgeglichen wird. Diese Kationen können gegen andere ausgetauscht werden, z.B. durch H-Ionen aus der Pflanzenwurzel oder K-Ionen aus dem Dünger. Diese Fähigkeit eines Bodens nennt man daher *Kationenaustausch*. Er ist seit 1850 bekannt. Durch ihn werden in den Boden gelangende Kationen in einer Form gehalten, in der sie zwar weitgehend vor der Auswaschung geschützt, aber trotzdem pflanzenverfügbar sind. Der Kationenaustausch greift damit unmittelbar sowohl in den Stoffhaushalt einer Landschaft als auch in die Mineralstoffversorgung der Pflanzen ein. Darüber hinaus beeinflussen die austauschbaren Kationen weitere wichtige Bodeneigenschaften wie das Bodengefüge, den Wasser- und Lufthaushalt der Böden, die biologische Aktivität und die Bodenreaktion. Diese vielfältigen Wirkungen schlagen sich daher auch in der Entstehung der Bodentypen nieder.

1. Allgemeines über Sorptionsvorgänge

Feste Bodenteilchen besitzen die Fähigkeit, an ihrer Oberfläche sowohl Gase aus der Bodenluft (z.B. Stickstoff, Sauerstoff, Ammoniak, Schwefeldioxid und -trioxid) als auch Moleküle und Ionen aus der wäßrigen Bodenlösung zu adsorbieren. Neutrale Moleküle, z.B. Wasser, können adsorbiert werden, ohne daß andere Stoffe hierfür abgegeben (desorbiert) werden. Die Adsorption von Ionen ist dagegen mit der Desorption einer äquivalenten Menge anderer Ionen verknüpft, die dann in die Bodenlösung übergehen. Diesen Vorgang nennt man *Ionenaustausch* (Kationen- u. Anionenaustausch). Die festen Bestandteile des Bodens, an deren Oberfläche der Ionenaustausch stattfindet (vorwiegend die Tonminerale und die organische Substanz) nennt man die *Austauscher* oder *Sorbentien*.

2. Prinzip des Kationenaustausches und Grundbegriffe

Der Vorgang des Kationenaustausches ist aus folgendem Versuch ersichtlich: Schüttelt man einen Boden mit einer wäßrigen NH_4Cl-Lösung, so verdrängen die NH_4-Ionen andere Kationen von der Oberfläche seiner Austauscher und treten an deren Stelle, wie aus dem nachstehenden Schema ersichtlich ist:

$$H^+ \boxed{\begin{matrix} Ca^{2+} & Mg^{2+} \\ \text{Austauscher} \\ K^+ & Na^+ \end{matrix}} Al^{3+} + 10NH_4^+ \rightleftharpoons$$

$$NH_4^+ \boxed{\begin{matrix} 2NH_4^+ & 2NH_4^+ \\ \text{Austauscher} \\ NH_4^+ & NH_4^+ \end{matrix}} 3NH_4^+ + Ca^{2+} + Mg^{2+} + K^+ + Na^+ + Al^{3+} + H^+$$

Dabei werden äquivalente Kationenmengen gegeneinander umgetauscht. Man nennt die an der Oberfläche gebundenen Kationen *austauschbare Kationen*. Da die Cl-Ionen hierbei praktisch nicht adsorbiert werden (Kap. XI), sind sie in der Gleichung nicht angeführt. Erst bei mehrfacher Zugabe frischer NH_4Cl-Lösung werden alle austauschbaren Kationen gegen NH_4-Ionen ausgetauscht. Der Boden ist dann ein mit NH_4 gesättigter Boden oder kurz „NH_4-Boden". In analoger Weise kann man mit Salzen anderer Kationen entsprechende *homoionische* Böden herstellen.

Die Einzelvorgänge der beschriebenen Reaktion werden als *Eintausch* oder *Adsorption* (NH_4 im obigen Beispiel) und *Austausch* oder *Desorption* (Ca, Mg usw.), der Gesamtvorgang

* Zusammenfassende Literatur[1-8].

[1] *Overbeck, J. Th. G.:* In *Kruyt, H. R.* (Ed.), Colloid Science I. Elsevier, Amsterdam 1952.

[2] *Helfferich, F.:* Ionenaustauscher. Verl. Chemie, Weinheim 1959.

[3] *Olphen, H. v.:* An introduction to clay colloid chemistry. Intersience Publ., New York 1963.

[4] *Bohn, H. L., B. L. McNeal, G. A. O'Connor:* Soil chemistry. Wiley, New York 1979.

[5] *Wiklander, L.:* In *Bear, F. E.* (Ed.). s. 4 in Kap. II.

[6] *Bolt, G. H., M. G. M. Bruggenwert:* Soil chemistry A. Basic elements. Elsevier, Amsterdam 1976.

[7] *Gast, R. G.:* In *Dixon, J. B., S. B. Weed:* Minerals in soil environments. Soil Sci. Soc. Amer. Madison, Wis. 1977.

[8] *Greenland, D. J., M. B. H. Hayes* (Ed.): The chemistry of soil processes. J. Wiley, 1981.

ebenfalls als Austausch bezeichnet. Als austauschbar gelten konventionell alle diejenigen Kationen, die bei wiederholtem kurzzeitigem (weniger als etwa 24 Stunden) Extrahieren eines Bodens mit einer Salzlösung ausgetauscht werden, abzüglich der durch Lösen von Salzen (z. B. Chloride, Sulfate, Nitrate, Carbonate) mitextrahierten Kationen.

Die austauschbaren Kationen (s. Kap. X 6 b) bilden den *Kationenbelag* der Böden, ihre Summe die *Austauschkapazität* (AK, ausgedrückt in mval/100 g). Die Höhe der Austauschkapazität ist jedoch von der Zusammensetzung der angewandten Austauschlösung abhängig und steigt meist mit deren pH an (Erklärung s. Kap. X 3). Gewöhnlich bezeichnet die AK die Summe der austauschbaren Kationen bei pH 7–7,5; diese AK ist etwa gleich der AK eines Bodens bei Anwesenheit von $CaCO_3$ und wird *potentielle* AK (AK_{pot}) genannt, da sie im Boden nur dann erreicht wird, wenn sein pH bei 7–7,5 liegt oder auf diesen Wert angehoben wird. Die AK beim jeweiligen pH des Bodens wird dagegen als reale oder *effektive* AK (AK_{eff}) bezeichnet. AK_{pot} und AK_{eff} sind demnach meist nur in carbonathaltigen Böden identisch, in sauren Böden liegt dagegen die effektive AK unter der potentiellen. Falls nicht spezifiziert, wird unter AK im folgenden stets die potentielle AK verstanden. Die austauschbaren Ca-, Mg-, K- und Na-Ionen werden in der Bodenkunde häufig, wenn auch wenig exakt, als *austauschbare Basen* (mval/100 g) bezeichnet (früher S-Wert), weil Böden, die mit diesen Kationen vollständig gesättigt sind, alkalisch reagieren. Den prozentualen Anteil der austauschbaren Kationen an der Austauschkapazität bezeichnet man als *Basensättigung* (früher V-Wert) [BS; s. Kap. XII 5 b]:

$$BS(\%) = \frac{\text{Summe der austauschbaren Basen}}{\text{Austauschkapazität}} \cdot 100$$

Den prozentualen Anteil eines einzelnen Kations an der Austauschkapazität bezeichnet man als Sättigung dieses Kations, z. B. als Ca-Sättigung. Diese Werte können sowohl auf die potentielle als auch auf die effektive AK bezogen werden.

3. Ursachen und Ausmaß des Kationenaustausches

Die wichtigsten Kationenaustauscher der Böden sind die Tonminerale und die organische Substanz, während die Oxide und Hydroxide eine geringere Bedeutung haben. Von ihrem Gehalt, der Größe ihrer zugänglichen Oberfläche und der Art und Höhe ihrer Ladung hängt die Austauschkapazität eines Bodens ab.

a) Spezifische Oberfläche

Als spezifische Oberfläche der festen Bodensubstanzen (m^2/g) bezeichnet man die Summe aller Grenzflächen fest-flüssig bzw. fest-gasförmig. Sie bestimmt das Ausmaß der vielfältigen Reaktionen zwischen beiden Phasen wie z. B. des Ionenaustausches. Bei den aufweitbaren Tonmineralen (Smectite, Vermiculite) spricht man von *äußerer* und *innerer* Oberfläche. Die innere Oberfläche befindet sich zwischen den Silicatschichten der Tonmineralkristalle. Alle anderen Bodenminerale besitzen lediglich äußere Oberfläche. Ihre Größe hängt von der Größe der Teilchen ab. Sie beträgt bei der Sandfraktion weniger als $0,1 m^2/g$, bei der Schlufffraktion $0,1–1 m^2/g$ und bei der Tonfraktion $5–400 m^2/g$. Die Größe der inneren Oberfläche ist unabhängig von der Teilchengröße. Der Anteil der Seitenflächen an der Gesamtoberfläche der Schichtminerale ist gering und beträgt meist weniger als 10 %.

Unter den Tonmineralen haben Smectite und Vermiculite mit $600–800 m^2/g$ die größte spez. Oberfläche (Tab. 33). Sie ist je nach der Dicke der Kristallblättchen (5–10 Silicatschichten) zu 80–90 % innere Oberfläche. Wesentlich geringer ist die spez. Oberfläche von Illiten mit $50–200 m^2/g$. Werte zwischen denen der Smectite und Illite kommen bei Wechsellagerungen (s. Kap. A IV 2 e) zwischen beiden Mineralen vor. Die geringste spez. Oberfläche haben Kaolinite, da sie nur äußere Oberflächen besitzen. Sie variiert je nach Kristallgröße zwischen 1 und $40 m^2/g$. Allophane und Imogolite besitzen wegen ihrer sehr kleinen Teilchen mit 700 bis $1100 m^2/g$ eine sehr große Oberfläche. Die Oberfläche von Goethiten und Hämatiten liegt um ca. $100 m^2/g$, die von Ferrihydriten wegen der geringen Teilchengröße bei $300–500 m^2/g$. Die spez. Oberfläche der organischen Substanz ist wegen der porösen Natur ihrer Teilchen mit $800–1000 m^2/g$ besonders hoch. Eine Trennung von äußerer und innerer Oberfläche ist hier nur schwer möglich.

Die spez. Oberfläche von Böden liegt im Bereich von wenigen m^2 bis etwa $500 m^2/g$. Sie steigt mit dem Gehalt an Ton, aufweitbaren Mineralen und organischer Substanz und geht daher bei Böden unseres Raumes mit der Höhe der Austauschkapazität annähernd parallel.

Die *Bestimmung* der Gesamt-Oberfläche eines Bodens oder Austauschers erfolgt meist durch Belegung der Probe mit einer monomolekularen Schicht eines organischen Dipolmoleküls (Äthylenglykol, Glyzerin, Monoäthyldimethyläther), die Bestimmung der äußeren Oberfläche (a) nach Blockierung der inneren Oberfläche durch Erhitzen auf 650 °C oder (b) durch Adsorption von gasförmigem Stickstoff. Die innere Oberfläche ergibt sich dann als Differenz von Gesamtoberfläche und äußerer Oberfläche.

b) Ladungsart und Ladungsdichte

Die Bindung austauschbarer Kationen setzt voraus, daß die Oberfläche der Austauscher negativ geladen ist. Eine solche negative Ladung kann auf zwei verschiedene Weisen entstehen: durch isomorphen Ersatz im Kristallgitter und durch Abdissoziation von H-Ionen oberflächennaher OH- und OH_2-Gruppen. Der *isomorphe Ersatz* höherwertiger durch niederwertige Kationen in den Silicatschichten und die dadurch bedingte Schichtladung ist in Kap. IV 1 b näher beschrieben und als *permanente* Ladung bezeichnet worden. Dieser Ausdruck soll verdeutlichen, daß ihre Höhe und damit die durch sie bedingte Austauschkapazität von äußeren Bedingungen unabhängig ist.

Dies gilt nicht für die zweite Ladungsart. Sie entsteht dann, wenn durch Anstieg der OH-Ionen-Konzentration in der Bodenlösung H-Ionen von der Oberfläche der Austauscher abgezogen werden und hier eine negative Ladung hinterlassen, die sofort durch ein Kation abgesättigt wird. Solche *funktionellen Gruppen* reagieren also wie eine schwache Säure nach dem Schema:

$(Si,Al,Fe,C)\text{-}OH_n]^{\pm 0} + MOH \rightleftarrows (Si,Al,Fe,C)\text{-}OH_{n-1}]^- M^+ + H_2O$

Si, Al, Fe und C sind hierbei die wichtigsten Atome der Austauscher, die in oberflächennaher Position Träger von OH- bzw. OH_2-Gruppen sind. M ist ein Kation der Bodenlösung, das nach Abdissoziation des H-Ions vom Austauscher adsorbiert wird. Der Wert für n ist 1 oder 2.

Diese funktionellen Gruppen beteiligen sich am Kationenaustausch um so eher, je leichter das H-Ion abdissoziiert, je höher also ihre Säurestärke* ist. Aus diesem Grund steigt die Austauschkapazität in den meisten Böden mit steigendem pH an. Die Abdissoziation der H-Ionen steigt außerdem mit steigender Salzkonzen-tration der Gleichgewichtslösung und mit zunehmender Wertigkeit ihrer Ionen. Man nennt die negative Ladung an diesen Gruppen daher auch *pH-abhängige* oder allgemeiner *variable Ladung*. Funktionelle Gruppen dieser Art sind vor allem SiOH, AlOH, $AlOH_2$, FeOH, $FeOH_2$ und COH.

Während die funktionellen Gruppen AlOH und FeOH bei höherem pH ein Proton abspalten, lagern sie umgekehrt bei tieferem pH, also hoher H-Ionenkonzentration, ein zusätzliches Proton an und werden dadurch positiv geladen. Zum Ausgleich dieser Ladung adsorbieren sie entsprechend ein Anion (A):

$(Al,Fe)OH]^{\pm 0} + HA \rightleftarrows (Al,Fe)\text{-}OH_2]^+ A^-$

Je nach der Art und Zahl der Gruppen kann ein Austauscher daher bei einem bestimmten pH negativ *und* positiv geladene Gruppen haben. Der Punkt, bei dem die Zahl negativ geladener Gruppen gleich der positiv geladener Gruppen ist, heißt *Ladungsnullpunkt*. In ihm ist die Nettoladung gleich Null. Sein pH-Wert ist charakteristisch für eine bestimmte Austauschersubstanz.

Die Ladungsverhältnisse eines Austauschers lassen sich in einfacher Weise dadurch ermitteln, daß man ihn mit einer Neutralsalzlösung (z. B. NH_4Cl) verschiedenen pH-Wertes ins Gleichgewicht bringt und dann die adsorbierten Kation- und Anionmengen bestimmt. Trägt man diese gegen den pH-Wert auf, so ergibt sich hieraus die pH-Abhängigkeit der negativen und positiven Ladung, und der Ladungsnullpunkt liegt dort, wo beide gleich sind. Dies ist für verschiedene Austauscher und Böden in Abb. 39 und 41 aufgezeichnet und wird bei den jeweiligen Austauschern näher erläutert. Der Ladungsnullpunkt läßt sich außerdem bestimmen aus dem Kreuzungspunkt potentiometrischer Titrationskurven bei verschiedener Salzkonzentration sowie durch Elektrophorese (= Wanderung der Teilchen im elektrischen Feld) aus dem pH, bei dem die Teilchen nicht wandern.

Bezieht man die jeweilige dem Ionenaustausch zugrunde liegende Ladung eines Austauschers auf die Gewichtsmenge, so erhält man die Austauschkapazität, bezieht man sie auf seine spezifische Oberfläche, so ergibt sich die (Flächen-)*Ladungsdichte*, die meist in $mval/cm^2$ ausgedrückt wird. Austauscher mit niedriger Ladung, wie die Kaolinite, können bei geringer Austauschkapazität eine hohe Ladungsdichte haben, da sie nur eine sehr geringe spezifische Oberfläche besitzen.

Die Ladungsverhältnisse bei den einzelnen Austauschern werden in den folgenden Abschnitten erläutert. Mittlere Werte für die Austauschkapazität (AK_{pot}), die spezifische Oberfläche und die Ladungsdichte der wichtigsten Austauscher sind in Tab. 33 zusammengestellt.

Tabelle 33 Austauschkapazität, spezifische Oberfläche und Ladungsdichte wichtiger Austauscher der Böden

Austauscher	Austausch-kapazität (mval/100g)	Spezifische Oberfläche (m²/g)	Mittlere Ladungs-dichte (mval/cm²·10⁷)
Kaolinite u. Halloysite	3 – 15	1 – 40	2
Illite	20 – 50	50 – 200	3
Vermiculite	150 – 200	600 – 700	2
Smectite	70 – 130	600 – 800	1,4
Chlorite	10 – 40		–
Allophane	10 – 50	700 – 1100	0,3
Org. Substanz	180 – 300	800 – 1000	–

c) Tonminerale

Je nach ihrer Kristallstruktur und Kristallchemie haben die silicatischen Tonminerale sehr unterschiedliche Ladungsverhältnisse. Bei den Schichtsilicaten herrscht die permanente Ladung vor, so daß ihre Nettoladung im gesamten pH-Bereich der Böden negativ und unterhalb ≈ pH 5 relativ konstant ist. Daher steigt auch die Austauschkapazität der Tonfraktion bei Böden, bei denen diese vorwiegend aus Schichtsilicaten besteht, im pH-Bereich zwischen 3 und 8 nur sehr geringfügig an (Abb. 39). Umfang und Zugänglichkeit der permanenten Ladungen sind jedoch bei den verschiedenen Tonmineralen unterschiedlich (s. u.).

Neben der permanenten Ladung treten an den Seitenflächen der Tonminerale SiOH-, AlOH- und Al(OH)$_2$-Gruppen auf, die vor allem im neutralen und schwach alkalischen Bereich Protonen abspalten und daher variable Ladung tragen. Diese Gruppen entstehen dadurch, daß die randständigen Zentralatome, wie Si, Al u. a., nach außen hin ihre Ligandenumgebung entsprechend ihrer Koordinationszahl (4 bei Si, 4 bzw. 6 bei Al) mit OH- und OH$_2$-Gruppen vervollständigen. Die O-Ionen der OH- bzw. OH$_2$-Gruppen werden durch das Zentralkation polarisiert (s. S. 28) und ihre Protonen hierdurch gelockert, so daß sie unter geeigneten Bedingungen abdissoziieren können. Wegen der geringen Säurestärke* dieser Gruppen erfolgt dies wahrscheinlich jedoch

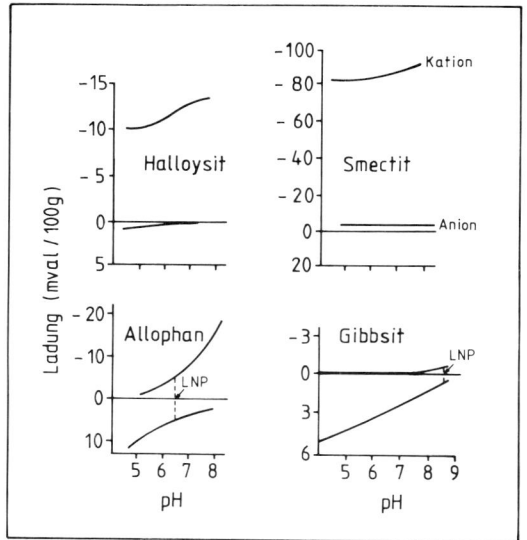

Abb. 39 Ladungsverhältnisse von Halloysit, Smectit, Allophan und Gibbsit ermittelt aus der Kationen-(NH_4^+, Na^+) und Anionen-(Cl^-)Adsorption bei verschiedenen pH. LNP = Ladungsnullpunkt. (Daten n. *Wada* u. *Okamura*[9] und *Hingston* u. a.[10])

erst ab etwa pH 7. Daher ist der Beitrag dieser variablen Ladung zur potentiellen Austauschkapazität erst im schwach alkalischen Bereich von Bedeutung und auch dann nur gering.

Die meist sehr niedrige Austauschkapazität der *Kaolinite* und *Halloysite* beruht z. T. auf isomorphem Ersatz (Tab. 10, S. 24), z. T. auf variabler Ladung an den Seitenflächen der Kristalle. Als Beispiel dient der Halloysit in Abb. 39. Er adsorbiert unterhalb pH 6 Anionen, besitzt also positive Ladung, die mit abnehmendem pH zunimmt. Jedoch ist ihre Höhe stets kleiner als die der negativen Ladung (= Kationenadsorption), die bei pH 8 aus ca. 10 mval permanenter und 3 mval variabler Ladung besteht. Bei den voll aufweitbaren Dreischichtmineralen, den *Smectiten* und *Vermiculiten* sind alle durch die permanente Ladung gebundenen Kationen austauschbar, so daß die permanente Ladung etwa gleich der Austauschkapazität ist.

---

* Die Anwendung der Theorie schwacher Säuren auf die seitlich gebundenen OH- und OH$_2$-Gruppen ist nur begrenzt möglich, da die Abspaltung von Protonen aus diesen Gruppen im Gegensatz zu der aus schwachen Säuren von der Salzkonzentration der Lösung abhängig ist (verstärkte Abspaltung bei erhöhter Konzentration).

[9] *Wada, K., N. Okamura:* Proc. *Sefmia* Seminar (1977) 811.
[10] *Hingston, F.* u. a.: J. Soil Sci. 23 (1972) 177.

So hat z.B. der Montmorillonit in Tab. 10 (S. 24) mit einer Ladung von 0,39 Äquivalenten je Formeleinheit (Gewicht der Formeleinheit 363 g) eine Austauschkapazität von 107 mval/100 g (390/363 · 100), der Vermiculit wegen des sehr viel höheren isomorphen Ersatzes sogar von 182 mval/100 g. Der Beitrag der variablen Ladung zur Austauschkapazität ist dagegen sehr gering. Dies geht aus der Kationadsorption des in Abb. 39 gezeigten Smectits hervor, die erst oberhalb pH 7 geringfügig ansteigt. Weiter zeigt Abb. 39, daß Anionen wie Cl^- wegen der hohen negativen Ladung des Smectits im pH-Bereich von 5–8 abgestoßen statt adsorbiert werden (negative Anionensorption, s. Kap. 4). (Die Kurve für die Anionensorption ist daher im negativen Bereich gezeichnet). Die Ladungsdichte der aufweitbaren Dreischichtminerale ist wegen ihrer großen spez. Oberfläche relativ niedrig (Smectite < Vermiculite) (Tab. 33).

Eine deutlich höhere permanente Ladung als die aufweitbaren Dreischichtminerale haben die *Illite* (Tab. 10). Da diese jedoch nicht aufweiten, sind die hierdurch gebundenen Zwischenschichtkationen nicht austauschbar, so daß sich der Kationenaustausch auf die äußeren Basisflächen beschränkt und die Austauschkapazität demzufolge wesentlich unter der der aufweitbaren Dreischichtminerale liegt. Dagegen ist ihre Ladungsdichte wegen der geringen Oberfläche deutlich höher (Tab. 33). Werte zwischen denen der Smectite und Illite kommen bei den Dreischichtmineralen in Böden sehr häufig vor; sie sind durch wechselnde Anteile aufgeweiteter Schichten in den Illiten bzw. nicht-aufgeweiteter Schichten in den Smectiten erklärbar.

Die Austauschkapazität der *Chlorite* wird von den gleichen Faktoren beeinflußt wie die der Illite. Bei *sekundären Chloriten* wird ein wechselnder Anteil der permanenten Ladung durch die positive Ladung der eingelagerten Hydroxy-Al-Polymeren neutralisiert. Da die Polymeren nicht austauschbar sind, geht dieser Anteil der Austauschkapazität verloren. Bei starker Einlagerung von Polymeren im sauren Bereich kann die effektive Austauschkapazität daher bis auf sehr geringe Werte absinken. Entfernt man die Polymeren z.B. durch Herauslösen (Behandlung mit Citrat, NaF, NaOH) oder durch Neutralisation ihrer positiven Ladung durch pH-Erhöhung (Aufkalkung), so erhöht sich die Austauschkapazität, da die negative Schichtladung der Tonminerale auf diese

Weise wieder für den Kationenaustausch freigegeben wird.

Im Gegensatz zu den Schichtmineralen haben die *Allophane* lediglich variable Ladung, so daß ihre Kationensorption im pH-Bereich der Böden mit steigendem pH sehr stark zunimmt (Abb. 39). Aber auch die positive Ladung ist relativ hoch. Zwischen pH 6 und 7 sind beide ungefähr gleich; im Gegensatz zu den Schichtmineralen liegt der Ladungsnullpunkt der Allophane daher im häufigsten pH-Bereich der Böden. Im sauren pH-Bereich sind sie daher wichtige Anionensorbentien, z.B. für NO_3^-. Außer vom pH hängt die Ladung der Allophane aber auch von der Elektrolytkonzentration in der Bodenlösung ab. Es steigen sowohl die negative als auch die positive Ladung mit steigender Salzkonzentration an, da hierdurch in steigendem Maße H- bzw. OH-Ionen der Oberfläche gegen Kationen bzw. Anionen des Elektrolyten ausgetauscht werden[9].

d) Oxide des Si, Al und Fe

Die Oxide und Hydroxide des Si, Al und Fe besitzen ausschließlich variable Ladung, d.h. sie tragen zum Kationenaustausch lediglich durch Protonendissoziation von M–OH- und M–OH$_2$-Gruppen bei (M = Si, Al, Fe). Wie bei Tonmineralen werden auch hier zur Vervollständigung der Koordination OH- und OH$_2$-Gruppen angelagert. Dies gilt auch für die Oxide, wie z.B. Fe_2O_3, so daß deren Oberfläche ebenfalls mit OH- und OH$_2$-Gruppen bedeckt ist. Bei amorphem Siliciumdioxid wurde bei pH 7,0 eine Austauschkapazität von 11–34 mval/100 g festgestellt. Sein Ladungsnullpunkt liegt bei pH 3–4.

Der Ladungsnullpunkt reiner Fe- und Al-Oxide liegt dagegen meistens bei pH 8–9; sie entwickeln daher im pH-Bereich der Böden vorwiegend positive Ladung und sind demzufolge Anionenaustauscher. Dies geht aus den Ladungsverhältnissen für Gibbsit, $Al(OH)_3$, deutlich hervor (Abb. 39). In Böden wird der Ladungsnullpunkt der Al- und Fe-Oxide allerdings durch spezifische Adsorption (s. Kap. XI 1) mehrwertiger Anionen (z.B. Silicat, org. Anionen), die die Oberfläche „negativer machen", z.T. um einige pH-Einheiten gesenkt.

e) Organische Substanz

Huminstoffe haben in der H-Form die Eigenschaften einer schwachen Säure. Ihre negative

Ladung und damit ihre Fähigkeit zur Kationenadsorption verdanken sie der Dissoziation von Protonen der Carboxyl-(COOH), phenolischen OH-, Enol- und vielleicht auch anderen alkoholischen Gruppen. Diese Ladung ist ausschließlich variable Ladung. Die Säurestärke der einzelnen Gruppen sinkt in der angegebenen Reihenfolge. Die Carboxylgruppen haben eine Säurestärke ähnlich der Essigsäure (pKs 4−5), während die der anderen Gruppen beträchtlich geringer ist. Infolgedessen sind die COOH-Gruppen an der Austauschkapazität der organischen Substanz von Böden am stärksten beteiligt.

Da die organische Substanz eine hohe variable Ladung entwickeln kann, steigt ihre Austauschkapazität mit steigendem pH erheblich an. Im Beispiel der Abb. 40 betrug dieser (lineare) Anstieg zwischen pH 2,5 und 8 nahezu 300 mval/100 g, d. h. ca. 50 mval pro pH-Einheit (s. auch die Regressionsgleichung in Abb. 40).

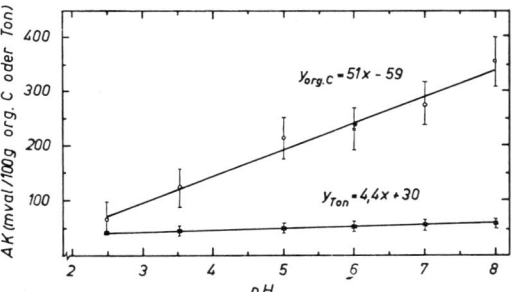

Abb. 40 Austauschkapazität (AK) der Tonfraktion und der organischen Substanz von 60 Böden Wisconsins (Ap-Horizonte) in Abhängigkeit vom pH gepufferter Ba-haltiger Perkolationslösungen (senkrechte Linien = Standardabweichung)[11]

Die Austauschkapazität gut zersetzter organischer Substanz liegt bei pH ≈ 8 meist im Bereich von 180−300 mval/100 g [s. Kap. 6 a (1)] und ist damit deutlich höher als die der Tonminerale. Außer vom pH ist die Austauschkapazität auch von der Bindungsstärke und damit von der Art der Kationen abhängig.

Noch höher ist die Austauschkapazität isolierter Huminstofffraktionen; sie kann 1000 mval/100 g übersteigen und liegt bei Fulvosäuren meist höher als bei Huminsäuren.

f) Böden

Die Ladungsverhältnisse von Böden ergeben sich im wesentlichen aus der Art und Menge der verschiedenen Austauschersubstanzen und

ihren Wechselwirkungen. Die Ladung von Böden, in denen Dreischichttonminerale vorherrschen (Ultisol in Abb. 41), wie es für die der gemäßigten Klimagebiete zutrifft, ist im gesamten vorkommenden pH-Bereich (3−8) negativ, da die negative Ladung stets größer ist als die positive. Ihre variable negative Ladung erhalten diese Böden im wesentlichen durch die organische Substanz; die variable Ladung ist daher meist nur im Oberboden beträchtlich, so daß dessen Austauschkapazität deutlich ansteigt, wenn man seinen pH-Wert erhöht.

Im Gegensatz hierzu stehen allophanreiche Böden, wie die Andosole und die Oxisole. Letztere sind vor allem in den Tropen und Subtropen verbreitet. Gemeinsam ist diesen Böden, daß ihr Ladungsnullpunkt, besonders im Unterboden im schwach sauren Bereich liegt (Abb. 41 Andosol, Oxisol B-Hor.). Sie adsorbieren daher im sauren Bereich mehr Anionen

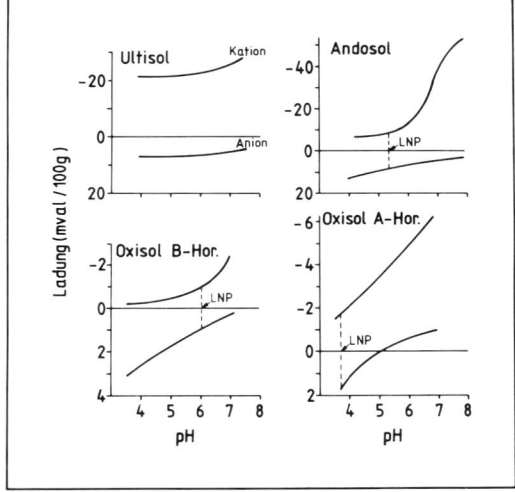

Abb. 41 Ladungsverhältnisse von Böden mit sehr verschiedenen Austauschern: a) Acrisol aus Grauwacke, Neuseeland, Unterboden, Tonfraktion: ca. 50 % Dreischichtminerale und 50 % Zweischichtminerale[12]; b) Andosol aus Rhyolit, Neuseeland, Unterboden, Tonfraktion: ca. 100 % Allophan[12]; c) Ferralsol aus Basalt, Brasilien, Unterboden, 0,7 % C_t, Tonfraktion: ca. 90 % Gibbsit, Goethit und Hämatit, 10 % Kaolinit[13]; d) wie c), jedoch Oberboden 2,5 % C_t[13]

[11] *Helling, Ch. S., G. Chesters, R. B. Corey:* Soil Sci. Soc. Amer. Proc. 28 (1964) 517.
[12] *Fieldes, M., R. K. Schofield:* N. Z. J. Sci. 3 (1969) 563.
[13] *Van Raij, B., M. Peech:* Soil Sci. Soc. Am. Proc. 36 (1972) 587.

(z. B. NO_3^-) als Kationen. Im Oberboden wird der Ladungsnullpunkt durch die negativ geladene organische Substanz gesenkt (Abb. 41 Oxisol A-Hor.), so daß bei ihnen meist die Kationensorption überwiegt.

Die Höhe der Ladung ist bei den beiden Bodengruppen jedoch unterschiedlich. Die Austauschkapazität allophanreicher Böden kann wegen der hohen Zahl funktioneller Gruppen des Allophans bei pH 7 bis auf 50 mval/100 g ansteigen, während bei den Oxisolen selten 10 mval/100 g erreicht werden, weil der isomorphe Ersatz der Zweischichttonminerale und die Zahl funktioneller Gruppen mit variabler Ladung bei diesen und den Oxiden gering ist. Da in diesen Böden der natürliche pH-Wert meist dicht am Ladungsnullpunkt liegt, ist eine pH-Erhöhung zur Verbesserung des Nährstoffhaltevermögens besonders wirksam und wichtig.

4. Elektrische Doppelschicht der Austauscher

Da die negative Ladung der Austauscher stets durch eine äquivalente Menge an Kationen (= *Gegenionen*) neutralisiert wird, sind die austauschbaren Kationen gemeinsam mit H_2O-Molekülen als positiv geladene Schicht an der Austauscheroberfläche angereichert. Diese Schicht bildet zusammen mit der negativen Ladung der Oberfläche eine sog. *elektrische Doppelschicht*, in der ein elektrisches Feld besteht. Ihr positiv geladener Teil, d. h. der *Kationenbelag*, steht mit demjenigen Teil der wäßrigen Phase des Bodens in Wechselwirkung, der nicht mehr von der Ladung des Austauschers und damit von seinem elektrischen Feld beeinflußt wird (*Gleichgewichtslösung*). In Böden entspricht die Gleichgewichtslösung meistens der sog. *Bodenlösung* (s. Kap. XX 3 a).

Die Konzentration in der Doppelschicht (bis ≈ 2 N) ist meist um 2–3 Zehnerpotenzen höher als die der Gleichgewichtslösung (0,001–0,02 N). Die Ionen der Doppelschicht sind daher bestrebt, in die Gleichgewichtslösung zu diffundieren, um den Konzentrationsunterschied auszugleichen. Diesem Bestreben wirkt die Anziehung durch die geladene Oberfläche entgegen. So entsteht ein Ionenschwarm um den Austauscher herum, dessen Dichte nach außen abnimmt. In Analogie zur Gashülle an der Erdoberfläche spricht man daher auch von einer *Ionenatmosphäre*.

Die Konzentrationsverteilung von Kationen und Anionen in dem Ionenschwarm der Doppelschicht ist in Abb. 42 illustriert. Nach dem Modell von *Gouy* und von *Stern* besteht die Kationenschicht aus zwei Teilen, nämlich einem fest haftenden geordneten Teil unmittelbar an der Oberfläche des Austauschers (*Stern-Schicht*) mit hoher Kationenkonzentration und andererseits einem lockerer haftenden, diffusen Teil (*diffuse Schicht*) im Anschluß daran, dessen Kationen-Konzentration exponentiell nach außen hin abnimmt. Die Anionen werden wegen der negativen Ladung des Austauschers von der Stern-Schicht praktisch ausgeschlossen, während ihre Konzentration in der diffusen-Schicht mit abnehmender Entfernung von der Oberfläche allmählich ansteigt (*negative Anionensorption*). Schließlich erreichen Kationen- und Anionenkonzentration den gleichen

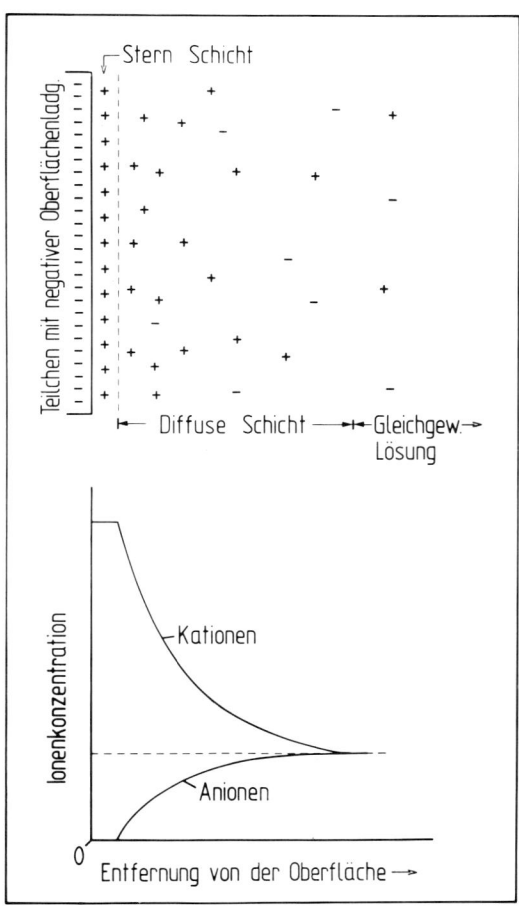

Abb. 42 Ionenverteilung (oben) und Konzentrationsverlauf (unten) in der elektrischen Doppelschicht eines Kationenaustauschers nach dem Modell von *Gouy* und *Stern*

Wert: hier beginnt die Gleichgewichtslösung. Zum Ausgleich der Ladung für die Anionen in der diffusen Schicht befindet sich dort eine äquivalente Menge Kationen (Salzadsorption), die keine Gegenionen sind. Die Summe der Gegenionen (= Austauschkapazität) ergibt sich somit aus der Differenz zwischen Kationen und Anionen in der Doppelschicht (= Fläche unter der Kationenkurve minus Fläche unter der Anionenkurve).

Die Dicke der Doppelschicht kann variieren. Sie sinkt mit steigender Konzentration der Gleichgewichtslösung. Bei gleicher Konzentration ist sie bei mehrwertigen Kationen dünner als bei einwertigen. Mehrwertige Kationen reichern sich nämlich, da sie fester adsorbiert werden als einwertige (bes. Na^+), bevorzugt in der Stern-Schicht an. Es ist sogar wahrscheinlich, daß in einem weitgehend Na-freien, von höherwertigen Kationen dominierten Kationenbelag lediglich die Stern-Schicht ausgebildet ist. Die diffuse Schicht wird weiterhin dadurch reduziert, daß häufig in einem Boden nicht genügend Wasser zur vollen Hydratation der Kationen zur Verfügung steht. So müßte ein Tonboden mit einer Oberfläche von $100\,m^2/g$ bei einer vollausgebildeten Doppelschicht mit einer Dicke von $50\,Å$ (berechnet für eine 10^{-3}N-Lösung eines $2-2$wertigen Salzes, z. B. $CaSO_4$) ca. 50 % Wasser aufnehmen, wozu z. B. im Unterboden das Porenvolumen häufig nicht ausreicht.

Ausdehnung und Schrumpfung der Doppelschicht sind in der Regel voll reversibel. So erklärt sich, daß es besonders in Na-haltigen Böden je nach dem Wasserangebot zu einer ständigen Fluktuation der Dicke der Doppelschicht kommt; sie ist z. T. die Ursache für die Quellung und Schrumpfung und für die Flokkung und Peptisation solcher Böden (s. Kap. XIV).

5. Beziehungen zwischen der Zusammensetzung des Kationenbelags und der Gleichgewichtsbodenlösung

a) Allgemeines

Im Zustand des Gleichgewichts ist die Zusammensetzung des Kationenbelags nach bestimmten Regeln mit der der Gleichgewichtslösung verknüpft. Betrachtet man zunächst nur ein Kation, so stellt man fest, daß dessen Anteil am

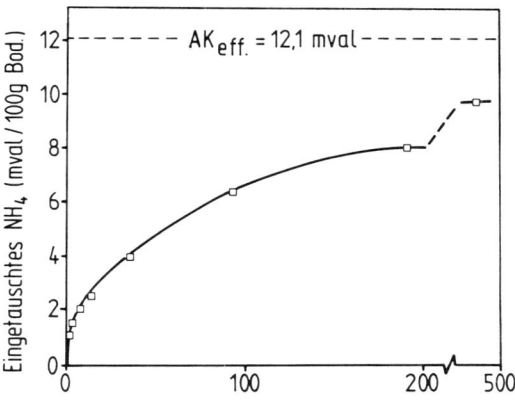

Abb. 43 NH_4-Eintausch in Abhängigkeit von der NH_4-Konzentration in der Gleichgewichtslösung bei einem Ap-Horizont einer Löß-Parabraunerde mit pH 6,6, einem C-Gehalt von 0,65 % und einer AK_{eff} von 12,1 mval/100 g bestehend aus 11,5 mval Ca, 0,30 mval Mg, 0,23 mval K und 0,09 mval Na

Kationenbelag mit steigender Konzentration in der Gleichgewichtslösung ansteigt. Fügt man also z. B. einem Boden NH_4Cl-Lösungen steigender NH_4-Konzentration zu, so wird, wie Abb. 43 zeigt, mehr und mehr NH_4 gegen die Kationen des Bodens eingetauscht. Allerdings nimmt mit steigender Konzentration der Gleichgewichtslösung der relative Eintausch immer mehr ab. Der Gesamteintausch nähert sich asymptotisch einem Endwert, der gleich der Austauschkapazität ist. Dieser Endwert, d. h. der vollständige Austausch gegen NH_4, wird jedoch nur dann erreicht, wenn die durch NH_4 ausgetauschten Kationen aus der Lösung entfernt werden, da sie den weiteren Austausch behindern.

Dieser Versuch zeigt, daß beim Kationenaustausch jedes Kation mit anderen Kationen um die Austauschplätze konkurriert, eine Situation, wie sie auch in Böden stets vorliegt. Die Konkurrenzfähigkeit der verschiedenen Kationen ist nun je nach ihren Eigenschaften und nach der Art der Austauscher (s. u.) sehr unterschiedlich und bewirkt, daß der Anteil eines Kations im Kationenbelag nicht nur von seinem Anteil in der Gleichgewichtslösung (s. o.), sondern auch von der Konkurrenzfähigkeit gegenüber anderen Kationen bestimmt wird. Man kann dies leicht daran erkennen, daß die Anteile der einzelnen Kationen im Kationenbelag und in der Gleichgewichtslösung stets verschieden sind: Der Austauscher bevorzugt oder benachteiligt verschiedene Kationen, er selektiert.

Tabelle 34 Absolute und relative (%) Zusammensetzung der Gleichgewichtsbodenlösung (mmol/l) und des Kationenbelages (mval/100 g) von Ah-Horizonten einer schwach sauren Mullrendzina und einer stark sauren Braunerde[14]

		Al	Ca	Mg	Na	K	H	Summe
Mullrendzina *(pH 6,1)*								
Bodenlösung	abs.	0	1,43	0,08	0,17	0,04	0	1,72
	rel.	0	83	5	10	2	0	100
Kationenbelag	abs.	0	42,9	1,7	0,13	0,63	0	45,4
	rel.	0	95	4	0,3	1,4	0	100
Braunerde *(pH 3,2)*								
Bodenlösung	abs.	0,06	0,47	0,11	0,30	0,33	0,24	1,51
	rel.	2	20	5	25	28	20	100
Kationenbelag	abs.	10,2	2,18	0,26	0,13	0,42	1,05	14,2
	rel.	72	15	2	1	3	7	100

Dies geht aus den Werten der Tab. 34 deutlich hervor. In der schwach sauren Rendzina (Kap. XXXI e) ist der Ca-Anteil am Kationenbelag deutlich höher als in der Bodenlösung, Ca wird also bevorzugt adsorbiert. Dagegen beträgt der Na-Anteil am Kationenbelag < 1 %, obwohl Na zu etwa 10 % an der Bodenlösung beteiligt ist. In der stark sauren Braunerde wird der Kationenbelag dagegen vom Al beherrscht, das sehr stark bevorzugt wird und daher verhindert, daß auch Ca bevorzugt wird.

Die Austauschgleichgewichte stellen sich, wenn genügend Wasser vorhanden ist, meist sehr schnell ein (z. B. beim Schütteln innerhalb 1 h) und sind voll reversibel. Lediglich bei begrenzt quellbaren Austauschern wie Vermiculiten und z. T. auch Illiten, ist der Austausch verzögert, weil die Kationen in den engen Zwischenschichträumen nur langam zu den Austauschplätzen hin diffundieren. Im Freiland kann der Austausch durch Wassermangel verzögert werden.

b) Kationenaustausch-Gleichungen

Das chemische Gleichgewicht zwischen Gleichgewichtslösung und Kationenbelag ist wie andere Reaktionsgleichgewichte einer mathematischen Formalisierung zugänglich. Sie hat u. a. das Ziel, aus der (einfach zu bestimmenden) Zusammensetzung der Gleichgewichtslösung die Zusammensetzung des Kationenbelags vorherzusagen. Dies hat große praktische Bedeutung, z. B. in Bewässerungsgebieten, in denen

sich der Kationenbelag auf die Zusammensetzung des Bewässerungswassers einstellt und sich damit die Eigenschaften des Bodens, z. B. sein Gefüge, ändern können.

Bei der Formulierung einer Kationenaustauschgleichung betrachtet man den Austausch als eine einfache chemische Reaktion und wendet auf sie wie bei Reaktionen in wäßriger Lösung das Massenwirkungsgesetz (MWG) an, um so eine Gleichgewichtskonstante zu erhalten. Für den Austausch zweier ein(gleich)wertiger Kationen (s = sorbiert, l = i. d. Lösung):

$$-] Na_s + K_l^+ \rightarrow -] K_s + Na_l^+$$

gilt dann für den Gleichgewichtszustand:

$$\left(\frac{c_{Na}}{c_K}\right)_S = K_{\frac{Na}{K}} \cdot \left(\frac{c_{Na}}{c_K}\right)_l \qquad (1)$$

Hierin steht c für die Konzentration und $K_{\frac{Na}{K}}$ ist die Gleichgewichtskonstante.

Ein $K_{\frac{Na}{K}}$-Wert > 1 zeigt eine bevorzugte Adsorption von Na^+, ein Wert < 1 eine Bevorzugung von K^+ an. Ist K = 1 werden Na^+ und K^+ gleich stark adsorbiert.

Bei Konzentrationen über ca. 10^{-3} Mol/l ist anstelle der Konzentration der Ionen deren Aktivität a einzusetzen.

$$\left(\frac{a_{Na}}{a_K}\right)_s = K_{\frac{Na}{K}} \cdot \left(\frac{a_{Na}}{a_K}\right)_l \qquad (2)$$

Dies ist erforderlich, weil sich bei höherer Konzentration starker Elektrolyte die Anziehungskräfte zwischen den Kationen und Anionen derart auswirken, daß die wirksame Konzentration geringer ist als die analytisch bestimmte Konzentration. Um die wirksame Konzentration der Lösung, die *Aktivität,* zu erhalten, muß daher die analytisch bestimmte Konzentration c mit einem Korrekturfaktor, dem *Aktivitätskoeffizienten* f, multipliziert werden: a = f·c.

Der Aktivitätskoeffizient ist von der Konzentration, der Wertigkeit und dem Durchmesser des Ions im hydratisierten Zustand sowie von der Konzentration aller anderen in der Lösung befindlichen Ionen (= Ionenstärke*) abhängig. In extrem verdünnten Lösungen (ab ≈ 0,001 M) ist f annähernd 1 (also a = c). Mit steigender Konzentration sinkt f, und zwar bei den verschiedenen Ionen im Sinne der lyotropen Reihen, also bei gleicher Wertigkeit um so stärker, je schwächer das Ion hydratisiert ist. Außerdem ist die Abnahme von f mit steigender Konzentration bei zweiwertigen größer als bei einwertigen Ionen und weiterhin für alle Ionen um so stärker, je

---

[14] *Ulrich, B.:* unveröffentlicht.

* Ionenstärke $I = \frac{1}{2} \sum m_i z_i^2$ (m = Molarität, z = Wertigkeit des Ions i).

Tabelle 35 Größe, Polarisierbarkeit und Hydratationsenergie der Kationen und ihr relativer Eintausch in NH₄-Smectit [Daten von *Schachtschabel*[15] (Sch.), *Martin* u. *Laudelot*[16] (M.u.L.), *Jenny*[17] (J.)]

	Li^+	Na^+	K^+	Rb^+	Cs^+	Mg^{2+}	Ca^{2+}	Sr^{2+}	Ba^{2+}	Al^{3+}	La^{3+}	Th^{4+}
Ionenradius (Å)	0,78	0,98	1,33	1,49	1,65	0,78	1,06	1,27	1,43	0,50	1,15	1,02
Polarisierbarkeit (cm³)	0,025	0,17	0,80	1,42	2,35	0,10	0,54	0,87	1,68	–	–	–
Hydratationsenergie (kJ/Mol)	503	419	356	335	314	1802	1571	1425	1341	4647	3268	–
Rel. Eintausch (n. Sch.)	24	26	41	74	78	72	74	74	75	–	–	–
in (n. M.u.L.)	–	17	41	76	92	–	–	–	–	–	–	–
NH₄-Smectit* (n. J.)	32	33	51	63	69	69	71	74	73	85	86	98

* bei M/NH₄ i. d. Gleichgewichtslösung bzw. i. System von 1 : 1

höher die Ionenstärke der Lösung ist. So nimmt z. B. der Aktivitätskoeffizient einer KCl-Lösung bei einer Konzentrationserhöhung von 10^{-3} M auf 1 M von 0,97 auf 0,81 ab, der einer CaCl₂-Lösung von 0,88 auf 0,51. Die Aktivität einer 1 M-CaCl₂-Lösung ist also nur halb so groß wie ihre Konzentration.

Die Anwendung dieser thermodynamisch exakten Austauschgleichung (2) scheitert allerdings daran, daß sich die Aktivitäten nur für die Gleichgewichtslösung, nicht dagegen für den Kationenbelag berechnen lassen. An die Stelle der Aktivitäten im Kationenbelag müssen daher andere Ausdrücke treten (s. u.), die die Aktivität jedoch nur unzureichend ersetzen. Daher ist die Gleichgewichts„konstante" K meist auch nicht eigentlich konstant, sondern ändert sich mit dem relativen Anteil der beiden Kationen am Kationenbelag mehr oder weniger stark. Man bezeichnet daher den K-Wert besser als Austausch- oder Selektivitäts*koeffizient*.

Die Austauscherkoeffizienten sind für Systeme mit *gleich*wertigen Kationen meist relativ konstant. Beim Umtausch *verschieden*wertiger Kationen, wie er in Böden vorherrscht, kann die Variation dagegen erheblich sein, so daß der Wert für K jeweils nur für einen begrenzten Bereich gilt. Dies liegt im wesentlichen daran, daß bei verschiedener Wertigkeit auch die Eigenschaften der Kationen (Tab. 35) und damit ihr Verhalten am Austauscher (Haftfestigkeit, Mobilität) sehr unterschiedlich sind, so daß bei variierendem Anteil verschiedener Kationen der Kationenbelag sehr unterschiedliche Eigenschaften aufweist (z. B. Verteilung auf Stern- und diffuse Schicht).

Es sind zahlreiche Versuche gemacht worden, die Austauschgleichungen für heterovalente Kationenpaare so zu verbessern, daß der Austauschkoeffizient über einen möglichst weiten Bereich konstant ist. Hierzu gehört z. B. der Ersatz der Aktivität der adsorbierten Kationen durch ihren Äquivalentanteil, der als Funktion der Aktivität angesehen wird. Häufiger angewandt wird dagegen die Gleichung von

Gapon, bei der die Aktivität der mehrwertigen Kationen in der Lösung zur reziproken Potenz ihrer Wertigkeit erhoben und die adsorbierten Anteile in mval pro Gewichtseinheit Austauscher angegeben werden. Für das Kationenpaar Na-Ca lautet die Gapon-Gleichung demnach:

$$\left(\frac{Na}{Ca}\right)_s = K_{\frac{Na}{Ca}} \cdot \left(\frac{a_{Na}}{\sqrt{a_{Ca}}}\right)$$

Der Gapon-Koeffizient für Na-Ca ist mit diesem *reduzierten Aktivitätenverhältnis* in der Gleichgewichtslösung über einen weiten Bereich der Zusammensetzung des Kationenbelages relativ konstant, so daß z. B. für den Bereich des praktisch vorkommenden Ionenbelags in Böden Kaliforniens dieser aus der Na- und (Ca- + Mg-)Konzentration des Bewässerungswassers hinreichend genau vorausgesagt werden kann. Für K-Ca ist die Konstanz, wie Abb. 47 zeigt, dagegen nur dann hinreichend gut, wenn keine spezifischen Sorptionsplätze vorliegen, an denen K^+ sehr stark dehydratisiert und daher bevorzugt adsorbiert wird. Dasselbe gilt für Ionenpaare mit dreiwertigen Kationen. Umgekehrt können aus dem Verhalten der Gapon- und anderer Koeffizienten häufig wertvolle Informationen über das Verhalten verschiedener Austauscher und Böden gewonnen werden.

c) Eigenschaften der Kationen (Wertigkeit und Hydratation)

Die Bindungsstärke der Kationen an der Austauscheroberfläche hängt von ihrer *Ladung* und *Größe* ab. Sie steigt mit zunehmender Ladung, da mit ihr die Anziehung durch die Oberfläche wächst (*Wertigkeitseffekt*). Bei gleicher Ladung, also innerhalb einer Gruppe, wird ein Kation um so fester gebunden, je stärker es sich der Oberfläche nähern kann, weil es dann in ein immer stärkeres elektrisches Feld gerät. Die Annäherungsmöglichkeit steigt naturgemäß mit abnehmender, „wirksamer" Größe des

Kations in wäßriger Lösung. Die „wirksame" Größe eines Kations liegt in verdünnten wäßrigen Lösungen über derjenigen in einem festen Kristall (s. Abb. 11), weil sich die Ionen in Anwesenheit von Wasser mit einem Mantel von H_2O-Molekülen umgeben (*Hydratation*). Die Hydratation resultiert aus der Anziehung der Wasserdipole durch das Ion. Ihr Ausmaß ist abhängig von der Ladungsdichte an der Oberfläche des nackten Ions. Diese Ladungsdichte steigt mit steigender Ladung und sinkendem Durchmesser des Ions. Kleine und hochgeladene Ionen sind also stark hydratisiert, große und niedrig geladene schwach. Als energetisches Maß für die Hydratation dient diejenige Energiemenge, die bei der Hydratation eines Moles des Ions frei wird (= *Hydratationsenergie*): Innerhalb einer Periode des Periodensystems steigt demnach die Hydratationsenergie nach rechts, während sie innerhalb einer Gruppe nach unten sinkt (s. Tab. 35).

Der Einfluß der Hydratation auf die Kationenadsorption wird *Hydratationseffekt* genannt. Bei seiner Bemessung ist allerdings zu bedenken, daß die hydratisierten Ionen einen Teil der Hydrathülle abstreifen, wenn sie vom Austauscher adsorbiert werden. Diese *Dehydratisierung* ist um so stärker, je geringer die Hydratationsenergie ist und je stärker das Kation an die Oberfläche gezogen wird, je höher es also geladen ist. Aus diesem Grund können 2wertige Ionen im adsorbierten Zustand weniger hydratisiert sein als einwertige, obwohl dies in freier Lösung umgekehrt ist. Die Kationen in der Stern-Schicht sind stärker dehydratisiert als in der diffusen Schicht. Vermutlich sind in der Stern-Schicht zwischen Kationen und Austauscheroberfläche keine H_2O-Moleküle mehr vorhanden.

Wertigkeits- und Hydratationseffekt lassen sich an folgendem Versuch deutlich machen: Ein NH_4-Smectit wird mit Chloridlösungen der Kationen Li^+ bis Cs^+, Mg^{2+} bis Ba^{2+}, Al^{3+}, La^{3+} und Th^{4+} ins Gleichgewicht gesetzt und der Eintausch dieser Kationen gemessen. Tab. 35 zeigt, daß die einwertigen Alkaliionen Li^+, Na^+ und K^+ schwächer eintauschen als die 2wertigen Erdalkaliionen, diese schwächer als die 3wertigen Kationen Al^{3+} und La^{3+} und diese schließlich schwächer als das 4wertige Th^{4+} (Wertigkeitseffekt). Innerhalb der Alkaliionen sinkt der Eintausch in der Reihenfolge $Cs \gtrsim Rb > K > Na \gtrsim Li$ (*lyotrope Reihe*), also entsprechend der zunehmenden Hydratation, gemessen als Hydratationsenergie (s.

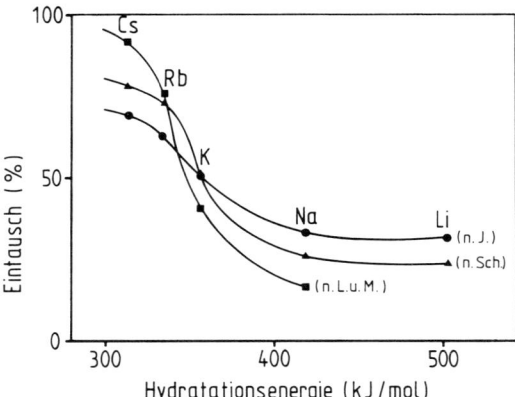

Abb. 44 Relativer Eintausch von Alkaliionen in NH_4-Smectit in Abhängigkeit von ihrer Hydratationsenergie (Daten s. Tab. 35)

Abb. 44) (Hydratationseffekt). Der Unterschied zwischen Na^+ und Li^+ und zwischen Rb^+ und Cs^+ ist allerdings kleiner als der zwischen Na^+, K^+ und Rb^+. Noch geringer ist der Unterschied bei den Erdalkaliionen, bei denen sich der Hydratationseffekt kaum bemerkbar macht, weil die Eintauschstärke im wesentlichen von der höheren Wertigkeit dieser Ionen bestimmt wird.

Die für Smectite ermittelten Reihen gelten für andere Austauscher nicht ohne weiteres in gleicher Weise (s. Kap. 5 d). Generell findet man jedoch bei Böden für die wichtigsten Kationen folgende Reihe steigender Adsorbierbarkeit

$Na < K < Mg < Ca < Al$

Ein Beispiel hierfür enthält Abb. 45. Bei dem hier beschriebenen Lößboden wurden die Kationen durch NH_4 in der Reihenfolge $Na > K > Mg > Ca$ ausgetauscht. Der im Vergleich zum Smectit stärkere Unterschied zwischen Mg und Ca bei diesen Böden beruht auf der ausgeprägten Selektivität der organischen Substanz für Ca (s. Tab. 36).

Wasserstoffionen können im stark sauren Bereich als hydratisierte H_3O^+-Ionen an permanenten Ladungen gebunden werden; sie liegen in der Adsorbierbarkeit etwa zwischen Na^+ und K^+. In weit stärkerem Ausmaß werden sie jedoch als Protonen an O- oder OH-Gruppen angelagert, die dadurch zu OH- bzw. OH_2-Gruppen werden (s. Kap. 3 b). Da sie in diesem Zustand nicht wie die Metallkationen leicht gegen andere Kationen ausgetauscht werden können, werden diese Protonen normalerweise

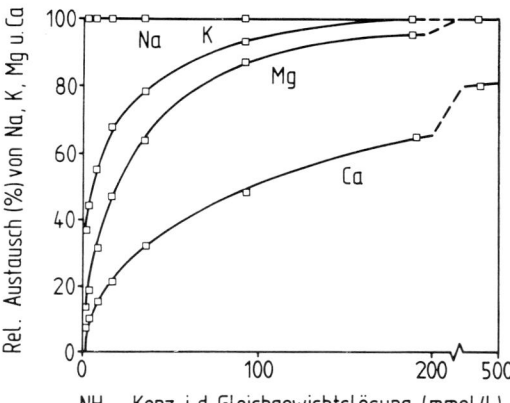

Abb. 45 Relativer Austausch von Na$^+$, K$^+$, Mg^{2+} und Ca^{2+} gegen NH$_4^+$ (in % der gesamten austauschbaren Kationenmenge) in Abhängigkeit von der NH$_4$-Konzentration in der Gleichgewichtslösung bei einem Lößboden-Ap-Horizont (Bodendaten wie Abb. 43)

auch nicht als austauschbare Kationen bezeichnet.

Die ein- und mehrwertigen Kationen sind nach *A. Weiß* im Kationenbelag des Smectits nicht statistisch verteilt. Der Ladungsausgleich ist für die mehrwertigen Kationen zwischen den Schichten sehr günstig, weil er durch gegenüberliegende negative Ladungen benachbarter Schichten erfolgt, während die Ladung der einwertigen Kationen ähnlich günstig wie im Zwischenschichtraum (innere Oberfläche) an den äußeren Oberflächen ausgeglichen wird. Daher konzentrieren sich die mehrwertigen Kationen an den inneren, die einwertigen an den äußeren (Abb. 46). Dies erklärt, daß die Schichten durch mehrwertige Kationen so fest zusammen-

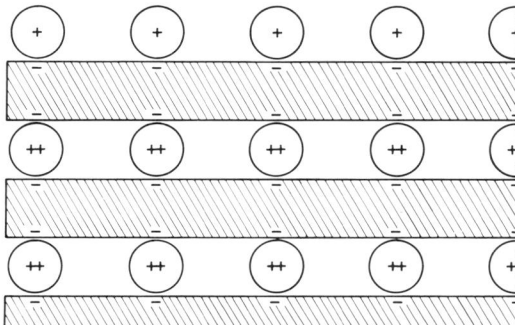

Abb. 46 Verteilung ein- und zweiwertiger Kationen auf die äußere und innere Oberfläche eines Smectits (n. *A. Weiß*)

mengehalten werden, daß ihr Abstand auch bei reichlicher Wasserzufuhr ≈ 1 nm nicht übersteigt. Es erklärt weiterhin, daß ein smectitischer Na-Ca-Boden nach außenhin bereits dann die Eigenschaften eines Na-Bodens (starke Dispergierung bei Wasserzufuhr durch dicke Doppelschicht) hat, wenn der Na-Anteil am Kationenbelag nur 10–15 % beträgt.

In salzhaltigen Böden hängt das Ausmaß der Kationen-Selektivität bei gleichen Kationenverhältnissen in der Gleichgewichtslösung auch von deren Gesamtkonzentration ab. In solchen Böden kann eine Verdünnung, z. B. durch Niederschlagswasser, bewirken, daß mehrwertige Kationen eingetauscht, einwertige ausgetauscht werden.

Die Ursache hierfür liegt darin, daß sich die diffuse Ionenschicht bei Verdünnung ausdehnt, dadurch die Differenz des elektrischen Potentials zwischen Kationenbelag und Gleichgewichtslösung steigt und hierdurch die Anziehung höherwertiger Kationen verstärkt wird. In salzarmen Böden spielt dieser Vorgang wohl deswegen kaum eine Rolle, weil der Gehalt an Kationen in der Bodenlösung im Vergleich zu dem des Kationenbelags (≈ 1 : 50) zu gering ist, um einen Kationenaustausch in meßbarem Umfang zu ermöglichen.

d) Spezifische Adsorption von Kationen

Die besondere Struktur verschiedener Austauscher bewirkt, daß einzelne Kationen weitgehend unabhängig von ihrer Ladung und Hydratation stark bevorzugt werden. Diese Bevorzugung läßt sich nicht mehr wie die bisher beschriebenen Effekte allein mit der Wechselwirkung elektrostatischer Kräfte zwischen der negativ geladenen Oberfläche und der positiven Ladung der Kationen erklären. Es treten zusätzliche Kräfte hinzu (*van der Waalssche Kräfte, kovalente Kräfte*), die im Gegensatz zu den elektrostatischen Kräften zwar ähnlich hoch, aber viel weniger weitreichend sind. Sie kommen daher besonders dann zur Wirkung, wenn sich ein Kation der Austauscheroberfläche stark nähern kann. Dieser Typ der Adsorption, der besonders auch für die der Anionen bedeutsam ist, wird *spezifische Adsorption* genannt, der durch reine elektrostatische Kräfte entsprechend *unspezifische* Adsorption.

Das bekannteste und wichtigste Beispiel für eine spezifische Adsorption von Kationen ist die auffallend starke *Selektivität einiger Tonminerale für K und NH$_4$*, aber auch für Rb und

Cs, die erstmals von *P. Schachtschabel* aufge-
zeigt wurde[15].

Die spezifische Adsorption dieser einwertigen Kationen hat zwei Ursachen, die zusammenwirken. Zum einen werden diese relativ
großen Kationen (Tab. 35) sehr leicht dehydratisiert und zum anderen passen sie dann relativ
gut in die napfförmigen Vertiefungen der Sauer-
stoff-Sechserringe der Tetraederschicht hinein (s. Abb. 14, S. 26). Daher können sie sich
dem negativen Ladungsschwerpunkt der Silicatschichten stark nähern und werden dadurch
sehr fest gebunden. Werden auf diese Weise K-
Ionen so fest gebunden, daß sie mit einem Neu-
tralsalz nicht mehr austauschbar sind, der Eintausch also nicht mehr voll reversibel ist, so
spricht man von *K-Fixierung* (s. Kap. XX 8 b).
Bei diesem Vorgang kontrahieren die aufgeweiteten Schichten irreversibel auf 10 Å, d. h. auf
den Abstand des Illits. Zwischen diesen Fixie-
rungspositionen und solchen, an denen keine
spezifische K-Bindung erfolgt, gibt es vermutlich Übergänge, bei denen eine spezifische Bindung, jedoch ohne Fixierung, möglich ist. Diese K-spezifischen Austauschpositionen treten
vor allem an den keilförmig aufgeweiteten
Rändern von Illiten (Abb. 18) und an hoch geladenen aufgeweiteten Dreischichttonmineralen auf. Ihre Menge, die K-Ca-Austauschkurven (n. *Beckett*) entnommen werden kann
(Abb. 115), liegt in Böden der BRD meist nur
bei < 3 % der Austauschkapazität. Da der K-
Anteil an der Austauschkapazität ebenfalls in
diesem Bereich liegt (Tab. 38), heißt dies, daß
das austauschbare K in Böden mit vorwiegend
illitisch-smectitischen Tonmineralen fast vollständig durch K-spezifische Positionen gebunden wird. Dies ist für die K-Düngung und -Aus-
waschung von großer Bedeutung (s. Kap.
XX 8 g, i).

Bei Tonmineralen und Böden, die solche K-
spezifischen Positionen aufweisen, macht sich
dies in erhöhten Selektivitäts- bzw. Gapon-Koeffizienten bemerkbar: sie steigen mit sinkender K-Sättigung stark an. Beispiele hierfür sind
in Abb. 47 aufgezeichnet: Beim Illit und den illitisch-smectitischen Böden aus Auenlehm und
Löß weist der starke Anstieg des Gapon-Koeffizienten unterhalb 10 % K-Sättigung auf solche K-spezifischen Positionen hin, während
diese beim Montmorillonit und beim Anmoor
fehlen. Auch bei kaolinitischen Böden fehlen
sie praktisch, weil auch der Kaolinit kaum La-
dungspositionen besitzt, von denen die K-Ionen stark angezogen werden. Das gleiche gilt

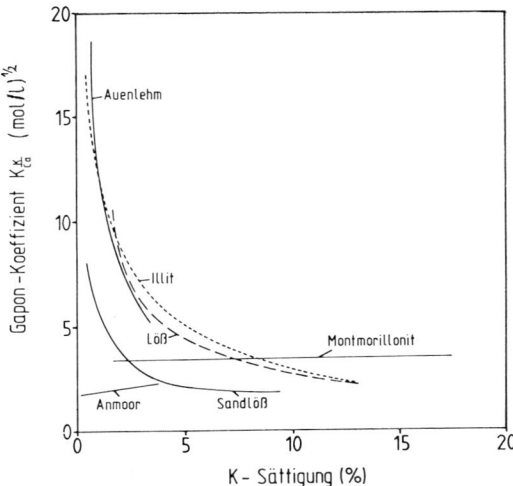

Abb. 47 Gapon-Koeffizient $K\frac{K}{Ca}$ für das Kationenpaar K−Ca in Abhängigkeit von der K-Sättigung
(K + Ca = 100 %) bei verschiedenen Austauschern
und Böden

für die organischen Austauscher (s. Anmoor in
Abb. 47).

Auch die *organische Substanz* zeigt Besonderheiten bei der Kationenadsorption. Dies betrifft einmal die starke Bindung von H-Ionen
an die schwach sauren Gruppen, die z. T. sehr
viel stärker ist als die aller Alkali- und Erdalkaliionen. Zum anderen werden Erdalkaliionen
und in noch stärkerem Maße Al- und Schwermetallionen (z. B. Cu, Pb) bevorzugt, weil diese durch kovalente u. a. Kräfte, also spezifisch
in Form von sehr stabilen Komplexen gebunden werden.

Die Selektivität für Erdalkaliionen gegenüber Alkaliionen geht aus den Werten der Tab.
36 hervor. Im Gleichgewicht mit einer 0,1-N-

Tabelle 36 Ca-Sättigung einer Huminsäure im
Gleichgewicht mit Mischlösungen der Acetate von
Ca−NH₄ und Ca−Mg (pH 7,0)[15]

		Ca:NH₄		Ca:Mg
Äquivalent- verhältnis } der Konzentration } Lösung (N)		1:1	1:9	1:1
		0,1	0,01	0,1	0,1
Ca-Sättigung (%)		92	95	81	76

[15] *Schachtschabel P.:* Kolloidbeih. 51 (1940) 199.
[16] *Martin, H., H. Laudelot:* J. Chim. Phys. (1963)
1086.
[17] *Jenny H.:* J. Phys. Chim. 40 (1936) 501.

Acetatlösung (pH 7,0) eines Ca-NH$_4$-Äquivalentverhältnisses von 1 : 1 wurden die beiden Ionen von einer Huminsäure im Verhältnis von 92 : 8 eingetauscht. Selbst bei dem weiten Ca-NH$_4$-Verhältnis von 1 : 9 betrug die Ca-Sättigung noch 81 %. In ähnlicher Weise wie NH$_4$ wird auch K gegenüber Ca benachteiligt. Beim Ionenpaar Ca-Mg macht sich die Bevorzugung des Ca durch die organischen Austauscher im Vergleich zu den Tonmineralen ebenfalls bemerkbar (vgl. Tab. 35 mit Tab. 36).

6. Kationenaustauschverhältnisse in Böden

a) Austauschkapazität (AK)

Die potentielle Austauschkapazität (AK$_{pot}$) der Böden wird hauptsächlich durch Art und Gehalt an Tonmineralen und organischer Substanz bestimmt. Da diese sehr unterschiedlich sind, variiert auch die Austauschkapazität der verschiedenen Böden in einem weiten Bereich. Dies gilt prinzipiell auch für die effektive Austauschkapazität (AK$_{eff}$), die jedoch zusätzlich vom pH der Böden abhängt. Sie liegt um so weiter unter der AK$_{pot}$, je tiefer das pH und je höher der Anteil variabler Ladung sind. Da nun der stärkste Beitrag zur pH-abhängigen Ladung von den Huminstoffen kommt, liegt die AK$_{eff}$ z. B. bei sauren, humosen Sandböden in der Regel weit unter der AK$_{pot}$. Das gleiche gilt für allophanreiche Böden. Da Sandböden ihr optimales pH im sauren Bereich haben (s. Kap. XII 7), ist ihre AK$_{pot}$ von begrenzter praktischer Bedeutung. Wird der pH-Wert jedoch erhöht, so führt dies bei sauren Böden mit hohem Anteil variabler Ladung zu einer deutlichen Erhöhung der AK$_{eff}$ und damit der Bindung austauschbarer Kationen, wie K, Mg und Ca.

(1) Organische Substanz

Der Anteil der organischen Komponente an der AK$_{pot}$ der Böden liegt im A$_p$-Horizont ackerbaulich genutzter Lehm-, Schluff- und Tonböden meist im Bereich von 25−35 %, bei Schwarzerden von 40−50 % (Tab. 37). Bei Sandböden ist der Anteil höher (vgl. Podsole und Plaggenesche) und kann z. B. in manchen Hochmooren und Niedermooren bis 100 % betragen. Auch in O-Horizonten, im A$_h$-Horizont von Böden unter Grünland, Wald und Heide sowie im B$_h$-Horizont von Podsolen findet man einen Anteil über 50 %, der jedoch praktisch kaum zum Tragen kommt, da diese Böden meist sauer sind.

Die Austauschkapazität der organischen Substanz von Böden ist sehr unterschiedlich. Sie liegt bei den Schwarzerden, Mullrendzinen und Plaggeneschen mit ≈ 2,5 bis 3,0 mval/g organischer Substanz am höchsten und variiert bei den übrigen Böden der Tab. 37 zwischen ≈ 1,8 und 2,2 mval. Als Mittelwert terrestrischer Böden des gemäßigt-humiden Klimas kann man etwa 2,0 mval/g zugrundelegen, wenn die Austauschkapazität eines Bodens aus seinen Gehalten an organischer Substanz und Ton überschlägig berechnet werden soll. Niedrigere Werte von ≈ 1,5 mval treten vor allem in Böden auf, bei denen die organische Substanz nicht so stark zersetzt ist, z. B. in O-Horizonten von Podsolen und in Hochmooren.

---

[18] *Renger, M.*: Z. Pflanzenernähr. Bodenkd. 110 (1965) 10. Diss. Univ. Hannover 1964.

Tabelle 37 Austauschkapazität (AK bei pH 8,1) von Oberböden sowie der organischen und anorganischen Komponente (berechnete Mittelwerte)[18]

Bodentyp	Körnung	Zahl der Böden	C (%)	Ton (%)	AK der Böden (mval/100 g)	Anteil an der Gesamt-AK (%) org.	anorg.	AK (mval/g) Org. Subst.	Ton	Fein-Schluff	Mittel-Schluff
Schwarzerden aus Löß	tU	18	1,74	16,8	20	46	54	3,0	0,49	0,15	0,06
Parabraunerden aus Löß	tU	51	1,16	19,5	17	24	76	2,1	0,55	0,15	0,06
Pseudogleye und Gleye aus Löß	tU	22	1,28	25,0	19	23	77	2,0	0,53	0,12	0,03
Kalkmarschen	utL	296*	2,38	32,3	28	33	67	2,2	0,47	0,28	0,10
Kleimarschen	utL	123	2,72	39,5	30	34	66	1,8	0,41	−	−
Podsole	S	18	3,02	4,4	12	78	22	1,8	0,53	0,08	0
Plaggenesche	S	68	2,50	4,5	14	73	27	2,2	0,52	−	−

* bei den AK-Werten für Schluff 59 Böden

(2) Anorganische Substanz

Die Austauschkapazität der anorganischen Komponente der Böden ist vor allem der Tonfraktion zuzuschreiben; sie beträgt bei den vorwiegend illitisch-smectitischen Böden gemäßigter Zonen im Mittel 0,4–0,5 mval/g Ton (Tab. 37). Wesentlich andere AK-Werte der Tonfraktion findet man bei Böden der Tropen und Subtropen. Während z. B. bei den smectitreichen Vertisolen hohe Werte bis 0,8 mval/g vorliegen, liegen die Werte kaolinitisch-oxidischer Tonfraktionen von Ultisolen und Oxisolen meist nur bei 0,05–0,2 mval/g. Die Fraktionen des Fein- und Mittelschluffs haben nach Tab. 37 eine mittlere Austauschkapazität von ca. 0,15 bzw. 0,05 mval/g der Fraktion. Die rechnerisch ermittelten Werte der Tab. 37 stehen in Übereinstimmung mit AK-Bestimmungen an isolierten Fraktionen von Böden.

(3) Austauschkapazität von Böden

Da Tonmineralbestand sowie Art und Gehalt an organischer Substanz erheblich variieren können, ist es schwierig, den einzelnen Bodenarten bestimmte AK-Bereiche zuzuordnen. Im gemäßigt-humiden Bereich haben Sandböden mit 2–3 % organischer Substanz meist Werte von 5–10, sandige Lehme, Lehme und tonige Schluffe von 10–25 und tonige Lehme und Tone von 20–40 mval/100 g. Auch bei Böden wärmerer Klimate ist die Austauschkapazität nach der Bodenart differenziert. Sie liegt jedoch bei vielen Ultisolen und Oxisolen auch bei höherem Tongehalt wegen des kaolinitisch-oxidischen Tonmineralbestandes meist unter 10 mval/100 g, so daß hier die organische Substanz wesentlich zur Austauschkapazität beiträgt. Die Böden besitzen zwar meist einen hohen Anteil variabler Ladung, doch trägt dieser kaum zur AK_{eff} bei, da der pH-Wert meist in der Nähe des Ladungsnullpunkts liegt. Dagegen treten AK-Werte von > 50 mval/100 g bei den tonreichen, smectitischen Vertisolen auf, die, da sie meist pH-Werte um 7 haben, auch im Freiland den AK_{pot}-Werten annähernd gleichkommen. Allophanreiche Böden (Andosole) haben mittlere Tongehalte und AK_{pot}-Werte, wegen ihrer sauren Reaktion trotz hoher AK_{pot}- jedoch meist niedrige AK_{eff}-Werte.

b) Kationenbelag

Im Kationenbelag der Böden kommen mit Anteilen von > 1 % vor allem die Kationen Ca, Mg, K und Na vor, im stark sauren Bereich außerdem Al und Mn und im extrem sauren Bereich auch Fe^{3+} und H_3O^+. Alle anderen Kationen, insbesondere die Spurenelemente machen meist weniger als 1 % der Austauschkapazität aus. Der dissozierbare Wasserstoff an schwach sauren funktionellen Gruppen wird, wie erwähnt, meist nicht zu den austauschbaren Kationen gerechnet.

Tabelle 38 Sorptionsverhältnisse im Oberboden einiger Böden der BRD unter Acker und unter Wald und einiger Böden anderer Klimate

	pH	C (%)	AK_{pot} (mval/100 g)	AK_{eff}	Sättigung* (%) Al	Ca	Mg	K	Na
Böden unter Acker									
Parabraunerde (Löß, Straubing)	6,3	1,4	17	14	0	66	12	4	< 1
Schwarzerde (Löß, Hildesheim)	7,2	1,6	18	18	0	90	9	0,5	0,4
Kleimarsch (Wesermarsch)	5,1	2,7	37	25	0	34	29	1,9	3,3
Pelosol (Liaston, Franken)	6,7	2,4	22	17	0	64	6	7	0
Podsol (Sand, Celle)	5,2	2,5	12	3	0	23	1,6	1,9	0,3
Böden unter Wald									
Podsol (Granit, Bayer. Wald)	2,6	11,7	–	6,8	65	22	6	4,6	2,6
Pseudogley (Löß, Bonn)	3,8	5,7	18,4	5,4	69	13	< 2	6	11
Braunerde (Löß/Bims, Vogelsberg)	2,9	19,8	60,0	12,0	85	5,8	4,2	5,0	0
Böden anderer Klimate									
Vertisol (Sudan)	6,8	0,9	45,2	47,0	0	71	25	0,4	3,8
Andosol (Hawaii)	4,5	11,7	53,1	13,3	3,7	71	20	3,8	2,2
Oxisol (Brasilien)	3,5	2,8	13,0	2,6	89	2,7	3,5	3,1	1,2
Ultisol (Puerto Rico)	3,5	3,3	25,6	7,2	72	15	8,3	2,8	1,4
Aridosol (Arizona, USA)	9,9	0,4	36,4	36,4	0	45	5,5	2,5	47

* % von AK_{eff}, bei Ackerböden von AK_{pot}

In Tab. 38 ist die Zusammensetzung des Kationenbelags wichtiger Böden beispielhaft angeführt. Bei den Böden des humid-gemäßigten Klimabereichs herrscht Ca im Kationenbelag vor, solange der pH-Wert über 5 liegt. Der Mg-Anteil ist jedoch meist noch erheblich, während Na und K nur wenige Prozente ausmachen. Meist liegt der K-Anteil entsprechend dem Anteil K-spezifischer Positionen (s. Kap. 5 d) unter 3 %, in tonreichen Böden (z. B. Podsolen) z. T. jedoch auch höher. Da Na nur sehr schwach gebunden wird, beteiligt es sich am Kationenbelag meist nur zu < 1 %, mit Ausnahme der küstennahen Kleimarsch. Höhere Na-Sättigung findet sich auch in streusalzbeeinflußten Böden. Die Differenz zwischen der Summe an diesen Kationen (= AK_{eff}) und der AK_{pot} bildet der dissoziierbare Wasserstoff (Abb. 48). Sinkt der pH-Wert unter ca. 5, so erscheint Al zunehmend am Kationenbelag (s. Abb. 48 und 51). Auch Mn^{2+} kann dann im Kationenbelag auftreten, während Fe^{3+}- und H_3O^+-Ionen erst im extrem sauren Bereich feststellbar sind. Diese Verhältnisse treten vor allem in Böden unter Wald auf, deren pH im Laufe der Bodenbildung so weit abgesunken ist.

Mit einigen Abwandlungen gelten diese Prinzipien auch für Böden anderer Klimate (Tab. 38). In trockeneren Klimaten ist häufig der Na-Anteil deutlich höher als der K-Anteil, in sog. Natriumböden (in Tab. 38 Aridisol) kann er sogar dominieren. Nicht selten sind auch Böden, in deren Kationenbelag Ca und Mg in ähnlicher Höhe liegen, wie es auch in der Kleimarsch vorkommt. Charakteristisch für Andosole, Ultisole und Oxisole ist wie bei sauren Waldböden des gemäßigten Klimas die große Differenz zwischen AK_{eff} und AK_{pot}. Dies liegt an dem hohen Anteil variabler Ladung, der in den A-Horizonten saurer Waldböden der organischen Substanz, in den Andosolen dieser und den Allophanen und in den Ulti- und Oxisolen dem kaolinitisch-oxidischen Tonmineralbestand zuzuschreiben ist.

c) Sorptionsverhältnisse in Bodenprofilen

Wie von Boden zu Boden, so können auch innerhalb eines Bodenprofils erhebliche Unterschiede in der Austauschkapazität auftreten, die oft sehr eng mit der Bodenentwicklung zusammenhängen. So sind die Bildung und Umbildung von Tonmineralen und organischer Substanz die Ursache dafür, daß der Boden meist eine höhere Austauschkapazität als sein Ausgangsmaterial aufweist. Da die A_h-Horizonte im allgemeinen einen höheren Gehalt an organischer Substanz aufweisen als tiefere Horizonte, und deren Austauschkapazität wesentlich über der der Tonminerale liegt, hat die AK_{pot} im A_h-Horizont in der Regel ein Maximum.

Schreitet die Bodenentwicklung jedoch weiter fort, so kann die Austauschkapazität der oberen Horizonte wieder sinken und zwar durch (a) Verlagerung von Ton und organischer Substanz, (b) Blockierung der Zwischenschichträume aufweitbarer Dreischichtminerale durch Hydroxy-Al-Polymere, (c) Umwandlung von Drei- in Zweischichttonminerale und Oxide und (d) Zersetzung der Tonminerale. In Böden wärmerer Klimate ist die Entwicklung der Austauschkapazität an die Bodenentwicklung gebunden. Zunächst steigen mit der Bildung aufweitbarer Dreischichttonminerale Austauschkapazität und permanente Ladung stark an. Im reiferen Entwicklungsstadium, in dem Zweischichtminerale und Oxide an die Stelle der Dreischichtminerale treten, nehmen Austauschkapazität und permanente Ladung wieder ab und der Anteil variabler Ladung und der Ladungsnullpunkt steigen an.

Innerhalb des Bodenprofils kann die Austauschkapazität der tieferen Horizonte auch durch Verlagerung von Austauschersubstanzen ansteigen, wie z. B. im Tonanreicherungshorizont (B_t) von Parabraunerden und im Humus-

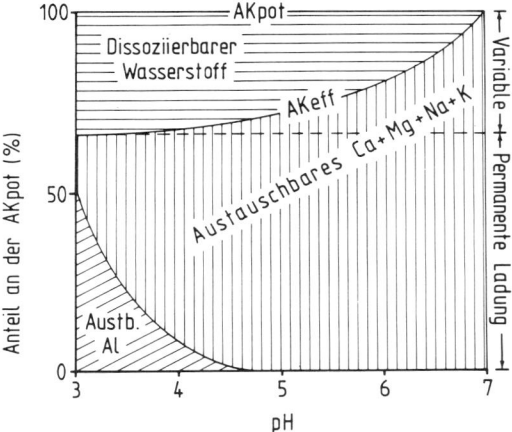

Abb. 48 Schematische Darstellung von AK_{eff} und Kationenbelag (in % von AK_{pot}) als Funktion des pH-Wertes in einem Boden mit 20−30 % Ton, vorwiegend Dreischichttonmineralen und 2−3 % organischer Substanz

anreicherungshorizont (B$_h$) von Podsolen (Abb. 163 und 164). Aus Höhe und Verlauf der Austauschkapazität innerhalb des Bodenprofils kann somit auf wichtige bodengenetische Vorgänge, wie die Neubildung, Umbildung, Zersetzung und Verlagerung von Mineralen und organischen Stoffen geschlossen werden.

Auch der Kationenbelag variiert im Bodenprofil mit der Tiefe. In ungedüngten Böden nimmt der Anteil an dissoziierbarem Wasserstoff und an Al meist von unten nach oben zu, der von Ca und Mg ab. Dies zeigt, daß die dem Oberboden zugeführten H-Ionen meist bereits dort gebunden werden und Ca und Mg verdrängen. Allerdings können Ca, Mg und andere Nährstoffkationen in den obersten Horizonten wieder steigen, da sie hier mit der Streu akkumuliert werden (*Bioakkumulation*). Liegen in tieferen Horizonten reduzierende Verhältnisse vor, so sind hier Mn^{2+} und Fe^{2+} stärker im Kationenbelag vertreten. Durch Kalkung sinkt der Anteil an H und Al, während der an Ca und Mg steigt, durch K-Düngung steigt die K-Sättigung. Diese Änderungen wirken sich besonders im A$_p$-Horizont aus, bei höheren Gaben aber auch im Unterboden.

Andere Verhältnisse können wiederum in Profilen von Böden anderer Klimate vorliegen. So kann z. B. der Na-Anteil in Böden trockener Klimate von oben nach unten sowohl abnehmen (Solontchak, Abb. 174) als auch zunächst zu- und erst in größerer Tiefe wieder abnehmen (Solonetz, Solod, Abb. 175). Bei den extrem basenarmen, stark verwitterten Oxisolen nimmt der Basensättigungsgrad auch in größerer Tiefe nicht wieder zu; ihr geringer Vorrat an austauschbarem Ca, Mg etc. ist auf den obersten Horizont konzentriert.

Weitere Prozesse, die zur räumlichen Heterogenität des Kationenbelags (wie auch vieler anderer Stoffe) beitragen, sind der Nährstoffentzug im Bereich der Pflanzenwurzeln und die Nährstoffzufuhr zum Oberboden durch Vegetationsrückstände.

Diese Differenzierung des Kationenbelags in einem Bodenprofil zeigt, daß ein Ausgleich der Unterschiede im humid-gemäßigten Klima (Bewegung von Sicker- und Haftwasser) nicht oder nur sehr langsam erfolgt. Die Ursachen hierfür liegen vor allem darin, daß (a) viele der austauschbaren Kationen sehr fest gebunden werden, (b) der Anteil des Volumens der flüssigen Phase, in der die Ionen ausschließlich diffundieren können, häufig sehr gering und die zurückzulegenden Wege wie das Porensystem

sehr verschlungen sind (*Tortuosität*) und (c) die passive Bewegung der Ionen mit dem Wasser (Massenfluß) häufig kein großes Ausmaß hat und zudem meistens einseitig gerichtet ist.

Die geringe Geschwindigkeit des Ausgleichs zwischen dem Kationenbelag des Ober- und Unterbodens ist von großer praktischer Bedeutung: Eine Kalkung oder Düngung des Oberbodens wirkt sich meist gar nicht oder nur sehr langam im Unterboden aus (s. Abb. 58). Im Obstbau hat dies zur Lanzendüngung Anlaß gegeben, im Weinbau zu einer starken K- und P-Vorratsdüngung in Unterböden vor Anlage der Rebenpflanzung.

d) Selektivitätsverhältnisse

Wie bereits in Abb. 47 gezeigt, haben die meisten Böden des gemäßigten-humiden Klimas aufgrund ihrer Tonminerale eine starke K-Selektivität, die mit sinkender K-Sättigung in der Regel stark zunimmt. *Ulrich*[19] bestimmte eine Reihe von Gapon-Koeffizienten an nordwestdeutschen Böden verschiedenster Körnung unter Wald. Der Wert für $K_{Na/Al}$ betrug etwa 2, der für $K_{Na/K}$ 0,1–0,3 und der für $K_{Mg/Ca} \approx 0,4$. $K_{Ca/Al}$ sank mit zunehmender Al-Sättigung von 3,4 auf 0,07, ein Zeichen dafür, daß Ca mit steigender Al-Sättigung immer weniger mit diesem konkurrieren kann. Der Wert für $K_{H_3O/Na}$ stieg mit steigendem C-Gehalt von etwa 0,4 auf ≈ 30. Die Werte bei niedrigem C-Gehalt zeigen, daß, wie bereits erwähnt, die Bindungsfestigkeit von H$_3$O$^+$ an den permanenten Positionen zwischen der des Na und K liegt. $K_{K/Ca}$ betrug für die tonhaltigen Böden im Mittel bei pH $< 7 \approx 4$, bei pH $> 7 \approx 7,6$.

Die meist stark ausgeprägte Selektivität der verschiedenen Austauschersubstanzen und ihre intensive Mischung in den Böden bewirkt, daß der Kationenbelag in Böden von Teilchen zu Teilchen variiert. So sind bei schwach saurer Reaktion die H-Ionen an den organischen Austauschern und den Seitengruppen der Tonminerale gebunden. Ca- und Mg- sowie Al-Ionen finden sich hauptsächlich an den organischen Austauscherteilchen sowie zwischen den Schichten der aufweitbaren Tonminerale. Keilförmig aufgeweitete Randzonen von Illiten und hochgeladene aufgeweitete Dreischichtminerale sind der bevorzugte Sitz der K- und NH$_4$-Io-

---

[19] *Ulrich, B.*: Z. Pflanzenernähr. Bodenkd. 113 (1966) 141.

nen, während Schwermetallionen, wie Cu und Pb, bevorzugt von der organischen Substanz komplex gebunden werden (s. Kap. VII 3 c u. XXIII). Hierdurch entsteht eine mosaikartige Heterogenität des Kationenbelags in Böden, die, da sie auf der Selektivität der Austauscher beruht, auch im Gleichgewicht vorliegt.

7. Bestimmung

Zur Bestimmung der *potentiellen Austauschkapazität* wird der Boden mehrfach mit einer auf pH 7–8 eingestellten, gepufferten Salzlösung behandelt, deren Kation im Boden nicht (z. B. 0,2 N BaCl$_2$-Triäthanolamin-Lösung pH 8,2 n. *Mehlich*) oder kaum (z. B. N NH$_4$-Acetat-Lösung pH 7,0) vorkommt. Nach vollständigem Austausch und Entfernung der überschüssigen Lösung werden die eingetauschten Ba- bzw. NH$_4$-Ionen wieder gegen ein anderes Kation (z. B. Mg) ausgetauscht und im Filtrat bestimmt. Bei Verwendung von NH$_4$-Salzen können durch Fixierung von NH$_4^+$ und der damit verbundenen Kontraktion aufgeweiteter Dreischichtminerale Minus-

fehler entstehen. In der Austauschlösung werden die *austauschbaren Kationen* Ca, Mg, K und Na einzeln, die Gesamtacidität (vorwiegend dissozierbares H plus austauschbares Al) durch Titration („H-Wert") bestimmt. Von den Kationen sind die Kationen der beim Austausch gelösten Salze des Bodens einschl. CaCO$_3$ abzuziehen.

Die *effektive Austauschkapazität* ergibt sich aus der Summe der so bestimmten Kationen Ca, Mg, K und Na plus der Menge an austauschbarem Al, das getrennt mit einer Neutralsalzlösung (z. B. BaCl$_2$, NH$_4$Cl) zu extrahieren ist. Sämtliche austauschbaren Kationen können aber auch in einem dieser Neutralsalz-Extrakte bestimmt und zur AK$_{eff}$ addiert werden.

Da die AK$_{eff}$ stark verwitterter Böden mit vorwiegend variabler Ladung (z. B. Oxisole) auch von der Salzkonzentration abhängt und diese im Freiland meist sehr gering ist, muß hierbei eine Austauschlösung sehr viel geringerer Konzentration verwendet werden, z. B. 0,002 M BaCl$_2$[20] oder 0,05 M MgSO$_4$[21].

---

[20] *Gillman, G. P.:* Austr. J. Soil Res. 17 (1979) 129.
[21] *Koenigs, F. F. R.* u. a.: Z. Pflanzenernähr. Bodenkd. 144 (1981) 87.

XI. Anionenadsorption

Es wurde bereits im vorigen Kapitel mehrfach erwähnt, daß Böden nicht nur Kationen, sondern auch Anionen adsorbieren können. Da es sich bei den Anionen ebenfalls z. T. um Nährstoffe (z. B. Sulfat, Phosphat, Molybdat, Borat) oder umweltrelevante Stoffe (z. B. Fluorid, Arsenat) handelt, ist auch die Anionenadsorption für den Stoffhaushalt eines Bodens und damit auch der Landschaft von großer Bedeutung. So hat eine starke Adsorption der Phosphatanionen zwar den Vorteil, daß diese kaum ausgewaschen und in die Flüsse transportiert werden, sie schränkt andererseits aber ihre Verfügbarkeit für die Pflanze ein. Dagegen werden die Anionen Nitrat und Chlorid kaum adsorbiert, so daß sie leicht ausgewaschen werden.

1. Sorptionsmechanismus und Sorbentien

In gleicher Weise wie in Kap. X 5 c (2) beschrieben, unterscheidet man auch bei der Anionenadsorption eine unspezifische und eine spezifische Adsorption. Die *unspezifische* Adsorption erfolgt entsprechend der der meisten Kationen durch positive Ladungen an der Oberfläche der Adsorbentien. Diese positive Ladung entsteht jedoch nicht wie die negative bei den Tonmineralen durch isomorphen Zentralkationenersatz, sondern durch Anlagerung eines zusätzlichen Protons an eine (Al,Fe)-OH-Gruppe der Oberfläche, d. h. an Positionen variabler Ladung (s. Kap. X 3 b). Die entstandene positive Ladung wird durch die Adsorption eines Anions (A$^-$) neutralisiert entsprechend

$$(Al,Fe)-OH]^{\pm 0} + HA \rightleftarrows (Al,Fe)-OH_2]^+ A^- \qquad (1)$$

Diese Adsorption des Anions, bei der also äquivalente H-Mengen mitadsorbiert werden, ist unspezifisch, weil an ihr die verschiedenen Anionen entsprechend ihrer Konzentration in der Gleichgewichtslösung und ihrer Wertigkeit teilnehmen und sich auf Stern- und diffuse Schicht verteilen (s. Kationenaustausch). Das hydratisierte Anion wird nur relativ locker gebunden, kann gegen ein anderes leicht ausgetauscht werden und wird desorbiert, sobald das pH steigt und damit die positive Ladung verschwindet. Eine Adsorption erfolgt also nur unterhalb des Ladungsnullpunktes (s. Kap. X 3 b) des Adsorbens, d. h. im sauren Bereich.

Da der Ladungsnullpunkt der Böden gemäßigter Klimate, in denen meist Dreischichtminerale vorherrschen, im sehr stark sauren Bereich liegt, spielt die unspezifische Adsorption, also die von Cl^-, NO_3^- und meist auch die von SO_4^{2-} keine Rolle. Dagegen können in allophanreichen (Andosole)[2] und in stark verwitterten, kaolinitisch-oxidischen Böden (Oxi- und Ultisole)[3] unterhalb pH 6−7 meßbare Mengen an diesen Anionen gebunden werden. Mit steigender Menge an organischer Substanz sinkt allerdings auch bei diesen Böden die adsorbierte Menge an Anionen stark ab, so daß in Unterböden meist mehr adsorbiert werden als in Oberböden (vgl. Abb. 41). Die Kapazität solcher Böden für die unspezifische Anionenadsorption kann durch Cl-Adsorption beim pH des Bodens gemessen werden[4]; sie steigt mit steigender Cl^--Konzentration der Eintauschlösung, die der natürlichen Konzentration der Bodenlösung angepaßt werden muß, wenn die im Freiland auftretende Kapazität gemessen werden soll.

Die *spezifische* Adsorption ist dagegen eine spezifische Eigenschaft bestimmter Anionen, die sie ihrer hohen Affinität zu dem in der Oberfläche von Oxiden und Tonmineralen lokalisierten Al- und Fe-Atomen verdanken. Sie ist besonders ausgeprägt bei den Anionen Phosphat, Molybdat, Silicat, Arsenat, z. T. aber auch bei Sulfat und Borat.

Die starke Affinität dieser Anionen zu den Al- und Fe-Atomen an der Oberfläche Al- und Fe-haltiger Sorbentien hat zur Folge, daß sie in die Koordinationshülle dieser Atome eindringen, OH- und OH₂-Liganden aus ihr verdrängen (*Ligandenaustausch*) und eine oder zwei Sauerstoffbrücken zu den Al- bzw. Fe-Atomen schlagen (s. unten).

Hierbei wird der OH₂-Ligand vermutlich leichter ausgetauscht als der OH-Ligand[5]. Werden zwei O-Brücken gebildet (Gl. 3), so entsteht ein 6er-Ring, in dem das Phosphat sehr fest verankert ist. Wenn, wie in der Reaktion (3) OH gegen das Anion ausgetauscht wird, so

läßt sich dies an einem pH-Anstieg in der Gleichgewichtslösung messen.

Bei Gl. (2) trägt die Oberfläche zwar eine positive, also dem Anion entgegengesetzte Ladung, doch ist dies, wie Gl. (3) zeigt, keine Voraussetzung für die Adsorption. Spezifisch adsorbierte Anionen können daher auch oberhalb des Ladungsnullpunktes des Adsorbens und damit in einem sehr weiten pH-Bereich gebunden werden.

Die Adsorption von Phosphat hat zur Folge, daß die negative Ladung der Oberfläche steigt. Sie entsteht durch Abdissoziation des H-Ions einer P-OH-Gruppe und wird durch Adsorption eines Kations neutralisiert, so daß die Austauschkapazität für Kationen ansteigt. Dies ist besonders bei oxidreichen Böden (Oxisole) mit sehr niedriger Austauschkapazität günstig für die Bindung von Nährstoffkationen.

Durch das Eindringen in die Koordinationshülle des Metallatoms haften die spezifisch adsorbierten Anionen deutlich fester an der Oberfläche als die unspezifisch gebundenen. Dies geht auch daraus hervor, daß die unspezifisch adsorbierten Anionen wie Cl^- und NO_3^- auch bei hoher Konzentration in der Lösung die spezifisch adsorbierten nicht verdrängen können.

Die geschilderten Reaktionen bestehen häufig aus einem schnellen und einem langsamen Teil, der auch nach Wochen noch nicht abgeschlossen ist. Vermutlich diffundiert hierbei das Anion in das poröse Innere des Adsorbens und ist dann besonders schwer wieder in die Lösung überführbar, auch wenn deren Konzentration sehr stark gesenkt wird. Hierin liegt z. T. die Ursache für den allmählichen Verlust der Pflanzenverfügbarkeit, z. B. des Phosphats, in stark adsorbierenden Böden.

---

[1] *Parfitt, R. L.*: Adv. Agron. 30 (1978) 1. s. a. In *Theng, B.* (Ed.), Soils with variable charge. NZ Soil Sci. Soc. 1980.
[2] *Gebhardt, H., N. T. Coleman*: Soil Sci. Soc. Amer. Proc. 38 (1974) 255, 259.
[3] *Black, A. S., S. A. Waring*: Aust. J. Soil Res. 17 (1979) 271.
[4] *Gillman, G. P.*: Aust. J. Soil Res. 17 (1979) 129.
[5] *Rajan, S. S. S.* et al.: J. Soil Sci. 25 (1975) 438.

$$(Al,Fe)-OH_2^+ + H_2PO_4^- \rightleftharpoons (Al,Fe)-O-PO(OH)_2 + H_2O \qquad (2)$$

$$O{\Large\langle}^{(Al,Fe)-OH}_{(Al,Fe)-OH} + H_2PO_4^- \rightleftharpoons O{\Large\langle}^{(Al,Fe)-O}_{(Al,Fe)-O}P{\Large\langle}^{O}_{OH} + OH^- + H_2O \qquad (3)$$

Tabelle 39 Relative Bedeutung verschiedener Sorbentien des Bodens für die Phosphatsorption (n. *Parfitt*[1])

stark	amorphe Al-Oxide
	Ferrihydrit
	Allophane
stark – mittel	Goethit, Hämatit
	Al u. Fe an org. Substanz
mittel	Imogolite
schwach	Gibbsit, Calcit
	Schichtsilicate
keine	Opal, Quarz u. a.

Als Sorbentien für beide Adsorptionstypen fungieren die Hydroxide und Oxide des Fe und Al und die Tonminerale, an deren Seitenflächen ebenfalls (Al,Fe)-OH bzw -OH$_2$-Gruppen exponiert sind. Je nach Zahl und der Zugänglichkeit solcher Gruppen lassen sich die verschiedenen Sorbentien nach ihrer Bedeutung für die Anionenadsorption gruppieren, wie es in Tab. 39 für Phosphat erfolgt ist. Danach adsorbieren besonders allophan- und Fe-oxidreiche Böden in starkem Maße Phosphat. Bei den Fe-Oxiden ist das leicht extrahierbare Fe, z. B. mit Oxalat oder EDTA, besonders reaktiv. Entfernt man es, so sinkt die Adsorption häufig stark ab. Löst man die Fe-Oxide mit Dithionit heraus, so tritt derselbe Effekt ein; die Adsorption kann nach einer solchen Behandlung jedoch auch ansteigen, offenbar weil der Boden durch sie dispergiert wird und dadurch neue Sorptionsoberflächen verfügbar werden.

Von den Tonmineralen adsorbieren besonders Allophane größere Anionenmengen, weil sie eine große Oberfläche und bei hoher variabler Ladung ein im Vergleich zu den anderen Tonmineralen hohen Ladungsnullpunkt haben (s. Abb. 39). Saure allophanreiche Böden wie z. B. Andosole adsorbieren daher unterhalb von pH 5 Cl$^-$ und NO$_3^-$, im ganzen pH-Bereich aber größere Mengen an Sulfat und besonders Phosphat. Kaolinite adsorbieren bei gleichem pH meist geringere Anionenmengen als die Oxide und Allophane, jedoch höhere als Illite und Smectite.

An der organischen Substanz werden vermutlich nur dann Anionen spezifisch adsorbiert, wenn an ihren funktionellen Gruppen Al oder Fe komplex gebunden ist. Das Anion wird dann in ähnlicher Weise durch Al und Fe adsorbiert wie bei den anorganischen Sorbentien.

2. Faktoren der Anionenadsorption

a) Konzentration der Gleichgewichtslösung

Wie bei den Kationen (Abb. 43) steigt die Adsorption eines Anions mit steigender Konzentration in der Gleichgewichtslösung nicht-linear an. Gleichzeitig nimmt jedoch die adsorbier-

[6] *Couto, W.* u. a.: Soil Sci. 127 (1979) 108.

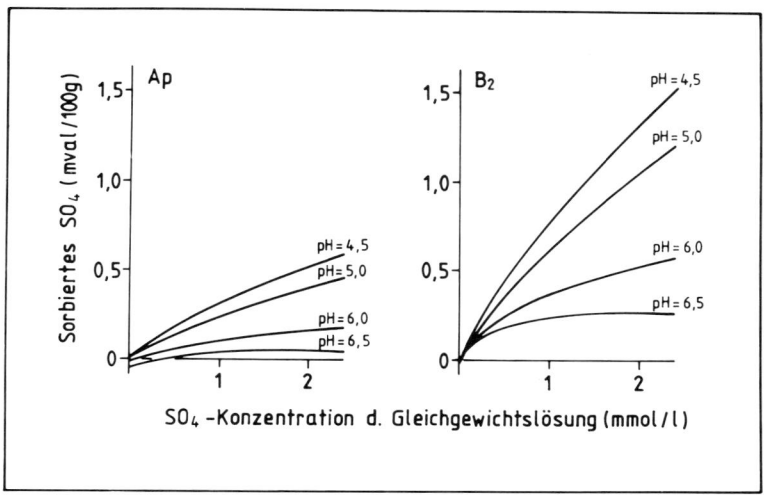

Abb. 49 Sulfatadsorption des Ap- und B-Horizonts eines Ferrolsols in Abhängigkeit von der SO$_4$-Gleichgewichtskonzentration bei verschiedenen pH-Werten[6]

te Menge relativ ab, da sich die Oberfläche mehr und mehr sättigt (Abb. 49). Die mathematische Beschreibung dieser Beziehung erfolgt meist mit Hilfe der Adsorptionsisothermen nach *Freundlich* (x/m = kc$^{1/n}$) oder nach *Langmuir* (x/m = kbc/1 + kc), die sich beide für praktische Zwecke bewährt haben. In diesen Gleichungen sind x/m die je Gewichtseinheit des Adsorbens adsorbierte Stoffmenge bei der Gleichgewichtskonzentration c, b die maximale Adsorption und k und n Konstanten. Die *Langmuir*-Isotherme enthält also im Gegensatz zu der nach *Freundlich* einen errechenbaren Wert für ein Adsorptionsmaximum (b).

Wenn sich aus der Befolgung solcher Gleichungen auch wenig über den Mechanismus der Adsorption ableiten läßt, so sind sie doch gut dazu geeignet, verschiedene Böden in ihrem Adsorptionsverhalten miteinander zu vergleichen und die Wirkung zahlreicher Maßnahmen und Prozesse wie Düngung, Kalkung und Pflanzenentzug auf die Anionenadsorption zu beschreiben.

Bei Phosphat findet man häufig 2 Konzentrationsbereiche, für die die *Langmuir*-Gleichung mit jeweils anderen Konstanten b und k gilt. Auch für diesen Fall wurden entsprechende Gleichungen entwickelt[6].

b) Art der Anionen

Unter den verschiedenen Anionen werden Chlorid, Nitrat und z. T. auch Sulfat, letzteres vermutlich vorwiegend als HSO_4^-, unspezifisch und daher relativ locker gebunden.

Phosphat, Molybdat, Silicat und Arsenat, vermutlich auch Borat und eine Reihe von organischen Anionen sind dagegen solche, die spezifisch adsorbiert werden und daher in Menge und Bindungsfestigkeit über den erstgenannten liegen.

Im allgemeinen folgt die Bindungsfestigkeit und damit das Ausmaß der Adsorption unter sonst gleichen Bedingungen etwa der Reihe: Phosphat > Arsenat > Silicat > Molybdat ≫ Sulfat > Chlorid = Nitrat.

Entsprechend dieser Reihe konkurrieren die Anionen miteinander. So kann z. B. die Sulfatadsorption dursch organische Anionen gesenkt werden und ist daher im Oberboden SO_4-adsorbierender Böden häufig geringer als im Unterboden (Abb. 49). Die Phosphatadsorption verringert sich durch Silicationen sowie durch einfache organische Anionen (Citrat, Oxalat) und durch Fulvosäuren. Die Zugabe

von Silicat kann daher in stark-phosphatadsorbierenden Böden oberhalb pH 7 die P-Ausnutzung durch die Pflanze verbessern.

Eine Anionenaustauschkapazität analog zu derjenigen der Kationen wird meistens nur für unspezifisch adsorbierte Anionen verwendet. Noch stärker als bei den Kationen ist diese Anionen-AK von der Konzentration und dem pH-Wert der Austauschlösung abhängig, da die Anionenadsorption ausschließlich an variablen Ladungen erfolgt. Bei spezifisch adsorbierten Anionen, wie Phosphat, wird meist nur die adsorbierte Menge bei einer bestimmten Gleichgewichtskonzentration oder bei einer bestimmten P-Zugabe zum Boden verwendet, um die verschiedenen Böden hinsichtlich ihrer Sorptionskapazität zu kennzeichnen. Besser ist es, Sorptionsisothermen oder Phosphat-Pufferkurven (s. Abb. 130) zu erstellen und die Böden mit den Parametern dieser Isothermen zu kennzeichnen. Bei Anionen, die in Böden schwerlösliche Salze bilden, wie z. B. Phosphat, ist es allerdings meist nicht möglich, eine Adsorption von der Fällung solcher Salze zu unterscheiden.

c) pH-Wert

Aus Gl. (1) (S. 97) folgt, daß die unspezifische Adsorption der Anionen mit steigender H-Konzentration, d. h. mit sinkendem pH-Wert zunimmt, da hierbei zunehmend positive Ladungsstellen durch Protonisierung der Oberfläche entstehen. Chlorid (s. Abb. 39, 41 und 50) und Nitrat werden daher unterhalb des Ladungsnullpunktes mit sinkendem pH in steigendem Maße adsorbiert.

Das gleiche gilt im Prinzip auch für die spezifisch adsorbierten Anionen (Abb. 49 und 50), wie Phosphat, Arsenat, Molybdat u. a. Wie erwähnt, werden diese Anionen jedoch auch noch bei negativer Nettoladung der Oberfläche, d. h. oberhalb des Ladungsnullpunktes gebunden. Auch hier läßt sich die Abnahme der Adsorption mit steigendem pH durch eine Abnahme der positiven Ladung der Oberfläche, aber auch durch eine zunehmende Konkurrenz der OH-Ionen erklären, die das Anion in Umkehrung der Reaktion (3) ersetzen können.

Diese Zusammenhänge sind vor allem an reinen Sorbentien wie z. B. Goethit (FeOOH) und Gibbsit (Al(OH)$_3$) ermittelt worden. Abb. 50 zeigt als Beispiel die Anionenadsorption durch Goethit. Es wird daraus ersichtlich, daß die adsorbierte Menge bei den spezifisch adsorbierten Anionen Phosphat, Molybdat, Silicat und

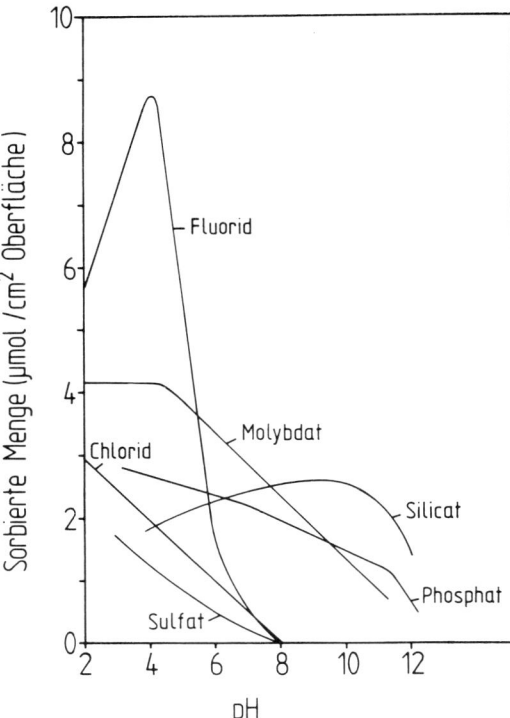

Abb. 50 Adsorption verschiedener Anionen durch Goethit (FeOOH) in Abhängigkeit vom pH[7]

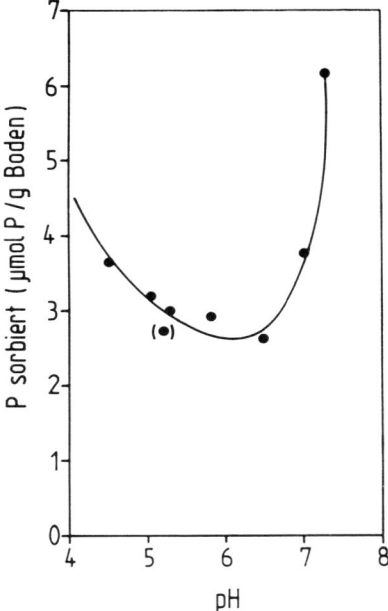

Abb. 50a Phosphatadsorption eines Lößbodens, dessen pH (5,2) durch Zugabe von HCl bzw. $Ca(OH)_2$ erniedrigt bzw. erhöht wurde [Konz. der P-Gleichgewichtslösung 0,2 mmol/l; (●) = ursprünglicher Boden] (*Schwertmann, U.* u. *H. Amann* unveröff.)

Fluorid höher ist als bei Cl^- und SO_4^{2-} und im Gegensatz zu diesen auch oberhalb des Ladungsnullpunktes (pH ≈ 8) noch bedeutsam ist. Stets nimmt die adsorbierte Menge jedoch mit steigendem pH ab. Eine Ausnahme bildet jedoch das *Silicat*. Wegen der geringen Dissoziation der monomeren Kieselsäure H_4SiO_4 (pKs 9–10) liegt im normalen pH-Bereich der Böden ein mit sinkendem pH steigender, aber stets erheblicher Anteil als neutrales Molekül vor, das wesentlich schwächer adsorbiert wird als das $H_3SiO_4^-$-Anion. Daher nimmt die Adsorption bei der Kieselsäure zum sauren Bereich hin wieder ab (Abb. 50). Ähnlich wie Silicat verhält sich auch Borat, das sein Adsorp-

tionsmaximum bei etwa pH 9 hat und hier als $B(OH)_4^-$-Anion vorliegt.

Auch bei Böden nimmt die Anionenadsorption meist unterhalb pH 7 zu. Im schwach alkalischen Bereich kann sie jedoch bei spezifisch adsorbierten Anionen, wie Phosphat, wieder zunehmen (Abb. 50 a). Dies ist vermutlich auf die Bildung schwer löslicher Ca-Phosphate zurückzuführen, zumal in diesem pH-Bereich auch die Ca-Konzentration relativ hoch ist. Dieses Ergebnis stimmt auch mit langjährigen Kalkungsversuchen überein.

---

[7] *Hingston, F.* u. a.: J. Soil Sci. 23 (1972) 177.

XII. Bodenacidität*

Unter den Faktoren, welche die chemischen, physikalischen und biologischen Bodeneigenschaften und das Pflanzenwachstum direkt oder indirekt beeinflussen, nimmt die Bodenacidität eine bevorzugte Stellung ein. Sie wirkt sich aus auf das Bodengefüge und damit auch den Wasser- und Lufthaushalt, die Lebensbedingungen der Bodenorganismen, die Verfügbarkeit von Nährstoffen, die Nitrifizierung und das Auftreten toxisch wirkender Aluminium-Ionen.

Die Bodenacidität beruht auf dem Gehalt der Bodenaustauscher an dissoziationsfähigem Wasserstoff, sowie an austauschbaren Aluminium-Ionen und in geringerem Maße an Mangan- und Eisen-Ionen. Sie stehen mit der Bodenlösung im Gleichgewicht und bedingen ihren sauren Charakter (s. Kap. 2). Die Bodenacidität ist daher in der Zusammensetzung der Bodenlösung und der austauschbaren Kationen meßbar. Meßgrößen sind die Konzentration von H-, Al-, Mn- und Fe-Ionen sowie ihre Mengen am Kationenbelag. Von diesen Werten ist am einfachsten die H-Ionen-Konzentration in der Bodenlösung, der pH-Wert, meßbar. Durch Titration mit einer Base werden die in Lösung oder austauschbar vorliegenden H-, Al-, Mn- und Fe-Ionen unter OH-Verbrauch in Wasser bzw. die Hydroxide überführt; man bezeichnet diese Gesamtmenge als Gesamtacidität.

In wäßriger Lösung liegen die H-Ionen in hydratisierter Form als H_3O^+ (*Hydronium*)-Ionen vor und nicht in nackter Form (= *Protonen*). Der Einfachheit halber werden die H_3O^+-Ionen ebenfalls als H-Ionen bezeichnet und in Reaktionsgleichungen meist als H^+ ausgedrückt.

1. Entstehung der Bodenacidität (H-Ionen-Quellen)

Die zur Entstehung der Bodenacidität führenden H-Ionen stammen aus folgenden Quellen[3,4]:

a) Aus der Kohlensäure (H_2CO_3), die im Wurzelraum als Folge mikrobieller Vorgänge und der Wurzelatmung entsteht. Demgegenüber ist die Menge der Kohlensäure aus dem Regenwasser zu vernachlässigen, weil der CO$_2$-Partialdruck (p_{CO_2}) der Atmosphäre nur 0,32 mbar (= 0,03 Vol.-%), der im Wurzelraum dagegen meist 2-7 mbar beträgt. Die CO$_2$-Löslichkeit und damit auch die Kohlensäure-Konzentration im Wasser steigt mit zunehmendem CO$_2$-Partialdruck und sinkt ebenso wie die Dissoziation der Kohlensäure mit abnehmendem pH-Wert.

b) Aus stark sauren Niederschlägen; die pH-Werte im Regenwasser der BRD liegen im Jahresmittel bei 4,3, sie werden vor allem durch den Gehalt an Schwefelsäure und Salpetersäure verursacht (s. Abb. 149 b Kap. XXIII). In Mitteleuropa muß je nach Lage und Vegetationsform mit einer H-Ionen-Zufuhr durch Immission zwischen 0,8 und 3 kmol H-Ionen je ha und Jahr gerechnet werden[3].

c) Aus physiologisch sauren Düngern wie Ammoniumsalzen und Harnstoff, bei deren mikrobieller Umsetzung im Boden Salpetersäure und bei Ammoniumsulfat zusätzlich noch Schwefelsäure entstehen.

d) Örtlich innerhalb des Bodens bei räumlich und zeitlich getrennter Mineralisierung, Nitrifizierung und Ionenaufnahme durch die Pflanzen. So kann es besonders bei der Nitrifizierung zu einem H-Ionen-Überschuß kommen, je kmol Stickstoff (14 kg) bilden sich 1 kmol H-Ionen. Im räumlich und zeitlich geschlossenen Kreislauf heben sich die mit der Mineralisierung und der Ionenaufnahme verbundene Säurebildung und Säureverbrauch gegenseitig auf[3,4].

e) H-Ionen entstehen im Boden auch bei der Oxidation von Fe^{2+}, Mn^{2+} und S^{2-} (s. Kap. 5 c).

* Zusammenfassende Literatur[1-3].

[1] *Coleman, N. T., G. W. Thomas:* The basic chemistry of soil acidity. Agronomy 12, Madison (Wisc.) 1967.

[2] *Pearson, R. W., F. Adams* (Eds.): Soil acidity and liming. Agronomy 12, Madison, Wisc. 1967.

[3] *Ulrich, B., R. Mayer, P. K. Khanna:* Deposition von Luftverunreinigungen und ihre Auswirkungen in Waldökosystemen im Solling. Schriften Forstl. Fak. Univ. Göttingen 58, Sauerländer Verlag, Frankfurt (1979).

[4] *Ulrich, B.:* Z. Pflanzenernähr. Bodenkd. 144 (1981) 289.

2. Funktionelle Säuregruppen[5]

Als funktionelle Säuregruppen fungieren im Boden dissoziationsfähiger Wasserstoff, austauschbare Al-, Fe- und Mn-Ionen sowie Hydroxo-Al-Polymere. Beim Austausch durch Kationen der Bodenlösung werden H-Ionen freigesetzt oder durch Hydrolyse der ausgetauschten Metallionen gebildet.

a) Dissoziationsfähiger Wasserstoff und H₃O-Ionen

Der dissoziationsfähige Wasserstoff ist an Plätzen variabler (pH-abhängiger) Ladungen gebunden. In organischer Bindung sind dies Carboxyl-(COOH-)Gruppen sowie oberhalb pH 7 phenolische OH-, Enol- und möglicherweise andere alkoholische Gruppen, deren Säurestärke in gleicher Richtung sinkt. Außerdem können H-Ionen aus oberflächennahen (Al, Fe)OH- und (Al, Fe)OH₂-Gruppen an der Oberfläche von Tonmineralen und Oxiden abdissoziieren (Kap. X 3 c, d).

Im Vergleich zu dissoziationsfähigem Wasserstoff ist die Menge austauschbarer H_3O^+ (Hydronium)-Ionen äußerst gering. Sie treten nur in stark saurem Bereich auf und sind an den Basisflächen von Tonmineralen durch permanente Ladungen gebunden.

Die H-Ionen können aus Gründen der Elektroneutralität nur dann in die Lösung übergehen, wenn zum Ladungsausgleich andere Kationen aus der Lösung eingetauscht werden. Da dies in der natürlichen Bodenlösung in erster Linie Ca-Ionen sind, kann der Vorgang durch die folgende Gleichung dargestellt werden:

$$(Aust.)H_2 + Ca^{2+} + H_2O \rightleftarrows (Aust.)Ca + 2H_3O^+$$

b) Al-, Mn- und Fe-Ionen

Auch beim Austausch von Al-Ionen entstehen H₃O-Ionen:

$$(Aust.)Al_2 + 3Ca^{2+} \rightleftarrows (Aust.)Ca_3 + 2Al^{3+}$$

Die in Lösung mit 6 H₂O-Molekülen hydratisierten Al-Ionen unterliegen der Hydrolyse:

$$[Al(OH_2)_6]^{3+} + H_2O \rightleftarrows [Al(OH_2)_5OH]^{2+} + H_3O^+$$

Die Säurestärke der Al-Ionen ($pK_s = 4,9$)* entspricht annähernd derjenigen der Essigsäure ($pK_s = 4,76$).

Wie aus Abb. 51 ersichtlich ist, treten Al-Ionen in der Lösung in meßbarer Menge erst unterhalb pH(H₂O) 5,0 auf. Die Zunahme mit

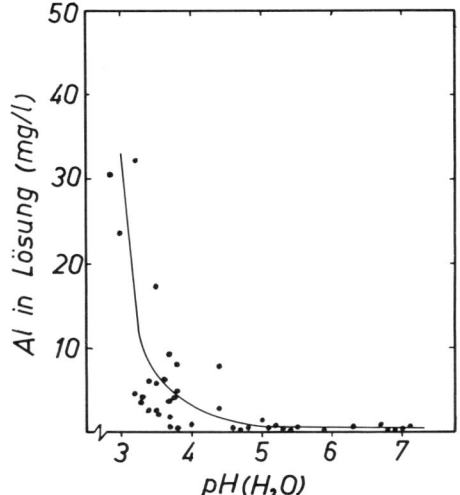

Abb. 51 Beziehung zwischen pH(H₂O) und Al-Gehalt im Sättigungsextrakt von Lößböden[6]

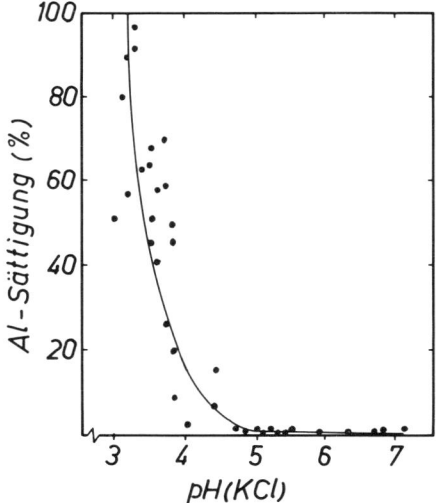

Abb. 52 Beziehung zwischen pH(M KCl) und Al-Sättigung von Lößböden, bezogen auf die effektive Austauschkapazität[6]

---

[5] *Coulter, B. S.:* Soils a. Fert. 32 (1969) 215.
[6] *Schachtschabel, P., C. G. Heinemann:* Unveröffentlicht.
* Der pK_s-Wert ist der negative Logarithmus der Säurekonstanten, die im obigen Beispiel $10^{-4,9}$ betragen würde. Er bedeutet im vorliegenden Fall weiterhin, daß bei pH = pK_s (also bei pH 4,9) die Konzentration von $[Al(OH_2)_5OH]^{2+} = [Al(OH_2)_6]^{3+}$ ist; mit abnehmendem pH steigt der Anteil von $[Al(OH_2)_6]^{3+}$, vereinfacht Al^{3+}. Die pK_s-Werte sind hier auf 25 °C bezogen.

abnehmendem pH-Wert steht nach Abb. 52 in enger Beziehung zur Al-Sättigung der Böden.

Die Al-Konzentration der Bodenlösung wird erhöht, wenn dem Boden *ungepufferte Salze* (Chloride, Sulfate, Nitrate) zugefügt werden, weil dann Al-Ionen verstärkt ausgetauscht werden. Der Gesamtgehalt der Böden an austauschbarem Al^{3+} wird daher meist durch wiederholte Extraktion mit einer 1 M KCl- oder NH_4Cl-Lösung bestimmt.

Im Vergleich zu Al^{3+} ist die Säurestärke der *Hydroxo-Al-Polymere*[1,7], denen eine positive Ladung von $\approx 0,5$ je Mol Al zugeordnet werden kann, z.B. $[Al_6(OH)_{15}]^{3+}$, geringer und ihre Austauschbarkeit so gering, daß sie den pH-Wert der Bodenlösung nicht beeinflussen.

Fe^{3+}-Ionen ($pK_s = 2,22$) treten erst unterhalb $pH(H_2O) \approx 3,0$ auf. Dagegen können unter reduzierenden Bedingungen *Fe^{2+}-Ionen* ($pK_s = 9,51$) (ebenso wie Mn^{2+}-Ionen ($pK_s = 10,64$)) bis pH ≈ 7 in der Bodenlösung auftreten (s. Abb. 59 u. 60 Kap. XIII); sie erhöhen wegen ihrer geringen Säurestärke bei starkem Auftreten den pH-Wert eines sauren Bodens.

3. Pufferreaktionen

Da in humiden Klimaten die Menge an H-Ionen, die die Böden im Laufe ihrer Entwicklung erhalten, größer ist als diejenige, die von ihm neutralisiert werden kann, versauern diese Böden allmählich. Die Geschwindigkeit, mit der dies geschieht, hängt außer H-Ionen-Anfall vor allem vom „Versauerungswiderstand" des Bodens ab. Diesem Versauerungswiderstand liegen eine Reihe von chemischen Reaktionen zugrunde, bei denen die H-Ionen reversibel oder irreversibel in eine undissoziierte Form übergeführt werden: Sie werden abgepuffert. Systeme, die dieses können, nennt man daher *Puffersysteme*.

Die Puffersysteme der Böden sind nach Art, Menge und Reaktionsrate sehr verschieden. Hinsichtlich ihrer Art lassen sie sich (in bezug auf die Pufferung) durch die Säurestärke ihrer protonisierten Zustände kennzeichnen (pK_s-Werte). Sie bestimmt, in welchem pH-Bereich des Bodens die jeweiligen Pufferreaktionen ablaufen: Je schwächer sauer dieser protonisierte Zustand ist, d.h. je stärker das Proton gebunden wird, bei desto höherem pH ist das System wirksam.

Die wichtigsten Pufferreaktionen in Böden werden im folgenden beschrieben. *B. Ulrich* ordnet diesen Reaktionen bestimmte pH-Werte der Pufferung (Pufferbereiche) zu, denen er überdies spezifische ökologische Funktionen zuschreibt.

a) Pufferung durch Carbonate

In einem Carbonat-haltigen Boden werden H-Ionen (exakter H_3O^+-Ionen) nach folgender Reaktion abgepuffert:

$$CaCO_3 + H^+ \rightleftarrows Ca^{2+} + HCO_3^-$$

Die H-Ionen reagieren also mit dem CO_3-Anion des Carbonats unter Bildung des HCO_3^-(Hydrogencarbonat)-Anions. Für den häufigen Fall, daß die H-Ionen aus der Kohlensäure stammen:

$$CO_2 + H_2O \rightleftarrows H_2CO_3 \rightleftarrows H^+ + HCO_3^-$$

lautet die Reaktion vereinfacht:

$$CaCO_3 + CO_2 + H_2O \rightleftarrows Ca(HCO_3)_2$$

Der pH-Wert, der sich im Boden einstellt, so lange $CaCO_3$ (Calcit) anwesend ist, wird daher nur von der (konstanten) Löslichkeit des Calcits und dem CO_2-Partialdruck bestimmt.

Falls die Ca-Ionen ausschließlich vom $CaCO_3$ stammen, ergibt sich der pH-Wert im Gleichgewicht zu (P_{CO_2} in bar):

$$pH = -\tfrac{2}{3} \log P_{CO_2} + 5,9$$

Für den Bereich des im Boden vorkommenden CO_2-Partialdrucks von $0,32-10$ mbar ergibt sich ein pH-Bereich von 8,2 bis 7,2. Diese Gleichung wurde für carbonathaltige Böden als gültig gefunden. Der Bereich, in dem festes Carbonat den pH-Wert bestimmt, läßt sich auch als Carbonatpufferbereich bezeichnen (*B. Ulrich*).

Ein Beispiel für die Beziehung zwischen den pH-Werten eines $CaCO_3$-haltigen Bodens und dem CO_2-Partialdruck ist in Tab. 42 angegeben, die Löslichkeit vom Calcit in Abhängigkeit vom CO_2-Partialdruck in Tab. 5 (S. 13).

Ein pH-Wert von ca. 7 wird also im Boden erst dann unterschritten, wenn alles reaktionsfähige Carbonat aufgebraucht, d.h. gelöst worden ist.

Ist die H^+-Quelle nicht Kohlensäure, son-

---

[7] *Schwertmann, U.,* M. L. *Jackson:* Science 139 (1963) 1052; Soil Sci. Soc. Amer. Proc. 28 (1964) 179.

dern die in sauren Niederschlägen enthaltene *Schwefelsäure,* so erfolgt die Pufferung nach folgender Reaktion:

$$CaCO_3 + H_2SO_4 \rightarrow Ca^{2+} + SO_4^{2-} + CO_2 + H_2O$$

Diese Reaktion ist nicht umkehrbar, weil CO_2 gasförmig entweicht.

b) Pufferung an Plätzen variabler Ladungen

Austauschpositionen, an denen H-Ionen inaktiviert werden, finden sich vor allem an *variablen Ladungen,* die an den organischen (COOH-Gruppen), aber auch an den anorganischen Austauschern (randliche Gruppen an Tonmineralen, Oxiden) lokalisiert sind (s. Kap. X 3 c–e). Sie sind zunächst mit Ca^{2+} und anderen Kationen besetzt und binden H-Ionen nach dem Schema:

$$-COOCa_{0.5} + H^+ \rightleftarrows -COOH + Ca^{2+}_{0.5}$$
$$-AlOHCa_{0.5} + H^+ \rightleftarrows -AlOH_2 + Ca^{2+}_{0.5}$$

Abb. 40 (S. 85) ist zu entnehmen, daß die organischen Austauscher im weiten pH-Bereich von 8–3 auf diese Weise H-Ionen binden, während die Allophane und Oxide, wie aus Abb. 39 (S. 83) und 41 (S. 85) hervorgeht, hauptsächlich zwischen pH 8 und 5,5 reagieren. Diese Pufferreaktionen verlaufen sehr schnell und sind praktisch voll reversibel. Böden, die reich sind an organischer Substanz, Allophanen und Oxiden, verdanken einen wesentlichen Teil ihrer Pufferfähigkeit deren funktionellen Gruppen.

Die wichtigste Säure, deren H-Ionen die funktionellen Gruppen an den variablen Ladungen protonisieren, ist wiederum die Kohlensäure. Der pH-Wert, den sie in der Bodenlösung erzeugt, hängt analog der Carbonat-Pufferreaktion im wesentlichen vom CO_2-Partialdruck ab (pH $= -0,5 \log P_{CO_2} + 3,9$); er liegt für den P_{CO_2}-Bereich von $3,2 \cdot 10^{-4} - 0,01$ bar bei pH 5,7–4,9.

c) Pufferung durch Silicate, Oxide und Hydroxide

Im Gegensatz dazu steht eine sehr langsam verlaufende, meist irreversible Pufferreaktion, bei der H-Ionen mit *Silicaten, Oxiden und Hydroxiden* des Bodens reagieren. Die Reaktion mit den Silicaten wurde im Kap. Verwitterung besprochen und dort Protolyse genannt, weil die Silicate hierbei aufgelöst werden.

Der H^+-Verbrauch entsteht bei diesen Pufferreaktionen durch Protonisierung der Metall-

kationen in silicatischer (Gleichung 1) oder hydroxidischer (Gleichung 2) Bindung nach folgendem Schema (M = Metallkationen, in Gleichung 2 = Al, Fe, Mn):

$$-Si-O-M-O-Si- + 2H^+ \rightarrow 2SiOH + M^{2+} \quad (1)$$
$$MOOH + 3H^+ \rightarrow 2H_2O + M^{3+} \quad (2)$$

Hierbei werden Kationen aus dem Gitter freigesetzt und in austauschbare Form sowie in die Bodenlösung überführt. Während die Freisetzung von Alkali- und Erdalkaliionen bereits im schwach alkalischen Bereich beginnt und mit abnehmendem pH sich verstärkt, entstehen austauschbare Al-Ionen erst ab pH < 5 und austauschbare Fe^{3+}-Ionen erst ab etwa pH 3.

Im pH-Bereich unter 5 ist die Kohlensäure nicht mehr die H-Ionen-Quelle der Versauerung, da die CO_2-Konzentration der Bodenlösung mit sinkendem pH immer geringer wird. An ihre Stelle treten stärkere Säuren, wie Schwefelsäure, Salzsäure und Salpetersäure, aber z. T. auch organische Säuren auf. Erstere stammen z. T. aus Immissionen. Da die Al-Ionen sehr stark eintauschen, werden durch diese Reaktion unterhalb pH 5 die austauschbaren Alkali- und Erdalkaliionen zunehmend durch Al-Ionen verdrängt (s. Abb. 51).

Ein Teil der Al-Ionen kann sich zu positiv geladenen Hydroxo-Al-Polymeren z. B. $[(Al_6(OH)_{15})]^{3+}$ vereinigen und zwischen den Schichten aufweitbarer Tonminerale, aber auch an den äußeren Oberflächen permanente Ladung neutralisieren (sekundäre Chlorite, s. S. 31). Da die Polymere auch schwach saure $AlOH_2$-Gruppen aufweisen, wird auf diese Weise permanente in variable Ladung umgewandelt. Bei Böden mit vorwiegend permanenter Ladung ändert sich hierdurch der Kationenbelag sehr stark. *B. Ulrich* bezeichnet daher den pH-Bereich, in dem dies erfolgt, als Austauscher-Pufferbereich und ordnet diesem pH(H_2O)-Werte von 5,0–4,2 zu[4].

Mit weiter abnehmendem pH-Wert der Bodenlösung werden die H-Ionen teilweise durch Hydroxo-Al-Polymere (und andere Al-Verbindungen) abgepuffert, so daß sich nach Gleichung 3 monomere Al-Ionen bilden:

$$2[Al_6(OH)_{15}]^{3+} + 30H^+ \rightarrow 12Al^{3+} + 15H_2O \quad (3)$$

Dieser Bereich wird von *B. Ulrich* als Aluminium-Pufferbereich[4] bezeichnet und pH(H_2O)-Werten von 4,2–2,8 zugeordnet, wobei zum Austauscher-Pufferbereich gleitende Übergänge bestehen. Al-Ionen erscheinen dann auch in zunehmender Konzentration in der Bodenlösung (s. Abb. 52) und bilden dort die vorherrschenden Kationen.

H-Ionen werden auch durch Eisenoxid/-hydroxide abgepuffert (Gleichung 2), so daß unterhalb pH ≈ 3 Fe-Ionen neben Al-Ionen in der Bodenlösung auftreten.

4. Pufferkurven und Gesamtacidität

Das Ausmaß, in dem die in Kap. 3 genannten Puffersysteme bereits protonisiert bzw. mit Hydroxo-Al-Polymeren und Al-Ionen abgesättigt sind, läßt sich durch Titration mit einer Base ermitteln. Hierbei laufen die Reaktionen in umgekehrter Richtung ab wie bei der Versauerung, sofern die Puffersubstanzen beim Versauerungsprozeß erhalten geblieben sind. Unter dem Einfluß der zugegebenen OH-Ionen dissoziieren die H-Ionen ab und werden zu H_2O neutralisiert, Al-Polymere und austauschbare Al-Ionen werden neutralisiert.

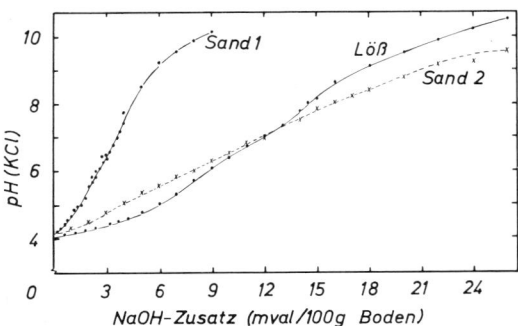

Abb. 53 Pufferkurven von Böden in M KCl-Suspension (Bestimmung diskontinuierlich, Reaktionszeit 48 h) *Sand 1:* Tongehalt = 3%, C = 0,84%; *Sand 2:* Tongehalt = 2%, C = 6,2%; *Löß:* Tongehalt = 12%, C = 2,7%

Ein Beispiel zeigt Abb. 53, in der die Titrationskurven von 2 sauren Sand- und einem sauren Lößboden bei Zugabe steigender Mengen NaOH aufgezeichnet sind. Die Kurven der beiden Sandböden sind im pH-Bereich von 4 bis 8 annähernd linear. Ihr OH-Ionenverbrauch kommt nahezu ausschließlich durch Neutralisierung der protonisierten funktionellen Gruppen an der organischen Substanz zustande, deren Säurestärke offenbar nahezu gleichmäßig auf einen weiten Bereich verteilt ist, so daß in allen pH-Bereichen ähnlich große Anteile neutralisiert werden.

Die Pufferkurve des Lößbodens zeigt dagegen deutliche Wendepunkte, die jeweils einen mehr oder weniger gut definierten Pufferbereich einschließen. Der im pH-Bereich von 4–5 liegende Pufferbereich entsteht durch Neutralisation des austauschbaren Al^{3+} nach der Reaktion:

$$Al(OH_2)_6{}^{3+} + 3\,OH^- \rightarrow Al(OH)_3 + 6H_2O$$

Der darüber liegende Pufferbereich ist vermutlich variablen Ladungen, d. h. schwach sauren Gruppen an den Seitenflächen der Tonminerale als auch an Hydroxo-Al-Polymeren zuzuschreiben. Zudem ist der gesamte pH-Bereich auch beim Lößboden von der Neutralisation saurer Gruppen an der organischen Substanz überlagert, so daß die einzelnen Pufferbereiche nicht sehr klar ausgeprägt sind.

Die Bestimmung der *Gesamtacidität* erfolgt in der Regel nicht durch Pufferkurven, sondern in Verbindung mit der Austauschkapazität durch wiederholte Extraktion mit gut gepufferten Salzlösungen wie Ammoniumacetat (1 M, pH 7) oder Bariumchlorid-Triäthanolamin von pH 8,2 (*Mehlich*-Methode). Die Einstellung der Lösungen auf diese pH-Werte ist darin begründet, daß der maximale pH-Wert der Böden (ausgenommen Natriumböden) in diesem pH-Bereich liegt. Bei Anwendung der beiden Methoden finden die folgenden Reaktionen statt:

$$(Aust.)_H^{Al} + 4CH_3COONH_4 + 3H_2O \rightarrow$$
$$(Aust.)(NH_4)_4 + Al(OH)_3 + 4CH_3COOH$$
$$(Aust.)_H^{Al} + 2Ba^{2+} + 4(C_2H_5)_3N + 3H_2O \rightarrow$$
$$(Aust.)Ba_2 + Al(OH)_3 + 4(C_2H_5)_3NH^+$$

Bei Anwendung der *Mehlich*-Methode wird eine Gesamtacidität erhalten, die annähernd derjenigen entspricht, wie sie im Gleichgewicht des Bodens mit $CaCO_3$ ermittelt werden kann. Dagegen liegen die Werte der Gesamtacidität von sauren Böden und damit auch deren Austauschkapazität bei Anwendung der Ammoniumacetat-Methode meist niedriger.

Auf die *Routinemethoden* zur Bestimmung der Bodenacidität für den Kalkbedarf von Böden wird in Kap. 8 eingegangen.

5. pH-Wert[8]

Als Intensitätsmaß der Bodenacidität dient der pH-Wert einer wäßrigen (pH(H_2O)) oder salzhaltigen (pH(Salz)) Bodensuspension im Gleichgewicht mit dem CO_2-Gehalt der Luft; in der Bundesrepublik wird für landwirtschaft-

Tabelle 40   Einstufung der Böden nach dem pH-Wert

Reaktionsbezeichnung	pH	Reaktionsbezeichnung	pH
neutral	7,0		
schwach sauer	6,9 – 6,0	schwach alkalisch	7,1 – 8,0
mäßig sauer	5,9 – 5,0	mäßig alkalisch	8,1 – 9,0
stark sauer	4,9 – 4,0	stark alkalisch	9,1 – 10,0
sehr stark sauer	3,9 – 3,0	sehr stark alkalisch	10,1 – 11,0
extrem sauer	< 3,0	extrem alkalisch	> 11,0

lich genutzte Böden meist eine 0,01 M CaCl$_2$-Lösung herangezogen. Auch alle pH-Werte in diesem Buch sind, wenn nicht anders angegeben, pH(CaCl$_2$)-Werte. In manchen Ländern wird eine M KCl- oder 0,1 M KCl-Lösung benutzt.

Die höchsten pH(H$_2$O)-Werte treten im ariden Klimabereich in Alkaliböden auf (bis pH 11) und im humiden Klimabereich in CaCO$_3$-haltigen Böden (pH(H$_2$O) $\approx$ 8,5, pH (CaCl$_2$) $\approx$ 7,5). Die niedrigsten pH-Werte kommen in Hochmoorböden (pH 3,0) und in Podsolen vor (pH 2–3).

Die *Einteilung* der Böden nach ihrem pH-Wert erfolgt in Deutschland meist nach Tab. 40. Böden mit einem pH-Wert < 7 werden als sauer und solche mit einem pH-Wert > 7 als alkalisch bezeichnet. Die Festlegung des Neutralpunktes auf pH 7 ist bei Böden etwas willkürlich, weil die pH-Werte von der angewandten Methode abhängen.

Der pH-Wert ist der negative Logarithmus der H-Ionen-Konzentration [H$^+$] exakter ausgedrückt, der H-Ionenaktivität (H$^+$). So entspricht z. B. pH-Werten von 7 und 6 eine H-Ionen-Konzentration von 10^{-7} und 10^{-6} g H$^+$/l, also der Unterschied um eine pH-Einheit entspricht dem 10fachen der H-Ionen-Konzentration.

a) Methoden

Die Bestimmung des pH-Wertes von Böden erfolgt auf die folgende Weise: der meist luftgetrocknete Boden wird mit Wasser oder Salzlösung im Verhältnis 1 : 2,5 (g/g oder ml/ml, ergibt gleiche Werte) versetzt und der pH-Wert der Bodensuspension auf elektrometrischem Wege unter Verwendung einer Glaselektrode nach einigen Stunden gemessen, an feldfrischen Proben im Freiland bereits nach 5–10 min[4]. Infolge der guten Pufferung der Böden ist der pH-Wert vom Verhältnis Boden/Flüssigkeit relativ wenig abhängig, bei einem Verhältnis 1 : 5 liegen z. B. die pH-Werte nur um einige Zehntel niedriger als beim Verhältnis 1 : 2,5.

Bei landwirtschaftlich genutzten Böden werden in Routineanalysen meist nur die pH(Salz)-Werte bestimmt, weil diese von dem jahreszeitlich variierenden Salzgehalt der Böden nur wenig beeinflußt werden und den niedrigsten pH-Werten bei Salzzufuhr durch Düngung entsprechen.

Wie aus Tab. 41 ersichtlich ist, liegen im pH-Bereich von 5–7 die pH(CaCl$_2$)-Werte im Mittel um 0,6 pH tiefer als die pH(H$_2$O)-Werte, im pH-Bereich < 4,5 um 0,4 pH tiefer[4].

Andererseits ist in Böden mit viel variabler und wenig permanenter Ladung der pH-Wert in KCl-haltiger Suspension höher als in wäßriger Suspension wie z. B. in Oxisolen.

Tabelle 41 Mittlere pH-Differenzen zwischen pH (Calciumchlorid) und pH-Werten anderer Methoden[9]

pH	(H$_2$O)	M-KCl	0,1 M-KCl
	Differenz zu pH(0,01 M-CaCl$_2$)		
Lößböden	+ 0,6 ± 0,1	– 0,3 ± 0,3	0,0 ± 0,2
Sandböden	+ 0,6 ± 0,2	– 0,1 ± 0,1	+ 0,2 ± 0,1

Bei der pH-Bestimmung in wäßriger Suspension können Diffusionspotentiale auftreten, die zu dem sog. *Suspensionseffekt* führen[3]. Dieser äußert sich darin, daß das pH beim Eintauchen der Elektroden in die sedimentierte Schicht einer Bodensuspension einige Zehntel niedriger ist als in der überstehenden klaren Lösung. In salzhaltiger Lösung ist der Suspensionseffekt geringer oder tritt überhaupt nicht auf.

Um einen pH-Index zu erhalten, der annähernd unabhängig von der Salzkonzentration der Bodensuspension ist, wurde von *Schofield* und *Taylor* das Verhältnis der Ionenaktivitäten von H$^+$ und Ca^{2+} in der Gleichgewichtslösung als Maßstab vorgeschlagen und als Kalkpotential bezeichnet:

$$\text{Kalkpotential} = -\log H/\sqrt{Ca} = pH - 1/2 \, pCa$$

Die Werte des Kalkpotentials liegen in Böden von pH 7 und vorherrschendem Anteil an austauschbarem Ca^{2+} um etwa eine pH-Einheit, in stark sauren Böden um zwei pH-Einheiten niedriger als die pH(CaCl$_2$)-Werte; bei Anwendung des *Kalkpotentials* wird also die Skala gespreizt[10].

---

[9] *Schachtschabel, P.*: Z. Pflanzenernähr. Bodenkd. 130 (1971) 37.

[10] *Ulrich, B., P. K. Khanna*: Göttinger Bodenkdl. Ber. 19 (1971) 121.

b) Einfluß der ausstauschbaren Kationen

Der pH-Wert der Böden ist entscheidend von dem Anteil abhängig, zu dem die funktionellen Säuregruppen protonisiert bzw. mit Al-Ionen (Abb. 51) abgesättigt sind, damit indirekt von der *Basensättigung* (s. Kap. X 1), also dem Anteil der Ca-, Mg-, K- und Na-Ionen an der potentiellen Austauschkapazität.

Wie aus Abb. 54 ersichtlich ist, besteht zwischen dem pH-Wert und der Basensättigung eine positive Beziehung. Die Streuung der Einzelwerte um die Regressionslinie (gestrichelt) deutet darauf hin, daß die Beziehung noch von anderen Bodeneigenschaften abhängig ist, nämlich weitgehend vom Verhältnis der austauschbaren Kationen, die an der organischen Substanz (hat nur pH-abhängige Ladung) und der anorganischen Substanz (hat hier überwiegend permanente Ladung) gebunden sind.

Der Einfluß dieser beiden Komponenten kommt in Abb. 54 darin zum Ausdruck, daß die für beide berechneten Regressionen (ausgezogene Linien) fast alle Einzelwerte umschließen. Daß die Regressionslinie für die organische Substanz weit über der für die anorganische Substanz liegt, die Basensättigung der organischen Substanz also bei einem bestimmten pH-Wert deutlich niedriger ist, liegt daran, daß die pH-abhängigen Säuregruppen der organischen Substanz nur schwachen Säurecharakter haben und daher erst bei höherem pH ihre H-Ionen abdissoziieren und Erdalkaliionen adsorbieren.

Die Regressionslinie der anorganischen Komponente ist gekrümmt, weil in diesem Boden Dreischicht-Minerale mit hohem Anteil permanenter Ladung und nur geringer variabler Ladung vorherrschen.

In Böden, bei denen die Oberfläche von Schichtsilicaten stark mit Hydroxo-Al-Polymeren abgedeckt ist, sowie bei höherem Gehalt an amorphen Aluminiumsilicaten, Zweischicht-Mineralen und Oxiden kann jedoch auch die pH-abhängige Ladung der anorganischen Komponente beträchtlich sein und der pH-Wert bei einer Basensättigung von null nur 5,0−5,5 betragen.

Einen hohen Einfluß auf den pH-Wert der Böden hat eine hohe Na-Sättigung. Nach Abb. 55 steigt der $pH(H_2O)$-Wert von Böden mit zunehmender Na-Sättigung bis pH $\approx$ 11. Eine Na-Sättigung über 15 % weisen Natriumböden auf. Die hohen pH-Werte sind auf Hydrolyse zurückzuführen:

$$(Aust.)Na + H_2O \rightleftarrows (Aust.)H + Na^+ + OH^-$$

Leicht lösliche Salze wie NaCl u. a. verschieben das Gleichgewicht nach der linken Seite. So

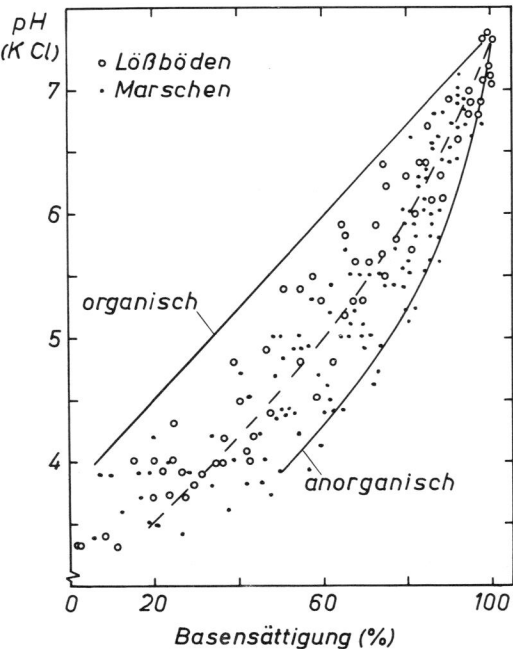

Abb. 54 Beziehung zwischen pH(M KCl) und Basensättigung bei Marschen und Lößböden (gestrichelt = Regressionslinie für die Ausgangsböden, ausgezogen = Regressionslinien für die anorganische und organische Komponente)[11]

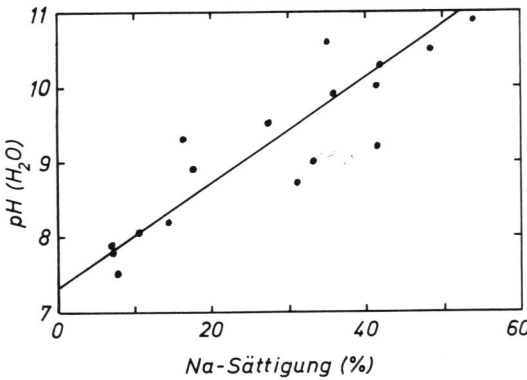

Abb. 55 Beziehung zwischen Na-Sättigung und pH(H₂O) von Solonetzen[12]

[11] *Schachtschabel, P., M. Renger:* Z. Pflanzenernähr. Bodenkd. 112 (1966) 238.
[12] *Agarwal, R. R., J. S. P. Yakav:* J. Soil Sci. 7 (1956) 109.

ist es zu erklären, daß Salznatriumböden höchstens einen pH(H$_2$O)-Wert von 8,5 aufweisen. Das gleiche ist der Fall, wenn der pH-Wert von Böden hoher Na-Sättigung in salzhaltiger Suspension gemessen wird. Bei Böden des humiden Klimabereichs liegt die Na-Sättigung meist unter 5 %.

pH-Werte von 10–11 sind in der Regel auf einen Gehalt der Böden an Na$_2$CO$_3$ zurückzuführen.

c) Einfluß des Redoxpotentials

In Bodenhorizonten, die unter dem Einfluß von Stau- oder Grundwasser stehen (hydromorphe und subhydrische Böden), wird der pH-Wert durch Redoxreaktionen beeinflußt (Kap. XIII). Viele Reduktionsreaktionen führen zu einem Verbrauch von H-Ionen und damit zu einem pH-Anstieg, Oxidationsreaktionen dagegen zur Bildung von H-Ionen und damit zu einer pH-Erniedrigung. So werden vor allem bei der Oxidation von Fe^{2+}, Mn^{2+} und S^{2-} H-Ionen gebildet (s. Gleichungen 1–3 in Kap. XIII, sowie 9 u. 10 auf S. 35) und bei der Reduktion der Oxidationsprodukte H-Ionen verbraucht.

Bei unterbundener Luftzufuhr haben die oben genannten Böden häufig nur schwach saure bis neutrale Reaktion (pH-Wert an frisch entnommenen naturfeuchten Proben bestimmt), bei Luftzufuhr, wie es z. B. bei der Absenkung von Grundwasser durch Dränung der Fall ist, können in Sulfid-reichen Böden, wie manchen Gleyen und Marschen, starke pH-Erniedrigungen auftreten.

d) Jahreszeitliche und örtliche pH-Schwankungen

Im Freiland treten sowohl jahreszeitliche pH-Änderungen als auch örtliche pH-Unterschiede auf[13]. In der Regel sinkt der pH(H$_2$O)-Wert der Böden vom Frühjahr bis zum Herbst und steigt dann bis zum Frühjahr. In Trockenperioden treten niedrigere und in Regenperioden höhere pH-Werte auf. Die *jahreszeitlichen* pH-Schwankungen sind im wesentlichen auf die Änderung des Salzgehaltes und der biologischen Aktivität zurückzuführen. Auch unter dem Einfluß der wachsenden *Pflanze* treten in der Rhizosphäre pH-Schwankungen nach beiden Seiten vom Mittelwert auf.

Außer den jahreszeitlichen pH-Schwankungen können im Freiland *örtliche* pH-Unterschiede auftreten, die auf engem Raum eine pH-Einheit betragen können. Sie sind vor allem auf die nesterartige Verteilung von alkalischen und sauren bzw. säurebildenden Düngern zurückzuführen.

Erhebliche pH-Unterschiede treten auch zwischen *Ober- und Unterboden* auf. In Naturböden steigt in der Regel der pH-Wert von oben nach unten, weil die Auswaschung in Oberflächennähe intensiver ist. In Kulturböden ist dagegen infolge Zufuhr alkalischer Dünger der pH-Wert im Oberboden häufig höher als im Unterboden.

Die Kohlensäure beeinflußt den pH-Wert nur im Bereich > 5. In Tab. 42 sind einige Beispiele von Böden angegeben, außerdem die pH-Werte in reinem Wasser.

Tabelle 42   pH(H$_2$O)-Werte von Böden und Wasser in Abhängigkeit vom CO$_2$-Partialdruck der Luft (10 mbar = 1 Vol.-%)[12]

	CO$_2$-Partialdruck (mbar)			
	0,3	1	10	100
Natriumboden	9,0	8,6	7,9	7,2
Boden mit 9 % CaCO$_3$	8,3	8,0	7,35	6,7
Boden ohne CaCO$_3$	6,9	6,7	6,35	6,0
Dest. Wasser	5,65	5,4	4,9	4,4

6. pH-Einfluß auf Boden und Pflanze

Der pH-Wert hat auf die chemischen, physikalischen und biologischen Eigenschaften der Böden und das Pflanzenwachstum einen starken Einfluß. Auf Prozesse der Bodenentwicklung (Tonverlagerung, Podsolierung usw.) wird in Kap. XXVIII, auf die Löslichkeit von Schwermetallen in Kap. XXIII näher eingegangen. Im folgenden steht der pH-Einfluß bei landwirtschaftlich und forstwirtschaftlich genutzten Böden im Vordergrund.

CaCO$_3$-haltige und CaCO$_3$-freie Böden mit pH(CaCl$_2$)-Werten von > ≈ 6 sind gekennzeichnet durch eine hohe Ca(HCO$_3$)$_2$-Konzentration in der Bodenlösung und im Sickerwasser (hohe Wasserhärte). Die Böden haben eine hohe biologische Aktivität (einschl. Bodenwühlern) und ein stabiles Gefüge, das durch die hohe Ca-Konzentration der Bodenlösung be-

[13] *Ellenberg, H.:* In *Ruhland, W.,* Handbuch der Pflanzenphysiologie, B. IV. Springer, Berlin 1958.

günstigt wird (s. Kap. XV 4 d). Mull ist die vorherrschende Humusform.

Um eine möglichst geringe Verschlämmbarkeit der Böden, eine gute Bearbeitbarkeit und eine gute Durchlüftung zu erzielen, muß der pH-Wert eines Bodens um so höher sein, je geringer sein Gehalt an organischer Substanz ist (Abb. 56).

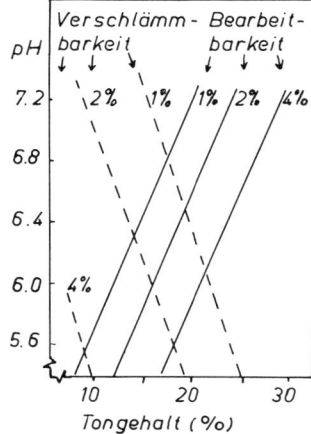

Abb. 56 Optimaler pH-Wert von Böden mit 1, 2 und 4% organischer Substanz in Abhängigkeit vom Tongehalt zur Erzielung einer geringen Verschlämmbarkeit (punktierte Linien), einer befriedigenden Bearbeitbarkeit und Durchlüftung (ausgezogene Linien)[18]

Der Gehalt von Ackerböden an *organischer Substanz* ist im pH-Bereich 5−8 unabhängig von der Höhe des pH-Wertes (Kap. VII 4). Ein verstärkter Abbau erfolgt dagegen bei der pH-Erhöhung torfhaltiger Substrate sowie bei der Kalkung von stark sauren Rohhumusauflagen. Unterhalb pH 5 kann in unkultivierten Böden ein C-Anreicherung infolge der geringen biologischen Aktivität erfolgen wie es z. B. in Auflagehorizonten von Podsolen und bei Moorböden der Fall ist (s. a. Kap. VII 4 a).

In stark sauren Böden (pH(CaCl$_2$) < 5) kann das Pflanzenwachstum durch *Al-Ionen* in der Bodenlösung beeinträchtigt werden, da diese in höherer Konzentration toxisch auf die Pflanzen wirken. Der Toxizitäts-Grenzwert variiert bei verschiedenen Pflanzen und Pflanzensorten in einem weiten Bereich. Bei Weizen wurde z. B. schon bei einer Konzentration der Lösung von 0,1 mg Al/l eine Ertragsminderung festgestellt. Daß nicht die H-Ionen die primäre Ursache sind, kann daraus ersehen werden, daß Kulturpflanzen auf Hochmoorböden bei einem

pH-Wert von 4,0 optimal gedeihen (keine Al-Ionen in der Bodenlösung), dagegen nicht auf tonreichen Böden des gleichen pH-Wertes (Al-Ionen in der Bodenlösung).

Nur für wenige Pflanzen ist Aluminium ein nützliches Element, z. B. für Farne. Teepflanzen können Aluminium sogar in erheblicher Menge akkumulieren (Al-Gehalt reifer Blätter bis 1,7 % in der Trockensubstanz), bei Hortensien ist Aluminium zur Erzielung der blauen Farbe notwendig.

Da viele tropische Böden einen hohen Gehalt an austauschbarem Al haben, andererseits Kalke zur pH-Erhöhung oft nicht ausreichend zur Verfügung stehen, ist es hier besonders notwendig, Al-tolerante Pflanzensorten zu züchten.

Hinsichtlich der *pH-Ansprüche unserer Kulturpflanzen* bestehen keine grundsätzlichen Unterschiede, wenn eine Toxizität von Al- und Mn-Ionen ausgeschlossen ist.

Selbst die anspruchsvollsten Pflanzen wie Zuckerrüben, Weizen und Gerste liefern auch auf Sandböden im pH-Bereich 5−6 relativ hohe Erträge, wenn Nährstoffgehalt, Wasserversorgung und Durchwurzelungstiefe ausreichend sind. Auch die Ca-Versorgung der Pflanzen ist oberhalb pH 5 immer gedeckt, nicht dagegen bei tropischen Böden, wo Ca-Mangel einer der häufigsten Nährstoffmängel ist.

Kartoffeln werden im Hinblick auf das Auftreten von Schorf (bedingt durch den Actinomycet *Streptomyces scabies*) bei möglichst niedrigen pH-Werten und damit bevorzugt auf Sandböden angebaut.

In *unkultivierten Böden*[3,4] ist im pH(H$_2$O)-Bereich 5−6 infolge der geringen Kohlensäurekonzentration in der Bodenlösung und der geringen Verwitterungsrate die Salzkonzentration in der Bodenlösung und damit auch die Nährstoffauswaschung (unabhängig von der Niederschlagsmenge) niedrig. Die bei der Verwitterung freigesetzten Alkali- und Erdalkaliionen gehen weitgehend in die austauschbare Form über. Charakteristischer Bodentyp ist die Braunerde. Dieser pH-Bereich bleibt solange erhalten (und damit hohe Wuchsleistungen), wie die Auswaschungsverluste durch Silicatverwitterung ausgeglichen werden. Dies ist jedoch bei den meisten Sedimentgesteinen und SiO$_2$-reichen Magmatiten nicht der Fall, weil in humiden Gebieten die H-Ionen-Einträge nur zum Teil abgepuffert werden können.

[14] *Boksma, K.:* De Buffer 12 (1966) 81.

Überschreitet daher die Rate der H-Ionen-Einträge (über saure Niederschläge) und die H-Ionen-Produktion innerhalb des Bodens die Pufferrate durch Freisetzung von Alkali- und Erdalkaliionen, so sinkt der pH-Wert ab, und Al-Ionen treten zunehmend in der Bodenlösung auf und damit auch Al-Toxizität. Diese ist daraus erkenntlich, daß das Ca/Al-Verhältnis in den Feinwurzeln von Werten > 1 auf Werte von ≈ 0,3 Mol/Mol abnimmt[4]. Mit zunehmender Al-Sättigung sinkt die biologische Aktivität im Boden, die Bäume werden anfälliger gegenüber pathogenen Mikroorganismen, die Durchwurzelung der Vegetation wird flacher und weniger intensiv, die Leistungs- und Konkurrenzfähigkeit von Edellaubhölzern läßt nach und weicht weniger anspruchsvollen Bodenpflanzen aus. Die entstehenden Humusformen sind Moder und Rohhumus; es bilden sich podsolierte Böden und Podsole.

Von *B. Ulrich* wird vermutet, daß Böden unter pH 4,2 bei fehlender Schutzwirkung von organischen Stoffen für Al-Ionen keine stabilen Wälder mehr tragen können. So wird auch das „Tannensterben" zum Teil auf eine Schädigung der Bäume durch Al-Ionen zurückgeführt[3, 14a]. Bei pH-Werten < 3 werden unter der Einwirkung starker Säuren (vor allem Schwefelsäure) Schwermetalle wie Eisen, Mangan u. a. in die Bodenlösung übergeführt, welche die toxische Wirkung der Al-Ionen verstärken können (s. Kap. XXIII 4).

7. Optimaler pH-Wert

Der optimale pH-Wert in Böden (Tab. 43) ist von ihrem Gehalt an Ton und organischer Substanz sowie der Nährstoffverfügbarkeit abhängig. Bei tonarmen Sandböden (< 5 % Ton), geringen Gehalts an organischer Substanz (< 5 %) liegt der optimale pH-Wert bei 5,3−5,7, weil bei höheren pH-Werten keine Ertragssteigerung mehr erfolgt und über pH ≈ 6 Mn-Mangel auftreten kann (s. Kap. Mangan). Mit zunehmendem Tongehalt steigt der anzustrebende pH-Wert, weil ein gutes Bodengefü-

ge zunehmend an Bedeutung gewinnt und der Mn-Gehalt so hoch ist, daß kein Mn-Mangel zu befürchten ist.

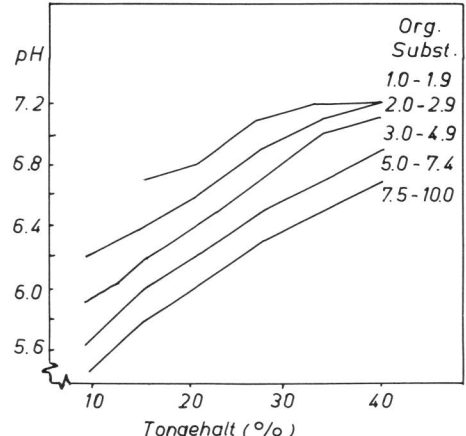

Abb. 57 Niederländische Empfehlungen für ein optimales pH (M KCl) von Marschböden in Abhängigkeit von den Gehalten an Ton und organischer Substanz

Zum Vergleich sind in Abb. 57 die niederländischen pH-Empfehlungen für verschiedene Bereiche an organischer Substanz dargestellt. Der Tongehalt wurde aus der dort verwendeten Fraktion < 16 μm durch Multiplikation mit dem Faktor 0,67 berechnet. Aus Abb. 57 ist ersichtlich, daß bei gleichem Tongehalt der optimale pH-Wert der Böden mit dem Gehalt an organischer Substanz sinkt und bei gleichem Gehalt an organischer Substanz mit dem Tongehalt steigt.

Bei ackerbaulich genutzten *Hochmoorböden* ist pH(CaCl₂) 4,0 optimal.

Durch Kalkung stark saurer Böden werden erhebliche Ertragssteigerungen erzielt (s. z. B. Tab. 24, S. 65), die vor allem in einer Ausfällung austauschbarer Al-Ionen begründet sind[15]. Ein Beispiel für die Wirkung einer Kalk-

---

[14a] *Ulrich, B.:* Allgemeine Forst-Zeitschrift 44 (1980).
[15] *Schwertmann, U., E. Attenberger:* Landw. Forsch. 32 (1979) 119.

Tabelle 43 Richtlinien in der BRD für den optimalen pH-Wert in Abhängigkeit von der Bodenart

Körnung	S, U	lS, tU	lS, tU	s − uL, tU	tL, T
Fraktion < 2 μm (%)	0 − 6	6 − 12	12 − 17	17 − 25	> 25
Fraktion < 6 μm (%)	0 − 8	8 − 16	16 − 23	23 − 33	> 33
pH (CaCl₂)	5,3 − 5,7	5,8 − 6,2	6,3 − 6,6	6,7 − 6,9	≈ 7

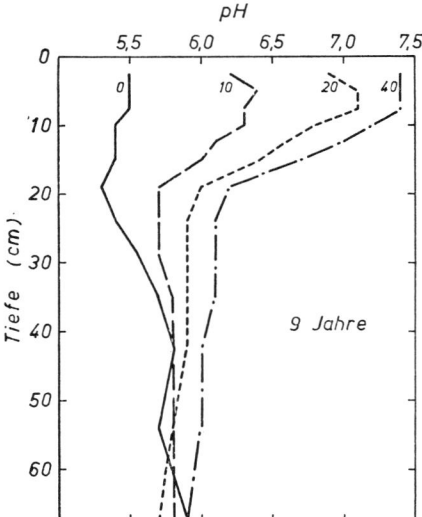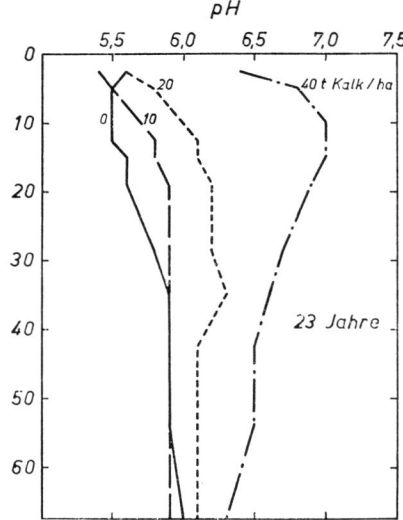

Abb. 58 pH-Werte eines feinsandigen Lehmbodens in verschiedener Tiefe nach einer Oberflächenkalkung mit 0, 10, 20 und 40 t Kalk/ha, bei einer Versuchsdauer von 9 und 23 Jahren. Nutzung: Dauergrünland, Niederschläge: 1130 mm/Jahr[21]

düngung auf das austauschbare Al^{3+} (ebenso wie auf das austauschbare Mn^{2+}) ist in Abb. 58a (S. 114) dargestellt; die Abnahme von Al^{3+} und Mn^{2+} ist mit einer Zunahme des austauschbaren Ca^{2+} verbunden.

Die Bedeutung der austauschbaren Al-Ionen für die geringe Ertragsfähigkeit stark saurer Böden hat dazu geführt, daß in mehreren Ländern der pH-Wert der Böden nur bis zur Beseitigung des austauschbaren Al^{3+} angehoben wird. Bei pH-Werten über 6 (auch im Unterboden) ist die Ertragssteigerung durch Kalkung meist gering und beschränkt sich häufig auf einige Pflanzen oder tritt überhaupt nicht auf. Dies zeigen z. B. 4 mehrjährige Feldversuche[16] auf einer Braunerde, Parabraunerde, einem Pseudogley und einem Pelosol (Tongehalte ≈ 15 bis 40 %) sowie auch andere Versuche (z. B.[17, 18]).

Bei *Grünland* sind auf Mineralböden pH-Werte von 5,0 bis 5,5 in der Regel ausreichend zur Erzeugung von Futter guter Qualität im Hinblick auf die botanische Zusammensetzung der Gräser und deren Gehalt an Mikronährstoffen (z. B. Mangan und Kupfer), bei Hochmoorböden von pH 4,5. Bei feinkörnigen Böden können jedoch bereits vom Ausgangsgestein her höhere pH-Werte auftreten, ohne daß die Qualität der Gräser gemindert wird.

8. Kalkbedarf und Kalkdünger

Liegt der pH-Wert eines Bodens unterhalb des optimalen pH-Bereichs (Tab. 43), so muß er aus den in Kap. 7 erwähnten Gründen durch Zufuhr basisch wirkender Ca-Dünger erhöht werden. Die Notwendigkeit einer verstärkten Kalkung vieler Böden in der Bundesrepublik ergibt sich daraus, daß etwa 25 % der Ackerböden (16 % der Grünlandböden) unterhalb des optimalen pH-Bereichs liegen und damit einer *Gesundungskalkung* bedürfen; 30 % bedürfen einer *Erhaltungskalkung* zur Aufrechterhaltung des optimalen pH-Bereichs und nur 45 % sind nicht kalkbedürftig.

Da diese Anteile sich im letzten Jahrzehnt kaum geändert haben (abgesehen von den meist witterungsbedingten Schwankungen von Jahr zu Jahr), ist zu folgern, daß die Zufuhr basisch wirkender Ca-Dünger zu gering war. Diese betrug in Form von Kalken im Mittel der Jahre 1978/79 und 1979/80 90 kg CaO/ha · Jahr.

---

[16] *Gaese, D., M. A. Mushtag, E. Schlichting:* Landw. Forsch. 24 (1971) 316.
[17] *Janik, V., R. Schache:* Die Bodenkultur 24 (1973) 31.
[18] *Bachthaler, G., G. Sommer, A. Stritesky:* Landw. Forsch. 28 (1975) 135.

Die Kalkmenge, die zur Erhöhung auf einen bestimmten pH-Wert notwendig ist, der sog. *Kalkbedarf,* kann durch eine quantitative Bestimmung der Gesamtacidität ermittelt werden (Kap. 4). Hierbei wird in Routineuntersuchungen in der Regel nur die Acidität des Oberbodens bestimmt, weil die auf den Boden einwirkenden H-Ionen (Kap. 1) weitgehend in diesem Horizont abgepuffert werden (s. Abb. 58).

In Böden mit pH-Werten über ≈ 6 (zunehmend mit steigendem pH) kann jedoch langfristig infolge des hohen CO_2-Partialdrucks im Wurzelraum (Kap. 1) auch die Ca-Auswaschung im Unterboden erheblich sein, vor allem bei hoher Sickerwassermenge.

Die zur Erhaltung eines bestimmten pH-Wertes notwendige Kalkmenge steigt oberhalb pH ≈ 6 expotentiell an, vor allem bei hoher Sickerwassermenge, wie an 2 Böden aus Granitverwitterung im Bayerischen Wald (Niederschläge ≈ 1000 mm/Jahr) festgestellt wurde[15]. Dieser Anstieg kann auf die mit steigendem pH zunehmende Eintauschstärke der H-Ionen an pH-abhängigen Ladungsplätzen zurückgeführt werden.

Einen hohen Einfluß auf die Bodenversauerung haben die in Niederschlägen enthaltenen starken Säuren wie z. B. aus der Ca-Auswaschung von 25 kg Ca/ha · Jahr bei einem Waldboden im Raum Hannover zu folgern ist (s. Tab. 65, Kap. XX 2). Ein Teil der Ca-Auswaschung in Ackerböden beruht auf dem Ca-Austausch durch andere Kationen der Dünger (vor allem durch K-Salze). Dieser ist jedoch nicht mit einer Zunahme der Acidität verbunden, sondern nur mit einer Abnahme der Ca-Sättigung.

Aus dem pH-Wert eines Bodens kann nicht ohne weiteres auf die zur pH-Anhebung um einen bestimmten Betrag notwendige Kalkmenge geschlossen werden. Dies kann aus Abb. 53 entnommen werden, trotz gleicher pH-Werte der Böden von 4 benötigten zur Neutralisation bis pH 7 Sand 2 und Löß etwa die 4fache Menge an Base wie Sand 1. Nur bei Böden ähnlicher Pufferung ist eine engere Beziehung zwischen pH-Wert und Kalkbedarf vorhanden.

Die Bestimmung des Kalkbedarfs eines Bodens im Labor ergibt sich am genauesten aus einer Titrationskurve (s. Abb. 53). Zu gleichen Bodeneinwaagen werden eine 0,01 M $CaCl_2$-Lösung und gestaffelte Mengen einer Base (z. B. NaOH) gegeben und das pH der Suspension nach 1–2 Tagen und mehrmaligem Schütteln gemessen. Die zur Erreichung eines bestimmten pH notwendige Menge an Base wird

durch Interpolation erhalten. Bei äquivalentem Zusatz von $Ca(OH)_2$ und NaOH werden im $CaCl_2$-haltiger Suspension im Gegensatz zu wäßriger Suspension praktisch die gleichen pH-Werte erhalten.

Eine einfachere, besonders für Serienbestimmungen geeignete Methode zur Bestimmung des Kalkbedarfs besteht darin, daß der Boden mit einer 0,5 M Ca-Acetat-Lösung (1 : 5) von pH $\approx 7,5$ versetzt und das pH der Suspension nach etwa 24 Stunden bestimmt wird ([21] in Kap. XX). Zwischen den H-Ionen des Bodens und dem Acetat findet z. B. folgende Reaktion statt:

$$(Aust.)_H^H + 10 Ca(CH_3COO)_2 =$$
$$(Aust.)Ca + 9 Ca(CH_3COO)_2 + 2 CH_3COOH$$

Auch die austauschbaren Al-Ionen werden bei der Einwirkung von Ca-Acetat erfaßt.

Das pH der im Überschuß vorhandenen Ca-Acetat-Lösung wird um so stärker erniedrigt, je größer die gebildete Menge an Essigsäure ist. Da diese Menge wiederum ausgetauschter H-Ionen äquivalent ist, kann aus dem pH der Suspension auf die zur Neutralisation notwendige Menge an Base geschlossen werden. Wegen des im pH-Bereich von etwa 4–7 annähernd geradlinigen Verlaufs der Neutralisationskurve (Abb. 53) kann aus dem Ausgangs-pH des Bodens und seinem Kalkbedarf für pH 7,0 mit für praktische Zwecke genügender Genauigkeit auf den Kalkbedarf für jedes andere anzustrebende pH des Bodens umgerechnet werden. Im Beispiel der Tab. 44 ist der Kalkbedarf für ein angestrebtes pH($CaCl_2$) von pH 7 und der auf pH 6 umgerechnete Kalkbedarf angeführt.

Tabelle 44 Beziehung zwischen dem pH (Ca-Acetat, Ausgangs-pH $\approx 7,5$), dem Ausgangs-pH($CaCl_2$) der Böden und der zum Erreichen von pH 7 bzw. pH 6 benötigten Menge an dt CaO/ha (0 – 20 cm Tiefe)[19, 20]

pH(Ca-Acetat)	Ziel-pH 7	Ziel-pH 6		
		Ausgangs-pH($CaCl_2$)		
		5,5	5,0	4,5
		dt CaO/ha		
6,8	12	4	6	7
6,6	22	7	11	13
6,4	36	12	16	21
6,2	55	18	28	33
6,0	90	30	45	54
5,8	190	63	100	120

Bei der Übertragung der Laborergebnisse auf das Feld muß die Mächtigkeit des A_p-Horizonts und ggf. auch die angestrebte pH-Erhö-

[19] *Schachtschabel, P.*: Z. Pflanzenernähr. Bodenkd. 54 (1951) 134; 60 (1953) 21.
[20] *Herrmann, R.*: 21 im Kap. XX.
[21] *Brown, B.* et al.: Soil Sci. Soc. Amer. Proc. 20 (1956) 518.

Tabelle 45   Nährstoffgehalt einiger Kalkdünger

Dünger	CaO (%)	MgO (%)	Mn (%)	Cu	Zn	Mo	B
					mg/kg		
Kalkmergel*	45 − 53	< 2	< 0,08	1 − 97	9 − 446	n.b.	3 − 27
Hüttenkalk	40 − 53	5 − 12	1,5 − 3	50 − 750	30 − 1200	7 − 70	40 − 160
Konverter-kalk**	41 − 46	2 − 4	3 − 6	20 − 80	30 − 90	8 − 50	10 − 40

* Magnesiummergel mindestens 15 % MgCO$_3$; ** P-Gehalt = 1,7 − 2,5 %

hung des Unterbodens berücksichtigt werden. Aus Abb. 58 (S. 112) ist zu ersehen, daß der pH-Ausgleich mit dem Unterboden in feinkörnigen Böden nur sehr langsam erfolgt.

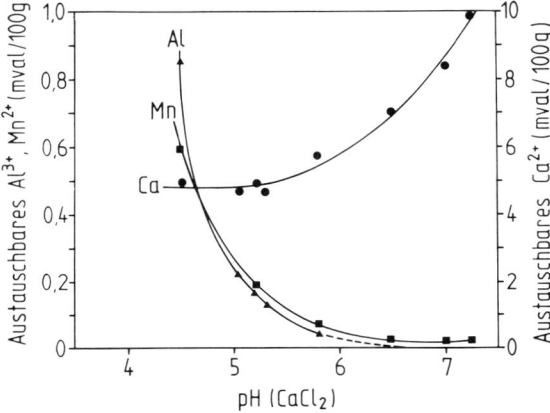

Abb. 58a Austauschbares Aluminium, Mangan und Calcium als Funktion der pH-Veränderung durch Aufkalkung bzw. Ansäuerung [Boden: Ap-Horizont einer Braunerde aus Lößlehm-Fließerde, Niederbayern. Ausgangs-pH(CaCl$_2$): 5,3] (*Schwertmann* u. *Amann*, unveröffentl.)

Liegt der Kalkbedarf eines Bodens nach der chemischen Untersuchung sehr hoch, so wird die Kalkung in der Regel aufgeteilt; als einmalige Gabe werden auf Sandböden etwa 10 dt CaO/ha, auf feinkörnigen Böden 20−50 dt CaO/ha empfohlen.

Die *Erhaltungskalkung* beträgt in Deutschland bei feinkörnigen Böden in der Regel 4−5 dt CaO/ha · Jahr, bei Sandböden 0,5−1,5 dt CaO/ha · Jahr und ergibt sich bei diesen schwach gepufferten Böden am sichersten aus einer in 3−4 Jahren wiederholten Bodenuntersuchung. Im übrigen wird die Erhaltungskalkung stark von dem Verhältnis der anderen Dünger an basen- und säurebildenden Anteilen beeinflußt.

Die wesentlichsten *Kalkdünger* sind ungebrannte und gebrannte Kalke (Kalksteine und Kalkmergel), dolomitische Kalke und Dolomite sowie Hüttenkalk und Konverterkalk der Eisen- und Stahlwerke (vorwiegend Ca- und Mg-Silicate). Die beiden letzteren sowie ungebrannte Kalke werden bevorzugt auf Sandböden, Branntkalk (CaO) und Löschkalk (Ca(OH)$_2$) auf feinkörnigen Böden angewandt. Die verschiedentlich auf podsolierten Sandböden festgestellte bessere Wirkung des Hüttenkalks im Vergleich zu den anderen Kalkdüngern können auf die Wirkung der Nebenbestandteile zurückgeführt werden.

In der Tab. 45 ist der Gehalt einiger Kalkdünger an den neutralisationsfähigen Bestandteilen sowie einigen Mikronährstoffen angegeben. Hervorzuheben ist besonders der hohe Mn-Gehalt von Hüttenkalk und Konverterkalk.

Der Verbrauch an Kalkdüngern in der BRD betrug im Jahre 1979/80 1,417 Mio. t CaO. Der Anteil betrug an Kohlensaurem Kalk 39,5 %, Branntkalk 33,4 %, Hüttenkalk 22,2 %, sonstige Kalkdünger 4,9 %.

XIII. Redoxreaktionen*

Reduktions-Oxidationsreaktionen (Redoxreaktionen) der Elemente Fe, Mn, C, N und S sind an einer Vielzahl chemischer und biologischer Vorgänge im Boden beteiligt.

1. Allgemeines

Als *Oxidation* bezeichnet man die Abgabe von Elektronen, als *Reduktion* die Aufnahme von Elektronen. So handelt es sich bei den Reaktionen 1–4, wenn sie von links nach rechts ablaufen, um Oxidationsvorgänge, in umgekehrter Richtung um Reduktionsvorgänge:

$$\overset{-2}{H_2}S_{aq} = \overset{0}{S^0} + 2H^+ + 2e^-; \qquad E^0 = +0{,}142\,V \tag{1}$$

$$\overset{+2}{Fe^{2+}} + 3H_2O = \overset{+3}{Fe}(OH)_3 + 3H^+ + e^-; \qquad E^0 = +1{,}058\,V \tag{2}$$

$$\overset{+2}{Mn^{2+}} + 2H_2O = \overset{+4}{Mn}O_2 + 4H^+ + 2e^-; \qquad E^0 = +1{,}225\,V \tag{3}$$

$$2\overset{-2}{H_2}O = \overset{0}{O_2} + 4H^+ + 4e^-; \qquad E^0 = +1{,}229\,V \tag{4}$$

Diese Gleichungen stellen sogenannte Halbreaktionen von Redoxpaaren dar (z. B. H_2S-S^0). Auf der rechten Seite steht die oxidierte Stufe (Ox) und die Anzahl (n) der freigesetzten Elektronen (e^-), auf der linken Seite die reduzierte Stufe: Red = Ox + n e^-.

Werden 2 Halbreaktionen miteinander kombiniert (z. B. Gleichungen 1 + 2 und 2 + 4), so erhält man eine vollständige Reaktionsgleichung, z. B. für die Reduktion von $Fe(OH)_3$ bzw. die Oxidation von Fe^{2+}:

$$2\overset{+3}{Fe}(OH)_3 + \overset{-2}{H_2}S + 4H^+ = 2\overset{+2}{Fe^{2+}} + \overset{0}{S_0} + 6H_2O \tag{5}$$

$$4\overset{+2}{Fe^{2+}} + \overset{0}{O_2} + 10H_2O = 4\overset{+3}{Fe}(\overset{-2}{OH})_3 + 8H^+ \tag{6}$$

Aus den Gleichungen 5 und 6 ist ersichtlich, daß die Oxidation eines Stoffes stets mit der Reduktion eines anderen gekoppelt ist. Deshalb werden diese Reaktionen als Redoxreaktionen bezeichnet.

Als Maß für das Verhältnis der Konzentration (richtiger Aktivität) der oxidierten und reduzierten Stoffe in einem System dient das Redoxpotential E (in Volt). Dieses wird in einer Lösung, die verschiedene Oxidationsstufen eines Stoffes enthält, als elektrisches Potential (Spannung) zwischen einer elektronenübertragenden, inerten Edelmetallelektrode (meistens Platinelektrode) und einer Bezugselektrode (meistens Kalomelelektrode) gemessen. Da Redox-

potentiale nur als Potentialdifferenzen meßbar sind, ist die Verwendung einer Bezugselektrode erforderlich**.

Eine quantitative Beziehung zwischen dem Redoxpotential und der Aktivität der Reaktionspartner wird durch die Nernstsche Formel hergestellt:

$$E = E^0 + \frac{RT}{nF} \ln \frac{a_{Ox}}{a_{Red}} \tag{7}$$

E^0 = Standardpotential, R = Gaskonstante, T = absolute Temperatur, n = Zahl der an der Reaktion beteiligten Elektronen, F = Faradaykonstante, a_{Ox} = Aktivität der oxidierten Stufe, a_{Red} = Aktivität der reduzierten Stufe in Mol/l.

Nach Einsetzen der Zahlenwerte für die Konstanten und Umrechnung auf dekadische Logarithmen erhält man für 25° C:

$$E = E^0 + \frac{0{,}059}{n} \lg \frac{a_{Ox}}{a_{Red}} \tag{8}$$

Anstelle des Redoxpotentials wird in zunehmendem Maße der negative Logarithmus der Elektronenaktivität pe = -lg(e) verwendet[6]. Dabei sind pe und E (Volt) in folgender Weise miteinander verknüpft:

$$pe = \frac{E}{2{,}3\,RT/F}; \; pe = \frac{E}{0{,}059} \; \text{bei } 25\,°C \tag{9}$$

---

* Zusammenfassende Literatur[1-6].
[1] *Garrels, R. M., Ch. L. Christ:* Solutions, Minerals and Equilibria. Harper und Row, New York 1965.
[2] *Turner, F. T., Wm. H. Patrick,* Jr.: Trans. 9. Int. Congr. Soil Sci. Adelaide IV (1968) 53.
[3] *Bohn, H. L.:* Soil Sci. 112 (1971) 39.
[4] *Ponnamperuma, F. N.:* Adv. Agron. 24 (1972) 29.
[5] *Brümmer, G.:* Geoderma 12 (1974) 207.
[6] *Lindsay, W. L.:* Chemical Equilibria in Soils. John Wiley and Sons, New York 1979.
** Als international anerkannte Bezugselektrode dient die Standard-Wasserstoffelektrode, deren Potential gleich Null gesetzt wird. Auf die Kalomelelektrode bezogene Redoxpotentialmessungen müssen deshalb durch Addition von + 0,244 V (bei 25° C) auf die Standard-Wasserstoffelektrode als Bezugssystem umgerechnet werden.

Wie sich aus Gleichung (8) ergibt, wirken oxidierte Stoffe potentialerhöhend und reduzierte potentialerniedrigend. Ist die Aktivität der beteiligten Reaktionspartner gleich ($a_{Ox} = a_{Red}$), so entspricht das Redoxpotential dem Standardpotential E^0. Dieses ist in den Gleichungen 1–4 für die aufgeführten Redoxpaare angegeben.

Vereinfacht ausgedrückt ist das Standardpotential der zahlenmäßige Ausdruck für die Oxidationskraft der oxidierten Stufe bzw. die Reduktionskraft der reduzierten Stufe eines Redoxpaares; es gibt an, in welcher Richtung eine Redoxreaktion abläuft. Die oxidierte Stufe eines Redoxpaares mit dem höheren Standardpotential ist ein besseres Oxidationsmittel als die oxidierte Stufe eines Redoxpaares mit niedrigerem Potential und vermag deshalb dessen reduzierte Stufe zu oxidieren. Entsprechend ist die reduzierte Stufe des Redoxpaares mit dem niedrigeren Potential das bessere Reduktionsmittel. Ein Vergleich der Potentiale der Gleichungen 1, 2 und 4 zeigt, daß die Reaktionen 5 und 6 tatsächlich von links nach rechts ablaufen müssen.

Die anhand der *Nernst*schen Formel (8) für das Redoxpaar $Fe^{2+} - Fe(OH)_3$* (2) abgeleitete Redoxgleichung lautet:

$$E = 1{,}058 + 0{,}059 \lg \frac{a_{H^+}^3}{a_{Fe^{2+}}} \text{ bzw. umgeformt:}$$

$$E = 1{,}058 - 0{,}177 \text{ pH} - 0{,}059 \lg a_{Fe^{2+}} \qquad (10)$$

Diese Ableitung zeigt, daß bei konstanter Temperatur das Redoxpotential dieses Systems außer vom Standardpotential und von der Aktivität der Fe^{2+}-Ionen auch vom pH-Wert bestimmt wird. Nach Auflösen von Gleichung (10) nach $\lg a_{Fe^{2+}}$ (Gl. 11) ist ersichtlich, daß die Aktivität von Fe^{2+} in Gegenwart von $Fe(OH)_3$ aus E- und pH-Werten berechnet werden kann.

$$\lg a_{Fe^{2+}} = 17{,}93 - 16{,}95 \text{ E} - 3 \text{ pH} \qquad (11)$$

Mit abnehmenden E- und pH-Werten steigt die Fe^{2+}-Konzentration an. Je höher der pH-Wert ist, um so niedriger muß das Redoxpotential sein, um eine bestimmte Fe^{2+}-Löslichkeit zu ergeben. So wurden meßbare Fe^{2+}-Konzentrationen (einige mg/l) im Boden bei pH 5 bereits bei E = + 300 mV, bei pH 6–7 zwischen + 300 und + 100 mV und bei pH 8 erst bei −100 mV erreicht[7]. Hieraus folgt, daß die Fe^{2+}-Konzentration in gut durchlüfteten, nicht sehr sauren Böden sehr gering ist und nur unter anaeroben Bedingungen in hydromorphen Böden höhere Werte aufweisen kann.

In ähnlicher Weise können die Stabilitätsbeziehungen zwischen anderen Eisenverbindungen und Fe-Ionen sowie zwischen den verschiedenen Verbindungen und Ionen anderer Elemente in Abhängigkeit von E- und pH-Werten oder auch pe- und pH-Werten abgeleitet werden.

2. E-pH-Stabilitätsdiagramme

Eine zusammenfassende Darstellung der Stabilitätsbeziehungen zwischen den Ionen und Verbindungen eines in mehreren Oxidationsstufen auftretenden Elementes ist anhand von E-pH-Diagrammen möglich (Abb. 59 und 60).

Alle Prozesse der Bodenbildung sind an die Anwesenheit von Wasser gebunden und finden damit innerhalb des Stabilitätsfeldes vom Wasser statt, das durch die Zersetzung von H_2O in H_2 und O_2 begrenzt wird.

Die innerhalb des Wasser-Stabilitätsfeldes in Abhängigkeit von Redoxpotential, pH-Wert und Stoffbestand des Bodens möglichen Veränderungen in der Oxidationsstufe und Bindungsform des Eisens betreffen vor allem eine Umwandlung amorpher und kristalliner Eisen(III)oxide in Fe^{3+}- und Fe^{2+}-Ionen sowie in Eisen(II,III)oxide und -hydroxide. Bei Anwesenheit von genügend Schwefel, Phosphat oder erhöhtem CO_2-Partialdruck können unter reduzierenden Bedingungen auch Eisen(II)sulfide (FeS, FeS_2 u. a.), -phosphate ($Fe_3(PO_4)_2$ · 8 H_2O, Vivianit) oder -carbonate ($FeCO_3$, Siderit) sowie Eisen(II,III)hydroxo-carbonate[8] gebildet werden.

Damit ergibt sich eine Vielzahl möglicher Reaktionen, von denen die Umwandlung von Goethit (α-FeOOH) in Fe^{3+}- und Fe^{2+}-Ionen sowie in Magnetit (Fe_3O_4) in einem E-pH-Diagramm (Abb. 59) dargestellt ist.

Die Grenze zwischen den festen Phasen α-FeOOH und Fe_3O_4 ergibt sich aus der für diese Umwandlung geltende Redoxgleichung als die Gerade, bei der beide Substanzen mit der Aktivität 1 vorliegen. Das Fe^{2+}-Feld kann gegen das Feld von α-FeOOH (und in ähnlicher Weise gegen das Fe_3O_4-Feld) in Abhängigkeit von E- und pH-Werten abgegrenzt werden, wenn in der entsprechenden Redoxgleichung (s. Gleichung 10) für $a_{Fe^{2+}}$ ein Wert eingesetzt wird, der den in der Bodenlösung auftretenden Fe^{2+}-Aktivitäten entspricht ($a_{Fe^{2+}} \geqq 10^{-5}$ Mol/l). Somit gilt das in Abb. 59 abgegrenzte Fe^{2+}-Feld für Fe^{2+}-Aktivitäten $\geqq 10^{-5}$ Mol/l.

In Abb. 60 sind außerdem durch gestrichelte Linien die Stabilitätsfelder für amorphe Eisenoxide aufgeführt. Diese weisen im Vergleich zu den kristallinen Oxiden eine deutlich geringere Stabilität auf. Die in Böden ablaufen-

---

* Bezeichnung auch als Ferrihydrit.

[7] *Gotoh, S., W. H. Patrick:* Soil Sci. Soc. Amer. Proc. 38 (1974) 66.

[8] *Taylor, R. M.:* Clay Minerals 15 (1980) 369.

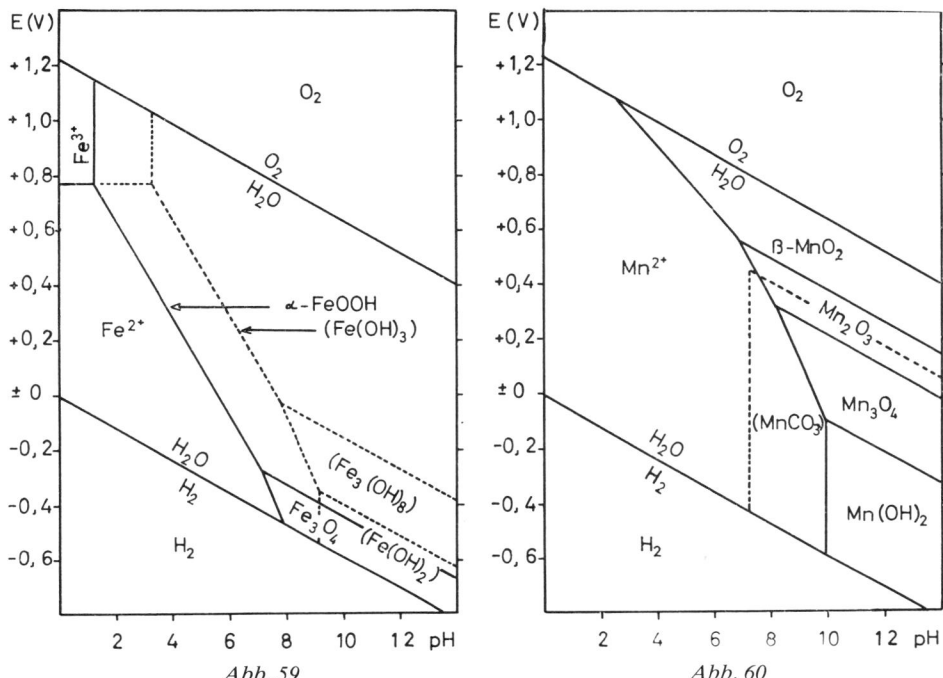

Abb. 59   *Abb. 60*

Abb. 59 Stabilitätsfelder von Fe^{3+}, Fe^{2+}, α-FeOOH und Fe_3O_4 (mit gestrichelten Linien von $Fe(OH)_3$, $Fe_3(OH)_8$ und $Fe(OH)_2$) in Abhängigkeit von Redoxpotential, pH-Wert und Ionenaktivitäten von 10^{-5} Mol/l unter Standardbedingungen (1 bar, 25 °C)

Abb. 60 Stabilitätsfelder von Mn^{2+}, β-MnO_2, Mn_2O_3, Mn_3O_4 und $Mn(OH)_2$ in Abhängigkeit von Redoxpotential, pH-Wert und Ionenaktivitäten von 10^{-5} Mol/l unter Standardbedingungen (1 bar, 25 °C). Mit gestrichelten Linien Stabilitätsfeld für $MnCO_3$ bei einem CO_2-Gehalt der Bodenluft von 1 % (P_{CO_2} = 0,01 bar)

den Reduktionsvorgänge erfassen deshalb zunächst vor allem „amorphe" Eisen(III)hydroxide bzw. Ferrihydrit[5, 9] [$Fe(OH)_3$ in Abb. 59], die zu „amorphen" Eisen(II,III)hydroxiden (z. B. $Fe_3(OH)_8$) bzw. Fe^{2+} reduziert werden und bewirken erst bei stärkerer Erniedrigung des Redoxpotentials eine Umwandlung kristalliner Eisen(III)oxide zu Fe^{2+} bzw. Eisen(II, III)oxiden (siehe Grenze zwischen α-FeOOH und Fe_3O_4 in Abb. 59).

In Abb. 60 sind die Stabilitätsfelder für Manganoxide und Mn^{2+}-Ionen dargestellt. Außerdem ist das für einen CO_2-Gehalt der Bodenluft von 1 % berechnete Stabilitätsfeld von $MnCO_3$ aufgeführt, das die Stabilitätsfelder der unter diesen Bedingungen instabilen Verbindungen Mn_3O_4 und $Mn(OH)_2$ überdeckt. Ein Vergleich mit Abb. 59 zeigt, daß Mn^{2+} ein größeres Stabilitätsfeld aufweist als Fe^{2+}. Damit werden bei abnehmenden Redoxpotentialen im Boden Manganoxide bereits bei höheren

Potentialen zu Mn^{2+}-Ionen reduziert als Eisenoxide zu Fe^{2+}-Ionen. Bei wieder ansteigenden Redoxpotentialen werden dann zuerst Fe^{2+}-und später Mn^{2+}-Ionen als Oxide ausgefällt. Mangan ist damit mobiler als Eisen und unterliegt in höherem Maße der Verlagerung und Auswaschung. Das unterschiedliche Redoxverhalten von Eisen und Mangan kann zur Entstehung räumlich voneinander getrennter Anreicherungshorizonte oder -zonen für diese Elemente und zur getrennten Ablagerung in Konkretionen führen[10, 11, 12, 13].

[9] *Munch, J. C., J. C. G. Ottow:* Soil Sci. 129 (1980) 15.
[10] *Schlichting, E.:* Chemie der Erde 24 (1965) 11.
[11] *Brümmer, G.:* Trans. Comm. V and VI Int. Soc. Soil Sci., Pseudogley and Gley (1973) 17.
[12] *Blume, H.-P.:* Trans. Int. Congr. Soil. Sci. 4 (1968) 441.
[13] *Schwertmann, U., D. S. Fanning:* Soil Sci. Soc. Amer. Proc. J. 40 (1976) 731.

In ähnlicher Weise können E-pH- oder auch pe-pH-Stabilitätsdiagramme für eine Vielzahl von Elementen aufgestellt werden. Begrenzend für ihre Aussagekraft wirkt, daß realistische Interpretationen nur dann möglich sind, wenn alle tatsächlich in Böden auftretenden Verbindungen eines Elementes bekannt sind und bei der Berechnung der Diagramme berücksichtigt werden. Liegen z. B. größere Anteile eines Elementes in unbekannten oder nicht exakt definierten mineralischen, organischen oder organomineralischen Bindungsformen vor, so ist die Berechnung eines E-pH-Diagrammes nicht mehr sinnvoll. Außerdem gelten die erhaltenen Stabilitätsbeziehungen nur für Gleichgewichtsbedingungen, die für reaktionsträge Verbindungen oder in Böden mit häufig wechselnden Naß- und Trockenphasen nicht immer erreicht werden.

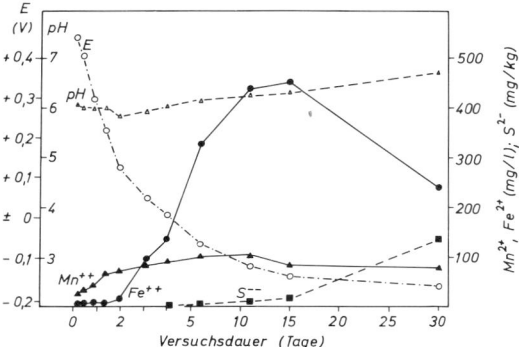

Abb. 61 Redoxpotentiale, pH-Werte, Gehalte an wasserlöslichen und austauschbaren Mn^{2+}- und Fe^{2+}-Ionen und Monosulfidgehalte eines mit Meerwasser gesättigten Bodens in Abhängigkeit von der Versuchsdauer[5]

3. Redoxsysteme in Böden

Mit eintretender Wassersättigung – bedingt durch Stauwassereinfluß, Grundwasseranstieg oder Überflutung – wird die Sauerstoffdiffusion aus der Atmosphäre in den Boden fast vollständig unterbunden, da die Diffusion in wassergefüllten Poren etwa um das 10000fache langsamer ist als in luftgefüllten. Der noch vorhandene Sauerstoff wird innerhalb weniger Stunden bis zu zwei Tagen durch aerobe Mikroorganismen für den oxidativen Abbau organischer Substanzen verbraucht. Fakultativ und obligat anaerobe Mikroorganismen treten dann milieubeherrschend auf. Diese verwenden ebenfalls die im Boden vorhandene organische Substanz als Elektronendonator, wobei anstatt des Sauerstoffs anorganische und organische Verbindungen hoher Oxidationsstufe als Elektronenakzeptoren fungieren. Durch die Tätig-

keit der Mikroorganismen werden damit NO_3^- zu N_2O und N_2, N_2 zu NH_4^+, Mn(III, IV) und Fe(III) zu Mn(II) und Fe(II), SO_4^{--} zu H_2S, CO_2 zu CH_4 und H^+ zu H_2 reduziert. Zersetzbare organische Substanzen werden zu CO_2 und H_2 sowie zu niedermolekularen organischen Säuren (Essig-, Butter-, Milchsäure u. a.), Polyhydroxycarbonsäuren, Aldehyden, Aminen, Mercaptanen, NH_4^+, H_2S, C_2H_4 und CH_4 abgebaut. Unter reduzierenden Bedingungen verläuft der Abbau der organischen Substanz allerdings sehr viel langsamer als unter oxidierenden Bedingungen.

Die Reduktion der verschiedenen Substanzen findet dabei in definierter, durch die Redoxeigenschaften der verschiedenen Verbindungen bestimmter Reihenfolge statt. Bereits bevor der Sauerstoff vollständig verbraucht ist, beginnt als erstes die Reduktion der Nitrate zu N_2 sowie zu metastabilem NO_2^-, NO und N_2O.

Dieser Prozeß kann in landwirtschaftlich genutzten Böden nach einer Nitrat-Düngung bei feuchten Witterungsverhältnissen zu beträchtlichen Verlusten an gasförmigem Stickstoff führen[14]. Bei nur wenig niedrigeren Redoxpotentialen folgt dann die Umwandlung der Mangan(III, IV)oxide zu Mn^{2+}. Hierdurch wird die Mn-Mobilität und -Verfügbarkeit beträchtlich erhöht. Erst wenn O_2 und NO_3^- nicht mehr nachweisbar sind, findet bei weiter erniedrigten Redoxpotentialen die Reduktion von Eisen(III)oxiden zu Fe^{2+} statt. Dieser Prozeß wird – ebenso wie die Reduktion der Mangan(III, IV)oxide – vor allem durch mikrobiell gebildete, reduzierend und komplexierend wirkende lösliche organische Substanzen wie Polyhydroxycarbonsäuren, einige Aldehyde, Mercaptane u. a. bewirkt. Deshalb liegen Mn^{2+} und besonders Fe^{2+} in der Regel als lösliche metallorganische Komplexe in der Bodenlösung vor[15] und können als solche im Boden verlagert werden.

Eine Reduktion der Mangan- und Eisenoxide durch H_2S ist ebenfalls möglich (s. Gleichung (5)). Mit der Reduktion der Oxide werden die in ihnen festgelegten Elemente P, Mo, Co, Cu, Zn u. a. in eine mobilere und z. T. pflanzenverfügbare Form überführt. Mit weiterem Absinken des Redoxpotentials beginnt dann die Reduktion von SO_4^{2-} zu H_2S und HS^- sowie von CO_2 zu CH_4. Die Reduktion von SO_4^{2-} – wie auch von NO_3^- und CO_2 – wird direkt durch

[14] Rolston, D. E. et al.: Soil Sci. Soc. Amer. J. 42 (1978) 863.

[15] Sims, J. L., W. H. Patrick: Soil Sci. Soc. Amer. J. 42 (1978) 258.

Mikroorganismen bewirkt und verläuft nach folgendem Schema:

$$2(CH_2O) + SO_4^{2-} + H^+ = HS^- + 2CO_2 + 2H_2O \quad (12)$$

CH_2O stellt dabei in vereinfachter Form die organische Substanz des Bodens dar. Mit der Bildung von HS^--Ionen oder H_2S findet eine Fällung von Fe^{2+} (vgl. Abb. 61) und anderen Schwermetallen als Sulfid statt.

In Abb. 61 ist der unterschiedliche Beginn der Mn^{2+}-, Fe^{2+}- und Sulfid-Bildung sowie der E- und pH-Verlauf für einen wassergesättigten Boden in Abhängigkeit von der Versuchsdauer dargestellt. Eine Übersicht über experimentell ermittelte Beziehungen zwischen Redoxpotentialen und Redoxreaktionen in Böden ist in Tab. 46 aufgeführt. Da das Redoxpotential pH-abhängig ist, sind die angegebenen Werte unter Verwendung des Faktors $0,059$ V pro pH (s. Gleichung (8)) auf pH 7 umgerechnet und als E_7-Werte angegeben.

Tabelle 46 Experimentell ermittelte Redoxpotentiale für verschiedene Redoxreaktionen[2, 5, 7]

Redoxreaktion	E_7 (V)
Beginn der NO_3-Reduktion	$0,45 - 0,55$
Beginn der Mn^{2+}-Bildung	$0,35 - 0,45$
O_2 nicht mehr nachweisbar	$0,33$
NO_3^- nicht mehr nachweisbar	$0,22$
Beginn der Fe^{2+}-Bildung	$0,15$
Beginn der SO_4^{--}-Reduktion und Sulfid-Bildung	$-0,05$
Beginn der CH_4-Bildung	$-0,12$
SO_4^{--} nicht mehr nachweisbar	$-0,18$

4. Redoxpotentiale von Böden

Während gut durchlüftete saure Böden hohe positive Redoxpotentiale aufweisen (bis $+0,8$ V), treten unter anaeroben Bedingungen bei neutraler bis alkalischer Reaktion niedrige und z. T. sogar negative Werte (bis $-0,35$ V) auf. Die Redoxeigenschaften der Böden ändern sich jahreszeitlich unter Umständen beträchtlich, wobei Potentialunterschiede von $0,1-0,8$ V festgestellt werden können[12]. Die stärksten Schwankungen treten in grund- und stauwasserbeeinflußten Horizonten auf. Die niedrigsten Redoxpotentiale werden in niederschlagsreichen Perioden gemessen.

Da die Intensität der mikrobiell ausgelösten Redoxprozesse vor allem vom Gehalt des Bodens an zersetzbarer organischer Substanz abhängt, findet in humusreichen A_h-Horizonten bereits nach wenigen Stunden Wassersättigung

eine starke Abnahme der Redoxpotentiale statt. In Unterbodenhorizonten mit geringen Gehalten an organischer Substanz tritt dagegen nach Wassersättigung nur eine langsame und insgesamt geringere Veränderung der Redoxbedingungen ein[11]. Dies ist eine der Ursachen für die Naßbleichung im Oberboden von Stagnogleyen und wahrscheinlich eine Möglichkeit für die Entstehung von Podsolen. Das im A-Horizont durch Reduktion und Komplexbildung aus den Eisen(III)oxiden freigesetzte Eisen kann lateral abgeführt oder in den Unterboden verlagert und dort wieder oxidiert und ausgefällt werden.

Mit abnehmenden Redoxpotentialen treten charakteristische pH-Veränderungen der Böden auf. In schwach bis mäßig sauren Böden steigen die pH-Werte mit zunehmender Reduktion bis zu neutraler Reaktion hin an (siehe Abb. 61), da für die Reduktion oxidierter Substanzen H-Ionen verbraucht werden. Umgekehrt führt die Oxidation reduzierter Stoffe zu einer pH-Erniedrigung (siehe Gleichungen (1) bis (4)). In alkalischen Böden findet durch mikrobielle Produktion von CO_2 und organischen Säuren unter reduzierenden Bedingungen in der Regel eine pH-Erniedrigung bis zu neutraler Reaktion statt.

Obwohl die *Nernst*sche Formel eine quantitative Beziehung zwischen Redoxpotential und den beteiligten Stoffen herstellt, ist eine Auswertung der in Böden gemessenen Potentiale meist nur in qualitativer Hinsicht möglich, da im Boden eine Vielzahl von Redoxpaaren auftreten. Das gemessene Potential setzt sich dann aus den Einzelpotentialen der beteiligten organischen und anorganischen Redoxsysteme zusammen, von denen zum großen Teil weder die Standardpotentiale noch die Konzentration der einzelnen Bestandteile bekannt sind. So sind bisher Versuche, quantitative Beziehungen für die Redoxsysteme $Mn^{2+} \rightleftharpoons$ Mangan(III, IV)-oxide und $Fe^{2+} \rightleftharpoons$ Eisen(III)oxide aufzustellen, wenig erfolgreich verlaufen, da die Reduktion der Oxide vorwiegend durch reduzierend und komplexierend wirkende organische Substanzen bedingt wird. Auch die in Böden gemessenen Redoxpotentiale werden weitgehend durch organische Substanzen bestimmt. Darüber hinaus können z. T. auch Redoxreaktionen des Stickstoffs und Schwefels potentialbestimmend wirken[5, 16].

[16] *Baily, L. D., E. G. Bouchamp:* Canad. J. Soil Sci. 51 (1971) 51.

XIV. Flockung und Peptisation*

Die Vorgänge der Flockung (= Koagulation) und der Peptisation betreffen Teilchen von der Größenordnung der *Kolloide*. Die Grenze zwischen grobdispersen und kolloiddispersen Stoffen wird in der Chemie bei einem Teilchendurchmesser von 0,1 μm gezogen. In der bodenkundlichen Forschung hat man dagegen den Bereich der Kolloidfraktion der Böden mit dem Bereich der Tonfraktion zusammengelegt, weil auch die Bodenteilchen mit einem Durchmesser bis etwa 2 μm kolloide Eigenschaften zeigen.

Dies ist unter anderem eine Folge der Teilchenform. Je dünner die Blättchen der Tonminerale, desto mehr treten die durch die Masse verursachten Eigenschaften hinter den durch die Oberflächen verursachten Eigenschaften zurück und desto deutlicher wird daher das kolloidähnliche Verhalten.

In einer Bodensuspension unterliegen die Teilchen einerseits der Schwerkraft, die auf ein Absetzen (Sedimentieren) hinwirkt, andererseits den Einflüssen der Diffusion infolge *Brown*scher Wärmebewegung, die dem Absetzen entgegenwirkt. Läßt man eine elektrolytfreie, stark verdünnte Tonsuspension ruhig stehen, so können die Tonteilchen lange Zeit im Solzustand verbleiben, bevor sie ausflocken.

Die durch die Brownsche Bewegung verursachten Kollisionen der Teilchen führen unter diesen Bedingungen nur selten zum Aneinanderhaften, weil die relativ große Dicke der elektrischen Doppelschicht nur bei besonders energiereichen Kollisionen (hohem kinetischem Potential) zu hierfür hinreichend starker Annäherung führt. In elektrolythaltigen Tonsuspensionen kommt ein Aneinanderhaften häufiger zustande, weil die geringere Dicke der elektrischen Doppelschicht auch bei energieärmeren Kollisionen eine hinreichende Annäherung zuläßt. Die Einzelteilchen vereinigen sich schnell zu größeren Flocken, die dann infolge der höheren Teilchengewichte zu Boden sinken (Vorgang der *Flockung* oder *Koagulation*).

Jede Flockung eines Sols ist mit einer Verminderung der Zahl der Einzelteilchen verbunden. Dadurch wird die Häufigkeit der Kollisionen herabgesetzt und der weitere Ablauf der Flockung verzögert.

Nach Auswaschung des Salzes können die Flocken durch Wasserzusatz meist vollständig wieder dispergiert und in den Solzustand übergeführt werden (Vorgang der *Peptisation*).

Da die geflockten Teilchen unregelmäßig aneinanderhängen, sind Sedimente, die aus geflockten Suspensionen entstehen, voluminöser als solche aus ungeflockten (peptisierten). Sie haben ein größeres Porenvolumen und hemmen daher die Wasserperkolation weniger als Sedimente aus ungeflockt sedimentierten Teilchen. Daher lassen sich Schichten aus ungeflockt sedimentiertem Ton z. B. zur Dichtung von Bewässerungskanälen verwenden. Umgekehrt wird die Abtrennung ungeflockter Kolloide aus Wasser durch Entstehung eines wenig durchlässigen Filterkuchens, z. B. an der Bodenoberfläche, behindert.

Geflockt und peptisiert vorliegende Sedimente verhalten sich wegen der verschiedenartigen Verknüpfung ihrer Einzelteilchen bei verschiedenartiger Beanspruchung unterschiedlich. Im geflockten Zustand ist die freie Beweglichkeit einzelner Teilchen kleiner als im peptisierten Zustand und daher ist ihre Verlagerung im Rahmen der Verschlämmung geringer. Die plastische Verformbarkeit ist im geflockten Zustand bei gleichem Wassergehalt jedoch größer als im peptisierten, weil infolge der offeneren Struktur der Flocken mehr leichtbewegliches Wasser vorhanden ist.

Vielfach tritt bei knetender Beanspruchung anfangs ein hoher Widerstand auf, der bei fortschreitender Verformung rasch absinkt. Diese Widerstandsschwelle wird auch als *Thixotropie* bezeichnet. Sie wird durch reversible Störung schwacher Verknüpfungen beim Kneten, Rühren oder Schütteln verursacht.

1. Energetische Wechselwirkung zwischen Bodenkolloiden

Bodenkolloide wirken aufeinander ein über die adsorbierten Kationen, das adsorbierte Wasser

---

* Zusammenfassende Literatur[1-4].
[1] *Kruyt, H. R.:* Colloid Science I u. II. Elsevier, Amsterdam 1949 (II) u. 1952 (I).
[2] *Kuhn, A.:* Kolloidchemisches Taschenbuch. Akad. Verlagsges., Leipzig 1960.
[3] *Koenigs, F. F. R.:* The mechanical stability of clay soils as influenced by the moisture conditions and some other factors. Diss. Wageningen 1961.
[4] *Olphen, H. v.:* An introduction to clay colloid chemistry. Interscience Publ., New York 1977.

und durch unmittelbaren Kontakt, indem elektrostatische Wechselwirkungen zwischen positiv und negativ geladenen Stellen der Oberflächen auftreten. Da die positive Ladung an den Stirnkanten der Tonminerale und Oxide ebenso wie die negative Ladung der organischen Substanz stark pH-abhängig ist, werden diese elektrostatischen Wechselwirkungen vom pH der Böden beeinflußt. Zwischen den Bodenkolloiden können anziehende und abstoßende Kräfte auftreten.

Die *Abstoßung* zwischen zwei sich nähernden Tonteilchen beruht (a) auf der gleichsinnigen elektrischen Ladung der Gegenionen, (b) der Bindungsfestigkeit adsorbierter Moleküle des umgebenden Mediums und (c) der konzentrierten Lösung im Bereich der elektrischen Doppelschicht, weil sich infolge des starken osmotischen Druckgefälles in Richtung Bodenlösung die Lösung der Doppelschicht zu verdünnen sucht, so daß benachbarte Teilchen auseinander gedrängt werden. Die Wirksamkeit der osmotischen Kräfte äußert sich z. B. in der Quellung und dem Quellungsdruck bei stark entwässerten Tonen.

Die *Anziehung* zwischen zwei Teilchen wird wirksam, wenn sich diese auf weniger als etwa 15 Å nähern. Sie ist durch verschiedene Kräfte bedingt (s. a. Organo-mineralische Verbindungen): (a) Van-der-Waalssche-Kräfte zwischen Molekülen und Atomen, (b) Brückenbildung durch Kettenmoleküle (Polyelektrolyte s. Kap. XV 4 d (5)), (c) Coulombsche Kräfte zwischen positiven und negativen Oberflächenladungen, (d) Grenzflächenkräften zwischen nicht mischbaren Komponenten (z. B. Wasser-Luft-Meniskenkräfte).

Nähern sich daher zwei Tonteilchen auf weniger als ≈ 15 Å, so überlappen die diffusen Schichten, gehören also nunmehr beiden Teilchen gemeinsam an, und die Anziehungskräfte überwiegen die Abstoßungskräfte. Alle Faktoren, die eine Verringerung der Dicke der Doppelschicht zur Folge haben, begünstigen daher die Bildung von Flocken und größeren Aggregaten. Dies sind vor allem die Konzentration der Lösung und die Wertigkeit der adsorbierten Kationen.

In Abb. 62 ist der Einfluß der Salzkonzentration auf die bei Annäherung von Kolloiden auftretenden Potentiale schematisch dargestellt. Das Potential ist hierbei die Arbeit bzw. Energie, die aufgewendet werden muß, um eine Annäherung gegen die abstoßenden Kräfte zu erzwingen. Die Abbildung zeigt (a) die Einzelkurven für die positiven Potentiale, die durch die abstoßenden Kräfte bedingt sind (gestrichelte Kurve oberhalb der Abszisse), (b) die Einzelkurven für die negativen Potentiale, die durch die anziehenden Kräfte bedingt sind (gestrichelte Kurven unterhalb der Abszisse), (c) die Resultante, die sich durch Addition der positiven und negativen Potentiale bei den einzelnen Teilchenabständen ergibt. Legt man den Betrachtungen jeweils gleiche Teilchen zugrunde, so kann man die Potentialkurven auch als Energiekurven betrachten. Die Steigung der Kurven bei den verschiedenen Teilchenabständen ist ein Maß für die dann wirksamen anziehenden oder abstoßenden Kräfte, deren Größe und Richtung in Abhängigkeit von der Entfernung von der Teilchenoberfläche in Abb. 62 ebenfalls dargestellt ist (punktierte Kurve).

Aus der Abbildung ist ferner ersichtlich, daß

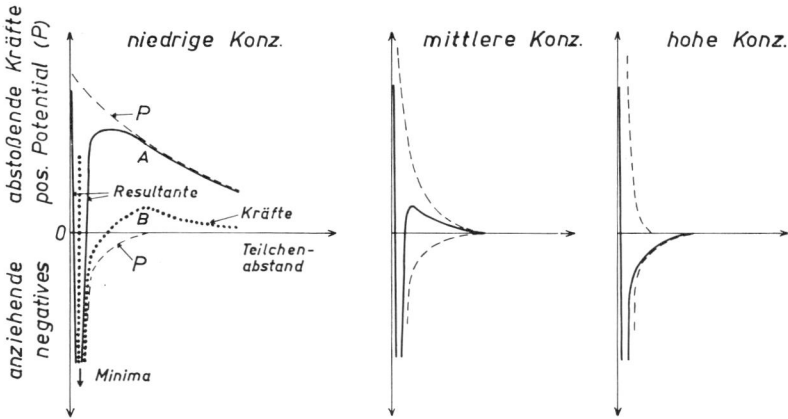

Abb. 62 Schematische Darstellung der Potentiale (P) und der Kräfte zwischen 2 Teilchen einer Suspension in Abhängigkeit vom Teilchenabstand bei 3 verschiedenen Salzkonzentrationen (nach[4], ergänzt)

die Resultante bei sehr geringem Teilchenabstand steil ansteigt. Dieser Anstieg ist durch Unebenheiten der sich nähernden Partikeloberflächen bedingt (Abstoßung nach *Born*).

Die Potentialkurven sind für 3 verschiedene Salzkonzentrationen dargestellt. Aus dem Verlauf der Resultante ist folgendes zu ersehen:

Bei *niedriger Salzkonzentration* steigt mit der Annäherung der Teilchen das Potential, d. h. die Energie, die zur weiteren Annäherung aufgewendet werden muß, zunächst annähernd exponentiell an. Mit der bei weiterer Annäherung zunehmenden Wirksamkeit der anziehenden Kräfte wird die Kurve flacher. Die zur weiteren Annäherung notwendigen Energiebeträge werden immer kleiner und erreichen im Maximum der Kurve den Wert Null. Diese Energiebarriere bzw. der Abstand, zu dessen Erreichung dieser maximale Energiebetrag erforderlich ist, muß unterschritten werden, wenn sich Teilchen zu Flocken vereinigen sollen. Die Abbildung zeigt außerdem, daß bei dem Teilchenabstand, bei dem die Steigung der Potentialkurve am größten ist (Punkt A), die abstoßende Kraft ein Maximum erreicht (Punkt B). Beim Erreichen des Potentialmaximums wird die abstoßende Kraft gleich Null (Schnittpunkt der Kräftekurve mit der Abszisse). Bei weiterer Annäherung ziehen sich die Teilchen gegenseitig an.

Bei niedriger Salzkonzentration tritt dies nur selten ein, so daß die Flockung erst nach Wochen oder Monaten ein höheres Ausmaß erreicht. Sole mit diesen Eigenschaften bezeichnet man als stabil.

Aus den beiden gestrichelten Potentialkurven für Suspensionen mit *mittlerer Salzkonzentration* kann man folgern, daß die Anziehung durch die Elektrolytkonzentration praktisch nicht verändert wird, die abstoßenden Kräfte jedoch im Vergleich zu einer Suspension niedriger Salzkonzentration erst bei viel geringerem Teilchenabstand wirksam werden. Die Ursache ist die Verringerung der Dicke des diffusen Teils der Doppelschicht bei Erhöhung der Konzentration der Lösung. Es muß zwar auch noch bei mittlerer Konzentration eine Energiebarriere überwunden werden (s. Resultante), diese ist aber geringer als bei niedriger Salzkonzentration. Man spricht in diesem Fall von langsamer Flockung.

Bei *hoher Salzkonzentration* überwiegen außer bei größter Annäherung bei jedem Teilchenabstand die anziehenden Kräfte, wie aus dem Verlauf der Resultante gefolgert werden

kann. Es ist daher auch keine Energiebarriere zu überwinden. Die Flockungsgeschwindigkeit erreicht bei hoher Salzkonzentration ein Maximum. Die Zunahme der Flockungsgeschwindigkeit beruht sowohl bei der Erhöhung der Salzkonzentration als auch unter dem Einfluß mehrwertiger Kationen im Vergleich zu einwertigen auf der gleichen Ursache, nämlich auf der Verringerung der Dicke des diffusen Teils der Doppelschicht. Man spricht in diesem Fall von schneller Flockung.

2. Einfluß von Kationenbelag und Wertigkeit auf die Flockung

Die Flockungsempfindlichkeit von Austauschern, also die Neigung, in den geflockten Zustand überzugehen, steigt mit der Wertigkeit der Gegenionen, bei *negativ* geladenen Austauschern also in der Reihenfolge

$$M^+ < M^{2+} < M^{3+} \qquad (M = \text{Metallionen})$$

Wird z. B. ein mit Na gesättigtes Tonmineral in Wasser aufgeschlämmt, so bildet sich ein sehr beständiges Sol. Von dieser peptisierenden Wirkung der Na-Ionen macht man bei der Körnungsanalyse Gebrauch. Demgegenüber sind Sole von Austauschern, die mit mehrwertigen Kationen gesättigt sind, z. B. mit Ca^{2+} oder Al^{3+}, sehr instabil und flocken nach relativ kurzer Zeit. Die Flockung wird beschleunigt, wenn dem Sol eine Salzlösung zugesetzt wird. Bei *hoher* Salzkonzentration erfolgt eine *schnelle Flockung*, die unabhängig von der Wertigkeit der austauschbaren Ionen und der Kationen der Lösung ist. Bei *geringer* Konzentration, wie sie z. B. in der Bodenlösung im Freiland vorliegt, erfolgt eine *langsame Flockung*, die von der Wertigkeit der Ionen stark beeinflußt wird.

a) Teilchen mit negativer Ladung (Kationenaustauscher)

Nach der Regel von *Schulze-Hardy* ist die flockende Wirkung von Elektrolyten, die nicht mit dem Kolloid chemisch reagieren, um so größer, je höher die Wertigkeit der Gegenionen ist, also im Fall der Tonminerale die der Kationen. So betrugen nach Untersuchungen an verschiedenen Kolloiden (Arsen(III)sulfid, Silberjodid, Gold) die *Flockungswerte*, d. h. die Salzkonzentration, bei der die schnelle Flockung der Sole einsetzte, bei

einwertigen Kationen 25 bis 150 mmol/l
zweiwertigen Kationen 0,5 bis 2 mmol/l
dreiwertigen Kationen 0,01 bis 0,1 mmol/l.

An Proben eines mit Na^+ bzw. Ca^{2+} gesättigten Montmorillonits wurden die in Tab. 47 angeführten Ergebnisse erhalten. Der geringe Unterschied der Flockungswerte zwischen ein- und zweiwertigen Kationen bei beiden Montmorilloniten ($\approx 10:1$) in der Tab. 47 im Vergleich zu obigen Werten (Schwankungsbereich 50 bis 100 : 1) ist darin begründet, daß zwischen Na-Montmorillonit und $CaCl_2$ ebenso wie zwischen Ca-Montmorillonit und NaCl ein Kationenaustausch stattfand, so daß in den Lösungen ein Gemisch von $CaCl_2$ und NaCl vorlag. Vergleicht man dagegen die Systeme Na-Montmorillonit−NaCl und Ca-Montmorillonit−$CaCl_2$, in denen Austauschvorgänge ausgeschlossen sind, so ergibt sich ein Verhältnis der Flockungswerte zwischen ein- und zweiwertigen Kationen von $\approx 130:1$.

Tabelle 47 Flockungswerte der wäßrigen Suspension eines Na- und Ca-Montmorillonits bei Zusatz von NaCl und $CaCl_2$[5]

	NaCl (mmol/l)	$CaCl_2$ (mmol/l)
Na-Montmorillonit	12 − 16	1,2 − 1,7
Ca-Montmorillonit	1,0 − 1,3	0,09 − 0,12

Bei dem Ca-Montmorillonit genügt schon die geringe Menge von 0,1 mmol $CaCl_2$/l, um eine Flockung zu erzielen. In Böden wird diese Ca-Konzentration von 4 mg Ca/l nur selten (und dann nur vorübergehend) unterschritten, wie aus laufenden Messungen der Ca-Konzentration in der Bodenlösung im Feld zu folgern ist (Tab. 68, Kap. XX 3 a).

Wird aber der Schwellenwert, der für verschiedene Bodenkolloide auf unterschiedlicher Höhe liegt und auch vom Kationenbelag abhängig ist, dennoch längere Zeit unterschritten, so können Aggregate geringer Stabilität peptisiert werden, so daß Verschlämmungs- und Verlagerungsvorgänge begünstigt werden. Eine hohe Ca-Konzentration begünstigt daher die Aggregatstabilität.

Bei Böden hoher Na-Sättigung ist eine besonders hohe Salzkonzentration zur Flockung notwendig, wie aus Tab. 47 zu folgern ist. Nareiche Böden sind daher nur bei Gegenwart relativ hoher Salzgehalte in der Bodenlösung geflockt und gehen bei Entsalzung leicht in den peptisierten Zustand über. In diesem Zustand sind sie stark quellfähig, Dränbarkeit und Infil-

tration sind wegen der jetzt oft relativ dichten Lagerung stark gehemmt. Es wird daher bei Böden mit hoher Na-Sättigung ein Umtausch von Na^+ durch Ca^{2+} angestrebt (Gefügemelioration von Salz- und Natriumböden).

Zwischen Kationen *gleicher* Wertigkeit sind im Vergleich zu Kationen *verschiedener* Wertigkeit nur sehr geringe Unterschiede in den Flockungswerten vorhanden. Häufig wurde festgestellt, daß diese im Sinne der lyotropen Reihen (= *Hofmeister*sche Ionenreihen) steigen:

$$Li^+ < Na^+ < K^+ < NH_4^+ < Rb^+ < Cs^+;$$
$$Mg^{2+} < Ca^{2+} < Sr^{2+} < Ba^{2+}.$$

Die *Wertigkeit der Anionen* von Salzen ist bei Kationenaustauschern nur von sehr geringem Einfluß auf die Flockungswerte, sofern die Anionen mit den Teilchen nicht chemisch reagieren. Bei gleichem Kation ergeben Chloride, Nitrate und Sulfate also sehr ähnliche Flockungswerte. Die flockende Wirkung von Phosphationen ist schon wegen ihrer sehr geringen Konzentration in der Bodenlösung von sehr untergeordnetem Einfluß.

b) Teilchen mit positiver Ladung (Anionenaustauscher)

Bei positiv geladenen Kolloiden und damit Anionen als Gegenionen (z. B. bei Eisen- und Aluminium-oxiden unterhalb ihres Ladungsnullpunktes) ist die Wertigkeit des Anionen für die Flockung entscheidend. Auch für Anionen gilt die Schulze-Hardy-Regel. Wie an Solen von Eisen- und Aluminium-oxiden nachgewiesen wurde, haben bei gleichem Kation zweiwertige Anionen wie SO_4 das 60- bis 80fache Flockungsvermögen von einwertigen Anionen (Cl^-, NO_3^-). Die Wirkung von OH-Ionen ist bei Bodenkolloiden kaum gesondert zu erfassen, weil bei Zusatz von löslichen Hydroxiden chemische Reaktionen auftreten. So werden bei Tonmineralen Al-Ionen gefällt und die pH-abhängige Ladung erhöht.

3. Aufbau der Flocken[5]

Wenn blättchenförmige Teilchen Flocken bilden, so können bei der Vereinigung drei ver-

---

[5] *O'Brien, N. R.:* Clays a. Clay Min. 19 (1971) 353.

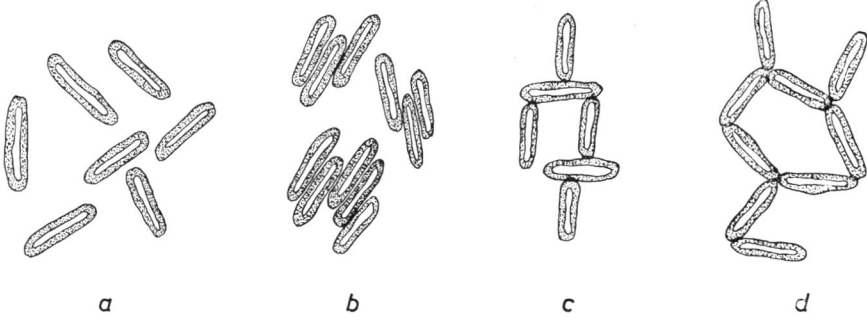

a   b   c   d

Abb. 63   Aggregatbildung bei blättchenförmigen Mineralen: a) peptisiert, b) aggregiert Fläche–Fläche, c) aggregiert Fläche–Kante, d) aggregiert Kante–Kante (punktiert: Wasserhülle der Doppelschicht)

schiedene Berührungsarten auftreten (Abb. 63): Fläche an Fläche, Fläche an Kante und Kante an Kante. Bei der Flockenbildung Fläche–Fläche entstehen durch Parallelanlagerung dickere Blättchen, während im Fall Fläche–Kante und Kante–Kante eine hohlraumreiche Kartenhausstruktur gebildet wird (Abb. 63 c und d). Die Bildung der *Kartenhausstruktur* wird dadurch ermöglicht, daß an den Seitenkanten der Oktaederschichten positive Ladungen auftreten können, die durch negative Ladungen des anderen Tonminerals neutralisiert werden. Außerdem kann eine Bindung zwischen 2 Tonmineralen auch über Kationen erfolgen, die an der Oberfläche der Austauscher gebunden sind. Als Brücke zwischen den beiden Oberflächen besitzen mehrwertige Kationen (z. B. Ca^{2+}, Al^{3+}) eine höhere Vernetzungsfähigkeit als einwertige Kationen, weil sie die negative Ladung der Oberfläche nicht so vollständig abschirmen können (ein zweiwertiges Kation muß 2 negative Ladungen abschirmen, s. Abb. 46, Kap. X 5 c). Flocken der Art Fläche–Kante treten vor allem im sauren Bereich auf, während im alkalischen Bereich infolge der Abnahme der positiven Ladung der Seitenkanten mit steigendem pH Flocken von der Art Fläche–Fläche vorherrschen[6].

Ähnliche Betrachtungen wie für blättchenförmige Teilchen können auch für stäbchenförmige Teilchen angestellt werden. Liegen, wie in Böden, neben blättchen- und stäbchenförmigen Teilchen auch gleichzeitig sphärische oder polyedrische Teilchen vor (z. B. Quarz, Feldspäte usw.), so lagern sich diese zwischen die Blättchen und Stäbchen und verhindern dadurch die Vereinigung der Teilchen in der Berührungsart Fläche–Fläche.

4. Einfluß des elektrokinetischen Potentials

Die Flockung wurde früher meist mit der Abnahme des Zeta- oder elektrokinetischen Potentials erklärt. Das Zeta-Potential ist das elektrische Potential, das sich im Grenzbereich zwischen der Doppelschicht eines Austauschers und der umgebenden Lösung einstellt, wenn an die Suspension ein elektrisches Feld angelegt wird (Vorgang der Elektrophorese). Hierbei wird bei Kationenaustauschern (z. B. Tonmineralen) ein Teil der Kationen des diffusen Teils der Doppelschicht abgestreift, so daß die Teilchen eine negative Ladung annehmen und in Richtung der positiven Elektrode wandern. Aus der *elektrophoretischen Mobilität* der Teilchen kann das Zeta-Potential berechnet werden. Die Größe des Potentials wurde als Maß für die abstoßende Kraft zwischen zwei Teilchen angesehen. Unter dem Einfluß eines Elektrolytzusatzes zur Lösung sinkt das Zeta-Potential der Teilchen und beim Unterschreiten eines sog. „kritischen Potentials" flockt das Sol.

Da nicht bekannt ist, welcher Teil der Kationen im diffusen Teil der Doppelschicht bei der Elektrophorese abgestreift wird bzw. wie sich die Dicke der Doppelschicht hierbei ändert, kann das Zeta-Potential auch keiner bestimmten Entfernung von der Oberfläche innerhalb der Doppelschicht zugeordnet werden. Wegen seines schlecht definierten Charakters − auch im Hinblick auf die Berechnung aus der elek-

[6] *Susumu, O., W. O. Williamson:* Clays a. Clay Min. Proc. 12. Conf. (1964) 223.

trophoretischen Mobilität – hat es seine Bedeutung als *quantitatives* Maß für die Flockungsempfindlichkeit verloren. Dennoch steht außer Frage, daß die Flockung hydrophober Kolloide mit einer Erniedrigung des Oberflächenpotentials verbunden ist. Niedrige Potentiale und damit auch niedrige Flockungswerte treten dann

auf, wenn der Kationenbelag aus Kationen hoher Haftfestigkeit besteht, die also im inneren Teil der Doppelschicht angereichert sind. Es liegen jedoch keine allgemein gültigen Regeln für das kritische Potential vor, bei dem die Flockung bei den verschiedenen Kolloiden erfolgt.

XV. Bodengefüge (Bodenstruktur)*

Unter Bodengefüge – meist synonym mit dem Begriff Bodenstruktur gebraucht – versteht man die Art der räumlichen Anordnung der festen Bodenbestandteile. Da die Verteilung der festen Partikel stark variieren kann, kommen sehr verschiedene räumliche Anordnungen vor, die nicht nur den Wasser-, Luft- und Wärmehaushalt direkt, sondern darüber hinaus indirekt die biologische Aktivität, die Bodenentwicklung, die Ertragfähigkeit und die Erodierbarkeit beeinflussen.

wird nie erreicht. Bei mittlerem Wassergehalt erzeugen die Wassermenisken zwischen den Körnern eine Kohäsion, die jedoch beim Austrocknen wie auch beim Überfluten verschwindet. Diese Eigenschaft hat zur Folge, daß steile Böschungen und Profilwände leicht zerrieseln, bis sich der natürliche Böschungswinkel eingestellt hat. Einzelkorngefüge kommt in ton- und eisenoxidarmen Sanden und Kiesen vor sowie in frisch abgelagerten schluffreichen Sedimenten.

1. Gefügeformen

Die mit bloßem Auge erkennbaren Gefügeformen werden als Makrogefüge, vielfach auch kurz als Gefüge bezeichnet. Wenn von dem mit bloßem Auge nicht mehr erkennbaren Mikrogefüge gesprochen wird, wird dies in der Regel ausdrücklich erwähnt.

Vergleicht man das Gefüge verschiedener Böden, so erkennt man, daß bei manchen die Körner leicht einzeln aus dem Gefügeverband herausfallen, dagegen bei anderen nur größere oder kleinere Brocken abgelöst werden können. Nach dieser Eigenschaft wird das Bodengefüge in drei Hauptgruppen unterteilt, die auch im Freiland deutlich zu unterscheiden sind: Einzelkorn-, Kohärent- und Aggregatgefüge.

a) Einzelkorngefüge

Beim Einzelkorngefüge (Abb. 64 und 67) sind die Primärteilchen (Minerale, organische Teilchen) nicht miteinander verklebt. Ihre Lagerung ist durch die Form der Teilchen, die Körnung und die Reibung bedingt. Dichteste Lagerung im Sinne geordneter Kugelpackungen

* Zusammenfassende Literatur[1-12a].
[1] *Engelhard, W. v.:* Der Porenraum der Sedimente. Springer, Berlin 1960.
[3] *Di Gleria, J., A. Klimes-Szmik, M. Dvoraczek:* Bodenphysik und Bodenkolloidik. Fischer, Jena 1962.
[4] *Rose, C. W.:* Agricultural physics. Pergamon Press, Oxford 1966.
[5] *Kézdi, A.:* Handbuch der Bodenmechanik. VEB-Verl. Bauwesen, Berlin 1969.
[6] *Baver L. D., W. H. Gardner, W. R. Gardner:* Soil physics. Wiley, London 1972.
[7] *Taylor, S. A., G. L. Ashkroft:* Physical edaphology. W. H. Freeman a. Company, San Francisco 1972.
[8] *Yong, R. N., B. P. Warkentin:* Introduction to soil behaviour. MacMillan Comp., New York 1975.
[9] *De Boodt, M., L. De Leenheer, H. Frese, A. J. Low, P. K. Peerlkamp* (Ed.): West-european methods for soil structure determination. Gent 1967.
[10] *Schlichting, E., H. P. Blume:* Bodenkundliches Praktikum. Parey, Hamburg 1966.
[11] *Hartge, K. H.:* Die physikalische Untersuchung von Böden. Enke, Stuttgart 1971.
[12] *Hartge, K. H.:* Einführung in die Bodenphysik. Enke, Stuttgart 1978.
[12a] *Marshall, T. J., J. W. Holmes:* Soil physics. Cambridge University Press 1979.

Einzelkorngefüge (⅓ nat. Größe)   Krümelgefüge (⅔ nat. Größe)

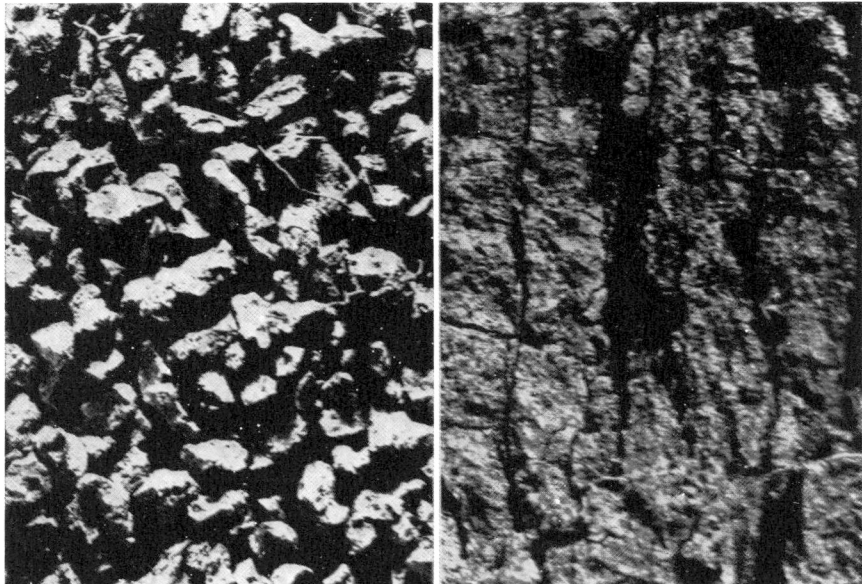

Subpolyedergefüge (nat. Größe)   Prismengefüge (⅓ nat. Größe)

Abb. 64   Gefügeformen

b) Kohärentgefüge

Beim Kohärentgefüge werden die Primärteilchen durch Kohäsionskräfte zusammengehalten und bilden eine ungegliederte Masse. Bö-

schungen und Profilwände zerrieseln daher nicht beim Austrocknen, sondern bleiben als mehr oder weniger steile Wände stehen. Kohärentgefüge kommt in Schluff-, Lehm- und Tonböden vor, und zwar vor allem im Unterboden bzw. Untergrund, da im Oberboden die kohärente Masse beim Austrocknen in Aggregate zerfällt. Eine besondere Art des Kohärentgefüges ist das *Hüllengefüge*, das durch Hüllen von Eisenoxiden, Carbonaten oder organischen Stoffen charakterisiert ist, die an den Berührungsstellen die Primärteilchen miteinander verkitten. Dieses Gefüge ist charakteristisch für Ortstein- und Orterdehorizonte, Raseneisenstein, Laterit, Silcrete und $CaCO_3$-Anreicherungshorizonte (s. a. Kap. XXVIII).

c) Aggregatgefüge

Beim Aggregatgefüge sind Teile der Bodenmatrix von ihrer Umgebung deutlich abgesetzt und bilden separate Körper – die Aggregate. Die Formen der Aggregate sind je nach der Entstehungsart sehr verschieden, ebenso der Grad ihrer Ausbildung. Die Aggregierung kann so stark ausgeprägt sein, daß feinkörnige Böden die Eigenschaften grobkörniger Böden annehmen (Entstehung von Pseudosanden oder Pseudokiesen), was für die Dränung und Erodierbarkeit von Bedeutung ist.

Die Aggregatbildung ist in der Regel eine Folge der Bodenentwicklung. Aggregatgefüge entsteht sowohl aus Böden mit Kohärent- als auch Einzelkorngefüge. Die Form der Aggregate ist für bestimmte Horizonte und auch für bestimmte Entstehungsarten charakteristisch. Bei Einteilungen der Aggregatgefüge stehen deswegen in der Regel neben morphologischen Elementen vor allem bodengenetische im Vordergrund.

Von *E. Mückenhausen* wird das Aggregatgefüge unterteilt in die Gruppen (a) Aufbaugefüge (Krümel, Wurmlosung), das durch biologische Vorgänge entsteht, (b) Absonderungsgefüge (entsteht durch Schrumpfung) und (c) Fragmentgefüge, das durch Bodenbearbeitung entsteht.

(1) Krümelgefüge (Abb. 64)

Krümel entstehen unter dem Einfluß einer hohen biologischen Aktivität und intensiver Durchwurzelung. Sie sind meist rundlich, haben einen Durchmesser von 1–10 mm und besitzen eine hohe Porosität.

Das Krümelgefüge ist besonders charakteristisch für den Oberboden unter Grünland und A-Horizonte mit Mull als Humusform, z. B. von Mull-Rendzinen. Wenn die Krümel miteinander verklebt sind, bezeichnet man dieses Gefüge auch als *Schwammgefüge*.

Abb. 65   Losung von Regenwürmern (Aufn. *Engel*)

(2) Wurmlosungsgefüge

Wurmlosungsaggregate (Abb. 65) bestehen aus feinen Bodenteilchen, die durch Schleimstoffe der Darmflora von Würmern (Erdfresser s. Kap. IX) miteinander verklebt sind; sie haben einen hohen Gehalt an organischer Substanz und bilden unregelmäßig geformte, oft traubenförmig ausgebildete Anhäufungen bis zu einigen cm Größe.

Wurmlosungsgefüge ist in den Schwarzerden Südosteuropas vorherrschend, während es in Mitteleuropa mit anderen Gefügeformen vergesellschaftet ist.

(3) Koagulatgefüge

ist charakterisiert durch Aggregate von nur 50–500 μm Durchmesser und tritt vor allem im A_h-Horizont von Sandböden auf. Es handelt sich hierbei um Aggregate aus Ton und Schluff, die durch $CaCO_3$ oder Fe-oxide (typisch für Roterden) stabilisiert werden. Auch die Losungsaggregate kleiner Arthropoden und Enchytraeiden wurden hier eingeordnet.

(4) Polyedergefüge

wird gebildet aus Polyedern (ähnlicher Länge der drei Hauptachsen) mit überwiegend scharfen Kanten und im Vergleich zu Krümeln meist geringerem Porenanteil; ihr Durchmesser beträgt 2−50 mm. Durch Bewegungen im Boden (biologische Vorgänge, Bearbeitung) werden die Kanten abgerundet, die morphologische Ähnlichkeit zu Krümeln wird größer. Diese Aggregate bezeichnet man als Subpolyeder, Durchmesser 5 bis ≈ 30 mm (Abb. 64).

Polyedergefüge ist besonders in tonreichen Böden ausgeprägt wie im B_t-Horizont von Parabraunerden und in degradierten Schwarzerden. Polyeder in A_h-Horizonten (z. B. braunen Rendzinen) sind meist kleiner als die in B_t-Horizonten. Subpolyedergefüge ist infolge seiner biogenen Entstehungsweise meist auf die Oberflächennähe beschränkt.

(5) Prismengefüge (Abb. 64)

Prismen sind von 3 bis 6 meist rauhen Seitenflächen begrenzte, vertikal gestreckte Aggregate, ihr Durchmesser beträgt 10 bis 300 mm. Die prismatische Absonderung entsteht meist durch Schrumpfen von Böden.

Im oberen Profilbereich können die Prismen in Polyeder und Subpolyeder zerfallen. Mit zunehmender Profiltiefe werden die Schrumpfungsrisse seltener und damit auch die Durchmesser der Prismen größer.

Das Prismengefüge findet sich oft unterhalb der Polyederzone, es ist charakteristisch für Pelosole, Staukörper von tonreichen Pseudogleyen, sowie für tonreiche Gleye und Marschen im Schwankungsbereich des Grundwassers.

(6) Säulengefüge

Säulen sind vertikal gestreckte 4- bis 6seitige, kantige Aggregate, die im Gegensatz zu Prismen kantengerundet sind und eine kappenartig abgerundete Kopffläche aufweisen. Das Säulengefüge ist chrakteristisch für die infolge hoher Na-Sättigung stark quellfähigen Solonetze, wobei die Kopfflächen am Unterrand des A_h-Horizonts eine Ebene bilden können. Manchmal ist Säulengefüge auch in Knickmarschen anzutreffen.

(7) Plattengefüge (Abb. 66)

ist charakterisiert durch horizontal gelagerte Platten, die als Folge von Pressungen, vor allem bei wiederholtem schnellem Wechsel der Belastung entstehen. Die Dicke der Platten beträgt 1−50 mm.

Abb. 66   Plattengefüge (Aufn. *H.-J. Altemüller*)

Plattengefüge findet sich unter Fahrspuren, Trampelpfaden, in Pflug- und sonstigen Bearbeitungssohlen. Es tritt auch in schluff- und feinsandreichen Staunässeböden unter Wald auf. Auch im Bereich von Eislinsenbildungen können Plattengefüge entstehen.

(8) Fragmentgefüge

Fragmente wie Klumpen und Bröckel sind unregelmäßig begrenzte Aggregate, die in A_p-Horizonten mit Kohärent- oder Aggregatgefüge als Folge der Bodenbearbeitung entstehen. Das *Bröckelgefüge* wird gebildet aus Aggregaten mit rauhen Oberflächen und entsteht vorwiegend bei der Bearbeitung von Böden mittleren Tongehaltes bei optimaler Bodenfeuchte (Durchmesser der Bröckel < 50 mm). Das Bröckelgefüge stellt das günstigste durch Bodenbearbeitung zu erreichende Gefüge dar und ist neben dem meist vorhandenen integrierten Bröckel-Krümel-Gefüge ein wesentliches Ziel ackerbaulicher Maßnahmen.

Klumpengefüge entsteht vor allem bei der Bearbeitung von Lehm- und Tonböden in zu feuchtem oder zu trockenem Zustand. Die Klumpen haben einen größeren Durchmesser als die Bröckel und sind an der Oberfläche oft verschmiert.

d) Mikrogefüge[13, 14, 14a]

Unter Mikrogefüge versteht man den nach stärkerer Vergrößerung sichtbaren Feinbau des Ge-

[13] *Jongerius, A.* (Ed.): Soil micromorphology. Elsevier, Amsterdam 1964.
[14] *Kubiena, W.* (Ed.): Die mikromorphometrische Bodenanalyse. Enke, Stuttgart 1967.

füges. Die Untersuchung erfolgt an Anschliffen gehärteter Handstücke im Auflicht unter dem Stereomikroskop oder an Dünnschliffen. Hierbei kann man Lagerung und Form von Partikeln der Sandfraktion erkennen und gegebenenfalls Überzüge aus organischer Substanz oder Ton und Oxiden sehen (Abb. 67). Bei

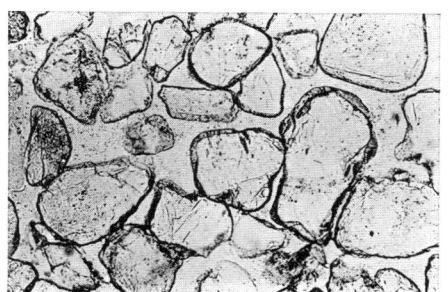

Abb. 67 Dünnschliff eines Sandes in Einzelkorngefüge (Aufn. *H.-J. Altemüller*)

feinkörnigem Material kann man durch Tonverlagerung entstandene Überzüge an Porenrändern (Abb. 155) und bei Auflagehumus Art und Ausmaß des biologischen Abbaues erkennen[14b]. In polarisiertem Licht kann sogar das Geflügeplasma, das aus optisch nicht auflösbaren Mineral- und organischen Teilchen besteht, näher gekennzeichnet werden, wie z. B. die parallel zueinander angeordneten (eingeregelten) Tonminerale.

2. Lagerungsdichte und Porenanteil

Die Böden bestehen aus Körnern verschiedener Größe und Form, die ein gegebenes Volumen mit ihrer Masse nie vollständig ausfüllen. Die verschiedenen Ausfüllungsgrade kann man entweder durch den Anteil an Hohlräumen (= Poren) beschreiben oder durch die ebenfalls unterschiedliche Bodendichte (einschließlich der Poren). Da die Poren wechselnde Anteile an Wasser und Luft enthalten, werden Lagerungsdichten und Porenanteile, wenn nicht anders vermerkt, auf bei 105 °C getrockneten (= ofentrockenen) Boden bezogen.

a) Kenngrößen

(1) Lagerungsdichte, Bodendichte (d$_B$)

Bezieht man die Masse an festen Bestandteilen (m$_f$) auf das gesamte Bodenvolumen (V$_g$), so erhält man eine Verhältniszahl d$_B$ ($\triangleq \varrho_B$)

$$\frac{m_f}{V_g} = d_B \, [m \cdot l^{-3}]$$

die als Bodendichte oder Lagerungsdichte bezeichnet wird. Andere Bezeichnungen sind Raumgewicht, Volumengewicht, scheinbare Dichte oder Schüttgewicht.

Von dem Begriff Lagerungsdichte muß die *Dichte der festen Bestandteile* unterschieden werden. Diese Dichte beträgt z. B. für Quarz 2,65, Tonminerale 2,2–2,9, Schwerminerale 2,9–4,0, Calcit 2,7, organische Substanz wie auch Rohhumus und Torf ≈ 1,4. Da der Quarz in der Regel den Hauptanteil der Festsubstanz bildet, kann für Böden mit geringem Gehalt an organischer Substanz eine mittlere Dichte von 2,65 angenommen werden. Ausnahmen sind Böden bzw. Bodenhorizonte mit höherem Gehalt an Schwermineralen wie z. B. Raseneisenstein oder an Carbonaten.

(2) Porenvolumen (PV)

Anstelle der Masse kann auch das Volumen der Poren auf das Gesamtvolumen (V$_g$) bezogen und als Prozentzahl ausgedrückt werden; man erhält dann das Porenvolumen, exakter den Porenanteil:

$$PV = \frac{V_p}{V_g} \cdot 100$$

Das Porenvolumen wird auch als *Porosität* bezeichnet und als Bruch angegeben (z. B. 0,45 anstelle 45 %).

Die Aussage der beiden Kenngrößen d$_B$ und PV ist identisch, wenn PV mit Hilfe von d$_B$ und einem separat bestimmten Wert für die Dichte der Festsubstanz (d$_F$) errechnet wird. Für den Zusammenhang gilt:

$$PV = 1 - \frac{d_B}{d_F}$$

(3) Porenziffer

Vor allem in der Bodenmechanik wird neben den Kenngrößen PV und d$_B$ oft der Begriff Porenziffer verwendet, bei der als Bezugsgröße das Volumen der festen Bestandteile (V$_f$) angewandt wird:

$$\epsilon = \frac{V_p}{V_f}$$

Die Porenziffer ist mit dem Porenvolumen (PV) und der Lagerungsdichte (d$_B$) durch die folgenden Beziehungen verknüpft:

$$\epsilon = \frac{PV}{1-PV}; \quad \epsilon = \frac{d_F}{d_B} - 1$$

[14a] *Miller, S. A., A. P. Mazurak:* Soil Sci. Soc. Amer. Proc. 22 (1958) 275.
[14b] *Babel, U.:* Mitt. Dtsch. Bodenkdl. Ges. 25 (1977) 623.

Wegen dieser gegenseitigen Beziehungen ist mit der Angabe einer zweiten dieser Verhältniszahlen keine zusätzliche Information gegenüber der Angabe nur einer Zahl verbunden.

b) Porenvolumen in Böden

Die Größe des Porenvolumens (ebenso die der Lagerungsdichte und der Porenziffer) ist von Körnung und Kornform, dem Gehalt der Böden an organischer Substanz sowie von der Bodenentwicklung abhängig.

Betrachtet man als Ausgangspunkt eine *dichteste* Packung gleich großer Kugeln, dann findet man unabhängig von der Kugelgröße ein Porenvolumen von 26 %. Ist die Packung weniger gut geordnet, dann werden die erhaltenen Porenvolumina größer. So erhält man beim Einfüllen gleichgroßer Kugeln (z. B. Glasperlen) in ein Gefäß Porenvolumina von 38–42 % (d_B = 1,65–1,54). Im gleichen Bereich liegen die Porenvolumina bzw. die Lagerungsdichten, die man in Sandböden unterhalb der A_h-Horizonte antrifft. Vergleicht man Packungen aus Kugeln verschiedener Größen, so nimmt das Porenvolumen ab, wenn die Unterschiede in den Kugelgrößen zunehmen. Abweichungen von der Kugelform, z. B. in Richtung auf blättchenartige Form bewirken meist eine Zunahme des Porenvolumens.

Im allgemeinen findet man eine Zunahme des Porenvolumens mit abnehmender Korngröße (Tab. 48), die teils auf zunehmende Abweichungen von der Kugelform, teils auf zunehmende Einflüsse von Oberflächenkräften zurückzuführen ist.

Tabelle 48 Schwankungsbereiche von Porenvolumen, Lagerungsdichte und Porenziffer in Mineralböden (C-Gehalt < ≈ 2 %)

	Porenvolumen (%)	Lagerungsdichte (g · cm^{-3})	Porenziffer
Sandböden	56–36	1,16–1,7	1,27–0,56
Schluffböden	56–39	1,26–1,61	1,27–0,64
Lehmböden	55–30	1,20–1,85	1,22–0,43
Tonböden	70–35	0,88–1,72	2,33–0,54

Dies gilt in besonders hohem Maße für die feinste Korngrößenfraktion, den Ton. Wären seine meist blättchenförmigen Partikel in gleicher Richtung orientiert, so müßte sein Porenvolumen viel kleiner sein als das zwischen den kugelähnlichen Teilchen der Sande.

Tatsächlich findet man aber in den Tonböden fast stets größere Porenvolumina (s. Tab.

48). Dies beruht auf der ungeregelten kartenhausähnlichen Lagerung der Tonminerale, deren Oberflächenkräfte die massenbedingten Kräfte überwiegen. Frisch abgelagerte tonige Sedimente, bei denen die Zwischenräume der Teilchen mit Wasser gefüllt sind, haben Porenvolumina von 70–90 %. Die Salzkonzentration dieses Wassers sowie die Art der austauschbaren Kationen beeinflussen die Größe des Porenvolumens.

Dieses große Porenvolumen von Tonen ist jedoch nicht stabil. Rücken die Teilchen aneinander, wenn dem ganzen System Wasser entzogen wird oder wenn darüber lagernde Schichten sie zusammenpressen (s. Kap. Schrumpfung), vermindert sich das Porenvolumen bis auf 40–50 %. Auch in diesem Größenbereich ist das Porenvolumen von Tonböden jedoch nie so stabil wie das der Sandböden, sondern kann bei Wasserzufuhr wieder zunehmen.

Die Porenvolumina der meisten anderen Körnungsklassen wie z. B. der Schluffböden liegen zwischen denen der Sand- und der Tonböden (Tab. 48). Dies gilt vor allem für die landwirtschaftlich wichtigen Lößböden.

Die wesentlichsten Ausnahmen bilden Böden, bei denen die Zwischenräume zwischen großen Teilchen durch feinere weitgehend ausgefüllt werden können. Dies kommt z. B. in Geschiebelehmen vor, vor allem, wenn sie belastet worden sind (Stauchmoränen). Hier wurden Porenvolumina bis 26–30 % (d_B = 1,96 bis 1,78) festgestellt.

Das andere Extrem bilden Hochmoorböden mit einem Porenvolumen bis zu 90 % (d_B = 0,13) und Böden aus vulkanischen Aschen und Tuffen (Ando-Böden in Japan, Trumaos in Chile), die ebenfalls Porenvolumina von 70–80 % (d_B = 0,8–0,5) aufweisen.

Porenvolumen (PV) und Porenziffer (ϵ) können durch Probenentnahme mit Stechzylindern bekannten Volumens und getrennte Bestimmung der Volumenanteile von Wasser und Luft unter Verwendung der Gleichungen in Kap. a erfaßt werden. Das Volumen des Wassers erhält man durch Trocknen des Bodens bei 105 °C (Dichte des Wassers ≈ 1), das Volumen der Luft z. B. auf direktem Wege mittels Luftdruckpyknometer.

Die Bestimmungen können auch über die Lagerungsdichte und die Dichte der Festsubstanz erfolgen (s. Gleichungen in Kap. a und Lit.[9–11]).

3. Eigenschaften des Porensystems

Die physikalischen Bodeneigenschaften sind nicht nur vom Porenvolumen abhängig, sondern auch von der Verteilung verschiedener Porengrößen und von deren Formen, vor allem aber der Kontinuität der Poren.

a) Porenformen

Die Form der Poren in einem Unterboden aus dichtest gepacktem Sand läßt sich durch ineinander übergehende Tetraeder und Oktaeder mit bauchig zur Porenmitte hin gebogenen Flächen beschreiben. Diese Poren nennt man *Primärporen* oder auch *körnungsbedingte Poren* (s. z. B. Abb. 67)

Im Bereich der Tonböden ist es schwierig, die Formen von Primärporen zu beschreiben, weil sie von der Orientierung der Tonblättchen (d. h. der Art der Kartenhausstruktur) und von dem gegenseitigen Abstand abhängig sind.

Neben diesen körnungsbedingten Poren gibt es im Boden auch noch eine andere Gruppe, die *Sekundärporen*. Zu ihnen gehören vor allem die spaltförmigen Schrumpfungsrisse sowie Wurzel- und Tierröhren (Wurmgänge), ferner unregelmäßige Hohlräume, die z. B. durch Lockern und Wühlen von Tieren, durch Baumwurf oder Bearbeitungsmaßnahmen entstehen.

Diese Sekundärporen zeichnen sich oft durch stark ausgeprägte Kontinuität und ihre im Vergleich zu den Primärporen meist bedeutende Größe (Äquivalentdurchmesser $> 60 \mu m$) aus. Ihr Anteil und ihre vertikale Länge üben oft einen starken Einfluß auf den Wasser- und Lufthaushalt des Bodens aus. Die Sekundärporen unterscheiden sich von den Primärporen weiterhin dadurch, daß sie relativ leicht zerstört werden können, z. B. durch Wasserüberschuß, Regenschlag, Pressungen durch Viehtritt oder Befahren.

Das Sekundärporensystem ist die Hohlformmatrix zu den Aggregaten. Die Intensität seiner Ausprägung ist daher auch durch die Art der Aggregate beschreibbar (s. Kap. 1c). Sie nimmt im Profil in der Regel von oben nach unten ab. Dies äußert sich sehr deutlich in der Verteilung der Wasserleitfähigkeiten, bei der

mit zunehmender Tiefe dann der Einfluß des Primärporensystems zunimmt (Abb. 87).

In Böden mit Aggregatstrukturen findet man also zwei Porensysteme, die einander durchdringen: ein gröberes Sekundärporensystem und ein feines Primärporensystem.

Die Porenformen können im Bereich der Grobporen makroskopisch, z. T. auch durch Beobachtung der Aggregatformen, bestimmt werden. Feine Grobporen und Mittelporen können an Dünnschliffen unter dem Mikroskop bestimmt werden (Abb. 67 und 155). Feinporen sind mit dem Lichtmikroskop nicht erfaßbar. Rückschlüsse auf die Porenform erlaubt die Kombination von Volumenmessungen mit Durchlässigkeitsmessungen. Die Kontinuität der Poren ist um so größer, je größer die Wasserdurchlässigkeit im Verhältnis zum Porenvolumen oder zum Grobporenanteil ist.

b) Porengrößenbereiche

Wie die Körnung, so stellt auch die Porengrößenverteilung ein Kontinuum dar[15], das in konventionell festgelegte Bereiche unterteilt werden kann. Die in diesem Buch verwendete Einteilung geht auf Arbeiten von *F. Sekera* und *M. De Boodt* zurück und ist in Tab. 49 angegeben. Die Grenzen zwischen den Porengrößenbereichen sind an charakteristische Kennwerte des Wasserhaushaltes angelehnt. Die Äquivalentdurchmesser von $50 \mu m$ und $10 \mu m$ entsprechen der Entwässerungsgrenze bei verschiedenen Wasserspannungen der Feldkapazität (z. B. pF 1,8 und 2,5) (s. Kap. XVI) und $0,2 \mu m$ der Entwässerungsgrenze beim permanenten Welkepunkt (pF 4,2).

Aus dieser Einteilung ergibt sich, daß das Wasser in den Feinporen in der Regel nicht pflanzenverfügbar ist, in den Mittelporen ist es dagegen pflanzenverfügbar. Die Grobporen sind in terrestrischen Böden in der Regel wasserfrei, ihr Anteil ist daher für die Belüftung des Bodens ausschlaggebend. Die Porengröße

---

[15] *Diamond, S.:* Clays a. Clay Min. 18 (1970) 7—23.

Tabelle 49 Einteilung der Porengrößenbereiche nach dem Porendurchmesser und der Wasserspannung (cm Wassersäule bzw. pF-Wert)

Porengrößenbereiche	Poren-durchmesser (μm)	Wassersäule (cm)	pF
Grobporen, weite	> 50	1 — 60	0 — 1,8
Grobporen, enge	50 — 10	60 — 300	1,8 — 2,5
Mittelporen	10 — 0,2	300 — 15 000	2,5 — 4,2
Feinporen	$< 0,2$	$> 15 000$	$> 4,2$

ist auch für Wurzelwachstum und mikrobielle Aktivität wichtig, denn Wurzelhaare (Durchmesser $> 10\,\mu$m) vermögen nur in Grobporen einzudringen, während Pilzmyzele (Durchmesser ≈ 3 bis $6\,\mu$m) und Bakterien (Durchmesser $0,2-1\,\mu$m) auch noch in Mittelporen leben können. Die Feinporen sind für Mikroorganismen nicht zugänglich.

Neben den hier erwähnten gibt es noch andere Unterteilungen. So werden z. B. gelegentlich auch kapillare bzw. Mikro-Poren und nichtkapillare bzw. Makro-Poren unterschieden, jedoch besteht keine einheitlich festgelegte Grenze zwischen beiden Bereichen.

c) Porengrößenverteilung (Porung)

Die Porengrößenverteilung ist hinsichtlich der Primärporen von Körnung und Kornform und hinsichtlich der Sekundärporen vom Bodengefüge und damit von der Bodenentwicklung abhängig. Deshalb ist der Anteil an Grobporen in der Regel um so größer, je grobkörniger, d. h. je sand- oder kiesreicher die Böden sind. Der Anteil an Feinporen ist dagegen um so größer, je feinkörniger die Böden sind.

Wie Tab. 50 zeigt, ist der Anteil der Grobporen mit $30 \pm 10\,\%$ bei den Sandböden am höchsten und sinkt mit dem Tongehalt der Böden. Bei Tonböden beträgt er manchmal nur $2-3\,\%$ und ist ebenso wie bei den Schluff- und Lehmböden entscheidend vom Gefüge abhängig. Dagegen besteht zwischen dem Anteil der Feinporen und dem Tongehalt eine enge Beziehung, die sich, wenn auch weniger stark ausgeprägt, im Porenvolumen widerspiegelt. Dieses kann bei frisch abgelagerten Tonen im Extrem $70\,\%$ und mehr betragen. Der Anteil der Mittelporen korreliert in der Regel am engsten mit

Tabelle 50 Anteil des Porenvolumens und Volumens der Porengrößenbereiche am gesamten Bodenvolumen in Mineralböden (C-Gehalt $< \approx 2\,\%$) und organischen Böden

	Porenvolumen (%)	Grobporen (%)	Mittelporen (%)	Feinporen (%)
Sandböden	42 ± 7	30 ± 10	7 ± 5	5 ± 3
Schluffböden	45 ± 8	15 ± 10	15 ± 7	15 ± 5
Tonböden	53 ± 8	8 ± 5	10 ± 5	35 ± 10
Anmoor[17]	70	5	40	25
Hochmoor[17]	90	25	50	15

dem Grobschluff ($20-60\,\mu$m) und erreicht bei den Schluffböden (Lößböden) mit $15 \pm 7\,\%$ ein Maximum. Die Beziehung zwischen den Grobporen und der Körnung ist nicht sehr eng, denn bei ihnen ist der kaum körnungsabhängige Sekundärporenanteil mit erfaßt.

Ein zunehmender Gehalt der Böden an organischer Substanz führt besonders bei Sandböden zu einer Erhöhung des Anteiles der Mittel- und Feinporen, das Ausmaß ist von der Form und dem Zersetzungsgrad der organischen Stoffe abhängig (s. auch Abb. 68). Böden mit hohem Gehalt an organischer Substanz, vor allem Moorböden, haben meist sehr große Porenvolumina. Ihr Grobporenanteil sinkt, wenn der Zersetzungsgrad der organischen Substanz zunimmt, gleichzeitig steigt der Feinporenanteil an.

Die Porengrößenverteilung wird aufgrund der Wassergehalte für verschiedene Wasserspannungen errechnet. Hierfür benutzt man die Gleichung für den kapillaren Aufstieg:

$$r = \frac{2\gamma \cos\alpha}{h\,\varrho\,g}$$

Hierbei bedeuten r den Kapillarradius, γ die Oberflächenspannung des Wassers, α den Benetzungswinkel, h die kapillare Aufstiegshöhe, ϱ die Dichte des Wassers und g die Erdbeschleunigung. Da die Formel streng nur für kreiszylindrische Poren gilt, wird ähnlich wie bei der Bestimmung der Korngrößen (s. Kap. III) ein Äquivalentdurchmesser definiert. Hierbei werden alle Poren erfaßt, deren kapillare Aufstiegshöhe gleich der in kreiszylindrischen Kapillaren mit dem Radius r ist.

Die kapillare Aufstiegshöhe (h) wird meist mit Hilfe des Druckes ($h \cdot \varrho \cdot g$) bestimmt, der notwendig ist, um diese Kapillaren zu entwässern. Im Prinzip handelt es sich dabei um die gleichen Methoden, wie sie zur Bestimmung der Bindungsstärke verschiedener Wasseranteile im Boden verwendet werden (vgl. Wasserspannungskurve). Die Umrechnung auf Kapillarradien setzt neben der Annahme kreisförmiger Menisken noch die Annahme voraus, daß der Boden ein starres Porensystem hat. Dies ist jedoch nicht der Fall, weil die Lagerung von Umgebungsbedingungen wie Wasserspannungen und Belastungen der Festmatrix in komplizierter Weise abhängig ist. Im Bereich niedriger Wasserspannung sind die durch Vernachlässigung dieser Einflüsse entstehenden Fehler jedoch meist gering.

Zur Bestimmung wird die Bodenprobe (ungestörte Lagerung) mit Wasser gesättigt, in einem geschlossenen Gefäß auf eine Filterplatte gebracht, unterschiedlich hohen Drücken (Methode *L. A. Richards*) oder Unterdrücken (Methode *F. Sekera*) ausgesetzt und die jeweils aus dem Boden abgegebene Menge an Wasser bestimmt. Je kleiner der Durchmesser einer Pore ist, um so größer ist der zur Entleerung notwendige Druck. Da jedem Druck ein bestimmter Porendurchmesser zugeordnet werden kann, entspricht der Wasserverlust zwischen zwei Drücken dem Volumen eines bestimmten Porenbereiches. Drückt man den Druck als pF = log cm Wassersäule aus, so ergeben sich zwischen Porendurchmesser und pF die in Tab. 49 angegebenen Beziehungen[10, 11].

d) Veränderungsabläufe

Die Porensysteme – Porenvolumen und Porengrößenverteilung – der Böden verändern sich im Verlaufe der Bodenentwicklung. Die wichtigsten Veränderungsmechanismen sind Einlagerungen und Auswaschungen von organischen Stoffen, Pflanzenteilen, Ton, Eisenoxiden, Carbonaten, sowie Schrumpfungen, Quellungen und Lockerungen durch biologische Aktivität (Bioturbation). Die Art der auftretenden Veränderungen ist stark von der Körnung abhängig und sei an den beiden extremen Körnungen Sand- und Tonböden beschrieben. Die Veränderungen im Porensystem der Lößböden sowie der Lehmböden liegen zwischen diesen Extremen.

Soweit diese Veränderungen durch Wechsel der Wassergehalte und der biologischen Aktivität hervorgerufen werden, unterliegen sie einem mehr oder weniger regelmäßigen mit den Jahreszeiten parallel verlaufenden Rhythmus (s. a. Abb. 79).

(1) Sandböden

In Sandsedimenten mit geringer Bodenentwicklung (Rohböden, Ranker) findet man in der Nähe der Bodenoberfläche ein von der Tiefe im Profil kaum abhängiges Porenvolumen, das überwiegend aus Grobporen besteht (Abb. 68). Im Verlauf der Bodenentwicklung bis zur Braunerde (Sandbraunerde in Abb. 68) werden organische Substanz und Verwitterungsprodukte akkumuliert. Dies führt unter Mitwirkung von Fauna und Flora zu einer Lockerung, die eine Vergrößerung des Porenvolumens und eine Anhebung der Bodenoberfläche mit sich bringt. Meist wird gleichzeitig ein Teil der Grobporen durch akkumulierte Stoffe ausgefüllt und hierdurch der Anteil an Mittel- und Feinporen erhöht. Wird die Stabilität einer solchen gelockerten Lagerung durch Auswaschung der stabilisierenden Substanzen verkleinert, wie das z. B. bei der Podsolierung der Fall ist, so sackt der Boden wieder. Diese Sackung beginnt, ebenso wie die Lockerung, in Oberflächennähe. Daher sind die Ortsteinhorizonte

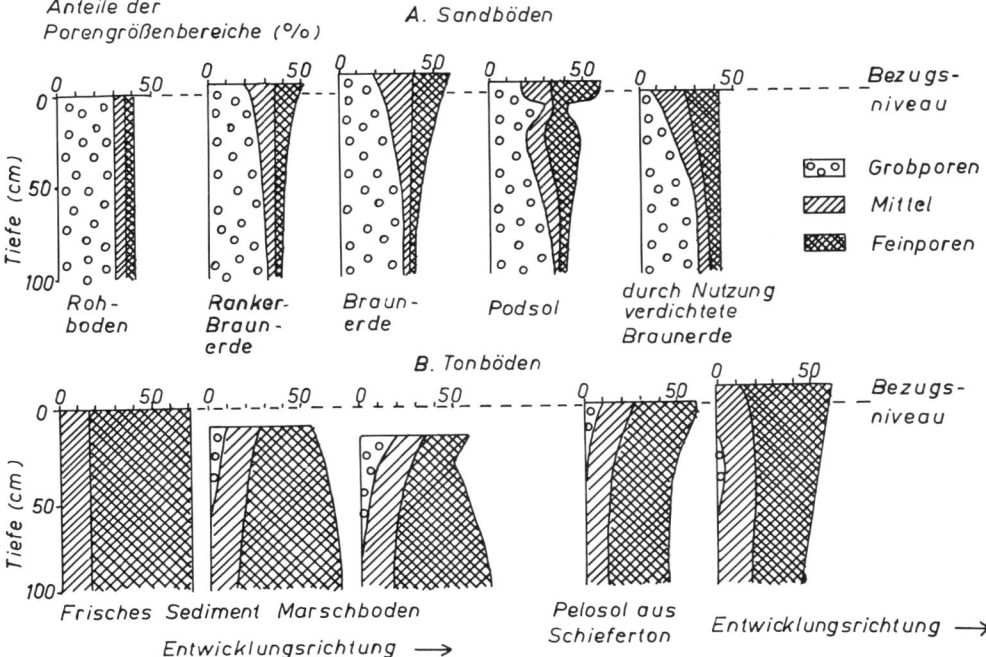

Abb. 68 Veränderung von Porenvolumen, Porengrößenverteilung und Lage der Profiloberkante im Verlauf der Bodenentwicklung bei Sandböden (A) und bei Tonböden (B)

von Podsolen zwar gelegentlich hart, aber oft weniger dicht und weniger perkolationshemmend als die gesackten Bleichhorizonte darüber[16]. Wird ein Sandboden, der im Verlaufe der Bodenentwicklung stark gelockert wurde, komprimiert, so können die Poren durch die angesammelte organische Substanz so weitgehend verstopft werden, daß nach Niederschlägen Wasser gestaut wird (Sportplätze, Fahrwege).

(2) Tonböden

Bei Tonböden sind zwei Ausgangssituationen für die Bodenentwicklung denkbar: (a) das jüngste Sediment, dessen Bodenentwicklung mit der ersten Entwässerung beginnt und (b) das im Verlauf geologischer Vorgänge komprimierte und dadurch entwässerte Sediment, bei dessen Bodenentwicklung die Zufuhr von Niederschlagswasser eine große Rolle spielt.

Im ersteren Falle weist der Boden zunächst ein Kohärentgefüge auf (s. Abb. 68), das sich durch Entwässerung und Schrumpfung von *oben* her allmählich in ein Aggregatgefüge umwandelt[17]. Die Aggregatgröße nimmt dabei mit fortschreitender Schrumpfung und Rissebildung ab, so daß sich dann schließlich eine Gefügeabfolge einstellt, die aus Polyeder- über Prismen- über Kohärentgefüge besteht. Das Porenvolumen des Bodens wird im Verlauf dieser Gefügebildung kleiner. Unter dem Einfluß des Pflanzenwachstums und der biologischen Aktivität kann schließlich in dem obersten Bodenhorizont ein Krümelgefüge entstehen. Dieser Entwicklungsprozeß kann jedoch auch wieder rückläufig werden, indem die gebildeten Sekundärporen bei Gegenwart von viel Wasser durch mechanische Pressungen, bei Bodenbearbeitung mit schweren Geräten, Viehtritt oder Regenschlag zerstört werden. Durch derartige Beanspruchungen wird die erneute Quellung des vorher geschrumpften Materials gefördert, daher nimmt das Porenvolumen des Bodens dabei wieder zu. Es entsteht hier also keine Zunahme der Lagerungsdichte, sondern eine sekundärporenfreie Kohärentstruktur, die eine geringe Lagerungsdichte und daher ein großes Porenvolumen hat.

Im Falle der vorkomprimierten geologisch älteren Tone ist die Veränderung des Porensystems durch die Wasseraufnahme und die damit verbundene Quellung geprägt. Wie im Falle der jüngeren Sedimente wird dabei das Porenvolumen größer, durch Druckentlastung und

biologische Aktivität entstandene Sekundärporen werden verschlossen. In Oberflächennähe können erneute Schrumpfungen zur Neubildung von Aggregaten führen (s. Abb. 68).

(3) Anthropogene Veränderungen

Alle in den beiden vorigen Abschnitten beschriebenen Veränderungstendenzen können durch die Einwirkungen des Menschen verstärkt oder abgeschwächt werden.

Die Wiederherstellung von Aggregaten bzw. Sekundärporen, die im Verlauf der vorhergehenden Kultur zerstört wurden, ist das Ziel von Gefügemeliorationen und vielen Maßnahmen der Bodenbearbeitung, weil hierdurch die Standorteigenschaften für den Pflanzenanbau vielfach verbessert werden. Die Zerstörung von Sekundärporen bewirkt in Sandböden überwiegend eine Verdichtung, also Verkleinerung des Porenvolumens. In Tonböden hingegen besteht die Zerstörung im Zerquetschen der groben Sekundärporen bzw. der Aggregate. Die entstehende Kohärentstruktur hat ein hinsichtlich der Porenformen und Porengrößen einheitlicheres Porensystem als das Ausgangsgefüge. Das Porenvolumen nimmt bei diesem Homogenisierungs-Vorgang meist zu (s. Abb. 68 B).

Bei den Schluffböden (Löß-) ist besonders deutlich zu erkennen, daß die Zerstörung der Aggregate bzw. der Sekundärporen zu einer Homogenisierung des Porensystems führt; das Porenvolumen wird dabei im Gegensatz zu dem der Tonböden nur wenig verändert. Während für den Pflanzenbau Lockerung und Herstellung von Sekundärporen im Vordergrund des Interesses stehen, ist z. B. bei Dämmen und Fahrspuren eine möglichst feste und dichte Lagerung erwünscht. Eine solche wird am besten bei mittleren Wassergehalten erreicht, weil der Boden in diesem Zustand leichter verformbar ist als im trockenen, ohne daß das Volumen des Wassers schon die weitere Verdichtung behindert. In Sandböden kann durch Einarbeiten von organischer Substanz bei gleichzeitiger Komprimierung eine starke Dichtlagerung erreicht werden. In Tonböden sind mit mechanischen Mitteln allein nur die Sekundärporen zerstörbar. Mechanische Beanspruchung in Gegenwart von freiem Wasser führt dagegen zur erneuten Wasseranlagerung, daher zur Zunah-

---

[16] *Lambert, J. L., F. D. Holl:* Soil Sci. Soc. Amer. Proc. 35 (1971) 785.

[17] *Kuntze, H.:* Landw. Forsch. 18 (1965) 178.

me des Anteiles an Feinporen und daher auch des gesamten Porenvolumens.

4. Stabilität des Bodengefüges

Die Lagerung der festen Bodenteilchen ändert sich, wie im vorigen Abschnitt erläutert, als Folge der Bodenentwicklung. Der Boden ist also kein starrer Körper. Die Ursachen für derartige Veränderungen sind Verschiebungen im Zusammenwirken derjenigen Kräfte, die die Bodenteilchen daran hindern, die dichteste, ohne Verformung dieser Teilchen mögliche Lagerung einzunehmen. Die Widerstandsfähigkeit eines Bodengefüges gegen Veränderung infolge erhöhter Beanspruchung z. B. durch Regenschlag, Betreten, Befahren oder Sickerwasserfronten wird je nach der Betrachtungsebene als Aggregat- bzw. Gefügestabilität bezeichnet.

a) Kräfte und Stabilität

Auf die Bodenteilchen wirken eine Reihe von Kräften ein, die sowohl verschiedene Ursachen, als auch verschiedene Größen, Angriffspunkte und Richtungen haben. Unter diesen kommt der *Gewichtskraft,* die durch die Erdbeschleunigung hervorgerufen wird, eine besondere Stellung zu, weil sie allgegenwärtig ist und stets eine bestimmte Richtung, nämlich zum Erdmit-

telpunkt hin, hat (vgl. Abb. 69). Der zahlenmäßige Betrag der Gewichtskraft tritt allerdings oft hinter denen der anderen Kräfte zurück.

Alle Kräfte, die sich auf die gegenseitige Anziehung der Bodenteilchen auswirken, faßt man unter dem Begriff *Kohäsions-* (Anziehung zwischen Molekülen desselben Körpers) und *Adhäsionskräfte* (Anziehung zwischen Teilchen verschiedener Körper) zusammen. Zu diesen gehören die in den Kapiteln über organomineralische Verbindungen, Flockung und Peptisation erwähnten nur auf kurze Entfernungen (bis ≈ 15 Å) wirkenden Kräfte, die aber bei erfolgter Annäherung sehr stark sind. Hierzu kommen auch über größere Entfernung wirkende Kräfte an der Grenzfläche Wasser−Luft, die sich im Auftreten von *Menisken* zeigen. Die Stärke der letzteren kann aus dem starken Zusammenhalt zweier Glasplatten ersehen werden, die man unter Wasser aufeinander legt und die dann an der Luft nur schwer zu trennen sind. Das gleiche gilt für die mit Wasser gefüllten Poren im Boden: je geringer deren Durchmesser ist, um so größer ist die Kraft, die benachbarte Teilchen zusammenhält.

Neben diesen durch die Eigenschaften der Bodenteilchen selbst bedingten Kräften treten noch weitere von der Umgebung bedingte auf.

---

[18] *Hartge, K. H.:* Mitt. Schweiz. Anst. forstl. Vers.-W. 51 (1975) 225.

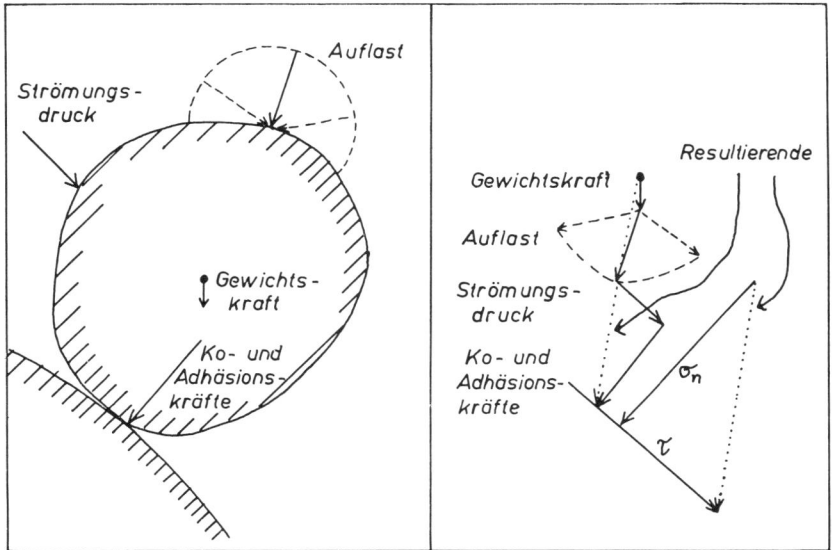

Abb. 69 Schema der auf ein Bodenteilchen bzw. Aggregat einwirkenden Kräfte: Bildliche Darstellung (links) und Vektordarstellung (rechts)[18]

Hierher gehören die Gewichtskräfte anderer „höher" liegender Bodenteilchen, die über direkte Berührung an den Kontaktstellen auf ein jedes Teilchen übertragen werden, wie z. B. die Einwirkung überlagernder Bodenschichten, sowie anderer Lasten wie Fahrzeuge, Vieh, Bauwerke, die alle unter der Bezeichnung *Auflast* zusammengefaßt werden können. Diese Auflasten wirken je nach den Lagerungsbedingungen in verschiedenen Richtungen (s. Abb. 69).

Eine weitere von der Umgebung herrührende Kraft ist der sogenannte *Strömungsdruck*, den das Wasser ausübt, wenn Gradienten des hydraulischen Potentials vorhanden sind. Dieser Strömungsdruck kann je nach der Richtung des ihn erzeugenden Gradienten ebenfalls im Boden verschiedene Richtungen haben. Er verursacht sowohl die Verlagerung von Feinmaterial innerhalb der Bodenmatrix[19] als auch das Zusammensacken aggregierter Schichten zu einem kohärenten Gefüge[20] und das Einschlämmen von Festpartikeln in Dränrohre[20a].

Von diesen Kräften wirken in der Regel alle bis auf die der Ko- bzw. Adhäsion auf eine Erhöhung der Lagerungsdichte hin. Sie tendieren also dazu, Aggregierungen und Sekundärporen zu zerstören, wenn die einzelnen Bodenteilchen im Hinblick auf ihre Umgebung nicht im Gleichgewicht sind.

Um diese Stabilität der Lagerung zu beurteilen, kann man alle wirksamen Kräfte addieren und feststellen, ob sich für die Resultierende und das im Raum zusätzlich auftretende, eine Drehung bewirkende Moment die Beträge Null ergeben. Dies wird in der Regel nicht der Fall sein. Es werden vielmehr Reaktionskräfte im Boden an der Einstellung des Gleichgewichtszustandes beteiligt sein.

Dies ist in Abb. 69 schematisch dargestellt. Dabei ist der Einfachheit halber ein zentrales ebenes Kräftesystem angenommen, so daß nur eine Resultierende betrachtet zu werden braucht. Diese läßt sich für die angenommene Berührungsstelle in eine tangentiale (τ) und eine normale Komponente (σ) aufteilen. Ein statisches Gleichgewicht liegt nur vor, wenn die Reaktionskräfte für beide Komponenten im Boden mit ausreichenden Beträgen mobilisiert werden können, d. h. wenn der Scherwiderstand zur Kompensation der τ-Komponente und die Auflagerkraft zur Kompensation der σ-Komponente ausreicht.

Geht man von der vereinfachten Darstellung in Abb. 69 wieder auf das allgemeine räumliche Kräftesystem zurück, so wird zwar die zeichnerisch weniger anschauliche Wirkung eines resultierenden Momentes hinzutreten, am Prinzip und an der Art der auftretenden Reaktionskräfte würde sich aber nichts ändern.

Abb. 69 läßt weiterhin erkennen, daß die genannten beiden Gegenkräfte der Resultierenden, nämlich Scherwiderstand und Auflagerkraft nicht unabhängig voneinander auftreten. Beide sind vielmehr in folgender Art miteinander verknüpft:

$$\tau = c + \operatorname{tg} \varphi \, \sigma_n$$

In dieser, nach ihrem Autor als Coulomb-Gleichung bezeichneten Formel bedeuten c die Kohäsion (s. Kohärentstruktur), sowie φ der Winkel der inneren Reibung. Nur c und φ sind Eigenschaften des Bodenmaterials. Die Normalspannung (σ_n) ist dagegen abhängig von dem Widerlager, das die Umgebung jedes beanspruchten Teilchens bietet.

Da bei dichterer Lagerung ein weiteres Verschieben der Partikel aus Platzgründen begrenzt ist, das Widerlager somit stärker ist als bei lockerer Lagerung, bringen dichter lagernde Böden (kleinere Porenvolumina) bei sonst gleichen Eigenschaften (c und φ gleich) höhere Scherwiderstände auf als locker gelagerte.

Die Darstellung in Abb. 69 (links) zeigt Einzelkörner, bei locker gelagerten Aggregaten tritt jedoch der gleiche Mechanismus auf. Dies gilt vor allem für Krümel, Subpolyeder und durch Bearbeitung erzeugte Aggregate, die gegeneinander geschert werden können. Während aber die Einzelkörner bei den im Boden auftretenden Spannungen in der Regel nur elastisch, nicht aber plastisch verformt werden können, ist plastische Verformung bei Aggregaten häufig. In diesem Falle ist der vorhin beschriebene Abstützungsmechanismus im Aggregatinneren wirksam und die Verformung eine Folge der Überschreitung des aggregateigenen Scherwiderstandes. Der Scherwiderstand, der der Bewegung eines Bodenteilchens oder eines Aggregates entgegengesetzt wird, ist ein Maß für die Erhaltung von Eigenschaften des Bodengefüges und somit ein Aspekt der Gefüge- oder Aggregatstabilität.

In der festen Bodensubstanz herrscht in ähnlicher Art wie im Wasser an jedem Ort ein Druck, der mit zunehmender Tiefe unter der Oberfläche zunimmt, weil in dieser Richtung die Höhe der auflastenden Schicht größer wird. Dieser Bodendruck ist im Gegensatz zum hydrostatischen Druck im Wasser nicht isotrop,

[19] *Becher, H. H., K. H. Hartge:* Pseudogleye u. Gleye. Trans. Com. V + VI, Int. Bodenkdl. Ges., Verl. Chemie (1973).
[20] *Greene, R. S. B.:* Aust. J. Soil Res. 17 (1979) 65.
[20a] *Burghardt, W.:* Z. f. Kulturtechn. u. Flurber. 18 (1977) 166.

sondern auf horizontale Ebenen in der Regel stärker wirksam als auf vertikalen.

Um die Druck- und damit die innere Spannungssituation im Boden zu beschreiben, verwendet man den Begriff der Hauptspannung. Hauptspannungen sind diejenigen 3 Spannungen im Raum, die eine Zug- und Druck-, aber keine Scherspannungen hervorrufen. Die senkrechte Hauptspannung (σ_1) ist im Boden in der Regel die größte, sie beträgt

$$\sigma_1 = z \cdot d_B \cdot g,$$

wobei z die Tiefe unter der Bodenoberfläche, d_B die Lagerungsdichte und g die Erdbeschleunigung ist. Diese Gleichung gibt praktisch das Gewicht einer Bodenschicht der Dicke z an. Die beiden waagrechten Hauptspannungen (σ_2 und σ_3) sind meistens annähernd gleich und um den Faktor (f) 0,2 bis 0,7 kleiner als die erste:

$$\sigma_1 \cdot f = \sigma_{2,3}$$

Da $\sigma_{2,3}$ bei einer vorübergehenden Erhöhung von σ_1 mit dieser zunimmt, nach einer Entlastung ohne äußere (z. B. biologische) Einflüsse aber nicht wieder proportional abnimmt, kann ein derart *vorverdichteter (= überkonsolidierter)* Zustand noch lange auf frühere Auflasten hinweisen.

b) Lagerungsdichte als Gleichgewichtslage

Unter dem Einfluß ihres Gewichtes müßten die Bodenteilchen eine möglichst dichte Lagerung anstreben, weil die gesamte Masse dann eine geringe Höhe der Lagerung und somit ein geringes Potential der Lage im Schwerefeld der Erde einnehmen würde. Eine extrem dichte Packung setzt aber ein hohes Maß an Ordnung voraus, das bei der Sedimentation nie erreicht wird, weil die Einzelpartikel durch die zwischen

ihnen auftretende Reibung daran gehindert werden, die zum Erreichen dichtester und somit geordneter Lagerung notwendigen Bewegungen auszuführen.

Man findet deshalb in den Böden stets lockerere Lagerungen (größere Porenvolumina) als einer dichtesten Packung entsprechen würde, und zwar die lockersten, die die Reibung zwischen sich berührenden Körnern eben zuläßt. Eine solche Lagerung stellt somit ein Gleichgewicht dar zwischen den auf weitere Verdichtung hinwirkenden Komponenten (Eigengewicht, Auflast, evtl. Strömungsdruck) und dem im Boden dagegen mobilisierbaren Scherwiderstand. Der Gleichgewichtscharakter einer solchen Lagerungsdichte wird besonders deutlich, wenn man sich z. B. den Verlauf der Sackung einer Gefügemelioration (Tiefumbruch, Untergrundlockerung) vergegenwärtigt oder den Verlauf von Sackungen im normalen landwirtschaftlichen Produktionsrhythmus (s. Abb. 70).

Die Abbildung zeigt, daß der Effekt des Pflügens, der eine Vergrößerung des Porenvolumens und gleichzeitig eine Anhebung der Bodenoberfläche zur Folge hat, im Verlauf der Folgearbeiten zum großen Teil wieder zunichte gemacht wird[21]. Vor allem die vielen Arbeitsgänge der Saatbettbereitung wirken verdichtend. Im Bereich der Erntezeit stellt sich ein Porenvolumen und damit ein Niveau der Bodenoberfläche ein, das auf geackerten Flächen

---

[21] *Andersson, S., I. Håkansson:* Markfysikaliska undersökningar i odlad jord. Grundförbättring (1966) 191.

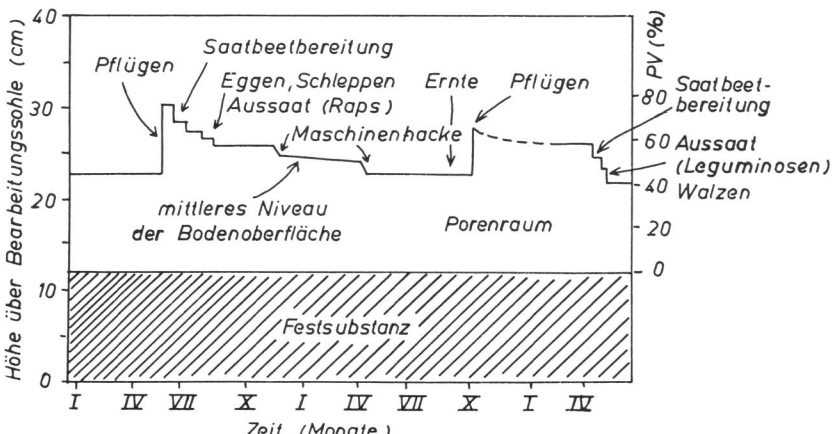

Abb. 70 Veränderung des Niveaus der Bodenoberfläche und des Porenvolumens durch Kulturmaßnahmen (n. *Anderson* und *Håkansson*, vereinfacht)[21]

von der Belastung durch die Arbeitsgeräte, auf Weideflächen vom Gewicht der Weidetiere abhängt. Ähnliche Verläufe findet man als Folge von Tiefumbrüchen, Untergrundlockerungen, aber auch als Folge der Entwässerung von Mooren und frischen Schlicksedimenten.

(1) Verdichtungen

Unter einer Verdichtung versteht man eine Zunahme der Lagerungsdichte. Wegen der damit verbundenen Verkleinerung des Porenvolumens wird dieser Begriff oft auch auf die gleichzeitige Verkleinerung der Wasserleitfähigkeit angewendet, doch ist eine solche Anwendung unzweckmäßig, weil alle Böden kontinuierliche Porensysteme haben und daher nie „wasserdicht" sind.

Eine Verdichtung kann erfolgen, indem sich entweder das Bodenvolumen verkleinert (Sakkungsverdichtung), oder indem feste Stoffe in Poren eingelagert werden (Einlagerungsverdichtung). Sackungsverdichtungen entstehen infolge einer Belastung und wirken sich vor allem aus in einer Abnahme des Porenvolumens und des Volumens der weiten Grobporen. Während im Beispiel der Abb. 71 bei einer Dichte von 1,1 das Volumen der weiten Grobporen mehr als 30 % erreicht, beträgt es bei einer Dichte von 1,5 nur noch ≈ 5 %. Die Abnahme des Porenvolumens beträgt dagegen nur 18 %. Die Differenz von 7 % beruht auf der Zunahme des Volumens der Fein- und Mittelporen. Ursachen für die Entstehung von Sakkungsverdichtungen sind das Befahren, Bearbeiten (z. B. Bildung von Pflugsohlen) und Betreten von Böden.

Aber auch unter seinem Eigengewicht sackt der Boden zusammen. Dies ist z. B. als Folge

von Bodenentwicklungsvorgängen der Fall, wenn aus einer Bodenschicht verklebende Stoffe ausgelagert werden und diese dann unter ihrem Eigengewicht bzw. dem Gewicht der aufliegenden Bodenmasse zusammensackt, wie dies in A_e-Horizonten von Podsolen (Abb. 68) und A_l-Horizonten von Parabraunerden der Fall sein kann.

Einlagerungsverdichtungen entstehen durch Zufuhr von Stoffen in festem oder gelöstem Zustand. Charakteristisch im Vergleich zu den Sackungsverdichtungen ist die stärkere Zunahme des Volumens der Feinporen mit steigender Lagerungsdichte (s. Abb. 71 rechts). Einlagerungsverdichtungen treten z. B. auf in B_t-Horizonten von Parabraunerden (Einlagerung von Ton), in B_h- und B_s-Horizonten von Podsolen (Einlagerung von organischer Substanz bzw. Eisen- und Aluminiumoxiden), in C_c-Horizonten von Schwarzerden und Rendzinen ($CaCO_3$-Einlagerung) sowie in G_o-Horizonten von Gleyen (Einlagerung von Eisenoxiden). Da sich Einlagerungsverdichtungen in der Natur meist nur langsam bilden, wird die Abnahme der Grobporen oft (z. B. in vielen B_t-Horizonten) durch Neubildung von Wurzel- und Tiergängen kompensiert[23].

Eine Verdichtung ist in der Regel mit einer Erhöhung des Scherwiderstandes und somit der Gefügestabilität im allgemeinsten Sinn verbunden[23a].

---

[22] *Hartge, K. H.:* Z. Pflanzenernähr. Bodenkd. 108 (1965) 8.

[23] *Beyme, B.:* Neue Ausgrabungen u. Forsch. in Niedersachsen 8 (1973) 117.

[23a] *McCormack, D. E., L. P. Wilding:* Soil Sci. Soc. Am. J. 43 (1979) 167.

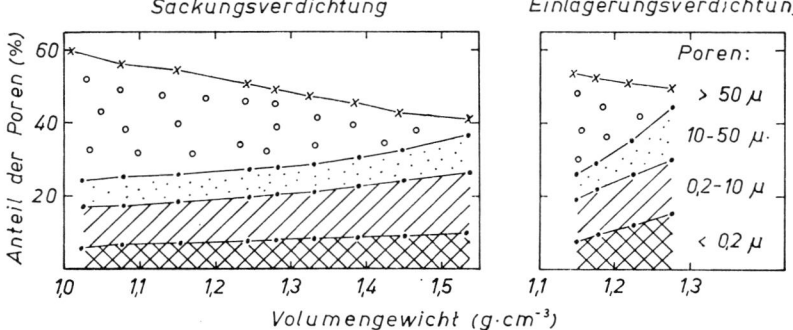

Abb. 71   Anteil des Volumens der Grob-, Mittel- und Feinporen in Abhängigkeit vom Volumengewicht als Maß für den Verdichtungsgrad[22]

(2) Lockerungen

Dieser der Verdichtung entgegengesetzte Vorgang kann im Abtransport von Stoffen aus einem gegebenen Bodenvolumen (Auswaschung von $CaCO_3$, von organischen Stoffen im A_e-Horizont von Podsolen, von Ton im A-Horizont von Parabraunerden) oder in Vergrößerung des gegebenen Volumens bestehen. Im letzten Falle handelt es sich stets um das Anheben von Bodenmaterial, so daß die Bodenoberkante ein höheres Niveau erreicht. Dies erfolgt in erster Linie durch grabende Tiere, z. T. durch Wurzeldruck, Baumwurf (Bioturbation) und das Wachsen von Eiskristallen (Kammeis). Lockerungen dieser Art sind ein typisches Kennzeichen natürlicher Bodenentwicklung und treten daher in allen A_h-Horizonten auf.

Wegen der in Kap. 4 a beschriebenen Zusammenhänge ist mit einer Lockerung in der Regel eine Verminderung des Scherwiderstandes und somit der Gefügestabilität im allgemeinsten Sinne verbunden. Wo eine solche Verminderung des Scherwiderstandes stattgefunden hat, kann die erreichte Lockerung nur erhalten bleiben, wenn ständig erneut Material angehoben wird, d. h. die vorhin genannten Mechanismen wirksam bleiben. Setzen diese aus, dann kommt es zu einem Einsturz, bis die zunehmende Lagerungsdichte erneut hinreichenden Scherwiderstand bietet (Beispiele s. Kap. 4 b (1)). Dieser Sachverhalt erklärt auch, warum Gefügemeliorationen (Tiefumbruch, Untergrundlockerung) in vielen Fällen nur kurzer Wirkung sind. Eine langanhaltende Wirkung kann nur erwartet werden, wenn der Scherwiderstand des Bodenmaterials durch Erhöhung von Kohäsion oder innerer Reibung vergrößert wird. Eine weitere Möglichkeit einer anhaltenden Wirkung von Lockerungsmaßnahmen liegt vor, wenn der betreffende Boden vorverdichtet war (s. Kap. 4 a).

c) Quellung und Schrumpfung

In tonreichen Böden treten bei zunehmender Austrocknung Risse auf, die tief in den Boden hineinreichen können und sich nach intensiver Wiederbefeuchtung mehr oder weniger vollständig schließen. Diese Vorgänge sind die horizontale Auswirkung von Schrumpfung und Quellung, deren senkrechte Komponente eine Senkung bzw. Hebung der Bodenoberfläche zur Folge hat.

Betrachtet man den Vorgang der Schrumpfung eines frisch abgelagerten tonreichen Sedi-

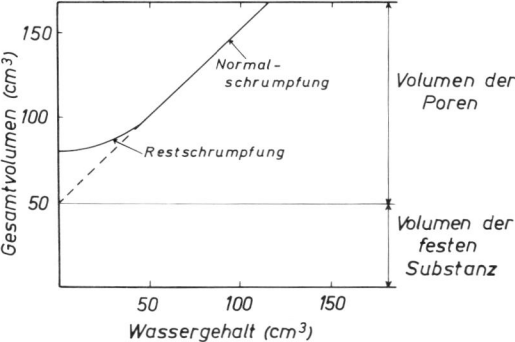

Abb. 72 Schematische Darstellung der Schrumpfung eines Bodens; Änderung des Gesamtvolumens in Abhängigkeit vom Wassergehalt

mentes z. B. in einer Marsch oder einer Talaue, so ergibt sich ein Verlauf, wie er in Abb. 72 schematisch dargestellt ist. Zunächst entspricht die Volumenabnahme des nassen Bodens dem Volumen des abgegebenen Wassers. Diese *Normalschrumpfung* hält so lange an, wie die Bodenteilchen noch die Möglichkeit haben, sich einander zu nähern. Ist die weitere Annäherung behindert weil die Teilchen sich bereits berühren oder weil Hydratationshüllen durch die vorhandenen Kräfte nicht verdrängbar sind (s. Kap. XVI 2), so wird die Abnahme des Bodenvolumens kleiner als das Volumen des abgegebenen Wassers. Dieser Bereich der Volumenänderung wird als *Restschrumpfung* bezeichnet. Die Restschrumpfung ist an der zunehmend helleren Farbe des Bodens zu erkennen, die auf dem Eindringen von Luft in den Boden beruht. Würde in einem Boden keine Restschrumpfung auftreten (s. gestrichelte Linie in Abb. 72), so müßte das Bodenvolumen so weit abnehmen, daß das bei vollständiger Entwässerung verbleibende Volumen nur der Festsubstanz zuzuschreiben wäre. Dies wäre in Abb. 72 bei einem Gesamtvolumen von $50\,cm^3$ der Fall. Die Differenz zu dem tatsächlich erreichten Volumen (hier etwa $80\,cm^3$) entspricht somit dem Porenvolumen.

Eine Schrumpfung ist im allgemeinen nur teilweise reversibel, d. h. es erfolgt häufig keine vollständige Rückquellung bis zu dem ursprünglichen Volumen.

Die Ursache für die Schrumpfung ist der Wasserverlust und die durch die Oberflächenspannung des Wassers bedingte Kontraktion, die wirksam wird, sobald die Menisken zwischen den Bodenteilchen sich infolge Wasserverlustes in die Poren hineinkrümmen. Luft- und Wasserdruck beiderseits eines gekrümmten Meniskus sind aber nicht gleich, sondern der Druck über der konkaven Seite ist größer. Der Unterschied zwischen Luftdruck (p_L) und Wasserdruck (p_W) beiderseits eines Meniskus in einer kreisförmigen Pore ist vom Radius (r) der Pore und der Oberflächenspannung des Wassers (γ) abhängig gemäß

$$p_L - p_W = \Delta p = \frac{2\gamma}{r}$$

Die kontrahierende Kraft (K)

$$K = \Delta p \cdot F$$

(F = wirksame Fläche) nimmt mit zunehmender Meniskenkrümmung, also mit abnehmender Porengröße bzw. zunehmender Annäherung der Teilchen zu, solange die Menisken noch nicht in die Zwischenräume zwischen den Bodenteilchen hineinrücken (Normalschrumpfung). Wenn die Entwässerung soweit fortgeschritten ist, daß zwischen zwei Partikeln nur noch ein ringförmiger Wassermeniskus vorliegt (Restschrumpfung), tritt anstelle der oben angeführten Gleichung:

$$K = F \cdot \gamma \left(\frac{1}{r_1} - \frac{1}{r_2} \right)$$

weil in dem ringförmigen Wasserkragen die Richtungen beider Krümmungen verschieden sind.

Da die Oberflächenspannung des Wassers nur eine kontrahierende Kraft liefert, ist die durch sie hervorgerufene Schrumpfung nur reversibel, wenn einer oder mehrere andere Mechanismen die Partikel wieder auseinandertreiben. Dieses Quellen ist eine Folge der Wasseranlagerung an Mineraloberflächen und adsorbierten Kationen und daher im Prinzip eine Vorstufe der Dispergierung[24]. Da die Tonfraktion die größte Oberfläche im Boden und den überwiegenden Teil der austauschbaren Kationen aufweist, ist die Quellung um so stärker, je tonreicher ein Boden ist. Innerhalb der Tonminerale sinkt das Quellvermögen infolge abnehmender Oberfläche in der Reihenfolge Smectit ≈ Vermiculit > Illit > Kaolinit.

Die Hydratationsfähigkeit der adsorbierten Kationen übt ebenfalls einen starken Einfluß auf das Quellvermögen aus, und zwar sinkt die Quellung in der Reihe Na^+ > Ca^{2+} > Al^{3+}. Die Quellung wird durch Abnahme der Salzkonzentration in der Bodenlösung gefördert, weil dadurch die Hydratation der adsorbierten Kationen verstärkt wird. Substrate, die infolge geringer Lagerungsdichte viel Raum für adsorbiertes Wasser haben und solche, die nur eine geringe Oberfläche aufweisen, können auch nicht quellen. Dies kann man gelegentlich an geschrumpften frischen Ablagerungen aus schluffreichem Material (Löß) und an organischen Sedimenten wie Gyttjen und Mudden feststellen.

Die Schrumpfung ist ein wesentlicher Faktor der Gefügebildung, denn sie führt zur Entstehung von Prismen und Polyedern. In ihrem Verlauf ändert sich die Konsistenz eines Tons von der einer weichen Paste bis zu der eines lufttrockneten ungebrannten Ziegelsteines[25]. Das auf diese Weise entstandene Aggregatbzw. Sekundärporengefüge kann aber durch Quellung wieder zerstört werden. Deshalb ist Stabilisierung eines Bodengefüges gleichbedeutend mit einer Abnahme des Quellvermögens.

Es gibt eine ganze Anzahl von Stoffen (s. Kap. d), die eine Wasseranlagerung oder die hierfür platzschaffende Verschiebung der Tonteilchen gegeneinander stark behindern. Darüber hinaus ist die für eine Quellung notwendige Wasseraufnahme des Bodens durch die Dichtlagerung im geschrumpften Zustand behindert, weil in diesem Zustand die Wasserleitfähigkeit des Bodens gering ist[25]. Daher ist eine volle Rückquellung auf das ursprüngliche Volumen bei terrestrischen wie auch bei semiterrestrischen Böden unter natürlichen Bedingungen selten. Am ehesten kommt es vor bei montmorillonitreichen Böden (z. B. Vertisolen) und bei Böden mit hoher Na-Sättigung (Solonetze). Auch Gilgai und Crabholes entstehen im Zusammenhang mit dem Wechsel von Quellung und Schrumpfung[26] (s. dort).

Wie groß die Bedeutung des Zeitfaktors für die Rückquellung ist, wird bei Marschböden deutlich, bei denen nach einer sommerlich starken und tiefen Austrocknung die Rückquellung bis zur nächsten Vegetationsperiode noch so gering ist, daß die noch vorhandenen Sekundärporen besonders hohe Erträge ermöglichen[27, 28]. Der Quellungszustand eines Tonbodens steht daher in der Regel nicht im Gleichgewicht mit dem Wasserangebot, sondern ist von der stärksten vorangegangenen Schrumpfung und der Dauer des späteren Wasserangebotes geprägt. Hiermit hängt zusammen, daß viele Tonböden bei Beginn einer Entwässerung zunächst wenig schrumpfen. Eine stärkere

[24] *Rowell, D. L., D. Payne, N. Ahmed:* J. Soil Sci. 20 (1969) 176.
[25] *McIntyre, D. S.* et al.: Soil Sci. 128 (1979) 171.
[26] *Paton, T. R.:* Geoderma 11 (1974) 221.
[27] *Kuntze, H.:* Die Marschen. Parey, Hamburg 1965.
[28] *Dexter, A. R., D. W. Tanner:* J. Soil Sci. 25 (1974) 153.

Schrumpfung, die unter Umständen die Normalschrumpfung erreicht, tritt erst auf, wenn der ehemals höchste Entwässerungszustand unterschritten wird[29, 30]. Wird die Quellung als Folge der Wasseraufnahme behindert, so baut sich ein Quellungsdruck auf. Dies ist z. B. in tieferen Bodenschichten die Regel, in denen Quellung nur durch Anhebung der darüberliegenden Bodenschichten möglich ist.

Der Quellungsdruck ist bei hoher Na-Sättigung höher als bei hoher Ca-Sättigung.

Mit zunehmendem Wassergehalt nimmt der maximal mögliche Quellungsdruck stark ab. Wesentliche Ursachen für den Quellungsdruck im Bodenprofil sind neben der Auflast darüberliegender Schichten die Scherwiderstände der Umgebung. So konnten an kleinen Bodenproben größere Quellungsbeträge beobachtet werden als an größeren[31].

Unter Freilandbedingungen wurden in Böden Mitteleuropas Quellungsdrücke von 20 bar kaum überschritten. Bei nassen Böden liegen die Werte niedriger. Die starken Anlagerungskräfte bei der Adsorption der ersten monomolekularen Wasserfilme auf Mineraloberflächen erzeugen nur einen geringen Quellungsdruck, weil bei den vorkommenden geringen Lagerungsdichten für die Auffüllung dieser Filme keine raumbedingten Widerstände entstehen. Die stärkste Auswirkung der Quellungsdrücke auf das Bodengefüge tritt bei dem sogenannten Selbstmulcheffekt smectitreicher Vertisole auf (s. Kap. XXVII 1.

d) Stabilisierende Stoffe

Die Stabilität des Bodengefüges und damit vor allem auch die Stabilität der Sekundärporen wird durch verschiedene Stoffe mit verklebender Wirkung gefördert, wie organische Stoffe, Aluminium- und Eisenoxide, $CaCO_3$ u. a. Ihre verklebende Wirkung ist besonders für die oberen Bodenhorizonte wichtig, weil hier die Bodenteilchen leichter gegeneinander verschiebbar sind als im C-Horizont und weil der Boden hier besonderen Beanspruchungen durch Regenschlag, Bearbeitung und Befahrung ausgesetzt ist. Die Wirkung verklebender Stoffe kann als eine Erhöhung des Scherwiderstandes sowohl zwischen den Primärteilchen als auch zwischen den Aggregaten aufgefaßt werden[18]. Die verschiedenen Möglichkeiten der Verklebungen von Einzelteilchen zu Aggregaten sind in Abb. 73 schematisch dargestellt.

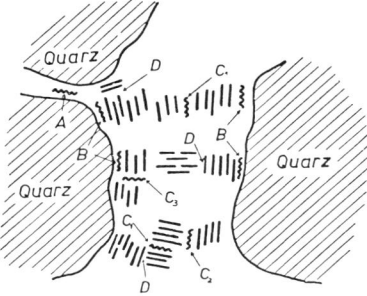

A. Quarz — org. S. — Quarz   B. Quarz — org. S. — Tonmineral
C. Tonmineral — org. S. — Tonmineral
(C_1: Fläche — Fläche, C_2: Kante — Fläche, C_3: Kante — Kante
D. Tonmineral — Tonmineral (Kante — Fläche)

Abb. 73 Modell der Anordnung von Tonmineralpaketen organischer Substanz und Quarz in einem Bodenkrümel (n. *W. W. Emerson*)

(1) Einfluß von organischen Stoffen

Organische Stoffe haben einen sehr starken Einfluß auf die Stabilität der Aggregate in Oberböden. Dies äußert sich z. B. darin, daß die stabilsten Aggregate meist einen höheren C-Gehalt aufweisen als der übrige Teil eines Bodens und daß bei langjähriger organischer Düngung der Anteil größerer Aggregate (> 0,5 mm) steigt[34] (s. Tab. 51).

Tabelle 51 Wirkung einer kombinierten Gründüngung (Süßklee) und Stallmistdüngung auf die Bildung wasserstabiler Aggregate bei einem Lehmboden, Versuchsdauer 20 Jahre, Düngung im Abstand von 2 Jahren[33]

Durchmesser der Aggregate (mm)	wasserstabile Aggregate	
	ohne Düngung (%)	mit Düngung (%)
> 4	8,2	20,8
4 − 2	7,6	12,0
2 − 1	9,3	11,8
1 − 0,5	12,4	15,8
0,5 − 0,25	23,7	17,5
0,25 − 0,10	4,1	2,5
> 0,5	37,5	60,4
> 0,10	65,3	80,4

[29] *Hartge, K. H.:* Wiss. Z., Fr.-Schiller-Univ. Jena, Math.-Nat. Reihe 14 (1965) 53.
[30] *Greene-Kelly, R.:* Geoderma 11 (1974) 243.
[31] *Kaptan, H.:* Diss. TU Hannover (1972).
[32] *Emerson, W. W.:* J. Soil Sci. 10 (1959) 235.
[33] *Guttay, R. S., R. L. Cook, A. E. Erickson:* Soil Sci. Soc. Amer. Proc. 20 (1956) 526.
[34] *Volk, G. M., D. R. Hensel:* Soil Sci. 110 (1970) 333.

Die in Form von *Vegetationsrückständen* und *organischer Düngung* den Böden zugeführten organischen Stoffe begünstigen die Aggregatbildung auf indirektem Wege, indem sie die mikrobielle Aktivität erhöhen. Die hierbei als Zwischenprodukte beim mikrobiellen Abbau und als Stoffwechselprodukte der Mikroorganismen (Schleimstoffe) auftretenden organischen Verbindungen – hauptsächlich Polysaccharide und Polyuronide – haben teilweise die Eigenschaft, anorganische Teilchen zu verkleben. Da aber auch diese Verbindungen nicht resistent sind und von den Mikroorganismen wieder abgebaut werden, ist die Wirkung einer organischen Düngung nur von kurzer Dauer, wie das ausgeprägte Maximum in Abb. 74 zeigt. Auch die Vegetationsrückstände haben aus dem gleichen Grunde nur eine vorübergehende Wirkung[35].

Die Wirkung der organischen Stoffe ist jedoch nicht auf die Aggregatbildung im engeren Sinne des Wortes begrenzt. In Sandböden ist schon eine Einlagerung von wenigen Prozenten organischer Stoffe mit einer Erhöhung des Scherwiderstandes verbunden. Daher ist es möglich, in den oberen Bodenhorizonten eine geringere Lagerungsdichte aufrechtzuerhalten als im C-Horizont (vgl. Abb. 68)[36]. Die Scherwiderstände bei einer gegebenen Auflast korrelieren dann mit den Porenvolumina, wie dies in Abb. 75 für die A-, B- und C-Horizonte von drei Sandböden dargestellt ist[37].

Da die organischen Stoffe auch den kleineren *Bodentieren* als Nahrung dienen, hat ein hoher Gehalt des Bodens an diesen Stoffen auch einen hohen Besatz an kleineren Tieren, vor allem Regenwürmern, zur Folge. Die Kotaggregate dieser Tiere sind durch die gleichzeitige Aufnahme organischer und anorganischer

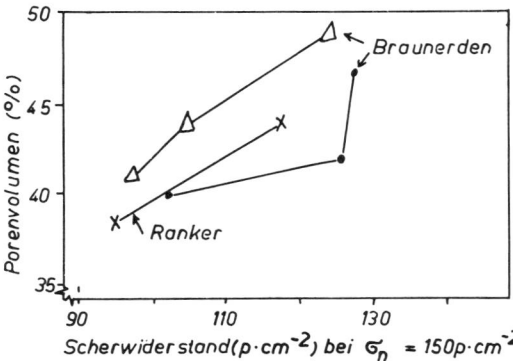

Abb. 75 Porenvolumen von Sandböden in Abhängigkeit vom Scherwiderstand bei einer Wasserspannung von 300 cm WS[37]

Stoffe sowie die mechanische Durchmischung im Darmtrakt sehr resistent gegenüber der verschlämmenden Wirkung des Wassers.

Auch *Pilzmycele, Bakterienkolonien* und *Haarwurzeln* haben eine aggregierende Wirkung (Lebendverbauung nach *F. Sekera*). Da sie nur eine kurze Lebensdauer haben, sind die auf diese Weise gebildeten Aggregate nur so lange beständig, wie die Lebenstätigkeit der Organismen anhält. Ein laufender Anfall von Vegetationsrückständen bewirkt daher eine ständig hohe biologische Aktivität und Aggregatstabilität. Dies ist z. B. bei geschlossener Pflanzendecke, vor allem bei Grünland, infolge der stetigen Nachlieferung absterbender Pflanzenteile der Fall.

Eine Zufuhr abbauresistenter organischer Stoffe zu einem Boden hat im Gegensatz zu der leicht abbaubarer organischer Stoffe keine oder nur eine schwache Wirkung auf die Aggregatbildung. Die leicht abbaubaren organischen Stoffe fallen im Boden mehr oder weniger stoßweise an und bedingen damit eine gewisse Periodizität der Umsetzungen und damit auch der Aggregatstabilität. Bei den stärker humifizierten organischen Stoffen, die im Inneren von Aggregaten den Mikroorganismen schwer oder gar nicht zugänglich sind (zu kleine Poren), ist diese Periodizität kaum mehr feststellbar. Die mehrere Jahre anhaltende Stabilisierung des Bodengefüges von Ackerböden nach

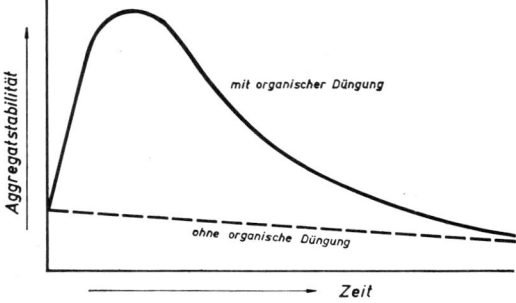

Abb. 74 Zeitliche Veränderung der Aggregatstabilität eines Ackerbodens mit und ohne organische Düngung (schematisch, in Anlehnung an *P. K. Peerlkamp*)

[35] *Couglan, K. J., W. E. Fox, J. D. Hughes:* Austr. J. Soil Res. 11 (1973) 65.
[36] *Bondarov, A. G., V. Kuznetzowa:* US-Soviet Soil Sci. 5 (1973) 596.
[37] *Hartge, K. H.:* Mitt. Dtsch. Bodenkdl. Ges. 18 (1974) 53.

einer Grünlandnutzung dürfte hierin ihre Ursache haben.

(2) Einfluß von Aluminium- und Eisen-Oxiden

Auch Aluminium- und Eisenoxide haben die Fähigkeit zur Aggregierung bzw. Konkretionsbildung. Dies kann bis zur Ausbildung von harten Ortsteinhorizonten, Konkretionen, Raseneisenstein und Laterit (s. dort) führen. Die Oxide wirken vor allem in Böden mit geringem Gehalt an organischer Substanz (z. B. in den Latosolen der wärmeren Klimate), weil diese bei höherem Gehalt die positiven Ladungen der Oxide weitgehend neutralisiert. Unter gemäßigten Klimabedingungen ist daher in Oberböden nur ein geringer Anteil, vor allem der kleineren Aggregate, durch Aluminium- und Eisenoxide verkittet. Nach Versuchen an australischen Böden war jedoch eine Aggregation vorwiegend durch Aluminiumoxide und kaum durch Eisenoxide festzustellen[38, 39].

Die Aggregierung kommt zustande durch eine Bindung zwischen den positiv geladenen Aluminium- und Eisenoxiden und den negativ geladenen Tonmineralen (vor allem Basisflächen). Da die positive Ladung dieser Oxide mit sinkendem pH zunimmt, ist die aggregierende Wirkung im sauren Bereich stärker[33]. Versuche mit sehr tonarmen Lößböden aus den Horizonten A_l, A_{lg} zeigen, daß wenige Prozente der Oxide genügen, um stabile Aggregate von 1−2 mm Durchmesser zu erzeugen. Die Wirksamkeit der Eisenoxide steigt mit ihrer spezifischen Oberfläche[40].

(3) Einfluß von Kationenbelag, CaCO₃-Gehalt und pH

Der Einfluß der austauschbaren Kationen auf die Gefügestabilität beruht auf ihrer Beeinflussung der Flockung und Peptisation (s. dort). Dieser Einfluß kann jedoch in Böden nicht getrennt vom Salzgehalt der Bodenlösung betrachtet werden, da der zur Erhaltung des geflockten Zustandes erforderliche Salzgehalt in enger Beziehung zur Art der austauschbaren Kationen steht. Dieser Salzgehalt kann zur Verhinderung der Verschlämmung und damit zur Stabilisierung des Aggregatgefüges in Böden um so geringer sein, je stärker das Flockungsvermögen der austauschbaren Kationen ist. Dieses steigt in der Reihe Na < Ca < Al. Aus diesem Grunde liegen Böden mit hoher *Na-Sättigung* nur dann in geflocktem Zustande vor, wenn sie eine erhebliche Menge an leicht löslichen Salzen enthalten, wie z. B. junge Marschen oder Salzböden. Werden die Salze ausgewaschen, so zerfallen Aggregate, und Sekundärporen verschwinden, wie dies z. B. bei der Umwandlung von Salznatriumböden in Natriumböden der Fall ist.

Bei hoher *Ca-Sättigung* ist der zur Erhaltung des geflockten Zustandes notwendige Salzgehalt wesentlich niedriger als bei hoher Na-Sättigung (s. Kap. XIV 2 a). In diesen Böden wird die Salzkonzentration der Bodenlösung im wesentlichen durch Ca-Salze bestimmt. Deren Konzentration steigt mit der Ca-Sättigung eines Bodens, dem CO_2-Partialdruck der Bodenluft und der Zufuhr starker Säuren durch die Niederschläge. Sie erreicht in $CaCO_3$-haltigen Böden bei hoher biologischer Aktivität ein Maximum. $CaCO_3$ kann außerdem auf die Aggregatstabilität noch dadurch wirken, daß es Primärteilchen verkittet.

Eine hohe Ca-Sättigung wirkt sich außerdem noch in einer erhöhten Aggregatstabilität infolge Bildung von Ca-Brücken zwischen den Bodenkolloiden aus, sowie indirekt durch eine Erhöhung der biologischen Aktivität. Sinkt die Ca-Sättigung, so kann infolge des nunmehr beginnenden stärkeren Aggregatzerfalls sogar eine Tonverlagerung eintreten.

Bei CaO-Gaben können chemische Reaktionen mit den Silicaten unter Bildung von Calciumsilicaten auftreten. Hierdurch können Böden einen so großen Verformungswiderstand aufweisen, daß sie unter Straßen und Flugplätzen die erforderliche Tragfähigkeit erhalten. Die benötigte CaO-Menge liegt bei 4−6 % (kaolinitreiche Böden) oder 8 % (illit- und smectitreiche Böden).

Unterhalb pH 5 steigt bei Mineralböden die *Al-Sättigung* (s. Abb. 51, Kap. XII). Infolge der hohen aggregierenden Wirkung der Al-Ionen ist die Gefügestabilität in stark sauren Lehm- und Tonböden meist besser als in Böden hoher Ca-Sättigung. Da eine hohe Al-Sättigung jedoch für das Pflanzenwachstum schädlich ist, kann der stabilisierende Al-Einfluß praktisch nicht ausgenutzt werden.

[38] *Deshpande, T. L., D. J. Greenland, J. P. Quirk:* J. Soil Sci. 19 (1968) 108.
[39] *Motomura, S., F. M. Lapid, H. Yoki:* Soil Sci. Plant Nutr. 16 (1970) 47.
[40] *Schahabi, S., U. Schwertmann:* Z. Pflanzenernähr. Bodenkd. 125 (1970) 193.

(4) Einfluß von anorganischer Düngung

Die leicht löslichen anorganischen Dünger wirken z. T. direkt auf die Gefügestabilität ein, indem sie den Salzgehalt der Bodenlösung erhöhen. Darauf beruht z. B. der günstige Einfluß hoher Gipsgaben (25–50 dt/ha) auf das Gefüge mancher Lehm- und Tonböden. Die indirekte Wirkung anorganischer Dünger beruht auf der Ertragssteigerung und damit auf der Erhöhung der Vegetationsrückstände und der biologischen Aktivität.

(5) Einfluß von synthetischen Stabilisatoren

Das Bodengefüge kann auch durch synthetische Verbindungen stabilisiert werden[41]. Diese vermögen infolge reaktionsfähiger Gruppen (COOH, OH, NH₂) Mineralteilchen in ähnlicher Weise zu verkleben, wie die von Mikroorganismen gebildeten Polyuronide und Polysaccharide[42]. Von den zahlreichen Verbindungen, die für die Stabilisierung verwendet werden, sind Derivate der Polyacrylsäure und der Polyvinylsäure bekannt. Synthetische Stabilisatoren werden z. B. angewandt zur Erhaltung eines vorbereiteten Saatbettes und zur Festigung erosionsgefährdeter Bodenoberflächen, wie z. B. Sanddünen.

(6) Einfluß des Wassergehaltes

Wassermenisken und die Druckunterschiede zwischen Bodenwasser und umgebender Luft, die durch ihre Krümmungen angezeigt werden, sind ein weiterer Mechanismus, von dem die Aggregatstabilität abhängig ist. Dies steht im Einklang mit der Rolle des Wassers und seiner Menisken bei der Schrumpfung und der damit verbundenen Aggregatbildung. Das Verschwinden der aggregierend wirkenden Wassermenisken zeigt sich deutlich, wenn Aggregate bei voller Wassersättigung verschlämmen[43].

e) Bestimmung der Gefügestabilität

Die Gefügestabilität ist am allgemeinsten definiert als der Widerstand, den ein Bodenteilchen der Verschiebung gegenüber seiner Umgebung entgegensetzt. Diese Eigenschaft wäre durch Messung des Scherwiderstandes bzw. seiner Komponenten Kohäsion und innerer Reibung zu erfassen[44].

Da die zu messende Größe aber außer in den genannten Materialeigenschaften von Lagerungsdichte und Wassergehalt abhängig ist, ist das Ergebnis oft schwer interpretierbar[45, 46].

---

[41] *Kullmann, A.:* Synthetische Bodenverbesserungsmittel. VEB Dtsch. Landw. Verl., Berlin 1978.
[42] *Epsteyn, S. M.:* US-Soviet Soil Sci. 5 (1973) 479.
[43] *Farres, P. J.:* Catena 7 (1980) 223.
[44] *Ifedebe, A. E., M. De Boodt:* Pedologie 20 (1970) 34.
[45] *Boguslawski, E. v., K. O. Lenz:* Z. Acker- und Pflanzenbau 109 (1959) 33.
[46] *Schaffer, G.:* Landw. Forsch. 13 (1960) 24.

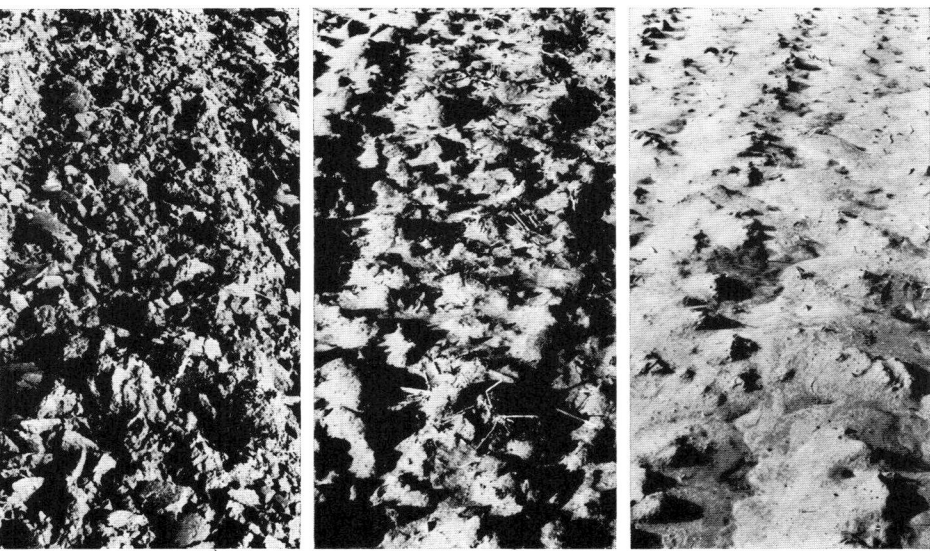

Abb. 76 Verschiedene Intensität der Bodenverschlämmung: gering, mäßig, stark (nach der niederländischen Kartierungsanleitung von *P. Boekel*)

Tabelle 52   Konsistenz tonreicher Böden in Abhängigkeit vom Wassergehalt

Wassergehalt	Eigenschaften des Bodens	Konsistenz	Konsistenzgrenzen
hoch ↑	wäßrige Suspension fließt zusammen	dünnflüssig zähflüssig	
			Fließgrenze
	klebt an Bearbeitungsgeräten schmiert bei der Bearbeitung	weichplastisch zähplastisch	
			Ausrollgrenze
niedrig	optimal bearbeitbar schwer bearbeitbar, verhärtet	bröckelig hart	

Dies macht sich besonders bei in situ Messungen mit verschiedenen Sonden bemerkbar[10]. Deshalb sind in der Bodenkunde eine Reihe von empirischen Methoden verbreitet, die der Komplexität des Stabilitätsphänomens besser Rechnung tragen. Hierzu gehören visuelle Methoden und verschiedene empirische Feld- und Labormethoden.

(1) Visuelle Methoden

Sie bestehen z.B. in der Klassifizierung des Verschlämmungsbildes einer Bodenoberfläche (s. Abb. 76) als Maß für die Gefügestabilität. Das Bruchbild einer ausgestochenen Bodenscheibe (Spatendiagnose nach *Görbing*) kann zu ähnlichen Aussagen herangezogen werden. Beide Arbeitsweisen erfordern große praktische Erfahrung, erlauben aber andererseits schnelle Charakterisierung großer Flächen ohne apparativen Aufwand.

(2) Konsistenz

Die *Konsistenzgrenzen nach Atterberg*, vor allem die *Fließgrenze* und die *Ausrollgrenze* ermöglichen bei Böden mit > 10 % Ton den Vergleich des Widerstandes verschiedener Böden gegen verformende Beanspruchung (Tab. 52). Der Widerstand wird gemessen durch den Wassergehalt, bei dem eine bestimmte Verformbarkeit gerade eben noch auftritt.

Bei der *Bestimmung der Ausrollgrenze (untere Plastizitätsgrenze)* rollt man eine stark angefeuchtete Bodenpaste auf einer wasseranziehenden Gipsplatte oder Filterpapierpackung aus. Die Ausrollgrenze entspricht dem Wassergehalt, bei dem die Probe zu bröckeln beginnt, wenn die Rolle einen Durchmesser von 3 mm erreicht. Die *Fließgrenze (obere Plastizitätsgrenze)* entspricht dem Wassergehalt, bei dem eine keilförmige Furche bestimmten Querschnitts in einer genormten Schale (Casagrande-Gerät) sich nach 25 Schlägen wieder schließt.

Der Unterschied zwischen den Wassergehalten bei der Fließgrenze und der Ausrollgrenze wird als *Plastizitätszahl* (Plastizitätsindex) bezeichnet und korreliert mit dem den Scherwiderstand beeinflussenden Winkel der inneren Reibung[47]. Die Plastizitätszahl steigt mit zunehmendem Tongehalt und sinkt bei verschiedenem Kationenbelag in der Reihe $Na^+ > Ca^{2+} > Al^{3+}$. Die Verminderung des Wassergehaltes bei der Fließgrenze beim Übergang von einwertigen über zweiwertige zu dreiwertigen Ionen beruht ebenso wie die gleichsinnige Wirkung einer steigenden Salzkonzentration in der Bodenlösung auf einer verminderten gegenseitigen Abstoßung der Teilchen infolge Verringerung der Dicke der elektrischen Doppelschicht.

Manche Tone zeigen bei Wassergehalten über der Fließgrenze und in einem geringeren Ausmaße im Plastizitätsbereich die Eigenschaft der *Thixotropie*.

(3) Wasserstabilität

Diese Bestimmung beruht auf der Erfassung der Verschlämmung ausgesiebter Aggregatfraktionen bei Einwirkung eines Wasserüberschusses. Erfaßt wird meist der Effekt von Relativbewegungen des Wassers gegenüber den Aggregaten. Am häufigsten werden Methoden der folgenden Gruppen verwendet:

(3.1) Naßsiebung (z. B. nach *A. F. Tyulin*)

Die Aggregate werden auf einem Siebsatz (Maschenweite der Siebe z. B. 5, 3, 2, 1, 0,5 und 0,2 mm) eine bestimmte Zeit langsam in einem Gefäß mit Wasser auf- und abbewegt. Die auf den einzelnen Sieben verbleibenden Aggregate werden dann getrocknet und gewogen.

Das Ergebnis wird durch einen Kennwert angegeben, der aus dem Anteil der verschiedenen Aggregatfraktionen errechnet wird, z. B. der gewogene mittle-

[47] *Loos, W., H. Grasshoff:* Kleine Baugrundlehre. Müller, Köln-Braunsfeld 1963.

re Durchmesser (GMD) der Grenzdurchmesser, der von 50 % der Aggregate überschritten wird (D$_{50}$), oder die Veränderung dieser beiden Werte unter dem Einfluß der Naßsiebung z. B. Δ GMD. Die Stabilität ist umso größer, je geringer diese Änderung ist.

(3.2) Wasserperkolation *(F. Sekera und A. Brunner)*

Eine bestimmte Menge von Aggregaten wird in einen Zylinder gefüllt, durch den Wasser unter konstantem Druck perkoliert. Die Perkolation wird um so mehr gehemmt, je stärker und je schneller die Aggregate zerfallen. Die Auswertung erfolgt durch Messung der während einer bestimmten Zeitdauer (z. B. 20 min) perkolierten Wassermenge oder durch Vergleich der zu Beginn und am Schluß der Perkolationszeit je Zeiteinheit durchlaufenden Wassermenge. Anstelle der Aggregate können Stechzylinderproben (ungestörte Lagerung) verwendet werden.

(3.3) Beregnung (nach *Koepf*)

Die Aggregate werden mit Wassertropfen gleicher Größe bei konstanter Fallhöhe und Tropfgeschwindigkeit beregnet. Die Auswertung erfolgt entweder durch Zählung der Tropfen, die zur Zerstörung eines bzw. mehrerer Aggregate notwendig sind, oder durch Bestimmung des Anteiles der nach einer bestimmten Beregnungszeit unzerstörten Aggregate.

(3.4) Dispergierung

Die Aggregate werden in einer Schale mit Wasser oder mit verschiedenen Wasser-Alkohol-Mischungen überstaut. Nach etwa 10 min wird entweder das Verschlämmungsbild beurteilt und durch ein Notensystem (1—6) charakterisiert oder der Alkoholgehalt festgestellt, der erforderlich ist, damit die Aggregate nicht mehr zerfallen[48]. Der gleiche Effekt kann auch durch Perkolation mit Salzlösungen abnehmender Konzentration erreicht werden[49].

5. Einfluß klimatischer, biologischer und kulturbedingter Faktoren

Im folgenden werden noch einige weitere Faktoren beschrieben, die sich auf das Bodengefüge, vielfach nur in einem bestimmten Zeitraum, auswirken.

a) Einfluß des Frostes

Die Einwirkung des Frostes auf das Bodengefüge äußert sich in der Bildung oder Zerstörung von Aggregaten sowie in der Bodenhebung und der Zerstörung von Straßendecken. Sie ist eine Folge des Gefrierens von Wasser und in erster Linie abhängig von dem Wassergehalt der Böden beim Einsetzen des Frostes sowie der Wassernachlieferung an die gefrorene Zone (s. Wasserbewegung) und damit von der Körnung und dem Gefüge. Weiterhin spielt die Geschwindigkeit eine Rolle, mit der der Frost im Boden fortschreitet, somit also die Länge der Frostperiode, die Wärmekapazität und die Wärmeleitfähigkeit der Böden.

Die *Volumenzunahme* um $\approx 10\%$ beim Übergang von flüssigem Wasser in Eis wirkt sich in Böden nur selten aus, weil ein Druck auf die umgebenden Bodenteilchen nur dann entstehen kann, wenn kein Ausweichen des Eises und Wassers in luftgefüllte Poren möglich ist, also nur in einem wassergesättigten Boden. Die dann entstehenden Drücke sind sehr hoch, bei $-1°\,C \approx 130$ bar, bei $-20°\,C \approx 2000$ bar.

Die entscheidende Rolle bei dieser Auswirkung des Frostes spielt daher meist der beim Wachstum der Eiskristalle entstehende *Kristallisationsdruck*, weil sich dieser auch in Böden auswirken kann, die nur teilweise mit Wasser gesättigt sind. Er entsteht, wenn der regelmäßige Aufbau der Eiskristalle behindert wird. Der Kristallisationsdruck des Eises ist zwar relativ niedrig, andererseits ist aber auch der Druck der in Frage kommenden aufliegenden Bodenschicht gering. So entsteht z. B. bei $-5°\,C$ ein Kristallisationsdruck des Eises von $\approx 1,3$ bar, der ausreicht, eine Bodenschicht von mehreren Metern Mächtigkeit anzuheben. Das Ausmaß der Hebung eines Bodens ist im wesentlichen von der Größe der Eislinsen abhängig und steigt mit abnehmender Temperatur. Zu den Folgen derartiger Hebungen gehört das Hochfrieren von Steinen und das Zerreißen von Wurzeln beim Wintergetreide.

In *grobkörnigen* Böden erfolgt kein Auffrieren, weil diese Böden nur eine geringe Wasserleitfähigkeit im ungesättigten Zustand aufweisen und die Wassernachlieferung in der Dampfphase zu langsam erfolgt.

In *feinkörnigen* Böden können sich dagegen nahe der Bodenoberfläche nadelförmige Eiskristalle und in größerer Tiefe massive *Eislinsen* bilden. In der Bodenlösung entstehen zunächst in gröberen Poren Eiskeime, deren Wachstum fortschreitet, solange die Wärmeabgabe beim Übergang von flüssigem Wasser in Eis durch den Wärmeverlust infolge ständiger

---

[48] *De Boodt, M.:* Diss. Gent/Belgien 1957.
[49] *Emerson, W. W.:* Austr. J. Soil Res. 5 (1967) 47.

Abstrahlung an der Bodenoberfläche überschritten und solange Wasser aus den umgebenden Poren nachgeliefert wird. Die kapillare Wasserbewegung in Richtung der sich bildenden Eislinsen ist durch die Druckerniedrigung bedingt, die durch das Gefrieren des Wassers an der Eisfront entsteht. Sie führt zur Austrocknung der noch nicht gefrorenen Zone. Da mit abnehmender Wassersättigung dieser Zone auch die Geschwindigkeit der Wasserbewegung sinkt, wird das weitere Wachstum der Eislinsen schließlich unterbunden, und es bildet sich infolge Fortschreitens der Frostgrenze in größerer Tiefe eine neue Schicht von Eislinsen usw.

Die Eislinsen bilden sich annähernd schichtenförmig parallel zur Bodenoberfläche, also senkrecht zur Richtung des Wärmeverlustes. Sie bewirken daher eine Hebung des Bodens, sowie eine starke Austrocknung der umgebenden Bodenzonen. Die Bildung von größeren Eislinsen unterbleibt, wenn die Abkühlung so schnell vonstatten geht, daß das Wasser gefriert, bevor es in stärkerem Ausmaß verlagert wird. Dies kann z. B. durch starke Wärmeausstrahlung bei schneefreier Oberfläche bedingt sein.

Eine wesentliche Einwirkung des Gefrierens auf die Gefügeentwicklung besteht darin, daß dabei bevorzugt die größten vorhandenen Eiskristalle wachsen. Das hat – vor allem in feinkörnigen Böden – eine Entwässerung der Umgebung dieser Eiskristalle und damit die Bildung und Stabilisierung von Aggregaten durch Schrumpfung zur Folge. Dieser im Prinzip der Aggregatbildung durch Austrocknung ähnliche Vorgang (Kap. 4 c) führt zur Ausbildung der *Frostgare* und ist in tonreichen Böden oft der einzige Mechanismus, der bei Ackernutzung zur Ausbildung eines feinaggregierten Saatbettes führt. Die Frostgare bleibt nach dem Auftauen jedoch nur erhalten, wenn die Eiskristalle sublimierend verdampfen, oder wenn ihr Schmelzwasser schnell zwischen den entstandenen Aggregaten wegsickern kann. Ist keines von beidem möglich, so kommt es wegen der beschriebenen Wasseranreicherung in den gefrorenen Teilen des Bodens zu Übernässungen und daher leicht zur Zerstörung der in diesem Zustand schwachen Aggregate. Dies führt leicht zu Frostaufbrüchen auf Straßen (ausgeprägt z. B. bei Böden aus Löß) und Solifluktionserscheinungen im hängigen Gelände (Aufweichen der obersten Bodenschicht infolge Wasserüberschusses).

Zusammenfassend ist festzustellen, daß starke Frostwirkungen an folgende Voraussetzungen gebunden sind: a) Ton- und Schluffgehalte von > 5 %, b) schnelle Wassernachlieferung, c) geringe Geschwindigkeit des Frosteindringens und des Gefrierens, um den Aufbau größerer Eislinsen zu ermöglichen.

b) Einfluß der Pflanzen

Der unterschiedliche Einfluß der Pflanzen auf das Bodengefüge beruht vor allem auf der verschiedenen Art der Wurzelausbildung und der Dichte der Vegetationsdecke. Er erstreckt sich in erster Linie auf Oberböden, weil dort die stärkste Durchwurzelung erfolgt.

Das stabile Krümelgefüge unter *Grünland* beruht auf der hohen Intensität der Durchwurzelung des Oberbodens (meist 0–7 cm), der dauernden Vegetationsdecke (Schutz vor dem Aufprall der Regentropfen), der laufenden hohen Produktion von Wurzelrückständen (intensive Mikroorganismentätigkeit) und auf der fehlenden Bodenbearbeitung. Auf Intensivweiden geht das Krümelgefüge bei nassen Wetterperioden unter dem Einfluß des Trittes der Tiere leicht in ein Kohärentgefüge mit geringerem Scherwiderstand über.

Unter *Getreide* sind die Voraussetzungen für ein stabiles Krümelgefüge ungünstiger als bei Grünland: Die hauptsächliche Durchwurzelung verteilt sich auf einen größeren Raum (Tiefe 20–32 cm), der Anteil der Wurzelrückstände ist im Oberboden geringer als bei Grünland, andererseits ist aber auch der Unterboden stärker durchwurzelt. Der Boden wird bearbeitet, und die Oberfläche ist während einer längeren Zeitspanne der Einwirkung des Regens ausgesetzt.

Noch ungünstiger sind die Verhältnisse beim Anbau von *Hackfrüchten* und vielen Sonderkulturen (Hopfen, Gemüse, Mais, etc.). Die Standweite ist groß, und es vergeht ein langer Zeitraum, bis sich eine geschlossene Pflanzendecke gebildet hat und der Boden gegen die verschlämmende Wirkung der Regentropfen geschützt wird. Die Wurzelrückstände sind oft gering und weniger gleichmäßig im Boden verteilt. Außerdem muß der Boden häufiger bearbeitet werden (verstärkte Mineralisierung).

Unter *Wald* erfolgt meist eine starke Anreicherung von organischer Substanz im O- und A-Horizont. Der Einfluß auf das Gefüge ist jedoch stark von deren Eigenschaften (Mull, Moder oder Rohhumus) und daher letzten Endes von der Tätigkeit beißender und wühlender Bodentiere abhängig; die Verschlämmungs-

Abb. 77   *Abb. 78*

Abb. 77   Regenwurmgänge im Boden in 20 cm Tiefe (Horizontalschnitt, Aufn. *J. Köhnlein*)

Abb. 78   Regenwurmgang im Boden in 80 cm Tiefe, von Kartoffelwurzeln durchzogen (Vertikalschnitt; Aufn. *O. Graff*)

neigung des Oberbodens ist aber im allgemeinen gering.

Zur *Verbesserung des Gefüges* ackerbaulich genutzter feinkörniger Böden werden häufig Zwischenfrüchte in Form von Gräsern, Raps, Lupine, Wicke usw. in die Fruchtfolge aufgenommen, oder − wie in Gebieten extensiven Ackerbaus − mehrere Jahre Graskultur eingeschaltet. Die günstige Wirkung der Gründüngungspflanzen − vor allem von tiefwurzelnden Leguminosen − beruht außer auf den bereits erwähnten Eigenschaften noch darauf, daß sie tiefe, stabile Wurzelkanäle hinterlassen, die als Leitbahnen für die Wurzeln der folgenden Kulturen dienen.

c) Einfluß der Bodentiere

Eine große Bedeutung für das Bodengefüge haben vor allem die Regenwürmer (s. a. Kap. IX 4 b). Ihre Kotaggregate (s. Abb. 65) zeigen gegenüber den Niederschlägen und der mechanischen Beanspruchung bei der Bodenbearbeitung eine hohe Stabilität, in tonreichen Böden oft während mehrerer Jahre. Die Regenwürmer hinterlassen außerdem in Böden sehr dauerhafte Gänge, die auch bervorzugt durchwurzelt werden (Abb. 77 und 78). Das Volumen der Regenwurmgänge kann in Grünland-und Waldböden bis zu 50 % der gesamten Grob-

poren ausmachen. In ackerbaulich und gärtnerisch genutzten Böden tritt infolge der laufenden Bodenbearbeitung und der damit verbundenen schlechteren Lebensbedingungen für die Bodentiere die Tätigkeit der Regenwürmer in der Krume nicht so stark hervor. In tonreichen Böden bilden ihre Gänge ebenso wie ehemalige Wurzelkanäle manchmal die einzigen Grobporen im Unterboden.

d) Einfluß der Bedeckung und Bearbeitung[50]

Zahlreiche praktische Maßnahmen zielen darauf hin, durch Bedeckung mit Pflanzenrückständen oder anderem Material (Mulchen) die Verschlämmung der Bodenoberfläche zu mildern. Diese Maßnahmen bewirken nicht nur Schutz vor dem Aufprall der Regentropfen, sondern auch eine ausgeglichenere Temperatur in der Ackerkrume. Außerdem wird durch das Abdecken die Austrocknung der oberen Bodenschicht verhindert und damit dort eine hohe biologische Aktivität aufrechterhalten. Aus diesem Grund werden häufig bei tonreichen Böden Stallmist, Stroh oder auch Kompost zu-

---

[50] *Rowe-Dutton, P.:* The Mulching of vegetables. Commonw. Bur. Hort. techn. Commun. No. 24 (1957).

nächst nicht eingearbeitet, sondern zur Abdekkung der Böden verwendet.

Durch die verschiedenen Bodenbearbeitungsmaßnahmen und -geräte wird das Bodengefüge stark beeinflußt (s. a. Abb. 70). Das Pflügen bewirkt eine Lockerung der Böden und damit eine Vermehrung von Grobporen. Alle anderen Bearbeitungsmaßnahmen wie Fräsen, Eggen, Grubbern usw. wirken nur dann lokkernd, wenn sie auf einem relativ dichten Oberboden angesetzt werden. Im direkten Anschluß an das Pflügen bewirkt jedoch z. B. das Eggen eine dichtere Lagerung, so daß ein so bereitetes Saatbett weniger Grobporen enthält als der frisch gepflügte Boden.

Alle Lockerungsmaßnahmen wirken infolge der Witterungseinflüsse meist nur kurzfristig (s. Abb. 70). Ein Boden muß um so häufiger bearbeitet werden, je geringer seine Gefügestabilität ist und je größere Ansprüche die Pflanzen an die Durchlüftung des Bodens stellen. Eine häufigere Bodenbearbeitung hat aber auch infolge der stärkeren Durchlüftung einen intensiveren Abbau der leicht zersetzlichen organischen Stoffe und damit, aus Mangel an Nahrung, bald eine Abnahme der mikrobiellen Aktivität zur Folge. Der verstärkte Abbau muß daher durch häufige Einschaltung von Zwischenfrüchten mit hoher Produktion von Wurzelrückständen oder organischer Düngung wieder ausgeglichen werden, wenn das Aggregatgefüge nicht in Einzelkorn- bzw. Kohärentgefüge übergehen soll.

Regelmäßige Bearbeitung führt zum Rückgang der Populationen von Regenwürmern und anderen grabenden Tieren (Käfer, Tausendfüßler u. a.), deren Gänge die Infiltration von Niederschlagswassern und die Durchlüftung fördern[50a]. Deshalb wird die Verwendung von Bearbeitungsgeräten, die die Gänge dieser Bodentiere verschütten, zunehmend kritisiert und die Anwendung pflugloser oder sogenannter Minimalbearbeitungsverfahren diskutiert[50b]. Da Bearbeitungsfragen im Pflanzenbau eine wichtige Rolle spielen, sind sie in der Spezialliteratur eingehend beschrieben[50c].

e) Melioration

Die meisten Kulturpflanzen sind für ein optimales Gedeihen auf eine ausgewogene Porenverteilung in den Böden, d. h. einen ausreichenden Anteil von Mittel- und Grobporen angewiesen, weil nur unter diesen Bedingungen gleichzeitig die Wasserversorgung der Pflanze und die Luftversorgung der Wurzeln gewährleistet sind. Infolgedessen sind verdichtete Böden meist schlechte Pflanzenstandorte. Zur Verbesserung der Standorteigenschaften ist in diesem Fall eine Melioration notwendig, die in einer Lockerung oder Umverteilung des Substrates besteht.

Eine Lockerung des Unterbodens reicht in Böden aus, die so feinporig sind, daß Pflanzenwurzeln nicht eindringen können, weil die Böden zu fest sind oder weil ihre Poren nicht in ausreichendem Maß entwässert werden (s. Kap. XVI). Die Lockerung ist heute, von der Zugkraft her gesehen, meist kein Problem mehr[51]. Wesentlich für den Erfolg dieser Maßnahme ist das Vermeiden der Verschmierung infolge Bearbeitung in zu feuchtem Zustande (s. Konsistenz) und die Stabilisierung des lockeren Zustandes durch pflanzenbauliche Maßnahmen. Eine Unterbodenlockerung wird durchgeführt, wenn die Böden gleichmäßig verdichtet sind, wie in vielen ton- und schluffreichen Böden, sowie zur Beseitigung von Pflugsohlen.

Sie kann zu Ertragszuwächsen von 50 % und mehr führen, wenn das Ertragsniveau vorher infolge schlechter Standorteigenschaften gering war[51a].

Ein Körnungsausgleich im Bodenprofil durch Tiefpflügen bis ≈ 100 cm ist vorteilhaft, wenn der Oberboden z. B. zu wenig Ton enthält (leichte Verschlämmung schluffreicher Böden), der Unterboden dagegen mehr, oder umgekehrt[52]. Diese Maßnahme setzt voraus, daß das heraufzuholende Substrat nicht tiefer als etwa 100 cm liegt und daß es die Eigenschaften des Oberbodens z. B. hinsichtlich Wasserhaltefähigkeit, Durchlüftung, gegebenenfalls Gefügestabilität und Nährstoffversorgung vorteilhaft ergänzt. Meliorationen durch tiefes Umpflügen wurden im Emsland mit großem Erfolg

---

[50a] *Abbott, J., S. A. Parker, J. D. Sills:* Aust. J. Soil Res. 17 (1980) 342.

[50b] *Ehlers, W., R. R. van der Ploeg:* Z. Pflanzenernähr. Bodenkd. 139 (1976) 373.

[50c] *Geisler, G.:* Pflanzenbau. Parey, Hamburg 1980.

[51] *Schulte-Karring, H.:* Die meliorative Bodenbewirtschaftung. Lehr- und Versuchsanstalt Ahrweiler 1970.

[51a] *Bradford, J. M., R. W. Beauchar:* Soil Sci. Soc. Am. J. 44 (1980) 374.

[52] *Große, B.:* Trans. 8. Int. Congr. Soil Sci. Bukarest 2 (1964) 729.

bei einer mehrfachen Folge von Sand- und Torfschichten im Profil durchgeführt[52a].

Steht bei Sandböden im Untergrund keine tonhaltige Schicht an, so kann bei günstigen Transportverhältnissen tonreiches Material aus benachbarten Vorkommen aufgebracht werden. So hat man in den Vierlanden (bei Hamburg) Sande bis zu 20 cm mit einem Schlick der Elbeniederung überspült und diesen in den tonarmen Oberboden eingearbeitet. Auf diesen Böden wird heute ein intensiver Gartenbau betrieben. Weiterhin wurden Sandböden mit einem $CaCO_3$-haltigen Löß in einer Schicht von ≈ 20 cm überspült und mit der ehemaligen Akkerkrume vermischt.

Weitere Maßnahmen zur Gefügeänderung im Profil wurden bei Sandböden durchgeführt, indem ein Teil der Ackerkrume in 40–60 cm Tiefe eingearbeitet wurde, um die Geschwindigkeit der Wasserversickerung herabzusetzen. Den gleichen Zweck verfolgt die Einarbeitung von Torf oder organischer Schaumstoffe (z. B. Hygromull, Styromull) in die gleiche Tiefe.

Einen Spezialfall der Melioration stellen die Rekultivierungsmaßnahmen dar, die durch Tagebaue und andere Erdbewegungen sowie infolge von Deponie von Abfallstoffen nötig werden. Sie stellen heute wesentliche Probleme des Umweltschutzes dar[53].

f) Jahreszeitliche Schwankungen der Gefügestabilität

Da die Gefügestabilität von mehreren Faktoren abhängig ist, die nur einen Teil des Jahres wirksam sind, ist sie auch jahreszeitlichen Schwankungen unterworfen (Abb. 79). Meist ist die Stabilität im Spätsommer und Herbst relativ hoch, weil die Stabilisierung der Aggregate infolge Austrocknung während des Sommers noch nachwirkt und weil durch die Vegetationsrückstände die biologische Aktivität gefördert wird. Dagegen ist im Frühjahr die Stabilität meist gering, weil (a) niedrige Temperaturen und das Fehlen von leicht zersetzbarer organischer Substanz die mikrobielle Tätigkeit hemmen, (b) die Böden durch das Auftauen oft stark übernäßt sind und das elektrolytarme Wasser bei der Schneeschmelze die Dispergierung fördert. Daher ist die Stabilisierung des Bodengefüges im Frühjahr und im frühen Sommer für den Pflanzenbau besonders wichtig.

6. Beurteilung des Bodengefüges für den Pflanzenbau

Für den Pflanzenbau ist sowohl das Bodengefüge im gesamten Wurzelraum wichtig als auch seine Dauerhaftigkeit und damit die Gefügestabilität. Beide Faktoren sind jedoch für Ober- und Unterböden von unterschiedlicher Bedeutung.

Plötzlicher Wechsel in der Porengrößenverteilung und im Porenvolumen hemmen das Wachstum der Wurzeln meistens stark. Deshalb spiegelt das Wurzelbild die Veränderungen im Bodengefüge sehr gut wider[55]. Tiefenbedingte Änderungen im Bodengefüge wie vor allem zunehmende Lagerungsdichte und zunehmender Eindringwiderstand hemmen das Wachstum der Wurzeln am wenigsten, wenn sie kontinuierlich sind, d. h. keine schroffen Übergänge aufweisen[56].

In *Oberböden* ist die Gefügestabilität wichtig, weil ein optimales Gefüge und Porensystem durch die Bodenbearbeitung hergestellt werden kann und die zeitlichen Schwankungen der Stabilität dort am größten sind. Bei hoher Stabilität bleibt ein erzieltes grobporiges Gefüge länger erhalten als bei geringer Stabilität. *Unterböden* werden dagegen im allgemeinen nur in-

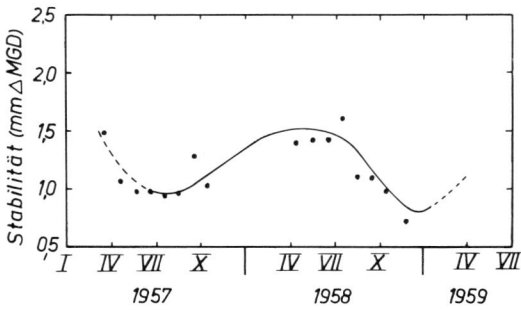

Abb. 79 Jahreszeitliche Schwankungen der Aggregatstabilität eines sandigen Lehmbodens (MGD = mittlerer gewogener Durchmesser; MGD-Abnahme = Stabilitätszunahme)[54]

[52a] *Eggelsmann, R.:* Z. Kulturtechn. u. Flurber. 20 (1979) 99.
[53] *Wohlrab, B.:* Z. Kulturtechn. u. Flurber. 11 (1970) 129.
[54] *Hartge, K. H.:* Landw. Forsch., 12. Sonderh. (1959) 37.
[55] *Böhm, W.:* Methods of Studying Root Systems. Springer, Berlin, New York 1979.
[56] *Baeumer, K.:* Allgemeiner Pflanzenbau. UTB-Ulmer, Stuttgart 1971.

direkt durch Bearbeitungsmaßnahmen beeinflußt, und auch die Schwankungen der Gefügestabilität im Verlauf der Zeit sind geringer, so daß dort die Porengrößenverteilung ein charakteristischeres Kriterium für das Pflanzenwachstum ist. Die Stabilität eines Unterbodens ist aber dann von Interesse, wenn Böden tief gepflügt oder gelockert werden sollen, weil eine gegenüber vorher lockerere Lagerung nur erhalten bleibt, wenn entweder die Belastungen verkleinert oder die Stabilität erhöht werden.

Das optimale Bodengefüge ist außer von der Pflanzenart vom Klima abhängig. Je stärker und je häufiger Böden einem Wasserüberschuß ausgesetzt sind, sei es infolge künstlicher Bewässerung, Einwirkung von Grund- oder Stauwasser oder von Niederschlägen, um so höher muß das Volumen der Grobporen und daher die Aggregatstabilität tonreicher Böden sein, um eine gute Durchlüftung zu gewährleisten. Unter trockenen Bedingungen ist dagegen ein hohes Volumen an Mittelporen zur Speicherung eines hohen Anteils an pflanzenverfügbarem Wasser und zur Erhaltung einer hohen Zulieferungsrate zu den Wurzeln wichtiger (s. ungesättigte Wasserleitfähigkeit). Diese starke Abhängigkeit des anzustrebenden Bodengefüges von der Witterung ist die Ursache dafür,

daß im Mittel der Jahre nicht bei extrem hoher, sondern bei mittlerer Aggregatstabilität die höchsten Erträge erzielt werden.

In der Natur liegt ein Gefüge, das beiden Forderungen weitgehend gerecht wird – genügend Grobporen für ausreichende Belüftung in Zeiten des Wasserüberschusses und genügend Mittelporen zur Erhaltung eines großen Wasservorrates –, am häufigsten in Lößböden vor, wenn sie ausreichend stabile Sekundärporen enthalten. Das ist vor allem in Schwarzerden aus Löß der Fall und ist hier einer der wesentlichsten Gründe für die hohen Bodenzahlen von 90–100.

Zur Beurteilung des Bodengefüges kann neben der Aggregatstabilität und dem Anteil der Porengrößenbereiche auch die *Wasserleitfähigkeit* herangezogen werden, da geringe Änderungen im Gefüge oft große Änderungen in der Wasserleitfähigkeit zur Folge haben. Die Lagerungsdichte des Bodens hat dagegen einen geringen Aussagewert, da sie nur die gleiche Aussage ermöglicht wie das Porenvolumen. Auch visuelle Methoden werden häufig zur Beurteilung des Bodengefüges herangezogen. Die Auswahl der zur Beurteilung des Bodengefüges geeigneten Methoden ist in hohem Maße von der Problemstellung abhängig.

XVI. Bodenwasser*

Als *Bodenwasser* bezeichnet man den Wasseranteil, der durch Trocknung bei 105° C aus dem Boden entfernt werden kann. Das nach einer derartigen Trocknung im Boden verbleibende Wasser gehört in den Bereich des Kristallwassers der Minerale und wird der festen Bodenmasse zugeordnet. Das Bodenwasser wird über die Niederschläge, das Grundwasser und in geringem Maße über Kondensation aus der Atmosphäre ergänzt. Es enthält stets gelöste Salze und Gase in wechselnden Anteilen und Zusammensetzungen.

Wird durch Niederschläge mehr Wasser angeliefert, als der Boden aufnehmen und weiterleiten kann, so fließt der Überschuß als *Oberflächenwasser* ab. Dieser Anteil ist um so größer, je intensiver die Niederschläge sind, je größer die Neigung der Bodenoberfläche ist und je langsamer die Niederschläge vom Boden aufge-

nommen werden können. Er ist daher bei ton- und schluffreichen Böden meist höher als bei sandreichen Böden, bei verdichteten Böden höher als bei nicht verdichteten Böden. Besonders groß ist dieser Anteil, wenn der Boden bereits weitgehend mit Wasser gesättigt ist. Das Ober-

* Zusammenfassende Literatur[1-6].
[1] *Di Gleria, J., A. Klimes-Szmik, M. Dvoracsek:* Bodenphysik und Kolloidik. VEB Fischer, Jena 1962.
[2] *Hartge, K. H.:* Einführung in die Bodenphysik. Enke, Stuttgart 1978.
[3] *Childs, E. C.:* The physical basis of soil phenomena. Wiley-Interscience, London 1969.
[4] *Hillel, D.:* Soil and Water. Academic Press, New York, London 1971.
[5] *Taylor, S. A., G. L. Ashcroft:* Physical Edaphology. Freeman a. Comp. San Francisco 1972.
[6] *Kirkham, D., W. L. Powers:* Advanced soil physics. Wiley-Interscience, London 1972.

flächenwasser ist eine der wesentlichsten Ursachen der Erosion (s. dort). Wenn das Wasser den gesamten Porenraum erfüllt, bezeichnet man diesen Zustand eines Bodens als *wassergesättigt.*

1. Einteilung (Bindungsarten)

Das Wasser in den Poren des Bodens ist nur teilweise in der gleichen Art frei beweglich, wie Wasser in einem offenen Gewässer. Ein Teil unterliegt vielmehr Bindungen durch Eigenschaften der festen Phase – der Bodenmatrix. Da die Art der Bindung das Verhalten bestimmter Wasseranteile beeinflußt, wird das Bodenwasser oft nach der Art dieser Bindungen unterteilt.

Das durch Niederschläge dem Boden zugeführte Wasser wird zum Teil in den Poren gegen die Einwirkung der Schwerkraft festgehalten (s. Kap. Feldkapazität), zum Teil als *Sickerwasser* in tiefere Zonen verlagert. Hierbei wird im Boden bereits vorhandenes Wasser durch das Sickerwasser verdrängt und damit selbst zum Sickerwasser. Das im Boden verbleibende Wasser wird als *Bodenfeuchte* oder *Haftwasser* bezeichnet.

a) Grund- und Stauwasser

Die Abwärtsbewegung des Sickerwassers wird durch schwer wasserdurchlässige Schichten (z. B. Ton) gehemmt, so daß sich über diesen Schichten Wasser anreichern kann. Eine solche Wasseranreicherung wird als *Grundwasser* bezeichnet, wenn sie dauernd vorhanden ist. Ist eine oberflächennahe Wasseranreicherung nur zeitweise im Jahr vorhanden, so spricht man von *Stauwasser* (s. Kap. 3 d). In physikalischer Hinsicht besteht also zwischen Grund- und Stauwasser kein grundsätzlicher Unterschied.

Grund- und Stauwasser werden nach oben durch die *Grundwasseroberfläche* abgeschlossen. Sie ist definiert als die Fläche im Boden, deren Wasserdruck dem mittleren Druck der Atmosphäre gleicht. Vom Wassergehalt her ist sie im Boden nicht ohne weiteres zu erkennen, da dieser in dem nach oben anschließenden Kapillarsaum ebenso groß sein kann wie unter der Grundwasseroberfläche.

Befindet sich das Grundwasser im hydraulischen Gleichgewicht, so ist die Grundwasseroberfläche durch den *Grundwasserspiegel* charakterisiert, der sich in einem Wasserstands-rohr einstellt (= *phreatische Oberfläche,* von phrear, gr. = Brunnen). Erfolgt aber ein fortlaufender Wassernachschub im Profil von oben, so steht der Grundwasserspiegel tiefer als die Grundwasseroberfläche. Ist der Druck unterhalb der Grundwasseroberfläche dagegen höher als dem Gleichgewicht entspricht, so liegt der Grundwasserspiegel höher als die Grundwasseroberfläche (= *artesischer Druck,* artesisches Wasser). Die Grundwasseroberfläche verläuft nur sehr selten horizontal und zeigt damit an, daß das Wasser meistens in – wenn auch sehr langsamer – Bewegung ist. Meistens folgt sie annähernd der Bodenoberfläche.

b) Adsorptions- und Kapillarwasser

Die Bindung des gegen den Einfluß der Schwerkraft im Boden verbleibenden Wassers beruht auf der Wirkung verschiedener Kräfte zwischen den festen Bodenteilchen und den Wassermolekülen sowie den Kräften zwischen den Wassermolekülen selbst. Nach der Art dieser Kräfte kann man das Bodenwasser in Adsorptions- und Kapillarwasser unterteilen.

(1) Adsorptionswasser

Im Begriff Adsorptionswasser faßt man meist das unter Wirkung von Adsorptionskräften (im engeren Sinne) und osmotischen Kräften stehende Wasser zusammen. Es umhüllt die feste Oberfläche der Teilchen, ohne daß Menisken gebildet werden.

Adsorptionskräfte zwischen der Festsubstanz und den Wassermolekülen umfassen (a) die nur über kurze Entfernungen wirkenden London-van der Waalsschen Kräfte und die H-Bindungen zwischen den Sauerstoffatomen der festen Oberfläche und den Wassermolekülen, sowie (b) die über längere Entfernungen wirkenden Kräfte unter der Einwirkung des elektrostatischen Feldes[9] vor allem der Gegenionen, in geringerem Maße auch der geladenen festen Oberfläche. In diesem Feld werden die Wasserdipole ausgerichtet und angezogen. Die Bindung zwischen den adsorbierten Wassermolekülen erfolgt über H-Brücken.

Aus Abb. 80 ist ersichtlich, daß die Menge des Adsorptionswassers in Böden mit steigendem relativem Wasserdampfdruck der Luft zunimmt. Außerdem zeigt die Abbildung, daß auch „*lufttrockene*" Böden stets noch Wasser enthalten, und zwar um so mehr, je höher der relative Wasserdampfdruck der umgebenden

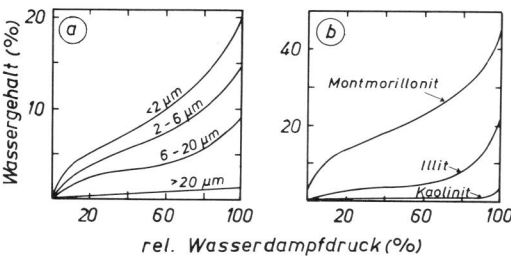

Abb. 80 Wassergehalt von (a) Kornfraktionen eines Bodens[7] und (b) Tonmineralen[8] in Abhängigkeit vom relativen Wasserdampfdruck der Luft

Luft ist. Böden, die weniger Wasser enthalten, als diesem Gleichgewicht entspricht, nehmen Wasser aus der Luft auf. Sie sind daher in diesem Bereich hygroskopisch, und das aufgenommene Adsorptionswasser wird als *hygroskopisches Wasser* bezeichnet. Außer mit dem Wasserdampfdruck steigt nach Abb. 80 der Wassergehalt mit abnehmender Korngröße und damit mit steigender spezifischer Oberfläche der festen Teilchen. Auch die Reihenfolge im Wassergehalt einiger Tonminerale bei gleichem Wasserdampfdruck beruht auf deren unterschiedlicher spezifischer Oberfläche (s. Kap. X 3).

Die ersten Molekularschichten von Adsorptionswasser sind an den Mineraloberflächen sehr fest gebunden. Für die erste monomolekulare Schicht wird z. B. eine Bindungskraft von ≈ 6000 at angegeben. Bei den folgenden Schichten nimmt die Bindungskraft stark ab.

Das adsorbierte Wasser hat im Vergleich zu freiem Wasser z. T. verschiedene Eigenschaften, die mit der Beweglichkeit der Wassermoleküle und mit ihrer Anordnung zusammenhängen. So erfolgt z. B. mit der Abnahme des Wassergehaltes im Boden ein Anstieg der Dichte (bis auf das 1,5fache) und der Viskosität, während die Wärmekapazität und der Gefrierpunkt abnehmen. Das Adsorptionswasser wird gelegentlich auch als *osmotisches Wasser* bezeichnet, weil man den Adsorptionsvorgang als Analogon der Rück-Diffusionshemmung ansehen kann, die bei der Osmose die Anreicherung des Wassers im Bereich höherer Salzkonzentration erzwingt.

(2) Kapillarwasser

Bringt man einen absolut trockenen Boden mit Wasserdampf ins Gleichgewicht, so wird nicht nur Adsorptionswasser angelagert, sondern es bilden sich bereits bei der Adsorption einiger

Wasserschichten an der Berührungsstelle der festen Teilchen stark gekrümmte *Menisken* aus, die die Berührungsstelle ringförmig umschließen und sich mit steigender Wasseranlagerung vergrößern. Verursacht wird diese Bildung von Kapillarwasser durch die Tendenz der Grenzfläche von Wasser und Luft, sich zu verkleinern, weil hierdurch ein energieärmerer Zustand erreicht wird (= *Kapillarkondensation*). Die Bildung der Menisken beruht auf dem Zusammenwirken von Adhäsionskräften zwischen der festen Oberfläche und Wassermolekülen mit Kohäsionskräften zwischen den Wassermolekülen unter Bildung von H-Brükken.

Das auf diese Weise gebundene Wasser hat gegenüber freiem Wasser eine höhere Oberflächenspannung und damit niedrigeren Dampfdruck, ebenso wie das in kreisförmigen Kapillaren und wird daher auch als *Kapillarwasser* bezeichnet, obwohl die Hohlräume in Böden nur ausnahmsweise kreisförmig ausgebildet sind (s. Poren). Je kleiner der Durchmesser dieser kapillaren Hohlräume ist (s. Tab. 55), um so stärker ist die Bindung des Wassers, um so mehr Energie muß also zur Freisetzung dieser Wasseranteile aufgewandt werden und um so geringer ist daher der Wasserdampfdruck. Bei jedem Wassergehalt bildet sich ein Gleichgewicht zwischen der Dicke der Adsorptions-Wasserfilme und derjenigen Krümmung der Menisken, über denen die gleichen relativen Wasserdampfdrücke herrschen.

Der überwiegende Teil des Bodenwassers unterliegt sowohl Adsorptions- als auch Kapillarkräften. Je höher der Wassergehalt eines Bodens ist, um so mehr überwiegt die kapillare Bindung gegenüber der adsorptiven Bindung und umgekehrt.

Der gleiche Mechanismus, der zur Kapillarkondensation führt, verursacht auch den Aufstieg von Menisken in Kapillaren. Auch hier handelt es sich um das Bestreben des Wassers, die Oberfläche gegen Luft zu verkleinern. Da dies am wirkungsvollsten geschieht, wenn Poren mit relativ großer Oberfläche bei kleinem Volumen mit Wasser gefüllt werden, steigt das Wasser in den engsten Poren am höchsten und in Poren mit unregelmäßiger Form höher als in ideal kreisförmigen.

[7] *Kuron, H.*: Z. Pflanzenernähr. Bodenkd. 18 (1930) 179.

[8] *Ochiston, H. D.*: Soil Sci. 78 (1954) 463.

[9] *Farmer, V. C.*: Soil Sci. 112 (1971) 62.

c) Bestimmung des Wassergehaltes

Im Labor wird der Wassergehalt meist durch *Trocknen bei 105 °C* gravimetrisch bestimmt. Diese Methode ist jedoch konventionell, da bei höherer Temperatur noch mehr Wasser ausgetrieben wird. Sie ist aber auch arbeitsaufwendig und kann bei häufiger Probenahme an der gleichen Stelle das Gefüge des zu untersuchenden Bodens und den Wasserhaushalt verändern.

Zur Bestimmung der zeitlichen Änderungen des Wassergehaltes im Freiland werden daher meist *indirekte Methoden* angewendet, die den Einbau eines Meßfühlers in den Boden und damit laufende Messungen ermöglichen. Die meisten Methoden sind auf bestimmte Bereiche des Wassergehaltes beschränkt, weil sich nur dann die Meßgröße bei Veränderung des Wassergehaltes hinreichend stark ändert.

Die wichtigsten dieser Methoden sind: Messung der Diffusion von *Neutronen* (diese Methode ist als einzige über den ganzen Bereich der vorkommenden Wassergehalte brauchbar), Messung der *elektrischen Leitfähigkeit* mit Hilfe von in Gips- oder Nylonblöcke eingebetteten Elektroden, Messung der *Wärmeleitfähigkeit* und der Schwächung von *γ-Strahlen*. Alle diese Methoden erfordern eine Eichung. Als Eichskala wird in der Regel der gravimetrisch bestimmte Wassergehalt herangezogen.

Der Wassergehalt wird meist in Gew.-% (g/100 g) oder in Vol.-% (cm^3/100 cm^3) angegeben. Im Freiland wird der Wassergehalt von ganzen Bodenschichten, ebenso wie bei der Niederschlagsmessung, durch die Höhe der Wassersäule (WS) ausgedrückt (1 l/m^2 = 1 mm WS). Z. B. entspricht ein Wassergehalt von 20 % (g/100 g) bei einer Lagerungsdichte des Bodens von 1,3 einem Wassergehalt von 26 cm^3/100 cm^3 bzw. 260 mm in einer 100 cm dicken Bodenschicht[2, 10].

2. Intensität der Wasserbindung

Die beschriebenen Kräfte, die von der festen Phase im Boden ausgehen, bewirken zusammen mit anderen, von außen einwirkenden, die Bewegung des Wassers im Boden und auch seine Aufnehmbarkeit für Pflanzen. Sie sind daher sowohl bodenkundlich als auch ökologisch von großer Bedeutung. Allerdings sind sie durch ihre im vorigen Abschnitt beschriebenen Ursachen noch nicht ausreichend gekennzeichnet, es fehlen vielmehr Angaben über Größe, Richtung und Ansatzpunkte der auftretenden Kräfte. Diese sind jedoch in einem so heterogenen System wie einem Boden sehr verschieden und zudem wechselnd, so daß sie schwer zu definieren und daher auch kaum zu addieren sind. Deshalb ist es in der Bodenkunde üblich, anstelle der Kräfte selbst die Arbeit zu betrachten, die sie verrichten können oder noch häufiger die Arbeitsfähigkeit, das *Potential*.

a) Potentialkonzept

Die Fortschritte im Verständnis der Eigenschaften des Bodenwassers während der letzten Jahre fußen vorwiegend auf der Anwendung des Potentialkonzepts. In der Bodenkunde verwandte *E. Buckingham* als erster den Begriff des Potentials beim Studium der Bewegung des Wassers im Boden.

Das Potential ist hierbei definiert als die Arbeit, die notwendig ist, um eine Einheitsmenge (Volumen, Masse oder Gewicht) Wasser von einem gegebenen Punkt eines Kraftfeldes zu einem Bezugspunkt zu transportieren. Wendet man das Potentialkonzept auf das Bodenwasser an, so lassen sich alle Bewegungsvorgänge wie die Infiltration, die Dränung und der kapillare Aufstieg auf einen Nenner bringen. Immer bewegt sich das Wasser von Stellen höheren Potentials (= höherer spezifischer Energie) zu solchen niedrigeren Potentials, weil bei diesem Vorgang Energie frei wird. Diese Bewegung hält so lange an, bis an allen Stellen das Gesamtpotential den gleichen Wert aufweist.

Das Potential des Bodenwassers ψ beträgt (m = Masse, b = Beschleunigung, h = Höhe über einem Bezugsniveau):

$$\psi = m \cdot b \cdot h$$

Das Potential kann auf die Masseneinheit des Wassers bezogen werden, und man erhält dann:

$$\psi = b \cdot h \ (\text{erg/g})$$

Wählt man das Volumen als Bezugseinheit, so erhält ψ die Dimension eines Druckes (ϱ = Dichte):

$$\psi = \varrho \cdot b \cdot h \ (\text{dyn/cm}^2)$$

Sehr oft wählt man auch das Gewicht (im Kraftfeld der Erde = m · g) als Bezugsgröße, so daß ψ die Dimension einer Länge (cm Wassersäule) annimmt:

$$\psi = h \ (\text{cm WS}).$$

(1) Gesamtpotential (ψ)

Das Gesamtpotential ist definitionsgemäß die Summe aller durch die verschiedenen im Boden auftretenden Kräfte hervorgerufenen Teilpotentiale

$$\psi = \psi_1 + \psi_2 + \psi_3 + \dots$$

---

[10] *De Boodt, M.* und Mitarb.: [9] in Kap. XV.

Als Bezugspunkt im Sinne der im vorigen Abschnitt gegebenen Definition wird in der Regel eine freie Wasserfläche gewählt, die unter atmosphärischem Druck steht, deren Wasser die gleiche Temperatur hat und die gleichen gelösten Stoffe in der gleichen Konzentration enthält wie das Bodenwasser. Die Wahl dieser Wasserfläche ist von der Größe des zu betrachtenden hydrologischen Systems abhängig. Am häufigsten wird entweder eine freie Wasseroberfläche (offenes Gewässer) oder die Grundwasseroberfläche als Bezugsniveau ($\psi = 0$) herangezogen.

In vielen Fällen ist es schwierig, das Gesamtpotential direkt zu messen, weil die verfügbaren Meßgeräte nur wechselnde Gruppierungen von Teilpotentialen anzeigen. Es ist deshalb notwendig zu erkennen, welche Teilpotentiale bei einer Messung jeweils erfaßt werden, um beurteilen zu können, wie gut die Annäherung an das Gesamtpotential ist. Am häufigsten werden die folgenden Aufteilungen vorgenommen:

$$\psi = \psi_z + \psi_m + \psi_g + \psi_o$$

Die hier angegebenen Teilpotentiale, sowie verschiedene häufig verwendete Gruppierungen werden in den nächsten Abschnitten beschrieben.

(2) Gravitationspotential (ψ_z)

Das Bodenwasser steht stets unter dem Einfluß des Gravitationsfeldes der Erde, so daß man ein Gravitationspotential definieren kann. In den Gleichungen muß dann für b die Erdbeschleunigung g eingesetzt werden. Das Gravitationspotential ψ_z entspricht dann der zu leistenden Arbeit, um eine bestimmte Menge Wasser (ausgedrückt in Masse-, Volumen- oder Gewichtseinheiten) von einem Bezugsniveau auf eine bestimmte Höhe anzuheben. Wird das Gewicht als Bezugseinheit verwendet, so erscheint das Gravitationspotential als die Ortshöhe (z). Deshalb wird auch gelegentlich von einem geodätischen Potential gesprochen. Das Bezugsniveau für das Gesamtpotential wird stets so gewählt, daß das Gravitationspotential ein positives Vorzeichen und somit von der freien Wasseroberfläche nach oben gerichtet zunehmende Beträge erhält.

(3) Matrixpotential (ψ_m)

Das *Matrixpotential*, früher auch *Kapillarpotential* genannt, ist ein Maß für den Einfluß der Matrix*. Es umschließt alle durch die Matrix auf das Wasser ausgeübten Einwirkungen. Je weniger Wasser ein Boden enthält, desto stärker halten die matrixbedingten Kräfte es fest, desto schwerer ist es also dem Boden zu entziehen. Im energetischen Gleichgewichtszustand, d. h. wenn das Wasser im Boden in Ruhe ist und keine Wasserbewegung stattfindet, ist das Matrixpotential um so stärker negativ, je größer der Abstand von der als Bezugspunkt genommenen Grundwasseroberfläche ist. Dem Matrixpotential kommt ein dem Gravitationspotential entgegengesetztes Vorzeichen zu. Als Druck aufgefaßt entspricht es einem negativen hydrostatischen Druck.

Häufig bleibt das negative Vorzeichen unberücksichtigt und der Zahlenwert allein wird unter dem Begriff *Wasserspannung* verwendet. Während demnach bei abnehmendem Wassergehalt das Potential sinkt, steigt die Wasserspannung. Ebenso wie das Gesamtpotential kann man auch für das Matrixpotential verschiedene Bezugsgrößen wählen, am häufigsten wird das Volumen oder das Gewicht des Wassers herangezogen.

(4) Sonstige Teilpotentiale

Da im Boden niemals reines Wasser vorliegt, wird das Gesamtpotential stets durch das *osmotische Potential* (ψ_o) oder Lösungspotential mitbeeinflußt. Der Anteil dieses Potentials am Gesamtpotential ist von der Menge der gelösten Salze abhängig und daher in den Böden arider Gebiete, aber auch in den Salzmarschen der Nordseeküste oft von erheblicher Bedeutung. Salzkonzentrationen in Salzböden (Solontschak) können zu Wasseranreicherungen in der Salzzone auf Kosten der angrenzenden Zone führen[11]. Dieses Potential entspricht der Arbeit, die verrichtet werden muß, um eine Einheitsmenge Wasser durch eine semipermeable Membran aus der Bodenlösung zu ziehen. Ein Gaspotential (ψ_G) muß berücksichtigt werden, wenn der Luftdruck im Boden nicht mit dem an der als Bezugsniveau gewählten Ebene übereinstimmt.

Je nach den Meßbedingungen und den im Boden vorkommenden Verhältnissen können außer den hier beschriebenen auch noch einige

---

* Matrix bedeutet einbettende Masse; in Böden entspricht es der Festsubstanz, in die Wasser „eingebettet" ist.
[11] *Scotter, D. R.:* Aust. J. Soil Res. 12 (1974) 77.

andere Teilpotentiale[12, 13] bei Messungen erfaßt werden. Sie sind in Spezialabhandlungen näher beschrieben[2].

(5) Kombination von Teilpotentialen

Die Bestimmung des Gesamtpotentials ist über den gesamten in Böden auftretenden Bereich erst seit wenigen Jahren möglich und überdies umständlich. Deswegen wird oft als Annäherung das *hydraulische Potential* (ψ_H) angegeben, das als Summe der am einfachsten bestimmbaren Teilpotentiale definiert ist:

$$\psi_H = \psi_m \text{ (oder } \psi_h) + \psi_z \ldots (+ \psi_g)$$

Hierbei wird ψ_m für Punkte oberhalb, ψ_h für Punkte unterhalb der Grundwasseroberfläche eingesetzt. ψ_g wird meistens nicht berücksichtigt.

Wasserbewegungen im Boden werden meistens durch das ψ_H erfaßt. Andere Kombinationen von Teilpotentialen ergeben sich z. B. aus den Eigenschaften der Meß- oder Bestimmungsgeräte bzw. aus dem Ziel der Untersuchung.

Die Verfügbarkeit des Wassers für die Pflanze wird durch eine andere Kombination der Teilpotentiale erfaßt, die meistens als *Wasserpotential* (ψ_w) bezeichnet wird:

$$\psi_w = \psi_m + \psi_o + \psi_g$$

Wie im Falle des hydraulischen Potentials wird ψ_g meistens nicht berücksichtigt.

Als dritte Kombination von Teilpotentialen sei das *Druckpotential* (ψ_D oder ψ_p) genannt:

$$\psi_D = \psi_m \text{ (oder } \psi_h) + \psi_g$$

Diese Kombination wird verwendet, wenn im Gegensatz zu den beiden vorher beschriebenen das Gaspotential mit erfaßt wird. Sie beschreibt also z. B. die Wirkung von Luftdruckzunahmen bzw. -abnahmen im Freiland und bei labormäßigen Untersuchungen der Wasserspannung und der Wasserspannungskurve.

(6) Bestimmung der Potentiale

Das Gesamtpotential des Bodenwassers kann über den relativen Wasserdampfdruck bestimmt werden. Da die Dampfdruckunterschiede gegenüber einer freien Wasserfläche bei niedrigen Wasserspannungen zunächst nur wenige % betragen, ist die Messung aufwendig. Es werden psychrometrische Methoden verwendet[14] (vgl. Hygroskopizität Abschn. 1 b (1)).

Einfacher ist die Bestimmung des Matrixpotentiales, die meistens mit *Tensiometern* durchgeführt wird. Diese bestehen aus einer keramischen (porösen) Zelle, die mit einem Manometer in Verbindung steht. Die Zelle und der freie Raum zum Manometer sind mit Wasser gefüllt. Das Manometer wird so eingestellt, daß es den Wert Null anzeigt, wenn die Zelle genau in der Grundwasseroberfläche liegt. Je trockener der Boden ist, um so mehr Wasser wird aus dem Tensiometer gesaugt und um so größer ist daher der durch das Manometer angezeigte negative Druck. Tensiometer erfassen das Matrixpotential, je nach der Bauart des Manometers gelegentlich auch ein vorhandenes pneumatisches Potential. Die Anzeige erfolgt in cm Wassersäule oder in bar, der Meßbereich geht meist nur bis −800 cm WS.

Das Matrixpotential ψ_m ($\triangleq$ Wasserspannung h_m) ausgedrückt in cm WS, entspricht der Entfernung zum freien Wasserspiegel bzw. im Falle des Gleichgewichtes der Entfernung der Grundwasseroberfläche, die im Wasserstandsrohr (Piezometerrohr) sichtbar ist. Im Falle oberirdischer Anzeige mit einer Hg-Säule ist

$$h_m \text{ (cm WS)} = h_{Hg} \left(\frac{\varrho_{Hg}}{\varrho_W} - 1 \right) - h_{Gerät}$$

wobei alle Höhen (h) in cm gemessen sind (Symbole siehe Abb. 81).

Zur Bestimmung im Bereich > 1000 cm WS eignen sich *Gipsblock-Elektroden*. Deren Prinzip beruht darauf, daß die elektrische Leitfähigkeit im Gipsblock von der Anzahl der Poren abhängig ist, die mit Wasser oder genauer mit gesättigter CaSO$_4$-Lösung gefüllt sind. Bei dieser Methode wird das Wasserpotential (ψ_w) gemessen. Unter Freilandbedingungen ist allerdings die ψ_g-Komponente praktisch vernachlässigbar. Das gleiche gilt in Böden mit geringem Salzgehalt für die ψ_o-Komponente. Unter diesen Umständen werden im wesentlichen Veränderungen des Matrixpotentials erfaßt[10, 15].

Hinweise auf die häufigste mittlere Lage der Potentiale des Bodenwassers ergeben sich aus der Vegetation, hierbei können die Häufigkeitsverteilungen des Vorkommens verschiedener Pflanzenarten herangezogen werden[16].

b) Potential-Gleichgewicht

Stellt man einen mit trockenem Boden gefüllten, oben mit einem Verdunstungsschutz abgedeckten Zylinder in Wasser, so fließt das Wasser in den Boden hinein. Nach einiger Zeit stellt sich ein Gleichgewicht ein, das durch eine Abnahme des Wassergehaltes nach oben gekennzeichnet ist (Abb. 82). Im Gleichgewicht ist das hydraulische Potential ($\psi_H = \psi_m + \psi_z$) an allen

[12] *Talsma, T.:* Aust. J. Soil Res. 12 (1974) 15.
[13] *Philip, J. R.:* Soil Sci. 109 (1970) 294.
[14] *Valancogne, C., F. A. Daudet:* Ann. Agron. 25 (1974) 733.
[15] *Schlichting, E., H.-P. Blume:* s. in Kap. III[3].
[16] *Wittmann, O.:* Bayer. Landw. Jb. 46 (1969) 1003.

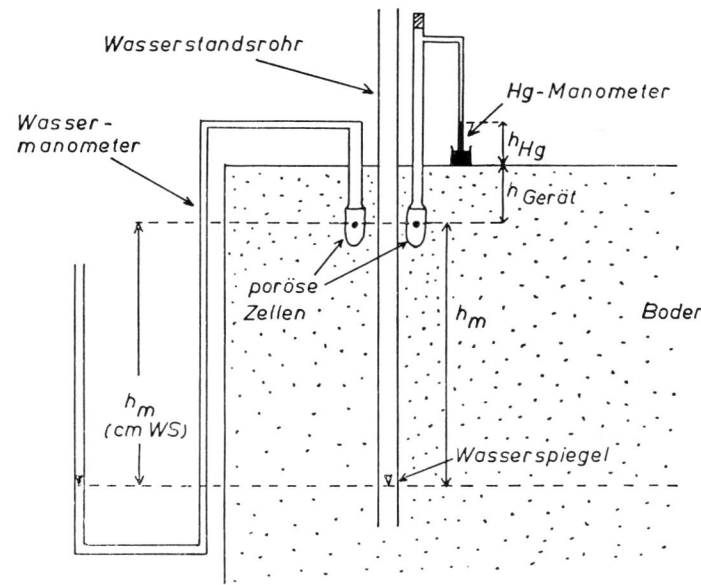

Abb. 81 Prinzip eines Tensiome-
ters (Wasserrohr-Anzeige links und
Hg-Anzeige rechts), dazwischen
zum Vergleich ein Wasserstands-
rohr (Piezometer)

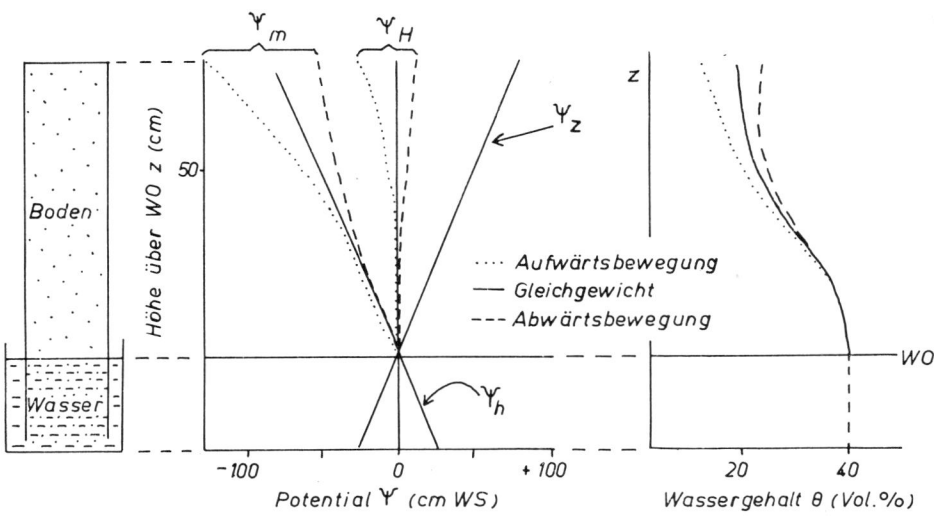

Abb. 82 Hydraulisches Potential, Matrixpotential, Gravitationspotential und Wassergehalt in einer Bodensäule im Gleichgewicht (—), bei Versickerung (- - -) und kapillarem Aufstieg (. . .)

Stellen der Bodensäule gleich, wenn man das sich kaum auswirkende Gaspotential vernachlässigt.

Wählt man als Bezugspunkt für ψ_H willkürlich die Höhe des Wasserspiegels und setzt hier $\psi_H = 0$, so herrscht im Gleichgewicht auch in der ganzen Bodensäule der Zustand $\psi_H = 0$.

Um ein Gleichgewicht an allen Stellen der Bodensäule zu erreichen, müssen das Matrixpotential (ψ_m) und das Gravitationspotential (ψ_z) zahlenmäßig gleich sein, aber entgegenge-setzte Vorzeichen haben. Dies ist in Abb. 82 durch die beiden schräg verlaufenden Geraden dargestellt, deren Neigung von der Wahl des Koordinatenmaßstabes abhängt. Der Verlauf der Potentiallinien ψ_m und ψ_z ist im Gleichgewichtszustand gradlinig. Gleichzeitig stellt sich eine Wassergehaltsverteilung ein (Abb. 82, rechts), deren Verlauf in Abhängigkeit vom Abstand von der Grundwasseroberfläche bodentypisch und in der Regel nicht linear ist.

Wird das Gleichgewicht gestört, indem z. B.

Wasser an der Oberfläche verdunstet, so sinkt dort das Matrixpotential, es erreicht höhere negative Zahlenwerte. Anders ausgedrückt: die Wasserspannung nimmt zu, die Tiefenfunktion von ψ_m ist nicht mehr linear. Da sich jedoch das Gravitationspotential nicht verändert, sinkt das hydraulische Potential ebenfalls und wird bis hinunter zur Grundwasseroberfläche $\psi_H < 0$. Die Folge ist eine Wasserbewegung in Richtung auf das niedrigere hydraulische Potential, also von unten nach oben. Führt man dagegen von oben Wasser hinzu, im Freiland z. B. durch Regen, so findet die umgekehrte Wasserbewegung statt. Auch hier bleibt das Gravitationspotential unverändert, das Matrixpotential in der oberen Bodenschicht aber steigt zunächst an der Bodenoberfläche und dann in der ganzen Säule, so daß insgesamt $\psi_H > 0$ und daher eine ausgleichende Abwärtsbewegung erzwungen wird.

c) Beziehung zwischen Wasserspannung und Wassergehalt

Wie im vorigen Kap. b bereits ausgeführt, ist die Beziehung zwischen Wasserspannung (bzw. Matrixpotential) und dem Wassergehalt von der Porengrößenverteilung und dem Porenvolumen abhängig und daher in den verschiedenen Horizonten der Böden unterschiedlich. Der Verlauf dieses Zusammenhanges ist deshalb ein häufig verwendetes Charakteristikum eines Bodens, das mehr Rückschlüsse auf den Wasserhaushalt eines Bodens (z. B. Speichereigenschaften, Geschwindigkeit der Entwässerung, Verfügbarkeit für Pflanzen) zuläßt als die Körnung, weil es außer von dieser auch vom Gefüge und dem Gehalt an organischer Substanz beeinflußt wird. Für diesen Zusammenhang werden die verschiedene Bezeichnungen gebraucht, z. B. *Wasserspannungskurve, pF-Kurve*, Bodenwassercharakteristik* und andere.

Die Wasserspannungskurven sind für 3 Bodenhorizonte unterschiedlicher Körnung in Abb. 83 dargestellt. Die Ordinate ist in logarithmischem Maßstab eingeteilt, um vor allem auch die Unterschiede im Bereich der niedrigen pF-Werte sichtbar zu machen. Der unterschiedliche Verlauf der Kurven ist verursacht durch die verschiedene Porengrößenverteilung der Böden. Die Wassergehalte bei einer Wasser-

---

* Die Bezeichnung pF stammt von *R. K. Schofield* (1935), darin steht F für freie Energie und p für Logarithmus. Heute wird pF meist im Sinne von pF = log cm WS verwendet.

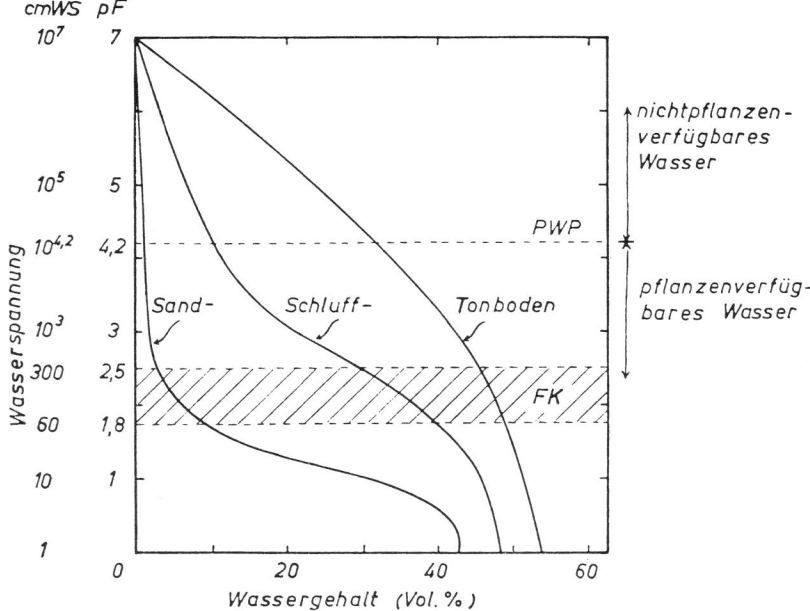

Abb. 83 Beziehung zwischen Wasserspannung und Wassergehalt (pF-Kurven) bei einem Sandboden, einem tonigen Schluffboden (Lößboden) und einem Tonboden (A-Horizonte). (FK = Feldkapazität, PWP = Permanenter Welkepunkt)

spannung von 1 cm WS (pF = 0) variieren in diesen Beispielen in einem Bereich von 42–53 Vol.-%, d. h. bei Wassersättigung sind 42–53 % des Bodenvolumens mit Wasser gefüllt. In Abwesenheit von Lufteinschlüssen entspricht dieses Volumen dem jeweiligen gesamten Porenvolumen der Böden. Die Wasserspannungskurven stellen idealisierte Zusammenhänge zwischen Wassergehalt und Wasserspannung dar. Da verschiedene, in den nächsten Abschnitten beschriebene Mechanismen ihren Verlauf beeinflussen, ist die Genauigkeit der Bestimmung stark von der strikten Einhaltung konstanter methodischer Bedingungen bei Entnahme und Zurichtung sowie bei der vorbereitenden Bewässerung abhängig.

(1) Einfluß der Körnung

Wird den Böden Wasser entzogen, so verläuft beim Sandboden die pF-Kurve zunächst flach bis etwa pF 1,8. Dieser flache Verlauf weist darauf hin, daß dem abgegebenen, nur relativ schwach gebundenen Wasser ($\approx$ 30 %) in diesem Bereich eine relativ einheitliche Bindungsstärke zuzuschreiben ist oder im Kapillarmodell ausgedrückt, daß es zu Poren relativ einheitlichen Äquivalentdurchmessers gehört* (vgl. weite Grobporen, Durchmesser $> 50 \,\mu$m, s. Tab. 49).

Die restlichen 5 % Wasser sind mit steigender Bindungsstärke gebunden, die letzten Anteile in Form dünner Filme von Adsorptionswasser und als Ringe um die Kontaktstellen zwischen den Körnern.

Der gegenüber den Sandböden andersartige Verlauf der pF-Kurven bei den beiden anderen Böden hängt mit ihrer abweichenden Porengrößenverteilung zusammen. Beim Schluffboden (= Löß) sind die Mittelporen mit $\approx$ 20 % (pF-Bereich 2,5–4,2) stark beteiligt, bei dem Tonboden die Feinporen mit etwa 30 % (pF $> 4,2$) (s. Abb. 92).

Aus Abb. 83 ist weiterhin ersichtlich, daß bei gleichem Wassergehalt die Bindungsstärke (d. h. also die Wasserspannung) des Bodenwassers in der Reihenfolge steigt: Sandboden < Schluffboden < Tonboden, also mit zunehmendem Tongehalt. So ist es auch zu erklären, daß z. B. bei einem Wassergehalt von 20 % sich der Sandboden naß, der Schluffboden feucht und der Tonboden trocken anfühlt. Diese unterschiedliche Bindungsstärke des Wassers in Abhängigkeit von der Körnung beruht auf einer Zunahme der adsorbierenden Oberfläche und einer Abnahme des Porendurchmessers.

(2) Einfluß des Gefüges

Außer durch die Körnung wird der Verlauf der pF-Kurven durch das Gefüge und daher auch durch den Spannungszustand in der festen Matrix beeinflußt. Da sich die Veränderungen am stärksten bei den sekundären Grobporen auswirken, sind auch die Änderungen des Wassergehaltes im Bereich geringer pF-Werte besonders groß, wie aus Abb. 84 zu ersehen ist (Schwankungsbereich des H_2O-Gehaltes bzw. des Porenvolumens bei pF 0 im Bereich von 36–61 %). Die Änderungen im Bereich pF $\gtrsim 1,5$ sind denen bei niedrigeren pF-Werten entgegengesetzt und außerdem auch kleiner (s. a. Kap. 4).

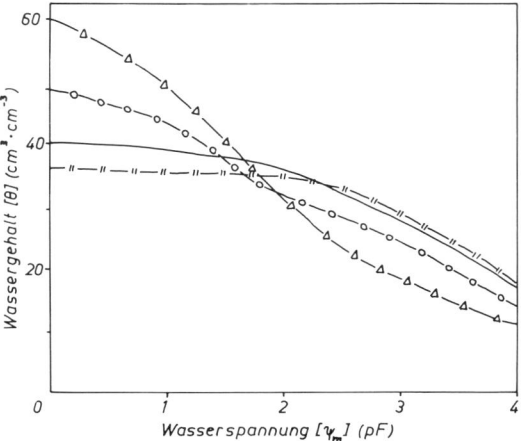

Abb. 84 Einfluß des Gefüges auf die Beziehung zwischen Wasserspannung und Wassergehalt. Die 4 Kurven kennzeichnen Lößböden gleicher Körnung, aber verschiedenen Porenvolumens (s. Wassergehalt bei pF 0) als Folge unterschiedlichen Gefüges

Besondere Bedeutung hat der Einfluß des Gefüges bei Böden, die quellen und schrumpfen. Abgesehen davon, daß dabei das gesamte Porenvolumen zu- bzw. abnimmt, verändert sich auch die Porengrößenverteilung. Bei Quellungen nimmt der Anteil an groben Sekundärporen ab, der an Mittelporen, vor allem aber der an Feinporen dagegen stark zu.

Die Kurven würden dabei in Abb. 84 flacher verlaufen. Der umgekehrte Vorgang läuft bei der Schrumpfung ab, er ist hier vor allem bei der Erstschrumpfung nach einer Sedimentation von Bedeutung, weil eine vollständige Rück-

---

* Im Freiland macht sich dies in einem scharf begrenzten Kapillarsaum über der Grundwasseroberfläche bemerkbar.

quellung selten ist (s. Kap. XV 4 c). Die Wasserspannungskurven von Tonböden haben daher keine so relativ unveränderlichen Charakteristika wie die von Sandböden (Kap. XV 3 d).

(3) Hysteresis der Wasserspannungskurve

Die Wasserspannungskurve ist nicht nur von Körnung und Gefüge bzw. Spannungszustand abhängig, sondern auch von der Richtung der Wassergehaltsänderung. Wie Abb. 85 zeigt, er-

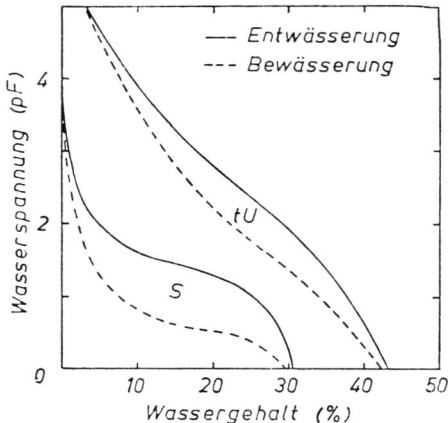

Abb. 85 Beziehung zwischen Wassergehalt und Wasserspannung in einem Sand- (S) und einem Lößboden (tU) in Abhängigkeit von Be- und Entwässerung *(Hysteresiseffekt)*

geben sich für Be- und Entwässerungsverlauf verschiedene Kurven. Diese Erscheinung wird *Hysteresis* genannt. In der Abbildung sind die Extremfälle gezeigt.

Zwischen ihnen treten eine große Anzahl von schleifenförmigen Übergängen auf, je nachdem, wie weit die vorhergehende Be- oder Entwässerung fortgeschritten war, bevor die untersuchte Umkehrung in Ent- oder Bewässerung einsetzte. Als Ursachen für die Hysteresis kommen vor allem die für Ent- oder Bewässerung gegensätzliche Wirkung von Porenengpässen, unterschiedliche Luftinklusionen, Veränderungen der Benetzbarkeit und ferner die durch Schrumpfung bewirkten, nur teilweise reversiblen Gefügeänderungen in Frage.

(4) Bestimmung der Wasserspannungskurve

Bei der *Bestimmung der Wasserspannungskurve* im Bereich pF < 4,2 geht man nach der Druck-Methode von *L. A. Richards* von der wassergesättigten Bodenprobe aus, bringt sie auf einer keramischen Platte

oder einer Membran mit Luftdrücken ins Gleichgewicht, die bestimmten Wasserspannungen entsprechen und mißt die aus dem Boden verdrängte oder die im Boden verbleibende Wassermenge. Die pF-Kurve wird erhalten, wenn die angewandten Drücke gegen die bestimmten Wassergehalte aufgetragen werden (s. Abb. 83). Zur Bestimmung der Wasserspannungskurve pF > 4,2 setzt man den Boden mit verschiedenen Wasserdampfdrücken ins Gleichgewicht und bestimmt den jeweiligen Wassergehalt des Bodens. Die Wasserdampfdrücke werden meistens in geschlossenen Systemen durch Schwefelsäure unterschiedlicher Konzentration erzeugt[10, 14].

3. Wasserbewegung in flüssiger Phase

Das Wasser im Boden ist selten in einem statischen Gleichgewicht, weil Niederschläge und Evapotranspiration das Einstellen eines Potentialgleichgewichtes immer wieder unterbrechen. Es ist vielmehr meist in Bewegung und zwar stets in Richtung auf das niedrigste Potential. Dies gilt sowohl für den wassergesättigten Zustand im Einflußbereich des Grund- und Stauwassers als auch für den nicht gesättigten Bereich oberhalb einer Grundwasseroberfläche.

Das Ausmaß der Wasserbewegung ist abhängig von dem antreibenden Potentialgefälle und der *Durchlässigkeit* oder *Wasserleitfähigkeit* des Bodens[17]. Die einfachste Form, in der dieser Sachverhalt dargestellt werden kann, ist die nach dem französischen Ingenieur *Darcy* (1803–1858) benannte Gleichung:

$$Q = k \cdot \frac{d\psi}{dl}$$

Hierin ist Q die gesamte Wassermenge, die je Zeiteinheit durch eine gegebene Fläche – den Fließquerschnitt – perkoliert. Sie wird meistens in $cm^3 \cdot s^{-1}$ oder Liter $\cdot s^{-1}$ angegeben. ψ ist das antreibende Potential, l die Fließstrecke, k ein Proportionalitätskoeffizient, der Wasserleitfähigkeits- oder Durchlässigkeitskoeffizient oder hydraulische Leitfähigkeit genannt wird.

Der Ausdruck $\frac{d\psi}{dl}$, der die Veränderung des Potentials im Verlaufe der Fließstrecke angibt, wird als Gradient des Potentials bezeichnet. Gelegentlich wird hierfür „grad ψ" geschrieben. Er entspricht dem Gefälle in einem freifließenden Gewässer.

---

[17] *Childs, E. C., E. Tzimas:* J. Soil Sci. 22 (1971) 319.

Anstelle der insgesamt perkolierenden Wassermenge ($cm^3 \cdot s^{-1}$) wird oft die auf die Flächeneinheit bezogene Wassermenge ($cm^3 \cdot cm^{-2} \cdot s^{-1}$) für die weiteren Auswertungen gebraucht. Ihre Berechnung ergibt eine Größe mit der Dimension einer Geschwindigkeit ($cm \cdot s^{-1}$). Sie wird als Fließgeschwindigkeit bezeichnet (v). Gelegentlich wird auch die Bezeichnung Fluß (lat. flux) verwendet.

$$Q/F = v$$

Bei Betrachtungen von Wasserbewegungen wird für den antreibenden Potentialgradienten in der Regel der des hydraulischen Potentials verwendet:

$$\text{grad } \psi_H = \frac{\Delta \psi_m \text{ (oder } \psi_h) + \Delta \psi_z}{\Delta Z}$$
$$= \frac{\Delta \psi_m \text{ (oder } \psi_h)}{\Delta Z} + 1$$

Die Wahl des Vorzeichens zwischen den beiden Teilgradienten richtet sich danach, ob beide gleichgerichtet ($+$) oder einander entgegengesetzt gerichtet ($-$) sind, wenn ψ_z von der Grundwasseroberfläche aufwärts positiv zunehmend Zahlenwerte erhält (vgl. Kap. 2b).

Meist wählt man das Gewicht als Bezugsgröße, so daß das Potential die Dimension einer Länge und der Leitfähigkeitskoeffizient k_f die Dimension $l \cdot t^{-1}$ (meist $cm \cdot s^{-1}$ oder $cm \cdot d^{-1}$) erhält. In der beschriebenen Form ist k an Wasser als Fließmedium gebunden. Soll das Verhalten anderer Fließmedien (Luft, Öl) verglichen werden, so muß die veränderte Viskosität (η) berücksichtigt und die Bezugsgröße für das Potential auf Masse oder Volumen umgerechnet werden. Danach erhält der Leitfähigkeitskoeffizient die Dimension einer Fläche (l^2) und wird als Permeabilitätskoeffizient k_0 bezeichnet:

$$k_o = k_f \cdot \frac{\eta}{\varrho \cdot g}$$

Dichte der Manometerflüssigkeit (ϱ) und Gravitation (g) müssen hinzugefügt werden, um die Potentialangabe von der Länge auf den Druck zu ergänzen (s. Kap. 2a).

Die Gültigkeit der *Darcy-Gleichung* ist von der Größe des an der Perkolation beteiligten Anteiles innerhalb eines Fließquerschnittes unabhängig. Sie gilt daher gleichermaßen für große und kleine Porenvolumina und ebenso für vollständige und teilweise Wassersättigung des Bodens. Dieser letzte Umstand ist besonders wichtig, weil teilweise Wassersättigung (sogenannter *ungesättigter* Zustand) in terrestrischen Böden weitaus häufiger ist als vollständige.

Die *Darcy-Gleichung* in der hier angegebenen Form beschreibt den *eindimensionalen stationären* Strömungsvorgang* vollständig, d. h. man kann mit ihrer Hilfe Fließgeschwindigkeit

und Potential an jeder Stelle des Strömungsfeldes feststellen. Im Boden sind aber eindimensionale Strömungen nur dann mit Sicherheit anzunehmen, wenn man hinreichend kleine Ausschnitte und vor allem kurze Fließstrecken betrachtet. Größere Bereiche wie Zuströmungen in Gräben oder andere Gewässer oder zu Wurzeln sind stets dreidimensional und man kann sie nur als zweidimensional betrachten, wenn man sich eine Ebene aus dem durchströmten Raum herausgeschnitten vorstellt. In diesen Fällen sind aber die durchströmten Querschnitte nicht mehr konstant und die Geschwindigkeitsverteilungen auch nicht. Im Prinzip entspricht die Situation der Darstellung der Zuströmungslinien um ein Dränrohr (siehe Abb. 90). In dieser Situation reicht die *Darcy-Gleichung* zur Beschreibung des Strömungsfeldes nicht mehr aus, weil wechselnde Fließquerschnitte ($F_1 \rightarrow F_2$) bei konstant bleibender Fließmenge (Q) veränderte Geschwindigkeiten (v) erfordern

$$Q = v_1 \cdot F_1 = v_2 \cdot F_2$$

Diese Gleichung beinhaltet die Forderung nach Erhaltung der Masse. Sie ist die einfachste Form der sogenannten *Kontinuitätsgleichung;* hier formuliert für den Fall, daß zwei verschiedene Fließquerschnitte, jeder mit eindimensionaler Strömung, miteinander verglichen werden.

In einem zweidimensionalen Strömungsfeld, in dem die Fließrichtung von Ort zu Ort verschieden ist, muß zur Erhaltung der Masse des fließenden Mediums eine Zunahme des Flusses (v) in der Richtung x (= horizontal in Abb. 90) eine gleichzeitige Abnahme in der Richtung z (= vertikal in Abb. 82 und 90, vgl. ψ_z) zur Folge haben. Die Kontinuitätsgleichung heißt dann

$$\frac{\partial v_x}{\partial x} + \frac{\partial v_z}{\partial z} = 0$$

Setzt man für die Geschwindigkeit $v \left(= \frac{Q}{F} \right)$ in dieser Differentialgleichung den entsprechenden Ausdruck der Darcy-Gleichung ein, so erhält man

$$\frac{\partial \left(k \frac{\partial \psi}{\partial x} \right)}{\partial x} + \frac{\partial \left(k \frac{\partial \psi}{\partial z} \right)}{\partial z} = 0$$

Nun kann man diesen Ausdruck durch k dividieren und erhält dann als zweite Ableitung die Differentialgleichung

---

* Eine Strömung ist eindimensional, wenn nur eine Fließrichtung vorkommt, der Fließquerschnitt also überall gleichbleibt und stationär, wenn sich der antreibende Gradient im Verlaufe der Zeit nicht ändert.

$$\frac{\partial^2 \psi}{\partial x^2} + \frac{\partial^2 \psi}{\partial z^2} = 0$$

die unter der Bezeichnung *Laplace-Gleichung* bekannt ist. Durch Lösung dieser Gleichung kann die Potentialverteilung im gesamten Strömungsfeld beschrieben werden. Je nach Art der Formulierung des antreibenden Gradienten kann anstelle von ψ auch eine Länge (h) auftreten (vgl. Kap. 2 a).

Die hier formulierte Strömungsgleichung ist allerdings analytisch nicht für alle Fälle lösbar, sondern nur für Strömungsfelder mit geometrisch einfachen Bedingungen (= einfache Randbedingungen). Für komplizierte Fälle ist die Lösung nur mit Hilfe von Modellen oder auf zeichnerischem Wege möglich. Modelle können elektrische Anlagen, Sandkästen oder andere Analogmodelle, aber auch Digitalmodelle sein. Zeichnerisch kann die Strömungsnetz-(Quadratnetz-)Methode verwendet werden[18, 19].

Bei dem beschriebenen Umformungsvorgang wurde die Wasserleitfähigkeit durch Kürzen eliminiert. Dies unterstreicht die wesentliche Tatsache, daß bei homogenem isotropem Boden das Strömungsbild von der Wasserleitfähigkeit unabhängig ist. Diese Bodeneigenschaft beeinflußt also nur die absolute Fließmenge je Zeit- und Flächeneinheit, nicht aber die Verteilung der Strömungen im Raum.

Ist infolge schichtweiser Ablagerung oder infolge Sekundärporenbildung das Porensystem anisotrop, so sind Verteilung und Richtungsabhängigkeit der Wasserleitfähigkeit von erheblicher Bedeutung für die Fließvorgänge. Die einzelnen Strömungslinien des Feldes werden dann beim Übergang in Zonen geringerer Wasserleitfähigkeit zur Grenzflächen-Normalen hin, beim Übergang in Zonen höherer Wasserleitfähigkeit von der Grenzflächen-Normalen weg abgelenkt. Die Ursache dafür ist die mit dieser Ablenkung verbundene Veränderung des Fließquerschnittes, die bei Leitfähigkeitsänderungen wiederum durch die Kontinuitätsbedingung (= Massenerhaltung) erzwungen wird. Das Phänomen ähnelt der Brechung von Lichtstrahlen beim Übergang in optisch dichtere bzw. weniger dichte Medien.

Alle hier beschriebenen Einzelheiten gelten gleichermaßen für den Fall vollständiger Wassersättigung wie für den ungesättigten Zustand.

a) Einfluß von Körnung und Gefüge

Die Wasserleitfähigkeit wird wesentlich beeinflußt von der Anzahl, Größe und Form der Poren, durch die das Wasser fließt. Dieser Zusammenhang wird durch die *Hagen-Poiseuille*sche Gleichung beschrieben

$$Q = \frac{\pi r^4 \Delta \psi}{8 \eta l}$$

Q = perkolierte Wassermenge, r = Radius, $\Delta \psi$ = hydraulische Potentialdifferenz, η = Viskosität und l = Fließstrecke.

Die Gleichung zeigt, daß Q in besonders starkem Maße von r abhängt. Infolgedessen besteht zwischen der Porengrößenverteilung und damit auch der Körnung eines Bodens und seiner Wasserleitfähigkeit ein enger Zusammenhang. Man kann daher auch die Wasserleitfähigkeit bei Sanden aus der Körnung berechnen. Als Beispiel sei die einfach aufgebaute *Hazensche Näherungsformel* gegeben*

$$k \approx 100 \cdot (D_{10})^2$$

Der Zusammenhang zwischen Wasserleitfähigkeit und Körnung ist, wie Abb. 86 im Unterboden (80–120 cm) zeigt, über einen weiten Körnungsbereich zu erkennen, er ist dann allerdings nicht mehr sehr straff (r = 0,47 in Abb. 86). Bei den Proben aus 40–60 cm Tiefe ist diese Beziehung nicht mehr vorhanden, weil in der oberflächennäheren Schicht der Einfluß der Körnung durch den Einfluß gefügebedingter Grobporen überdeckt wird. Dies gilt ganz allgemein für die oberflächennahen Schichten von Böden, in denen sekundäre Grobporen ausgebildet sind.

Aus diesem Grunde kann der Wasserleitfähigkeitskoeffizient zur Beurteilung der Gefügeausbildung sowie auch der Erodierbarkeit als Funktion der Gefügeausbildung verwendet werden[20].

Während die korngrößenbedingten Primärporen meist eine recht gleichmäßige gesättigte Wasserleitfähigkeit ergeben, kann die *Wirkung der Sekundärporen* sehr verschiedenartig sein. Nach Abb. 87 kann hier die Wasserleitfähigkeit von verschiedenen Porensystemen geprägt sein, die sich durch verschiedene Werte der Wasserleitfähigkeit und verschiedene Häufigkeiten des Vorkommens unterscheiden. In Abb. 87 zeigt die Häufigkeitsverteilung der Meßwerte für 5–10 cm Tiefe ein einziges Maximum bei $5,6 \cdot 10^{-2}$ cm/sec. In 25–30 cm Tiefe ist die Verteilung zweigipflig und zeigt damit an, daß neben dem in der oberen Schicht wirksamen Porensystem noch ein anderes zur Geltung kommt, dessen Wasserleitfähigkeit um etwa

---

[18] *Kisperth, V., D. Hilliger:* Arch. Acker- u. Pflanzenbau u. Bodenkd. 15 (1971) 631.

[19] *Beck, W., A. Haendel:* Grundlagen der Strömungsmechanik, VEB Dtsch. Verl. Wiss. Berlin 1960.

* D_{10} ist der Korndurchmesser (in cm), der auf der Körnungssummenkurve dem Ordinatenwert 10% entspricht.

[20] *Nazarow, G. V.:* US-Soviet Soil Sci. 6 (1974) 336.

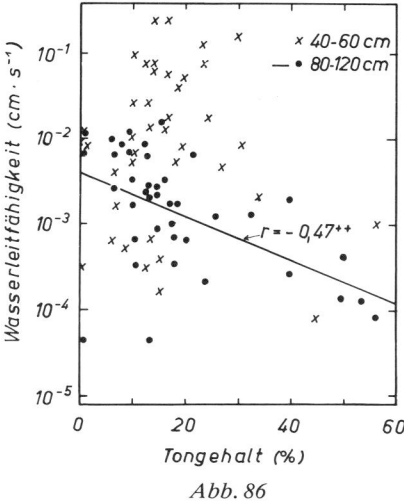

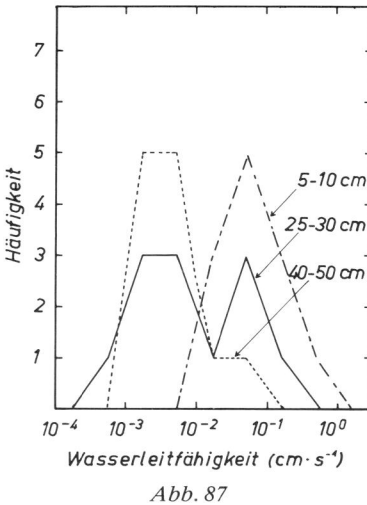

Abb. 86   *Abb. 87*

Abb. 86 Wasserleitfähigkeit von Böden in Abhängigkeit vom Tongehalt. Entnahmetiefe 40−60 und 80−120 cm, ungestörte Proben (n. *K. H. Hartge*)

Abb. 87 Häufigkeit des Auftretens verschiedener Werte der Wasserleitfähigkeit in 3 Profiltiefen bei je 12 Parallelen in einem Pseudogley aus Ton. (Tongehalt = 35 %, $CaCO_3$ = 10 %) (n. *K. H. Hartge*)

Tabelle 53 Häufige Werte der Wasserleitfähigkeit von wassergesättigten Böden verschiedener Körnung

Bodenart	Wasserleitfähigkeit	
	(cm/s)	(cm/Tag)
Sandböden	$\approx 4 \cdot 10^{-1}$ bis $\approx 4 \cdot 10^{-3}$	$\approx 3 \cdot 10^4$ bis $\approx 3 \cdot 10^2$
Schluffböden	$\approx 4 \cdot 10^{-1}$ bis $\approx 5 \cdot 10^{-5}$	$\approx 3 \cdot 10^4$ bis ≈ 4
Lehmböden	$\approx 4 \cdot 10^{-1}$ bis $\approx 10^{-5}$	$\approx 3 \cdot 10^4$ bis ≈ 1
Tonböden	$\approx 4 \cdot 10^{-1}$ bis $\approx 10^{-7}$	$\approx 3 \cdot 10^4$ bis $\approx 10^{-2}$

eine Zehnerpotenz kleiner ist. In 40−50 cm Tiefe überwiegt schließlich dieses engere Porensystem und bestimmt die Wasserleitfähigkeit.

Die *Größenordnung* der gesättigten Wasserleitfähigkeiten von Sand-, Schluff- und Tonböden ist in Tab. 53 zusammengefaßt. Bei Schluff- und Tonböden gilt die größere Zahl jeweils für Sekundärporen-reiche Böden, die kleinere für Sekundärporen-freie Böden.

b) Einfluß des Wassergehalts

Wie im vorigen Abschnitt beschrieben, ist die Wasserleitfähigkeit in hohem Maße vom Durchmesser der leitenden Poren abhängig. Dies gilt ebenfalls, wenn der leitende Querschnitt in Böden dadurch verkleinert wird, daß die Poren Luft enthalten, so daß sie nur z. T. am Wassertransport teilnehmen können. Die Entwässerung eines Teiles der Poren vermindert also die Wasserleitfähigkeit. Da die weite-

sten Poren, die bei Wassersättigung den größten Anteil am Wassertransport haben, als erste entwässert werden, sinkt die Wasserleitfähigkeit bei Beginn der Entwässerung besonders stark. Bei den verschiedenen Böden ist der Verlauf der Abnahme von der Porengrößenverteilung abhängig.

Geht man vom wassergesättigten Zustand eines Bodens aus und verfolgt die Abnahme der Wasserleitfähigkeit, so sinkt die Leitfähigkeit erst dann, wenn die Entwässerung der Poren beginnt. Die Leitfähigkeit ist also nicht von der Wasserspannung abhängig, sondern vom Wassergehalt. Daß zu jedem Entwässerungszustand ein pF-Wert gehört (s. pF-Kurve), bedeutet keine Einschränkung für diese Feststellung. Bei weiter fortschreitender Entwässerung sinkt die Wasserleitfähigkeit um so stärker, je mehr Poren entleert werden. Wie Abb. 88 zeigt, sinkt sie daher bei Grobporen-reichen Böden schon bei niedrigen Wasserspannungen, bei Mittelporen-reichen Böden erst bei etwas höheren und bei Feinporen-reichen Böden oft besonders wenig.

Abb. 88 läßt erkennen, daß die bei Wassersättigung hohe Wasserleitfähigkeit des Sandbodens bei $\psi \approx 10^2$ cm WS (= Wassersäule) infolge der Entwässerung der Grobporen unter die Werte des Lößbodens sinkt. Im Bereich von 10^2–10^4 cm WS, der unter Freilandbedingungen in terrestrischen Böden besonders häufig auftritt, hat also der Lößboden die höchste Wasserleitfähigkeit. Dies ist ein wesentlicher Grund für die hohe Wertschätzung dieser Böden in der Landwirtschaft. Die relativ hohe Wasserleitfähigkeit des Tonbodens in gesättigtem Zustand ist die Folge des Vorhandenseins von Sekundärporen, die aber sehr grob sind und daher schon bei < 10 cm WS entleert werden. Bei stärkerer Austrocknung ($\psi > 10^4$ cm WS) ist die Wasserleitfähigkeit des Tonbodens größer als die aller anderen Böden, weil er in diesem Zustand wegen des noch relativ hohen Wassergehaltes die größten Fließquerschnitte hat.

Moorböden verhalten sich hinsichtlich ihrer ungesättigten Wasserleitfähigkeit im Bereich von ψ zwischen 50 cm WS und 10^3 cm WS ähnlich wie der in Abb. 88 dargestellte Sandboden[21].

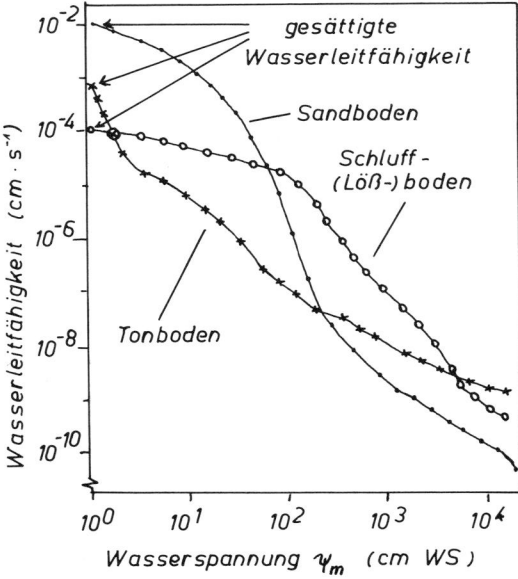

Abb. 88 Wasserleitfähigkeit (gesättigte und ungesättigte) eines Sand-, Schluff- und Tonbodens in Abhängigkeit von der Wasserspannung[22]

c) Bestimmung der Wasserleitfähigkeit

Der Wasserleitfähigkeitskoeffizient als Bodeneigenschaft wird bestimmt, indem die übrigen Parameter der Darcy-Gleichung, nämlich Fließquerschnitt, Fließstrecke, Potentialgefälle, Perkolationszeit und perkolierte Wassermenge entweder durch die Versuchsanordnung festgelegt oder gemessen werden[10]. Die Bestimmung der *gesättigten* Wasserleitfähigkeit kann im *Freiland* am einfachsten an einem Bohrloch durchgeführt werden, wenn im Bereich des Bohrloches Grund- oder Stauwasser vorhanden ist. Aus dem Bohrloch wird ein Teil des Wassers entfernt und die Geschwindigkeit des Wiederanstieges des Wasserspiegels gemessen. Zur Berechnung der Wasserleitfähigkeit gibt es eine Anzahl von Formeln, deren bekannteste die von *Hooghoudt-Ernst* ist. Alle diese Formeln basieren auf der Darcy-Gleichung. Ist kein Grund- oder Stauwasser vorhanden, so kann Wasser zugeführt werden, wobei allerdings durch besondere Maßnahmen sicherzustellen ist, daß die Messung im wassergesättigten Zustand erfolgt (Doppelrohrgerät von *Bouwer*).

Die ungesättigte Wasserleitfähigkeit k_θ kann ebenfalls im Freiland bestimmt werden. Hierbei wird der Potentialgradient mit Tensiometern, die Veränderung der Wassergehalte mit Neutronen-oder γ-Sonden gemessen[23].

Im Labor werden verschiedene Arbeitsweisen verwendet: Häufig wird die Bestimmung vorgenommen, indem die Perkolation durch eine zwischen zwei keramischen Membranen eingeschlossene Probe gemessen wird, wobei die Probe durch Anlegen von Luftdruck bis zu der gewünschten Wasserspannung entwässert wird[24, 25]. Da dieses Verfahren sehr zeitaufwendig ist, wird k_θ auch aus der Diffusivität $(D = k \dfrac{d\psi_m}{d\theta})$ errechnet, nachdem in der Probe durch Wasserentzug an einem Ende ein Wasserspannungsprofil hergestellt wurde[26].

d) Wasseraufnahme und Wasserabgabe

Bei den in Kap. 3 a–c beschriebenen Wasserbewegungen wurde davon ausgegangen, daß der Wassergehalt sich während des Ablaufes der Bewegung nicht verändert. Dieser Zustand ist

[21] *Bartels, R., H. Kuntze:* Z. Pflanzenernähr. Bodenk. 134 (1973) 125.
[22] *Becher, H. H.:* Diss. Hannover 1970.
[23] *Renger, M. u. Mitarb.:* Z. Pflanzenernähr. Bodenk. 126 (1970) 15.
[24] *Henseler, K. L., M. Renger:* Z. Pflanzenernähr. Bodenk. 122 (1969) 220.
[25] *Vetterlein, E.:* Albrecht-Thaer-Archiv 12 (1968) 983.
[26] *Ehlers, W.:* Soil Sci. Soc. Amer. Proc. 40 (1976) 837.

eine der Eigenschaften der stationären Strömung, die im Boden allerdings nur im Bereich des Grund- und Stauwassers über längere Zeitspannen vorliegt. Oberhalb dieses Bereiches ist der Wasserhalt durch die in ihrer Intensität wechselnden Auswirkung von Evaporation, Wasseraufnahme durch Pflanzenwurzeln, Niederschlag, Versickerung und kapillaren Aufstieg gekennzeichnet. Sie verursachen ständige Wassergehaltsveränderungen in jeweils verschiedenen Teilen des Profils, die wegen der damit verbundenen Veränderungen der Potentiale des Bodenwassers zu ausgleichenden Wasserbewegungen führen. Diese Bewegungen, die auf die Wiedereinstellung des Potentialgleichgewichtes hinwirken, sind *instationäre Strömungen*. Sie sind von den stationären dadurch unterschieden, daß der antreibende Gradient sich in Abhängigkeit von der Zeit verändert.

Bei der formelmäßigen Beschreibung von nichtstationären Fließvorgängen muß, wie bei den zwei-und dreidimensionalen stationären, die Fließgleichung mit der Kontinuitätsgleichung kombiniert werden. Zum Unterschied von den stationären Bedingungen ist jedoch die Summe der Geschwindigkeitsveränderungen nicht gleich Null, sondern gleich der Änderung des Wassergehaltes (θ) in der Zeiteinheit (t). Die Kontinuitätsgleichung lautet daher hier:

$$\frac{\partial v_x}{\partial x} + \frac{\partial v_z}{\partial z} = \frac{\partial \theta}{\partial t}$$

Nach Kombination mit der Fließgleichung (Darcy-Gleichung) erhält man für eine zweidimensionale Wasserbewegung in den Richtungen x (horizontal) und z (vertikal):

$$\frac{\partial \left(k \frac{\partial \psi_m}{\partial x}\right)}{\partial x} + \frac{\partial \left(k \frac{\partial \psi_m}{\partial z}\right)}{\partial z} + \frac{\partial k}{\partial z} = \frac{\partial \theta}{\partial t}$$

Der Summand $\frac{\partial k}{\partial z}$ auf der linken Seite muß hinzugefügt werden, um den Gravitationseinfluß in der vertikalen (z-Richtung) zu berücksichtigen, weil das hydraulische Potential (ψ_H) in dieser Richtung außer dem Term ψ_m auch noch den Term ψ_z enthält.

$$\psi_H = \psi_m + \psi_z$$

Dabei ist $\frac{\partial \psi_z}{\partial z} = 1$ und aus $\frac{\partial \left(k \frac{\partial \psi_z}{\partial z}\right)}{\partial z}$ wird $\frac{\partial k}{\partial z}$

Die hier dargestellte zweidimensionale Form, die also wieder für eine x, z-Ebene gilt, die aus dem dreidimensionalen Raum herausgeschnitten gedacht ist, kann durch Hinzufügen des Gliedes für die y-Komponente für den dreidimensionalen Fall ergänzt werden.

Wie bei der stationären Strömung ist auch hier die analytische Behandlung schwierig. Mathematische Modelle sind für eindimensionale Fälle verfügbar. Dabei zeigt sich, daß die verwendbare Gleichung im Prinzip einer nichtstationären Diffusionsgleichung (2. Ficksches Gesetz) entspricht, wenn man den Diffusionskoeffizienten entsprechend umformuliert und statt:

$$\frac{\partial \theta}{\partial t} = \frac{\partial}{\partial x}\left(k \frac{\partial \psi_m}{\partial x}\right) \text{ erweitert auf:}$$
$$\frac{\partial \theta}{\partial t} = \frac{\partial}{\partial x}\left(k \frac{\partial \psi_m}{\partial \theta} \frac{\partial \theta}{\partial x}\right)$$

und den Ausdruck $k \frac{\partial \psi_m}{\partial \theta} = D$ setzt. Die Gleichung lautet nun:

$$\frac{\partial \theta}{\partial t} = \frac{\partial}{\partial x}\left(D \frac{\partial \theta}{\partial x}\right)$$

oder wenn D von x unabhängig ist:

$$\frac{\partial \theta}{\partial t} = D \frac{\partial^2 \theta}{\partial x^2}$$

wobei der Koeffizient D, das Produkt aus Wasserleitfähigkeitskoeffizient (k) und Steigung der Wasserspannungskurve $\left(\frac{\partial \psi_m}{\partial \theta}\right)$ als *Diffusivität* bezeichnet wird. Er beschreibt die Weitergabegeschwindigkeit von Wasserspannungsunterschieden.

Dieser Zusammenhang ermöglicht es, den Verlauf von Wassergehaltsveränderungen in eindimensionalen Strömungen wie z. B. in Modellsäulen als Diffusionsvorgänge zu betrachten, was die mathematische Behandlung erleichtert. Außerdem kann in diesem Fall, wie die Gleichung zeigt, von der manchmal problematischen Potentialmessung auf die Wassergehaltsmessung übergegangen werden.

(1) Infiltration

Unter dem Begriff Infiltration versteht man die Bewegung des Sickerwassers von oben her in den Boden, wenn das Matrixpotential höher ist als dem Gleichgewicht mit dem freien Grund- oder Stauwasserspiegel entspricht (s. Abb. 82):

$$\psi_H = \psi_m + \psi_z > 0$$

Die Infiltration ist daher eine Folge von Niederschlägen, Beregnung oder Überstauung. Der Verlauf der Infiltration wird durch die *Infiltrationsrate* gekennzeichnet. Diese gibt die Wassermenge an (cm WS), die je Zeiteinheit versickert. Manchmal wird auch die insgesamt versickerte Wassermenge angegeben (= *kumulative Infiltration*). Maßgebend für den Verlauf der Infiltration sind vor allem (a) das Ausmaß der Verschlämmung, also die Gefügestabilität der Bodenoberfläche, (b) die Art der Veränderung der Wasserleitfähigkeit bei wechselndem

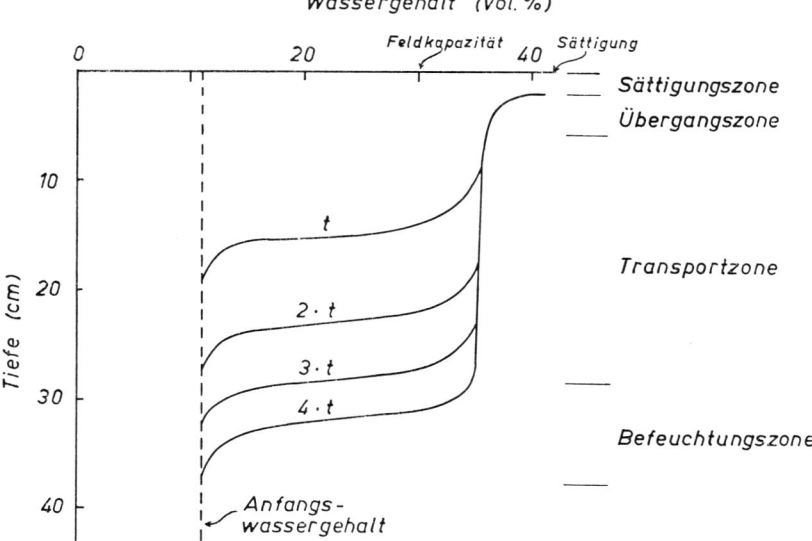

Abb. 89   Verlauf der Infiltration bei einem überfluteten Boden in gleichen Zeitintervallen (t)[27]

Wassergehalt und (c) der Wassergehalt des Bodens zu Beginn der Infiltration.

Die *Veränderung des Wassergehaltes* im Profil nimmt bei der Infiltration einen sehr charakteristischen Verlauf, der in Abb. 89 für den Fall einer *Überflutung* eines Bodens dargestellt ist. Bei konstanter Wassernachlieferung bilden sich 4 Zonen. Während sich die *Sättigungs-* und *Übergangszone* nur um wenige Zentimeter ausdehnen, nimmt die Länge der *Transportzone* stark zu, und die *Befeuchtungszone* dringt tiefer und tiefer in den Boden ein. Die Vorrückgeschwindigkeit der *Befeuchtungsfront* ist zunächst recht groß, weil bei dem großen Wassergehaltsunterschied zwischen der Sättigungszone und dem anfänglichen Wassergehalt des Bodens der hydraulische Gradient zunächst überwiegend durch seinen matrixbedingten Anteil bestimmt wird. Mit zunehmender Länge der Transportzone wird dieser Einfluß aber kleiner und schließlich wird der hydraulische Gradient

$$\frac{\partial \psi_H}{\partial z} \rightarrow \frac{\partial \psi_z}{\partial z}$$

und nähert sich damit 1, wobei die Vorrückgeschwindigkeit der Befeuchtungsfront dann konstant wird. Die Geschwindigkeit ist bei der erreichten Wassersättigung von der zugehörigen Wasserleitfähigkeit in der Transportzone abhängig. Unter Freilandbedingungen wird hier eine Wassersättigung von 70−80 % des Porenvolumens kaum überschritten (der Wasser-

gehalt liegt dann meist zwischen Wassersättigung und Feldkapazität).

Wenn der Boden nicht überflutet ist, sondern nur ein stetiger, aber geringer Wassernachschub durch Regen stattfindet, bildet sich keine Sättigungszone, auch ist die Übergangszone nur schwach ausgebildet. Die Abwärtsbewegung des Wassers erfolgt wie im Falle der Überflutung in der Transportzone unter dem alleinigen Einfluß der Schwerkraft. Der Sättigungsgrad stellt sich dabei so ein, daß die herangeführte Wassermenge bei der zugehörigen ungesättigten Wasserleitfähigkeit gerade abgeleitet werden kann.

Dieser Zusammenhang mit der Wassersättigung wirkt sich bei der *Veränderung des Porensystems* im Profil stark auf den Verlauf der Infiltration aus. Trifft die Befeuchtungsfront auf eine Schicht mit geringerer Wasserleitfähigkeit, so verlangsamt sich ihr Vorrücken. Ist dieser *Wasserstau* so stark, daß über dieser Schicht das Matrixpotential $\psi_m = 0$ wird, so spricht man von der Bildung von *Stauwasser*. Ein Wasserstau im Profil kann im Bereich der ungesättigten Wasserbewegung nicht nur durch feinporige, sondern auch durch besonders grobporige Schichten (Sande, Kiese) erfolgen, weil in grobporigen Substraten die Wasserleitfähigkeit bei

---

[27] *Bodman, G. B., E. A. Coleman:* Soil Sci. Soc. Amer. Proc. 8 (1943) 116.

höheren pF-Werten oft sehr klein ist (vgl. Abb. 88) und eine Teilnahme gröberer Poren erst möglich wird, wenn die Wasserspannung im feinporigen Substrat soweit abgesunken ist, daß sie das Vollaufen der gröberen Poren zuläßt. Wasserstau erfolgt daher nicht nur an Pflugsohlen, B_t-Horizonten, bei Pseudogleyen usw., sondern auch in A_h-Horizonten von Sandböden über A_e- oder C-Horizonten.

Aus dem Grad der Wassersättigung bei der Infiltration ergibt sich, daß *Grobporen*, wie Wurzel- und Wurmröhren, sowie Schrumpfungsrisse unterhalb der Sättigungszone nicht mit Wasser gefüllt sind. Diese Poren nehmen an der Wasserbewegung nur dann in größerem Ausmaß teil, wenn der Boden überflutet ist.

Neben der bisher beschriebenen *Infiltrationsrate* ($cm \cdot s^{-1}$) interessiert oft die gesamte, von einem Boden innerhalb einer bestimmten Zeit aufgenommene Wassermenge. Für diese *kumulative Infiltration* $i = \dfrac{Q}{F} \left(\dfrac{cm^3}{cm^2}\right)$ gibt es empirische Ansätze, z. B. den von *Kostiakow* (1932)[28],

$$i = ct^\alpha$$

in dem t die Infiltrationsdauer und c und α empirische Parameter sind, die sich aus der Gestalt des logarithmischen Zusammenhanges zwischen i und t ergeben. Sie sind durch die Bodeneigenschaften bedingt, und zwar c vorwiegend durch das Gefüge zu Beginn der Infiltration, α durch die Wasserstabilität.

Eine neuere Gleichung (*Philip* 1957)[5] schließt gedanklich die Diffusivität mit ein:

$$i = st^{1/2} + k_\theta t$$

darin ist s die anfangs überwiegend wirksame Wasseraufnahmegeschwindigkeit (Sorptivität) und k_θ die im Verlaufe der Infiltrationsdauer t immer stärker bestimmende Wasserleitfähigkeit bei dem durch den Wassergehalt θ gekennzeichneten Sättigungszustand der Transportzone. Bei längerer Infiltrationsdauer gibt das Glied $k_\theta t$ praktisch allein die weitere Wasseraufnahme an. Dann ist

$$\frac{k_\theta t}{t} \approx \frac{i}{t} \approx I$$

mit I als Infiltrationsrate (cm/sec). Im stationären Endzustand der Bewegung, d. h. wenn die Infiltrationsrate konstant und der vertikale Gradient = 1 geworden ist, wird

$$I \approx k_\theta$$

mit k_θ als der dem jeweiligen Wassergehalt zugehörigen ungesättigten Wasserleitfähigkeit.

(2) Kapillarer Aufstieg

Der kapillare Aufstieg ist der umgekehrte Vorgang der Infiltration; das Wasser stammt aus dem Grund- oder Stauwasser und bewegt sich nach oben. Diese Bewegung kommt zustande, wenn das Matrixpotential oberhalb der Grundwasseroberfläche niedriger ist, als es dem Gleichgewicht mit dem freien Wasserspiegel (Grund- oder Stauwasser) entspricht.

$$\psi_H = \psi_m + \psi_z < 0$$

Dies ist im Freiland der Fall, wenn an der Bodenoberfläche Wasser verdunstet oder durch die Pflanzen entzogen wird. Für die Wassernachlieferung ist hier wie bei allen Wasserbewegungen neben der Wasserleitfähigkeit des betreffenden Sättigungszustandes der Potentialgradient ausschlaggebend. Hinzu kommt für den nichtstationären Fall — also die Wiederauffüllung — die Steigung der Wasserspannungskurve $\left(\dfrac{\partial \psi_m}{\partial \theta}\right)$ somit also wie bei der Infiltration auch die Diffusivität. Daher steigt in einem Sandboden wegen des hohen Anteils von Grobporen das Wasser zunächst schnell an, aber nur bis in geringe Höhe über dem Grundwasserspiegel. In einem Schluffboden ist bei gleichen Potentialgradienten die aufsteigende Wassermenge je Zeiteinheit zwar geringer, aber vermindert sich nach oben weniger schnell.

Dieser Einfluß der ungesättigten Wasserleitfähigkeit und Porengrößenverteilung ist die Ursache der Abhängigkeit der Bodenzahl bzw. Ackerzahl vom Grundwasserstand (Tab. 54).

Tabelle 54 Ackerzahlen der Reichsbodenschätzung in Abhängigkeit vom Grundwasserstand und der Körnung (Beispiele)

Körnungsklasse	Ackerzahl (absolut)	Ackerzahl (relativ) bei einem Grundwasserstand von (in m)			
		0,5	1,0	1,5	2,0
lehmiger Sand	30	80	100	93	73
sandiger Lehm	66	71	95	100	95
toniger Lehm	66	60	88	98	100

Aus dieser Tabelle ist ersichtlich, daß unter den klimatischen Verhältnissen Deutschlands bei ackerbaulicher Nutzung der *günstigste Grundwasserstand* bei dem als Beispiel gewählten lehmigen Sandboden im Mittel bei ≈ 150 cm und beim tonigen Lehmboden bei ≈ 200 cm unter

---

[28] *Astapow, S. V.:* Ameliorativ Pedology, Israel Program Scientific Translations, Jerusalem 1974.

Flur liegt. Ist der Grundwasserstand höher oder tiefer, so wird die Ertragshöhe meist ungünstig beeinflußt. Bei *Anhebung* des Grundwasserstandes von 100 cm auf 50 cm wird die Ertragsfähigkeit um so stärker erniedrigt, je höher der Tongehalt der Böden ist (bedingt stärkeren kapillaren Aufstieg), weil bei diesem hohen Grundwasserstand die *Durchlüftung* der begrenzende Faktor ist. Diese ist aber bei den grobporigen Sandböden bei hohem Grundwasserstand weit günstiger als bei den feinporigen, tonreichen Böden.

Bei einer Absenkung des Grundwasserstandes von 100 auf 200 cm wird dagegen die Ertragsfähigkeit des Sandbodens stark vermindert, während die des tonigen Lehmbodens wesentlich erhöht wird. Dieser Unterschied erklärt sich daraus, daß die Pflanzen auf Sandböden stärker auf die *kapillare Nachlieferung* aus dem Grundwasser angewiesen sind als auf tonreicheren Böden, und daß die ungesättigte Wasserleitfähigkeit bei Sandböden sehr gering ist.

(3) Dränung

Als Dränung[6] wird der Wasserverlust eines Bodens unter dem Einfluß der Schwerkraft bezeichnet. Um einen Boden zu dränen, muß man die Grundwasseroberfläche als Bezugsbasis für das Matrixpotential im Profil absenken. Dies geschieht durch offene Gräben oder überdeckte unterirdische Rohrleitungen. Da ein Graben- und Rohrsystem ein Gefälle einhalten muß, um das Ablaufen des Dränwassers sicherzustellen, ist die Grundwasseroberfläche nicht beliebig absenkbar und damit die absolute Potentialdifferenz nur innerhalb enger Grenzen erhöhbar. Verbesserungen der Dränung des Bodens werden dann dadurch erreicht, daß die Fließstrecken innerhalb des Grund- und Stauwasserbereiches in der Bodenmatrix verkürzt werden (s. Abb. 90 links). Dadurch wird der Potentialgradient erhöht und die lokale Fließgeschwindigkeit nimmt zu.

Unter *humiden* Klimabedingungen kann eine Dränung notwendig werden, um die *Belüftung* eines Bodens zu verbessern. In diesem Fall ist die Funktionsfähigkeit der Dränung davon abhängig, ob die Grundwasseroberfläche so weit abgesenkt werden kann, daß die Grobporen nach einem Niederschlag hinreichend schnell wieder entleert werden können. Ein Boden gilt als *nicht dränwürdig,* wenn die Dränrohrstränge oder Gräben sehr nahe aneinander gelegt werden müssen, um die Fließzeiten in einem Boden mit geringer Wasserleitfähigkeit hinreichend zu verkürzen, oder sehr tief, um ein hinreichend hohes Matrixpotential in der zu dränenden Bodenschicht zu erreichen.

In Abb. 90 (rechts) ist ein Beispiel für eine Rohrdränung angeführt. Einzelheiten des Strömungsbildes sind am Anfang von Kap. 3 erläutert.

Die künstliche Dränung landwirtschaftlich genutzter Flächen erfolgte früher ausschließlich mittels offener Gräben, heute bei intensiver Landwirtschaft weitgehend durch Rohrdräne[29]. Für die volle Wirksamkeit eines Dränsy-

---

[29] *Steinert, P., K. Schwarz:* Arch. Acker- u. Pflanzenbau u. Bodenkd. 18 (1974) 189.

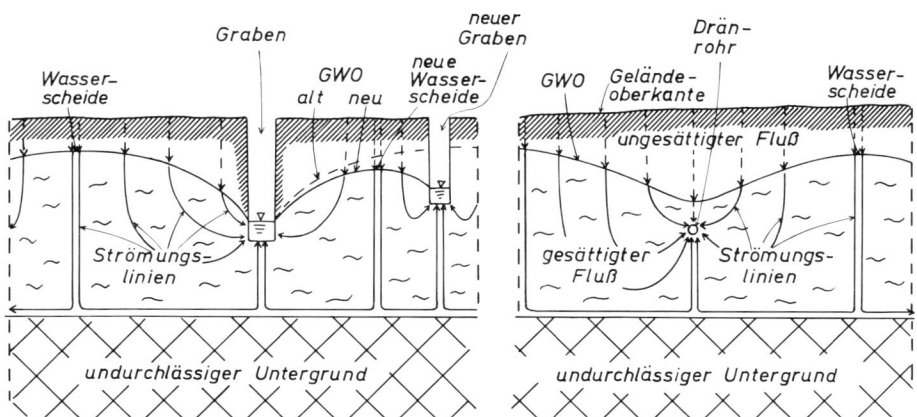

Abb. 90 Verlauf von Grundwasseroberfläche (GWO) und Strömungslinien in der Nähe eines Grabens und Veränderung bei Verkleinerung der Grabenabstände (links) sowie in Nähe eines Dränrohres (rechts). (In Anlehnung an *D. Kirkham*)

stems sind Dränabstand, Dräntiefe und Weite der Dränrohre entscheidend. Für die Festlegung dieser drei Parameter gibt es eine Anzahl von teils empirischen, teils theoretisch fundierten Gleichungen. Bei den letzteren basiert die Formulierung auf der Kenntnis der ein- und mehrdimensionalen stationären und nichtstationären Fließvorgänge, die im Abschn. 3 kurz umrissen wurden. Unter *ariden* Klimabedingungen ist eine ausreichende, meist künstliche Dränung eine unbedingte Voraussetzung für die Bewässerung, da nur eine solche die Auswaschung der bei starker Evaporation in Oberflächennähe akkumulierten Salze des Bewässerungswassers aus dem Boden ermöglicht.

Nähere Einzelheiten dieses umfangreichen Fachgebietes vermittelt die Spezialliteratur[30, 31].

4. Wasserbewegung in dampfförmiger Phase

In Böden, deren Porensystem nicht vollständig mit Wasser gefüllt ist, ist in der Bodenluft stets viel Wasserdampf enthalten. Der Sättigungsgrad beträgt, abgesehen von der obersten, durch Evaporation ausgetrockneten Bodenschicht, stets mehr als 90%. Dieser Wasserdampf bewegt sich im Boden bei auftretenden Potentialgradienten zum Ort niedrigsten Potentials, d. h. niedrigsten Dampfdruckes. Wird Wasserdampf aus dem Boden wegtransportiert, so wird er durch Verdunstung (Evaporation) aus dem flüssigen Wasser ersetzt.

a) Wasserdampfbewegung im Boden

Die Ursachen für die Entstehung eines Dampfdruckgefälles im Profil können sein: Unterschiede (1) in der Dicke der Filme des Adsorptionswassers, (2) in dem Krümmungsradius der Menisken, (3) in der Temperatur und (4) im osmotischen Druck der Bodenlösung. Die Bewegung selbst erfolgt vorwiegend durch Diffusion, der Einfluß von Konvektionsströmungen ist in der Regel auf die obersten Zentimeter des Profils beschränkt. Da im Boden bei Wassergehalten mit $< 10^4$ cm WS (pF $< 4,2$) die Wasser-

dampfdrücke nur unwesentlich unter dem Sättigungsdruck bleiben ($p/p_o > 95\%$), kommen durch Temperaturunterschiede weitaus größere Dampfdruckgradienten zustande als durch die anderen Faktoren.

Infolge von abwechselnder Erwärmung und Abkühlung der Bodenoberfläche im Rhythmus von Tages- und Jahreszeit kommt es so zu ständigen Wasserbewegungen, die immer in Richtung auf die kältere Zone hin erfolgen. In ihrem Ausmaß tritt diese Bewegung im *humiden* Klimabereich im allgemeinen hinter der Bewegung in flüssiger Phase zurück. Im Herbst ist sie bei sonnigem Wetter und klaren Nächten am stärksten und kann dann bis zu 1 mm Wasser für eine Schicht von 15 cm Mächtigkeit je Nacht betragen. In *ariden* Klimaten mit ihren größeren Temperaturschwankungen fällt dagegen die dampfförmige Bewegung viel stärker ins Gewicht, weil dort bei dem meist geringen Wassergehalt der Böden die Bewegung in der flüssigen Phase sehr gering ist.

Unter mitteleuropäischen Klimabedingungen kann im Winterhalbjahr die Wasserbewegung in der Dampfphase zur Anreicherung von Wasser in der kühleren bzw. gefrorenen obersten Zone beitragen (s. Abb. 95). Sie bildet damit eine der Ursachen für die Entstehung von Frostaufbrüchen und anderen Folgen der Eislinsenbildung auf das Bodengefüge. Der thermisch bedingte Wasserdampftransport führt bei Bodenheizungen, wie sie im intensiven Pflanzenbau angewandt werden, zu einer starken Austrocknung in der Umgebung der Heizelemente und begrenzt damit ihre Anwendbarkeit[32]. Die Erniedrigung der Dampfdrücke über den Wasserfilmen und Menisken führt dazu, daß das infolge Temperaturabnahme der Gasphase kondensierende Wasser sich schnell auf diesen Filmen und Menisken niederschlägt. Einen Eindruck vom Ausmaß der Dampfdruckerniedrigung über den gekrümmten Menisken in engen Kapillaren gibt Tab. 55

[30] *Eggelsmann, R.:* Dränanleitung. Wasser und Boden, Hamburg 1981.
[31] *Baumann, H., U. Schendel, G. Mann:* Wasserwirtschaft in Stichworten. Hirt, Kiel 1974.
[32] *Keschawarzi, S.:* Diss. Hannover 1973.

Tabelle 55 Wasserdampfdruck p/p_o in Abhängigkeit vom Porendurchmesser (n. *L. Pallmann*) und pF-Wert ($p/p_o = 1$ = relativer Dampfdruck über einer freien Wasseroberfläche)

Porendurchmesser (μm):	0,0024	0,0096	0,024	0,125	0,22	0,56	5,6	12,5
p/p_o:	0,4	0,8	0,9	0,98	0,987	0,995	0,9995	0,9998
pF:	6,10	5,49	5,12	4,45	4,20	3,8	2,8	2,45

wieder. Es ist zu erkennen, daß die Dampfdruckerniedrigung erst ein nennenswertes Ausmaß erreicht, wenn die *Wasserspannung* beim permanenten Welkepunkt (pF = 4,2) erheblich überschritten wird. Da aber eine so starke Entwässerung in Böden mit Ausnahme der obersten, der direkten Sonneneinstrahlung ausgesetzten Schicht, nicht auftritt, spielt der Faktor Meniskenkrümmung für den Dampftransport eine untergeordnete Rolle. Das gleiche gilt auch für den Einfluß der Adsorptionswasserfilme, die mit den Menisken im Hinblick auf die Bindungsstärke und damit auch auf den über ihnen herrschenden Dampfdruck im Gleichgewicht stehen.

Die Bewegung des Wasserdampfes im Boden unterliegt im Prinzip den gleichen Gesetzmäßigkeiten wie die des flüssigen Wassers. Da der antreibende Gradient, der Dampfdruckunterschied, sich durch Unterschiede der Wasserdampfkonzentration ausdrücken läßt, werden zur Beschreibung der Bewegung Diffusionsgleichungen verwendet. Für den Fall *stationärer* Diffusionsströmung ist die allgemeine Transportgleichung für die stationäre Diffusion in Form des 1. Fickschen Gesetzes gültig

$$q = D_B \frac{\partial c}{\partial x}$$

in der q die je Zeit- und Flächeneinheit transportierte Wassermenge, D_B der Diffusionskoeffizient, c die Wasserdampfkonzentration und x die Diffusionsstrecke bedeuten. Diese Gleichung hat genau den gleichen Aufbau wie die Darcy-Gleichung. Sie hat lediglich anstelle des antreibenden Druckgradienten einen Konzentrationsgradienten.

Die *nichtstationäre* Diffusionsströmung kann durch das 2. Ficksche Gesetz beschrieben werden, wenn der Diffusionskoeffizient D_B von der Fließstrecke unabhängig ist, also sich nicht mit ihr ändert

$$\frac{\partial c}{\partial t} = D_B \frac{\partial^2 c}{\partial x^2}$$

Der Diffusionskoeffizient D_B erfaßt in beiden Gleichungen analog zum Wasserleitfähigkeitskoeffizienten k alle Bodeneigenschaften, die die Diffusion beeinflussen, wie z. B. die Größe des luftgefüllten Porenvolumens, die Verteilung und Form der Poren. D_B-Werte sind daher stets kleiner als Werte für Wasserdampfdiffusion durch einen gasgefüllten Raum.

b) Evaporation

An der Bodenoberfläche spielt die Bewegung von Wasserdampf eine wesentlichere Rolle als im Bodenprofil, weil (a) die Sonneneinstrahlung auftrifft (Energiebedarf zur Verdampfung für Wasser von 20° C beträgt 586 cal/g), (b) die relativen Wasserdampfdrücke in der angrenzenden Luft meist geringer sind als in der Bodenluft und (c) infolge von Luftbewegungen der Abtransport schneller erfolgt als durch den Diffusionsvorgang allein. Die Verdunstungsverluste an der Bodenoberfläche werden durch Wasserbewegung in der flüssigen Phase aus tieferen Schichten ausgeglichen. Solange die Nachlieferung ausreichend hoch ist, trocknet die Bodenoberfläche nicht aus. Je höher die Verdunstung steigt, um so steiler müssen die hydraulischen Potentialgradienten werden, um die Verdunstungsverluste auszugleichen. Dies hat jedoch weiterhin zur Folge, daß der Wassergehalt und damit auch die Wasserleitfähigkeit der oberflächennahen Schicht abnehmen, und daß auch die Evaporation häufig sprunghaft abnimmt, selbst wenn die ausgetrocknete Schicht nur sehr dünn ist.

Diese sprunghafte Abnahme der Evaporation ist besonders bei Böden ausgeprägt, deren *Wasserleitfähigkeit* bei zunehmender Entwässerung rasch sinkt. Dies ist vor allem bei Grobsand- und Mittelsandböden der Fall, bei denen auf eine trockene Schicht, scharf abgesetzt, der feuchte Boden folgen kann. In Feinsandböden sowie ton- und schluffreichen Böden bleibt dagegen die oberste Schicht länger feucht, weil das verdunstete Wasser durch kapillaren Wassernachschub während eines längeren Zeitraumes ergänzt wird. Allerdings ist dann auch die gesamte verdunstete Wassermenge höher. Die sich bei Sandböden bildende trockene Oberflächenschicht ist eine der Ursachen, daß diese Böden leicht der Winderosion unterliegen. Wasserverluste durch Evaporation sind in Böden gering, deren Porensystem grob genug ist, eine geringe ungesättigte Wasserleitfähigkeit zu gewährleisten, aber fein genug, um Luftturbulenz im Porensystem zu unterbinden. Dies wäre bei einer Grobsandschicht an der Bodenoberfläche besonders günstig verwirklicht[33].

Eine *Verminderung* der Evaporation kann z. B. erfolgen durch *Windschutz*pflanzungen und Maßnahmen der Boden*bearbeitung*. Im

---

[33] *Heinonen, R.:* Aktuellt. F. Landbrukshögskolan, R. 69, Uppsala 1965.

letzteren Falle steht im Vordergrund die Herstellung eines Oberbodens, der hinsichtlich der Ausbildung der Aggregate und damit auch des Porensystems der Grobsandfraktion ähnelt. Aus den gleichen Gründen ist auch die Evaporation unter einer dichten *Pflanzendecke* (z. B. nach Bestandesschluß im Ackerbau und im Wald) geringer als auf ungeschützten Flächen. Neuerdings werden *chemische* Behandlungen zur Verminderung der Evaporation erprobt[34] die (a) ein krümeliges Oberflächengefüge bewirken, (b) die Oberflächenspannung des Wassers herabsetzen, (c) eine monomolekulare Schutzschicht auf dem Wasser zu bilden vermögen (z. B. Hexadecanol). Die Wirkung der ersten beiden Behandlungen beruht darauf, daß das Wasser schneller versickert (a) bzw. tiefer in den Boden eindringt (b).

5. Wasserhaushalt der Böden

Die im Verlaufe des Jahres wechselnden Witterungsbedingungen und die hierdurch bedingten Schwankungen in der Stoffwechselintensität der Pflanzen führen zu einem mehr oder weniger stark ausgeprägten charakteristischen Verlauf von Wasserzufuhr zum Boden und Wasserverlusten aus dem Boden. Der Verlauf dieser Veränderungen, der vielfach unter dem Begriff *Wasserhaushalt* zusammengefaßt wird, ist außer von den genannten Faktoren auch noch von den Bodeneigenschaften sowie von der hydrologischen Situation abhängig. Hierbei sind vor allem die Wasserleitfähigkeit der Böden bei unterschiedlichen Sättigungszuständen und damit die Eigenschaften des Porensystems wichtig. Daher sind die Wasserspannungskurve $[\psi = f(\theta)]$ und die Wasserleitfähigkeitskurve $[k = f(\psi)$ oder $k = f(\theta)]$ wichtige Hilfsmittel bei der Beurteilung von Bodenwasserhaushalten.

a) Bodenkennwerte des Wasserhaushaltes

Für die Beurteilung des Wasserhaushaltes von Böden werden häufig Begriffe wie Feldkapazität und Permanenter Welkepunkt verwendet. Diese Werte entsprechen Wassergehalten, die für die einzelnen Bodenschichten und -horizonte charakteristisch sind und sich unter definierten Verhältnissen stets wieder einstellen. Früher wurde oft angenommen, daß es sich bei diesen „Kennwerten" um Bodenkonstante handelt und deren Wassergehalt einem bestimmten

Gleichgewicht entsprechen würde. Die vorkommenden Wassergehalte werden jedoch auch von Faktoren beeinflußt, die nicht mit Bodeneigenschaften zusammenhängen.

(1) Feldkapazität (FK)

Wenn die Wasserzufuhr z. B. nach länger andauernden Niederschlägen beendet ist, verändert sich der Wassergehalt im Bodenprofil allmählich in Richtung auf ein gleiches hydraulisches Potential ($\psi_H = 0$ in Abb. 82). Diese Verteilung des Wassers verläuft meist nicht gleichmäßig, sondern verlangsamt sich nach 1–2 Tagen so stark, daß das Erreichen eines Gleichgewichtes vermutet werden könnte. Der Wassergehalt, bei dem dieser Zustand auftritt, wird als *Feldkapazität* (FK) bezeichnet, ausgedrückt in Gew.-% oder Vol.-% und bezogen auf Boden von 105 °C. Wird dieser Zustand wie z. B. im Gartenbau an gesiebten Böden bestimmt, spricht man der *Wasserkapazität* (WK).

Die Feldkapazität ist *abhängig* vom Gleichgewichtszustand des Bodenwassers, von der Profiltiefe, der Körnung, dem Gehalt an organischer Substanz, dem Gefüge und der Horizontabfolge. Für die Feldkapazität gibt es zwei Situationen[35]:

Die *erste Situation* entspricht dem in Abb. 82 dargestellten hydraulischen *Gleichgewicht*. Dieses kann sich z. B. nach einem niederschlagsreichen Winter im Frühjahr einstellen, wenn die Grundwasseroberfläche nicht tiefer als 3 m liegt. Die Feldkapazität hat dann pF-Werte von < 2,5. Am häufigsten ist der Bereich zwischen pF 1,8 und pF 2,5. Nahe der Bodenoberfläche entsprechen diese Werte einem Abstand von der Grundwasseroberfläche von 60 und 300 cm. Im Gleichgewichtszustand steigt der Wassergehalt bei der Feldkapazität in einem Boden gleichmäßiger Körnung und gleichmäßigen Gefüges von oben nach unten (s. Abb. 82).

Die *zweite,* weitaus häufigere *Situation* entspricht im Gegensatz zur ersten Situation keinem Gleichgewicht. Sie entsteht dann, wenn die Grundwasseroberfläche sehr tief liegt (> 3 m). In diesem Falle wird vor Erreichen des Gleichgewichtes der Boden so stark entwässert, daß die Gleichgewichtseinstellung infolge ge-

[34] *Krüger, W., H. Benkenstein:* Arch. Acker- u. Pflanzenbau u. Bodenkd. 15 (1971) 1017.
[35] *Hartge, K. H.:* Z. Pflanzenernähr. Bodenkd. 121 (1968) 44.

ringer Wasserleitfähigkeit mehr und mehr verzögert wird. Das Ausmaß der Verzögerung ist besonders dann hoch, wenn im Profil ein extremer Wechsel in der Körnung und im Gefüge auftritt, außerdem ist es von der Form der pF-Kurve abhängig.

Je stärker die anfängliche Wasserabgabe im Vergleich zum gesamten Wassergehalt ist, desto stärker ist die Verminderung der Wasserleitfähigkeit und dementsprechend die Verzögerung des Gleichgewichts. Daher zeigen Sandböden 1–2 Tage nach Ende der Infiltration eine ausgeprägte Feldkapazität, während z. B. Tonböden oft gar keine Feldkapazität erkennen lassen. Die Abhängigkeit der Feldkapazität von der Wasserleitfähigkeit ist auch die Ursache, daß in grundwasserfernen Bodenschichten selten höhere Werte als pF 2,5 für die Feldkapazität gefunden werden, selbst wenn z. B. der Grundwasserstand bei 10 m liegt, so daß sich im Oberboden theoretisch ein pF-Wert von 3,0 einstellen müßte.

Der Einfluß der *Körnung* auf den Wassergehalt bei der Feldkapazität ist aus Abb. 91 ersichtlich. Die Wassergehalte, die sich im pF-Bereich der Feldkapazität (pF $\approx$ 1,8 bis $\approx$ 2,5) bei den verschiedenen Böden einstellen, sind um so höher, je feinkörniger der betreffende Boden ist. Der Einfluß des *Gefüges* ist, wie Abb. 84 zeigt, von dem pF-Wert abhängig, der bei der jeweiligen Feldkapazität auftritt. Je höher dieser pF-Wert ist, desto stärker wird der Wassergehalt herabgesetzt, wenn sich das Porenvolumen infolge Bildung von groben Sekundärporen erhöht (= Verminderung des Anteils an kleineren Poren) (s. Abb. 84). Der Einfluß der *organischen Substanz* auf die Feldkapazität gleicht bei feiner Verteilung dem der Tonfraktion.

Im *Freiland* bestimmt man die Feldkapazität, indem der Boden stark gewässert und danach zum Schutz gegen Evaporation abgedeckt wird. Die Feldkapazität ist erreicht, wenn nach wiederholter Wasserbestimmung die weitere Entwässerung zu vernachlässigen ist. Einen Näherungswert für die Feldkapazität erhält man vielfach im Frühjahr nach Ablaufen des Schmelzwassers, ehe die Evapotranspiration ein höheres Ausmaß annimmt.

Häufig wird auch aus den im *Labor* erhaltenen Wassergehalten bei pF 1,8, 2,0 oder 2,5 auf die Feldkapazität geschlossen.

(2) Permanenter Welkepunkt (PWP)

Wenn eine Pflanze dem Boden Wasser entzieht, so erreicht sie, wenn kein Wasser nachgeliefert wird, einen Punkt, bei dem sie das durch Transpiration abgegebene Wasser aus dem Boden nicht mehr ersetzen kann, so daß sie dann welkt. Der Wasseranteil, der noch im Boden vorhanden ist, wenn die Turgeszens der Pflanze nach Wasserzufuhr nicht wiederkehrt, wird als Permanenter Welkepunkt bezeichnet. Das Matrixpotential entspricht bei diesem Zustand bei Sonnenblumen (Helianthus annuus) und Kiefern (Pinus silvestris) $1,5 \cdot 10^4$ cm WS bzw. pF $\approx$ 4,2, wenn der Wurzelraum beengt und daher einheitlich dicht durchwurzelt ist. Dieser Wert gilt für die Mehrzahl der Kulturpflanzen. Er wird daher konventionell als allgemeingültig angenommen und bei der Berechnung des pflanzenverfügbaren Wassers in einem Boden zugrunde gelegt. Für die Vegetation extremer Standorte wie Wüstenböden trifft er nicht zu. Er gibt in jedem Falle nur eine mehr oder weniger genaue Annäherung an die im Boden vorliegende Situation, weil er nicht der Tatsache Rechnung trägt, daß ein erheblicher Teil des von einer Wurzel aufgenommenen Wassers zu dieser hinfließen muß. Hierzu bedarf es eines Potentialgradienten, also einer mit zunehmendem Abstand von der Wurzel abnehmenden Wasserspannung. Dieser Gradient wird um so steiler sein, also die Wasseraufnahme auf einen um so engeren wurzelnahen Bereich konzentrieren, je geringer die ungesättigte Wasserleitfähigkeit und daher auch je geringer der Wassergehalt in diesem Wasserspannungsbereich ist. Die Vollständigkeit der Entleerung eines Bodens bis zum PWP ist daher von seiner Wasserleitfähigkeit (k_θ) und der Durchwurzelungsdichte abhängig.

Da in vielen Pflanzen beträchtlich höhere osmotische Drücke festgestellt wurden, und die Wasserleitfähigkeit bei diesem Wassergehalt

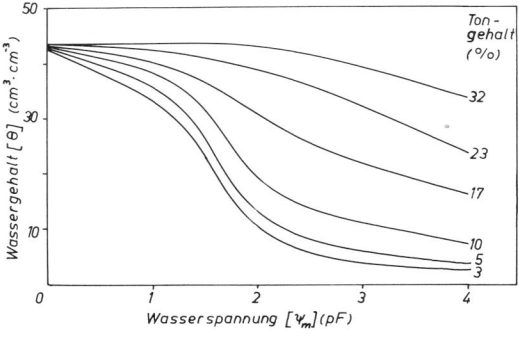

Abb. 91 Einfluß der Körnung, dargestellt durch den Tongehalt, auf den Verlauf der pF-Kurve bei Böden gleichen Porenvolumens

sehr klein ist, ist es wahrscheinlich, daß unter normalen, also nicht beengten Durchwurzelungsbedingungen nicht die Bindungsstärke als solche, sondern die mangelnde Wassernachlieferung die Ursache für das Welken bildet[36].

Bei pF ≈ 4,2 ist das Wasser in Feinporen gebunden und bildet dünne Filme an den Wänden der Mittel- und Grobporen. Daher ist der Wassergehalt beim Permanenten Welkepunkt eng mit dem Tongehalt verknüpft, wie aus Abb. 91 zu ersehen ist. Der Einfluß des Gefüges ist dagegen geringer (s. Abb. 84) und kommt vor allem dadurch zustande, daß das Porenvolumen um so größer ist, je mehr Feinporen bildende Festsubstanz in einem Bodenvolumen vorliegt und je dichter ein Boden gelagert ist.

Die *Bestimmung* des Permanenten Welkepunkts erfolgt mit Sonnenblumensämlingen unter genau einzuhaltenden Bedingungen oder mit Druckmembranapparaten, wobei 15 bar als Gleichgewichtsdruck angenommen werden.

(3) Hygroskopizität

Bevor die Arbeitsweise mit porösen Platten und Membranen entwickelt wurde, verwendete man oft die adsorbierte Wassermenge im Gleichgewicht mit verschiedenen relativen Wasserdampfdrücken als Kennwert des Wasserhaushalts. Am bekanntesten ist die *Hygroskopizität* nach *E. A. Mitscherlich,* die im Gleichgewicht mit 10 % H_2SO_4 oder gesättigter Na_2SiO_4-Lösung bestimmt wird. Der relative Wasserdampfdruck beträgt dann 94,3 % und der pF-Wert 4,7. Die Methode erfaßt das Gesamtpotential.

Durch Änderung der H_2SO_4-Konzentration können Hygroskopizitäten und somit Gesamtpotentiale (vgl. Kap. XVI 2 a, b) auch bei niedrigen relativen Wasserdampfdrücken gemessen werden. Die technischen Schwierigkeiten nehmen jedoch im Bereich pF > 4 erheblich zu.

b) Jahreszeitlicher Gang des Wasserhaushaltes

Verfolgt man die Veränderung der *Wassergehalte* in Abhängigkeit von der Zeit in einem lehmigen Sand unter den Klimabedingungen Nordwestdeutschlands, so erhält man einen Verlauf, wie er in Abb. 92 dargestellt ist. Die Abbildung zeigt, daß die Wassergehalte in der Nähe der Bodenoberfläche im April und Mai höher sind als darunter. Dies ist eine Folge davon, daß die Wasserzufuhr überwiegend durch die Niederschläge, also von oben her erfolgt. Dieser Sachverhalt wird auch durch die Wiederbefeuchtung im Juni deutlich. Ein weiterer Grund für die hohen Wassergehalte in Oberflächennähe ist die Tatsache, daß hier viel mehr

---

[36] *Sykes, D. J., W. E. Loomies:* Soil Sci. 104 (1967) 163.
[37] *Baumann, H.:* Witterungslehre für die Landwirtschaft. Parey, Hamburg 1961.

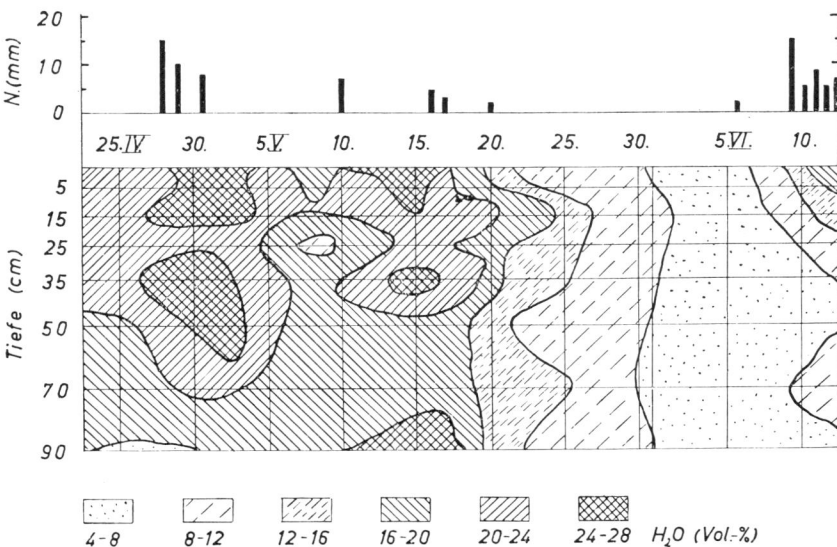

Abb. 92 Veränderung des Wassergehaltes in einem Bodenprofil (lehmiger Sand unter Winterroggen) in Abhängigkeit von der Zeit[37] (N = Niederschläge je Tag)

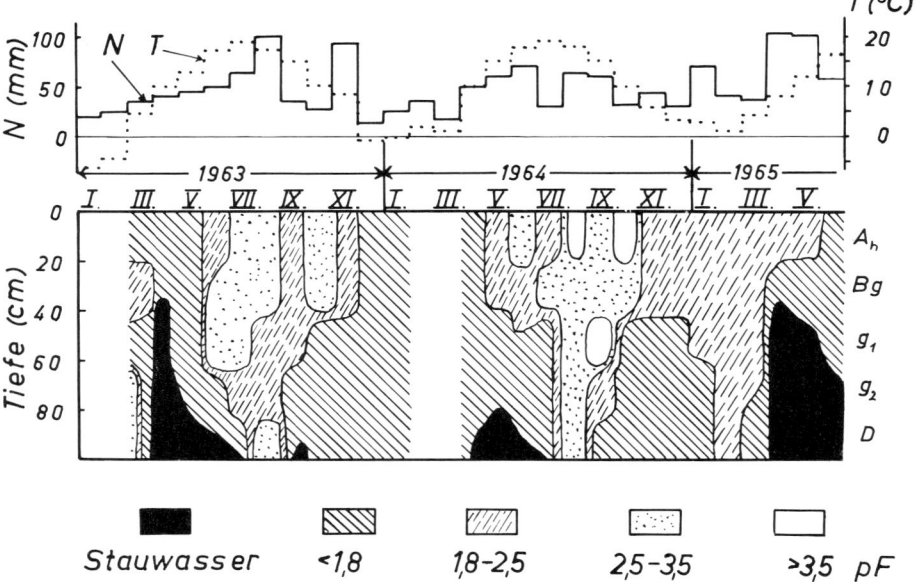

Abb. 93   Veränderung der pF-Werte im Profil eines Pseudogleys (schluffiger Lehm einer Grundmoräne) über Mergelton während der Jahre 1963–1965. Vegetation: Eichen-Hainbuchenwald

Wasser erforderlich ist als im Unterboden, um die Wasserspannung soweit abzusenken, daß die Versickerung beginnt. Die Versickerung des Wassers nach unten wird von der Potentialverteilung gesteuert und nicht von der Verteilung der Wassermengen.

Die Abbildung zeigt weiterhin, daß die Wassergehalte ab Mitte Mai stark abnehmen, eine Folge des starken Wasserverbrauches der Kultur um diese Jahreszeit (hier beim Schossen des Winterroggens) und der Evaporation.

Betrachtet man anstelle der Wassergehalte die Veränderungen der *pF-Werte* in Abhängigkeit von Zeit und Bodentiefe, so erhält man z. B. für einen Pseudogley einen Verlauf, wie ihn Abb. 93 darstellt. Man erkennt, daß trotz der von Jahr zu Jahr verschiedenen Temperatur- und Niederschlagsverhältnisse eine gewisse Gesetzmäßigkeit besteht. Dies zeigt sich darin, daß die Herbst- und Winterniederschläge an der Versickerung in den tieferen Untergrund gehemmt werden, so daß sie sich über dem Staukörper ansammeln, bis sich im März bis April eine freie Stauwasseroberfläche bildet. Im weiteren Verlauf des Jahres führt die Evapotranspiration zu einer Entwässerung, die sich vor allem im Bereich von 0–40 cm auswirkt. Der hierbei entstehende Wasserverlust wird unter den humiden Klimabedingungen Nordwest-

deutschlands in der Zeit von September bis etwa April stets wieder ersetzt.

Die beiden Abbildungen 92 und 93 zeigen Einzelheiten des Wasserhaushalts, wie sie unter dem *gemäßigt humiden* Klima vorherrschen. In diesem Klimagebiet ist der Wasserhaushalt stark durch die Tatsache geprägt, daß die Niederschläge mehr Wasser anliefern, als unter den gegebenen Bedingungen verdunsten kann. Die Folge davon ist, daß ein Überschuß auftritt, der im Winterhalbjahr die Evapotranspirationsverluste des Sommers wieder ausgleicht. Über diesen Ausgleich hinaus ist, über längere Perioden betrachtet, stets noch Wasser vorhanden, das teils in offene Gewässer, teils im Boden abfließt und das Grundwasser ergänzt.

Die Obergrenze der Wassergehalte bildet in der Regel die Feldkapazität (s. Abb. 83). Höhere Wassergehalte kommen nur kurzfristig vor (Abb. 83 und 93). Dieser Wassergehalt der Feldkapazität würde dann für den gesamten Bodenkörper erhalten bleiben, wenn die Evaporation ausgeschaltet würde. Da, wie bei Erörterung der Evaporation (s. Kap. 4 b) dargelegt, der austrocknende Boden selbst eine Evaporationsbarriere bildet, würde die Austrocknung bis auf das Gleichgewicht mit der Wassersättigung der Luft (30 bis 50 % relative Feuchtigkeit, entsprechend einem pF des Bodens von 6,2−6,0) auf eine Schicht beschränkt bleiben, die bodenabhängig (s. Diffusivität Kap. 3 d) und im humiden Klimabereich in der Regel sehr geringmächtig ist.

In *ariden Gebieten* kann eine derartig starke Austrocknung tiefer in den Boden reichen, so z. B. in Sandböden der Zentralsahara bis > 50 cm[38]. Die Evaporationsbarriere ermöglicht es in Trockengebieten, das Wasser eines Brachejahres zu speichern und im folgenden Jahre befriedigende Erträge durch das akkumulierte Wasser zu erhalten (dry-farming). Diese landwirtschaftliche Anbautechnik ist aber auf Böden beschränkt, die infolge einer geringen ungesättigten Wasserleitfähigkeit eine wirksame Evaporationsbarriere bilden − also in der Regel auf Sandböden.

Die Entwässerung des Bodens über die Feldkapazität hinaus wird durch die Pflanzen hervorgerufen, die das Wasser bis zum permanenten Welkepunkt zu entziehen vermögen (s. Abb. 83). Geringere Wassergehalte, als dem permanenten Welkepunkt entsprechen, treten daher in *humiden* Klimagebieten, außer in den der Evaporation ausgesetzten obersten geringmächtigen Bodenschichten, nicht auf − wohl aber in grundwasserfernen Böden anderer Klimagebiete.

Da unter *humiden* Klimabedingungen im Verlaufe eines Jahres mehr Wasser durch die Niederschläge zugeführt wird als verdunsten kann, ist bei größerem Grundwasserabstand (2 bis 5 m unter Flur und mehr) im großen gesehen eine ständige nach unten gerichtete Wasserbewegung für diese Gebiete typisch[39] ($\psi_H > 0$, in Abb. 82). Diese Wasserbewegung erfolgt − abgesehen von der obersten wechselfeuchten Zone − im allgemeinen in Form einer Verdrängung, bei der die später von oben nachgelieferten Wasseranteile die früheren vor sich her schieben[40]. Diese Abwärtsbewegung, die im Bereich des Bodenprofils bei terrestrischen Böden fast ausschließlich in ungesättigtem Zustand vor sich geht, ist in vielen Fällen während der Vegetationsperiode in den obersten Teilen des Bodens unterbrochen, weil dort der Aufwärtstransport als Folge der Evapotranspiration überwiegt ($\psi_H < 0$ in Abb. 82).

Zwischen diesen beiden Zonen, die durch nach oben bzw. nach unten gerichtete Potentialgradienten gekennzeichnet sind, kann man eine Ebene mit dem Potentialgradienten ± 0 feststellen. Diese Ebene, die eine horizontale Wasserscheide im Boden darstellt, verschiebt sich im Profil im Verlaufe der Vegetations-

periode nach unten. Eine Wassernachlieferung aus dem Grundwasser zur Bodenoberfläche ist unter diesen Umständen nur möglich, wenn das Grundwasser so hoch ansteht, daß die Wasserscheide unter die Grundwasseroberfläche absinkt.

Die Menge des bis zum Grundwasser hingelangenden und daher das Grundwasser auffüllenden Sickerwassers wird von zwei Faktorengruppen beeinflußt. Die eine besteht aus der klima- bzw. witterungsbedingten Menge und Verteilung der Niederschläge und der Evapotranspiration. Die andere besteht aus Bodeneigenschaften wie dem Zusammenhang zwischen Wasserspannung einerseits und Wasserleitfähigkeit und Wassergehalt andererseits und dazu dem Infiltrationsvermögen. Zu dieser Gruppe können auch die Tiefe der Grundwasseroberfläche und die Topographie der Bodenoberfläche (Anfall von Oberflächenwasser) gezählt werden.

Die Unterschiede in der Sickerwassermenge sind wegen ihres Zusammenhanges mit der Witterung von Jahr zu Jahr relativ groß. In der Regel liegt das Maximum der Versickerung in der Zeit zwischen Dezember und Mai. Im Juli bis September ist die Versickerung am geringsten.

Als Beispiel für die Verteilung innerhalb des Jahres ist in Abb. 94 der gemessene Abfluß aus einem 88 ha großen, als Acker genutzten, zum

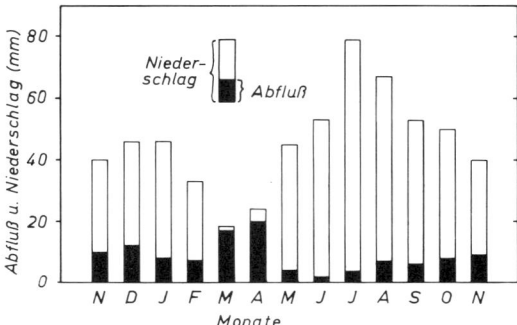

Abb. 94 Monatliche Abflüsse und Niederschläge aus einem 88 ha großen Einzugsgebiet in Uppsala (Schweden). Mittelwerte aus 12 Jahren. Jahresniederschlag 537 mm, mittl. jährlicher Abfluß 98 mm, toniger Lehm, Ackernutzung[41]

[38] *Tetzlaff, G.:* Diss. Hannover 1974.
[39] *Renger, M., O. Strebel, W. Giesel:* Z. Kulturtechn. und Flurber. 15 (1974) 353.
[40] *Blume, H. P., O. Münnich, U. Zimmermann:* Z. Pflanzenernähr. Bodenkd. 121 (1968) 231.

Tabelle 56   Jährliche Niederschläge und Versickerung bei 2 Sandböden (Braunerden) (nutzbare Feldkapazität bis 1 m ≈ 70 mm) und 2 Schluffböden (Löß-Parabraunerde bei Hannover, Kalkmarsch bei Bremerhaven, nutzbare Feldkapazität bis 1 m ≈ 200 mm) in zwei Räumen unterschiedlicher klimatischer Verhältnisse (ackerbauliche Nutzung) (n. *M. Renger*)

| Jahr | Raum Hannover | | | | Raum Bremerhaven | | | |
| | Nieder-schläge (mm) | Versickerung (mm) | | | Nieder-schläge (mm) | Versickerung (mm) | | |
		Sand-boden	Schluff-boden	Diffe-renz		Sand-boden	Schluff-boden	Diffe-renz
1967	799	300	290	10	951	398	380	18
1968	625	90	40	50	706	260	250	10
1969	604	170	145	25	680	310	300	10
1970	782	160	130	30	807	330	320	10
1971	510	0	0	0	469	160	130	30
1972	611	30	0	30	630	80	30	50
Mittel 67 – 72	655	125	101	24	707	256	235	21

Untergrund durch Tonschichten abgedichteten Einzugsgebietes dargestellt. Es ist zu erkennen, daß der Abfluß im Mittel der 12jährigen Meßperiode nicht mit dem Niederschlagsmittel korreliert. Sein Maximum liegt am Ende des Winterhalbjahres und ist im März und April durch die Schneeschmelze verstärkt. Das Minimum im Juni ist eine Folge der hohen Evapotranspiration in diesem Monat[41].

Der Einfluß der Körnung und der von ihr bedingten Porengrößenverteilung auf die Sickerwasserbildung ist aus Tab. 56 ersichtlich. Es ist zu erkennen, daß der Schluffboden geringere Sickerwassermengen entstehen läßt als der Sandboden, weil er eine hohe nutzbare Feldkapazität aufweist, d. h. also mehr Wasser braucht als der Sandboden, um den infolge Evaporation verloren gegangenen nach unten gerichteten hydraulischen Gradienten wieder herzustellen. Die Tabelle veranschaulicht ferner, daß der Unterschied in der Sickerwassermenge zwischen den Standorten in Hannover und Bremerhaven größer ist als es dem Unterschied in den Niederschlägen entspricht. Das ist eine Folge der klimabedingten unterschiedlichen Evapotranspiration.

Ein Beispiel für die Sickerwassermengen, die in Waldbeständen anfallen, bilden die Ergebnisse, die an Großlysimetern in Castricium (Niederlande) erhalten wurden. Hier fielen aus einem Sandboden bei ≈ 850 mm Jahresniederschlag in einem 25jährigen Laubbaumbestand im Mittel ≈ 350 mm/Jahr und in einem gleichaltrigen Nadelholzbestand ≈ 200 mm/Jahr an[42].

Die Bestimmung der Sickerwassermenge kann bei bekannter ungesättigter Wasserleitfähigkeit erfolgen, indem der Fluß mit Hilfe der mit Tensiometern meßbaren Potentialgradienten errechnet wird. Wenn die ungesättigte Wasserleitfähigkeit nicht bekannt ist, kann sie als Differenz zwischen Niederschlag und aus meteorologischen Daten ermittelter Evapotranspiration errechnet werden.

Die direkte Erfassung der Sickerwassermengen ist im Prinzip durch Messung des Abflusses aus allseitig durch Wasserscheiden abgegrenzten hydrologischen Einzugsgebieten möglich. Eine weitere Möglichkeit bieten Lysimeter, bei denen es jedoch schwierig ist, die hydraulische Situation und die des ungestörten Bodens der Umgebung so abzustimmen, daß die gemessenen Abflüsse repräsentativ sind[43].

Unter *ariden Klimabedingungen* ist die Wasserbewegung im allgemeinen aufwärts gerichtet, weil im Verlaufe eines Jahres die Evaporation größer ist als der Nachschub durch Niederschläge ($\psi_H < 0$ in Abb. 82). Dies zeigt, daß der Aufwärtstransport von Salzen hier unter natürlichen Bedingungen allgegenwärtig und unvermeidlich ist. Das Ausmaß der Versalzung, die infolge der Evaporation auftritt, ist außer von der vorhandenen Salzmenge (s. Kap. Versalzung) auch von der Wassernachlieferung (kapillarer Aufstieg) abhängig. Deshalb führt eine Anhebung der Grundwasseroberfläche, wie sie als Folge von großräumigen Bewässerungen meistens auftritt, unter ariden Klimabedingungen zu einer Beschleunigung der Versalzung,

---

[41] *Hallgren, G., R. Tjernström:* Grundförbättring 19 (1966) 119.
[42] *Schröder, M.:* Forstw. Cbl. 89 (1970) 200.
[43] *Schröder, M.:* Empfehlungen zum Bau und Betrieb von Lysimetern, Heft 114 (1980). Deutscher Verband für Wasserwirtschaft und Kulturbau e. V. (DVWK).

der durch kontrollierte Salzauswaschung begegnet werden muß. Die Konzentration der Salze in einem schmalen Bereich wird durch eine wirksame Evaporationsbarriere, also durch eine Zone mit geringer ungesättigter Wasserleitfähigkeit, nahe der Bodenoberfläche gefördert.

Da die meisten Substanztransporte im Boden im Zusammenhang mit der Wasserbewegung erfolgen, ist deren sowohl durch Bodeneigenschaften als auch durch das Klima bedingtes Ausmaß ein wichtiger Faktor der Bodenentwicklung.

Der Wasserhaushalt des Bodens wird auch

Tabelle 57 Klassifizierung des Feuchtezustandes von Böden mit Hilfe der Häufigkeit im Freiland ansprechbarer Naß- bzw. Trockenzustände[43d]

Bezeichnung	Boden-Temp.-Bereiche bzw. -Grenzen	Feuchtezustand	Zeitspanne	Sonst. Bemerkungen
peraquisch (peraquic)	zeitweilig $>5\,°C$	naß	ständig oder regelmäßig wiederkehrend	stagnierend reduzierendes Milieu
aquisch (aquic)	zeitweilig $>5\,°C$	naß	unbestimmt	stagnierend reduzierendes Milieu
udisch (udic)	–	feucht	>90 Tage insgesamt	häufig in humiden Klimabereichen
	$\bar{T}<22\,°C$ und $\Delta\bar{T}>5\,°C$	feucht	45 aufeinanderfolgende Tage in 4 Monaten nach Mittsommer in 6 von 10 Jahren	fast stets Luft im Boden wenn $\bar{T}>5\,°C$
ustisch (ustic)	$\bar{T}\geq22\,°C$ $\Delta\bar{T}<5\,°C$	trocken	≥90 Tage	
		feucht	180 Tage oder 90 aufeinanderfolgende Tage	
	$\bar{T}=8-22\,°C$	trocken	≥90 Tage	
	$\Delta\bar{T}>5\,°C$	feucht (stellenweise)	Hälfte der Zeit mit $\bar{T}>5\,°C$ und feucht an 45 aufeinanderfolgenden Tagen innerhalb von 4 Monaten nach Mittsommer in 6 von 10 Jahren	z. B. in Monsunklimaten, tropischen u. suptrop. Zonen
aridisch (aridic)	$\geq5\,°C$	trocken	über die Hälfte der Zeit oberhalb Grenztemp.	in ariden Klimabereichen
	$\geq8\,°C$	trocken oder stellenweise feucht	>90 aufeinanderfolgende Tage oberhalb der Grenztemperatur	lösliche Salze können auftreten
xerisch (xeric)	$\bar{T}\leq22\,°C$ $\Delta\bar{T}\geq5\,°C$	trocken	≥45 aufeinanderfolgende Tage innerhalb von 4 Monaten nach Mittsommer in 6 von 10 Jahren	mediterrane Klimate
		feucht	über die Hälfte der Tage mit $\bar{T}>5\,°C$ oder in 6 von 10 Jahren >90 Tagen mit $\bar{T}>8\,°C$	

Temperatur-Angaben beziehen sich auf 50 cm Bodentiefe (Jahresmittel = $\bar{T}$); Unterschied zwischen Mittel für Sommer- ($\bar{T}_{Juni-Aug}$) und Winter- ($\bar{T}_{Dez-Febr}$)Temperatur = $\Delta\bar{T}$
Tiefenbereich der Feuchtigkeitsansprache für die Einteilung: Schluff- und Tonböden = 10–30 cm, Lehm- und lehmige Sandböden = 20–60 cm, Sandböden = 30–90 cm.
Feuchtezustand: trockener Boden $\triangleq$ pF $\geq4,2$; feuchter Boden $\triangleq$ pF $\leq4,2$; nasser Boden $\triangleq$ = wassergesättigt; freies Wasser oder Kapillarsaum reicht bis Bodenoberfläche.

durch Unterschiede in der *Bodentemperatur* beeinflußt, weil Temperaturdifferenzen meist einen Wassertransport in der Gasphase zur Folge haben (s. Kap. 5 a). Abb. 95 zeigt diesen

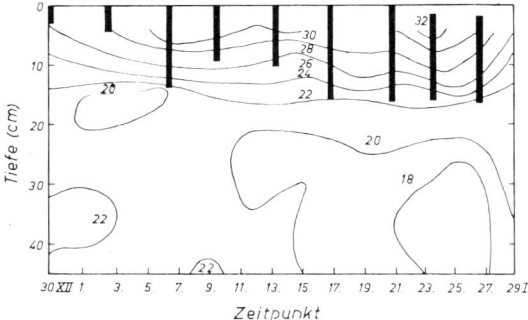

Abb. 95 Änderung des Wassergehaltes eines Lehmbodens unter der Wirkung des Frostes (Januar 1953), dargestellt durch den Gang der Isoplethen in Abhängigkeit von der Zeit[43], schwarze Säulen = Tiefe des Bodenfrostes

Einfluß am Beispiel des Bodenfrostes. Bei Absinken der Temperatur unter den Gefrierpunkt wird der Wassergehalt der gefrorenen Zone erhöht, derjenige der unten angrenzenden Zone herabgesetzt (s. a. Kap. XV 5 a).

c) Klassifizierung der Wasserhaushalte

Bei Vergleichen von Wasserhaushalten über größere Räume oder Zeitspannen ist es oft vorteilhaft, die Fülle der Meßdaten einzuteilen und zu Gruppen zusammenzufassen. Klassifikationen erleichtern auch die Geländearbeit stark und sind deswegen in Kartieranleitungen der Landesämter für Bodenforschung[43b] Praktikumsanweisungen[43a] sowie in DIN-Normen[43c]) und entsprechenden ausländischen Publikationen ausführlich beschrieben[44]). In Tab. 57 ist als Beispiel das im angelsächsischen Sprachraum verbreitete Klassifizierungsschema für den Feuchtezustand dargestellt.

Die Tabelle läßt durch ihre Aufgliederung erkennen, daß eine aussagekräftige Einteilung mit umfassender Gültigkeit infolge der jahreszeitlich bedingten Schwankungen der Wassergehalte nur möglich ist, wenn Bodenart und Temperaturbereiche berücksichtigt und die Zeitspannen für Trocken- und Feuchtphasen angegeben werden.

6. Wasserversorgung der Pflanzen

Die Wasserversorgung der Pflanze erfolgt aus dem im Wurzelraum vorhandenen Wasser. Die Pflanzen vermögen dabei nur den Anteil des Bodenwassers aufzunehmen, dessen Potential höher ist als das beim PWP (s. a. Kap. 5 a). Bei grundwasserfernen Standorten (GWO tiefer als 1,5−2,5 m unter Geländeoberkante) betrifft dies nur das im Boden gespeicherte Wasser, bei grundwassernahen Standorten (GWO höher als 1,5−2,5 m unter Geländeoberkante) steht darüber hinaus aus dem Grundwasser kapillar aufsteigendes Wasser zur Verfügung. Beide Anteile zusammen ergeben die pflanzenverfügbare Bodenwassermenge. Sie ist einer der wichtigsten bodenhydrologischen Kennwerte bei der Beurteilung der Wasserhaushaltskomponenten (Evapotranspiration, Grundwasserneubildung), der Beregnungsbedürftigkeit und der Ertragsfähigkeit eines Standortes (s. Kap. 6 b und c).

a) Pflanzenverfügbares Bodenwasser

Die pflanzenverfügbare Bodenwassermenge (W_{pfl}) entspricht bei grundwasserfernen Standorten dem Wasseranteil innerhalb des effektiven Wurzelraumes (Wzr_{eff}), der im Bereich zwischen Feldkapazität (FK) und permanentem Welkepunkt (PWP) vorliegt (Abb. 96). Sie läßt sich unter Verwendung leicht bestimmbarer Bodenkennwerte durch den Ausdruck beschreiben:

$$W_{pfl}(mm) = \left[FK\left(\frac{mm}{dm}\right) - PWP\left(\frac{mm}{dm}\right)\right] \cdot Wzr_{eff}(dm)$$

Die Wassergehaltsdifferenz zwischen FK und PWP wird auch als nutzbare Feldkapazität (nFK) bezeichnet. Bei grundwasserfernen Böden gilt also

$$W_{pfl} = nFK \cdot Wzr_{eff}$$

[43a] *Schlichting, E., H.-P. Blume:* Bodenkd. Praktikum. Parey 1966.
[43b] Arbeitsgemeinschaft Bodenkunde (1965): Die Bodenkarte 1 : 25 000 Nieders. Landesamt f. Bodenforschung.
[43c] *DIN 4220 (DVWK-Regeln zur Wasserwirtschaft) Teil II, in Vorbereitung.*
[44] NN: Soil Taxonomy, USDA Agric. Handbook Nr. 436. Washington (1975).

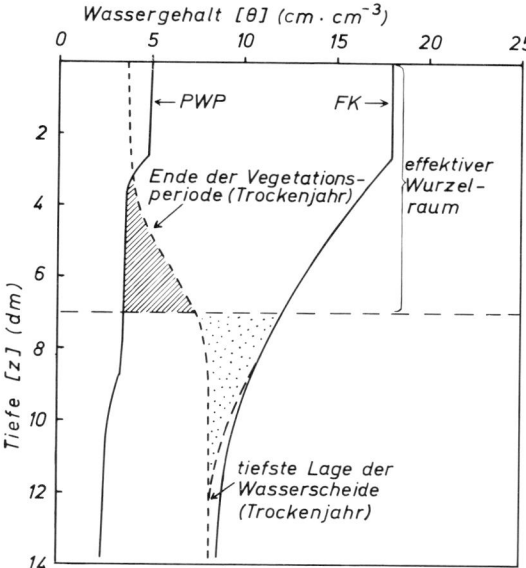

Wassergehalt [θ] (cm · cm⁻³)

Abb. 96 Ermittlung des effektiven Wurzelraumes aus Kennwerten des Wasserhaltes (FK, PWP), maximaler Entwässerung und tiefster Lage der Wasserscheide in einem Trockenjahr, bei einer Braunerde aus Sand

Der effektive Wurzelraum läßt sich durch Messungen des Wasserentzuges durch die Pflanzenwurzeln in niederschlagsarmen Jahren bestimmen. In Abb. 96 sind hierzu für einen Sandboden die Wassergehalte bei FK und PWP sowie der am Ende der Vegetationsperiode angetroffene Wassergehalt und die tiefste Lage der horizontalen „Wasserscheide" (grad $\frac{\Delta\psi_H}{\Delta z} + 1 = 0$) dargestellt.

Unterhalb dieser Wasserscheide ist nur eine abwärts gerichtete kapillare Wasserbewegung möglich. Der Wassergehalt am Ende der Vegetationsperiode zeigt, daß unmittelbar oberhalb der Wasserscheide in einem ≈ 8 dm mächtigen Tiefenbereich die Feldkapazität unterschritten, der PWP aber noch nicht erreicht wird. Nur in dem sehr intensiv durchwurzelten Oberboden (0−4 dm) sind die Pflanzen in der Lage, das gespeicherte Bodenwasser bis zum PWP auszunutzen.

Um die Berechnung der pflanzenverfügbaren Wassermenge aufgrund kartierbarer Kriterien mit der beschriebenen Gleichung zu ermöglichen, wird der effektive Wurzelraum Wzr_{eff} so festgelegt, daß die bis zum PWP noch vorhandene Wassermenge oberhalb von Wzr_{eff} (schraffierter Bereich) der unterhalb von

Tabelle 58 Effektiver Wurzelraum und pflanzenverfügbare Bodenwassermenge (W_{pfl}) in Abhängigkeit von der Bodenart (mittlere Lagerungsdichte)[45]

Bodenart	mittlerer effektiver Wurzelraum bei Getreide (dm)	pflanzenverfügbare Bodenwassermenge (mm)
Grobsand	5	30
Mittelsand	6	55
Feinsand	7	80
lehmiger Sand	7	115
schluffiger Sand	8	140
lehmiger Schluff	11	220
sandiger Lehm	9	155
schluffiger Lehm	10	190
toniger Lehm	10	165
lehmiger und schluffiger Ton	10	140

Wzr_{eff} bis zur FK fehlenden Wassermenge (punktierter Bereich) entspricht.

Die in Tabelle 58 angegebenen Werte des mittleren effektiven Wurzelraumes und seiner nutzbaren Feldkapazität, also der pflanzenverfügbaren Wassermenge, sind nach diesem Verfahren ermittelt worden[45]. Die Tabelle zeigt, daß der effektive Wurzelraum und seine nFK sehr stark von der Bodenart abhängig sind. Bei den Sanden liegen diese Werte zwischen 30 und 140 mm. Lehm- und Schluffböden zeichnen sich infolge des hohen Mittelporenanteils und des großen effektiven Wurzelraumes durch besonders hohe W_{pfl}-Werte (155−220 mm) aus. Eine Mittelstellung nehmen mit 140 mm W_{pfl} die Tonböden ein. Die angegebenen Werte treffen für Böden mit einer mittleren Lagerungsdichte zu. Bei dichten Böden liegen die nFK-Werte niedriger[45].

Der effektive Wurzelraum ist auch von der Kulturart abhängig. Bei gleicher Bodenart nimmt der effektive Wurzelraum in der Regel in folgender Reihenfolge zu: Grünland < Akkerland < Wald.

Die in der Tabelle 58 angegebenen Wassermengen (nFK-Werte) stehen den Pflanzen nur dann zur Verfügung, wenn zu Beginn der Vegetationsperiode die Feldkapazität erreicht ist. Diese Voraussetzung ist im gemäßigt-humiden Klimabereich meist erfüllt. Unter ariden Bedingungen wird dagegen die Feldkapazität wegen der zu geringen Niederschläge häufig nicht erreicht.

[45] *Renger, M., O. Strebel:* Wasser u. Boden 32 (1980) 572.

Tabelle 59 Kapillare Aufstiegsrate aus dem Grundwasser in den Wurzelraum in Abhängigkeit von der Bodenart, dem effektiven Wurzelraum und dem Grundwasserstand[46]

Bodenart	eff. Wurzel- raum (dm)	kapillare Aufstiegsrate (mm/Tag) bei mittleren Grundwasserständen* (cm unter Geländeoberfläche)							Wasser- span- nung** (cm WS)
		80	100	120	140	160	180	200	
Mittelsand	4	5,0	1,0	0,2	0,1	–	–	–	120
	6	> 5,0	5,0	1,0	0,2	0,1	–	–	120
Feinsand	5	> 5,0	5,0	1,5	0,3	0,1	0,1	–	140
	7	> 5,0	> 5,0	5,0	1,5	0,3	0,1	0,1	140
lehmiger Sand	6	> 5,0	> 5,0	5,0	2,0	0,8	0,3	0,1	180
	8	> 5,0	> 5,0	5,0	5,0	2,0	0,8	0,3	180
sandiger Lehm	7	> 5,0	5,0	3,0	1,0	0,5	0,3	0,1	350
	9	–	> 5,0	5,0	3,0	1,0	0,5	0,3	350
lehmiger Schluff	9	–	> 5,0	> 5,0	5,0	3,0	1,5	0,8	300
	11	–	–	> 5,0	> 5,0	5,0	3,0	1,5	300
lehmiger Ton	7	5,0	2,0	1,0	0,5	0,3	0,1	0,1	700
	9	–	5,0	2,0	1,0	0,5	0,3	0,1	700

* während der Vegetationsperiode;   ** angenommene Wasserspannung an der Untergrenze des Wurzelraumes bei ≈ 70 % nFK

Bei grundwasserbeeinflußten Böden ist bei der Erfassung des pflanzenverfügbaren Bodenwassers neben der nFK auch der kapillare Aufstieg aus dem Grundwasser in den Wurzelraum zu berücksichtigen. Er kann nach der *Darcy*-Gleichung (s. Kap. 3 d (1)) berechnet werden, wenn ein einfachen Berechnung halber ein stationärer Wasserfluß angenommen wird und die Beziehung zwischen Wasserspannung und Wasserleitfähigkeit bekannt ist[46].

Da zwischen der Beziehung Wasserspannung/Wasserleitfähigkeit und der Bodenart ein enger Zusammenhang besteht, lassen sich die kapillaren Aufstiegsraten in Abhängigkeit vom Grundwasserflurabstand allein anhand der Bodenart abschätzen (Tab. 59). So ist z. B. beim Mittelsand bei einem effektiven Wurzelraum von 6 dm und einem Grundwasserstand von 1 m mit einem kapillaren Aufstieg aus dem Grundwasser an die Untergrenze des Wurzelraumes von 5 mm/Tag zu rechnen, wenn man von einer Wasserspannung von 120 cm an der Untergrenze des Wurzelraumes ausgeht. Bei einem Grundwasserstand von 1,20 m steigt dagegen nur noch 1 mm/Tag auf. Bei der Berechnung der pflanzenverfügbaren Bodenwassermenge sind die in der Tabelle angegebenen täglichen Aufstiegsraten mit der Dauer der Hauptwachstumsphase (in Tagen) zu multiplizieren und zur nFK des effektiven Wurzelraumes zu addieren. Beides zusammen ergibt unter den angenommenen Voraussetzungen die Gesamtmenge an maximal pflanzenverfügbarem Bodenwasser für grundwasserbeeinflußte Böden.

Als Hauptwachstumszeit werden für Getreide meist 60, für Hackfrüchte 90 und für Grünland 120 Tage angenommen.

b) Wasserbewegungen im System Boden-Pflanzen-Atmosphäre

Der Transpirationsstrom, den die Pflanzen zum Aufrechterhalten ihrer Lebensvorgänge benötigen, wird durch den Gradienten des Wasserpotentials zwischen der atmosphärischen Luft und dem Boden gewährleistet. In Abwesenheit von Pflanzen führt dieser Gradient zu Wasserverlusten, die überwiegend durch Evaporation von den unmittelbaren Bodenoberflächen verursacht werden. Die Pflanze gliedert sich in dieses System ein, indem sie durch Wurzeln, Sproß und Blattfläche den Übergang des Wassers aus größeren Bodentiefen in den Luftraum erleichtert. Sie wirkt also wie ein „Kurzschluß", so lange die Höhe des Wasserpotentials in der Luft ihrem eigenen gegenüber den Charakter einer Senke und die des Wasserpotentials im Boden den einer Quelle hat.

Wie der in Abb. 97 dargestellte Gang der Wasserpotentiale (ψ_w) in Boden, Wurzel, Blatt und Atmosphäre zeigt, schwankt sein Wert in der Luft im tageszeitlichen Rhythmus weitaus stärker als im Boden. Je größer die Differenz

[46] *Renger, M.* et al.: Z. Kulturtechn. u. Flurber. 15 (1974) 148.

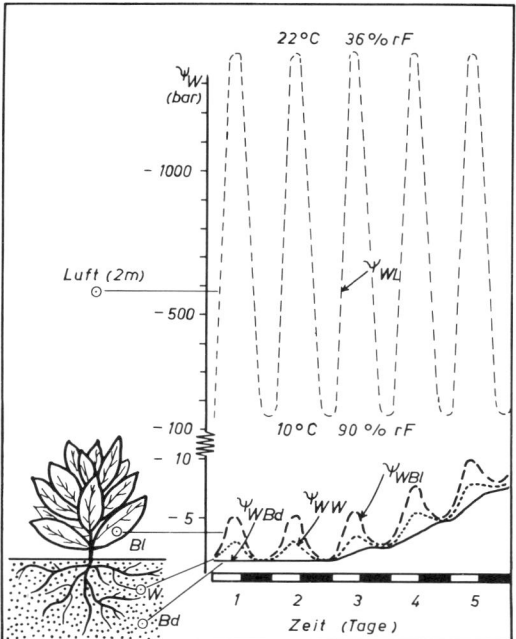

Abb. 97 Täglicher Verlauf der Wasserpotentiale von Boden (B), Pflanze (Bl bzw. W) und Luftraum (L) bei konstanter Witterung (schematisch in Anlehnung an *Slatyer*, 1967)

zwischen ψ_{WL} und ψ_{WB}, desto höher ist in der Regel die Transpiration der dazwischen stehenden Pflanze mit dem Wasserpotential ψ_{WW} bzw. ψ_{WBl}.

(1) Wasserbewegung zur Pflanzenwurzel

Durch den Wasserentzug der Pflanze wird zunächst in der unmittelbaren Umgebung der Pflanzenwurzel die Bodenwasserspannung erhöht und damit das Wasserpotential erniedrigt. Der dadurch entstehende Potentialgradient in Richtung Wurzeloberfläche führt zu einer Wassernachlieferung zur Entnahmestelle. Das Strömungsbild dieser Nachlieferung ist, wenn man sich die Wurzel quer zu ihrer Achse durchgeschnitten und daher als Punkt auf einer Ebene denkt, in Wurzelnähe allseitig konzentrisch, ähnlich wie in der engsten Umgebung eines Dränrohres (s. Abb. 90).

Die Entfernung, die das Wasser bis zur Erreichung der Wurzeloberfläche zurücklegen muß, liegt im Hauptwurzelraum im Bereich von einigen mm. Diese Entfernung ergibt sich, wenn man das Wurzelvolumen mit $\approx 1\%$ des Gesamtbodenvolumens annimmt.

Durch Anstieg der Bodenwasserspannung in der Nähe der Wurzeln wird gegenüber der Wurzel selbst das Potentialgefälle herabgesetzt. Gleichzeitig sinkt die Wasserleitfähigkeit. Beides führt zu einer Beeinträchtigung der Wassernachlieferung an die Pflanzenwurzeln.

Die Abnahme der Wassernachlieferung ist um so größer, je stärker die Wasserleitfähigkeit mit ansteigender Wasserspannung ψ_m abnimmt. Eine besonders ungünstige Beziehung zwischen der Wasserleitfähigkeit und der Wasserspannung ($k_\theta - \psi_m$-Beziehung) liegt z. B. bei den Sandböden vor. Bei schluff- und tonreichen Böden ist dagegen die Abnahme der Wasserleitfähigkeit bei zunehmender Wasserspannung, vor allem im Bereich höherer Wasserspannungen (pF $\approx 3-4$), weitaus geringer. Daher wird bei Schluff- und Tonböden die Wassernachlieferung aus der Umgebung der Wurzel zu ihrer Oberfläche bei steigender Wasserspannung weniger gehemmt als bei Sandböden. Für die Pflanze bedeutet eine geringe Wasserleitfähigkeit des Bodens daher eine geringe Ausnutzbarkeit des potentiell verfügbaren Wassers. Je geringer die ungesättigte Wasserleitfähigkeit ist, um so stärker müssen die Wurzeln dem Wasser nachwachsen und um so dichter muß die Durchwurzelung sein, um einen gleichbleibenden Anteil des pflanzenverfügbaren Wassers aufzunehmen.

(2) Wasseraufnahme durch die Pflanze

Das als Folge der Transpiration entstehende Potentialgefälle zwischen dem Wasser im Boden und in der Pflanze gewährleistet einen ständigen Wasserfluß aus dem Boden in die Pflanze. Bei ausreichender Wasserversorgung, also geringer Wasserspannung im Boden, richtet sich die Wasseraufnahme durch die Pflanze vor allem nach der Höhe der potentiellen Evapotranspiration [Transpiration + Evaporation (ET_P)]. Unter potentieller Evapotranspiration wird dabei die aufgrund der Sonnenstrahlung, der Temperatur und der Windgeschwindigkeit maximal mögliche Evapotranspiration einer kurz geschnittenen dichten Pflanzendecke (Rasen) verstanden, bei der der Wassernachschub niemals als begrenzender Faktor auftritt. Bei steigender Wasserspannung im Boden bleibt die Wasseraufnahme der Pflanze hinter der potentiellen Evapotranspiration immer weiter zurück, weil mit abnehmender Wasserleitfähigkeit der Fließwiderstand immer größer wird. Die Pflanze muß daher ihre Transpiration einschränken. Den verbleibenden geringeren Wert nennt man aktuelle Evapotranspiration (ET_a).

Aus dem in Abb. 98 dargestellten Zusammenhang zwischen dem Verhältnis der aktuellen Evapotranspi-

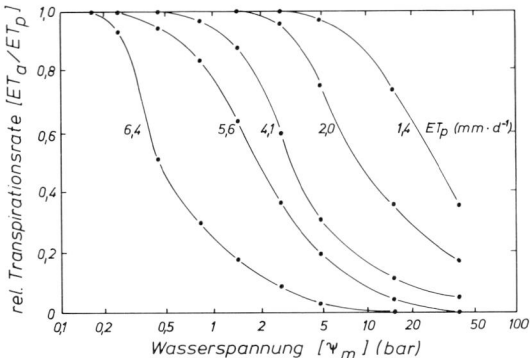

Abb. 98 Beziehung zwischen dem Quotient aus aktueller (ET$_a$) und potentieller (ET$_p$) Evapotranspiration und der Bodenwasserspannung bei Mais[47]

ration zur potentiellen Evapotranspiration und der Bodenwasserspannung geht hervor, daß die aktuelle Transpiration mit steigender Bodenwasserspannung um so schneller abnimmt, je höher die potentielle Evapotranspiration liegt[47]. Bei einem ET$_P$-Wert von 6,4 mm/Tag, sinkt die aktuelle Transpirationsrate schon unter die potentielle, wenn die Bodenwasserspannung 0,3 bar beträgt. Liegt die potentielle Evapotranspiration dagegen bei 1,4 mm/Tag, sind ET$_P$ und ET$_a$ bis zu einer Wasserspannung von etwa 3 bar gleich.

Der Wasserentzug durch die Wurzeln eines Pflanzenbestandes kann wie jede andere Wasserbewegung auf die Einheit des Fließquerschnitts bezogen und als Fluß dargestellt werden (s. Kap. XVI 3). Ihr Betrag (v$_W$) läßt sich dann als Differenz zwischen dem Gesamtfluß (v$_{ges}$) und dem durch den hydraulischen Potentialgradienten (grad ψ_H) hervorgerufenen kapillaren Wasserfluß (v$_H$) ermitteln[47a]:

$$v_W = v_{ges} - v_H$$

Die Bestimmung von v$_{ges}$ ist möglich, wenn der Wassergehalt und die Wasserspannung im Boden als Funktion der Zeit und Tiefe vorliegen. Die Berechnung erfolgt mit Hilfe der Kontinuitätsgleichung, die in Differenzform lautet:

$$v_{ges_{Z_1}} - v_{ges_{Z_2}} = \sum_{Z_1}^{Z_2} \frac{\Delta\theta}{\Delta t}\, \Delta Z$$

θ = Wassergehalt [cm$^3 \cdot$ cm^{-3}],
t = Zeit [Tag]
und Z$_1$ bzw. Z$_2$ = Tiefenlagen [cm] zwischen denen die Wassergehaltsänderungen erfaßt werden.

Ist neben der Wassergehaltsänderung auf der rechten Seite der Gleichung einer der beiden Wasserflüsse auf der linken Seite bekannt, so kann man den anderen berechnen, wobei man am zweckmäßigsten in einem Tiefenbereich beginnt, der mit Sicherheit unterhalb des Wurzel-

raumes liegt, um Wassertransport durch die Wurzeln auszuschließen.

Hierfür gibt es zwei Möglichkeiten:
(1) Häufig tritt während der Vegetationsperiode unterhalb des Wurzelraumes in einer Tiefe Z$_2$ eine Wasserscheide auf, in der der hydraulische Gradient (grad ψ_H) gleich null ist[48]. Damit wird der Gesamtwasserfluß für jede Tiefe im Profil berechenbar nach der Gleichung

$$v_{ges_{Z_1}} = \sum_{Z_1}^{Z_2} \frac{\Delta\theta}{\Delta t}\, \Delta Z$$

Fehlt im Bereich unterhalb des Wurzelraumes eine solche Tiefe mit hydraulischem Gradienten null, z. B. bei kapillarem Aufstieg aus nahem Grundwasser, so kann v$_{ges_{Z_2}}$ aus dem hydraulischen Gradienten und der Wasserleitfähigkeit k im nicht durchwurzelten Bereich bestimmt werden:

$$v_{ges_{Z_2}} = - k(\psi)\; \frac{\Delta\psi_m}{\Delta Z} - 1$$

Dies ist deswegen möglich, weil in diesem Bereich v$_{ges}$ = v$_H$ ist. Der Wasserfluß v$_{ges_{Z_1}}$ ist dann ebenfalls zu berechnen nach

$$v_{ges_{Z_1}} = \sum_{Z_1}^{Z_2} \frac{\Delta\theta}{\Delta t}\, \Delta Z + v_{ges_{Z_2}}$$

v$_{ges_{Z_1}}$ entspricht in beiden Fällen der aktuellen Evapotranspiration, wenn man die Wassergehaltsänderungen in der Pflanze nicht berücksichtigt.

Aus v$_{ges}$ läßt sich unter Berücksichtigung des kapillaren Wasserflusses nach der oben angeführten Gleichung der Wasserentzug bzw. der Wasserfluß durch die Pflanzenwurzeln ermitteln. Die räumliche Verteilung des Wasserentzuges durch die Pflanzenwurzeln wechselt innerhalb des Wurzelraumes. Bei gleicher Wasserspannung ist der Wasserentzug im oberen Teil des Wurzelraumes aufgrund der intensiven Durchwurzelung größer als im unteren Teil. Bei ähnlicher Durchwurzelungsintensität liegt das Maximum des Wasserentzuges in der Tiefe mit der geringsten Wasserspannung[49], soweit keine Durchlüftungsprobleme auftreten. Wenn der Vegetation nur die im Boden gespeicherte Wassermenge zur Verfügung steht, bedeutet

[47] *Denmead, O. T., R. Shaw:* Agron. J. 54 (1962) 385.
[47a] *Strebel, O.* et al.: Z. Pflanzenernähr. Bodenkd. 138 (1975) 76.
[48] *Renger, M.* et al.: Z. Pflanzenernähr. Bodenkd. 126 (1970) 15.
[49] *Flühler, H.* et al.: Z. Pflanzenernähr. Bodenkd. 138 (1975) 583.

Tabelle 60 Aktuelle Evapotranspiration (ET$_a$ in mm/Jahr) von Ackerland und Nadelwald in Abhängigkeit von der pflanzenverfügbaren Bodenwassermenge (W$_{Pfl}$), dem Niederschlag und der Evapotranspiration nach *Haude* ($\approx$ ET$_P$)[50]

Nutzung	W$_{Pfl}$	Evapotranspiration mm/Jahr bei Niederschlägen von:					
		500 mm/Jahr		650 mm/Jahr		850 mm/Jahr	
		ET$_P$ n. *Haude*		ET$_P$ n. *Haude*		ET$_P$ n. *Haude*	
		500	700	500	700	500	700 mm/Jahr
Ackerland	80	330	370	390	430	455	495
	150	390	430	455	495	515	555
	220	420	460	490	530	550	590
Nadelwald	80	330	400	400	520	470	600
	150	400	470	470	600	560	670
	220	430	500	530	650	620	730

das in der Regel, daß die Zone maximalen Entzuges sich im Verlaufe der Zeit in größere Bodentiefen verschiebt. Dies führt dann zu dem in Kap. 5b erwähnten Tieferrücken der horizontalen Wasserscheide im Boden.

Die Höhe der aktuellen Evapotranspiration ist im wesentlichen von der Nutzung, dem pflanzenverfügbaren Bodenwasser, der Niederschlagshöhe und der potentiellen Evapotranspiration abhängig. Aus Tab. 60 geht hervor, daß sie mit zunehmender Niederschlagsmenge, Evapotranspiration nach *Haude*[50] und pflanzenverfügbarem Bodenwasser (s. Kap. 6a) ansteigt.

Bei gleichen Boden- und Klimabedingungen nimmt die aktuelle Evapotranspiration bei unterschiedlicher Nutzung in folgender Reihenfolge zu:

Ackerland < Grünland < Laubwald < Nadelwald. Die Unterschiede zwischen Ackerland und Nadelwald nehmen mit steigendem pflanzenverfügbaren Bodenwasser und steigenden Niederschlägen zu[51].

c) Wasserverbrauch und Pflanzenertrag

Mit steigendem Wasserverbrauch nimmt der Pflanzenertrag in der Regel zu. Die Beziehung zwischen Wasserverbrauch und Trockenmasseertrag ist unter Freilandbedingungen jedoch nur dann eng, wenn Jahre mit ähnlicher Witterung miteinander verglichen werden. In trockenen Jahren wird bei gleicher Transpiration weniger Trockenmasse gebildet als in feuchteren Jahren. Dies deutet darauf hin, daß die Beziehung zwischen Transpiration und Trockenmasseertrag außer von der Gesamtwassermenge noch von anderen Faktoren beeinflußt wird. Hierbei spielen unter anderem Klimagrößen eine Rolle, deren Wirkung in den Lehrbüchern

des Pflanzenbaues[52, 53] ausführlich dargestellt ist.

Zur Charakterisierung der Effektivität des Wasserverbrauches einer Pflanzenart wird meist der Transpirationskoeffizient herangezogen. Er beschreibt den Zusammenhang zwischen der aktuellen Evapotranspiration (ET$_a$) und der Photosynthese (P) und gibt an, wieviel kg Wasser die Pflanze verbraucht, um 1 kg Trockensubstanz zu erzeugen. Der Transpirationskoeffizient ist für die Pflanzenart – bzw. Sorte spezifisch. Für eine bestimmte Pflanze ist er darüber hinaus vom Wasserangebot im Boden und von Klima- bzw. Witterungsbedingungen abhängig.

Das Wasserangebot im Boden wirkt sich in der in Abb. 99 dargestellten Art auf den Transpirationskoeffizienten aus. Die Abbildung läßt erkennen, daß die Trockensubstanzproduktion im Bereich von Wasserspannungen > 100 cm WS unter um so höherem Wasseraufwand geschieht, je höher die Wasserspannung ist. Bei Wasserspannung < 100 cm WS wird der Optimalbereich der Trockensubstanzproduktion in Bezug auf die Wasserspannung unterschritten, weil im Versuchssubstrat in diesem Bereich Luftmangel einsetzt. Dieser Sachverhalt zeigt, daß der Pflanzenertrag nicht nur von der Menge des zur Verfügung stehenden Wassers abhängig ist, sondern auch von der Wasserspannung, unter der es der Pflanze angeboten wird. Dieser letzte Zusammenhang ist unter Freilandbedingungen manchmal nicht unmittelbar er-

[50] *Dammann, W.*: Wasserwirtschaft 55 (1965) 315.
[51] *Strebel, O., M. Renger*: Wasser u. Boden 8 (1980) 362.
[52] *Geisler, G.*: Pflanzenbau. Parey, Hamburg 1980.
[53] *Bäumer, K.*: Allgemeiner Pflanzenbau. UTB-Ulmer, Stuttgart 1971.

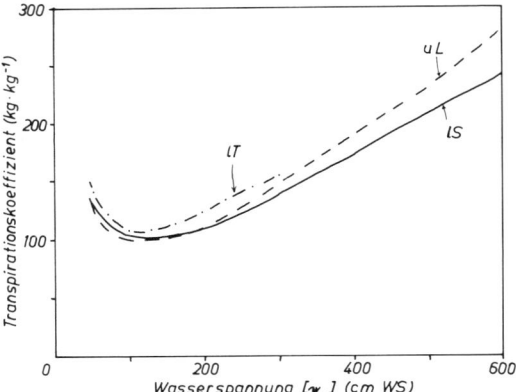

Abb. 99 Transpirationskoeffizient von Mais in Abhängigkeit von der Wassserspannung (ψm) im Boden[54]

kennbar, weil die Wasserspannungen nicht im gesamten Wurzelraum gleich sind.

Die Beziehung zwischen Wasserverbrauch und Trockenmasseerzeugung ist jedoch außer von Pflanze und Wasserangebot im Boden auch noch von Klimaeigenschaften abhängig. Wesentlich ist hier vor allem das Wasserdampfsättigungsdefizit der Luft. So besteht zwischen dem Quotienten aus Wasserverbrauch und Sättigungsdefizit und der Trockenmasseproduktion eine enge lineare Beziehung[55, 56]. Daraus folgt, daß es vorteilhaft ist, bei möglichst geringem Sättigungsdefizit zu produzieren. Bei gegebenem Sättigungsdefizit besteht die einzige

Einflußmöglichkeit in der Erhöhung der Transpiration durch Herabsetzung der Wasserspannung im Boden.

Dies spielt in der landwirtschaftlichen Beregnungspraxis eine wichtige Rolle. In sehr trockenen Jahren mit hohem Wasserdampfsättigungsdefizit muß zur Erreichung eines bestimmten Ertragsniveaus die Beregnung daher früher erfolgen als im Durchschnitt der Jahre. Während es im Mittel der Jahre ausreicht, bei Getreide bei Wassergehalten zu beregnen, die 30 bis 40 % der nutzbaren Feldkapazität (nFK) entsprechen, sollte in sehr trockenen Jahren die Beregnung schon bei 50 % nFK erfolgen[56].

Die mittlere Beregnungsgabe, die zur Aufrechterhaltung einer bestimmten Wasserspannung oder eines Wassergehalts in % der nFK (z. B. 40 %) erforderlich ist, hängt von der pflanzenverfügbaren Bodenwassermenge und der klimatischen Wasserbilanz (Niederschlag minus Evapotranspiration nach *Haude*) ab (s. Abb. 100)[56a]. Die erforderliche Beregnungsmenge nimmt mit abnehmender pflanzenverfügbarer Bodenwassermenge und steigendem Wasserbilanzdefizit zu.

Für die Steuerung eines Bewässerungseinsatzes werden in der Praxis häufig einfache Verfahren zur Bestimmung der Evapotranspiration oder Evaporimeter eingesetzt. Unter Berücksichtigung der natürlichen Niederschläge und des pflanzenverfügbaren Bodenwassers läßt sich daraus der Zeitpunkt ermitteln, bei dem bestimmte Mindestwassergehalte im Wurzelraum erreicht werden. Den Einfluß der Kulturart versucht man dabei meist durch Korrekturfaktoren bei der Evapotranspirationsbestimmung zu berücksichtigen. Eine genaue Anpassung der Bewässerungssteuerung an die Bedürfnisse einzelner Kulturen läßt sich allerdings nur durch direkte Messung an der Pflanze selbst (osmotischer Zustand) oder am Boden erreichen. Im letzten Falle ist es prinzipiell gleichgültig, ob Wassergehalte oder Wasserspannungen gemessen werden, wenn der bodenspezifische Zusammenhang zwischen beiden (darstellbar durch die Wasserspannungskurve) berücksichtigt wird.

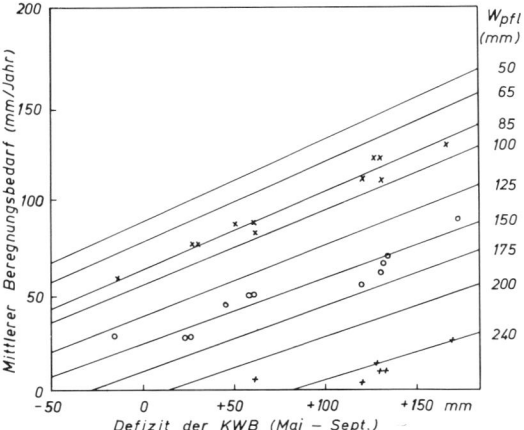

Abb. 100 Mittlerer Beregnungsbedarf (mm/Jahr) bei Zuckerrüben in Abhängigkeit von der pflanzenverfügbaren Wassermenge (W_{Pfl}) und dem Defizit der klimatischen Wasserbilanz (KWB) in der Zeit von Mai bis September[56a]

[54] *Czeratzki, W.:* Landbauforsch. Völkenrode 27 (1977) 1.
[55] *Bierhuizen, J. F., R. O. Slatyer:* Agric. Meteor. 2 (1965) 259.
[56] *Renger, M., O. Strebel:* Mitt. Dtsch. Bodenkdl. Ges. 29 (1979) 67.
[56a] *Renger, M., O. Strebel:* Meteorol. Rundsch. (1981) im Druck.

Für die meßwertorientierte Steuerung entsteht hier wegen der beschriebenen räumlichen Verschiebung des Wasserentzugsmaximums im Boden das Problem der Plazierung der Meßwertgeber[57].

Dieser Sachverhalt, zusammen mit den unterschiedlichen Arten der Wasserzufuhr (Überstauung, Beregnung, Tröpfchenbewässerung) hat zur Folge, daß die Steuerung der Wasserversorgung von Pflanzenbeständen selbst unter den Bedingungen intensivster Steuerung des Kulturablaufs in Gewächshäusern noch nicht generell gelöst ist. Im Hinblick auf Bewässerungstechniken wird auf die Spezialliteratur verwiesen[31a, 58].

[57] *Hartge, K. H.:* KTBL-Schrift Ldw. Verlag Münster, 239 (1979) 7.
[58] *Withers, B., S. Vipond, K. Lecher:* Bewässerung. Parey, Hamburg 1978.

XVII. Bodenluft*

Alle Teile des Porenvolumens von Böden, die nicht mit Wasser gefüllt sind, enthalten Luft. Da das Wasser eine höhere Dichte hat als die Luft, besteht unter dem Einfluß der Erdbeschleunigung die Tendenz, das gesamte Wasser in den am tiefsten liegenden Bereichen des Porenraumes anzusammeln. Die Luft wird dabei mehr oder weniger vollständig verdrängt und kann nur noch diejenigen Porenanteile einnehmen, zu deren Füllung die vorhandene Wassermenge nicht ausreicht. Das sind im Prinzip die höher gelegenen, der Bodenoberfläche näheren Poren. Da Wasser an den Oberflächen der festen Bodenteilchen stärker adsorbiert wird als Luft und zudem gegen Luft eine erhebliche Grenzflächenspannung hat, befindet sich ein Teil oberhalb des geschlossenen Wasserkörpers im Untergrund und verkleinert dabei ebenfalls das für die Luft übrig bleibende Volumen. Da das Wasser in adsorbiertem Zustand stets die engsten Porenbereiche zuerst ausfüllt, bleiben für die Luft die jeweils weitesten Poren übrig.

Die Menge der in einem bestimmten Boden in einer bestimmten Tiefe vorhandenen Luft ist also vom Wassergehalt und daher von den den Wasserhaushalt bestimmenden Bodeneigenschaften und Umgebungsbedingungen abhängig.

Die hier entscheidenden Bodeneigenschaften sind daher Porenvolumen und Porengrößenverteilung. Da vor allem die letzteren im Verlauf der Bodenentwicklung und bei Kulturböden infolge Bearbeitungsmaßnahmen starken Veränderungen unterliegen, ist der Luftinhalt von Böden eine innerhalb weiter Grenzen variable Größe.

Im allgemeinen schwankt der *Luftanteil* am Gesamtvolumen zwischen nahe an Null und 40%. Einen Anhaltspunkt über die untere Grenze der in terrestrischen Böden häufig vorkommenden Luftgehalte gibt die Feldkapazität, weil sie den wahrscheinlichsten höchsten Füllungsgrad der Poren mit Wasser angibt. Bei Feldkapazität beträgt das Luftvolumen im Mittel in Sandböden etwa 30–40%, in Schluff- und Lehmböden 10–25%, in Tonböden 5–10% und weniger, je nach dem Verdichtungsgrad.

Der tatsächliche Luftgehalt ist jedoch in der Regel höher, weil die Böden während der Vegetationszeit nur selten den der Feldkapazität entsprechenden Wassergehalt aufweisen.

1. Zusammensetzung und Herkunft der Komponenten

Die *Zusammensetzung* der Bodenluft wird durch biologische Vorgänge, die im Porenraum ablaufen, beeinflußt und weicht daher je nach Art und Ausmaß dieser Vorgänge mehr oder weniger stark von derjenigen der atmosphäri-

* Zusammenfassende Literatur[1–4].
[1] *Geiger, R.:* Klima der bodennahen Luftschicht. Vieweg und Sohn, Braunschweig 1961.
[2] *Hartge, K. H.:* Einführung in die Bodenphysik. Enke, Stuttgart 1978.
[3] *Kmoch, H. G.:* Die Luftdurchlässigkeit des Bodens. Borntraeger, Berlin 1962.
[4] *Lundegårdh, H.:* Klima und Boden. Fischer, Jena 1957.

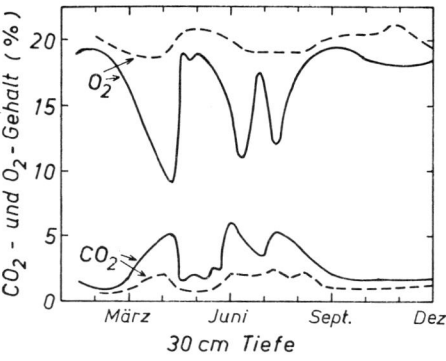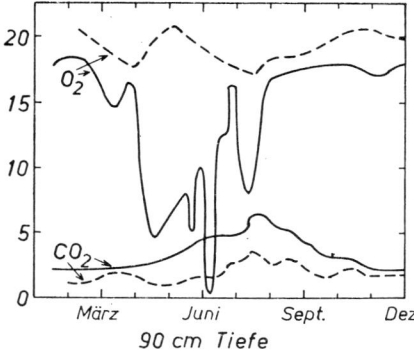

Abb. 101   Sauerstoff- und Kohlendioxid-Gehalt der Bodenluft in 30 und 90 cm Tiefe eines sandigen Lehmes (- - -) und eines schluffigen Tones (———) unter Apfelbäumen[5]

schen Luft ab. Die Abweichungen in der Zusammensetzung bestehen aus einer Abnahme des O_2-Anteils, einer Zunahme des CO_2-Anteils und einem in der Regel der Sättigung nahekommenden Wasserdampfgehalt. Bei Ablauf anaerober biologischer Abbauvorgänge werden außerdem Methan und Schwefelwasserstoff gebildet.

Der *Sauerstoffgehalt* in der Bodenluft ist oft geringer als in der Atmosphäre, weil die bei Lebensvorgängen aller Art im Boden verbrauchte O_2-Menge nur relativ langsam aus der atmosphärischen Luft ersetzt wird. Der Sauerstoffgehalt ist daher in der Bodenluft um so geringer, je intensiver das Wurzelwachstum und die Lebenstätigkeit des Edaphons ist. Er ist deshalb tiefer im Boden geringer als nahe der Bodenoberfläche, in feinkörnigen Böden geringer als in grobkörnigen, in feuchten Böden geringer als in trockenen (s. Abb. 101) und in Jahreszeiten lebhafter biologischer Aktivität oft geringer als in Jahreszeiten trägen Bodenlebens.

Die Zufuhr von *molekularem Sauerstoff* zur Bodenluft erfolgt ausschließlich aus der atmosphärischen Luft und daher durch die Bodenoberfläche.

Der *CO_2-Gehalt* der Luft ist in Böden in der Regel höher als in der Atmosphäre, weil CO_2 bei der Atmung der Wurzeln und des Edaphons erzeugt wird. Es ist daher in tieferen Schichten in Böden höher als nahe der Bodenoberfläche, bei feinkörnigen Böden höher als bei grobkörnigen, bei nassen Böden höher als bei trockenen und in Jahreszeiten mit lebhafter biologischer Aktivität im Boden höher als in Jahreszeiten mit trägem Bodenleben (Abb. 101).

Die CO_2-Entwicklung ist in Böden unter aeroben Bedingungen mit dem O_2-Verbrauch

äquimolekular und führt daher nicht zu einer Gasdruckveränderung. Dies wird durch einen Respirationskoeffizienten (RQ) von 1 charakterisiert.

$$RQ = Mol\ CO_2/Mol\ O_2.$$

Infolge der im Vergleich zu Sauerstoff höheren Löslichkeit des CO_2 in Wasser wird dieser Sachverhalt durch eine scheinbar zu geringe CO_2-Gehaltszunahme undeutlich.

Die Menge der im Boden unter diesen Bedingungen umgesetzten, d. h. *neugebildeten* und dort verbrauchten *Gase* ist starken Schwankungen unterworfen. Von Wald- und Kulturland werden im Durchschnitt etwa 4000 m³ (= ≈ 8000 kg) *Kohlendioxid* je ha und Jahr an die Atmosphäre abgegeben, von denen ungefähr ⅔ aus der Tätigkeit der Bodenorganismen und ⅓ aus der Wurzelatmung stammen. Diese Mengen variieren jedoch mit der Art der Vegetation, der Menge organischer Substanz, der Düngung, der Jahreszeit usw. Die CO_2-Entwicklung steigt bei der Zufuhr organischer Stoffe zum Boden und bei der Mineralisierung von Vegetationsrückständen. Weiterhin wird sie von der Temperatur und Feuchtigkeit der Böden stark beeinflußt, so daß sie tageszeitlichen und jahreszeitlichen Schwankungen ausgesetzt ist.

Das Maximum der Produktion liegt daher meistens relativ nahe an der Bodenoberfläche. Unmittelbar unter der Bodenoberfläche ist die Produktion wegen der dort relativ großen Austrocknung jedoch oft gering (Abb. 102)[6].

Der Gehalt der Bodenluft an *Wasserdampf* ist höher als in der Atmosphäre. Er ist stark

---

[5] *Boynton, B., O. C. Compton:* Soil Sci. 57 (1944) 107.

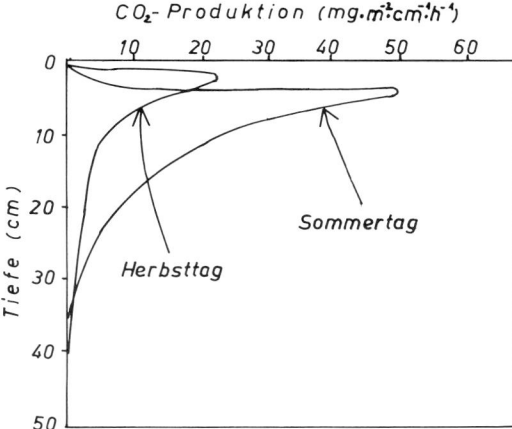

Abb. 102 CO_2-Produktion in Abhängigkeit von der Tiefe in einer Löß-Parabraunerde in Ackernutzung[6]

von der Bodentemperatur abhängig, weil die Wasseraufnahmefähigkeit der Luft mit zunehmender Temperatur steigt. Daher treten bei Temperaturänderungen erhebliche Wasserbewegungen in Böden auf, die im Kapitel Bodentemperatur eingehender beschrieben sind.

Die *relative Feuchtigkeit* der Bodenluft ist höher als die der Atmosphäre und beträgt bei allen Wasserspannungen < pF 4,2 mehr als 95 %. Da im Unterboden außerhalb der Wüstengebiete kaum höhere pF-Werte als 4,2 vorkommen, wird dort eine relative Luftfeuchtigkeit von 95 % nur selten unterschritten. Im Oberboden, besonders in den obersten 2 cm, kann die Luftfeuchtigkeit jedoch stärker sinken, da hier der Boden auch im humiden Klimabereich häufig stärker austrocknet (pF > 4,2).

Wenn der molekulare Sauerstoff im Boden durch biologische Vorgänge vollständig aufgebraucht ist, die Lebenstätigkeit anaerober Organismen aber weitergeht, entstehen beim Abbau organischer Verbindungen noch einige andere *Gase*, vor allem CH_4 und H_2S. Die dabei ablaufenden Vorgänge treten bei Wassersättigung besonders stark in Erscheinung und sind daher bei semiterrestrischen bzw. hydromorphen – vor allem aber bei subhydrischen – Böden am stärksten ausgeprägt. Sie führen ebenfalls zur Bildung von CO_2, doch entstehen daneben als Zwischenstufen auch niedermolekulare organische, wenig flüchtige Verbindungen (wie Essig-, Milch-, Buttersäure), die erst in weiteren Schritten unter Methanbildung abgebaut werden. Daneben entstehen geringe, aber

durch ihren Geruch auffallende Mengen an H_2S.

Ansammlungen von unter reduzierenden Bedingungen entstehenden Gasen werden vor allem in Mooren und Sapropelen gefunden (Sumpfgas). In Reisböden ist während der Überstauungsphase CH_4-Bildung ein regelmäßiger Vorgang, der im Extremfall das Ausmaß der gesamten CO_2-Bildung erreichen kann[7]. Auch in Böden auf und neben Mülldeponien[8], im Bereich schadhafter Gasleitungen sowie unter Viehpferchen bei Intensivhaltung[9] ist die Bodenluft oft methanreich und dementsprechend sauerstoffarm.

In diesen Fällen sind selbst trockene Böden sauerstoffarm, während sonst anaerobe Abbauvorgänge immer dort vorkommen, wo der Porenraum vollständig mit Wasser gefüllt ist – nämlich in der Nähe der Grundwasseroberfläche. Hier ist die Freisetzung von CO_2 deutlich größer als die O_2-Zufuhr und der Respirationskoeffizient kann dicht (ca. 10 cm) oberhalb der Grundwasseroberfläche Werte bis zu 10 erreichen, um dann mit zunehmendem Abstand langsam auf 1 hinzustreben[10].

Während im aeroben Bereich keine Veränderungen der Anzahl der Gasmoleküle und damit des Gasdrucks vorkommen (Respirationsquotient = 1), weil Sauerstoffverbrauch und Kohlendioxidbildung äquimolekular ablaufen gemäß der Summenformel (Beispiel Glucoseabbau):

$$C_6H_{12}O_6 + 6O_2 \rightarrow 6CO_2 + 6H_2O + 2800\ KJ/Mol$$

kommt es im anaeroben Bereich zur Neubildung von Gasmolekülen gemäß der Summenformel:

$$C_6H_{12}O_6 \rightarrow 3CO_2 + 3CH_4 + 188\ KJ/Mol.$$

Dadurch erhöht sich bei behindertem Druckausgleich der Gasdruck.

2. Transportmechanismen

Die ungleichmäßige Verteilung der verschiedenen Gaskomponenten innerhalb der Bodenluft, die als Folge von Lage, geometrischer Ausbildung und Intensität der Quellen und Senken entsteht, drängt auf einen Ausgleich. Die aus-

[6] *Richter, J., A. Großgebauer:* Z. Pflanzenernähr. Bodenkd. 141 (1978) 181.
[7] *Alexander, M.:* Introduction to soil microbiology. J. Wiley u. Co 1961.
[8] *Blume, H. P., R. Bornkamm, H. Sukopp:* Z. Kulturtechn. u. Flurber. 20 (1979) 65–79.
[9] *Elliott, L. F., T. M. McCalla:* Soil Sci. Soc. Amer. Proc. (1972) 68.
[10] *Flühler, J.:* Mitt. Schweiz. Anst. forstl. Versuchswesen 49 (1973) 125.

gleichenden Bewegungen erfolgen durch Konvektion und Diffusion.

Konvektiver Gastransport kann als Folge barometrischer oder temperaturbedingter Volumenänderungen auftreten. Windwirkung auf unbewachsenen Bodenoberflächen kann durch Turbulenz Konvektion verursachen. Mit fließendem Grundwasser können Gase in gelöstem Zustand zu- oder abgeführt werden.

Konvektive Bewegungen treten weiterhin auf, wenn zunächst in grobe Poren eindringendes Niederschlagswasser die Luft aus den jeweils engsten Poren verdrängt, so daß sie sich in den weiteren Poren ansammelt.

Auch Bewässerung durch Überstauung führt gelegentlich zu lokalen Druckzunahmen in der Gasphase und infolgedessen zu konvektiven Verlagerungen der Luftblasen[11].

In Sonderfällen starker anaerober Gasentwicklung kommt es ebenfalls zu konvektivem Gasfluß[8]. Schließlich kann Konvektion durch Ansteigen und Absinken der Grundwasseroberfläche im Boden hervorgerufen werden. Dieser Vorgang führt vor allem unter den Wasserhaushaltsbedingungen von Auenböden im Hochwasser- und Überflutungsbereich zu einem starken konvektiven Gasaustausch.

Konvektive Gasbewegung wird durch das Vorhandensein eines großen zusammenhängenden Gasvolumens stark gefördert.

In der Regel ist jedoch die *Diffusion* als ausgleichende Bewegung von größerer Bedeutung, denn sie bedarf keiner Druckgradienten innerhalb der gesamten Gasphase; Partialdruck- und damit Konzentrationsgradienten sind die ausschließliche Ursache. Hierbei spielt wiederum die Diffusion innerhalb der Bodenluft die für den gesamten Konzentrationsausgleich größte Rolle, weil die Diffusion innerhalb des Bodenwassers um etwa das 10 000fache geringer ist als die in der Luft. Dies hat zur Folge, daß der gesamte Vorgang des diffusiven Gastransports stark von der Menge und mehr noch von der Verteilung des Wassers im Porenraum beeinflußt wird (Abb. 103). Im Gegensatz zur Konvektion ist die Diffusion durch Absperrung von Gasvolumina – z. B. durch Wasser – jedoch nicht gänzlich unterbunden[6].

Die geringere Diffusion durch das Wasser ist wegen des Zutrittes von Sauerstoff und des Abtransportes von Kohlendioxid zu bzw. von den Wurzeln weg von Bedeutung, weil diese stets von einem dünnen Wasserfilm umgeben sind.

Die diffusionsbedingte Bewegung der Gasmoleküle im Boden kann für den stationären, also im Verlaufe der Zeit gleichbleibenden Fall durch die Gleichung

$$I = -D \cdot \frac{dc}{dx}$$

beschrieben werden (1. Ficksches Gesetz). Hierbei ist I der Gasfluß in Mol pro Zeit- und Flächeneinheit, c die Konzentration in Mol/cm³, x die Diffusionsstrecke in cm und D der Diffusionskoeffizient in cm²/sec. Die diffundierenden Moleküle stoßen sich mit denen aller Stoffe in ihrer Umgebung.

Daher ist der Diffusionskoeffizient für jedes Gas außer von der Größe der diffundierenden Moleküle selbst von der Art des Mediums abhängig, in dem die Diffusion abläuft. Also wirken sich sowohl die Zusammensetzung der Gasphase als auch ihre räumliche Verteilung und, im Bereich der wäßrigen Phase des Bodens, der Salzgehalt des Wassers auf den Diffusionskoeffizienten aus.

Diesem Sachverhalt wird insoweit Rechnung getragen, als der Diffusionskoeffizient auf den luftgefüllten Porenanteil n_L bezogen (Abb. 103) und ein Korrekturfaktor τ eingeführt wird, der den durch die Geometrie des Diffusionsraumes verursachten Unterschied zwischen dem Diffusionskoeffizienten in Luft (D_L) und im Boden (D_B) beschreibt

$$D_B = \frac{1}{\tau} \cdot n_L \cdot D_L.$$

Die Beziehung zwischen D_B und n_L kann für ein gegebenes Gas, z. B. CO_2 auch zur Charakterisierung eines Bodengefüges verwendet werden. Vielfach wird der Diffusionskoeffizient im Boden (D_B) auch als scheinbarer bezeichnet.

Die unterschiedlichen, durch die Molekülgröße bedingten Eigendiffusionen der Gaskomponenten treten in ihrer Auswirkung hinter derjenigen der Form und Größe des Luftvolumens zurück.

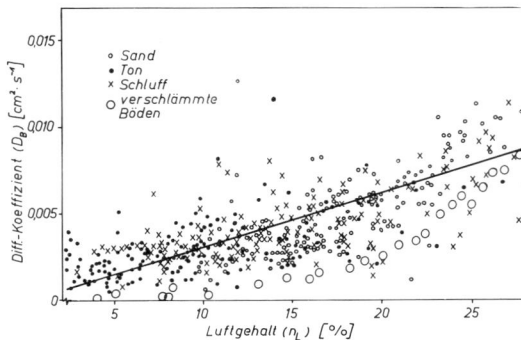

Abb. 103 Diffusionskoeffizient von CO_2 (D_B) in Böden in Abhängigkeit vom Luftgehalt (n_L)[6].

[11] *Linden, D. R., R. M. Dixon, J. C. Guitjens:* Soil Sci. 124 (1977) 135.

Da alle Gase mehr oder weniger stark wasserlöslich sind, enthält das im Boden vorhandene Wasser unterschiedliche Mengen von ihnen. Diese Mengen sind von Druck und Temperatur abhängig. Unter einer Grundwasseroberfläche sind daher mehr Gase im Wasser gelöst als im Bereich der Wasserspannungen. Dies gilt für alle Gase, vor allem CO_2, ist aber bei H_2S besonders deutlich zu bemerken, wenn Sapropele und Horizonte im Grundwasserbereich aufgegraben werden, weil dabei der Druck auf Gas und Wasser plötzlich verkleinert wird.

Der Zutritt von Sauerstoff zur Bodenluft erfolgt durch die Bodenoberfläche. Diese ist daher im Sinne einer Potentialverteilung eine Flächenquelle, der Ort des Sauerstoffverbrauchs eine Potentialsenke. Die Diffusion an der Stelle stärksten Verbrauchs vorbei in tieferliegende Bodenschichten ist abhängig von dem verbleibenden Partialdruckgefälle.

Für das CO_2 liegt das Produktionsmaximum der Potentialquelle in der Regel zwischen etwa 10 und 50 cm Tiefe im Boden. Ihre Intensität in Abhängigkeit von der Bodentiefe ist in Abb. 102 dargestellt. Die Bodenoberfläche im Kontakt mit der atmosphärischen Luft ist für CO_2 die Potentialsenke.

Die Tatsache, daß in größeren Bodentiefen trotz der in Abb. 102 gezeigten Intensitätsverteilung der CO_2-Quelle hohe CO_2-Konzentrationen vorliegen können (Abb. 101), ist eine Folge der Lage von Potentialquelle und -senke zueinander. In Zeiten ansteigender CO_2-Produktion liegt das Konzentrationsmaximum im Bereich der höchsten Produktion. Das freigesetzte CO_2 wird durch Diffusion zur Bodenoberfläche, zu einem geringen Teil auch zum Unterboden hin weggeführt. Wenn im Hochsommer und im Winter die CO_2-Produktion im Bereich des frühsommerlichen und herbstlichen Maximums abnimmt, verläuft der Diffusionsstrom infolge der im Unterboden noch vorliegenden hohen Konzentration im gesamten Boden aufwärts[11a].

3. Gashaushalt und Pflanzenstandort

Menge und Zusammensetzung der Bodenluft beeinflussen sowohl das Leben der Wurzeln höherer Pflanzen als auch das mikrobielle Leben. Wechsel in der Zusammensetzung beeinflussen daher die bakterielle Population und die Standorteignung für höhere Pflanzen. Ein Gehalt von 5 % CO_2 kann als die obere und von 10 % O_2 als die untere Grenze bezeichnet werden, von der ab mit einer Verlangsamung des Wachstums höherer Pflanzen gerechnet werden muß.

H_2S in der Bodenluft wirkt schon in geringen Konzentrationen auf die Wurzeln vieler höherer Pflanzen stark giftig. Die Menge von vorhandenem CO_2 oder CH_4 ist demgegenüber innerhalb weiterer Grenzen für sie verträglich. Die Konzentrationen dieser beiden Gase sind meistens in erster Linie wichtig, weil sie anstelle des Sauerstoffes treten[8].

Bei CH_4-Vorkommen wirkt sich dies vor allem im Bereich von unterirdischen Gasleitungen wegen der unter Sauerstoffverbrauch von Bakterien herbeigeführten Oxidation zu CO_2 und H_2O aus, die sehr energiereich ist (850 KJ/Mol) und daher eine starke Konkurrenz für die aerobe Atmung der höheren Pflanzen darstellt. CH_4-Quellen in Böden sind daher stets von einer Zone hoher CO_2-Konzentration umgeben. Erst jenseits dieser Zone werden Sauerstoffgehalte von mehr als $\approx$ 1 % gemessen[12].

Die Sauerstoffversorgung der Wurzeln ist ein dynamischer Vorgang, der zum Beispiel durch die O_2-Diffusionsrate beschrieben wird (Tab. 61)[13].

Tabelle 61 Bereiche der Sauerstoff-Diffusionsrate im Jahresverlauf in Abhängigkeit von der Bodentiefe[13]

Ausgangs-material	Bodentyp	Sauerstoff-Diffusionsrate $(10^{-8} g \cdot cm^{-2} \cdot min^{-1})$ Tiefe (cm)		
		10	30	80
lehmiger Geschiebemergel (Riss)	Parabraunerde	20–30	20–30	$\approx$ 5
	Pseudogley	20–60	5–10	5–1
tonreicher Geschiebemergel (Würm)	Braunerde	20–40	10–30	5–20
	Braunerde-Pseudogley	20–40	10–30	< 5
	Pseudogley	0–20	< 5	< 5

Ein Nachteil dieser bequemen Methode liegt darin, daß nur der Fluß bestimmt wird. Die zur Charakterisierung des Fließsystems im Boden erforderliche Erfassung von Fließstrecken und Konzentrationsgradienten ist nicht ohne weiteres möglich. Daher werden auch umständlichere Verfahren verwendet wie die Bestimmung der O_2-Gehalte von Proben bekannten Volumens, die eng mit dem Pflanzenwuchs korreliert[14]. Oft ist jedoch nur das Luftvolumen be-

[11a] *Albertsen, M.*: Z. Pflanzenernähr. Bodenkd. 142 (1979) 39.
[12] *Ruge, U.* in *Meyer, F. H.* (Hrsg.): Bäume in der Stadt. Ulmer, Stuttgart 1978.
[13] *Blume, H. P.*: Stauwasserböden. Ulmer, Stuttgart 1968.
[14] *Glinski, J., B. Dobrzanski, S. Labuda, W. Stepniewski*: Polish J. Soil Sci. 11 (1980) 81–88.

kannt. Beträgt dieses weniger als 4—6 %, besteht für höhere Pflanzen in der Regel Sauerstoffmangel. Für ackerbauliche Kulturpflanzen ist eine ausreichende Sauerstoffversorgung in der Regel gegeben, wenn der Luftanteil am Gesamtvolumen ≈ 15 % beträgt[15].

Eine hohe Sauerstoff-Diffusionsrate und daher auch ein hohes Luftvolumen im Boden ist um so wichtiger für die Entwicklung der Pflanzen, je stärker ihr Wachstum ist. Daher ist eine um so reichlichere Sauerstoff-Versorgung des Wurzelsystemes erforderlich, je intensiver kultiviert wird.

Verdichtete und vor allem auch verschmierte Zonen im Boden wie z. B. Pflugsohlen hemmen wegen ihrer geringeren Luftgehalte die Diffusion. Dabei wird die minimale, für die Wurzeln höherer Pflanzen notwendige Sauerstoffzufuhr um so leichter unterschritten, je geringer die Sauerstoffkonzentration oberhalb des Diffusionshindernisses ist.

Weil die Gaskomponente im Boden am schnellsten beweglich ist, kann sie infolge der unterschiedlichen Redox-Eigenschaften ihrer Bestandteile die schnellsten Veränderungen des Redoxpotentials im Boden hervorrufen. Dies zeigt sich z. B. darin, daß Nitrifikation bzw. Denitrifikation eng mit dem Sauerstoffanteil im Boden zusammenhängen[16].

Bei Entwässerung führt Sauerstoffzutritt in Sekundärporen an den Aggregaträndern schnell zur Anhebung des Redoxpotentials. Im Innern der Aggregate ist die Veränderung des Redoxpotentials jedoch außerordentlich träge, weil der Gasaustausch durch die geringe Diffusion der im Wasser gelösten Gasanteile beschränkt ist.

Die großen Unterschiede der Diffusion der Gase im Luftraum und im Wasser sind somit die wesentlichste Ursache für die oft auf geringem Raum stark wechselnden Redoxsituationen. Die Wirkung der Summe dieser Zusammenhänge kommt auch darin zum Ausdruck, daß im humiden Klima schlecht durchlüftete Böden (z. B. Marschen) in Jahren mit mittleren Niederschlägen höhere Erträge geben als in niederschlagsreichen Jahren.

Die Pflanzen stellen unterschiedliche Ansprüche an die Durchlüftung der Böden. So beanspruchen Luzerne und Zuckerrüben eine gute Durchlüftung in der gesamten durchwurzelten Zone, also auch im Unterboden. Grünlandgräser bedürfen im allgemeinen nur einer guten Durchlüftung im Oberboden, so daß auch Tonböden häufig gute Grünlandstandorte sind. Für einige Gehölze reicht der im fließenden Wasser gelöste Sauerstoff aus, wie z. B. bei Pappeln und Weiden. Diese Bäume zeigen daher auch dann noch ein kräftiges Wachstum, wenn ihr gesamtes Wurzelwerk im fließenden Grundwasser steht.

Verunreinigungen der atmosphärischen Luft durch Gase, Dämpfe und Stäube sind in industriereichen und dichtbevölkerten Ballungsgebieten häufig. Sie erstrecken sich auch auf die Gebiete, in die die Luftmassen aus solchen Regionen durch die vorherrschenden Winde verlagert werden[17]. Diese Verunreinigungen gelangen aber meist nicht in die Bodenluft, sondern werden soweit sie wasserlöslich sind, mit dem Sickerwasser in den Boden eingebracht.

---

[15] *Czeratzki, W.:* Faustzahlen f. Landwirtschaft u. Gartenbau. Ruhr-Stickstoff-AG, Bochum 1978.
[16] *Christensen, S.:* Acta Agric. Scand. 30 (1980) 225.
[17] *Wohlrab, B.:* Berichte zur Landeskultur Luftverunreinigung 1980. Verlag Inst. f. Landeskultur der Universität, Gießen.

XVIII. Bodentemperatur*

Die Meßgröße, mit der die thermischen Eigenschaften und der thermische Energiehaushalt der Böden am einfachsten untersucht werden können, ist der Wärmezustand oder die Temperatur. Die Bestimmung der thermischen Kapazitätseigenschaften der Böden, z. B. des Wärmeinhalts oder der spezifischen Wärmekapazität ist demgegenüber viel schwieriger und tritt daher im Bereich bodenkundlicher Untersuchungen hinter der Messung der Temperatur zurück. Vor allem bei Arbeiten im Freiland werden fast ausschließlich Temperaturen ge-

---

* Zusammenfassende Literatur[1, 2]
[1] *Geiger, R.:* Klima der bodennahen Luftschicht. Vieweg u. Hohe, Braunschweig 1961.
[2] *Hartge, K. H.:* Einführung in die Bodenphysik. Enke, Stuttgart 1978.

messen, wenn Aussagen über den thermischen Energiehaushalt von Böden gemacht werden sollen.

Infolge dieses meßtechnisch bedingten Umstandes werden eine Reihe von prinzipiellen Parallelitäten zwischen Wärmehaushalt und dem Wasserhaushalt im Boden nicht ohne weiteres erkennbar. Denn im Gegensatz zu den thermischen Eigenschaften werden hydrologische seit jeher von der Kapazitätsseite her angegangen. Erst in den letzten Jahrzehnten hat sich dort daneben auch die energetische, also die von Potentialen ausgehende, Betrachtungsweise eingebürgert. Infolge dieses Sachverhaltes haben Abhandlungen über die thermische Energie im Boden eine sehr spezifische Form. Im Prinzip sind aber auch hier Kapazitäten, Potentiale und Transporte für die beobachteten Vorgänge und Zustände entscheidend.

1. Bedeutung thermischer Phänomene im Boden

Bei der Beurteilung von thermischen Eigenschaften der Böden stand neben deren Einfluß auf chemische und physiologische Vorgänge der Bodenentwicklung lange Zeit vor allem die Wirkung auf biologische Vorgänge im Boden und auf das Wachstum der höheren Pflanzen im Vordergrund des Interesses.

In den letzten Jahren sind hierzu zwei neue Gesichtspunkte hinzugetreten, nämlich die Ausnutzung im Boden gespeicherter Wärme zur Beheizung von Wohnhäusern und die Unterbringung von Abwärmen aus Großkraftwerken, deren Abfuhr über fließende Oberflächenwässer oder über die Luft der Atmosphäre an Grenzen stößt. Gerade die letzten beiden technischen Gesichtspunkte führten dazu, daß die thermischen Eigenschaften des Bodenmaterials gegenüber den meteorologisch oder geographisch bedingten Außeneinflüssen auf den Wärmehaushalt des Bodens verstärkt Beachtung finden.

2. Energiegewinn und -verlust

Die thermische Energie der Böden, deren Menge wie bereits erwähnt aus meßtechnischen Gründen über die Messung der Temperatur erfaßt wird, stammt aus mehreren Quellen. Die weitaus wesentlichste ist die Sonne. Im Vergleich hierzu treten die anderen, wie das Erdin-

nere oder die mikrobiologischen Umsetzungen beim Abbau der organischen Substanz in der Regel zurück. Beide können aber, lokal und zeitlich begrenzt, so erhebliche Wärmemengen liefern, daß sogar eine technische Nutzung möglich ist. Das trifft z. B. für die organische Substanz zu, die früher im Gartenbau zur Substraterwärmung verwendet wurde (Mistbeete) und für Gebiete vulkanischer Aktivität, vor allem im Zusammenhang mit durch Erdwärme erhitzten Wässern, die zur Erzeugung elektrischen Stromes, aber auch zur Beheizung von Gewächshäusern verwendet werden.

In Ballungsgebieten mit dichter Bevölkerung kommt engräumig Besiedlung als Wärmequelle in Betracht, weil die Wärme aus Gebäudeheizungen sowie jegliche ungewollt freigesetzte Wärme nicht nur das Stadtklima beeinflußt, sondern auch den Wärmehaushalt der Böden dieser Gebiete. Über den letztgenannten Einfluß gibt es bis jetzt jedoch noch keine Unterlagen, während über das Stadtklima mehr Informationen vorliegen[3].

Im Grunde gibt es also zwei voneinander unabhängige *primäre* thermische Energiequellen, nämlich die Sonne und das Erdinnere, die beide großflächig wirksam sind, sowie *sekundäre* Energiequellen, deren Einfluß begrenzt, räumlich jedoch gelegentlich innerhalb begrenzter Zeitspannen ausschlaggebend sein kann.

Die *Energiezufuhr* von der Sonne her setzt sich aus drei Teilen zusammen: 1. der direkten Einstrahlung, 2. der indirekten Einstrahlung nach Reflexion und Streuung durch die Luft der Atmosphäre und 3. der thermischen Ausstrahlung vorher von der Atmosphäre absorbierter Energie.

Dieser Energiezufuhr steht ein Energieverlust gegenüber, der über lange Zeitspannen, z. B. ein oder mehrere Jahre und große Räume etwa ebenso groß ist. Diesen Sachverhalt kann man daran erkennen, daß trotz ständiger Einstrahlung von der Sonne her die Erde als Ganzes ihre Oberflächentemperatur nicht stark ändert, so daß es sinnvoll ist, mittlere Bodentemperaturen für bestimmte Orte und Zeitspannen anzugeben.

Die Ursache für die Energieverluste aus dem Boden ist in erster Linie die *Ausstrahlung*, die

---

[3] *Miess, M.* in *Meyer, F.* (Hrsg.): Bäume der Stadt. Ulmer, Stuttgart 1978.
[3a] *Bolt, G. H., A. R. P. Janse, F. F. R. Koenigs:* Allgemene Bodemkunde. Landbouwhogeschool Wageningen 1965.

infolge des Wienschen Verschiebungsgesetzes langwelliger ist als die Einstrahlung. Diese sogenannte dunkle Erdstrahlung oder Bodenstrahlung ist von der Temperatur der Bodenoberfläche abhängig und liegt zum großen Teil im Bereich der Wärmestrahlung. Sie ist die für die Erwärmung der bodennahen Luft entscheidende Komponente. Ein zweiter zu Energieverlusten führender Vorgang ist die Evaporation, in deren Verlauf die Verdampfungswärme dem Boden entzogen wird. Nur ein geringer Teil von ihr wird engräumig und kurzfristig bei Reif- und Taubildung an den Boden zurückgegeben. Der überwiegende Anteil wird erst beim Kondensieren des Wasserdampfes in der Atmosphäre frei.

Abgesehen von diesen großräumig wirksamen Phänomen gibt es noch einige weitere, die engräumig von Bedeutung sind. Hierzu zählen in erster Linie der Einfallswinkel der Sonnenstrahlen und somit die *Inklination,* d. h. Neigung der Bodenoberfläche gegen die Horizontale, ferner die *Exposition,* d. h. Ausrichtung dieser Neigung in bezug auf die Himmelsrichtung.

Die Veränderungen der Einstrahlung durch Inklination und Exposition ist abhängig von Jahres- und Tageszeit und geographischer Breite eines Standortes.

Ein weiterer Faktor dieser Art ist die Position im Energieeintrittsfeld der Erde. Hierunter fallen alle Beschränkungen des Einstrahlungsbetrages durch Verunreinigungen der atmosphärischen Luft. Besonders starke direkte Einstrahlung findet daher in großen Höhen über NN statt, besonders geringe unter den Dunstglocken tiefliegender industriereicher Gebiete der Bevölkerungszusammenballung.

Schließlich ist hier das Absorptionsvermögen der Bodenoberfläche zu nennen, das von der Farbe des Bodens und der Beschaffenheit — vor allem der Rauhigkeit — abhängt. Da dunkle Böden weniger Strahlung reflektieren, werden sie bis in ≈ 20 cm Tiefe hinunter um ≤ 3 °C wärmer als helle Böden ähnlicher Beschaffenheit. Bei der Oberflächenrauhigkeit spielen vor allem Auflagen wie natürliche Humusschichten oder Mulch und auch Bearbeitungsvorgänge und von ihnen erstellte Gefügeformen eine Rolle.

3. Thermische Eigenschaften

Wie die Oberfläche eines jeden Körpers, hat auch die Bodenoberfläche ein spezifisches *Absorptionsvermögen.* Der nicht absorbierte Strahlungsanteil, die Albedo, wird reflektiert. Das Absorptionsvermögen der Bodenoberfläche beträgt um $50-80$ % der sie erreichenden Strahlungsenergie und ist wie bereits erwähnt, von Farbe und Beschaffenheit der Bodenoberfläche abhängig. Ferner hat die Vegetationsdecke einen erheblichen Einfluß auf die tatsächliche Absorption.

Im Gegensatz zu der vorigen Eigenschaft ist die *Wärmekapazität* eine reine intrapedologische, d. h. nicht von äußeren Einwirkungen abhängige Größe. Mit diesem Begriff wird in der Regel nicht die Gesamtkapazität, sondern eine spezifische Kapazität verstanden. Sie ist das Produkt aus spezifischer Wärme (c) und Dichte (ϱ) und gibt die Wärmemenge an, die benötigt wird, um eine Volumeneinheit Boden um eine Wärmeeinheit zu erwärmen. Als Einheit galt bis vor kurzem cal/(cm$^3 \cdot$ °C), neuerdings J/(cm$^3 \cdot$ °K). Dieser Wert ist für die verschiedenen Komponenten des Bodens unterschiedlich (s. Tab. 62) und zudem sehr stark vom Wassergehalt abhängig (s. Abb. 104) weil das Wasser von allen Bestandteilen die größte spezifische Wärmekapazität hat.

Eine weitere für die thermischen Phänomene wichtige Größe ist die *Wärmeleitfähigkeit* (λ). Sie gibt die Wärmemenge (I) an, die durch einen Querschnitt von 1 cm^2 unter einem Gra-

Tabelle 62   Thermische Eigenschaften von Bodenbestandteilen (n. *G. H. Bolt*)

Boden- komponente	Wärmeleitfähigkeit λ [J/(cm · s · °C)]	Wärmekapazität C [J/(cm$^3 \cdot$ °C)]
Quarz	$8,8 \cdot 10^{-2}$	$2,1$
Tonminerale	$2,9 \cdot 10^{-2}$	$2,1$
organ. Substanz	$2,5 \cdot 10^{-3}$	$2,5$
Wasser	$5,7 \cdot 10^{-3}$	$4,2$
Eis	$2,2 \cdot 10^{-2}$	$1,9$
Luft	$2,5 \cdot 10^{-4}$	$1,3 \cdot 10^{-3}$

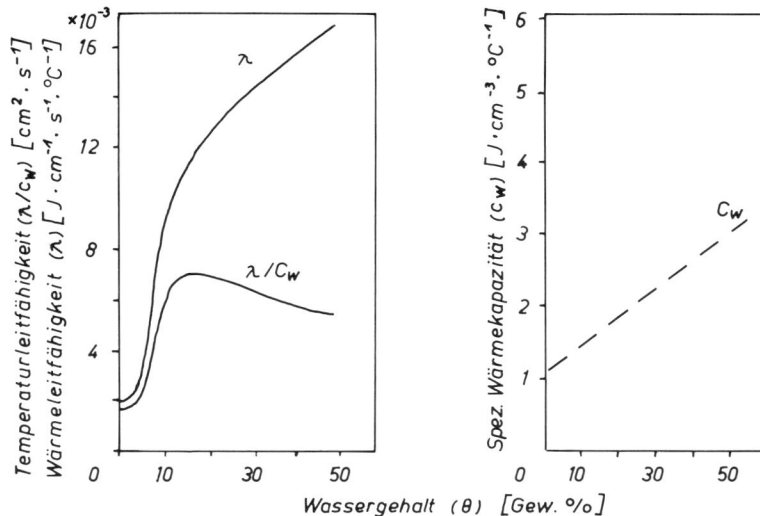

Abb. 104 Beziehung zwischen Wärmeleitfähigkeit λ, Temperaturleitfähigkeit (λ/c_W) (links) sowie spez. Wärmekapazität (c_W) des Bodens in Abhängigkeit vom Wassergehalt (rechts) (n. *H. G. Bolt*)

dienten von 1 °K/cm in einer Sekunde fließt. Dies ergibt eine einfache Transportgleichung, die der Darcy-Gleichung (Kap. XVI 3) analog aufgebaut ist:

$$I = \lambda \frac{dT}{dx}$$

Die Einheit für λ hängt auch hier von der Wahl der Wärmeeinheit ab. Sie ist in Tab. 62 eingetragen. Die Werte für die Bodenkomponenten in Tab. 62 gelten für kontinuierliche porenfreie Substanz. Da Böden aber aus Einzelpartikeln bestehen, hinsichtlich der festen Substanz also diskontinuierlich sind, wird die Wärmeleitfähigkeit der Schüttung bzw. Lagerung von der Anzahl der Berührungsstellen, damit von der Lagerungsdichte und vom Beitrag der Wassermenisken an der Größe der Leitungsquerschnitte und somit vom Wassergehalt abhängig. In Abb. 104 ist dieser Zusammenhang dargestellt.

Da die *Bestimmung* der Wärmeleitfähigkeit (λ) umständlich ist, wird vielfach an ihrer Stelle die einfacher zugängliche Temperaturleitfähigkeit $\left(\frac{\lambda}{c \cdot \varrho} \right)$ bestimmt. Sie wird aus der Temperaturveränderung in Abhängigkeit von der Zeit (t) und Strecke (x) errechnet und kann ihrerseits zur Bestimmung der Wärmeleitfähigkeit herangezogen werden, wenn die spezifische Wärmekapazität des Bodens bekannt ist. Sie wird durch folgende Formel beschrieben:

$$\frac{dT}{dt} = \frac{\lambda}{c \cdot \varrho} \cdot \frac{d^2 T}{dx^2}$$

Die Temperaturleitfähigkeit ist wie die beiden anderen Eigenschaften stark vom Wassergehalt des Bodens abhängig (s. Abb. 104).

4. Wärmebewegungen

Wärmebewegungen treten in allen Böden auf, wenn nicht überall der gleiche Wärmezustand herrscht, also wenn Temperaturunterschiede vorliegen. Das ist in Böden die Regel, der isotherme Zustand ist die Ausnahme (Abb. 105).

Zwei Mechanismen bewirken im Boden Wärmeausgleichsbewegungen und zwar die *Wärmeleitung* und die *Konvektion*. Während die erstere immer abläuft, ist die zweite an das Vorhandensein eines beweglichen Trägers gebunden. Dieser Träger ist in der Regel das Wasser. In der flüssigen Phase ist es wegen seiner hohen Wärmekapazität ein wirksamer Träger. In der Gasphase hat es zwar eine geringe Kapazität, aber dies wird durch die hohe Verdampfungs- bzw. Kondensationswärme (ca. 2500 $J \cdot g^{-1} \approx 600 \, cal \cdot g^{-1}$) wettgemacht.

Im nicht wassergesättigten Boden spielt daher der Wasserdampftransport als Wärmetransportmechanismus eine erhebliche Rolle. Dies gilt vor allem, wenn große Temperaturunterschiede auftreten, also unter unbewachsenen Bodenoberflächen und im Zusammenhang mit Bodenheizungen. Im ungesättigten Boden liegt

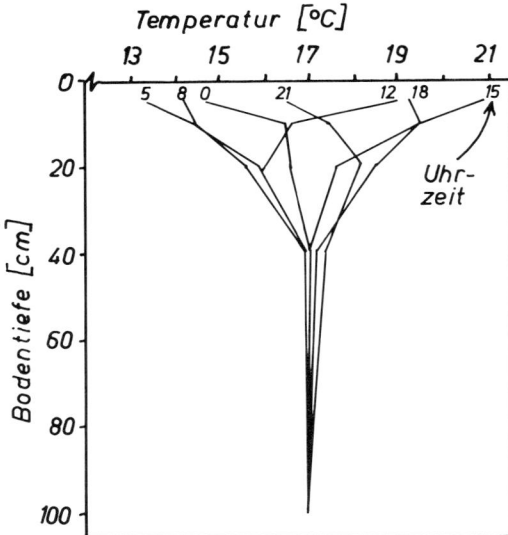

Abb. 105   Linien gleichzeitiger Temperaturen (Isochronen) in einer Sandbraunerde bei Worpswede an einem Augusttag[6]

also eine Koppelung von Wärme- und Wassertransport vor[4].

Der Wärmetransport ist dabei besonders wirksam, wenn nicht nur die Kondensationswärme, sondern auch noch die Erstarrungswärme des Wassers (ca. $30 \, \text{J} \cdot \text{g}^{-1} \approx 79 \, \text{cal} \cdot \text{g}^{-1}$) frei wird. Diese starke Wärmefreisetzung beim Phasenübergang ist eine wesentliche Ursache dafür, daß die Bodentemperatur im Bereich unterhalb $0 \, °C$ auch bei unbedecktem Boden einem weiteren Absinken der Lufttemperatur nur in den obersten 2–3 cm eng folgt. In den darunterliegenden Bodenbereichen folgen die Temperaturen dem Absinken der Lufttemperatur um so langsamer, je mehr Platz für die Zufuhr von weiterem Wasser ist. Sie bleiben daher in der Regel viel höher[5].

Der andere Mechanismus, nämlich die *Wärmeleitung,* ist stark vom Ausmaß des leitenden Querschnitts im Boden abhängig. Dieser Querschnitt ist wegen der geringen Wärmeleitfähigkeit der Luft stark vom Wassergehalt abhängig. Geringe Wassergehalte bewirken infolge ihrer meniskenartigen Verteilung im Boden besonders starke Zunahmen des Fließquerschnitts und führen damit zu größeren Transportmengen. Dies führt zu schnellerem Temperaturanstieg im gesamten Bodenkörper (s. Abb. 104). Da aber gleichzeitig die hohe Wärmekapazität des Wassers viel Energie zu dessen Erwärmung verbraucht, gibt es einen Punkt, an dem die

Transportzunahme infolge Zunahme des Fließquerschnitts und damit der Leitfähigkeit durch die Zunahme der Kapazität kompensiert wird. Die letztere verhindert den für ein Weitergehen des Transports notwendigen regionalen Temperaturanstieg und somit die Ausbildung starker Temperaturgradienten. Dies führt schließlich zu der in Abb. 104 dargestellten Abnahme der Temperaturleitfähigkeit.

5. Wärmehaushalt

Das Zusammenwirken der in den vorigen Abschnitten beschriebenen Faktoren bestimmt Größe und Veränderung von Wärmeinhalt und Wärmezustand der Böden in Abhängigkeit von Ort, Zeit und Bodentiefe und ergibt damit den Wärmehaushalt.

a) Natürlicher Wärmehaushalt

Auf der Nordhalbkugel haben die *Expositionsunterschiede* zur Folge, daß die Nordhänge eine geringere Temperatur aufweisen als die entsprechenden Südhänge. Diese Unterschiede steigen mit zunehmender Höhe über dem Meeresspiegel, zunehmender Geländeneigung und abnehmendem Wassergehalt (= zunehmendem Luftgehalt) im Boden. Sie sind im Sommer oder bei klarem Wetter größer als im Winter oder bei Trübung der Atmosphäre. Die Südwesthänge sind wärmer und damit trockenere Pflanzenstandorte als die Nordhänge. Die Südhänge weisen daher auch größere Jahres- und Tagestemperaturschwankungen auf als die Nordhänge. Die jährlichen und täglichen Temperaturgänge zeigen einen annähernd sinusförmigen Verlauf (Abb. 106 und 107), dessen Amplituden mit der Tiefe abnehmen und deren Extreme mit zunehmender Tiefe im Boden immer später auftreten. Amplitude und Eindringtiefe der Tagestemperatur sind kleiner als die der Jahrestemperatur. Je größer die Lagerungsdichte eines Bodens ist, desto tiefer dringt die Temperaturwelle in ihn ein, weil mit zunehmender Lagerungsdichte die Wärmeleitfähigkeit zunimmt. Umgekehrt haben Böden bzw. Zonen in Böden, infolge Lockerung oder Dränung eine geringere Wärmekapazität und eine geringere Wärmeleitfähigkeit.

---

[4]   *Keschawarzi, S.:* Diss. TU Hannover 1973.
[5]   *Willatt, S. T.:* Geoderma 22 (1979) 323.
[6]   *Miess, M.:* Diss. TU Hannover 1968.

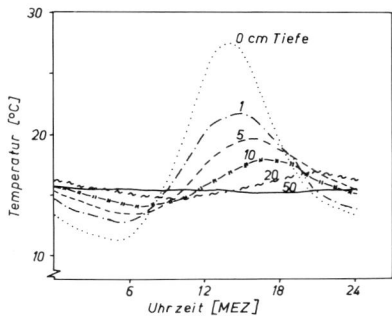

Abb. 106 Täglicher Temperaturgang in einer Sandbraunerde bei Worpswede im August (Hochdruckwetterlage)[6]

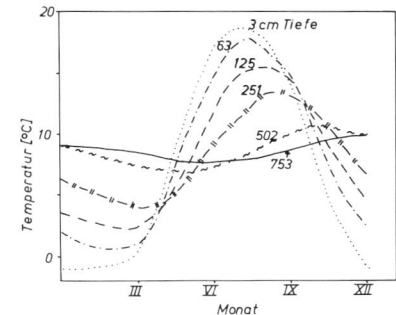

Abb. 107 Jährlicher Temperaturgang in einem Boden; Königsberg (n. *Schmidt* und *Leyst* in[1])

Das führt dazu, daß die täglichen Temperaturamplituden in Oberflächennähe bei trockenen und lockeren Böden besonders groß werden (vgl. Abb. 105). Mit zunehmender Tiefe nehmen diese Amplituden dann auch besonders stark ab. Das bedeutet, daß die Böden sich an der Oberfläche schnell und stark erwärmen, ihre hohe thermische Energie aber infolge der isolierenden Wirkung dieser Schicht nur langsam an die anschließende tiefere Schicht abgeben. Die engräumig angestaute Energie ist meistens über die Fläche ungleichmäßig verteilt, so daß in Oberflächennähe eine besonders große Variabilität der Temperaturen auftritt[6a]. Diese Energie wird jedoch wegen der hohen Temperaturdifferenz zur Umgebung besonders stark abgestrahlt, an die Luft abgegeben und zur Wasserverdunstung verbraucht. Durch den letzteren dieser Vorgänge wird die isolierende Wirkung dieser Schicht noch weiter erhöht. Eine starke Temperaturerhöhung am Tage bedingt aber einen starken Energieverlust und damit eine starke Abkühlung in der folgenden Nacht. Unter diesen Umständen geht ein besonders hoher Anteil an der tagsüber eingestrahlten Energie wieder durch Abstrahlung verloren.

Besonders geringe Schwankungen der Oberflächentemperatur treten demgegenüber auf, wenn die Einstrahlungs- und Abstrahlungsintensität durch die Wetterlage verkleinert wird. Dies kann vor allem im Herbst und Winter, wenn die Lufttemperatur niedriger ist als die Bodentemperatur und der Wärmeübergang zur bodennahen Luft der überwiegende Vorgang ist, zum völligen Verschwinden der tageszeitlichen Temperaturschwankungen führen[7].

Vernäßte Böden, wie Gleye und Pseudogleye, erwärmen sich im Frühjahr wegen ihrer durch den hohen Wassergehalt bedingten höheren Wärmekapazität langsamer als weniger nasse. Normalerweise würde sich dieser Wärmeunterschied im Herbst wegen der langsameren Abkühlung der vernäßten Böden wieder ausgleichen. Die infolge des hohen Wasservorrates mögliche fortwährende starke Verdunstung führt bei diesen Böden zu zusätzlichen Wärmeverlusten und verstärkt daher den Effekt langsamer Erwärmung[8]. Pseudogleye sind aber oft nur zu Beginn der Vegetationsperiode naß, haben jedoch später eine ähnliche Feuchtigkeit wie benachbarte nicht staunasse Böden, so daß beide Bodengruppen im Frühjahr die ähnliche Temperatur aufweisen. Daher führt die langsamere Erwärmung der Pseudogleye auch zu einer wärmebedingten kürzeren Vegetationsperiode[9].

Durch Dränung wird in solchen Böden die Wärmekapazität verkleinert und damit die Temperaturerhöhung bei unverändert gebliebener Einstrahlung verstärkt.

In Böden mit sehr großem Porenanteil kann die Entwässerung allerdings außer der Wärmekapazität auch die Wärmeleitfähigkeit verkleinern, wenn als Fließquerschnitt für die Wärme nur noch ein geringer Festsubstanzanteil verbleibt. Dies führt z. B. bei Moorböden, aber auch bei lockeren Oberflächen humusreicher Substrate zu einem Wärmestau an der Bodenoberfläche tagsüber (Temperatur bis zu 60 °C in 0,5 cm Höhe) und anschließendem Verlust der eingestrahlten Energie, der wegen dieser

[6a] *Burger, G. E., R. J. Lamb, G. K. Bracken:* Canad. J. Soil Sci. 61 (1981) 145.

[7] *Friedrich, F.:* Diss. TU Berlin 1979.

[8] *Kaviani, M.:* Diss. TU Hannover 1973.

[9] *Blume, H. P.:* Stauwasserböden. Ulmer, Stuttgart 1968.

hohen Temperaturen besonders groß ist. Der Wärmeverlust kann soweit gehen, daß an der Bodenoberfläche Temperaturen unter 0 °C auftreten (Strahlungsfrost). Diese Frostgefahr ist in gedränten Hochmooren besonders groß. Sie wird durch die Sandmischkultur herabgesetzt, die eine erhöhte Wärme- und Temperaturleitfähigkeit und somit eine tiefer reichende Erwärmung als bei reinen Moorböden bewirkt. Der Nachtfrostgefahr auf diesen Böden begegnet man noch besser mit einer Sanddecke, weil diese die Abkühlung und Verdunstung noch stärker herabsetzt als die Sandmischkultur. Auf den besonderen Eigenschaften des Wärmehaushalts in Mooren beruhen auch die südlichsten Vorkommen von Dauerfrost (*Permafrost*) unter Mooren.

Einen analogen Einfluß wie eine gelockerte aus Aggregaten im Millimeter- bis Zentimeterbereich bestehende Bodenoberfläche haben auch poröse *Mulchschichten*. Die Temperatur steigt in diesen Schichten stark an, wenn sie nicht so locker bzw. porös sind, daß durch Luftbewegung (Ventilation) eine laufende Abkühlung erfolgen kann. Der darunterliegende Boden erwärmt sich dann nur wenig. Umgekehrt kann Mulch die Abstrahlung verkleinern, wenn er die Nachlieferung von Wärmeenergie zur Abstrahlungsstelle durch geringe Wärmeleitfähigkeit behindert.

Die Vegetationsdecke hat ebenfalls einen deutlichen Einfluß auf die Amplitude der täglichen Temperaturschwankungen. Die Krone eines nur 5 m hohen Baumes kann den Gesamtwärmefluß durch die Bodenoberfläche gegenüber der baumfreien Umgebung um bis zu 50 % reduzieren[10].

Selbst ein kurz geschorener dichter Rasen führt schon zu einer Verkleinerung im Vergleich zu unbedecktem Boden. Steine, die auf der Bodenoberfläche liegen oder aus ihr herausragen, beeinflussen den Wärmehaushalt nachhaltig, da ihre Wärmeleitfähigkeit etwas kleiner ist als die des nassen aber deutlich größer als die des trockenen Bodens. Unter ihnen ist der Boden daher während überwiegender Einstrahlung kühler, während überwiegender Ausstrahlung wärmer als neben dem Stein. Steine unter der Bodenoberfläche beeinflussen das Temperaturfeld in der Regel wenig[11].

Einen starken Einfluß auf den Wärmehaushalt des Bodens hat eine Schneedecke, vor allem solange sie aus frischem, locker liegendem Neuschnee besteht. Daher werden auch in winterkalten Gebieten unter Schneedecken nur ge-

ringe Unterschreitungen der Gefriertemperaturen gemessen. In Edmonton blieb die Bodentemperatur im Januar in einer achtjährigen Meßreihe unter Gras und Brache in 20 cm Tiefe stets oberhalb −5 °C und in 100 cm Tiefe stets oberhalb 2 °C, obgleich die Lufttemperatur −20 °C erreichte und unterschritt[12].

Im allgemeinen entspricht die Jahresdurchschnittstemperatur in 50 cm Bodentiefe ziemlich genau dem Jahresmittel der Lufttemperatur meteorologischer Meßstellen[13].

Eine allgemeine Übersicht über die Wärmehaushalte von Böden sehr verschiedener Klimabereiche bietet die Einteilung der amerikanischen Bodenschätzung (Soil Taxonomy, USDA)[14]. In ihr werden die Böden hinsichtlich ihres Wärmehaushaltes aufgrund der Jahresmitteltemperatur und der Amplitude der jährlichen Temperaturschwankung in 50 cm Tiefe eingeteilt (Tab. 63).

Tabelle 63 Klassifikation der Wärmehaushalte von Böden[11] mit Hilfe von Jahresmitteltemperaturen und Temperaturschwankungen

Differenz der Mittelwerte der Sommer- und Wintermonate (°C)*	Jahresmittel der Temperatur in 50 cm Tiefe (°C)				
	< 0	0 – 8	8 – 15	15 – 22	> 22
> 5	pergelic	frigid	mesic	thermic	hyper-thermic
< 5	pergelic	cryic	iso-mesic	iso-thermic	iso-hyper-thermic

* Sommermonate: Juni, Juli, August;
  Wintermonate: Dezember, Januar, Februar

b) Anthropogene Eingriffe in den Wärmehaushalt

Für die heute an Bedeutung gewinnende Beheizung von Wohnräumen aus dem Energievorrat des Bodens ergibt sich nach dem hier Gesagten die Möglichkeit des Entzuges mittels Wärmepumpen aus dem Bereich oberhalb des Grund-

[10] *Fulton, D. D., I. D. Martsolf, W. S. Busschen:* Soil Sci. Soc. Amer. Proc. 40 (1976) 644.
[11] *Mehuys, G. R., L. H. Stolzy, J. Letey:* Soil Sci. 120 (1975) 437.
[12] *Toogood, J. A.:* Canad. J. Soil Sci. 59 (1979) 329.
[13] *Watson, C. L.:* Austral. J. Soil Res. 18 (1980) 325.
[14] USDA: Soil Taxonomy Agricultural Handbook Nr. 436 Washington (1975).

wassers oder aus dem Bereich des Grundwassers.

Oberhalb des Grundwassers steht maximal die Energiemenge zur Verfügung, die im Verlauf einer wärmeren Jahreszeit durch Einstrahlung in den Boden gelangte und dort gespeichert wurde. Man kann ihre Menge aus der Wärmekapazität ($c \cdot \varrho$), der Summe der Temperaturanstiege über der Tiefe der Amplitude (s. Abb. 105 und 107) und die zur Verfügung stehende Bodenfläche errechnen. Tatsächlich zur Verfügung steht diese Wärmemenge jedoch nur, wenn einerseits ein rationeller Entzug möglich ist (Wärmepumpe) und er andererseits die Energieverluste wenigstens teilweise unterbindet, die unter natürlichen Bedingungen die Bodentemperaturen im Winterhalbjahr auf die Frühjahrswerte zurücksinken lassen. Geschieht dies nicht, so wird der Boden im Entnahmebereich allmählich immer weiter abgekühlt. Dies wirkt sich auf den Pflanzenwuchs wie auf den mikrobiellen Abbau organischen Materials aus, weil eine Wärmeanlieferung von der Seite oder vom Untergrund her erst das Entstehen steiler Temperaturgradienten erfordert.

Wird die Wärmemenge dagegen dem *Grundwasser* entzogen, so steht an einem Entnahmeort außer der dort eingestrahlten Energiemenge noch diejenige zur Verfügung, die im Entnahmezeitraum durch die Grundwasserbewegung konvektiv zugeführt wird. Dieses Verfahren ermöglicht also eine Konzentration der einer größeren Fläche zugeführten Energie auf einen Punkt. Die gesamte, pro Einheit der Bodenoberfläche zur Verfügung stehende Energiemenge wird dadurch aber nicht erhöht.

Eine scheinbare Erhöhung kann zustandekommen, indem das Grundwasser unbekannte Einspeisungen aus Thermalbereichen erhält (*Erdwärme*). Eine tatsächliche Erhöhung der Ausbeute aus der Einstrahlung ist aber möglich, wenn der Boden der Wärmegewinnungsfläche stets wassergesättigt und infolge Nässe dunkel gehalten wird. Die vorhin beschriebenen Bodeneigenschaften würden dann zu einer höheren Absorption bei gleichzeitig geringerer Erwärmung im Vergleich zu lockeren, helleren Nachbarstandorten führen. Um eine maximale Energiespeicherung zu gewährleisten, müßte Evaporation von dieser nassen Oberfläche möglichst unterbunden werden. Es ist zu erkennen, daß zunehmende Eignung zur Energiegewinnung gleichzeitig abnehmende Eignung als Standort von Kulturpflanzen bedeutet.

Dem Prinzip nach ähnliche Grenzen lassen sich für die Verwendung des Bodens als Energiesenke für Abwärmen erkennen. Langfristige Wärmeeinbringung ist nur denkbar, wenn Ableitung in den Untergrund oder konvektive Abfuhr mit fließendem Grundwasser bzw. über die Evaporation möglich ist.

Die erste Möglichkeit erfordert allmähliches Steigen der Eingangstemperatur, um die für Wärmeleitung notwendigen Temperaturgradienten aufrecht zu erhalten. Die zweite Möglichkeit müßte wegen der im Vergleich mit Böden oder Flüssen langsamen Bewegung des Grundwassers zu höheren Temperaturen als im freien Wasser führen, wenn vergleichbare Wärmemengen aufgenommen werden müssen oder zu viel größerem Flächenbedarf. Das durch erhöhte Evaporation verlorengehende Wasser müßte durch Zusatzbewässerung ersetzt werden, wenn die Vegetation nicht beeinträchtigt werden soll.

Wärme, die bei Abbau organischer Verbindungen frei wird und z. B. zum Dampfen von Misthaufen führt oder die Beheizung von „Mistbeetkästen" ermöglicht, tritt in neuerer Zeit auch bei Feststoffdeponien in Erscheinung. Dies ist vor allem deutlich, wenn in Großdeponien Müll schnell angesammelt, stark verdichtet und mit einer ihrerseits verdichteten Bodenschicht abgedeckt wird. Hier wurden z. B. bei 3 Monate altem Müll in 4 m Tiefe 42 °C gemessen, in 1 m Tiefe noch 32 °C (Lufttemperatur 11 °C). Über die Dauer dieser Wärmeentwicklung und ihren Einfluß auf die Rekultivierbarkeit von Deponieflächen ist wenig bekannt.

XIX. Bodenfarbe*

Ein wesentliches Hilfsmittel zur Beschreibung von Böden ist deren Farbe. Die Farbe der Oberböden ist auch für deren Wärmehaushalt von Bedeutung. Der Farbton wird weitgehend durch die Art einzelner färbender Bestandteile bestimmt, vor allem durch Fe- und Mn-Minerale und Huminstoffe.

Die durch *Huminstoffe* bewirkten Farbtöne liegen zwischen grau, braun und schwarz. Ihre Schwärzung steigt mit zunehmendem Huminstoffgehalt. Jedoch variiert die Schwärzung besonders im Bereich von 2–6 % organischer Substanz bei gleichem C-Gehalt erheblich, so daß auch andere Faktoren eine Rolle spielen. Zu ihnen könnte die Humusform gehören, während der Tongehalt keinen Einfluß zu haben scheint.

Gelbe, braune, rote, blaue und grüne Farbtöne rühren von verschiedenen *Fe-Mineralen* her. Die Böden des gemäßigt humiden Klimas sind meist gelbbraun, braun und rostbraun gefärbt, da in ihnen Goethit vorherrscht. In den Böden wärmerer Klimate tritt meist Hämatit hinzu, dessen rote Farbe die gelbe des Goethits überdeckt, so daß diese Böden um so roter sind, je mehr Hämatit sie enthalten[1].

Graue, grünliche und bläuliche Farbtöne treten auf, wenn unter reduzierenden Bedingungen die färbenden Fe(III)-Oxide entweder entfernt oder umgewandelt werden. Im ersteren Falle tritt die Eigenfarbe der Tonminerale hervor, die entweder weiß bis grau ist, oder, falls die Tonminerale Fe enthalten, auch grünlich sein kann, da vermutlich ein Teil des Gitter-Fe reduziert wird. Kräftig blau-grüne Farben können von Fe(II,III) hydroxy-Verbindungen (sog. Grüner Rost) herrühren, die sehr oxydationsempfindlich sind. Schwarze Farben im stark reduzierten Milieu können durch fein verteiltes FeS und FeS$_2$ bedingt sein, leuchtend blaue durch Vivianit (s. S. 241). Die schwarze Färbung von Flecken und Konkretionen im oxidierten Milieu rührt von Mn-Oxiden her. Weiße Farben entstehen häufig durch lokale Anreicherungen von Calcit, Gips oder löslichen Salzen.

Die Färbung der Böden hängt außer von der Art der farbgebenden Bestandteile auch von ihrer Menge, Korngröße und Verteilung sowie vom Wassergehalt ab. Trockene Böden reflektieren stärker und sind daher heller als die schwächer reflektierenden feuchten Böden.

Farbton, Farbintensität und Farbverteilung in Böden dienen häufig zur Beurteilung von Bodeneigenschaften und von Prozessen der Bodenentwicklung. So gibt die Intensität der Schwarzfärbung bei gleichen Bodenformen einen ungefähren Anhalt für den Gehalt an organischer Substanz. Bodengenetische Prozesse, wie Verbraunung, Vergleyung und Pseudovergleyung, Podsolierung und Lateritisierung sind durch horizontartige oder fleckenförmige Verteilung der durch organische Substanz, Fe- und Manganoxide hervorgerufene Farben gekennzeichnet. Ein reduzierendes Milieu läßt sich meist an grauen, grünen und bläulichen Farben, ein oxidierendes an braunen und roten Farben erkennen. Rote, d. h. hämatithaltige Böden im gemäßigt-humiden Klimabereich sind häufig Zeugen einer älteren Bodenbildung unter einem wärmeren Klima, es sei denn, sie ererbten ihre rote Farbe vom Ausgangsgestein, z. B. von roten Sedimenten des Buntsandsteins oder des Keupers.

Um die Bodenfarbe möglichst objektiv zu bestimmen, werden heute weltweit die Farbtafeln von *Munsell* verwendet. Sie ermöglichen es, die Farbe durch Farbton (engl. hue), Farbintensität (Farbtiefe, engl. chroma) und relative Farbhelligkeit (Farbwert, engl. value) mit Hilfe von Buchstaben- und Zahlenkombinationen zu beschreiben. Bestimmte, diagnostische Horizonte sind durch Munsell-Farben definiert (s. Kap. XXIX). Genauer lassen sich die Farben durch Reflexionsmessungen bestimmen.

---

* Zusammenfassende Darstellung: *Taylor, R. M.:* 1981 Proc. 7th. Int. Clay Conf..
[1] *Torrent, J.* u. a.: Geoderma 23 (1980) 191.

XX. Nährstoffe*

Der Nährstoffkreislauf in der Natur unterliegt wechselseitigen Beziehungen, wie aus dem folgenden Schema ersichtlich ist:

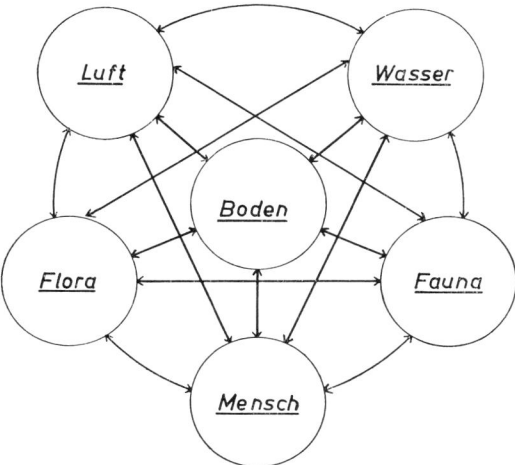

Der Nährstoffgehalt eines Bodens darf daher nicht nur im Hinblick auf den Pflanzenertrag, sondern auch auf die Pflanzenqualität gesehen werden, die für Tier und Mensch wichtig ist. Wenn auch die verstärkte Düngung in den letzten Jahrzehnten wesentlich zur Steigerung der Erträge beigetragen hat, so darf doch nicht übersehen werden, daß nicht nur ein zu geringer, sondern bei einigen Nährstoffen auch ein zu hoher Gehalt die Pflanzenqualität ungünstig beeinflussen kann. Außerdem kann dann die Aufnahme eines Nährstoffes, z. B. infolge Ionenkonkurrenz, so stark beeinträchtigt werden, daß besonders bei den Mikronährstoffen (Mn, Fe, Cu, Zn, Mo, Co, B) Mangel induziert wird, wobei auch häufig ein zu hohes oder zu niedriges pH mitwirkt. Auch die in der Atmosphäre befindlichen Gase dürfen nicht unberücksichtigt bleiben. Einerseits sind es teilweise wichtige Pflanzennährstoffe (neben CO_2 vor allem N- und S-Verbindungen), andererseits können sie Schäden an Pflanze, Tier und Mensch hervorrufen, wenn eine spezifische Konzentration überschritten wird (SO_2, Stickoxide). Schließlich ist der Einfluß der Nährstoffe auf die Eutrophierung der Gewässer zu beachten.

In den folgenden Kapiteln werden die wichtigsten Nährstoffe unter Einbeziehung der im obigen Schema angeführten Wechselwirkungen abgehandelt. Bei O_2 und CO_2 sei auf frühere Kapitel verwiesen.

1. Allgemeines über Gehalt, Bindung und Bilanz von Nährstoffen

Der überwiegende Teil der Bodennährstoffe ist *nativ,* d. h. er stammt aus den Ausgangsgesteinen der Böden. Der Gehalt in Mineralen ist aus Tab. 2, Magmatiten aus Tab. 3, Sedimenten aus Tab. 4, von Mikronährstoffen aus Tab. 64 zu ersehen. Im übrigen wird in den speziellen Kapiteln näher darauf eingegangen. Ein weiterer Teil der Nährstoffe gelangt in die Böden über die Düngung, die Atmosphäre und das Grundwasser.

In den Böden liegen die Nährstoffe in folgender *Bindung* vor: (a) als Salze, (b) adsorbiert bzw. austauschbar an der Oberfläche von anorganischen und organischen Sorbentien, (c) in schwer austauschbarer Form in den Zwischenschichten von Tonmineralen, (d) in der organischen Substanz, häufig, wie bei den Schwermetallen, als Komplexe, (e) in der Biomasse, (f) immobil als Gitterbaustein in Silicaten und okkludiert im Innern von Eisen- und Manganoxiden.

* Zusammenfassende Literatur und Lehrbücher[1–9].

[1] *Mengel, K.:* Ernährung und Stoffwechsel der Pflanze. Fischer, Jena 1979.

[2] *Mortvedt, J. J., P. M. Giordano, N. L. Lindsay* (Eds.): Mikronutrients in Agriculture. Soil Sci. Soc. Am., Madison 1972.

[3] *Chapman, H. D.* (Ed.): Diagnostic criteria for plants and soils. Univ. of California, Riverside 1966.

[3a] *Bergmann, W., P. Neubert* (Hrsg.): Pflanzendiagnose und Pflanzenanalyse. Fischer, Jena 1976.

[4] *Nye, P. H., P. B. Tinker:* Solutemovement in soil-root system. Blackwell 1977.

[5] *Mengel, K., E. H. Kirkby:* Prinziples of plant nutrition. Int. Potash Inst., Bern 1978.

[6] *Finck, A.:* Pflanzenernährung in Stichworten. Hirt, Kiel 1976.

[7] *Finck, A.:* Dünger und Düngung. Chemie, Weinheim 1979.

[8] *Amberger, A.:* Pflanzenernährung. UTB, Ulmer 1979.

[9] *Russel, E. W.:* Soil conditions and plant growth. Longman, London 1973.

Tabelle 64   Mittlerer Gehalt einiger Mikro-Nährstoffe in Gesteinen und Böden (ref.[2])

Element	Erdkruste	Granite	Basalte	Kalksteine	Sandsteine	Schiefer	Böden
				(mg/kg)			
Fe	56 000	27 000	86 000	3800	9800	47 000	$10^4 - 10^5$
Mn	950	400	1 500	1100	10 – 100	850	20 – 3000
Cu	55	10	100	4	30	45	10 – 80
Zn	70	40	100	20	16	95	10 – 300
Mo	1,5	2	1	0,4	0,2	2,6	0,2 – 10
B	10	15	5	20	35	100	7 – 80

Tabelle 65   Mittlere Nährstoffentzüge von Weizen und Zuckerrüben[7, 10]

	Ertrag dt/ha	N	P	K	Ca	Mg	Mn	Cu	Zn	B
				kg/ha				g/ha		
Weizen										
Korn	50	100	20	25	2,5	7,5	200	25	250	20
Stroh	65	26	4	65	13	6,5	300	40	75	30
Zuckerrüben										
Rüben	500	90	17	90	22	22	350	45	175	150
Blatt	400	120	18	240	60	32	240	32	20	300

Den Übergang eines Nährstoffs von einer schwer löslichen in eine relativ leicht lösliche und damit auch leicht verfügbare Form bezeichnet man als *Mobilisierung,* die Freisetzung bei mikrobiellem Abbau der organischen Substanz auch als *Mineralisierung.* Der umgekehrte Vorgang wird als *Immobilisierung, Fixierung* oder *Festlegung* bezeichnet. In Kulturböden ist zur Steigerung oder Erhaltung der Ertragsfähigkeit der Gehalt an leicht verfügbaren Nährstoffen von besonderer Bedeutung und damit auch die *Nährstoffbilanz,* die sich aus den Nährstoffverlusten und der Nährstoffzufuhr ergibt. *Nährstoffverluste* im Boden resultieren aus dem Entzug der Pflanzen, der Auswaschung (Kap. 2), der Erosion (Kap. XXXV), der Immobilisierung und bei Stickstoff auch aus dem Entweichen gasförmiger Verbindungen (N_2, NH_3, Stickoxide) in die Atmosphäre.

Der *Nährstoffentzug*[10] ist abhängig von der Pflanzenart, der Pflanzensorte, dem Ertrag und Nährstoffgehalt der Böden, wie z. T. aus den Beispielen in Tab. 65 zu ersehen ist. In den Vegetationsrückständen (Stroh, Rübenblatt, Kartoffelkraut usw.) verbleiben erhebliche Nährstoffmengen auf dem Boden, die nach der Mineralisierung oder dem Verbrennen leicht verfügbar sind und daher bei der folgenden Düngung berücksichtigt werden sollten. Ein Teil der Nährstoffe scheidet jedoch durch Verkauf von Ernteprodukten aus dem Betrieb aus, zu einem anderen Teil gelangt er nicht wieder auf die gleiche Fläche zurück.

Zum Teil erhebliche Mengen an Nährstoffen können über die *Niederschläge* in den Boden gelangen. So wurden an verschiedenen Orten der BRD im Mittel von 6–8 Jahren folgende Mengen Nährelemente in kg/ha · Jahr festgestellt[10a]:

Ca	Mg	K	Na	N	P	S	Cl
5–40	2–6	2–6	1–10	4–30	0,2–2	12–37	6–30

Höhere Gehalte an einigen Nährstoffen treten in der Nähe des Meeres auf (z. B. Na^+, Mg^{2+}, Cl^-, SO_4^{2-} Bor), sowie in der Nähe von Wohn- und Industriegebieten (z. B. SO_4^{2-}, Cl^-, Bor) und in den Tropen (25–60 kg N/ha · Jahr). Auf Einzelheiten wird in den speziellen Kapiteln eingegangen.

Die Nährstoffzufuhr über das *Grundwasser* ist örtlich sehr verschieden und nicht nur von der Zusammensetzung des Grundwassers, sondern auch von der Höhe des Grundwasserspiegels abhängig. Die Zufuhr ist für Waldbäume von besonderer Bedeutung und erstreckt sich hier auf alle wesentlichen Nährstoffe. Aber auch bei ackerbaulicher Nutzung kann in manchen Jahren eine erhebliche Zufuhr leicht löslicher Salze erfolgen, die über den kapillaren Aufstieg aus dem Grundwasser vonstatten geht.

---

[10] *Aigner, H., R. Bucher:* In Ruhrstickstoff AG (Hrsg.), Fauszahlen für die Landwirtschaft, Bochum 1977.

[10a] *Riehm, H.:* Atti, 5. Symp. Int. Agrochimica (1964) 453.

2. Nährstoffauswaschung

Unter dem Einfluß der Niederschläge werden die Nährstoffe im humiden Klimabereich mit dem Sickerwasser im Boden nach unten verlagert und zum Teil aus dem Wurzelraum ausgewaschen. Im letzten Fall spricht man von Auswaschung im engeren Sinne, auf die sich auch die folgenden Ausführungen beziehen.

Die Höhe der Auswaschung ist abhängig von Konzentration und Menge des Sickerwassers. Eine bestimmte Nährstoffmenge kann sowohl bei hoher Sickerwassermenge mit geringer Konzentration als auch bei geringer Sickerwassermenge mit hoher Konzentration ausgewaschen werden.

Die ausgewaschenen Nährstoffe stammen meist vorwiegend aus dem Oberboden, da dort der mobilisierbare Nährstoffvorrat meist höher als im Unterboden ist.

Die Auswaschung ist nicht nur im Hinblick auf eine Verminderung des Gehalts der Böden an leicht verfügbaren Nährstoffen von Bedeutung, sondern sie kann auch die Qualität von Oberflächen- und Grundwasser beeinträchtigen.

Aus der Konzentration des Sickerwassers kann nicht quantitativ auf die Konzentration im oberflächennahen *Grundwasser* geschlossen werden, weil zwischen Wurzelraum und Grundwasseroberfläche mikrobielle Vorgänge (z. B. Denitrifizierung), Austausch- und Fällungsreaktionen sowie Verdünnungsvorgänge (Zulauf von Wasser aus anderen Einzugsgebieten) stattfinden können.

Die Auswaschung wurde bisher meist mit Lysimetern und bei grundwassernahen Standorten für größere Flächen aus den Abflüssen von Dränanlagen[11] bestimmt. Die Ergebnisse mit Einfüll-Lysimetern können jedoch nicht ohne weiteres aufs Freiland übertragen werden, sondern geben meist nur Tendenzen wieder. Dagegen kommen die Werte von 2 m langen *Monolith-Lysimetern* und vor allem von *Unterdruck-Lysimetern* der tatsächlichen Auswaschung im Freiland näher.

Nach einem neuen Verfahren wird zur Bestimmung der Nährstoffkonzentration die Bodenlösung im Freiland unterhalb des Wurzelraumes mittels Bodensonden entnommen und auf getrenntem Wege die Sickerwassermenge aus dem Bodenwassergehalt und der Wasserspannung ermittelt[12] (s. a.[12 a]). Die Auswaschung ergibt sich dann aus dem Produkt von Konzentration und Sickerwassermenge.

Nach dem letzteren Verfahren wurde die Auswaschung bei einem Lößboden und bei 3 nahe beieinander liegenden Sandböden unterschiedlicher Nutzung bestimmt (Tab. 66). Der Wurzelraum der Böden stand nicht unter dem Einfluß des Grundwassers. Die Ackerböden waren gedüngt worden, der Kiefernstandort und seit 6 Jahren vor Versuchsbeginn auch die Wiese blieben ohne Düngung. Die Niederschläge im Mittel der 3jährigen Versuchszeit betrugen 605 mm/Jahr.

Aus Tab. 66 und Abb. 108 sowie anderen ähnlichen Ergebnissen können folgende allgemein gültige Schlüsse gezogen werden:

Die Verhältnisse beim Ackerbau (z. B. fehlender Wasser- und N-Entzug durch einen Pflanzenbestand in Perioden mit wesentlicher N- Mineralisierung) sowie mineralische und organische Düngung bewirken eine höhere Auswaschung. Bei Waldböden hat die Zufuhr von starken Säuren aus Luftverunreinigungen einen dominierenden Einfluß auf die Auswaschung (s. Kap. XXIII).

[11] *Eggelsmann, R., H. Kuntze:* Landw. Forsch. 27/I. Sonderheft (1972) 140.
[12] *Strebel, O., M. Renger, W. Giesel:* Wasser und Boden 8 (1973) 251.
[12a] *Mayer, R.:* Göttinger Bodenkdl. Ber. 19 (1975) 1–119.

Tabelle 66 Nährstoffauswaschung (Meßtiefe 170 cm) aus dem Wurzelraum eines Lößbodens (Parabraunerde) und von Sandböden (Podsole) im Raum Hannover im Mittel von 3 Jahren (1. 11. 74–31. 10. 77) (n. *O. Strebel* u. *M. Renger*, unveröffentl.).
Löß: pH 7,5, CaCO₃ 0,2 %, Feldkapazität 350 mm/100 cm Tiefe.
Sand: pH 5,5–4,5, Feldkapazität 120 mm/100 cm Tiefe.

Boden	Nutzung	Sicker-wasser (mm)	Auswaschung (kg/ha · Jahr)						
			Ca	Mg	K	Na	Cl	SO₄–S	NO₃–N
Löß	Acker	94	262	23	< 1	36	215	72	31
Sand 1	Acker	252	199	16	36	28	135	49	79
Sand 2	Wiese	255	45	2	30	6	21	36	5
Sand 3	Kiefernwald	215	28	5	20	28	74	83	9

Von den *Kationen* werden *Ca-Ionen* am stärksten ausgewaschen, was mit der hohen Ca-Sättigung der Böden im Einklang steht (s. Tab. 38, Kap. X). Die Ca-Auswaschung in Ackerböden der BRD beträgt bei hoher Düngung mit Chloriden und Sulfaten 200–300 kg Ca/ha · Jahr, in stark sauren Waldböden nur 15–30 kg Ca/ha · Jahr.

An zweiter Stelle folgen im Einklang mit der im Vergleich zu Ca^{2+} geringeren Mg-Sättigung der Böden in der Regel *Mg-Ionen*. Relativ werden sie aber infolge ihrer schwächeren Bindung stärker als Ca-Ionen ausgewaschen. Dies ist daraus ersichtlich, daß das Ca/Mg-Verhältnis im Sickerwasser enger ist als das des austauschbaren Ca^{2+} und Mg^{2+}.

Die Auswaschung von *K-Ionen* ist bei Lößböden ebenso wie bei anderen tonreicheren Böden infolge deren hohen K-Fixierungsvermögens (vor allem im Unterboden) gering und beträgt meist weniger als 1 kg K/ha · Jahr. In tonarmen Sandböden und organischen Böden kann sie dagegen bei hoher K-Düngung bis 30 kg K/ha · Jahr betragen (s. Kap. XX 8 i).

Die Auswaschung von *Na-Ionen* ist infolge der geringen Bindungsstärke des adsorbierten Na^+ relativ hoch und ist von der Bodenart nur wenig abhängig.

Die Auswaschung von *Al-Ionen* spielt nur bei stark sauren Böden (pH < 5) eine Rolle (s. a. Kap. XII). Von den *Anionen* ist auf Akkerstandorten die Cl-Auswaschung am höchsten. Sie ist im wesentlichen auf die Cl-Zufuhr bei der Düngung mit Kalisalzen zurückzuführen (s. Kap. Chlor). Dies ist aus dem Vergleich mit der Cl-Auswaschung auf der ungedüngten Wiese in Tab. 66 zu folgern, bei der das ausgewaschene Chlorid (21 kg) nur aus Immission stammt.

Die SO_4^--*Auswaschung* in Kulturböden wird, ausgenommen sulfathaltige Böden, in hohem Maße durch die SO_4-Zufuhr über die Niederschläge bestimmt, da die SO_4-Zufuhr durch Düngung in der Regel gering ist (s. Kap. XXIII 3 a).

Die relativ hohe SO_4- und Cl-Auswaschung bei dem Kiefernbestand ist auf die Adsorption von Cl^- und SO_2 aus der Luft durch die Baumkronen zurückzuführen. Auf die *NO₃-Auswaschung* und den zeitlichen Verlauf wird auf S. 232 näher eingegangen.

Um den *Anteil* der einzelnen *Anionen* am Ladungsausgleich der ausgewaschenen Kationen zu zeigen, sind in Abb. 108 die Ionen in Form ihrer Äquivalente (kval) dargestellt.

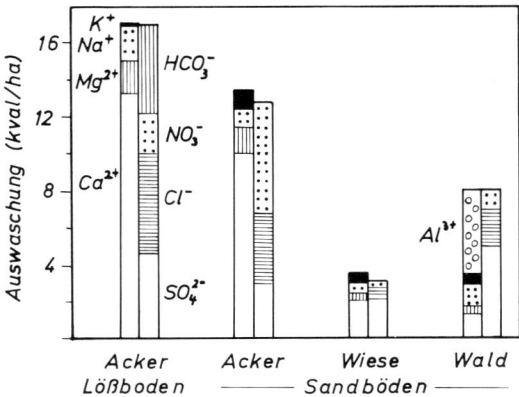

Abb. 108 Auswaschung in einer Löß-Parabraunerde und 3 Sandböden unterschiedlicher Nutzung, ausgedrückt in Kilo-Aequivalenten (kval). (Einzelwerte berechnet aus Tab. 66)

Beim *Lößboden* (pH 7,5) liegen die Kationen zu 80 % als Chloride, Sulfate und Nitrate vor und nur zu 20 % als Hydrogencarbonate. Der Anteil der letzteren kann jedoch bei unterbliebender bzw. sehr geringer Düngung sowie hoher Sickerwassermenge über 50 % betragen, wie aus Lysimeterversuchen hervorgeht[13].

Bei den *Sandböden* (pH 5,4–4,5) liegen die Kationen fast vollständig als Chloride, Sulfate und Nitrate vor, der Anteil der Hydrogencarbonate ist unbedeutend. Möglicherweise spielen bei diesen stark sauren Böden organische Anionen eine geringe Rolle.

Im Vergleich zur Ca-Auswaschung als Chlorid, Sulfat und Nitrat ist die als Hydrogencarbonat $[Ca(HCO_3)_2]$ gering, wenn man von Böden hoher Ca-Sättigung und $CaCO_3$-haltigen Böden bei sehr hoher Sickerwassermenge absieht. So beträgt z. B. die Löslichkeit von Calcit bei dem häufigsten Bereich der CO_2-Partialdrücke der Bodenluft von 2–7 mbar (= 0,2–0,7 Vol.-%) bei $10^3 m^3$ Wasser/ha (entsprechend 100 mm Sickerwasser) 35–54 kg Ca/ha (s. a. Tab. 5, S. 13).

Die Auswaschung als $Ca(HCO_3)_2$ und ebenso die als $Mg(HCO_3)_2$ sinkt mit abnehmendem pH der Böden und tritt bei pH < 5 nicht mehr auf, wie z. B. aus den Daten für die Sandböden in Abb. 108 zu folgern ist (s. a. Kap. XII 1).

Die Auswaschung von schlecht gepufferten Nährstoffen hängt bei Ackerböden relativ wenig von der Sickerwassermenge ab. Dies beruht

---

[13] *Amberger, A., P. Schweiger:* Die Bodenkultur 24 (1973) 221.

darauf, daß die in gedüngten Böden vorkommenden Salze starker Säuren sehr leicht löslich sind und daher schon durch eine geringe Sikkerwassermenge verlagert werden.

Die *Bodenart* beeinflußt die Geschwindigkeit der Auswaschung; bei gleicher Sickerwassermenge und sonst gleichen Bedingungen erreicht ein Konzentrationsmaximum eine bestimmte Tiefe um so später, je höher die Feldkapazität des Bodens ist. Für die Beispiele in Tab. 66 ergibt sich eine Transportzeit von der Bodenoberfläche bis zur Meßtiefe 170 cm bei den Sandböden von weniger als einem Jahr, beim Lößboden dagegen von über 4 Jahren. Bei Böden hoher Feldkapazität können daher im Profil auch mehrere Maxima an leicht löslichen Nährstoffen auftreten, die verschiedenen Jahren zuzuordnen sind und für die Nährstoffversorgung der Pflanzen noch von Bedeutung sein können.

Die Auswaschung der *Mikronährstoffe* ist im alkalischen bis schwach sauren Bereich gering, weil hier schwerlösliche Verbindungen und starke Adsorption vorliegen. Sie steigt mit abnehmendem pH, wie aus dem Vergleich von Ackerstandorten und den sauren Waldstandorten in Tab. 67 hervorgeht. Bei Mangan und Eisen wird die Auswaschung durch anaerobe Verhältnisse begünstigt (s. Kap. XIII).

Tabelle 67 Auswaschung von einigen Mikronährstoffen in Ackerböden (bezogen auf 200 mm Sickerwasser)[14] und Waldböden bei einem Buchen- und Fichtenbestand[15]

		Auswaschung (g/ha · Jahr)		
	pH	Mn	Cu	Zn
Ackerböden	7–5	10– 800	10– 94	10– 360
Waldböden	≈ 4	5800–9300	110–110	1100–2400

Die Verarmung vieler Mikronährstoffe im Oberboden wird vor allem in schwach sauren bis alkalischen Böden dadurch kompensiert, daß die aus tieferen Bodenlagen von den Pflanzen aufgenommenen Nährstoffe nach der Zersetzung der Vegetationsrückstände in den Oberboden gelangen.

3. Nährstoffverfügbarkeit

Die Verfügbarkeit der Bodennährstoffe ist von zahlreichen Faktoren abhängig: (1) Konzentration der Nährstoffe in der Bodenlösung im Ober- und Unterboden, (2) Quantität in leicht

verfügbarer Form, (3) Transportrate zu den Pflanzenwurzeln und damit der Bodenfeuchte und dem Bodengefüge, (4) Antagonisten (= Ionenkonkurrenz) und Synergisten, (5) toxischen Stoffen, (6) Bodendurchlüftung (Verzögerung der Aufnahme bei schlechter Durchlüftung), (7) Bodentemperatur (beeinflußt Wurzelwachstum), (8) Durchwurzelbarkeit der Böden, (9) Aufschlußvermögen der Pflanzen für schwerlösliche Nährstoffe durch Komplexbildner und Reduktoren.

Günstige Wachstumsbedingungen sind bei Böden gegeben, die eine hohe Menge an pflanzenverfügbarem Wasser im Wurzelraum zu speichern vermögen (> 200 mm) und bei der Feldkapazität einen Luftgehalt von > 10 Vol.-% aufweisen. Diese beiden Eigenschaften gewährleisten bei ausreichendem Wassergehalt der Böden ein gutes Wurzelwachstum, eine hohe Nährstofftransportrate und eine ausreichende Sauerstoffkonzentration in der Bodenluft.

a) Bodenlösung[4]

Unter Bodenlösung versteht man die wäßrige Phase der Böden. Die Pflanzen können aus dem Boden nur die Nährstoffe aufnehmen, die als Ionen oder in manchen Fällen als niedermolekulare Komplexe in der Bodenlösung vorliegen.

Die Kationen in der Bodenlösung werden vorwiegend durch Anionen starker Säuren neutralisiert und nur zu einem kleinen Anteil, vor allem in alkalischen Böden, durch HCO_3-Ionen (s. Kap. 2). Infolge der hohen Löslichkeit der Chloride, Nitrate und Sulfate steigt ihre Konzentration in der Bodenlösung mit abnehmender Bodenfeuchte.

Wie aus Tab. 68 ersichtlich und wie aus Kap. 2 (Auswaschung) gefolgert werden kann, sind Konzentration und Anteil der Nährstoffe in der Bodenlösung an verschiedenen Stellen im Profil erheblichen Schwankungen ausgesetzt. Diese beruhen vor allem auf der Düngung mit leichtlöslichen Salzen (Chloriden, Sulfaten, Nitraten), dem Gehalt der Böden an leicht mobilisierbaren Nährstoffen und auf Verlagerungsprozessen unter dem Einfluß des Sickerwassers. Bei den leicht löslichen Salzen kann sich infolge der relativ hohen Konzentration in der

---

[14] Untersuchungsergebnisse der Versuchsstation Limburgerhof.
[15] *Mayer, R., H. Heinrichs:* Z. Pflanzenernähr. Bodenkd. 143 (1980) 232.

Tabelle 68 Gehalt einiger Kationen im Sättigungsextrakt von Ackerböden (U, L, T, pH 4,5–7,3) und ungedüngten Waldböden (Sandböden, pH 3,5–5,9), angegeben als Mittelwerte und Variationsbreite (150 Proben). Nach *H. Grimme* u. *W. Köster* (a, b) und *B. Ulrich* (c)

	Ca	Mg	K	Na
			(mg/l)	
Ackerböden (a, b)				
Ackerkrume	90	9	16	16
	(2 – 450)	(2 – 30)	(1 – 100)	(2 – 70)
Unterboden	110	9	9	30
	(1 – 680)	(1 – 35)	(1 – 60)	(3 – 55)
Waldböden (c)	24	6	14	22
(A_h-Horizont)	(3 – 80)	(2 – 28)	(4 – 61)	(4 – 67)

vorrückenden Sickerwasserfront sogar ein ausgeprägtes Konzentrationsmaximum ausbilden, wie aus dem Beispiel des Nitrats aus Abb. 122 (S. 233) zu folgern ist. Dies liegt nach der Düngung zunächst im Oberboden und verschiebt sich unter dem Einfluß des Sickerwassers in tiefere Bodenzonen.

Da die Löslichkeit der verschiedenen Nährstoffe mit ihrer Verfügbarkeit verknüpft ist, wird in den speziellen Kapiteln näher darauf eingegangen.

Die *Bestimmung der Zusammensetzung der Bodenlösung* im Labor erfolgt entweder im Wasserextrakt des Bodens in einem engen Verhältnis (meist 1 : 2) oder im *Sättigungsextrakt*[16]. Dieser wird dadurch erhalten, daß der Boden unter stetem Kneten solange mit Wasser versetzt wird, bis die glattgestrichene Oberfläche glänzt. Dann wird die Paste 24 Stunden unter Verdunstungsschutz stehengelassen und die Bodenlösung abzentrifugiert. Der Wassergehalt der Paste entspricht bei feinkörnigen Böden etwa der Feldkapazität des betreffenden Bodens.

Auch aus dem Schnittpunkt von Pufferkurven mit der Abszisse läßt sich die Konzentration der Bodenlösung berechnen (s. z. B. Q/I-Kurven nach *Beckett*, Abb. 115, S. 219).

b) Einfluß des Unterbodens

Die Pflanzen befriedigen ihren Nährstoffbedarf nicht nur aus dem Oberboden, sondern auch aus dem Unterboden, weil dieser langsamer austrocknet. So wurde in Feldversuchen festgestellt, daß die Wasser- und Nitrataufnahme durch die Pflanzen in trockenen Jahren stärker aus dem Unterboden erfolgte als in feuchteren Jahren[17].

Die Aufnahme aus dem Unterboden kann auch dann erfolgen, wenn die Nährstoffkonzentration in der Bodenlösung viel geringer als

die in der Ackerkrume ist. Dies ist aus Isotopenversuchen zu folgern, bei denen selbst bei hoher P-Versorgung des Bodens die P-Konzentration in der unmittelbaren Wurzelumgebung auf extrem niedrige Werte abgesunken war (0,8 mg → 0,03 mg P/l, Abb. 136). So wurde auch in einem Feldversuch auf einer Löß-Parabraunerde aus der Wurzelverteilung, der P-Konzentration der Bodenlösung und dem P-Diffusionskoeffizienten berechnet, daß selbst in einem relativ trockenen Jahr zur Zeit der P-Aufnahme durch die Pflanzen (1979) $\approx 25\%$ des von Weizen aufgenommenen Phosphats aus dem Unterboden (hauptsächlich aus 30–60 cm) stammte, die Konzentration der Bodenlösung betrug $\approx 0,1$ mg P/l[17a].

Im gleichen Versuch ergab sich für Kalium eine Aufnahme von $\approx 50\%$ aus dem Unterboden[17b], die K-Konzentration der Bodenlösung betrug hier 0,6–0,7 mg K/l, in der Ackerkrume 5–10 mg K/l.

In einem 27jährigen Feldversuch auf einer Löß-Parabraunerde in Geldersheim betrug die K-Aufnahme aus dem Unterboden sogar 80% (Kap. 8 f).

Die Ergebnisse bei Nitrat, Kalium und Phosphor können auch auf andere Bodennährstoffe übertragen werden.

Die aus dem Unterboden aufgenommenen Nährstoffe sind zu einem geringen Teil durch die Tätigkeit der Bodenfauna aus der Ackerkrume in den Unterboden verlagert worden, bei den Vertisolen (s. dort) in Form eines Selbstmuccheffekts. So konnte in den aus Wurmexkrementen bestehenden Wandauskleidungen von Regenwürmern im Unterboden ein im Vergleich zum umgebenden Boden höherer Gehalt an organisch gebundenem Stickstoff und Phosphat (Kap. 11 f) nachgewiesen werden[18, 18a].

[16] U. S. Salinity Laboratory Staff: U. S. Dept. Agric. Handbook No. 60 (1954).

[17] *Strebel, O., H. Grimme, M. Renger, H. Fleige:* Soil Sci. 130 (1980) 205.

[17a] *Fleige, H.* et al.: Mitt. Dtsch. Bodenkdl. Ges. 32 (1982).

[17b] *Grimme, H.* et al.: Mitt. Dtsch. Bodenkdl. Ges. 32 (1982).

[18] *Graff, O.:* Pedobiologia 10 (1970) 305, Landw. Forsch. 20 (1967) 117, Landbauforsch. Völkenrode 21 (1971) 103.

[18a] *Graff, O., F. Makeschin:* Z. Pflanzenernähr. Bodenkd. 142 (1979) 476.

c) Nährstofftransport[4]

Für die Versorgung der Pflanzen mit Nährstoffen ist nicht nur deren Konzentration in der Bodenlösung von Bedeutung, sondern auch die Transportrate, also die Menge, die je Zeiteinheit an die Wurzeloberfläche transportiert wird. Dieser Transport erfolgt vorwiegend durch Massenfluß (Konvektion) und Diffusion. Demgegenüber beträgt die Nährstoffaufnahme durch *Wurzel-Interzeption* nur wenige Prozent der Gesamtaufnahme. Man versteht unter diesem Begriff die Aufnahme der Nährstoffe durch Kontakt mit der wachsenden Wurzel, ohne daß hierbei Massenfluß und Diffusion wirksam sind; die maximal aufgenommene Menge ergibt sich aus dem Nährstoffgehalt in dem Bodenvolumen, das durch die Wurzeln eingenommen wird. Das Wurzelvolumen beträgt in der Ackerkrume etwa 1 % des Bodenvolumens und etwa 2 % des Porenvolumens.

Der *Massenfluß* ist eine Folge der Transpiration der Pflanzen. Hierbei verarmt die Wurzelzone an Wasser, es entsteht im Boden ein Gradient in der Wasserspannung und damit eine Bewegung der Bodenlösung in Richtung Pflanzenwurzel, wodurch die gelösten Nährstoffe den Wurzeln zugeführt werden. Die *Diffusion* tritt stark in Erscheinung, wenn die durch den Massenfluß angelieferte Nährstoffmenge nicht den Pflanzenbedarf deckt. In diesem Falle wird die Konzentration des betreffenden Nährstoffs in der Umgebung der Wurzeln erniedrigt, so daß ein Konzentrationsgradient zur Wurzel hin entsteht, der in gleicher Richtung eine Diffusion dieses Nährstoffs bewirkt.

Die Transportrate eines Nährstoffs durch *Massenfluß* wird durch die Konzentration in der Bodenlösung und die Wasserflußrate bestimmt. Die letztere ist abhängig von der Transpirationsrate der Pflanzen und dem Wassergehalt der Böden, sowie von der Anzahl, Größe und Form der Bodenporen und damit von der Körnung und dem Gefüge (Kap. XVI 3 a).

Der Nährstofftransport durch *Diffusion* kann annähernd durch das *Fick*sche Gesetz für den stationären Fluß in einer Flüssigkeit beschrieben werden:

$$dQ/dt = -DA/(dc/dx)$$

(Q = Nährstoffmenge, die in der Zeit t durch die Querschnittsfläche A transportiert wird, D = Diffusionskoeffizient, c = Konzentration, x = Transportweg.)

Wenn auch als annäherndes Maß für den Parameter A der volumetrische H_2O-Gehalt des Bodens angesehen werden kann, so ist doch zu beachten, daß die Diffusion der Nährstoffe zur Pflanzenwurzel fast nur durch die an der Oberfläche der Bodenteilchen schwach gebundenen Wasserfilme erfolgt und nur sehr viel langsamer durch das stark gebundene Wasser unmittelbar an der Oberfläche der Teilchen.

Eine Zunahme des Konzentrationsgradienten dc/dx oder des Bodenwassers (= Erhöhung von A) hat nach obigem Gesetz eine Zunahme der Transportrate dQ/dt zur Folge. Allerdings ist die Transportrate in Böden wesentlich geringer als in freien Salzlösungen, bedingt durch den längeren Transportweg entlang der Wasserfilme, deren unterschiedlichem Querschnitt, sowie direkte und indirekte elektrostatische Wechselwirkungen zwischen den Ionen der Lösung und der festen Phase. Während z. B. die Diffusionskoeffizienten in freier wäßriger Lösung in der Größenordnung von 10^{-5} cm²/s liegen, betragen sie bei Ca^{2+}, Mg^{2+} und K^+ in feuchten Böden $\approx 10^{-7}$ cm²/s und bei sehr stark adsorbierten Ionen, wie Phosphationen, $\approx 10^{-9}$ cm²/s. Im Zwischenschichtraum von Schichtsilicaten, wo stärkere elektrostatische Wechselwirkungen oder sterische Wirkungen auftreten, liegen sie noch wesentlich niedriger.

Infolge der hohen *Ca-Konzentration* in der Bodenlösung von Ackerböden wird der Ca-Bedarf der Pflanzen in der Regel vollkommen durch den Massenfluß gedeckt. Meist wird sogar die Ca-Konzentration in der näheren Umgebung der Wurzeln stark erhöht, weil mehr Ca-Ionen angeliefert werden, als die Pflanzen benötigen. Dies kann dann zu Austauschvorgängen mit den umgebenden Bodenteilchen führen.

Dagegen ist die *Phosphatkonzentration* in der Bodenlösung im Vergleich zum Phosphatbedarf der Pflanzen häufig so gering, daß dieser fast ausschließlich durch Diffusion gedeckt wird. Bei den anderen Nährstoffen kann je nach der Konzentration in der Bodenlösung und dem Pflanzenbedarf der Anteil der beiden Transportprozesse sehr variieren.

Bei beiden Transportprozessen wird die Menge der an die Pflanzenwurzeln gelangenden Nährstoffe nicht nur durch einen hohen *Wassergehalt* der Böden (z. B. auch durch Beregnung), sondern vor allem auch durch eine hohe *Konzentration* begünstigt.

Bei den *Mikronährstoffen* ist daher infolge der relativ niedrigen Konzentration der nicht komplexierten Ionen in der Bodenlösung eine Erhöhung der Löslichkeit durch *reduzierende* und *komplexierende organische Verbindungen* von besonderer Bedeutung[19, 20]. Solche Verbindungen werden ausgeschieden (a) von jüngeren Teilen der Pflanzenwurzeln (einschl. der Wurzelhaare und Mykorrhizen), teilweise unter dem Einfluß von rhizosphären Mikroorganismen, und (b) durch die Mikroorganismen direkt. Diese sind in der Rhizosphäre (Bereich zwischen Wurzeloberfläche und etwa 10 mm Entfernung) bis zum 50fachen gegenüber dem umgebenden Boden angereichert, je nach Art der Mikroorganismen und höheren Pflanzen. Wenn die komplexierten Nährstoffe die Wurzeloberfläche erreichen, können sie freigesetzt und von den Pflanzen aufgenommen werden. Möglicherweise kann dann die komplexierende Verbindung erneut Nährstoffe lösen, so daß sich ein Gleichgewicht zwischen der Lösung aus der festen Bodenphase und der Aufnahme der Nährstoffe durch die Pflanzenwurzeln einstellt.

Bei *Fe(III)-* und *Mn(IV)-Verbindungen* wird die Konzentration vor allem unter anaeroben Verhältnissen erhöht, indem sie unter mikrobiellem Einfluß in die leichter löslichen Fe(II)- und Mn(II)-Verbindungen übergeführt werden (s. Kap. Eisen und Mangan).

Eine Begünstigung der Nährstoffaufnahme erfolgt auch durch ein dichtes *Wurzelsystem*. Je umfangreicher es ist, um so mehr wird der Transportweg für Massenfluß und Diffusion verkürzt und um so größer ist das Volumen der Rhizosphäre mit erhöhter mikrobieller Aktivität. Entscheidend für die Oberfläche des aktiven Wurzelsystems sind die Wurzelhaare, deren Durchmesser $\approx 10\,\mu m$ und Länge einige Millimeter beträgt. Sie können daher zum Teil noch in Mittelporen und natürlich auch in enge Grobporen ($10-50\,\mu m$) eindringen, die sich z. B. bei der Wasserabgabe tonreicher Aggregate in Form von Schrumpfungsrissen bilden. Dagegen haben die Seitenwurzeln einen viel größeren Durchmesser, bei Getreide z. B. über $200\,\mu m$, der damit selbst den Durchmesser der Grobporen in Sandböden übertrifft. Die Wurzeln üben aber einen gewissen Druck aus und erzwingen sich auf diese Weise einen Weg durch den Boden, indem sie diesen komprimieren und anheben, sofern größere Poren in Form von Schrumpfungsrissen, Tier- und alten Wurzelgängen nur in geringer Anzahl vorhanden sind. Im letzteren Falle ist jedoch das Wurzelnetz immer stärker ausgebildet als in dichten

Böden, wie das Beispiel der geringen Durchwurzelung verdichteter Bodenhorizonte zeigt.

4. Bestimmung der Nährstoffversorgung von Böden*

Die Nährstoffversorgung von Böden kann erfaßt werden durch Felddüngungsversuche, Gefäßversuche, Mangelsymptome an den Pflanzen, Pflanzenanalysen, Erhebungsuntersuchungen, mikrobiologische Methoden und die schnell durchzuführenden chemischen Extraktionsmethoden an Böden.

a) Feldversuche

Durch Feldversuche soll die Höhe der Düngung festgestellt werden, die den optimalen Ertrag ergibt. Außerdem dienen sie zur Eichung der Nährstoffwerte von Bodenuntersuchungen. Nach niederländischen Erfahrungen sind hierfür *einjährige Versuche* auf Böden unterschiedlicher Nährstoffgehalte (z. B. Mg, K, P) am besten geeignet (s. z. B. Abb. 138, S. 250)[24a]. Da die Nährstoffverfügbarkeit von Witterungsfaktoren beeinflußt wird (s. Kap. 5 c), müssen die Feldversuche auf anderen Feldern der gleichen Bodenform während mehrerer Jahre wiederholt werden. Um auswertbare Ertragskurven zu erhalten, sind 5 bis 7 Düngungsstufen erforderlich. In die Auswertung ist außerdem das Verhältnis der Düngerkosten zu den Preisen der Ernteprodukte einzubeziehen. Der Vorteil

---

[19] *Hodgson, J. F.:* Int. Congr. Soil Sci. Trans. 9th (Adelaide) II (1968) 229.
[20] *Chaney, R. F., J. C. Brown, L. O. Tiffin:* Plant Physiol. 50 (1972) 208.
* Zusammenfassende Literatur[2, 21–24, 26].
[21] *Herrmann, R.* (Hrsg.): Die Untersuchung von Böden. Neumann, Berlin 1955.
[22] *Walsh, L. M., J. D. Beaton* (Eds.): Soil testing and plant analysis. Soil Sci. Soc. Amer., Inc., Madison (Wisc.) 1973.
[23] Adviesbasis voor Bemesting van Landbouwgronden. Ministerie van Landbouw en Visserij, Wageningen (NL) 1977.
[24] *Schlichting, E., H.-P. Blume:* s. 3 in Kap. III.
[24a] *Paauw, van der, F.:* FAO Soils Bulletin 38/1 (1980) 180–192.
[25] *Schroeder, D., W. E. Hoffmann, H. Graf v. Reichenbach:* Landw. Forsch. 15. Sonderh. (1961) 48.
[26] *Jackson, M. L.:* Soil Chemical Analysis. Constable 1958.

einjähriger Feldversuche liegt darin, daß die Nährstoffe in Böden im Rahmen der üblichen Düngung angereichert sind und daß man sich häufig auf die anspruchsvollsten Pflanzen beschränken kann.

Mehrjährige Feldversuche auf dem gleichen Feld geben Aufschluß über den verfügbaren Nährstoffvorrat im Boden (s. z. B. Abb. 116, S. 221) und die Änderung der Nährstoffgehalte bei einer bestimmten Düngung. In der BRD bilden die mehrjährigen Feldversuche auch die Grundlage für die Eichung der Bodenuntersuchungswerte; sie sind aber hierfür ungeeignet[24a] und führen häufig zu überhöhten Düngungsempfehlungen (s. z. B. Kap. 11 i).

b) Gefäßversuche[24a]

Gefäßversuche sind gut geeignet, die Güte chemischer Extraktionsmethoden zu prüfen, weil hierbei alle Wachstumsfaktoren außer dem zu untersuchenden Nährstoff konstant gehalten werden können. Man setzt den Nährstoffgehalt der Böden entweder zur Erntemasse oder deren Nährstoffgehalt bzw. Nährstoffentzug in Beziehung. Hervorzuheben ist auch die im Vergleich zu Feldversuchen geringere Streuung der Ergebnisse in Gefäßversuchen.

Eine früher vielfach angewandte biologische Labormethode für Routineuntersuchungen ist die *Neubauer-Methode* zur Bestimmung der K- und P-Verfügbarkeit in Böden. Hierbei werden 100 g mit nährstofffreiem Sand vermischter Boden mit 100 Roggenkörnern angesetzt und nach einer Vegetationsdauer von 14 Tagen die durch die Keimpflanzen aufgenommenen K- und P-Mengen bestimmt. Diese Werte werden an Felddüngungsversuchen geeicht. Die Neubauer-Methode wird auch häufig zur Untersuchung von Böden auf Schadstoffe herangezogen, die an einem schlechteren Wachstum der Keimpflanzen erkennbar sind.

c) Mangelsymptome

Mangelsymptome[3, 7] zeigen in jedem Falle eine unzureichende Versorgung der Pflanzen mit dem betreffenden Nährstoff an (akuter Mangel). Häufig sind die Symptome jedoch nicht so charakteristisch wie bei Mg-, Mn-, Mo- und B-Mangel und erscheinen zu einem so späten Zeitpunkt in der Vegetationsperiode, daß eine Blattdüngung nicht mehr das Ertragsoptimum ermöglicht. Außerdem können bereits Ertrags-

depressionen vor dem Erkennen der Mangelsymptome auftreten (latenter Mangel). Trotz dieser Einschränkungen bildet das Auftreten von Mangelsymptomen bei Magnesium und zahlreichen Mikronährstoffen eine gute Grundlage, um chemische Extraktionsmethoden zu eichen und Gebiete im Hinblick auf ihre Nährstoffversorgung zu kartieren.

d) Pflanzenanalyse

Die Anwendung der Pflanzenanalyse[3, 7] zur Bestimmung der Nährstoffversorgung von Böden fußt darauf, daß zwischen dem Nährstoffgehalt der Pflanzen und dem Wachstum bzw. Ertrag eine enge Beziehung besteht. Da der Gehalt der Pflanzen nicht nur von der Pflanzenart, sondern auch von dem Wachstumsstadium abhängig ist und mit zunehmender Vegetationszeit bei den meisten Nährstoffen sinkt (infolge des Verdünnungseffektes), werden die gesamten Pflanzen oder bestimmte Pflanzenteile (Blätter, Nadeln usw.) in einem möglichst frühen, gut diagnostizierbaren Zeitpunkt entnommen. Für verschiedene Pflanzen und Nährstoffe wurden optimale Bereiche erarbeitet, die jedoch noch recht ungesichert sind.

Der Nährstoffgehalt der Pflanzen wird außerdem zur Eichung chemischer Extraktionsmethoden herangezogen, sowie für *Erhebungsuntersuchungen* (s. z. B.[25]). Hierbei werden Proben junger Pflanzen auf dem Feld entnommen und die ermittelten Nährstoffgehalte zu den verschiedenen Faktoren in Beziehung gesetzt, die sich auf die Aufnahme durch die Pflanzen auswirken können.

e) Chemische Bodenuntersuchungen[26]

Der Vorteil chemischer Extraktionsmethoden zur Bestimmung der Nährstoffversorgung ist die einfache und schnelle Durchführung noch vor der Kulturperiode. Allerdings haben nur wenige der zahlreichen Methoden eine weltweite Anwendung gefunden, meist ist eine bestimmte Methode nur auf wenige Länder beschränkt. Durch eine chemische Bodenuntersuchung soll vor allem festgestellt werden, in welchem Umfang ein Boden in der Lage ist, die auf ihm anzubauenden Pflanzen mit einem bestimmten Nährstoff zu versorgen und wie hoch die Düngung in Abhängigkeit vom Nährstoffgehalt des Bodens zu bemessen ist. Die Aufgabe der Bodenuntersuchung ist also die Vorhersage des zu erwartenden Düngungseffektes, der direkt nur im Felddüngungsversuch, dann aber erst bei der Ernte ermittelt werden kann.

(1) Probenahme

Von entscheidendem Einfluß auf die Auswertung der Bodenuntersuchung ist die Probenahme, weil sie meist die größte Fehlerquelle beinhaltet. Für die Routineuntersuchungen werden die Bodenproben von einheitlichen Flächen in der Regel nur aus der Ackerkrume (< 20–35 cm) und bei Grünland aus dem Horizont < 10 cm (BRD) oder < 6 cm (Niederlande) entnommen, weil in diesen Horizonten die Hauptmenge der Wurzelmasse (> 90 %) und Nährstoffe enthalten ist. Für wissenschaftliche Untersuchungen werden zusätzlich Proben aus den Horizonten des gesamten Profils herangezogen. Da das Untersuchungsergebnis repräsentativ für die zu untersuchende Fläche sein soll und Unterschiede im Nährstoffgehalt auf engem Raum vorhanden sein können (bedingt z. B. durch nesterartige Verteilung der Dünger), werden an etwa 20 gleichmäßig auf die gesamte Fläche (meist nicht mehr als 1 ha) verteilten Stellen Einzelproben entnommen und zu einer Mischprobe vereinigt. Diese wird im Labor bei 20–30 °C getrocknet, durch ein Sieb mit 2 mm Maschenweite gesiebt, der Stein- bzw. Kiesanteil bestimmt, und die Fraktion < 2 mm zur Analyse verwendet.

Zur Extraktion wird meist eine gewichtsmäßige Einwaage vorgenommen und das Analysenergebnis in mg/100 g Boden oder mg/kg Boden angegeben, in Böden mit höherem Gehalt an organischer Substanz und gärtnerischen Substraten bei gleichzeitiger Bestimmung des Raumgewichts in mg/100 ml oder mg/l Boden. Die Beziehung zwischen den Werten der Bodenuntersuchung und der Nährstoffversorgung wird verbessert, wenn eine standardisierte volumetrische Einmessung vorgenommen wird, weil die Pflanzen auch auf dem Felde ein bestimmtes Volumen durchwurzeln und hierdurch das unterschiedliche Raumgewicht in Abhängigkeit von der Körnung und dem Gehalt an organischer Substanz ausgeglichen wird (s. z. B. P(H_2O)-Methode).

(2) Methoden

Folgende Extraktionsmethoden werden angewendet: Extraktion mit Wasser (für P, B), Salzlösungen (Ca, Mg, K, Na), Säuren (Cu, schwer mobilisierbare Nährstoffe), komplexierende Lösungen wie EDTA (Äthylendiamintetraessigsäure) für Mikronährstoffe und Reduktionsmittel (Mn). Weiterhin sind in Gebrauch die Austauschermethode nach *W.*

Tepe für gärtnerische Substrate und die Elektroultrafiltration nach *Nemeth*[26a].

5. Düngung in Abhängigkeit vom Nährstoffgehalt der Böden

Zwischen dem Nährstoffgehalt der Böden und Pflanzen einerseits (vor allem bei niedrigen Gehalten) und den Erträgen andererseits besteht häufig eine deutliche Beziehung (Abb. 109), so daß hieraus Düngerempfehlungen abgeleitet werden können. Im Freiland wird die Straffheit der Beziehung mehr oder weniger stark von Standorteigenschaften beeinflußt (s. Kap. c).

Bei den Düngungsempfehlungen ist der ökonomische Faktor (Aufwand und Gewinn) und bei Böden, die Nährstoffe stark fixieren, auch die Methode der Düngung (Band- oder Flächendüngung) zu berücksichtigen. In vielen Fällen hat es sich als zweckmäßig erwiesen, die Pflanzenanalyse bei der Auswertung von Bodenuntersuchungen zusätzlich heranzuziehen.

a) Entzugs- und Erhaltungsdüngung, Düngerausnutzung

Für die Bemessung der Düngung werden folgende Begriffe gebraucht:

Eine *Entzugsdüngung* entspricht dem Nährstoffentzug der Pflanzen zur Zeit der Ernte.

Als *Netto-Entzugsdüngung* wird eine Düngung bezeichnet, die der Nährstoffabfuhr vom Felde in der Fruchtfolge entspricht. Sie schließt damit die Nährstoffmenge aus, die in den auf dem Feld verbleibenden Vegetationsrückständen (Stroh, Rübenblatt usw.) enthalten ist.

Als *Erhaltungsdüngung* wird eine Düngung bezeichnet, die zur Aufrechterhaltung eines bestimmten Bodenuntersuchungswertes notwendig ist. Sie ist nur in einem langen Zeitraum zu ermitteln, was vor allem in den hohen Schwankungen der Bodenuntersuchungswerte von Jahr zu Jahr begründet ist. Aus diesem Grund wird bei den Düngerempfehlungen im optimalen Nährstoffbereich die gut erfaßbare Netto-Entzugsdüngung herangezogen. War sie zu hoch oder nicht ausreichend, wird bei wiederholten Bodenuntersuchungen eine entsprechende Korrektur vorgenommen.

Unter *Ausnutzung* von *Düngernährstoffen* versteht man den Anteil, der von den Pflanzen

---

[26a] *Nemeth, K.*: Advanc. Agron. 31 (1979) 155.

aufgenommen werden kann. Im Boden erfolgt die Aufnahme meist nur aus Umsetzungsprodukten der zugeführten Düngernährstoffe. In diesem Fall kann daher auch nicht mehr entschieden werden, ob die aufgenommenen Nährstoffe aus der frischen Düngung oder aus Neubildungen früherer Düngung bzw. aus nativen Quellen stammen (z. B. beim Phosphat).

b) Nährstoff-Gehaltsklassen und Grenzwerte

Wie aus Abb. 109 ersichtlich ist, nimmt die Ertragskurve einen Verlauf, der im aufsteigenden Ast einer *Mitscherlich*-Funktion entspricht. Die Meßpunkte liegen aber in der Regel nicht auf der Kurve, sondern streuen mehr oder weniger; die Streuung ist in Gefäßversuchen geringer als in Feldversuchen. Außerdem ist sie um so geringer, je besser die Güte der Methode zur Bodenuntersuchung ist und je einheitlicher die Standorteigenschaften der Böden sind.

Infolge des Einflusses der Witterung und anderer Faktoren verschiebt sich die Lage der Ertragskurve eines Bodens von Jahr zu Jahr, so daß für die Ermittlung der Düngungshöhe ein Mittelwert von mehreren Jahren gebildet werden muß.

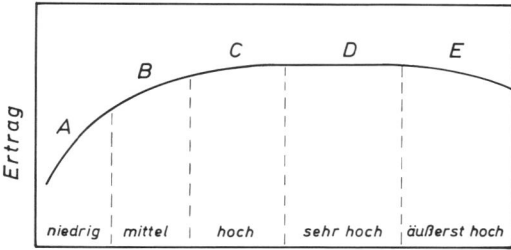

Abb. 109 Beziehung zwischen dem Nährstoffgehalt im Boden und dem Ertrag in den Gehaltsklassen A–E

Die Ertragskurven können in verschiedene *Gehaltsklassen* mit jeweils einem unteren und oberen *Grenzwert* unterteilt werden. Jeder Gehaltsklasse wird eine bestimmte Düngung zugeordnet (s. z. B. Abb. 118, S. 223).

In der BRD werden für Kalium und Phosphor meist 5 Gehaltsklassen (A–E) gebildet, bei den Mikronährstoffen nur 2–3 Gehaltsklassen.

Nach den Richtlinien der Versuchsstationen in der BRD wurde der anzustrebende und aufrecht zu erhaltende Nährstoffgehalt der Böden 1962 der Gehaltsklasse B, neuerdings der Ge-

haltsklasse C zugeordnet. In den anderen Gehaltsklassen wird häufig die folgende relative Düngung empfohlen (C = Erhaltungsdüngung = 100):

A = 200, B = 150, D = 50, E = 0.

Wie aus neueren Feldversuchen und dem Vergleich mit benachbarten Ländern gefolgert werden kann, ist bei den in der BRD angewandten Mg-, K- und P-Grenzwerten (s. spez. Kapitel) bereits in der Gehaltsklasse B eine Netto-Entzugsdüngung zur Erzielung optimaler Erträge ausreichend. Hierbei wird auch in der Regel die nach den üblichen Routine-Methoden extrahierbare Nährstoffmenge aufrecht erhalten.

c) Einfluß des Standorts

Bei der Bemessung der Düngung aufgrund von Bodenuntersuchungen ist der Pflanzenstandort zu berücksichtigen, der durch die Bodeneigenschaften (Durchwurzelbarkeit, Wasser-, Luft-, Wärme- und Nährstoffhaushalt), das Klima (bzw. die Witterung) und die Tätigkeit des Menschen (Bodenbearbeitung, Be- und Entwässerung usw.) charakterisiert ist. Die Standorteigenschaften können zum Teil in der *Bodenform* (Ausgangsgestein und Bodentyp bzw. Horizontierung) und unter Einbeziehung des Klimas in der *Standorteinheit* zusammengefaßt werden[27, 28] (s. a. Kap. XXXIV).

Wie in Kap. 3 b dargelegt wurde, ist die Menge der verfügbaren Nährstoffe nicht nur von ihrem Gehalt im Oberboden, sondern auch im *Unterboden* abhängig: Je besser und je tiefer der Unterboden durchwurzelt werden kann, um so günstiger ist die Verfügbarkeit der dort befindlichen Nährstoffe. Ungünstig wirken sich daher verdichtete Horizonte oder durch das Ausgangsgestein bedingte schwer durchlässige Schichten im Unterboden aus, weil sie das Wurzelwachstum behindern sowie zur Bildung von Staunässe und damit zur Verringerung des Wurzelraums führen.

So ergaben z. B. mehrjährige Feldversuche auf 7 verschiedenen Bodenformen in Bayern (P(CAL)-Werte von 9–18 mg P/100 g Boden) nur bei einem *Staunässeboden* Mehrerträge durch P-Düngung[44] (ref.[164]). Auch wurden bei einem Löß-*Pseudogley* im Osnabrücker Hügel-

[27] *Schlichting, E., R. Sunkel:* Landw. Forsch. 14 (1971) 170.
[28] *Schlichting, E.,* Landw. Forsch. 29 (1976) 317.

land durch K-Düngung noch Mehrerträge bei K(DL)-Gehalten erzielt, bei denen sich auf Löß-*Parabraunerden* keine Mehrerträge ergaben (s. Kap. 8 f).

Das Ausmaß der Staunässebildung ist bei mäßig bis schwer wasserdurchlässigen Böden stark von der *Witterung* abhängig; es steigt mit zunehmenden Niederschlägen und abnehmenden Temperaturen. Daher besteht beim gleichen Standort eine wechselnde Auswirkung der Staunässe auf das Pflanzenwachstum und die Anlieferung der Bodennährstoffe. Andererseits wirkt sich eine zu geringe Bodenfeuchte hemmend auf den Nährstofftransport aus. Der große Einfluß der Witterung auf die Erträge spiegelt sich in dem zickzackförmigen Verlauf der Ertragskurven in Abb. 144 (Kap. XXI) wider.

So ist es auch zu erklären, daß in manchen Jahren selbst gut versorgte Böden noch Mehrerträge bei Zufuhr mit dem betreffenden Nährstoff ergeben (überwiegend schlechte Wachstumsfaktoren) und schlecht versorgte Böden keine Düngerwirkung zeigen (überwiegend gute Wachstumsfaktoren). Aus diesem Grunde kann auch nur aus umfangreichen Versuchen die ökonomisch optimale Düngung abgeleitet werden (s. Kap. 4 a).

Infolge des Mangels an ausreichenden Feldversuchen auf ähnlichen Standorten werden bei Routine-Bodenuntersuchungen neben dem Nährstoffgehalt in der Ackerkrume, dem NO_3-Gehalt im Unterboden und dem Ertragsniveau nur wenige Standortfaktoren für die Düngungsempfehlungen herangezogen. Der Gehalt der Böden an organischer Substanz wird teilweise berücksichtigt, wenn er über $\approx 4\,\%$ liegt; bei volumetrischer Bodeneinmessung ist dies in der Regel nicht nötig. Beim Phosphor wird darüber hinaus kein weiterer Standortfaktor einbezogen, beim Kalium und Magnesium die Körnung.

Die Grenzwerte (s. Kap. 5 b) und die Düngungsempfehlungen gelten mit geringen Schwankungen, die aber nicht durch Feldversuche belegt sind, für das gesamte Gebiet der BRD (bei Kalium s. Kap. 8 g), obwohl die Standortfaktoren, vor allem auch die klimatischen, sowohl zwischen als auch innerhalb der einzelnen Bundesländer sehr verschieden sind. Es ist daher auch berechtigt, einen Vergleich der Düngungsempfehlungen mit benachbarten Ländern, wie den Niederlanden, Dänemark und der DDR, anzustellen, wo gleiche und ähnliche Bodenformen und klimatische Verhältnisse wie in der BRD bestehen.

d) Änderungen der Bodenuntersuchungswerte nach einer Düngung

Nach einer Düngung zeigen die Bodenuntersuchungswerte nur selten die Zunahme des Nährstoffvorrats im Boden vollständig an. Es können Nährstoffe bereits aus der untersuchten Bodenschicht verlagert sein, oder aber die zugeführten Nährstoffe und ihre Umwandlungsprodukte im Boden werden durch die bei der Bodenuntersuchung angewandten Extraktionslösungen nur unvollständig erfaßt.

Für den Fall, daß die zugeführten Nährstoffe durch ein Lösungsmittel vollständig erfaßt werden, muß bei der Bilanzierung die Lagerungsdichte und die Mächtigkeit der Ackerkrume (in der BRD meist 20−32 cm) berücksichtigt werden. Beträgt z. B. die Lagerungsdichte eines Sandbodens 1,5 g/cm^3, die Mächtigkeit der Akkerkrume 20 cm und damit deren Gewicht 3 Mio. kg/ha, so erhöht eine Düngergabe von 100 kg/ha den Nährstoffgehalt der Ackerkrume um 3,3 mg/100 g Boden, bei tonreichen Böden mit der Lagerungsdichte von z. B. 1,25 um 4 mg/100 g Boden. Oder anders ausgedrückt, zur Erhöhung des Nährstoffgehalts der Ackerkrume um 1 mg sind im ersten Fall eine Zufuhr von 33 kg, im zweiten Fall von 25 kg/ha notwendig (Mittelwert 30 kg).

Werden die zugeführten Nährstoffe jedoch nur zum Teil erfaßt, so ist eine wesentlich höhere Nährstoffzufuhr notwendig. So sind zur Erhöhung der K(DL,CAL)-Werte um 1 mg K/100 g Boden 50 bis 200 kg K/ha (s. Kap. 8 g), der P(DL,CAL)-Werte um 1 mg P/100 g 80 bis 250 kg P/ha (s. Kap. 11 h) und der Mg(CaCl$_2$)-Werte um 1 mg Mg/100 g $\approx$ 50 kg Mg/ha (s. Kap. 7 d) zuzuführen.

6. Calcium

Der *Ca-Gehalt* von Böden liegt häufig zwischen 0,1 und 1,2 % Ca*, bei CaCO$_3$-haltigen Böden und Böden aus Gipsgesteinen oft beträchtlich höher, in altpleistozänen Sanden und Latosolen meist tiefer. Als Ca-haltige *Minerale* treten in Böden vorwiegend Plagioklase, Pyroxene, Amphibole und Epidot, sowie Calcit, Dolomit und Gips auf. Da sie sämtlich leicht verwitterbar bzw. relativ leicht löslich sind und Ca^{2+} von den Austauschern der Böden stark gebunden wird, liegt ein wesentlicher Teil des Gesamt-Ca in austauschbarer Form vor.

---

* 1 % Ca entspricht 1,40 % CaO.

Der *CaCO₃-Gehalt* der Böden stammt nicht nur aus den Ausgangsgesteinen, sondern auch aus der Düngung. Die Löslichkeit von $CaCO_3$ ist stark vom CO_2-Partialdruck abhängig (s. Tab. 5) und beruht auf der Bildung von Calciumhydrogencarbonat [$Ca(HCO_3)_2$], das nur in Lösung beständig ist. Auch *Calciumsulfat* gelangt zum Teil über die Düngung in den Boden, entweder direkt, z. B. mit Superphosphat (Gipsgehalt etwa 50 %), oder es entsteht sekundär aus leichter löslichen Sulfaten, wie K_2SO_4, $(NH_4)_2SO_4$ und $MgSO_4$, durch Kationenaustausch mit adsorbiertem Ca^{2+}, z. B.:

$$(\text{Boden})Ca + K_2SO_4 + 2H_2O = (\text{Boden})K_2 + CaSO_4 \cdot 2H_2O$$

oder bei der Umsetzung von H_2SO_4, die über die Niederschläge in den Boden gelangt, mit adsorbiertem Ca^{2+} oder mit $CaCO_3$. Die Löslichkeit des Gipses beträgt 1,99 g $CaSO_4$/l.

Das sehr leicht lösliche *Calciumnitrat* $Ca(NO_3)_2$ (Löslichkeit 56 Gew.-%) wird entweder ebenfalls dem Boden direkt zugeführt, oder entsteht aus anderen Nitraten (KNO_3, $NaNO_3$, NH_4NO_3) analog dem Gips durch Kationenaustausch oder bei der Einwirkung von HNO_3, die bei der Nitrifizierung gebildet oder mit den Niederschlägen zugeführt wird. Das ebenfalls sehr leicht lösliche *Calciumchlorid* $CaCl_2$ (Löslichkeit 42,5 Gew.-%) entsteht durch Kationenaustausch aus KCl und NaCl.

In Ackerböden tritt *Ca-Mangel* selten auf, da der Ca-Gehalt der Bodenlösung (s. Kap. 3 a) in der Regel über der als notwendig erachteten Konzentration von 20 mg Ca/l liegt (s. Tab. 68). Bedeutung hat der Ca-Mangel jedoch im Obstbau, wo bei unzureichendem Ca-Transport in der Apfelfrucht, der durch sekundäre Faktoren bedingt ist, die Stippigkeit auftreten kann (braune Flecke). Eine analoge Erscheinung ist die Fruchtendfäule der Tomate und die Herzfäule bei Sellerie und Blumenkohl. Wenn trotz ausreichender Ca-Konzentration in der Bodenlösung häufig eine Ca-Düngung bei feinkörnigen Böden erfolgt, so geschieht dies im Hinblick auf die Verbesserung des Gefüges (s. dort). Ca-Mangel ist dagegen in tropischen Böden weit verbreitet.

Die *Ca-Auswaschung* ist im Kap. 2 näher beschrieben. Einige Beispiele für die Ca-Aufnahme der Pflanzen sind in Tab. 65 angeführt.

7. Magnesium*

Der Mg-Gehalt** liegt in $MgCO_3$-freien Böden häufig im Bereich von 0,05 % (z. B. Sandbö-

den) bis 0,5 % (z. B. Tonböden). Der überwiegende Anteil liegt in Silicaten vor, vor allem in Amphibolen, Pyroxenen, Olivinen, Biotiten und manchen Tonmineralen, wie Chloriten und Vermiculiten (s. Tab. 2 und 9). In alkalischen Böden kann Magnesium außerdem als Dolomit, Magnesit und zu 1–3 % im Calcit vorliegen, in ariden und semiariden Böden auch als das leichtlösliche Magnesiumsulfat. Eine erhebliche Mg-Zufuhr erfolgt in Meeresnähe durch Aerosole.

a) Pflanzenverfügbares Magnesium

Für die Mg-Versorgung der Pflanzen ist vor allem das austauschbare Mg von Bedeutung, da dieses mit der Bodenlösung in einem sich schnell einstellenden Gleichgewicht steht. In geringem Maße vermögen manche Böden auch nichtaustauschbares Mg nachzuliefern[33, 34, 35], sowie Mg in eine nichtaustauschbare Form festzulegen[36]. Die Mg-Aufnahme durch die Pflanzen wird durch eine hohe K-Konzentration der Bodenlösung und ein niedriges pH der Böden beeinträchtigt.

Hohe Gehalte an *austauschbarem Mg* treten in manchen Salz- und Natriumböden auf, sowie in Marschen, Niedermooren, Pelosolen, Böden aus Mg-reichen Magmatiten (z. B. Basalten, Peridotiten) und Dolomiten. Sehr geringe Mg-Gehalte haben podsolierte Sandböden und lateritische Böden.

In der Regel steigt in Böden der BRD der Gehalt an austauschbarem Mg mit zunehmendem Ton- und Schluffgehalt und im Gegensatz zu Kalium und Phosphat auch mit zunehmender Profiltiefe, wenn man von tonarmen Sandböden absieht, oder er liegt auf ähnlicher Höhe.

* Zusammenfassende Literatur[31, 32].
** 1 % entspricht 1,66 % MgO.
[31] *Kirkby, E. A., K. Mengel:* Z. Pflanzenernähr. Bodenk. 139 (1976) 209.
[32] *Saalbach, E., K. Würtele, P. W. Kürten, H. Aigner:* Boden und Pflanze, Ruhr-Stickstoff AG, Bochum 1970.
[33] *Schroeder, D., S. Zahiroleslam, W. E. Hoffmann:* Z. Pflanzenernähr. Bodenk. 100 (1963) 207, 215.
[34] *Kaila, A., H. J. Kettunen:* J. Sci. Agric. Soc. Finland 45 (1973) 319.
[35] *Christenson, D. R., E. C. Doll:* Soil Sci. 116 (1973) 59.
[36] *Kaila, A.:* J. Sci. Agric. Soc. Finland 46 (1974) 167.

Die Aufnahme von *nichtaustauschbarem* Mg durch die Pflanzen erfolgt vorwiegend aus den oberflächennahen Oktaederschichten von trioktaedrischen Glimmern und Tonmineralen, seltener aus den Zwischenschichten von Tonmineralen[35]. Aufgrund dieser Bindungsform kann auf eine Zunahme des verfügbaren nichtaustauschbaren Mg mit steigendem Tongehalt der Böden geschlossen werden.

Die Mg-Konzentration der *Bodenlösung* schwankt in einem weiten Bereich von 2−30 mg Mg/l (s. Tab. 68, s. Kap. 3 a), häufig liegt sie bei 4−10 mg/l.

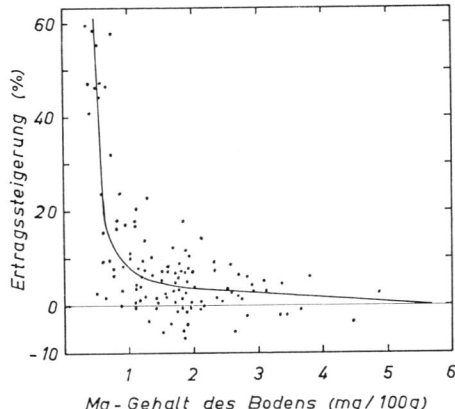

Abb. 110 Ertragssteigerung von Kartoffeln durch Mg-Düngung in Abhängigkeit von Mg(NaCl)-Gehalt von 115 Sandböden. Versuchsjahre 1953−1957[39]

b) Bestimmung der Mg-Versorgung

Fast alle *Routineuntersuchungen* beruhen auf der Erfassung eines mehr oder weniger hohen Anteils des austauschbaren Mg. Die Mg-Gehalte sind im folgenden immer auf 100 g Boden bezogen.

Von den deutschen Versuchsstationen wird die Mg(CaCl$_2$)-Methode n. *Schachtschabel* angewandt[37]: Extraktion des Bodens (1 h) mit einer 0,0125 M CaCl$_2$-Lösung im Verhältnis 1 : 10. Zwischen den Mg(CaCl$_2$)-Werten und dem austauschbaren Mg besteht eine enge Beziehung, wie an 300 Böden unterschiedlicher Zusammensetzung festgestellt wurde; der Mg(CaCl$_2$)-Anteil beträgt im Mittel 65 % und ist fast unabhängig vom Gehalt der Böden an Ton und organischer Substanz[38].

In den *Niederlanden* wird als Extraktionsmittel eine 0,5 M NaCl-Lösung herangezogen, diese Mg(NaCl)-Werte liegen auf annähernd gleicher Höhe wie die Mg(CaCl$_2$)-Werte.

Die Bestimmung des pflanzenverfügbaren *nichtaustauschbaren* Mg kann durch Extraktion der Böden mit 0,05 M oder 1 M Salzsäure unter Abzug des austauschbaren Mg erfolgen, wie sich aus wiederholtem Mg-Entzug durch Weidelgras ergab[33].

Charakteristisch für Mg-Mangel sind auch die *Mangelsymptome* an den Pflanzen, wobei zum Ertrag eine deutliche Beziehung besteht[39]: Chlorose der älteren Blätter zwischen den Blattadern, die bei Gräsern streifenartig und bei Dicotyledonen fleckig ausgebildet ist und später in Nekrosen übergeht. Besonders geeignet zum Erkennen von Mg-Mangel sind z. B. Kartoffel- und Haferpflanzen in einem frühen Wachstumsstadium.

Auch über die *Pflanzenanalyse* kann die Mg-Versorgung der Böden ermittelt werden[40, 3].

c) Feldversuche

Aus umfangreichen niederländischen Feldversuchen auf Sandböden mit Kartoffeln (Abb. 110) und Hafer geht im Einklang mit deutschen Feldversuchen (s. z. B.[43]) hervor, daß hohe Mehrerträge durch Mg-Düngung dann auftreten, wenn der Gehalt der Böden an austauschbarem Mg unter 2−3 mg/100 g liegt[42]. Oberhalb 5 mg Mg(CaCl$_2$) sind nur selten Mehrerträge zu erwarten, ausgenommen bei niedrigen pH-Werten und überhöhter K-Düngung.

Diese Ergebnisse werden durch das Auftreten von *Mg-Mangelsymptomen* an jungen Kartoffelpflanzen[37] und Haferpflanzen[39] auf Sandböden gestützt, die fast nur bei Mg-Gehalten von < 5 mg Mg (CaCl$_2$, NaCl) beobachtet wurden. Sie traten verstärkt bei einem weiten K/Mg-Verhältnis auf[37].

Auf 3 Sandböden des Tertiärs und Keupers in *Bayern*[44] (2−4 mg Mg(CaCl$_2$)) und Granit (7 mg Mg), sowie auf einem Löß-Pseudogley (9 mg Mg), wurden in 5 Versuchsjahren keine Mehrerträge bei Zufuhr von Kieserit erzielt.

[37] *Schachtschabel, P.:* Z. Pflanzenernähr. Bodenkd. 74 (1956) 202.

[38] *Köster, W.:* Unveröffentlicht.

[39] *Sluijsmans, C. M. J.:* Landw. Forsch., 13. Sonderh. (1959) 17.

[40] *Wiechmann, W., A. Finck:* Z. Pflanzenernähr. Bodenkd. 141 (1978) 95.

[41] *Sluijsmans, C. M. J.:* Tijdschr. Diergeneesk 87 (1962) 547.

[42] *Sluijsmans, C. M. J.:* Grononderzoek als basis voor de bemesting van haver met Magnesium (1964). Inst. Bodemvruchtbaarheid, Haren (Gr.) NL.

[43] *Vetter, H.* (Hrsg.): Wieviel düngen? DLG, Frankfurt 1977.

[44] Versuchsergebnisse der Bayerischen Landesanstalt für Bodenkultur und Pflanzenbau 1979.

Keine Mg-Wirkung wurde auch auf Lößböden im *Rheinland*[45] im Mittel von 4 neunjährigen Feldversuchen bei Mg-Gehalten von 3−8 mg bei Zufuhr von Kieserit erhalten. Nur auf 2 Lößböden über Terrassenschotter wurden bei Mg-Gehalten von 4 und 5 mg Mehrerträge von 1 und 2 % im Mittel von 8 und 9 Jahren erhalten.

Auf sauren Böden in *Rheinland-Pfalz* aus Tonschiefern, Schiefertonen, Sandsteinen und Grauwacke wurde in manchen Jahren eine Mg-Düngerwirkung auch bei Mg-Gehalten von > 5 mg $Mg(CaCl_2)$ festgestellt[46]. Diese kann zum Teil auf die niedrigen pH-Werte der Böden zurückgeführt werden, möglicherweise zum Teil auch auf die hohe K-Düngung bei einem weiten K/Mg-Verhältnis der Böden. So wurde z. B. durch eine Kalkung der Böden bei Getreide der gleiche mittlere Mehrertrag von 3,5 % wie durch eine Mg-Düngung erzielt. Auch die Mehrerträge bei Mg-Gehalten der Böden von < 5 mg entsprechen annähernd denen, die mit einer Kalkung erzielt wurden.

Um den pH-Einfluß in Mg-Düngungsversuchen auszuschließen, sollte die Kalkung wegen der heterogenen Verteilung der Kalke im Boden mehrere Jahre vor Versuchsbeginn erfolgen, damit die Einstellung des pH-Gleichgewichts im Boden gewährleistet ist.

d) Mg-Düngung

Nach den niederländischen Empfehlungen, die auf mehreren 100 Feldversuchen fußen, ergibt sich für Sand- und Lößböden die in Tab. 69 an-

Tabelle 69 Niederländische Empfehlungen für die Mg-Düngung bei Sand- und Lößböden in Abhängigkeit von dem Mg(NaCl)-Gehalt der Böden[23]

| | Mg (mg/100 g Boden) | | |
	< 2,5	2,5 − 5,0	> 5,0
	Düngung (kg Mg/ha)		
Hackfrüchte	90 − 60	45 − 15	0
Getreide	45 − 15	0	0

gegebene optimale Düngung. Der Gehalt der Böden an Ton und organischer Substanz bleibt unberücksichtigt, nicht aber in den Empfehlungen in der BRD. So betragen hier die oberen Grenzwerte, bei denen noch eine Mg-Düngung empfohlen wird, bei Sandböden bis 7 mg, Lößböden 7−15 mg und Tonböden 12−18 mg, $Mg(CaCl_2)$/100 g, die jedoch nicht durch Feldversuche belegt sind.

Wenn Mg-Mangel bei Schluff-, Lehm- und Tonböden optimaler pH-Werte nur selten festgestellt wird, kann dies auf ihren hohen Gehalt an austauschbarem Mg im Unterboden und auf einer Mg-Nachlieferung aus nichtaustauschbarer Form zurückgeführt werden. Treten bei diesen Böden gelegentlich Mg-Mangelsymptome in einem frühen Wachstumsstadium der Pflanzen auf, so kann der hierdurch angezeigte Mg-Mangel durch eine Blattspritzung behoben bzw. gemildert werden.

Eine Anhebung des $Mg(CaCl_2)$-Gehaltes der Ackerkrume (20 cm Tiefe) um 1 mg/100 g erfordert eine Mg-Zufuhr über den Pflanzenentzug von $\approx$ 50 kg Mg/ha.

Eine generelle Anhebung der $Mg(CaCl_2)$-Gehalte über 5 mg ist bei ackerbaulich genutzten Böden unnötig und unökonomisch, ausgenommen bei Böden, deren pH unterhalb des optimalen Bereichs liegt und bei denen eine Mg-Zufuhr über dolomitische Kalke erfolgen kann. Bei Sandböden ist zudem eine Mg-Anreicherung mit einer erhöhten Auswaschung verbunden, so daß zur Erhaltung des höheren Mg-Gehaltes in der Ackerkrume auch eine laufend höhere Mg-Zufuhr notwendig ist. Es ist rationeller, durch eine laufende Mg-Düngung die Mg-Verluste durch Ernteentzug und Auswaschung auszugleichen.

Eine Anhebung der Mg-Gehalte über 5 mg hat sich bei *Sonderkulturen* bewährt. So wird für Wein[46a] und Hopfen sowie Kulturen unter Glas ein $Mg(CaCl_2)$-Bereich von 10−20 mg empfohlen. Bei Obst und Citrus hat sich dagegen die Blattanalyse besser als die Bodenanalyse bewährt.

Einen negativen Einfluß auf die Mg-Aufnehmbarkeit durch die Pflanzen hat eine hohe *K-Konzentration* der Bodenlösung (Ionenkonkurrenz) und damit auch ein hoher Gehalt der Böden an austauschbarem Kalium, wie an einigen Beispielen im Kap. c gezeigt wurde.

pH-Werte der Böden unter $\approx$ 5,5 beeinträchtigen die Mg-Aufnehmbarkeit infolge des verstärkten Auftretens von H- und Al-Ionen in der Bodenlösung, so daß häufig bereits eine Kalkung den Mg-Mangel behebt.

[45] Bericht der Landwirtschaftskammer Rheinland über Ergebnisse von Düngungsversuchen 1980.

[46] *Beckel, A.:* Landw. Forsch. Sonderh. 28/I (1973) 21.

[46a] *Bucher, R.:* Weinberg und Keller 25 (1978) 197, 278.

Die Mg-Düngung auf *Grünland* wird zu 120 kg Mg/ha bei Mg(CaCl₂) < 5 mg, 60 kg Mg/ha bei Mg(CaCl₂) 5–10 mg und 30 kg Mg/ha bei 11–15 mg Mg(CaCl₂) 100 g empfohlen, oberhalb 15 mg wird keine Mg-Düngung als notwendig erachtet.

Bei Grünland ist im Hinblick auf die Gesundheit der *Tiere* der Mg-Gehalt der Gräser von Bedeutung, der mindestens 0,20 % in der Trockensubstanz betragen sollte. Bei geringerem Mg-Gehalt kommt es häufig beim Rind nach dem Weideaustrieb, besonders in einem kalten und feuchten Frühjahr, zu einer Senkung des Mg-Gehaltes im Blutserum und zu schweren Krämpfen mit tödlichem Ausgang (*Hypomagnesämie, Weidetetanie*)[47]. Der Mg-Gehalt im Gras steigt häufig mit dem Mg-Gehalt im Boden (Abb. 111) und dem Anteil der

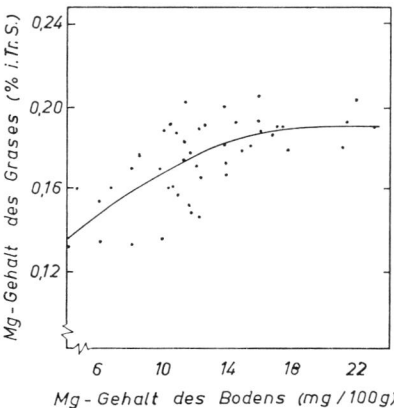

Abb. 111 Mg-Gehalt von Weidelgras (Trockensubstanz) in Abhängigkeit vom Mg(NaCl)-Gehalt des Oberbodens (0–7 cm)[41]

Kräuter. Er wird durch einen hohen Gehalt der Böden an verfügbarem Kalium und eine hohe K-Düngung begrenzt.

Die Mg-Düngung kann erfolgen durch 1) leichtlösliche Mg-Salze, in denen Mg meist als MgSO₄ vorliegt (Löslichkeit 25,8 Gew.-%), wie Kieserit MgSO₄ · H₂O (18,5 % Mg), Mg-haltige K-, N-, P- und NPK-Dünger, 2) Dolomit (theor. 13,2 % Mg), MgCO₃ und dolomithaltige Kalke unterhalb des optimalen pH der Böden, 3) andere Mg-haltige mineralische und organische Dünger, wie z. B. Stallmist (≈ 0,5 % Mg). Während gebrannte Dolomite und dolomithaltige Kalke im gesamten pH-Bereich anwendbar sind, wird der dolomitische Anteil in ungebrannten Kalken oberhalb pH 6 nur sehr langsam umgesetzt. Die Kontrolle der Umsetzung kann durch eine Bodenuntersuchung erfaßt werden, da das freigesetzte Mg²⁺ in eine austauschbare Form übergeht.

e) Mg-Auswaschung

Die Mg-Auswaschung ist weniger von der Bodenart und der Menge des Sickerwassers abhängig, sondern ebenso wie beim Calcium von der Zufuhr von Chloriden und Sulfaten sowie der Nitratbildung (s. Kap. 2). Wie Tab. 66 zeigt, betrug die Auswaschung bei Sand- und Lößböden im Raum Hannover 15–25 kg Mg/ha · Jahr. Sie kann aber bei hoher Mg-Sättigung der Böden bzw. einem engen Ca/Mg-Verhältnis erheblich höher liegen. Dies betrifft vor allem auch tonarme Sandböden, die sehr stark mit Magnesium angereichert wurden.

8. Kalium*

Kalium weist von allen Nährstoffen in der Regel den höchsten Gehalt in den Pflanzen auf und ist auch in Gesteinen häufig zu einem hohen Anteil enthalten (s. Tab. 3 u. 4). Der Gehalt der Böden an *Gesamt-Kalium* liegt meist zwischen 0,2 und 3,3 % K, in Natriumböden zwischen 2,5 und 6,7 % K**, in der Tonfraktion deutscher Böden zwischen 2 und 3 % K. Hoch- und Niedermoore haben dagegen nur einen sehr geringen K-Gehalt. In Mineralböden liegt der überwiegende Teil des Kaliums in silicatischer Form vor, vor allem in Kalifeldspäten, Glimmern und Illiten.

Der von den *Mikroorganismen* festgelegte K-Anteil ist gering. Er beträgt 25–50 kg K/ha, wenn man einen Gehalt der Böden von 3000 kg Organismen-Trockensubstanz je ha zugrundelegt.

Leicht *pflanzenverfügbar* ist das wasserlösliche, austauschbare und ein Teil des in Schichtsilicaten gebundenen, mit NH₄⁺ nichtaustauschbaren Kaliums.

[47] *Grunes, D. L., P. R. Stout, J. R. Brownell:* Advanc. Agron. 22 (1970) 3.
* Zusammenfassende Literatur[48–52].
** 1 % K entspricht 1,21 % K₂O.
[48] *Kalium-Symposium* 1954, 1955, 1957, 1958, 1970, 1972. Int. Potash-Inst. Bern.
[49] *Rich, C. I., W. R. Black:* Soil Sci. 97 (1964) 384.
[50] *Rich, C. I.* und Mitarb.: In: *Klimar, V. J.* und Mitarb. (Eds.): The role of potassium in agriculture. Amer. Soc. Agron., Madison, Wisc. 1968.
[51] *Graf von Reichenbach, H., C. J. Rich:* Trans. Int. Congr. Soil Sci. 1 (1968) 709.
[52] *Schroeder, D.:* Proc. 10. Congr. Int. Potash Inst. Budapest (1974) 53; 11. Congr. Bern (1978) 43.

a) Austauschbares und nichtaustauschbares Kalium

Als *austauschbares Kalium* wird dasjenige bezeichnet, das durch wiederholte Extraktion mit einer 1 M Ammoniumacetat-Lösung (pH 7,0) innerhalb einiger Stunden von dem Boden freigesetzt wird. Die Anwendung einer NH_4-haltigen Lösung hat den Vorteil, daß ein Endpunkt des K-Austausches erreicht wird, bei weiterer Extraktion mit einer solchen Lösung werden nur noch minimale K-Mengen freigesetzt. Wendet man dagegen eine Ca-haltige Lösung an, so werden bei wiederholter Extraktion laufend weitere, wenn auch geringe K-Mengen aus Schichtsilicaten ausgetauscht. Das gleiche ist der Fall, wenn Böden mit Ba-haltigen Lösungen bei erhöhter Temperatur (z. B. bei 80 °C) wiederholt extrahiert werden, wobei das gesamte Kalium in Schichtsilicaten freigesetzt werden kann[51]. Diese Freisetzung erfolgt bei trioktaedrischen Mineralen (z. B. Biotiten) leichter als bei dioktaedrischen Mineralen (z. B. Muskoviten); das gleiche gilt für Illite.

Aus diesen Gründen bezeichnet man das durch $NH_4{}^+$ freisetzbare Kalium konventionell als austauschbares Kalium und den übrigen K-Anteil als *nichtaustauschbares Kalium*.

Zwischen den verschiedenen K-Bindungsformen besteht das folgende *Gleichgewicht:*
K^+ in Lösung $\rightleftarrows$ austauschbares K^+ $\rightleftarrows$ nichtaustauschbares K (in Schichtsilicaten).

Während sich das Gleichgewicht zwischen austauschbarem Kalium und der K-Konzentration der Bodenlösung relativ schnell einstellt, verläuft die Einstellung des Gleichgewichts zwischen dem austauschbaren und dem im Innern von Schichtsilicaten gebundenen Kalium sehr träge.

Der *Gehalt* deutscher Böden an austauschbarem Kalium steigt in der Regel mit zunehmendem Tongehalt, wenn man von Kaolinit-reichen Böden absieht. Er beträgt bei Podsolen aus Sand nur wenige mg K/100 g Boden, in Tonböden bis 100 mg K/100 g. In der Ackerkrume ist der Gehalt an austauschbarem Kalium entscheidend von der Höhe der K-Düngung abhängig, er beträgt bei deutschen Böden im Extrem bis 100 mg K/100 g.

b) K-Fixierung

Tonhaltige Böden haben in der Regel die Eigenschaft, wasserlösliches und austauschbares Kalium in eine nichtaustauschbare Form festzulegen, was auf ihrem Gehalt an Vermiculiten und aufgeweiteten Illiten beruht (s. Kap. X 5 d). Diese Eigenschaft der Böden bezeichnet man als K-Fixierung, unabhängig davon, ob das Kalium hierbei leicht pflanzenaufnehmbar bleibt oder nicht. Die K-Fixierung ist der umgekehrte Vorgang der Abgabe von nichtaustauschbarem Kalium: Je mehr ein Boden nichtaustauschbares Kalium an die Pflanzen abgegeben hat, um so stärker ist auch seine Fähigkeit, zugefügtes Kalium zu fixieren.

Die Höhe der K-Fixierung eines Bodens ist abhängig von der K-Selektivität der Tonminerale, deren K-Sättigung in den Zwischenschichten und der K-Konzentration in der Bodenlösung sowie allen anderen um die Austauschplätze konkurrierenden Kationen.

Die *Intensität* der K-Fixierung ist von der K-Selektivität der Minerale abhängig. Es werden bei K-Zugabe immer erst die Plätze hoher Selektivität besetzt und dann zunehmend Plätze geringerer Selektivität. Infolgedessen erfordern Böden hoher Fixierung zur Absättigung der Plätze hoher K-Selektivität eine hohe K-Zufuhr.

Zur *Bestimmung* der K-Fixierung, deren Werte sehr von der angewandten Methode abhängen, schüttelt man den Boden mit einer KCl-Lösung (meist 100 mg K/100 g Boden/250 ml Lösung) und bestimmt anschließend die Summe von wasserlöslichem und austauschbarem Kalium. Die Differenz dieses Wertes zur Summe aus K-Angebot und austauschbarem Kalium des unbehandelten Bodens ergibt das fixierte Kalium (*nasse K-Fixierung*). Zur Bestimmung der *trockenen K-Fixierung* wird der Boden mit der KCl-Lösung bei 70° oder 100 °C eingetrocknet und anschließend mit der Lösung eines NH_4-Salzes extrahiert. Die Werte der trockenen K-Fixierung sind z. B. bei Lößböden zwei- bis dreimal so hoch wie die der nassen K-Fixierung.

Die Bestimmung der K-Fixierung nach den beschriebenen Methoden liefert nur einen Anteil der Fixierungskapazität. Dieser Anteil erhöht sich mit der Reaktionsdauer[52a, 53] sowie mit der K-Konzentration der Gleichgewichtslösung und strebt einem Endwert zu, wie aus Abb. 112 ersichtlich ist.

Weiterhin ist aus Abb. 112 zu ersehen, daß bei gleicher K-Konzentration die K-Fixierung bei dem tonreicheren Boden 1 etwa doppelt so hoch ist wie bei dem Boden 2, entsprechend

[52a] *Kaila, A.:* J. Sci. Agric. Soc. Finland 37 (1965) 116, 195.
[53] *Ehlers, W., B. Meyer, F. Scheffer:* Landw. Forsch. 20 (1967) 251.

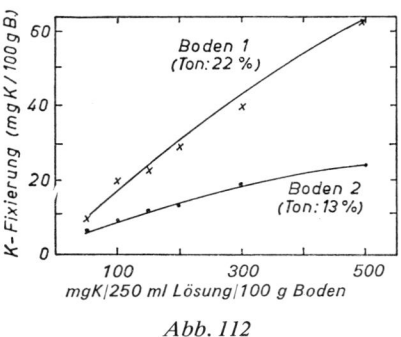 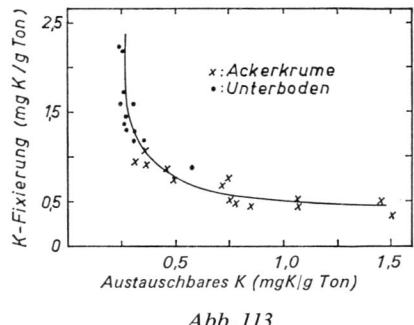

Abb. 112   Abb. 113

Abb. 112 Nasse K-Fixierung von 2 Lößböden in Abhängigkeit von der KCl-Konzentration der Lösung (austauschbares K beider Böden 12 mg/100 g)

Abb. 113 Nasse K-Fixierung von Lößböden in Abhängigkeit vom austauschbaren Kalium (n. E. Zehler)

dem Unterschied im *Tongehalt*. Die Abhängigkeit der K-Fixierung vom Tongehalt ist in diesen Beispielen deswegen so eng, weil beide Böden annähernd die gleiche Tonmineralzusammensetzung und den gleichen Gehalt an austauschbarem Kalium hatten.

Auch zwischen der *K-Fixierung* und der *K-Sättigung* besteht ein Zusammenhang. Dieser ist besonders eng, wenn man die Fixierung nicht auf den gesamten Boden, sondern auf seinen Tongehalt bezieht, wie dies in Abb. 113 geschehen ist. Mit sinkendem Gehalt an austauschbarem Kalium je g Ton steigt die K-Fixierung zunächst langsam, unterhalb $\approx 0{,}4$ mg K/g Ton sehr stark. Aus Abb. 113 ist weiterhin ersichtlich, daß die Unterböden im Vergleich zu den Oberböden ein besonders hohes K-Fixierungsvermögen aufweisen.

Eine geringe K-Fixierung braucht nicht nur mit einer hohen K-Sättigung in Verbindung zu stehen, sondern kann auch auf einer Einlagerung von polymeren *Hydroxo-Al-Ionen* in die Zwischenschichten aufweitbarer Tonminerale beruhen (s. Abb. 21, S. 31). Bei der pH-Erhöhung von Böden mit solchen Tonmineralen werden die Al-Polymere allmählich neutralisiert, so daß die durch sie besetzten Austauschplätze frei werden und die Schichten bei Einwirkung von K-Ionen unter Bildung illitischer Schichten kontrahieren können.

Außerdem wurde zwischen der K-Fixierung und dem Gehalt an *organischer Substanz* eine negative Beziehung festgestellt; sie ist wahrscheinlich in einer Einlagerung organischer Stoffe in aufgeweitete Schichten begründet.

Eine extrem hohe Fixierung weisen Lehm- und Tonböden in der Isaraue[54] und im Hessischen Ried[55] auf. Sie sind durch niedrige Ge-

halte an austauschbarem Kalium von $1-10$ mg K/100 g Boden bei hohem Tongehalt gekennzeichnet. Zur Erzielung des Höchstertrags bedürfen sie einer Meliorationsdüngung von meist mehr als 500 kg K/ha.

c) Pflanzenverfügbares nichtaustauschbares (nachlieferbares) Kalium

Die Pflanzen vermögen nicht nur austauschbares, sondern auch mit NH_4^+ nichtaustauschbares Kalium aufzunehmen. Dieses in Schichtsilicaten gebundene Kalium wird häufig als nachlieferbares Kalium bezeichnet.

In Neubauer-Versuchen wurde gefunden[56], daß (1) die Aufnahme von nichtaustauschbarem Kalium mit dem Tongehalt Illit-reicher Böden steigt (Abb. 114) und (2) die im Boden nach mehrmaligem Ansatz verbleibende Menge an austauschbarem Kalium mit dem Tongehalt steigt und einen Schwellenwert von 0,4 mg K/g Ton zustrebt, der auch im Unterboden häufig anzutreffen ist.

Die Aufnahme von nichtaustauschbarem Kalium erfolgt auch unter Feldbedingungen, wie viele Versuche ergeben haben und wie am Beispiel eines Lößbodens in Abb. 116 ersichtlich ist.

Die Aufnahme von nichtaustauschbarem Kalium durch die Pflanzen kann wie folgt erklärt werden: In Analogie zur Phosphatauf-

---

[54] *Burkart, N., A. Amberger:* Z. Pflanzerernähr. Bodenkd. 141 (1977) 167.

[55] *Heyn, J., H. Brüne:* Landw. Forsch. Sonderh. 34/II (1977) 90.

[56] *Schachtschabel, P.:* Z. Pflanzerernähr. Bodenkd. 30 (1937) 107.

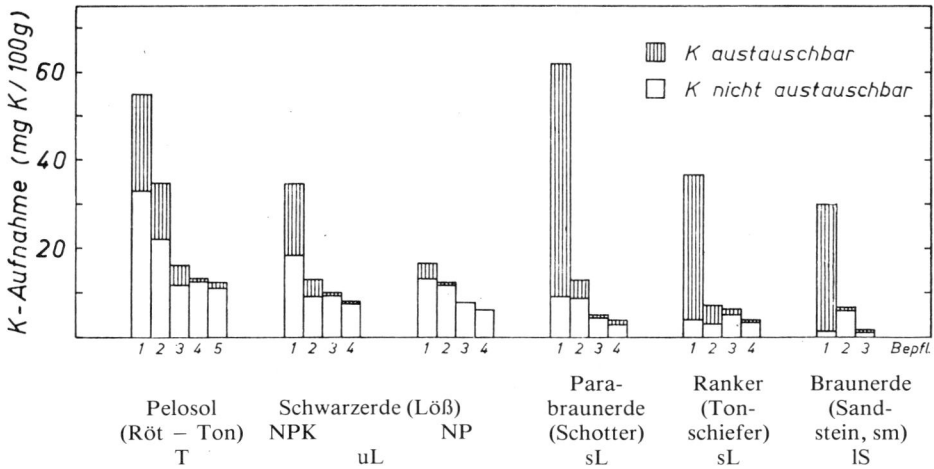

Abb. 114 Aufnahme von austauschbarem und nichtaustauschbarem Kalium durch Roggenkeimpflanzen (Methode *Neubauer*) aus Böden bei wiederholter Bepflanzung (n. *P. Schachtschabel*)

nahme ist auch die K-Aufnahme lokal begrenzt in Wurzelnähe zu sehen. Auch beim Kalium wird sich ein Konzentrationsprofil ausbilden, wie es in Abb. 136 (S. 248) für Phosphat ermittelt wurde und eine starke Erniedrigung der K-Konzentration in Wurzelnähe zur Folge haben (s. a.[56a]).

Mit abnehmender K-Konzentration der Bodenlösung und damit zunehmendem K-Konzentrationsgradienten zwischen den in Schichtsilicaten gebundenem Kalium und der K-Konzentration der Bodenlösung diffundiert Kalium mit zunehmender Geschwindigkeit in die Rhizosphäre. Es wird schließlich ein Stadium erreicht, in dem sich K-Nachlieferung, Auffüllung des austauschbaren Kaliums, K-Konzentration der Bodenlösung und K-Aufnahme durch die Pflanzen die Waage halten.

Die in Abb. 114 dargestellte Aufnahme von austauschbarem und nichtaustauschbarem Kalium stellt einen Mittelwert für den gesamten Boden dar, in Wurzelnähe ist der Anteil des nichtaustauschbaren Kaliums wesentlich höher.

Von den *Mineralen* sind an der Abgabe von nichtaustauschbarem Kalium Glimmer und Illite am stärksten beteiligt und zwar bei gleicher Schichtladung trioktaedrische und Fluor-arme Minerale stärker als dioktaedrische. Bei der K-Abgabe bilden sich in Glimmern und Illiten zunächst teilweise aufgeweitete, bei weiterer K-Abgabe vollkommen aufgeweitete Schichten vom Typ des Vermiculits. Dagegen spielt das Kalium von Kalifeldspäten wegen deren langsamer Verwitterung in Ackerböden im Gegensatz zu stärker sauren Waldböden für die Pflanzen kaum eine Rolle.

d) Bestimmung der K-Versorgung

Die K-Versorgung der Böden wird in Routineuntersuchungen in der Regel durch einmalige Extraktion mit Salzlösungen oder Säuren bei Zimmertemperatur bestimmt, wobei meist nur ein Anteil des mit NH_4^+ austauschbaren Kaliums erfaßt wird. Bei der Auswertung wird zum Teil die Bodenart berücksichtigt. Zusätzlich wird manchmal der K-Gehalt des Unterbodens und das leicht verfügbare nichtaustauschbare Kalium sowie die Pflanzenanalyse herangezogen.

(1) Routinemethoden

In Europa werden häufig die folgenden Methoden angewandt (Bezeichnung, Zusammensetzung der Lösungen, Extraktionsverhältnis und -zeit):

$K(NH_4)$ = Ammoniumacetat-Methode zur Bestimmung des gesamten durch NH_4^+ austauschbaren Kaliums: Wiederholte Extraktion des Bodens mit 1 M Ammoniumacetat (pH 7,0) oder einmalige Extraktion im Verhältnis 1 : 20 (1 h).

$K(AL)$ = Ammoniumlactat-Methode n. *H. Egner u. H. Riehm*: 0,1 M Ammoniumlactat, 0,4 M Essigsäure, pH 3,0, Extraktion 1 : 20 (2 h).

[56a] *Claassen, N., L. Hendriks, A. Jungk:* Z. Pflanzenernähr. Bodenkd. 144 (1981) 533.

K(DL): Doppellactat-Methode n. *H. Egner u. H. Riehm:* 0,02 M Calciumlactat, 0,02 M Salzsäure, pH 3,7, Extraktion 1 : 50 (2 h).

K(CAL) = Calciumacetat-lactat-Methode n. *H. Schüller*[56b]: 0,05 M Calciumlactat, 0,05 M Calciumacetat, 0,3 M Essigsäure, pH 4,1, Extraktion 1 : 20 (2 h).

K(HCl) = Salzsäure-Methode n. niederländischem Verfahren[23]: 0,1 M Salzsäure, 0,2 M Oxalsäure, Extraktion 1 : 10 (1 h).

Aus den K(HCl)-Werten können unter Einbeziehung des Gehalts der Böden an organischer Substanz (bei Sandböden) bzw. der Kornfraktion $< 16 \, \mu m$ (bei tonreicheren Böden) die *Kalizahlen* berechnet werden[23] (ref.[58]), welche als Grundlage für die K-Düngung in den Niederlanden herangezogen werden.

K(CaCl₂) = Calciumchlorid-Methode n. *P. Schachtschabel*[70a]: 0,0125 M Calciumchlorid, Extraktion 1 : 10 (1 h).

Tabelle 70 Mittlerer relativer Anteil der K-Gehalte von Böden nach verschiedenen Extraktionsmethoden an K(NH₄) in Abhängigkeit von der Fraktion $< 2 \, \mu m$ [58]

| Methode | Anteile der Fraktion $< 2 \, \mu m$ (%) | | | | | |
	8	16	24	32	40	48
	K-Anteil [K(NH₄) = 100]					
K(HCl)	113	103	93	86	80	76
K(AL)	116	104	95	90	86	83
K(DL)	92	78	71	67	63	59
K(CAL)	85	71	64	60	56	52
K(CaCl₂)	60	44	36	32	28	24

Aus Tab. 70 geht hervor, daß der K-Anteil nach den einzelnen Methoden an K(NH₄) verschieden ist und bei allen Methoden mit steigendem Tongehalt sinkt. Die teilweise über 100 liegenden K(HCl)- und K(Al)-Anteile sind auf die niedrigen pH-Werte der Extraktionslösungen zurückzuführen. Bei zunehmender Fraktion $< 2 \, \mu m$ ist die relative Abnahme der K(CaCl₂)-Anteile am größten. Die K(CaCl₂)-Werte der Böden stehen in enger Beziehung zu der K-Konzentration der Bodenlösung[57] und den Kalizahlen[58].

(2) Leicht verfügbares nichtaustauschbares Kalium

Seine Bestimmung erfolgt häufig nach der Methode n. *Reitemeier* durch 10 min. Extraktion mit 1 M HNO₃ oder 1 M HCl bei Siedetemperatur. Hierbei wird vorwiegend Kalium freigesetzt, das in trioktaedrischen Glimmern und Illiten gebunden ist, aber nur wenig Kalium aus dioktaedrischen Glimmern und Illiten sowie Feldspäten. So wurden aus gemahlenen Mineralen (Äquivalentdurchmesser 2–6 μm) durch 1 M HCl (10 min) folgende K-Mengen in %

des Gesamt-K freigesetzt: Biotit (trioktaedrisch) 91 %, Muskovit (dioktaedrisch) 4,6 % und Kalifeldspat 1,5 %[58a].

Für Routinebestimmungen ist die folgende Methode geeignet:

K(HCl)₅₀ n. *P. Schachtschabel:* Extraktion mit 1 M HCl im Verhältnis 5 g : 50 ml in verschlossenen 100 ml Polyäthylen-Flaschen im Trockenschrank bei 50° C ohne Umschütteln (20 h). Von diesen K-Werten ist K(NH₄) abzuziehen[58b].

Die K(HCl)₅₀-Werte korrelieren eng mit den K-Werten nach der Reitemeier-Methode, das Verhältnis zwischen den beiden K-Werten betrug $\approx 90 : 100$[58b].

(3) Pflanzenanalyse, Mangelsymptome[6]

Die Pflanzenanalyse hat sich bei Kalium besonders bei Dauerkulturen wie Obst, Wein und Wald bewährt. Sie wird aber auch häufig für landwirtschaftliche Kulturen herangezogen. So ist z. B. nur mit geringen Mehrerträgen durch K-Düngung zu rechnen, wenn der K-Gehalt von Getreide zur Zeit des beginnenden Ährenschiebens über 1,8 % in der Trockensubstanz beträgt[58c].

K-Mangelsymptome (Chlorose und Randnekrose der älteren Blätter) sind nur bei extrem schlechter K-Versorgung der Böden ein Hinweis auf K-Mangel.

e) Faktoren der K-Versorgung

Die K-Versorgung der Böden ist außer von den in Kap. 3 erwähnten Faktoren abhängig vom Gehalt an austauschbarem und pflanzenverfügbarem mit NH₄⁺ nichtaustauschbarem Kalium im gesamten Wurzelraum, der K-Konzentration der Bodenlösung, der Körnung und dem Gefüge.

(1) K-Konzentration der Bodenlösung und austauschbares Kalium

Das Gleichgewicht zwischen dem austauschbaren Kalium und der K-Konzentration der Bodenlösung wird von der K-Sättigung des Bo-

---

[56b] *Schüller, H.:* Pflanzenernähr. Bodenkd. 123 (1969) 48.

[57] *Grimme, H., K. Nemeth:* Landw. Forsch. 29 (1976) 13.

[58] *Schachtschabel, P., W. Köster:* Z. Pflanzenernähr. Bodenkd. 141 (1978) 43.

[58a] *Stålberg, St.:* Kgl. Skogsoch Lanthr. Tidskr. 97 (1958) 389.

[58b] *Schachtschabel, P.:* Landw. Forsch. Sonderh. 15 (1961) 29.

[58c] *Köhnlein, J., J. Knauer:* Z. Pflanzerernähr. Bodenkd. 86 (1959) 36.

dens, der K-Bindungsstärke und allen um die Austauschplätze konkurrierenden Kationen beeinflußt, in der Bodenlösung im wesentlichen von Ca^{2+} und meist nur in geringem Maße von Mg^{2+}. Diese Beziehungen kommen in den Austauschkurven von *Beckett*[59] zum Ausdruck (Abb. 115), die auch als Q/I-Kurven (Quantität/Intensität) bezeichnet werden.

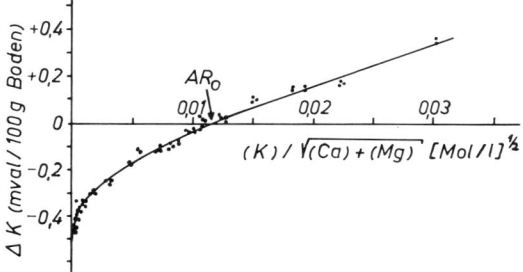

Abb. 115 Beziehung zwischen dem Aktivitätenverhältnis AR = (K)/√(Ca) + (Mg) und der Änderung des austauschbaren Kaliums (ΔK) eines Bodens (n. *Beckett*[59])

Hierbei wird der Boden mit KCl- und $CaCl_2$-haltigen Lösungen geringer Konzentration und verschiedener K/Ca-Verhältnisse 1 h geschüttelt und in der Gleichgewichtslösung K^+, Ca^{2+} und Mg^{2+} bestimmt. Die durch die Austauschvorgänge eintretende Erhöhung oder Verminderung der K-Gehalte der Lösung (ΔK) wird auf die Ordinate und das Aktivitätenverhältnis (K)/√(Ca) + (Mg) (= AR, activity ratio) auf der Abszisse aufgetragen. Im Schnittpunkt der Kurve mit der Abszisse (AR_0) gibt der Boden weder K^+ an die Lösung ab, noch nimmt er K^+ auf. Oberhalb AR ≈ 0,01 (bei diesem Boden) besteht zwischen der Zunahme des vom Boden adsorbierten Kaliums und der Zunahme von AR eine annähernd lineare Beziehung, bei anderen Böden aber häufig eine nicht lineare. Unterhalb AR ≈ 0,01 ist die Beziehung nicht linear.

Der Abstand zwischen dem Nullpunkt und dem Schnittpunkt der Kurve mit der Ordinate ergibt die K-Menge (hier 0,5 mval), die bei AR_0 von dem Boden ausgetauscht werden kann (labiles Kalium n. *Beckett*), sie entspricht also annähernd dem gesamten durch Ca^{2+} und Mg^{2+} austauschbaren Kalium unter den gewählten Versuchsbedingungen. Würde die K-Konzentration der Lösung noch weiter verringert werden, so würde bei Illit-haltigen Böden die Menge des austauschbaren Kaliums weiter steigen.

Der K-Anteil, der dem nicht linearen Teil der Kurve entspricht (≈ 0,3 mval) ist Bindungsplätzen an Tonmineralen mit hoher K-Selektivität (Zwischenschichten von Glimmern und Illiten) zuzuordnen. Diese K-Ionen sind erst bei geringer K-Konzentration der Bodenlösung gegen Ca^{2+} und Mg^{2+} austauschbar.

Aus K-Ca-Austauschkurven an verschiedenen Böden ergibt sich, daß bei gleicher K-Sättigung und gleicher Ca-Konzentration der Bodenlösung deren K-Konzentration um so geringer ist, je höher der Gehalt der Böden an Glimmern und Tonmineralen hoher Schichtladung ist, bzw. bei ähnlichem Tonmineralbestand, je höher der Tongehalt[59a] und je geringer die K-Sättigung[60] sind.

Der Einfluß der K-Sättigung auf die K-Bindungsstärke kommt auch in den *Gapon-Koeffizienten* zum Ausdruck (s. Abb. 47, S. 92), mit abnehmender K-Sättigung der Böden ist in der Regel eine Zunahme des Koeffizienten verbunden.

Aus der Steigung der Kurve in Abb. 115 in irgend einem Punkte kann die *Pufferkapazität* ΔK/ΔAR abgeleitet werden, je größer dieses Verhältnis bzw. die Steigung der Kurve ist, um so größer ist auch die K-Pufferkapazität. Eine gute K-Versorgung der Pflanzen ist sowohl bei hoher K-Pufferung und niedriger K-Konzentration als auch bei geringer K-Pufferung und hoher K-Konzentration gegeben. Die Pflanzen vermögen die K-Konzentration einer Nährlösung bis auf ≈ 0,04 mg K/l zu erniedrigen.

Da für das Pflanzenwachstum die K-Konzentration bzw. die K-Aktivität der Bodenlösung von größerer Bedeutung als das Aktivitätenverhältnis ist, kann für Fragen der K-Ernährung der Pflanzen die mittlere K-Konzentration der Bodenlösung neben der K-Pufferkapazität herangezogen werden[61, 62].

Bei der Heranziehung der K−Ca-Austauschkurven ist zu beachten, daß das labile Kalium nur einen Teil des pflanzenverfügbaren Kaliums beinhaltet (s. Kap. c).

[59] *Beckett, P.:* J. Soil Sci. 15 (1964) 1; Adv. Agron. 24 (1972) 379.
[59a] *Nemeth, K., K. Mengel, H. Grimme:* Soil Sci. 109 (1970) 179.
[60] *Nemeth, K., H. Grimme:* Soil Sci. 114 (1972) 349.
[61] *Niederbudde, E. A.:* Landw. Forsch. Sonderh. 35 (1979) 193.
[62] *Fischer, W. R., E. A. Niederbudde:* Landw. Forsch. 35 (1979) 207.

(2) Körnung

Die Körnung der Böden beeinflußt die K-Versorgung der Pflanzen vor allem über die K-Nachlieferung, die Transportrate und den Wasser- und Lufthaushalt.

Systematische Versuche über den Einfluß der Körnung auf die optimale K-Düngung wurden in den Niederlanden durchgeführt. Die dortigen Auen- und Marschböden sind hierfür besonders geeignet, weil sie eine einheitliche Tonmineralzusammensetzung und auf engem Raum eine große Variationsbreite der Körnung aufweisen. Auf die Ergebnisse wird in Kap. g eingegangen.

(3) Bodengefüge, K-Fixierung, organische Substanz

Das *Bodengefüge* beeinflußt die K-Versorgung der Pflanzen über die Durchwurzelungsintensität, Tiefe des Wurzelraums, Durchlüftung und Transportrate. Je dichter ein Boden gelagert ist, desto ungünstiger sind diese Eigenschaften ausgeprägt.

Die *K-Fixierung* kann bei der Bestimmung der K-Versorgung der Böden unberücksichtigt bleiben, weil sie in enger negativer Beziehung zur K-Sättigung der Böden steht (s. Kap. b).

An der *organischen Substanz* ist das Kalium sehr schwach gebunden, spezifische Austauschplätze für Kalium sind nicht vorhanden. Selbst bei geringen Tongehalten der Böden ist daher Kalium fast ausschließlich in der Tonfraktion gebunden, wenn Tonminerale hoher Schichtladung vorliegen.

(4) Unterboden

Die Pflanzen decken ihren K-Bedarf zu einem mehr oder weniger hohen Anteil aus dem Unterboden, wie an einigen Beispielen in Kap. 3 b gezeigt wurde (s. a. Versuch Geldersheim Kap. f). Je flachgründiger der Boden, je geringer die Durchwurzelung des Unterbodens, je höher das austauschbare Kalium in der Ackerkrume, je höher die Düngung und je höher die Bodenfeuchte in der Ackerkrume zur hauptsächlichen K-Aufnahme durch die Pflanzen sind, desto weniger trägt der Unterboden zur K-Aufnahme der Pflanzen bei. Daß aber die Pflanzen selbst noch bei hoher K-Sättigung des Bodens auch gleichzeitig das langsamer diffundierbare nichtaustauschbare Kalium aufzunehmen vermögen, geht aus den Neubauer-Versuchen in Abb. 114 hervor.

f) Feldversuche

Die Bestimmung der K-Versorgung von Böden erfolgt in der BRD bei Routineuntersuchungen meist unter Anwendung der Lactatmethoden (DL, CAL).

Aus Feldversuchen geht hervor, daß Hackfrüchte (besonders Kartoffeln) stärker als Getreide auf eine K-Düngung positiv reagieren und daß zwischen den Lactatwerten der Ackerkrume und den Mehrerträgen durch K-Düngung nur bei niedrigen K-Gehalten der Böden eine Beziehung besteht[63-64].

In 250 drei- und vierjährigen Feldversuchen, die in der BRD durchgeführt wurden, ergab sich, daß im Gegensatz zu Sandböden bei Schluff-, Lehm- und Tonböden im Mittel der Versuche eine K-Düngung zu Getreide nicht ökonomisch war, nur teilweise zu Kartoffeln und Zuckerrüben bei K(DL)-Werten von weniger als 8 mg K/100 g[63].

Die hohe K-Nachlieferung tonreicher Böden kommt auch in Feldversuchen auf dem Tertiär-Hügelland in *Bayern* zum Ausdruck (Fruchtfolge 2× Getreide, 1× Mais)[66]. Noch im 6. und 7. Versuchsjahr wurde bei 2 Lehmböden kein Mehrertrag durch K-Düngung erzielt, obwohl die K(CAL)-Werte von ≈ 17 und 15 mg K bis auf 9 und 11 mg K/100 g abgesunken waren.

Auf 4 Standorten im *Rheinland* (2 Lösse, 2 Hochflut-Lehme) wurde bei K(CAL)-Werten von 12-24 mg/100 g in 3jährigen Feldversuchen bei Getreide nur in einem von 8 Versuchsjahren ein Mehrertrag durch K-Düngung erzielt, bei Zuckerrüben im Mittel 4 Versuchsjahren ein Mehrertrag von 3 %.

Auf einer für Unterfranken typischen *Löß-Parabraunerde in Geldersheim* (Nähe Schweinfurt) wurde von *R. Bucher* ein langjähriger K-Düngungsversuch angelegt[65], bei dem in den ersten 21 Jahren außer den Erträgen auch der K-Gehalt der Ernteprodukte bestimmt wurde, in den folgenden 6 Jahren[66] nur die Erträge. Alle Ernteprodukte einschl. Stroh und Rübenblatt wurden vom Feld abgefahren.

[63] *Heimes, K. H.:* Phosphat- und Kalidüngungsversuche. Diss. Bonn (1971).
[64] *Schlichting, E., H. Sunkel:* Landw. Forsch. 24 (1971) 170.
[65] *Bucher, R., Th. Diez, E. Bihler:* Landw. Forsch. Sonderh. 37 (1981) im Druck.
[66] Versuchsergebnisse der Bayerischen Landesanstalt für Bodenkultur und Pflanzenbau 1978, 1979.

Die *Standorteigenschaften* waren wie folgt: Tongehalt des Bodens 21–27 %, pH ≈ 7, CaCO₃-Gehalt = 3 %, Gesamt-K = 2 %, mittlere Niederschläge = 542 mm, mittlere Jahrestemperatur = 9,3 °C (Trockenstandort).

Mittlere *Erträge:* Zuckerrüben 600 dt/ha (5 Ernten), Kartoffeln 300 dt/ha (3 Ernten), Winterweizen 68 dt/ha (8 Ernten), Sommergerste 49 dt/ha (8 Ernten).

K-Düngung: Die mineralische K-Düngung zu Getreide in den Jahren 1953–1973 betrug 0–33–66–99–132 kg K/ha, zu Hackfrüchten 50 % mehr; 1974–1979 zu allen Pflanzen das 2fache. Außerdem erfolgte in den Jahren 1953, 1956 und 1964 eine K-Zufuhr durch Stallmist von je 180 kg K/ha, entsprechend 23 kg K/ha im Mittel von 21 Versuchsjahren.

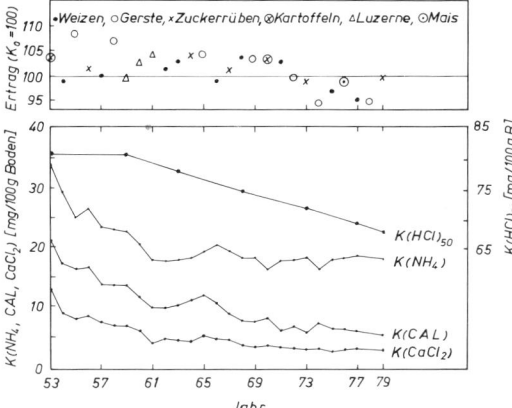

Abb. 116 Relative Erträge in einem 27jährigen Feldversuch auf einer Löß-Parabraunerde in Geldersheim (bezogen auf die K₀-Parzellen) und K-Gehalte der Böden nach verschiedenen Methoden (s. Kap. d) (n. *R. Bucher* 1953–1974[68] und *R. Diez* 1975–1979[44])

Tabelle 71 K-Zufuhr und K-Pflanzenentzug (= K-Abfuhr vom Feld) im Mittel von 21 Versuchsjahren (1953–1973), sowie K(CAL)-Werte, in einem Feldversuch auf einer Löß-Parabraunerde in Geldersheim (Bayern).

		Düngungsstufen			
	K₀	K₁	K₂	K₃	K₄
Zufuhr durch Stallmist (kg K/ha · Jahr)	23	23	23	23	23
Zufuhr durch KCl (kg K/ha · Jahr)	0	40	81	121	161
K-Entzug (kg K/ha · Jahr)	145	157	165	177	189
Entzug minus Zufuhr (kg K/ha · Jahr)	122	94	61	31	5
K(CAL) 1953	21	21	21	21	21
(mg K/100 g) 1974	7	7	12	15	15
1979	5	8	13	18	24

Folgende Ergebnisse wurden erzielt (Abb. 116, Tab. 71):

(1) Durch K-Düngung wurden keine oder nur geringe Mehrerträge in manchen Jahren erzielt. In den 27 Versuchsjahren betrugen die Mehrerträge gegenüber den K₀-Parzellen im Mittel bei Weizen 0,6 % (n = 8), Zuckerrüben 1,5 % (n = 5) und bei Sommergerste 2,5 % (n = 7), wobei bereits meist die erste, seltener die zweite K-Düngungsstufe zur Erzielung des Höchstertrags ausreichte. Bei Kartoffeln stieg zwar der Mehrertrag mit der K-Düngung, der Stärkeertrag blieb jedoch konstant. In den letzten 6 Versuchsjahren traten bei Getreide Mindererträge durch K-Düngung auf, obwohl z. B. die K(CAL)-Werte bis auf 5 mg K/100 g K abgesunken waren; diese beruhen wahrscheinlich auf Salzschäden (s. Kap. XXIV) und traten im Extrem (1974) mit 10 % bei einer Zufuhr von 66 kg K/ha als KCl bei Sommergerste auf.

(2) Mit zunehmender K-Düngung stieg nach Tab. 71 der K-Entzug. Diese Zunahme ist weitgehend auf Luxuskonsum der Pflanzen zurückzuführen; er betrug in den K₄-Parzellen 32 kg K/ha · Jahr, wenn man den K-Entzug in den K₁-Parzellen als ausreichend zur Erzielung des Höchstertrages ansieht.

(3) Das von den Pflanzen in den K₀-Parzellen entzogene Kalium (≈ 4000 kg K/ha in 27 Jahren) stammte zu 80 % aus dem Unterboden (vorwiegend aus nichtaustauschbarer Form), dessen austauschbares Kalium (K(NH₄)) von 19 auf 16 mg K/100 g abnahm.

(4) Aus der Ackerkrume wurde ab 1959 nur nichtaustauschbares Kalium an die Pflanzen abgegeben (20 kg K/ha · Jahr), wie aus der Abnahme der K(HCl)₅₀-Werte bei gleichbleibenden K(NH₄)-Werten zu folgern ist. Durch die HCl-Behandlung wurde das *gesamte* abgegebene nichtaustauschbare Kalium erfaßt, da bei längerer Extraktionszeit das gleiche Ergebnis erhalten wurde[67].

(5) Der optimale K-Gehalt des Bodens liegt nicht höher als 5–6 mg K(CAL)/100 g, wenn eine Netto-Entzugsdüngung angewandt wird. Das hohe K-Nachlieferungsvermögen dieses Lößbodens spiegelt sich in den relativ hohen K(HCl)₅₀-Werten wider (Abb. 116).

In 57 Feldversuchen mit Winterweizen (n = 41) und Wintergerste (n = 16) auf verschiedenen Böden in *Niedersachsen* (vorwiegend Löß-Parabraunerden) mit einem Tongehalt von 5–40 % (im Mittel 18 ± 10 %),

---

[67] *Schachtschabel, P.*: Unveröffentlicht.

K(CAL)-Werten von 7−56 mg/100 g und einem mittleren K(HCl)$_{50}$-Gehalt von 50 mg K/100 g wurden durch K-Düngung in den Jahren 1980 und 1981 (40−830 kg K/ha) keine Mehrerträge erzielt (relative Erträge 99,7 bezogen auf die K$_0$-Parzellen = 100)[68].

Dieses Ergebnis stand im Einklang mit dem K-Gehalt von Weizenpflanzen zur Zeit des beginnenden Ährenschiebens, der oberhalb des Grenzwertes von 1,8 % K in der Trockensubstanz für ausreichend mit Kalium versorgte Böden lag.

Auch die hohen K-Gehalte von jungen Haferpflanzen (Abb. 117) bestätigen die hohe K-Versorgung dieser Lößböden: 90 % der Werte lagen über 1,8 % K.

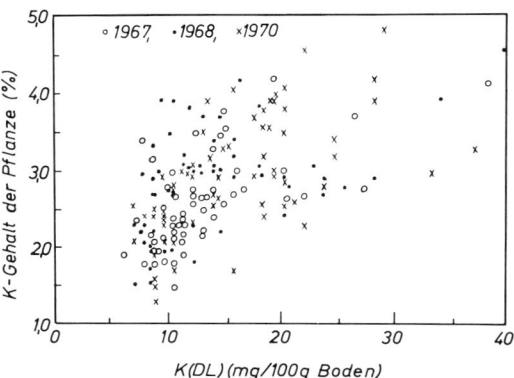

Abb. 117 Beziehung zwischen K(DL)-Gehalt von Lößböden in Niedersachsen und dem K-Gehalt von Haferpflanzen (Trockensubstanz) zur Zeit des beginnenden Rispenschiebens in den Jahren 1967−1970[69a]

Eine hohe K-Nachlieferung weisen auch andere deutsche tiefgründige, Illit-reiche Böden auf. Dies ergab z. B. ein 14jähriger Feldversuch auf einer Parabraunerde aus Geschiebemergel in Schaedbeck (Schleswig-Holstein)[58c]. Trotz der niedrigen K(DL)-Werte von 6−8 mg K/100 g war eine Zufuhr von 37 kg K/ha · Jahr in Form von Stallmist zur Erzielung des Höchstertrags ausreichend. Hierbei wurden zusätzlich 70 kg K/ha · Jahr der Ackerkrume und vermutlich auch dem Unterboden entzogen.

Im Gegensatz zu den vorstehenden Ergebnissen bei Löß-Parabraunerden wurden bei Lößböden im *Osnabrücker Hügelland* auch noch bei K(DL)-Werten von 16 mg K/100 g durch K-Düngung Mehrerträge erzielt[43]. Diese Lößböden gehören jedoch zum Bodentyp der Pseudogleye. Sie haben teilweise unter Heidevege-

tation gestanden und sind stark verdichtet (Grobporen im Unterboden nur 3−4 %)[69]. Die auf diesen Böden erzielten Ergebnisse sind daher nicht auf Lößböden anderen Bodentyps übertragbar.

Um den *Einfluß der Bodenart* auf den anzustrebenden K-Gehalt der Böden zu ermitteln, wurden Böden verschiedenen Tongehalts durch hohe K-Gaben (bis 1300 kg/ha über den K-Entzug der Pflanzen) innerhalb weniger Jahre im Mittel von 0,7 mg K(CAL)/g Ton auf 1,8 mg K(CAL)/g Ton angereichert, die Mehrerträge durch K-Düngung im Vergleich zu den nicht angereicherten Böden bestimmt und hieraus mindest anzustrebende K(CAL)-Werte von 1,7−1,1 mg K/g Ton (→ steigender Tongehalt der Böden) bei Anwendung einer Entzugsdüngung abgeleitet[70, 71]. Diese abgeleiteten Grenzwerte sind jedoch überhöht. So wurde z. B. für 14 tiefgründige Löß-Parabraunerden ein anzustrebender K(CAL)-Gehalt von mindestens 1,2 mg K/g Ton (entsprechend 18−25 mg K/100 g Boden) abgeleitet[70], der nach obigen Feldversuchsergebnissen auf Löß-Parabraunerden, bei denen sich der jeweilige K-Gehalt im Rahmen der normalen K-Düngung angereichert hatte, nicht gerechtfertigt ist.

g) K-Düngung

Die Höhe der optimalen K-Düngung ist neben sonstigen Standorteigenschaften (Kap. 5c) abhängig vom Gehalt der Böden an austauschbarem und nichtaustauschbarem Kalium im Ober- und Unterboden sowie deren Verfügbarkeit, der Bodenart, der Pflanzenart und dem Ertragsniveau. Als Maß für die K-Versorgung der Böden und die sich hieraus ergebenden K-Düngungsempfehlungen werden in der BRD meist die K(CAL)-Werte der Ackerkrume herangezogen, seltener die K(DL)- und K(CaCl$_2$)-Werte.

Im folgenden wird neben den K-Düngungsempfehlungen in der BRD auch auf die in benachbarten Ländern eingegangen. Hierbei stehen die Niederlande im Mittelpunkt, weil Bo-

[68] Versuche des Instituts für Pflanzenernährung der Universität Hannover. Veröffentl. in Vorbereitung.
[69] *Klausing, Chr.:* Unveröffentlicht.
[69a] *Schachtschabel, P., C. G. Heinemann:* Z. Pflanzenernähr. Bodenkd. 137 (1974) 123.
[70] *v. Braunschweig, L.-C.:* Landw. Forsch. Sonderh. 35 (1978) 219.
[71] *Finger, O., P. Schachtschabel:* Mitt. DLG 77 (1962) 102.

deneigenschaften, Ertragsniveau und klimatische Verhältnisse denen in Nord- und Westdeutschland gleichen und weil die Empfehlungen[23] aus einer hohen Anzahl systematisch angelegter Feldversuche abgeleitet wurden (s. a. Kap. 5 c).

Zum besseren Vergleich wurden im folgenden die K-Werte anderer Methoden nach den in Tab. 70 angegebenen Relativwerten in K(CAL)-Werte umgerechnet, bei den Lößböden z. B. aus den in den Niederlanden angewandten K(HCL)-Werten und bei den Sandböden aus den dort angewandten Kalizahlen[23]. Die Umrechnung ist möglich, weil die K-Werte nach verschiedenen Methoden bei gleicher Bodenart eng korrelieren und weil es sich um Mittelwerte handelt.

In Abb. 118 und 119 ist die *K-Düngung* in Abhängigkeit vom K(CAL)-Gehalt der Böden nach Empfehlungen nord- und westdeutscher Versuchsstationen und denen der Niederlande[23] für Getreide, Zuckerrüben und Kartoffeln dargestellt.

Aus Abb. 118 und 119 geht hervor, (1) daß die K-Düngungsempfehlungen in den Niederlanden wesentlich niedriger als die nord- und westdeutscher Versuchsstationen sind, (2) daß dort bereits bei sehr niedrigen K-Gehalten der Böden die K-Düngung unter dem K-Entzug der Pflanzen liegt und damit der verfügbare K-Vorrat der Böden stärker ausgenutzt wird und (3) daß sich die Grenzwerte der Sand- und Lößböden weniger unterscheiden. Dieser relativ ge-

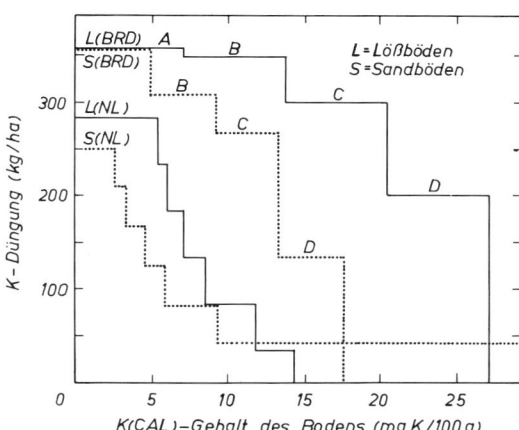

Abb. 119 K-Düngung zu Zuckerrüben und Kartoffeln, sonst wie in Abb. 118

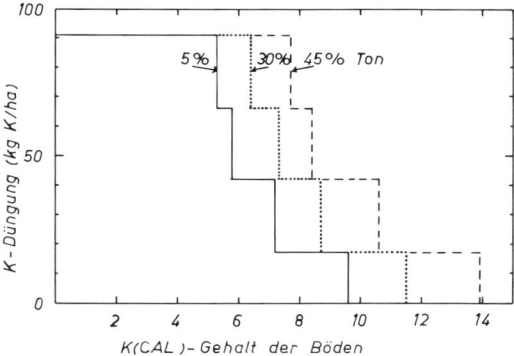

Abb. 119a K-Düngung zu Getreide in Abhängigkeit vom K(CAL)-Gehalt von Marsch- und Auenböden bei einem Tongehalt von 5 %, 20 % und 45 % nach niederländischen Empfehlungen[23]

ringe Einfluß der Bodenart auf die Höhe der K-Düngung kommt auch in Abb. 119 a zum Ausdruck.

Die niederländischen Empfehlungen stehen im Einklang mit neueren deutschen Feldversuchen auch anderer Gebiete (Kap. f) sowie mit denen benachbarter Länder, und sie ähneln im anzustrebenden bzw. aufrecht zu erhaltenden K-Bereich den in Tab. 72 angegebenen Grenzwerten der Jahre 1962–1975. In *Dänemark* betragen z. B. die Grenzwerte, bei denen eine Netto-Entzugsdüngung (Kap. 5 a, b) empfohlen wird, für alle Böden 7–9 mg K(CAL)/100 g (berechnet aus den dort angewandten K(NH$_4$)-Werten), in der *DDR* gelten die in der Tab. 72 für die Jahre 1962–1975 angeführten Grenzwerte.

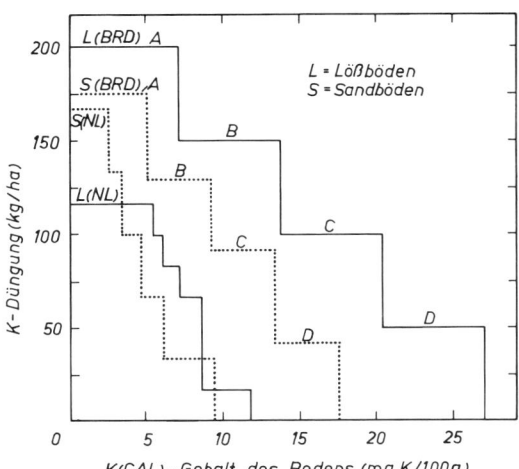

Abb. 118 K-Düngung zu Getreide auf Sandböden (Ton < 3 %, org. Subst. 2–3 %) und Löß-Parabraunerden nach Empfehlungen nord- und westdeutscher Versuchsstationen und der Niederlande (NL)[23] in Abhängigkeit vom K(CAL)-Gehalt der Böden (A–D = Gehaltsklassen, s. Kap. 5 b)

Tabelle 72 Mittlere K(CAL)-Grenzwerte von Ackerböden in der BRD, bei denen eine Netto-Entzugsdüngung bzw. Erhaltungsdüngung (Kap. 5 a, b) empfohlen wird (1962−1974 = Gehaltsklasse B; seit 1975 = Gehaltsklasse C) (mg K_2O = mg K × 1,21)

| Methode/Jahre | Tongehalt (%) | | |
	0 − 12	13 − 25	> 25
	(mg K/100 g)		
K(CAL) 1962 − ≈ 1975[71]	5 − 8	8 − 12	12 − 17
K(CAL) seit ≈ 1975			
Nord- u. Westdeutschland	9 − 13	14 − 21	22 − 35
Süddeutschland*	13 − 21	21 − 33	26 − 42

* Unterteilung in leichte, mittlere und schwere Böden.

Aus dem Vorstehenden kann gefolgert werden, daß die derzeitigen K-Grenzwerte und Düngungsempfehlungen in der BRD überhöht sind.

Nach der $CaCl_2$-Methode ist bei Grenzwerten von 4−7 mg K/100 ml Boden eine Netto-Entzugsdüngung zu empfehlen. Diese Grenzwerte gelten für alle Bodenarten (unabhängig vom Gehalt an org. Substanz), wenn der Boden volumetrisch eingemessen wird.

Überträgt man die niederländischen Empfehlungen in Abb. 118 und 119 unter Berücksichtigung der K-Versorgung (Tab. 73) auf die Böden der BRD, so bedürfen 53 % der Ackerböden (Gehaltsklasse C−E) keiner K-Düngung (ausgenommen einer geringeren K-Düngung zu Zuckerrüben und Kartoffeln auf tonarmen Sandböden), und bei nur 47 % der Böden wäre eine K-Düngung zu empfehlen.

Aus den Flächenanteilen unterschiedlicher K-Versorgung (Tab. 73) und den Anteilen der angebauten Pflanzenarten in der BRD läßt sich die K-Düngung nach den niederländischen Empfehlungen berechnen. Dies ist möglich, weil die Höhe der K-Düngung von der Bodenart nur wenig abhängig ist (s. Abb. 119a). Würden die Ackerböden in der BRD nur aus Sandböden bestehen, so ergäbe sich für das Jahr 1976 eine notwendige K-Düngung für die K-düngungsbedürftigen Böden von 30 kg K/ha, wenn nur Lößböden vorhanden wären, von 35 kg K/ha, die unter Berücksichtigung tonreicher Böden als Mittelwert angesehen werden kann.

Unter Einbeziehung der nicht K-düngungsbedürftigen Böden (Gehaltsklasse C−E) ergibt sich für das Ackerland der BRD nach den niederländischen Empfehlungen ein K-Bedarf von ≈ 18 kg/ha.

Nach den Empfehlungen in der BRD wurde dagegen für die landwirtschaftlich genutzte Fläche von 13,3 Mio. ha (also einschließlich Grünland) ein K-Bedarf von 122 kg K/ha berechnet[72], der auch mindestens für das Ackerland (≈ 7 Mio. ha) angenommen werden kann. Die K-Zufuhr durch Wirtschaftsdünger (67 % der anfallenden Menge) wurde zu ≈ 60 kg K/ha LF[72] berechnet, die K-Zufuhr durch Mineraldünger in den verschiedenen Jahren ist aus Kap. XXI zu ersehen.

Wie aus Tab. 72 zu ersehen ist, liegen die K-Grenzwerte in Süddeutschland wesentlich höher als in Nord- und Westdeutschland. Sie sind jedoch nicht durch Feldversuche belegt und auch nicht durch unterschiedliche Standortverhältnisse erklärbar. Dies kann daraus ersehen werden, daß in Süddeutschland einheitliche Richtlinien bestehen, obwohl die Standortunterschiede innerhalb dieses Raums ebenso groß sind wie zwischen Nord-, West- und Süddeutschland. Dies war auch der Grund, warum im Jahre 1962 einheitliche Richtlinien für das *gesamte* Bundesgebiet festgelegt wurden (s. Tab. 72).

Bei der Erhöhung der K-Düngungsempfehlungen und der K-Grenzwerte (Tab. 72 „seit 1975") Mitte der 70er Jahre stand das Bestreben im Vordergrund, den K-Gehalt der Böden soweit anzureichern, daß keine oder nur geringe Mehrerträge durch K-Düngung auftreten. Als Maß hierfür diente (besonders in Süddeutschland) ein weites Verhältnis zwischen dem austauschbaren Kalium (bzw. eines Anteils wie nach den Lactatwerten) und dem Tongehalt, damit eine hohe K-Konzentration in der Bodenlösung[70], die mit der K-Sättigung der Tonfraktion steigt (s. Kap. e (1) und[59a]).

Wie am Beispiel der Lößböden in Kap. f gezeigt wurde, ist eine gute K-Versorgung der Pflanzen jedoch auch bei einem engen K/Ton-Verhältnis gewährleistet, wenn der Boden ein hohes K-Nachlieferungsvermögen aufweist. So trat bei der Löß-Parabraunerde in Geldersheim (Kap. f) selbst bei einem K(CAL)-Gehalt von

Tabelle 73 K-Versorgung der Ackerböden in der BRD (1976) aufgrund von Bodenuntersuchungen nach den Lactatmethoden (DL, CAL)[72]

Gehaltsklasse	A	B	C	D	E
Anteil der Böden (%)	12	36	31	15	7

[72] *Früchtenicht, K., Gg. Hoffmann, H. Vetter:* Landw. Forsch. 31, Sonderh. 35 (1978) 157.

nur 5–6 mg K/100 g (= 0,3 mg K/g Ton) kein oder doch nur ein geringer Minderertrag bei unterbleibender K-Düngung auf (Abb. 116). Dagegen ergibt sich nach Tab. 72 für diesen Lößboden ein anzustrebender K(CAL)-Gehalt von 21–33 mg K/100 g (= 1,0–1,5 mg K/g Ton).

Die Feldversuchsergebnisse an Lößböden in Kap. f können auch auf andere tiefgründige Böden mittleren und hohen Tongehalts, die in der BRD in der Regel einen hohen Illitgehalt aufweisen, übertragen werden.

Die hohe K-Anreicherung in Ackerböden der BRD (Tab. 73) beruht neben der Mineraldüngung darauf, daß die K-Menge in den auf dem Feld verbleibenden *Vegetationsrückständen* (Stroh, Rübenblatt usw.) und in den *organischen Düngern* bei der Bemessung der K-Düngung weitgehend unberücksichtigt bleibt. Dieses Kalium ist aber, ebenso wie das von Mineraldüngern, völlig ausnutzbar[74].

Eine steigende K-Anreicherung im Boden ist mit einem zunehmenden *K-Luxuskonsum* der Pflanze verbunden, so daß mit der Höhe der K(CAL)-Werte, die zu ihrer Aufrechterhaltung notwendige K-Düngung steigt (s. Tab. 71). Die geringen K-Düngungsempfehlungen in den Niederlanden beruhen nicht nur auf einer stärkeren Berücksichtigung des K-Vorrats im Boden, sondern auch auf dem Bemühen, Luxuskonsum zu vermeiden.

Bemerkenswert ist auch, daß in den Niederlanden bei Anbau von *Zuckerrüben,* (unabhängig vom K-Gehalt der Böden) im Frühjahr eine zusätzliche *Zufuhr von Na-Salzen* in Höhe von 150 kg Na/ha (= 380 kg NaCl) zu tonarmen Sandböden und 75 kg Na/ha zu allen übrigen Böden empfohlen wird, wobei der Na-Gehalt der K-Salze und anderer Dünger berücksichtigt wird. In Feldversuchen wurde festgestellt, daß im Jahre 1981 die Erträge von Zuckerrüben durch NaCl-Zufuhr im Frühjahr in annähernd gleichem Maße wie durch KCl-Zusatz erhöht wurden[68]. Im Gegensatz zum Kalium ist eine NaCl-Zufuhr im Herbst infolge der geringen Na-Bindungsstärke im Boden mit einer starken Auswaschung im humiden Klimabereich verbunden, so daß die Na-Wirkung auf den Ertrag von Zuckerrüben ausbleibt. Die Na-Wirkung bei Zuckerrüben ist u. a. darauf zurückzuführen, daß Kalium im Stoffwechsel teilweise durch Natrium ersetzt werden kann.

Die *ökonomische Auswirkung* der hohen K-Grenzwerte bzw. der hohen K-Düngung für die Landwirtschaft ist erheblich, da die *Anhebung der K-Werte* in Böden mit einer hohen K-Zufuhr verbunden ist. So wurde bei norddeutschen Lößböden festgestellt, daß zur Anhebung der K(CAL)-Werte um 1 mg/100 g Boden eine K-Zufuhr über den Pflanzenentzug von 200 kg K/ha notwendig ist; die notwendige K-Zufuhr steigt bei ähnlicher Tonmineralzusammensetzung der Böden meist mit dem Tongehalt.

Umgekehrt haben Illit-reiche Böden ein hohes *K-Nachlieferungs*vermögen. So berechnet sich z. B. für den 27jährigen Feldversuch auf einer Löß-Parabraunerde in Geldersheim (K₀-Parzelle, s. Kap. f) mit einem Ausgangsgehalt von 21 mg K(CAL)/100 g, daß einer Abnahme der K(CAL)-Gehalte um 1 mg K/100 g in der Ackerkrume eine K-Abfuhr vom Feld in Höhe von 400 kg K/ha entspricht (K-Aufnahme durch die Pflanzen zu ≈ 80 % aus dem Unterboden). Würden die Vegetationsrückstände (Stroh, Rübenblatt usw.) nicht wie im vorliegenden Versuch vom Feld abgeführt sein, sondern im innerbetrieblichen Kreislauf verbleiben, so würde die K-Erschöpfung der Böden von 21 mg bis auf 5 mg K(CAL) selbst bei der intensiven Fruchtfolge (2× Getreide, 1× Hackfrüchte) erst in ≈ 80 Jahren erfolgen. Aus diesem Beispiel ist auf den großen verfügbaren K-Vorrat tiefgründiger Illit-reicher Böden zu schließen.

Eine *überhöhte K-Anreicherung* im Boden ist nicht nur unökonomisch, sondern hat auch neben der Chlorid-Anreicherung des Grundwassers (s. Tab. 66, S. 201) negative Auswirkungen auf Boden und Pflanze. Mit steigender K-Sättigung eines Bodens ist die *Mg-Aufnahme* durch die Pflanzen beeinträchtigt, was sich besonders bei Böden geringerer Mg-Versorgung auswirkt (s. Kap. Magnesium). Außerdem bewirkt eine überhöhte K-Düngung eine verstärkte *Mg-Auswaschung* und kann zu Salzschäden führen (s. Kap. XXIV).

Eine hohe K-Anreicherung im Boden wirkt sich negativ auf den *Zuckergehalt* der Zuckerrüben und *Stärkegehalt* und *Stärkeertrag* der Kartoffeln aus. Bei Sandböden lagen die optimalen K(CAL)-Gehalte bei nur 3–5 mg K/100 g[75] (s. a. Feldversuch Geldersheim Kap. f).

Bei *Grünland* ist die optimale K-Versorgung der Böden und die K-Düngung neben dem aus-

---

[74] *Kick, H., H. Paletschny:* Landw. Forsch. Sonderh. 36 (1979) 383.

[75] *Köster, W., J. F. Ohms:* Kartoffelwirtschaft 32 (1979), S. 4, Nr. 33, S. 4.

tauschbaren und verfügbaren nichtaustauschbaren Kalium in hohem Maße von der Nutzungsart abhängig[23]. Auch hier sinkt mit steigender K-Versorgung der Böden der Mg-Gehalt der Gräser.

h) K-Entzüge und K-Dünger

Die *K-Entzüge* für einige landwirtschaftliche Kulturen sind aus Tab. 74 am Beispiel der Richtlinien in Bayern zu ersehen.

Tabelle 74   K-Entzüge von Kulturpflanzen (Richtlinien in Bayern) (1 kg K = 1,21 kg K_2O)

Pflanzenart	Ertrag (dt/ha)	Entzug (kg K/ha)		
		Körner, Rüben, Knollen	Stroh Blatt	gesamt
Weizen	50	21	55	76
W.-Gerste	50	25	45	70
Roggen	40	21	50	71
Hafer	40	17	85	92
Körnermais	60	25	125	150
Raps	30	25	100	125
Kartoffeln	300	150	25	175
Zuckerrüben	500	90	185	275
Futterrüben	900	225	165	390
Erbsen/Bohnen	30	40	65	105

Der K-Gehalt von Mineraldüngern wird in der BRD als K_2O ausgedrückt; der Verbrauch der Landwirtschaft betrug im Wirtschaftsjahr 1979/80 1 206 353 t K_2O, entsprechend 98 kg K_2O/ha landwirtschaftlich genutzte Fläche (s. a. Kap. XXI). Hierbei war der K-Anteil von *Mehrnährstoffdüngern* 64 %, Kaliumchlorid 31 % und Kaliumsulfat (einschl. Mg-haltigen) 1,5 %. Kaliumchlorid wird in Form von „*50er Kali*" angewandt (1980 = 17 %, es enthält mindestens 50 % K_2O bzw. 79 % KCl, der Rest ist vorwiegend NaCl) oder in Form von *Kornkali* (1980 = 76 %), das neben 40 % K_2O mindestens 2,4 % Mg (entsprechend 5 % MgO) als $MgCl_2$ (9,5 %) enthält. Ein K-Dünger mit hohem Na-Gehalt ist der *Magnesium-Kainit* (24 % Na_2O, 12 % K_2O, 6 % MgO).

i) K-Auswaschung

Die K-Verlagerung im Profil unter dem Einfluß des Sickerwassers und die K-Auswaschung aus dem Wurzelraum ist bei *Schluff-*, *Lehm-* und *Tonböden* gering. So betrug in 3jährigen Untersuchungen zu verschiedenen Zeiten die K-Konzentration der Bodenlösung von 2 Löß-Parabraunerden hoher K-Versorgung in der Ackerkrume 1–10 mg K/l, in 60 cm Tiefe dagegen nur 0,2–0,6 mg K/l; die Auswaschung aus

dem Wurzelraum betrug weniger als 1 kg K/ha · Jahr[76] (s. a. Tab. 66). Eine ähnliche Auswaschung kann auch bei anderen tonreichen Böden angenommen werden.

In *Sandböden* ist die Auswaschung höher, sie wurde bei hoher Düngung bzw. hoher K-Sättigung der Böden bis zu 20–30 kg K/ha · Jahr bestimmt (s. a. Tab. 66) und kann zu einer relativ hohen K-Konzentration des oberflächennahen Grundwassers von 10–15 mg K/l führen[77]. Auch bei *Moorböden* kann eine hohe K-Auswaschung auftreten[78].

Die geringe K-Auswaschung in tonreichen Böden beruht auf der Adsorption und Fixierung der K-Ionen in aufgeweiteten Zwischenschichten von Tonmineralen hoher Ladung, wobei die K-Ionen adsorbierte Ca- und Mg-Ionen verdrängen. In Sandböden ist dies jedoch nur in geringem Maß der Fall, weil der Tonmineralgehalt gering ist und die Bindungsstärke der adsorbierten Ca- und Mg-Ionen an der organischen Substanz ein Vielfaches derjenigen der K-Ionen beträgt. Aus diesem Grund ist eine K-Düngung zu Sandböden im Herbst mit erheblichen Auswaschungsverlusten verbunden.

9. Natrium*

In Böden beträgt der Gesamtgehalt $\approx$ 0,1–1 % Na**. Leicht lösliche Na-Salze sind in jungen marinen Ablagerungen und in Salzböden meist als NaCl (Löslichkeit 26,5 Gew.-%), Na_2SO_4 (Löslichkeit 16,2 Gew.-%) und Na_2CO_3 (Löslichkeit 17,9 Gew.-%) enthalten und gelangen in Meeresnähe in erheblicher Menge als Aerosol auf das Festland.

In austauschbarer Form ist Natrium in Natrium- und Salznatriumböden angereichert. Eine hohe Na-Sättigung tritt auch im Oberboden dort auf, wo salzhaltiges Grundwasser so hoch ansteht, daß durch kapillaren Aufstieg Na-Salze an die Oberfläche gelangen, und dort, wo Böden mit städtischem Abwasser berieselt werden. In den Böden des humiden Klimas beträgt die Na-Sättigung jedoch meist nur 1–2 %,

[76] *Strebel, O.:* Unveröffentlicht.
[77] *Strebel, O., M. Renger:* Z. Kulturtechn., Flurbereinigung 18 (1977) 310.
[78] *Eggelsmann, R., H. Kuntze:* Landw. Forsch. Sonderh. 27/I (1973) 140.
* Zusammenfassende Literatur[32].
** 1 % Na entspricht 1,35 % Na_2O.

weil die Na-Salze (hauptsächlich durch Kalisalze dem Boden zugeführt) und das austauschbare Na$^+$ wegen seiner geringen Bindungsstärke leicht ausgewaschen werden. So sinkt z. B. die Na-Sättigung frisch eingedeichter CaCO$_3$-haltiger Marschen in wenigen Jahren von $\approx 25\%$ auf 2—3%, wobei die austauschbaren Na-Ionen durch Ca-Ionen ersetzt werden.

Natrium gehört zu den nützlichen Elementen für die Pflanzen, z. B. Betarüben, während spezifische Funktionen bisher noch nicht nachgewiesen wurden. Notwendig ist es für manche Salzpflanzen und Algen. Dagegen haben Weidetiere einen hohen Na-Bedarf, in den Weidegräsern wird daher ein Na-Gehalt von 0,2% in der Trockensubstanz als notwendig erachtet. In den Natriumböden bewirkt Na$_2$CO$_3$ ein hohes pH, wodurch die Verfügbarkeit von P, Fe, Zn und Mn im Boden stark herabgesetzt wird.

Eine Na-Düngung hat sich beim Anbau von Betarüben als ertragssteigernd erwiesen (s. Kap. 8 g). Natrium ist außer in reinem NaCl (39% Na) in den Kalisalzen (Kap. 6 e) und im Natronsalpeter ($\approx 21\%$ Na) enthalten.

10. Stickstoff*

Der Stickstoff nimmt unter den Nährstoffen eine besondere Stellung ein, weil (a) der N-Gehalt der Ausgangsgesteine sehr gering ist, (b) er vielfachen biologisch bedingten Umwandlungen im Boden unterliegt, (c) der N-Bedarf der Pflanzen im Vergleich zu anderen Nährstoffen am höchsten ist und (d) der Stickstoff in Böden, vor allem Mitteleuropas, derjenige Nährstoff ist, der den Ertrag am stärksten bestimmt.

a) N-Verbindungen

Im A-Horizont sind meist mehr als 95% des Gesamt-N *organisch* gebunden. An diesem N(org.) beträgt der prozentuale Anteil[83, 85] von Aminosäuren-N bis 60%, Aminozucker-N 5 bis 15%, Amid-N (Asparagin, Glutamin) bis 15% und nichthydrolysierbarem N (heterocyclisch) bis 30%. In sehr geringer Menge wurden Trimethylamin, Cholin, Harnstoff u. a. nachgewiesen. Der Dünger-Stickstoff wird zum Teil in der oberen Bodenschicht zu Amiden und Aminosäuren umgesetzt, die dann als leicht reaktionsfähige Verbindungen während der Vegetationsperiode teilweise wieder — je nach der Witterung — abgebaut werden können[86].

Anorganisch ist der Stickstoff überwiegend als Ammonium (NH$_4$$^+$), Nitrat (NO$_3$$^-$) und in sehr kleiner Menge als Nitrit (NO$_2$$^-$) gebunden. Nur ein kleiner Anteil liegt als austauschbares NH$_4$$^+$ vor, da dieses relativ schnell nitrifiziert wird. Der überwiegende NH$_4$-Anteil ist in nichtaustauschbarer Form in Silicaten, vor allem Glimmern und Kalifeldspäten, eingebaut. In Unterböden mit geringem C(org.)-Gehalt kann dieser NH$_4$-Anteil höher als der des organisch gebundenen Stickstoffs sein. Das austauschbare und in der Bodenlösung befindliche NH$_4$$^+$ sowie die Nitrate und Nitrite bilden den pflanzenverfügbaren Anteil des Stickstoffs und werden z. T. durch Mineralisierung der organischen Substanz nachgeliefert.

Neben N$_2$ kann in Böden in sehr geringer Konzentration ein nur selten erfaßbarer N-Anteil in Form der *gasförmigen* Verbindungen N$_2$O, NO und NO$_2$ auftreten.

b) N(org.)-Gehalt

Der N(org.)-Gehalt der Böden steht in enger Beziehung zum C(org.)-Gehalt und schwankt daher ebenfalls in einem weiten Bereich (0,02 bis 0,4%). Er wird ebenso wie der C(org.)-Gehalt durch Klima und Vegetation beeinflußt, in geringerem Ausmaß durch die Körnung der Böden, die Topographie und die menschliche Tätigkeit.

Die grundlegenden Untersuchungen von *H. Jenny* in den USA haben ergeben, daß bei vergleichbarem Klima der N-Gehalt der Böden mit steigender mittlerer Jahrestemperatur von 0 °C (Kanada) bis 21 °C (südliche USA) infolge Begünstigung der Mineralisierung sinkt (Abb. 120). Andererseits steigt bei gleicher *Temperatur* und gleicher Vegetation mit zunehmender

* Zusammenfassende Literatur[79–84].
[79] *Bartholomew, W, V., F. E. Clark* (Eds.): Soil nitrogen 10, Madison Wisc. 1965.
[80] *Allison, F. E.:* Advanc. Agron. 18 (1966) 219.
[81] *Molen, van der, H. (Ed.):* Symposium soil-N, Stikstof 12 (1968) 1—157.
[82] *Kundler, P.:* Albrecht-Thaer-Arch. 14 (1970) 191.
[83] *Meyer, B., B. Ulrich* (Hrsg.): Stickstoff im Boden. Göttinger Bodenkdl. Ber. 34 (1975) 1—328.
[84] *Makarov, B. N., B. N. Makarov:* Soviet Soil Sci. 8 (1976) 692.
[85] *Bremner, J. M.:* In Soil Biochemistry, *McLaren, A. D., Peterson, G. H.* (Eds.), Marcel Dekker, New York (1967).
[86] *Fleige, H., A. Kapelle:* Mitt. Dtsch. Bodenkdl. Ges. 22 (1975) 375.

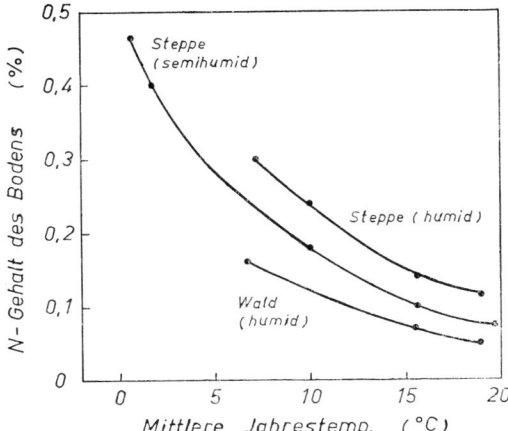

Abb. 120 Beziehungen zwischen N-Gehalt und mittlerer Jahrestemperatur bei Böden der USA unter dem Einfluß von Klima und Vegetation (n. *H. Jenny*)

Bodenfeuchte der N-Gehalt bis zu einem Höchstwert, der durch die Temperatur bestimmt wird. Aus Abb. 120 ist z. B. zu ersehen, daß bei gleicher Temperatur der N-Gehalt der Steppenböden des humiden Bereichs höher ist als derjenige des semihumiden Bereichs. Dieser Anstieg ist begründet in der mit zunehmender Humidität steigenden pflanzlichen Produktion, darüber hinaus in der Abnahme der Mineralisierung infolge des Wasserüberschusses (s. a. Bildung von Moorböden).

Der Einfluß der *Vegetation* auf den N-Gehalt spiegelt sich nach Abb. 120 darin wider, daß unter sonst gleichen Verhältnissen Steppenböden einen höheren N-Gehalt haben als Waldböden.

c) N-Mineralisierung und N-Immobilisierung

Die Umwandlung von organischen in anorganische N-Verbindungen in „mineralischen" Stickstoff (*N-Mineralisierung*), ist im Freiland auf die Tätigkeit zahlreicher Mikroorganismen zurückzuführen. Die erste Stufe dieser Umwandlung ist die *Ammonifizierung,* die nach folgendem Schema verläuft:

$$R - NH_2 + H_2O \rightarrow NH_3 + R - OH$$

An diesem exothermen Prozeß sind eine große Anzahl physiologisch sehr unterschiedlicher Organismen beteiligt, vor allem aerobe und anaerobe Eiweißzersetzer. Das so gebildete NH_3 setzt sich dann mit Wasser unter Bildung von NH_4-Ionen um, die dann durch andere Mikroorganismen zu NO_2^- und NO_3^- oxidiert

werden können (= *Nitrifizierung*). Der entgegengesetzte Vorgang, die Überführung anorganischer N-Verbindungen in organische Bindung, wird als *N-Immobilisierung* bezeichnet. Die Immobilisierung erfolgt durch Einbau von Stickstoff in die Körpersubstanz der Mikroorganismen, deren C/N-Verhältnis sehr eng (< 10) ist.

Das *Ausmaß* der *N-Mineralisierung* wird von dem C/N-Verhältnis der organischen Substanz, dem pH, dem Wassergehalt, der Temperatur und der Durchlüftung der Böden beeinflußt. Die Werte des mineralisierten Stickstoffs stellen einen Nettobetrag dar, da bei diesem Prozeß neben der N-Freisetzung eine gleichzeitige N-Immobilisierung durch die Mikroorganismen erfolgt.

Der leicht mineralisierbare Stickstoff von Böden kann auf chemischem Wege durch Extraktion mit einer Lösung von $KMnO_4$[87], $NaHCO_3$[88] oder KCl (bei 80 °C)[89] ermittelt werden.

Bei Waldböden[81, 90–92] und neuerdings auch bei Ackerböden[89a, b] haben sich *Inkubationsversuche* bewährt. Zwischen der Wuchsleistung von Fichten und Kiefern und dem in solchen Versuchen bestimmten Stickstoff konnten gute Beziehungen gefunden werden. Auch die Blattanalyse hat sich als eine brauchbare Methode zur Bestimmung der N-Verfügbarkeit in Böden mit Nadelbaumbeständen erwiesen[93].

(1) Einfluß von C/N-Verhältnis und Boden-pH

Beim Einfluß des C/N-Verhältnisses auf die N-Mineralisierung muß man unterscheiden zwischen leicht zersetzbaren organischen Stoffen (Pflanzenrückständen, Stroh usw.) und der organischen Substanz im Boden, die bereits einen langjährigen Umsetzungsprozeß durchgemacht hat.

Aus Abb. 121 ist zu ersehen, daß *leicht zersetzbare organische Stoffe* um so schneller ab-

[87] *Stanford, G., S. J. Smith:* Soil Sci. 126 (1978) 210.
[88] *Fox, R. H., W. P. Piekielek:* Soil Sci. Soc. Am. J. 42 (1978) 751.
[89] *Øien, A., A. R. Selmer-Olsen:* Acta Agric. Scand. 30 (1980) 149.
[89a] *Stanford, G., S. J. Smith:* Soil Sci. Soc. Am. Proc. 36 (1972) 465.
[89b] *Nuske, A., J. Richter:* Plant a. Soil 59 (1981) 237.
[90] *Øien, A., A. R. Selmer-Olsen, R. Bœrug, J. Lyngstad:* Acta Agric. Scand. 24 (1974) 222.
[91] *Gerlach, A.:* Scripta Geobotanica 5 (1973) 1.
[92] *Zöttl, H.:* Z. Pflanzenernähr. Bodenkd. 81 (1958) 35; 84 (1959) 116.
[93] *Wehrmann, J.:* Landw. Forsch. 16 (1963) 130.

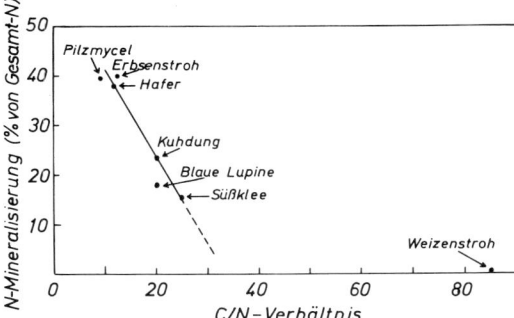

Abb. 121 Mineralisierung des Stickstoffs organischer Stoffe mit unterschiedlichem C/N-Verhältnis, Inkubationsdauer 25 Tage, Temperatur 40 °C (n. *H. L. Jensen*)

gebaut werden und damit die im gleichen Zeitraum mineralisierte N-Menge um so größer ist, je enger das C/N-Verhältnis war. So werden ohne NO_3- und NH_4-Zufuhr Leguminosen (C/N 15–25), Pilzmycele und gemahlene Haferkörner schneller mineralisiert als das N-arme Weizenstroh und anderes Getreidestroh (C/N = 50–100). Diese Beziehung gilt auch für den *Bestandsabfall* von *Waldbäumen;* nach *W. Wittich* ist die Laubstreu von Erle, Esche, Hainbuche (C/N = 20–30) leichter mineralisierbar als die von Eiche, Buche, Linde, Birke und Pappel (C/N = 40–60) und Fichte und Kiefer (C/N = $\approx$ 50). Auch wenig zersetzter strohiger *Stallmist* (C/N = 20–30) wird im Boden langsamer mineralisiert als gut verrotteter Stallmist (C/N = 15–20), das gleiche gilt für Komposte. Bei der Zufuhr von Getreidestroh, schlecht verrottetem Stallmist oder Kompost zum Boden kann daher eine vorübergehende Immobilisierung des im Boden vorhandenem NH_4^+ und NO_3^- durch die Mikroorganismen erfolgen. Im Laufe einiger Wochen und Monate – je nach der Menge der zugeführten organischen Stoffe und je nach der Bodenfeuchte und Temperatur – sterben die Mikroorganismen wieder ab, und der immobilisierte Stickstoff wird wieder mineralisiert. Erfolgt die Zufuhr des organischen Materials erst kurz vor der Saat im Frühjahr, so können die Pflanzen unter N-Mangel leiden, weil dann auch der Düngerstickstoff stärker immobilisiert werden kann.

Bei der in *Böden angereicherten organischen Substanz* wurden dagegen nur selten enge Beziehungen zwischen der N-Mineralisierung und dem C/N-Verhältnis festgestellt, wenn Böden unterschiedlicher Bildung zusammengefaßt

wurden. Dies ist darauf zurückzuführen, daß die organische Substanz aus Komponenten sehr verschiedener Zersetzbarkeit und C/N-Verhältnisse aufgebaut ist und daß bei der Bestimmung des organischen Stickstoffs auch mineralisch gebundenes NH_4^+ mit erfaßt wird, das das C/N-Verhältnis der organischen Substanz *verfälscht* (s. Kap. e). Die niedrigsten C/N-Verhältnisse von $\approx$ 10 haben Böden hoher biologischer Aktivität, z. B. Schwarzerden und Mull-Rendzinen. Mit abnehmendem pH und Einwirkung von Staunässe steigt das C/N-Verhältnis und erreicht in O-Horizonten von Podsolen mit 30–40, Niedermooren mit 15–30 und Hochmooren mit 50–60 die höchsten Werte.

Bei der N-Mineralisierung der organischen Substanz in O-Horizonten ergeben sich nur dann signifikante Beziehungen zum C/N-Verhältnis, wenn Gruppen ähnlicher mikrobieller Zersetzbarkeit gebildet werden, einerseits Rohhumus und Moder und andererseits Mull (*Zöttl* in[81]).

In Inkubationsversuchen an lange Zeit ackerbaulich genutzten Sand-Podsolen (A_p-Horizonte) wurde festgestellt (*van Dijk* in[81]), daß (a) zwischen dem C-Gehalt und dem C/N-Verhältnis eine positive Beziehung bestand und im Mittel der N-Gehalt bei niedrigem C/N-Verhältnis nicht viel höher war als bei hohem C/N-Verhältnis (bei Grasland auf tonreichen Gleyen stieg dagegen der N-Gehalt mit dem Gehalt an organischer Substanz), (b) die N-Mineralisierung mit steigendem C/N-Verhältnis (= steigender Gehalt an organischer Substanz) abnahm, wenn sie auf die Gewichtseinheit organische Substanz bezogen wurde. Die Zersetzbarkeit der organischen Substanz verringert sich augenscheinlich mit ihrem Gehalt im Boden.

Aus den bisherigen Untersuchungsergebnissen geht hervor, daß eine enge Beziehung zwischen der N-Mineralisierung einerseits und dem C/N-Verhältnis und dem N-Gehalt der Böden andererseits nur innerhalb des gleichen Bodentyps oder Subtyps besteht und daß im Mittel mit einer jährlichen Mineralisierung von 1–2 % des organisch gebundenen Stickstoffs gerechnet werden kann.

Der *Einfluß des Boden-pH* auf die N-Mineralisierung bzw. Ammonifizierung ist im normalen pH-Bereich der Kulturböden gering, wie z. B. in Inkubationsversuchen an 50 Böden der USA unterschiedlicher pH-Werte [pH (H_2O) 5,2 – 7,8] festgestellt wurde[94].

[94] *Thompson, L. M., C. A. Black, J. A. Zoellner:* Soil Sci. 77 (1954) 185.

Die erhöhte Mineralisierung bei der Kalkung saurer Böden ist daher auch nur vorübergehend und ebbt nach einiger Zeit wieder ab, wie in Inkubations- und Feldversuchen nachgewiesen wurde[95].

(2) Einfluß von Wassergehalt und Temperatur

Die N-Mineralisierung steigt mit dem *Wassergehalt* eines Bodens vom lufttrockenen Zustand bis zur Feldkapazität und Wassersättigung, wobei jedoch bei Wassersättigung die Denitrifizierung ein stärkeres Ausmaß annehmen kann. Außerdem erhöht sich die Geschwindigkeit der N-Mineralisierung in Analogie zur verstärkten CO_2-Entwicklung, wenn feuchte Phasen mit Trockenphasen (z. B. auch durch Frost) abwechseln. Diese verstärkte N-Mineralisierung kann zurückgeführt werden (a) auf neue für die Mikroorganismen zugängliche Oberflächen organischer Stoffe, die infolge Schrumpfung und Quellung durch den Zerfall von Aggregaten entstehen, (b) in geringem Ausmaß auf das Sterben von Mikroorganismen mit folgender Autolyse und Zersetzung. Wahrscheinlich sind auch Unterschiede der C-Gehalte im Freiland zwischen verschiedenen Jahren auf die gleichen Ursachen zurückzuführen. Die *Temperatur* wirkt sich derart aus, daß die N-Mineralisierung nahe dem Gefrierpunkt gering ist, mit zunehmender Temperatur steigt und bei etwa 35 °C ein Maximum erreicht.

d) Nitrifizierung und Denitrifizierung

Die *Nitrifizierung*[96], d. h. die Oxidation von Ammonium-(NH_4^+) zu Nitrit-(NO_2^-) und Nitrat-(NO_3^-)Ionen, ist für Boden und Pflanzen bedeutungsvoll, weil diese leicht der Auswaschung unterliegen. Die Oxidation von NH_4^+, das durch Mineralisierung von organischer Substanz entsteht oder durch NH_4-Dünger den Böden zugeführt wird, erfolgt in 2 Stufen:

$$NH_4^+ + 3/2 O_2 \rightarrow NO_2^- + H_2O + 2H^+ + 352\,kJ \quad (1)$$
$$NO_2^- + 1/2 O_2 \rightarrow NO_3^- + 74{,}5\,kJ \quad (2)$$

Diese exothermen Reaktionen werden in erster Linie durch die aerob lebenden autotrophen Bakterien *Nitrosomonas* (Stufe 1) und *Nitrobacter* (Stufe 2) durchgeführt und sind an die Anwesenheit von elementarem Sauerstoff gebunden.

Unter *anaeroben* Verhältnissen wird die *Denitrifizierung* begünstigt, weil zahlreiche fakultativ anaerobe Bakterien (z. B. Arten von Pseu-

domonas und Achromobacter) bei O_2-Mangel fähig sind, Nitrit- und Nitrat-Sauerstoff anstelle von elementarem Sauerstoff als H-Akzeptor bei enzymatischen Oxidationsreaktionen zu verwerten. Die Reduktion von NO_3^- führt zu Stickstoffdioxid (NO_2), Distickstoffoxid (N_2O) und elementarem Stickstoff (N_2), dagegen nur in geringer Menge zu Ammoniak (NH_3).

Die Denitrifizierung steigt mit der Bodenfeuchte, der Temperatur, dem Gehalt der Böden an NO_3^--N und leicht zersetzbarer organischer Substanz. Im Bereich 15–35 °C nimmt sie zu, zwischen 10 und 5 °C erfolgt eine steile Abnahme[97]. Sie beträgt in gut durchlüfteten Böden bis $\approx 15\%$ der N-Düngung, kann aber selbst unter normalen Witterungsverhältnissen bis $\approx 30\%$ betragen, wie in Feldversuchen mit dem Isotop ^{15}N in Löß-Parabraunerden nachgewiesen wurde[98, 99]. Der Verlauf der Denitrifizierung ist ebenso wie derjenige der Immobilisierung, Ammonifizierung und Nitrifizierung jahreszeitlich sehr unterschiedlich und wird auch von der Art der N-Düngung (NO_3 oder NH_4) beeinflußt[100].

Die *Nitrifizierung* wird verzögert durch ein niedriges pH der Böden und erreicht im Bereich pH 6–8 ihre höchste Geschwindigkeit. Bei hoher NH_4-Konzentration der Bodenlösung kann bei alkalischer Reaktion die Umwandlung von NO_2^- in NO_3^- so stark verzögert werden, daß sich vorübergehend (einige Wochen) *Nitrit* in Böden anreichert. Dies kann z. B. bei der Düngung mit NH_4-Salzen, Ammoniak und Harnstoff eintreten, also mit N-Verbindungen, die bei alkalischer Reaktion NH_3 bilden können. Die optimale *Temperatur* für die Nitrifizierung liegt zwischen 25 und 35 °C. Mit sinkender Temperatur wird sie zwar immer mehr verzögert, ist aber selbst bei 0–2 °C noch wirksam. In stark sauren Böden konnte dagegen eine Nitrifizierung bereits bei 10 °C nicht mehr festgestellt werden.

[95] *Nyborg, M. P., B. Hoyt:* Can. J. Soil Sci. 58 (1978) 331.
[96] *Beck, Th.:* Z. Pflanzenernähr. Bodenkd. 142 (1979) 344.
[97] *Stanford, G.* et al.: Soil Sci. Soc. Proc. 39 (1975) 867.
[98] *Fleige, H., A. Capelle:* Mitt. Dtsch. Bodenkdl. Ges. 20 (1974) 400.
[99] *Meyer, B., C. Mba:* Göttinger Bodenkdl. Ber. 34 (1975).
[100] *Gebhardt, H.:* Dtsch. Bodenkdl. Ges. 18 (1974) 208.

Eine Verzögerung der Nitrifizierung in Böden und damit eine Herabsetzung der NO_3-Verluste durch Auswaschung und Denitrifizierung kann durch Zusatz chemischer *Nitrifizierungs-Verzögerer* erreicht werden (in[100a]). Bewährt hat sich z. B. 2-Chlor-6-(trichlormethyl)-pyridin, das spezifisch auf Nitrobacter und Nitrosomonas wirkt und in Feldversuchen die Erträge von Zuckerrüben und anderen Kulturen bei Beregnung und NH_3-Düngung erhöhte.

Aus Inkubationsversuchen geht hervor, daß bei einer Versuchsdauer von 3 Wochen die Menge des gebildeten Nitrats mit dem *Sauerstoffgehalt* der durch den Boden geleiteten Luft stieg und bei einem O_2-Gehalt von 21 % den Höchstwert erreichte. Andererseits wurden bei Wassergehalten von Böden oberhalb der Feldkapazität neben der NO_3-Bildung auch N-Verluste durch Denitrifizierung festgestellt. Es ist jedoch unmöglich, einen Grenzwert für den O_2-Gehalt der Bodenluft bzw. der Bodenlösung festzulegen, bei dem nur eine Nitrifizierung oder Denitrifizierung erfolgt. Dies scheitert daran, daß die Bodenteilchen z. T. durch organische Stoffe zu Aggregaten verklebt sind, in die der Sauerstoff aus den luftgefüllten Poren der Umgebung nur langsam diffundieren kann, so daß innerhalb der wassergesättigten Aggregate (sie enthalten im wesentlichen nur Fein- und Mittelporen) anaerobe Verhältnisse auftreten können, während in unmittelbarer Umgebung der luftgefüllten Poren überwiegend aerobe Verhältnisse vorliegen. Infolgedessen kann wegen dieser mosaikartig verteilten Sauerstoffkonzentration in Böden gleichzeitig eine Denitrifizierung (im Innern der Aggregate) und Nitrifizierung (außerhalb) stattfinden.

e) Nichtaustauschbares NH_4^+ und NH_4-Fixierung

Silicathaltige Böden enthalten in der Regel nichtaustauschbares NH_4^+, das z. T. von den Ausgangsgesteinen ererbt wurde (natives NH_4^+), z. T. aus Verwitterungslösungen in das Gitter von Dreischichtmineralen (vor allem Illite) eingebaut wurde und zu einem geringen Anteil aus NH_4-Düngemitteln oder Ammonifizierung gebildeten NH_4^+ durch Dreischichtminerale hoher Schichtladung fixiert wurde. In dem Gitter von *Silicaten* ist das nichtaustauschbare NH_4^+ z. T. an den gleichen Plätzen wie das nichtaustauschbare Kalium gebunden (ähnlicher Ionendurchmesser). So wurden in Glimmern bis 500 mg/kg in Kalifeldspäten bis 140 mg/kg und in Illiten bis 900 mg/kg NH_4-N festgestellt[101]. Nach Schätzungen beträgt die gesamte in der Erdrinde gebundene NH_4-Menge etwa das 50fache des in der Atmosphäre vorhandenen elementaren Stickstoffs.

In Böden wurde der Gehalt an nichtaustauschbarem NH_4^+ bei Lößböden zu 80–210 mg/kg[101, 102], bei tonreichen Marschen zu 150–850 mg/kg[101] und Basaltverwitterung zu 13–35 mg/kg NH_4-N[102] bestimmt, in ariden und semiariden bzw. subhumiden Böden Israels bis zu 75 bzw. 140 mg/kg[103].

Das *native NH_4^+* ist erst pflanzenverfügbar nach physikalischer und chemischer Verwitterung der NH_4-haltigen Silicate, weil das im Innern der Silicate gebundene NH_4^+ blockiert ist. Ein Hinweis auf die höchstens in unbedeutender Menge stattfindende NH_4-Nachlieferung aus nativem NH_4^+ ist z. B. der fast gleiche Gehalt an nichtaustauschbarem NH_4^+ (a) in kultivierten und vergleichbaren nicht kultivierten Böden[104, 105] und (b) in einem Lößboden, der mehrere Jahrhunderte als Acker, Weide oder Wald genutzt wurde[101].

Im Gegensatz zu nativem NH_4^+ ist das *frisch fixierte NH_4^+* überwiegend pflanzenverfügbar[106], wie aus Untersuchungen mit ^{15}N hervorgeht[107]. Seine Verfügbarkeit kann mit der des frisch fixierten Kaliums gleichgesetzt werden, da sich beide Kationen hinsichtlich ihrer Bindungsstärke gleich verhalten.

Das nichtaustauschbare NH_4^+ verursacht bei der Bestimmung des *C/N-Verhältnisses* der organischen Substanz zu niedrige Werte, weil es beim Kjeldahl-Aufschluß mit erfaßt wird. Dies wirkt sich besonders bei geringem Gehalt der Böden an organischer Substanz und hohem Tongehalt aus. So verschob sich das C/N-Verhältnis bei Abzug des mineralisch gebundenen

[100a] Nitrification Inhibitors-Potentials and Limitations. ASA Spezial Publication No. 38. Amer. Soc. Agron., Madison (Wi), USA.

[101] *Schachtschabel, P.*: Z. Pflanzenernähr. Bodenkd. 93 (1961) 125.

[102] *Scheller, H. W., K. Mengel*: Landw. Forsch. 32 (1979) 416.

[103] *Feigin, A., D. H. Yaalon*: J. Soil Sci. 25 (1974) 384.

[104] *Hinman, W. C.*: Can. J. Soil Sci. 44 (1964) 151.

[105] *Osborne, G. J.*: Aust. J. Soil Res. 14 (1976) 373, 381.

[106] *Kowalenka, C. G., G. J. Ross*: Can. J. Soil Sci. 60 (1980) 61.

[107] *Scherer, H. W., N. Vollmer*: Z. Pflanzenernähr. Bodenkd. 143 (1980) 457.

NH_4^+ bei Löß-Parabraunerden und Löß-Schwarzerden im A_p-Horizont von 10 auf 11, in den C-armen Unterböden sogar von 6 auf 12. Die in der Literatur vorliegenden niedrigen C/N-Werte in B- und C-Horizonten beruhen daher auf der Nichtberücksichtigung des nichtaustauschbaren NH_4^+.

Alle Böden und Minerale, die K-Ionen fixieren, haben auch die Eigenschaft der *NH_4-Fixierung*. Fixierende Minerale sind Dreischichtminerale hoher Schichtladung. Da K- und NH_4-Ionen sehr ähnliche Ionendurchmesser und auch sonst ähnliche Eigenschaften besitzen, werden sie in annähernd dem gleichen Verhältnis fixiert, wie sie dem Boden zugeführt werden. Erniedrigt man daher durch eine gewisse K-Anreicherung die K-Fixierung eines Bodens, so wird auch die NH_4-Fixierung in gleichem Maße erniedrigt.

Zur Bestimmung des *nichtaustauschbaren* NH_4^+ (Summe von nativem und fixiertem NH_4^+) wird nach einer Methode von *Bremner* u. a. die Bodenprobe mit einer alkalischen KOBr-Lösung behandelt, um das austauschbare NH_4^+ und die organischen N-Verbindungen zu entfernen, der Rückstand mit 0,5 M-KCL ausgewaschen und dann während 24 h mit einer Mischlösung von 5 M-HF und M-HCl geschüttelt[108].

Bei der Bestimmung des *NH_4^+-Fixierungsvermögens* eines Bodens oder Minerals erfolgt die Vorbehandlung in analoger Weise wie bei der Bestimmung der nassen und trockenen K-Fixierung. Das nichtfixierte NH_4^+ wird durch wiederholte Behandlung mit einer KCl-Lösung extrahiert.

f) N-Auswaschung

Die N-Auswaschung steht in enger Beziehung zum Verlauf des Sickerwasserabflusses. Sie erfolgt daher in Analogie zur Versickerung weitgehend in der Zeit von Oktober bis April, und zwar als NO_3^-, seltener und nur in sehr geringem Umfang wie bei leicht durchlässigen Sandböden auch als NH_4^+. Im Vergleich zu anderen Nährstoffen weist die N-Auswaschung einige Abweichungen auf, die in der von der Jahreszeit abhängigen Mineralisierung, Immobilisierung und Denitrifizierung begründet sind.

Einen großen Einfluß auf die N-Auswaschung haben Art und Dauer des *Pflanzenbestandes*. Dieser ist z. B. daraus ersichtlich, daß die N-Auswaschung bei Grünland und Waldböden wesentlich geringer als bei Ackerland ist. So wurde in der BRD und den Niederlanden bei mittlerem Düngungsniveau bei Ackerland eine N-Auswaschung bis 90 kg/ha · Jahr bei Grünland selbst bei hoher Düngung nur bis

13 kg/ha · Jahr festgestellt (ref.[108a, 109], s. a. Abb. 108, S. 202).

Die höhere Auswaschung bei *Ackernutzung* ist auf die vegetationsfreie Zeit zurückzuführen, in der zwar laufend eine mehr oder weniger hohe Menge an NO_3^- gebildet wird, aber keine N-Aufnahme durch die Pflanzen erfolgt. Damit steht im Einklang, daß auch bei ungedüngter *kurzfristiger Brache* eine hohe NO_3-Menge ausgewaschen wird, die ähnliche Werte wie bei gedüngtem Ackerland erreichen kann. Bei *langfristiger Brache* sind allerdings Auswaschungswerte zu erwarten, die um 40 bis 50 % niedriger liegen als die von gedüngtem Ackerland. Um die N-Auswaschung möglichst niedrig zu halten, sollte besonders bei Sandböden oder hohen N-Gaben die N-Düngung aufgeteilt und dem Pflanzenentzug angepaßt werden.

Eine extrem hohe N-Auswaschung findet bei *Leguminosen* als Vorfrucht statt. So wurden nach Erbsen als Vorfrucht bei Winterweizen 145 kg und bei Futterrüben 225 kg N/ha, dagegen bei Sommergetreide als Vorfrucht nur 32 kg N/ha ausgewaschen (*Kolenbrander*, ref. in[109]). Unter wachsendem Klee wurde die 10- bis 20fache N-Auswaschung im Vergleich zu Gras festgestellt. Die starke Auswaschung bei Leguminosen beruht auf der Mineralisierung der ständig absterbenden N-reichen Wurzeln und der geringen N-Aufnahme durch die Pflanzen selbst.

Hinsichtlich der *Körnung* ist die N-Auswaschung bei leicht durchlässigen Sandböden am höchsten, während sich tonreichere Böden nur wenig unterscheiden. So berechnete *Ceratzki* durch Zusammenfassung der Literatur für Sandböden unterschiedlicher Körnung eine mittlere N-Auswaschung von 55 kg/ha · Jahr (Variationsbreite 27−113 kg), für die tonreicheren Böden von 21−26 kg N/ha · Jahr (Variationsbreite von 9−66 kg)[109].

Ein erheblicher Teil des ausgewaschenen Stickstoffs stammt aus dem in der organischen Substanz immobilisierten Stickstoff. Die N-Menge aus der Mineralisierung der organischen Substanz der Böden wird mit 1−2 % des orga-

---

[108] *Bremner, J. M., D. W. Nelson, J. A. Silva:* Soil Sci. Soc. Am. Proc. 31 (1967) 466.

[108a] *Strebel, O., M. Renger:* Mitt. Komm. Wasserforsch. DFG (1978).

[109] *Ceratzki, W.:* Landbauforschung Völkenrode 23 (1973) 1, umfangreiche Literatur.

[110] *Strebel, O., M. Renger:* Mitt. Dtsch. Bodenkdl. Ges. 30 (1981) 75.

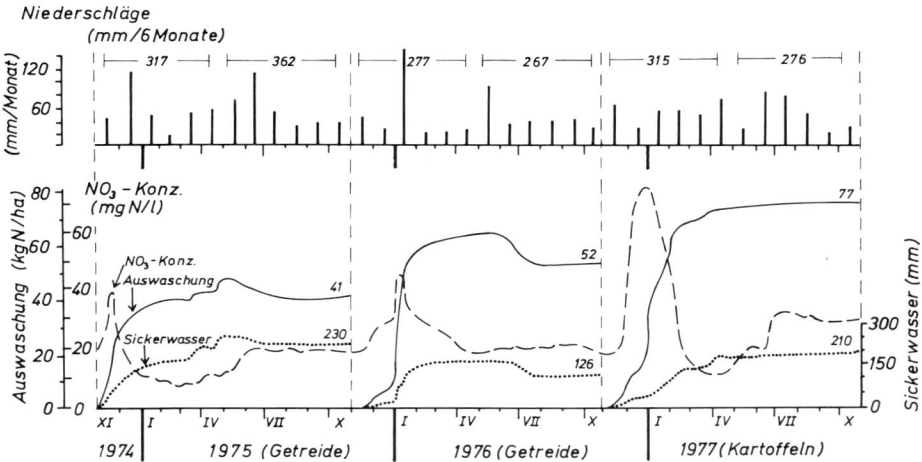

Abb. 122   Zeitlicher Verlauf der Nitratkonzentration im Bodenwasser unterhalb des Wurzelraumes (in 80 cm Tiefe) sowie Summenkurven für Nitratauswaschung und Sickerwassermenge bei einem ackerbaulich genutzten Gley-Podsol aus Sand (n. *O. Strebel* und *M. Renger*[111], ergänzt)

nisch gebundenen Stickstoffs angenommen, sie erreicht hohe Werte besonders bei häufigem Wechsel zwischen feuchten und trockenen Perioden. Diese Zusammenhänge sind bei organischer N-Düngung (Zeitpunkt und Menge der Ausbringung von Stallmist, Klärschlamm oder Gülle) zu beachten, um die N-Auswaschung möglichst niedrig zu halten.

Während der Vegetationsperiode erfolgt in Ackerböden unter mitteleuropäischen Klimaverhältnissen nur selten (z. B. in Sandböden bei sehr hohen Niederschlägen im Sommer) eine N-Auswaschung (s. Abb. 122). Aus diesem Grund spielt auch die N-Form der Düngemittel in dieser Hinsicht keine Rolle, da die N-Düngung in der Regel erst im Frühjahr erfolgt. Im übrigen werden NH_4^+ und NO_3^- innerhalb weniger Tage und Wochen immobilisiert und erst allmählich wieder im Verlauf der Vegetationsperiode mobilisiert. Indirekt wirkt sich die Düngung auf die N-Mobilisierung dadurch aus, daß die Erträge erhöht und die Mengen an leicht mineralisierbaren organischen Stoffen im Ober- und Unterboden stärker angereichert werden. Die so bewirkte stärkere N-Mobilisierung ist jedoch im Hinblick auf die Erzielung hoher Erträge als unabwendbar anzusehen.

In Abb. 122 ist der jahreszeitliche Verlauf der NO_3-Auswaschung unterhalb des Wurzelraumes bei einem grundwassernahen Sandboden (Grundwasserflurabstand 90–180 cm unter Bodenoberfläche) dargestellt. In den Monaten November bis März zeigt sich ein ausgeprägtes

Maximum in der NO_3-Konzentration des Sickerwassers, ein Anstieg der Sickerwassermenge und damit eine hohe Auswaschung (= Produkt aus Sickerwasserrate und NO_3-Konzentration). In den übrigen Monaten war nur eine geringe oder keine NO_3-Auswaschung vorhanden. Die Auswaschung betrug in den 3 Jahren 41–77 kg N/ha · Jahr, im 9jährigen Mittel 52 kg N/ha · Jahr.

Das im Vergleich zu anderen Jahren stärker ausgeprägte Maximum in der NO_3-Konzentration bzw. Auswaschung im Jahre 1976 ist auf die geringen Niederschläge während der Vegetationszeit (niedrige Ernte, geringe N-Aufnahme) und im Herbst zurückzuführen. Die Sickerwasserfront hatte daher in den folgenden Monaten November bis März eine besonders hohe NO_3-Konzentration.

Der Abfall der Summenkurven für Sickerwasser und Auswaschung in den niederschlagsarmen Monaten Juni–Juli 1975 und 1976 beruht auf kapillarem Aufstieg und damit verbundener NO_3-Zufuhr aus dem Grundwasser, sie betrug z. B. 12 kg N/ha im Jahre 1976.

Aus Abb. 122 ist auch ersichtlich, daß eine Bestimmung der Auswaschung von Nitrat, aber auch von anderen Nährstoffen, nach dem angewandten Verfahren nur bei hoher zeitlicher Meßdichte zu richtigen Ergebnissen führt.

Wie Abb. 123 zeigt, steigt die N-Auswaschung mit zunehmender N-Düngung, eine Zunahme von 10 kg N/ha · Jahr bedingt bei Sandböden eine Erhöhung der Auswaschung um 2,6 kg N/ha · Jahr. Die Darstellung beruht auf 17 Jahreswerten von ackerbaulich genutzten

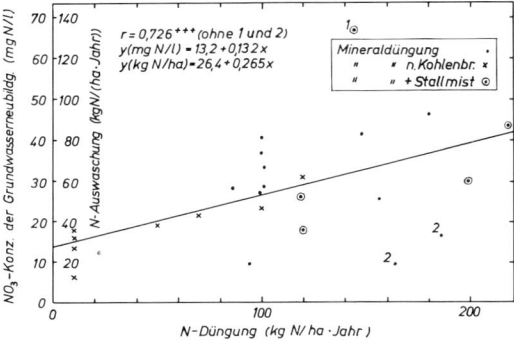

Abb. 123 Beziehung zwischen mittlerer Nitrat-N-Konzentration der jährlichen Grundwasserneubildung (bzw. Nitrat-N-Auswaschung bei 200 mm/Jahr Grundwasserneubildung) und N-Düngung bei Sandböden unter Ackernutzung (1 = Stallmistdüngung im Spätherbst, 2 = mit Raps-Zwischenfruchtanbau) (n. *O. Strebel* und *M. Renger*[110])

Sandböden, wobei die N-Düngung jeweils für das dem Untersuchungsjahr (1. 11.–31. 10.) vorausgehende Jahr gilt. Außerdem sind 8 Jahreswerte aus einer Zusammenstellung von *Kolenbrander*[110a] einbezogen. Die Beziehung zwischen N-Auswaschung und N-Düngung ist u. a. deswegen nicht besonders eng, weil der NO_3-Gehalt im Boden zu Beginn der Versickerungsperiode im November nicht nur von der N-Düngung, sondern auch von der durch die Witterung gesteuerten N-Mineralisierung abhängt.

Der theoretische ackerspezifische N-Austrag bei unterbleibender Düngung verursacht mit ≈ 30 kg N/ha · Jahr bei 200 mm Grundwasserneubildung bereits einen relativ hohen Basiswert. Die mit 2 gekennzeichneten Jahreswerte bei *Zwischenfruchtanbau* (Raps) liegen in ähnlicher Größenordnung wie dieser Basiswert. Dies ist ein Hinweis, daß durch Anbau von Zwischenfrüchten (ausgenommen Leguminosen) eine deutliche Verminderung der N-Auswaschung erreicht werden kann.

Die sehr hohe N-Auswaschung bei dem mit 1 gekennzeichneten Jahreswert beruht auf einer Stallmistdüngung im Spätherbst auf unbewachsenem Boden. Diese sollte daher, ebenso wie die Zufuhr von Gülle, Klärschlamm und von mineralischem N-Dünger, im Herbst und Frühwinter bei Sandböden unterbleiben.

g) Grundwasserbelastung durch Nitrat

Zur Beurteilung einer möglichen *Grundwasserbelastung* durch Nitratauswaschung kann man die versickerungsproportionale mittlere Nitrat-Konzentration der jährlichen Grundwasserneubildung heranziehen, also den Quotienten aus jährlicher N-Auswaschung zu jährlicher Grundwasserneubildung. Diese Größe ermöglicht eine unmittelbare Beurteilung von Nitrat-Belastung und Qualitätsminderung des oberflächennahen Grundwassers auf der Basis von Konzentrationswerten[108a]. Bei stärkerer Nitrat-Belastung kommt eine Trinkwassernutzung des Grundwassers wegen hygienisch-toxikologischer Bedenken nicht mehr in Frage (Probleme der Methämoglobinämie bei Kleinkindern sowie der Nitrosamin-Bildung, die mit der Entstehung von Krebs in Verbindung gebracht wird)[112, 113] (s. a. Kap. XXIII 5 a).

Nach der bisherigen Trinkwasserverordnung der BRD ist für Trinkwasser ein Höchstgehalt von 93 mg NO_3 (= 21 mg NO_3–N)/l festgelegt. Aufgrund einer neuen Richtlinie[114] wird der zulässige Höchstwert innerhalb der Europäischen Gemeinschaft ab Mitte 1982 einheitlich 50 mg NO_3 (= 11 mg NO_3–N)/l betragen.

Die mittlere Nitrat-Konzentration der Grundwasserneubildung ist in der Regel bei Waldstandorten und bei Grünland erheblich kleiner als 11 mg N/l, auch bei Grünland auf Sandböden mit einem Düngungsniveau unter ca. 300 kg N/ha · Jahr wird dieser Wert im allgemeinen nicht überschritten. Aus Abb. 123 ist zu entnehmen, daß die mittlere Nitrat-Konzentration der Grundwasserneubildung bei ackerbaulich genutzten Sandböden mit mittlerem Düngungsniveau meist über 11 mg N/l liegt. Vermutlich kann diese Konzentration auch bei schluff- und tonreicheren Böden unter Flächen mit hoher N-Düngung (z. B. Intensivgemüsebau), im Obst- und Weinbau oder bei Gülle- und Klärschlammdüngung überschritten werden. Um jede vermeidbare Nitrat-Belastung von Grundwasser auszuschließen, ist es notwendig, bei allen ackerbaulichen Maßnahmen neben einer Optimierung des Pflanzenertrages auch eine Minimierung der N-Auswaschung anzustreben (z. B. gezielte N-Düngung nach Bodenuntersuchung, Anbau von Zwischenfrüchten).

[110a] *Kolenbrander, G. J.:* Inst. Soil Fertility, Nota 83, Haren (1980).
[111] *Strebel, O., M. Renger:* Verh. Ges. Ökologie Göttingen (1976) 431.
[112] *Sander, J., F. Schweinsberg:* Zbl. Bakt. Hyg. I. Abt. Orig. B 156 (1972) 299.
[113] *Petri, H.:* Die Trinkwasser-Verordnung (1976) 75.
[114] Amtsbl. Europ. Gem. L 229 (1980) 11.

Höhere Nitrat-Konzentrationen der Grundwasserneubildung müssen jedoch nicht generell zu einer Qualitätsminderung des Grundwasserkörpers über einen größeren Tiefenbereich führen. Neben der Vorbelastung des Grundwasserzustroms sind z. B. Nitratverluste durch Denitrifikation im oberflächennahen Grundwasser[110, 110a] und Vermischung mit Nitrat-armem Grundwasser zu berücksichtigen. Dabei spielen die jeweiligen hydrochemischen und hydraulischen Voraussetzungen (Eindringtiefe des Nitrats in den Grundwasserträger und Verweilzeit im Grundwasser) ein erhebliche Rolle. Beispielsweise sind geringe Nitrat-Konzentrationen im Grundwasser dann zu erwarten, wenn im Einzugsgebiet das Flächenverhältnis von Wald und Grünland zu Ackerland relativ groß ist, oder wenn Ackerflächen überwiegend in Randbereichen des Einzugsgebietes liegen (größere Eindringtiefen und damit längere Verweilzeiten bzw. Denitrifikationsmöglichkeiten im Grundwasser). Liegt eine Nitrat-Belastung des oberflächennahen Grundwassers vor, so kann man im Gegensatz zu Vertikalfilterbrunnen durch Horizontalfilterbrunnen die Grundwasserentnahme auf Nitrat-ärmere tiefere Grundwasserbereiche beschränken. Zur Zeit weist der überwiegende Teil des für Trinkwasser geförderten Grundwassers in der BRD Nitratkonzentrationen unter 50 mg NO₃/l auf. Höhere Nitratgehalte können nach deutschen und niederländischen Untersuchungen bei flachen Trinkwasserbrunnen (< 25 m Tiefe) auftreten. Aus einzelnen Gebieten mit intensivem Ackerbau, Gemüsebau, Obst- oder Weinbau (z. B. im Norddeutschen Flachland, im Niederrhein-, Oberrhein- und Bodenseegebiet, Moseltal) sind deutlich höhere Konzentrationen (bis 90 mg NO₃/l und mehr) in Grundwassergewinnungsgebieten bekannt geworden.

h) N-Bilanz

Ebenso wie der C-Gehalt der Böden stellt sich auch der N-Gehalt bei gleichem Klima, gleicher Fruchtfolge und gleicher Düngung auf einen annähernd gleichen Wert ein, bei dem sich N-Gewinne und N-Verluste annähernd die Waage halten. Ändern sich die Gleichgewichtsbedingungen, so wird auch das N-Gleichgewicht gestört. Bei der Überführung z. B. eines Steppenbodens in einen Ackerboden (Abb. 124) wird der N-Gehalt erniedrigt, bei der Überführung eines Ackerbodens in Grünland erhöht (Abb. 125).

(1) N-Gewinne

N-Gewinne erfolgen durch Zufuhr mineralischer und wirtschaftseigener Dünger, durch biogene Bindung von Luftstickstoff[114a, 114b],

[114a] *Postgate, J. R.* (Ed.): The chemistry and biochemistry of nitrogen fixation. Plenum Press, London 1971.
[114b] *Quispel, A.:* The biology of nitrogen fixation. Frontiers of Biology 33 (1974).

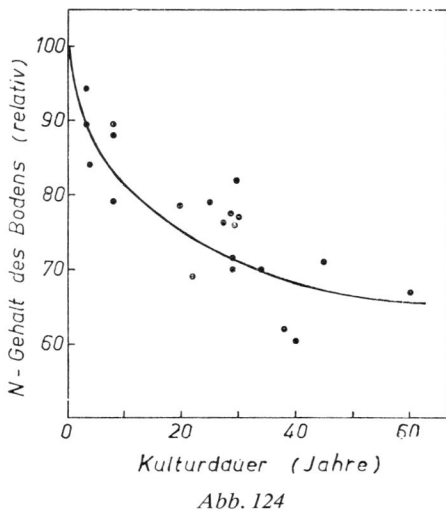

Abb. 124

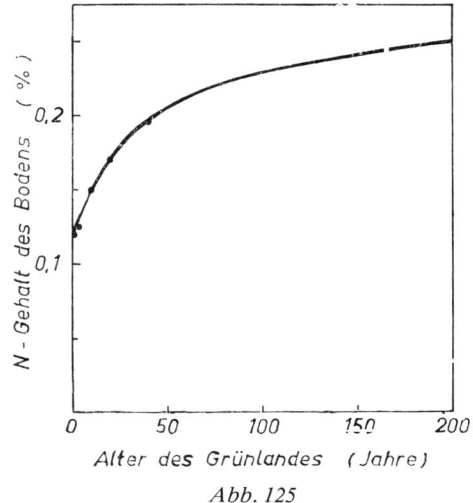

Abb. 125

Abb. 124   Änderung des N-Gehaltes eines Steppenbodens bei der Umwandlung in Ackerland (n. *H. Jenny*)

Abb. 125   Änderung des N-Gehaltes eines Ackerbodens bei der Umwandlung in Grasland (n. *H. L. Richardson*)

durch Niederschläge und in geringer Menge durch das Saatgut (je nach Art und Menge 2–20 kg N/ha).

(1.1) N-Düngung

Die N-Düngung und Anwendung der einzelnen N-Dünger ist von so zahlreichen Faktoren abhängig, daß auf die einschlägigen Lehrbücher verwiesen werden muß (s. a. Kap. i). In der BRD betrug der Verbrauch an Mineraldüngern im Wirtschaftsjahr 1979/80 126 kg N/ha (Kap. XXI). Hierbei war der N-Anteil der Ammonsulfatsalpetersorten (einschl. Salpetersorten) 67,7 %, Mehrnährstoffdünger 26,2 %, Kalkstickstoff 2,7 %, Ammonsulfat, Harnstoff, Ammoniakgas 3,4 %.

Unter den Boden- und Klimaverhältnissen Deutschlands kann angenommen werden, daß 30–100 % des zugeführten Düngerstickstoffs von den Pflanzen während einer Vegetationsperiode verwertet werden.

Die Zufuhr von *organisch gebundenem Stickstoff* erfolgt über Stallmist, Jauche, Gülle, Kompost und Siedlungsabfälle. Die *N-Ausnutzung* ist vom Zeitpunkt der Ausbringung abhängig. Sie wird z. B. für Stallmist (mittlerer N-Gehalt $\approx$ 0,5 %, starke Abhängigkeit von der Tierart) auf Ackerland bei Frühjahrsdüngung zu 50 % angegeben, bei Herbstdüngung dagegen nur zu 25 % infolge Denitrifizierung und N-Auswaschung (*Kolenbrander* in[81]). Ein Teil des organisch gebundenen Stickstoffs geht als NH_4^+ verloren oder kann von den Mikroorganismen nicht verwertet werden.

Die starke Anreicherung der Böden mit leicht mineralisierbarem organisch gebundenem Stickstoff hat dazu geführt, daß auf gut auch mit anderen Nährstoffen versorgten Böden heute bereits in den Parzellen ohne N-Düngung Getreideerträge von 50–60 dt/ha erzielt werden[114c]. Diese Anreicherung hat aber auch den Nachteil, daß bei zu hoher N-Düngung die stark von der Witterung abhängige N-Mineralisierung zur Bildung von Lagergetreide führen kann. Es kommt daher entscheidend darauf an, die N-Gaben zum jeweiligen Entwicklungsstadium des Getreides richtig zu bemessen und auch die im Frühjahr noch vorhandenen Vorräte an Nitrat zu berücksichtigen (s. Kap. i).

(1.2) Nichtsymbiontische N₂-Bindung

Die nichtsymbiontische N_2-Bindung beruht auf der Fähigkeit einiger freilebender Organismen,

Luftstickstoff zum Aufbau von Körpereiweiß zu verwenden und damit molekularen Stickstoff (N_2) in eine organische Bindung überzuführen. Neben manchen blaugrünen Algen (z. B. *Nostoc* und *Calothrix*), die N_2 unter Ausnutzung der Lichtenergie assimilieren und besonders in Reisböden von großer Bedeutung sind, sind es vor allem verschiedene Bakterien, die N_2 verwerten können; ihre Wirksamkeit wird stark vom pH und dem Sauerstoffgehalt der Böden beeinflußt. So sind z. B. *Azotobacter* und *Azotomonas* streng aerob und gedeihen optimal nur bei annähernd neutraler Reaktion.

Clostridium-Arten leben vorwiegend anaerob. Sie sind wesentlich weiter verbreitet als Azotobacter, da sie auch bei saurer Reaktion sowie bis zu pH 9,0 gedeihen. In tropischen Böden vermag *Beijerinckia* selbst bei pH 4 noch viel N_2 zu binden.

Die Bindung von atmosphärischem Stickstoff durch freilebende Bakterien wird bei ackerbaulicher Nutzung mit 0–60 kg N/ha · Jahr angegeben, in tropischen Böden bis 100 kg N/ha; in älteren Waldböden ist sie in der Regel sehr gering und wurde z. B. in der organischen Auflage eines Buchenwalds zu nur 1,5 kg N/ha · Jahr bestimmt[115].

(1.3) Symbiontische N₂-Bindung

Zur symbiontischen Bindung von Luftstickstoff sind vor allem Rhizobien (Knöllchenbakterien) in Symbiose mit Leguminosen befähigt. Die Gattung *Rhizobium* enthält verschiedene Arten, doch gibt es keine klar begrenzte Wirtsspezifität der verschiedenen Rhizobienarten. Bei einem Neuanbau von Leguminosen empfiehlt sich eine Impfung mit einem geeigneten Rhiszobiumstamm, wodurch die Erträge erheblich erhöht werden. Rhizobien verlangen gut durchlüftete Böden und eine schwach saure bis schwach alkalische Reaktion. Entsprechende Symbiosen mit Strahlenpilzen als Symbionten kommen bei einer Reihe von Holzgewächsen vor, z. B. bei der Erle (Alnus), dem Gagelstrauch (Myrica gale) und bei Ölweidengewächsen (Eleagnaceae und Casuarina) (Vorkommen besonders in den Tropen und Subtropen). Bei diesen Holzgewächsen wurde eine N-Anreicherung bis zu 60 kg N/ha · Jahr ermittelt.

[114c] *Sturm, H.:* Landw. Forsch. 30/I Sonderh. (1974) 127.
[115] *Hüser, R.:* Z. Pflanzenernähr. Bodenkd. 103 (1963) 220.

Die stärkste Bindung von N_2 erfolgt in Böden mit geringem Gehalt an pflanzenverfügbarem Stickstoff. Mit zunehmender N-Düngung konnte in zahlreichen Versuchen eine abnehmende Bindung von Luftstickstoff beobachtet werden. Bei reinem Leguminosenanbau kann eine N_2-Bindung durch Knöllchenbakterien von 200 bis 400 kg N/ha · Jahr angenommen werden.

(1.4) Niederschläge

Durch die Niederschläge gelangen mit 10–30 kg N/ha · Jahr erhebliche Mengen an N-Verbindungen in die Böden. Stickstoffoxide sind besonders in der Nähe von Industrieanlagen angereichert (s. Kap. XXIII 4 a).

(2) N-Verluste

N-Verluste treten in Böden auf durch Pflanzenentzug, Auswaschung, Entweichen von gasförmigen N-Verbindungen und durch Erosion.

(2.1) Pflanzenentzug

Dieser ist in hohem Maß vom Ertrag und von der Fruchtfolge abhängig, wie an den Beispielen in Tab. 65 (S.200) ersichtlich ist.

(2.2) Auswaschung

Außer durch Sickerwasser (s. Kap. f) können N-Verluste auch durch Oberflächenwasser entstehen.

(2.3) Gasförmige N-Verluste

Diese können die Folge mikrobieller Prozesse (Denitrifizierung, s. Kap. d) und chemischer Prozesse sein. Die *Denitrifizierung* verläuft relativ schnell und kann schon innerhalb einer Woche erheblich sein.

Die N-Verluste durch rein *chemische Prozesse* beruhen vorwiegend auf Reaktionen von Nitrit und Ammonium. Die N-Verluste beim *Nitrit* beruhen z. T. auf einer spontanen Zersetzung der bei der ersten Stufe der Nitrifizierung gebildeten salpetrigen Säure nach der Gleichung

$$2HNO_2 = NO_2 + NO + H_2O.$$

Eine zweite Reaktion bei der Zersetzung von Nitrit beruht auf seiner Reduktion zu N_2 und N_2O durch organische Verbindungen.

Stärkere N-Verluste können dagegen durch Entweichen von *Ammoniak* auftreten. Die Voraussetzungen sind in alkalischen Böden bei Zufuhr von NH_4^+ oder NH_4-bildenden Düngemitteln (z. B. Harnstoff, Ammoniak) gegeben. Die NH_3-Verluste erfolgen aufgrund der Reaktion:

$$NH_4^+ + OH^- = NH_3 + H_2O$$

Sie sind in sorptionsschwachen Böden größer als in sorptionsstarken Böden. Die NH_3-Verluste treten besonders nahe der Bodenoberfläche auf, sind aber gering, wenn Ammoniakgas in eine Schicht von $\approx$ 10 cm eingeblasen wird (Adsorption durch die Austauscher).

(2.4) Erosion

Die N-Verluste durch Erosion der Ackerkrume sind deswegen von erheblicher Auswirkung, weil in ihr meist der überwiegende Anteil des organisch gebundenen Stickstoffs angereichert ist und damit die Menge des mineralisierbaren Stickstoffs sinkt.

(3) Einfluß der Fruchtfolge und Düngung

Für den Einfluß der Fruchtfolge auf den Gehalt der Böden an organisch gebundenem Stickstoff gelten die gleichen Gesichtspunkte wie für den C-Gehalt der Böden (Kap. VII 4). Auch eine anorganische und organische Düngung wirkt sich daher auf den Gehalt der Böden an organisch gebundenem Stickstoff positiv aus, weil mit der Erhöhung der Erträge die Menge der Vegetationsrückstände steigt. Hierbei hat in der Regel die N-Düngung die stärkste Wirkung. So ist aus Tab. 75 ersichtlich, daß der N(org.)-Gehalt der Schwarzerde und der Löß-Parabraunerde in der NPK-Parzelle höher als in der ungedüngten Parzelle liegt.

Bei dem Steppenboden nahm der N-Gehalt sowohl in der ungedüngten als auch in der NPK-Parzelle im Laufe von 41 Jahren stark ab. Die N-Abnahme dürfte darin begründet sein, daß der Boden bei Versuchsbeginn erst kurze Zeit in Kultur war, so daß sich das N-Gleichgewicht im Boden unter der veränderten Vegetation noch nicht eingestellt hatte (s. Abb. 124). Bei den älteren europäischen Kulturböden ist diese Tendenz der N-Abnahme nicht mehr vorhanden, weil sich das durch Klima, Fruchtfolge und Düngung bedingte N-Gleichgewicht bereits annähernd eingestellt hat. Eine Erhöhung des N-Gehaltes in Böden durch

Tabelle 75   Einfluß einer NPK- und Stallmistdüngung auf den N-Gehalt des Bodens (%) und das C/N-Verhältnis nach mehrjähriger Ackernutzung

Boden	Herkunft	Versuchs-dauer (Jahre)	ungedüngt N	C/N	NPK N	C/N	NPK + Stallmist N	C/N
Schwarzerde	Halle[116]	81	0,085	13,2	0,094	13,4	0,132	12,7
Löß-Para-braunerde	Bonn[117]	45	0,094	11,9	0,101	11,6	0,108	11,2
Steppenboden	Kansas[118]	0	0,150	12,5	0,151	12,1	–	–
		19	0,135	12,5	0,134	12,4	–	–
		41	0,120	12,2	0,123	12,1	–	–

Stallmist ist nur bei hohen Gaben möglich, wie z. B. nach Tab. 75 bei einer Schwarzerde 120 dt/ha · Jahr und einer Löß-Parabraunerde 100–120 dt/ha · Jahr festgestellt wurde.

i) N-Verfügbarkeit und N-Bedarf

Zur Erzielung von Höchsterträgen muß der von den Pflanzen aufnehmbare Stickstoff im Boden soweit ergänzt werden, daß der N-Bedarf der Pflanzen während der gesamten Vegetationsperiode gedeckt wird. Da der Optimalbereich für Stickstoff im Gegensatz zu anderen Nährstoffen sehr eng ist (bei N-Überschuß leiden Ertrag und Qualität der Pflanzen und steigt die Auswaschung, eine zu geringe Zufuhr kann Ertragseinbußen zur Folge haben), ist eine möglichst genaue Dosierung der N-Düngung anzustreben.

Der N-Bedarf der Pflanzen wurde früher weitgehend nach Erfahrungswerten, Schätz- und Kalkulationsverfahren ermittelt. Erst seit etwa 10 Jahren wurde unter Einbeziehung des $(NO_3 + NH_4)$-Vorrats im Ober- und Unterboden die Möglichkeit geschaffen, die N-Düngung optimaler zu gestalten und der Praxis bessere Düngungsrichtlinien zu geben[119–122].

Ein anderes Konzept zur Ermittlung des N-Düngerbedarfs strebt die Erfassung der N-Nachlieferung von Böden mit Hilfe von Modellrechnungen an[122a].

Der $(NO_3 + NH_4)$-Vorrat im Boden wird am Ende des Winters bzw. vor der N-Düngung in der nutzbaren Bodenschicht bestimmt und in kg N/ha ausgedrückt. Dieser „mineralische" N-Vorrat im Boden wird in der BRD meist kurz als „N_{min}-Vorrat" bezeichnet. In ackerbaulich genutzten Böden besteht dieser Vorrat überwiegend aus Nitrat, so daß in Routineuntersuchungen häufig nur dieses bestimmt wird.

Der $(NO_3 + NH_4)$-Vorrat wird von zahlreichen Faktoren beeinflußt (s. a. Kap. h): *Bewirtschaftung* (Fruchtfolge, mineralische und orga-

nische N-Düngung zur Vorfrucht), *Bodeneigenschaften* (leicht mineralisierbarer Stickstoff, pH, Feldkapazität, Wasser- und Lufthaushalt) und *Witterung* (Niederschläge, Temperatur).

Die *nutzbare Bodenschicht* ist vom durchwurzelbaren Raum und der Wurzeldichte der Pflanzen abhängig. In tiefgründigen Böden wie Löß-Parabraunerden und -Schwarzerden kann der N-Vorrat im Boden von Getreide und Zuckerrüben bis zu einer Tiefe von etwa 100 cm voll genutzt werden.

Die *Verfügbarkeit des $(NO_3 + NH_4)$-Vorrats* im Boden ist am Beispiel von Winterweizen auf Lößböden aus Abb. 126 ersichtlich; der Kornertrag auf nicht mit Stickstoff gedüngten Böden steht bis 120 kg N/ha in enger Beziehung zum N-Vorrat im Boden. Die Streuung um die Regressionslinie ist zum Teil mit Einflüssen des Standorts, der Weizensorte, Wirtschaftsweise und Kulturmaßnahmen zu erklären, da die Versuche in mehr als 50 landwirtschaftlichen Betrieben durchgeführt wurden.

Aus Abb. 127 ist zu entnehmen, daß die für den Höchstertrag für Winterweizen erforderliche N-Düngung im Frühjahr offenbar fast ausschließlich vom $(NO_3 + NH_4)$-Vorrat der Böden bestimmt wird. Zur Erzielung des Höchstertrages muß dieser N-Vorrat durch die Früh-

---

[116] *Schmalfuß, K.:* Phosphorsäure 17 (1957) 133.
[117] *Dhein, A., H. Mertens:* Z. Acker- u. Pflanzenbau 100 (1956) 137.
[118] *Fritschen, L. J., J. A. Hobbs:* Soil Sci. Soc. Amer. Proc. 22 (1958) 439.
[119] *Ris, J.:* Stikstof 7 (1974) 78.
[120] *Scharpf, H. C., J. Wehrmann:* Landw. Forsch. Sonderheft 32 (1976) 100.
[121] *Müller, S.* et al.: Arch. Acker- u. Pflanzenbau, Bodenkd. 20 (1976) 713.
[122] *Wehrmann, J., H. C. Scharpf:* Plant a. Soil 52 (1979) 109 (umfassende Literatur).
[122a] *Richter, J., A. Nuske, M. Böhmer, J. Wehrmann:* Plant a. Soil 54 (1980) 329.

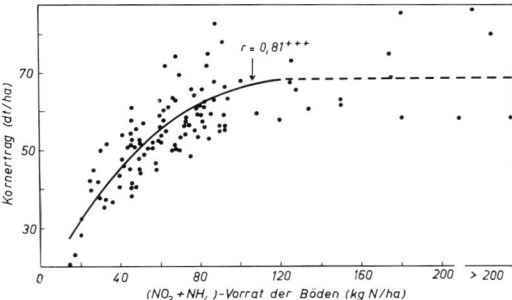

Abb. 126 Beziehung zwischen dem (NO₃ + NH₄)-Vorrat in niedersächsischen Lößböden (0–100 cm, im Februar 1976) und dem Kornertrag von Winterweizen auf Böden ohne N-Düngung[122]

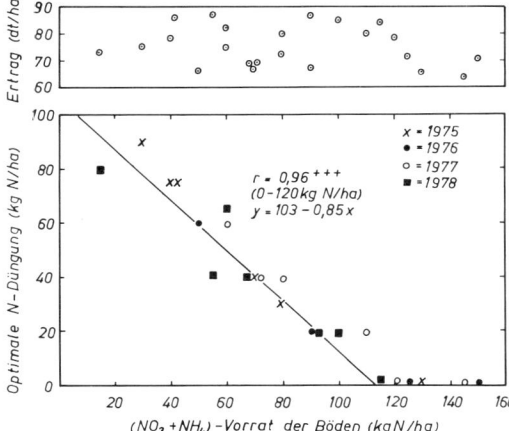

Abb. 127 Optimale N-Düngung im Frühjahr zu Winterweizen in Abhängigkeit vom (NO₃ + NH₄)-Vorrat von Lößböden im Frühjahr sowie Höchsterträge bei einem Gesamtangebot von 200 kg N/ha. Ergebnisse von 23 N-Steigerungsversuchen 1975–1978 (n. *Wehrmann* u. *Scharpf*[122], verändert)

jahrsdüngung auf etwa 120 kg N/ha ergänzt werden, wie aus der engen linearen Beziehung in Abb. 127 zu folgern ist. Oberhalb eines Vorrates von 120 kg N/ha kann auf eine N-Düngung im Frühjahr ganz verzichtet werden.

Die daraus abgeleitete Düngungsempfehlung steht in Einklang mit Ergebnissen von Feldversuchen auf Lößböden in Süd- und Westdeutschland sowie auf Fluß- und Seemarschböden in den Niederlanden.

Aus Abb. 127 ist auch zu schließen, daß die beiden N-Quellen für die Pflanzen (Bodenvorrat und Düngung) als gleichwertig anzusehen sind, weil keine Beziehung zwischen dem Höchstertrag und der Zusammensetzung des

N-Angebots im Frühjahr zu erkennen ist. Die Höchsterträge wurden dadurch erzielt, daß in allen Versuchen das N-Angebot im Frühjahr von 120 kg N/ha durch Spätdüngung um 80 kg auf 200 kg N/ha erhöht wurde.

Wie aus Abb. 126 ersichtlich ist und wie auch bei anderen Böden der BRD festgestellt wurde, kann der (NO₃ + NH₄)-Vorrat der Böden im Frühjahr sehr unterschiedlich sein. Er ist u. a. auch von der *Vorfrucht* abhängig und betrug z. B. bei Lößböden im Mittel der Jahre 1976–1978 nach Getreide 60 kg (Variationsbreite 6–283 kg), Zuckerrüben 80 kg (14–324) und stark gedüngtem Gemüse 160 kg N/ha (49–368). Auf tonarmen *Sandböden* ist der N-Vorrat nach niederschlagsreichen Wintern sehr gering und kann bei der N-Düngung unberücksichtigt bleiben. Nach niederschlagsarmen Wintern werden jedoch ähnliche Mengen wie in Lößböden gefunden.

Neben dem (NO₃ + NH₄)-Vorrat in einer bestimmten Bodenschicht sind bei der N-Düngung noch Pflanzenart, Zeit der Probenahme und Aufteilung der N-Düngung zu berücksichtigen.

Bei *Getreide* erfolgt die Probenahme im Februar oder März in einer Bodenschicht von 0–90 cm. Das optimale N-Angebot im Frühjahr (N-Vorrat + Düngung) zur Erzielung von Höchsterträgen wurde in niedersächsischen Lößböden wie folgt ermittelt: Winterweizen 120 kg, Wintergerste 100 kg, Winterroggen 80 kg. Dieses N-Angebot im Frühjahr mußte durch eine Spätdüngung bei Winterweizen um 80 kg, bei Wintergerste und Winterroggen um 60 kg ergänzt werden. Der gesamte N-Bedarf bei Hafer betrug 100 kg/ha.

Bei *Zuckerrüben* erfolgt die Probenahme im März oder Mai, wobei sich bei tiefgründigen Böden ebenfalls eine Probenahme in 0–90 cm Tiefe als optimal erwies, bei Kartoffeln in 0–60 cm. Für das gesamte N-Angebot waren bei Zuckerrüben 220 kg N/ha ausreichend.

Die Höhe des N-Angebots für ein optimales Wachstum wird dadurch kompliziert, daß während der Vegetationsperiode organisch gebundener Stickstoff mineralisiert wird (s. Kap. c). Diese *N-Nachlieferung* kann bisher nur annähernd und nachträglich ermittelt werden. Hierfür wird entweder die in N₀-Parzellen aufgenommene N-Menge (abzüglich des (NO₃ + NH₄)-Vorrats) oder die (NO₃ + NH₄)-Zunahme in vor Auswaschung geschützten Bracheparzellen herangezogen. Die so ermittelten Werte schwankten bei Lößböden zwischen 50 und 150 kg N/ha[122b] bei einer Fruchtfolge Getreide–Zuckerrüben in der Zeit zwischen März und August. Eine andere Möglichkeit zur Bestimmung der N-Nachlieferung besteht in der Anwendung von Inkubationsversuchen oder chemischen Extraktionsmethoden (s. Kap. c).

Bei einheitlicher Fruchtfolge, gleicher Wirtschaftsweise, gleicher Bodenform und gleichem Klima sind die Schwankungen der N-Nachlieferung jedoch so gering, daß diese bei der Düngung unberücksichtigt bleiben kann. Im übrigen wird die N-Nachlieferung durch N-Verluste annähernd ausgeglichen. Dies geht daraus hervor, daß vielfach die zum Erntezeitpunkt von den Pflanzen aufgenommene N-Menge der Summe aus (NO_3 + NH_4)-Vorrat des Bodens und der N-Düngung entspricht.

Ein brauchbares Maß für die N-Versorgung der Pflanzen zu einem bestimmten Zeitpunkt ist der NO_3-Gehalt im Pflanzensaft, der mit einem Schnelltest ermittelt werden kann[122c].

11. Phosphor*

In den Böden liegt der P-Gehalt meist im Bereich von 0,02–0,08 % P** und damit im Mittel mit 0,05 % auf gleicher Höhe wie der P-Gehalt der Erdkruste. Der Phosphor liegt in anorganischer und organischer Bindung vor; der Anteil des organischen Phosphors schwankt in der Ackerkrume von Mineralböden im Bereich von etwa 25–65 %. Ein Teil des anorganischen Phosphors liegt in wenig verwitterten Böden in Form von Apatit und in geringer Menge in Silicaten (Ersatz von Si) vor, ein anderer Teil in Form von Neubildungen, die durch Verwitterung vorwiegend aus Apatit und durch Umsetzung von Düngerphosphaten im Boden entstanden. Da diese Neubildungen in sehr feiner Korngröße vorliegen, oder Phosphationen von den Tonteilchen adsorbiert werden, ist der P-Gehalt der Tonfraktion meist höher als derjenige der gröberen Fraktionen.

Die von den *Mikroorganismen* gebundene P-Menge kann mit 60–120 kg P/ha angenommen werden, wenn man ihre Trockensubstanz mit 3000 kg/ha und ihren P-Gehalt mit 2–4 % annimmt.

a) P-Gehalt

Im Oberboden ist der P-Gehalt im Vergleich zum Unterboden infolge Anreicherung höher. In *unkultivierten Böden* erfolgte diese Anreicherung über die Mineralisierung von Vegetationsrückständen. Die P-Löslichkeit in wenig verwitterten Ausgangsgesteinen, in denen Phosphat vorwiegend in der Schluff- und Feinsandfraktion als Apatit vorliegt, ist zwar gering, so daß jede Pflanzengeneration nur wenige kg P/ha aufnimmt, dennoch kommt es im Verlaufe von Jahrhunderten zu einer allmählichen Anreicherung von leichter löslichen P-Verbindungen im Oberboden. Diese Anreicherung wird durch die schnellere Verwitterung des Apatits im sauren Milieu verstärkt. In *Kulturböden* erfolgt eine weitere P-Anreicherung im Oberboden durch die Phosphatdüngung.

Der *Gesamtvorrat* an anorganischem Phosphat, berechnet auf 1 m Profiltiefe, ist in Podsolen aus Sand am geringsten und wurde zu 1500–2000 kg P/ha bestimmt, in Parabraunerden und Schwarzerden aus Löß zu 3000–3500 kg P/ha, in anderen Böden bis zu 5000 kg P/ha[145].

b) P-Bindungsformen

Die in Böden vorkommenden Phosphatformen können unterteilt werden in definierte anorganische Phosphate, definierte organische P-Verbindungen und adsorbiertes Phosphat.

(1) Definierte anorganische Phosphate

Annähernd das gesamte anorganisch gebundene Phosphat liegt in Böden in Form schwerlöslicher Orthophosphate vor. Ihre Identifizierung ist schwierig, weil der Gehalt in Böden sehr gering ist und eine Trennung von anderen Bodenmineralen auf physikalischem Wege nicht möglich ist.

Als *Calciumphosphate* finden sich in Böden der *Hydroxylapatit* $Ca_5(PO_4)_3(OH)$ und der

---

[122b] *Böhmer, M., H. C. Scharpf, J. Wehrmann:* Landw. Forsch. Sonderh. 34 (1977) 45.
[122c] *Wehrmann, J., J. Wollring:* Z. Pflanzenernähr. Bodenkd. in Vorbereitung.
* Zusammenfassende Literatur[3, 123–127].
** 1 % P entspricht 2,29 % P_2O_5.
[123] *Hemwall, J. B.:* Advanc. Agron. 19 (1967) 151.
[124] *Larsen, S.:* Phosphorus in Agriculture 61 (1973) 1.
[125] *Parfitt, R. L.:* Advanc. Agron. 30 (1978) 1.
[126] *Bolt, G. H.:* Soil Chemistry B. Physical-Chemical Models. Elsevier, Amsterdam 1979.
[127] *Bernhardt, H.* (Hrsg.): Phosphor. Wege und Verbleib in der Bundesrepublik Deutschland. Chemie, Weinheim 1978.

Fluorapatit $Ca_5(PO_4)_3F$, die meist in isomorpher Mischung vorliegen, da sich OH^- und F^- infolge ähnlicher Ionendurchmesser ersetzen können. Apatite wurden häufig in wenig verwitterten Böden mikroskopisch in der Sand- und Schlufffraktion nachgewiesen. Der Apatit ist nur in alkalischen Böden stabil, unterhalb ≈ pH 7 wird er zersetzt.

Umwandlungsprodukte von Düngerphosphaten sind u. a. *Dicalciumphosphat* $CaHPO_4$ bzw. $CaHPO_4 \cdot 2H_2O$, *Octacalciumphosphat** $Ca_4H(PO_4)_3$ und vermutlich auch *Apatit*.

Wie aus Abb. 128 zu ersehen ist, sinkt die Löslichkeit der Calciumphosphate bei gleichem pH in der Reihe Dicalciumphosphat > Octacalciumphosphat > Apatit, sowie bei allen Calciumphosphaten mit steigendem pH.

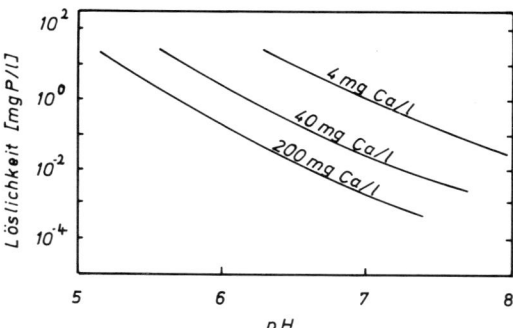

Abb. 129 Löslichkeit von Hydroxylapatit in Abhängigkeit vom pH bei verschiedener Ca-Konzentration (n. *B. Ulrich*)[128]

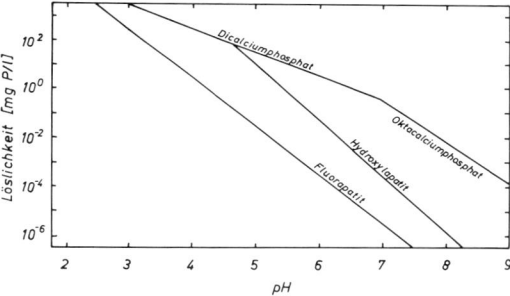

Abb. 128 Löslichkeit von Calciumphosphaten in Abhängigkeit vom pH der Lösung im Gleichgewicht mit einer Ca-Konzentration von 0,005 M[128]

Die Faktoren, welche die Löslichkeit der Calciumphosphate im wesentlichen beeinflussen, kommen in dem Löslichkeitsprodukt (K) zum Ausdruck, das in allgemeiner Form lautet (Klammern = Aktivitäten):

$$(Ca)^x \cdot (OH)^y \cdot (PO_4)^z = K_{Ca_xOH_y(PO_4)_z}$$

Die PO_4-Konzentration steigt demnach mit abnehmender OH- und Ca-Ionenkonzentration der Lösung. Der pH-Einfluß ist aus Abb. 128, der Einfluß der Ca-Konzentration am Beispiel des Hydroxylapatits aus Abb. 129 ersichtlich. Die beiden Ca-Konzentrationen von 4 mg und 200 mg Ca/l entsprechen Extremen in der Bodenlösung. Der gleiche Einfluß der Ca-Konzentration auf die Löslichkeit ergibt sich auch für die anderen Calciumphosphate. Bei einer Ca-Konzentration von z. B. 40 mg Ca/l und einem pH von 7 berechnet sich für Octacalciumphosphat eine Löslichkeit von 2 mg P/l, für Hydroxylapatit nur von 0,006 mg P/l[128].

Unter anaeroben, also reduzierenden Verhältnissen wie in Reduktionshorizonten von Grundwasserböden ist der *Vivianit* $Fe_3^{II}(PO_4)_2 \cdot 8H_2O$ anzutreffen.

In Böden Australiens, Indiens und Walis[9] wurden als Verwitterungsprodukte Phosphate der *Plumbogummit*-Reihe von der allgemeinen Zusammensetzung $MAl_3(PO_4)_2(OH)_5 \cdot H_2O$ festgestellt, wobei M z. B. Ca, Sr, Ba und ein Element der seltenen Erden wie Cer oder Yttrium sein kann. Dagegen treten *Strengit* $FePO_4 \cdot H_2O$ und *Variscit* $AlPO_4 \cdot 2H_2O$ im normalen pH-Bereich von Ackerböden im Gegensatz zu stark versauerten Waldböden nicht auf, ausgenommen möglicherweise vorübergehend in unmittelbarer Nähe stark saurer phosphathaltiger Düngernester.

(2) Definierte organische P-Verbindungen[129]

Den größten Anteil der organischen P-Verbindungen in Böden bilden bis zu 50 % die Salze der Inosithexaphosphorsäure, die *Phytate*. Diese zeigen ähnliche Adsorptions- und Fällungsreaktionen wie die Orthophosphationen. Sie liegen daher vorwiegend in adsorbierter Form vor und werden infolgedessen weniger leicht mineralisiert als andere organische Phosphate. Dagegen beträgt der Anteil der *Nucleinsäuren*, die den größten Anteil des organisch gebundenen Phosphors in Pflanzen und

---

* Dieser Name ergibt sich aus der Zusammensetzung einer Elementarzelle:
$Ca_8H_2(PO_4)_6 \cdot 5 H_2O$.
[128] *Ulrich, B.:* Boden und Pflanze. Enke, Stuttgart 1961.
[129] *Fares, F., J. C. Fardeau, F. Jacquin:* Phosphorus in Agric. 63 (1974) 25.

Mikroorganismen bilden, nur 5−10 %. Andere Phosphatester wie *Phosphorlipide, Zuckerphosphate* und *Phosphorproteine* sind in Böden zu weniger als 1 bis 2 % vorhanden.

Ein hoher Phosphatanteil ist an Al- und Fe-Ionen gebunden, die mit Huminsäuren und Fulvosäuren komplexiert sind.

Zwischen dem Gehalt der Böden an organischer Substanz und dem organisch gebundenen Phosphat besteht ein vom biologischen Bodenzustand abhängiger Zusammenhang. Im Rohhumus von Podsolen kann das C/P-Verhältnis über 1000 betragen, während es in Schwarzerden, Marschen und A_p-Horizonten ertragsreicher Böden meist unter 100 liegt. Im verrotteten Stallmist beträgt es 150 bis 250.

Die Pflanzen sind wahrscheinlich nicht in der Lage, Phytin- oder Nucleinsäuren aufzunehmen, sondern erst die beim Abbau durch Enzyme (z. B. Phytase) entstehenden Produkte. Die P-Mineralisierung ist bei normaler Temperatur gering. In Torf wurden z. B. bei 27 °C in 4 Monaten nur 5 bis 15 % des organisch gebundenen Phosphats unter optimalen Bedingungen mineralisiert[130].

(3) Adsorbiertes Phosphat

Ein hoher Anteil des Bodenphosphats ist mit unterschiedlicher Intensität an der Oberfläche von Sorbentien gebunden und bildet in sauren Böden die wesentliche Phosphatquelle der Pflanzen. Zu den Sorbentien gehören vor allem Eisen- und Aluminiumoxide bzw. -hydroxide, zu einem geringeren Anteil Tonminerale, organische Substanz und Calcit.

Bei der Adsorption von Phosphationen ($H_2PO_4^-$, HPO_4^{2-}) an diesen Sorbentien werden Liganden wie OH^- und H_2O, die mit Al und Fe koordiniert sind, ausgetauscht (spezifische Adsorption), sowie Phosphationen an positiv geladenen Plätzen wie $-OH_2^+$, austauschbarem Al^{3+} und Ca^{2+} angelagert (unspezifische Adsorption, s. Kap. XI).

Die Phosphatadsorption ist *abhängig* von der Zahl dieser reaktionsfähigen Gruppen, der Reaktionszeit, der Phosphatkonzentration und Ionenstärke der Lösung, dem pH-Wert und Verbindungen, die mit Phosphationen um die gleichen Bindungsplätze konkurrieren (HCO_3^-, organische Anionen, Kieselsäure usw.).

Die Phosphatadsorption steigt mit der Zahl reaktionsfähiger Gruppen, die bei *Eisenoxiden* eine Funktion der spezifischen Oberfläche ist, wie an Goethiten nachgewiesen wurde[131, 132].

Hämatit verhält sich ähnlich, da auch an seiner Oberfläche FeOH- und $FeOH_2$-Gruppen vorhanden sind. Die Adsorption ist besonders hoch bei Böden hoher Gehalte an Eisenoxiden wie Latosolen und B_s-Horizonten von Podsolen. Da die Bodenentwicklung im gemäßigt-humiden Klima mit einer Bodenversauerung und Freisetzung von Eisenoxiden verbunden ist, steigt auch die Fähigkeit der Böden zur Phosphatadsorption.

Bei Zusatz einer Phosphatlösung zum Boden erfolgt zunächst eine schnelle Adsorption, dann eine Periode, in der die Reaktion unter weiterer Phosphatadsorption sehr langsam verläuft[133]. Diese langsamere Reaktion beruht vermutlich auf der Bildung schwerer löslicher Phosphatverbindungen, sowie der Phosphatdiffusion durch feine Poren ins Innere von Bodenaggregaten und Eisenoxidkonretionen.

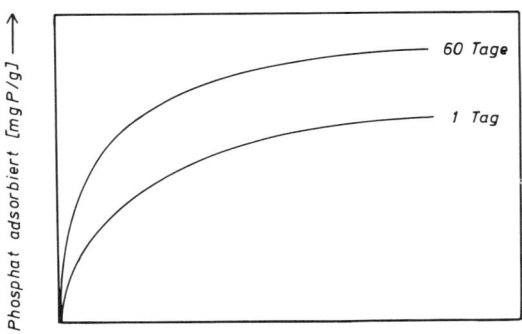

Abb. 130 Phosphatadsorption eines Bodens in Abhängigkeit von der Konzentration der Lösung nach einer Reaktionszeit von 1 und 60 Tagen (schematisch)

Der *Verlauf der Phosphatadsorption* in Abhängigkeit von der Konzentration der Lösung ist bei zwei verschiedenen Reaktionszeiten in Abb. 130 schematisch dargestellt. In diesem Schema ist demnach bei gleicher Phosphatkonzentration der Gleichgewichtslösung (aber verschiedener Ausgangskonzentration) die Adsorption nach 60 Tagen etwa doppelt so hoch

[130] *Kaila, A.:* J. Sci. Agric. Soc. Finnland 30 (1958) 133.
[131] *Atkinson, R. J., A. M. Posner, J. P. Quirk:* J. inorg. nucl. Chem. 34 (1972) 2201.
[132] *Taylor, R. M., U. Schwertmann:* Aust. J. Soil Res. 12 (1974) 133.
[133] *Fitter, A. H.:* J. Soil Sci. 25 (1974) 41.

wie nach einem Tag. Der Endpunkt der Phosphatadsorption wird meist erst nach Monaten erreicht. So ist es auch zu erklären, daß zur Anhebung der Phosphatkonzentration in der Bodenlösung um eine Einheit im Feld die 2- bis 3fache Phosphatzufuhr notwendig ist, wie sie sich aus kurzfristigen Laborversuchen ergibt.

Bei hoher Konzentration, wie sie im Freiland in der Nähe von Phosphatdüngernestern auftreten kann, werden an den Sorbentien offenbar Stellen geringer Bindungsenergie besetzt und schließlich können auch Fällungsreaktionen auftreten.

Mit steigendem *pH-Wert* sinkt die Phosphatadsorption, weil OH-Ionen verstärkt mit Phosphationen um die Sorptionsplätze konkurrieren.

Aus den erwähnten Gründen ist eine *Phosphat-Adsorptionskapazität* nicht exakt bestimmbar. In deutschen Böden wurden aus Langmuir-Isothermen Werte von 200 bis 1200 mg P/kg Boden berechnet[134].

An *Tonmineralen* ist die Phosphatadsorption in der Regel gering. Eine höhere Adsorption beruht meist auf Überzügen von Al- und Fe-Hydroxo-Polymeren.

Auch *Calcit* besitzt nur ein geringes Phosphatadsorptionsvermögen, wobei sich an der Oberfläche Dicalciumphosphat[135] und Octacalciumphosphat[135] und Hydroxylapatit[135a] bilden können.

Die *organische Substanz* in Böden ist nur zur Phosphatadsorption befähigt, wenn sie komplex gebundenes Al^{3+} oder Fe^{3+} enthält[136, 137], wie es in sauren Böden die Regel ist. Andernfalls vermag sie kein Phosphat zu adsorbieren, wie auch aus der geringen Phosphatadsorption und der leichten Phosphatauswaschung in Hochmoorböden ersichtlich ist (s. Kap. m). Auf die Desorption von Phosphationen wird in Kap. e näher eingegangen.

c) Umsetzungen der Düngerphosphate

Die Umsetzungsprodukte der Düngerphosphate im Boden sind für die Phosphatversorgung der Pflanzen von Bedeutung, weil diese ihren Phosphatbedarf weitgehend aus den Phosphatneubildungen decken. Mit steigendem pH und damit steigender Ca-Konzentration der Bodenlösung wird die Bildung von Calciumphosphaten begünstigt. Dies ist besonders in $CaCO_3$-haltigen Böden der Fall.

Bei Zusatz von Monocalciumphosphat, wie es z. B. im Superphosphat und Triplephosphat

vorhanden ist, zu einem *$CaCO_3$-haltigen Boden* bildet sich zunächst Dicalciumphosphat, das sich dann in Ca-reichere Calciumphosphate umsetzt, wobei als Endprodukte Octacalciumphosphat und vermutlich Hydroxylapatit entstehen können (s. a.[138]).

Die neugebildeten Phosphate sind in der Regel schlecht kristallisiert, von geringer Korngröße und haben daher eine höhere Löslichkeit und Lösungsgeschwindigkeit als die gleichen, aber gut kristallisierten gealterten Calciumphosphate.

Im sauren Bereich wird die Bildung von adsorbiertem Phosphat im Boden begünstigt, wie aus Abb. 131 gefolgert werden kann. Dies gilt auch für die Umwandlung des in Form von feingemahlenem *Rohphosphat* zugeführten Apatits, der nur im alkalischen Bereich beständig ist. Die Geschwindigkeit seiner Umwandlung steigt mit sinkendem pH, wie aus der erhöhten Phosphatverfügbarkeit unterhalb pH $\approx$ 6 zu folgern ist. Der Umsatz wird auch beschleunigt durch eine hohe mikrobielle Aktivität (H_2CO_3-Bildung) und einen hohen Gehalt an organischer Substanz, wobei diese H-Ionen an den Apatit abgibt und freigesetzte Ca-Ionen adsorbiert. Sinngemäß das gleiche gilt für die Umsetzung von *Thomasphosphat* und anderer schwerlöslicher Calciumphosphate (s. a.[139]).

Auf eine Besonderheit bei der Lösung von Monocalciumphosphat und Dicalciumphosphat in Böden sei noch hingewiesen. Diese Phosphate lösen sich inkongruent, das Ca/P-Verhältnis in der Lösung ist anders als das der festen Reaktionsphase. Beim Monocalciumphosphat kann die Reaktion durch folgende Gleichung wiedergegeben werden:

$$Ca(H_2PO_4)_2 \rightarrow CaHPO_4 + H_3PO_4$$

So ist es zu erklären, daß die konzentrierte Lösung um ein Korn von Superphosphat ein pH von $\approx$ 1,5 haben kann.

[134] *Schwertmann, U., H. Knittel:* Z. Pflanzenernähr. Bodenkd. 134 (1973) 43.

[135] *Freemann, J. S., D. L. Rowell:* J. Soil Sci. 32 (1981) 75.

[135a] *Griffin, R. A., J. J. Jurinak:* Soil Sci. Soc. Amer. Proc. 38 (1974) 75.

[136] *Fox, R. L., E. J. Kamprath:* Soil Sci. Soc. Amer. Proc. 35 (1971) 154.

[137] *Levesque, M., M. Schnitzer:* Soil Sci. 103 (1967) 183.

[138] *Hooker, M. L.* et al.: Soil Sci. Soc. Amer. J. 49 (1980) 269.

[139] *Wiechmann, H.:* Z. Pflanzenernähr. Bodenkd. 115 (1966) 114, 123.

In der Umgebung von Phosphatkörnern in Böden wurden in Laborversuchen $\approx$ 30 kristalline Phosphatneubildungen nachgewiesen[140], wie z. B. auch *Tarankite* $(K,NH_4)_3Al_5H_6(PO_4)_8 \cdot 18H_2O$ und *Magnesiumammoniumphosphat* $MgNH_4PO_4$.

d) Anteile der anorganischen P-Fraktionen

Die im Kap. c aufgezeigten Tendenzen der Bildung des Anteils der verschiedenen Phosphatformen in Abhängigkeit vom pH werden durch Fraktionierung des Bodenphosphats gestützt, wie aus Abb. 131 ersichtlich ist. Mit zunehmen-

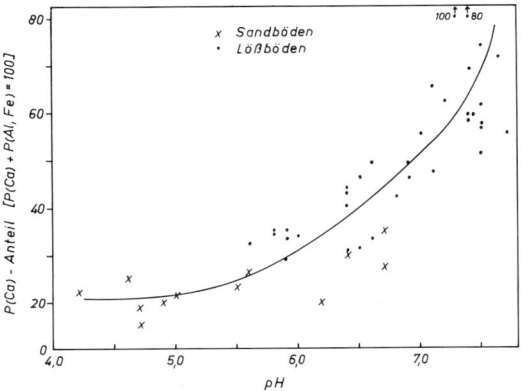

Abb. 131 Anteil des Calciumphosphats [P(Ca)] an der Summe von P(Ca) und adsorbiertem Phosphat [P(AL, Fe)] von Böden (A_p-Horizonte) in Abhängigkeit vom pH-Wert. Fraktionierung n. *Chang* u. *Jackson*[141] sowie *Kurmies*[142]

dem pH und verstärkt bei $CaCO_3$-haltigen Böden steigt der Anteil der Calciumphosphate [P(Ca)], während im gleichen Ausmaß der Anteil des adsorbierten Phosphats [P(Al,Fe)] sinkt.

Nach der Methode von *Chang* u. *Jackson* wird der Boden nacheinander extrahiert mit einer Lösung von Ammoniumchlorid, Ammoniumfluorid [Lösung von P(Al)], Natronlauge [Lösung von P(Fe)] und Schwefelsäure [Lösung von P(Ca)]. Diese Methode ist jedoch etwas fehlerhaft, weil z. B. die Trennung von P(Al) und P(Fe) nicht quantitativ ist. Um diese Fehlermöglichkeiten zu beheben, wird nach der Methode von *Kurmies* der Boden nach Desorption des austauschbaren Ca mit einer KCl-Lösung nur mit Natronlauge extrahiert [Summe von P(Al) und P(Fe)] und anschließend mit Schwefelsäure [P(Ca)][143] (s. a. [144,138]).

e) Löslichkeit des Bodenphosphats

Der Übergang des Bodenphosphats in die Lösung beruht zum Teil wie bei den Calciumphos-

phaten auf der Lösung des gesamten Salzes, zum Teil auf einer Desorption. Da eine Abgrenzung dieser beiden Vorgänge experimentell nicht möglich ist, werden sie im folgenden unter dem Begriff P-Lösung zusammengefaßt. Beim adsorbierten Phosphat beruht der Lösungsvorgang vor allem auf dem Austausch durch OH^-, HCO_3^- und organische Anionen, die durch mikrobielle Vorgänge und Wurzelausscheidungen entstehen, sowie auf der Verdrängung durch H_2O-Moleküle (Ligandenaustausch).

Das gelöste Phosphat kann als Orthophosphat $H_2PO_4^-$, HPO_4^{--} und in geringer Menge als organisches Phosphat vorliegen. Neben der Ionenform ist ein Teil des Bodenphosphats, besonders bei geringer Salzkonzentration, in kolloider Form in der Bodenlösung suspendiert. In dieser Form kann Phosphat leichter verlagert werden, da es mit den Bodenmineralen weniger stark reagiert. Der kolloid suspendierte Anteil ist besonders hoch, wenn dem Boden organische Flüssigdünger wie Gülle zugeführt werden.

Die *Löslichkeit* und *Pufferung* des Bodenphosphats sind für die Phosphatversorgung der Pflanzen von Bedeutung, weil der jeweilige Phosphatgehalt in der Bodenlösung kaum mehr als $1/_{100}$ des Phosphatbedarfs der Pflanze während einer Vegetationsperiode beträgt. Wenn auch die Pflanzen die Phosphatkonzentration einer Nährlösung bis auf $\approx$ 0,005 mg P/l zu erniedrigen vermögen, muß doch die P-Konzentration der Bodenlösung für ein optimales Pflanzenwachstum 0,2 bis 0,4 mg P/l betragen[125]. In tieferen Bodenhorizonten ist die P-Konzentration selbst in hoch gedüngten Böden sehr gering und beträgt nur 0,003 bis 0,1 mg P/l, worauf die geringe Phosphatauswaschung beruht.

Um einen Überblick über die Löslichkeit des *gesamten anorganischen Bodenphosphats* zu erhalten, wurden Bodenproben verschiedener Eigenschaften wiederholt mit Wasser im Verhältnis 1:50 geschüttelt und die P-Gehalte in

[140] *Lindsay, W. L., A. W. Frazier, H. F. Stephenson:* Soil Sci. Soc. Amer. Proc. 26 (1962) 446.
[141] *Schachtschabel, P., C. G. Heinemann:* Z. Pflanzenernähr. Bodenkd. 105 (1969) 1.
[142] *Tippkötter, R.:* Diss. Univ. Hannover 1979.
[143] *Kurmies, B.:* Die Phosphorsäure 29 (1972) 118.
[144] *Hartikainen, H.:* J. Sci. Agric. Soc. Finland 51 (1979) 537.

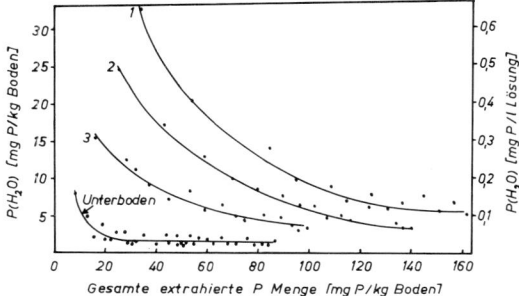

Abb. 132 Beziehung zwischen den P(H₂O)-Werten von Böden im jeweiligen Extrakt bei wiederholter Wasserextraktion (bezogen auf 1 kg Boden und 1 l Extrakt) und der gesamten extrahierten P-Menge. Proben aus der Ackerkrume (1–3) und dem Unterboden[145]

den Lösungen bestimmt (P(H₂O)-Werte)[145]. In Abb. 132 sind einige Beispiele von *Löslichkeitskurven* dargestellt. Auf der Ordinate ist der P-Gehalt im mg/kg Boden und in mg/l Lösung aufgetragen, auf der Abszisse die Summe des gelösten Phosphats nach den aufeinanderfolgenden Extraktionen.

Die Löslichkeitskurven nehmen einen stufenfreien exponentiellen Verlauf und streben nach vielfacher Wasserextraktion Endwerten von 0,06 bis 0,14 mg P/l Extrakt (entsprechend 3 bis 7 mg P/kg Boden) zu, die annähernd für das gesamte noch nicht gelöste anorganische Phosphat zutreffen.

Aus den Löslichkeitskurven ist ersichtlich, daß sich das Bodenphosphat aus Anteilen verschiedener Löslichkeit zusammensetzt und daß kontinuierliche Übergänge in der Löslichkeit bestehen. Dies betrifft sowohl die Calciumphosphate als auch das adsorbierte Phosphat. Nach den Löslichkeitskurven kann man einen leichtlöslichen Phosphatanteil (aufsteigende Äste) und einen schwerlöslichen Phosphatanteil unterscheiden. Wählt man als Grenze zwischen diesen beiden Anteilen eine Konzentration von 0,1 mg P/l Lösung (= 5 mg P/kg

Boden), so besteht zwischen den P(H₂O)-Gehalten der ersten Extraktion und der Summe der P(H₂O)-Gehalte über 0,1 mg P/l Lösung eine enge Beziehung, das Verhältnis beträgt ≈ 1 : 7 (Abb. 133). Dies bedeutet, daß die P(H₂O)-Gehalte der ersten Extraktion nicht nur die Intensität sondern auch die Quantität des leichtverfügbaren Phosphats und damit das Phosphat-Pufferungsvermögen der Böden gut widerspiegeln.

Die Löslichkeitskurven in Abb. 132 entsprechen dem Verlauf der Adsorptionskurven in Abb. 130. Mit steigender Phosphatadsorption (= Phosphatsättigung) eines Bodens steht dieser mit einer steigenden P-Konzentration der Lösung im Gleichgewicht.

(1) Einfluß der Ca-Konzentration

Mit steigender Ca-Konzentration der Bodenlösung sinkt die Löslichkeit des Bodenphosphats, wie aus den Beispielen in Tab. 76 ersichtlich ist.

Tabelle 76 Einfluß der Ca-Konzentration der Lösung auf die Löslichkeit des Bodenphosphats (Mittel von 20 Böden)

mg Ca/l	3	9	42
mg P/l	20 ± 10	15 ± 5,7	11 ± 2,5
Phosphatpotential	5,30	5,20	5,02

Ein Einfluß des pH-Wertes der Böden und des Verhältnisses von Calciumphosphat zum adsorbierten Phosphat, welches bei den Böden von 90 : 10 bis 10 : 90 schwankte, war nicht zu erkennen. Wie aus Abb. 129 hervorgeht, ist bei den Calciumphosphaten der Rückgang der Löslichkeit unter dem Einfluß der Ca-Konzentration wesentlich höher als bei den untersuchten Böden in Tab. 76. Hieraus kann gefolgert werden, daß die P-Konzentration der Bodenlösung von dem adsorbierten Phosphat bestimmt wurde.

Im Hinblick auf die Phosphatverlagerung ins Grundwasser (Eutrophierung) bewirkt eine hohe Ca-Konzentration der Bodenlösung die Verminderung der P-Auswaschung.

Der Einfluß der Ca-Konzentration auf die P-Konzentration der Lösung wird annähernd durch das *Phosphatpotential* nach *R. K. Schofield* $0,5 pCa + pH_2PO_4^-$ wiedergegeben (s. Tab. 76) (p bedeutet den negativen Log. der Ionenaktivitäten in

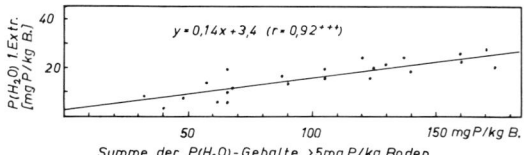

Abb. 133 Beziehung zwischen den P(H₂O)-Werten der ersten Extraktion und der Summe der P(H₂O)-Werte aller Extraktionen mit P(H₂O)-Werten über 0,1 mg P/l Extrakt bzw. 5 mg P/kg Boden[145]

---

[145] *Schachtschabel, P., B. Béyme:* Z. Pflanzenernähr. Bodenkd. 143 (1980) 306.

Mol/l). Ein hohes Potential bedeutet bei gleicher Ca-Konzentration eine niedrige P-Konzentration der Lösung und umgekehrt.

(2) *Einfluß des pH-Wertes*

Der Einfluß des pH-Wertes der Böden auf die Löslichkeit des Bodenphosphats kann aus Abb. 134 entnommen werden. Hierbei sind die

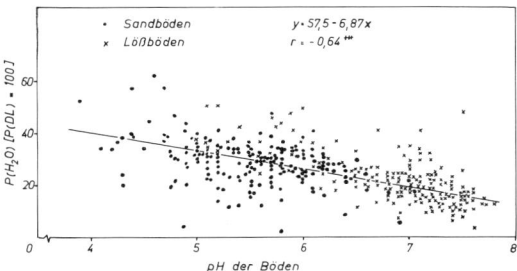

Abb. 134 Beziehung zwischen den pH-Werten von 118 Böden (A_p-Horizonte) und dem Anteil von $P(H_2O)$ an P(DL). (Methoden s. Kap. g[146])

$P(H_2O)$-Werte bei einmaliger Wasserextraktion auf die P(DL)-Werte als Maß für den relativ leichtlöslichen Phosphatvorrat der Böden (= P-Quantität) bezogen. Aus der Abbildung geht hervor, daß der $P(H_2O)$-Anteil mit steigendem pH sinkt.

Dieser Befund steht im Einklang mit Feldversuchsergebnissen auf Sandböden, nach denen eine pH-Erhöhung von 3,5 auf 5,5 (M KCl) eine Abnahme von $P(H_2O)$ um 50 % zur Folge hatte[147]. Auch aus der Abnahme des isotopisch austauschbaren Phosphats (s. Kap. g) in 5jährigen Feldversuchen kann die Folgerung gezogen werden, daß die Phosphatlöslichkeit mit steigendem pH sinkt[148].

Bei der Kalkung stark saurer tonreicher Böden (pH < 5) wurde dagegen festgestellt, daß sich die Phosphatlöslichkeit erhöhte. Dieser Befund kann auf die Ausfällung von Al-Ionen,

eine Mineralisierung des organisch gebundenen Bodenphosphats und auf die Desorption einer geringen Menge von adsorbiertem Phosphat durch OH-Ionen zurückgeführt werden.

(3) *Einfluß des Redoxpotentials*

Ein niedriges Redoxpotential der Böden erhöht die Löslichkeit des an Eisenoxide gebundenen Phosphats, weil im reduzierenden Milieu Eisen(III)oxide unter Freisetzung der an sie gebundenen Phosphationen zu Eisen(II)-Verbindungen umgewandelt werden[149]. So stieg nach Abb. 135 bei Zugabe von Reisstroh zu einer wäßrigen Aufschlämmung von Eisen(III)phosphat die gelöste P-Menge, während der gleiche Versuch mit Aluminiumphosphat keinen Einfluß des Reisstrohs auf die Löslichkeit zeigte.

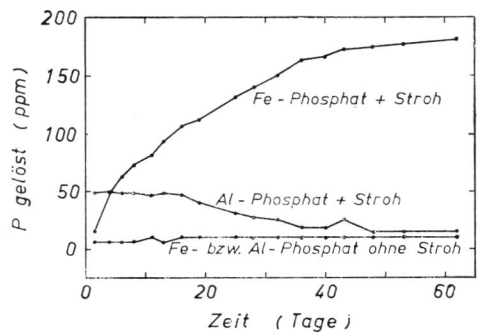

Abb. 135 Zeitlicher Verlauf der Löslichkeit von Aluminium- und Eisen(III)phosphat in Gegenwart von Reisstroh (n. *J. K. R. Gasser*)

---

[146] *Schachtschabel, P.*: Z. Pflanzenernähr. Bodenkd. 135 (1973) 3.
[147] *Prummel, J.*: De Buffer 20 (1974) 21.
[148] *Larsen, S., D. Gunary, C. D. Sutton*: J. Soil Sci. 16 (1965) 141.
[149] *Patrick, W. H. Jr., I. C. Mahapatra*: Advanc. Agron. 20 (1968) 323.

Tabelle 77   Beziehung zwischen dem P-Gehalt in der Bodenlösung eines marinen Schlicks und der Umwandlung P-haltiger Eisenoxide (Fe_d = dithionitlöslich) und SO_4-Ionen zu Eisensulfiden (FeS) (n. *G. Brümmer* u. *D. Schroeder* (1974), unveröffentlicht)

Tiefe (cm)	pH (H_2O)	E_h (mV)	S_{SO_4} (‰)	S_{FeS} (‰)	$\frac{Fe_{FeS} \cdot 100}{Fe_d}$	P-Lösung (mg P/l)
0 – 1	7,6	+ 50 – − 50	2,0	0,1	2	0,5
1 – 5	7,2	− 100	0,8	2,3	41	0,5
5 – 20	7,3	− 120	0,6	2,4	49	7,4
20 – 35	7,5	− 170	0,3	3,6	71	14,6
35 – 50	7,4	− 190	0,1	4,9	87	16,4

Das Ausmaß der gelösten P-Menge hängt von der Intensität der Reduktionsvorgänge ab und ist besonders hoch, wenn in sulfatreichen Böden Eisenoxide in Eisensulfide umgewandelt werden[150]. So steigt nach Tab. 77 der Gehalt an gelöstem Phosphat im reduzierenden Milieu eines marinen Schlickes mit zunehmender Bodentiefe und abnehmendem Redoxpotential, sowie zunehmendem Sulfidgehalt und damit einhergehender Umwandlung des nicht silicatisch gebundenen $Fe(Fe_d)$ in Eisensulfide.

Die Erhöhung der Phosphatlöslichkeit unter anaeroben Bedingungen erklärt die erhöhte Phosphatverfügbarkeit nach einer Überflutung von Böden, z. B. bei der Reiskultur.

(4) Einfluß organischer Stoffe und Kieselsäure

Die organischen Stoffe können sich in verschiedener Weise auf die Löslichkeit des Bodenphosphats auswirken:

(a) *Organische Anionen* desorbieren Phosphationen oder blockieren in adsorbiertem Zustand deren Adsorption.

(b) Manche organische Säuren vermögen mit Al^{3+}, Fe^{3+} und Ca^{2+} *wasserlösliche Komplexe* zu bilden und damit die Löslichkeit schwerlöslicher Phosphate zu erhöhen. Diese Säuren treten vor allem in der Rhizosphäre auf. Sie werden teilweise von den Pflanzen durch die Wurzeln ausgeschieden und sind teilweise Stoffwechselprodukte der in der Rhizosphäre verstärkt auftretenden Mikroorganismen.

(c) Leicht mineralisierbare organische Stoffe wie z. B. Wurzeln, Stallmist, Stroh u. a. erniedrigen das Redoxpotential im Boden und erhöhen hierdurch die Löslichkeit von Eisenphosphaten [s. Kap. (3)].

Auch durch Zusatz von *Kieselsäure* und *löslichen Silicaten* kann adsorbiertes Phosphat freigesetzt werden[9]. Dies ist jedoch erst oberhalb pH 6 bis 7 möglich, weil erst dann die Kieselsäure zu dissoziieren beginnt. Da aber Phosphationen stärker als Silicationen gebunden werden, ist eine Phosphatdesorption nur bei geringer Phosphatkonzentration der Bodenlösung gegeben.

(5) Rückgang der Löslichkeit

Im Lauf der Zeit geht die Phosphatlöslichkeit der Neubildungen aus Düngerphosphaten allmählich zurück. Dies ist bereits aus Adsorptionsversuchen zu ersehen (s. Abb. 130) sowie aus dem Befund, daß zur Erzielung einer bestimmten P-Konzentration der Bodenlösung im Feld (Versuchsdauer mehrere Jahre) im Vergleich zum Laborversuch (Reaktionsdauer 1 Tag) beim gleichen Boden die 2- bis 3fache Phosphatzufuhr notwendig ist.

Aus Versuchen mit dem Isotop ^{32}P ergibt sich die gleiche Folgerung: Zunächst war das gesamte dem Boden zugefügte Phosphat isotopisch austauschbar, nach 1 bis 3 Jahren war jedoch dieses labile Phosphat um 50 % zurückgegangen[148].

Der Rückgang der Löslichkeit kann beim adsorbierten Phosphat zurückgeführt werden auf einen Übergang in stärkere Bindungen und das Eindringen von Phosphationen durch feine Poren ins Innere von Bodenaggregaten bzw. Eisenoxidkonkretionen, bei den Calciumphosphaten auf die Umwandlung in Ca-reichere Phosphate, die schließlich in Apatitvorstufen und Apatit übergehen können.

Die *Okkludierung* von Phosphat in Eisenoxidkonkretionen, also der Übergang in eine nicht mehr diffusionsfähige Form, verläuft dagegen wesentlich langsamer. Ein solcher Einschluß kann dadurch erfolgen, daß Eisenoxide im Laufe der Bodenentwicklung unter Einwirkung von Staunässe und Grundwasser zu Konkretionen wachsen, wie aus dem hohen P-Gehalt von Eisenoxidkonkretionen in Gleyen und Pseudogleyen gefolgert werden kann[151].

f) Faktoren der P-Versorgung der Pflanzen

Die Pflanzen befriedigen ihren Phosphatbedarf vorwiegend aus Neubildungen, die sich aus früheren Phosphatdüngungen im Boden angereichert haben. So geht aus Versuchen mit dem Isotop ^{32}P hervor, daß von der ersten Vegetation selten mehr als 20 % aus einem frisch zugeführten Phosphat aufgenommen werden.

Da in der Bodenlösung zu einem bestimmten Zeitpunkt kaum mehr als $1/100$ des gesamten Phosphatbedarfs der Pflanzen während einer Vegetationsperiode vorliegt, wird die Phosphatversorgung der Pflanzen neben der Phosphatkonzentration in der Bodenlösung und der Phosphatpufferung besonders stark von der *Durchwurzelungsintensität* beeinflußt. Dies ist darin begründet, daß die Pflanzen Phosphat nur bis zu einer Entfernung von 1–2 mm von

[150] *Welp, G.* et al.: Mitt. Dtsch. Bodenkdl. Ges. 32 (1982).

[151] *Schlichting, E.*: Die Phosphorsäure 22 (1962) 199.

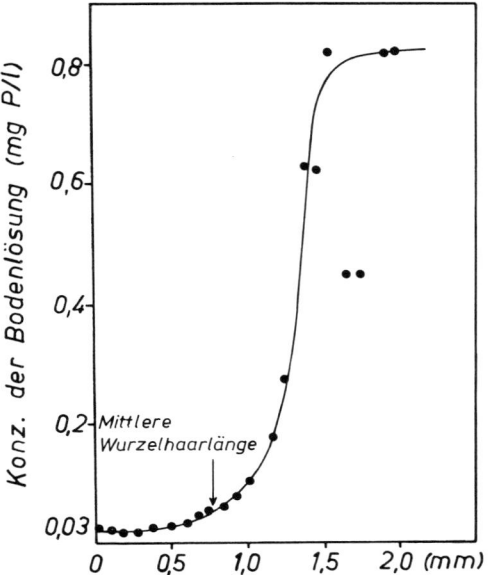

Entfernung von der Wurzeloberfläche

Abb. 136 Phosphatkonzentration der Bodenlösung in der Umgebung einer 3 Tage alten Maiswurzel in einem Sandboden (n. *Hendriks*[152])

der Wurzeloberfläche aufzunehmen vermögen und nur 10–30 % der Ackerkrume zur Phosphatversorgung der Pflanzen beitragen.

In Abb. 136 ist als Beispiel der Konzentrationsverlauf in der Umgebung einer 3 Tage alten Maiswurzel dargestellt, die in einem Sandboden hoher Phosphatversorgung gewachsen war [P(DL) = 16 mg P/100 g, P(H$_2$O) = 40 mg P/kg].

Die Phosphatkonzentration der Bodenlösung wurde aus dem Konzentrationsprofil des isotopisch austauschbaren Phosphats mit Hilfe einer Desorptionskurve berechnet.

Man erkennt, daß selbst bei der hohen Phosphatversorgung des Bodens die Phosphatkonzentration der Bodenlösung innerhalb weniger Tage von ursprünglich 0,8 mg P/l bis auf ≈ 0,03 mg P/l in der unmittelbaren Wurzelumgebung abgenommen hat. Die Ausdehnung der intensiven Verarmungszone entspricht der mittleren Wurzelhaarlänge. Hieraus kann man schließen, daß Wurzelhaare an der Phosphataufnahme teilnehmen und damit die Ausnützung des Bodenphosphats durch Verkürzung der Transportwege erhöhen. Diese Folgerung ergibt sich auch daraus, daß die Ausdehnung der Verarmungszone bei Mais und dem eben-

falls untersuchten Raps mit der Länge der Wurzelhaare korrelierte (nach 5 Tagen 1,6 bzw. 2,6 mm); Rapswurzeln erschließen demnach für die Phosphatversorgung ein größeres Bodenvolumen als Maiswurzeln.

Wie in Kap. e ausgeführt wurde, liegt die Phosphatkonzentration in der Bodenlösung nach wiederholter Wasserextraktion bei 0,06–0,14 mg P/l und damit oberhalb der Minimalkonzentration von 0,03 mg P/l, die innerhalb der Verarmungszone der Wurzeln gefunden wurde (Abb. 136). Da u. a. auch in 5 langjährigen Feldversuchen auf extrem Phosphatarmen Böden festgestellt wurde, daß die Pflanzen noch bei einer Phosphatkonzentration der Bodenlösung von 0,04–0,14 mg P/l Phosphat aufzunehmen vermögen (Kap. i), kann gefolgert werden, daß das gesamte diffusionsfähige anorganische Phosphat pflanzenverfügbar ist und je nach der Phosphatversorgung der Böden und der Phosphatpufferung auch das schwerlösliche Phosphat einen mehr oder weniger hohen Anteil des von den Pflanzen aufgenommenen Phosphats bilden kann.

Da sich die Pflanzen hinsichtlich Phosphatbedarf, Wurzelmasse einschl. der Wurzelhaare, Wurzeltiefe sowie der Ausscheidung von CO$_2$ und organischen Anionen (Austausch von adsorbiertem Phosphat) unterscheiden, ist die Phosphatverfügbarkeit auch von der Pflanzenart abhängig.

Die Phosphataufnahme durch die Pflanzen erfolgt auch teilweise aus dem *Unterboden*, z. B. aus verlassenen Röhren von Regenwürmern. In den Auskleidungen dieser Röhren ist leichtverfügbares Phosphat gegenüber dem umgebenden Boden angereichert. Diese angereicherte Menge wurde bei einer Zahl von 112 Röhren je m^2 zu 30 kg P/ha bestimmt[18, 18a]. In Löß-Parabraunerden und -Schwarzerden können über 500 Röhren je m^2 vorhanden sein, so daß dann die Regenwürmer an dem Phosphatkreislauf Ackerkrume – Unterboden – Pflanze wesentlich beteiligt sind (s. a. Kap. 3 b).

Der Einfluß leicht zersetzbarer *organischer Substanz* auf die Phosphatversorgung der Pflanzen beruht auf der Förderung der biologischen Aktivität im Boden, und zwar sowohl der Bodenfauna als auch der Bodenflora (s. Kap. Bodenbiologie). Auch die hierdurch bedingte erhöhte CO$_2$-Konzentration der Bodenluft bewirkt eine Verbesserung der Phosphatversor-

[152] *Hendriks, L., N. Classen, A. Jungk:* Z. Pflanzenernähr. Bodenkd. 144 (1981) 486.

gung der Pflanzen, weil HCO_3-Ionen in der Bodenlösung mit adsorbiertem Phosphat um die Sorptionsplätze konkurrieren.

Auch durch die Tätigkeit einiger *Bakterien* kann Phosphat mobilisiert werden[4, 153]. In Feldversuchen wurde diese Wirkung jedoch, außer in Böden der Sowjetunion, nicht eindeutig nachgewiesen.

Ebenso sind manche Pilze wie *Endomycorrhizen* befähigt, schwerlösliches Phosphat in eine leichtere pflanzenverfügbare Form überzuführen[4, 154]. Diese Wirkung ist aber nur bei geringer Löslichkeit des Bodenphosphats für die Pflanzen von Bedeutung. Bei Anwesenheit von *Ektomycorrhizen* sind dagegen die jungen Wurzeln von einem Pilzmantel umkleidet, so daß hier die Pilze die Funktion der Wurzelhaare übernehmen[155].

g) Bestimmung der P-Versorgung von Böden[21-24]

In der BRD werden meist, ebenso wie beim Kalium (S. 217), die *Lactatmethoden* zur Bestimmung der P-Versorgung herangezogen. Für $CaCO_3$-haltige Böden wird in anderen Ländern in der Regel die *Natriumbicarbonat-Methode* von R. S. *Olsen* angewandt (0,5 M $NaHCO_3$, pH 8,5).

Für alle Böden ist die *Wassermethode* geeignet, wie sich u. a. schon aus früheren Untersuchungen von *Wrangel, Dirks* u. *Scheffer* und *Kahwe* ergab. Die Wassermethode wurde von *van der Paauw* und *Sissingh*[156, 157] verbessert, indem der Boden mit Wasser über Nacht angefeuchtet und bei dem weiten Boden/Wasser-Verhältnis 1 : 60 (Vol./Vol.) bei 20 °C eine Stunde geschüttelt wird (Angabe in mg P/l Boden). Praktisch gleiche Werte werden bei Böden mit einem Gehalt an organischer Substanz < 5 % bei gewichtsmäßiger Bodeneinwaage und Extraktion im Verhältnis 1 : 50 erhalten (Angabe in mg P/kg Boden). Die P(H_2O)-Werte geben die Phosphatkonzentration der Bodenlösung bei sehr geringer Ca-Konzentration, sowie gleichzeitig die Phosphatpufferung gut wieder[145].

Die Bestimmung des *gesamten anorganischen Phosphats* wird annähernd durch Extraktion der Böden mit 0,5 M Schwefelsäure im Verhältnis 1 : 20 (1 h) erfaßt. Dieses Verfahren kann auch zur Bestimmung der P-Versorgung von Dauerkulturen herangezogen werden (Wald, Obst, tropische Kulturen) und wird in Dänemark generell für alle Böden angewandt.

Während zwischen den Werten der Lactatmethoden (AL, DL, CAL) ein enger Zusammenhang besteht (Korrelationskoeffizienten r = 0,90 – 1,00) sind die Beziehungen zwischen den Lactatwerten und den P(H_2O)-Werten weniger eng (r = 0,60 – 0,80). Aus Untersuchungen von 1000 Mineralböden unterschiedlicher Eigenschaften ergab sich, daß 1 mg P(H_2O)/l Boden (= annähernd je kg Boden) bei allerdings hoher Streuung im Mittel 0,34 mg P(CAL)/100 g Boden entsprechen (r = 0,80).

Die Korrelationskoeffizienten bei je 200 sauren Sandböden und $CaCO_3$-haltigen Lößböden zwischen P(H_2O)- und P($NaHCO_3$)-Werten wurden zu 0,60 und 0,80 festgestellt[146].

Für die P-Werte nach den verschiedenen Methoden (mg P/100 g) wurden im Mittel die folgenden Relativwerte gefunden: P(CAL) = 100; P(H_2SO_4) = 400; P(AL) = 165; P(DL) = 110; P($NaHCO_3$) = 55; P(H_2O) = 30.

Für wissenschaftliche Untersuchungen werden manchmal *Anionen-Austauschharze*[158, 159] angewandt, sowie die Bestimmung des *isotopisch austauschbaren Phosphats* (= *labiles Phosphat*)[148].

Bei letzterer Methode wird eine Bodensuspension mit dem radioaktiven Isotop ^{32}P ins Gleichgewicht gebracht. Ein solches Verfahren ist deswegen möglich, weil zwischen den Phosphationen der Lösung und der festen Phase ein dynamisches Gleichgewicht besteht. Versetzt man daher eine wäßrige Bodensuspension, bei der sich zwischen Boden und Lösung bereits das P-Gleichgewicht eingestellt hat, mit einer im Vergleich zur P-Menge der Lösung sehr geringen Menge einer mit ^{32}P markierten Phosphatlösung, so läuft folgende Reaktion ab:

$$^{32}P \text{ gelöst} + {}^{31}P \text{ fest} \rightleftharpoons {}^{32}P \text{ fest} + {}^{31}P \text{ gelöst}.$$

Da sich die beiden P-Isotope bei chemischen Reaktionen völlig gleichartig verhalten, sind dann das $^{31}P/^{32}P$-Verhältnis in der Lösung und das in der an der Reaktion beteiligten Phosphatfraktion der festen Phase gleich. Es gilt daher:

$$\frac{^{31}P \text{ gelöst}}{^{32}P \text{ gelöst}} = \frac{^{31}P \text{ fest}}{^{32}P \text{ fest}}$$

[153] *Kabesch, M. U., M. S. M. Saber, M. Jousry:* Z. Pflanzenernähr. Bodenkd. 138 (1975) 605.
[154] *Sanders, H.* et al. (Hrsg.): Endomycorrhizas. Academic Press, New York, London 1971.
[155] *Marks, G. C., T. T. Kozlowski:* Ectomycorrhizae. Academic Press, New York, London 1973.
[156] *Paauw, F. van der:* Plant a. Soil 34 (1971) 467.
[157] *Sissingh, H. A.:* Plant a. Soil 34 (1971) 483.
[158] *Aura, E.:* J. Sci. Agr. Soc. Finland 50 (1978) 305.
[159] *Christensen, H. H., A. M. Posner:* J. Soil Sci. 31 (1980) 447.

Mit Hilfe dieser Gleichung kann die Menge von ^{31}P fest, d. h. die Menge der innerhalb der Versuchsdauer reaktionsfähigen Phosphate der festen Phase berechnet werden, da die 3 anderen Größen meßbar sind. Die so berechnete Menge ^{31}P fest wird als labiles oder isotopisch austauschbares Phosphat bezeichnet.

Das isotopisch austauschbare Phosphat ist jedoch keine feststehende Größe, weil sich der isotopische Austausch über Monate erstrecken kann und außerdem vom Boden/Lösungs-Verhältnis und der Schüttelgeschwindigkeit abhängig ist.

h) Methodenvergleich und Grenzwert-Bestimmung

Der Vergleich zweier Methoden hinsichtlich der Qualität ergibt sich am eindeutigsten bei Anwendung von Gefäßversuchen (Begründung Kap. 4 b). Als Beispiel sind in Abb. 137 die Phosphatwerte der Böden nach der Wassermethode (P(H$_2$O)) und einer Lactatmethode (P(AL)) mit dem P-Gehalt von jungem Kartof-

felkraut in Beziehung gesetzt, der eng mit den Kartoffelerträgen korreliert. Man erkennt, daß bei den P(H$_2$O)-Werten eine engere Beziehung als bei den P(AL)-Werten besteht. Dies trifft auch für die Werte der anderen Lactatmethoden zu, wie aus den folgenden Korrelationskoeffizienten zwischen den P-Gehalten in Böden und den P-Gehalten im Kartoffelkraut zu ersehen ist: P(H$_2$O) = 0,92;   P(AL) = 0,45; P(DL) = 0,45; P(CAL) = 0,53.

Die Ermittlung der ökonomisch optimalen Phosphatdüngung und der Grenzwerte erfolgt anhand von Feldversuchen. Als Beispiel sind in Abb. 138 198 Felddüngungsversuche ausgewertet, die während einer Zeit von 6 Jahren (33 Versuche je Jahr) auf verschiedenen Feldern in den Niederlanden durchgeführt wurden. Die starke Streuung der Werte ist auf den Einfluß der Witterung und die Fehlergrenze bei der Be-

―――――
[160] *Ris, J., B. van Luit:* Inst. Soil Fertility, Haren (Gr.) NL, 085 (1973).

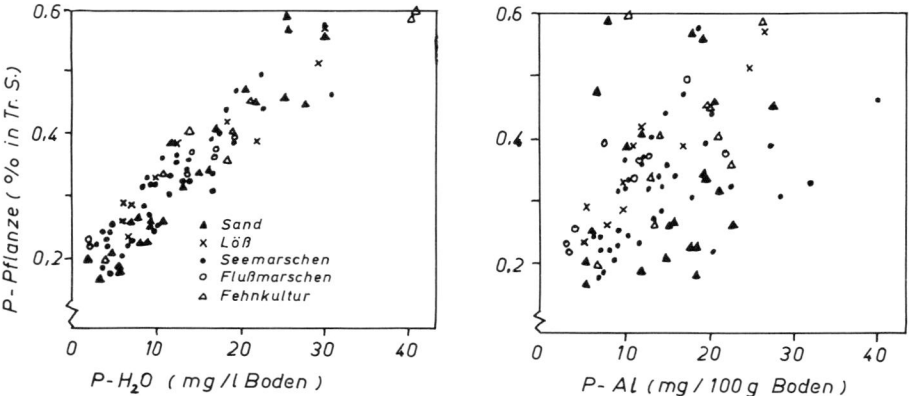

Abb. 137 Beziehung zwischen den P(H$_2$O)-Werten (links) bzw. P(AL)-Werten (rechts) von Böden ohne P-Düngung und dem P-Gehalt von jungem Kartoffelkraut (Trockensubstanz) in Gefäßversuchen[160]

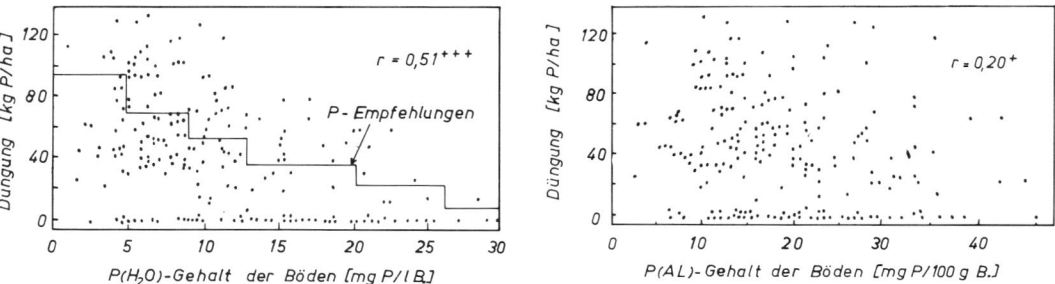

Abb. 138 Beziehung zwischen den P(H$_2$O)-Werten (links) bzw. P(AL)-Werten (rechts) von Böden und der ökonomisch optimalen P-Düngung zu Kartoffeln nach 170 niederländischen Feldversuchen (n. *Ris* u. *van Luit*[160], zit.[162])

rechnung der ökonomisch optimalen Düngung zurückzuführen.

Aus dem Vergleich der beiden Abbildungen ist im Einklang mit den Gefäßversuchen die engere Beziehung bei den P(H$_2$O)-Werten ersichtlich. Während bei den P(H$_2$O)-Werten die berechnete P-Düngung einem Endwert zustrebt, ist dies bei den Lactatwerten nicht der Fall, so daß bei diesen Böden nur für die P(H$_2$O)-Werte brauchbare Grenzbereiche und Düngungsempfehlungen abzuleiten sind (s. Tab. 78). Die stufenförmig abgesetzten Grenzbereiche in Abb. 138 umschließen nicht alle (wäre nicht ökonomisch), sondern nur 75 % der Einzelwerte.

i) Feldversuche

Bei den bisherigen deutschen Feldversuchen wurden fast immer die Lactatmethoden (DL, CAL) zur Bestimmung der Phosphatversorgung der Böden herangezogen. Die Versuchsergebnisse zeigen, daß es mit diesen Methoden nur möglich ist, den Mangelbereich < 4 mg P/100 g eindeutig abzugrenzen (s. z. B.[161]).

Allerdings sind auch die Mehrerträge durch Phosphatdüngung im Bereich > 4 mg P(DL, CAL) gering, oder es treten gar keine Mehrerträge auf. Dies zeigen zahlreiche neuere Feldversuche unter Anwendung von Superphosphat und Triplephosphat (ref.[162]) wie z. B. 9 Versuche auf weit verbreiteten Böden in Bayern (4−23 mg P(DL,CAL), keine Mehrerträge) und 10 Versuche im Rheinland (4−9 mg P(DL,CAL), mittlere Mehrerträge 3 %).

In weiteren 60 Feldversuchen auf verschiedenen Standorten in der BRD, die in den Jahren 1965−1975 durchgeführt und von *W. Köster* ausgewertet wurden, ergaben sich durch P-Düngung im Bereich von 4−13 mg P(DL, CAL) Mehrerträge von Getreide und Hackfrüchten im Mittel von 3 %, eine Beziehung zur Höhe der Lactatwerte war nicht vorhanden[164a]. Da sich zur Erzielung der Höchsterträge im Mittel eine Düngung von 40 kg P/ha (60 % in Form von Thomasphosphat) als notwendig erwies, war diese zu Getreide nicht mehr ökonomisch, sondern nur teilweise zu Zuckerrüben und Kartoffeln. Im übrigen wurden diese Feldversuche jeweils mehrere Jahre auf dem gleichen Feld durchgeführt und die mittleren Mehrerträge auf die P$_o$-Parzellen bezogen (der Höchstertrag lag meist bei der 1. Düngungsstufe), so daß diese Mehrerträge teilweise auf die Verarmung der P$_o$-Parzellen an leicht löslichem Phosphat zurückgeführt werden können.

Die Anwendung von *Thomasphosphat* ist zur Bestimmung der P-Versorgung von Böden ungeeignet. Unterhalb pH ≈ 6 können erzielte Mehrerträge auf einer Kalkwirkung beruhen, oberhalb pH ≈ 6 verläuft die Umsetzung der Phosphatkörner und damit der Übergang in eine leicht pflanzenverfügbare Form sehr langsam (abnehmend mit steigendem pH), so daß zur Erzielung eines bestimmten Mehrertrags eine höhere P-Zufuhr notwendig ist als bei Anwendung wasserlöslicher P-Dünger.

Bei den erwähnten Feldversuchen ergaben sich die Höchsterträge durch P-Düngung wie üblich aus den tatsächlich festgestellten Erträgen. In den folgenden Versuchen ergaben sie sich dagegen durch Extrapolation nach einem Rechenverfahren in Anlehnung an die Mitscherlich-Gleichung. So wurden bei P(CAL)-Werten der Böden von 9−24 mg P/100 g[164b] bzw. 7−13 mg P(DL, CAL)/100 g[164c] Mehrerträge durch P-Düngung von 13 % bzw. 14 % berechnet, wobei die Düngung in Form von Thomasphosphat[164b] bzw. nur zum Teil[164c] erfolgte. Wie aus dem Vergleich mit den Ergebnissen der eingangs angeführten Feldversuche, die teilweise auf gleichen Standorten durchgeführt wurden, sowie denen benachbarter Länder zu schließen ist, führt das Rechenverfahren offensichtlich zu stark überhöhten Mehrerträgen bzw. P-Düngungsempfehlungen (s. a.[162]).

Die hohe Phosphatpufferung der Böden kommt darin zum Ausdruck, daß selbst noch bei niedrigen Gehalten an leicht löslichem Phosphat relativ hohe Erträge erzielt werden. Dies zeigen z. B. die Erträge der P$_o$-Parzellen von 5 zwanzigjährigen Feldversuchen, bei denen die Phosphatgehalte der Böden nur 2−7 mg P(H$_2$O)/kg (= 0,04−0,14 mg P/l Lösung) bzw. 1,5−5 mg P(DL)/100 g betrugen[163−165]. Die Erträge der P$_o$-Parzellen betrugen im Mittel der

[161] *Heimes, K. H.:* Diss. Bonn 1971.

[162] *Schachtschabel, P.:* Z. Acker- u. Pflanzenbau 149 (1980) 191.

[163] *Amberger, A., R. Gutser:* Landw. Forsch. Sonderh. 33/I (1976) 18.

[164] *Bucher, R.:* Landw. Forsch., Sonderh. 33/II (1976) 114, 130.

[164a] *Schachtschabel, P., W. Köster:* Sonderheft Landwirtschaftskammer Hannover (1979).

[164b] *Munk, H., C. Bärmann:* Landw. Forsch. Sonderh. 35 (1975) 311.

[164c] Vetter, H., K. Früchtenicht: Landw. Forsch. Sonderh. 35 (1975) 134.

[165] *Schüller, H., Th. Reichard:* Bodenkultur 28 (1977) 1.

letzten 4 Versuchsjahre noch 80 % der Erträge der mit Phosphat gedüngten Parzellen und absolut z. B. 40 dt Getreide und 500 dt Zuckerrüben je ha. Der Gehalt dieser Böden an anorganischem Phosphat betrug 2000–5000 kg P/ha je 1 m Profiltiefe[162].

j) Ausnutzung der Düngerphosphate

Vielfach wird die Ansicht vertreten, daß selbst wasserlösliche Phosphate langfristig nur zu 50 bis 70 % ausgenutzt würden und daß daher ein entsprechender Zuschlag zur Phosphatdüngung zu geben sei. Daß diese Annahme unzutreffend ist, geht aus 46 Feldversuchen mit Superphosphat auf verschiedenen Standorten der Niederlande hervor (Abb. 139). Die Laufzeit

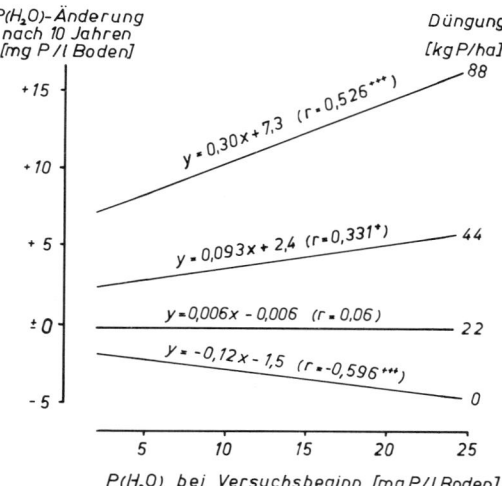

Abb. 139 Mittlere Änderung der P(H_2O)-Werte von Böden ohne und mit P-Düngung (Superphosphat) nach 10 Jahren in Abhängigkeit von den P(H_2O)-Werten bei Versuchsbeginn (46 Feldversuche, n. *J. Prummel*, zit.[162])

der Versuche betrug im Mittel 10 Jahre, die Phosphatdüngung 0 bis 88 kg P/ha · Jahr. Die P(H_2O)-Werte der Böden wurden bei Versuchsbeginn und bei Versuchsende ermittelt. Aus der Abbildung ist zu ersehen, daß die Regressionslinie bei einer Düngung von 22 kg P/ha · Jahr, die annähernd dem P-Entzug durch die Pflanzen entsprach, waagerecht verläuft und durch den Nullpunkt geht. Auch bei Anwendung der Lactatmethoden wurde in 8- bis 9jährigen Feldversuchen festgestellt, daß eine Netto-Entzugsdüngung zur Aufrechterhaltung der anfänglichen P(DL,CAL)-Werte ausreichte[164].

Aus diesen Ergebnissen ist zu folgern, daß (a) eine Netto-Entzugsdüngung mit leicht löslichen Phosphaten ausreicht, um die anfänglichen P(H_2O)- und P(DL,CAL)-Werte nicht absinken zu lassen und damit auch die anfängliche Phosphatversorgung der Böden aufrecht zu erhalten und (b) wasserlösliche Phosphate (exakter deren Neubildungen im Boden) unabhängig von den Bodeneigenschaften langfristig vollkommen ausgenutzt werden können.

k) P-Düngung

Die Höhe der optimalen P-Düngung ist neben anderen Standorteigenschaften (Kap. 5 c) abhängig vom Gehalt der Böden an verfügbarem Phosphat im Ober- und Unterboden, der Pflanzenart und dem Ertragsniveau, während ein Einfluß der Bodenart (abgesehen von humusreichen Böden) bisher nicht eindeutig nachgewiesen wurde.

Wie bereits in Kap. h dargelegt wurde, wird die P-Versorgung der Böden am besten durch die *Wassermethode* wiedergegeben. Systematische Feldversuche über die Beziehung zwischen den P(H_2O)-Werten und der ökonomisch optimalen Düngung liegen bisher nur in den *Niederlanden* vor (Tab. 78).

Tabelle 78 Niederländische Empfehlungen für die Phosphatdüngung in Abhängigkeit vom P(H_2O)-Gehalt der Böden (Methode *van der Paauw* u. *Sissingh*) und der Pflanzengruppe (kg P_2O_5 = kg P · 2,29)[23]
I: Kartoffeln, Mais, Spinat, Karotten, Erdbeeren, II: Rüben, Flachs, III: Leguminosen, Gerste, 1- und 2jähriges Grünland, VI: Getreide (außer Gerste)

P(H_2O)	Pflanzengruppe			
(mg P/l Boden)	I	II	III	IV
	Düngung (kg P/ha)			
< 4,8	105	95	80	60
4,8 – 8,9	80	70	55	40
9,0 – 13,2	60	50	40	25
13,3 – 19,8	45	35	25	13
19,9 – 26,3	25	20	13	0
> 26,3	13	9	0	0

Die aufgrund der P(H_2O)-Werte aus mehreren hundert Feldversuchen ermittelten Düngungsempfehlungen haben ebenso wie die nach den Lactatmethoden bei mäßiger Düngung mehrere Jahre Gültigkeit, weil sich die P(H_2O)-Werte bei mäßiger Düngung nur wenig ändern,

[166] *Richter, D., M. Kerschberger:* Arch. Acker- u. Pflanzenbau u. Bodenkd. 16 (1972) 903.

wie aus Abb. 139 zu ersehen ist (begründet in der hohen Phosphatpufferung der Böden).

Die niederländischen Empfehlungen sind auf ein hohes Ertragsniveau eingestellt und gelten für alle dort vorkommenden Böden: Marsch-, Auen-, Löß-, Sand- und Fehnkulturböden.

Für *Grünlandböden* wird in den Niederlanden die Al-Methode zur Bestimmung der P-Versorgung herangezogen, weil sie in diesem Falle der $P(H_2O)$-Methode überlegen ist.

Die hohe Anzahl der systematisch durchgeführten Feldversuche in den Niederlanden und die hierdurch bedingten gut gesicherten Düngungsempfehlungen lassen wie beim Kalium einen Vergleich mit den Empfehlungen in der BRD wünschenswert erscheinen (Abb. 140, Tab. 79). Der Vergleich zwischen den beiden Ländern ist aus den in Kap. 5 c (S. 209) erwähnten Gründen möglich.

Da in der BRD meist die CAL-Methode zur Bestimmung der P-Versorgung der Böden herangezogen wird (seltener die DL-Methode – ergibt etwa 10 % höhere Werte – und die $P(H_2O)$-Methode) sind im folgenden zum besseren Vergleich die $P(H_2O)$-Werte in P(CAL)-Werte umgerechnet: 1 mg $P(H_2O)$/l Boden = 0,34 mg P(CAL)/100 g Boden (s. Kap. g).

Aus dem Vergleich in Abb. 140 geht hervor, daß wie beim Kalium die Empfehlungen in der BRD wesentlich über denen der Niederlande liegen. Die niederländischen Empfehlungen

stehen im Einklang mit deutschen Feldversuchen (Kap. i), den Empfehlungen in der BRD in den Jahren 1962 bis etwa 1975, sowie denen in der DDR und Dänemark. Dies kann aus Tab. 79 gefolgert werden, in der nur die Grenzwerte eingetragen sind, bei denen die Netto-Entzugsdüngung in der Fruchtfolge bzw. Erhaltungsdüngung (s. Kap. 5 b) empfohlen wird. Aus dem Vorstehenden kann gefolgert werden, daß die seit etwa 1975 in der BRD empfohlene P-Düngung überhöht ist.

Die hohe P-Düngung in der BRD hat zu einer starken P-Anreicherung der Ackerböden geführt, die in den geringen Mehrerträgen bei P-Düngung zum Ausdruck kommt.

Sie spiegelt sich auch in der hohen P-Versorgung der Böden wider (Tab. 80). Berechnet

Tabelle 79 P(CAL, DL)-Grenzwerte von Ackerböden, bei denen eine Netto-Entzugsdüngung bzw. Erhaltungsdüngung (Kap. 5 b) empfohlen wird (mg P_2O_5 = mg P · 2,29)

	mg P/100 g	Methode
Niederlande	4 – 7	CAL*
Dänemark	4 – 6	CAL**
DDR[166]	3,5 – 6,5	DL
BRD 1962 – ≈ 1975 (Gehaltsklasse B)	4 – 8	DL
BRD seit 1975 (Gehaltsklasse C)	9 – 14	DL, CAL

* berechnet aus $P(H_2O)$	** aus $P(H_2SO_4)$

Tabelle 80 Anteil der P-Lactatwerte (DL, CAL) von Ackerböden der BRD in den Gehaltsklassen A bis E (Stand 1975) und mittlere Grenzwerte der Versuchsstationen[127, 167]

Gehalts-klasse	A	B	C	D	E
Grenzwerte (mg P/100 g)	< 4	4 – 8	9 – 14	15 – 22	> 22
Anteil der Böden (%)	14	36	34	12	4

man den *P-Bedarf* für die *Ackerfläche* der BRD aufgrund des Anteils der Böden in den verschiedenen Gehaltsklassen (Tab. 80) unter Berücksichtigung der P(CAL, DL)-Grenzwerte (Tab. 80) und der Anbauverhältnisse der verschiedenen Pflanzen, so ergibt sich nach den Empfehlungen in der BRD ein Mittelwert von 36 kg P/ha[162, 167] und nach denen der Niederlande nur von 22 kg P/ha.

Die in der BRD angewandte *P-Zufuhr* liegt

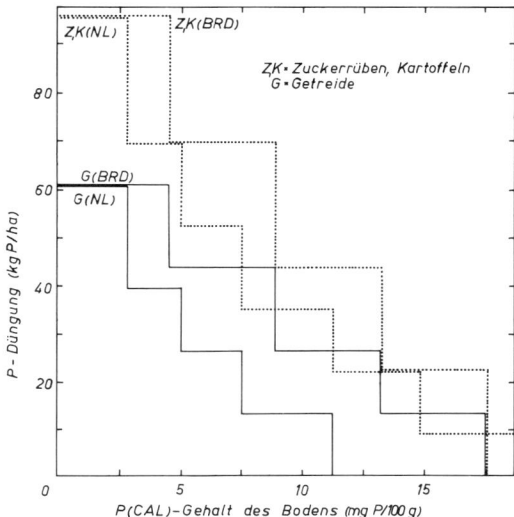

Abb. 140 Beziehung zwischen dem P(CAL)-Gehalt der Böden und der P-Düngung zu Getreide, Zuckerrüben und Kartoffeln nach den Empfehlungen in der BRD (Mittelwerte) und den Niederlanden[23]

---

[167] *Früchtenicht, K., G. Hoffmann, H. Vetter:* Landw. Forsch. Sonderh. 35 (1978) 152.

noch wesentlich höher als 36 kg P/ha, nach einer Bilanz von 1975 für die gesamte landwirtschaftlich genutzte Fläche (13,3 Mio. ha) wurde die P-Zufuhr zu 49 kg P/ha berechnet[127], die auch mindestens für das Ackerland angenommen werden kann. Als Mineraldünger wurden 32 kg P/ha zugeführt, in Form von tierischen Exkrementen (85 % des Anfalls) und sonstigen Quellen 17 kg P/ha[127] (ref. [162]) (s. a. Kap. XXI).

Die *ökonomische Auswirkung* überhöhter Düngungsempfehlungen für die Landwirtschaft ist erheblich, da zu einer Anhebung der P(CAL,DL)-Werte um 1 mg P/100 g Boden eine Düngung von 80−250 kg P/ha über dem Pflanzenentzug erforderlich ist (häufige Werte liegen bei $\approx$ 100 kg P/ha)[162] und die zur Erhaltung hoher P-Gehalte im Boden notwendige laufende Phosphatdüngung höher liegt als bei niedrigen Gehalten. Andererseits können die hohen P-Vorräte in Böden der BRD (Tab. 80) bei der P-Düngung berücksichtigt werden.

Eine überhöhte Phosphatanreicherung im Boden kann auch *Schadwirkungen* im Hinblick auf die Aufnehmbarkeit einiger Mikronährstoffe auslösen. Wie vielfach nachgewiesen wurde, behindert eine hohe Phosphatkonzentration der Bodenlösung die Aufnahme von Eisen, Zink und Kupfer durch die Pflanzen. Außerdem wird die *Eutrophierung* der Gewässer verstärkt, wenn phosphatreicher Oberboden der Erosion unterliegt (s. Kap. XXII).

Auch im Hinblick auf den *Cadmium-Gehalt* der Phosphate ist eine überhöhte P-Düngung zu vermeiden (s. Kap. XXIII 4 c).

l) P-Entzüge und P-Dünger

Die *P-Entzüge* für einige landwirtschaftliche Kulturen sind aus Tab. 81 zu ersehen.

Der P-Gehalt von Mineraldüngern wird in der BRD als P_2O_5 ausgedrückt; der Verbrauch der Landwirtschaft betrug im Wirtschaftsjahr 1979/80 912966 t P_2O_5 (= 398674 t P), entsprechend 69,6 kg P_2O_5/ha (= 30,4 kg P/ha) landwirtschaftlich genutzter Fläche von 13,2 Mio. ha (s. Kap. XXI). Hierbei war der P-Anteil von Mehrnährstoffdüngern 73,8 %, Thomasphosphat 16,7 % und Superphosphat 5,9 %.

m) P-Auswaschung

Die Phosphatauswaschung beträgt in der Regel weniger als 0,3 kg P/ha · Jahr. In Sandböden kann sie bei Zufuhr wasserlöslicher Phosphate oder von Gülle und bei Verregnung kommunaler Abwässer erheblich höher liegen. Eine hohe Auswaschung kann auch bei Hochmoorböden auftreten, weil sie nur einen gerin-

Tabelle 81 Phosphatentzüge von Kulturpflanzen nach Richtlinien in Bayern (kg P_2O_5 = kg P · 2,29)

Pflanzenart	Ertrag (dt/ha)	Entzug (kg P/ha)		
		Körner, Rüben, Knollen	Stroh Blatt	gesamt
Weizen	50	17	9	26
W.-Gerste	50	15	7	22
Roggen	40	15	4	19
Hafer	40	15	6	21
Körnermais	60	20	15	35
Raps	30	24	11	35
Kartoffeln	300	22	4	26
Zuckerrüben	500	22	17	39
Futterrüben	900	30	13	43
Erbsen/Bohnen	30	15	9	24

gen Gehalt an Phosphat-adsorbierenden Verbindungen haben[168].

Die sonst geringe Phosphatauswaschung erklärt sich daraus, daß die Phosphatkonzentration der Bodenlösung im Unterboden nur 0,01 bis 0,1 mg P/l beträgt. Eine Phosphatverlagerung aus dem Oberboden in den Unterboden findet langfristig in der Regel nur bis 40−50 cm Tiefe statt, sie erfolgt auch in kolloider Form sowie durch die Wühlarbeit der Bodenfauna. So wurde in englischen Feldversuchen festgestellt, daß Phosphat bei einer Düngung von 33 kg P/ha · Jahr auf einem tonreichen Ackerboden nach 100 Jahren nur bis zu 20 cm unter die Pflugsohle verlagert war, auf Grünland bis zu 50 cm Tiefe. In einem Lysimeterversuch mit Grasbestand war die Phosphatverlagerung bei einer Düngung mit 94 kg P/ha · Jahr nach 10 Jahren auf die obersten 10 cm beschränkt[169].

Für die *Eutrophierung* der Gewässer ist die Phosphatzufuhr in Ionenform von weitaus geringerer Bedeutung als die Zufuhr von erodiertem Material aus der Ackerkrume mit hohem Gehalt an leicht verfügbarem Phosphat.

12. Schwefel[2, 3, 170−173]

Der Schwefel ist sowohl für die Pflanzen als auch für die Tiere ein unentbehrlicher Nähr-

[168] *Kuntze, H., B. Scheffer:* Z Pflanzenernähr. Bodenk. 142 (1979) 155.
[169] *Kolenbrander, G. J.:* Stikstof 15 (1972) 56.
[169a] *Whitehead, D. C.:* Soils a. Fert. 27 (1964) 1.
[170] *Singh, B. R.:* Acta Agric. Scand. 30 (1980) 357.
[171] *Meiwes, K. J., F. K. Khana, B. Ulrich:* Z. Pflanzenernähr. Bodenkd. 143 (1980) 402.
[172] *Bloomfield, C., J. K. Coulter:* Advanc. Agron. 25 (1973) 265.
[173] *Brümmer, G., H. S. Grunwaldt, D. Schroeder:* Z. Pflanzenernähr. Bodenkd. 129 (1971) 92.

stoff. Der S-Entzug von Getreide beträgt bei hohen Erträgen bis $\approx$ 15 kg, bei Zuckerrüben einschl. Blatt und bei Weideland bis $\approx$ 30 kg/ha.

Der S-Gehalt in *Magmatiten* beträgt 0,05 bis 0,3 %; er ist in basischen Gesteinen höher als in sauren Gesteinen und liegt überwiegend in Form der Sulfide von Fe, Cu und Ni vor. Im Lauf der Verwitterung werden die Sulfide zu Sulfaten oxidiert, so daß in *Sedimenten* unter aeroben Verhältnissen der anorganisch gebundene Schwefel fast nur in Form von Gips (Ca-SO$_4$ · 2H$_2$O) vorliegt.

In *Böden* des *humiden* Klimabereichs liegt der S-Gehalt meist im Bereich von 0,02–0,2 %, kann aber in Mooren bis zu 1 % und in Marschen, die im Gezeitenbereich liegen, bis 3,5 % betragen; in Gipsrendzinen kann der Boden sogar fast nur aus Gips bestehen. Bis auf diese Ausnahmen kommt es im humiden Klimabereich zu keiner wesentlichen SO$_4$-Anreicherung im Boden, weil die leicht löslichen Sulfate ausgewaschen werden.

In *ariden Böden* kann dagegen eine Anreicherung von Sulfaten beim Aufstieg von SO$_4$-reichem Grundwasser oder als Folge der Bewässerung und Beregnung stattfinden. Eine S-Anreicherung kann auch unter *anaeroben Verhältnissen* in Form von Eisensulfiden erfolgen, wenn im Grund- oder Überflutungswasser Sulfate enthalten sind. Das durch Reduktion von Eisen(III)oxiden und Eisensulfaten gebildete FeS wandelt sich im Lauf der Zeit in die Polysulfide Pyrit und Markasit (FeS$_2$) um. Beim Übergang zu aeroben Bodenverhältnissen wird durch Oxidation der Sulfide H$_2$SO$_4$ gebildet, die bei Abwesenheit von CaCO$_3$ eine starke pH-Erniedrigung im Boden, im Extrem bis pH 2, bewirken kann (s. Kap. Marschen).

In Böden des humiden Klimabereichs liegt der Schwefel unter aeroben Verhältnissen zu 60 bis 95 % in *organischer Bindung* vor. Über die Art dieser Bindung ist noch wenig bekannt. Bisher konnten nur Cystein, Cystin, Methionin und Mercaptan nachgewiesen werden. Ein beträchtlicher Teil des organisch gebundenen Schwefels (20–30 %) ist als SO$_4^{2-}$ durch Säuren in der Hitze extrahierbar. Bei dieser S-Fraktion handelt es sich wahrscheinlich um organische Sulfatester und um organische Al- (und Fe-)Sulfatkomplexe[170]. Der Gehalt terrestrischer Böden an *wasserlöslichem Sulfat* ist in der Regel gering (< 10 mg S/kg), in hydromorphen Böden dagegen oft höher.

Im sauren Bereich der Böden tritt *adsorbiertes SO^{2-}* auf, dessen Menge mit abnehmendem pH steigt (Abb. 49, Kap. XI) und bei pH 5–4 infolge der Anwesenheit von Hydroxy-Al-Polymeren häufig hohe Werte erreicht.

Die Böden haben die Fähigkeit, hohe Mengen an *Schwefeldioxid, Hydrogensulfid* und *Methylmercaptan* mit hoher Geschwindigkeit zu *adsorbieren*[174]. So betrug die Adsorption in lufttrockenen Böden bis 150 mg/kg SO$_2$, 650 mg/kg H$_2$S und 320 mg/kg CH$_3$SH; in feuchten Böden war die Adsorption von SO$_2$ höher, von H$_2$S gleich und von CH$_3$SH geringer. In der Natur wird die Adsorption der S-haltigen Gase durch ihre Oxidation zu Sulfat erhöht, so daß die Sorptionsplätze für eine erneute Adsorption frei werden. Infolge der schnellen und hohen Adsorption spielen Böden mit hoher spezifischer Oberfläche bei der *Reinigung der Luft* von S-haltigen Emissionen eine erhebliche Rolle.

In der BRD werden etwa 3,5 Mio. t SO$_2$ pro Jahr in die Luft emittiert, die zu einem hohen Anteil mit den *Niederschlägen* als H$_2$SO$_3$ und H$_2$SO$_4$ in den Boden gelangen, die Bodenversauerung sowie die Auswaschung von Nährstoffen begünstigen und bei pH-Werten der Böden < 5 das Auftreten toxisch wirkender Kationen, vor allem Al-Ionen bewirken (s. Kap. XXIII 4 a).

Einen hohen S-Gehalt weisen auch die Niederschläge in Meeresnähe auf, sie wurden z. B. auf der Nordseeinsel Sylt zu 26 kg S/ha · Jahr bestimmt. Ihr S-Gehalt entstammt zum Teil versprühtem Meerwasser, zum Teil Schwefelwasserstoff und Mercaptan, die im Bereich des Festlandsschelfs aus dem Meer entweichen. In Industrie-, Städte- und Meeres-fernen Gebieten ist die jährliche S-Zufuhr über die Niederschläge wesentlich geringer. In Neuseeland beträgt sie z. B. nur $\approx$ 1 kg S/ha, so daß dort S-Mangel weit verbreitet ist.

Über die mineralische *Düngung* gelangen in der BRD im Mittel $\approx$ 15 kg S/ha · Jahr in den Boden und über die organische Düngung $\approx$ 4 kg S/ha. In ähnlicher Größenordnung wie die Düngung liegt auch die durch *Mineralisierung* der organischen Substanz freigesetzte S-Menge. Auch durch manche *Pflanzenschutzmittel*, wie organische Fungizide, die bis zu 50 % S enthalten können, wird Schwefel zuge-

───────────

[174] *Smith, K. A., J. M. Bremner, M. A. Tabatabai:* Soil Sci. 116 (1973) 313.

führt, dieser kann im Obst- und Weinbau bis 3 kg S/ha ausmachen. Die *Auswaschung* beträgt in der BRD bis $\approx$ 100 kg S, im Mittel $\approx$ 60 kg S/ha $\cdot$ Jahr.

Die *Pflanzen* decken ihren S-Bedarf zwar weitgehend aus dem SO_4-Vorrat der Böden, können aber außerdem SO_2 und SO_3 aus der Luft aufnehmen. Diese Ausfilterung der Gase durch pflanzliche Oberflächen ist im Hinblick auf die Reinhaltung der Luft von Bedeutung, wobei Dauerkulturen (Nadelwald, Laubwald usw.) besonders wirksam sind. Der S-Gehalt der Pflanzen liegt im Bereich von 0,1–0,5 % in der Trockensubstanz.

Die *Bestimmung der S-Verfügbarkeit* in Böden kann am besten über die *Pflanzenanalyse* erfolgen, wenn auch bisher genaue Grenzwerte für die einzelnen Pflanzen noch nicht vorliegen. In Gefäßversuchen mit Raygras wurde z. B. festgestellt, daß eine Ertragssteigerung bei Sulfatdüngung dann auftrat, wenn der S-Gehalt des Grases geringer als 0,17 % war[175]. Die Bestimmung der S-Verfügbarkeit über eine *Bodenanalyse* hat unter mitteleuropäischen Verhältnissen nur einen geringen Aussagewert, weil die SO_4-Werte stark von der Witterung, der Entnahmetiefe der Bodenproben und dem Zeitpunkt der Probenahme abhängen. Über die *S-Mangelsymptome* ist die Bestimmung der S-Versorgung der Pflanzen kaum möglich, da sie in der Regel von N-Mangelsymptomen nicht zu unterscheiden sind.

Als *Schadstoff* kann ein hoher SO_4-Gehalt nur dann wirken, wenn SO_4, wie in manchen Salzböden, als *Magnesiumsulfat* in hoher Konzentration vorliegt. Dagegen ist ein hoher *Gipsgehalt* unschädlich, wie man am Beispiel der Gipsrendzinen ersehen kann. Liegt der Schwefel in *Sulfidform* vor, so wird das Pflanzenwachstum infolge des Auftretens von Schwefelwasserstoff (starkes Pflanzengift) mehr oder weniger vollständig unterbunden. Auch eine hohe *SO_2- bzw. SO_3-Konzentration in der Luft* wirkt schädlich, wie an der Vergilbung der Blätter und Nadeln von Bäumen in der Nähe von Industriebetrieben sehr anschaulich beobachtet werden kann. Eine Bestimmung des S-Gehaltes dieser Pflanzenorgane ist ein Indiz für den Einfluß S-haltiger Gase. Maximal zulässige SO_2-Konzentration in der Luft s. Kap. XXIII 4 a.

13. Mangan[2,3]

Der mittlere *Gehalt* an Gesamt-Mn in Gesteinen und Böden variiert in einem weiten Berei-

che, wie aus Tab. 3 und 64 (S. 200) ersichtlich ist. In Böden liegt Mangan in Form von Manganoxiden vor, in Silicaten und Carbonaten (als $MnCO_3$) sowie adsorbiert an Eisenoxide, in organischen Komplexen, in austauschbarer (als Mn^{2+}) und gelöster Form. In den Manganoxiden ist Mangan häufig in wechselndem Verhältnis in 2- und 4wertiger Form vorhanden. Im Lauf der Bodenentwicklung wird Mangan stärker als Eisen ausgewaschen (bei Geschiebemergel – Parabraunerden 7–14 % des ursprünglich vorhandenen gegenüber 1–6 % bei Eisen)[176]. Besonders stark verarmt sind Podsole und Stagnogleye.

In der *Bodenlösung* liegt Mangan in Form von Ionen und organischen Komplexen vor. In Ionenform ist es im normalen pH-Bereich der Böden fast ausschließlich als Mn^{2+} vorhanden. Mn^{3+}-Ionen sind dagegen in der Lösung nicht stabil, sie disproportionieren zu Mn^{2+} und Mn^{4+}:

$$2Mn^{3+} + 2H_2O \rightarrow Mn^{2+} + MnO_2 + H^+ \quad (1)$$

Aus diesem Grund dürften auch die bei niedrigem Redoxpotential in den Ausgangsgesteinen gebildeten Mangan(III)oxide in gut durchlüfteten Bodenhorizonten nicht stabil sein. Die *Pflanzen* nehmen Mangan in Form von Mn^{2+} auf. Als wesentlichste Mn-Reserve sind in Böden neben organischen Mn-Komplexen verschiedene Mangan(II, III, IV)oxide anzusehen, die mit den Mn^{2+}-Ionen der *Bodenlösung* in einem pH-abhängigen Gleichgewicht stehen, z. B.:

$$MnO_2 + 4H^+ + 2e^- \rightleftharpoons Mn^{2+} + 2H_2O \quad (2)$$

Ein Anstieg der H-Ionenkonzentration hat also eine Verschiebung des Gleichgewichtes nach rechts und damit eine verstärkte Bildung von Mn^{2+} zur Folge. Eine Erniedrigung um eine pH-Einheit bewirkt ungefähr eine 100fache Zunahme der Mn^{2+}-Ionen in der Lösung. Der Gehalt der Bodenlösung von A-Horizonten an Gesamt-Mn wurde zu 0,01–3,8 mg/l bestimmt (in einem Waldboden 13 mg), wobei 84–99 % in Form organischer Mn(II)-Komplexe vorlagen, so daß sich für die nicht komplexierten Mn^{2+}-Ionen eine Konzentration von 0,0008 bis 0,91 mg/l ergab[177].

[175] *Jones, L. H. P., D. W. Cowling, D. R. Lockyer:* Soil Sci. 114 (1972) 104.
[176] *Schlichting, E., H.-P. Blume:* Z. Pflanzenernähr. Bodenkd. 96 (1962) 144.
[177] *Geering, H. R., J. F. Hodgson, C. Sdano:* Soil Sci. Soc. Amer. Proc. 33 (1969) 81.

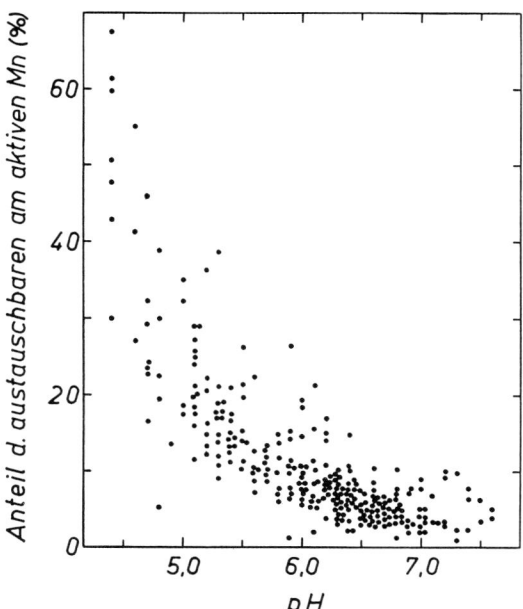

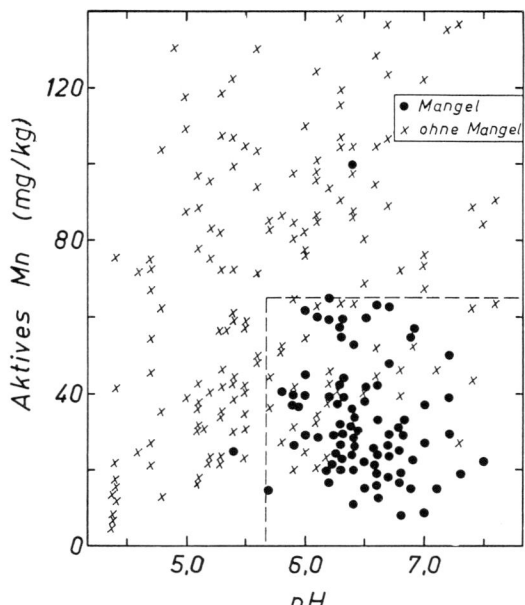

Abb. 141 Anteil des austauschbaren Mangans am aktiven Mangan (Sulfit-Mn, pH 5,5) in Abhängigkeit vom pH (M KCl) bei norddeutschen pleistozänen Sandböden[178]

Abb. 142 Abhängigkeit des Auftretens der Dörrfleckenkrankheit bei Hafer vom pH (M KCl) der Böden und der Menge des aktiven Mangans[178]

Die Beziehung zwischen Mn^{2+} und der H^+-Konzentration in Böden ist aus Abb. 141 ersichtlich, mit abnehmendem pH der Sandböden steigt der Anteil des austauschbaren Mangans am *aktiven* Mangan (= Summe von austauschbarem und leicht reduzierbarem Mangan).

Der Anteil an Mn^{2+} ist nach Gleichung 2 auch um so höher, je geringer das *Redoxpotential* ist, je stärker also reduzierende Verhältnisse vorliegen (Kap. XIII). Diese werden in Böden durch einen hohen Tongehalt, dichtes Gefüge und hohe Wassersättigung begünstigt. Die Reduktion von Mangan(IV)oxiden erfolgt in Böden unter der Wirkung von anaerob lebenden Bakterien. Dies kann z. B. daraus ersehen werden, daß bei Überstauung eines Bodens mit Wasser eine sehr schnelle Bildung von Mn^{2+} erfolgt (s. Abb. 61, Kap. XIII), die aber unterbleibt, wenn die Bakterien durch Zusatz von Sterilisierungsmitteln abgetötet werden[178]. Das Ausmaß der Mn(IV)-Reduktion kann so groß sein, daß nach 3 Tagen 20 % des Mangans der Mn-Oxide in austauschbares Mangan übergehen[178]. Beim Verdunsten des Wassers wird das gebildete Mn^{2+} wieder oxidiert, und zwar unter Wirkung von Mn-oxidierenden Bakterien. Beim Übergang in den *trockenen* Zustand

erfolgt dann in der Regel wieder eine Zunahme des austauschbaren Mangans[179].

Die Mn-Verfügbarkeit ist vom pH der Böden abhängig. Mit steigendem pH sinkt die Mn-Aufnahme durch die Pflanzen, wie z. B. in Haferpflanzen[180], Weidegräsern u. a. nachgewiesen wurde. In Mn-armen Böden kann daher Mn-Mangel eintreten, wie aus den in Abb. 142 ausgewerteten Untersuchungen zu ersehen ist. Hierbei wurde das pH der Sandböden (Tongehalt < 5 %) und ihr Gehalt an aktivem Mangan mit dem Auftreten der Dörrfleckenkrankheit bei jungen Haferpflanzen in Beziehung gebracht. Unter den herrschenden Witterungsverhältnissen wurden Mn-Mangelsymptome bei einem hohen Anteil der Böden mit geringem Gehalt an aktivem Mangan oberhalb pH 5,7 festgestellt (s. a.[181]).

Der Einfluß des *aktiven* Mangans auf die Mn-Versorgung der Pflanzen ist nach Abb. 142

---

[178] *Schachtschabel, P.:* Z. Pflanzenernähr. Bodenkd. 78 (1957) 147.
[179] *Stahlberg, S., S. Sombatpanit:* Acta Agric. Scand. 14 (1974) 179.
[180] *Beyme, B.:* Z. Pflanzenernähr. Bodenkd. 130 (1971) 272.
[181] *Finck, A.:* Z. Pflanzenernähr. Bodenkd. 89 (1960) 120.

daraus ersichtlich, daß bei den Sandböden auch oberhalb pH 5,7 dann keine Mn-Mangelsymptome auftraten, wenn der Gehalt an aktivem Mangan nach der angewandten Methode höher als 60 mg/kg war.

Die Abhängigkeit der Mn-Verfügbarkeit von der *Bodenfeuchte* ist daraus ersichtlich, daß Mn-Mangelsymptome in frühem Wachstumsstadium beim Einsetzen von Niederschlägen wieder verwachsen oder überhaupt nicht auftreten, wenn während der Zeit des wesentlichsten Mn-Bedarfs der Pflanzen häufiger Niederschläge fallen. Die hierdurch bedingte höhere Mn-Verfügbarkeit kann darauf zurückgeführt werden, daß bei einem intensiven Regen vorübergehend stark anaerobe Verhältnisse in Böden eintreten, die eine erhöhte Mn^{2+}-Bildung bewirken.

Mn-Mangel ist in deutschen *Böden* bei Mn-armen Sandböden, entwässerten Niedermooren und Marschen zu erwarten, wenn pH($CaCl_2$) über ≈ 6 liegt. Bei Marschen tritt Mn-Mangel vor allem bei Anwesenheit von $CaCO_3$ und einem Gehalt an organischer Substanz von mehr als 3 % auf; in den Niederlanden wurde er von *de Groot* selbst noch bei Gehalten an aktivem Mangan von 100 mg/kg und mehr festgestellt. Dies kann auf eine vorübergehende Mn-Festlegung infolge hoher mikrobieller Aktivität während der Zeit der intensiven Mn-Aufnahme durch die Pflanzen zurückgeführt werden. Dagegen tritt Mn-Mangel bei anderen deutschen Schluff-, Lehm- und Tonböden mit hohem Gehalt an aktivem Mangan nur selten auf und dann meist nur auf trockenen Standorten.

Besonders empfindlich auf Mn-Mangel reagieren Erbsen, Hafer, Betarüben und Kartoffeln. Dieser tritt manchmal auch dann auf, wenn an den Pflanzen keine Mangelsymptome sichtbar sind (latenter Mangel). Auch Störungen im Wachstum und der Fortpflanzung von Vieh werden manchmal auf Mn-Mangel zurückgeführt. Als ausreichender Mn-Gehalt im Futter werden ≈ 50 mg/kg in der Trockensubstanz angesehen. Der Mn-Entzug einiger Pflanzen ist aus Tab. 65 (Kap. 1) zu entnehmen.

Die Mn-Aufnahme durch die Pflanzen wird durch eine steigende Phosphatkonzentration in der Bodenlösung erniedrigt.

Auf stark sauren Böden können bei hohem Gehalt an Mn^{2+} (ebenso wie bei Fe^{2+}) *toxische Wirkungen* an den Pflanzen auftreten[182], die eine starke Ertragsminderung bewirken können. Ein hoher Mn^{2+}-Gehalt in Böden wird vor

allem auch durch anaerobe Verhältnisse und ein niedriges pH begünstigt. Mn-Toxizität spiegelt sich in einem hohen Mn-Gehalt der Pflanzen wider.

Eine *Beseitigung des Mn-Mangels* ist durch Blattspritzung mit einer 1,5%igen Lösung von $MnSO_4 \cdot 5H_2O$ möglich. Die Spritzung muß jedoch wiederholt werden, um einen Erfolg sicher zu stellen[183]. Die Mn-Zufuhr zum Boden hat den Nachteil, daß für eine sichere und nachhaltige Wirkung hohe Gaben von 100–400 kg/ha Mangansulfat erforderlich sind. Eine weitere Maßnahme zur Behebung von Mn-Mangel ist bei $CaCO_3$-freien Böden die pH-Senkung durch Düngung mit physiologisch sauren Düngemitteln.

Zur *Bestimmung* der Mn-Verfügbarkeit von Böden[2, 22, 178] durch chemische Methoden wurde von *F. Steenbjerg* das *austauschbare Mangan* vorgeschlagen. Da dieses jedoch vom Trocknungsgrad der Böden abhängig und daher jahreszeitlichen Schwankungen unterworfen ist, bestimmt man häufig das *aktive Mangan*. Hierbei setzt man der Extraktionslösung ein Reduktionsmittel zu, z. B. Hydrochinon (nach *Leeper*), Hydroxylamin oder Na-Sulfit (nach *Schachtschabel*). Der Mn-Gehalt der Böden, oberhalb dessen nur selten Mn-Mangel auftritt, wurde bei Sandböden unter den klimatischen Verhältnissen Deutschlands bestimmt zu 4 mg/kg austauschbares Mangan, 15 mg/kg aktives Mangan (pH der Sulfitlösung 8,0), 60 mg/kg (Hydrochinon), 70 mg/kg (pH der Sulfitlösung 5,5)[178].

Der *Gehalt an aktivem Mangan* ist in der Regel im A_p-Horizont am höchsten und liegt hier in norddeutschen podsolierten Sandböden meist im Bereich von etwa 20–70 mg/kg, in Lößböden von 100 bis 200 mg/kg und in Tonböden noch erheblich höher (Sulfit-Mn pH 5,5).

Der *Gesamtgehalt* der Böden an *Manganoxiden* ist kein guter Maßstab, weil in vielen Böden, wie Podsolen, Gleyen, Pseudogleyen, die Manganoxide teilweise in Form von Konkretionen und damit in schlechter Verfügbarkeit vorliegen.

14. Eisen[2, 3]

Der Gehalt der Böden an Gesamt-Fe liegt häufig im Bereich von 0,5–5 % Fe und damit in ähnlicher Größenordnung wie in den Gesteinen. In manchen Bodenhorizonten (z. B. B-Horizonten von Podsolen und G_o-Horizonten von Gleyen), in braunen Flecken und Konkretionen von Pseudogleyen und Gleyen, sowie in

---

[182] *Prausse, A., K. Schmidt, W. Bergmann:* Arch. Acker- u. Pflanzenbau u. Bodenkd. 16 (1972) 483.
[183] *Henkens, Ch. H., K. V. Smilde:* Netherlands J. Agric. Sci. 15 (1967) 21.

Latosolen sind Eisenoxide angereichert; ihr Gehalt kann in G_o-Horizonten (z. B. Raseneisenerz) und in Lateritpanzern bis zu 50 % Fe betragen.

Im normalen pH-Bereich der Böden ist die Fe-Konzentration der Bodenlösung äußerst gering und auf organische Fe-Komplexe beschränkt. Unter anaeroben Verhältnissen können jedoch Fe^{2+}-Ionen in höherer Konzentration vorliegen (s. Abb. 39, Kap. XIII). Fe^{3+}-Ionen treten dagegen erst unterhalb pH 3 in höherer Konzentration in der Bodenlösung auf (Kap. XII 2 b).

Die häufig sehr hohe Fe-Konzentration im Grundwasser und in Flüssen (0,1 bis 10 mg/l) beruht auf der Anwesenheit organischer Fe-Komplexe und feindisperser Eisenoxide. Eine hohe Fe^{2+}-Konzentration in der Bodenlösung tritt unter anaeroben Verhältnissen wie in subhydrischen Böden (z. B. Reisböden) auf und kann dann toxisch auf die Pflanzen wirken.

Fe-Mangel ist trotz häufig hoher Gehalte der Böden an Eisenoxiden weltweit verbreitet auf Böden aus Kalkstein oder $CaCO_3$-reichen Substraten; er tritt besonders häufig bei Obstbäumen auf[184]. Fe-Mangel kann aber auch manchmal auf sauren, Fe-armen Substraten wie Hochmooren und Torfsubstraten im Gartenbau auftreten. Durch Zusatz von Eisenchelaten kann er behoben werden.

Die *Bestimmung* der Fe-Verfügbarkeit durch eine Bodenunteruchung[22] führt nicht zu befriedigenden Ergebnissen. Einen besseren Anhalt bieten der Düngungsversuch (Blattdüngung mit Eisenchelaten) und Mangelsymptome an den Pflanzen (Chlorose der jüngeren Blätter).

15. Kupfer[2, 3]

Der *Cu-Gehalt* in Gesteinen und Böden liegt im Bereich zwischen 4 und 100 mg Cu/kg (Tab. 64, Kap. 1). In den Magmatiten liegt Kupfer als Sulfid (CuS, $CuFeS_2$ u. a.) und anstelle von Mg^{2+} und Fe^{2+} in silicatischer Bindung vor. In Böden ist Kupfer ebenfalls teilweise silicatisch gebunden, liegt aber außerdem in starker Bindung an Tonmineralen, Mangan- und Eisenoxiden sowie an der organischen Substanz vor, so daß es selbst bei starker Anreicherung im Oberboden nicht verlagert wird[185], wenn man von einer geringen Verlagerung in kolloider oder komplexierter Form bei Sandböden absieht.

Bei der *Cu-Fraktionierung* von norddeutschen Parabraunerden und Schwarzerden aus Löß wurden bei einem Gesamtgehalt von 6−13 mg Cu/kg die folgenden mittleren Cu-Bindungsformen ermittelt[186]: Im A_p-Horizont betrug der Anteil (a) des organisch gebundenen Kupfers 60 %, (b) des silicatisch sowie an Mangan- und Eisenoxiden gebundenen Kupfers je 20 % und (c) des austauschbaren Kupfers < 1 %; nach tieferen Horizonten sank der Anteil (a) bis unter 20 %, während in Silicaten und an Oxiden gebundenes Kupfer auf je 40 % stieg. Auch in englischen Böden betrug der Anteil des schwach und stark adsorbierten Kupfers nur 1−2 %[187].

Die *intensive Cu-Bindung* an Mangan- und Eisenoxiden kommt auch darin zum Ausdruck, daß in Konkretionen dieser Oxide in Pseudogleyen Kupfer im Vergleich zu der übrigen Bodenmasse um das 8- bis 10fache angereichert sein kann[186]. Eine Cu-Fällung in der Bodenlösung in Form schwer löslicher Verbindungen wie als Hydroxid, Carbonat und Phosphat ist unwahrscheinlich, weil nach Untersuchungen von Bodenlösungen das Löslichkeitsprodukt dieser Verbindungen nicht erreicht bzw. überschritten wird (mindestens unterhalb pH 7[187a]), wenn man von Sulfiden (CuS, CuS_2) absieht, die unter reduzierenden Verhältnissen ausgefällt werden können.

Die *Cu-Konzentration* in der *Bodenlösung* wurde zu 0,005−0,016 mg/l bestimmt und war in $CaCO_3$-haltigen und sauren Böden annähernd gleich[188]. Ein hoher Cu-Anteil lag aber in Form organischer Komplexe vor, er betrug bei den $CaCO_3$-haltigen Böden im Mittel 99 %, bei den sauren Böden dagegen nur 15 % (s. a.[188a]). Damit war also die Cu^{2+}-Konzentration in den sauren Böden (im Mittel $0,3 \cdot 10^{-3}$ mg/l) wesentlich höher als in $CaCO_3$-haltigen Böden (im Mittel $0,9 \cdot 10^{-5}$ mg/l). Da Cu-Mangel auf diesen $CaCO_3$-haltigen Böden selten, wenn überhaupt, auftritt, kann aus dem Vorstehenden geschlossen werden, daß auch das komplexierte Kupfer für die Pflanzen eine Rolle spielt.

[184] *Naumann, W. D.*: Gartenbauwiss. 32 (1967) 1.

[185] *Rieder, W., U. Schwertmann*: Landw. Forsch. 25 (1972) 170.

[186] *Grimme, H.*: Z. Pflanzenernähr. Bodenkd. 116 (1967) 125, 207.

[187] *McLaren, R. G., D. V. Grawford*: J. Soil Sci. 24 (1973) 443.

[187a] *McBride, M. B., J. J. Blasiak*: Soil Sci. Soc. Am. J. 43 (1979) 866.

[188] *Hodgson, J. F., W. L. Lindsay, J. F. Trierweiler*: Soil Sci. Soc. Amer. Proc. 30 (1966) 723.

[188a] *Sanders, J. R., C. Bloomfield*: J. Soil Sci. 31 (1980) 53.

Die *Cu-Aufnahme durch die Pflanzen* wird durch eine hohe Phosphatkonzentration der Bodenlösung und manchmal auch durch ein hohes pH vermindert. So bestand z. B. zwischen dem Cu-Gehalt junger Haferpflanzen und dem pH der Böden bei Sandböden eine negative Beziehung, dagegen keine Beziehung bei Lößböden[189].

Die Pflanzen entziehen dem Boden durch eine Ernte 30–100 g Cu/ha, dennoch ist die Cu-Abfuhr aus dem landwirtschaftlichen Betrieb mit 7 g Cu/ha im Mittel der BRD sehr gering (Kap. XXI).

Cu-Mangel tritt besonders auf Podsol-Sandböden und frisch kultivierten Moorböden auf (Heidemoor- oder Urbarmachungskrankheit), selten auf Schluff-, Lehm- und Tonböden (s. z. B.[190]). Bei den letzteren Böden ist daher eine Cu-Düngung nicht rentabel wie aus mehr als 100 Versuchen auf deutschen Böden hervorgeht. Zu gleichem Ergebnis führten auch neuere 7- bis 9jährige Feldversuche auf 7 Standorten im Rheinland (83 Ernten, Cu(HNO₃)-Gehalt der Böden 3–9 mg Cu/kg), bei denen durch Düngung mit Kupfersulfat kein Mehrertrag erzielt wurde[45].

Besonders empfindlich auf Cu-Mangel reagieren Weizen, Hafer, Leguminosen und verschiedene Obstgehölze, weniger Roggen und Gerste. Mangelsymptome sind bei Getreide Chlorose und Weißfärbung der jüngeren Blätter, bei Obst außerdem eine Verkrümmung der Spitzentriebe.

Im Hinblick auf die *Gesundheit der Tiere* wird ein Cu-Gehalt im Heu von 5–6 mg/kg als ausreichend angesehen, bei Cu-Mangel tritt die Lecksucht auf. Gegen eine hohe Cu-Aufnahme sind Schafe empfindlich, bei denen bereits ein Cu-Gehalt des Futters über 20 mg/kg toxisch wirken kann[191].

Zur *Behebung von Cu-Mangel* werden für alle Bodenarten[23] 2–5 kg Cu/ha in Form von Kupfersulfat, Kupferschlackenmehl oder fein gemahlene Cu-Legierungen empfohlen, die für 5–8 Jahre ausreichen.

Eine hohe Cu-Zufuhr zum Boden, wie es bei starker Anwendung mancher Siedlungsabfälle der Fall sein kann, kann auch *negative Auswirkungen* haben. Eine hohe Cu-Konzentration in der Bodenlösung hemmt die Aufnahme von Zink und Molybdän durch die Pflanzen und kann auf Mikroorganismen toxisch wirken. Ein solch negativer Einfluß ist dann zu erwarten, wenn folgende Werte überschritten werden: Cu-Konzentration der Bodenlösung

[189] *Beyme, B.:* Z. Pflanzenernähr. Bodenkd. 130 (1962) 256.
[190] *Graß, K.:* Landw. Forsch. 27 (1974) 134.
[191] *Baker, D. E.:* Fed. Proc. 33 (1974) 1188.

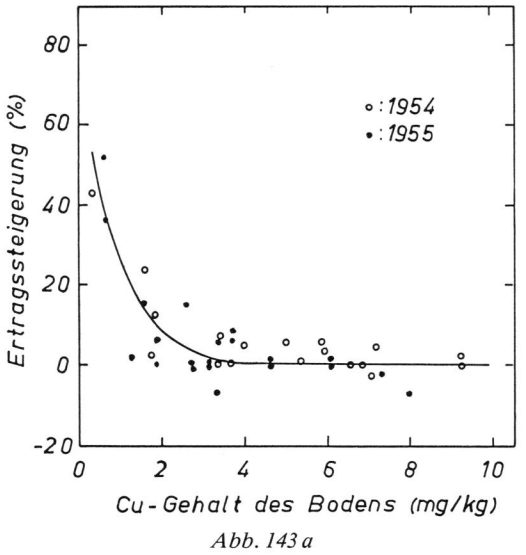

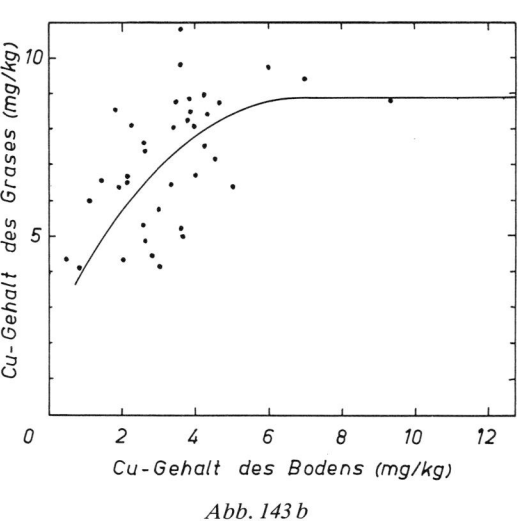

Abb. 143a

Abb. 143b

Abb. 143a Ertragssteigerung von Sommerweizen durch Cu-Düngung in Abhängigkeit vom Cu(HNO₃)-Gehalt des Oberbodens[192]

Abb. 143b Cu-Gehalt im Gras von Dauergrünland (Trockensubstanz) in Abhängigkeit vom Cu-Gehalt des Oberbodens 0–7 cm[192]

0,1 mg Cu/l, Gehalt der Böden an Citrat-EDTA-löslichem Kupfer 50 mg/kg, Gehalt der Pflanzen 100 mg Cu/kg Trockensubstanz (normaler Gehalt 5–20 mg Cu/kg).

Zur *Bestimmung der Cu-Versorgung* der Böden wird in Deutschland und in den Niederlanden die Cu-Löslichkeit in Salpetersäure herangezogen (s. Methoden). Bei Sandböden wurde zwischen diesen Cu(HNO₃)-Werten und dem Ertrag von Weizen in Feldversuchen (Abb. 143 a) bzw. dem Cu-Gehalt der Gräser auf Dauergrünland (Abb. 143 b)[192] eine relativ gute Beziehung festgestellt. Entsprechende Untersuchungen auf tonreicheren Böden liegen nicht vor, da wie erwähnt, Cu-Mangel auf diesen Böden bisher nicht festgestellt wurde. Bei Ackerböden wird für alle Kulturen ein Cu(HNO₃)-Gehalt von 4 mg/kg als ausreichend angesehen[23].

Die *Bestimmung der Cu-Versorgung* der Böden erfolgt meist mittels chemischer Methoden[2, 22, 193]. Als Extraktionsmittel dienen 0,43 M HNO₃ bei Zimmertemperatur (Methode *Westerhoff*, abgekürzt Cu(HNO₃)), 0,5 M Ammoniumoxalat-Lösung, Äthylendiamintetraessigsäure (EDTA) Diäthylentriaminpentaessigsäure (DTPA) und bei Moorböden ein Gemisch von HNO₃ und HClO₄ (Gesamt-Cu).

16. Zink[2, 3, 194]

Der *Gehalt* der Böden an Gesamt-Zn schwankt zwischen 10 und 300 mg Zn/kg (Tab. 64, Kap. 1). Zink liegt vor in silicatischer Bindung (Ersatz von Mg^{2+} und Fe^{2+}) wie in Tonmineralen[187a], adsorbiert an (Al, Fe, Mn)-Oxiden[195], Calcit, Dolomit, komplexiert in der organischen Substanz und als ZnS unter reduzierenden Bedingungen.

In norddeutschen Sandböden (podsolige Braunerden) wurde ein Gehalt an Gesamt-Zn von 13–32 mg/kg und in Lößböden (Parabraunerden, Schwarzerden) von 18–75 mg/kg bestimmt[196]. Der Anteil des EDTA-löslichen Zinks an Gesamt-Zn betrug (ähnlich dem in 0,1 M HCl-löslichen) 18 % bzw. 12 %, er ist im Oberboden meist wesentlich höher als im Unterboden[197].

Der Gehalt an *austauschbarem Zink* variierte in obigen Sandböden (pH < 6) zwischen 0,7 und 4,7 mg/kg (im Mittel 8 % des Gesamt-Zn), in den Lößböden (pH 6–7,5) war er sehr viel niedriger und quantitativ nicht bestimmbar[196]. Bei Zugabe einer Zn-Lösung zum Boden kann ein geringer Zn-Anteil in eine schwer oder nicht

austauschbare Form übergehen, wobei Zn^{2+} in oberflächennahe Oktaederzentren von Tonmineralen[187a] einwandern, von Mangan- und Eisenoxiden festgelegt oder von der organischen Substanz komplexiert wird.

In der *Bodenlösung* können über 50 % des Zinks organisch komplexiert sein. Diese Zn-Komplexe sind wahrscheinlich neben dem austauschbaren Zink eine wichtige Zn-Reserve für die Pflanzen. In anorganischer Form liegt Zink in der Bodenlösung im stark sauren Bereich zu über 99 % als Zn^{2+} vor, mit zunehmendem pH steigt der Anteil von $Zn(OH)^+$. Außerdem befinden sich ähnlich wie bei Kupfer noch andere anorganische Komplexe in der Lösung, wie z. B. $ZnCl^+$.

Die Zn-Konzentration in der Bodenlösung sinkt mit steigendem pH der Böden; sie betrug z. B. in sauren Böden New Yorks im Mittel 75 µg/kg, in CaCO₃-haltigen Böden Colorados nur weniger als 2 µg/kg. Eine Erhöhung des pH-Wertes eines Bodens um eine Einheit hat ungefähr eine Abnahme der Zn-Löslichkeit um das 100fache zur Folge[2].

Ebenso wie bei Kupfer ist eine Ausfällung von Zn-Ionen aus der Bodenlösung in Form schwerlöslicher Verbindungen, zumindest im sauren Bereich, nicht gegeben, weil die Bodenlösung im Hinblick auf die am wenigsten löslichen Hydroxide und Carbonate nicht gesättigt ist[187a].

Der *Zn-Gehalt der Pflanzen* schwankt im Bereich von 10–100 mg/kg Trockensubstanz, der Zn-Entzug durch eine Ernte 100–300 g/ha.

Zn-Mangel ist weltweit verbreitet, z. B. in den USA, Australien und Ägypten[198], aber auch in einigen Ländern Europas. Er ist besonders auf Böden im alkalischen Bereich, hohen Gehalts an feinkörnigem CaCO₃[198] und organischer Substanz[199] anzutreffen. Empfindlich gegenüber Zn-Mangel sind Äpfel, Reben, Citrus, Mais, Bohnen, Kartoffeln und Zwiebeln. Mangelsymptome sind z. B. bei Obst kleine roset-

[192] *Henkens, Ch. H.:* Landw. Forsch. 27 (1974) 134.
[193] *Schlichting, E.:* Agrochimica 17 (1973) 531.
[194] *Lindsay, W. L.:* Advanc. Agron. 24 (1972) 147.
[195] *Kalbasi, M.* et al.: Soil Sci. 125 (1978) 146.
[196] *Beyme, B.:* Diss. Univ. Hannover 1970.
[197] *Schlichting, E., R. Sunkel:* Landw. Forsch. 24 (1971) 170.
[198] *Osman, A. Z.* et al.: Z. Pflanzenernähr. Bodenkd. 143 (1980) 524.
[199] *Kuo, S., D. S. Mikkelsen:* Soil Sci. 128 (1979) 274.

tenförmig ausgebildete Blätter und bei Mais Chlorose meist der jüngeren Blätter, die teilweise streifenartig ausgebildet sind.

In der BRD wurde Zn-Mangel an Obstbäumen in der Pfalz (auf Mergelrendzinen) und an Reben festgestellt, aber keine Ertragssteigerung durch Zn-Düngung bei landwirtschaftlichen Kulturen. Aus Feld-Erhebungsuntersuchungen auf Böden Schleswig-Holsteins wurde auf Zn-Mangel geschlossen, weil der Zn-Gehalt von Hafer und Weizen bei Beginn des Schossens zu einem hohen Anteil unter 25 mg/kg Trockensubstanz lag[200]. Eine Bestätigung des Zn-Mangels durch Felddüngungsversuche wurde jedoch bisher nicht erbracht.

Die Zn-Aufnahme durch die Pflanzen wird nicht nur durch einen hohen *pH-Wert*, sondern auch durch eine hohe *Phosphatdüngung* bzw. hohe Phosphatkonzentration der Bodenlösung vermindert, so daß nach zahlreichen Untersuchungen an verschiedenen Pflanzen Zn-Mangel induziert werden kann[201]. Es wird daher vorgeschlagen, nicht nur den Zn-Gehalt der Pflanzen, sondern auch deren P/Zn-Verhältnis zur Charakterisierung der Zn-Versorgung heranzuziehen[201, 201a].

Auf das Auftreten von Zn-Toxizität wird in Kap. XXIII g eingegangen.

Die *Bestimmung der Zn-Versorgung* der Böden kann erfolgen durch Extraktion mit einer 0,0125 M CaCl$_2$-Lösung[203] (analog Magnesium), 0,1 M oder 0,43 M Salpetersäure (wie bei Kupfer) 0,1 M Salzsäure und wie bei Kupfer durch Extraktion mit EDTA und DTPA, sowie vor allem bei Dauerkulturen durch Blattanalyse und das Auftreten von Mangelsymptomen an den Pflanzen.

Bei Zn-Mangel ist eine Düngung von etwa 5 kg Zn/ha für 3–8 Jahre ausreichend, außerdem kann eine Blattdüngung erfolgen.

17. Bor[2, 3, 194]

Bor ist das einzige Nichtmetall unter den Mikronährstoffen. In Magmatiten ist Bor hauptsächlich in Glimmern und in Form des verwitterungsresistenten Minerals *Turmalin* (B-Gehalt $\approx$ 10 %) gebunden. In Bor-Lagerstätten, die sich in ariden Gebieten gebildet haben, liegt Bor in Form von Na-, Mg- oder Ca-Boraten vor, z. B. als *Borax* (Na$_4$B$_2$O$_7$ · 10H$_2$O, B-Gehalt = 11,3 %). Bei der Verwitterung der Gesteine wird Bor vorwiegend als *Borsäure* H$_3$BO$_3$ freigesetzt, die ebenso wie ihre Salze leicht wasserlöslich ist.

Der B-*Gehalt* (Tab. 64, Kap. 1) erreicht in marinen Tonen mit $\approx$ 200 mg/kg die höchsten Werte. Dies erklärt sich aus dem hohen B-Gehalt des Meerwassers (im Mittel 4,6 mg/l). Außerdem kann H$_3$BO$_3$ durch den Wind mit dem versprühten Meerwasser, sowie auch in gasförmiger Form (H$_3$BO$_3$-Dampfdruck 2 mm Hg bei 20 °C) weithin verfrachtet werden und über die Niederschläge in den Boden gelangen. Der B-Gehalt humider Böden liegt meist im Bereich von 7–80 mg/kg (Mittelwerte 30–40 mg/kg) und korreliert häufig mit dem Gehalt an organischer Substanz und Ton.

In der *Bodenlösung* liegt Bor unterhalb pH(H$_2$O) 6 fast ausschließlich in Form der undissoziierten schwachen Borsäure H$_3$BO$_3$ vor (pK = 9,2), oberhalb pH 6 dissoziiert sie in zunehmendem Maße, wobei sich bei niedriger Konzentration B(OH)$_4^-$-Ionen bilden. Die Konzentration in der Bodenlösung wurde zu 0,01–0,1 mg B/l bestimmt. Diese geringe B-Konzentration beruht auf der starken *B-Adsorption* durch die organische Substanz, Al-Oxide, Fe-Oxide und Tonminerale, vor allem Illit und Vermiculit. Die B-Adsorption an der organischen Substanz kann aus der häufig guten Beziehung zwischen dem C(org.)-Gehalt der Böden und dem heißwasserlöslichen Bor, sowie dem geringen B-Gehalt der C(org.)-armen Unterböden ersehen werden.

Die *B-Adsorption* steigt mit zunehmendem pH des Bodens. Hierbei wird u. a. eine Adsorption von B(OH)$_4^-$-Ionen in Form eines Anionenaustausches gegen OH-Ionen oder einer Reaktion unter H$_2$O-Austritt vermutet, z. B. wie folgt:

$$>Al<^{OH}_{OH} + B(OH)_4^- \rightleftharpoons \ \ \ >Al<^{OH}_{OH}>B(OH)_3 + OH^-$$

$$>Al<^{OH}_{OH} + B(OH)_4^- \rightleftharpoons \ \ \ >Al<^{O}_{O}>B(OH)_2^- + 2H_2O$$

Bei der organischen Substanz erfolgt die Bindung möglicherweise über alkoholische OH- oder OH-Gruppen von komplexiertem Al^{3+} und Fe^{3+} nach dem gleichen Schema.

Der *B-Gehalt* variiert bei den verschiedenen *Pflanzen* im Bereich 20–100 mg/kg in der

[200] *Franck, E., A. Finck:* Z. Pflanzenernähr. Bodenkd. 143 (1980) 38.
[201] *Schropp, A., H. Marschner:* Z. Pflanzenernähr. Bodenkd. 140 (1977) 515.
[201a] *Loneragan, J. F.* et al.: Soil Sci. Soc. Am. J. 43 (1979) 966.
[203] *Merkel, D., W. Köster:* Landw. Forsch. Sonderh. 33/I (1977) 274.

Trockensubstanz. Bei Gefäß- und Feldversuchen auf Sandböden korrelierte der B-Gehalt im Zuckerrübenblatt ebenso wie der Gehalt der Böden an heißwasserlöslichem Bor eng mit dem Auftreten der Herz- und Trockenfäule und dem Ertrag von Zuckerrüben[204]. Ein steiler Anstieg der B-Mangelsymptome und Mindererträge erfolgte bei einem B-Gehalt der Blätter < 35 mg/kg (Probenahme im August) und einem B-Gehalt der Böden < 0,35–0,40 mg/kg. Bei der Aufkalkung saurer Böden wurde kein Rückgang der B-Verfügbarkeit festgestellt.

B-Mangel ist weltweit sowohl auf sauren als auch alkalischen Böden verbreitet. Er tritt vor allem in trockenen und warmen Jahren auf Sandböden sowie auf trockenen Standorten tonreicher Böden auf und bewirkt z. B. bei Zuckerrüben die Herz- und Trockenfäule, bei Apfel die Korkbildung und bei anderen Kulturen ein Absterben der jüngsten Blätter. Stark B-bedürftige Pflanzen sind außerdem Mais, Baumwolle, Wein, Blumenkohl, Sellerie, Kohlrabi u. a.

Eine *B-Düngung* zu Pflanzen hohen B-Bedarfs erfolgt entweder über B-haltige Mehrnährstoffdünger oder Borax, das in Böden zu Borsäure hydrolysiert:

$$B_4O_7^{2-} + 2H^+ + 5H_2O \rightarrow 4H_3BO_3.$$

Als B-Düngung werden 0,5–1,5 kg B/ha empfohlen (Entzug s. Tab. 65). Der jährliche *B-Verbrauch* im Landbau der BRD beträgt 800–1000 t. Die B-Zufuhr über die *Niederschläge* ist weitgehend von der Entfernung zum Meer abhängig und kann bei 600 mm Niederschlägen mit ≈ 10 g B/ha in meeresfernen Gebieten und bis 30 g B/ha · Jahr in meeresnahen Gebieten angenommen werden. Diese B-Zufuhr deckt im Mittel der BRD die B-Abfuhr aus dem landwirtschaftlichen Betrieb (s. Kap. XXI).

B-Toxizität an Pflanzen wird im humiden Klimabereich nur selten beobachtet und beruht dann auf einem sehr hohen B-Gehalt in der Bodenlösung (> 0,7 mg B/l) infolge zu hoher B-Düngung. Daß nicht ein hoher Gehalt an heißwasserlöslichem Bor für das Auftreten von B-Schäden entscheidend ist, geht daraus hervor, daß auf deutschen Niedermooren mit einem Gehalt von 25 mg/kg bei Getreide und auf CaCO$_3$-haltigen Böden in Peru von 25–50 mg/kg bei Baumwolle und Luzerne noch keine Toxizitäts-Symptome festzustellen waren[205]. Im ariden Klimabereich führt häufig

die Anwendung von Beregnungswasser hoher B-Konzentration zu Ertragsdepressionen; sie sollte daher 0,7 mg B/l nicht überschreiten. B-Überschuß ist an Nekroseflecken auf den Blättern B-empfindlicher Pflanzen, wie Kartoffeln, Bohnen und Getreide zu erkennen.

Zur Bestimmung der B-Verfügbarkeit in Böden[2, 22] hat sich die Extraktion mit siedendem Wasser (5 min; Boden : Wasser = 1 : 2) am besten bewährt (Methode *Berger-Truog*). Hiernach ist unter mitteleuropäischen Klima- und Ertragsverhältnissen beim Anbau von Pflanzen hohen B-Bedarfs ein B-Gehalt von 0,40 mg/kg als ausreichend anzusehen[23, 204]. Der Gehalt humider Böden an heißwasserlöslichem Bor ist meist < 1 mg/kg und kann in ariden Gebieten, z. B. in Peru, bis 1000 mg/kg betragen. Bei Zufuhr von b-haltigen Düngern zu Böden wird das Bor im Heißwasserextrakt nicht oder nur zum Teil wiedergefunden[204]. Das gesamte zugefügte Bor kann zwar, sofern keine B-Verlagerung in den Unterboden stattgefunden hat, durch Extraktion mit Säuren erhalten werden, doch ergeben die so erhaltenen B-Werte zum B-Bedarf der Pflanzen eine schlechtere Beziehung als die Wasserwerte.

18. Molybdän[2, 3, 205a, 205b]

Molybdän liegt in Gesteinen nur selten in Form diskreter Minerale, wie MoS$_2$ vor, vielmehr als Substituent (wahrscheinlich anstelle von Ti^{4+}, Fe^{3+} und Al^{3+}) in Silicaten. Am stärksten ist es im Biotit angereichert, in geringerer Konzentration in Feldspäten. Bei der Verwitterung wird Molybdän in anionischer Form als Molybdat (MoO$_4^{2-}$) freigesetzt und adsorbiert.

Der *Mo-Gehalt* beträgt in Gesteinen 1–2 mg/kg (s. Tab. 64, Kap. 1) in Böden 0,2–10 mg/kg (Mittelwert ≈ 2 mg/kg) und ist hier in der Regel im Oberboden höher als im Unterboden. Hohe Mo-Gehalte finden sich in schlecht gedränten hydromorphen Böden, geringe Gehalte in stark verwitterten Sandböden. So sank z. B. der Gehalt an oxalatlöslichem Molybdän bei Böden Schleswig-Holsteins in der Reihe Marschen > Braunerden > Podsole[206]. Extrem hohe Mo-Gehalte wurden mit

[204] *Smilde, K. W.:* Z. Pflanzenernähr. Bodenkd. 125 (1970) 130.
[205] *Fox, R. H.:* Soil Sci. 106 (1968) 435.
[205a] *Cheng, B. T., G. J. Oullete:* Soils a. Fert. 36 (1973) 207.
[205b] *Cupta, U. C., J. Lipset:* Advanc. Agron. 34 (1981) 73–109.
[206] *Massumi, A., A. Finck:* Z. Pflanzenernähr. Bodenkd. 134 (1973) 56.

15−30 mg/kg in Böden Hawaiis festgestellt.

In der *Bodenlösung* tritt Molybdän nur als Anion auf, oberhalb pH 5−6 dominieren MoO_4^{2-}-Ionen, unterhalb pH 5−6 $HMoO_4^-$-Ionen. Der Mo-Gehalt im Grundwasser wurde zu 0,1−5 µg/l bestimmt.

Die *Adsorption* von Molybdationen erfolgt vorwiegend an Eisenoxiden in Form eines Ligandenaustauschs. Die adsorbierten Ionen sind zunächst austauschbar, gehen aber allmählich in eine nicht austauschbare Form über, was sich in einem Rückgang der Mo-Verfügbarkeit nach einer Düngung mit wasserlöslichen Molybdaten widerspiegelt. Als Sorbentien können in geringem Ausmaß auch Al-Oxide, organische Substanz (vermutlich OH-Gruppen von Al- und Fe-Komplexen) und Tonminerale wirken.

Mo-*Mangel* findet sich besonders auf Sandböden niedriger pH-Werte, wie Podsolen mit höherem Gehalt an aktiven Eisenoxiden, sowie auf Hochmoorböden und bei gärtnerischen Substraten auf Basis Hochmoortorf. Weitverbreitet ist er in Florida, Australien und Neuseeland. Stark Mo-bedürftige *Pflanzen* sind z. B. Leguminosen, Kohlarten (vor allem Blumenkohl) und Zuckerrüben. Der Mo-Gehalt der Pflanzen beträgt meist 0,2−10 mg/kg in der Trockensubstanz, bei Leguminosen und im Zuckerrübenblatt bis 20 mg/kg. Bei Gehalten < 0,1−0,3 mg/kg kann Mo-Mangel auftreten, während eine *toxische* Wirkung auf das Wachstum der Pflanzen selbst bei 100 mg/kg nicht festzustellen war. Dagegen wirkt ein Mo-Gehalt des Futters > 15 mg/kg bei Rindvieh toxisch und führt zu Durchfall. Mo-*Mangelsymptome* sind besonders charakteristisch beim Blumenkohl in den eingerollten, löffelartig ausgebildeten jungen Blättern ausgeprägt.

Der *Mo-Entzug* durch die Pflanzen liegt bei 10−50 g Mo/ha. Die Mo-Aufnahme wird durch eine P-Düngung häufig begünstigt[206, 207] (Austausch von MoO_4^{2-} gegen $H_2PO_4^-$). Die Mo-Verfügbarkeit korreliert mit dem pH der Böden positiv, mit deren Gehalt an aktiven Eisenoxiden negativ[206, 208]. Eine Kalkung saurer Böden erhöht daher die Mo-Verfügbarkeit (Austausch von Molybdat- gegen OH-Ionen).

Die *Mo-Düngung* erfolgt im Boden in Form von Na-Molybdat $Na_2MoO_4 \cdot 2H_2O$ (Mo = 39 %), wobei 400 g Mo/ha bei Kohlarten und Zuckerrüben, sowie 50−100 g Mo/ha bei Leguminosen in der Regel ausreichend sind. Ebenso wirkungsvoll ist eine Blattdüngung (z. B. 500 l/ha 0,05 % Na-Molybdat bei Rüben) oder die vielfach angewandte Behandlung der Samen mit einer Lösung von Na-Molybdat. Die *Bestim-*

mung der Mo-*Verfügbarkeit* in Böden[2, 22] auf chemischem Wege hat sich bisher als wenig erfolgreich erwiesen. Vielfach angewandt wird die Extraktion mit einer Lösung von Ammoniumoxalat, deren pH auf 3,3 eingestellt ist. Mo-Mangel ist bei Gehalten < 0,04−0,2 mg/kg zu erwarten, wobei jedoch in die Auswertung das pH, der Gehalt an aktiven Eisenoxiden und möglicherweise noch andere Bodeneigenschaften mit einbezogen werden müssen.

19. Chlor[3]

Chlorid (Cl^-) hat einen Einfluß auf den Wasserhaushalt und das Kationen-Anionen-Gleichgewicht der *Pflanzen* und ist essentiell für Tier und Mensch. Der Cl-Gehalt der Pflanzen beträgt etwa 0,2−2 % in der Trockensubstanz, er ist weit höher als der physiologische Bedarf. Für Chlorid-empfindliche Pflanzen wie Kartoffeln, Obst, Tomaten, Wein, Tabak u. a. wirkt Chlorid bei höherer Konzentration schädlich.

Die *Cl⁻-Zufuhr* zum Boden erfolgt hauptsächlich über chloridhaltige Dünger (≈ 700000 t Cl/Jahr in der BRD) und die Niederschläge. Über die Niederschläge beträgt sie im Binnenland 5−20 kg Cl⁻/ha, in Meeresnähe bis zu 300 kg Cl⁻/ha · Jahr. Da Cl-Ionen im Boden kaum adsorbiert werden, entspricht die *Cl⁻-Auswaschung* annähernd der Zufuhr über Dünger und Niederschläge, also etwa 50 kg Cl⁻/ha · Jahr; bei einer Sickerwassermenge von 200 mm errechnet sich deren Cl⁻-Konzentration im Mittel zu 25 mg/l. In Gebieten mit hoher Düngungsintensität oder bei geringerer Sickerwassermenge kann der Cl⁻-Gehalt des Sickerwassers jedoch auf das Doppelte steigen. Hohe Cl⁻-Gehalte in Form leichtlöslicher Salze haben marine Ablagerungen (s. Kap. Marschen) und aride Gebiete (s. Kap. Salzböden), so daß es dort zu Salzschäden kommen kann.

Der Cl⁻-Gehalt des Wassers ist auch für die Verwendung als *Trinkwasser* von Bedeutung, er soll nach den Richtlinien der BRD 350 mg/l nicht überschreiten. Einen extrem niedrigen Cl⁻-Gehalt hat das Wasser der Talsperren. Hohe Cl⁻-Werte findet man im Grundwasser (im norddeutschen Flachland z. B. 40−200 mg Cl⁻/l) und im Flußwasser. Diese Gehalte erklären sich aus der Cl⁻-Zufuhr über (a) das Sickerwasser von Böden, (b) kommunale Abwässer, die durch Bäche und Flüsse ins Grundwasser

[207] *Henkens, Ch. H.*: Molybdenum uptake by beets in dutch soils. Diss. Wageningen 1972.
[208] *Jaakkola, A.*: Diss. Helsinki 1972.

gelangen können, z. B. Verbrauch von Speisesalz in der BRD 200000 t Cl/Jahr, (c) industrielle Abwässer, die zu einem Cl⁻-Gehalt der Flüsse bis 2500 mg/l und örtlich sogar mehr führen können (Toxizitätsgrenze für Süßwasserfische 6 g Cl⁻/l), (d) Streusalze während der Wintermonate.

20. Kobalt[3, 209]

Kobalt ist ein Bestandteil des *Vitamines* B 12 und ist für die N₂-Bindung (s. Kap. Stickstoff) durch Rhizobien, manche blaugrüne Algen und Bakterien wichtig. Bei höheren Pflanzen ist die Nährstoffwirkung von Kobalt jedoch noch nicht nachgewiesen. Dagegen ist Kobalt als Bestandteil des Vitamines B 12 für die Tiergesundheit unentbehrlich, wie aus Erkrankungen von Schafen und Rindern, besonders auch im Hinblick auf den Aufwuchs der Tiere, festgestellt wurde. Co-*Mangel* ist z. B. in verschiedenen Gebieten der USA, Australiens und Schottlands weit verbreitet, im Schwarzwald wurde er auf Biotit-armen Ranker-Braunerden aus Granit festgestellt[210].

Der mittlere Co-*Gehalt* in der Erdkruste beträgt 20 mg/kg. Die meisten Böden enthalten 10 bis 15 mg/kg Co; hier ist es vor allem an Mn- und Fe-Oxiden gebunden, sowie als Begleitelement in anderen Mineralen, so daß es nur zu einem kleinen Anteil pflanzenverfügbar ist. Co-arme Böden haben meist nur einen Co-Gehalt von 1−5 mg/kg. In der Bodenlösung tritt Kobalt als Co^{2+} auf.

Das *Weidefutter* soll zur Vermeidung von Co-Mangel mindestens 0,08 mg/kg in der Trockensubstanz enthalten. Für die Beseitigung von Co-Mangel wird auf Weiden eine Düngung von 2 kg $CoSO_4 \cdot 7H_2O$/ha oder Kupferschlacke (0,1 % Co) empfohlen, die für 5 Jahre ausreichend ist, wenn die Böden nicht einen sehr hohen Gehalt an Manganoxiden enthalten.

Die chemische Bestimmung der Co-Verfügbarkeit in Böden erfolgt häufig durch Extraktion mit Essigsäure (2,5 %), wobei ein Co-Gehalt > 0,3 mg/kg als ausreichend angesehen wird.

21. Silicium[211]

Die Bedeutung des Siliciums für die *Pflanzen* liegt in einer Förderung der Halmstabilität von Getreide, da es in amorpher Form als Kieselsäure (Bioopal) im Stützgewebe abgelagert wird, sowie in einer erhöhten Resistenz des Getreides gegenüber Mehltau und bei Reis gegenüber pilzlichen Krankheiten und Insekten. Die Si-Aufnahme durch die Pflanzen erfolgt als undissoziierte H_4SiO_4. Ein Einfluß des Siliciums im Stoffwechsel der Pflanzen ist bisher noch nicht nachgewiesen.

In einigen Versuchen wurde ein positiver Einfluß des Zusatzes von Kieselsäuregel und leichtlöslichen Silicaten auf die Mobilisierung des *Bodenphosphats* festgestellt[211, 212] (s. Kap. 11 e (1)).

Die *Si-Konzentration* in der Bodenlösung steigt mit abnehmendem pH der Böden (Abb. 24, Kap. V 1) und beträgt meist ein Mehrfaches der P-Konzentration. Der Si-Gehalt in den Pflanzen liegt in der Größenordnung des P-Gehaltes, z. B. bei Getreide 0,2−0,8 % in der Trockensubstanz.

[209] *Mitchell, R. L.:* 9. Simp. Int. Agrochimica, Punta Ala 1972.
[210] *Riehm, H., W. Scholl:* Landw. Forsch. 9. Sonderh. (1957) 123.
[211] *Jones, L. H. P., K. A. Handrech:* Advanc. Agron. 19 (1967) 107.
[212] *Gebhardt, H.:* Mitt. Dtsch. Bodenkundl. Ges. 15 (1972) 225.

XXI. Ertragsentwicklung, Düngerzufuhr und -bedarf

Die Erträge landwirtschaftlicher Kulturen haben in den letzten 25 Jahren um 40–70 % zugenommen, wie an einigen Beispielen aus Abb. 144 ersichtlich ist. Bei hoher Bodengüte und unter günstigen Witterungsbedingungen liegen aber die Spitzenerträge wesentlich höher als die mittleren Erträge. So wurden in Schleswig-Holstein bis zu 100 dt Weizen/ha und in Süddeutschland bis 700 dt Zuckerrüben/ha geerntet. Diese Zunahme beruht vor allem auf einer erhöhten Düngung, der Züchtung leistungsfähigerer Sorten, einem intensiveren Pflanzenschutz gegen Unkrautkonkurrenz und Schädigungen durch Pilze, Bakterien, Virosen und Insekten, der Vertiefung der Ackerkrume (ermöglicht durch die hohe Nährstoffanreicherung), verbesserte Bodenbearbeitung (weniger Pflugsohlen), Beregnung und Meliorationsmaßnahmen (Dränung, Tiefumbruch). Da zwischen den einzelnen Faktoren vielfältige Wechselwirkungen auftreten, ist eine Trennung ihrer Anteile an der Ertragszunahme sehr schwierig.

Bei Getreide wurden standfestere Kurzstrohsorten gezüchtet, die bei zusätzlicher Anwendung von CCC (Chlorcholinchlorid) eine höhere zeitlich aufgeteilte N-Düngung ermöglichen und bei verringertem Abstand der Saatreihen Mehrerträge von 5–10 dt/ha zur Folge hatten.

Die durch die Ertragssteigerung bedingte Anreicherung von leicht zersetzbaren Vegeta-tionsrückständen im Ober- und Unterboden hat zur Verbesserung des Aggregatgefüges im Wurzelraum beigetragen. Außerdem wurde die Düngung mit Stallmist überflüssig gemacht, wenn z. B. eine Stroh-Grunddüngung in die Fruchtfolge eingeschaltet wird, so daß hierdurch auch eine viehlose Wirtschaftsweise begünstigt wurde. Zur Bildung von Staunässe neigende Böden wurden in trockenere, ertragreichere Standorte umgewandelt, weil mit den erhöhten Erträgen die Transpiration je Flächeneinheit steigt.

Im gleichen Zeitraum erhöhte sich auch die *Nährstoffzufuhr* (Abb. 145) zur landwirt-

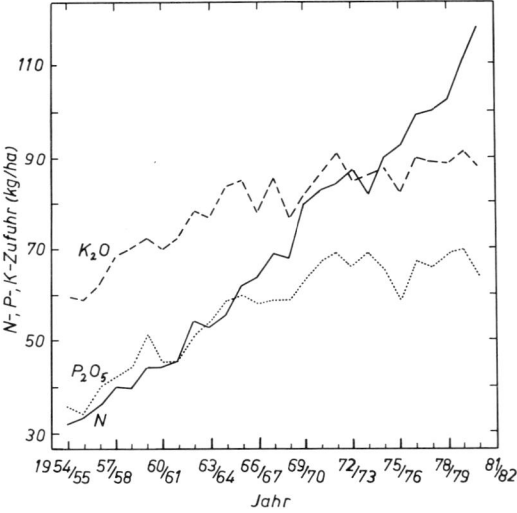

Abb. 145 Düngerzufuhr in der BRD in den Düngerjahren (1. 7.–30. 6.) 1954/55–1980/81, bezogen auf eine landwirtschaftlich genutzte Fläche von > 0,5 ha (s. Text)

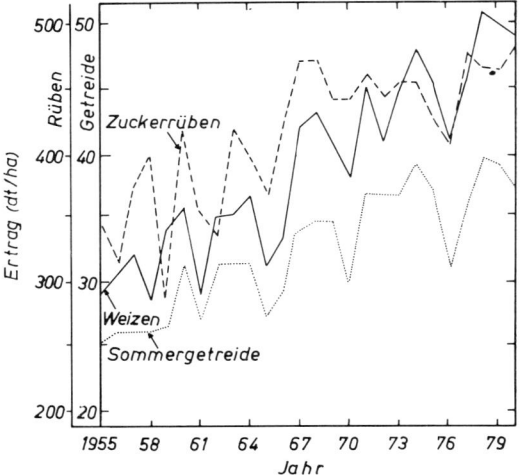

Abb. 144 Ertragsentwicklung von Zuckerrüben, Winterweizen und Sommergetreide (Weizen, Gerste, Hafer) in der BRD 1955–1980

schaftlich genutzten Fläche (LF). Während aber die N-Zufuhr wie der Ertrag (Abb. 144) stetig zunahm, verflachte sich die P- und K-Zufuhr seit dem Düngerjahr 1965/66. Die Zufuhr betrug 1980/81 1 550 815 t N, 837 476 t P_2O_5 und 1 144 056 t K_2O (Verhältnis = 1 : 0,54 : 0,74)[1].

Bei der Umrechnung auf 1 ha LF ist zu beachten, daß bis zum Düngerjahr 1978/79 als unterste erfaßbare Betriebsgröße 0,5 ha und ab 1979/80 1 ha bei der Statistik zugrunde gelegt wurden. Danach ergibt sich im 2. Fall (LF =

12,25 Mio. ha) eine Zufuhr von 126,6 kg N/ha, 68,4 kg P_2O_5/ha und 93,4 kg K_2O/ha.

Aus Vergleichsgründen mit früheren Jahren wurde in Abb. 145 als Bezugsgröße > 0,5 ha auch für die Jahre 1979/80 und 1980/81 beibehalten (LF = 13,2 Mio. ha im Jahre 1978), die Werte liegen um 8 % niedriger als die bei einer LF von 12,25 Mio. ha.

Von ökonomischer Bedeutung ist die Frage, ob zur Erzielung optimaler Erträge der *Nährstoffbedarf* den jetzigen Nährstoffaufwand erfordert oder nicht.

Beim *Stickstoff* wirkt sich eine zu hohe Düngung negativ auf Ertrag und Qualität aus, sie führt z.B. zur Lagerung von Getreide und erniedrigt den Zuckergehalt von Zuckerrüben. Leider ist die zur Erzielung optimaler Erträge bei guter Qualität notwendige Düngung nur ungenau zu ermitteln, weil sie in hohem Maße von Witterungsfaktoren beeinflußt wird. Häufig liegt die N-Düngung über dem notwendigen Bedarf, z.B. bei Zuckerrüben, im Gemüse- und Weinbau, wie in den beiden letzteren Beispielen aus der häufig hohen NO_3-Konzentration im Sickerwasser hervorgeht. Vorteilhaft für eine optimale N-Düngung wirkt sich aus, wenn der NO_3-Vorrat in Böden im Frühjahr bestimmt und bei der N-Düngung berücksichtigt wird (s. Kap. XX 10 i, S. 238).

Bei *Kalium* und *Phosphor* liegt die in der BRD angewandte und empfohlene Düngung erheblich über dem Bedarf, wie in Kap. XX 8 g (S. 222) und Kap. XX 11 k (S. 252) gezeigt wurde.

Unter Heranziehung der Düngungsempfehlungen der Niederlande, die aus einer hohen Zahl systematisch angelegter Feldversuche abgeleitet wurden und auch auf die BRD übertragbar sind (s. Kap. XX 5 c (S. 209), 8 g u. 11 k), ergibt sich für das Ackerland der BRD unter Berücksichtigung der Flächenanteile unterschiedlicher K- und P-Versorgung (Tab. 73, S. 224 u. 80, S. 253) und der angebauten Pflanzenarten ein mittlerer K- und P-Bedarf zur Erzielung optimaler Erträge von 18 kg K/ha und 22 kg P/ha (Kap. XX 8 g u. 11 k).

Nach den Düngungsempfehlungen in der BRD berechnet sich dagegen für das Ackerland ein Bedarf von 122 kg K/ha (Kap. XX 8 g) und 36 kg P/ha (Kap. XX 11 k). Die Differenz zu den niederländischen Empfehlungen beträgt demnach 104 kg K/ha und 14 kg P/ha, bzw. auf das gesamte Ackerland der BRD von ≈ 7 Mio. ha* bezogen 728 Mio. kg K (= 880 Mio. kg K_2O) und 98 Mio. kg P (= 224 Mio. kg P_2O_5). Bei den derzeitigen Preisen (1 kg K_2O =

0,65 DM, 1 kg P_2O_5 = 1,30 DM) entspricht die Differenz Mehrkosten für die deutschen Landwirte im Vergleich zu den niederländischen Empfehlungen von ≈ 860 Mio. DM (= 123 DM/ha).

Wählt man zum Vergleich die tatsächliche K- und P-Zufuhr in der BRD (Mineraldünger + Wirtschaftsdünger) von 136 kg K/ha (Kap. XX 8 g) und 49 kg P/ha (Kap. XX 11 k), so beträgt die Differenz zu den niederländischen Empfehlungen sogar 118 kg K/ha und 27 kg P/ha; auf das Ackerland von ≈ 7 Mio. ha bezogen sind dies 1000 Mio. kg K_2O und 433 Mio. kg P_2O_5, die Mehrkosten von 1200 Mio. DM entsprechen (= 170 DM/ha). Die Differenz zwischen der Düngung der Landwirte und den Empfehlungen in der BRD betragen demnach 47 DM/ha; in Erhebungsuntersuchungen auf 1300 ha (vorwiegend Lößböden) in Niedersachsen (Fruchtfolge Zuckerrüben – Weizen – Gerste) wurde sogar eine Differenz von 73 kg K_2O/ha und 39 kg P_2O_5/ha berechnet (= 83/DM/ha)[2].

Die höhere Düngung durch die Landwirte ist vor allem darauf zurückzuführen, daß der K- und P-Gehalt in Ernterückständen und Wirtschaftsdüngern sowie die K- und P-Vorräte im Boden nicht oder zu wenig berücksichtigt werden.

Auf die Düngung mit Magnesium und Mikronährstoffen sowie Schadwirkungen bei zu hoher Düngung wird in den speziellen Kapiteln eingegangen.

Von praktischem Interesse ist die Frage, wie lange die nach den niederländischen Empfehlungen berechnete jährliche K- und P-Düngung zur Erzielung von Höchsterträgen ausreicht. Zur Beantwortung dieser Frage ist die Kenntnis der K- und P-Abfuhr aus den landwirtschaftlichen Betrieben über die Verkaufsprodukte und der K- und P-Import über Futtermittel notwendig. Auswaschungsverluste von Kalium sind ohne Bedeutung, wenn wie in den Niederlanden (s. Abb. 118, S. 223) bei leicht durchlässigen Böden, also vorwiegend Sandböden, der Gehalt der Böden an austauschbarem Kalium und die K-Düngung im Frühjahr sehr niedrig gehalten werden.

---

[1] Statistisches Jahrbuch der Bundesrepublik 1981.
[2] *Kuhlmann, H., J. Wehrmann:* Top Agrar II (S/K) (1982) 54–57.
* Ackerland > 1 ha beträgt 7.27 Mio. ha im Jahre 1980[1].

Die *Nährstoffabfuhr* über Verkaufsprodukte erfolgt im wesentlichen über Weizen, Roggen, Zuckerrüben, Kartoffeln, Ölfrüchte, Fleisch, Milch und Eier. Hafer und Gerste verbleiben als Viehfutter weitgehend im Betrieb und fließen über tierische Ausscheidungen wieder in den innerbetrieblichen Kreislauf.

Aus der Anbaufläche der einzelnen Kulturen und deren Erträge[1] sowie dem Nährstoffgehalt der Verkaufsprodukte[3] ergeben sich die folgenden Abfuhren je ha LF (13,2 Mio. ha) für das Jahr 1979:

6,6 kg P, 14,0 kg K, 2,2 kg Mg, 5,9 kg Ca, 125 g Fe, 57 g Mn, 7 g Cu, 54 g Zn, 9 g Bor

Bezieht man die Nährstoffabfuhr nicht auf die LF von 13,2 Mio. ha, sondern nur auf eine Ackerfläche von 7 Mio. ha, von der die Verkaufsprodukte fast vollständig stammen, so beträgt die Abfuhr das 1,7fache der vorstehenden Werte. Die K- und P-Abfuhr vom Feld kann aus den Tabellen 74 (S. 226) und 81 (S. 254) entnommen werden.

Der K- und P-*Import* über *Futtermittel* erfolgt in Form von Getreide, Ölkuchen, Kleie,

Maniok, Futtermittel tierischer Herkünfte wie Fischmehl, usw. Er berechnet sich in der BRD zu 7,2 kg P/ha und 9,7 kg K/ha LF.

Aus dem Vergleich von K- und P-Abfuhr aus den landwirtschaftlichen Betrieben und dem Import ist ersichtlich, daß die Bilanz im Durchschnitt der BRD annähernd ausgeglichen ist.

Berücksichtigt man neben der Bilanz, daß ein Pflanzenentzug von 80−250 kg P/ha und 200−400 kg K/ha (bei Böden mittleren und hohen Tongehalts, bei tonarmen Sandböden 50−100 kg K/ha) nur eine Erniedrigung der K(CAL)- und P(CAL)-Werte um 1 mg/100 g Boden in der Ackerkrume zur Folge haben, so erkennt man, daß der nach den niederländischen Empfehlungen berechnete Bedarf des Ackerlandes in der BRD von 18 kg K/ha und 22 kg P/ha über Jahre und Jahrzehnte Gültigkeit hat (s. z. B. K-Nachlieferung des Lößbodens *Geldersheim* S. 221).

[3] DLG-Mineralstofftabellen. DLG-Verlag, Frankfurt 1973.

XXII. Gewässereutrophierung*

Unter der Eutrophierung von Gewässern versteht man deren zunehmende *Anreicherung mit Nährstoffen.* In stehenden Gewässern (Seen, Teiche, Talsperren) kann es dann zu einem starken Wachstum autotropher pflanzlicher Organismen, vorwiegend Algen, kommen. Diese haben die gleichen Nährstoffansprüche wie höhere Pflanzen; ihr Wachstum wird also auch durch den im Minimum vorhandenen Nährstoff begrenzt. Wird ein solcher Nährstoff im Wasser allmählich vermehrt, kommt es in der gut durchlichteten obersten Wasserschicht zu einer verstärkten Entwicklung des Phytoplanktons. Dieses produziert bei der Assimilation Sauerstoff, so daß die Gewässer während der „Algenblüte" sauerstoffreich sind. Gleichzeitig werden die im Wasser gelösten Nährstoffe weitgehend von den Algen aufgenommen. Damit nimmt der Gehalt an Nährstoffen im Wasser während des Algenwachstums stark ab. Nach dem Absterben des Phytoplanktons sinkt dieses unter der Wirkung der Schwerkraft in tiefere Wasserschichten und wird dort ebenso

wie andere zugeführte organische Stoffe von heterotrophen Organismen (Bakterien u. a.) unter Sauerstoffverbrauch und CO_2-Bildung abgebaut. Die Verringerung des Sauerstoffgehaltes im Wasser verursacht zunehmend anaerobe Verhältnisse (Fäulnis) und führt zur Entstehung von Schwefelwasserstoff, Ammoniak

* Zusammenfassende Literatur[1-8].
[1] *Ohle, W.:* Gewässerschutz − Wasser − Abwasser 4 (1971) 437.
[2] *Kohlenbrander, G. J.* et al.: Stikstof No. 15 (1972) 9 Arbeiten.
[3] *Ryden, J. C.* et al.: Advanc. Agron 25 (1973) 1.
[4] *Dietrich, K. R.:* Zeitschr. Kulturtechn. Flurberein. 14 (1973) 1, 112.
[5] *Brümmer, G.:* Schriftenr. Agrarw. Fachber. Univ. Kiel 52 (1975) 113.
[6] *Blume, H. P.* et al.: Schriftenreihe Verein Wasser-, Boden-, Lufthygiene 48 (1979) 1−152.
[7] *Hoffmann, W.:* Wasser und Abwasser in Forschung und Praxis 16 (1979) 1−106.
[8] *Fischer, W. R.:* Limnische Unterwasserböden. Habil.-Schrift. TU München (1981) 287 S.

und anderen schädlichen Stoffen. In Phasen ausgeprägter Sauerstoffarmut kann es dann zu dem immer wieder beschriebenen Fischsterben in eutrophierten Gewässern kommen. Durch die bakterielle Zersetzung des abgestorbenen Phytoplanktons werden die Nährstoffe wieder freigesetzt und stehen erneut für das Algenwachstum zur Verfügung.

Durch die Herbst- und Frühjahrsstürme sowie die sich mit den Jahreszeiten ändernden Temperaturen zwischen Oberflächenwasser (Epilimnion) und Tiefenwasser (Hypolimnion) wird eine vollständige Durchmischung aller Wasserschichten (Vollzirkulation) bewirkt. Dadurch kommt es zu einem Sauerstoffeintrag in das Hypolimnion und zu einer Nährstoffzufuhr aus dem Tiefenwasser in das Epilimnion. Die Gehalte an Nährstoffen, Sauerstoff u. a. unterliegen damit in stehenden Gewässern ausgeprägten jahreszeitlichen Zyklen, die außerdem von täglichen Zyklen überlagert werden.

Neben vielfältigen anthropogenen Einflüssen bestehen ganz wesentliche natürliche Beziehungen zwischen der Dynamik eines Gewässers und dem Stoffhaushalt der umgebenden Landschaft. So stellt die Gewässereutrophierung einen bereits seit Jahrtausenden ablaufenden natürlichen Prozeß in fruchtbaren Landschaften dar. Seit dem Boreal (ca. 6000 v. Chr.) haben *natürliche Eutrophierungsvorgänge* in Gewässern mit nährstoffreichen Böden in ihrem Einzugsgebiet zur Produktion überschüssiger Mengen an organischer Substanz und dadurch zur Verlandung von Seen und zur Ausbildung von Niedermooren geführt. Damit stellen eutrophe Gewässer eine charakteristische Erscheinungsform fruchtbarer Landschaften dar. Oligotrophe (nährstoffarme) Gewässer mit klarem, sauberem Wasser treten dagegen vorwiegend in Landschaften mit nährstoffarmen sandigen Böden auf[5].

Durch menschliche Einflüsse sind jedoch auch oligotrophe Gewässer in eutrophe überführt worden und in eutrophen Gewässern wurde eine wesentliche Steigerung in der Intensität der Eutrophierungsvorgänge ausgelöst. Dies ist vor allem auf einen starken Eintrag von *Phosphor*, der als Minimumfaktor im Stoffhaushalt der Gewässer wirkt, zurückzuführen[1]. Daneben löst aber auch eine Zufuhr von *Stickstoff* in eutrophe Gewässer ein verstärktes Algenwachstum aus. In oligotrophen Gewässern ist die Wirkung einer Stickstoffzufuhr gering, wenn nicht gleichzeitig das im Minimum vorhandene Phosphat eingeleitet wird.

Während der Phase der Vollzirkulation enthalten oligotrophe Seen ca. 0,005 mg PO_4-P/l und 0,1 mg NO_3-N/l, eutrophe Seen dagegen ca. 0,05–0,08 mg PO_4-P/l und 0,5–0,8 mg NO_3-N/l[4].

Die P-Anlieferung in die Gewässer kann aus folgenden Quellen erfolgen:

(1) Die wichtigste Phosphatquelle stellen *waschmittelhaltige Abwässer* dar, deren P-Gehalt 20 mg/l und mehr betragen kann. Pro Jahr werden in der BRD etwa 200 000 t Phosphate für die Waschmittelherstellung verbraucht. Die in den Abwässern enthaltenen Waschmittelphosphate wie auch Phosphorverbindungen aus organischen Haushaltsabfällen und aus industrieller Tätigkeit können zwar in Kläranlagen mit chemischer Reinigungsstufe zu mehr als 90 % bis auf 0,5–1 mg P/l aus dem Abwasser entfernt werden. Solche Kläranlagen sind aber bisher nur in geringer Zahl in Betrieb. Der Hauptteil der Abwässer wird ungeklärt oder nach Passage von Kläranlagen ohne chemische Reinigungsstufe, in denen nur etwa 20 % der Phosphate entfernt werden, direkt in die Gewässer eingeleitet. Insgesamt gelangen ca. 100 000 t Phosphor mit dem Abwasser in die Gewässer der BRD[9]. Bezogen auf die Haushaltsabwässer werden pro Kopf der Bevölkerung (Einwohnergleichwert) etwa 3 g P/Tag durch Waschmittelphosphate und P-haltige menschliche Ausscheidungen mit etwa 200 l Abwasser abgegeben. Die N-Abgabe beträgt etwa 10 g/Tag · Person[7].

(2) Eine Zufuhr von Phosphat und anderen Nährstoffen durch *landwirtschaftliche Abwässer* (Jauche, Gülle, Silageabwässer) kann örtlich von beträchtlicher Bedeutung für den Stoffhaushalt der Gewässer sein. Dabei bewirkt vor allem auch die Zufuhr von organischer Substanz mit diesen Abwässern eine starke mikrobielle Sauerstoffzehrung in belasteten Oberflächengewässern. Als Maß für den mikrobiellen Sauerstoffbedarf der Abwässer wird der *biologische Sauerstoffbedarf* in 5 Tagen (BSB_5) ermittelt. Der BSB_5-Wert (in mg O_2/l) beträgt bei Silageabwässern ca. 80 000, bei Rindergülle ca. 24 000, bei Jauche ca. 8 000 und bei Abwässern aus Haushaltskläranlagen 150–200. Von einer Großvieheinheit werden etwa 45 l Vollgülle mit einem BSB_5-Bedarf von ca. 18 Einwohnergleichwerten produziert. Aus

---

[9] *Koppe, P.*: In: Natur- und Umweltschutz in der Bundesrepublik Deutschland, *Olschowy, G.* (ed.), Parey, Hamburg–Berlin (1978).

diesen Zahlen ist ersichtlich, daß eine Einleitung landwirtschaftlicher Abwässer zu einer starken Sauerstoffzehrung in Oberflächengewässern bis hin zum Fischsterben in Fischteichen führen kann.

(3) Eine Zufuhr von Phosphat und anderen Nährstoffen kann weiterhin durch Erosion und Einspülung von *nährstoffreichem Krumenmaterial* erfolgen, wenn sich intensiv gedüngte Ackerflächen mit ausgeprägter Hanglage im unmittelbaren Einzugsbereich eines Gewässers befinden[10]. Da die Erosion von vielen Faktoren abhängig ist (Hangneigung, Pflanzenbestand, Intensität der Niederschläge u. a., s. Kap. Erosion), kann die auf diese Weise angelieferte P-Menge von etwa 0,1–2 kg P/ha · Jahr variieren. Sie ist im Einzugsbereich der fließenden Gewässer bei Ackerböden höher als bei Waldböden, weil die erosionshemmende Wirkung der Vegetation während der Wintermonate oft auf Ackerböden fehlt und diese einen höheren Gehalt an leicht löslichen, abspülbaren Phosphaten aufweisen.

Während eine Verminderung des Eintrags an gelösten Phosphaten nur schwer möglich ist, kann die Erosion von Krumenmaterial im Einzugsgebiet der fließenden Gewässer durch erosionshemmende Maßnahmen und durch Anlegen von 10–20 m breiten bepflanzten Uferstreifen nahezu vollständig unterbunden werden. Hat das erodierte Material einen sehr geringen Gehalt an leicht löslichen Phosphaten, wie es z. B. im Gebirge oder bei der Erosion von Uferböschungen der Fall ist, so kann die P-Konzentration P-reicher Gewässer infolge P-Adsorption durch das erodierte Material sogar erniedrigt werden[5, 11].

Auch über die *Winderosion* gelangen Phosphate in die Gewässer; diese P-Mengen können in ähnlicher Größenordnung wie bei der Erosion durch Wasser liegen. Aus *anthropogenen Emissionen* in die Luft und natürlichen Quellen werden außerdem durch einen Eintrag mit den Niederschlägen ca. 0,5–1 kg Phosphor und 10–30 kg Stickstoff pro ha Wasseroberfläche und Jahr zugeführt.

(4) Der Eintrag von gelösten *nativen* und *Düngerphosphaten* mit dem *Sickerwasser* ist im Vergleich zu dem aus anderen Quellen gering. Er beträgt meistens < 0,3 kg P/ha · Jahr und wird in der Regel weder durch die Düngung noch durch die Bodennutzung beeinflußt[10, 12]. Deshalb können auch kaum Unterschiede zwischen der P-Zufuhr mit dem Sickerwasser aus landwirtschaftlichen und forstlichen Einzugs-

gebieten festgestellt werden. Zwar ist im A-Horizont von Kulturböden die Phosphatlöslichkeit in der Regel höher als in Waldböden, doch werden die Phosphationen in tieferen Bodenhorizonten durch Adsorption an Tonmineralen, Fe- und Al-Oxiden wieder festgelegt; der Boden übt also gegenüber Phosphaten eine starke Pufferwirkung aus (s. Kap. Phosphor XX 11). Der P-Gehalt des Sickerwassers in tieferen Bodenhorizonten (meist 0,01–0,1 mg P/l) weist daher auch keine oder nur geringe Unterschiede zwischen P-gedüngten und ungedüngten Böden auf.

Sehr viel stärker wird dagegen *Nitrat* von landwirtschaftlichen Nutzflächen ausgewaschen. In Abhängigkeit von der Niederschlagshöhe, Düngung und Nutzung sowie von den Bodeneigenschaften beträgt die Nitratauswaschung im Mittel ca. 20–50 kg N/ha · Jahr (s. S. 232). Dadurch kann es zu einer starken NO_3-Anreicherung in Oberflächengewässern und Grundwässern kommen (s. S. 234).

Infolge der in den verschiedenen Einzugsgebieten der Oberflächengewässer variierenden Verhältnisse ist es schwierig, Aussagen über den mittleren *Anteil* der *Landwirtschaft* und *Forstwirtschaft* sowie der kommunalen und industriellen *Abwässern* an der P-Belastung der Gewässer zu machen. Untersuchungen an schleswig-holsteinischen Fließgewässern ergaben jedoch, daß die P-Belastung der Wasserläufe zu ca. 87 % durch kommunale Abwässer bedingt ist, während ca. 5 % auf natürliche Quellen und 7,5 % auf die Landbewirtschaftung entfallen. Die N-Belastung der untersuchten Wasserläufe ist dagegen zu 48 % durch kommunale Abwässer und zu 52 % durch die Landnutzung und die natürliche Grundlast bedingt[7].

Durch die puffernde Wirkung der *Gewässerschwebstoffe* und *Unterwasserböden* werden Phosphate – und ebenso Schadstoffe der verschiedensten Art (z. B. Schwermetalle) – durch Adsorptions- und Ausfällungsvorgänge in den Feststoffen angereichert. Limnische und fluviale Unterwasserböden weisen deshalb gegenüber dem Wasser 1000- bis 100 000fach höhere Phosphorgehalte auf. Stark belastete Unterwasserböden können bis > 8000 mg P/kg Bo-

---

[10] *Furrer, J. O., R. Gächter*: Schweiz. Z. Hydrol. 34 (1972) 71.

[11] *Wiechmann, H.*: Landw. Forsch. 26 (1973) 37.

[12] *Zwermann, P. J.* et al.: Soil Sci. Soc. Amer. Proc. 36 (1972) 134.

den enthalten und damit 5- bis 10fach höhere P-Gehalte als intensiv gedüngte Ackerböden aufweisen[13]. Der Hauptteil der akkumulierten Phosphate liegt dabei in einer an Eisen- und Aluminiumoxiden gebundenen Form vor. Unter reduzierenden Bedingungen wird bei starker P-Belastung auch Vivianit ($Fe_3(PO_4)_2 \cdot 8\ H_2O$) in den Unterwasserböden gebildet[6, 8, 13]. Damit liegen die Phosphate vorwiegend in einer relativ leicht mobilisierbaren Bindungsform in den Gewässerböden vor und können bei abnehmender Phosphatkonzentration des Wassers aus dem Boden in den Wasserkörper diffundieren. Vor allem während der anaeroben Phasen im Hypolimnion findet eine Umwandlung der

phosphathaltigen Eisenverbindungen zu Eisensulfiden statt, wobei die Phosphate freigesetzt und an das Wasser abgegeben werden können[13]. Die in den Unterwasserböden akkumulierten Phosphate bewirken damit die Stabilisierung eines ungünstigen eutrophen Zustandes. Maßnahmen zur Sanierung eutropher Gewässer müssen deshalb eine Immobilisierung der in den Unterwasserböden akkumulierten Phosphate oder deren Entfernung (Ausbaggern) einschließen.

---

[13] *Brümmer, G., R. Lichtfuß:* Naturwissenschaften 65 (1978) 527.

XXIII. Schadstoffe*

Durch die Konsum- und Lebensgewohnheiten sowie die industriellen und landwirtschaftlichen Produktions- und Anbaumethoden unserer heutigen Gesellschaft wird der Stoffhaushalt der Ökosphäre z. T. in starkem Maße durch eine Immission von anorganischen und organischen Schadstoffen beeinflußt. Diese können aus den verschiedensten anthropogenen Quellen als gasförmige, flüssige oder feste Substanzen in die Luft, in die Gewässer und auf die Böden gelangen. In diesen drei Aggregatzuständen beeinflussen sie auch Pflanzen, Tiere und Menschen. Ob die emittierten Stoffe dabei toxische Wirkungen auslösen oder nicht, hängt allein von der einwirkenden Dosis ab**. So sind z. B. geringe Mengen der Spurenelemente B, Mn, Cu, Zn und Mo in Böden für die Ernährung der *Pflanzen* unentbehrlich (s. Kap. XX). Bereits bei einem relativ geringen Überschuß können diese Elemente jedoch toxisch wirken (Abb. 146). Diese und weitere in der Pflanzensubstanz vorhandene Spurenelemente wie Co, Se, J u. a. sind auch für die tierische und menschliche Ernährung erforderlich. Andere Elemente wie Cd, Hg und Pb besitzen jedoch keine ernährungsphysiologische Funktion. Sie beeinflussen in sehr geringen Konzentrationen Wachstum und Ertrag der Pflanzen nicht. Bei Überschreiten eines Grenzwertes treten jedoch Schadwirkungen dieser Elemente auf (Abb. 146). In gleicher Weise wirken sämt-

liche anorganischen und organischen Schadstoffe.

Auch bei *Menschen* und *Tieren* hängt die Schadstoffwirkung von der jeweiligen Dosis sowie außerdem von der Einwirkungszeit ab. Um auch bei langfristiger Aufnahme eines Schadstoffs chronische Gesundheitsschäden beim Menschen zu vermeiden, wurden in der BRD eine Reihe von Höchstmengen-Verordnungen erlassen, die auf der Grundlage der Verzehrsgewohnheiten der Bevölkerung Grenzwerte für „tolerierbare" Schadstoffgehalte in oder auf Lebensmitteln und im Trinkwasser

---

* Zusammenfassende Literatur[1–7].
** Bereits Paracelsus (1493–1541) fand: „Dosis facit venenum. – Allein die Dosis macht, daß ein Ding kein Gift ist."

[1] Bundesministerium des Innern: Umweltplanung, Materialien zum Umweltprogramm der Bundesregierung 1971. Umweltgutachten, Kohlhammer, Stuttgart 1974.
[2] *Lisk, D. J.:* Advanc. Agron. 24 (1972) 267.
[3] *Bouwer, H., R. L. Chaney:* Advanc. Agron. 26 (1974) 133.
[4] *Ting, I. P., R. L. Heath:* Advanc. Agron. 27 (1975) 89.
[5] *Baker, D. E., L. Chesnin:* Advanc. Agron. 27 (1975) 305.
[6] *Förstner, U., G. T. W. Wittmann:* Metal Pollution in the Aquatic Environment. Springer, Berlin 1981.
[7] *Korte, F.:* Ökologische Chemie. Thieme, Stuttgart 1980.

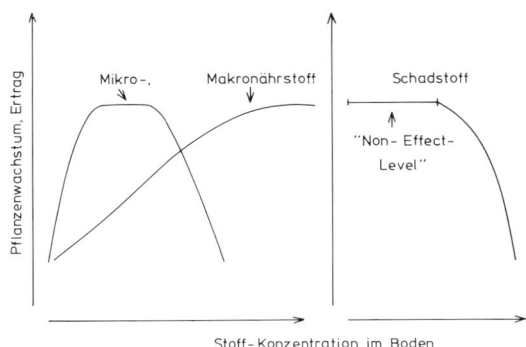

Abb. 146 Einfluß der Konzentration von Mikro- und Makronährstoffen sowie Schadstoffen im Boden auf Pflanzenwachstum und Ertrag (schematische Darstellung)

festsetzen[8, 9]. Außerdem sind vom Bundesgesundheitsamt Richtwerte für die Gehalte verschiedener Schwermetalle in oder auf Lebensmitteln veröffentlicht worden[10] (Tab. 82).

Die Zahl der in Tab. 82 aufgeführten Schadstoffe sowie der bisher überhaupt ermittelten *Grenz- und Richtwerte* ist noch sehr unvoll-

---

[8] Höchstmengenverordnungen der Bundesrepublik Deutschland für Pflanzenbehandlungsmittel (1978) und für Rückstände in tierischen Lebensmitteln (1973).

[9] *Aurand, K.* et al.: Die Trinkwasserverordnung. Schmidt, Berlin 1976.

[10] *Käferstein, F. K.* et al.: Blei, Cadmium und Quecksilber in und auf Lebensmitteln. ZEBS-Berichte 1/1979. Reimer, Berlin 1979.

Tabelle 82 Grenz- und Richtwerte für Schadstoffe im Trinkwasser, Getreidekorn, in Kartoffeln, Klärschlämmen und Böden sowie normale Gehalte in Pflanzen (Blätter) und Böden (BRD)[2, 5, 8, 9, 10, 13, 14] (Fr.S. = Frischsubstanz, Tr.S. Trockensubstanz)

Element bzw. Schadstoff		Grenz- und Richtwerte[1]					Normale Gehalte	
		Trinkwasser	Getreide[c]	Kartoffeln[c]	Klärschlamm[2]	Böden[2]	Pflanzen	Böden
		(mg/l)	(mg/kg Fr.S)	(mg/kg Fr.S.)	(mg/kg Tr.S.)	(mg/kg Tr.S.)	(mg/kg Tr.S.)	(mg/kg Tr.S.)
As	Arsen	*0,04*	(0,5)	(0,2)	–	20	0,01 – 1	2 – 20
Pb	Blei	*0,04*	0,5	0,2	*1200*	*100*	0,1 – 6	2 – 60
B	Bor	–	–	–	(80 – 120)	25	15 – 80	5 – 50
Cd	Cadmium	*0,006*	0,1	0,1	*20*	*3*	0,05 – 0,4	< 0,5
Cr	Chrom	*0,05*	–	–	*1200*	*100*	0,1 – 1	5 – 100
Cu	Kupfer	–	–	–	*1200*	*100*	3 – 30	4 – 40
Ni	Nickel	–	–	–	*200*	*50*	0,1 – 3	5 – 50
Hg	Quecksilber	*0,004*	0,03	0,02	*25*	*2*	0,002 – 0,04	< 0,5
Se	Selen	*0,008*	–	–	–	*10*	0,05 – 1,5	0,05 – 1,5
Tl	Thallium	–	–	–	–	*1*	0,01 – 0,5	< 0,5
U	Uran	–	–	–	–	*5*	–	< 0,5
Zn	Zink	*2,0*	–	–	*3000*	*300*	10 – 100	10 – 80
F⁻	Fluorid	*1,5*	–	–	–	*200*	1 – 20	20 – 400
CN⁻	Cyanid	*0,05*	15,0	6,0	–	–	–	–
NO₃⁻	Nitrat	*93*	–	–	–	–	–	–
PCA[a]		*0,00025*	–	–	–	–	–	–
PCB[b]		–	–	–	(10)	–	–	–
Hexachlorbenzol		–	0,01	0,01	–	–	–	–
Pentachlorphenol		–	0,03	–	–	–	–	–
DDT u. Isomeren		–	0,05	0,05	–	–	–	–
γ-HCH (Lindan)		–	0,1	0,1	–	–	–	–

[1] *Grenzwerte:* Gesetzlich festgelegte Werte (kursiv gedruckt)
Richtwerte: Orientierende Werte, nach denen sich Industrie, Landwirtschaft und Überwachungsinstanzen richten können und sollen
Werte in *Klammern:* Diskutierte Werte

[2] In der Klärschlamm-Verordnung festgelegte Grenzwerte

[a] Polycyclische aromatische Kohlenwasserstoffe (Benzpyren u. a.; als mg C/l)

[b] Polychlorierte Biphenyle

[c] Normale Gehalte (Mittelwerte in mg/kg Frischmasse) für Getreide: As 0,005 (Roggen); Pb 0,041; Cd 0,035 (Weizen); Hg 0,0004 – und für Kartoffeln: Pb 0,0075; Cd 0,050; Hg 0,0006.

ständig. Bei der großen Zahl der insgesamt vorhandenen Schadstoffe ist jedoch zu bedenken, daß selbst in „reiner, natürlicher" Nahrung mehr als 100 im Tierversuch bei hohen Dosen carcinogene Stoffe vorhanden sind[11]. Auch ist die Ermittlung korrekter Grenzwerte mit Problemen behaftet, da diese in der Regel aus Ergebnissen von Tierversuchen unter Berücksichtigung eines Sicherheitsfaktors bei der Übertragung auf die menschliche Ernährung abgeleitet wurden. Vor allem die für verschiedene Schwermetalle ermittelten Richtwerte besitzen keine toxikologisch ausreichend gesicherte Basis, sondern stellen mehr orientierende Werte dar, nach denen sich die Lebensmittelwirtschaft und -überwachung richten kann und soll[10]. So kann z. B. der Richtwert für das Schwermetall Cadmium, das auch in nicht nachweisbar kontaminierten, industriefernen Böden (z. B. Waldböden) in natürlicher Weise vorhanden ist, in manchen Pflanzen ohne den Einfluß des Menschen um ein Vielfaches überschritten werden (Waldpilze bis 10,4 mg Cd/kg Frischgew.)[12]. Einige Kulturpflanzen, wie z. B. Weizen, weisen ebenfalls ein spezifisches Anreicherungsvermögen für Cadmium auf. Auch im Weizenkorn können deshalb auf nicht oder kaum belasteten Ackerböden die Cd-Richtwerte nahezu erreicht und z. T. sogar überschritten werden. Neben der Schwierigkeit, richtige Grenz- und Richtwerte für einzelne Schadstoffe zu ermitteln, ist bisher nur wenig über Kombinationswirkungen mehrerer Schadstoffe bekannt.

Auch für Rückstände in tierischen Futtermitteln sowie für Luftverunreinigungen und für Schadstoffkonzentrationen am Arbeitsplatz wurden Grenzwerte erlassen.

Um die Schadstoffgehalte von Pflanzen und Grundwasser gering zu halten, wurden außerdem Orientierungswerte für tolerierbare Gesamtgehalte an einigen Elementen in Böden zusammengestellt (Tab. 82)[13]. Diese sind vom Gesetzgeber z. T. als Grenzwerte übernommen und zusammen mit Grenzwerten für Klärschlämme, deren Ausbringung auf Böden vorgesehen ist, veröffentlicht worden (Tab. 82)[14]. Für Komposte aus Klärschlamm, Müll oder Klärschlamm-Müll-Mischungen werden dieselben Grenzwerte vorgeschlagen. Eine wissenschaftliche Absicherung dieser Grenzwerte ist bisher jedoch nur unzureichend erfolgt.

Als wichtigste *Kriterien* für die Ermittlung von Grenzwerten für die Schadstoffbelastung von Böden sind die Schadstoffgehalte in den Pflanzen und im Grundwasser der Böden anzusehen. Dabei ergeben diejenigen Schadstoffgehalte der Böden die zu ermittelnden Grenzwerte für die Bodenbelastbarkeit, bei denen in den Pflanzen und im Grundwasser die für Nahrungsmittel und Trinkwasser gültigen Grenzwerte erreicht werden. Schadstoffeinflüsse auf Wachstum und Ertrag der Pflanzen treten in der Regel erst bei wesentlich höheren Schadstoffgehalten auf und sind deshalb nicht als Meßgrößen für die Ermittlung von Grenzwerten geeignet.

1. Filter-, Puffer- und Transformatorfunktion der Böden

Im Stoffhaushalt der Ökosphäre bilden Böden ein natürliches Reinigungssystem, das emittierte Schadstoffe aufzunehmen, zu binden und – je nach Art der Schadstoffe und Eigenschaften der Böden – in mehr oder weniger hohem Maße aus dem Stoffkreislauf der Ökosphäre zu entfernen vermag. So werden in die Luft abgegebene gas- und staubförmige Schmutz- und Schadstoffe mit den Niederschlägen zum beträchtlichen Teil in die Böden eingespült. Aus dem Sickerwasser entsteht jedoch nach der reinigenden Bodenpassage in der Regel sauberes, für eine Trinkwassergewinnung geeignetes Grundwasser. Mit Abwässern in die Gewässer eingeleitete Schadstoffe werden ebenfalls in subhydrischen See-, Fluß- und Meeresböden angereichert. Bei Abwasserverrieselung findet eine Schadstoffakkumulation in den entsprechenden terrestrischen Böden statt. Auch die in großer Menge anfallenden und auf der Erdoberfläche abgelagerten Abfallstoffe der verschiedensten Herkunft unterliegen unter dem Einfluß der Niederschläge einer fortschreitenden Zersetzung und Einwaschung in die Böden.

In Abb. 147a ist das Verhalten von Schadstoffen im Boden schematisch dargestellt[15].

[11] *Henschler, D.:* Landw. Forsch. 31. Sonderh. (1974) 36.
[12] *Alsen, C.* et al.: Öff. Gesundh.-Wesen 39 (1977) 780.
[13] *Kloke, A.:* Schriftenreihe für Ländliche Sozialfragen 84 (1980) 24.
[14] Verordnung über das Aufbringen von Klärschlamm, Bundesminister des Innern (1981).
[15] *Brümmer, G.* in *G. Olschowy:* Natur- und Umweltschutz in der Bundesrepublik Deutschland. S. 111–123, Parey, Hamburg 1978..

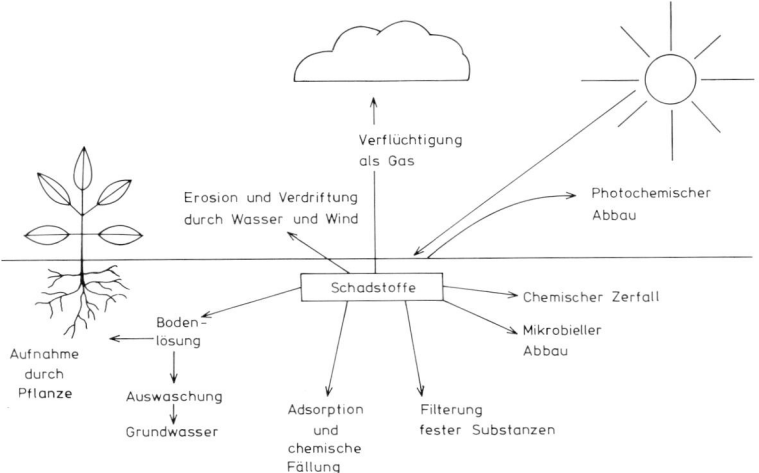

Abb. 147a   Verhalten von Schadstoffen im Boden[15]

Suspendierte Schmutz- und Schadstoffpartikel werden durch *Filterung* mechanisch im Boden gebunden. Selbst allerfeinste Partikel ($< 0,2 \,\mu$m) können in Feinporen-reichen Böden aus dem Sickerwasser herausgefiltert werden. Die Filterleistung eines Bodens kennzeichnet die Menge an Wasser (Niederschlagswasser, Uferfiltrat), die pro Zeiteinheit den jeweiligen Boden passieren kann. Die Filterleistung wird vor allem durch den Porendurchmesser der Wasserleitbahnen und deren Kontinuität bestimmt (s. Kap. XVI 3 a). Sie nimmt stark ab, wenn die Leitbahnen durch die herausgefilterten Substanzen gefüllt sind. Sand- und kiesreiche Böden besitzen in der Regel eine hohe, ton- und schluffreiche Böden eine geringe Filterleistung.

Die *Puffer*wirkung der Böden bedingt, daß gasförmige und vor allem gelöste Schadstoffe durch Adsorption an die Bodenaustauscher gebunden oder nach Reaktion mit bodeneigenen Substanzen chemisch gefällt und damit weitgehend immobilisiert werden. Je nach Art und Menge des Schadstoffs sowie den Eigenschaften der Böden verbleibt jedoch immer ein mehr oder weniger großer Schadstoff-Anteil in der Lösungsphase. Gelöste Schadstoffe können sowohl von den Pflanzen aufgenommen werden und auf diese Weise in die Nahrungskette gelangen als auch durch Auswaschung über das Grundwasser zur Kontamination des Trinkwassers führen (Abb. 147 a). Damit sind vor allem die gelösten und in die Lösungsphase überführbaren Anteile eines Schadstoffs von ökologischer Relevanz[15, 16, 17]. Böden mit hohen Ge-

halten an organischer Substanz und Ton sowie Fe-, Al- und Mn-Oxiden besitzen in der Regel eine hohe, sandreiche Böden eine geringe Pufferkapazität.

Für das Verhalten organischer Abfall- und Schadstoffe in Böden ist vor allem die Aktivität der Mikroorganismen entscheidend. Diese bestimmt die *Transformator*funktion der Böden. So können z. B. feste organische Substanzen durch mikrobielle Tätigkeit zu gelösten und/ oder gasförmigen (z. B. CO_2) Stoffen um- oder abgebaut werden sowie gelöste organische Stoffe zu festen und/oder gasförmigen. Die mikrobielle Transformation organischer Schadstoffe führt damit zu Stoffen anderer Aggregatzustände und anderer chemischer Zusammensetzung, die meistens keine Schadstoffwirkung mehr besitzen. In Einzelfällen können jedoch auch Metabolite gebildet werden, die eine größere Toxizität als die Ausgangsstoffe aufweisen. Neben organischen Stoffen können auch anorganische Substanzen (z. B. Stickstoffverbindungen, s. Kap. XX 10 c) einer mikrobiellen Transformation unterliegen. Eine Umwandlung organischer Schadstoffe im Boden ist außerdem durch rein chemische und durch photochemische Vorgänge (s. Kap. XXV) möglich (Abb. 147 a).

Eine Umverteilung und zunehmende Dispersion von Schadstoffen in der Pedosphäre kann

---

[16] *Herms, U., G. Brümmer:* Landw. Forsch. 33 (1980) 408.
[17] *Schlichting, E.:* Mitt. Dtsch. Bodenkdl. Ges. im Druck (1981).

durch Erosion und Verdriftung kontaminierten Oberbodenmaterials durch Wasser und Wind erfolgen. Schadstoffe mit merklichem Dampfdruck, wie z. B. Quecksilber und verschiedene organische Verbindungen, die aus kontaminierten Böden in die Luft entweichen, können ebenfalls nach Verdriftung an anderer Stelle mit den Niederschlägen wieder in die Böden gelangen (Abb. 147a).

Die meisten der von Menschen produzierten Schadstoffe bewirken in der Regel früher oder später eine Kontamination der Böden. Während eine Entfernung von Schadstoffen aus der Luft und aus dem Wasser mit entsprechendem technischen Aufwand durchführbar ist, können Schadstoffe − insbesondere Schwermetalle − aus belasteten Böden praktisch nicht wieder eliminiert werden. Eine hohe Schadstoffbelastung der Böden führt deshalb zu irreparablen Schäden im Stoffhaushalt der Ökosphäre.

2. Ausmaß der Bodenbelastung in der Bundesrepublik Deutschland

Eine Kontamination der Böden mit Schadstoffen erfolgt durch atmosphärische Immissionen von gasförmigen, flüssigen und staubförmigen Schadstoffen, durch die Lagerung und Verteilung von Abfällen der verschiedensten Art, wie z. B. Hausmüll, Sondermüll und Klärschlamm auf der Erdoberfläche sowie durch die direkte Ausbringung von Schadstoffen auf Böden wie Bioziden, Streusalzen u. a. Außerdem gewinnt in zunehmendem Maße ein Schadstoffeintrag durch Transport- und Industrieunfälle an Bedeutung (z. B. Kontamination mit Erdöl, radioaktiven Abwässern, Schadstoffen der chemischen Industrie).

Die *jährlichen Emissionen* in die Luft werden für die BRD − neben sehr großen Mengen an Kohlendioxid und Kohlenmonoxid − auf $3,5 \cdot 10^6$ t Schwefeldioxid (Wert für 1980), $1,5 \cdot 10^6$ t Stickstoffoxide (NO$_x$, 1980), $1,3 \cdot 10^6$ t Kohlenwasserstoffe (1975) und $1,2 \cdot 10^6$ t Staub (1974) geschätzt. Außerdem werden beträchtliche Mengen an Fluoriden, Schwermetallen (siehe dort) und anderen Schadstoffen in die Luft emittiert. Die Staubemission ist von 1965 bis 1974 als Folge gesetzlicher Auflagen um mehr als die Hälfte vermindert worden[18]. Ebenso ist bei der Emission einer Reihe weiterer Stoffe ein Rückgang bzw. Gleichstand in den letzten Jahren festzustellen. Unter der Annahme, daß alle in die Luft emit-

tierten Stoffe (ohne CO$_2$ und CO) in gelöster Form oder als Staub mit den Niederschlägen in gleichmäßiger Verteilung auf die Landoberfläche der BRD gelangen, ergibt sich ein potentieller mittlerer Stoffeintrag von ca. 300 kg/ha · Jahr. Darin sind etwa 1,2 kg/ha · Jahr Schwermetalle (ohne Fe und Mn) enthalten.

In ähnlicher Weise kann die theoretisch mögliche jährliche *Flächenbelastung* mit organischen Chemikalien berechnet werden, wenn man bei den in der BRD verbrauchten Mengen eine 80%ige Mineralisierung und Wiederverwendung unterstellt. Die potentielle jährliche Flächenbelastung mit anthropogenen organischen Chemikalien beträgt dann 90 kg/ha[7]. Dieser Wert ist zwar nur von theoretischem Interesse; er zeigt aber, daß auch organische Chemikalien den Stoffhaushalt der Böden in starkem Maße beeinflussen können. Der Anteil der in der Landwirtschaft verwendeten Pflanzenschutzmittel und Wachstumsregler (1980: 35 000 t) beträgt dabei im Mittel 2,6 kg Wirkstoff pro ha landwirtschaftlicher Nutzfläche.

Aus der pro Jahr in der BRD *anfallenden Menge* an Haus- und Sperrmüll (1975: $18,6 \cdot 10^6$ t; ca. 320 kg pro Einwohner und Jahr[18]) sowie an gewerblichen Abfällen (1975: ca. $120 \cdot 10^6$ t einschließlich Bauschutt[18]) ergibt sich eine potentielle jährliche Abfallbelastung von 5,5 t/ha Landoberfläche. Zu den privaten und gewerblichen Abfällen kommen außerdem beträchtliche Mengen an Klärschlämmen (s. Kap. XXIV) sowie an Baggerschlämmen aus Hafenbecken und Flüssen, die oft hohe Schadstoffgehalte aufweisen. Damit wird deutlich, daß in der BRD eine beträchtliche Belastung der Böden mit der Lagerung von Abfällen und Schlämmen der verschiedensten Herkunft verknüpft ist.

Die Werte für die potentielle mittlere *Bodenbelastung* pro Jahr geben nur Belastungstendenzen für die verschiedenen Stoffgruppen an. In der Regel erfolgt die Schadstoffimmission nicht in gleichmäßiger Verteilung, sondern in Abhängigkeit von den unterschiedlichen Dispersionstendenzen der jeweiligen Schadstoffe in mehr oder weniger inhomogener Weise. Während gasförmige Stoffe (z. B. SO$_2$) in beträchtlichem Maße einem Ferntransport unterliegen, werden partikelgebundene Schadstoffe vorwiegend in der Nähe der Emissionsquellen abgelagert. In der Regel erfolgt auch die Lage-

---

[18] *Anonym:* Umweltgutachten 1978. Kohlhammer, Stuttgart 1978.

rung von Abfällen in der Nähe der Abfallproduzenten. Eine besonders starke Belastung der Böden findet vor allem in unmittelbarer Umgebung von Schadstoff-emittierenden Industrie- und Hüttenanlagen sowie ganz allgemein in Ballungsgebieten und deren Umgebung statt. Der Bereich verstärkter Immissionen aus der Luft umfaßt dabei einen Gürtel von etwa 3 km Breite um die Emissionsquellen[19, 20]. Diese Gebiete, in denen erhöhte Schadstoffgehalte in und auf Pflanzen und z. T. Schäden an der Vegetation auftreten können, werden in der BRD auf ca. 1 Mio. ha geschätzt[20].

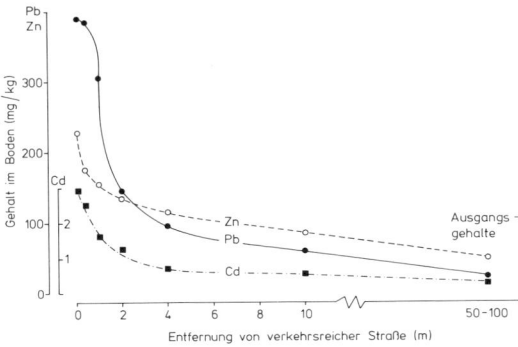

Abb. 147b Schwermetallgehalte in Böden (0–2 cm Tiefe) in Abhängigkeit von der Entfernung von verkehrsreichen Straßen[48, 53]

Auch die Böden neben vielbefahrenen Straßen werden durch den Kraftfahrzeugverkehr bis zu einer Entfernung von 50 m in stärkerem Maße mit Schwermetallen[20, 48, 53] sowie einfachen und polycyclischen aromatischen Kohlenwasserstoffen[23] belastet (Abb. 147 b). Die Gesamtfläche der im Einflußbereich vielbefahrener Straßen liegenden Böden wird für die Bundesrepublik auf ca. 750 000 ha geschätzt[20]. Insgesamt umfassen Böden im Bereich erhöhter Schadstoffimmissionen damit eine Fläche von ca. 1,75 Mio. ha, die einen Anteil von ca. 7 % an der Gesamtfläche der BRD ausmacht.

Über den 3-km-Gürtel um die Emissionsquellen hinaus konnte bei einem Schwermetalle emittierenden Werk bis zu einer Entfernung von 12 km eine Schwermetallanreicherung in den Böden nachgewiesen werden[19]. In einem Umkreis bis 15 km um Cadmium-Emissionsquellen sind noch erhöhte Cadmiumgehalte in den Niederschlägen festzustellen[24]. Wird deshalb ein zusätzlicher Gürtel mit einem Umkreis von 3–15 km um die Emissionsquellen abgegrenzt, so ergibt sich eine weitere Fläche von

7,6 Mio. ha oder ca. 30 % der Gesamtfläche der Bundesrepublik, die durch weniger hohe Schadstoffeinträge gekennzeichnet ist. Infolge eines beträchtlichen Ferntransportes von gasförmigen Stoffen (SO_2 u. a.) sowie von schadstoffhaltigem Feinstaub ist jedoch selbst in industriefernen Waldgebieten ein Eintrag von anorganischen und organischen Schadstoffen feststellbar[25, 26, 27].

3. Ermittlung der Schadstoffgehalte von Böden

Mit Hilfe der Gesamtgehalte an verschiedenen Schadstoffen sind Aussagen zur Schadstoffanreicherung im Boden möglich, wenn die betreffenden Schadstoffe unter natürlichen Bedingungen nicht in Böden vorhanden sind (industrielle Syntheseprodukte) oder bei natürlichem Vorkommen — wie z. B. bei den Schwermetallen — die Ausgangsgehalte von unbelasteten Böden bekannt sind. Gesamtmenge und Anreicherungsgrad der Schadstoffe ermöglichen jedoch nur sehr eingeschränkte ökologische Aussagen, da je nach Schadstoff zwischen gesamter und ökologisch wirksamer Menge beträchtliche Unterschiede bestehen. Mit Hilfe von Bioindikatoren — gegenüber bestimmten Schadstoffen besonders empfindliche Pflanzen- oder Tierarten (z. B. Torfmoose gegenüber Blei und Quecksilber) — können dagegen eher ökologisch relevante Aussagen zur Schadstoffbelastung gemacht werden. Doch auch dieses Verfahren hat seine Grenzen, da nicht für alle Schadstoffe geeignete Bioindikatoren vorhanden sind und Aussagen z. T. erst dann gemacht werden können, wenn bereits toxische Wirkungen bei den Bioindikatoren auftreten.

[19] *Vetter, H.* et al.: Ber. Landwirtsch. 327 (1974) 52.
[20] *Kloke, A.:* Qual. Plant.-Pl. Fds. Hum. Nutr. 24 (1974) 137.
[23] *Blumer, M.* et al.: Environ. Sci. and Technol. 2 (1977) 1082.
[24] *Nürnberg, H. W.:* Bericht auf dem Internat. Symposium ''Ecotoxicology of Cadmium'' in Neuherberg (1981).
[25] *Ulrich, B.* et al.: 3 in Kap. XII.
[26] *Meyer, R.:* Natürliche und anthropogene Komponenten des Schwermetall-Haushalts von Waldökosystemen. Habil.Schr. Univ. Göttingen, 296 S., Göttinger Bodenkd. Ber. im Druck (1981).
[27] *Matzner, E.* et al.: Z. Pflanzenernähr. Bodenkd. 144 (1981) 283.

Bessere Beurteilungsmöglichkeiten liefert die Bestimmung der gelösten und in die Bodenlösung überführbaren (= leicht mobilisierbaren) Schadstoffgehalte, die im wesentlichen den ökologisch wirksamen Anteil im Boden ausmachen (s. Abschnitt 1, Abb. 147 a). Neben relativ leicht mobilisierbaren Schadstoff-Fraktionen, die – wie bei den Schwermetallen – vor allem auf der Oberfläche von Bodenpartikeln adsorbierte oder dort chemisch gefällte Anteile umfassen, sind schwer mobilisierbare bis immobile Schadstoff-Fraktionen in Böden vorhanden. Diese entstehen im Verlauf längerer Zeiten durch eine langsam ablaufende Diffusion der Schadstoffe zu oberflächenfernen Bindungsstellen sowie durch Okklusion im Innern von Bodenpartikeln (z. B. in Eisenoxiden und in den Zwischenschichten von Tonmineralen) oder durch festen Einbau in die Molekülstruktur von organischen Bodensubstanzen. Vor allem bei den Schwermetallen findet dadurch mit zunehmender Zeit eine Abnahme der verfügbaren und Zunahme der festgelegten Anteile statt. Damit können Pflanzen auf Böden ähnlicher Eigenschaften und vergleichbarer Gesamtgehalte – je nach Bindungsform der Schwermetalle – ganz unterschiedliche Schwermetallgehalte in der Pflanzensubstanz aufweisen. Deshalb können sich auch sehr unterschiedliche

„Transferfaktoren" aus den Gesamtgehalten von Böden und Pflanzen für ein und denselben Schadstoff ergeben.

Mit einer erhöhten Zufuhr von Schadstoffen nehmen in der Regel auch deren ökologisch wirksame Anteile im Boden zu. Dabei bildet sich bei vielen Schadstoffen ein Gleichgewicht zwischen gelösten und in mobilisierbarer Form gebundenen Schadstoffanteilen aus, das durch Adsorptionsisothermen beschrieben werden kann (Abb. 148 a).

Mit zunehmenden Mengen an gebundenen Schadstoffen steigen die Lösungskonzentrationen an. Lage und Reversibilität der Gleichgewichte werden von den Eigenschaften der jeweiligen Schadstoffe und Böden bestimmt. Bei den Schwermetallen sinkt z. B. die Löslichkeit in Relation zu den jeweils in mobilisierbarer Form gebundenen Gehalten im allgemeinen in der Reihe Cd $\geq$ Zn > Ni > Cu > Pb > Cr[28]. In gleicher Richtung nehmen – bei vergleichbaren Lösungsgehalten – die gebundenen Anteile zu. Die von den Pflanzen in belasteten Böden aufgenommenen Schwermetalle steigen – relativ zu den Pflanzengehalten von unbelasteten Böden – in der aufgeführten Reihenfolge der

---

[28] *Herms, U., G. Brümmer:* Landw. Forsch. 33 (1980) 408.

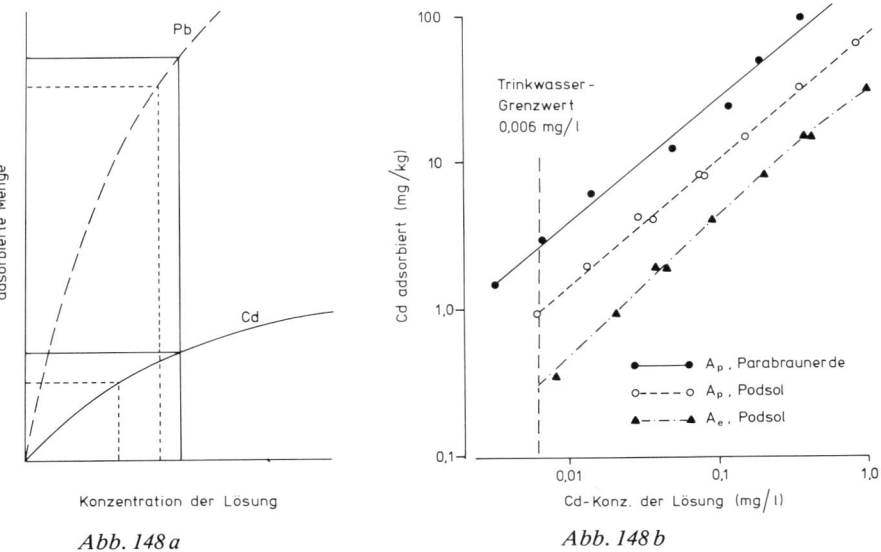

Abb. 148 a

Abb. 148 b

Abb. 148a Beziehung zwischen in mobilisierbarer Form gebundenen und gelösten Schadstoffen (schematisch für Blei und Cadmium)

Abb. 148b Cadmium-Adsorptionsisothermen für den A_p-Horizont einer Parabraunerde (sL) sowie den A_p- und A_e-Horizont eines Podsols (S)[33]

Schwermetalllöslichkeit. Sinken die Gehalte in der Bodenlösung infolge Pflanzenaufnahme oder Auswaschung, so findet eine Nachlieferung mobilisierbarer Schadstoffe in die Lösungsphase statt (Abb. 148 a). Obwohl die gelöste Fraktion und die leicht mobilisierbare Fraktion eng miteinander verknüpft sind, ist die Lage des Gleichgewichts für ein und denselben Schadstoff bei den verschiedenen Böden in Abhängigkeit von den Bodeneigenschaften und den jeweiligen Schadstoffgehalten sehr unterschiedlich. Damit ergeben sich — je nach Pufferkapazität der Böden — sehr unterschiedlich verlaufende Adsorptionsisothermen (vgl. Abb. 148 b). Zur Kennzeichnung der ökologisch wirksamen Schadstoffgehalte in Böden sind damit sowohl die löslichen als auch die in leicht mobilisierbarer Form gebundenen Schadstoffgehalte von Bedeutung.

Zur Bestimmung der löslichen Fraktion wird dabei die Analyse des Bodensättigungsextraktes[29] oder wäßriger Gleichgewichtslösungen mit engem Boden-Wasser-Verhältnis (1 : 3)[28] — eventuell mit geringem Zusatz an Salzen (0,01 M $CaCl_2$- oder $Ca(NO_3)_2$-Lösungen) verwendet. Bei einem weiteren Boden-Wasser-Verhältnis (1 : 5 bis 1 : 50)[30, 31, 40] und/ oder die Schadstofflöslichkeit erhöhenden Zusätzen (für Schwermetallextraktionen z. B. 0,1 M $CaCl_2$, 0,1 M $Ca(NO_3)_2$[31] oder 1 M NH_4-Acetat[32]) werden neben der gelösten Fraktion — je nach Methode — unterschiedliche Anteile oder die gesamte Fraktion der leicht mobilisierbar gebundenen Schadstoffe erfaßt. Die für die Extraktionslösungen geeigneten Zusätze an Kationen, Anionen, Komplexbildnern oder organischen Lösungsmitteln richten sich dabei nach dem Löslichkeitsverhalten der jeweiligen Schadstoffe. So werden zum Beispiel für die Extraktion der verfügbaren Schwermetalle (= Gehalte an gelösten plus leicht mobilisierbaren Schwermetallen) auch 0,005 M DTPA- und 0,1 M EDTA-Lösungen verwendet. Die Extraktion mit Wasser mit einem weiten Boden-Wasser-Verhältnis und Elektrolytzusätzen geringer Konzentration[31] ist jedoch prinzipiell besser geeignet, da auf diese Weise am ehesten die Lösungsbedingungen in Böden nachvollzogen werden. Infolge analytischer Probleme bei der Bestimmung geringer Schadstoffkonzentrationen kann jedoch z. T. die Extraktion mit stärkeren Lösungsmitteln bei einem engen Boden-Lösungsmittel-Verhältnis erforderlich sein.

Je mehr das Gleichgewicht der ökologisch wirksamen Schadstoffmenge zur Seite der gebundenen Fraktion verschoben ist (z. B. bei Pb, siehe Pb-Adsorptionsisotherme in Abb. 148 a), um so besser können Veränderungen der Schadstoffgehalte in der Bodenlösung abgepuffert werden. Unter diesen Voraussetzungen sind bereits die Schadstoffgehalte in der Bodenlösung allein ein geeignetes Maß für die ökologisch wirksame Schadstoffmenge. Bei schwerlöslichen Substanzen — wie dem Blei — wurden deshalb enge Korrelationen zwischen den Schadstoffkonzentrationen in der Bodenlösung (Sättigungsextrakt) und in den Pflanzen gefunden[29].

Bei leichter löslichen Schadstoffen führen dagegen Veränderungen in den Gehalten der Bodenlösung im Verlauf längerer Zeitabschnitte — z. B. während einer Vegetationsperiode — auch zu merklichen Veränderungen im Vorrat an leicht mobilisierbaren Schadstoffen (z. B. bei Cd, siehe Cd-Adsorptionsisotherme in Abb. 148 a). Bei solchen Schadstoffen ist deshalb neben der gelösten Fraktion auch die in leicht mobilisierbarer Form gebundene Schadstoff-Fraktion von Bedeutung. So wurden bei den gegenüber Blei leichter löslichen Schwermetallen Cadmium und Zink enge Beziehungen zwischen den durch 0,1 M $CaCl_2$- oder $Ca(NO_3)_2$-Lösung (Boden : Lösung = 1 : 5) extrahierbaren Gehalten und den Pflanzengehalten gefunden[31]. Als ökologisch fundierte Grenz- oder Richtwerte für gelöste und/oder in leicht mobilisierbarer Form gebundene Schadstoffe in Böden, können dabei diejenigen Schadstoffgehalte verwendet werden, die in den Pflanzen zu den für Lebensmittel festgesetzten Grenz- oder Richtwerten führen.

In gleicher Weise können die für *Trinkwasser* festgesetzten und damit auch auf Grundwasser übertragbaren Grenzwerte (Tab. 82) als Richtwerte für das Sickerwasser der Böden oder den Bodensättigungsextrakt bzw. Extraktionslösungen mit engem Boden-Wasser-Verhältnis verwendet werden. Bei dieser Verfahrensweise kann mit Hilfe von Adsorptionsisothermen die Belastbarkeit der verschiedenen Böden mit unterschiedlichen Schadstoffen ermittelt werden[15]. Für jede nach toxikologischen Kriterien mit Hilfe von Richt- und Grenzwerten definierte Lösungskonzentration ergibt sich ein bestimmter Gehalt an gebundenem Schadstoff. Soll zum Beispiel der Cd-Gehalt der Bodenlösung den Trinkwasser-Grenzwert von 0,006 mg/l (Tab. 82) nicht überschreiten, so darf der Gehalt an gebundenem Cadmium bei

---

[29] *Horak, O.:* Die Bodenkultur 30 (1979) 120.
[30] *Jung, J.* et al.: Landw. Forsch. 32 (1979) 262.
[31] *Köster, W., D. Merkel:* Landw. Forsch. Sonderh. im Druck (1982).
[32] *Andersson, K., K. O. Nilsson:* Ambio 3 (1974) 198.

den in Abb. 148 b dargestellten Adsorptions-isothermen[33] nicht mehr als ca. 2,5 mg/kg bei der Parabraunerde (A_p-Horizont) und 1,0 bzw. 0,3 mg/kg beim A_p- bzw. A_e-Horizont eines Podsols betragen. Diese auf der Basis der Trinkwasser-Grenzwerte abgeleiteten Gehalte stellen damit Cd-Richtwerte für drei Bodenpro-ben mit unterschiedlichen Puffereigenschaften dar. Es ist verständlich, daß Abweichungen zu dem geschätzten Cd-Grenzwert in Tab. 82 be-stehen.

In ähnlicher Weise können Richtwerte für *pflanzenverfügbare Schadstoffe* ermittelt wer-den, wenn auch hier Grenzkonzentrationen für gelöste Schadstoffe in Relation zu den in mobi-lisierbarer Form gebundenen Schadstoffen ver-wendet werden. Auf diesem Gebiet sind jedoch noch ausführliche Untersuchungen erforder-lich. Außerdem ist zu beachten, daß Verände-rungen im pH, Redoxpotential und Stoffbe-stand der Böden zu einer veränderten Bezie-hung zwischen gebundenen und gelösten Schadstoffen und damit auch zu einer verän-derten Belastbarkeit führen.

4. Anorganische Schadstoffe

Alle in anorganischen Schadstoffen enthalte-nen Elemente sind auch in natürlicher Weise in Böden vorhanden, allerdings in der Regel in ge-ringer Konzentration. In Abhängigkeit von der Zusammensetzung der Ausgangsgesteine kön-nen jedoch manche Elemente (z. B. Cd, Ni, Se u. a.) in Böden unter natürlichen Bedingungen bereits so hohe Gehalte aufweisen, daß für Tie-re und Menschen kritische Gehalte in den Pflanzen und sogar Toxizitätsschäden an den Pflanzen auftreten können. Diese Fälle sind al-lerdings relativ selten. Durch die Tätigkeit des Menschen werden jedoch manche Verbindun-gen in so großer Menge emittiert, daß der Stoffhaushalt der Böden lokal und z. T. auch überregional verändert werden kann (s. Ab-schnitt 2). Infolge beträchtlicher Schwankun-gen in den geochemischen Ausgangsgehalten der verschiedenen Elemente in Böden (vgl. Tab. 82) wie auch in Sedimenten[6, 34] ist der Nachweis der Schadstoffimmission und die Er-mittlung des Anreicherungsgrades jedoch nur möglich, wenn die natürlichen Schadelement-gehalte der belasteten Substrate bekannt sind oder an vergleichbaren unbelasteten Böden und Sedimenten ermittelt werden können. Von be-sonderer Bedeutung für den Stoffhaushalt der Böden ist die Emission von SO_2, NO_x, F, Cd, Pb, Hg, Ni und Zn sowie z. T. auch von Se, Cu, B und Cr.

a) Schwefeldioxid und Stickstoffoxide*

Der Schwefel ist ein für Pflanze, Tier und Mensch unentbehrlicher Nährstoff (s. Kap. XX 12). Toxische Wirkungen infolge er-höhter Schwefelgehalte in pflanzlichen Nah-rungs- und Futtermitteln sind bisher nicht be-kannt.

Mit zunehmendem Energieverbrauch werden durch Kohle-, Erdöl- und Erdgasverbrennung große Mengen an Schwefeldioxid in die Atmo-sphäre emittiert, die zu einem beträchtlichen Teil mit den Niederschlägen in die Böden ge-langen. Von 1960 bis 1974 ist die SO_2-Emission von ca. $3,2 \cdot 10^6$ t/Jahr auf über $4 \cdot 10^6$ t/Jahr angestiegen (Abb. 149 a)[1]. Bis 1980 hat sich die-se Menge auf ca. $3,5 \cdot 10^6$ t/Jahr verringert[18]. Durch verschiedene gesetzliche Maßnahmen zur Herabsetzung der SO_2-Emission ist in Zu-kunft mit einer weiteren Abnahme zu rechnen. Neben SO_2 werden beträchtliche Mengen an Stickstoffoxiden, Fluoriden und Fluorwasser-stoff (Abb. 149 a) sowie Chlorwasserstoff an die Atmosphäre abgegeben. Die Gesamtmenge der emittierten Stickstoffoxide (NO_x) wird für die BRD (1980) auf ca. $1,5 \times 10^6$ t/Jahr ge-schätzt. Dabei stammen ca. 69 % der Stickstoff-oxide aus industriellen Emissionen (haupt-sächlich Feuerungsanlagen), ca. 25 % aus dem Kfz-Verkehr und ca. 8 % aus privaten Feue-rungsanlagen[18]. Aus den emittierten Gasen bil-den sich nach Reaktion mit dem in der Atmo-sphäre enthaltenen Wasser starke Säuren (H_2SO_4, H_2SO_3, HNO_3, HNO_2, HF, HCl). Ein Teil dieser Säuren wird zwar durch andere Luftverunreinigungen und Bodenstaub neutra-lisiert. Der vorhandene Säureüberschuß hat je-doch in Mitteleuropa zu einer Absenkung der pH-Werte im Niederschlagswasser von im Mit-tel 5,8 (1955) auf 4,3 (1972) geführt (Abb. 149 b)[35]. In dichtbesiedelten Gebieten der BRD werden z. T. extrem niedrige Werte bis pH < 3 gemessen. Da Schwefeldioxid in beträchtli-chem Maße einem Ferntransport unterliegt, ist auch in größeren Waldgebieten des zentralen

---

[33] *Gerth, J., G. Brümmer:* Mitt. Dtsch. Bodenkdl. Ges. 29 (1979) 555.

[34] *Lichtfuß, R., G. Brümmer:* Catena 8 (1981) 251.

* Zusammenfassende Literatur[1, 18, 25].

[35] *Jessel, U.:* DFG-Mitteilungen 2/74 (1974) 41.

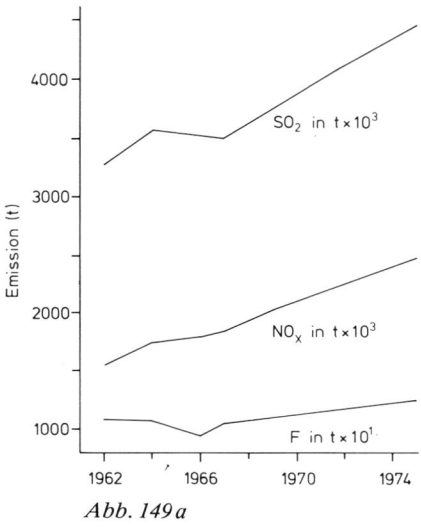

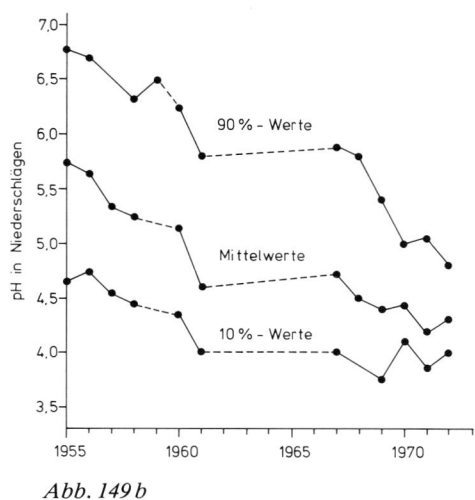

Abb. 149a   Abb. 149b

Abb. 149a Emission von Schwefeldioxid (SO$_2$), Stickstoffoxid (NO$_x$) und Fluor (F) in der BRD von 1962 bis 1974[1] (SO$_2$-Emission 1980 ca. $3,5 \times 10^6$ t; NO$_x$-Emission 1980 ca. $1,5 \times 10^6$ t[18], s. Text)

Abb. 149b Veränderungen der pH-Werte der Niederschläge in Nordeuropa (1955–1961) und der BRD (1967–1972)[35]

Teils der BRD der pH-Wert der Niederschläge deutlich erniedrigt, z. B. im Solling auf im Mittel pH 4,1[25]. In ländlichen Gebieten Schleswig-Holsteins beträgt der mittlere pH-Wert der Niederschläge dagegen 4,7 (Winter 1975/76)[48].

Bezieht man die emittierte SO$_2$-Menge auf die Landfläche der BRD, so werden im Mittel jährlich etwa 80 kg S/ha in die Luft abgegeben. In den Ballungsgebieten beträgt der jährliche Schwefeleintrag in den Boden mehr als 100 kg/ha. Im mittleren, dichtbesiedelten Teil der BRD gelangen pro Jahr 50–100 kg S/ha in den Boden, im Norden und Süden Deutschlands 25–50 kg S und zum Teil weniger als 25 kg S/ha[36].

Neben der Entfernung von Ballungsgebieten wird der Schwefeleintrag auch durch die *Interzeption der Vegetation* beeinflußt. So wurde zum Beispiel im Solling ein mittlerer jährlicher Schwefeleintrag auf Freiflächen von 24 kg S/ha gemessen, in einem Buchenbestand von 50 kg S/ha und unter Fichte mit ganzjährigem Nadelbestand und entsprechend hoher Adsorptionsfähigkeit von 85 kg S/ha. Die jährliche H$^+$-Zufuhr betrug auf den drei Standorten 0,8, 1,6 und 3,4 kmol/ha[25, 37]. Entsprechend niedrige pH-Werte zeigt vor allem das als Kronentraufe in Fichtenbeständen ablaufende Niederschlagswasser (niedrigstes Monatsmittel pH 2,75, im langfristigen Mittel pH 3,45 gegenüber pH 4,1 im Freilandniederschlag)[25].

Durch die Niederschläge gelangen teilweise auch erhebliche Mengen an Stickstoff in Form von HNO$_3$, HNO$_2$ und anderen N-Verbindungen in die Böden – in der BRD im allgemeinen 5–30 kg N/ha · Jahr, in der Nähe von Industrieanlagen z. T. bis 100 kg N/ha · Jahr. Auch bei Gewitter können durch die Wirkung der Blitze Stickstoffoxide gebildet werden, so daß besonders im Gewitterregen erhöhte N-Gehalte auftreten können. Im Mittel sind bis zu 30 % der eingetragenen Säuren auf N-Verbindungen zurückzuführen. Die Wirkung der Säuren auf den Boden zeigt sich bei den Waldstandorten in einer starken Versauerung der obersten Bodenhorizonte (bis pH < 3). So hat z. B. der pH-Wert von Berliner Waldböden innerhalb von 30 Jahren um mehr als eine Einheit von etwa 4,5 auf 3,3 abgenommen[38]. pH-Werte um und unter 3 stellen den Grenzbereich für das Pflanzenwachstum dar.

Die in den Boden gelangenden starken Säuren werden zwar abgepuffert (s. Kap. XII 3), doch ist hiermit eine verstärkte Auswaschung von Nährstoffen (vor allem Calcium, Magne-

---

[36] *Ulrich. B.:* Allgemeine Forst Zeitschrift 44 (1980).
[37] *Ulrich, B.* et al.: Soil Sci. 130 (1980) 193.
[38] *Blume, H. P.:* Mitt. Dtsch. Bodenkdl. Ges. 32 (im Druck) (1981).

sium und bei niedrigeren pH-Werten von Mangan) verbunden sowie bei pH-Werten von < 5 das Auftreten von *Al-Ionen,* die sich schädlich auf das Pflanzenwachstum auswirken (Kap. XII 6). Deren toxische Wirkung wird vermutlich durch Mn-Ionen sowie Fe-Ionen und andere bei pH-Werten < 3 mobilisierbare Schwermetalle verstärkt.

Die starke Bodenversauerung ist mit einer Zersetzung der für die Bodenfruchtbarkeit wichtigen Tonminerale verbunden. Eine weitere irreversible *Degradierung* der Böden kann nur durch Kalkung unterbunden werden. Bei extrem sauren Waldböden sind hierfür jedoch sehr hohe Kalkgaben notwendig. Auf landwirtschaftlich genutzten Böden wird der Säureeintrag durch eine regelmäßige Kalkdüngung ausgeglichen. Von den Landwirten wird damit ein wesentlicher Teil der durch die SO_2-Emission bedingten Umweltschäden finanziell getragen (ca. 70 Mio. DM pro Jahr).

Bei pH-Werten der Niederschläge oder des Benetzungswassers um und unter 3 treten direkte Säureschäden an *Pflanzenblättern* auf. Auch eine hohe SO_2-Konzentration in der Luft wirkt schädlich und führt zu braunen bis rötlichen Nekrosen, vor allem an den Spitzen und Rändern der Blätter und Nadeln. Konzentrationen von über $250\,\mu g\,SO_2/m^3$ Luft führen bei einer Einwirkungszeit von 30 Minuten zu Schäden an sehr SO_2-empfindlichen Pflanzen. Weniger empfindliche Pflanzen vertragen bis etwa $530\,\mu g\,SO_2/m^3$ Luft in 30 Minuten[13]. Bei NO_2 treten bei Konzentrationen bis zu $350\,\mu g/m^3$ Luft in 30 Minuten noch keine Vegetationsschäden auf. Bei kombinierter Einwirkung von NO_2 und SO_2 werden dagegen bereits bei wesentlich geringeren Konzentrationen Schäden an Pflanzen festgestellt[18].

Die in der BRD maximal *zulässige SO_2-Konzentration* in der Luft beträgt $0,4\,mg\,SO_2/m^3$ (Kurzzeitwirkung) bzw. $0,14\,mg/m^3$ (Langzeitwirkung). Die entsprechenden Werte betragen für NO 600 und $200\,\mu g/m^3$ sowie für NO_2 300 und $100\,\mu g/m^3$ Luft[18].

b) Fluor*

Der *Fluorgehalt* der Böden beträgt häufig 20−400 mg F/kg (Tab. 82). In Abhängigkeit von der Zusammensetzung des Ausgangsmaterials treten jedoch große Unterschiede auf. Das häufigste Fluor-Mineral ist CaF_2 (Flußspat). Auch Phosphate (Fluorapatit) enthalten Fluor. Vor allem Glimmer (400−5800 mg F/kg) und

Tonminerale (Bentonit bis 7400 mg F/kg) weisen hohe F-Gehalte auf. Deshalb enthalten in der Regel auch tonreiche Böden viel Fluor (bis 4000 mg/kg)[39]. Durch Verwitterungs- und Verlagerungsvorgänge bedingt, steigt der Fluorgehalt der Böden oft mit der Tiefe. Infolge der sehr großen natürlichen Unterschiede ist der Gesamtgehalt an Fluor bei geologisch heterogenem Ausgangsmaterial weder ein geeigneter Indikator weder für eine Fluor-Kontamination der Böden[40] noch für die Abgrenzung von Richt- oder Grenzwerten für tolerierbare Fluorgehalte belasteter Böden geeignet (vgl. Tab. 82).

Für die *Fluor-Emission* in die Luft werden unterschiedliche Werte von $1,2 \cdot 10^4$ (Abb. 149 a) bis $4,8 \cdot 10^4$ t/Jahr (für 1971)[1, 18] in der BRD geschätzt. Emittenten sind vor allem die chemische und metallverarbeitende Industrie, z. B. Aluminiumherstellung, Steine- und Erdenindustrie, Müllverbrennungsanlagen (zusammen 57,4 % der F-Emission) sowie konventionelle Energiegewinnungsanlagen mit Kohle-, Erdöl- oder Erdgasverbrennung (42,6 %)[18]. Der jährliche Fluor-Eintrag in Form von Fluorwasserstoff (HF), Fluoriden oder an Staubpartikel gebundenem Fluor kann in der Nähe mancher Industriebetriebe bis 20 kg F/ha betragen. Mit der Ausbringung von Phosphatdüngern, deren F-Gehalt meist 1,5−4 % beträgt (Thomasphosphat < 0,15 %), gelangen bei einer Düngung von 500 kg/ha 7,5−20 kg F/ha auf den Boden.

Nach Schweizer Untersuchungen sinkt in der Umgebung einer Fluor-emittierenden Hütte der Gesamtgehalt der Böden mit zunehmender Entfernung von der Quelle (0,5 bis 8,8 km) von 2700 auf 616 mg F/kg und verringert sich damit um das 4,4fache. In gleicher Weise sinken die Gehalte an wasserextrahierbarem Fluor (Boden : Wasser = 1 : 50) von 292 auf 10 mg/kg und die Fluor-Gehalte der Bodenlösung von 8,2 auf 0,3 mg/l. Die Gehalte der löslichen Fluor-Fraktionen, die sich um das 29- bzw. 27fache mit zunehmender Entfernung erniedrigen, zeigen damit sehr viel deutlicher Unterschiede in der Fluor-Belastung der Böden an.

---

* Zusammenfassende Literatur[39, 40, 41].
[39] Reviews of the environmental effects of pollutants: IX. Fluoride. Oak Ridge National Laboratory, US-Environmental Protection Agency (1980).
[40] *Polanski, J.* et al.: J. Environ. Qual. im Druck (1981).
[41] *Flühler, H.* et al.: J. Environ. Qual. im Druck (1981).

Auch der Fluor-Gehalt von Kiefernnadeln sinkt mit der Entfernung (um das 29fache) in enger Beziehung zum Gehalt an den löslichen Fluor-Fraktionen[40].

F^--Ionen werden in Böden relativ *stark gebunden*. Vor allem ist hierfür ein Austausch mit OH-Gruppen von Al- und Fe-Oxiden und Tonmineralen von Bedeutung sowie die Bildung von schwerlöslichem CaF_2. Die Geschwindigkeit der Fluor-Bindung kann jedoch in Abhängigkeit von den Bodeneigenschaften sehr unterschiedlich sein. Während bei Adsorptionsversuchen mit sauren Bodenproben innerhalb sehr kurzer Zeit Gleichgewichtsbedingungen erreicht werden konnten, war dies bei $CaCO_3$-haltigen Bodenproben z. T. nach einer Woche noch nicht der Fall. Bei letzteren führten reaktionskinetische Ursachen zu einer verzögert ablaufenden Adsorption. Damit können offensichtlich immittierte Fluoride in $CaCO_3$-haltigen Böden eine längere Zeit in mobiler und pflanzenverfügbarer Form erhalten bleiben als in sauren Böden[41].

Die *Bindungskapazität* für Fluoride ist bei sandigen Böden niedrig und bei tonigen hoch. Damit sind in umgekehrter Weise Löslichkeit, Verfügbarkeit und Auswaschung von Fluor auf sandigen Böden hoch und auf tonigen niedrig. In der BRD beträgt der Fluor-Gehalt im *Sickerwasser* 0,04–0,22 mg F/l (Mittelwert 0,1 mg/l). Die jährliche *Auswaschung* wurde zu 20–400 g F/ha bestimmt[42].

Wie die Ergebnisse von Modellversuchen zeigen, bewirkt ein F^--Kontamination vor allem bei sauren Böden eine deutlich erhöhte *Verlagerung* von Aluminium, organischer Substanz und in geringerem Maße von Eisen[40]. Fluoride bilden mit Aluminium (und anderen Metallen) lösliche Komplexe hoher Stabilität und können deshalb Aluminium aus organischen Substanzen freisetzen und damit auch deren Mobilität erhöhen. Auf diese Weise kann durch eine Fluorid-Immission wahrscheinlich der Ablauf von Podsolierungsprozessen beschleunigt werden. Außerdem wird durch Fluor-Eintrag eine Verminderung der Phosphatverfügbarkeit durch Einbau von Fluor in Calciumphosphate für möglich gehalten[43].

Der *Fluor-Gehalt* der *Pflanzen* beträgt in der Regel 1–20 mg/kg Trockensubstanz (Tab. 82). Teepflanzen weisen einen extrem hohen Gehalt bis 400 mg/kg auf. Der Fluor-Gehalt der Pflanzen steht kaum in einer Beziehung zum Gehalt der Böden an Gesamtfluor. Der Entzug durch eine Ernte beträgt 5–80 g F/ha.

Während ein normaler F-Gehalt des Futters für die *Tiere* zum Aufbau von Knochen und Zähnen notwendig ist, führt ein zu hoher F-Gehalt zur Toxizität (Fluorose). Bereits ein F-Gehalt in den Weidegräsern von 30–60 mg/kg in der Trockensubstanz gilt als bedenklich für die Gesundheit der Tiere. Als Beweis für eine starke F-Vergiftung kann ein F-Gehalt in der Asche von Röhrbeinknochen von mehr als 5000 mg/kg angesehen werden. In der Umgebung mancher Industriebetriebe wurde ein Fluor-Gehalt bis zu 300 mg/kg in der Trockensubstanz von Weidegräsern ermittelt[19]. Bei anderen Pflanzen wurden Gehalte bis zu 2000 mg/kg festgestellt[13].

Fluorwasserstoff (HF) und Fluoride werden durch *Interzeption* auf den *Blattoberflächen* niedergeschlagen und dringen zum Teil in das Gewebe der Pflanzen ein. Bei sehr empfindlichen Pflanzen führt schon eine HF-Konzentration von 1 µg F/m^3 Luft, bei weniger empfindlichen von 4,2 µg F/m^3 und einer Einwirkungszeit von 30 Minuten zu Nekrosen an Blatträndern und -spitzen. Fluor-, SO_2- und Trockenschäden an Pflanzen sind einander ähnlich[13]. Fluor-Schäden lassen sich jedoch durch eine Fluor-Analyse des Pflanzenmaterials ermitteln.

Die in der BRD *maximal zulässigen HF-Konzentrationen* in der *Luft* betragen 1 µg/m^3 (Langzeitwirkung) und 3 µg/m^3 (Kurzzeitwirkung). Für *Trinkwasser* ist ein Grenzwert von 1,5 mg F/l festgesetzt (Tab. 82). In manchen Städten wird dem Trinkwasser ein Fluorid zugesetzt (0,3–0,5 mg F/l), um den Widerstand gegen Zahnfäule zu erhöhen. So stieg z. B. in Basel die Zahl der Schulkinder, deren Zähne nie mit Karies befallen waren, deutlich, seit das Trinkwasser mit Fluor angereichert wurde[43a]. In den USA haben aber zahlreiche Städte und Gemeinden diese Maßnahme wegen fehlender Wirksamkeit und der nicht abzusehenden gesundheitlichen Gefahren wieder aufgehoben.

c) Cadmium*

Cadmium (Cd) ist ein für Tier und Mensch bereits in sehr geringen Konzentrationen *toxi-*

---

[42] *Koepf, H.* et al.: Z. Pflanzenernähr. Bodenkd. 121 (1968) 133, 142.

[43] *Fey, M. V., K. E. Jenkins:* Soil Sci. Soc. Amer. J. 44 (1980) 175.

[43a] *Schilkora, G.:* Umschau 81 (1981) 635.

* Zusammenfassende Literatur[44–47].

sches Element. Die in Japan von 1947–1965 aufgetretene Itai-Itai-Krankheit wurde durch Cadmium induziert – wahrscheinlich im Zusammenwirken mit einem Eiweiß- und Calcium-Mangel in der Nahrung – und führte zur Knochendeformation und Skelettschrumpfung. Außerdem kann Cadmium Funktionsstörungen der Nieren (Proteinurie) bewirken und Bluthochdruck auslösen. Bei erhöhter Aufnahme mit der Atemluft können Lungenemphyseme entstehen. Einige Befunde deuten auch auf eine kanzerogene Wirkung des Cadmiums hin.

Von der Weltgesundheitsorganisation (WHO) wird eine wöchentliche *Cd-Aufnahme* von 0,4–0,5 mg (bezogen auf eine 60 kg schwere Person) als tolerierbar angesehen. Von dieser Menge werden in der BRD durchschnittlich ca. 40 % mit der Nahrung in fester und flüssiger Form aufgenommen[10]. Nach der Resorption (3–8 % der aufgenommenen Cd-Menge) wird Cadmium vor allem in Leber und Nieren angereichert, die etwa 50 % vom gesamten Cadmium des menschlichen Körpers speichern. Bei Überschreiten eines kritischen Gehaltes von etwa 200 μg/g Frischgewicht in der Nierenrinde kann es zu Proteinurie kommen. Da die biologische Halbwertszeit von Cadmium beim Menschen sehr lang ist (19–38 Jahre), nimmt der Cd-Gehalt von Leber und Nieren mit zunehmendem Lebensalter zu. Dementsprechend können Störungen der Nierenfunktion durch erhöhte Cd-Aufnahme vor allem bei über Fünfzigjährigen auftreten. In japanischen Untersuchungen ist mehrfach ein Zusammenhang zwischen dem Auftreten von Proteinurie und dem Cd-Gehalt pflanzlicher Nahrungsmittel sowie dem Cd-Gehalt der Böden nachgewiesen worden[44–47].

(1) Cd-Gehalte von Böden

Der mittlere Cd-Gehalt der Erdkruste beträgt 0,18 mg/kg; in der gleichen Größenordnung liegen auch die Cd-Gehalte nichtkontaminierter Böden (in der Regel < 0,5 mg Cd/kg). In Abhängigkeit vom geologischen Ausgangsmaterial können jedoch auch höhere natürliche Cd-Gehalte auftreten (bis > 3 mg/kg). Cadmium ist chemisch eng mit dem Zink verwandt, so daß ein relativ konstantes Zn/Cd-Verhältnis in Gesteinen (ca. 500) und in Böden (ca. 100) vorliegt[5]. Das engere Verhältnis in Böden zeigt, daß Cadmium im Verlauf der Bodenbildung offenbar relativ zum Zink angereichert wird.

In kontaminierten Böden können stark er-höhte Cd-Gehalte vorliegen. In den japanischen Gebieten mit dem Auftreten der Itai-Itai-Krankheit wurden bis zu 53 mg Cd/kg in Reisböden festgestellt, in Cd-reichen Auenböden der Oker im Harzvorland bis 200 mg Cd/kg (Einfluß des jahrhundertelangen Erzabbaues im Harz)[92], in der näheren Umgebung von Metallhütten bis 40 mg Cd/kg[19] und in geringer Entfernung neben verkehrsreichen Straßen bis 3 mg Cd/kg (Abb. 147 b)[20, 48, 74]. Im Bereich der Großstädte wurden ebenfalls zum Teil erhöhte Cd-Gehalte in Böden gemessen (0,6–1,5 mg/kg)[49, 50]. Auch in fluvialen Sedimenten können hohe Cd-Gehalte vorliegen[6] (Elbe-Schlicke bis 60 mg Cd/kg)[34].

(2) Cd-Quellen und -Eintrag

Die jährliche Cd-Produktion beträgt weltweit etwa 17 000 t, der jährliche Cd-Verbrauch der Industrie in der BRD 1800–2400 t[44, 46]. Abfälle Cd-haltiger Industrieprodukte können deshalb eine Kontamination der Böden bewirken. Die wichtigsten Cd-Quellen stellen jedoch Luftverunreinigungen, Phosphatdünger, Klärschlamm und der Kfz-Verkehr dar, durch die in der BRD ca. 170 t Cd/Jahr auf die Böden gelangen.

Die Cd-Emission in die *Luft* durch Abgase und Staubpartikel von metallverarbeitenden Industriebetrieben (ca. 50 t Cd/Jahr), von Feuerungsanlagen (ca. 35 t Cd/Jahr) und Müllverbrennungsanlagen (ca. 5 t Cd/Jahr) wird auf insgesamt ca. 90 t/Jahr in der BRD geschätzt[44].

In Waldgebieten des Solling wurde ein Cd-Eintrag aus der Luft von 16 (Buchenstandort) bis 20 (Fichtenstandort) g/ha · Jahr ermittelt (Tab. 82 a). Bei einer Cd-Auswaschung auf diesen Standorten von 16,5 bzw. 26 g Cd/ha · Jahr ergab sich bei den untersuchten Böden (stark saure Braunerden) eine ausgeglichene bis negative *Cd-Bilanz*[26]. Im Schwarzwald (Bärhalde)

---

[44] *Anonym:* Cadmium-Bericht, Umweltbundesamt (1981).

[45] *Fahti, M., H. Lorenz:* ZEBS-Berichte 1/1980. Dietrich Reimer Verlag (1980).

[46] *Anonym:* Ecotoxicology of Cadmium, EUR 7499 EN, GSF-Bericht Ö-629, ISSN 0721–1694 (1981).

[47] *Anonym:* Luftqualitätskriterien für Cadmium, Umweltbundesamt Berichte 4/77 (1977).

[48] *Brümmer, G.:* Schriftenreihe Agrarw. Fachbereich Univ. Kiel 62 (1981) 191.

[49] *Scharpenseel, H. W., H. Beckmann:* Landw. Forsch. 28 (1975) 128.

[50] *Kick, H.* et al.: Landw. Forsch. 33 (1980) 12.

Tabelle 82 a   Schwermetall-Eintrag (g/ha · Jahr) mit den Niederschlägen auf Freiflächen (F) und Waldstandorten (W)[26, 51, 54, 76, 85, 86]

Element (Symbol)	Schwarzwald[51] (Bärhalde) (F)	Vorland Schwäb. Alb[54] (Kohlbrunnen) (F)	(Spundgraben) (F)	Solling[26, 85] Buche (W)	Fichte (W)	Stadtgebiet Göttingen[86] (F)	Schweden[76] Uppsala
Blei (Pb)	110	84	43	340	532	40	29,2
Cadmium (Cd)	4,5	3,9	2,0	16	20	3,5	0,74
Chrom (Cr)	–	–	–	12	22	–	–
Kupfer (Cu)	18	22	23	150	230	52	–
Nickel (Ni)	34	–	–	34	39	–	–
Quecksilber (Hg)	–	–	–	–	–	0,2	–
Zink (Zn)	210	101	118	2720	2700	324	–

führen Cd-Eintrag und Austrag mit 4,5 und 1,4 g/ha · Jahr zu einer Cd-Anreicherung von 3 g/ha · Jahr[51]. In zwei südwestdeutschen Kleinlandschaften wurde bei Ein- und Austrägen von 2,0–3,9 und 0,2–0,7 g Cd/ha · Jahr ebenfalls eine positive Bilanz für die Böden ermittelt[54].

Von größerer Bedeutung ist die Cd-Immission in *Ballungsgebieten* mit Zufuhren bis 35 g/ha · Jahr bzw. in Anwesenheit spezifischer Cd-Emittenten mit Einträgen bis über 1000 g/ha · Jahr[19, 46, 47]. Entsprechend hohe Cd-Gehalte wurden in den betroffenen Böden gemessen (s. o.). Cadmium wird mit den Niederschlägen zu über 80 % in gelöster Form in den Boden eingetragen[24, 26] und dort in bodeneigene Bindungsformen überführt.

Auch über *phosphathaltige Dünger* gelangt Cadmium in den Boden[54a]. Ausgenommen bei Thomasphosphat (Cd-Gehalt < 0,1 mg/kg) stammt das Cadmium der übrigen P-haltigen Dünger aus Rohphosphaten, deren Cd-Gehalt je nach Herkunft im Bereich 1–90 mg/kg schwankt. Der Cd-Gehalt der Phosphatdünger steht daher in engem Zusammenhang zur Herkunft der Rohphosphate. Über P-haltige Dünger (ca. 70 kg P_2O_5/ha mit durchschnittlich 0,06 g Cd/kg P_2O_5) gelangten 1980 ca. 54 t Cadmium auf die landwirtschaftlich und gärtnerisch genutzte Fläche von 13 Mio. ha und damit im Mittel 4,2 g Cd/ha (Stat. Bundesamt 1980 ISMA-Statistik). Im Einzelfall, vor allem bei Intensivkulturen, kann jedoch die P-Düngung und damit auch die Cd-Zufuhr das Doppelte und mehr betragen.

Das Cadmium liegt in Phosphatdüngern (Superphosphat, Mehrnährstoffdünger) in mobiler, teilweise wasserlöslicher Form vor und ist daher leicht pflanzenverfügbar. So erklärt es sich, daß die Cd-Zufuhr über P-haltige Dünger sich nur selten in einem meßbaren Anstieg der

Cd-Gehalte in Böden widerspiegelt[48, 55], während ein Anstieg des Cd-Gehalts in Pflanzen mehrfach festgestellt wurde[2, 45].

Die mit *Klärschlamm* ausgebrachte Cd-Menge (BRD: 13 t/Jahr[44]) gelangt auf eine relativ kleine Bodenfläche. Hohe Gaben an Klärschlamm oder anderen Siedlungsabfällen können den Cd-Gehalt der Böden deutlich erhöhen (s. Kap. XXIV). Durch den *Kfz-Verkehr* bedingte Emissionen – vor allem Reifenabrieb (20–90 mg Cd/kg Reifenmaterial) und Cd-haltige *Verbrennungsrückstände* des Dieselöls – umfassen zusammen mit anderen Quellen ca. 10 t Cd/Jahr.

Mit dem *Abwasser* gelangen ca. 160 t Cd/Jahr in fluviale und marine Ökosysteme. Die *Summe* sämtlicher Cd-Emissionen (einschließlich Abfälle der verschiedensten Art) wird für die BRD auf ca. 480 t Cd/Jahr geschätzt[44].

Als Folge des Cd-Eintrages in die Böden wird für die BRD ein *Anstieg der Cd-Gehalte* in den A-Horizonten terrestrischer Böden um 0,1 mg/kg in 20–30 Jahren angenommen[44]. Für skandinavische Länder wird der jährliche Anstieg der Cd-Gehalte auf 0,4 % (Schweden) bis 0,8 % (Dänemark) geschätzt[46]. Damit würde eine Verdopplung des Cd-Gehaltes in etwa 100 Jahren (BRD) bis 250 Jahren (Schweden)

[51] *Stahr, K.* et al.: Soil Sci. 130 (1980) 217.
[52] *Meyer, R.*: Z. Pflanzenernähr. Bodenkd. 141 (1978) 11.
[53] *Lichtfuß, R., U. Neumann*: Mitt. Dtsch. Bodenkdl. Ges. 32 (1981) im Druck.
[54] *Schlichting, E., D. Müller*: Mitt. Dtsch. Bodenkld. Ges. 29 (1979) 545.
[54a] *Sauerbeck, D., E. Rietz*: Landw. Forsch. 37. Sonderh. (1980) 685.
[55] *Williams, C. H., D. J. David*: Soil Sci. 121 (1976) 86.

stattfinden. Diese Prognosen sind jedoch mit beträchtlichen Unsicherheiten behaftet.

(3) Cd-Bindungsformen und -Löslichkeit

In terrestrischen Böden wird das Verhalten von Cadmium vor allem durch unspezifische und spezifische Ad- und Desorptionsprozesse bestimmt. Diese sind wiederum vom Gesamtgehalt an Cadmium, pH und Stoffbestand der Böden sowie von der Salzkonzentration, dem Gehalt an organischen und anorganischen Komplexbildnern und den Redoxbedingungen abhängig.

Ad- und Desorptionsvorgänge des Cadmiums können in einfacher Weise durch Adsorptionsisothermen beschrieben werden (Abb. 148 a, b; vgl. Abschnitt 3), wobei sich vor allem die Freundlichsche Adsorptionsisotherme als geeignet erweist[33, 52]. Mit zunehmendem *pH-Wert* steigt die Cd-Adsorption, während die Cd-Löslichkeit abnimmt (Abb. 150)[28]. Vor allem unterhalb von pH 6 findet ein beträchtlicher Anstieg der Löslichkeit statt. Nach den Ergebnissen von Modellversuchen kann die Cd-Löslichkeit in Böden mit hohen Cd-Gehalten (15 mg Cd/kg) im pH-Bereich von 3−7 durch die Gleichung log Cd(mol/l) = −0,46 pH + 2,88; r = 0,95*** (n = 49) beschrieben werden[28]. Für die Cd-Gehalte von Dränagewässern schwedischer Böden wurde eine ähnliche Beziehung ermittelt[76]. Da Cadmium unter oxidierenden Bedingungen vor allem in adsorbierter Form in Böden vorliegt, steigt seine Löslichkeit gleichzeitig mit zuneh-

menden *Gesamtgehalten*[28]. Dadurch bedingt ändert sich die Konstante, aber nicht die Steigung in der Gleichung für die pH-abhängige Cd-Löslichkeit. Auch bei den anderen Schwermetallen wird die Löslichkeit ganz wesentlich durch den pH und den Gesamtgehalt des jeweiligen Schwermetalls bestimmt[28].

Die Adsorption von Cadmium − wie auch die der anderen Schwermetalle (Pb, Hg, Zn, Ni, Cu, Co) − findet an unspezifischen und spezifischen Bindungspositionen von Bodenkomponenten statt. Die *unspezifische Adsorption,* die eine relativ geringe Bindungsstärke aufweist, erfolgt vor allem durch coulombsche Kräfte auf der Oberfläche von Austauschern. Die durch eine größere Bindungsstärke gekennzeichnete *spezifische Adsorption* findet im wesentlichen an hydroxylierten Oberflächen von Fe-, Al- und Mn-Oxiden nach Deprotonisierung der OH-Gruppen statt. Dabei werden vor allem die Hydroxo-Komplexe der Schwermetalle (Me(OH)$^+$, Me(OH)$_2$°) bevorzugt adsorbiert. Deshalb steigt die spezifische Adsorption an Oxidoberflächen mit zunehmender Neigung der Metalle zur Bildung von Hydroxo-Komplexen und Hydroxiden in der Reihe Cd < Ni < Zn ≪ Cu ≦ Pb[57, 58, 59].

---

[56] *Tiller, K. G.* et al.: Aust. J. Soil Res. 17 (1979) 17.

[57] *Forbes, E. A.* et al.: J. Soil Sci. 27 (1976) 154.

[58] *Abd-Elfattah, A., K. Wada:* J. Soil Sci. 32 (1981) 271.

[59] *Gerth, J., G. Brümmer:* Mitt. Dtsch. Bodenkdl. Ges. 32 (1981) im Druck.

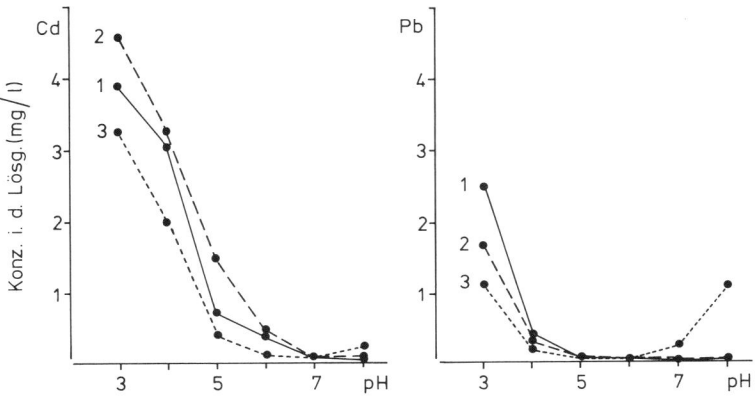

Abb. 150 Cadmium- und Blei-Konzentration in der Gleichgewichtslösung verschiedener Bodenproben aus A$_p$-Horizonten in Abhängigkeit vom eingestellten pH (Bodenproben wurden vor der pH-Einstellung mit 15 mg Cd/kg und 100 mg Pb/kg ins Gleichgewicht gesetzt)[28]. *Böden* (Bodenart; Gehalt an org. Subst.): 1. Kalkmarsch (sL; 2,6 %), 2. Parabraunerde (sL; 2,8 %), 3. Podsol (S; 4,4 %)

Mit steigendem pH nimmt der Anteil der Hydroxo-Metall-Komplexe und damit die spezifische Adsorption zu. Bei neutraler bis alkalischer Reaktion ist der spezifisch adsorbierte Anteil der Schwermetalle hoch. Im sauren Bereich – beim Cadmium bereits ab pH 6 – überwiegt dagegen die unspezifische Adsorption. In dieser Bindungsform liegt der größte Teil des Cadmiums in einer durch Erdalkaliionen austauschbaren Form vor[31, 56, 59]. Mit steigendem Gesamtgehalt an Cadmium im Boden nimmt vor allem die unspezifisch adsorbierte Fraktion zu[56].

Neben einer Bindung an der Oberfläche findet auch eine sehr langsam ablaufende Diffusion von Cadmium und ebenso von Zink, Nikkel und anderen Schwermetallen in das Gitter von *Oxiden* und zum Teil auch von *Tonmineralen* (vor allem bei Zn) statt[59]. Dadurch können Schwermetalle weitgehend irreversibel in Böden festgelegt werden. Dies kann bei den Oxiden auch durch ein Wachstum der Oxidpartikel erfolgen.

Durch die organische Substanz des Bodens werden Schwermetalle als *metallorganische Komplexe* gebunden. Für die Cd-, Pb- und Cu-Huminsäure-Komplexe wurden Stabilitätskonstanten mit log K-Werten von 6,25, 8,35 und 8,65 (bei pH 5) ermittelt[60] (s. Kap. VII 3 c). Insgesamt nimmt die Stabilität der Schwermetallbindung durch Huminstoffe in der Reihe Cu $\geqq$ Pb $\gg$ Ni > Cd > Zn ab[28, 61, 62, 63]. Cadmium gehört damit zwar zu den weniger stark durch die organische Substanz gebundenen Schwermetallen; in Böden findet eine Cd-Anreicherung dennoch hauptsächlich in C-reichen O- und A-Horizonten statt[26, 64]. Vor allem im sauren Bereich wird die Cd-Löslichkeit durch organische Substanzen deutlich stärker erniedrigt als durch mineralische Bodenkomponenten[28, 33] (Abb. 150, vgl. Cd-Löslichkeit von Boden 3 mit der von Boden 1 und 2). Damit verbunden ist eine deutlich geringere Verfügbarkeit des Cadmiums bei pH < 7 in organischer als in mineralischer Bindung[65]. Das mit Klärschlamm und anderen Siedlungsabfällen auf Böden ausgebrachte Cadmium in organischer Bindung weist deshalb ebenfalls eine deutlich geringere Verfügbarkeit auf als das bei Gefäßversuchen in Salzform mit dem Boden ins Gleichgewicht gesetzte Cadmium[66]. In gleicher Weise werden auch Löslichkeit und Verfügbarkeit der anderen Schwermetalle im sauren Bereich durch organische Substanzen

erniedrigt (Abb. 150, vgl. Pb-Löslichkeit von Boden 3 mit der von Boden 1 und 2).

Außerdem steigt die Cd-Löslichkeit infolge Desorption mit zunehmender Konzentration an *Alkali- und Erdalkali-Ionen*[67]. Auch die Konzentration an *Chlorid* und *Sulfat* beeinflußt die Cd-Löslichkeit, da beide Anionen relativ stabile lösliche Komplexe mit Cadmium bilden. So wird vor allem durch Bildung von Chloro-Cadmium-Komplexen ($CdCl^+$, $CdCl_2°$, $CdCl_3^-$, $CdCl_4^{2-}$; log K: 1,98; 2,60; 2,40; 2,50*) die Cd-Adsorption bei Cl^--Konzentrationen > 10^{-3} mol/l beträchtlich verringert. Mit sinkendem pH und damit abnehmender Bildung der bevorzugt adsorbierten Hydroxo-Komplexe (s. o.) steigt der Einfluß der Chloride. So bewirken Cl^--Konzentrationen von 10^{-1} mol/l z.B. bei pH 5 eine Erniedrigung der Cd-Adsorption um 50–75 %[68]. Damit kann in *Salzböden* oder nach *KCl-Düngung* in Ackerböden sowie nach Streusalzausbringung in Straßenrandböden eine beträchtliche Cd-Mobilisierung stattfinden. Auch erhöhte Sulfat-Konzentrationen verringern die Cd-Adsorption durch Bildung von $CdSO_4°$ (log K = 2,45). Der Einfluß der Sulfate ist jedoch weniger stark als der der Chloride[69].

Außerdem kann eine Cd-Mobilisierung durch lösliche *organische Komplexbildner* erfolgen (s. Kap. VII 3 c). Die Neigung von Cadmium zur Bildung löslicher metallorganischer Komplexe ist jedoch deutlich geringer als die anderer Schwermetalle[70, 71].

[60] *Takamatsu, T., T. Yoshida:* Soil Sci. 125 (1978) 377.

[61] *Bunzl, K.* et al.: J. Soil Sci. 27 (1976) 32.

[62] *Bergseth, H., A. Stuanes:* Acta Agric. Scand. 26 (1976) 52.

[63] *Stevenson, F. J.:* Soil Sci. 123 (1977) 10.

[64] *Schwertmann, U.* et al.: Z. Pflanzenernähr. Bodenkd. (1982) im Druck.

[65] *McBride, M. B.* et al.: Soil Sci. Soc. Am. J. 45 (1981) 739.

[66] *Shah Singh, S.:* Can. J. Soil Sci. 61 (1981) 19.

[67] *Egozy, Y.:* Clays Clay Min. 28 (1980) 311.

* log K-Werte der Reaktion: $Cd^{2+} + nCl^- = CdCl_n^{2-n}$

[68] *Gerth, J.* et al.: Mitt. Dtsch. Bodenkd. Ges. 30 (1981) 19.

[69] *Garcia-Miragaya, J., A. L. Page:* Soil Sci. Soc. Am. J. 40 (1976) 658.

[70] *Herms, U., G. Brümmer:* Mitt. Dtsch. Bodenkd. Ges. 27 (1978) 181.

[71] *Sposito, G.* et al.: Soil Sci. Soc. Am. J. 45 (1981) 465.

Eine Bildung *definierter Cd-Verbindungen* findet fast ausschließlich unter reduzierten Bedingungen statt. Bereits bei Anwesenheit von geringen Mengen an Sulfidionen erfolgt eine Cd-Immobilisierung durch Ausfällung von sehr schwerlöslichem Cadmiumsulfid (CdS, log K = −27,2)[72]. Außerdem kann bei pH-Werten um und über 8 sowie sehr hohen Cd-Gehalten im Boden (> 50 mg/kg) Cadmiumcarbonat gebildet werden[73]. In terrestrischen Böden sind die Voraussetzungen für die Entstehung von $CdCO_3$ jedoch in der Regel nicht gegeben.

Cadmium gehört − zusammen mit Zink, Nickel und Mangan − zu den mobilen, relativ leicht *verlagerbaren* und verfügbaren Schwermetallen. In Abhängigkeit von der stark vom pH beeinflußten Cd-Löslichkeit ist die Verlagerungsgeschwindigkeit des Cadmiums in stark sauren Böden hoch und kann nach Simulationsergebnissen in 10 Jahren mehr als 50 cm betragen[52]. In Böden neutraler Reaktion findet dagegen nur eine sehr geringe Cd-Verlagerung statt.

(4) Cd-Gehalte von Pflanzen

Der Cd-Gehalt der Pflanzen beträgt in der Regel < 0,5 mg/kg Tr.S. In Abhängigkeit von der Pflanzenart und -sorte treten jedoch große Unterschiede auf. Außerdem variiert der Cd-Gehalt auch innerhalb der verschiedenen Pflanzenteile[79]. In der Regel werden die höchsten Gehalte in Blättern und z.T. in Wurzeln, geringere in Stengeln, Früchten und Körnern festgestellt. Während Erbsen, Bohnen und Kohl in der Regel relativ wenig Cadmium enthalten, treten in Spinat- und Salatblättern meist höhere Gehalte auf[13, 46]. Vor allem Waldpilze weisen in der Regel hohe Cd-Gehalte auf (bis 10,4 mg Cd/kg Frischsubstanz[12]). In Getreidekörnern ist in der Regel relativ wenig Cadmium enthalten, dabei in Weizen meist mehr als in Hafer, Roggen und Gerste.

Die vom Bundesgesundheitsamt für Cadmium in Lebensmitteln festgesetzten *Richtwerte* (s. Tab. 82) betragen für Blatt-, Sproß- und Fruchtgemüse sowie Getreide und Kartoffeln 0,1 mg/kg Frischsubstanz, für Wurzelgemüse und Obst 0,05 mg/kg. Bei umfangreichen Erhebungsuntersuchungen[10] wurden für diese Lebensmittelgruppen im Mittel Cd-Gehalte von 0,019 (Sproßgemüse) bis 0,05 (Kartoffeln) mg/kg Frischsubstanz gefunden. Bei Getreide, Blatt- und Wurzelgemüse sowie Kartoffeln la-

gen 90−94 % der Proben unterhalb der angegebenen Richtwerte, bei Obst 92−97 % und bei Sproß- und Fruchtgemüse 96−100 %. Auf schwermetallreichen Auenböden der Oker[31] und stark belasteten Böden in der Nähe von Hüttenbetrieben[19] wurden dagegen zum Teil weit über den Richtwerten liegende Cd-Gehalte in den Pflanzen festgestellt. Auch auf Böden aus Cd-haltigem Baggerschlamm (z.B. aus Elbe, Neckar und Rhein) angebaute Pflanzen zeigen z.T. erhöhte Cd-Gehalte.

(5) Cd-Verfügbarkeit

Die Cd-Verfügbarkeit steigt wie die Löslichkeit mit abnehmendem pH und zunehmenden Gesamtgehalten an Cadmium[28, 75, 78]. Belastete saure Böden sollten deshalb zur Vermeidung von Cd-Toxizität und zur Verringerung der Cd-Gehalte in den Pflanzen auf pH-Werte von annähernd 7 aufgekalkt werden. In der Regel wird das in den Pflanzen enthaltene Cadmium zum weitaus überwiegenden Teil aus dem Boden aufgenommen. Eine Cd-Kontamination der Pflanzen über die Luft ist normalerweise von geringerer Bedeutung. In der Nähe von einschlägigen Industriebetrieben und Straßen hoher Verkehrsdichte können jedoch bis > 40 % des Cd-Gehaltes über die Luft auf und in die Pflanzen gelangen[2].

Die *Bestimmung* der pflanzenaufnehmbaren Cd-Gehalte in belasteten Böden ist mit verschiedenen Methoden möglich. Relativ enge Beziehungen wurden zwischen den Cd-Gehalten der Pflanzen und den durch $Ca(NO_3)_2$-, $CaCl_2$-, DTPA- sowie EDTA-Lösungen extrahierbaren Cd-Gehalten an Böden (r = 0,72 bis 0,80) festgestellt[31, 77]. Für eine umfassende ökologische Analyse Cd-belasteter Böden ist die Bestimmung der in Abhängigkeit vom pH vorhandenen Gehalte an leichtlöslichem Cadmium (z.B. Cd-Gehalt in wäßrigen Gleichgewichtslösungen[28] oder durch 0,1 M $Ca(NO_3)_2$-extrahierbare Fraktion[31]) und des Gesamtvorrats an verfügbarem Cadmium (DTPA- oder EDTA-extrahierbare Fraktion[31]) erforderlich (s. Kap. 3). Die Bestimmung des Ge-

[72] *Herms, U., G. Brümmer:* Mitt. Dtsch. Bodenkdl. Ges. 29 (1979) 533.

[73] *Soon, Y. K.:* J. Soil Sci. 32 (1981) 85.

[74] *Blume, H. P., Th. Hellriegel:* Z. Pflanzenernähr. Bodenkd. 144 (1981) 181.

[75] *Schönhard, G.:* Landw. Forsch. 32 (1979) 395.

[76] *Andersson, A.:* Swedish J. agric. Res. 11 (1981) 119.

[77] *Shah Singh, S.:* Canad. J. Soil Sci. 61 (1981) 19.

[78] *Bingham* et al.: Soil. Sci. 130 (1980) 32.

samtgehaltes an Cadmium ergibt zusätzlich Hinweise zum Ausmaß der Cd-Anreicherung in Böden.

Ökologisch relevante *Grenzwerte* für die Belastbarkeit der Böden mit Cadmium können nur aus den Gehalten an leichtlöslichem und insgesamt verfügbarem Cadmium abgeleitet werden. Dabei stellen die für Lebensmittel festgesetzten Richtwerte (s. o.) das Maß dar, an dem ein Grenzwert für den Gehalt an verfügbarem Cadmium im Boden festzulegen ist. Der bisher vorgeschlagene Grenzwert von 3 mg/kg für den Gesamtgehalt an Cadmium im Boden (s. Tab. 82)[13, 14] ist nur für annähernd neutrale Bodenreaktion geeignet, bei der nur ein geringer Teil des Cadmiums in verfügbarer Form vorliegt. Vor allem bei sauren und wenig puffernden Böden aus sandigem Ausgangsmaterial mit hohen Anteilen pflanzenaufnehmbarer Cd-Fraktionen am Gesamt-Cadmium stellen 1 mg Cd_t/kg Boden und weniger einen richtigeren Grenzwert dar (s. Abschnitt 3)[28], vgl.[79].

(6) Toxizität

Toxische Wirkungen von Cadmium auf Pflanzen und Mikroorganismen treten erst bei Cd-Gehalten in Böden auf, die über den angegebenen Grenzwerten liegen. In Gefäßversuchen führten bei schwach saurer Bodenreaktion 2,5–3 mg Cd/kg (als Salz den Bodenproben zugesetzt) zu Ertragsdepressionen bei verschiedenen Kulturpflanzen[79, 80]. In Vegetationsversuchen mit Nährlösungen traten bei Cd-empfindlichen Pflanzen (Bohnen, Rüben, Spinat) bereits bei 0,1 mg Cd/l Ertragsminderungen auf. Bei 1 mg Cd/l fand bei den meisten Kulturpflanzen ein verringertes Wachstum statt. Bei Cd-Toxizität treten unspezifische Chlorosen und Nekrosen an den Pflanzen auf[81].

Bei einem Vergleich der *Wirkung verschiedener Elemente* auf Gerstenpflanzen (Versuche in Nährlösungen) stiegen die kritischen Gehalte in den Pflanzen für beginnende Toxizität (Werte in mg/kg Tr.S.) in der Reihe: Hg (3) < Cd (8) ≦ Cr (III) (10) ≦ Ni (11) < As (20) = Cu (20) < Se (30) < Pb (35) < B (80) < Zn (200)[82]. Da die Pflanzen bei gleichem Angebot in der Nährlösung unterschiedliche Mengen an den verschiedenen Elementen aufnehmen, ergab sich in Abhängigkeit von der Grenzkonzentration der Nährlösung für beginnende Schadwirkungen (Werte in mg/l) bei Gerste und verschiedenen Gemüsepflanzen eine abnehmende Toxizität in der Reihe Cd (0,1–1) > Cr (VI) (< 1) > Ni (1–2) > Hg (II) (1–4), Cr (III) (< 1–5), B (2), Cu (1–4), Zn (2,5) > As (4), Se (5) > Pb (10)[81, 82, 87, 87a].

Eine kurzfristige Hemmung der *Mikroorganismenaktivität* findet bereits bei Cd-Gehalten in der Bodenlösung von ca. 0,1 mg/l statt[28].

In mäßig sauren bis neutralen Böden nimmt die toxische Wirkung der Schwermetalle auf Mikroorganismen in der Reihe Cd > Ni > Zn > Pb ab. Die gemessene Toxizität ergibt sich dabei aus der spezifischen Toxizität der verschiedenen Schwermetalle sowie deren unterschiedlicher Verfügbarkeit in Böden.

Der Cd-Gehalt der *Bodenlösung* von nicht oder wenig belasteten Böden beträgt in der Regel weniger als 10 µg/l. Nach hohen Klärschlammgaben wurden in einer Bodentiefe von 60 cm maximal 200 µg Cd/l gemessen[83]. Im *Grundwasser* sind meistens < 5 µg Cd/l, oft < 1 µg/l enthalten. In *Flüssen* und *Seen* wurden Cd-Gehalte von 0,07–4,9 µg/l und im *Meerwasser* von 0,01–1,0 µg/l ermittelt[6, 46]. Der Cd-Grenzwert für *Trinkwasser* beträgt 6 µg Cd/l (Tab. 82).

Die Cd-Konzentration in der *Luft* kann im Jahresmittel in der Nähe von Emittenten bis 0,06 µg/m³ und in Ballungsgebieten bis 0,025 µg/m³ betragen. In Reinluftgebieten sind etwa 0,001 µg Cd/m³ in der Luft vorhanden. Im Tagesmittel wurden in manchen Großstädten bis 0,5 µg Cd/m³ bestimmt[46, 47]. Nach den gesetzlichen Richtlinien soll ein 24-Stunden-Mittelwert von 0,05 µg Cd/m³ Luft und ein Langzeitwert von 0,02 µg/m³ nicht überschritten werden[18]. Die maximale Arbeitsplatzkonzentration (MAK-Wert) beträgt 0,05 mg Cd/m³. Nach dem Immissionsschutzgesetz[84] ist eine langzeitliche Cd-Immission von 7,5 µg/m² · Tag zulässig. Dies entspricht einer relativ hohen Cd-Zufuhr zum Boden von 27,4 g/ha · Jahr.

Die tägliche Cd-Aufnahme mit der *Nahrung* beträgt in der BRD 30–67 µg pro Person, in Schweden

[79] *Sommer, G., A. Stritesky:* Landw. Forsch. 29 (1976) 88.
[80] *Bingham, F. T.* et al.: J. Environ. Qual. 4 (1975) 207.
[81] *Page, A. L.* et al.: J. Environ. Qual. 1 (1972) 288.
[82] *Davis, R. D.* et al.: Plant and Soil 49 (1978) 395.
[83] *El-Bassam, N., Tietjen:* Landbauforsch. Völkenrode 30 (1980) 51.
[84] Technische Anleitung zur Reinhaltung der Luft (1981) zum Bundes-Immissionsschutzgesetz (1974).
[85] *Heinrichs, H., R. Mayer:* J. Environ. Qual. 9 (1980) 111.
[86] *Ruppert, H.:* Water, Air, Soil Pollution 4 (1975) 447.
[87] *Foroughi, M.* et al.: Landw. Forsch. 35. Sonderh. (1978) 599 u. weitere.
[87a] *Hara, T., Y. Sonoda:* Plant a. Soil 51 (1979) 127.

18 μg und in Japan 40–56 μg[46]. Die tolerierbare Cd-Aufnahme umfaßt 400–500 μg pro Person und Woche.

d) Blei*

Blei weist eine deutlich geringere Toxizität als Cadmium und Quecksilber auf. Das von Menschen und Tieren aufgenommene Blei reichert sich in Leber und Nieren sowie vor allem in Knochen und Zähnen an, in denen es anstelle des Calciums in das Apatitgitter eingebaut wird. Da Blei eine lange biologische Halbwertszeit besitzt (sie beträgt beim Menschen 5–20 Jahre), findet in hochindustrialisierten Ländern ein Anstieg des Bleigehaltes im menschlichen Körper mit zunehmendem Lebensalter statt.

Als Indikator für eine Bleibelastung kann der Pb-Gehalt im Blut verwendet werden. Bei Gehalten von über 0,5 mg/l bei Erwachsenen und über 0,25 mg/l bei Kindern können chronische Pb-Vergiftungen auftreten. Durch Blei werden einzelne Enzyme der Hämoglobinsynthese gehemmt (Aminolävulinsäure-Dehydrase, Porphyrinsynthese-Enzyme), so daß es zur Ausbildung von Anämien kommen kann[18, 45].

Blei wird vom Menschen vor allem mit der Nahrung und der Atemluft aufgenommen. Oral zugeführtes Blei wird im Magen-Darm-Trakt von Erwachsenen zu etwa 5–10 % resorbiert, bei Kindern dagegen zu wesentlich höheren Anteilen. Bei der Inhalation von bleihaltigen Stäuben findet in der Lunge eine besonders hohe Pb-Resorption statt, die im Mittel etwa 40 % des inhalierten Bleis beträgt. In stark belasteten Gebieten kann deshalb die Pb-Aufnahme mit der Atemluft von beträchtlicher Bedeutung sein.

Von der WHO wird eine Pb-Aufnahme von 3,5 mg/Woche · Person (bezogen auf 70 kg Körpergewicht) als tolerierbar angesehen. Die durchschnittliche wöchentliche Pb-Aufnahme mit Lebensmitteln beträgt in der BRD 0,75 mg/Person und umfaßt damit 21,4 % des WHO-Wertes[10]. In England, USA und Japan wurde eine durchschnittliche wöchentliche Pb-Aufnahme von 1,5–2,2 mg/Person – entsprechend 43–63 % des WHO-Wertes – ermittelt[89]. Die aufgenommene Pb-Menge kann jedoch den WHO-Wert beträchtlich übersteigen, wenn vorwiegend Nahrungsmittel aus stark durch Pb-Immissionen belasteten Gebieten verzehrt werden[19].

(1) Pb-Gehalte von Böden

Der mittlere Pb-Gehalt beträgt in der Erdkruste 16 mg/kg, in Gneisen und Schiefern bis 70 mg/kg. Unbelastete Böden enthalten in der BRD in der Regel 2–60 mg Pb/kg (Tab. 82), selten > 100 mg/kg. Höhere Pb-Gehalte treten vor allem in Böden aus bleierzhaltigen Gesteinen auf. So wurden in norwegischen Böden aus PbS-reichem Ausgangsmaterial bis zu 2,5 % Blei festgestellt[90].

Stark erhöhte Pb-Gehalte treten vor allem in anthropogen belasteten Böden auf. So weisen Auenböden der Oker und Innerste im Harzvorland infolge des jahrhundertelangen Erzabbaus im Harz stark erhöhte Gehalte an Blei (bis 4000 mg/kg) sowie an Zink (bis 5000 mg/kg), Kupfer (bis 650 mg/kg) und Cadmium (bis 200 mg/kg, s. dort) auf[31, 92]. In der näheren Umgebung von Metallhütten und sonstigen bleiverarbeitenden Industriebetrieben wurden Pb-Gehalte in den Böden bis 3000 mg/kg festgestellt[19, 50]. In geringer Entfernung neben verkehrsreichen Straßen treten Pb-Gehalte bis 700 mg/kg auf[20, 53, 74, 91]. In anthropogen stark beeinflußten Gartenböden städtischer Bereiche und in Böden aus Trümmerschutt sind ebenfalls in der Regel deutlich erhöhte Pb-Gehalte vorhanden (bis 400 mg/kg)[49, 50, 74]. Auch in fluvialen Sedimenten von belasteten Fließgewässern sind große Mengen an Blei angereichert[6] (Elbe-Schlicke bis 1500 mg Pb/kg)[34].

(2) Pb-Quellen und -Eintrag

Die weltweite *Bleiproduktion* beträgt etwa $4,3 \times 10^6$ t pro Jahr (1977); davon stammen etwa 50 % aus recyclierten Pb-Abfallprodukten. In der BRD wurden 1971 342 000 t Blei verbraucht, von denen etwa ¾ wiederverwendet wurden und ¼ in der Umwelt verblieb[18, 89].

Blei wird vor allem über die *Luft* in die Böden eingetragen. Natürliche Emissionen in die Atmosphäre durch Bodenerosion und vulkanische Aktivitäten werden auf etwa 25 000 t/Jahr geschätzt. Anthropogene Pb-Emissionen betragen weltweit etwa 450 000 t/Jahr, von denen ca. 60 % aus der Verbrennung von Pb-haltigem

---

* Zusammenfassende Literatur[1, 6, 10, 18, 45, 88, 89, 91].

[88] *Nriagu, J. O.* (Ed.): The biogeochemistry of lead in the environment. Elsevier, Amsterdam (1978).

[89] Umweltbundesamt: Luftqualitätskriterien für Blei. Berichte 3/76.

Benzin stammen. Seit der Verwendung Pb-haltiger Kraftstoffe sind von 1923−1974 insgesamt $4{,}7 \times 10^6$ t Blei durch den Kfz-Verkehr emittiert worden. Andere Emissionsquellen stellen erzverhüttende und Pb-verarbeitende Industriebetriebe dar (ca. 124 000 t Pb/Jahr). Auch die Verbrennung von Kohle (2−600 mg Pb/kg Kohle; Kohlenasche 60 − > 1000 mg Pb/kg) trägt zur Pb-Emission bei (weltweit ca. 14 000 t Pb/Jahr)[6, 88, 89, 91].

In der BRD wurden 1974 allein 8000 t Blei mit Kraftfahrzeugabgasen und etwa 3500 t aus industriellen Quellen in die Umwelt emittiert[18]. Mit der durch gesetzliche Maßnahmen bewirkten Reduzierung des Pb-Gehaltes im Benzin von 0,6 über 0,4 auf 0,15 g Pb/l (seit 1. 1. 1976) ist zwar eine Verringerung der Pb-Emission durch den Kfz-Verkehr eingetreten. Der Erfolg dieser Maßnahme wird aber z. T. durch ein gestiegenes Verkehrsaufkommen kompensiert.

Durch den *Kfz-Verkehr* findet ein hoher Pb-Eintrag in die Böden vor allem auf den ersten 10 Metern neben verkehrsreichen Straßen statt (Abb. 147 b). Nach 50 bis 100 m Entfernung sind in der Regel keine erhöhten Pb-Gehalte mehr nachweisbar. Mit steigender Verkehrsdichte und zunehmender Dauer der Verkehrseinwirkung steigen die Pb-Gehalte der Straßenrandböden an.

Die als Antiklopfmittel dem Benzin zugesetzten Bleitetraalkyle werden nach dem Verbrennungsvorgang mit den Auspuffgasen in fester Form vorwiegend als Bleihalogenide (PbClBr; $NH_4Cl \cdot 2$ PbClBr) sowie zu geringeren Anteilen als Bleisulfate, -phosphate und -oxide emittiert. Der mittlere Durchmesser der Pb-haltigen Teilchen beträgt 0,2−0,3 μm, so daß bei entsprechenden Windverhältnissen auch ein sehr weiter Transport dieser Teilchen möglich ist. Dabei werden die leicht löslichen Bleihalogenide z. T. in schwerlösliche Bleicarbonate, -sulfate und -oxide umgewandelt[89], bevor sie auf der Bodenoberfläche abgelagert werden.

Ein sehr hoher Pb-Eintrag findet durch Staubniederschläge in unmittelbarer Umgebung von *Hüttenbetrieben* statt. In 1 km Entfernung wurden Emissionen von 4 000−10 000 g Pb/ha · Jahr gemessen[19, 89].

In die Luft emittierte bleihaltige Feinstaubpartikel und Aerosole können mit dem Wind sehr weit transportiert werden, so daß selbst in *industriefernen Gebieten* ein erhöhter Pb-Eintrag festzustellen ist. So wurde in Waldgebieten des Solling ein Pb-Eintrag in die Böden von 340

(Buchenstandort) und 532 (Fichtenstandort) g/ha · Jahr festgestellt[26, 85]. Auf Freiflächen wurde in verschiedenen Gebieten der BRD ein Pb-Eintrag von 40−110, in Schweden von ca. 29 g/ha · Jahr gemessen (Tab. 82 a)[52, 54, 76, 86]. Selbst im heutigen Polarschnee weist der Pb-Gehalt gegenüber dem natürlichen Ausgangsgehalt um den Faktor 500 höhere Werte auf.

Als weitere Pb-Quellen wirkten vor allem im Harz *Erz- und Abraumhalden* alter Bergwerke, von denen im Verlauf der Jahrhunderte große Mengen an bleireichem Material mit den Abwässern in die Oker und Innerste gelangten und in den Auenböden dieser Flüsse im Harzvorland wieder abgelagert wurden (s. oben)[92].

Auch eine langjährige Ausbringung von größeren Mengen an *Klärschlamm* und anderen Siedlungsabfällen, die bis zu 3000 mg Pb/kg Tr.S. enthalten können, führt zur Pb-Anreicherung im Boden (s. Kap. XXIV).

(3) Pb-Bindungsformen und -Löslichkeit

In den Böden wird das immittierte Blei in bodeneigene Bindungsformen und Verbindungen umgewandelt, die Löslichkeit, Verlagerbarkeit und Verfügbarkeit des Bleis bestimmen. Die *Pb-Löslichkeit* wird dabei vom pH, Gesamtgehalt an Blei und Stoffbestand der Böden sowie von den Redoxbedingungen beeinflußt.

Im Gegensatz zu Cadmium, Zink und Nickel ist Blei in Böden sehr immobil (vgl. Kap. 4 c) und weist bei pH-Werten > 5 in der Regel eine sehr geringe Löslichkeit auf (Abb. 150, s. Pb-Löslichkeit von Boden 1 u. 2)[28]. Erst bei pH-Werten unter 4−5 nimmt die Pb-Löslichkeit und damit auch die Pb-Verlagerbarkeit und -Verfügbarkeit deutlich zu. Dabei weisen Bodenproben mit hohen Gehalten an organischer Substanz eine wesentlich geringere Pb-Löslichkeit auf als Proben mit niedrigen C(org.)-Gehalten (Abb. 150, vgl. Pb-Löslichkeit von Boden 3 mit der von Boden 1 u. 2). Die organische Substanz der Böden wirkt damit im stark sauren Bereich stärker löslichkeitserniedrigend als mineralische Bodenkomponenten[28]. Weiterhin führen auch steigende Gesamtgehalte an Blei − bei annähernder Vergleichbarkeit aller

[90] *Låg, J., B. Bølviken:* Norges Geol. Unders. 304 (1974) 73.
[91] *Hildebrand, E. E., W. E. Blum:* Z. Pflanzenernähr. Bodenkd. (1975) 295.
[92] *Merkel, D., W. Köster:* Landw. Forsch. 37. Sonderh. (1981) 556.

anderen Einflußgrößen – zu einer zunehmenden Pb-Löslichkeit[28, 29].

Blei und auch Kupfer werden von allen Schwermetallen am stärksten durch *spezifische Adsorptionsprozesse* gebunden (vgl. Kap. 4c). Vor allem Fe-, Al- und Mn-Oxide weisen eine hohe, mit dem pH zunehmende Bindungskapazität für Blei auf[57, 91, 93, 94], wobei das an Oxide gebundene Blei bei pH-Werten > 5 nur zu sehr geringen Anteilen von Alkali- und Erdalkaliionen desorbiert werden kann. Bei pH < 5 nimmt das unspezifisch adsorbierte Blei zunehmende Anteile ein. Als Maß für die *Spezifität* der pH-abhängigen Schwermetall-Adsorption kann der pH-Wert verwendet werden, bei dem 50 % der vorhandenen Schwermetallionen durch Bodenkomponenten adsorbiert werden (= pH_{50}). Für frisch gefällte Eisenoxide ergibt sich dabei folgende Reihe abnehmender Bindungsspezifität (pH_{50}): Pb (3,1) > Cu (4,4) > Zn (5,4) > Ni (5,6) > Cd (5,8) > Co (6,0) > Sr (7,4) > Mg (7,8)[94]. Bei den verschiedenen Bodenkomponenten sinkt die Bindungskapazität und -spezifität für Blei in der Reihenfolge: Mn−Oxide > Fe−Oxide > Al−Oxide > Huminstoffe ≫Tonminerale[58, 91, 94].

In unbelasteten Böden liegt Blei in tieferen Horizonten hauptsächlich in *silicatischer Bindung* vor[74]. Bei der Silicatverwitterung freigesetztes Blei wird z. T. von den Pflanzen aufgenommen und mit den Vegetationsresten in A_h-Horizonten sowie bei Waldstandorten in besonders starkem Maße in O-Horizonten angereichert. Auch das aus anthropogenen Quellen stammende Blei wird zum größten Teil in diesen Horizonten angereichert und liegt dort vorwiegend in *organischer* und *oxidischer* Bindung vor[26, 51, 64, 74, 85].

Die Pb-Festlegung durch organische Substanzen erfolgt vor allem durch Bildung unlöslicher *metallorganischer Komplexe* hoher Stabilität (s. Kap. VII 3 c). Andererseits können lösliche organische Komplexbildner auch eine Mobilisierung von Blei bewirken. Vor allem bei pH-Werten > 6 wird die Pb-Löslichkeit durch lösliche Chelatbildner bestimmt[28, 70] (Abb. 150, s. Pb-Löslichkeit von Boden 3). Unter reduzierenden Bedingungen findet eine besonders starke Bildung von löslichen organischen Komplexbildnern statt, die eine beträchtliche Pb-Mobilisierung bewirken können[72, 95] (vgl. Kap. VII 3 c).

Als definierte Pb-Verbindungen können in Böden mit hohen Blei- und Phosphorgehalten wahrscheinlich z. T. sehr schwerlösliche *Blei-phosphate* ($Pb_3(PO_4)_2$; $Pb_4O(PO_4)_2$; $Pb_5(PO_4)_3OH$) entstehen[96]. Auch in einigen komplex zusammengesetzten Bodenphosphaten wurde ein erhöhter Pb-Gehalt nachgewiesen[97]. In carbonathaltigen Böden und Sedimenten wird z. T. die Existenz von *Bleicarbonat* ($PbCO_3$) oder bleihaltigen Carbonaten vermutet[6, 96]. Unter reduzierenden Bedingungen findet in Anwesenheit von Sulfidionen eine Bildung von *Bleisulfid* (PbS) bzw. von bleihaltigen Schwermetallsulfiden statt[70, 72, 95].

Eine *Pb-Verlagerung* und -*Auswaschung* erfolgt in Böden infolge der geringen Pb-Löslichkeit nur in sehr geringem Maße. Bilanzierungen ergaben, daß etwa 80 % des insgesamt immitierten Bleis in den obersten 20 cm der untersuchten Böden festgelegt wurden[74]. Selbst in stark sauren Böden waren nach Simulationsergebnissen noch 99 % des zugeführten Bleis nach 10 Jahren in den obersten 50 cm des Bodens gebunden[52]. Für die *Pb-Auswaschung* aus den oberen Bodenhorizonten wurden Werte von 4,0–4,5[54], 5,9[51] und 27–30[85] g Pb/ha · Jahr für verschiedene Böden der BRD ermittelt.

(4) Pb-Gehalte von Pflanzen

Der Pb-Gehalt der Pflanzen beträgt auf nicht kontaminierten Standorten meist < 10 mg/kg Tr.S. In Gefäßversuchen mit Nährlösungen sowie mit Bodenmaterial wurden mit zunehmendem Pb-Angebot steigende Pb-Gehalte in den Pflanzen (bis 560 mg/kg Tr.S.) gemessen[29, 79, 87]. Zunächst reichert sich das Blei in oder auf der Wurzeloberfläche an und wird erst bei höherem Pb-Angebot in die oberirdischen Pflanzenteile transportiert. In der Regel steigen die Pb-Gehalte der verschiedenen Pflanzenteile in der Reihe: Körner, Früchte, Knollen < Stengel < Blätter < Wurzeln[10, 87, 89]. Hohe Pb-Gehalte in den Pflanzen wurden auch auf Böden

[93] *McKenzie, R. M.*: Aust. J. Soil Res. 18 (1980) 61.

[94] *Kinniburg, D. G.* et al.: Soil Sci. Soc. Am. J. 40 (1976) 796.

[95] *Sims, J. L., W. H. Patrick, Jr.*: Soil Sci. Soc. Am. J. 42 (1978) 258.

[96] *Santillan-Medrano, J., J. J. Jurinak*: Soil Sci. Soc. Am. Proc. 39 (1975) 851.

[97] *Norrish, K.*: In Trace Elements in Soil-Plant-Animal Systems, Academic Press, New York (1975) 55.

[98] *v. Hodenberg, A., A. Finck*: Z. Pflanzenernähr. Bodenkd. (1975) 489.

extrem hoher Pb-Gehalte festgestellt, z. B. bis 100 mg/kg Tr.S. im Rübenblatt auf Böden aus Oker-Sedimenten[99] und bis 487 bzw. 724 mg/kg Tr.S. im Sproß bzw. in Wurzeln von Pflanzen auf Pb-reichen Abraumhalden[29].

Für die Pb-Gehalte der Pflanzen ist in der Regel die Pb-Anreicherung in oder auf oberirdischen Pflanzenteilen durch *Immissionen aus der Luft* von wesentlich größerer Bedeutung als die Pb-Aufnahme aus dem Boden. Vor allem in der unmittelbaren Umgebung von Pb-verarbeitenden Industriebetrieben, Hauptverkehrswegen und größeren Siedlungsgebieten kann der Pb-Gehalt der Pflanzen um ein Vielfaches gegenüber den Normalgehalten erhöht sein[101]. So enthielten Weidepflanzen in der Umgebung eines Hüttenwerkes maximal 6700 mg Pb/kg Tr.S. gegenüber einem Normalgehalt von 6–9 mg Pb/kg Tr.S.[19]. Dabei treten erste Schadwirkungen durch Blei bei Weidevieh bereits bei einer mittleren Tagesdosis von 50 mg Pb/kg Tr.S. im Futter auf. Ab 250 mg Pb/kg Tr.S. ergeben sich nach 2–4 Wochen akute Vergiftungserscheinungen; 450 mg Pb/kg Tr.S. wirken tödlich[18].

Auf straßennahen Böden wachsende Pflanzen weisen gegenüber den Normalgehalten bis zum 30fachen und mehr erhöhte Pb-Gehalte auf. Eine deutliche Beeinflussung durch Kfz-Emissionen findet dabei vor allem 10–20 m neben Straßen und Autobahnen statt[100] und ist z. T. auch noch bis in 100 m Entfernung nachweisbar[20, 89].

Insgesamt steigt der Pb-Gehalt der Pflanzen mit dem mittleren Pb-Gehalt der Luft bzw. abnehmender Entfernung von der Emissionsquelle, zunehmender Vegetationsdauer und abnehmender Wuchsleistung der Pflanzen. Bei gleicher Immission ist deshalb der Pb-Gehalt in den Blättern und Nadeln von Bäumen höher als in Gemüsepflanzen und Gräsern. Vor allem Moose und Flechten vermögen 100- bis 1000mal mehr Schwermetalle pro g Tr.S. anzureichern als höhere Pflanzen und stellen damit geeignete *Bioindikatoren* für Luftimmissionen dar[89].

Die auf den oberirdischen Pflanzenteilen abgelagerten Pb-Verbindungen haften vorwiegend an der Oberfläche und gelangen wahrscheinlich nur zu einem geringen Anteil in das Pflanzeninnere. Je nach Pflanzenart können deshalb 30–70 % des Gesamtbleis durch *Abwaschen* der Pflanzen und weitere Anteile durch verschiedene technische Maßnahmen bei der industriellen Lebensmittelherstellung entfernt werden[10, 13].

Die vom Bundesgesundheitsamt für Blei in und auf Lebensmitteln festgesetzten *Richtwerte* (s. Tab. 82) betragen für Blatt- und Sproßgemüse 1,2 mg Pb/kg Fr.S., für Wurzelgemüse, Obst und Getreide 0,5 mg Pb/kg Fr.S. und für Fruchtgemüse und Kartoffeln 0,2 mg Pb/kg Fr.S. Bei Erhebungsuntersuchungen ergaben sich als Mittelwerte für Getreide 0,041, Kartoffeln 0,075, Sproß-, Frucht- und Wurzelgemüse 0,101, 0,120 und 0,205 sowie für verschiedene Obstarten 0,142–0,245 und für Blattgemüse 0,620 mg Pb/kg Fr.S. Bei Blatt- und Fruchtgemüse sowie einigen Obstsorten lagen 85–90 % der untersuchten Proben unter den jeweiligen Richtwerten; bei Wurzel- und Sproßgemüse sowie Kartoffeln und Getreide waren es 95–100 %[10].

(5) Pb-Verfügbarkeit

Bei *pH-Werten* unter 4–5 nimmt die Löslichkeit und damit die Verfügbarkeit von Blei deutlich zu (vgl. Abb. 150)[28]. Ein Einstellen der pH-Werte von Pb-belasteten Böden auf annähernd neutrale Reaktion erniedrigt die Pb-Aufnahme der Pflanzen. Auch hohe *Phosphatgaben* bewirken wahrscheinlich durch Bildung schwerlöslicher Bleiphosphate eine geringere Pb-Verfügbarkeit und verhindert gleichzeitig einen durch Pb-Überschuß induzierten P-Mangel[99]. Außerdem wird die Pb-Verfügbarkeit vom *Gesamtvorrat* an verfügbarem Blei und dem Stoffbestand der Böden bestimmt (s. Pb-Löslichkeit). Da Blei in der Regel eine sehr geringe Löslichkeit aufweist, ist der Gesamtvorrat an verfügbarem Blei – im Gegensatz zu den Verhältnissen beim Cadmium – jedoch von einer geringeren Bedeutung für die Pb-Verfügbarkeit (s. Kap. 3, Abb. 148 a).

Demzufolge weisen die Beziehungen zwischen dem Pb-Gehalt der Pflanzen und dem Gesamtvorrat an verfügbarem Blei (EDTA- und DTPA-extrahierbares Blei) in der Regel auch nur niedrige Korrelationskoeffizienten auf (r = 0,54 bzw. 0,53)[31]. Auch durch 0,1 M CaCl$_2$- und Ca(NO$_3$)$_2$-Lösungen extrahierbares Blei erwies sich nicht als geeignetes Maß für die Pb-Verfügbarkeit[31]. Dagegen wurde in Gefäßversuchen mit unterschiedlich stark durch Kfz- und Industrie-Emissionen belasteten Böden eine sehr enge Beziehung zwischen dem Pb-Gehalt im Bodensättigungsextrakt und dem Pb-Gehalt von Erbsenpflanzen gefunden (r = 0,91)[29].

[99] v. Hodenberg, A.: Diss. Kiel (1974).
[100] *Schmid, G.* et al.: Landw. Forsch. 32. Sonderh. (1976) 59.
[101] *Lagerwerff, J. V.* et al.: Soil Sci. 115 (1973) 455.

Für die Bestimmung der Pb-Verfügbarkeit in belasteten Böden stellt deshalb die Bestimmung von Blei im *Bodensättigungsextrakt* oder in wäßrigen Gleichgewichtslösungen wahrscheinlich die geeignetste Methode dar. Zusätzlich ist jedoch die Ermittlung des *Gesamtvorrats* an verfügbarem Blei durch Bestimmung der EDTA- oder DTPA-extrahierbaren Pb-Gehalte erforderlich (s. Kap. 3).

Auf der Basis der Gesamtgehalte an Blei ist für Böden ein *Grenzwert* von 100 mg Pb/kg Boden vorgeschlagen worden (s. Tab. 82)[13, 14]. Da Blei eine sehr geringe Verfügbarkeit und eine relativ geringe Toxizität besitzt, ist bei diesem Grenzwert eine sehr große Sicherheitstoleranz vorhanden. Auch bei höheren Gehalten an Gesamtblei (bis 200 mg Pb/kg bei pH > 4) sind keine ökologischen Probleme zu erwarten[28].

(6) Toxizität

Bei hohen Pb-Gehalten in Böden können unspezifische Chlorosen und starke Wachstumsschäden an Wurzeln und oberirdischen Pflanzenteilen auftreten. Außerdem kann eine Hemmung der Mikroorganismenaktivität erfolgen[19, 92, 99]. Im Vergleich zu den anderen Schwermetallen weist Blei jedoch eine relativ geringe Toxizität auf (vgl. Kap. 4 c).

Versuche in Nährlösungen mit Gerstenpflanzen ergaben einen kritischen Pb-Gehalt im Pflanzenmaterial für beginnende Toxizität von 35 mg/kg Tr.S.[82]. Für Hafer wurde in Gefäßversuchen ein wahrscheinlicher Grenzwert von annähernd 50 mg/kg Tr.S. ermittelt[98]. In anderen Untersuchungen konnte selbst bei wesentlich höherer Pb-Aufnahme keine phytotoxische Wirkung von Blei festgestellt werden. Aus der Luft auf der Oberfläche der Pflanzen abgelagertes Blei führt nicht zur Pb-Toxizität. Als Grenzkonzentration der Nährlösungen für beginnende Schadwirkung wurde ein Wert von ca. 10 mg Pb/l bei Gerste und verschiedenen Gemüsepflanzen ermittelt[82, 87].

Die *Mikroorganismenaktivität* wird im wesentlichen vom Pb-Gehalt der Bodenlösung beeinflußt. Eine Schädigung der Mikroorganismen beginnt vermutlich bei ähnlichen Pb-Konzentrationen, wie sie auch zu Wachstumsdepressionen bei Pflanzen führen (5–10 mg Pb/l). Auf stark mit Blei sowie gleichzeitig mit Cadmium, Zink und Kupfer belasteten Böden in der Umgebung eines Hüttenwerkes führte die kombinierte Wirkung dieser Schwermetalle zu einer starken Hemmung der Streuzerset-

zung, so daß eine beginnende Vertorfung der Böden (Grünlandstandorte) die Folge war[102].

In nicht oder wenig belasteten Böden (A-Horizonte) beträgt der Pb-Gehalt der *Bodenlösung* in der Regel < 30 μg/l. In Gleichgewichtslösungen von kompostierten *Siedlungsabfällen* wurden 80–200 μg Pb/l gemessen[28]. *Drainwasser* von Böden enthält < 10 μg Pb/l[17, 76, 85], *Grundwasser* 1–6 μg/l, *Trinkwasser* 10–30 μg/l[6] (Trinkwassergrenzwert für BRD 40 μg/l[9]) und *Regenwasser* industrieferner Gebiete im Mittel 5–30 μg/l[17, 76, 85] sowie in Ballungsgebieten bis 1000 μg/l[89]. Im *Flußwasser* (BRD) beträgt der Pb-Gehalt 1–50 μg/l, in küstennahem *Meerwasser* (Ostsee) 0,3–0,5 μg/l und im freien Ozeanwasser 0,02 μg/l[6, 18, 45].

Der Pb-Gehalt der *Luft* beträgt in verkehrsarmen Gebieten 0,03–0,1 μg/m³, in Großstädten bei ungünstiger Witterung bis 4 μg/m³, auf verkehrsreichen Straßen 15–30 μg/m³. Zur Vermeidung toxischer Wirkung beim Menschen gilt in der BRD als Mittelwert über 1 Jahr eine maximale Pb-Immissionskonzentration von 2 μg/m³ Luft und ein MAK-Wert von 200 μg/m³. Als langzeitlich zulässige *Pb-Immission* über die Luft wurde ein Wert von 500 μg/m² · Tag festgesetzt[84], der einer Pb-Zufuhr zum Boden von 1,83 kg Pb/ha · Jahr entspricht.

e) Quecksilber*

Hg-Verbindungen sind ein starkes Gift für Mensch und Tier. In den Jahren von 1953–1965 wurden in Japan (Minamata und Niigata) über 100 Erkrankungen (Minamata-Krankheit) durch Verzehr von Fischen mit extrem hohem Hg-Gehalt (30–102 mg Hg/kg Tr.S.; Normalgehalte 0,025–0,155 mg Hg/kg Tr.S.) bekannt. Die primäre Ursache war das Einleiten stark Hg-haltiger Abwässer eines Industriebetriebes in das Meer. Weitere Hg-Vergiftungen wurden 1971/72 bei über 6000 Menschen im Irak festgestellt, die mit Quecksilbersalzen gebeiztes Saatgetreide zur Brotherstellung verwendet hatten.

Vor allem *organische Quecksilberverbindungen* (Methylquecksilber u.a.) besitzen eine stark toxische Wirkung. Sie schädigen insbesondere bestimmte Gehirnzentren und das Zentralnervensystem und können zur Erblindung, Bewegungsunfähigkeit und u. U. auch zum Tode führen. Außerdem sind mutagene und teratogene Wirkungen von Methylquecksilber (CH_3HgCl) nachgewiesen worden. Anorgani-

---

[102] *Vetter, H., R. Mählhop:* Landw. Forsch. 24 (1971) 294.

* Zusammenfassende Literatur[2, 6, 9, 18, 45].

sche Quecksilberverbindungen führen vor allem zu Nierenschäden. Das fettlösliche Methylquecksilber wird in Leber und Nieren sowie im Gehirn angereichert und dabei vor allem an SH-Gruppen von Eiweißen gebunden (CH_3HgSR). Die biologische Halbwertszeit im menschlichen Körper beträgt etwa 70 Tage[9, 18, 45].

Von der WHO wird eine wöchentliche *Quecksilberaufnahme* von 0,35 mg/Person (bezogen auf 70 kg Körpergewicht) als tolerierbar angesehen. In der BRD beträgt die Hg-Aufnahme durch Lebensmittel im Durchschnitt 0,05—0,08 mg/Person · Woche und umfaßt damit 14—23 % des WHO-Wertes[10, 18]. Da Fische (und Muscheln) die Hauptquelle für die Hg-Zufuhr mit der Nahrung darstellen, kann die Hg-Aufnahme mit zunehmendem Fischverzehr und Hg-Gehalt der Fische beträchtlich ansteigen.

(1) Hg-Gehalte von Böden und Sedimenten

Der mittlere Hg-Gehalt der Erdkruste beträgt 0,08 mg/kg. Tonschiefer enthalten bis > 0,4 mg Hg/kg. Wesentlich höhere Gehalte treten in Gesteinen mit HgS (Zinnober) oder Hg-haltigen polymetallischen Erzen auf. In nicht oder wenig belasteten *Böden* und Sedimenten sind in der Regel 0,02—0,5, meistens < 0,1 mg Hg/kg vorhanden (Tab. 82)[34, 50, 103, 104]. In Böden aus Hg-reichem Ausgangsmaterial wurden bis 40 mg Hg/kg Boden festgestellt[2, 104]. Auch in Gebieten mit Hg-Emission infolge vulkanischer Aktivität können in natürlicher Weise erhöhte Hg-Gehalte in Böden auftreten.

In anthropogen beeinflußten Böden von Ballungsgebieten beträgt der Hg-Gehalt in der Regel 0,1—0,4 mg/kg[20, 50], in der Umgebung erzverarbeitender Industriebetriebe bis 1,8 mg/kg[105]. Berieselung mit kommunalen Abwässern führte zu Hg-Gehalten der Böden bis 1,6 mg/kg Boden[106]. Vor allem bewirkte jedoch die langjährige Anwendung von Hg-haltigen Fungiciden in hohen Gaben beim Reisanbau (Japan) sowie besonders bei Rasenflächen (Sportplätze) einen starken Anstieg der Hg-Gehalte. Auf Golfplätzen wurden in Canada Hg-Gehalte bis 180 mg/kg Boden gemessen[107, 108].

In belasteten *fluvialen Sedimenten* sind in der BRD ebenfalls hohe Hg-Gehalte vorhanden (bis 110 mg Hg/kg[6]). In Elbe und Rhein wurden in stark belasteten Sedimentationsgebieten 20—30 mg Hg/kg Sediment gemessen[34, 109], in der Minamata-Bucht im Extrem bis 2010 mg/kg[45].

(2) Hg-Quellen und -Eintrag

Das Verhalten von Quecksilber in der Umwelt wird vor allem durch den relativ hohen Dampfdruck des metallischen Quecksilbers bestimmt. So wird die Hg-Abgabe an die Atmosphäre durch Verdampfen des bei der Mineralverwitterung in Böden und Gesteinen freigesetzten Quecksilbers sowie durch Abgabe aus dem Meerwasser und bei vulkanischen Aktivitäten auf 40 000 t/Jahr geschätzt[9, 45]. Mit den Niederschlägen wird Quecksilber dann erneut in Böden und Gewässer eingetragen.

Die anthropogene *Hg-Emission* weist gegenüber dem durch natürliche Vorgänge freigesetzten Quecksilber relativ geringe Mengen auf, die jedoch vor allem lokal von großer Bedeutung sein können. Die weltweite Hg-Produktion beträgt 7100 t/Jahr (1977). In der BRD werden jährlich etwa 600—700 t Quecksilber verbraucht. Die Hg-Emission wird auf etwa 300 t/Jahr geschätzt (BRD). Durch die Verbrennung von Kohle (0,05—33 mg Hg/kg Kohle[2, 18]) und Erdöl (0,02—30 mg Hg/kg Öl[2]) findet eine Hg-Emission in die Luft von ca. 45 t/Jahr und durch Müllverbrennungsanlagen von ebenfalls ca. 45 t/Jahr in der BRD statt[18]. Ein Hg-Eintrag in aquatische Ökosysteme erfolgt vor allem durch industrielle Abwässer, z. B. von Chlor-Alkali-Elektrolysen sowie holz- und metallverarbeitenden Industrien.

Anhand von Bodenbilanzen wurde ein *Hg-Eintrag* aus der Luft von 2 g/ha · Jahr für Böden des Stuttgarter Raumes ermittelt[110]. Aus der Analyse von Niederschlägen ergab sich eine Hg-Zufuhr von 0,2 g/ha · Jahr (Stadtgebiet Göttingen, Tab. 82 a)[86]. Auf landwirtschaftlich genutzten Böden erfolgte außerdem ein Hg-Eintrag durch Hg-haltige Fungizide, deren Ein-

[103] *Låg, J., E. Steinnes:* Acta Agric. Scand. 28 (1978) 393.

[104] *McKeague, J. A., B. Kloosterman:* Can. J. Soil Sci. 54 (1974) 503.

[105] *Davies, B. E.:* Geoderma 16 (1976) 183.

[106] *El-Bassam, N.* et al.: Z. Pflanzenernähr. Bodenkd. (1975) 309.

[107] *MacLean, A. J.:* Can. J. Soil Sci. 54 (1974) 287.

[108] *Fushtey, S. G., R. Frank:* Can. J. Soil Sci. 61 (1981) 525.

[109] *Salomons, W., A. J. de Groot:* In *W. E. Krumbein* (Ed.), Environmental Biogeochemistrie and Geomicrobiology. Vol. I (1978) 149.

satz als Saatgutbeizmittel für Getreide bis 1981 in der BRD zulässig war. Auf diese Weise gelangten bei getreidereichen Fruchtfolgen etwa 4 g Hg/ha · Jahr in die Böden, die aber nur zu einem geringen Anstieg der Hg-Gehalte geführt haben[45, 110]. Auch mit der Ausbringung von Hafenschlicken, Klärschlämmen und kompostierten Siedlungsabfällen (Hg-Gehalte 1−30 mg/kg Tr.S.) kann ein Hg-Eintrag in die Böden erfolgen.

(3) Hg-Bindungsformen und -löslichkeit

Das Verhalten von Quecksilber in Böden wird in starkem Maße durch die Disproportionierungsreaktion

$$Hg_2^+ \rightleftharpoons Hg^{2+} + Hg°$$

bestimmt. Dabei werden Umwandlungsvorgänge in die verschiedenen Oxidationsstufen ganz wesentlich von Mikroorganismen beeinflußt.In Böden werden Hg-Ionen wie auch Hg°-Dampf von den mineralischen und organischen Sorbenten adsorbiert. Hg-Ionen gehen vorwiegend in eine nichtaustauschbare Form über. Die Bindungsmöglichkeiten sind bei Quecksilber besonders groß, weil es sowohl Ionenbindung als auch Atombindung einzugehen vermag.

Vor allem die *organische Substanz* bindet Quecksilber in einer sehr immobilen Form, in der es weitgehend vor Verdampfung, Auswaschung und Aufnahme durch die Pflanzen geschützt ist[111, 112]. Auch toxische Wirkungen des Quecksilbers werden durch hohe Gehalte an organischer Substanz weitgehend verhindert. Auf Grund dieser Zusammenhänge weist auch das in Klärschlämmen zusammen mit hohen Gehalten an organischer Substanz gebundene Quecksilber nur eine geringe Verfügbarkeit auf, wobei vor allem auch die relativ hohen Anteile der Klärschlämme an S-reichen organischen Substanzen Quecksilber an −SH- und −S-S-Gruppen besonders fest zu binden vermögen. Auch ein Zusatz von Schwefel (Schwefelblume) zu C(org.)-haltigen Bodenproben führt zu einer Immobilisierung von Hg-Salzen[107], vermutlich durch mikrobiell beeinflußte komplexe Bindungen zwischen organischen Substanzen, Schwefel und Quecksilber.

Infolge der hohen Affinität des Quecksilbers zur organischen Substanz wird das bei der Mineralverwitterung in den Böden freigesetzte Quecksilber durch die Pumpwirkung der Vegetation zusammen mit den aus der Luft immit- tierten Hg-Anteilen in O- und A_h-Horizonten angereichert[110]. Für viele Böden wurde eine enge Beziehung zwischen den Hg- und C(org.)- Gehalten festgestellt[103, 104].

Während das in den Oberböden an organische Substanzen gebundene Quecksilber nur zu sehr geringen Anteilen mit HCl extrahierbar ist, steigt der Anteil dieser Fraktion mit zunehmender Profiltiefe[111]. Dieser Befund macht wahrscheinlich, daß Quecksilber im Unterboden auch an mineralische Bodenkomponenten − vermutlich an *pedogene Oxide* und *Tonminerale* − gebunden ist. So wurden zum Teil auch signifikante Korrelationen zwischen den Hg- und Fe_d- sowie den Ton-Gehalten der Böden festgestellt[104, 113]. Bei Korngrößenfraktionierungen von Unterbodenproben lag der größte Hg-Anteil in der Tonfraktion vor. Auch Modellversuche zeigen eine beträchtliche Adsorption von Quecksilber an Eisenoxide und Tonminerale.

In den *Sedimenten der Flüsse* ist ebenfalls der größte Teil des Quecksilbers in kleinen Korngrößenfraktionen ($< 20\,\mu m$) gebunden, in denen auch der Hauptanteil der organischen Substanz, Tonminerale und Eisenoxide vorliegt. Bei gleicher Belastung steigt deshalb der Hg-Gehalt der Sedimente mit dem Gehalt an der Fraktion $< 20\,\mu m$[34, 114]. Anhand einer Auftrennung von Sedimentproben in verschiedene Dichtefraktionen ergab sich, daß Quecksilber auch in fluvialen Sedimenten vor allem mit organischen Substanzen assoziiert auftritt[115].

In der *Bodenlösung* können − je nach pH und Stoffbestand − Hg^{2+}-Ionen, Hydroxo-Hg- Komplexe ($HgOH^+$, $Hg(OH)_2°$), Chloro-Hg- Komplexe ($HgCl^+$, $HgCl_2°$, $HgCl_3^-$, $HgCl_4^{2-}$, log K = 6,76; 13,16; 14,05; 14,47*) und sehr

---

[110] *Kaiser, G.* et al.: Daten u. Dokumente z. Umweltsch., Sonderr. Umwelttg. Univ. Hohenheim 22 (1978) 43.
[111] *Dudas, M. J., S. Pawluk:* Can. J. Soil Sci. 56 (1976) 413.
[112] *MacLean, A. J.:* Can. J. Soil Sci. 54 (1974) 287.
[113] *Gracey, H. J., J. W. B. Stewart:* Can. J. Soil Sci. 54 (1974) 105.
[114] *De Groot, A. J.* et al.: Geol. Mijnbouw 50 (1971) 393.
[115] *Lichtfuß, R., G. Brümmer:* Geoderma 25 (1981) 245.
* log K-Werte der Reaktion $Hg^{2+} + nCl^- = HgCl_n^{2-n}$. Die Komplexbildungskonstanten der Chloro-Hg-Komplexe sind wesentlich größer als die entsprechenden Chloro-Cd-Komplexe (s. Kap. 4 c).

stabile organische Komplexe vorliegen. Die Löslichkeit von Quecksilber in Böden ist jedoch außerordentlich niedrig. In Sättigungsextrakten von zahlreichen Bodenproben wurden $0,2-11\,\mu g$ Hg/l mit einem Median von $1\,\mu g$/l gemessen[116], im Drainwasser von Böden annähernd neutraler Reaktion $< 0,1\,\mu g$ Hg/l[117]. In CaCl$_2$-Extrakten von Bodenproben konnte kein Quecksilber nachgewiesen werden[107, 111]. Auch nach Zusatz von 5 mg Hg/kg Boden lag in humushaltigen Bodenproben nach 2monatiger Gleichgewichtseinstellung kein CaCl$_2$-extrahierbares Quecksilber vor. Infolge der geringen Löslichkeit findet bei mäßig saurer bis neutraler Reaktion kaum eine Verlagerung von Quecksilber mit dem Sickerwasser statt[106]. Nur in stark sauren Böden konnte eine Hg-Auswaschung festgestellt werden. Dabei war das gelöste Quecksilber wahrscheinlich an lösliche niedermolekulare Huminsäuren gebunden[118].

In stark belasteten Böden wurde sowohl eine vertikale als auch horizontale Verlagerung von Quecksilber festgestellt[108]. Ein Hg-Transport erfolgt dabei vor allem als *Hg-Dampf* oder in Form flüchtiger organischer Hg-Verbindungen. Vor allem aerobe Mikroorganismen können durch enzymatische Reaktionen Hg^{2+}-Verbindungen in Hg-Dampf umwandeln, der z. T. aus den Böden entweicht. In Modellversuchen wurden Hg-Verluste durch mikrobielle Aktivitäten von $15-30\,\%$ des zugesetzten Quecksilbers in ca. 5 Wochen gemessen[119].

In Böden und vor allem in fluvialen und marinen Sedimenten kann eine mikrobielle *Methylierung* von Hg-Ionen erfolgen, wobei sich stark toxisches wasserlösliches Monomethylquecksilber (CH$_3$Hg$^+$) bildet, das weniger stark adsorbiert wird als anorganische Hg-Verbindungen. Damit kann Methylquecksilber in die aquatische Nahrungskette gelangen und von den niederen zu den höheren Organismen angereichert werden, so daß bei den Endgliedern – unter anderem beim Menschen – toxische Wirkungen ausgelöst werden können (s. oben). Neben CH$_3$Hg$^+$ wird z. T. auch wasserunlösliches gasförmiges Dimethylquecksilber [(CH$_3$)$_2$Hg] gebildet. Dieses kann in die Atmosphäre entweichen und wird dort unter dem Einfluß von Licht zu metallischem Quecksilber umgewandelt. In den Sedimenten kann aber auch eine mikrobielle Entmethylierung erfolgen, die zur Hg^{2+}- und Hg$^\circ$-Bildung aus (CH$_3$)$_2$Hg führt[6, 45].

Im reduzierenden Milieu können Hg-Ionen durch Sulfidionen als *HgS* ausgefällt werden.

Die geringe HgS-Löslichkeit (Löslichkeitsprodukt 10^{-52}) hat zur Folge, daß schon eine extrem niedrige Sulfid-Konzentration ausreicht, um Hg-Ionen quantitativ aus der Lösung zu entfernen.

(4) Hg-Verfügbarkeit und -Gehalte von Pflanzen

In Abhängigkeit von der außerordentlich geringen Löslichkeit in Böden besitzt Quecksilber auch nur eine sehr geringe Verfügbarkeit. Die Hg-Gehalte der Pflanzen sind deshalb in der Regel niedrig ($< 0,04$ mg Hg/kg Tr.S., Tab. 82) und sinken in den verschiedenen Pflanzenteilen in der Reihe: Blätter, Kraut > Stengel > Körner, Hülsen > Knollen, Früchte[112]. Waldpilze weisen dagegen auch in anthropogen kaum beeinflußten Gebieten oft stark erhöhte Hg-Gehalte auf (bis 21,6 mg Hg/kg Tr.S.)[12, 18].

Auf *kontaminierten Böden* (ca. 7 mg Hg/kg Boden) angebaute Salat- und Bohnenpflanzen zeigten nur eine leicht erhöhte Hg-Aufnahme ($0,08-0,12$ mg Hg/kg Tr.S.)[120]. Selbst bei höheren Hg-Gehalten im Boden (27,5 mg/kg) war der Hg-Gehalt von Salat relativ wenig angestiegen (0,32 mg Hg/kg Tr.S.)[112]. Auf sehr stark belasteten Böden von Golfplätzen (130 mg Hg/kg Boden) wurden dagegen im Gras sehr hohe Hg-Gehalte gemessen (bis ≈ 200 mg Hg/kg Tr.S.)[108].

Um Schäden durch Quecksilber beim Menschen zu vermeiden, wurden vom Bundesgesundheitsamt *Richtwerte* für die Hg-Gehalte von Kartoffeln (0,02 mg Hg/kg Fr.S.) und Getreide (0,03 mg Hg/kg Fr.S.) festgesetzt. Bei der Untersuchung einer größeren Zahl von Getreide- und Kartoffelproben deutscher Herkunft ergaben sich mittlere Hg-Gehalte von $< 0,01$ mg/kg Fr.S.; 99 bzw. 100 % der jeweils untersuchten Proben lagen unter dem angegebenen Richtwert.

Zur Ermittlung der *verfügbaren Hg-Gehalte* von Böden ist – wie beim Blei – wahrscheinlich der Gehalt an Quecksilber im Bodensättigungsextrakt oder in wäßrigen Gleichgewichtslösungen am ehesten geeignet. Auf der Basis der Hg-Gesamtgehalte ist für Böden ein Grenzwert von

[116] *Bradford, G. R.* et al.: Soil Sci. 112 (1971) 225.

[117] *de Haan, S.*: Landw. Forsch. 33 (1980) 166.

[118] *Wimmer, J.*: Bodenkultur 25 (1974) 369.

[119] *Landa, E. R.*: Soil Sci. 126 (1978) 44.

[120] *Klasink, A., R. Mählhop*: Landw. Forsch. 34. Sonderh. (1978) 365.

2 mg Hg_t/kg Boden festgelegt worden[14]. Dieser Wert weist eine ausreichende Sicherheitstoleranz auf, um über den Richtwerten für Lebensmittel liegende Hg-Gehalte in Pflanzen zu vermeiden.

Toxische Wirkungen von Quecksilber traten in Nährlösungsversuchen bei 1–4 mg Hg (II)/l sowie Gehalten in den Pflanzen (Gerste) ab 3 mg Hg/kg Tr.S. auf[81, 82].

Der Hg-Gehalt beträgt in der Luft 1–10 ng/m³, im Regenwasser bis 0,3 µg/l[45] – in der Regel jedoch 0,02–0,08 µg/l[86] – und im Grundwasser (Mittelschweden) 0,02–0,07 µg/l. Im Rheinwasser wurden 0,1–0,2 µg Hg/l und im freien Ozeanwasser 0,05 µg Hg/l gemessen[18, 45]. Der Grenzwert für Trinkwasser wurde auf 4 µg Hg/l festgesetzt. Die maximale zulässige Arbeitsplatzkonzentration (MAK-Wert) beträgt in der BRD für organische Hg-Verbindungen 10 µg Hg/m³, die zulässige Höchstmenge in Fischen 1 mg Hg/kg Frischgewicht.

f) Nickel*

Nickel wird bei manchen Tieren als essentielles Spurenelement angesehen; für den Menschen ist dies jedoch nicht sicher nachgewiesen. Die tägliche *Nickelaufnahme* mit Lebensmittel beträgt etwa 0,3–0,5 mg/Person. Da oral aufgenommenes Nickel nur zu geringen Anteilen resorbiert wird, sind negative Auswirkungen einer zu Ni-reichen Ernährung nicht bekannt. Dagegen kann die Inhalation von Ni-Stäuben (Ni-Oxid, -Sulfid, -Carbonat) zu Lungenkrebs führen. Auch das bei der Verbrennung von Kohle (10–50 mg Ni/kg²), Erdöl (49–345 mg Ni/kg²) und Ni-haltigem Benzin gebildete Nickelcarbonyl wird z. T. als carcinogene Substanz angesehen[121].

Die *Nickelproduktion* betrug 1973 weltweit 660 000 t. Vor allem bei der Produktion von Stahl und Legierungen sowie in der Galvanik- und Elektronikindustrie findet Nickel Verwendung. Aus diesen Quellen gelangt Nickel im wesentlichen mit Abwässern in aquatische Ökosysteme und wird auch in Klärschlämmen angereichert. Je nach dem Ausmaß der industriellen Belastung wurden in Klärschlämmen 10–5300 mg Ni/kg Tr.S. mit einem Median von 50 mg Ni/kg festgestellt[5]. In kommunalen Klärschlämmen und Komposten sind in der Regel < 100 mg Ni/kg Tr.S. enthalten.

Der Ni-Gehalt der *Erdkruste* beträgt im Mittel 40 mg/kg[5]. In ultrabasischen Gesteinen mit hohem Gehalt an Olivin sowie in Serpentingesteinen können Ni-Gehalte bis > 8000 mg/kg vorhanden sein. In weitgehend unbelasteten *Böden* Deutschlands beträgt der Ni-Gehalt in der Regel 5–50 mg/kg (Tab. 82). In Böden aus Ni-reichen Ausgangsgesteinen (in Schottland, Griechenland, Australien u. a.) wurden 100–8000 mg Ni/kg festgestellt[5, 122]. Unbelastete *fluviale Sedimente* enthalten in der BRD etwa 20–30 mg Ni/kg Tr.S., stark belastete Elbe-Sedimente bis 170 mg/kg[34, 109].

Durch die Verbrennung von Kohle und Erdöl sowie durch den Kfz-Verkehr gelangt Nickel über die Luft in die Böden. Der *Ni-Eintrag* mit den Niederschlägen beträgt in industriefernen Gebieten 26–39 g/ha · Jahr, die Ni-Auswaschung mit dem Sickerwasser in Abhängigkeit von den Bodeneigenschaften 17–63 g/ha · Jahr[51, 85]. Weitere Ni-Quellen von vorwiegend lokaler Bedeutung stellen Ni-reiche Klär- und Hafenschlämme dar (s. oben), deren Ausbringung zu erhöhten Ni-Gehalten in Böden führen kann.

Die *Ni-Adsorption* und -Bindung erfolgt in Böden hauptsächlich durch Mn-, Fe- und Al-Oxide (vgl. Kap. 4c, d) sowie durch Tonminerale[97]. Ein beträchtlicher Teil des Nickels liegt wahrscheinlich in silicatischer Bindung vor. Das in Böden eingetragene Nickel kann zum Teil in pedogene Oxide wie auch in silicatische Tonminerale eingelagert und damit in immobile Bindungsformen überführt werden[59].

Im *Sättigungsextrakt* unbelasteter Böden wurden Ni-Gehalte von < 10–90 µg/l gemessen[116], im *Sickerwasser* von 3–15 µg/l[85, 117]. In der *Bodenlösung* von extrem Ni-reichen Böden wurden bis 3,25 mg Ni/l festgestellt[122]. Auf diesen Böden traten toxische Wirkungen von Nickel bei den Pflanzen auf. Die *Ni-Löslichkeit* zeigt – ähnlich wie die Cd- und Zn-Löslichkeit – eine deutliche Beziehung zur Bodenreaktion. Bei pH-Werten < 6 nehmen die Gehalte an wasserlöslichem und austauschbarem Nickel deutlich zu[28, 123]. Verlagerbarkeit wie auch Verfügbarkeit von Nickel steigen deshalb mit abnehmenden pH[123, 124]. Eine Ni-Mobilisierung kann auch durch lösliche organische Komplexbildner erfolgen[125]. Vor allem unter

* Zusammenfassende Literatur[5, 6].

[121] *Friberg, E.* et al.: Handbook on the Toxicology of Metals. Elsevier, Amsterdam (1979).

[122] *Anderson, A. J.* et al.: Aust. J. agric. Res. 24 (1973) 557.

[123] *MacLean, A. J., A. J. Dekker:* Can. J. Soil Sci. 58 (1978) 381.

[124] *Dijkshoorn, W.* et al.: Plant Soil 61 (1981) 277.

[125] *Bloomfield, C.* et al.: J. Soil Sci. 27 (1976) 16.

reduzierenden Bedingungen findet auf diese Weise eine Zunahme der Ni-Löslichkeit statt (s. Kap. VII 3 c).

Die *Ni-Gehalte der Pflanzen* betragen in der Regel < 3 mg/kg Tr.S. (Tab. 82). In verschiedenen Weizen- und Roggenproben deutscher Herkunft wurden im Korn 0,3–1,8 mg Ni/kg Tr.S. festgestellt[126]. Wesentlich höhere Ni-Gehalte (bis ca. 300 mg/kg Tr.S.) bei gleichzeitig starken Toxizitätssymptomen und Ertragsdepressionen weisen die Pflanzen auf extrem Ni-reichen Böden auf[122]. Auch die Ausbringung von Klärschlamm kann zu beträchtlich erhöhten Ni-Gehalten in den Pflanzen führen[5, 124].

Nickel besitzt – ähnlich wie Cadmium (vgl. Abschnitt 4 c) – relativ starke *phytotoxische Wirkungen*. Wie die Ergebnisse von Nährlösungsversuchen mit Gerste und verschiedenen Gemüsepflanzen zeigen, können toxische Wirkungen von Nickel ab 1–2 mg Ni/l in der Nährlösung bzw. ab 11 mg Ni/kg Tr.S. im Pflanzenmaterial auftreten[82]. Bei Vegetationsversuchen mit verschiedenen Böden wurden Ertragsminderungen bei Ni-Gehalten der Pflanzen von 20–50 mg/kg Tr.S. festgestellt[122, 123]. Eine kurzfristige Hemmung der Mikroorganismenaktivität in Böden findet bei Ni-Gehalten der Bodenlösung ab 1,0–1,4 mg/l statt[28].

In Abhängigkeit von der Löslichkeit nimmt die *Verfügbarkeit* von Nickel mit abnehmendem pH und steigenden Ni_t-Gehalten in starkem Maße zu und sinkt dagegen mit steigenden Gehalten an Tonmineralen und Mn- und Fe-Oxiden. Auf Ni-reichen Böden können toxische Wirkungen auf die Pflanzen durch Aufkalken auf pH 7 weitgehend vermieden werden[123].

Zur Ermittlung des Gehaltes an verfügbarem Nickel ist die *Bestimmung* der leichtlöslichen Ni-Fraktion (Gehalt im Sättigungsextrakt bzw. durch Ca^{2+}-Lösungen extrahierbarer Ni-Gehalt) und des Gesamtvorrats an verfügbarem Nickel (DTPA- bzw. EDTA-extrahierbarer Ni-Gehalt) erforderlich (s. Kap. 3). Der als Grenzwert für Böden festgesetzte Gehalt an Gesamtnickel von 50 mg Ni_t/kg Boden ist nur für Böden mit pH-Werten > 5 geeignet. Bei stark saurer Bodenreaktion ist ein niedriger Grenzwert erforderlich, um toxische Ni-Konzentrationen in der Bodenlösung zu vermeiden[28].

Der Ni-Gehalt beträgt im *Regenwasser* durchschnittlich 2,5 µg/l[85], im *Grundwasser* in der Regel 1–6 µg/l, im *Flußwasser* 4–14 µg/l[6] und im *Meerwasser* 1–6 µg/l. In der *Luft* ländlicher Gebiete sind im Mittel 6 ng Ni/m³ enthalten, in städtischen Gebieten 17–25 ng Ni/m³ und in industriellen Ballungsgebieten bis 150 ng Ni/m³[121].

g) Zink*

Zink ist ein für Pflanze, Tier und Mensch essentielles Spurenelement (s. Kap. XX 16). Bei sehr hohen Gehalten in Böden wirkt Zink toxisch auf Pflanzen und Mikroorganismen. Beim Menschen ist chronische Zinktoxizität als Folge einer hohen Zinkaufnahme mit der Nahrung nicht bekannt. Die größere Empfindlichkeit der Pflanzen gegenüber Zink ist ein wirksamer Schutz für Mensch und Tier[121].

Zink ist eines der am meisten bei der *industriellen Produktion* verwendeten Schwermetalle, das vor allem als Korrosionsschutz bei verzinkten Eisen- und Stahlprodukten sowie in Legierungen Verwendung findet. Die weltweite Zinkproduktion beträgt $5,5 \cdot 10^6$ t/Jahr (1972). Die *Zinkemission* in die Luft umfaßt in der BRD ca. 8500 t/Jahr[18]. Der Hauptteil wird dabei von erz- bzw. metallverarbeitenden Industriebetrieben emittiert. Da Zinkerze in der Regel auch andere Schwermetalle enthalten, ist mit einer Immission von Zink in die Böden oft auch eine Anreicherung von Cadmium, Blei und Kupfer verknüpft. Auch durch den Kfz-Verkehr und die Verfeuerung fossiler Brennstoffe wird Zink zusammen mit anderen Schwermetallen in die Umwelt emittiert.

Hohe *Zn-Gehalte in Böden* treten vor allem in der Nähe spezifischer Emittenten auf. Infolge des jahrhundertelangen Erzabbaus im Harz sind in den Auenböden von Oker und Innerste im Harzvorland bis 5000 mg Zn/kg enthalten[92, 99]. Auch in der unmittelbaren Umgebung von Hüttenbetrieben wurden Gehalte bis > 5000 mg Zn/kg gemessen[19]. In der Nähe verkehrsreicher Straßen sind in den Böden bis 300 mg Zn/kg vorhanden[53] (s. Abb. 147 b). Der *Zn-Eintrag* in die Böden aus der *Luft* beträgt in der Nähe von Zn-verarbeitenden Betrieben bis > 4000 g Zn/ha · Jahr[19], in verschiedenen industriefernen Gebieten der BRD 100–2700 g Zn/ha · Jahr (Tab. 82 a). Bei einem *Zn-Austrag* mit dem Sicker- bzw. Abflußwasser von 25–2400 g Zn/ha · Jahr (je nach Bodeneigenschaften und Untersuchungsmethoden) ergibt sich für die untersuchten Böden eine positive Zn-Bilanz[51, 54, 85]. Eine Zn-Anreicherung in den Böden kann auch durch die Ausbringung von Klärschlämmen, kompostierten Siedlungsabfällen und ausgebaggerten Hafenschlämmen erfolgen.

---

[126] *Schmid, G.* et al.: Bayer. Landw. Jb. 56 (1979) 9.
* Zusammenfassende Literatur: Kap. XX 16 sowie[6, 121].

Der Zn-Gehalt dieser Substrate beträgt in der Regel weniger als 3000 mg/kg Tr.S. Vor allem Klärschlämme können jedoch z. T. auch wesentlich höhere Zn-Gehalte aufweisen (bis 10 000 mg Zn/kg Tr.S.)[5, 6].

Mit der Einleitung von Abwässern in die Flüsse findet eine beträchtliche Zn-Anreicherung in *fluvialen Sedimenten* statt. Während unbelastete Sedimente etwa 90−100 mg Zn/kg Tr.S. enthalten, beträgt der Zn-Gehalt belasteter Hafensedimente im Mittel etwa 2500 mg/kg Tr.S. und kann im Extrem bis auf 6000 mg/kg Tr.S. ansteigen[34]. Ein beträchtlicher Anteil des Zinks liegt dabei in den Sedimenten unter reduzierenden Bedingungen als schwerlösliches Zinksulfid (ZnS) vor[72].

Unter aeroben Bedingungen wird Zink in den Böden vor allem durch Mn- und Fe-Oxide sowie silicatische Tonminerale gebunden[97] (s. Kap. XX 16). Neben Cadmium und Nickel gehört Zink zu den relativ mobilen Schwermetallen in Böden. Die Zn-Löslichkeit und -Verfügbarkeit wird im wesentlichen durch Ad- und Desorptionsprozesse in Abhängigkeit vom pH und Gesamtgehalt der Böden an Zink sowie vom Gehalt an pedogenen Oxiden und Tonmineralen bestimmt[59, 127]. Bei pH-Werten < 6 steigt die *Zn-Löslichkeit* (s. Abb. 32, S. 55) und damit auch die *Zn-Verfügbarkeit* stark an[18, 124]. Toxische Wirkungen von Zink können deshalb selbst auf sehr Zn-reichen Böden deutlich verringert werden, wenn die Bodenreaktion auf pH 6,5−7 eingestellt wird. Die Zn-Aufnahme der Pflanzen wird außerdem durch eine hohe Phosphat-Düngung erniedrigt[123].

Zur *Ermittlung der Zn-Verfügbarkeit* in belasteten Böden ist die Bestimmung der leichtlöslichen Zn-Gehalte (wasserlösliches Zink bzw. durch Ca^{2+}-Lösungen extrahierbares Zink) und des Gesamtvorrats an verfügbarem Zink (EDTA- bzw. DTPA-extrahierbares Zink) erforderlich (s. Kap. 3). Vor allem das durch $CaCl_2$- oder $Ca(NO_3)_2$-Lösungen extrahierbare Zink zeigt relativ gute Beziehungen zum Zn-Gehalt der Pflanzen[31].

Als *Zn-Grenzwert* für Böden ist ein Gesamtgehalt von 300 mg Zn/kg Boden festgesetzt worden (Tab. 82). Bei schwach saurer bis neutraler Reaktion ist bis zu diesem Gehalt keine Zn-Toxizität zu erwarten. Für Böden mit pH-Werten < 5−6 ist dieser Grenzwert jedoch zu hoch angesetzt[28].

In der *Pflanzensubstanz* sind in der Regel 10−100 mg Zn/kg Tr.S. enthalten (Tab. 82). Auf Zn-reichen Böden wurden in Gräsern bis 400 mg Zn/kg Tr.S. gemessen[31]. In Gefäßver-

suchen mit Zusätzen an löslichen Zn-Salzen stieg der Zn-Gehalt verschiedener Pflanzen bis auf > 1000 mg/kg Tr.S.[98, 123]. In der Umgebung eines Zn-emittierenden Hüttenbetriebes enthielt das Weidefutter bis 6500 mg Zn/kg Tr.S.[102]. Toxische Zn-Wirkungen treten bei verschiedenen Pflanzen ab etwa 200 mg Zn/kg Tr.S. auf[82, 98] (vgl. Kap. 4 c). Die Grenzkonzentration in Nährlösungen für beginnende Zn-Toxizität beträgt bei verschiedenen Pflanzen etwa 2,5 mg Zn/l[82, 87]. Eine vorübergehende Schädigung der Mikroorganismenaktivität findet bei etwa 5 mg Zn/l statt[28].

Im *Regenwasser* sind in verschiedenen Gebieten der BRD 9 (Mittelwert)[54], 12−77[86] und 180 (Mittelwert)[85] µg Zn/l enthalten, in der *Bodenlösung* (Sättigungsextrakt) von Oberböden 10−400 µg Zn/l mit einem Mittelwert von 70 µg Zn/l[116], im *Sicker- bzw. Abflußwasser* verschiedener Böden 13[54], 15−65[117] und 190−570[85] µg Zn/l und im *Grundwasser* in der Regel 10−50 µg Zn/l[6]. Der Zn-Gehalt von Fluß- und Meerwasser beträgt etwa 10 µg Zn/l. In der *Luft* können 0,01 (ländliche Gebiete) bis 0,84 (städtische Gebiete) µg Zn/m^3 enthalten sein.

h) Selen*

Selen gilt für manche Pflanzen als nützliches Element (Aufnahme als Selenat (SeO_4^{2-}) und Selenit (SeO_3^{2-})), für Tiere ist es jedoch essentiell. In Neuseeland und dem östlichen gemäßigten Klimabereich Nordamerikas wurde nicht nur Se-Mangel an Tieren festgestellt (Se-Gehalt der Böden häufig < 0,1 mg/kg[128]), sondern auch wie in Irland toxische Wirkungen. Zwischen Mangel und Toxizität liegt beim Selen nur ein sehr enger Bereich.

Se-Mangel beim Vieh (z. B. Muskeldegenerierung bei Schafen) kann auftreten, wenn der Se-Gehalt des Futters weniger als 50−100 µg/kg beträgt. In Skandinavien wurden solch niedrige Gehalte in Getreidekörnern und Weidepflanzen festgestellt. Vor allem in Finnland sind dadurch erhebliche wirtschaftliche Verluste bei der Viehhaltung aufgetreten.

Se-Toxizität beruht auf einem hohen Se-Gehalt des Futters (> 4 mg/kg Tr.S.), der nicht nur auf einem hohen Gehalt schlecht gedränter Böden an pflanzenaufnehmbarem, wasserlöslichem Selen zurückzuführen ist, sondern vor al-

[127] *Brümmer, G.*: Mitt. Dtsch. Bodenkdl. Ges. 30 (1981) 7.

* Zusammenfassende Literatur[2].

[128] *Levesque, M.*: Can. J. Soil Sci. 54 (1974) 205.

lem auch auf die Anwesenheit von Pflanzen mit einem hohen Se-Akkumulationsvermögen, wie Astragulus (eine Leguminose) u. a., deren Se-Gehalt bis 1500 mg/kg Tr.S. betragen kann. Als tolerierbarer Se-Gehalt in Böden werden < 10 mg/kg in der Literatur angegeben[13] (Tab. 82).

Der Se-Gehalt der *Böden* beträgt 0,03–2,0 mg/kg[129]. Selen kann wahrscheinlich wie Chlor, Brom und Jod zum Teil über die Meeresluft in die Böden gelangen[130]. Bindungsform und Oxidationsstufe des Selens in Böden werden in starkem Maße durch die Redoxbedingungen bestimmt. Unter oxidierenden Bedingungen sind wahrscheinlich Selenat (SeO_4^{2-}) und vor allem Selenit (SeO_3^{2-}) vorhanden und mit Eisenoxiden assoziiert[131, 132]. Unter reduzierenden Bedingungen können wahrscheinlich auch elementares Selen und Se^{2-}-Verbindungen vorliegen[132]. Außerdem können durch Mikroorganismen flüchtige Se-Verbindungen in Böden gebildet werden [$(CH_3)_2Se$, H_2Se][133].

Der Se-Gehalt der *Pflanzen* beträgt in der Regel 0,05–1,5 mg/kg Tr.S. (Tab. 82). Bei Weidepflanzen ist er abhängig von der Jahreszeit. Während der Vegetationsperiode trat auf dänischen Böden ein Minimum von 20–30 µg/kg Tr.S. in Weidepflanzen auf. Gräser enthielten weniger Selen als Klee[134]. Wegen der Gefahr des Auftretens von Se-Toxizität wird eine Se-Düngung bisher noch nicht empfohlen.

i) Kupfer

Kupfer ist ein für die Ernährung aller Lebewesen essentielles Element (s. Kap. XX 15). Bei Cu-Überschuß können jedoch toxische Wirkungen bei Pflanzen und einigen Tieren (Schafen) auftreten. Chronische Cu-Toxizität beim Menschen ist dagegen kaum bekannt[121].

Kupfer findet bei der Herstellung zahlreicher Produkte Verwendung (Cu-Drähte, -Leitungen, -Legierungen, Produkte der Galvanik- und Elektronikindustrie, Cu-Fungizide, etc.). Vor allem durch industrielle Abwässer findet z. T. eine beträchtliche Cu-Anreicherung in fluvialen Sedimenten statt[6] (Cu-Gehalt von Sedimenten des Hamburger Hafens im Mittel 530 mg/kg Tr.S., im Extrem bis 5300 mg/kg Tr.S.[34]). Auch in Klärschlämmen können z. T. hohe Cu-Gehalte vorliegen (bis ca. 10 000 mg/kg Tr.S.[5, 6]). Eine Cu-Anreicherung in *Böden* kann deshalb durch die Ausbringung von Cu-reichen Schlämmen erfolgen.

Durch eine jahrzehntelange Anwendung von Cu-haltigen Pflanzenschutzmitteln (35–40 kg Cu/ha · Jahr) ist es in Hopfenanbau-Gebieten z. T. zu einer starken Cu-Anreicherung in den Böden gekommen. Die Gehalte an gesamtem und EDTA-löslichem Kupfer erreichen Werte von 580 bzw. 530 mg Cu/kg Boden[135, 136]. Die auf solchen Böden nach Rodung des Hopfens angebauten landwirtschaftlichen Kulturen zeigen z. T. beträchtliche Mindererträge. Durch Cu-Überschuß kann Fe- und Mo-Mangel bei den Pflanzen ausgelöst werden.

Für verschiedene *Pflanzen* wurde Cu-Toxizität ab ca. 20 mg Cu/kg Tr.S. festgestellt[82, 98]. In Nährlösungen treten ab 1–4 mg Cu/l toxische Wirkungen auf[81, 82]. Eine Verminderung der Mikroorganismenaktivität kann bereits ab 0,1 mg Cu/l Bodenlösung einsetzen.

Die *Löslichkeit* und *Verfügbarkeit* von Kupfer in Böden steigen bei pH-Werten < 5 deutlich an[28, 137] (s. Abb. 32, S. 55). Auf Cu-reichen, stark sauren Böden können toxische Wirkungen von Kupfer deshalb verringert werden, wenn die Bodenreaktion auf pH-Werte um 6 angehoben wird. Auch hohe Phosphatgaben erniedrigen die Cu-Aufnahme der Pflanzen[123].

Der auf der Basis der Cu-Gesamtgehalte für Böden festgelegte *Grenzwert* von 100 mg Cu/kg Boden (Tab. 82) ist nur für Böden mit pH-Werten > 5 geeignet. Auf stark sauren Mineralböden ist ein wesentlich niedrigerer Grenzwert anzusetzen[28, 137]. Aber auch bei pH-Werten > 5 kann der festgesetzte Cu-Grenzwert zu hoch sein, wenn durch lösliche organische Komplexbildner eine Cu-Mobilisierung bewirkt wird (vgl. Kap. VII 3 c, Abb. 32). So sind z. B. in Marschböden des Deichvorlandes

[129] *McKeague, J. A., M. S. Wolynetz:* Geoderma 24 (1980) 299.

[130] *Låg, J., E. Steinnes:* Jordundersøkelsens seatrykk 20 b (1974) 227.

[131] *Hamdy, A. A., G. Gissel-Nielsen:* Z. Pflanzenern. Bodenkd. 140 (1977) 63.

[132] *Geering, H. R.* et al.: Soil Sci. Soc. Amer. Proc. 32 (1968) 35.

[133] *Doran, J. W., M. Alexander:* Soil Sci. Soc. Am. J. 41 (1977) 70.

[134] *Gissel-Nielsen, G.:* Acta Agric. Scand. 25 (1975) 216.

[135] *Wünsch, A.* et al.: Landw. Forsch. 34. Sonderh. (1978) 326.

[136] *Schwertmann, U., M. Huit:* Z. Pflanzenern. Bodenkd. 138 (1975) 397.

[137] *Lexmond, Th. M.:* Neth. J. agric. Sci. 28 (1980) 164.

bei schwach alkalischer Bodenreaktion so hohe Cu-Gehalte in Pflanzen aufgetreten, daß toxische Wirkungen bei Schafen ausgelöst wurden[138] (s. Kap. XX 15).

j) Bor

Bor ist für Pflanzen essentiell (s. Kap. XX 17), für Mensch und Tier dagegen entbehrlich.

Es ist neben Phosphaten in Form von Borax und Perborat in Seifen und Waschmitteln vorhanden. Deshalb enthalten kommunale Klärschlämme und Haushaltsabwässer in der Regel größere Mengen an Bor[139]. Mit der Verrieselung von Abwasser und der Ausbringung von Klärschlamm können dabei so hohe Gehalte an Bor in Böden angereichert werden, daß *B-Toxizität* an Pflanzen entstehen kann (s. Kap. XX 17). Deshalb wird die Einführung eines *Bor-Grenzwertes* für Klärschlamm (80–120 mg B_t/kg Tr.S.; Tab. 82) diskutiert. Für Böden wird ein tolerierbarer Gesamtgehalt an Bor bis 25 mg/kg vorgeschlagen[13]. Je nach Boden können jedoch bei diesem Gesamtgehalt sehr unterschiedliche Gehalte an verfügbarem Bor vorliegen. Zur Festsetzung eines Grenzwertes sollte deshalb richtiger der Gehalt an verfügbarem Bor (Gehalt in der Bodenlösung bzw. im Sättigungsextrakt oder heißwasserlösliches Bor, s. Kap. XX 17) verwendet werden.

k) Chrom

Chrom stellt ein für die Pflanzen sehr wahrscheinlich entbehrliches, für Mensch und Tier dagegen essentielles Element dar. Dabei spielt dreiwertiges Chrom vor allem im Glucose-Stoffwechsel durch Förderung der Insulin-Wirkung als „Glucose-Toleranz-Faktor" eine Rolle. Außerdem stabilisiert Chrom die Protein- und Nucleinsäure-Struktur und aktiviert einige Enzyme[121]. Die Cr(III)-Versorgung des Menschen über die Nahrung wird z. T. als nur suboptimal angesehen.

Toxische Wirkungen von Cr(III)-Verbindungen und metallischem Chrom sind nicht mit Sicherheit nachgewiesen. Dagegen können Cr(VI)-Verbindungen akute und chronische Toxizität beim Menschen auslösen. Chromate und Dichromate können Hautschädigungen (schwere Entzündungen, Allergien) bewirken. Belastungen des Atmungssystems durch Chromsäuredämpfe oder Chromstaub können zur Perforation der Nasenscheidenwand (Berufskrankheit exponierter Arbeiter) sowie zu

Bronchialkrebs führen[121]. Die Beseitigung Cr(VI)-haltiger Industrieabfälle oder deren weitere Verwendung (z. B. als untergrundverfestigendes Füllmaterial[6]) ist deshalb mit großen Problemen behaftet.

Chrom wird bei der heutigen industriellen Produktion vielfältig eingesetzt. Vor allem in der metallurgischen Industrie bei der Herstellung nichtrostender Stähle, verschiedener Legierungen und Korrosionsinhibitoren sowie bei der Herstellung von Baustoffen, Farben, Lacken, Glas- und Keramikgegenständen sowie in der Lederindustrie findet Chrom Verwendung. Die weltweite Cr-Produktion betrug 1975 $8,2 \cdot 10^6$ t. In der BRD werden jährlich (1973/74) etwa 650 000 t Chrom verbraucht, von denen ca. 25–40 × 10^3 t/Jahr in die verschiedenen Bereiche der Umwelt (Luft, Wasser, Boden, Deponien) emittiert werden[140]. Je nach industrieller Belastung enthalten Klärschlämme in der BRD < 10 bis 24 000 mg Cr/kg Tr.S., in der Regel jedoch < 500 mg/kg[140].

In der *Erdkruste* sind im Mittel ca. 70 mg Cr/kg enthalten, in Serpentinen und ultrabasischen Magmatiten bis 3400 mg Cr/kg. In den *Böden* der BRD beträgt der Cr-Gehalt in der Regel 5–100 mg Cr/kg (Tab. 82), in Böden aus Cr-reichen Ausgangsgesteinen bis 3000 mg/kg[2, 5, 140]. Mit industriellen Cr-reichen Abwässern oder Abfällen belastete Böden können ebenfalls bis 3000 mg Cr/kg aufweisen. Unbelastete *fluviale Sedimente* enthalten ca. 60 mg Cr/kg Tr.S.[34], durch industrielle Abwässer kontaminierte Elbe- und Rheinsedimente bis 565 bzw. 760 mg/kg[34, 114].

Unter natürlichen Bedingungen liegt Chrom in der Erdkruste hauptsächlich in der dreiwertigen Form vor. Das wichtigste Cr-Mineral ist der Chromit (FeO · Cr_2O_3). Aber auch Cr(VI)-Verbindungen wie z. B. $PbCrO_4$ treten auf. In Böden kann Chrom ebenfalls in beiden *Oxidationsstufen* vorhanden sein und in Abhängigkeit von den Redoxbedingungen und pH-Werten als Cr^{3+}, $Cr(OH)_3$ und eventuell $Cr_2O_3 \cdot xH_2O$ sowie als $HCrO_4^-$ und CrO_4^{2-} vorlie-

[138] *De Groot, A. J.*: Mündl. Mitteilung.

[139] *Blume, H.-P.* et al.: Schriftenr. Verein f. Wasser-, Boden-, Lufthygiene 48 (1979).

[140] *Papke, G.*: Chrom-Studie. Hessische Landesanstalt für Umwelt, Wiesbaden (1981).

gen[141, 142]. Die Oxidationsstufe wird dabei durch die Redoxreaktionen

$$Cr^{3+} + 4H_2O = HCrO_4^- + 7H^+ + 3e^- \text{ oder}$$
$$Cr(OH)_3 + H_2O = CrO_4^{2-} + 5H^+ + 3e^-$$

bestimmt. In Anwesenheit von organischer Substanz, die als Elektronendonator fungiert, findet wahrscheinlich eine Umwandlung von Cr(VI)- in Cr(III)-Verbindungen statt[141]. Aber auch die umgekehrte Reaktion wird in gut durchlüfteten Böden mit wenig organischer Substanz für möglich gehalten[143]. $HCrO_4^-$ und CrO_4^{2-}-Ionen werden wie Phosphationen in starkem Maße spezifisch adsorbiert und vor allem im sauren pH-Bereich in 1–2 Wochen im Austausch gegen OH^--Ionen durch Eisenoxide festgelegt. Bei neutraler bis alkalischer Reaktion findet die Immobilisierung von Chromaten dagegen sehr viel langsamer statt[141]. Chrom (III) liegt bei pH-Werten < 4,5 als $Cr(H_2O)_6^{3+}$-Ion im Boden vor und wird als dreiwertiges Kation sehr stark adsorbiert. Bei höheren pH-Werten entstehen als sehr schwerlösliche Verbindungen $Cr(OH)_3$ und eventuell auch $Cr_2O_3 \cdot xH_2O$ – ebenfalls vorwiegend in einer mit Eisenoxiden assoziierten Form[141, 142]. Deshalb liegt in kontaminierten Bodenproben wie auch in Klärschlämmen der größte Teil des Chroms in einer mit Oxalat- oder Dithionit-Citrat-Lösung (s. Kap. V 3 d) extrahierbaren Bindungsform vor, in Klärschlämmen bis > 99%. Die Gehalte an wasserlöslichem und austauschbarem Chrom sind dagegen außerordentlich niedrig und steigen nur im sehr stark sauren Bereich an. Organisch gebundenes Chrom umfaßt wahrscheinlich nur geringe Anteile[141].

Der Cr-Gehalt der *Bodenlösung* beträgt bei schwach saurer bis neutraler Reaktion ca. 0,6–40 μg Cr/l, bei pH < 4 bis maximal 400 μg Cr/l[144]. Im Drainwasser verschiedener Böden wurden 0,6–20 μg Cr/l[85, 117], im Grundwasser < 1 μg Cr/l festgestellt[6]. Mit der sehr geringen Löslichkeit ist auch eine entsprechend geringe Verlagerbarkeit und Verfügbarkeit von Chrom in Böden verbunden. So ist auf Rieselfeldern, die seit mehr als 80 Jahren mit Abwasser belastet wurden, fast alles Chrom im Oberboden festgelegt worden. Auch Modellversuche zur *Verlagerung* von Cr(III)- und Cr(VI)-Verbindungen ergaben eine Festlegung des Chroms in beiden Oxidationsstufen in den obersten 5 cm der Versuchsböden[106].

Die geringe Cr-Verfügbarkeit wird anhand der niedrigen Cr-Gehalte der *Pflanzen* – in der Regel 0,1–1 mg Cr/kg Tr.S. (Tab. 82) – deut-

lich. Selbst eine relativ hohe Cr-Zufuhr zum Boden durch Klärschlammausbringung führt infolge der geringen Verfügbarkeit von Chrom im Klärschlamm (s. o.) nur zu einer geringen Erhöhung der Cr-Gehalte in den Pflanzen[124, 145, 146]. Im Hinblick auf die Versorgung des Menschen mit Chrom(III) wären dabei leicht erhöhte Cr-Gehalte der Pflanzen als positiv zu beurteilen[140] (s. oben). Ähnlich wie bei Blei wird auch Chrom bei der Aufnahme vorwiegend in oder auf der Wurzeloberfläche abgeschieden und nur zu einem geringen Teil in die oberirdischen Pflanzenteile transportiert. Deshalb nehmen in der Regel die Cr-Gehalte der verschiedenen Pflanzenteile in der Reihe Wurzel > Blätter > Körner, Früchte ab[87].

Auf extrem Cr-reichen Böden aus Serpentingestein oder ultrabasischen Magmatiten wurden auch in den Pflanzen erhöhte Cr-Gehalte bis 235 mg/kg Tr.S. festgestellt[122, 147]. Bei Vegetationsversuchen mit Nährlösungen oder Bodenmaterial mit Zusätzen an löslichen Cr(III)- und Cr(VI)-Salzen wurde ebenfalls eine erhöhte Cr-Aufnahme der Pflanzen und die Ausbildung von *Cr-Toxizität* beobachtet. Kritische Gehalte für beginnende Toxizität sind dabei in Nährlösungen < 1 mg Cr(VI)/l und < 1–5 mg Cr(III)/l sowie in der Pflanzensubstanz ca. 10 mg Cr(III)/kg Tr.S.[82, 87, 87a] (s. Abschnitt 4 c). Auch bei Pflanzen besitzt Chrom(VI) damit eine stärker toxische Wirkung als Chrom (III).

Zur Melioration stark mit Chrom belasteter Böden ist eine Umwandlung von Cr(VI)- in Cr(III)-Verbindungen sowie eine Immobilisierung von Chrom(III) anzustreben. Die Reduktion von sechs- zu dreiwertigem Chrom (siehe Redoxgleichungen) kann dabei durch Zufuhr von organischer Substanz (Elektronendonator), herabgesetzte Belüftung (z. B. durch Wasserüberschuß) und eventuell die Zufuhr von sauer wirkenden Substanzen (Protonendonato-

[141] *Grove, J. H., B. G. Ellis:* Soil Sci. Soc. Am. J. 44 (1980) 238, 243.
[142] *Koppelmann, M. H.* et al.: Clays a. Clay Minerals. 28 (1980) 119.
[143] *Bartlett, R., B. James:* J. Environ. Qual. 8 (1979) 31.
[144] *Faßbender, H. W., G. Seekamp:* Geoderma 16 (1976) 55.
[145] *Kick, H., H. Poletschny:* Landw. Forsch. 34. Sonderh. (1978) 412.
[146] *Smilde, K. W.:* Plant a. Soil 62 (1981) 3.
[147] *Johnston, W. R., J. Proctor:* Plant a. Soil 46 (1977) 275.

ren, z. B. Schwefelblume) gefördert werden. Chrom(III) kann dann durch Anheben des pH-Wertes auf annähernd neutrale Reaktion weitgehend als Cr(OH)$_3$(-Eisenoxid)-Komplex immobilisiert werden[141].

Zur Bestimmung der Gehalte an *verfügbarem Chrom* in belasteten Böden bietet sich die Ermittlung der Cr-Gehalte in der Bodenlösung bzw. im Sättigungsextrakt oder in wäßrigen Gleichgewichtslösungen an. Der Gehalt an löslichem Chrom sollte dabei < 0,1 mg Cr/l betragen. Mit der Bestimmung der EDTA- oder DTPA-extrahierbaren Anteile kann zusätzlich der Gesamtvorrat an verfügbarem Chrom ermittelt werden (s. Kap. 3). Der als *Grenzwert* für Böden festgesetzte Gesamt-Cr-Gehalt von 100 mg Cr$_t$/kg (Tab. 82) ist – mit Ausnahme von sehr stark sauren Sandböden – sehr wahrscheinlich für die meisten Böden zutreffend.

5. Organische Schadstoffe*

Zur Zeit werden weltweit etwa 30 000 Chemikalien industriell hergestellt mit einer jährlichen Zuwachsrate von etwa 1000−1500 neuen Substanzen. Den Hauptanteil umfassen dabei organische Chemikalien. Die Weltproduktion an organischen Substanzen ist seit 1950 von 7,5 × 10^6 t bis heute auf über 150 × 10^6 t angestiegen[7]. Allein die Produktion an Plastikmaterialien beträgt zur Zeit ca. 40 × 10^6 t/Jahr.

Ein beträchtlicher Anteil an organischen Chemikalien gelangt auf den verschiedensten Wegen in die Umwelt, so daß in zunehmendem Maße auch organische Schadstoffe anthropogener Herkunft in terrestrischen und aquatischen Ökosystemen nachgewiesen werden können. So sind heute weitverbreitet in Böden und Sedimenten chlorierte Kohlenwasserstoffe[148, 149, 150], polycyclische aromatische Kohlenwasserstoffe[151, 152] und z. T. Plastikinhaltsstoffe (Phtalate)[153] mit Gehalten von wenigen μg bis zu mehreren mg/kg Boden vorhanden. Für die Immission und Anreicherung von organischen Schadstoffen in Böden ist neben der emittierten Menge vor allem die Persistenz der organischen Substanzen gegenüber photochemischen und mikrobiellen Abbauvorgängen (s. Abb. 147a und Kap. XXV) von Bedeutung.

Während die Verwendung von Pflanzenschutzmitteln bereits seit längerer Zeit gesetzlich geregelt ist und strikte Auflagen für die Zulassung und Anwendung der Mittel festgelegt wurden, werden bei allen anderen Chemikalien erst seit 1981 durch das neue Chemikaliengesetz entsprechende Regelungen angestrebt. Bei

den Pflanzenschutzmitteln liegen auch bereits zum beträchtlichen Teil fundierte Kenntnisse über deren Verhalten in Böden vor (s. Kap. XXV); bei den meisten anderen organischen Chemikalien ist das dagegen nicht der Fall. Zum Teil ist nicht einmal bekannt, welche Stoffe emittiert und in Böden angereichert werden.

Neben den direkt vom Menschen produzierten Substanzen können weitere Schadstoffe indirekt durch menschliche Aktivitäten gebildet werden. Zu dieser Gruppe gehören z. B. polycyclische aromatische Kohlenwasserstoffe (PCA), die vor allem bei der Verbrennung von Kohle, Heizöl und Motorkraftstoffen sowie auch bei Waldbränden gebildet werden und ubiquitär in Böden und Sedimenten vorhanden sind[18, 151]. Polycyclische aromatische Kohlenwasserstoffe mit 4 und mehr Ringen besitzen starke mutagene und carcinogene Wirkungen.

Außerdem treten in Böden und Pflanzen auch in natürlicher Weise mikrobiell oder durch höhere Pflanzen gebildete organische Substanzen auf, die ebenfalls zur Gruppe der Schadstoffe gehören. So können z. B. Mykotoxine sowie eine Reihe von Pflanzeninhaltstoffen ebenfalls stark schädigend auf Mensch und Tier wirken[154]. Zum Teil wird sogar eine natürliche Entstehung von chlorierten Kohlenwasserstoffen (HCH, HCB)[155] sowie von polycyclischen aromatischen Kohlenwasserstoffen[7, 9] für möglich gehalten. Auf jeden Fall stellt die natürliche Produktion von organischen Schadstoffen ein im Verlauf der Evolution entwickelter Abwehr- bzw. die Ausbreitung fördernder Mechanismus mancher Mikroorganismen und Pflanzen dar.

Für gut durchlüftete nährstoffreiche Böden gilt jedoch, daß die bodeneigene Mikroflora in

* Zusammenfassende Literatur[7, 9, 18].

[148] *Werner, G.:* Landw. Forschung. 32. Sonderh. (1976) 84.

[149] *Rhode, G.:* ANS-Mitteilungen, Sonderh. 1 (1975).

[150] *Aurand, K.* et al.: Proc. Internat. Symp. Groundwater Quality Nordwijk 1981 (im Druck).

[151] *Blumer, M.* et al.: Environ. Sci. Technol. 2, H. 12 (1977) 1082.

[152] *Matzner, E.* et al.: Z. Pflanzenernähr. Bodenkd. 144 (1981) 283.

[153] *Spiteller, M.:* Z. Pflanzenernähr. Bodenkd. 144 (1981) 472.

[154] *Lang, K.:* Landw. Forsch. 32. Sonderh. (1976) 259.

[155] *Schlüter, H., H. Steinwandter:* Landw. Forsch. 32. Sonderh. (1976) 89.

der Regel eine Zersetzung der natürlichen organischen Schadstoffe bewirkt. So werden z. B. die von Pilzen produzierten, stark carcinogen wirkenden *Aflatoxine* selbst bei Zufuhr größerer Mengen in 2–3 Monaten durch die Mikroorganismen des Bodens vollständig abgebaut[156]. In gleicher Weise können auch *Nitrosamine* und andere Schadstoffe sowie *Mineralöle* und deren Rückstände abgebaut werden. Persistente *chlorierte Kohlenwasserstoffe* und *polycyclische aromatische Kohlenwasserstoffe* werden dagegen in Böden und Sedimenten angereichert.

a) Nitrosamine

Besondere Bedeutung besitzen zur Zeit die außerordentlich stark carcinogen wirkenden Nitrosamine (O = N-N(R)$_2$; R = Alkyl- oder Arylgruppen). In umfangreichen Tierversuchen erwies sich keine der untersuchten Tierarten als resistent gegenüber diesen Substanzen. Die noch wirksamen Nitrosamin-Dosen liegen z. T. bei 1–5 mg/kg Futtermittel[18].

Nitrosamine entstehen durch mikrobielle Vorgänge aus Nitrat nach Reduktion zu Nitrit und aus Aminen. In Modellversuchen mit Böden wurde nach Zugabe von Nitrit und Aminen eine Nitrosaminbildung festgestellt[157]. Obwohl beide Ausgangssubstanzen auch unter natürlichen Bedingungen als Zwischenprodukte der N-Umsetzung (s. Kap. XX 10) in allen Böden vorhanden sind, treten Nitrosamine nicht als stabile Verbindungen in Böden auf, sondern werden unter aeroben Bedingungen in kurzer Zeit abgebaut oder durch Evaporation an die Luft abgegeben[157]. Dort findet unter dem Einfluß der kurzwelligen Strahlung des Sonnenlichts eine Zersetzung der Nitrosamine statt.

Vegetationsversuche mit Nährlösungen und Bodenproben, denen Nitrosamine zugesetzt wurden, zeigen, daß Pflanzen zwar Nitrosamine aufzunehmen vermögen, aber auch in den Pflanzen eine Zersetzung dieser Substanzen durch die kurzwellige Strahlung des Sonnenlichts und/oder eine Abgabe an die Luft stattfindet[157].

Von größerer Bedeutung ist dagegen eine mikrobielle Bildung von Nitrosaminen bei falscher Nahrungszubereitung und -lagerung – insbesondere bei nitratreichen Nahrungsmitteln. Vor allem kann auch eine Nitrosamin-Bildung direkt im menschlichen Körper nach Aufnahme der für die Entstehung erforderlichen Ausgangssubstanzen stattfinden[158].

b) Chlorierte Kohlenwasserstoffe

Chlorierte Kohlenwasserstoffe finden für die verschiedensten industriellen und gewerblichen Zwecke in großer Menge Verwendung. Außerdem werden sie z. T. als Insektizide und Fungizide in der Land- und Forstwirtschaft sowie im Gartenbau eingesetzt. Infolge ihrer hohen Persistenz ist eine weltweite Akkumulation in Böden und Sedimenten festzustellen. Vor allem in aquatischen Ökosystemen findet eine zunehmende Anreicherung von den niederen zu den höheren Gliedern der Nahrungskette statt. Auch im menschlichen Fettgewebe und in der Muttermilch ist eine Anreicherung von chlorierten Kohlenwasserstoffen festzustellen. Deshalb ist die Verwendung chlororganischer Fungizide und Insektizide in der BRD seit einigen Jahren per Gesetz verboten bzw. stark eingeschränkt[18].

(1) Aliphatische Chlorkohlenwasserstoffe

Tetrachloräthylen (CCl$_2$ = CCl$_2$), *Trichloräthylen* (CHCl = CCl$_2$) und *Trichloräthan* (CH$_3$–CCl$_3$) finden als organische Lösungsmittel für unpolare Substanzen weitverbreitet Anwendung in der Metall- und Elektronikindustrie (z. B. bei der Reinigung von Metalloberflächen) sowie in Wäschereibetrieben. In der BRD werden von diesen drei Substanzen jährlich (1979) ca. 95 000, 56 000 und 30 000 t verbraucht und zu einem beträchtlichen Teil an die Umwelt abgegeben[150]. Infolge ihres hohen Dampfdrucks sind diese chlorierten Kohlenwasserstoffe in der Luft nachweisbar. Auch im Grundwasser wurden z. T. beträchtliche Mengen festgestellt und im Trinkwasser waren in einigen Gebieten ebenfalls erhöhte Gehalte vorhanden[150].

In weitgehend unbelasteten Böden des Schwarzwaldes wurden in der Bodenluft Gehalte an Tetrachloräthylen, Trichloräthylen und Trichloräthan von 8,6–112, 3,7–57 und < 1–15 µg/m^3 festgestellt[150]. Diese Gehalte werden als charakteristisch für die Grundbelastung der Böden in Mitteleuropa mit diesen Substanzen angesehen. In naturnahen Böden

---

[156] *Angle, J. S., G. H. Wagner*: Soil Sci. Soc. Am. J. 44 (1980) 1237.

[157] *Dressel, J.*: Qual. Plant.-Pl. Fds. hum. Nutr. 25 (1976) 381.

[158] *Heyns, K.*: Landw. Forsch. 36. Sonderh. (1979) 145.

Südhessens wurden für Tetrachloräthylen bis 1250 $\mu g/m^3$ in der Bodenluft, bis 14,7 $\mu g/l$ in der Bodenlösung und bis 96 $\mu g/kg$ in der festen Bodensubstanz gemessen[150].

Obwohl diese Gehalte wahrscheinlich ökologisch noch keine große Bedeutung besitzen, sind sie doch ein wesentlicher Hinweis für die zunehmende Kontamination der Böden mit organischen Chemikalien.

(2) Hexachlorcyclohexan (HCH)

Bei der Produktion des Insekticides Lindan (γ-$C_6H_6Cl_6$) entstehen gleichzeitig als Abfallstoffe die nicht insektizid wirkenden α-, β-, δ- und ϵ-Isomeren, die von der für den Verkauf bestimmten γ-Form abgetrennt werden. Diese Restisomeren wurden bis vor wenigen Jahren z. T. in offenen Halden auf dem Werksgelände der Hersteller gelagert, so daß eine starke Verfrachtung dieser Substanzen mit dem Wind erfolgen konnte. Neben Rückständen des Insekticids (γ-HCH) können heute verbreitet in Lebens- und Futtermitteln auch andere HCH-Isomeren nachgewiesen werden.

In der unmittelbaren Umgebung von HCH-produzierenden Werken können im Boden bis > 10 mg Gesamt-HCH/kg vorhanden sein[159]. Dabei besteht der überwiegende Anteil in der Regel aus β-HCH, das – bei einer geschätzten Halbwertszeit im Boden von etwa 8 Jahren[160] – als das stabilste Isomere eine relative Anreicherung erfährt. Das immittierte HCH wird vorwiegend in den oberen 35 cm der Böden durch organische Substanzen gebunden. Eine Verlagerung mit dem Sickerwasser findet nur in sehr geringem Maße statt.

Von den auf HCH-kontaminierten Böden angebauten *Pflanzen* werden beträchtliche Mengen an HCH aufgenommen, in Gefäßversuchen mit Weidelgras und Hafer bis 22 bzw. 34 (im Haferstroh) mg HCH/kg Tr.S.[161]. Zwischen den HCH-Gehalten der Böden und der Pflanzen bestehen signifikante Korrelationen, die allerdings Unterschiede in Abhängigkeit von der Pflanzenart aufweisen[159, 161]. In den verschiedenen Pflanzenteilen steigen die HCH-Gehalte in der Reihe Korn < Frucht < Wurzel < Sproß.

Auf stark belasteten Böden angebautes Getreide enthält zwar hohe HCH-Gehalte im Stroh, jedoch sehr geringe im Korn, so daß eine Verwertung des Kornertrages möglich ist. Bei Verfütterung von HCH-reichem Rauh- und Saftfutter an Milchvieh wurden überhöhte HCH-Gehalte in der Milch festgestellt, die bei einigen Betrieben in der Umgebung von HCH-produzierenden Werken zu einer Sperrung der Milchablieferung führte[160, 161].

Der HCH-Abbau im Boden verläuft unter aeroben Bedingungen so langsam, daß mehrere Jahrzehnte erforderlich sind, um einen belasteten Boden zu dekontaminieren[161]. Unter anaeroben Bedingungen ist dagegen ein sehr viel schnellerer Abbau möglich. Modellversuche mit γ-HCH unter anaeroben Bedingungen ergaben bereits nach 4–5 Tagen einen 90%igen Abbau[162].

(3) Hexachlorbenzol (HCB)

Hexachlorbenzol (C_6Cl_6) findet als Fungicid (in der BRD seit 1977 verboten), Flammschutzmittel und bei organischen Synthesen Verwendung. Außerdem können beträchtliche Mengen an HCB als Verunreinigung in anderen Chemikalien vorhanden sein.

Neben DDT und dessen Umwandlungsprodukten (s. Kap. XXV) gehört HCB zu den ubiquitär in Böden, Pflanzen, Tieren und Menschen auftretenden Verbindungen. In pflanzlichen Lebensmitteln kann HCB häufig nachgewiesen werden, allerdings nur selten mit Gehalten über den gesetzlich zulässigen Höchstmengen (0.01 mg/kg Fr.S.). In Milch, Butter und Fleischprodukten treten dagegen häufiger erhöhte Gehalte auf[148] (zulässige Höchstmenge 0,5 mg/kg). Bei der Nahrungsaufnahme werden HCB und andere lipophile Chlorkohlenwasserstoffe bei der Resorption des Nahrungsfettes direkt mit aufgenommen, im menschlichen und tierischen Fettgewebe gespeichert und infolge langer biologischer Halbwertszeit mit zunehmendem Alter angereichert.

In wenig belasteten *Böden* werden in der Regel HCB-Gehalte bis 10 $\mu g/kg$ gemessen[148]. Dabei liegt HCB vorwiegend in organischer Bindung vor. In Modellversuchen wurde zwischen der HCB-Adsorption und dem Gehalt der Böden an organischem Kohlenstoff eine sehr enge positive Beziehung festgestellt[163].

[159] *Brüne, H.*: Landw. Forsch. 36. Sonderh. (1979) 73.
[160] *Kampe, W.*: Landw. Forsch. 36. Sonderh. (1979) 84.
[161] *Heyn, J. H.* et al.: Landw. Forsch. 37. Sonderh. (1981) 653.
[162] *Haider, K.* et al.: Landw. Forsch. 32. Sonderh. (1976) 147.
[163] *Müller-Wegener, U.*: Z. Pflanzenernähr. Bodenkd. 144 (1981) 456.

Pflanzen nehmen nur sehr geringe Mengen an HCB aus dem Boden auf (< 10 μg/kg Tr.S.)[148]. An die Bodenpartikel gebundenes HCB kann jedoch in die Gasphase übergehen und sich auf den oberirdischen Pflanzenteilen niederschlagen[18]. Außerdem findet unter dem Einfluß von Fäulnisvorgängen und Schimmelpilzbefall ein Anstieg der HCB- wie auch der α- und/oder γ-HCH-Gehalte in Heu- und Getreideproben statt[155]. Diese Ergebnisse deuten auf eine mikrobielle Bildung von HCB und HCH hin. HCB kann außerdem wahrscheinlich als Metabolit des HCH-Abbaues entstehen. Damit können möglicherweise auch mikrobielle Vorgänge einen Eintrag dieser Substanzen in Böden bewirken. Ein Abbau von HCB durch Mikroorganismen findet dagegen nicht oder nur in sehr geringem Maße statt. An Partikeloberflächen adsorbiertes HCB kann jedoch unter dem Einfluß von kurzwelligem UV-Licht zersetzt werden[7].

(4) Polychlorierte Biphenyle (PCB)

Seit die industrielle Produktion von polychlorierten Biphenylen ($C_{12}H_{10-(x+y)}Cl_{(x+y)}$), vor etwa 50 Jahren begann, sind weltweit mehr als 1×10^6 t von diesen Substanzen produziert worden[7, 149]. Sie werden als Transformatorenöle, Wärmeüberträger, Formulierungsmittel u. a. verwendet. Heute sind PCBs in allen Bereichen der Umwelt vorhanden. Auch im menschlichen und tierischen Fettgewebe können teilweise beträchtliche Gehalte festgestellt werden. Die technische Verwendung von PCBs ist deshalb weitgehend auf geschlossene Systeme beschränkt worden. Ihre weltweite Verbreitung könnte jedoch auch auf eine durch UV-Licht bewirkte Umwandlung von DDT und dessen Abbauprodukt DDE in PCB zurückzuführen sein. Bis 1974 wurden etwa $2,8 \times 10^6$ t DDT als Insektizide verwendet[149]. Eine weitere PCB-Quelle stellen Klärschlämme dar, die je nach Belastung durch Industrieabwässer < 0,1 bis > 100 mg PCB/kg Tr.S. enthalten können[149]. Für eine Ausbringung auf Böden sollte der PCB-Gehalt der Schlämme 10 mg/kg Tr.S. nicht überschreiten (Tab. 82). In der Regel liegt der Gehalt von Klärschlämmen wie auch von kompostierten Siedlungsabfällen deutlich unter diesem Wert[149].

In Böden wurden PCB-Gehalte von 15 μg/kg gefunden[7]. Es liegen bisher jedoch nur wenige Gehaltsangaben in der Literatur vor. Die Bindung findet vor allem durch organische Sub-

stanzen und Tonminerale statt. In Modellversuchen konnte eine starke Adsorption an aufweitbaren Tonmineralen festgestellt werden. Unter natürlichen Bedingungen erfolgt in Böden vor allem eine Bindung an teilzersetzte organische Substanzen (Rotteprodukte)[164]. Polychlorierte Biphenyle werden deshalb in der Regel im Oberboden festgelegt[149]. In C(org.)-armen, sandigen Böden kann jedoch auch eine beträchtliche Verlagerung in den Unterboden stattfinden[164].

In Abhängigkeit vom Chlorierungsgrad sind Löslichkeit und Dampfdruck bei niedrigchlorierten Biphenylen größer als bei hochchlorierten. Entsprechende Unterschiede treten bei der Verlagerung mit dem Sickerwasser und der Abgabe in Gasform an die Luft auf. Ein Abbau von PCB findet sowohl mikrobiell als auch photochemisch durch UV-Strahlung statt[7, 164]. Dabei ist die Persistenz hochchlorierter Biphenyle sehr viel größer als die niedrigchlorierter Verbindungen. Böden mit viel organischer Substanz und Ton, in denen PCBs z. T. in einer vor dem Abbau geschützten Form gebunden sind, weisen nur eine geringe Abbaurate auf[149].

In aquatischen Ökosystemen können Algen PCB in starkem Maße anreichern. Demzufolge sind auch in Fischen z. T. beträchtliche Mengen akkumuliert. Höhere Pflanzen nehmen dagegen nur geringe Mengen an PCB aus dem Boden auf. Dabei sind hochchlorierte Biphenyle schlechter verfügbar als niedrigchlorierte. Der Hauptteil der aufgenommenen PCBs wird in oder an der Wurzeloberfläche gebunden und kann − z. B. bei Wurzelgemüse − mit der Schale entfernt werden[3, 149]. In epiphytischen Moosen, die neben Schwermetallen auch organische Schadstoffe anzureichern vermögen, wurden in verschiedenen Gebieten der Niederlande und der BRD 20−100 μg PCB/kg Tr.S. gemessen[165].

c) Polycyclische aromatische Kohlenwasserstoffe

Polycyclische Aromaten (PCA) sind Verbindungen mit unterschiedlicher Anzahl an kondensierten aromatischen Ringen. Die bekanntesten Vertreter sind Benzo(a)-, Benzo(e)pyren (5 Benzolringe), Benzo(b, k, j)fluoranthen (4

---

[164] *Scharpenseel, H. W.* et al.: Z. Pflanzenernähr. Bodenkd. 140 (1977) 285, 303.

[165] *Thomas, W.*, R. Herrmann: Staub-Reinhalt. Luft 40 (1980) 440.

Ringe), Benzo(ghi)perylen (6 Ringe) und Fluoranthen (3 Ringe). Verbindungen mit 4 und mehr Ringen besitzen carcinogene Wirkungen[18, 166]. Sie entstehen vor allem bei der Verbrennung organischer Substanzen (Kohle, Heizöl, Kraftstoffe, Holz) in konventionellen Energiegewinnungsanlagen, bei der Koksherstellung, durch Kraftfahrzeuge aber auch bei Wald-, Moor- und anderen offenen Bränden. Deshalb sind sie stets in der Luft nachweisbar (Benzo(a)pyren-Gehalt in ländlichen Gebieten im Jahresmittel > 2 ng/m³; höchstes Monatsmittel im Ruhrgebiet 275 ng/m³) und sind über die Luft ubiquitär auf der Erdoberfläche verbreitet[165]. Auch im Oberflächen-, Grund- und Trinkwasser sind polycyclische Aromaten nachweisbar[9, 172]. Für Trinkwasser ist deshalb ein PCA-Grenzwert (0,00025 mg C/l; s. Tab. 82) gesetzlich festgelegt worden.

In kompostierten Siedlungsabfällen (0,4->8 mg/kg Tr.S.[167, 168]) und in Klärschlämmen (15->350 mg/kg Tr.S.[167, 169]) sind z. T. beträchtliche PCA-Gehalte vorhanden. Die Ausbringung dieser Substrate kann deshalb neben einer Schwermetall-Anreicherung auch einen Anstieg der PCA-Gehalte in den Böden bewirken[167, 173].

Die Emission von polycyclischen Aromaten durch den Kfz-Verkehr führt dazu, daß bis 50 m neben vielbefahrenen Straßen eine PCA-Anreicherung in den Böden stattfinden kann, z. T. bis > 100 mg PCA/kg Boden[170].

Über die Gehalte an polycyclischen Aromaten in wenig belasteten Böden liegen bisher nur einzelne Ergebnisse vor. In einem sandigen Lehm wurden ca. 0,3 mg PCA/kg, nach Behandlung mit 100 t Müll-Klärschlamm-Kompost ca. 0,5 mg PCA/kg festgestellt[167]. In Waldböden des Sollings sind durch Immissionen aus der Luft – verstärkt durch die Filterwirkung des Waldes – ca. 0,6-1,7 mg PCA/kg in den Humusauflage-Horizonten angereichert. Die darunter anstehenden mineralischen Bodenhorizonte enthalten dagegen nur 0,007-0,05 mg PCA/kg[152]. Polycyclische Aromaten werden in starkem Maße durch die Huminstoffe des Bodens gebunden. Dies zeigen auch die Ergebnisse von Adsorptionsversuchen[171].

Neben einer Anreicherung von PCA aus anthropogenen Quellen findet möglicherweise auch eine PCA-Bildung durch natürliche Vorgänge in Böden statt. So stieg der PCA-Gehalt in einem Torfprofil vom Oberboden bis in 2 m Tiefe von 0,05 bis auf 4,4 mg/kg Tr.S. an[167].

Da Verbindungen mit aromatischen Strukturen in der organischen Substanz der Böden ohnehin von Natur aus vorhanden sind (s. Kap. VII), kann möglicherweise auch die Bildung von polycyclischen Aromaten unter bestimmten Bedingungen (z. B. anaerobes Milieu) in Böden erfolgen[7, 167].

Die PCA-Löslichkeit und Verfügbarkeit ist in Böden sehr gering. Vegetationsversuche mit verschiedenen Kulturpflanzen zeigen, daß der PCA-Gehalt der Pflanzen kaum eine Beziehung zum PCA-Gehalt der Böden aufweist[173]. So wurden in Möhrenwurzeln unabhängig vom Benzo(a)pyren-Gehalt (BaP) der Böden 0,08-0,16 µg BaP/kg Fr.S. gemessen, im Möhrenkraut 1,1-4,3 µg/kg Fr.S.. Spinat und Salat enthielten 0,8-1,9 und Grünkohl ca. 3 µg/kg Fr.S.. Die von den Möhrenwurzeln aufgenommenen polycyclischen Aromaten sind vor allem in oder auf der Wurzeloberfläche angereichert und lassen sich zu 75-85 % mit der Schale entfernen[173].

Eine PCA-Zufuhr aus der Luft kann zu einer Anreicherung dieser Stoffe in oberirdischen Pflanzenteilen führen[173, 174]. Da epiphytische Moose als Biofilter wirken, kann ihr PCA-Gehalt als relatives Maß für die PCA-Immission verwendet werden. In verschiedenen Gebieten der Niederlande und Deutschlands beträgt der Benzo(a)pyren- und Fluoranthen-Gehalt der Moose 20-165 bzw. 40-245 µg/kg Tr.S. Vor allem in Gebieten mit hoher Bevölkerungsdichte sind polycyclische Aromaten häufig in den Moosen angereichert[165].

d) Mineralöle und Ölrückstände

Der hohe Verbrauch an Mineralölen führt dazu, daß sowohl Transport- und Lagerunfälle als auch unsachgemäße Deponierung von Ölschlämmen und unerlaubtes Ausbringen von

[166] Grimmer, G.: Landw. Forsch. 34. Sonderh. (1978) 683.
[167] Ellwardt, P.-Ch.: Telma 6 (1976) 135.
[168] Aichberger, K.: Landw. Forsch. 34 (1981) 51.
[169] Süß, A.: Bayer. Ldw. Jb. 57 (1980) 376.
[170] Blumer, M. et al.: Environ. Sci. Technol. 11 (1977) 1082.
[171] Means, J. S. et al.: Environ. Sci. Technol. 14 (1980) 1525.
[172] Herrmann, R.: Catena 8 (1981) 171.
[173] Siegfried, R., H. Müller: Landw. Forsch. 31 (1978) 133.
[174] Wagner, K. H., J. Siddiqi: Z. Pflanzenernähr. Bodenkd. 130 (1971) 241.

Altölen zu einer Kontaminierung von Böden und Pflanzen sowie von Grund- und Oberflächenwasser führen können. Bereits Spuren von Mineralöl im Trinkwasser bewirken eine erhebliche Geschmacksbeeinträchtigung. Phytotoxische Wirkungen treten auf leichten Sandböden bereits ab 0,5 mg Öl/kg Boden auf[175].

In *Böden* werden Mineralöle vor allem von der organischen Substanz gebunden. Mit steigenden Humusgehalten nimmt deshalb das Bindungsvermögen der Böden für Mineralöle zu[176]. Bei vergleichbarer Ölkontamination nimmt aus dem gleichen Grund die Phytotoxizität mit steigenden C(org.)-Gehalten ab[175]. Während Öle geringer Viskosität relativ rasch aus dem Boden verdampfen oder ausgewaschen werden, können höherviskose Öle (Dieselöl, Heizöl, Motorenöl) mehrere Jahre im Boden festgelegt werden und starke Pflanzenschäden verursachen. Damit kann bei einer Ölkontamination teilweise ein Bodenaustausch erforderlich werden.

Da auch ein mikrobieller Abbau von Mineralöl und Ölrückständen in Böden stattfindet, führen gezielte Maßnahmen zur Steigerung der mikrobiellen Aktivität zu einem beschleunigten Abbau. Hierfür ist vor allem eine annähernd neutrale Bodenreaktion sowie eine gute Durchlüftung der Böden (häufiges Pflügen) erforderlich. Außerdem kann in manchen Böden der mikrobielle Abbau von Mineralölen durch eine N- und P-Zufuhr beschleunigt werden[177].

Bei der Verwendung von Böden als Deponieflächen für Ölschlämme ist ein Vermischen des Schlamms mit dem Oberboden erforderlich. Mit Hilfe der aufgeführten Maßnahmen zur Steigerung der mikrobiellen Aktivität kann dann ebenfalls ein Abbau der Ölrückstände erreicht werden[177].

6. Salzschäden*

Die Schadwirkung löslicher Salze auf das Pflanzenwachstum kann auf spezifische und osmotische Wirkungen zurückgeführt werden. *Spezifische* Wirkungen können bereits bei niedriger Konzentration eines Ions in der Bodenlösung auftreten, wenn die Toxizitätsgrenze überschritten wird. Hierbei handelt es sich häufig um Ionenkonkurrenz. *Osmotische* Wirkungen treten erst bei hoher Gesamtkonzentration der Salze auf. Die einzelnen Pflanzen reagieren hierbei in verschiedener Weise. Relativ salztolerant sind z. B. Zuckerrüben, salzempfindlich

z. B. Erbsen, Bohnen, Rotklee und Azaleen; außerdem sind manche junge Pflanzen empfindlicher als ältere Pflanzen.

Hohe Salzgehalte finden sich in Salzmarschen und in *Salzböden* der ariden Gebiete und begrenzen dort weitgehend das Pflanzenwachstum (s. Kap. Versalzung und Salzböden).

Auch in Böden des *humiden Klimabereiches* kann eine hohe Salzkonzentration in der Bodenlösung im Ober- und Unterboden auftreten. Diese wird begünstigt durch eine hohe Zufuhr von Chloriden (KCl, NaCl) im Herbst, wenn die Böden eine hohe Feldkapazität aufweisen und geringe Niederschläge während des Winters fallen (geringe Sickerwasserbildung). Unter diesen Verhältnissen kann sich sogar im Unterboden ein Konzentrationsmaximum ausbilden (Kap. XX 2), das die Durchwurzelung und damit auch die Wasser- und Nährstoffaufnahme durch die Pflanzen aus dem Unterboden hemmt. Außerdem können die Salze durch kapillaren Aufstieg im Frühjahr teilweise wieder in den Oberboden gelangen. Auf solche Prozesse können die Ertragsdepressionen bei Getreide zurückgeführt werden, die bei einer KCl-Düngung auf einem Lößboden (Trockengebiet, Abb. 116, S. 221) auftraten.

Eine hohe Salzkonzentration kann aber auch im Frühjahr in der Ackerkrume entstehen, wenn eine hohe Zufuhr von leichtlöslichen Salzen (Chloride, Nitrate) erfolgt und nur geringe Niederschläge fallen.

In 8 von 100 Proben aus der Ackerkrume von Lößböden, die nach einem niederschlagsarmen Herbst und Winter entnommen wurden (April 1974), wurde eine Salzkonzentration (vorwiegend Chloride) im Sättigungsextrakt von 2,5−3,9 g/l festgestellt und hieraus ein osmotischer Druck von 1,8−3,8 bar berechnet[179]. Da aber der Wassergehalt der Böden während der Vegetationsperiode meist erheblich tiefer liegt als im Sättigungsextrakt, ergibt sich auch ein höherer osmotischer Druck, der zu Wachstumsschäden der Pflanzen führen kann.

Eine Verminderung des osmotischen Drucks kann erreicht werden, wenn anstelle der Chlori-

---

[175] *Leh, H. O.:* Dtsch. Gärtnerbörse 64 (1964) 642.

[176] *Kloke, A., H.-O. Leh:* Wasser und Boden 18 (1966) 422.

[177] *Dibble, J. T., R. Bartha:* Soil Sci. 127 (1979) 365.

* Zusammenfassende Literatur[3, 178].

[178] *Ruge, U.* in *F. H. Meyer* (Hsg.): Bäume in der Stadt. Ulmer, Stuttgart 1982.

[179] *Köster, W.:* Unveröffentlicht.

de die Düngung mit Sulfaten erfolgt. So setzt sich K_2SO_4 in tonhaltigen Böden weitgehend in das weniger lösliche $CaSO_4$ bzw. $CaSO_4 \cdot 2H_2O$ um, dessen osmotischer Druck bei der Sättigungskonzentration (1,99 g $CaSO_4$/l) 0,66 bar beträgt und daher nicht überschritten wird. Dies ist auch der Grund, warum in ariden Gebieten die K-Düngung in der Regel als K_2SO_4 erfolgt.

Als *Grenzwert* für die Salzkonzentration, unterhalb dessen eine ungünstige Beeinflussung des Pflanzenwachstums unwahrscheinlich ist, kann auch für Böden des humiden Klimabereiches der Grenzwert der Salzböden gelten. Dieser wird in der Regel über die spezifische Leitfähigkeit im Sättigungsextrakt bestimmt und beträgt 4 Millimhos (mmhos), entsprechend einem Salzgehalt von etwa 3 g/l Extrakt.

Eine zu hohe Salzkonzentration in der Bodenlösung ist auch manchmal unter den Verhältnissen der *Gewächshäuser* festzustellen, wenn bei hoher Düngung und Transpiration die Wasserzufuhr in zu langen Zeiträumen erfolgt. Der Gehalt der Böden und gärtnerischer Erden (meist günstige Gemische von tonreichen Mineralböden mit Torf und anderen organischen Stoffen) an leichtlöslichen Salzen sollte daher 3 g/l Substrat nicht überschreiten.

Ein weiteres Beispiel von Salzschäden sind die während des Winters durch *Streusalze* verursachten Vegetationsschäden an Straßenrändern. Die NaCl-Zufuhr bewirkt außerdem einen Austausch von vorwiegend Ca- und Mg-Ionen durch Natriumionen, so daß die Na-Sättigung der Böden an den Rändern von Autobahnen in extremen Fällen bis auf 50 % steigen kann[180] und Salz-Natriumböden entstehen. Nach der NaCl-Auswaschung bilden sich dann Natriumböden mit ihren ungünstigen Eigenschaften wie leichte Verschlämmbarkeit, behinderte Aufnahme mancher Nährstoffe, hohe pH-Werte usw.

Der Streusalzverbrauch schwankt in der BRD zwischen 0,5 und 1,0 Mio. t NaCl/Jahr, etwa $\frac{1}{20}$ dieser Menge wird außerdem in Form von Calciumchlorid verwendet.

---

[180] *Brod, H. G., H. U. Preuße:* Mitt. Dtsch. Bodenkundl. Ges. 29 (1979) 519.

XXIV. Klärschlamm und Müllkompost*

Bei der Reinigung der Abwässer in kommunalen Kläranlagen fallen jährlich etwa 34×10^6 m³ Klärschlamm als Flüssigschlamm an mit einem mittleren Feststoffgehalt von 5 % (entsprechend $1,7 \times 10^6$ t Tr.S./Jahr). Von dieser Menge wurden in den vergangenen Jahren etwa 35 % (ca. $0,6 \times 10^6$ t Tr.S./Jahr) auf landwirtschaftlichen Nutzflächen ausgebracht ([18] in Kap. XXIII). Beim weiteren Ausbau der Abwasserreinigung wird in der Endstufe mit einer jährlichen Klärschlammenge aus kommunalen und industriellen Kläranlagen von 50×10^6 m³ bzw. 30×10^6 m³ (zusammen 4×10^6 t Tr.S./Jahr) gerechnet, die einer sinnvollen Verwendung oder zumindestens einer schadlosen Beseitigung zugeführt werden müssen.

In gleicher Weise ist die Beseitigung des anfallenden Hausmülls mit beträchtlichen Problemen verbunden. Pro Kopf der Bevölkerung werden jährlich 230–330 kg Hausmüll produziert, insgesamt in der BRD ca. $16,5 \times 10^6$ t/Jahr ([18] in Kap. XXIII). Ein relativ geringer Anteil dieser Menge (z. Z. ca. 3 %) wird in Kompostierungsanlagen zu Müllkompost oder − vermischt mit Klärschlamm − zu Müll-Klärschlammkompost verarbeitet. Insgesamt werden ca. $0,29 \times 10^6$ t kompostierte Siedlungsabfälle pro Jahr (1979) produziert und auf die Böden gebracht.

Weiterhin fallen in der BRD jährlich etwa $30-34 \times 10^6$ m³ Baggerschlamm in den Küstengebieten und im Inlandsbereich von Flüssen und Kanälen an ([44] in Kap. XXIII). Auch die

---

* Zusammenfassende Literatur[1, 2, 3].
[1] *Kick, H.* in *W. Kumpf, K. Maas, H. Straub:* Müll- und Abfallbeseitigung II. Schmidt, Berlin 1972.
[2] *de Haan, S.:* Landw. Forsch. 31/I. Sonderh. (1975) 220.
[3] *Boguslawski, E. von:* Z. Acker- und Pflanzenbau 149 (1980) 406.

fluvialen Baggerschlämme gelangen zum größten Teil auf die Böden.

Klärschlämme und kompostierte Siedlungsabfälle (wie auch Baggerschlämme) enthalten in der Regel beträchtliche Mengen an organischen Substanzen und z. T. an Kalk sowie an verschiedenen Makro- und Mikronährelemente. Damit bietet sich eine Verwendung dieser Substrate als *Bodenverbesserungsmittel* sowie als teilweiser *Düngerersatz* für mineralische Düngemittel an[5, 6]. Begrenzt wird die Anwendung jedoch durch den Gehalt der Klärschlämme und kompostierten Siedlungsabfällen an anorganischen und organischen *Schadstoffen* (s. Kap. XXIII 4 u. 5).

Außerdem können Klärschlämme, die als Flüssigschlamm mit ca. 2,5−7,5 % Feststoffen verwendet werden, *pathogene Bakterien, Viren* und *Wurmeier* enthalten. Deshalb muß bei der Ausbringung von Flüssigschlämmen ein unter seuchenhygienischen Aspekten einwandfreies Verfahren angewendet werden. In der Regel werden die Krankheitserreger bei Einarbeitung des Schlamms in die Böden durch die bodeneigenen Mikroorganismen unschädlich gemacht (*Hygienisierungseffekt* des Bodens), doch kann dies bei resistenten Keimen z. T. eine längere Zeit erfordern[7]. Bei Grünland ist zum Schutz der Rinder vor Infektionskrankheiten die Ausbringung von Flüssigschlamm nur in der Zeit von der letzten Nutzung oder Aberntung bis zum jeweiligen Jahresende gestattet ([14] in Kap. XXIII). Auf Gemüse- und Obstanbauflächen ist das Aufbringen von Flüssigschlamm verboten. Hygienische Probleme lassen sich vermeiden, wenn der Klärschlamm vor der Auslieferung kompostiert bzw. pasteurisiert wird (Erhitzen auf 65 °C oder Bestrahlen mit Gammastrahlen). Seuchenhygienisch unbedenkliche Klärschlämme können während des ganzen Jahres zu allen Kulturpflanzen ausgebracht werden. Vom 1. 1. 1987 ab an ist auf Grünland nur noch die Anwendung seuchenhygienisch unbedenklicher Klärschlämme gestattet ([14] in Kap. XXIII).

Klärschlämme enthalten als *Hauptbestandteile* in der Trockensubstanz etwa 30−70 % organische Substanz, 1−8 % Stickstoff, 0,5−4 % Phosphor, 0,1−0,6 % Kalium, 0,1−0,8 % Magnesium und 2−6 % Calcium[1, 3, 8]. Der Gehalt an Phosphor kann vor allem in Klärschlämmen von Kläranlagen mit chemischer Reinigungsstufe durch die Ausfällung der Waschmittelphosphate sehr hoch sein (bis zu 6,5 % P_t). Infolge der Verwendung von Al- oder Fe-Salzen bzw. $Ca(OH)_2$ als Fällungsmittel ist dann gleichzeitig ein beträchtlicher Gehalt an Fe- und Al-Oxiden bzw. an Kalk (bis > 60 %) in den Schlämmen vorhanden. Auch Zusätze von Branntkalk zur Überführung des Schlamms in eine entwässerbare und lagerfähige Form bewirken hohe Kalkgehalte. Die Zusammensetzung der Klärschlämme kann damit stark variieren, so daß für die Anwendung eine exakte Analyse der Haupt- wie auch der Nebenbestandteile vorliegen muß.

Infolge ihres hohen Gehaltes an organischer Substanz und anderen gefügeverbessernden Bestandteilen werden Klärschlämme vielfach als *Bodenverbesserungsmittel* im Weinbau zur Unterbindung der Erosion in hängigem Gelände mit Erfolg angewendet[4]. Eine Beeinträchtigung der Beeren- und Mostqualität durch höhere Schwermetallgehalte konnte nicht nachgewiesen werden[9]. Außerdem werden kompostierte Klärschlämme und andere Siedlungsabfälle teilweise mit Erfolg beim Anlegen von Grünflächen verwendet.

Die *Düngewirkung* von Klärschlämmen ist beim *Stickstoff* in Abhängigkeit von der Art des Schlamms sehr unterschiedlich. Bei Flüssigschlämmen werden etwa 90 % des vorhandenen NH_4-Stickstoffs und 25 % des organisch gebundenen Stickstoffs als verfügbar angesehen. Bei längere Zeit deponierten sowie bei entwässerten Schlämmen wurde dagegen nur eine geringe N-Wirkung festgestellt[6]. Die Verfügbarkeit der *Phosphate* wird teilweise der von mineralischen P-Düngern annähernd gleichgesetzt[5], z. T. auch etwas weniger günstig beurteilt[10]. Verfügbares *Kalium* ist nur zu sehr geringen Anteilen in Klärschlämmen vorhanden, so daß bei Klärschlammanwendung eine vollständige K-Ausgleichsdüngung erfolgen muß. Der Gehalt an verfügbarem *Magnesium* ist teilweise ebenfalls zu niedrig. Die Ausbringung kalkbehandelter Klärschlämme bewirkt eine hohe Ca-Zufuhr zum Boden und kann zu einer beträchtlichen pH-Erhöhung führen. Die Gehalte der

[4] *Walter, B.:* Landw. Forsch. 30 (1977) 119.

[5] *Diez, Th., H. Weigelt:* Landw. Forsch. 33 (1980) 47.

[6] *Schweiger, P., R. Völkel:* Landw. Forsch. 33 (1980) 323.

[7] *Süß, A.:* Landw. Forsch. 34. Sonderh. (1978) 419.

[8] *Köster, W.:* Unveröffentlichte Ergebnisse.

[9] *Mohr, H. D.:* Kali-Briefe 14 (1979) 781.

[10] *Werner, W.:* Landw. Forsch. 32. Sonderh. (1976) 177.

Böden an verfügbaren Mikronährelementen (Zn, Cu, B, Mo u. a.) werden durch Klärschlamm-Ausbringung erhöht[11], die Mn-Aufnahme der Pflanzen infolge eines pH-Anstiegs dagegen teilweise erniedrigt[12].

Neben den Nährstoffen enthalten Klärschlämme eine Reihe von *Schadstoffen*, die eine genaue Kontrolle der ausgebrachten Klärschlämme erforderlich machen. Vor allem die *Schwermetalle* Blei, Cadmium, Chrom, Nickel und Quecksilber wie auch die Mikronährelemente Bor, Kupfer und Zink können z. T. so hohe Gehalte in den Klärschlämmen aufweisen, daß eine Ausbringung problematisch sein kann (s. Kap. XXIII 4). Je nach Herkunft der Schlämme schwanken die Gehalte an diesen Elementen sehr stark. Als Höchstwerte und Durchschnittswerte (in Klammern) sind in kommunalen Klärschlämmen der Bundesrepublik enthalten: Pb 1500 (290), Cd 150 (21), Cr 3000, Cu 2600 (390), Ni 200 (131), Hg 55 (4,8), Zn 15 750 (2140) und B 358 (18) mg/kg Tr.S.[1, 13]. Außerdem können *organische Schadstoffe* – vor allem polychlorierte Biphenyle (PCB: < 0,1 bis > 100 mg/kg Tr.S.) ([149] in Kap. XXIII) und polycyclische aromatische Kohlenwasserstoffe (PCA: 15 – > 350 mg/kg Tr.S.) ([167, 169] in Kap. XXIII, s. Kap. 5) – in Klärschlämmen angereichert sein.

Um erhöhte Schwermetall-Gehalte in Pflanzen und ökologisch bedenkliche -Akkumulationen in Böden durch Klärschlammausbringung zu vermeiden, ist von der Bundesregierung eine *Verordnung über das Aufbringen von Klärschlamm* erlassen worden ([14] in Kap. XXIII). Mit dieser Verordnung werden Grenzwerte für die Schwermetallgehalte der auszubringenden Schlämme und gleichzeitig für die zulässige Belastbarkeit der Böden (Werte in Klammern) festgelegt: Pb 1200 (100), Cd 20 (3), Cr 1200 (100), Cu 1200 (100), Ni 200 (50), Hg 25 (2), Zn 3000 (300) mg/kg Tr.S. (Tab. 82; s. zu den Grenzwerten Kap. XXIII 4). Gleichzeitig wird die auszubringende Klärschlammenge auf 5 t Tr.S./ha in 3 Jahren oder auf 1,67 t Tr.S./ha · Jahr begrenzt. Durch diese Verordnung ist damit eine genaue Kontrolle der ausgebrachten Klärschlammengen sowie eine exakte Bestimmung der Schwermetallgehalte der Schlämme und Böden erforderlich. Über diese Regelung hinaus sollte auch eine Festlegung von Grenzwerten für die Gehalte der Klärschlämme und Böden an Bor und organischen Schadstoffen (PCB, PCA u. a.) erfolgen. Außerdem sollte die Klärschlammausbringung

möglichst auf Böden mit pH-Werten > 6 beschränkt werden, da verschiedene Schwermetalle (Cd, Zn, Ni; s. Kap. XXIII 4) in stark sauren (pH < 5) sandigen Böden eine hohe Mobilität und Verfügbarkeit aufweisen. Für diese Böden sind die erlassenen Bodengrenzwerte z. T. zu hoch angesetzt. Insbesondere extrem saure Waldböden (pH < 4) sind für eine Klärschlammausbringung nicht geeignet.

Aus den nach der Klärschlamm-Verordnung maximal zulässigen Schwermetallzufuhren pro Hektar und Jahr kann die durch Schlammausbringung mögliche Schwermetallakkumulation in Böden errechnet werden, wenn keine weiteren Quellen vorhanden sind und keine Verluste auftreten. Für Ackerböden mit 30 cm Pflugtiefe und normalen Ausgangsgehalten an Schwermetallen beträgt die Zeit für eine Verdoppelung der Gehalte je nach Element 10 – 200 Jahre, die Zeit für das Erreichen der Grenzwerte 130 – 500 Jahre.

Zur Kennzeichnung der Gehalte an *pflanzenaufnehmbaren Schadstoffen* sind die Gesamtgehalte der Klärschlämme an den verschiedenen organischen und anorganischen Schadstoffen nicht zu verwenden. Hierfür sind die wasserlöslichen bzw. in verdünnten Salzlösungen extrahierbaren Anteile besser geeignet. Die mit EDTA- oder DTPA-extrahierbaren Anteile kennzeichnen zusätzlich die Gesamtvorräte an verfügbaren Schadstoffen (s. Kap. XXIII 3 u. 4). Direkte Auskünfte über die Aufnehmbarkeit liefert jedoch nur die Pflanzenanalyse. Bei den gemäß Klärschlamm-Verordnung auszubringende Schlammengen ist – mit Ausnahme extremer Standorte (s. o.) – auch bei mehrjähriger Anwendung nicht mit einer bedenklichen Schadstoffanreicherung in den Kulturpflanzen zu rechnen. Die in den vergangenen Jahren üblichen hohen Klärschlammgaben haben dagegen – vor allem bei saurer Bodenreaktion – z. T. zu einem deutlichen Anstieg der Cd-, Ni-, Zn- und Cu-Gehalte in den Pflanzen geführt[2]. Die Pb- und Cr-Gehalte der Pflanzen wurden dagegen wenig beeinflußt[11]. Bewirkte die Klärschlammausbringung gleichzeitig einen deutlichen pH-Anstieg, dann war oft nur eine geringe Zunahme, z. T. sogar eine Abnahme der

---

[11] *Foroughi, H.* et al.: Landw. Forsch. 37. Sonderh. (1981) 254.
[12] *Horak, O.:* Landw. Forsch. 37. Sonderh. (1981) 578.
[13] *El-Bassam, N., A. Thormann:* Compost Science/Land Utilization, Nov./Dec. (1980) 30.

Schwermetallgehalte in Pflanzen feststellbar[12, 14]. Hohe pH-Werte sowie hohe Gehalte der Böden an Ton, Eisenoxiden und organischer Substanz vermindern die Verfügbarkeit der mit dem Klärschlamm ausgebrachten Schwermetalle (s. Kap. XXIII 4).

Müllkomposte enthalten oft weniger organische Substanz, Stickstoff und Phosphor als Klärschlamm und weisen ebenfalls stark schwankende Anteile an organischen und anorganischen Schadstoffen auf. Die Ausbringung von Müllkompost wie auch von Müll-Klärschlammkompost hat ebenfalls nach den Richtlinien der Klärschlamm-Verordnung zu erfolgen. Auch *Baggerschlamm* sollte nur unter Berücksichtigung der für Böden festgelegten Grenzwerte (s. o.) ausgebracht werden.

Klärschlamm und Müll mit zu hohen Schadstoffgehalten werden teilweise in *Deponien* gelagert. Dabei findet die Bildung großer Mengen an Methan (CH_4) statt, das zur Energiegewinnung verwendet werden kann. So beträgt die theoretisch gewinnbare Gasmenge mit 54 Vol% CH_4 450 l/kg feuchten Mülls; die tatsächlich gebildete Menge wird auf 62–190 l/kg, die Gasbildungsrate (5 Jahre nach Deponieschluß) auf 16 l/kg · Jahr geschätzt[15]. Gelangt das gebildete Methan in die zur Deponieabdeckung aufgetragene Bodenschicht, dann können dort intensive Reduktionsvorgänge ausgelöst werden und gleichzeitig mehrere Jahrzehnte lang starke Schäden an der Vegetation auf der Deponie wie auch an den Deponierändern entstehen[16].

[14] *Kick, H., H. Poletschny:* Landw. Forsch. 34. Sonderh. (1978) 412.

[15] *Ham, R. K.:* Aktuelle Deponietechnik 5 (1979) 186. ISSN 3-922021-05-0.

[16] *Blume, H. P.* et al.: Mitt. Dtsch. Bodenkdl. Ges. 31 (1981) 84, 120.

XXV. Verhalten von organischen Bioziden in Böden*

Mit der Anwendung von Bioziden bekommen viele Böden Stoffe, die sie von Natur aus nicht enthalten. Das Verhalten dieser Stoffe und ihrer chemischen und biologischen Umwandlungsprodukte (Metaboliten) ist nicht nur für ihre biozide Wirkung von Interesse, sondern auch für ihr weiteres Schicksal im gesamten Ökosystem. Gelangt ein Biozid in einen Boden, so kann es dort in gleicher Weise wie andere Stoffe gelöst, bewegt, gefällt, adsorbiert und wieder desorbiert und schließlich chemisch oder biologisch verändert oder abgebaut werden. Auf diese vielfältigen Reaktionen, für die im Prinzip die gleichen Gesetzmäßigkeiten gelten wie für andere anorganische und organische Stoffe, haben die Eigenschaften der Böden einen erheblichen Einfluß.

Außer von den Eigenschaften der Biozide und dem Klima hängt auch von den Bodeneigenschaften entscheidend ab, ob ein Biozid die Lebewelt schädigt oder das Grundwasser kontaminiert.

1. Adsorption, Verlagerung und Verdampfung

In Tab. 83 sind Eigenschaften und Verhalten gebräuchlicher Biozide zusammengefaßt. Das Verhalten wird in 3 (Adsorption) bzw. 4 (Persistenz, Mobilität) Stufen angegeben (1 = gering, schwach; 3 bzw. 4 = hoch, stark). Bei der Persistenz entsprechen die Ziffern folgenden Zeiten für einen 75–100 % Abbau: 1 = 1 bis 12

* Zusammenfassende Literatur[1–4].

[1] *Helling, C. S., P. C. Kearney, M. Alexander:* Advanc. Agron. 23 (1971) 147.

[2] *Goring, C. A. T., J. W. Hamaker* (Ed.): Organic chemicals in the environment, 2 Bde. M. Dekker, Inc. New York 1972.

[3] *Kearncy, P. C., D. D. Kaufman* (Ed.): Herbicides, chemistry, degradation and mode of action. Vol. 1, 2; 2. Ed. M. Dekker, Inc. New York a. Basel 1975.

[4] *Guenzi, W. D.* (Ed.): Pesticides in soil and water. Soil Sci. Soc. Amer. Inc. Madison Wis. 1974.

Tabelle 83 Eigenschaften von organischen Bioziden

Kurz-bezeichnung	Chemische Bezeichnung	Chemische Gruppe	Chem. Charakter i. pH-Bereich v. Böden	Verhalten im Boden			
				Adsorption		Persi-stenz	Mobi-lität
				Ton-min.	Hu-minst.		
Herbizide							
Diquat	6,7-Dihydrodipyrido [1,2-a : 2,1′-c] pyrazidinium-Salz	Bipyridin-Salz	Kation	3	2	1	1
Paraquat	1,1′-Dimethyl-4,4′-bipyridium-Salz	Bipyridin-Salz	Kation	3	2	1	1
2,4-D	2,4-Dichlorphenoxyessigsäure	Phenoxyalkyl-säure	Säure, Anion	0	3	1	4
Simazin	2-Chloro-4,6-bis(äthylamino)-s-triazin	s-Triazin	Base, Kation	3	3	3	3
Atrazin	2-Chloro-4(äthylamino)-6(isopro-pylamino)-s-triazin	s-Triazin	Base, Kation	3	3	2	3
Diuron	3-(3,4-Dichlorphenyl)-1,1-dimethyl-harnstoff	Phenyl-harnstoff	neutral	1	3	3	2
Monolinuron	3-(p-Chlorphenyl)-1-methoxy-1-methylharnstoff	Phenyl-harnstoff	neutral	1	3	2	3
Linuron	3-(3,4-Dichlorphenyl)1-methoxy-1-methylharnstoff	Phenyl-harnstoff	neutral	1	3	3	2
Dichlobenil	2,6-Dichlorbenzonitril	Nitril			3	3	2
Dicamba	3,6-dichlor-o-anisinsäure	Benzoesäure	Säure, Anion	0	3	3	1
Trillate	S-(2,3,3-Trichlorallyl) diisopropyl-thiocarbamat	Thiocarbamat	neutral		2	2	1
Insektizide							
DDT	1,1,1-Trichlor-2,2-bis(p-chlor-phenyl)-äthan	Chlorierter Kohlenwasser-stoff	neutral	3	3	4	1
Lindan	γ-1,2,3,4,5,6-Hexachlorcyclohexan	Chlotierter Kohlenwasser-stoff	neutral	1	3	4	1
Heptachlor	1,4,5,6,7,8,8-Heptachlor-3a,4,7,7a-tetrahydro-4,7(endo)-methano-inden	Chlorierter Kohlenwasser-stoff	neutral	1	3	4	1
Parathion	0,0-Diäthyl-0-(p-nitrophenyl)-phosphorthioat	P-Ester	neutral	1–2		1	1
Propoxur	2-Isopropoxyphenyl-N-methylcarbamat	Carbamat	neutral			1	2
Fungizide							
Benomyl	1-(N-Butylcarbamoyl)-2-(methoxy-carboxamido)-benzimidazol	Carbamat (Purin)	neutral	1	3	3	1
Maneb	Mangan(II)-[1,1′-äthylen-bis (dithiocarbamat)]	Thiocarbamat	neutral			1	1
Thiram	Bis(dimethylthiocarbamoyl)-disulfid	Thiocarbamat	neutral			1	1
Carboxin	5,6-Dihydro-2-methyl-1,4-oxathiin-3-carboxanilid	Acylanilid	neutral	2	3	2	2

Wochen, 2 = 12–25 Wochen, 3 = ½–2 Jahre, 4 = mehr als 2 Jahre. Hierbei bedeutet „Abbau" nicht die Mineralisierung der betreffenden Verbindung, sondern zumeist die Metabolisierung in biologisch nicht mehr wirksame Metaboliten.

Viele der verwendeten Biozide werden von verschiedenen Adsorbentien der Böden stark adsorbiert[5]. Dies wird verständlich, wenn man bedenkt, daß ein Teil von ihnen im pH-Bereich der Böden als Kationen (z. B. Diquat, Paraquat), oder als Anion (z. B. 2,4-D) vorliegen (Tab. 83). Sie konkurrieren daher mit anorganischen Kationen und Anionen bei der Adsorption. Gewisse Abweichungen entstehen dadurch, daß die organischen Ionen z. T. sehr groß sind und daher auf der Oberfläche eines geladenen Adsorbens nicht in äquivalenter Menge Platz finden. Zum anderen gehen solche Moleküle außer elektrostatische auch kovalente u. a. Bindungen ein, die ihre Affinität zum Sorbenten erhöhen. Daher werden auch neutrale Moleküle (z. B. DDT) in Boden adsorbiert. Die Arten der Bindung – z. T. mehrere Bindungen an einem Molekül – sind die gleichen wie bei den Verbindungen zwischen natürlichen organischen Substanzen des Bodens bzw. diesen und den Tonmineralen (Wasserstoffbrückenbindung, Ion-Dipolbindungen u. a. s. Kap. VIII). Zu Wasserstoffbrückenbindungen sind besonders NH_2- und Carbonylgruppen befähigt, und zwar dadurch, daß sie z. B. aus Huminstoffen oder dem Hydrationswasser adsorbierter Kationen H abziehen.

Die wichtigsten Adsorbenten für Biozide sind, wohl wegen der Vielfalt der Bindungsmöglichkeiten, die Huminstoffe. Die Wirkung vieler Biozide (z. B. Lindan) ist daher besonders in humusreichen Böden durch starke Adsorption herabgesetzt. Andererseits reichern sie sich dadurch aber auch in solchen Böden stark an. Kationische Biozide, wie Diquat und Paraquat, werden dagegen stärker durch Tonminerale in der Reihenfolge ihrer Austauschkapazität adsorbiert. Zum Vergleich verschiedener Adsorbentien diene die Lindan-Adsorption: In Ca-gesättigter Form des Adsorbens und bei einer Lindan-Gleichgewichtskonzentration von 0,1 mg/l adsorbierten Smectit 0,8, eine smectitreiche Tonfraktion eines Bodens mit 6 % organischer Substanz 6,4 und ein anmooriger Boden mit 22 % organischer Substanz 35 $\mu g/g$[6].

Die Höhe der Adsorption verschiedener Biozide hängt ab von ihrem chemischen Charakter, ihrer Konfiguration, ihrer Wasserlöslich-

keit, ihrer Konzentration in der Bodenlösung, der Art und Menge des Adsorbens, dem pH und der Temperatur. Innerhalb einer einheitlichen Gruppe von Bioziden wie den s-Triazinen stieg z. B. die Adsorption mit steigender Wasserlöslichkeit[7].

Der Zusammenhang zwischen der Konzentration eines Biozides in der Bodenlösung und der adsorbierten Menge läßt sich wie bei anorganischen Ionen meist sehr gut mit der Beziehung von *Freundlich* oder von *Langmuir* beschreiben (s. Kap. X 5 b): Die absolute Adsorption nimmt also mit steigender Konzentration zu, die relative ab.

Der pH-Wert beeinflußt die Adsorption, weil sowohl die Ladung mancher Adsorbentien (z. B. Huminstoffe) als auch die mancher Biozide vom pH abhängt. So liegen schwache Säuren wie 2,4-D (Phenoxyessigsäure) nur bei höherem pH als Anion vor, schwache Basen mit Aminogruppen bei tieferem pH als Kation und werden dann adsorbiert. Weitere chemische Charakteristika der Biozide, insbesondere die Art und Zahl der funktionellen Gruppen (R_3N^+, $- CONH_2$, $- OH$, $- NHCOR$, $- NHR$) bestimmen Möglichkeiten und Ausmaß ihrer Bindung an Adsorbentien der Böden. In der Regel führt daher steigende Molekülgröße zu größerer Adsorption. Nichtpolare Moleküle z. B. DDT werden bevorzugt durch Huminstoffe gebunden. Da die Adsorption meistens eine chemische ist, nimmt sie mit steigender Temperatur zu.

Die *Verlagerung* der Biozide erfolgt wie die anderer Stoffe durch Massenfluß und Diffusion. Der Massenfluß bestimmt vor allem die Auswaschung. Die Bewegung erfolgt bei Wassersättigung des Bodens rascher: im ungesättigten Boden ist aber weniger Wasser erforderlich, um das Biozid eine bestimmte Strecke zu transportieren[6a]. Die Verlagerung ist der applizierten Menge direkt und der Adsorption umgekehrt proportional. Je nach der Adsorptionsintensität wird die Verlagerungsfront durch sie verschleppt oder kommt ganz zum Stillstand. Im Vergleich zu anderen Stoffen sind die Biozide mittel bis wenig mobil[1], doch bestehen im einzelnen große Unterschiede. Stoffe mit Säu-

---

[5] Zusammenfassende Arbeit: *Bailey, G. W., J. L. White:* Res. Rev. 32 (1970) 29.

[6] *Mills, A. C., J. W. Biggar:* Soil Sci. Soc. Amer. Proc. 33 (1969) 210.

[6a] *Litz, N., H.-P. Blume:* Mitt. Dtsch. Bodenkdl. Ges. 30 (1981) 123.

recharakter (z. B. Pichloram) sind am mobilsten, Phenylharnstoffe (z. B. Linuron) und s-Triazine (z. B. Simazin) mittel mobil und chlorierte Kohlenwasserstoffe (z. B. Lindan) und P-Ester (z. B. Parathion) wenig mobil (Tab. 83). Überdies werden Biozide oft nur locker gebunden und gehen bei nachfolgender Verdünnung der Bodenlösung (z. B. durch Starkregen) dann wieder in Lösung[6a]. Hat in solchen Fällen ein Biozid erst einmal den Wurzelraum verlassen, kann durchaus die Gefahr einer Grundwasserkontamination bestehen. Diese ist naturgemäß in humusarmen sandigen Böden des kühlen perhumiden Klimas besonders groß[6b].

Naturgemäß wird das Ausmaß der Verlagerung durch Verdampfung, Aufnahme durch die Pflanze und Abbau beeinflußt. Der *Verdampfungs*verlust steigt mit steigendem Dampfdruck des Biozides und steigender Temperatur. Er ist z. B. bei Begasungsmitteln wie Methylbromid besonders hoch (1815 mbar bei 20 °C), aber auch bei manchen Herbiziden noch hoch genug (10^{-4}–10^{-1} mbar) um meßbare Verdampfungsverluste zu bewirken, im Gegensatz zu den chlorierten Kohlenwasserstoffen mit einem Dampfdruck von nur 10^{-4}–10^{-7} mbar. Die Verdampfungsverluste können mit steigendem Wassergehalt steigen (Desorption des Biozides durch H_2O, Massenfluß), aber auch unabhängig von ihm sein. Im sehr trockenen Boden sinken die Verluste häufig auf Null ab.

2. Chemische und mikrobiologische Umwandlung

Die chemische Umwandlung von Bioziden im Boden soll hier nur insoweit kurz behandelt werden, als sie in Richtung und Ausmaß anders verläuft als in Abwesenheit des Bodens. Bei vielen Bioziden laufen nämlich in Gegenwart von Wasser und Sauerstoff chemische Reaktionen ab wie Hydrolyse, Oxidation, Isomerisation u. a. Hierbei entstehen Transformationsprodukte, die teils ebenfalls biozid, teils aber ohne jede Wirkung sind. Ein Teil dieser Vorgänge kann durch Lichtenergie (UV-Strahlung) unterstützt werden, was jedoch auf die obersten cm des Bodens beschränkt ist.

Katalytisch beschleunigend auf die Zersetzung von Bioziden wirken vor allem Tonminerale, und zwar besonders dann, wenn sie Protonen an das Biozid abgeben. Diese Protonen entstammen meist den Wassermolekülen der austauschbaren Kationen, deren saure Eigenschaften in der Reihe $M^+ < M^{2+} < M^{3+}$ ansteigen. Al-Tone sind also besonders wirksam. Die Hydrolyse von Chloro-s-Triazinen (Simazin, Atrazin) zu den Hydroxyformen ist ein typisches Beispiel für die rein chemische Veränderung eines Biozids im Boden. Vermutlich gilt dies auch für den hydrolytischen Zerfall der als Fungizide verwendeten Carbamate (z. B. Benomyl und die Na-, Mn- und Zn-Salze substituierter Thiocarbamate).

Für die Umwandlung bis hin zum völligen Abbau spielen die Mikroorganismen des Bodens, vor allem Bakterien und Pilze, eine erhebliche Rolle[8,9] (*mikrobielle* Umwandlung). Sie vermögen die Biozide biochemisch in zumeist biologisch weniger wirksame Metaboliten zu transformieren, die dann als C-Quelle dienen können. Andere, vor allem die wenig wasser- oder fettlöslichen Biozide werden von den Mikroorganismen eingelagert, ohne dabei verändert zu werden.

Durch Mikroorganismen bedingte Reaktionen sind u. a. Hydrolyse, Oxidation, Abspaltung und Ersatz von Substituenten (Halogene, aliphatische Gruppen) und Ringspaltung. Die Vielzahl der dabei entstehenden Metaboliten wird meist unter Verwendung von ^{41}C-markierten Bioziden aufgeklärt. Im folgenden soll nur auf einige wenige Reaktionen hingewiesen werden:

So werden Cl-Gruppen an chlorierten Molekülen (z. B. DDT, 2,4-D, Lindan, Aldrin) abgespalten und bevorzugt durch OH-Gruppen ersetzt. Hierdurch werden diese Biozide meist wasserlöslicher und biologisch inaktiver. Die Cl-Substituenten werden unter aeroben Bedingungen jedoch nur sehr langsam abgespalten, so daß chlorierte Verbindungen äußerst persistent sind. Unter anaeroben Verhältnissen erfolgt dies schneller; außerdem werden unter reduzierenden Bedingungen Nitrogruppen (z. B. in Parathion) zu NH_2-Gruppen reduziert. Die P-Ester und Methylcarbamate werden relativ leicht verändert. So wird z. B. das Parathion

[6b] *Drewes, H., H.-P. Blume:* Landw. Forsch. Sonderh. 33/II (1977) 104.

[7] *Bailey, G. W.* und Mitarb.: Soil Sci. Soc. Amer. Proc. 32 (1968) 222.

[8] *Hill, I. R., S. J. L. Wright* (Ed.): Pesticide Microbiology. Academic Press, London, New York, San Francisco 1978.

[9] *Wallnöfer, P. R.* und Mitarb.: Handbook of Microbiology, 8 (1982), CRC-Press, Cleveland, Ohio.

entweder durch Hydrolyse zu p-Nitrophenol und Diäthylthiophosphorsäure gespalten oder zur Aminoform reduziert. Von den s-Triazinen werden mikrobiell hauptsächlich die Seitengruppen (z. B. Äthyl, Propyl) abgespalten, während der Cl-Substituent auf chemischem Wege eliminiert wird; der Ring bleibt jedoch meist erhalten. Phenylharnstoff-Herbizide (z. B. Linuron) werden im Boden zunächst entmethylt bzw. entmethoxyliert oder direkt enzymatisch zu den entsprechenden Chlor-Anilinen hydrolysiert. Die Chloraniline werden, wenn auch sehr langsam, weiter mikrobiell abgebaut; sie können jedoch auch miteinander zu mehrkernigen Produkten kondensieren oder werden als Kation von den Bodensorbentien adsorbiert. Linuron und Monolinuron werden schneller abgebaut als Monuron und Diuron.

In ähnlicher Weise entstehen aus Phenylcarbaminsäureestern und Acylaniliden die entsprechenden Aniline und Säuren bzw. Alkohole. Die Dipyridyliumsalze Diquat und Paraquat werden vorwiegend durch Adsorption inaktiviert, doch können auch sie mikrobiell abgebaut werden (Paraquat: Entmethylierung und Ringspaltung).

Die mikrobielle *Abbauintensität* hängt naturgemäß von den gleichen Bodeneigenschaften ab wie die Mikroorganismentätigkeit selbst (s. Kap. IX). Daher findet man einen schnellen Abbau bei ausreichender Feuchtigkeit, höheren Temperaturen und ausreichenden Mengen zersetzbarer organischer Substanz. Je nach dem Grad der Aerobie ist der Abbau von Oxidations- bzw. Reduktionsvorgängen begleitet; die Oxidation verläuft meist langsamer als die Reduktion. Hohe Ton- und Huminstoffgehalte verzögern den Abbau durch Adsorption.

Die einzelnen Biozid-Gruppen lassen sich etwa folgender Reihe abnehmender Persistenz im Boden zuordnen: Chlorierte Kohlenwasserstoffe (2−5 Jahre) > Harnstoffderivate, s-Triazine (2−18 Monate) > Carbamate > P-Ester (2−12 Wochen). In Klammern sind die Zeiten für einen 75−100%igen Abbau angegeben; sie können jedoch nur einen Anhalt bieten, da sie stark von den Bedingungen im Boden abhängen. Es ist möglich, daß sich bei längerer Anwendung eines Biozids spezifische Organismenpopulationen herausbilden, die auf dessen Abbau spezialisiert sind, so daß die Abbaurate mit zunehmender Anwendungsdauer steigt.

Rascher Abbau mindert die Gefahr einer Kontamination von Nahrungspflanzen oder des Grundwassers, verkürzt aber gleichzeitig die Wirksamkeit, so daß häufiger appliziert werden muß.

3. Veränderung des Organismenbesatzes durch Biozide

Biozide können also auch den *Organismenbesatz* von Böden verändern[10]. Dadurch wirken sie auf diejenigen Lebensprozesse der Organismen ein, die die Eigenschaften und Nutzbarkeit der Böden beeinflussen (Kap. IX 4). Eine Übersicht über toxische und nichttoxische Konzentrationen verschiedener Biozide für einzelne Organismengruppen (Bakterien, Aktinomyceten, Pilze, Invertebraten) und die Intensität ihrer Lebensprozesse (Bodenatmung, Nitrifizierung, Knöllchenbildung, N-Mineralisierung) gibt *M. Alexander*[10].

Wird die Nitrifizierung unterbunden, z. B. durch Begasung mit Methylbromid, so kann hierunter die N-Versorgung der Pflanze leiden oder sogar NH_3-Toxizität auftreten. Bei Reiskulturen wurden durch geringe Konzentration von Atrazin oder 2,4-D die N_2-fixierenden Algen geschädigt und so ebenfalls die N-Versorgung beeinträchtigt[11]. Förderung des Algenwachstums wurde dagegen nach Applikation von Lindan beobachtet, das offenbar algenverzehrende Organismen abtötete. Andererseits können durch Biozide auch die Antagonisten bodenlebender pathogener Organismen geschädigt werden. Durch den Gehalt an Bioziden in Pflanzenrückständen kann die Mikroflora, die diese Rückstände abbaut, verändert und der Abbau verzögert werden.

---

[10] *Alexander, M.:* In Soil Biology, UNESCO, Paris (1960) 209−240.
[11] *Iveppky, C., B. G. Tweedy:* Weed Sci. 17 (1969) 110.

XXVI. Böden als Teile von Ökosystemen*

Das Wirkungsgefüge einer Organismengesellschaft mit ihrem Lebensraum wird als *Ökosystem* bezeichnet. Die Organismen bilden als Lebensgemeinschaft in ihrer Gesamtheit das Biozön oder die *Biozönose*; ihr Lebensraum ist der *Biotop*. Zwischen Biotop und Biozönose sowie zwischen den Individuen der Biozönose und den Kompartimenten des Biotops bestehen vielseitige und komplizierte Wechselbeziehungen. Ein Ökosystem ist als Ganzes räumlich begrenzt, in der Regel äußeren Einflüssen offen, aber doch zu einer gewissen Selbstregulation befähigt.

Dreidimensionale Ausschnitte einer Landschaft bilden ein *Landökosystem*. Dessen vergesellschaftete Pflanzen, Tiere und Mikroben sind die Biozönose, während der Biotop aus Böden und dem Luftraum darüber besteht. Landschaftsausschnitte, die nur durch eine Bodenform gekennzeichnet sind, d. h. Pedotope

(XXXIII), bilden mit ihrer Organismengesellschaft einen *Ökotop,* während benachbarte Ökotope miteinander eine *Ökochore* (entsprechend der Pedochore) bilden. Kuppe, Hang

* Zusammenfassende Literatur[1-5].
[1] *Ellenberg, H.:* Ökosystemforschung. Springer, Berlin 1973.
[2] *Leser, H.:* Landschaftsökologie. Ulmer, Stuttgart 1976.
[3] *Tischler, W.:* Einführung in die Ökologie. Fischer, Stuttgart 1976.
[4] *Brümmer, G.:* Funktion des Bodens im Stoffhaushalt der Ökosphäre; in G. Olschowy: Natur- und Umweltschutz in der BRD. Parey, Hamburg 1978.
[5] *Schreiber, K.-F.:* Entstehung von Ökosystemen und ihre Beeinflussung durch menschliche Eingriffe; in „Eine Welt – darin zu leben". Minister f. Umwelt d. Saarlandes, Saarbrücken 1980.
[6] *Ellenberg, H.* u. a.: Ökosystemforschung im Solling. Eigenverl., Göttingen 1979.

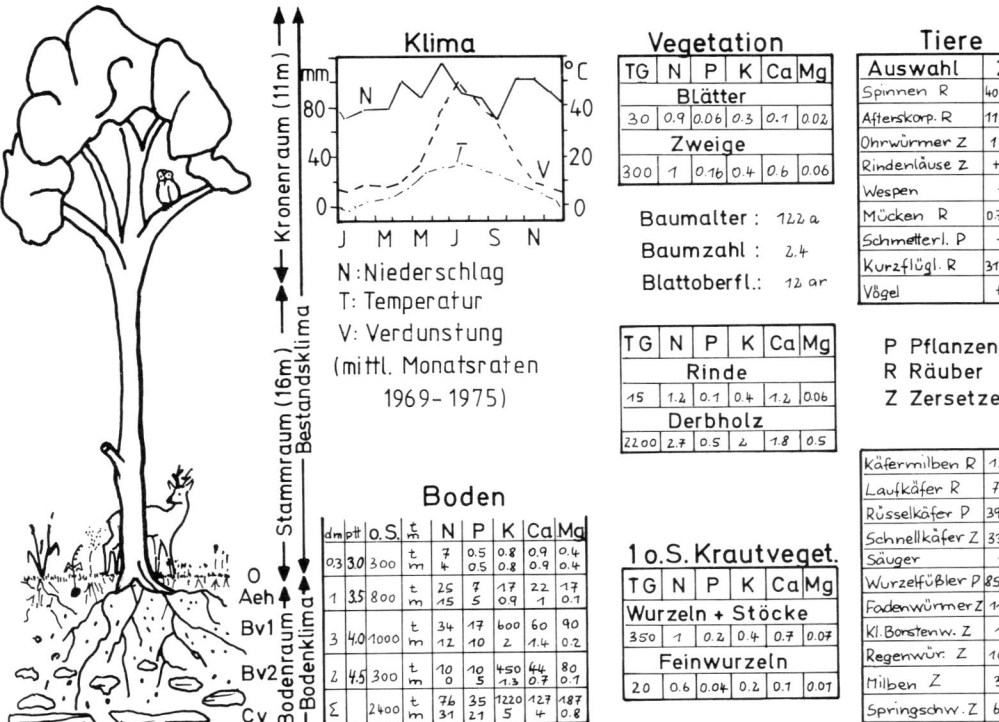

Abb. 151a Struktur eines Waldökotops (Hainsimsen-Buchenwald auf Podsol-Braunerde des Solling); Angaben pro Ar: Boden und Vegetation in kg TG (Trockengewicht), Tiere in g und (Z) Zahl (M = Millionen), t = total, m = verfügbar; nach Daten aus *Ellenberg*[6].

und Senke einer Dünenlandschaft können z. B. jede(r) für sich Ökotope sein: in ihrer Gesamtheit sind sie eine Ökochore.

1. Struktur und Dynamik eines Landökotops

Jeder Ökotop besitzt eine spezifische Struktur und Dynamik. Ein Waldökotop besteht z. B. aus Bestandsraum (Kronenraum und Stammraum, ggfs. auch Strauch-, Kraut- und Moosschicht) sowie Bodenraum (Humus- und Mineralhorizonte) mit entsprechendem Bestands- und Bodenklima (Abb. 151 a). Diese Räume beherbergen jeweils unterschiedliche Tier- und Mikroorganismenarten. Die Mehrzahl der Tiere des Stamm- und Kronenraumes überwintern im Bodenraum, und zwar vorrangig in der Humusauflage. Die in Abb. 151 a genannten Tierzahlen und Biomassen sind Mittelwerte: für viele Arten sind starke jahreszeitliche Unterschiede in Abhängigkeit vom Nahrungsangebot charakteristisch. Im Jahresmittel macht die Biomasse der Wirbellosen etwa 7 g TG/m² aus. Demgegenüber treten Vögel und Säuger stark

zurück. Manche Tiere fluktuieren allerdings (der Fuchs ruht im Bodenraum und ernährt sich im Stammraum; der Engerling lebt im Bodenraum, der Maikäfer hingegen im Kronenraum) und besuchen z. T. auch Nachbarökotope (z. B. Vögel). An Mikroorganismen waren allein in der oberen Humusauflage (Of) fast 700, in der unteren (Oh) fast 200 mg/100 g biozöner Kohlenstoff vorhanden (Tab. 83 a).

Das Wirkungsgefüge eines derartigen Ökotops ist in Abb. 151 b dargestellt: Die Pflanzen produzieren mittels Licht, Wärme, Kohlendioxid und Sauerstoff des klimatischen Umsatzraumes und mittels Wasser, Sauerstoff und

Tabelle 83a Kohlenstoffgehalte der mikrobiellen Biomasse der Humusauflage eines Waldökotops (wie Tab. 84) 9 Monate nach Laubfall (n. *K. H. Domsch* und *J. P. E. Anderson*)

Hor.	Prokaryonten (= Bakterien, Actinomyceten, Blaualgen)	Eukaryonten (= Pilze, Grünalgen, Protozoen)	Gesamt
	mg C micr./100 g		
Of	205	480	685
Oh	73	124	197

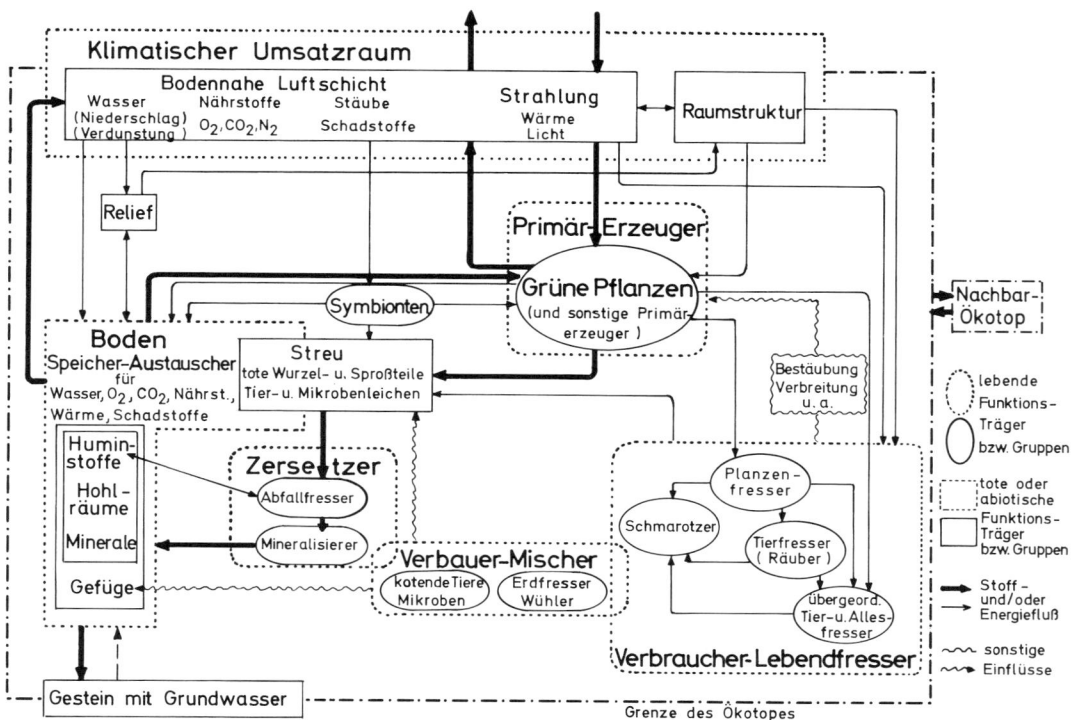

Abb. 151b Funktionsschema eines Land-Ökosystems (n. *Schreiber*[5], ergänzt)

Nährstoffen des Wurzelraumes *Biomasse,* die den Verbrauchern direkt (Pflanzenfresser, Schmarotzer, Symbionten) oder über Nahrungsketten (Tierfresser) Energie und Aufbaustoffe liefert. Die Zersetzer (bes. Bakterien, Pilze, Bodentiere) zerlegen die tote Biomasse in Kohlendioxid, Wasser und Nährstoffe oder wandeln sie teilweise in Huminstoffe um. Diese sorbieren zusammen mit Tonmineralen viele Nährelemente und speichern sie damit bis zur erneuten Aufnahme. Energie und Stoffe vollziehen also einen Kreislauf im Ökosystem. Es handelt sich dabei meistens um offene Kreisläufe, da in der Regel Energie und Stoffe aus der Atmosphäre zugeführt und an diese und/ oder das Grundwasser abgegeben werden. Zwischen den einzelnen Stoffen bestehen hierin allerdings große Unterschiede. So vollzog Phosphat in einem Waldökotop einen weitgehend geschlossenen Kreislauf, während Calcium und vor allem Schwefel relativ stark zugeführt und abgegeben wurden (Tab. 84). Auswaschungsverluste werden dabei oft aus der Mineralreserve durch Verwitterung ergänzt. Bei Grundwasser-Ökotopen findet auch eine Zufuhr durch das Grundwasser statt, bei Kulturstandorten werden Ernteverluste durch Düngung kompensiert.

Gleichzeitig gestalten die einzelnen Organismengruppen in vielfältiger Weise ihren Lebensraum. Wühlende Bodentiere schaffen sich Wohnhöhlen und Fluchtgänge und lockern dabei den Bodenraum, wodurch insbesondere Durchwurzelbarkeit und Lufthaushalt verbessert und oft auch einer Nährstoffauswaschung entgegengewirkt wird. Kotende Tiere schaffen Aggregate, die durch mikrobielle Schleimstoffe stabilisiert und durch Pilzhyphen und Pflanzenwurzeln miteinander verknüpft werden. Der Bestandsraum eines Forstes ändert sich langsam mit dem Aufwuchs der Bäume, während das Werden und Vergehen der Blätter zyklische Veränderungen im Kronenraum bewirken, was Auswirkungen auf Klima und Biozönose dieses Raumes und der nach unten folgenden Räume hat. Weitaus stärkeren jahreszeitlichen Veränderungen sind naturgemäß der Bestandsraum eines Wiesen- oder gar Acker-Ökotops ausgesetzt.

2. Entwicklung eines Landökotops

Ökotope verändern sich nicht nur zyklisch, z. B. mit der Jahreszeit, sondern auch gerich-

tet: sie sind, wie unter B für Böden besprochen wird, einer Entwicklung unterworfen. Nur selten verlaufen Biotop- und Biozönoseentwicklung synchron: bei Küstendünen Hollands entwickelten sich innerhalb von über 130 Jahren die Böden von Lockersyrosem über Pararendzina, Braunerde bis zur Podsol-Braunerde und gleichzeitig die Pflanzen von einer Strandquecke- über Strandhafer-, Sanddorn-, Weißdorn-bis zur Heidegesellschaft.

Häufiger eilt die Entwicklung der Biozönose, die auch als *Sukzession* bezeichnet wird, derjenigen des Bodens voraus; in Mitteleuropa haben während des Holozän Klimaänderungen die Biozönose verändert, bevor die Böden eine neue Entwicklungsstufe erreicht hatten.

Im Laufe der Entwicklung eines Ökosystems bis zum Reife- oder Klimaxstadium steigen Menge an Biomasse und Artenvielfalt bzw. *Diversität* an, werden Bestandsstruktur und Nahrungsketten immer komplexer, nimmt die Bruttoproduktion zu, die Nettoproduktion (wegen überproportional starken Anstieges der Atmung) jedoch ab. Beim Ackerbau hält man die Biozönose durch den Anbau einjähriger Pflanzen auf relativ „junger" Entwicklungsstufe mit der erwünscht hohen Nettoproduktion, allerdings auch geringer Stabilität gegenüber Umwelteinflüssen (z. B. Schädlingskalamitäten). Auch die Böden werden dabei durch Düngung „verjüngt".

3. Belastungen mitteleuropäischer Ökotope

Ökotope sind in Mitteleuropa vielfältigen Belastungen ausgesetzt. Mit ihrer Nutzung ist zwangsläufig ein Zurückdrängen ihrer natürlichen Biozönose verbunden. Der Landwirt führt bewußt Veränderungen herbei, um die Ertragsfähigkeit eines Standortes zu verbessern, z. B. durch Düngung, Kalkung oder Entwässerung. Oft werden dabei aber auch benachbarte, nicht landwirtschaftlich genutzte Ökotope dadurch in Mitleidenschaft gezogen, Feuchtökotope z. B. ihres Wassers beraubt oder nährstoffarme Ökotope durch Dünge- und Kalkstäube eutrophiert. Die Folgen sind Veränderungen im Artenbestand der Biozönose und oft Verlust an nicht mehr konkurrenzfähigen Arten.

Straßenrand-Ökotope werden in vielfältiger Weise durch Streusalz, Abgase und Abfälle kontaminiert; carbonathaltiger Bauschutt und

Tabelle 84 Mittlere jährliche Transportraten (1968–1976) chemischer Elemente in einem Waldökotop (Hainsimsen-Buchenwald auf podsol. Braunerde des Solling)[7,8]

	Wasser (mm)	H	K	Mg	Ca	Al (g/100 m²)	Mn	N	S	P
Niederschlag	1060	8,1	33	19	100	11	2,6	100	240	1,7
Kronen-Interception	187	8,4	88	20	110	11	15	110	250	0
Eintrag	873	16	121	39	210	22	18	210	490	1,7
Pflanzenaufnahme	287	0	410	39	530	8	100	620	80	61
Speicherung im Zuwachs	0	0	66	17	77	1	34	130	14	21
Tiefensickerung (Austrag)	623	3,4	25	34	160	160	67	77	350	0,2
Vorratsänderung im Boden	0	9,9	14	− 16	− 15	− 140	−88		100	−20

Fahrbahnabrieb haben dort oft die pH-Werte der Böden stark erhöht. Insgesamt sind Straßenrand-Ökotope dann eutrophiert, aus Rostbraunerden wurden z. B. Kalkbraunerden und unter den Pflanzen dominieren neue nitrophile Arten (z. B. Brennessel, Hollunder). Am unmittelbaren Straßenrand ist es dabei häufig nicht nur zu einer Verschiebung im Artenbestand der Wildpflanzen gekommen, sondern auch zu einer Schädigung von Kulturpflanzen, z. B. Straßenbäumen, und zwar vor allem durch Streusalz (s. Abb. 154). Spezifische Veränderungen und häufig ernste Schäden sind vielfach an industrienahen Ökotopen aufgetreten.

Allgemein, d. h. praktisch auf alle Ökotope, wirken sich hingegen die stark gestiegenen Luftverunreinigungen in Mitteleuropa aus. Deren Folgen wurden in Kap. XXIII (Schadstoffe) bereits besprochen und sollen am Beispiel eines Waldökotops nochmals zusammengefaßt werden. Das auf dem Plateau des Hochsolling liegende Buchenwald-Ökotop erhält aus seiner Umwelt, der Atomsphäre, Wasser und darin gelöste chemische Elemente durch die Niederschlagsdeposition sowie die Kronen-Interception (Tab. 84). Beides zusammen ergibt den Input. Bei diesem Input an chemischen Elementen handelt es sich überwiegend um anthropogene Luftverunreinigungen. Gravierend in Menge und Wirkung ist dabei Schwefel, der u. a. als Schwefeldioxid-Gas an Blatt- und Rindenoberflächen sorbiert wird und außerdem mit dem Regen auf Pflanzen- und Bodenoberfläche gelangt und in diese eindringt. Er hat gemeinsam mit Nitrat die Versauerung vieler Waldböden stark erhöht und hierdurch die Mineralverwitterung intensiviert (s. auch Kap. XXI/10). Darauf ist u. a. zurückzuführen, daß in der Solling-Braunerde heute wesentlich mehr Mangan ausgewaschen wird als aus der Atmosphäre eingetragen wird, so daß demnächst nach Erschöpfen der Vorräte mit Mn-Mangel gerechnet werden kann. Außerdem wird Aluminium verstärkt freigesetzt, das ökologisch als Wurzelgift wirkt. Schließlich erniedrigt die Versauerung die pH-abhängige Ladung der Huminstoffe, so daß Nährstoffionen immer weniger sorbiert werden können, mithin stärker ausgewaschen werden. Derzeit haben Nährstoffeinträge aus der Atmosphäre die Produktivität des Buchenwaldes nicht absinken lassen: mit starkem Nährstoffmangel und Al-Toxizität ist aber spätestens dann zu rechnen, wenn die Nährstoffzufuhr über die Atmosphäre, infolge besserer Abgasfilterung, nachlassen sollte.

Bei landwirtschaftlich genutzten Standorten wirken sich saure Niederschläge nicht schädlich aus, weil durch Düngung und Kalkung deren Pufferkapazität stark erhöht wurde.

---

[7] *Ulrich, B.* u. a.: Schriften Forstl. Fak. Univ. Göttingen 58, 1979.
[8] *Benecke, P.:* Schriften Forstl. Fak. Univ. Göttingen 61, 1980.

B. Bodenentwicklung, Bodensystematik und Bodenverbreitung*

Die *Bodengenetik* ist die Lehre von der Entwicklung der Böden. Ein Boden ist ein Naturkörper, bei dem ein Gestein an der Erdoberfläche unter einem bestimmten Klima, einer bestimmten streuliefernden Vegetation und Population von Bodenorganismen durch *bodenbildende Prozesse* (Verwitterung und Mineralbildung, Zersetzung und Humifizierung, Gefügebildung und verschiedene Stoffumlagerungen) umgeformt wird. Diese Bodenentwicklung beginnt in der Regel an der Oberfläche eines Gesteins und schreitet im Laufe der Zeit zur Tiefe fort, wobei *Lagen* entstehen, die sich in ihren Eigenschaften unterscheiden und als *Horizonte* bezeichnet werden. (Demgegenüber haben sich *Schichten* durch Sedimentation gebildet, sind also Lagen der Gesteinsbildung). Die Horizonte sind in ihren Eigenschaften oben streuähnlich (bes. die organischen *Auflagehorizonte*) und werden nach unten als *Mineralhorizonte* zunehmend gesteinsähnlich. Alle Horizonte zusammen bilden das *Solum*, ein 2-dimensionaler Vertikalschnitt durch den Bodenkörper das *Bodenprofil*. Die den Boden (teilweise) überlagernde Streu und das ihn unterlagernde Gestein gehören definitionsgemäß nicht zum Boden (s. Einleitung): sie werden aber oft zwecks einheitlicher Profilgliederung auch als Horizonte bezeichnet.

Bodenhorizonte werden mit Buchstabensymbolen signiert (s. Kap. XXIX). So wird als *A-Horizont* der oberste, durch organische Substanz dunkel gefärbte oder infolge Abfuhr von Stoffen gebleichte Teil des Mineralbodens bezeichnet, als *B-Horizont* der darunter befindliche Teil des Bodens, in dem oft auch eine Stoffzufuhr stattgefunden hat. Das darunter folgende, von der Bodenentwicklung nicht oder kaum beeinflußte Gestein erhält, wenn es dem Ausgangsmaterial des Solums entspricht, das Symbol C. Als *O-Horizont* wird der überwiegend aus organischen Stoffen bestehende Auflagehorizont über dem Mineralboden bezeichnet.

Demgegenüber nennt man in der landwirtschaftlichen Praxis die ständig (15−35 cm tief) bearbeitete Krume eines Ackers sowie den stark durchwurzelten (7−10 cm) Horizont eines Grünlandes auch den *Oberboden*. Diesem folgt der *Unterboden*, der bei den meisten Landböden in das Ausgangsgestein, den *Untergrund* überleitet.

Die Entwicklung vom undifferenzierten Gestein zum oft stark gegliederten Boden kann in verschiedenen Positionen einer Landschaft bzw. in verschiedenen Regionen der Erde einen sehr unterschiedlichen Verlauf nehmen: sie ist abhängig von der an einem Orte herrschenden Konstellation an *Faktoren der Bodenentwicklung.*

Die genannten Faktoren wirken dabei wechselseitig aufeinander und beeinflussen gegenseitig Ausmaß und Richtung ihres Wirkens. Vielfach befinden sie sich aber auch mit dem Boden selbst in Wechselwirkung, was insbesondere für Flora und Fauna gilt. Das Klima ist am unabhängigsten, wirkt auf den Boden aber auch in einer durch Relief und Vegetation modifizierten Form ein.

Je nach der herrschenden Konstellation dieser Faktoren und der *Dauer* der Einwirkung entstehen Böden unterschiedlicher Entwicklungsstufe und Profildifferenzierung, deren Eigenschaften ihrerseits stetig verändert werden. Eine Änderung der Faktoren (z. B. Klimawechsel) kann dabei der Bodenentwicklung eine neue Richtung geben.

Auch der *Mensch* beeinflußt die Bodenentwicklung, indem er bewußt oder unbewußt die Böden selbst oder die natürlichen Faktoren verändert.

Die moderne *Systematik* der Böden fußt auf der Bodengenetik und gliedert Böden nach ihren durch bodenbildende Prozesse erworbenen Eigenschaften. Dabei werden Böden mit gleich-

---

* Zusammenfassende Literatur[1−5].

[1] *Buol, S. W., F. D. Hole, R. J. McCracken:* Soil Genesis and Classifikation. University Press, Ames 1973.
[2] *Duchaufour, Ph.:* Pédologie. Masson, Paris 1977.
[3] *Ehwald, E.:* Bodengenetik, Bodensystematik; in *G. Müller* (Ed.): Bodenkunde. Deutsch. Landw., Berlin 1980.
[4] *Fitzpatrick, E. A.:* Soils. Longman, London 1980.
[5] *Jenny, H.:* The soil resource. Springer, New York 1980.

artigen pedogenen Merkmalen, die sich in charakteristischer Weise von Böden eines anderen Entwicklungszustandes unterscheiden, zu einem *Bodentyp* zusammengefaßt.
Böden sind Landschaftsausschnitte. Die *Bo-*

dengeographie befaßt sich mit der Verbreitung bestimmter Böden und deren Ursachen, außerdem mit der Gliederung der Bodendecke einzelner Landschaften und letztlich der Erde als Ganzes.

XXVII. Faktoren der Bodenentwicklung

Faktoren der Entwicklung eines Bodens sind das *Klima,* das *Ausgangsgestein,* die (von der Erdanziehung verursachte) *Schwerkraft,* das *Relief* (als seine Position in der Landschaft), *Flora* und *Fauna* und vielfach auch Grund*wasser* oder Fluß-, See- bzw. Meerwasser.

1. Klima

Die *Sonnenenergie* ist die mächtigste Triebkraft der Bodenentwicklung. Sie wirkt als direkte Sonnenstrahlung und diffuse Himmelsstrahlung teils unmittelbar, teils über verschiedene Faktoren des Klimas (wie Niederschlag, Lufttemperatur, Luftfeuchtigkeit, Wind) und vor allem über die *Lebewelt*. Die bei der Bodenentwicklung wirksame Energie ergibt sich im wesentlichen aus Intensität und jahreszeitlicher Verteilung der *Strahlungsbilanz* (d. h. der Differenz ein- und ausgestrahlter Sonnenenergie). Demgegenüber tritt die Innenwärme der Erde in ihrer Bedeutung zurück (unter 0,01, Sonneneinstrahlung im Mittel aber $2\,cal \cdot cm^{-2} \cdot min^{-1}$).

Die von der Strahlungsbilanz abhängige *Bodentemperatur* (s. Kap. XVIII) wirkt direkt auf die Prozesse der Zersetzung, Verwitterung und Mineralbildung. Zersetzung und chemische Verwitterung werden durch steigende Temperaturen beträchtlich intensiviert, so daß sie in den feuchten Tropen viel stärker sind als in den gemäßigten Breiten oder gar in Polnähe bzw. im Hochgebirge. Die intensivere Verwitterung vieler Böden humider Tropen ist allerdings nicht allein auf höhere Temperaturen zurückzuführen, sondern auch auf längere Zeiten der Bodenentwicklung. Dadurch, daß die Temperatur auch auf die Vegetation wirkt, beeinflußt sie die Produktion der Streu, das Ausgangsmaterial der Humusbildung. In wärmeren Böden

beteiligen sich mehr Organismen an Streuabbau und Gefügebildung. Sinken die Bodentemperaturen unter den Gefrierpunkt ab, kommen die meisten chemischen und biochemischen Prozesse zum Erliegen. Spezielle physikalische Vorgänge treten dann — besonders beim Wechsel von Gefrieren und Auftauen — auf: Frostverwitterung, frostbedingte Durchmischung (Kryoturbation) und Bodenfließen über gefrorenem Untergrund (Solifluktion).

Durch *Niederschläge* wird das Bodenwasser ergänzt; damit werden Lösungs- und Verlagerungsvorgänge ermöglicht. Auf die Bodenentwicklung wirkt vor allem derjenige Anteil der Niederschläge aus, der als Sickerwasser das Solum passiert und dabei Lösungsprodukte abführt. Er läßt sich nach *W. Laatsch* als *Durchfeuchtung* bezeichnen, unter der das Mehr an Niederschlägen (nach Abzug der oberflächlich abfließenden Wassermengen) gegenüber der tatsächlichen Jahresverdunstung in mm verstanden wird. Diese hängt entscheidend von Temperatur und relativer Luftfeuchte ab.

Oft beherrscht das Klima die Pedogenese so stark, daß alle anderen Faktoren der Bodenentwicklung zurücktreten und sogar der Einfluß des Ausgangsgesteins überdeckt wird. Sichtbar wird das bei einem Vergleich von Böden gleichen Gesteins und Reliefs aber unterschiedlicher Klimate. So wurden bei Lößböden um so höhere Tongehalte und Austauschkapazitäten festgestellt, je höher die Niederschläge waren, mithin die Bodendurchfeuchtung war, da gleiche Temperaturen herrschten, während das pH sinkt (s. Tab. 85). Das ist darauf zurückzuführen, daß mit zunehmender Durchfeuchtung die chemische Verwitterung primärer Silicate und ihre Umwandlung in Tonminerale verstärkt werden und eine erhöhte Auswaschung von Ca-, Mg-, K- und Na-Ionen eintritt. Stärkere Durchfeuchtung führt auch zu rascher

Tabelle 85 Beziehungen zwischen Niederschlagsmenge (N) und einigen Bodeneigenschaften[6]. Gestein: Löß; mittl. Jahrestemp. 11,1 °C

N (mm/a)	Ton %	AK mval/ 100 g	pH	Bodentyp
370	15	12	7,8	Kastanozem
500	19	16	7,0	Chernozem
750	23	24	5,2 ⎫	Phaeozem
900	26	27	5,2 ⎭	

Entkalkung, womit wiederum eine Tonverlagerung möglich wird. In kühlhumiden Klimaten hemmt Nährstoffverarmung das Bodenleben und damit Streuabbau und Gefügebildung, so daß Rohhumusauflagen entstehen können.

Starkregen und Schneeschmelze verursachen an Hängen Bodenerosion. *Wind* erhöht die Verdunstung und kann bei Trockenheit besonders auf vegetationsfreien Flächen ebenfalls Erosion verursachen. Weitere Klimafaktoren wie Bewölkung und Luftfeuchtigkeit haben für die Bodenentwicklung überwiegend dadurch Bedeutung, daß sie die Strahlung bzw. die Verdunstung abwandeln.

In *ariden* Klimaten, bei denen mehr Wasser zu verdunsten vermag als Niederschläge fallen, liegen die Verhältnisse anders. Hier ist die chemische Verwitterung gering, weil gelöste Verwitterungsprodukte nicht ausgewaschen werden. Es dominiert häufig eine ascendierende Wasserbewegung, so daß Carbonate, Gips und schließlich auch andere Salze im Oberboden angereichert werden und nicht selten Krusten bilden.

Die Bedeutung des Klimas wird besonders darin deutlich, daß die wichtigsten Bodenzonen der Erde weitgehend Klimazonen entsprechen (s. hierzu Kap. XXXIII 3).

Es hat nicht an Versuchen gefehlt, die Wirkung des Klimas auf die Bodenentwicklung zu *klassifizieren*. Ältere Kennwerte zur Erfassung der Wirkung des Klimas auf die Böden sind der *Regenfaktor* nach *Lang*, der dem Quotienten aus dem mittleren Jahresniederschlag und der mittleren Temperatur der frostfreien Zeit des Jahres entspricht, und der *N/S-Quotient* von *Meyer*, der das Verhältnis der mittleren Jahresniederschläge zum mittleren Sättigungsdefizit der Luft darstellt. Beide Größen sind einfach zu berechnen, geben jedoch nur grobe Näherungswerte, weil u. a. die Temperatur nicht als unabhängige Größe nochmals gesondert berücksichtigt wird. So liegen bei einem Vergleich von Standorten der Tropen und gemäßigter Breiten mit gleichem Regenfaktor unterschiedliche Bodeneigenschaften vor, weil große Temperaturunterschiede bestehen. Diesen Fehler vermei-

den Schemata von z. B. *Thornthwaite*[7], bei denen Bodenzonen nach Temperatur und Humidität (bzw. Strahlungsbilanz und Strahlungsmenge, die zur Verdunstung der Jahresniederschlagsmenge erforderlich ist) unterschieden werden.

Hierbei wird nicht berücksichtigt, daß jahreszeitliche Unterschiede insbesondere in kontinentalen Klimaten zu intensiver Bodenbildung führen können, weil perkolierende Wasserbewegung in humiden Monaten mit ascendierenden in ariden wechseln.

Fränzle[8] korrelierte daher die monatlichen Werte der Humidität nach *Thornthwaite* mit den entsprechenden Temperaturen und erhielt dabei für verschiedene Bodentypen spezifische Diagramme. Auch hier ergeben sich nur Näherungswerte, da die Durchfeuchtung aus der potentiellen Verdunstung abgeleitet wird, während die Menge des dem Festland durch Evapotranspiration tatsächlich verloren gehenden Wassers dem Einfluß vieler Faktoren wie Wasserkapazität der Böden, Vegetation usw. unterliegt.

Aus der Atmosphäre gelangen neben Staub auch gelöste Salze mit den *Niederschlägen* in den Boden, die die Zusammensetzung des Ionenbelages beeinflussen[9] und in ariden Klimaten zur Versalzung führen können, wenn sie im Laufe von Jahrtausenden in undurchlässigen Böden angereichert werden[10].

2. Ausgangsgestein

Das Gestein ist neben der Streu das Substrat bzw. Ausgangsmaterial der Bodenbildung. Es hat Minerale des Bodens teils direkt geliefert, teils sind sie aus deren Lösungsprodukten entstanden. In jungen Böden ist demzufolge der Mineralbestand dem des Ausgangsgesteins sehr ähnlich; in stärker entwickelten Böden gilt das nur noch für die schwerer verwitterbaren Minerale.

Richtung und Intensität der Bodenentwicklung hängen stark von Gefüge (Locker- oder Festgestein, Porosität), Mineralbestand und Körnung ab, was im Hinblick auf die Verwitterung bereits eingehend behandelt wurde (Kap. I–IV). In einer Landschaft sind Böden aus Lockersedimenten meist wesentlich tiefgründiger entwickelt als benachbarte Böden aus Festgestein, und zwar auch dann, wenn dieses im

---

[6] *Jenny, H., C. O. Leonhard:* Soil Sci. 38 (1934) 363.
[7] *Thornthwaite, C. W.:* Geogr. Rev. 21 (1931) 633.
[8] *Fränzle, O.:* Die Erde 96 (1965) 86.
[9] *Låg, Y.:* Acta Agric., Scand. 18 (1968) 148.
[10] *Yaalon, D.:* VIII. IBG-Kongreß, Bukarest 5 (1964) 997.

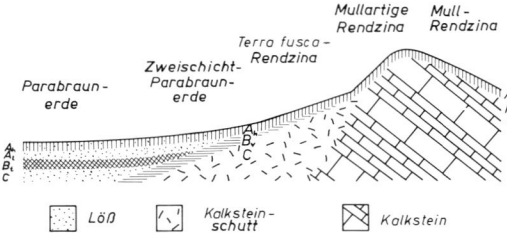

Löß Kalkstein-schutt Kalkstein

Abb. 152 Bodengesellschaft eines zum Teil mit Löß überdeckten Kalkstein-Hanges (unterer Muschelkalk) in Norddeutschland (Hildesheimer Wald; Schema nicht maßstabsgerecht)

Pleistozän durch Frostsprengung aufbereitet wurde, wie das Abb. 152 für Löß im Vergleich zu Kalkstein zeigt. Auf Festgesteinen ohne periglaziäre Decken ist in Mitteleuropa die Bodenentwicklung selten tiefer als 20–40 cm gegangen, so daß meist nur A-R-Böden entstanden.

Bei *Festgesteinen* verwittern die Tiefengesteine mit grobem *Gefüge* leichter als entsprechende Ergußgesteine mit dichtem Gefüge (Granit > Porphyr, Gabbro > Basalt), weil ein grobes Gefüge der physikalischen Verwitterung bessere Angriffsmöglichkeiten bietet. Aus den gleichen Gründen verwittern stark geschieferte Metamorphite rascher als schwach geschieferte, stark geschichtete Sedimentite leichter als wenig geschichtete, und zwar besonders dann, wenn Schiefer- und Schichtflächen schräg oder steil stehen (s. Kap. II 4).

Bei *Lockergesteinen* sind *Körnung* und *Lagerungsdichte* entscheidend für die Permeabilität. Grobkörnige Sedimente fördern die Perkolation und damit (horizontdifferenzierende) Verlagerungsvorgänge im Profil: das begünstigt die Lösung von Fe- und Mn-Oxiden durch Reduktion und damit die Bildung hydromorpher Merkmale (s. Kap. XXVIII 6); in Hanglage fördert es zudem einen (u. U. erosionsfördernden) Oberflächenabfluß. Zum Beispiel kam es im Odenwald bei Böden aus lößhaltigen Sandstein-Fließerden wegen hoher Durchlässigkeit und wenig verwitterbaren Silicaten zu starker Versauerung und Fe- und Al-Verlagerung im Profil (Podsolierung), während bei den Mehrschichtböden aus Löß über Tongestein geringe Durchlässigkeit zum Wasserstau führte[11].

Weist der *Mineralbestand* des Gesteins viele leicht verwitterbare Minerale auf, werden Versauerung und Entbasung und damit die Tiefenentwicklung des Bodens verzögert. Das gilt besonders bei höherem *Carbonatgehalt*, weil Silicate erst dann stärker verwittern, wenn die Carbonate ausgewaschen sind. Die Böden aus Löß der Abb. 152 sind daher tiefgründig entkalkt, diejenigen aus Kalkstein hingegen nicht, weil bei diesen neben der Verwitterungsresistenz eines harten Gesteins auch höhere Carbonatgehalte eine vollständige Auswaschung verhinderten. Andererseits kann auch bei reinen Quarzsanden sowie Quarziten ein sichtbares Fortschreiten der Bodenentwicklung unterbleiben, weil mangels verwitterungsfähiger Fe- und Mn-Minerale keine Zersetzungsprodukte auftreten, die eine Profildifferenzierung ermöglichen.

Lockersedimente hoher Lagerungsdichte begünstigen ebenfalls den Wasserstau. Daher weisen im norddeutschen Tiefland unter gleichen Klimabedingungen Böden aus (durch Eisdruck) dicht lagerndem Geschiebemergel (Rg 1,7–1,9 g/cm³) häufiger hydromorphe Merkmale auf als Böden aus Löß (Rg 1,4–1,6). Auch sekundäre Umlagerung des Lösses hat oft dicht lagernde(n) Schwemmlöß oder Lößfließerden entstehen lassen mit entsprechend starken hydromorphen Merkmalen der daraus entwickelten Böden.

Nicht immer hat sich ein Boden aus dem gleichen Gestein gebildet, das unter seinem Solum ansteht. Häufiger war das Ausgangsmaterial primär geschichtet (z. B. viele Wassersedimente) oder der Boden entwickelte sich aus einer jüngeren Sedimentdecke (z. B. Löß oder Flugsand), die sich stark von den Eigenschaften des Liegenden unterscheiden kann. In Mitteleuropa bilden häufig mehrfach geschichtete Fließerden das Ausgangsmaterial. Bei vielen Mittelgebirgsfließerden ist nur die häufig steinreiche *Basisfolge* allein aus dem Liegenden hervorgegangen, während darüber Schichten folgen, die häufig feinerkörnig sind, weil sie Löß enthalten oder stärker durch Frostsprengung zerteilt wurden (*Haupt-* und *Deckfolge* nach *Wiefel*[12] bzw. *Mittel-* und *Deckschutt* nach *Semmel*[13]). Bei Böden aus solchen Ausgangsgesteinen ist es schwer, zwischen lithogenen und pedogenen Eigenschaften zu unterscheiden und damit die Genese zu rekonstruieren.

[11] *Blume, H.-P., E. Szabados:* X. IBG-Kongreß, Moskau 6 (1974) 569.
[12] *Wiefel, H.:* Petermanns geograph. Mitt. 113 (1969) H. 1.
[13] *Semmel, A.:* Notizbl. Hess. Landesamt Bodenforsch. 92 (1964) 275.

3. Schwerkraft und Relief

Alle Böden entstehen unter dem Einfluß der *Schwerkraft,* die z. B. das Bodenwasser mit gelösten Stoffen in Grobporen versickern läßt und tiefere Bodenlagen einer Auflast aussetzt.

Das *Relief,* und zwar Höhenlage, Geländeform und Exposition modifiziert die Bodenentwicklung, indem es die Wirkung von Schwerkraft, Klima, Gestein, Wasser, Lebewelt und letztlich auch die des Menschen modifiziert.

In Abhängigkeit von Inklination und Exposition bildet sich ein örtliches *Kleinklima,* das unter Umständen stärkere Auswirkungen auf die Bodenentwicklung haben kann als das Großklima. So sind im allgemeinen auf der nördlichen Halbkugel sowohl die Luft- und Bodentemperaturen als auch die Werte der Lichtintensität und der Verdunstung an den Nordhängen niedriger als an den Südhängen. Auch ist der Wechsel zwischen Gefrieren und Tauen der Böden an Nordhängen weniger häufig als an Südhängen. Dies hat zur Folge, daß die Böden an Nordhängen stärker und tiefer durchfeuchtet und daher oft tiefgründiger sind als die der Südhänge, daß aber gleichzeitig die Verwitterungsintensität geringer ist, da aus den erwähnten Gründen an den Nordhängen die chemischphysikalischen und biologischen Verwitterungsvorgänge langsamer ablaufen als an den Südhängen. Dies geht z. B. aus Profilanalysen (Tab. 86) von Parabraunerden aus glazialen Sanden hervor, die an Nordhängen trotz größerer Horizontmächtigkeit geringere Tongehalte und eine schwächere Tonverlagerung aufweisen als an den Südhängen. Südhänge leiden andererseits oft unter langanhaltender Trockenheit. In derartigen Fällen kann die Bodenentwicklung an den feuchteren Nordhängen weiter fortgeschritten sein als an den Südhängen. Ein Beispiel dafür wird von *Pallmann*[15] aus den Schweizer Alpen beschrieben. Dort haben sich aus Kalkstein an den Süd- und Osthängen schwach entwickelte Rendzinen gebildet, die einen geringmächtigen A_h-Horizont mit pH-Werten zwischen 6,8 und 7,5 besitzen, während

an den Nordhängen Tangelrendzinen entstanden, die mächtige humose Auflagehorizonte mit pH-Werten zwischen 4 und 6 aufweisen.

In ebener Lage sind Stofftransporte im Boden überwiegend vertikal orientiert. In Hanglagen werden Stofftransporte begünstigt, die lateral bzw. oberflächenparallel orientiert sind und über die Grenzen des Pedons hinausgehen. Der Bodenkörper kann sich dann unter dem Einfluß der Schwerkraft als Ganzes bewegen, und zwar in kalten Klimaten als Fließerde und in den Subtropen als Gilgai (s. Kap. XXVIII 10 a). Häufiger werden hingegen durch abfließendes Oberflächenwasser eine Bodenerosion ausgelöst und/oder durch Hangzugwasser gelöste Stoffe aus Oberhangböden in Unterhang- oder Talböden umgelagert (s. Kap. XXVIII 10 b–c).

Tiefgelegene Landschaftspositionen werden in ihrer Entwicklung oft vom Grundwasser beeinflußt (s. Abb. 153 und Kap. XXVII 4).

4. Wasser

Auf die Entwicklung bestimmter Böden wirken neben dem Niederschlagswasser auch Grundwasser oder fließende und stehende Gewässer ein. Die Grenzen zwischen Grundwasser und Bodenwasser sind analog zum Ausgangsgestein fließend, da in der Regel Teile des Grundwasserkörpers oder Gewässerkörpers zum Boden gehören. Sie füllen dabei Hohlräume völlig aus. Ihrem Einfluß wird so große Bedeutung beigemessen, daß man in der deutschen Bodensystematik die Landböden (d. h. grundwasserunabhängigen Böden) von den Grundwasserböden und den Unterwasserböden trennt.

Oberflächennahes Grundwasser modifiziert die Lebewelt, was sich wiederum auf die Zersetzbarkeit der Streu auswirkt. Aus dem Grundwasser wird die Bodenlösung mit Wasser

---

[14] *Cooper, A. W.:* Soil Sci. 90 (1960) 109.
[15] *Pallmann, H.:* Schweiz. Landw. Monatsh. 20 (1942) 1.

Tabelle 86 Einfluß der Exposition auf Tongehalt und Horizontmächtigkeit von Parabraunerden aus glazialen Sanden im gemäßigt-humiden Gebiet Südost-Michigans[14]

Exposition	Durchschnittlicher Tongehalt (%) der Horizonte				Mächtigkeit (cm) der Horizonte am					
					Oberhang			Unterhang		
	A_h	A_l	B_t	C	A_h	A_l	A + B	A_h	A_l	A + B
S	3,8	5,7	12,6	2,6	6	34	64	8	56	85
N	2,8	4,6	7,7	2,7	8	57	91	14	52	103

und gelösten Stoffen ergänzt; diese werden teilweise im Boden akkumuliert: in humiden Klimaten vor allem Eisenoxide oder Carbonate, in ariden Klimaten auch Sulfate oder Chloride. Das Grundwasser verdrängt die Bodenluft und induziert damit anaerobe Verhältnisse, die die mikrobielle Zersetzung hemmen, so daß Anmoore (Abb. 153) und Moore entstehen können. Das Grundwasser beeinflußt auch die perkolierende Wasserbewegung im ungesättigten Bodenbereich selbst von Sandböden und verzögert dabei Auswaschungsvorgänge. Ein Grundwassereinfluß äußert sich z. B. bei Podsolen in einer geringeren Verhärtung des Illuvialhorizontes. Statt festen Ortsteins tritt in diesen Podsolen meist eine besonders an organischer Substanz reiche, lockere Orterde auf.

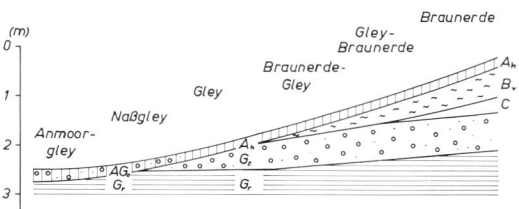

Abb. 153 Bodengesellschaft in Abhängigkeit vom Grundwasser (Schema stark überhöht)

Das Wasser eines Flusses, Sees oder Meeres befindet sich zwischen subhydrischen Böden und Atmosphäre und schirmt jene damit vor dem Einfluß der Atmosphäre weitgehend ab, was z. B. einen ausgeglichenen Wärmehaushalt bewirkt, vor allem aber den Gasaustausch hemmt. Dieses führt zu niedrigen Sauerstoffgehalten, was anaerobe Verhältnisse schafft und den Abbau der organischen Substanz hemmt.

Gewässer überfluten häufig periodisch die Uferböden. Dabei werden gelöste Stoffe zugeführt, an Meeresküsten vor allem NaCl und Mg-Salze, und klastische Sedimente abgelagert oder auch erodiert. Durch diese Vorgänge wird die Bodenentwicklung verzögert und zum Teil auch rückgängig gemacht.

5. Fauna und Flora

Der Boden bildet mit Fauna und Flora ein *Wirkungsgefüge*, ein *Ökosystem*, dessen Entwicklung von den bisher genannten Faktoren als Ganzes beeinflußt wird (s. Kap. XXVI). Die Lebewelt ist somit kein selbständiger, unabhängig wirkender Faktor; im folgenden werden daher nur die Wechselwirkungen zwischen ihr und dem Boden behandelt.

Der Einfluß des *Edaphons,* d. h. des im Boden lebenden Anteils von Fauna und Flora wurde bereits in Kapitel IX eingehend besprochen, soll daher nur in seiner profilprägenden Wirkung kurz wiederholt werden.

Für die Bodenentwicklung ist zunächst entscheidend, daß vor allem die Vegetation mit der Streu das organische Ausgangsmaterial eines Bodens liefert, das dann von Tieren und Mikroben in Huminstoffe umgeformt wird. Menge und Zusammensetzung der Streu sind dabei je nach Pflanzengesellschaft verschieden, und zwar in Abhängigkeit von den Klima- und Bodenverhältnissen. So bestehen zwischen der Tundren-, Wüsten- und Steppenvegetation, dem Laub-, Misch- oder Nadelwald in den Eigenschaften ihrer Streu große Unterschiede, was zur Bildung verschiedener Humusformen führen kann. Die Vegetation entzieht dem Boden Wasser und verzögert damit Verlagerungsvorgänge. Gleichzeitig werden Nährstoffe über Wurzelaufnahme und Streurückgabe aus dem Unter- in den Oberboden umgelagert.

Die Vegetationsdecke bildet einen *Schutzmantel* über der Bodenoberfläche. Die Pflanzen mildern den Aufprall der Regentropfen und speichern die Niederschläge zum Teil im Blattwerk (= Interzeption). Auf diese Weise werden das Ausspülen und Verwehen fester Bodenteilchen (Erosion) durch Wasser und Wind sowie der Aggregatzerfall und das Dichtschlämmen der Böden gemildert oder sogar verhindert.

Wurzeln und Mikroben scheiden organische Säuren und Komplexbildner aus, welche Verwitterungs- und Verlagerungsvorgänge stark beeinflussen. Sauerstoffentzug und reduzierende Verhältnisse führen in wassergesättigten Böden zur Lösung und Umlagerung insbesondere von Fe-Verbindungen und damit zu einer besonderen Morphe (s. Vergleyung und Pseudovergleyung, Kap. XXVIII 6).

Bodentiere und Mikroben schaffen stabile Aggregate; sie erschweren damit Verlagerungsvorgänge. Wühlende Bodentiere wie Regenwürmer und Nagetiere mischen Bodenmaterial und lagern es um; sie wirken damit abwärts gerichteten Verlagerungsprozessen und einer Horizontdifferenzierung entgegen (s. Bioturbation, Kap. XXVIII 9).

6. Menschliche Tätigkeit*

Der Mensch wirkt bei der Bodennutzung einmal direkt durch Kulturmaßnahmen auf Böden ein und hemmt oder beschleunigt dabei die Bodenentwicklung, oder er gibt ihr sogar eine neue Richtung. Außerdem findet ein indirekter Einfluß über Veränderungen des Klimas, Reliefs, Gesteins oder der Vegetation, des Grund- oder Gewässerwassers statt. Die Veränderungen sind dabei teils gewollt und dienen dann in der Regel einer Verbesserung der Ertragsfähigkeit, teils sind sie unbeabsichtigt und haben dann häufiger negative Folgen.

Landwirtschaftliche Nutzung vermag in vielfältiger Weise die Bodenentwicklung zu beeinflussen. Die *Rodung* des in Mitteleuropa natürlichen Waldes und nachfolgender Feldbau vermindert die Transpiration, erhöht damit die Sickerwasserrate[20], so daß gelöste Stoffe verstärkt ausgewaschen werden können. In Hanglage fließt das Wasser verstärkt oberflächlich ab und lagert dabei Bodenmaterial um. Durch Bodenerosion werden dabei natürliche Böden entweder teilweise zerstört oder gänzlich beseitigt, während anderen Ortes Kolluvien angehäuft werden. In den Tälern führen die Flüsse häufiger Hochwasser, überfluten die Auen und sedimentieren dort Auenlehm. *Ackerbau* zerstört durch *Pflugarbeit* die ursprüngliche Horizontierung, schafft einen künstlichen A_p-Horizont, belüftet den Boden und intensiviert damit den Abbau organischer Substanz. Dies verringert bei vielen Böden beträchtlich die Aggregatstabilität und erhöht die Verschlämmungs- und Erosionsneigung, was als *Degradierung* bezeichnet wird. Durch *Düngung* werden die Nährstoffgehalte der Böden erhöht, durch Kalkung die pH-Werte: damit wird der natürlichen Versauerung entgegengewirkt und Verwitterungsvorgänge werden verlangsamt. Hierdurch werden insbesondere Podsole in ihrer Dynamik stark verändert und erhalten die Dynamik von Braunerden, was als *Regradierung* bezeichnet wird. *Entwässerung* grund- oder staunasser Böden verbessert die Durchlüftung, so daß Pseudovergleyung und Vergleyung gehemmt werden und Grundwasserböden in Landböden überführt werden können.

Auch *Forstnutzung* vermag die Bodenentwicklung zu beeinflussen. So ergibt *Nadelholzaufforstung* schwerer zersetzliche Streu, was das Bodenleben mindert, bei nährstoffarmen Böden die Neigung zur Rohhumusbildung und zur Podsolierung erhöht. Ein Beispiel hierfür

ist die Bodenentwicklung auf norddeutschen Dünen- und Geschiebesanden, wo unter natürlichem Laubwald podsolige Braunerden erhalten blieben, während sich unter Fichte schon in der ersten Generation ausgeprägte Podsolierungserscheinungen zeigten. Bei staunassen Böden kann Fichtenmonokultur zur Verdichtung der Oberböden und verstärkten Pseudovergleyung der Unterböden führen[21]. *Forstdüngung* hat demgegenüber eine ähnliche Wirkung wie auf Ackerstandorte und intensiviert vor allem den Humusabbau.

Grundwassererhöhung, Bewässerung und Wasserüberstauung (z. B. bei Reiskulturen) haben bei Böden aller Art oft eine *Vergleyung* zur Folge, die in semiariden bis ariden Gebieten auch mit einer *Versalzung* verbunden sein kann. Die Gewässereutrophierung durch *Abwassereinleitungen* verändert die Entwicklung der Unterwasserböden, bei denen insbesondere die Faulschlammakkumulation stark gefördert wird. Auch die Grundwasserböden im Uferbereich werden durch *Überflutung* und Infiltration vom Flußufer her mit Carbonaten und anderen Salzen angereichert[22].

Abgase der Industrie, der Fahrzeuge und des Hausbrandes haben in Mitteleuropa zu einer Anreicherung der Atmosphäre mit SO_2 und NO_3 geführt, die als Säuren mit den Niederschlägen in die Böden gelangen und dort die Versauerung intensivieren (s. Kap. XX 10 u. XXVI 3).

An *Straßenrändern* führen Abfälle und carbonathaltiger Staub demgegenüber in der Regel zu einer pH-Erhöhung und Nährstoffzufuhr, wodurch bei sauren Waldböden der Humusabbau gefördert, Verwitterung und Podsolierung hingegen gehemmt werden. Außerdem sind hier die Böden mit Blei der Autoabgase[23]

---

* Zusammenfassende Literatur[16-19].

[16] *Ganssen, R.*: Z. Pflanzenernähr. Bodenkd. 87 (1959) 201.

[17] *Lieberoth, I.*: Bodenkunde und Bodenfruchtbarkeit. Dtsch. Landw., Berlin 1969.

[18] *Blume, H.-P., H. Sukopp*: Schriftenr. f. Vegetatk. 10 (1976) 75.

[19] *Blume, H.-P.* (Red.): Typische Böden Berlins. Mitt. Dtsch. Bodenkdl. Ges. 31 (1981).

[20] *Blume, H.-P., U. Zimmermann*:Z. Pflanzenernähr. Bodenkd. (1975) 541.

[21] *Schlenker, G.* und Mitarb.: Mitt. Verein Forstl. Standortsk. 19 (1969) 72.

[22] *Blume, H.-P., H.-P. Röper*: Mitt. Dtsch. Bodenkdl. Ges. 16 (1972) 272.

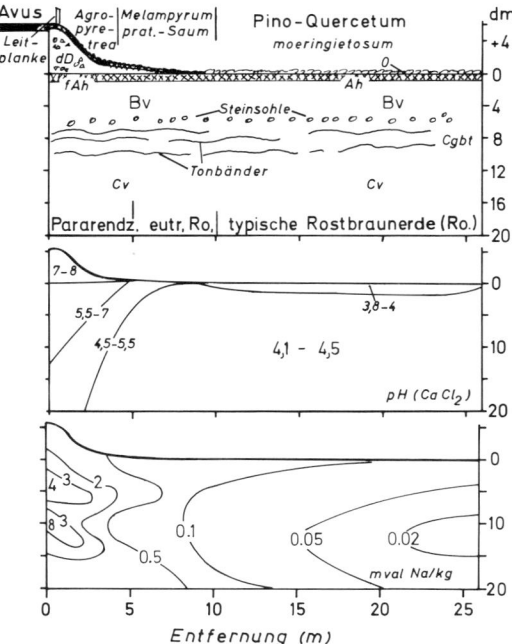

Abb. 154 Änderung von Vegetation, Bodentyp, pH-Wert und Na-Konzentration der Bodenlösung (bezogen auf 1 kg Boden) in Abhängigkeit von der Entfernung von einer Autobahn (Avus)[19]

sowie mit Natrium der Streusalze angereichert (Abb. 154).

Über Großstädten und Industrieballungen wird auch das Klima nachhaltig verändert, und zwar ist dort in der Regel die Aridität höher als in der Umgebung, womit Verlagerungsvorgänge gemildert werden. Gleichzeitig wurde hier künstliches Ausgangsgestein in Form von Trümmerschutt in starkem Maße geschaffen, das in städtischen Freiflächen einer Bodenentwicklung unterliegt[19].

Mülldeponien stellen ein vom Menschen geschaffenes Ausgangsmaterial der Bodenbildung dar. Deren hoher Anteil an leicht zersetzlichen organischen Stoffen bewirkt intensive Mikrobentätigkeit, damit Sauerstoffverbrauch, reduzierende Verhältnisse, Bildung von Deponiegasen, besonders Methan, und schwarze bis blaugrüne Bodenfarben (vergleichbar den Reduktionshorizonten vieler Grundwasserböden) sowie hohe Bodentemperaturen. Die Deponiegase gelangen teilweise auch in natürliches Bodenmaterial, das zur Abdeckung benutzt wurde, sowie in benachbarte natürliche Böden und induzieren auch dort reduzierende Bedingungen. Auch Böden, die der *Deponie flüssiger Abfälle* dienen, z. B. Rieselfelder, werden besonders nachhaltig verändert: sie sind zeitweilig Luftmangelstandorte und weisen daher hydromorphe Merkmale auf; außerdem sind sie mit vielen Nähr- und Schadstoffen angereichert, mit anderen hingegen abgereichert (z. B. Mn, Fe)[24].

Völlig neue, *anthropogene Böden* entstehen nach Abtorfung von Hochmooren, Tiefumbruch von Podsolen, starker Zufuhr von Kompost, Heideplaggen oder Lehm zu Sandböden, Aufspülung von Flußschlick, Löß usw. auf Halden, Sand- und Schotterböden u. ä., durch tiefes Rigolen, Terrassierung usw. In den anthropogenen Böden ist das Gepräge natürlicher Böden so weitgehend verlorengegangen, daß sie als besondere Bodengruppe im Anschluß an die natürlichen Böden besprochen werden.

[23] *Blume, H.-P., Th. Hellriegel:* Z. Pflanzenernähr. Bodenkd. 144 (1981) 182.
[24] *Blume, H.-P., R. Horn* u. a.: Soil Sci. 130 (1980) 186.

XXVIII. Prozesse der Bodenentwicklung

In einem Boden laufen ständig Stoffumwandlungen und Stoffverlagerungen ab, die mit Energieumsetzungen verbunden sind. Umwandlungen und Verlagerungen setzen sich dabei aus zahlreichen, gleichzeitig und nacheinander ablaufenden chemischen, physikalischen und biologischen Einzelvorgängen zusammen,

die vor allem durch Klima und Lebewelt induziert werden und in ihrer Gesamtheit die *Bodendynamik* ausmachen.

So lassen sich wiederkehrende Änderungen der Bodentemperatur im Tages- und Jahreslauf beobachten (s. Kap. XVIII), der Bodenfeuchte als Resultierende von Niederschlag und Verdunstung bzw.

Versickerung sowie wechselnde Tensionsgradienten im Boden (s. Kap. XVI). Auf- und Abbau von Bodenaggregaten erfolgt durch Schrumpfung bzw. Lebendverbau und Quellung, womit zyklische Verdichtungen und Lockerungen verbunden sind (s. Kap. XV). Auch die Eigenschaften der Bodenlösung (pH, Eh, Ionenarten u. -konzentrationen) ändern sich ständig durch Niederschlag, Wasserbewegung und molekulare Diffusion, Austauschvorgänge mit Mineral- und Humusoberflächen (s. Kap. X) sowie Organismen; gleiches gilt für Menge und Art der organischen Bodenstoffe durch Zersetzung und Humifizierung (s. Kap. VII). Zyklische Stoffumlagerungen erfolgen dabei teils im Boden – z. B. pendeln lösliche Salze in wechseltrockenen Klimaten zwischen Ober- und Unterboden – teils zwischen Boden und Pflanze, d. h. im Ökosystem (s. Kap. XXVI), teils handelt es sich um größerräumige Stoffkreisläufe wie Wasser- und Elementniederschlag verbunden mit Wasser- und Elementsickerung, an denen auch der Mensch beteiligt sein kann – z. B. durch Ernteentzug und Düngung.

Viele dieser Vorgänge sind nun nicht voll reversibel, was dann zu kleinen bleibenden Veränderungen führt, die sich im Laufe der Zeit zu größeren summieren. Soweit daraus charakteristische Bodeneigenschaften bzw. Bodenhorizonte resultieren, spricht man von profilprägenden bzw. *bodenbildenden Prozessen*, die in ihrer Gesamtheit die *Entwicklung* eines Bodens ausmachen.

Art und Intensität der bodenbildenden Prozesse werden durch die jeweiligen Bodenentwicklungsfaktoren bestimmt.

Neue Bodenhorizonte sowie Veränderungen entstehen also durch *Umwandlungs- oder Transformationsprozesse,* wie Verwitterung und Mineralbildung, Zersetzung und Humifizierung sowie Gefügebildung, außerdem durch *Verlagerungs- oder Translokationsprozesse,* bei denen perkolierendes, ascendierendes oder auch lateral ziehendes Wasser zu einer Umverteilung von Stoffen führt. Diesen *horizontbildenden* Prozessen stehen *horizontverwischende* Prozesse bzw. *Turbationen* gegenüber, bei denen durch Wechselfeuchte, periodisches Gefrieren, wühlende Bodentiere oder auch Pflugarbeit des Menschen Material verschiedener Bodentiefen gemischt wird.

Ein Teil der genannten Prozesse, insbesondere die der Stoff-Umwandlung, wurden bereits im Kap. A beschrieben. Aber auch diese sollen nochmals kurz besprochen werden, um ihre Mitwirkung an der Profildifferenzierung aufzuzeigen. Die einzelnen profilprägenden Prozesse dürfen nämlich im Grunde nicht isoliert voneinander betrachtet werden, da sie sich ge-

genseitig beeinflussen und da erst das vielfältige Wechselspiel zwischen ihnen zur Bildung eines Bodens führt und zur Entwicklung sehr verschiedener Böden geführt hat.

1. Verwitterung und Mineralbildung

An Verwitterung und Mineralbildung sind physikalische, chemische und biologische Prozesse beteiligt (s. Kap. II). Sie führen zu einer Profildifferenzierung, weil sie in den einzelnen Horizonten mit unterschiedlicher Intensität ablaufen und dabei in unterschiedlichem Maße verschiedene neue Minerale entstehen.

Durch *physikalische Verwitterung* (Kap. II 1) wird ein festes Gestein, das man als R- oder auch mC-Lage bezeichnet, in Bruchstücke zerteilt und dabei gelockert. Hierdurch ist ein Rv (bzw. mCv)-Horizont entstanden. Entsprechend werden die Gesteinsbruchstücke und Mineralpartikel eines Lockergesteins, d. h. einer C (bzw. lC)-Lage, zerkleinert, womit ein Cv-Horizont gebildet wurde.

Die *chemische Verwitterung* (Kap. II 2) löst Minerale teilweise oder in Gänze auf. Insbesondere in humiden Klimaten ist sie mit der *Auswaschung* gelöster Verwitterungsprodukte sowie mit *Versauerung* (Kap. XII) und *Entbasung* verbunden, die ihrerseits weitere Prozesse der Bodenbildung auslösen, wie z. B. *Tonverlagerung* und *Podsolierung*. Oft ist die Verwitterung mit einer *Mineralbildung* aus den Lösungsprodukten verbunden: es entstehen u. a. Tonminerale und Eisenoxide, was die Bildung eines B-Horizontes bedeutet.

Durchfeuchtung und Temperatur steuern im wesentlichen Art und Geschwindigkeit von Verwitterung und Mineralbildung. Deren Klimaabhängigkeit bedingt typische Formen dieser beiden Prozesse in den verschiedenen Klimazonen der Erde, die im folgenden beschrieben werden.

a) Kryoklastik

Die durch einen Wechsel von Gefrieren und Tauen des Bodenwassers verursachte Frostsprengung oder Kryoklastik (Kap. II 1) ist vor allem in Dauerfrostböden kühler Klimate profilprägend. Durch sie werden die Minerale des Oberbodens um so intensiver zerkleinert, je häufiger Gefrieren und Tauen wechseln, und zwar je nach der Tiefe des sommerlichen Tauens 0,2–1,5 m. Sie ist daher in subarktischen bzw. subalpinen Regionen stärker als in arktischen bzw. alpinen; in kühleren Regionen sind besonders Südhänge betroffen, weil hier der vereiste Boden häufiger und tiefer taut, in wärmeren Regionen oft die Nordhänge, wenn ihnen eine wärmeisolierende Vegetationsdecke noch fehlt. Sehr hohe Niederschläge vermindern die Kryoklastik, weil dann eine mächtige Schneedecke Temperaturunterschiede ausgleicht, ebenso wie sehr geringe, weil dann die Böden zu trocken sind.

Viele Gesteine deutscher Mittelgebirgslagen wurden im Spätglazial durch Kryoklastik tiefgründig zerteilt und gelockert.

b) Verbraunung und Verlehmung

Die Verwitterung eisenhaltiger Minerale unter Bildung von Eisenoxiden ist als Merkmal für das Ausmaß der Profildifferenzierung von großer Bedeutung. Die Eisenfreisetzung aus Fe(II)-haltigen Silicaten wie Biotit, Olivinen, Amphibolen oder Pyroxenen erreicht meist erst nach Entkalkung und Absinken der pH-Werte unter 7 ein höheres Ausmaß. Sie führt in gemäßigten und kühlen Klimaten zur Bildung braun gefärbter Eisenoxide, vor allem Goethit, die an der Oberfläche primärer Minerale angereichert werden. Durch diese *Verbraunung* entsteht aus dem Cv- ein Bv-Horizont. Sie kann bisweilen durch Anhäufung braun gefärbter Huminstoffe oder Auswaschung von $CaCO_3$ und damit Anreicherung lithogener Eisenoxide allerdings vorgetäuscht sein. Insbesondere im humosen Oberboden entstehen durch die Reaktion von Eisen und organischen Säuren metallorganische Komplexe, die (u. a. wegen starker Ca-Belegung) nicht wanderungsfähig sind[25], sondern auch Mineralpartikel umhüllen und feinere Partikel zu Aggregaten verkleben.

Die Verbraunung ist der profilprägende Prozeß vieler Böden der gemäßigten Breiten. Sie wurde aber auch in manchen arktischen[26] und antarktischen[27] Böden beobachtet, ggf. erleichtert durch einen kryoklastischen Zerfall eisenhaltiger Silicate.

Die Verbraunung ist mit der Bildung von Ton verknüpft, die als *Verlehmung* bezeichnet wird. In norddeutschen Parabraunerden aus Würm-Geschiebemergel[28] und Löß[29] beträgt die Tonbildung z. B. 30–100 kg je m². Tonbildung ist zu unterscheiden von einer relativen Tonanreicherung durch Auswaschung von $CaCO_3$.

Verbraunung und Verlehmung wurden in mitteleuropäischen Böden begünstigt, weil hier während der Eiszeiten eine intensive kryoklastische Verwitterung stattfand. Häufig fällt die heutige Grenze intensiver Verbraunung mit der (aus kryoklastischer und kryoturbater Veränderung erschlossenen) Auftautiefe des periglaziären Permafrostbodens zusammen, woraus manche Autoren schließen, daß auch die Verbraunung bereits im Pleistozän stattfand[30, 31].

Verbraunung und Verlehmung sind mit einer Auswaschung eines Teils der Verwitterungsprodukte verbunden, die als *Degradation* bezeichnet wird. So betrug bei den oben erwähnten Parabraunerden aus Geschiebemergel der Verlust an silicatisch gebundenem Kalium 2–4 kg je m²; von dem silicatisch gebundenen Eisen wurden 3–6 kg in pedogene Oxide umgeformt, ~ 2 kg hingegen ausgewaschen[29].

c) Ferrallitisierung*

Unter den intensiven Verwitterungsbedingungen der feuchten Tropen verarmen die Böden sehr stark an Silizium (*Desilifizierung*), und Eisen und Alluminiumoxide reichern sich neben Kaolinit als stabile Verwitterungsprodukte an. Diesen Prozeß nennt man *Ferrallitisierung;* er ergibt einen Bu-Horizont (Definition s. Kap. XXIX).

In dem Anfangsstadium tropischer Verwitterung (bzw. im Kontaktbereich zum unverwitterten Gestein) werden Silicate wie Feldspäte und Biotit unter Lockerung der Gesteinsstruktur gelöst, wobei Alkali- und Erdalkaliionen bereits teilweise abgeführt werden. Später werden in durchlässigen Böden auch diese Minerale gelöst, verknüpft mit einer starken Fortfuhr der Lösungsprodukte in der Reihenfolge Ca >

[25] *Duchaufour, Ph.*: Sci. du Sol (1973) 151.
[26] *Fedoroff, N.*: Sci. du Sol 2 (1966) 77.
[27] *Tedrow, J.*: J. Soil Sci. 19 (1968) 197.
[28] *Fölster, H., B. Meyer, E. Kalk*: Z. Pflanzenernähr. Bodenkd. 100 (1963) 1.
[29] *Schlichting, E., H.-P. Blume*: Z. Pflanzenernähr. Bodenkd. 95 (1961) 193, 227.
[30] *Kowalkowski, A.*: Thaer Arch. 11 (1967) 483.
[31] *Kopp, D.*: Tag.-Ber. Dt. Akad. Landwirtsch.-Wiss. Berlin 102 (1970) 55.
* Weiterführende Literatur[32–34]
[32] *Millot, G.*: Geology of clays. Masson et Cie, Paris 1970.
[33] *Schellmann, W.*: Geol. Jb. 81 (1964) 645; 84 (1967) 163.
[34] *Fölster, H., N. Moshrefi, A. G. Ojenuga*: Pedologie 21 (1971) 95.

Na > Mg > K > Si. Gleichzeitig werden Fe-Oxide gebildet, und zwar neben Goethit auch Hämatit (infolge hoher Temperatur und Fehlens von organischer Substanz). Aus basischen Magmatiten entsteht daneben Gibbsit; gleiches gilt für Si-reiche Gesteine bei starker Kieselsäureauswaschung, während sich sonst Kaolinit bildet. Schließlich wird auch Quarz gelöst, so daß von den primären Mineralen nur wenige erhalten bleiben, wie z. B. Zirkon, Turmalin, Anatas und Rutil, und auch Kaolinit wiederum abgebaut werden kann. Dabei treten Massenverluste bis zu 90 % auf. Da die äußere Form der primären Minerale lange erhalten bleibt, mithin keine Sackung stattfindet, ist die Ferrallitisierung mit einer starken Abnahme des Raumgewichtes verbunden.

Die feuchttropische Verwitterung hat im Laufe von Jahrmillionen Tiefen von 40 bis 60 Metern erreicht (mehrere hundert Meter mächtige Verwitterungsdecken sind hingegen wohl auf Umlagerungen zurückzuführen). Dabei blieben häufig einzelne Gesteinsblöcke unverwittert; sie bilden „schwimmende" Wollsackblöcke, die später als Erosionsrückstände die Landoberflächen bedecken. Unter den humiden Klimaverhältnissen sind die tieferen Bodenlagen oft langfristig wassergesättigt. Dadurch wird eine Oxidation freigesetzten silicatischen Eisens verhindert, so daß dieses lateral abgeführt und an Hangkanten akkumuliert wird, oder besonders unter wechselfeuchten Bedingungen der Subtropen kapillar aufsteigt und den Oberboden auch absolut mit Eisen anreichert.

d) Temperatur- und Salzsprengung

In subtropisch-tropischen Wüstenklimaten dominieren Temperaturverwitterung und Salzsprengung (Kap. II 1). In Böden reicht die Gesteins- und Mineralzerkleinerung durch *Wärmesprengung* etwa 50 cm tief. Sie wird durch Salzsprengung ergänzt, die bereits durch nächtliches Tauwasser ausgelöst werden kann und selbst in Kältewüsten beobachtet wurde[27].

2. Bildung von Humusformen*

Die organische Substanz, die beim Absterben von Tieren und insbesondere von Pflanzen(teilen) sowie in Form tierischer und pflanzlicher Ausscheidungsprodukte auf und in einen Boden gelangt, wird größtenteils mineralisiert. Nur ein kleiner Teil wird in der Regel in Huminstoffe umgewandelt, die über längere Zeit erhalten bleiben. Die Huminstoffe bilden zusammen mit Streuresten den *Humuskörper* eines Bodens. Art und Menge der einen Humuskörper aufbauenden Streu- und Huminstoffe hängen sowohl von der jährlich produzierten Streumenge und Streuzusammensetzung, d. h. im wesentlichen von der Vegetation, als auch von den Lebensbedingungen der verschiedenen Bodenorganismen ab, die die organische Substanz zersetzen, humifizieren und mit der mineralischen Substanz mischen. Entscheidend sind also die Standortverhältnisse, d. h. die Wärme-, Wasser-, Luft- und Nährstoffverhältnisse des Standorts (s. Kap. VII 4).

Der Humuskörper läßt sich morphologisch in *Humushorizonte* gliedern, die sich in der *Humustextur* (Art, Anteil und Beschaffenheit makroskopischer Grundgemengteile des Humus) und dem *Humusgefüge* (Lagerungsart und -dichte der Grundgemengteile) unterscheiden[38]. Die Humushorizonte überlagern einander bzw. Mineralhorizonte durchsetzen diese. Die Gesamtheit aller Humushorizonte ergibt die *Humusform,* deren senkrechter Schnitt das *Humusprofil.*

Nach dem Bildungsmilieu werden terrestrische Humusformen, die unter vorwiegend aeroben Bedingungen, und hydromorphe Formen, die unter zeitweilig bis ständig anaeroben Bedingungen entstehen, unterschieden.

a) Terrestrische Humusformen

Bei den terrestrischen Böden unterscheidet man zwischen den Auflagehorizonten mit über 30 % org. Substanz (den O-Horizonten) und den Humushorizonten im Mineralbodenverband (den Ah-Horizonten). Bei gehemmter Einarbeitung der anfallenden org. Substanz durch Bioturbation umfaßt die Humusauflage vieler Waldstandorte von oben nach unten die folgenden Horizonte:

Die L- oder *Streulage* (auch Förna oder litter-Horizont) besteht aus äußerlich unzersetzten Blättern bzw. Nadeln, Samen(kapseln) und Zweigen von Waldbäumen und Waldboden-

* Ergänzende Literatur[35-37].

[35] *Hartmann, F.:* Waldhumusdiagnose. Springer, Wien 1965.

[36] *Babel, U.:* Moderprofile in Wäldern. Ulmer, Stuttgart 1972.

[37] Arbeitskreis Standortkartierung: Forstliche Standortaufnahme. 4. Aufl., Landw. Verl., Münster-Hiltrup 1980.

[38] *Babel, U., K. Kreutzer* u. a.: Z . Pflanzenernähr. Bodenkd. 143 (1980) 564.

pflanzen. Blätter und Nadeln sind teilweise unregelmäßig gefleckt, rissig und etwas angefressen, was bereits an der Pflanze entstanden sein kann. Etwas *Feinhumus* (Huminstoffe und zerkleinerte Streu ohne makroskopisch erkennbare Gewebestrukturen) haftet bisweilen als Tierkot an der Streu.

Der *Fermentationshorizont* (auch Of-, Grobhumus- bzw. Vermoderungshorizont) besteht aus halb zerfallenen Blättern bzw. Nadeln und Kleintierkot. 10–70 % des Bodenhumus liegt als Feinhumus vor.

Der *Humifizierungshorizont* (auch Oh-, Feinhumus- bzw. Humusstoff-Horizont) besteht überwiegend aus Feinhumus und nur noch wenig zerkleinerten Streuresten mit erkennbarer Gewebestruktur (weniger als 30 %). Beim Feinhumus wird auch nach Aggregatgröße und Konsistenz zwischen krümeligem *Wurmhumus* (enthält eingeschlossene Mineralkörner), griesigem *Moderhumus* (meist Kot der Gliederfüßer und Enchytraeiden) und schmierigem *Pechhumus* (völlig zerfallene Losung) unterschieden.

Unter diesen Auflagehorizonten folgt der humushaltige, mineralische Oberboden (bzw. Ah-Horizont). In ihm tritt Grobhumus stark zurück bzw. liegt nur in Form toter Wurzel(reste) und Tierleichen vor. Der Feinhumus bildet entweder eigene Aggregate, die von der Sandlückenfauna als Kotballen abgelegt wurden, vom Regen eingeschlämmt wurden oder von Bodenwühlern mit Mineralkörnern vermischt wurden. In Böden mit höherem Regenwurmbesatz sind die Huminstoffe hingegen mit Mineralpartikeln zu Krümeln vereint.

Schließlich können Huminstoffe zusammen mit Ton (s. Kap. XXVIII 4) oder mit Fe bzw. Al (s. Kap. XXVIII 5) in den Unterboden verlagert worden sein und dort Tonhumus-Tapeten an Aggregatoberflächen bilden oder Mineralkörner umhüllen und miteinander verkitten.

Humusformen stellen nun Kombinationen der geschilderten Humushorizonte dar; die wichtigsten sind Rohhumus, Moder und Mull; sie werden teilweise nach dem bei ihnen dominierenden Humushorizont benannt.

(1) Rohhumus

Die Humusform Rohhumus ist in der Regel durch eine mächtige (5–30 cm) Humusauflage gekennzeichnet. Da nahezu keine wühlenden und bodenvermischenden Bodentiere vorkommen und nur wenig eingeschlämmter sowie

Wurzel-Humus auftritt, fehlt ein humoser A-Horizont oder tritt stark gegenüber der Auflage zurück.

Häufig wurden Huminstoffe auch in den Unterboden eingewaschen (s. Podsolierung, Kap. XXVIII 5). Die Auflage ist in Fermentations- und Humifizierungshorizont gegliedert. Die Übergänge zwischen den einzelnen Horizonten sind scharf, woraus ebenfalls die geringere Verarbeitung durch wühlende Bodentiere deutlich wird. Huminstoffe liegen als Milben- und Colembolenlosung vor, die von Pilzhyphen durchsetzt ist. Bakterien und vor allem Strahlenpilze sind als Zersetzer kaum vertreten. Der Humuskörper ist dabei durch ein weites C/N-Verhältnis von 30–40 und niedrige pH-Werte (3–4) gekennzeichnet. Als Huminstoffe treten vor allem Fulvosäuren auf.

Rohhumus bildet sich insbesondere bei extrem nährstoffarmen und grobkörnigen Böden unter einer Vegetationsdecke, die schwer abbaubare und nährstoffarme Streu liefert, wie Heiden (Calluna, Erica, Vaccinium, Rhododendron) oder Koniferen (Picea, Pinus). Dichte, lichtarme Fichten- oder Rotbuchenforsten ohne krautigen Unterwuchs begünstigen eine Rohhumusbildung ebenso wie ein kühlfeuchtes Klima. An besonders trockenen Standorten (auch infolge Streunutzung) liegt der Of-Horizont dem Mineralboden oft wie ein dichter Filz auf, während mächtige Oh-Horizonte vor allem bei feuchten Standorten vertreten sind.

Im Bereich der alpinen Zwergstrauchregion und der subalpinen Wälder tritt auf Carbonatgestein unter dem Einfluß eines kühlfeuchten Klimas als Humusform *Tangelhumus* auf, der durch bis zu 1 m mächtige Humusauflagen gekennzeichnet ist. Auch hier ist eine Gliederung der Auflage in streureichen, sauren Fermentationshorizont und huminstoffreichen Humifizierungshorizont erkennbar. Die Horizontübergänge sind im Gegensatz zum Rohhumus aber weniger scharf. Ein humoser A-Horizont ist in der Regel deutlich ausgeprägt und weist oft sogar Wurmlosung auf.

(2) Moder

Auch beim Moder sind meist alle Auflagehorizonte vorhanden: die Übergänge sind aber unscharf, die Horizonte also miteinander verfilzt, und darunter folgt ein deutlich ausgeprägter humoser Mineralboden.

In der Auflage und im oberen Mineralboden

sind koprogene Aggregate, die von Enchyträen und zahlreichen Arthropoden herrühren, als Moderhumus stark vertreten. Ein charakteristischer, etwas aufdringlicher („Moder-")Geruch ist dem Moder ebenso eigen wie eine gegenüber dem Rohhumus lockere Lagerung der humosen Horizonte. Das C/N-Verhältnis liegt bei 20 und unter den Huminstoffen sind neben Fulvaten auch Humate stärker vertreten. Die pH-Werte liegen über Silicatgesteinen bei 3–4, können über Carbonatgesteinen aber > 7 sein.

Moder bildet sich vor allem unter krautarmen Laub- und Nadelwäldern auf relativ nährstoffarmen Gesteinen oder unter kühlfeuchten Klimaverhältnissen.

Auf Silicatgesteinen lassen sich Grobmoder, Feinmoder und Mullartiger Moder unterscheiden. Beim *Grobmoder* sind in der Auflage relativ viel Streurückstände vertreten, beim *Feinmoder* hingegen überwiegend Moderhumus. Beim *Mullartigen Moder* ist die Humusauflage nur geringmächtig und tritt hinter der des A_h-Horizontes zurück. Er tritt auf, wenn die Mischung der Humushorizonte durch Bodentiere intensiver wird.

Auf Carbonatgesteinen sind Rendzinamoder, mullartiger Rendzinamoder und Pechmoder verbreitet. Der *Rendzinamoder,* der vor allem bei flachgründigen, häufig austrocknenden Syrosem-Rendzinen auftritt, besitzt eine Auflage, die ein leicht staubendes, dunkel gefärbtes, lockeres Gemenge aus Hornmilbenkot, zerkleinerten, wenig veränderten Pflanzenresten und einzelnen Mineralpartikeln bildet. Beim *mullartigen* Rendzinamoder wurden dagegen Mineral- und Humuskörper durch größere Bodentiere (Regenwürmer, Engerlinge, Ameisen) vermischt. Der *Pechmoder,* der ausschließlich in den feuchtesten Lagen hochalpiner Landschaften auftritt, besitzt bis zu 2 dm mächtige O_h-Horizonte, die überwiegend aus Collembolenlosung hervorgegangen sind und als Pechhumus ein tiefschwarzes Aussehen besitzen.

(3) Mull

Bei der Humusform *Mull* fehlt eine Humusauflage völlig oder verschwindet unter sommergrünen Laubwäldern einige Monate nach dem Streufall, ist also nicht ständig vorhanden. Im oft mächtigen A_h-Horizont fehlen Streustoffe fast völlig; der Humuskörper besteht vielmehr fast ausschließlich aus braungrauem bis schwarzem, mit Tonmineralen innig verbundenem Feinhumus. Viele wühlende und erdfres-

sende Bodentiere sind vertreten und die Bodenflora setzt sich beim Mull, der einen charakteristischen frischen („Erd-")Geruch besitzt, vorwiegend aus Bakterien und Strahlenpilzen zusammen. Das C/N-Verhältnis des Humuskörpers liegt bei 10–15, die Bodenreaktion ist schwach sauer bis alkalisch und Humate bilden die stärkste Stoffgruppe.

Mull *bildet* sich in Böden mit günstigen Wasser- und Luftverhältnissen und relativ hohen Nährstoffgehalten, in denen die Streu rasch abgebaut wird. Er ist an eine Vegetation gebunden, die eine nährstoffreiche, leicht mineralisierbare Streu liefert; Mull bildet sich also bevorzugt unter Steppenvegetation und unter krautreichen Laubwäldern. Auch bei Wiesen- und Ackerstandorten liegt in der Regel Mull vor.

Nach Humusgefüge und -textur des A-Horizontes kann zwischen Wurmmull, Sandmull und Kryptomull unterschieden werden. Beim *Wurmmull* liegt die organische Substanz überwiegend in Regenwurmlosung vor und ist innig mit Mineralkörnern verschiedenster Größe verknüpft. *Sandmull* weist neben koprogenen Aggregaten davon isolierte Sandkörner auf, ist mithin eine Mullform sandiger Substrate, bei denen die Regenwurmtätigkeit wegen grober Körnung in ihrer Leistung zurücktritt. Beim *Kryptomull,* der Humusform vieler tonreicher Böden, liegt innige Tonhumusbindung vor; die Humusgehalte sind aber gering und Wurmlosung ist kaum zu beobachten, weil in den nährstoffreichen, tonreichen und frischen Böden Streu- und Huminstoffe rasch abgebaut werden und Wurmlosung wegen eines ständigen Wechsels von Quellung und Schrumpfung rasch zerfällt.

b) Hydromorphe Humusformen

In nassen Böden hemmt Sauerstoffmangel die Zersetzung und führt damit zur Anreicherung organischer Substanz. Böden, die nur im Winter bis oben vernässen, im Sommer hingegen oben belüftet werden, weisen den Landböden vergleichbare Humusformen auf, die nur durch höhere Humusgehalte gekennzeichnet sind. Sie werden als *Feuchthumusformen* bezeichnet, wobei Feuchtmull, Feuchtmoder und Feuchtrohhumus unterschieden werden.

Ganzjährig hohe Grundwasserstände bewirken besonders bei nährstoffreichen Mineralböden Humusgehalte, die zwischen 15 und 30 % liegen und als HA (Landesämter Aa)-Horizonte bezeichnet werden. Fehlt solchen Böden eine Humusauflage, so liegt ein *Anmoor* vor. Beim Anmoor dominieren Huminstoffe, die von Wassertieren und fakultativ anaeroben Mikroben (bes. Strahlenpilze) gebildet wurden. Das Anmoor hat bei mittleren Wassergehalten ein „erdiges" Gefüge, das bei anhaltender Wassersättigung „schlammig" wird. Die humosen Horizonte sind zusammen 2–4 dm mächtig und neutral bis schwach sauer.

Bei nährstoffarmen Standorten mit hohem Grundwasserstand tritt die Tiertätigkeit stark zurück, so daß Humusauflagen mit über 30 % organischer Substanz entstehen, die als *Torfe* bezeichnet werden. Gleiches geschieht auch bei nährstoffreicheren Standorten, die längerfristig oder ganzjährig überflutet sind. Hier lassen sich *Niedermoor-, Übergangsmoor-* und *Hochmoortorf* unterscheiden, die nach der Art vorherrschender Vegetationsreste weiter untergliedert werden, außerdem Unterwasser-Humusformen wie *Dy, Gyttja* und *Sapropel*. Da ihre Eigenschaften auch die wesentlichen Eigenschaften ihrer Böden, der Moore und der Unterwasserböden, darstellen und die Genese dieser Humuskörper gleichbedeutend mit der Genese der Bodentypen ist, sollen sie im einzelnen unter Kap. XXXI dargestellt werden.

3. Gefügebildung

Die Gefügebildung, d. h. die räumliche Anordnung der Mineralpartikel und organischen Stoffe und deren Verknüpfung zu Aggregaten, die bereits in Kap. XV behandelt wurde, ist ebenfalls wesentlich an der Differenzierung eines Bodens in Horizonte beteiligt.

In Böden aus *Tongesteinen* wird das häufig schichtige Gesteinsgefüge durch Wasseraufnahme und damit Quellung in ein *Kohärentgefüge* überführt. Aus diesem sondern sich bei Trockenheit durch Schrumpfung Aggregate ab, und zwar im Unterboden, der seltener und langsamer austrocknet, oft grobe *Prismen,* weiter oben hingegen kleinere *Polyeder.* Größe und Form der Aggregate hängen aber auch vom Tonmineralbestand und vom Ionenbelag ab: in Alkaliböden entstehen z. B. *Säulen.* Durchfeuchtung ergibt anfangs wieder ein Kohärentgefüge; später schließen die Klüfte nicht mehr voll, u. a. bedingt durch eine Einregelung der Blattsilicate an den Aggregatoberflächen, so daß die Aggregate zwar quellen, die Form aber erhalten bleibt. Auch im Inneren der Ag-

gregate werden die Tonminerale teilweise eingeregelt; diese Bereiche reagieren bei mikroskopischer Betrachtung im Dünnschliff optisch wie größere Einzelminerale, zeigen also Anisotropie und werden dann als *septisches Gefügeplasma* bezeichnet[39]. Im belebten Oberboden produzieren Bodentiere Kotballen, die bei Durchfeuchtung nur unvollkommen zerfallen, so daß spätere Trockenheit ein unvollkommenes Absonderungsgefüge mit rauhen Aggregatoberflächen, d. h. *Subpolyeder* entstehen läßt. In humus- und nährstoffreichen und damit stark belebten Oberböden bildet sich sogar ein *Krümelgefüge,* das auch bei Wechselfeuchte stabil und damit erhalten bleibt. Somit ergibt sich bei tonreichen Böden oft ein deutlicher Wechsel der Gefügeform mit zunehmender Bodentiefe.

Sandreiche Böden weisen allgemein ein *Einzelkorngefüge* auf. Dieses wird im humosen Oberboden durch eingelagerten Gliederfüßler- und Enchyträenkot in ein *Feinkoagulatgefüge* umgewandelt. Auch im Unterboden können Feinkoagulate auftreten, wenn die wenigen Tonpartikel zwischen den Sandkörnern zu Mikroaggregaten koagulierten. Ein *Krümelgefüge* bildet sich im humosen A-Horizont nur dann, wenn Feinsand dominiert und auch sonst günstige Lebensbedingungen für Regenwürmer vorliegen. In *lehmigen* Böden treten Tiefenfunktionen des Bodengefüges auf, die meist Übergangsformen der vorgenannten darstellen.

Gefügebesonderheiten wie Konkretionen, Krusten oder Beläge sind meist Folge bestimmter Verlagerungsprozesse und werden daher dort behandelt.

4. Tonverlagerung*

Als *Tonverlagerung, Lessivierung* oder auch *Illimerisation* in Böden wird die Abwärtsverlagerung von Bestandteilen der Tonfraktion im festen Zustand bezeichnet. Beteiligt sind vor allem Bestandteile der Feintonfraktion

---

[39] *Brewer, R.:* Fabric and Mineral Analysis of Soils. John Wiley, New York 1964.
* Zusammenfassende Literatur[40–43]
[40] *Blume, H.-P.:* Trans. 8. Int. Congr. Soil Sci., Bukarest 5 (1964) 715.
[41] *Brewer, R.:* Trans. 9 Int. Congr. Soil Sci. Adelaide 4 (1968) 489.
[42] *Laves, D.:* Ber. Dtsch. Ges. geol. Wiss. B, 15 (1970) 363.
[43] *Gile, L. H., R. Großmann:* Soil Sci. 106 (1968) 6.

$(< 0,2 \,\mu\text{m})^{40}$ wie Tonminerale, feinkörnige Fe-, Al- und Si-Oxide sowie mit Mineralteilchen verbundene Huminstoffe, kaum dagegen die in der Regel gröberkörnigen Feldspäte, Glimmer und Quarze. Die verlagerten Tonminerale können dabei lithogen sein, bei der Silicatverwitterung entstanden oder auch als Aerosole aus der Atmosphäre in den Boden gelangt sein[44].

Bei der Tonverlagerung verarmen die oberen Horizonte an Ton, während die unteren hiermit angereichert werden. Andererseits kann ein Tonmaximum im Unterboden auch andere Ursachen haben, wie Schichtung (primäre Gesteinsunterschiede oder spätere Übersandung), Tonbildung, bevorzugte Aufwärtsverlagerung gröberer Korngrößenfraktionen (charakteristisch für manche Vertisole).

Die Tonverlagerung besteht wie jede Verlagerung aus drei Teilprozessen: der Dispergierung, dem Transport und der Ablagerung der Tonteilchen. Der Prozeß einer *Dispergierung* ist notwendig, weil die Tonteilchen meist zu Aggregaten vereinigt sind, diese daher zunächst in die Primärteilchen zerlegt werden müssen, um eine Verlagerung zu ermöglichen. Die Dispergierung wird durch folgende Faktoren beeinflußt:

(a) Salzkonzentration der Bodenlösung

Eine niedrige Konzentration erhöht die Dicke der elektrischen Doppelschicht (Abb. 42), und damit auch die Dicke des ein Tonteilchen umgebenden Wassermantels und die hydrophilen Eigenschaften. Die Salzkonzentration sinkt mit steigender Durchfeuchtung, besonders während der Schneeschmelze (elektrolytarmes Wasser) oder bei Starkregen und dann, wenn der Oberboden keine leichtlöslichen Salze wie Chloride, Sulfate oder feinkörnige Erdalkalicarbonate mehr enthält. Die Tonverlagerung setzt also eine weitgehende Entsalzung und Entkalkung des Oberbodens voraus.

(b) Kationenbelag

Während Tonminerale hoher Na-Sättigung (typisch für Solonetze) leicht verlagert werden, ist dies bei hoher Ca-Sättigung (pH > 7) nicht der Fall. Mit abnehmender Ca-Sättigung steigt die Dispergierungsneigung. Sie verringert sich erst wieder im stark sauren Bereich (pH < 5), weil dann austauschbare und freie Al-Ionen auftreten, die stark koagulierend wirken.

(c) Art der Tonminerale

Stark quellfähige Tonminerale wie Smectite werden leichter dispergiert als andere. Daher kann die Dispergierungsneigung sinken, wenn die Quellfähigkeit aufweitbarer Dreischichtminerale durch Einlagerung von Hydroxo-Al-Polymeren herabgesetzt wird.

Für den *Transport* der Tonteilchen ist schnell bewegliches Sickerwasser erforderlich. Ton wird im Gegensatz zu gelösten Stoffen nur in *Grob-* und *Mittelporen* über größere Strecken transportiert, nicht dagegen in Feinporen, weil die Tonteilchen zu groß und den Oberflächenkräften der Porenwandungen zu stark ausgesetzt sind. In feinkörnigen Böden erfolgt der Transport überwiegend in Schrumpfungsrissen. Da diese verstärkt während längerer Trockenperioden auftreten, erfolgt die Tonverlagerung in Klimaten mit ausgeprägter *Wechselfeuchte* stärker als in Gebieten mit hohen, aber gleichmäßig verteilten Niederschlägen.

Zu einer *Ablagerung* der Tonteilchen kommt es dort, wo einer oder einige der Faktoren nicht mehr wirksam sind, die eine Dispergierung oder einen Transport fördern. Hierbei bestehen folgende Möglichkeiten: (a) Die Sekundärporen enden nach unten blind, weil Organismentätigkeit und Austrocknung nur bis in eine bestimmte Tiefe wirksam sind und das Sickerwasser in einer bestimmten Tiefe gestaut wird. In feinkörnigen Böden dringt es seitlich in die feinporigen Aggregate ein, wobei die Tonteilchen „abfiltriert" werden und sich an den Porenwandungen niederschlagen. In *grobkörnigen* Böden erfolgt dagegen die Ablagerung der Tonteilchen oft an sedimentär bedingten dichteren Schichten. (b) Die Tonteilchen werden bei erhöhter Salzkonzentration oder Ca-Sättigung ausgeflockt, vor allem in einem carbonathaltigen Unterboden. Auf den Carbonat-Einfluß ist es auch zurückzuführen, daß die Tonverlagerung mit zunehmender Entkalkung im Profil nach unten fortschreitet. Der Ton flockt aber auch dann aus, wenn seine Konzentration in der Bodenlösung ansteigt[45], was z. B. durch Wasserentzug der Pflanzen bewirkt werden kann. (c) Eingeschlossene Luft kann nach *B. Meyer* die Sickerwasserfront zum Stillstand bringen und in Sandböden zur Bildung von Tonbändern führen.

---

[44] *Khalifa, E., S. W. Buol:* Soil Sci. Soc. Amer. Proc. 32 (1968) 857.

[45] *Gombeer, R., J. D'Hoore:* Pedologie XXI (1971) 311.

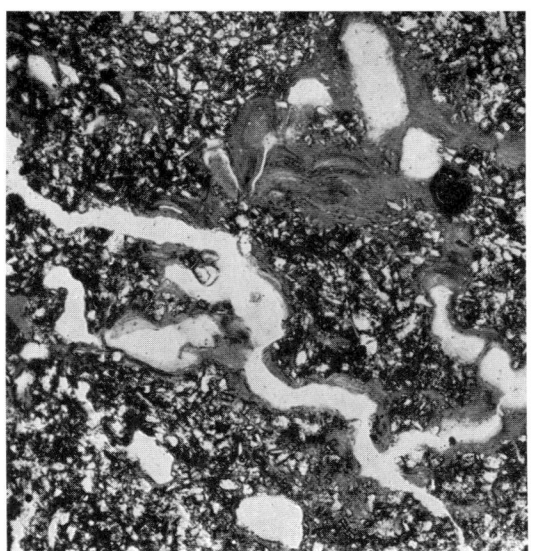

Abb. 155 Bodendünnschliff des B$_t$-Horizonts einer Parabraunerde. In den groben Poren geschichtete Lagerungen eingewaschener Tonsubstanz. Vergr. 47 : 1 (Aufn. *H.-J. Altemüller*)

Die an den Leitbahnen abgelagerten blättchenförmigen Minerale ordnen sich in der Regel parallel ihrer Basisfläche. Die *Cutane* lassen daher bei mikroskopischer Untersuchung eine feine Schichtung erkennen (Abb. 155). Allerdings sind nicht alle Tonbeläge auf den Oberflächen der Aggregate als Zeichen einer Tonwanderung zu deuten; sie können auch durch Einregelung bei mechanischer Beanspruchung von Aggregaten (Quellung, Schrumpfung, Scherung, Pressung) entstehen.

Es kann eine beträchtliche Tonmenge verlagert werden. So wurden bei Böden aus Würm-Löß[28] und Würm-Geschiebemergel[29] seit Beginn der Bodenentwicklung vor etwa 10000 Jahren 40 bis 100 kg Ton je m² verlagert. Allerdings erfolgt die Tonverlagerung nicht mit gleichbleibender Intensität. Bei Böden aus carbonathaltigen Gesteinen setzt die Verlagerung ein, sobald der Oberboden entkalkt ist und kommt dann wieder zum Stillstand, wenn, wie oben gesagt, infolge starker Versauerung der Böden Aluminium in größeren Mengen freigesetzt wird. Je länger ein Boden in einem pH-Bereich von 6,5–5,0 verbleibt, um so mehr Ton kann verlagert werden. Manche Böden aus carbonatfreien Gesteinen versauern häufig so rasch, daß es zu keiner nennenswerten Tonverlagerung kommt, sondern Oligotrophe Braun-

erden entstehen. Andererseits beruht die stärkere Tonverlagerung bei Böden mit mediterranem Klima darauf, daß sie infolge der geringeren Niederschläge und der temperaturbedingt höheren Evapotranspiration langsamer versauern und das Klima wechselfeucht ist.

Die Tonverlagerung ist der profilprägende Prozeß der Parabraunerden sowie der Acrisole warmer Klimate und führt in ihnen zur Bildung eines fahlen Eluvialhorizontes (A$_l$-Horizont) über einem kräftig gefärbten Illuvialhorizont (B$_t$-Horizont). Aber auch in vielen anderen Böden nahezu aller Klimate hat Tonverlagerung stattgefunden: sie ist z. B. für Tonbänder vieler Niederungs- und Mittelgebirgs-Braunerden Deutschlands verantwortlich oder an der Entstehung der für Solonetze typischen Säulenhorizonte beteiligt.

Die Tonverlagerung führt zu Einlagerungsverdichtungen in Unterböden. Diese können periodisch Wasserstau hervorrufen, zur Pseudovergleyung führen und für die Pflanzen Sauerstoffmangel bedeuten. Die tonverarmten Oberböden verschlämmen bei starker Durchfeuchtung demgegenüber leichter und werden in Hanglage verstärkt erodiert. Ökologisch bedeutet Tonverlagerung auch Umverteilung von Nährstoffen und Austauschkapazität im Wurzelraum.

5. Podsolierung*

Podsolierung ist die abwärts gerichtete Umlagerung gelöster organischer Stoffe, oft zusammen mit Aluminium und Eisen. Die Verlagerung findet bei stark saurer Reaktion statt, weil dann Nährstoffmangel den mikrobiellen Abbau der organischen Komplexbildner hemmt. Auch ein kühlfeuchtes Klima hemmt die Organismentätigkeit und kann damit die Podsolierung fördern.

An *organischen Stoffen* werden vorwiegend niedermolekulare Verbindungen (Polyphenole, Polysaccharide, Carbonsäuren u. a.) der Kronentraufe, der wenig zersetzten Pflanzenstreu und der Wurzelausscheidungen verlagert,

---
* Zusammenfassende Literatur[46–49].
[46] *Muir, A.*: Advanc. Agron. 13 (1961) 1.
[47] *Wiechmann, H.*: Stoffverlagerung in Podsolen. Ulmer, Stuttgart 1978.
[48] *Petersen, L.*: Podzols and Podzolization. DSR-Forlag, Kopenhagen 1976.
[49] *DeConinck, F.*: Geoderma 24 (1980) 101.

außerdem *wasserlösliche* niedermolekulare *Huminstoffe* (z. B. Fulvosäuren), die aus der Humusauflage ausgewaschen werden. Diese Verbindungen bilden mit Al- und Fe-Ionen der Silicatverwitterung und/oder die zuvor von der Vegetation aufgenommen worden waren, metallorganische Komplexe (z. B. Chelate).

In Laborversuchen zeigten Extrakte aus frisch gefallenen Blättern von Laubbäumen ein höheres Lösungsvermögen von Al- und Fe-Oxiden als Extrakte unzersetzter Nadeln verschiedener Koniferen. Die Podsolierung findet dennoch vorwiegend unter Nadelbäumen und Heidevegetation statt, weil deren Streu nährstoffärmer und schwer zersetzbar ist.

Bloomfield nimmt an, daß Eisen zunächst reduziert und in 2wertiger Form komplex gebunden und verlagert wird. Podsolierte Böden sind zwar meist durchlässig, so daß niedrige Eh-Werte nur selten und kurzfristig auftreten. Bei pH-Werten zwischen 3 und 3,5 wird Fe^{3+} aber bereits unterhalb $500-400\,mV$ (vgl. Abb. 59), die auch in durchlässigen Böden nicht selten sind, reduziert. Im Gegensatz zur *Verbraunung*, bei der höhere Fe- und Ca- bzw. Al-Gehalte vor allem lehmiger und toniger Böden eine rasche Immobilisierung der organischen Substanz bewirken, bleiben bei der Podsolierung stärker verarmter sandiger Böden mit geringen Metallgehalten die Komplexe wasserlöslich bestehen und damit verlagerbar.

Im Unterboden werden die umgelagerten Stoffe angereichert. *Die Wiederausfällung* hat verschiedene Ursachen. Die metallorganischen Komplexe können ausflocken, wenn bei der Wanderung weitere Al- oder Fe-Ionen gebunden werden, weil die Löslichkeit mit steigendem Metall : Kohlenstoff-Verhältnis abnimmt. Ein wesentlicher Faktor scheint – wenigstens im Initialstadium der Podsolierung – ein höherer pH-Wert und damit auch eine höhere Ca-Sättigung im Unterboden zu sein, weil das (a) den Zerfall der metallorganischen Komplexe begünstigen könnte, (b) zu einer Flockung der metallorganischen Komplexe führen könnte und/oder (c) eine Polymerisation der niedermolekularen, organischen Säuren begünstigen könnte, womit deren Löslichkeit sinken würde.

Bei einer Umlagerung komplexierter Fe^{2+}-Ionen dürfte auch Oxidation eine Rolle spielen, wodurch ein Zerfall der Komplexe begünstigt wird. In durchlässigen Böden sind Eh-Werte nämlich unten wegen dort geringerer Mikrobentätigkeit höher. Außerdem verschiebt bereits ein um 0,5-1 Einheit höherer pH-Wert, der in podsolierten Böden meist zwischen A- und B-Horizont zu beobachten ist, die $Fe^{2+}-Fe^{3+}$-Stabilitätsgrenze um $100-200\,mV$ in Richtung niedrigerer Redoxpotentiale.

Weiterhin können an bereits gefällten Al- und Fe-Oxiden organische Metallkomplexe sorbiert werden, so daß ein schon gebildeter Anreicherungshorizont selbst als Filter wirkt. Begünstigt wird eine Fällung schließlich auch durch verminderte Wasserleitfähigkeit eines etwas tonreicheren Unterbodens.

Die verlagerten Stoffe trennen sich z. T. in den Illuvialhorizonten. Im obersten Subhorizont sind meist organische Stoffe am stärksten angereichert, in den tiefer liegenden Subhorizonten Fe- und Al-Oxide. Manchmal ist in diesen Subhorizonten auch eine Abnahme des Fe/Al-Verhältnisses nach unten festzustellen. Diese unterschiedliche Verteilung der angereicherten Stoffe wurde von *S. Mattson* mit dem unterschiedlichen isoelektrischen Punkt der verschiedenen Kolloide erklärt. Sie ergibt sich aber auch aus anderen Wechselwirkungen chemischer und biologischer Natur, denen die in Verlagerung begriffenen Stoffe im B-Horizont unterliegen. So kann z. B. die Fe-Al-Differenzierung auf Löslichkeitsunterschiede ihrer Oxide zurückgeführt werden, auf Grund derer die Ausfällung von Eisen(III)oxid bei niedrigerem pH erfolgt als die von Al-Hydroxiden.

Die im Unterboden angereicherten Stoffe verlieren nach häufigem Austrocknen ihre Wanderungsfähigkeit und werden *stabilisiert*. Die organischen Stoffe wandeln sich – eventuell unter katalytischem Einfluß von Fe-Oxiden – in stärker polymerisierte Verbindungen um, und zwar teilweise in Al- und Fe-Fulvate bzw. -Humate. Die Al- und Fe-Oxide gehen allmählich in kristallisierte Formen über, allerdings nur in Subhorizonten, die praktisch frei von organischer Substanz sind. Die verlagerten Stoffe umhüllen häufig Mineralpartikel und verkleben diese miteinander. Dickere *Hüllen* reißen allerdings infolge häufigen Austrocknens, lösen sich und bilden dann oft Mikroaggregate in den Zwischenräumen von Böden mit Einzelkorngefüge.

Podsolierung bewirkt oft zunächst nur den Abbau metallorganischer und oxidischer Hüllen und damit Bleichung der Mineralkörner im Oberboden (= „Kornpodsoligkeit"), wobei Eisen in benachbarten Humusaggregaten und damit im Aeh-Horizont verbleibt, Aluminium und vor allem Mangan aber bereits in den B-Horizont verlagert sein kann. Stärkere Podsolierung läßt dann einen gebleichten Eluvialhorizont (*Ae-Horizont*) über einem braunschwarzen Orterde- oder (verhärtetem) Ortstein-Illuvialhorizont entstehen, der humusreich ist (*Bh-Horizont*) und/oder relativ viel Eisen enthält (*Bs-Horizont*). Podsolierung führt zur Verlagerung von Nährstoffen im Wurzelraum wie Cu, Fe, Mn, Mo und P.

6. Hydromorphierung*

Unter Hydromorphierung** ist die Bildung hydromorpher Merkmale durch sauerstoffarmes Grundwasser oder Stauwasser zu verstehen. Viele durch Grund- und Stauwasser beeinflußte Böden, wie im gemäßigt humiden Klimabereich die Gleye und Pseudogleye, weisen infolge schlechter Durchlüftung zumindest zeitweilig anaerobe und reduzierende Verhältnisse auf. Es kommt daher zu makroskopisch sichtbaren Umwandlungs- und Verlagerungsvorgängen, von denen insbesondere Fe, Mn und S betroffen werden. Dabei treten sowohl Verlagerungsvorgänge auf, die mit einem Stofftransport über größere Entfernungen verbunden sind (vorwiegend bei *Vergleyung*) als auch solche, die nur eine Änderung der Stoffverteilung auf engem Raum zur Folge haben (vorwiegend bei *Pseudovergleyung*).

Bei *Sauerstoffmangel* werden Fe(III)- und Mn(III, IV)-Oxide durch Mikroorganismen reduziert und gelöst. Die entstehenden Fe^{2+}- und Mn^{2+}-Ionen wandern mit oder (einem Redoxgradienten folgend) im Bodenwasser, so daß bestimmte Bodenbereiche an Oxiden verarmen, mithin gebleicht werden. Es können sich aber auch schwer lösliche Fe(II)-Verbindungen bilden, z. B. der grauweiße *Siderit* ($FeCO_3$), der weiße *Vivianit* (der sich an der Luft blau färbt), gelbgrüne Fe(II,III)-Hydroxide oder schwarze Sulfide (FeS und FeS_2), wobei die Sulfide aus Sulfaten oder mineralisiertem organisch gebundenem Schwefel entstehen.

In sauerstoffreicheren Bodenbereichen bzw. bei *Luftzutritt* werden die Fe^{2+}- und Mn^{2+}-Ionen wieder oxidiert, wobei Ferrihydrit, Goethit oder Lepidokrokit entstehen (s. Kap. VI 3).

In Bodenhorizonten mit *hoher* Wasser- und Luft*leitfähigkeit* bilden sich dabei vornehmlich schwarz- bis rostbraune *Konkretionen*, die wenige mm bis mehrere cm groß sein können oder (bei Gleyen) auch aus durchgehend verfestigten Anreicherungshorizonten, sogenanntem *Raseneisenstein*, bestehen können. In Horizonten mit *geringer* Leitfähigkeit entstehen hingegen vornehmlich Rostflecken, in denen wenige Oxide feiner und weiträumig verteilt vorliegen.

Der Unterschied kommt wahrscheinlich dadurch zustande, daß bei hoher Leitfähigkeit die gelösten Stoffe sehr rasch zum Orte hohen O_2-Partialdrucks diffundieren bzw. daß bei Austrocknung der Luftsauerstoff rasch zu den wandernden Verbindungen gelangt und sie oxidiert. Bei geringer Leitfähigkeit kommen die Schwermetalle hingegen nur zögernd mit Sauerstoff in Kontakt, so daß sie teilweise weiter diffundieren und die Fällungsprodukte sich dann auf einen größeren Bereich verteilen.

Im Gegensatz zur Podsolierung nimmt Al an diesen Vorgängen der Hydromorphie nicht teil, da es nicht durch Reduktoren reduziert werden kann. Hingegen enthalten die Rostflecken und insbesondere die Konkretionen neben Fe und Mn auch größere Mengen an *Nährstoffen* wie P, Mo und Co. *Tonminerale* werden bei anhaltender Nässe peptisiert, eingeregelt und zeigen dann ein sepisches Plasma (Doppelbrechung bei polarisationsmikroskopischer Betrachtung). Zu einer Verlagerung der Tonminerale und Konzentrierung in Rostflecken kommt es hingegen nicht.

Bei der *Vergleyung* werden Fe- und Mn-Oxide im Bereich ständiger Wassersättigung gelöst (teilweise auch mit dem Grundwasser aus benachbarten Böden zugeführt), und die Fe- und Mn-Ionen wandern in feineren Poren einem Tensions- oder Oxidationsgradienten folgend mit oder in dem Wasser in die oberen, wasserungesättigten Bereiche des Bodens. Sie werden dann in Nähe der mit O_2-haltiger Luft gefüllten Grobporen oder sogar in diesen Poren selbst oxidiert und als Oxide gefällt.

Bei der *Pseudovergleyung* erfolgt dagegen

---

* Zusammenfassende Literatur[50–52].
[50] *Bloomfield, C.:* Soil Sci. 1 (1950) 205; 20 (1969) 207.
[51] *Blume, H.-P.:* Z. Pflanzenernähr. Bodenkd. 119 (1968) 124. Stauwasserböden; Ulmer, Stuttgart 1968.
[52] *Schlichting, E., U. Schwertmann* (Hrsg.): Pseudogley und Gley. Chemie, Weinheim 1973.
** Analoge Merkmale entstehen auch in wasserarmen Böden, wenn andere Gründe (zeitweilig) Sauerstoffmangel bewirken (z. B. Methan defekter Gasleitungen oder von Mülldeponien, s. Kap. XXVII 6); daher ist dieser und nicht Wasserüberschuß der entscheidende Faktor, so daß der eingeführte Begriff *Hydro*morphierung besser durch *Redukto*morphierung zu ersetzen wäre.

bei Wassersättigung (z. B. nach länger anhaltendem Regen) die Reduktion vor allem in den bevorzugt durchwurzelten Grobporen (z. B. den Aggregat-Zwischenräumen). Daher werden die Mn- und Fe-Oxide der Porenränder gelöst und die Ionen diffundieren (mit dem Wasserstrom oder einem Redoxgradienten folgend) in das Innere der Aggregate. Erneute Oxidation und Fällung kann dann durch eingeschlossenen Sauerstoff des Aggregatinnern erfolgen. Außerdem werden bei nachfolgender Austrocknung die Grobporen als erste entwässert. Dann dringt Sauerstoff von diesen Poren aus in die Aggregate ein und oxidiert die Fe^{2+}- und Mn^{2+}-Ionen. Bei diesem Prozeß entstehen also Rostflecken und Konkretionen bevorzugt im Aggregatinnern.

Die Rostflecken durchsetzen die Bodenmatrix, so daß selbst Konkretionen in der Regel zu über 80 % aus eingeschlossenen Silicaten bestehen.

Nach *Brinkmann*[53] soll es in wechselfeuchten, hydromorphen Böden zu verstärkter Entbasung und Tonzerstörung kommen. Diese sogenannte *Ferrolyse* besteht in einer Verdrängung sorbierter Kationen durch Fe(II)-Ionen unter reduzierenden Bedingungen *und* Tonzerstörung durch H-Ionen, die bei der erneuten Oxidation des Eisens nach:

$$2Fe^{2+} + \tfrac{1}{2}O_2 + 3H_2O \rightarrow 2FeOOH + 4H^+$$

entstehen. Bei Reisböden, die besonders häufig wechselnden Redoxverhältnissen unterliegen (s. Kap. XXXII 12), soll Ferrolyse die Ursache tonarmer Oberböden sein, worüber aber auch andere Auffassungen bestehen[54]. In deutschen Böden wurde eine Silicatverwitterung durch zeitweiligen Wasserstau eher verzögert[51].

Vergleyung und Pseudovergleyung sind nicht auf die entsprechenden Bodentypen Gley und Pseudogley beschränkt. In tonreichen Gleyen können zeitweilig in den nicht ständig wassergesättigten Horizonten Bedingungen herrschen, die zu einer Pseudovergleyung führen. Andererseits können in Pseudogleyen bei anhaltender Wassersättigung des Unterbodens, wie es häufig in schwacher Hanglage infolge Hangwasserzufuhr der Fall ist, und gleichzeitig starkem Wasserentzug aus dem Oberboden (hohe Transpirationsleistung flachwurzelnder Vegetation) Bedingungen herrschen, die denen in Gleyen vergleichbar sind.

Vergleyung bedeutet ökologisch Anreicherung des Wurzelraumes mit Nährstoffen, während die Pseudovergleyung nur zu einer Umverteilung der Nährstoffe innerhalb einzelner Horizonte führt, wobei es zu einer bevorzugten Akkumulation in wurzelferneren Bereichen kommt.

7. Carbonatisierung*

Carbonatisierung ist die Bildung und Anreicherung von $CaCO_3$ im Boden. Die sekundären Carbonate können dabei die Matrix fein verteilt durchsetzen oder in Form von Konkretionen, Bänken oder gar Krusten an der Bodenoberfläche vorliegen. Eine sekundäre $CaCO_3$-Bildung erfolgt, wenn die Konzentration der Bodenlösung an Ca-Hydrogencarbonat durch Wasserentzug der Vegetation steigt oder wenn der CO_2-Partialdruck der Bodenluft sinkt, weil CO_2 in gröberen Poren bzw. die Atmosphäre entweicht.

In Landböden sehr feuchter Klimate werden die bei der Verwitterung carbonathaltiger Gesteine gebildeten Hydrogencarbonate in der Regel vollständig ausgewaschen, in trockeneren, wechselfeuchten Klimaten hingegen teilweise in tieferen Horizonten wieder als $CaCO_3$ akkumuliert.

In durchlässigen Böden, in denen die Wasserbewegung überwiegend als ungesättigter Fluß erfolgt, werden Carbonate in Fein- und Mittelporen akkumuliert, und zwar zunächst im Bereich höher gespannter Wassermenisken an den Berührungspunkten zweier Minerale, dem später zunehmende Füllung der Hohlräume folgt, teilweise in Form stengeliger *Calcitkristalle*. In Böden mit gehemmter Wasserführung verbleiben auch Mittelporen langfristig feucht, so daß in den längerfristig durchlüfteten Grobporen Röhrenfüllungen entstehen können, die aus Calcit bestehen (z. B. *Lößkindel*), oder benachbarte Intergranularräume werden ebenfalls ausgefüllt.

Der sekundäre Calcit läßt sich durch höhere $^{13}C/^{14}C$- und $^{16}O/^{18}O$-Isotopenverhältnisse von primären der Gesteine unterscheiden.

[53] *Brinkmann, R.:* Ferrolysis, a soil-forming process in hydromorphic conditions. Agric. Res. Rep. 887, Wageningen 1979.

[54] *Eaqub, M., H.-P. Blume:* Z. Pflanzenernähr. Bodenkd. 145 (1982).

* Zusammenfassende Literatur[55-58].

[55] *Meyer, B., H. Rohdenburg:* Mitt. Dtsch. Bodenkdl. Ges. 5 (1966) 1.

[56] *Sehgal, J. L.:* Geoderma 8 (1972) 59.

[57] *Wiecek, C. S., A. S. Messinger:* Soil Sci. Soc. Amer. Proc. 36 (1972) 478.

[57a] *Goodie, A.:* J. Geol. 80 (1972) 449.

[58] *Reeves, C. C.:* Caliche. Estado Books, Lubbock 1976.

In *Grundwasserböden* werden Hydrogencarbonate aufwärts verlagert und als Carbonatkonkretionen akkumuliert. In Mergellandschaften werden dabei im Oberboden der Grundwasserböden große Mengen Kalkes (Wiesenkalk, Alm) angereichert.

In *Unterwasserböden* werden Carbonate vor allem durch Organismen angereichert.

In *semiariden* Klimaten mit ausgeprägten Regen- und Trockenzeiten durchsetzt der umgelagerte Kalk die gesamte Matrix, so daß verhärtete *Carbonatbänke* im Unterboden auftreten (*Caliche, Calcrete*). Hier wird auch in Böden aus carbonatfreien Gesteinen Sekundärkalk gebildet durch die Verbindung von Ca^{2+} aus der Silicatverwitterung mit atmogener oder biogen gebildeter Kohlensäure. Außerdem können auch *Regenwürmer* in carbonatfreien Böden durch ihre $CaCO_3$-bildenden Drüsenausscheidungen eine $CaCO_3$-Akkumulation bewirken. In der Regel liegt Sekundärkalk als Calcit oder Aragonit vor. Dolomit wurde nur bei Einwirken Mg-reichen Wassers beobachtet[59].

Durch Erosion des Oberbodens gelangen Kalkbänke an die Oberfläche und bilden dann Krusten. In *Halbwüsten* können bei Vorliegen carbonathaltigen Gesteins Carbonate durch kapillaren Aufstieg auch direkt an der Oberfläche angereichert werden. Dabei erfolgt zunächst eine Carbonatabscheidung in Form kleiner Kalkspatkristalle, wodurch das Bodengefüge gelockert wird; später bilden sich harte *Krusten*, bisweilen zusammen mit Kieselkrusten. In *Vollwüsten* tritt mangels Wasser die Krustenbildung wiederum zurück oder die Umlagerung endet einige cm unterhalb der Bodenoberfläche, weil sich darüber das Wasser nur dampfförmig bewegt.

8. Versalzung*

Der Prozeß der Versalzung läßt sich gliedern in eine unter natürlichen Bedingungen ablaufende Versalzung und in eine künstliche Versalzung, die durch Bewässerung hervorgerufen wird.

a) Natürliche Versalzung

Eine natürliche Versalzung erfolgt im *humiden* Klimabereich meist nur im Einflußbereich des Meeres, dessen Salzgehalt zwischen $\approx 1\%$ (in der Nähe von Flußmündungen) und 3,5 % (offenes Meer) variieren kann. Beispiele einer solchen Versalzung sind die Marschen, soweit sie nicht nach Eindeichung oder Hebung des Landes die charakteristischen Eigenschaften salzbeeinflußter Böden weitgehend verloren haben. Auch im Bereich der *subtropischen* und *tropischen* Meeresküsten (z. B. an der Schwarzmeerküste oder im Gebiet der tropischen Mangrovenwälder) entstehen stark salzhaltige Böden. Im *Binnenland* treten Salzböden nur sehr selten auf. Sie sind dort an oberflächennahes, salzreiches Grundwasser (z. B. im Bereich salzhaltiger Quellen) gebunden.

Im *ariden Klimabereich* tritt die natürliche Versalzung auch im Binnenland auf. Eine schwache Versalzung kann dabei über die Niederschläge erfolgen, die dem Boden (in Abhängigkeit von der Meeresentfernung) 0,1–10 kg NaCl je ha und Jahr zuführen. Diese atmogenen Salze werden im Unterboden akkumuliert, und zwar unterhalb des schwerer löslichen Gipses und des $CaCO_3$. Die Tiefenlage wird von der Durchfeuchtung des Bodens bestimmt, die sowohl von der Körnung als auch den Niederschlags- und Temperaturverhältnissen abhängt. In semiariden Klimaten sind daher Tonböden vielfach im Wurzelraum versalzen, während benachbarte Sandböden allenfalls in größerer Tiefe salzhaltig sind. Selbst bei Jahresniederschlägen unter 10 mm der Vollwüste befinden sich atmogene Salze nicht nahe der Oberfläche, weil sie von episodischen Starkregen (sogenannten Jahrhundertregen) nach unten verlagert werden. Nachfolgende Trockenheit läßt sie dann zwar mit dem Bodenwasser aufsteigen: aber nicht bis zur Oberfläche, da sich das Wasser bei extremer Aridität in der obersten Bodenlage nur dampfförmig bewegt.

Stärkere Salzakkumulationen können in *Grundwasserböden* erfolgen, die dann geologischen Ablagerungen des Untergrundes entstammen (z. B. Neusiedler See) oder aus seitlich bewegtem Grundwasser, das die atmogenen Salze höher gelegener Landflächen oder in Tälern durch Flußwasser herbeigeführte gelöste

---

[59] *Röper, H.-P.:* Diss. FU Berlin 1980.
* Zusammenfassende Literatur[60–64].
[60] *Németh, K.:* Gießener Abh. 23 (1962).
[61] *Harrach, T.:* Gießener Abh. 24 (1963).
[62] *Dieleman, P. J.* (Ed.): Int. Inst. Land Reclam. Improv. Publ. 11 (1963).
[63] *Allison, L. E.:* Advanc. Agron. 16 (1964) 139.
[64] Proc. Symp. Sodic Soils, Budapest 1964. Agrokém. Talajt. Suppl. 14 (1965).

Stoffen in den Niederungsböden anreichert. In diesen steigt das Salz während der Trockenzeit mit der Bodenlösung kapillar auf und wird im Boden oder auch auf der Bodenoberfläche als Salzkruste akkumuliert. Die Salze gehen allerdings bei jedem Regen wieder in Lösung, pendeln im Jahreslauf also zwischen Ober- und Unterboden. Bei geringen Salzkonzentrationen in der Bodenlösung kommt es häufig nur zu einer höheren Na-Sättigung der Bodenkolloide, womit diese leichter peptisieren und verlagert werden können.

Die in den salzreichen Böden *auftretenden Salze* sind in erster Linie Chloride, Sulfate und Carbonate des Na, Ca und Mg. Vor allem NaCl wurde oft über die Niederschläge zugeführt, außerdem auch Nitrate und Borate. Nach *Kovda* können in den Böden Na_2CO_3 (Soda) und $NaHCO_3$ entstehen, wenn die in der Bodenlösung befindlichen Ca-Ionen und auch der überwiegende Teil der austauschbaren Ca-Ionen bereits als Carbonat bzw. Sulfat ausgefällt sind. Die Sodaanreicherung erfolgt z. B. durch Zufuhr über Na_2CO_3-haltiges Grundwasser, wie dies in Gebieten mit jungen vulkanischen Gesteinen der Fall sein kann. Oft führt bei Böden mit hoher Na-Sättigung und CO_2-haltiger Bodenlösung auch die Hydrolyse zur Sodabildung. Unter anaeroben Verhältnissen kann die Reduktion von Na_2SO_4 zu Na_2S eine Rolle spielen, das dann durch Kohlensäure zu Na_2CO_3 und H_2S umgesetzt wird. In Grundwasserböden sind die wasserlöslichen Salze im Profil weiter oben, $CaSO_4$ und vor allem $CaCO_3$ weiter unten angereichert.

b) Künstliche Versalzung

Eine künstliche Versalzung findet in den Böden *humider* Klimate einmal bei Berieselung mit Na-reichen Abwässern statt und zum andern am Straßenrand bei starkem Streusalzeinsatz.

Außerdem werden Auenböden durch Flußwasser kontaminiert, das z. B. durch Einleiten von Abraumsalzen der Kaliindustrie salzreich ist.

Die Salze verbleiben nicht im Boden, führen aber zu einer erhöhten Na-Sättigung der Bodenkolloide, womit die physikalischen Eigenschaften tonreicher Böden verschlechtert werden. Eine Erhöhung der Na-Sättigung von 2 auf 9 % infolge Verregnung Na-haltigen Wassers ergab nach *Czeratzki* auf einem Lößboden bereits starke Ertragsdepressionen und eine deutliche Abnahme von Krümelstabilität, Po-

renvolumen und Plastizitätsgrenze. Die in Gewächshäusern auftretende Versalzung ist außer auf die oft sehr hohen Düngermengen auch auf die Aridität des Gewächshausklimas zurückzuführen, die eine Salzanreicherung im Oberboden zur Folge hat (s. a. Kap. XXIII).

Im *ariden* Klima erfolgt die künstliche Versalzung von Böden ebenfalls im Zusammenhang mit der *Bewässerung*, die etwa seit der zweiten Hälfte des 19. Jahrhunderts durch Anwendung der Furchenbewässerung intensiviert wurde. Seitdem sind weite Gebiete z. B. in Indien, im Irak, in Ägypten, in den USA usw. infolge Versalzung völlig unproduktiv geworden.

Zur Bewässerung wird *Flußwasser* oder tiefergelegenes, oft fossiles *Grundwasser* herangezogen, das zwar im Durchschnitt meist unter 0,1 % Salze enthält, jedoch je nach Jahreszeit und Einzugsgebiet auch viel höhere oder geringere Werte aufweisen kann. Im Laufe der Jahre können sich die Salze dann anreichern. Indus-Wasser mit nur 0,03 % an löslichen Salzen hinterläßt z. B. auf unkultivierten Flächen bei einer Bewässerung von 300 mm jährlich 900 kg Salze je ha. Außerdem wird sehr oft durch Bewässerung der Grundwasserspiegel so stark angehoben, daß sich der Oberboden ständig im Bereich des Kapillarsaums des Grundwassers befindet. Infolge der Aufwärtsbewegung und Verdunstung des Bodenwassers findet dann eine Anreicherung von Salzen im Oberboden statt.

Die Eignung als Bewässerungswasser hängt vor allem vom Salzgehalt und dem Natriumanteil der Kationen ab. Der *Salzgehalt* wird meist über die elektrische Leitfähigkeit erfaßt, die unter 0,75 mS (Millisiemens je cm) liegen sollte (entspricht etwa 0,05 % Salz). Der Natriumanteil wird durch Bestimmung des Verhältnisses $Na/\sqrt{(Ca + Mg)/2}$ im Wasser berücksichtigt. Dieses sog. *Natrium-Adsorptionsverhältnis (NAV)* ist nach empirischen Feststellungen eng korreliert mit der Na-Sättigung, die in den bewässerten Böden auftreten wird. Die Anwendbarkeit des NAV wird allerdings gestört, wenn der Gehalt an Hydrogencarbonaten des Ca und Mg im Wasser so hoch ist, daß bei der Bewässerung ein Teil der Ca- und Mg-Ionen als Carbonat ausgefällt wird. Die Na-Sättigung erreicht dann im Boden einen höheren Wert als die Berechnung des NAV erwarten ließ.

Auch der Salzgehalt des Bodens wird meist über die Bestimmung der elektrischen Leitfähigkeit der Bodenlösung charakterisiert, und zwar der Leitfähigkeit des Sättigungsextraktes

(Kap. XX 3 a). Da zur Erzeugung der Bodenpasten um so mehr Wasser angewandt werden muß, je tonreicher der Boden ist, wird auf diese Weise auch der Einfluß des Tongehaltes auf die notwendige Menge an Bewässerungswasser erfaßt. Um Salzanreicherungen zu vermeiden, muß bei gleichem Salzgehalt nämlich mit um so mehr Wasser bewässert werden, je tonreicher der Boden ist.

Die Versalzungsintensität hängt (bei bestimmter Wassergabe) auch von Bewässerungsverfahren ab. Kaum Versalzung erfolgt bei Unterflurbewässerung, und zwar vor allem dann, wenn eine Evaporation des Wassers durch Folienabdeckung des Bodens weitgehend vermieden wird. Beregnung fördert die Versalzung hingegen besonders stark, da bereits viel Wasser vor Erreichen des Bodens verdunstet.

c) Vegetation und Melioration[65, 66]

Hohe Na-Sättigung der Böden mindern deren Ertragsfähigkeit ebenso wie hohe Salzkonzentrationen. *Na-Schädigungen* beruhen vor allem darauf, daß sich die Wasserleitfähigkeit der Böden verringert oder daß bei Anwesenheit von Natriumcarbonat die Reaktion des Bodens teilweise bis pH 11 erhöht wird. Spezifische *Salzschädigungen* treten im Falle des Borats bereits bei relativ geringer Konzentration (ab 1 ppm) auf (Kap. XX 17).

Die *Ertragsfähigkeit* salzbeeinflußter Böden verschlechtert sich mit Zunahme des Salzgehaltes oder der Na-Sättigung. Ein beträchtlicher Anteil der salzbeeinflußten Böden wird auch heute noch als Grünland mit halophiler Vegetation bewirtschaftet. Bei den Kulturpflanzen treten Schädigungen im allgemeinen ab etwa 0,3 % Salzgehalt (elektrische Leitfähigkeit 4 mS · cm^{-1}), bei halophilen Pflanzen ab etwa 0,6 % (entsprechend 8 mS · cm^{-1}), bei extrem halophilen Pflanzen erst oberhalb 1,2 % (entsprechend 16 mS · cm^{-1}) im Sättigungsextrakt der Böden auf. Relativ salzresistente Kulturpflanzen sind u. a. Gerste, Beta-Rüben, Baumwolle, Reis, Hirsearten, Zwiebeln, Zuckerrohr und Dattelpalme. Keimende Pflanzen sind meist besonders empfindlich.

Die Versalzung läßt sich in manchen Fällen dadurch *verhindern*, daß ein möglichst Na- und salzarmes Bewässerungswasser verabreicht und der Kapillarsaum des Grundwassers nicht über etwa 7 dm unter Flur[61] angehoben wird. Haben sich dagegen in stärkerem Ausmaß leichtlösliche Salze angereichert und/oder beträgt die

Na-Sättigung bei Sandböden über 15−20 % und bei tonreichen Böden über 5−10 %, so sind Meliorationsmaßnahmen notwendig.

Geeignete Maßnahmen sind eine *Absenkung des Grundwasserspiegels, Dränung* in Verbindung mit *Unterbodenlockerung* oder *Tiefumbruch* bei schwer durchlässigen Böden, sowie eine Zufuhr erhöhter Wassermengen. Die zur *Auswaschung* erforderliche zusätzliche Wassermenge, die über die zur Erzielung optimaler Pflanzenerträge benötigte Menge hinausgeht, richtet sich nach dem elektrischen Leitfähigkeit und dem NAV des Wassers, der Tiefe der durchwurzelten Bodenzone, der Salzempfindlichkeit der Kulturen und der Anwesenheit stark toxischer Stoffe, wie z. B. Bor. Gelegentlich wird diese Art der Melioration durch die Zufuhr eines Na-armen, aber relativ salz*reichen* Wassers eingeleitet, um zunächst die Flockung und Wasserdurchlässigkeit der Böden zu verbessern. Bei der nachfolgenden Zufuhr von salz*armem* Wasser wird durch den Verdünnungseffekt (s. Kap. III X 5) das sorbierte Na durch zweiwertige Kationen verdrängt. Dieses Verfahren ist für Böden mit einer höheren Wasserleitfähigkeit bei Beginn der Bewässerung geeignet, z. B. für Salznatriumböden. Die Auswaschung wird auch in Form der sog. *Wasserbrache* durchgeführt, bei der mehrmals unter einer etwa 20 cm hohen Wasserschicht tief gepflügt und nach jeder Bearbeitung das Wasser mit den darin gelösten Salzen oberflächlich abgeleitet wird.

Natriumböden und Salznatriumböden werden häufig auch durch Zusätze bestimmter *Salze* und *Säuren* melioriert. Weitverbreitet ist die Anwendung von Ca-Salzen, vor allem Gips und Superphosphat, aber auch Calciumnitrat. Die Aufgabe der ersten beiden Salze besteht (a) in der Umsetzung von Na_2CO_3 in schwer lösliches $CaCO_3$ und Na_2SO_4, das ausgewaschen werden muß und (b) ebenso wie bei $Ca(NO_3)_2$, im Ersatz von adsorbiertem Na^+ durch Ca^{2+}.

Die Melioration *CaCO$_3$-haltiger Böden* erfolgt durch Zusätze, die Calcium zu mobilisieren vermögen z. B. Schwefel, Schwefelsäure, Salzsäure, Fe- oder Al-Sulfat, Lignit und Ammoniumsulfat. Auch hohe Gaben von organischer Substanz werden manchmal angewandt, doch ohne größeren Erfolg.

---

[65] *Yaron, B.* u. A.: Arid Zone Irrigation. Springer, Berlin 1973.
[66] *Worthington, E. B.* u. a.: Arid Land Irrigation in Developing Countries. Pergamon, Oxford 1977.

Eine *Kalkung* wirkt sich im allgemeinen nur bei versauerten Böden (z. B. Solode) vorteilhaft aus.

9. Turbationen

Turbationen (turbatio = Verwirbelung) bzw. Pedoturbationen sind Mischungsvorgänge, bei denen Bodenmaterial eines Horizontes aber auch verschiedener Horizonte vermischt werden und sich dabei Grenzen der Bodenhorizonte oder von Gesteinsschichten verwischen. Der Ablauf ist besonders bei unvollständiger Mischung erkennbar, wenn sich Substrate zweier Lagen schlierenartig durchsetzen. An einer Mischung sind grundsätzlich alle Stoffe beteiligt. Trotzdem kommt es oft zu einer Kornsortierung, wenn grobe Partikel nicht mit erfaßt werden und dadurch z. B. Steinsohlen entstehen. Neben der *Bioturbation*, d. h. einer Mischung durch Bodenorganismen, der durch Bodenfrost induzierten *Kryoturbation* und der *Peloturbation* als Folge häufigen Feuchtewechsels, verwischt auch der Mensch Horizontgrenzen oder schafft neue durch Bodenbearbeitung, insbesondere durch Pflügen und Rigolen. Demgegenüber führen Erdbeben, Wachstum von Salzkristallen oder explosionsartiges Entweichen komprimierter Luft nach Regenfällen in erster Linie zu einem Gefügezerfall, an dem aber ein Mischen beteiligt sein kann.

a) Bioturbation (s. auch Kap. IX 4)

Wühlende Bodentiere zerkleinern und mischen die Streuauflage mit dem oberen Mineralboden und verwischen damit die Grenzen zwischen Humus- und Mineralkörper, schaffen aber gleichzeitig einen humosen A-Horizont. Bisweilen wird dadurch die Morphologie der Bodenoberfläche verändert, z. B. durch Ameisen, deren Tätigkeit eine wesentliche Ursache der Buckelweiden des Schweizer Juras ist[67]. Manche Tiere, zu denen Nager wie Mäuse, Maulwürfe, Hamster und Ziesel ebenso gehören wie Ameisen, Termiten und insbesondere Regenwürmer, verfrachten auch Unterbodenmaterial und legen es auf oder im Oberboden ab. Dadurch gelangen auch verlagerte Stoffe wieder nach oben, so daß eine intensive Tiertätigkeit wirksam einer Verlagerung von Ton oder Nährstoffen entgegenzuwirken vermag. In semihumiden Klimaten kann auf diese Weise eine Entkalkung verhindert werden. Gleichzeitig ge-

langt aber auch etwas Oberbodenmaterial in Tiergängen in tiefere Horizonte, kenntlich an humosen Nagetierkrotowinen und Wurmröhren. In manchen Regosolen Kaliforniens wurden durch Erdhörnchen Ober- und Unterboden bis 75 cm etwa alle 360 Jahre vollständig gemischt, so daß sich Tonverlagerung nicht profildifferenzierend auswirken konnte[68]. Die Tiefenwirkung hängt stark von den Boden- und Klimaverhältnissen ab und beträgt bei Regenwürmern in kontinentalen Steppengebieten häufig mehrere Meter, weil dort im Sommer wegen Trockenheit und im Winter wegen Kälte tiefere Lagen aufgesucht werden.

Intensive Bioturbation erfolgt nur in Böden mit günstigen Wasser-, Luft- und Nährstoffverhältnissen und zudem in feinkörnigen Böden, weil Grobsand und Steine nicht transportiert werden können. Aus dem gleichen Grunde entstanden in vielen tropischen Böden Steinsohlen in einem halben bis ein Meter Tiefe als Folge intensiver Termitentätigkeit[69].

Vereinzelt findet auch eine Bodenmischung durch Windwurf von Bäumen oder durch „Stampfen" vom Winde bewegter Bäume statt. Die Vegetation wirkt auch einer Nährstoffverlagerung dadurch entgegen, daß die im Unterboden aufgenommenen Nährstoffe teilweise mit der Streu wieder auf den Oberboden gelangen.

b) Kryoturbation[70]

Zu gefrierenden Bodenlagen bewegt sich das Wasser entlang eines Tensionsgradienten. Dadurch werden die gefrierenden Lagen mit Wasser angereichert, darunter folgende verarmt. Bei langsamem Gefrieren führt das insbesondere bei feinsandigschluffigen Böden hoher Leitfähigkeit zur Bildung von *Eislamellen* bzw. *Eislinsen* im Boden oder *Kammeis* an der Bodenoberfläche. Hierdurch werden aufliegende Bodenlagen gehoben. Hebung und nachfolgendes Sacken beim Tauen kann dabei Bodenlagen vermischen.

Besonders intensiv läuft dieser Vorgang im Tundrenklima ab. Hier läßt Frosthebung meh-

---

[67] *Schreiber, K.-F.:* Erdkunde 23 (1969) 280.

[68] *Borst, G.:* 9. Internat. Congr. Soil Sci. 2 (1968) 19.

[69] *Watson, J. P.:* J. Soil Sci. 13 (1962) 46.

[70] *Fiedler, H. J., W. Hunger:* Geologische Grundlagen der Bodenkunde und Standortslehre. Steinhoff, Dresden 1970.

rere dm hohe Buckel (*Thufure*) entstehen, die oft ein regelmäßiges, mehrere Meter breites Polygonnetz bilden. Bei dieser Hebung kann es zum Zerreißen von Wurzeln und zum Entwurzeln von Bäumen kommen.

Im Mackenziedelta Kanadas bildeten sich unter ständiger Grundwasserzufuhr innerhalb von 1000 Jahren auf diese Weise bis 45 m hohe und 600 m breite *Pingos*[71].

Die Thufurbildung ist mit starker Mischung verbunden, so daß sich Bodenhorizonte oder Gesteinsschichten schlierenartig durchsetzen (*Brodel-* und *Taschenbildungen*). Steine wandern dabei zur Bodenoberfläche und zu den Polygonrändern, wobei Steinringe entstehen. Beim Tauen sackt nämlich die Feinerde gegenüber Steinen die noch im Gefrorenen verankert sind; außerdem kühlen beim Gefrieren Steine rascher ab, so daß sich an deren Unterseite häufiger Eislamellen bilden, die dann die Steine anheben.

In *Permafrostböden* (Böden mit *Cryons*, d. h. ständig gefrorenem Untergrund), arktischer Klimate kontrahiert der gefrorene Boden bei Temperaturen unter $-20\,°C$ und es bildet sich ein hexagonales Netz (mit $1-20\,m \oslash$) bis zu 6 m tiefer Spalten. In trockenen Klimaten (z. B. in der Antarktis) bläst der Wind den Sand in die Spalten, so daß unterschiedlich breite $(0,01-5\,m)$ *Sandkeile* auftreten[72]. In feuchteren Klimaten sublimiert hingegen Reif in den Spalten, der bei Erwärmung durch Expansion des Cryons zu Eis komprimiert wird. Langjährige Wiederholung dieses Vorganges läßt dann breite *Eiskeile* entstehen, in die nach dem Tauen suspendiertes Oberbodenmaterial fließt.

Während der Eiszeiten wurden auch viele Böden *Mitteleuropas* durch Kryoturbation umgeformt, deren Spuren häufig noch in den rezenten Böden erkennbar sind.

c) Peloturbation[73]

Als Peloturbation (auch Hydro- bzw. Turgoturbation genannt) bezeichnet man die Mischung von Bodenmaterial durch wiederholtes Schrumpfen und Quellen. Besonders in warmen Klimaten mit ausgeprägter Wechselfeuchte bilden sich in tonreichen, smectitischen Böden in Trockenzeiten bis 1,5 m tiefe, mehrere cm breite Schrumpfrisse, in die lockeres Oberbodenmaterial fällt.

Gleichzeitig sackt die Bodenoberfläche um $3-7\,cm$. Dabei ist der Boden ständig in Bewegung, da die Tonminerale während der kühlen

Morgenstunden mit hoher relativer Luftfeuchte quellen und ab Mittag wieder schrumpfen, was mit einer täglichen Hebung und Senkung der Bodenoberfläche um $0,03-0,5\,mm$ verbunden ist[74]. Dies läßt Aggregate zerfallen und wird als *Selbstmulchen* bezeichnet.

Besonders die Wiederbefeuchtung während der Regenzeit bewirkt dann im Unterboden einen Quellungsdruck. Häufige Wiederholung dieses Vorganges führt zu einer starken Mischung von Unter- und Oberbodenmaterial, so daß der Boden kaum versauert und sich häufig ein mächtiger, humoser Horizont bildet. Durch den Quellungsdruck werden auch Bodenaggregate gegeneinander verschoben, wobei durch Toneinregelung glänzende Scherflächen (slikken sides) auftreten.

Häufig haben diese Bewegungsvorgänge ein Mikrorelief zur Folge: es entsteht ein regelmäßiges Netz von Erhebungen und Senken (*Gilgais*), weil an bestimmten Stellen die Aufwärtsbewegung, an anderen die Abwärtsbewegung von Bodenmaterial überwiegt. Die Erhebungen der Gilgais sind wenige cm bis 3 m hoch und 2 bis 50 m voneinander entfernt. Die Bildung der Gilgais führt zum Hakenwuchs der Bäume und zu einem Versatz von Zäunen.

Auch Peloturbation kann zu einer gewissen Entmischung führen, weil gröbere Partikel beim täglichen und jahreszeitlichen Quellen und Schrumpfen der Tonminerale nicht beteiligt sind, mithin ausgestoßen werden und langsam nach oben wandern. Experimentell ließ sich nachweisen, daß Kiespflaster toniger Wüstenböden Nevadas z. T. durch Aufwärtsbewegung grober Partikel entstanden ist[75].

10. Stoffumlagerungen in der Landschaft

Neben Prozessen, die überwiegend im Boden selbst ablaufen und zu dessen Horizontentwicklung führen, kommt es zu Umlagerungen, die die Grenzen des einzelnen Pedons überschreiten. Auch sie verändern die Böden einer

[71] *Mackey, J. R.:* Can. J. Earth Sci. 10 (1973) 979.
[72] *Péwé, J. L.:* Amer. J. Sci. 257 (1959) 545.
[73] *Hallsworth, E., J. Beckmann:* Soil Sci. 107 (1969) 409.
[74] *Yaalon, D. H., D. Kalmar:* Geoderma 8 (1972) 231.
[75] *Springer, M. E.:* Soil Sci. Soc. Amer. Proc. 22 (1958) 63.

Landschaft, weil die einen an Stoffen verarmen, die anderen mit Stoffen angereichert werden.

Bei Umlagerungen in der Landschaft können sich ganze Bodenkörper bewegen (*Massenversatz*) oder es wird Bodenmaterial durch Wasser oder Wind umgelagert (*Bodenerosion*). Außerdem werden gelöste *Stoffe* durch Hangzugwasser verlagert. Normalerweise verlassen Lösungsprodukte der Verwitterung am Hang das Profil nach unten, um erst im tieferen Untergrund talwärts zu ziehen. Sie werden dann entweder in Senkenböden angereichert oder verlassen in Fließgewässern die Landschaft. Bisweilen erfolgt die Verlagerung aber bereits im Boden selbst lateral bzw. oberflächenparallel, so daß Stoffe wie Ca oder Fe von Oberhangböden in Unterhangböden verlagert werden, ohne dabei die Pedosphäre zu verlassen.

a) Massenversatz am Hang*

Das Abgleiten von Bodenmassen erfolgt an steilen Hängen, wie z. B. im Hochgebirge spontan als *Hangrutschung*, bei der bisweilen mehrere km in wenigen Stunden zurückgelegt werden, oder langsam als *Gekriech* und ist dann nur am Hakenwuchs der Bäume oder an besonderen Formen einer Peloturbation erkennbar. In beiden Fällen gleiten meist wassergesättigte Bodenmassen auf einer festeren Unterlage ab. Besonders gefährdet sind tonreiche Substrate mit hoher Wasserkapazität und labilem Gefüge, wie der Knollenmergel im süddeutschen Schichtstufenland oder der Flysch im Voralpengebiet.

Hangrutschungen werden durch Erdbeben, tektonische Störungen oder Unterschneiden eines Hanges durch einen Bach oder unsachgemäße Anlage eines Weges ausgelöst. Das geschieht vor allem, wenn starke Regenfälle oder Schneeschmelze die Hangböden vorher mit Wasser weitgehend gesättigt haben. Letzteres ist insbesondere dann möglich, wenn eine geschlossene Vegetationsdecke fehlt. Die Rutschung wird begünstigt, wenn Gleitflächen in Form hangparallel geneigter glatter Schicht-, Kluft- oder Schieferungsflächen, oder tonreiche nasse Stausohlen vorliegen. Bei einer Rutschung entstehen am Oberhang Abbruchkanten und radiale Spalten, während am Unterhang Bodenmassen wulstartig übereinander geschoben werden. Bei starker Vernässung und zunehmender Geschwindigkeit geht die Rutschung in einen Schlammstrom (bzw. eine

Mure) über, bei dem die Bodenmassen stark gemischt abgelagert werden.

Hangkriechen kann auch bei geschlossener Vegetationsdecke auftreten, und zwar bereits ab Hangneigungen von 2°, sofern plastische, quellfähige Bodenmassen vorliegen. Oft erfolgt die Durchfeuchtung des Hangenden dabei durch Kluft- oder Schichtwasser des Liegenden. Bewegung über gefrorenem Untergrund bezeichnet man dabei als *Solifluktion* (s. auch Kap. I 2 b). Sie erfolgt bevorzugt in Landschaften mit Permafrostböden, deren tiefere Horizonte ständig gefroren sind, während die oberen im Sommer tauen.

Durch Gekriech kommt es zu einer Modifikation bestimmter Turbationen. So gehen bei einer Peloturbation am Hang normale Gilgais in langgezogene Streifengilgais über[73], oder Kryoturbation läßt anstelle von Polygonböden Streifenböden entstehen[78].

b) Bodenumlagerung durch Wasser und Wind**

Von der Bewegung größerer Bodenmassen an mehr oder weniger steilen Hängen unterscheidet sich der Transport von Bodenmaterial durch das Transportmittel Wasser und Wind, d. h. die *Bodenerosion*. Während die Bodenerosion durch Wasser eines Gefälles bedarf, findet die Winderosion auch und vor allem in weiten, offenen Ebenen statt.

Die Erosion durch Wasser ist in ariden Gebieten mit spärlicher Vegetation und gelegentlichen starken Regenfällen weit verbreitet. Sie erreichte auch in humiden Gebieten ein besonders hohes Ausmaß seit dem Seßhaftwerden des Menschen zu Beginn des Neolithikums durch die Rodung des Waldes. So weisen Landschaften mit alter ackerbaulicher Nutzung (z. B. Mittel- und Südeuropa, China, Indien) und weiträumige Neulandgewinnungsgebiete (z. B. USA, UdSSR) hohe Erosionsschäden auf, während sie in Wald- und Grünlandgebieten nur gering sind.

---

* Zusammenfassende Literatur[76, 77].

[76] *Záruba, A., V. Mengel:* Landslides and their control. Elsevier, Amsterdam 1969.

[77] *Laatsch, W.:* Forstw. Cbl. 90 (1971) 159; 91 (1972) 309.

** Zusammenfassende Literatur[78, 79].

[78] *Wilhelmy, H.:* Klimamorphologie in Stichworten. Hirt, Kiel 1974.

[79] *Richter, G., W. Sperling:* Bodenerosion in Mitteleuropa. Wissenschaftl. Buchges., Darmstadt 1976.

Eine natürliche Erosion durch Wind (Deflation) wird vor allem auf ebenen, vegetationsfreien bis -armen Flächen arider bis semiarider Gebiete landschaftsprägend wirksam, während sie im humiden Klima weitgehend auf Küstendünen beschränkt ist.

Die Prozesse und Faktoren der Bodenerosion sowie Möglichkeiten der Verhütung werden in Kap. XXXV eingehend beschrieben. Wie die oben geschilderte Bodenbewegung am Hang, so beeinflußt auch die Bodenerosion durch Wasser und Wind die Ausbildung der Bodenprofile sehr stark.

Die Bodenentwicklung unterbleibt völlig, sofern die Erosion das gesamte Verwitterungsmaterial laufend abträgt. Böden, die ständig in einem bestimmten Entwicklungsstadium verbleiben, treten auf, wenn sich Bodenbildung und Abtragung etwa die Waage halten. *Geköpfte Profile* entstehen, sofern die Erosion erst nach stattgefundener Bodenentwicklung stärkere Ausmaße annimmt. Bei der Erosion durch Wasser werden abgetragene Bodenteilchen zum Teil am Hangfuß oder im Tal (Auensedimente) als *Kolluvium* abgelagert und überdecken häufig vorhandene Bodenprofile. Die weiten Täler des Nil, Mississippi oder Ganges verdanken ihre Fruchtbarkeit einer solchen Auenlehmbildung. Sie wurde auch in Mitteleuropa durch Waldrodungen in historischer Zeit ausgelöst. Bei mehrfacher Überdeckung können *Stockwerkprofile* auftreten, falls in dem jeweils abgelagerten Material eine erneute Profildifferenzierung stattfindet.

Vor allem in hügeligen Löß-Landschaften hat die Erosion daher zu typischen Hangsequenzen geführt: Erosionsfern (z. B. Plateaulage) oder unter Wald ist meist noch eine Parabraunerde erhalten, während die Bodenentwicklung an den Hangteilen mit der intensivsten Erosion auf das Stadium der Pararendzina zurückgeworfen wurde. Dazwischen kommen alle Übergangsstadien vor, die häufig sehr gut an der Farbe des jeweiligen Oberbodens erkennbar sind.

Auch die Tiefenfunktionen solcher Stoffe, die mit dem Bodenmaterial hangabwärts verlagert werden, lassen das Ausmaß der Erosion und die Umgestaltung der Bodenprofile durch sie deutlich erkennen:

Während im erodierten Profil am Hang Phosphat- und Humusgehalte niedrig liegen und schon bei geringer Tiefe sehr niedrige Werte erreichen, ist das kolluviale Profil durch hohe und tiefreichende Phosphat- und Humusgehal-

te gekennzeichnet[80]. Hieraus wird deutlich, wie stark die Bodenerosion die Ertragsfähigkeit der Böden an einem Hang differenzieren kann.

Analoge Erscheinungen treten bei der Winderosion auf. Auch hier entsprechen geköpfte Profile am Ausblasungsort überdeckten Profilen am Ablagerungsort. Böden auf Dünen verharren z. B. oft im Rohbodenstadium, während gleichzeitig entwickelte Böden anderorts durch Flugsande begraben werden.

c) Verlagerung durch Hangzugwasser*

Gelöste Verwitterungsprodukte der Landböden (und Salze der Niederschläge) gelangen mit dem Sickerwasser in das Grundwasser und werden dann teilweise in Grundwasserböden angereichert. So wird in norddeutschen Dünen- und Altmoränenlandschaften Fe, Mn und P aus Podsolen im Hügelbereich ausgewaschen und in Senkenböden als *Raseneisen* akkumuliert[83]. In Löß- und Jungmoränenlandschaften wird demgegenüber vornehmlich Ca als Hydrogencarbonat umgelagert, was zur Bildung von *Wiesenkalk* in den Senken führen kann.

Treten schwer durchlässige Gesteinsschichten auf, kann es bereits in Hangböden zu einer Akkumulation verlagerter Stoffe kommen. So läßt sich im süddeutschen Bergland beobachten, daß Fe und Mn als feste Oxid-Schwarten an der Basis von Fließerden akkumuliert sind, wo klüftiger Sandstein über undurchlässigem Granit ausstreicht. Entsprechendes gilt für Ca, wo klüftiger Kalkstein über Mergelton oberflächennah ausstreicht: dabei wird Ca aus Rendzinen in talwärts gelegene Pelosole verlagert.

In den feuchten Tropen werden neben Erdalkaliionen häufig auch Fe und Si in größeren Mengen verlagert und an Hangstufe oder Hangfuß als *Plinthit* (Fe) oder *Silcret* (Si) akkumuliert. In Trockengebieten werden sogar Salze in den Senken einer Landschaft konzentriert, so daß sich dort Salzböden bilden.

Der Austritt von Hangwasser und Stoffablagerungen können als Quellbildungen punktförmiger erfolgen oder auch entlang einer längeren Hangstrecke. Nimmt bereits in den Hangböden die Wasserleitfähigkeit mit der Tiefe stark ab, erfolgt die Verlagerung oberflächen-

[80] *Schwertmann, U.:* Geolog. Rundschau 66 (1977) 770.
* Zusammenfassende Literatur[81, 82].
[81] *Blume, H.-P.:* In 28, S. 187.
[82] *Jenny, H.:* s. Kap. B[5].
[83] *Schlichting, E.:* Chemie der Erde 24 (1965) 11.

nah in diesen selbst. Fe und Mn werden dann bevorzugt bei Böden ausgelagert, die nahezu ganzjährig naß sind, in denen mithin längerfristig reduzierende Verhältnisse herrschen. Unter solchen Bedingungen kommt es z. B. zu einer *Naßbleichung* sandiger A-Horizonte von Mehrschichtböden an Flachhängen des Sandstein-Schwarzwaldes mit anschließender Fe-Ausscheidung in benachbarten Böden mit stärkerer Hangneigung und/oder geringeren Körnungsunterschieden[84]. In subarktischen Gebieten erfolgt eine derartige Umlagerung offenbar über gefrorenem Untergrund[85].

Durch Hangzugwasser-Transport entstehen in einer Landschaft also *Eluvialböden* und *Illuvialböden* nebeneinander. In ersteren werden durch das Hangzugwasser Verwitterungs- und Verlagerungsprozesse intensiviert, was über eine verstärkte Nährstoffauswaschung gleichzeitig Humifizierung und Gefügebildung hemmen kann. In den Illuvialböden verzögert die Stoffzufuhr hingegen eine Verwitterung und stabilisiert oft gleichzeitig das Bodengefüge. Sowohl Ca- als auch Fe-Einlagerung ergeben dabei ein lockeres, grob- und mittelporenreiches Gefüge, womit Luftkapazität und nutzbare Wasserkapazität ansteigen. Bei starker Stoffzufuhr verhärten die Anreicherungshorizonte allerdings und es bilden sich Kalkbänke oder Raseneisenstein.

Die einer Senke in gelöster Form zugeführten Stoffe werden meist nicht an der tiefsten Position der Landschaft akkumuliert, sondern bilden vornehmlich am Unterhang einen Fällungssaum, dessen Lage durch den Grundwasserstand in der Senke bestimmt wird. Mit dem Grundwasser bewegen sich außerdem zusätzlich Stoffe in Trockenperioden aus der Senke in etwas höher gelegene Bereiche. Das wurde insbesondere in Salzbodenlandschaften arider Klimate beobachtet, wenn auch diese Form lateraler Stoffumlagerung nur über eine kurze Distanz erfolgt.

Laterale Stoffumlagerungen können entscheidend die Bildung von Böden beeinflussen, wurden aber bisher wenig systematisch untersucht.

11. Profildifferenzierung

Die geschilderten Prozesse laufen in einem Boden nicht isoliert voneinander ab, sondern mehr oder weniger gleichzeitig, wenn auch stets einige zeitweilig dominieren. Sie beeinflussen sich in ihrem Ablauf gegenseitig. Erst das Zu-

sammenspiel vieler Prozesse führt zu einem Boden. Dieser ändert im Laufe der Zeit ständig seine Eigenschaften: er macht eine Entwicklung durch. Je länger der Zeitraum ist, in dem die bodenbildenden Faktoren wirken, desto weiter ist ein Boden entwickelt und desto stärker ist er im allgemeinen in Horizonte mit unterschiedlichen Eigenschaften differenziert.

Die Entwicklung eines Bodens verläuft im allgemeinen sehr langsam. Da allenfalls die Anfangsstadien im Laufe eines Menschenalters verfolgt werden können, muß die Entwicklung eines Bodens im allgemeinen rekonstruiert werden. Dabei sind einmal die Eigenschaften der Bodenhorizonte untereinander und mit denen des Ausgangsmaterials zu vergleichen. Außerdem sind die Bodeneigenschaften mit denen anderer Böden zu vergleichen, deren Entwicklung unter den gleichen Faktoren ablief, aber später begann (z. B. auf Decken vulkanischer Lava unterschiedlichen Alters oder nach zwischenzeitlicher Erosion) oder früher unterbrochen wurde, weil sie unter einer Sedimentdecke begraben wurden. Eine zusätzliche Schwierigkeit besteht aber darin, daß sich im Laufe der Entwicklung eine oder mehrere der bodenbildenden Faktoren änderten, was oft für das Klima gilt. Das gilt in besonderem Maße für Grundwasserböden, weil sich deren Grundwasserstand sehr leicht ändert.

Im folgenden sollen als Beispiele mögliche Entwicklungsreihen oder *Sukzessionen* aus *Dünensand* (Abb. 156 oben) und *Geschiebemergel* (Abb. 156 unten) beschrieben werden (Erläuterung der Bodennamen siehe Kap. XXX 2).

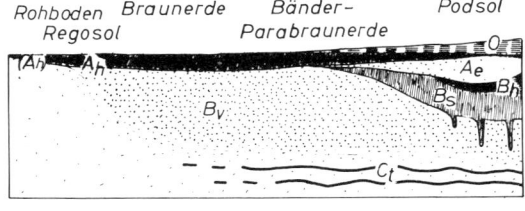

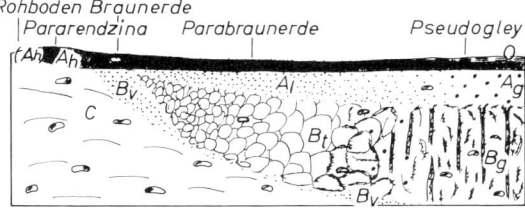

Abb. 156 Mögliche Profilentwicklungen aus Dünensand (oben) und jungpleistozänem Geschiebemergel (unten) in Nordwestdeutschland

---

[84] *Schweikle, V.*: Diss. Hohenheim 1971.
[85] *Schlichting, E.*: Z. Pflanzenernähr. Bodenkd. 100 (1963) 121.

Der *Dünensand* (z. B. 80 % Quarz, 15 % Feldspäte, 5 % Glimmer) wurde nach seiner Ablagerung im Spätglazial von einer Tundrenvegetation besiedelt, wodurch ein Rohboden entstand. Zersetzung, Humifizierung und Mischung ergaben einen wachsenden, feinkrümeligen, humosen A-Horizont. Kryoklastische Verwitterung hatte während der ausklingenden Kaltzeit insbesondere die Glimmer zerteilt. Das ermöglichte im Holozän eine rasche Verbraunung bis in 60–100 cm Tiefe, wobei auch 1–2 % Ton gebildet wurde. Bei pH-Werten von 7–5 wurde dieser (und vermutlich auch atmogener) Ton teilweise verlagert und in 1–2 m Tiefe in Form von Bändern abgesetzt, während sich als Humusform ein mullartiger Moder bildete. Unter kühlfeuchtem Klima des Subatlantikums verzögerten unter Eichen-Birken-Wald zunehmende Versauerung und Nährstoffverarmung den Streuabbau; damit setzte eine Umlagerung von Al und später auch von Fe in organischer Komplexbindung ein. Durch Streunutzung und nach Rodung des Waldes verstärkten sich unter Callunaheide Rohhumusbildung und Podsolierung, so daß schließlich ausgeprägte Humus- und Fe/Al-Anreicherungshorizonte entstanden, die insbesondere in früheren Wurzelbahnen tief in den Unterboden reichten und teilweise zu Ortstein verhärteten. Gleichzeitig verdichtete der kaum noch belebte A_e-Horizont durch Sakkung, während die Versauerung über 2 m hinaus erfolgte. Auch nach Aufforstung mit Kiefern ging die Podsolierung weiter und die pH-Werte des Oberbodens sanken unter 3, u. a. durch Schwefelsäure anthropogen verschmutzter Luft.

Auf *Geschiebemergel* (z. B. 40 % Quarz, je 20 % Carbonate und Tonminerale, je 10 % Feldspäte und Glimmer) ließen Streuproduktion und intensive Tätigkeit wühlender Bodentiere im Früholozän rasch einen mächtigen humus- und carbonathaltigen Oberboden mit lockerem Krümelgefüge entstehen. Carbonatlösung, die bereits vor der Besiedlung durch Organismen einsetzte, führte zu einer kontinuierlichen Vertiefung des Solums, wenngleich die Intensität der Carbonatauswaschung im Laufe der Zeit vermutlich abnahm, weil der Oberboden von mehr Sickerwasser durchzogen wird als der Unterboden. Der Entkalkung folgten Verbraunung und Tonbildung vor allem durch Verwitterung der Glimmer; gleichzeitig wurde im wenig belebten, relativ (durch Entkalkung) und absolut mit Ton angereicherten Unterboden das Kohärentgefüge des Gesteins periodisch in Subpolyeder umgeformt. Außerdem setzte Tonverlagerung ein, die vermutlich unter den kontinentalen Klimaverhältnissen der Boreal besonders intensiv ablief, später auch Feinschluff erfaßte, heute aber weitgehend infolge starker Bodenversauerung zum Stillstand gekommen ist. Der häufig dicht lagernde Geschiebemergel selbst, Sackungsverdichtung (als Folge der Entkalkung) und Einlagerungsverdichtung führten dann unter den relativ kühlfeuchten Klimaverhältnissen des Subatlantikums zeitweilig zum Wasserstau, wodurch der Unterboden marmorierte und im Oberboden Fe/Mn-Konkretionen entstanden. Geringere Organismentätigkeit als Folge zunehmender Nährstoffverarmung und zeitweiligem O_2-Mangel ließen die Mächtigkeit des humosen Oberbodens

(A)-C-Profil   A-C-Profil   A-B-C-Profil

1. Quarz- und silicatreiche Gesteine, tonarm (verwitternd):

2. Mergelgestein mit mittlerem Carbonat- und Tongehalt

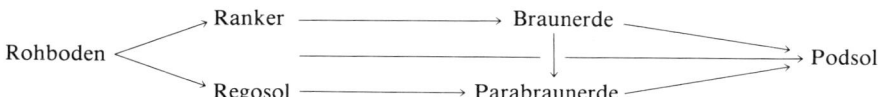

3. Kalk-, Dolomit- und Gipsgesteine

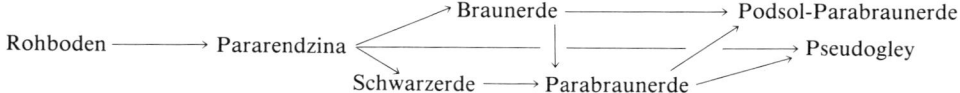

4. Ton- und Tonmergelgesteine:

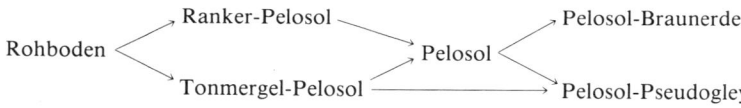

abnehmen und bisweilen ein Plattengefüge entstehen sowie schwache Podsolierung beginnen.

Landböden durchliefen in Mitteleuropa wohl die links dargestellten Stadien, allerdings nicht immer bis zum Ende, da seit Rückzug des Eises oft nur 10000 Jahre Zeit blieb und Erosion zu Unterbrechungen führte.

Neben den *rezenten Böden*, deren Entstehung unter der derzeitigen Konstellation der Bodenentwicklungsfaktoren erfolgte, gibt es Böden, die sich in früheren geologischen Epochen unter andersartigen Bedingungen bildeten. Diese *Paläoböden* blieben entweder als *fossile Böden* unverändert erhalten, wenn sie durch neue Sedimente überdeckt und in ihrer weiteren Entwicklung unterbrochen wurden, oder befinden sich als *Reliktböden* an der Erdoberfläche und unterliegen nunmehr einer Bodenentwicklung, die den heutigen Bedingungen entspricht (polygenetische Böden). Die früher geprägten Merkmale der Böden werden dadurch entweder weitgehend beseitigt (in Mitteleuropa z. B. oft infolge starker Tondurchschlämmung), oder bleiben auf Grund ihrer Stabilität in so hohem Ausmaße erhalten, daß der ehemalige Bodentyp noch eindeutig nachweisbar ist.

Alte Landoberflächen, die zum Teil schon im *Tertiär* oder in früheren Epochen vorhanden waren, finden sich heute noch z. B. in höher gelegenen Gebieten der Tropen, aber auch im gemäßigt-humiden Klimabereich, z. B. in großen Teilen des Rheinischen Schiefergebirges und anderer deutscher Mittelgebirge. Auf solchen Landoberflächen änderte sich im Laufe der Zeit mehrfach, zum Teil tiefgreifend, die Konstellation der Faktoren der Bodenentwicklung. Auf diese Weise wurde ein Teil der dort verbreiteten Böden durch verschiedenartige, einander u. U. sogar entgegenlaufende Prozesse geformt. Viele Böden der Tropen und Subtropen sind als Produkt einer derartigen sog.

polycyclischen Entwicklung genetisch sehr schwer zu deuten. Auch in Mitteleuropa sind Reste der Böden, die während der tropischen und subtropischen Klimaperioden der Kreide und des Tertiärs gebildet wurden, noch vorhanden. Soweit sie nicht überdeckt wurden, unterlagen sie jedoch während des Pleistozäns und Holozäns einer erneuten, anders gearteten Bodenentwicklung.

Während der Warmzeiten (Interglaziale) und der kürzeren Wärmeperioden (Interstadiale) des *Pleistozäns* fand in Mitteleuropa wiederholt eine Bodenentwicklung statt, die in vielen Fällen durch die sich anschließende Kaltzeit infolge Grundmoräneablagerung, Lößaufwehung usw. beendet wurde[86]. Diese Paläoböden treten in mächtigen Lößablagerungen oft stockwerkartig auf und dienen heute vielfach der Erforschung des geologischen Ablaufs des Pleistozäns[87].

Auch auf geologisch sehr jungen Gesteinen verlief die Bodenentwicklung nicht ungestört, wie an den Beispielen des Dünensandes und des Geschiebemergels bereits angedeutet wurde. Das Klima erreichte zunächst während des *Spätglazials* in der Böllingzeit und der Allerödzeit zwei schwache Wärmemaxima (s. Tab. 96 im Anhang), die sich auch bodenkundlich in einigen Teilen Deutschlands nachweisen lassen. In der wärmsten und zugleich trockensten Periode des *Holozän*, im Boreal (6800—5500 v. Chr.) entstanden mancherorts Schwarzerden. Die Entwicklung dieser Böden ist seit Einsetzen des feuchteren Atlantikums beendet und wurde durch Bodenbildungsprozesse humiderer Klimate abgelöst.

---

[86] *Roeschmann, G.:* Die Entstehung der Böden. In *Woldstedt* und *Duphorn*, Norddeutschland im Eiszeitalter. K. F. Koehler, Stuttgart 1974.
[87] *Fink, J.:* Z. Pflanzenernähr. Bodenkd. 121 (1968) 19.

XXIX. Bezeichnung der Bodenhorizonte

Bodenhorizonte werden durch Buchstaben- und/oder Zahlen-Symbole gekennzeichnet. Dabei werden mit Großbuchstaben die Lage im Profil sowie die Zugehörigkeit zum Humus-, Mineral- und/oder Grundwasserkörper signiert. Spezifische Wirkungen bodenbildender Prozesse wurden früher durch nachgestellte Ziffern, heute durch Kleinbuchstaben gekennzeichnet.

In dem folgenden Konzept[1] wurden Horizontsymbole mit international gebräuchlichen Definitionen diagnostischer Horizonte bzw. Merkmale[2, 3] belegt. Danach müssen z. B. bei einem Bt-Horizont nicht allein Tonbeläge eine Tonverlagerung belegen, sondern diese muß deutlich sein, d. h. bei einem Sandboden einen Tongehaltsunterschied von mindestens 3 % zwischen Ober- und Unterboden bewirkt haben. Dann ergibt sich aus einer bestimmten Horizontkombination der Bodentyp. Das Konzept wurde seitens der Systematikkommission der Deutschen Bodenkundlichen Gesellschaft an die Bedürfnisse der Deutschen Bodenkartierung angepaßt[4]. Teilweise sind verschiedene Symbole gebräuchlich, die dann beide genannt wurden (z. B. Festgestein international R, für die BRD vorgeschlagen).

1. **Bodenlagen** (Haupthorizonte sowie organische und mineralische Ausgangssubstanzen) werden durch große Buchstaben bezeichnet; vorangestellte Kleinbuchstaben gestatten eine nähere Kennzeichnung des Ausgangsmaterials bzw. vom Ausgangsmaterial erworbener Eigenschaften:

a) *Unterwasserhorizonte*

F   Horizont am Gewässergrund mit über 1 % org. Substanz (Röhrichtzone s. H.; diagn. Hor. der Unterwasserböden).

b) *Organische* Lagen (über 30 Gew.-% org. S.)

H = T   *Torfhorizont* (engl. *H*istic Hor.); organischer Horizont im Oberboden, durchgehend über 30 Tage naß oder gedränt (diagn. Hor. der Moore).

nH   *Niedermoortorf* (m. Resten v. Phragmites, Typha, Carex, Hypnum, Alnus und/ oder Salix).

hH   *Hochmoortorf* (m. Resten v. Sphagnum, Eriophorum dros. und/oder Zwergsträuchern).

üH   *Übergangsmoortorf* (m. Resten v. Betula pub., Pinus silv. und/oder Scheuchzeria pol. sowie nH- bzw. hH-Pflanzen).

L = O_L   *Streu*, weitgehend (über 90 %) unzersetztes org. Ausgangsmaterial (engl. *l*itter; s. Kap. XXVIII 2 a).

O   *Organischer Horizont*, dem Mineralboden aufliegend (s. Kap. XXVIII 2 a).

c) *Mineralische* Lagen (unter 30 Gew.-% org. S.)

Aa = HA   *Anmoorhorizont* im Oberboden und Grundwasserbereich (durchgehend über 30 Tage naß oder gedränt) m. 15−30 Gew.-% org. Substanz (s. Kap. XXVIII 2 b).

A   *Mineralhorizont im Oberboden* mit akkumuliertem Humus und/oder an Mineral-(stoff)en verarmt (in ariden Gebieten auch angereichert).

(A) = Ai   *Nano-A*, d. h. geringmächtiger A-Horizont (unter 2 cm oder nur stellenweise vorhanden; diagn. Hor. der Rohböden).

B   *Mineralhorizont im Unterboden* mit verändertem Mineralbestand durch Einlagerung aus Oberboden und/oder Verwitterung in situ (m. unter 75 Vol.-% Festgesteinsresten und Farbänderung gegenüber Ausgangsgestein).

G   Mineralhorizont im Grundwasserbereich mit hydromorphen Merkmalen (als Go, Gr, Gc diagn. Hor. d. Gleye und Marschen).

C = lC   *Lockergestein* mit grabbarer Feinerde (monomineralisch Härte unter 2 (z. B. Kalk), sonst m. Calgon in 15 h dispergierbar).

R = mC   *Festgestein*

Vorangestellte Kleinbuchstaben bzw. Symbole zur näheren Charakterisierung des Gesteins:

[1] *Schlichting, E., H.-P. Blume:* Mitt. Dtsch. Bodenkdl. Ges. 29 (1979) 765.
[2] Soil Survey Staff: Soil Taxonomy. Agriculture Handbook 436, Washington 1975.
[3] FAO-Unesco: Soil map of the world, Legende. Unesco-Paris 1974.
[4] *Mückenhausen, E.* u. a.: Mitt. Dtsch. Bodenkdl. Ges. 32 (1982); der Entwurf wurde während der Drucklegung des Buches allen DBG-Mitgliedern zur Stellungnahme zugesandt, so daß sich noch Änderungen ergeben können.
[5] Arbeitsgemeinschaft Bodenkunde d. Geol. Landesämter, Kartieranl., Hannover 1971.

a   *alluviales* Gestein (feinschichtig oder m. wechselnden, zur Tiefe ansteig. Humusgehalten oder m. über 0,35 % org. S. oder innerhalb 125 cm Tiefe sulfidhaltig; aC- = diagn. Lage d. Auenböden).

q   *silicatisches* Gestein, kalkfrei bis -arm (unter 2 % CaCO₃); (qR = diagn. Lage der Ranker, qC = der Regosole).

e   *mergeliges* Gestein, m. 2–70 % CaCO₃ (eC = diagn. Lage d. Pararendzina).

k   *kalkiges* Gestein, m. über 70 % CaCO₃ (kR bzw. kC = diagn. Lage der Rendzina).

t   *toniges* Gestein, m. über 45 % Ton (tR bzw. tC = u. a. diagn. Lage des Pelosol).

f   *fossiler* Horizont.

r   *reliktischer* Horizont.

II, III   *Gesteinsschichten*, aus denen die darüber liegenden Bodenhorizonte nicht entstanden (z. B. A–IIB)

2. Horizontmerkmale, die das Ergebnis bodenbildender Prozesse darstellen, werden durch nachgestellte Kleinbuchstaben bezeichnet.

f   *fermentiert:* m. vielen (30–90 % d. org. S.) zerkleinerten, geschwärzten Pflanzenresten (Verwendung als Of, Hf).

h   *huminstoffakkumuliert:* und zwar mit über 0,6 (b. Sanden), 0,9 (b. Lehmen) bzw. 1,2 (b. Tonen) Gew.-% humifizierter org. Substanz *und* als Bh m. Quotienten aus pyrophatlösl. C und Fe von über 10, *oder* als Oh bzw. Hh m. über 70 % d. org. S. Feinhumus (s. Kap. XXVIII 2 a).

(h) = i   als A(h) *Krypto-A* (engl. ochric A) m. unter 0,6 (b. Sanden), 0,9 (b. Lehmen) bzw. 1,2 (b. Tonen) Gew.-% Humus (diagn. Hor. d. Lockersyrosem-Regosole, Xerosole, Yermosole).

r   *reduziert:* überwiegend anaerobe Verhältnisse (an über 300 Tagen rH-Wert unter /gleich 19) *und* Reduktionsfarben (über 95 Vol.-% Munsell-Farbton N oder blauer 5 Y); Verwendung als Gr, Br (z. B. neben Mülldeponien), Cr.

o   *oxidiert:* rostfleckiger (bes. Aggregatoberflächen) bzw. kalkfleckiger Horizont über Grundwasser gelegen (oder drainiert); Verwendung als Go.

s   *sesquioxidakkumuliert:* durch Fe-Anreicherung Munsell-Farbton mindestens 1 Stufe roter als benachbarte Horizonte *und* als Bs (engl. spodic B) m. Quotienten aus pyrophosphatlösl. C und Fe von unter 3 (bzw. Bhs: 3–10), bzw. als Gso m. mindestens 2 cm großen FeMn-Konkretionen bzw. 1 cm dicken

e   Schwarten mit jeweils über 10 % Flächenanteil.

     sauergebleicht: an FeMn durch Podsolierung verarmt (Munsell-Farbwert ≥ 4, Farbwert: Farbtiefe ≥ 2,5), d. h. über Bh bzw. Bs gelegen (u. mit diesen diagn. H. d. Podsole).

g = S   *marmoriert:* durch Stauwasser zeitweilig naß und rH-Wert ≤ 19, sowie als Sw bzw. *Ag* gebleicht (Munsell-Farbwert ≥ 4, Farbtiefe ≤ 2,5 *und* (FeMn)-Konkretionen Sd bzw. *Bg* helle (Munsell-Farbton 2,5 Y oder 5 Y) *und* rostfleckige Matrix sowie gebleichte Aggregatoberflächen (Farbtiefe 0 od. 1).

eg = Sew   *naßgebleicht:* durch Stauwasser zeitweilig naß und rH-Wert ≤ 19 *und* an FeMn verarmt (Farbwert ≥ 4, Farbwert: Farbtiefe ≥ 2,5) keine Konkretionen (als Aeg diagn. H. der Stagnogleye).

t   *tonakkumuliert* (FAO: argillic h.): durch Lessivierung mit Ton angereichert (gegenüber A in den oberen 30 cm um absolut 3 (bei Sanden), 5 (bei Lehmen) bzw. 8 (bei Tonen) % erhöht) *und* entweder sichtbare Tonhäute an Aggregatoberfl. und in feinen Poren (bzw. über 1 Vol.-% im Dünnschliff) oder sichtbare Tonbrücken zwischen Sandkörnern (bzw. m. Lupe erkennbar); Verw. als Bt.

l   *lessiviert:* an Ton durch Auswaschung verarmt (d. h. über Bt gelegen und Tongehalt nach unten zunehmend).

u   *ferralitisiert* (ähnl. FAO: oxic h.): stark verwitterter über 30 cm mächtiger Horizont m. unter 5 Vol.-% Festgesteinsresten *und* über 15 % Ton (davon aber stellenweise weniger als ⅓ dispergierbar) *und* AK des Tones < 16 mval/100 g *und* reale AK des Tones < 10 mval/100 g *und* kaum verwitterbare Minerale (2 : 1 Tonminerale, Feldspäte, Glimmer), (als Bu diagn. H. der Ferralsole).

v   *verwittert:* und zwar als *Rv* mit zerteiltem Festgestein, als *Cv* mit geringerem Kalkgehalt oder V-Wert als weiter unten, als *Bv* (ähnl. FAO: cambic B) *außerdem* verbraunt (Farbtiefe stärker als weiter unten) oder verlehmt (mehr Ton als weiter unten), hingegen Silicate nur mäßig verwittert (AK d. Tones > 16 mval/100 g oder über 6 % Muskovit oder über 3 % verwitterbare Minerale (s. bei u); geringmächtiger (< 5 cm) Bv = (Bv).

c   *kalkakkumuliert* (FAO: calcic h.): stark kalkhaltig (über 15 %) *und* entweder über 5 % mehr Kalk als im Gestein *oder* über 5 Vol.-% als Sekundär-

z   kalk (Anflüge, Konkretionen); (c): Kalk-
geh. unter 15 % *und* mit Sekundärkalk.

z   *salzakkumuliert* (FAO: high salinity): pH
(H$_2$O) > 8,5 *und*
elektr. Leitfähigkeit des Sättigungsextraktes der oberen 25 cm beträgt über
4 mS/cm, oder die eines Horizontes zwischen 0–125 cm (bei Sanden), −90 cm (bei
Lehmen), −75 cm (bei Tonen) beträgt
über 15 mS/cm.

a = P   *vertisch:* toniger (> 45 %) Horizont m.
zeitweilig breiten Trockenrissen (in 50 cm
Tiefe > 1 cm breit) *und*
in sich dichten Absonderungsaggregaten
(> 5 cm ⌀), bzw. slicken sides, bzw. Bodenoberfläche mit Gilgairelief (als Ba
bzw. Ca diagn. H. d. Pelosole, als Aha
auch der Vertisole).

m   *verfestigt* (FAO: petric phase) über 40
Vol.-% des Horizontes pedogen verfestigt
(Aggregate zerfallen nicht in Wasser); als
Bsm (= *Ortstein*), Gom (= *Raseneisenstein*), Bum (*Plinthit*), Ccm bzw. Gcm
(= petrocalcic h.), Cjm bzw. Gjm
(= ständig gefroren bzw. Permafrost).

p   *gepflügt:* durch Bearbeitung weitgehend
homogenisiert (Verwendung als Ap bzw.
Hp = Ackerkrume, A/Bp bzw. A/Cp
bzw. H/Cp = tief rigolt).

j   *kryoturbat* (schwed. Tjäle): Horizont
über Permafrost (bzw. reliktisch) *und*
mit Merkmalen kryoturbater Mischung
(eingeregelte Steine, Würgespuren, Frost-
keile).

n   *alkalisiert:* pH(H$_2$O) über 8,5 *und*
Na-Sättigungsgrad   > 15 %   oder
Na + Mg > Ca − Sättigungsgrad
(als Btn mit. Säulengefüge diagn. H. d.
Solonetzes).

y   *gipsakkumuliert* (FAO: gypsic h.): Horizont mit sekundärem CaSO$_4$ angereichert
(Konkretionen, sichtbare Einzelkristalle,
Anflüge) *und*
über 15 cm mächtig *und*
über 5 % mehr Gips als im Gestein *und*
Produkt aus Hor. mächtigk. und Gips-
geh. > 150.

k   *konkretionär*

3. **Bodenhorizonte** werden nun durch einen
Großbuchstaben und nachgestellte(n) Kleinbuchstaben gekennzeichnet. Dabei werden unterhalb der Definitionsschwelle ausgeprägte
Merkmale dem ausgeprägten vorgeschaltet
(z. B. schwacher Ae + deutlicher Ah = Aeh)
oder in Klammern gesetzt (z. B. schwacher
Cc = C(c)). Dünne (< 1 cm) Bändchen werden
durch ein vorangestelltes b signiert, z. B. Tonbänder als Bbt, Eisenbänder (FAO: placic h.)
als Bbs.

Bei *Übergangshorizonten* werden die jeweiligen Horizontbezeichnungen nebeneinander gestellt, z. B. AC- oder AhBv-Horizont.

Bestimmte Horizontkombinationen ergeben
dann einen Bodentyp: z. B. Ah-Bv-C = Braunerde (Näheres hierzu s. Kap. XXX 2).

XXX. Bodensystematik

Böden, die den gleichen Entwicklungszustand,
der durch eine bestimmte Horizontkombination ausgedrückt wird, aufweisen, bilden einen
Bodentyp. Die Benennung der Bodentypen erfolgt in Deutschland nach einer auffälligen Eigenschaft wie der Farbe (z. B. Braunerde) oder
nach der Zugehörigkeit zu einer Landschaft
(z. B. Marsch oder Moor). Vielfach werden
auch ausländische Namen wie Rendzina (poln.)
Gley (russ.) oder Dy (schwed.) oder Kunstna-
men (z. B. Pelosol) verwendet.

Die Bodennamen sind dabei genau definiert, und
zwar nach bodeneigenen Merkmalen. Bisweilen findet man Böden nach ihrem Ausgangsgestein (z. B.
Lößboden), der geologischen Formation, der das

Ausgangsgestein angehört (z. B. Keuperboden), der
Körnung (z. B. Sandboden), der Nutzungsart (z. B.
Ackerboden) oder Nutzungsmöglichkeit (z. B. Wei-
zenboden) benannt. Solche Bezeichnungen beruhen
in der Regel nur auf *einem* Merkmal eines Bodens.
Sie sollten daher nur dann benutzt werden, wenn
wirklich eine Aussage in bezug auf das eine Merkmal
beabsichtigt ist. Es ist also z. B. nicht erlaubt, mit
„Sandboden" eine ökologische Charakterisierung
vornehmen zu wollen, da die Eigenschaften eines
Wuchsortes nicht nur von der Körnung abhängen.

Böden werden, wie andere Naturkörper
auch, klassifiziert, und zwar nach realen Eigenschaften. Sie können dabei nach ihrer Entstehung und das heißt *genetisch*, oder nach ihrer

Wirkung auf andere Objekte und das heißt *effektiv* klassifiziert werden[1]. Die im folgenden zu behandelnden Klassifikationssysteme sind vorrangig genetisch konzipiert, wenngleich teilweise in den niedrigen Kategorien der Systematik auch nach ökologisch relevanten Eigenschaften geordnet wird. Eine genetische Klassifizierung läßt aber selbstverständlich auch Aussagen über die Nutzbarkeit von Böden zu (s. Kap. XXXIV), da ein Boden eines bestimmten Entwicklungszustandes eine bestimmte Kombination von Eigenschaften darstellt, die auch im Hinblick auf spezifische Nutzungen interpretiert werden können. Aus diesem Grunde erfolgt die Kartierung der Böden, die in Deutschland den Geologischen Landesämtern obliegt, in der Regel nach einer genetischen Systematik.

Effektive Klassifikationen erfolgen nach Bodeneigenschaften, die für eine bestimmte Nutzung von ausschlaggebender Bedeutung sind. So gliedert der Bodenmechaniker, der einen Boden als Baugrund zu beurteilen hat, Böden nach ihrer mechanischen Belastbarkeit. Kartierungen, die Böden effektiv ordnen, sind aber ökonomisch betrachtet auf die Dauer uneffektiv, weil sie mit einem Wechsel der Nutzungsform unbrauchbar werden.

1. Entwicklung der Bodensystematik

Die heutige genetische Bodensystematik geht vor allem auf den Russen *W. W. Dokutschajew* (1883, 1900) zurück, der Böden als eigenständige Naturkörper betrachtete und sie als Folge vor allem des Klimas und der klimabedingten Vegetation klassifizierte. Der Amerikaner *W. E. Hilgard* (1882) und der Deutsche *E. Ramann* (1918) gingen ähnlich vor; andere berücksichtigten stärker auch die Einflüsse der übrigen bodenbildenden Faktoren, u. a. *K. D. Glinka* (1915) und *H. Stremme* (1926), während *B. Aarnio* (1926) und *K. K. Gredoiz* (1931) vor allem die Eigenschaften der Bodenkolloide als Gliederungsprinzip benutzten. Zahlreiche Bodenkundler haben dann die *Prozesse* der Bodenentwicklung in den Vordergrund der Systematik gestellt, so *A. Stebutt* (1930), *H. Pallmann* (1947) und vor allem *W. L. Kubiena* (1953). In den *USA* wurde mit der „Soil Taxonomy" ein System geschaffen, das auf vorwiegend pedogenen, gleichzeitig aber quantifizierbaren Eigenschaften *diagnostischer Horizonte* beruht[2].

Die heute in verschiedenen Staaten der Erde benutzten Klassifikationen unterscheiden sich sowohl im Gliederungsprinzip als auch in der Benennung der einzelnen Böden. Einen ersten Versuch internationaler Übereinkunft stellt eine Systematik dar, die für die Weltbodenkarte der FAO geschaffen wurde[3]. Sie gliedert nach diagnostischen Horizonten, deren Definitionen im wesentlichen die des US-Systems sind, während die Benennung der Böden den verschiedensten Sprachen entlehnt wurde.

2. Klassifikationssysteme in Deutschland

Die Böden Deutschlands wurden früher nach der von *H. Stremme* geschaffenen Einteilung gegliedert. Dabei wurde je nach dem Vorherrschen einzelner Faktoren zwischen Vegetationsbodentypen (Steppenböden, Waldböden, Heideböden), Gesteinsbodentypen (Carbonatböden, Eruptivgesteinsböden usw.), Naßbodentypen (Auen-, Marsch-, Moorböden usw.), Reliefbodentypen (Gebirgs- und Hangböden) sowie künstlichen Böden unterschieden.

Heute werden die Böden der BRD nach einem System klassifiziert, das den Profilaufbau eines Bodens, in dem sich die Auswirkungen aller Faktoren der Bodenentwicklung widerspiegeln, bzw. seine Horizontkombination in den Mittelpunkt stellt. Es fußt auf dem „natürlichen" System *Kubienas*[4], das vor allem von *E. Mückenhausen* modifiziert wurde und durch die Systematik-Kommission der Deutschen Bodenkundlichen Gesellschaft laufend ergänzt wird[5]. Danach werden die Böden der Bundesrepublik kartiert. Diesem System liegt auch die folgende Gliederung der Böden Mitteleuropas weitgehend zugrunde. Allerdings wurden die Definitionsmerkmale in Anlehnung an die diagnostischen Horizonte des US-Systems schärfer gefaßt (s. Kap. XXIX).

---

[1] *Schlichting, E.:* Mitt. Dtsch. Bodenkdl. Ges. 10 (1970) 13.

[2] Soil Survey Staff: Soil Taxonomy. Agricultural Handbook No. 436, Washington 1975.

[3] FAO-Unesco: Map of the World, Vol. 1, Legend. Paris 1974.

[4] *Kubiena, W. L.:* Bestimmungsbuch und Systematik der Böden Europas. Enke, Stuttgart 1953.

[5] *Mückenhausen, E.* und Mitarb.: Entstehung, Eigenschaften und Systematik der Böden der Bundesrepublik Deutschland. Dtsch. Landw. Ges., Frankfurt 1976.

Oberste Kategorien dieses Systems sind die *Abteilungen*, bei denen nach dem Wasserregime zwischen den *terrestrischen* oder Landböden, den *semiterrestrischen* oder *Grundwasserböden* und den *subhydrischen* oder *Unterwasserböden* unterschieden wird. Dazu treten die nur einen Humuskörper aufweisenden *Moore*.

Es folgen die *Boden-Klassen*, bei denen die Landböden nach ihrem Entwicklungszustand bzw. dem Grad der Differenzierung in Horizonte untergegliedert werden. Klassen der Grundwasserböden sind die Gleye sowie die heute oder früher periodisch mit Süßwasser überfluteten *Auenböden* und mit Salzwasser überfluteten *Marschen*; hier liegt also eine weitere Differenzierung nach dem Wasserregime vor. Die Boden-Klassen sind in *Boden-Typen* gegliedert, die sich bei juvenilen Landböden nach lithogenen Profilmerkmalen, bei stärker entwickelten nach der Entwicklungsart unterscheiden. Die Typen der Grundwasserböden unterscheiden sich nach dem Entwicklungszustand, die der subhydrischen Böden nach der Humusform. Die weitere Unterteilung der Bodentypen in *Subtypen, Varietäten* und *Subvarietäten* erfolgt unter Berücksichtigung feinerer Unterschiede des Entwicklungsgrades des Mineral- oder Humuskörpers, der Intensität bestimmter Veränderungen, lithogener Merkmale, außerdem nach Übergangsformen zwischen Typen oder Subtypen.

Dem Bodennamen wird die Angabe des Ausgangsgesteins nachgestellt; beides zusammen bildet dann die *Bodenform*. Die Hauptbodenform der heute in der DDR gebräuchlichen Bodensystematik stellt demgegenüber eine Kombination von Substrattyp und Bodentyp dar (z. B. Tieflehm-Fahlerde)[6]. *Substrattypen* unterscheiden sich dabei vor allem in der Körnung bzw. den Körnungskombinationen der Lagen eines Bodens. Sie wurden eingeführt, um ökologisch wirksamen Eigenschaften stärkere Geltung zu verschaffen.

D. Schroeder unterscheidet demgegenüber in seinem *Morphogenetischen Klassifikationssystem* zwischen lithomorphen (z. B. Ranker), klimamorphen (z. B. Tschernosem), hydromorphen (z. B. Pseudogley) und anthropomorphen (z. B. Hortisol) Böden[7].

In der folgenden Aufstellung wichtiger deutscher Böden erfolgte eine Abgrenzung nach diagnostischen Horizonten, deren Definition Kapitel XXIX zu entnehmen sind. Dabei wurden (> 4 dm) mächtige Ah-Horizonte als A̲h̲

unterstrichen, geringmächtige Horizonte in Klammern gesetzt:
(A) = Ah < 2 cm, (H) = H < 3 dm, (Bv) = Ah + Bv < 25 cm.

A Landböden (Terrestrische Böden)
a) Terrestrische Rohböden (O)*

1. (A)–R: *Syrosem* (Of); (A) nur lückig vorhanden)
   Subtypen nach Gestein (–qR: Ranker-Of, –kR: Rendzina-Of) und Humusform (Rohhumus-Of, Moder-Of, sonst Typischer Of).
2. (A)–C: *Lockersyrosem* (Ol); (Gesteinsrohboden aus Lockergestein)
   Subtypen nach Gestein (–qC: Regosol-Ol, –eC: Pararendzina-Ol).

b) A–C(R)-Böden (Böden ohne B-Horizont)

1. Ah–qR: *Ranker* (N)*; (aus carbonatfreiem Festgestein)
   Subtypen nach Humusform (Moder-N, Rohhumus-N), Trophie (V-Wert** < 20: Sauer-N), als Übergangsformen ((A)–: Syrosem-N, mit (B(v)): Braun(erde)-N), sonst Typischer N (bzw. Mull-N).
2. Ah–qC: *Regosol* (Q)*; (aus carbonatfreiem Lockergestein)
   Subtypen nach Humusform (Moder-Q, Rohhumus-Q), Trophie (V-Wert** < 20: Sauer-Q), als Übergangsformen (A(h)–: Syrosem-Q, mit (B(v)): Braun(erde)-Q), sonst Typischer Q (bzw. Mull-Q).
3. Ah–kR: *Rendzina* (R)*; (aus Carbonat- oder Gipsgestein)
   Subtypen nach Humusform (Moder-R, Pech-R, Tangel-R), Gestein (-kC: Rego(sol)-R), als Übergangsform ((A)–: Syrosem-R, mit (B(v))–: Braun(erde)-R, mit (Bar): Terrafusca-R, mit Cg: Pseudogley-R), sonst Typische R (Mull-R).
4. Ah–eC: *Pararendzina* (Z)*; (aus Mergelgestein)
   Subtypen nach Humusform (Moder-Z, Tangel-Z), als Übergangsform (A(h)–: Syro(sem)-Z, mit (B(v))–: Braun(erde)-Z, mit Cg: Pseudogley-Z), sonst Typische Z (Mull-Z).

c) Steppenböden (T)*: A̲h̲-eC-Profile mit mächt. Mull-Ah

---

[6] *Ehwald, E.:* 3 in Kap. B.
[7] *Schroeder, D.:* Bodenkunde in Stichworten. Hirt, Kiel 1978.
* Abkürzungen, die auf Bodenkarten der BRD Verwendung finden.
** Basensättigung in %.

1. Dunkler Mull-<u>Ah</u> (Definition s. Kap. XXXI 1 g): *Tschernozem* (Steppenschwarzerde)
Subtypen als Übergangsform (mit Ath: Parabraunerde-T, mit Agh bzw. C(c)g: Pseudogley-T, mit Goc: Gley-T), sonst Typischer T.
2. Mull-<u>Ah</u>-Cc: Kastanozem (brauner Steppenboden).

d) *Pelosole* (Böden tonreicher Gesteine m. vertischem Gefüge)

1. Ah−B,Ca (bzw. P): *Pelosol* (D)*
Subtypen nach Gestein (-tC: Ton-D, -eC: Tonmergel-D), als Übergangsform (mit (Bv): Braun(erde)-D, mit Bga: Pseudogley-D, mit Gor: Gley-D).

e) *Braunerden*

1. Ah−Bv−: (*Typische*) *Braunerde* (B)*
Subtypen nach besond. Merkmalen (V-Wert** des Bv > 70: Eu(trophe)-B, 20−70: Mittelbasische B, < 20: Sauer (Basenarme)-B; d_B d. Bv < 0,85 g/cm³: Lokkerb.); als Übergangsformen (mit Ba (bzw. P): Pelosol-B, mit Bgv: Pseudogley-B, mit Aeh-Bsv: Rostb., mit -Ae-Bsv: Podsol-B, mit Go (tiefer 4 dm): Gley-B; nur mit (Bv)-qR: Ranker-B, -kR: Rendzina-B, -qC: Regosol-B, -eC: Pararendzina-B.
2. Ah−Al−Bt−: *Parabraunerde* (L)*
Subtypen als Übergangsformen (mit mächt., dunklen Mull-Ah: Tscherno-(sem)-L, mit Bgt: Pseudogley-L, mit Go (unterh. 4 dm): Gley-L), sonst typische L.
3. Ah−Ael−Bt−: *Fahlerde*
Subtypen analog Parabraunerden.

f) *Podsole*

1. −Ae−Bhs−: (Typischer) *Podsol* (P)*
Subtypen nach Art des B-Horizontes (als Bh: Humusp., als Bs: Eisenp., als Bhs: Eisenhumusp., als Bsm: Ortstein.), als Übergangsform (mit mächt. Bv: Braunerde-P, mit Bg: Pseudogley-P, mit Bt: Fahlerde-P, mit Go (unterh. 4 dm): Gley-P).
2. *Staupodsol*
−Ae−Aeg−Bsm−: Ortsteinstaupodsol
−Ae−Bbs−: Bändchenstaupodsol

g) Terrae calcis (plastische Böden aus Carbonatgestein)

1. −Bav (bzw. T)−kR: *Terra fusca* (C)*
Subtypen als Übergangsformen (mit Al: Parabraunerde-C, mit Bv (über Bav): Braunerde-C, mit Bga: Pseudogley-C, mit kalkhalt. Ah: kalkhaltige C, mit Tangelhumus: Tangel-C), sonst typische C.

2. −Bu(rot)−kR: *Terra rossa*

h) Stauwasserböden

1. −Ag (bzw. Sw)−Bg (bzw. Sd)−: Pseudogley (S)*
Subtypen als Übergangsform (z. B. mit Btg: Parabraunerde-S, mit Bag: Pelo(sol)-S, mit (Bv) oberh. Bg: Braunerde-S, mit Go (unterh. 4 dm): Gley-S), sonst typischer S.
2. −Aeg (bzw. Sew)−Bg (bzw. Sd)−: Stagnogley (Ss).

B *Grundwasserböden* (semiterrestrische B.)
a) *Gleye*

1. Ah−Go (oberh. 4 dm)−Gr: (*Typischer*) *Gley* (G)*
Subtypen nach besond. Merkmalen (ohne Gr: Oxi-G, mit Gc: Kalkg., mit Ach bzw. Gco: kalkhaltiger G), als Übergangsformen (mit Bv: Braunerde-G, mit Bt: Parabraunerde-G, mit Bg: Pseudogley-G, mit Ba bzw. P: Pelo(sol)-G), sonst Typischer G)
2. Aho−Gr: Naßgley
3. HA (bzw. Aa)−Gr: Anmoorgley
4. (H)−Gr: Moorgley.

b) *Auenböden* (Ah−a(Go)C-Böden der Flußaue)

1. A(h) (bzw. Ai)−aC: *Rambla*
2. Ah−aC: *Paternia*
3. Ah−kaC: *Borowina*
4. Mächtiger Mull−Ah−aC: Tschernitza
5. Ah−Bv−aC: *Vega*.

c) *Marschen* (Ah−aG-Horizontierung tiedebeeinflußter Sedimente)

1. Ahz−Gzr: Salzmarsch
2. Ah−Go−Gr: Kalkmarsch
3. Ah−BvGo−Gr: Kleimarsch
4. Ah−Bg (bzw. S)Go−Gr: Knickmarsch
5. (H)−Gr: Torfmarsch
alternative Gliederung in Seemarsch, Brackmarsch, Flußmarsch s. Kap. XXXI 2 d.

C Unterwasserböden (Subhydrische Böden)
Untergliederung nach Humusgehalt und Humusform in Protopedon, Dy, Gyttja, Sapropel.

D Moore (Böden mit über 3 dm Torflage)
Untergliederung nach Torfart in Niedermoor, Übergangsmoor, Hochmoor.

E Kultosole bzw. Anthropogene Böden
Morphe tiefgreifend (> 6 dm) vom Menschen verändert
Untergliederung s. Kap XXXI 5.

3. Klassifikationssysteme in den USA

In den USA setzte sich zunächst eine auf *C. F. Marbut* (1928) zurückgehende Systematik durch, die vor allem auf morphologischen und chemischen Eigenschaften der Böden beruhte. Dabei wurde in *zonale* (d. h. vornehmlich durchs Klima differenzierte), *intrazonale* (durch Grundwasser oder Gestein geprägte) und *azonale* (bzw. kaum entwickelte) Böden gegliedert. Diese wurden in *Great Soil Groups* (unseren Bodentypen vergleichbar), *Soil Series* (Lokalformen als wichtigste Kartiereinheit) sowie (nach der Körnung) in *Soil Types* und schließlich (nach der Ertragsfähigkeit) in *Soil Phases* unterteilt.

Seit 1960 wurde seitens des US Soil Survey Staff ein neues System entwickelt, das als *Soil Taxonomy* völlig von bisherigen Konzepten abweicht[8, 9]. Mit Ausnahme der Namen für die Soil Series wurden sämtliche Bodenbezeichnungen neu geprägt, wobei die fast nur aus lateinischen und griechischen Wortstämmen zusammengesetzten Wörter nach der ihnen zugrunde liegenden Merkmalskombination die Stellung des jeweiligen Bodens in den höheren Kategorien, seine wichtigsten Eigenschaften und die Beziehungen zu anderen Böden erkennen lassen. Auch wichtige Horizonteigenschaften wurden neu benannt, wobei in erster Linie exakt definierte chemische und morphologische Unterscheidungskriterien eingeführt wurden.

Die oberste Kategorie dieses Klassifikationssystems ist die Ordnung (Order), deren Namen stets mit -sol endet. Es gibt die folgenden 10 Ordnungen:

(1) **Ent**isol: Unentwickelte Böden ohne erkennbare Horizonte (von recent [engl.] = jung)
(2) **Vert**isol: Dichte, dunkle Böden aus quellfähigen Tonen (von vertere [lat.] = umwenden)
(3) **Incept**isol: Schwach entwickelte Böden, die erkennbare Horizonte und als Humusformen Rohhumus, Moder und sauren Anmoorhumus besitzen (von inceptum [lat.] = Anfang)
(4) **Arid**isol: Boden mit Merkmalen trockenen Klimas (von aridus [lat.] = trocken)
(5) **Moll**isol: Böden mit mächtigem, dunklem humusreichem (Mull), krümeligem A-Horizont (von mollis [lat.] = weich)
(6) **Spod**osol: Böden mit Podsol-B-Horizont (von spodos [griech.] = Holzasche)
(7) **Alf**isol: Böden mit Tonanreicherungshorizont, aber mäßiger Silicatverwitterung (von Pedalfer = in der älteren amerikanischen Nomenklatur Böden mit völliger Carbonatauswaschung)

(8) **Ult**isol: Böden mit Tonanreicherungshorizont, relativ starker Silicatverwitterung und Jahresmitteltemperatur > 8 °C (von ultimus [lat.] = der Letzte)
(9) **Ox**isol: Sesquioxidreiche, stark verwitterte, innertropische Böden (von Oxid)
(10) **Hist**osol: Moore und andere Böden mit mächtiger Humusauflage (von histos [griech.] = Gewebe)

Charakteristische Buchstabenkomplexe dieser Ordnungsnamen, die in der vorhergehenden Liste fett gedruckt sind (ent, ert, ept, id, oll, od, alf, ult, ox, ist), dienen dazu, die Namen der nächst tieferen Kategorie, der Unterordnungen (Suborders), zu bilden. Dies geschieht dadurch, daß vor die Buchstabenkomplexe der jeweiligen Ordnung weitere Buchstabenkomplexe, die die Eigenschaften der Unterordnungen charakterisieren, gestellt werden. Die zur Kennzeichnung der Unterordnungen verwendeten 23 Buchstabenkomplexe sind:

alb	= mit gebleichtem Eluvialhorizont (lat.albus = weiß)
and	= Boden vulk. Asche (jap. ando = dunkler Boden)
aqu*	= mit Hydromorphie (lat. aqua = Wasser)
arg	= mit Lessivierung (lat. argilla = Ton)
bor	= unter borealem Klima
ferr	= Fe-reich (lat. ferrum = Eisen)
fibr	= kaum humifiz. org. S. (lat. fibra = Faser)
fluv	= Auen (lat. fluvius = Fluß)
hem	= mittel humifiz. org. S. (gri. hemi = halb)
hum	= humusreich
lept	= dünner Hor. (gri. leptos = dünn)
ochr	= mit hellem Ah (gri. ochros = fahl)
orth	= normale Bild. (gri. orthos = echt)
plag	= mit Plaggenhorizont
psamm	= sandreich (gri. psammos = Sand)
rend	= rendzinaähnlich
sapo	= stark humifiz. org. S. (gri. sapros = faul)
torr*	= grundsätzl. trocken (gri. torridus = tro.)
trop	= ständig warm (von tropisch)
ud*	= mit hum. Klima (lat. udus = humid)
umbr	= mit dunkl. Ah (lat. umbra = Schatten)
ust*	= m. trock. sommerheißem Klima (lat. ustus = verbrannt)
xer*	= m. aridem Klima (gri. xeros = trocken)

* Definitionen s. Tab. 57 auf S. 117

Aus der Vereinigung der beiden Buchstabenkomplexe ergeben sich die *Unterordnungen*. So gehören z. B. die Schwarzerden aufgrund ihrer mächtigen, dunklen, krümeligen A_h-Horizonte (Ordnung der Mollisole) und ihrer Entstehung im kontinentalen,

---

[8] Soil Survey Staff: 2 in Kap. XXIX.
[9] *Buol, S. W., F. D. Hole, R. J. McCracken:* Soil Genesis and Classification. Iowa State Univ. Press, Ames 1973.

sommerheißen und winterkalten Gebiet (Buchstabenkomplex der Unterordnung: bor) in die Unterordnung der Borolls. Eine Gleichsetzung der Unterordnungen mit Bodentypen-Gruppen der heute üblichen Klassifikationssysteme kann allerdings nur ungenau sein, da die zur Gruppierung verwendeten Kriterien in den einzelnen Klassifikationssystemen zu unterschiedlich sind:

Order	Suborder	FAO-System (Beispiele)
Entisol	Aquent	Gleysol
	Psamment	Arenosol
	Fluvent	Fluvisol
	Orthent	Regosol
Vertisol	Torrert	Vert. (arid. Kli.)
	Ustert	Vert. (Monsum Kli.)
	Xerert	Vert. (semiarid. Kli.)
	Udert	Vert. (hum. Kli.)
Incep-tisol	Aquept	Dystric Gleysol
	Andept*	Andosol
	Umbrept	Ranker, Hum. Camb.
	Ochrept	Cambisol
	Plaggept	(Plaggenesche)
	Tropept	Tropic Camb.
Aridisol	Orthid	Xerosol, Yermosol
	Argid	Luvic Xer., -Yerm.
Mollisol	Rendoll	Rendzina
	Alboll	Mollic Planosol
	Aquoll	Mollic Gleysol
	Boroll	Chernozem
	Udoll	Phaeozem
	Ustoll	Kast. (Monsum Kli.)
	Xeroll	Kast. (semiar. Kli.)
Spodo-sol	Aquod	Gleyic Podzol
	Humod	Humic Podzol
	Orthod	Orthic Podzol
	Ferrod	Ferric Podsol
Alfisol	Aqualf	Gleyic Luvisol
	Boralf	Luv. (gemäß. Kli.)
	Udalf	Nitosol, Orthic Luv.
	Ustalf	Luv. (Monsum Kli.)
	Xeralf	Chrom.-, Orth.-Luv.
Ultisol	Aquult	Gleyic Acrisol
	Udult	Ort. Acris., Nitos.
	Ustult	Acris. (Mons. Kli.)
	Xerult	Acris. (semiar. Kli.)
	Humult	Hum. Acris., -Nitos.
Oxisol	Aquox	(hydrom.) Ferrals.
	Humox	Humic Ferrals.
	Orthox	Orthic u. Rhodic
	Ustox	Ferralsols
	Torrox	Rhodic Ferrals.
Histosol	Fibrist	Hist. (trock., kaum hu.)
	Hemist	Hist. (mäß. humif.)
	Saprist	Hist. (stark humif.)
	Folist	Hist. (naß, kaum hu.)

Die weitere Unterteilung der Unterordnungen führt zu den Great Soil Groups, die annähernd ana-

log sind den Bodentypen und durch Anfügung weiterer Buchstabenkomplexe vor den Namen der Unterordnung gebildet werden. Die Anzahl von Buchstabenkomplexen, die der Kennzeichnung der Great Soil Groups dienen, beträgt zur Zeit mehr als 50, doch muß diese Zahl mit Sicherheit noch erweitert werden. Normal ausgebildete Schwarzerden heißen z. B. Haploboroll (hapl von haplous [griech.] = einfach); Schwarzerden, die besonders reich an Wurmkot sind, heißen Vermiboroll (verm von vermes [lat.] = Wurm); Schwarzerden mit Tonanreicherungshorizont unter dem A-Horizont heißen Argiboroll (arg von argilla [lat.] = Ton), usw.

Eine weitere Unterteilung (Untergruppen und Familien) wird durch adjektivische Beifügungen ermöglicht. So heißt eine Schwarzerde, deren A_h-Horizont weniger als 50 cm mächtig ist und die einen B_v-Horizont unterhalb des A_h-Horizontes aufweist, Orthic Haploboroll (von orthos [griech.] = echt), eine normal ausgebildete Schwarzerde ohne B_v-Horizont Entic Haploboroll (von Entisol, d. h. zu den wenig entwickelten Böden überleitend), eine solche mit einem > 50 cm mächtigen A_h-Horizont Cumulic Haploboroll (von cumulus [lat.] = Anhäufung), usw.

Das Klassifikationssystem der Soil Taxonomy wird in den USA und einigen anderen Ländern benutzt. Sein Vorteil liegt darin, daß neu zu beschreibende Bodentypen leicht eingeordnet werden können. Möglicherweise wird es später einmal, evtl. in abgewandelter Form, als international anerkanntes System neben den regionalen Klassifikationssystemen verwendet werden können.

4. Bodeneinheiten der Weltbodenkarte

Für die seit 1961 seitens der FAO und UNESCO erstellten Weltbodenkarte wurde eine neue, internationale Bodennomenklatur geschaffen[3]. Dieses System unterscheidet 25 Bodeneinheiten, die entsprechend dem US-System nach diagnostischen Horizonten in jeweils 3–6 Unterheiten differenziert werden. Die folgende Gliederung (mit unvollständiger Wiedergabe der Unterheiten) stellt einen Bestimmungsschlüssel dar, bei dem nachgeordnete Bodeneinheiten in keinem Fall den Definitionen vorgeordneter genügen.

Schließlich wird nach Relief, Körnung des Oberbodens und diagnostischen Stufen weiter untergliedert:

---

* künftig Andisol als 11. Order.
** Abkürzungen, die auf der Weltbodenkarte verwendet werden.

*Histosols (O)**: Organische Auflage von über 40 cm (bzw. 60 cm Sphagnumtorf)

Gelic O: Unterboden mit Permafrost
Dystric O: pH (H$_2$O) tiefer 5,5
Eutric O: übrige

Lithosols (I): Rohböden < 10 cm mächt., über Festgestein

Vertisols (V): Tonreich (> 30 %), zeitweil. Trockenspalten (> 1 cm $\varnothing$ in 50 cm) sowie Gilgairelief oder slicken sides oder Splittergefüge

Pellic V: Dunkle Oberbodenfärbung
Chromic V: übrige

Fluvisols (J): Auen- oder Küstenböden ohne diagnost. Horizonte (außer H, Ah, Gr)

Thionic J: Jarositflecken, pH (H$_2$O) < 3,5
Calcaric J: Kalkhaltig in 20–50 cm Tiefe
Dystric J: V-Wert < 50 % in 20–50 cm Tiefe
Eutric J: übrige

Solonchaks (Z): Salzreiche (s. z in Kap. XXIX) Böden ohne diagnost. Hor. (außer A, H, Bv, c, y)

Gleyic Z: Hydromorphe Merkmale oberhalb 50 cm
Takyric Z: Säulengefüge im Oberboden
Mollic Z: Mull-Ah (s. Kap. XXXI 1 g)
Orthic Z: übrige

Gleysols (G): Böden mit hydromorph. Merkmalen oberhalb 50 cm ohne diagnost. Horiz. (außer A, H, Bv, c, y)

Gelic G: Unterboden mit Permafrost
Plinthic G: Plinthit (z. B. Raseneisenstein) oberhalb 125 cm
Mollic G: Mull-Ah (s. Kap. XXXI 1 g) oder basenreicher H
Humic G: Ah oder basenarmer H
Calcaric G: kalkhaltig zumindest in 20–50 cm (oder Gc bzw. Gy oberhalb 125 cm)
Distric G: basenarm in 20–50 cm Tiefe
Eutric G: übrige

Andosols (T): Böden vulkan. Aschen m. Raumgew. < 0,85 g/cm^3 u. viel amorph. Mat. (z. B. Allophane)

Arenosols (Q): Sandige Böden m. diagn. Horiz. unterh. der Definitionsschwelle (s. Kap. XXIX 3)

Albic Q: mit Naß- oder Sauerbleichung
Luvic Q: mit (Bt)
Ferralic Q: mit (Bu)
Cambic Q: (Bv)

Regosols (R): AC-Böden mit geringem Humusgeh. (ochric A)

Gelic R: mit Permafrost
Calcaric R: kalkhaltig
Dystric R: V-Wert < 50 % in 20–50 cm Tiefe

Eutric R: übrige

Rankers (U): AR (bzw. AC)-Böden mit Moder-Ah

Rendzinas (E): AR (bzw. AC)-Böden aus Kalkgestein (> 40 % CaCO$_3$) mit Mull-Ah

Podzols (P): Böden mit Bs- bzw. Bh-Horiz.
Placic P: Bs als dünnes Bändchen
Gleyic P: oberhalb 50 cm hydromorph m. ausgeprägt. Bh
Humic P: m. ausgeprägt. Bh
Ferric P: m. ausgeprägt. Bs
Leptic P: Ae-Hor. < 2 cm od. fehlend
Orthic P: übrige

Ferralsols (F): Böden mit Bu-Horiz. (Oxic B)
Plinthic F: m. Plinthit
Humic F: m. Moder-Humus od. humusreich. B
Acric F: AK(NH$_4$Cl) < 1,5 mval/100 g Ton
Rhodic F: m. leucht. rotem Bu
Xanthic F: m. leucht. gelbem Bu
Orthic F: übrige

Planosols (W): Böden m. (naß)gebleichtem A und starkem Tongehaltsanstieg zum B

Solonetz (S): Böden mit säuligem Bn-Horizont

Greyzems (M): AC-Böden mit Mull-Ah und gebleichten Aggregatoberflächen

Chernozems (C): AC-Böden m. dunklem Mull-A

Kastanozems (K): AC-Böden m. Mull-A sowie sekund. Kalk- oder Gipsanreicherung

Phaeozems (H): andere AC-Böden m. Mull-A
Podzoluvisols (D): Lessivierte Böden m. glossic B (s. Fahlerden in Kap. XXXI 1 j)

Xerosols (X): humusarme Böden mit aridem Feuchteregime (Defin. s. Kap. XXXII 6), d. h. Halbwüstenböden

Yermosols (Y): sehr humusarme Böden m. aridem Feuchtregime (Def. s. Kap. XXXII 6), d. h. Vollwüstenböden

Nitosols (N): Lessivierte Böden mit leuchtend rotem, tonreichen B

Acrisols (A): Basenarme lessivierte Böden
Luvisols (L): übrige lessivierte Böden
Cambisols (B): Verbraunte Böden (ohne Ferralitisierung, Podsolierung, Lessivierung)

Gelic B: mit Permafrost
Gleyic B: mit hydromorphen Merkm. (z. B. Pseudogley-Braunerden)
Vertic B: m. vertischen Eigenschaften
Calcic B: kalkhaltig
Humic B: m. mächtigem Moder-A
Ferralic B: m. (Bu), d. h. Bu unterhalb d. Definitionsschwelle

Dystric B: V-Wert des B < 50 %
Chromic B: B leuchtend braun bis rot
Eutric B: übrige

5. Numerische Klassifikation*

Die Numerische Klassifikation (Taxonomie) basiert auf der Verwendung elektronischer *Rechenanlagen* und einer dadurch möglichen umfassenden, quantitativen Kennzeichnung von Böden. Aus zahlreichen a priori gleichwertigen Merkmalen werden Gruppen von Böden mit maximaler Merkmalsübereinstimmung berechnet. Solche „isomorphen" Gruppen können u. a. der Überprüfung traditioneller Klassifikationen dienen.

Im einzelnen sind folgende Aufgaben lösbar:
1. Gruppierung von Böden nach diagnostischen und differenzierenden Merkmalen
2. Zuordnung von Böden zu bestehenden Klassen
3. Darstellung des Bodenmosaiks von Landschaften nach Bodeneinheiten, Merkmalskomplexen (sog. Multimerkmalen) bzw. nach Einzelmerkmalen
4. Untersuchung der ökologischen Wechselwirkungen unterschiedlich komplexer Standortfaktoren.

Die Numerische Klassifikation läßt sich in die Bereiche *Datenerfassung, Datenspeicherung* und *Datenverarbeitung* untergliedern. Die reale Erscheinungsform der Pedosphäre wird durch eine möglichst repräsentative Datenerfassung in quantifizierbare Einzelmerkmale zerlegt, die Einzelmerkmale werden gespeichert und bei Bedarf insgesamt bzw. in einer gewünschten Kombination verrechnet.

Die Ergebnisse der Numerischen Klassifikation hängen entscheidend ab von der Datenerfassung, denn nur die gesammelten Daten und nicht Böden bzw. Pedosphäre sind der Gegenstand aller Berech-

nungen. Eine Beantwortung bodengenetischer und ökologischer Fragestellungen sowie eine Bodenbewertung setzt ferner die Kenntnis geeigneter Rechenmodelle voraus.

Rechenmodelle für die Numerische Klassifikation im engeren Sinne (z. B. die *Clusteranalyse nach Ward*) dienen der Berechnung taxonomischer Dendrogramme (Abb. 157). Dabei wird aus vielen Profileigenschaften für jeden Boden ein Multimerkmal errechnet. Die anhand der Multimerkmale ermittelten „euklidischen Profildistanzen" werden als Diagramm aufgetragen und vermitteln einen Eindruck von der aufgrund *aller erfaßten und gewichteten* Bodenmerkmale berechneten Ähnlichkeit zwischen einzelnen Böden. Die Aufgabe der Numerischen Klassifikation im engeren Sinne besteht also in der Zusammenfassung ähnlicher Böden zu Bodengruppen und in einer geeigneten Abgrenzung einzelner Bodengruppen. Unter idealen Bedingungen sollten die nach verschiedenen Klassifikationssystemen erhaltenen Gruppierungen übereinstimmen. Das Ausmaß vorkommender Abweichungen wird als Kriterium für die Güte der beteiligten Klassifikationssysteme angesehen. Unter der Voraussetzung repräsentativer Datenerfassung sowie zweckmäßiger Gewichtung und geeigneter Verrechnung erreicht die Numerische Klassifikation neben anderen Vorzügen ein hohes Maß an Objektivität, so daß sie sich zu einem Standard-System für weniger aufwendige Klassifikationen entwickeln kann.

* Zusammenfassende Literatur[10-12].

[10] *Lamp, J.:* Untersuchungen zur numerischen Taxonomie von Böden. Diss., Kiel 1972.

[11] *Lamp, J., D. Schroeder:* Trans. 10. Intern. Congr. Soil Sci. VI, 496, Moskau 1974.

[12] *Runge, M.:* Ruderalstandorte. Diss., Berlin 1975.

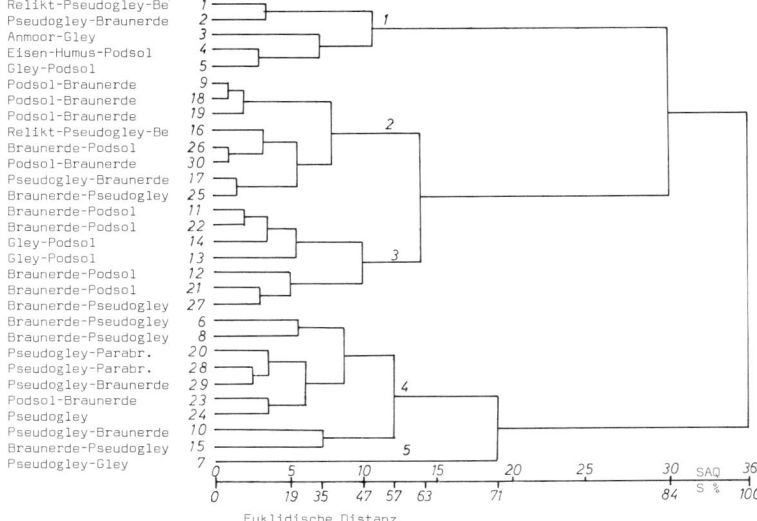

Abb. 157 Dendogramm der Böden einer schleswig-holsteinischen Geestlandschaft

XXXI. Böden Mitteleuropas*

Im folgenden werden wichtige Böden Mitteleuropas behandelt, wobei im wesentlichen der in der Bundesrepublik Deutschland gebräuchlichen Benennung und Nomenklatur gefolgt wurde (s. Kap. XXX 2). Die Definitionen der Böden wurden nach *Schlichting* und *Blume*[5] präzisiert. Zusätzlich werden die Bezeichnungen der Weltbodenkarte (FAO) und der amerikanischen Soil Taxonomy (USA) angegeben, deren Definitionen sich allerdings nicht immer mit derjenigen der Bundesrepublik voll decken. Die Hochgebirgsböden werden erst unter XXXIII 3 k behandelt.

1. Landböden (terrestrische Böden)

Zu den Landböden gehören alle Böden außerhalb des Wirkungsbereiches eines Grundwassers.

a) Syrosem

(1) Profil: Ein Syrosem ist ein Rohboden aus Festgestein. Ein nur lückig vorhandener und dann äußerst geringmächtiger (< 2 cm) humoser Oberboden (Nano-A- bzw. (A)-Horizont) liegt unmittelbar festem Gestein auf, das allenfalls etwas zerklüftet sein kann.

(2) Name: Als Syroseme (russ. = rohe Erde) hat *Kubiena* Gesteinsrohböden bezeichnet. Ältere Bezeichnungen sind Schutt- oder Skelettböden. Im FAO-System entspricht ihm der *Lithosol*, dessen Solum maximal 10 cm mächtig ist.

(3) Entwicklung: Ein Syrosem stellt ein Initialstadium der Bodenbildung dar, in dem etwas Humus akkumuliert wurde, aber noch keine nennenswerte Verwitterung stattgefunden hat. Auf Kalkstein leitet er zu den Rendzinen über, auf Silicatgestein zu den Rankern.

(4) Eigenschaften: Der geringmächtige (A)- bzw. Ai-Horizont ist oft steinig und extrem wechseltrocken. Seine Eigenschaften werden entscheidend von denen des Gesteins geprägt: auf Kalkstein liegt neutrale Bodenreaktion vor, auf Silicatgestein ist er oft bereits versauert. Bisweilen sind auch die oberen cm des festen Gesteins an Stoffen verarmt: z. B. können von einer Pioniervegetation (oft Moose und Flechten) durch Ausscheiden von Säuren und Komplexbildnern Nährstoffe gelöst und entzogen worden sein, erkennbar an einer Bleichung Fehaltiger Silicate. In anderen Fällen bildet das feste Gestein nur die Unterlage, auf der Flugstaub zusammen mit Humus der Vegetation akkumuliert wurde.

(5) Verbreitung: Syroseme nehmen Erosionslagen der Bergregionen ein. Sie sind im Mittelgebirge meist auf wenige Felsvorsprünge beschränkt, im Hochgebirge aber häufiger vertreten. Sehr häufig sind Syroseme kleinflächig auf Mauern und Dächern anzutreffen.

(6) Nutzung: Eine Nutzung der Syroseme ist wegen ihrer Flachgründigkeit und häufiger Austrocknung nicht möglich.

b) Lockersyrosem

(1) Profil: Lockersyroseme besitzen wie die Syroseme einen geringmächtigen (< 2 cm) humosen Oberboden, der aber durchgehend vorhanden sein kann und der direkt in ein Lockergestein übergeht.

(2) Name: Von den Gesteinsrohböden wurden diejenigen aus Lockergestein als Lockersyroseme abgetrennt, weil sie sich von den Syrosemen aus Festgestein vor allem ökologisch stark unterscheiden. Zu ihnen gehören ein Teil der Regosols und der Arenosols des FAO-Systems, während sie im US-System zu den Entisols zu stellen wären.

(3) Entwicklung und *Vorkommen*: Lockersyroseme sind Initialstadien der Bodenbildung junger Dünen oder von Lockergesteinen, die durch Erosion freigelegt wurden. Lockersyroseme bilden in unserem Klima nur kurzfristige Durchgangsstadien, die sich rasch zu Regosolen (auf Kieselgestein), Pararendzinen (auf Mergelgestein) oder Pelosolen (häufig auf Ton-

---

* Weiterführende Literatur[1-4].
[1] *Kubiena, W. L.*: 4 in Kap. XXX.
[2] *Mückenhausen, E.*: 5 in Kap. XXX.
[3] *Ganssen, R., Z. Gracanin*: Bodengeographie. Koehler, Stuttgart 1972.
[4] *Bakker, H. de*: Major Soils of the Netherlands. W. Junk, Den Haag 1979.
[5] *Schlichting, E., H.-P. Blume*: 3 in Kap. XXIX.

gestein) weiter entwickeln. Vielfach haben sie sich aus künstlichen Aufschüttungen entwikkelt und stellen dann Rohböden von Abraumhalden, Lößaufschüttungen, Trümmerbergen oder Mülldeponien dar. Lediglich dort, wo die Vegetationsentwicklung ständig gestört wird, bleiben sie für längere Zeit erhalten.

(4) Eigenschaften: Die Eigenschaften der Lockersyroseme werden nahezu völlig von denen des Ausgangsgesteins bestimmt: gemeinsam ist ihnen ein tiefgründiger, potentieller Wurzelraum (abgesehen von Mehrschichtböden über Festgestein), während Wasser- und Nährstoffverhältnisse (außer vom Klima) von Körnung und Mineralbestand bestimmt werden.

(5) Nutzung: Lockersyroseme sind im Gegensatz zu Rohböden aus Festgestein wegen ihrer Tiefgründigkeit oft erfolgreich zu kultivieren. Insbesondere Lockersyroseme aus Löß können in geeigneter Reliefposition ohne Schwierigkeiten über organische Düngung in fruchtbare Ackerstandorte umgewandelt werden. Probleme können bei Mülldeponien durch Deponiegase auftreten.

c) Ranker

(1) Profil: Der Ranker weist einen humosen, oft steinigen A-Horizont auf, der festem, teilweise oben zerteiltem, silicatischem Festgestein, d. h. einem qR oder tR aufliegt. Beim *Braunerde-Ranker* folgt dem Ah ein verbraunter Saum, der aber mit dem Ah zusammen unter 25 cm mächtig ist und der Definition eines Bv-Horizontes nicht voll genügt (sonst Ranker-Braunerde).

(2) Name: Ranker (nach *Kubiena*) leitet sich von Rank (österr. = Berghalde, Steilhang) ab, wird aber heute entsprechend dem FAO-System nur noch für Böden aus Festgestein benutzt. Im US-System wären die Ranker vor allem Lithic Haplumbrepts.

(3) Entwicklung und Verbreitung: Der Ranker geht durch fortschreitende Humusakkumulation und Gesteinsverwitterung aus dem Syrosem hervor. Er nimmt vor allem Hangpositionen ein, wo Erosion einer Weiterentwicklung entgegenwirkt. In Hoch- und Mittelgebirgen findet man ihn meist auf festem Gestein, während benachbarte Fließerden Braunerden oder Podsole aufweisen.

(4) Eigenschaften: Ranker sind in der Regel flachgründig, besonders die *Syro(sem)-Ranker*, deren humoser A-Horizont unter 5 cm mächtig

ist. Ranker aus quarzreichem Gestein (z. B. Sandstein) sind oft nährstoffarm (der V-Wert der dystrophen bzw. *Sauerranker* liegt unter 20 %) und besitzen besonders in kühlfeuchten Mittelgebirgslagen Humusauflagen (dann *Rohhumus*- oder *Moderranker*). Ranker aus quarzfreien Gesteinen (z. B. Basalt, Glimmerschiefer) sind hingegen meist reich an verfügbaren und Reservenährstoffen und weisen dann besonders in wärmeren Lagen (z. B. Kaiserstuhl) oder unter landwirtschaftlicher Nutzung als *typischer Ranker* einen V-Wert über 20 % und die Humusform Mull auf.

(5) Nutzung: Da Ranker meist in Hanglage auftreten, werden sie vorwiegend als extensives Grünland oder Wald genutzt, wobei sich die Bäume oft nur in Schichtfugen klüftigen Gesteins verankern können.

d) Regosol

(1) Profil: Der Regosol weist einen humosen A-Horizont auf, der direkt in den qC-Horizont eines lockeren Silicatgesteins übergeht. Beim *Braunregosol* und *Rostregosol* (mit Aeh-(Bsv)-C-Horizontierung) ist zwar ein verbraunter Saum vorhanden, der aber zusammen mit dem Ah weniger als 25 cm mächtig ist und der Definition eines Bv-Horizontes nicht voll genügt (sonst Rego(sol)−Braunerde).

(2) Name: Der Name Regosol (von gr. rhegos = Decke) soll die geringe Mächtigkeit des Solums und die Lockerheit des Ausgangsgesteins hervorheben. Im FAO-System wird der Name auf Syroregosole beschränkt (s. u.), andere werden zu den Arenosols oder den Rankern gestellt. Im US-System gehören die Regosole zu den Entisols (z. B. Psamments).

(3) Entwicklung und Eigenschaften: Regosole haben sich aus kalkfreien bis -armen (< 2 % $CaCO_3$) Lockersedimenten entwickelt. Sie sind demzufolge tiefgründig und besitzen in der Bundesrepublik meistens eine sandige Körnung, weil lehmige Sedimente in der Regel kalkhaltig sind, mithin Pararendzinen ergeben. *Syro(sem-)Regosole* besitzen nur einen humusarmen Oberboden (bzw. Krypto-A) und als Sandböden dann besonders niedrige Wasser- und Austauschkapazitäten. Vor allem unter feuchteren Klimaverhältnissen und/oder Nadelholz sind sie oft sauer (bei einem V-Wert unter 20 % *Sauerregosol*) oder weisen sogar Humusauflagen auf (dann *Moder-* oder *Rohhumusregosol*), während für *typische* Regosole die Humusform und zumindest mittlere Basensättigung kennzeichnend sind.

(4) Vorkommen: Regosole sind in Mitteleuropa nur kleinflächig auf Dünen oder erodierten Landoberflächen vertreten. Vielfach sind sie als Weiterentwicklung der Lockersyroseme auf rekultivierten, begrünten Abraumhalden oder Deponien, die mit Sand abgedeckt wurden, vertreten.

(5) Nutzung: Häufig sind Regosole aus Böden hervorgegangen, die infolge ackerbaulicher Nutzung erodiert wurden. Sie bleiben dann erosionsgefährdet. Sandige Regosole bedürfen ständiger organischer Düngung und in Trockengebieten künstlicher Beregnung, wenn sie landwirtschaftlich genutzt werden sollen.

e) Rendzina*

(1) Profil: Die Rendzina weist einen oft humus- und skelettreichen, krümeligen Ah-Horizont über einem festen (z. B. Kalkstein, Dolomit) oder lockereren (Kalktuff) Carbonatgestein auf (s. Abb. 158, 159). Der obere Gesteinshorizont ist oft durch Frostsprengung zerteilt und mit Sekundärkalk angereichert.

(2) Name: Rendzina ist ein polnischer Bauernname, der das „Rauschen" der vielen Steine

---

* Weitere Literatur[6–9].
[6] *Scheffer, F., E. Welte, B. Meyer:* Z. Pflanzenernähr. Bodenkd. 90 (1960) 18; 98 (1962) 1.
[7] *Rohdenburg, H., B. Meyer:* Z. Geomorph. 7 (1963) 120.
[8] *Zöttl, H.:* Z. Pflanzenernähr. Bodenkd. 110 (1965) 109, 115.
[9] *Blum, W.:* Freiburger Bodenkdl. Abh. 1 (1968).

Beschreibung zur nebenstehenden Profiltafel einiger wichtiger Bodentypen Deutschlands (Abb. 158):

Rendzina aus Kalkgestein.

A_h	0– 25 cm	grauschwarzer, stark humoser, schwach steiniger Lehm, krümelig, stark durchwurzelt;
AC	25– 45 cm	stark steiniger, humoser Lehm;
R	>45 cm	weißgrauer Kalkstein.

Schwarzerde aus Löß.

A_h	0– 70 cm	bräunlich- bis grauschwarzer, humoser, toniger Schluff (Lößlehm), krümelig, viele Regenwurmgänge;
C	> 70 cm	Löß mit Krotowine.

Braunerde aus pleistozänem Sand.

A_h	0– 15 cm	schwarzer bis brauner, humoser, schwach lehmiger Sand;
B_{v1}	15– 35 cm	dunkelsepiabrauner, schwach lehmiger Sand;
B_{v2}	35– 70 cm	dunkel- bis rötlichsepiabrauner, schwach lehmiger Sand;
C	> 70 cm	gelbbrauner Sand.

Podsol aus pleistozänem Sand.

O_f	0– 5 cm	schwarzbrauner, faseriger Grobhumus;
A_{gh}	5– 30 cm	grauschwarzer, humoser Sand;
A_e	40– 50 cm	hellgrauer, aschefarbener Sand;
B_h	40– 50 cm	schwarzer Humusortstein;
B_s	50– 60 cm	rostbrauner Eisenortstein;
B_{bt}	60–105 cm	hellrostbrauner Sand mit Tonbändern;
C	> 105 cm	gelblicher Sand.

Pseudogley aus Löß.

A_h	0– 10 cm	graubrauner, humoser, toniger Schluff (Lößlehm), krümelig;
A_{hg}	10– 25 cm	hellgrau-brauner, toniger Schluff, schwach rostfleckig, bröckelig;
A_{lg}	25– 40 cm	grünlichgrauer, stark rostbraun gefleckter, toniger Schluff, etwas plattig;
B_{tg}	40–100 cm	brauner, hellgrau und rostbraun gefleckter und gestreifter, toniger Schluff mit gebleichten Wurzelgängen, grob-polyedrisch;
C_g	> 100 cm	rostbrauner bis sepiabrauner, schwach rostbraun gefleckter, stark toniger Schluff, sehr dicht.

Gley aus pleistozänem Sand (Talsand).

A_h	0– 15 cm	dunkelbräunlichgrauer, humoser Sand;
G_o	15– 65 cm	grünlichgrauer, stark rostbraun gefleckter und gestreifter Sand, Rostfleckigkeit nach unten abnehmend (Oxidationshorizont);
G_r	> 65 cm	gleichmäßig grünlichgrauer Sand (Reduktionshorizont).

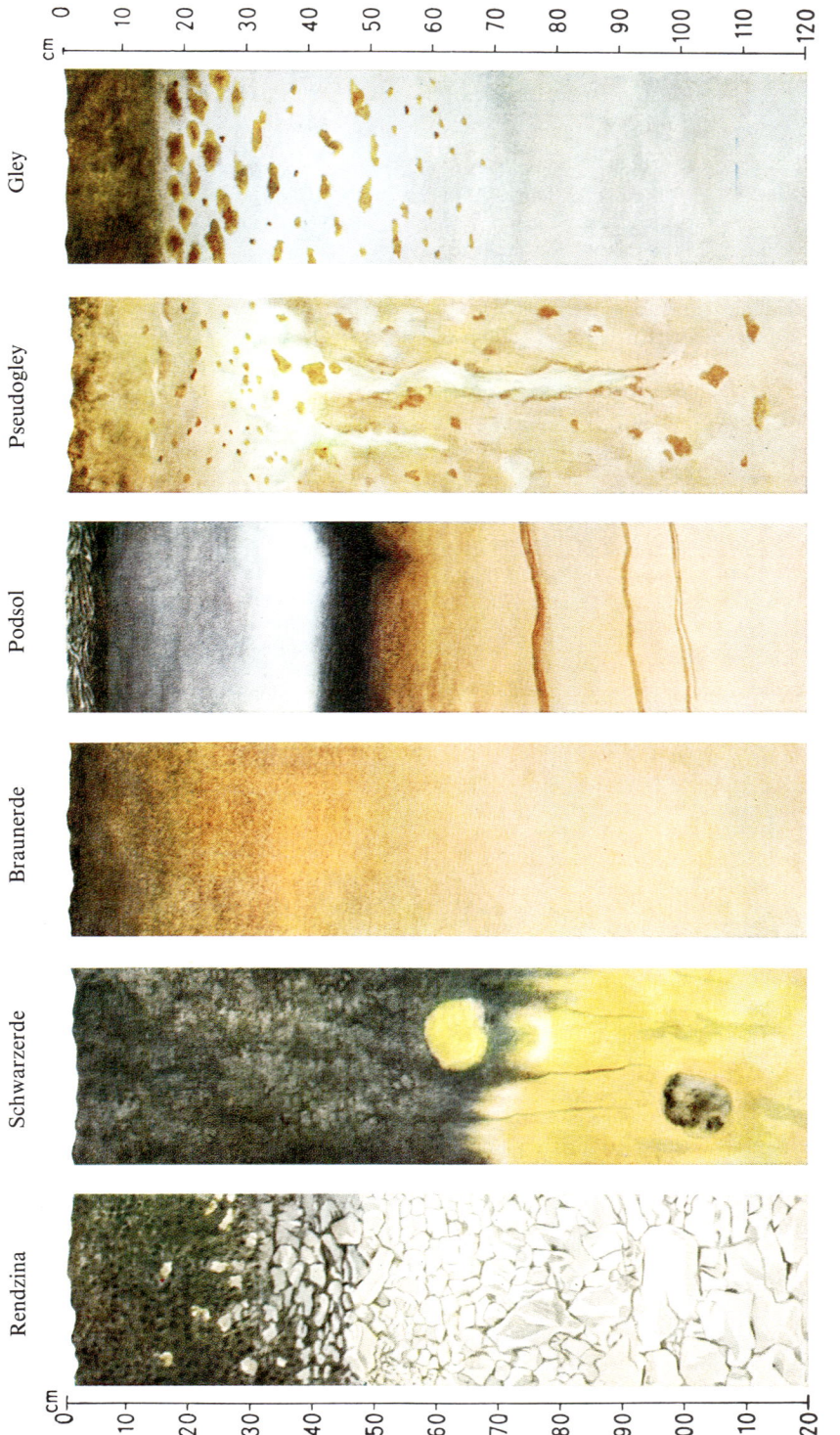

Abb. 158 Wichtige Bodentypen Deutschlands

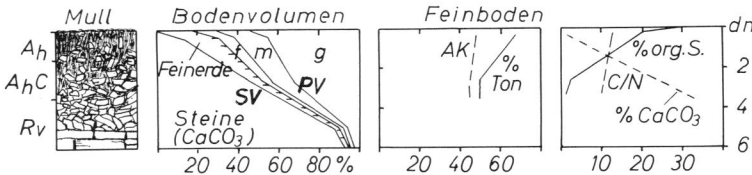

Abb. 159 Eigenschaften einer Mullrendzina aus Malm-Kalkstein unter Buche; Unt. Lindenhof, Württemberg n. Analysen von *E. Schlichting* und Mitarb. (Abk. s. Anhang 2)

am Streichblech des Pfluges kennzeichnet. Im FAO-System wird nur eine basenreiche Mullrendzina als Rendzina bezeichnet, ähnlich dem *Rendoll* der USA.

(3) Entwicklung: Die Rendzinen entstehen durch physikalische und chemische *Verwitterung* aus Kalkstein-, Dolomit-, Tonmergel- und Gips-Syrosemen. Die chemische Verwitterung beruht im wesentlichen auf einer Auswaschung der Carbonate und Sulfate, wodurch Silicate und Oxide freigesetzt werden und als Lösungsrückstand das Solum bilden. Die Carbonate und Sulfate werden größtenteils dem Grundwasser zugeführt.

Das Sickerwasser folgt dabei Gesteinsklüften, deren Wandungen ebenfalls angelöst werden, so daß in Landschaften, die aus mächtigen Kalksteinschichten aufgebaut sind, schließlich Karsthöhlen und (bei Einbruch derselben) Erdfälle entstehen. Bei geringmächtigen Kalksteinlagen über Mergellagen dringt die Verwitterungsfront hingegen weitgehend oberflächenparallel in das Gestein vor. Auf Schichten mit geringer Wasserleitfähigkeit (oft Tonmergel) fließt das hydrogencarbonat- oder sulfatreiche Wasser ab und tritt nach Ausstreichen dieser Schichten am Hang als Quellwasser aus. Dabei werden die Hangböden (z. B. Pelosole) mit Sekundärkalk infiltriert, oder es entstehen in Bachtälern mächtige, meist sehr poröse Carbonatakkumulationen, die als Malm bezeichnet werden und Ausgangsmaterial für neue Rendzinen bilden können.

Der nichtcarbonatische bzw. nichtsulfatische *Lösungsrückstand*, der im frischen Gestein oft nur 1–5 % betrug, ist meist tonreich (Abb. 159). Nur dieser Rückstand steht normalerweise als anorganische Komponente für die Bildung des A-Horizontes zur Verfügung. Bei einem Kalkstein mit 95 % $CaCO_3$ muß z. B. ~ 2 m Gestein verwittern, um einen 20 cm mächtigen, carbonatfreien Verwitterungsrückstand entstehen zu lassen (unter der Annahme, daß das Raumgewicht des entstandenen Bodens etwa halb so groß ist wie das des Gesteins). Bisweilen tragen allerdings Ton-Zwischenlagen von Kalksteinbänken oder auch Löß zum Aufbau des Solums bei.

Die Geschwindigkeit der Bodenentwicklung ist — gemessen an der Mächtigkeit des A_h-Horizontes — um so höher, je humider das Klima ist und je höher Zerteilungsgrad und Porosität der Gesteine, deren Gehalt an nichtcarbonatischen Bestandteilen und die spezifische Auflösungsgeschwindigkeit des jeweiligen Kalk- und Dolomitgesteins sind. Unter vergleichbaren Entwicklungsbedingungen sind daher gleichaltrige Rendzinen aus hochprozentigen, harten und dichten Gesteinen flachgründig, während bei niedrigerprozentigen, weichen und porösen Gesteinen tiefgründige Rendzinen entstehen können. Bei Rendzinen, die sich aus mechanisch nicht aufbereitetem Gesteinsschutt zusammensetzen, spielen Größe und Form des Schuttes eine Rolle. Südhang-Rendzinen verwittern langsamer als Nordhang-Rendzinen, weil sie weniger durchfeuchtet werden (und die Carbonatlöslichkeit bei höheren Temperaturen geringer ist).

Als Subtyp besitzt die *Syro(sem-)Rendzina* (bzw. Protorendzina) nur einen Nano-A (< 2 cm mächtig), während die typische bzw. *Mullrendzina* einen oft humusreichen, dunklen und mächtigen Ah aufweist. Ist die Mullbildung gestört (z. B. in kühlfeuchten Hochlagen oder nach Streunutzung) bildet sich mit einer Humusauflage die *Moderrendzina* und im Hochgebirge auch die *Tangelrendzina* (mit bis zu 40 cm Humusauflage). In Mittelgebirgslagen leitet die *Terrafusca-Rendzina* (verbraunter Saum unter meist entkalktem Ah mit Polyedern) zur Terrafusca über. Durch Pflugarbeit gemischte Terrafusca-Rendzinen bzw. an Humus verarmte Mullrendzinen besitzen einen aufgehellten braungrauen Ap: man spricht dann auch von einer verbraunten Rendzina. Demgegenüber weist die *Braunerde-Rendzina* bereits einen geringmächtigen Bv-Horizont auf, wobei das Fehlen eines Polyedergefüges oft durch Lößbeimengung (und damit geringere Tongehalte) verursacht ist. Weiche, tonreiche Kalkmergel lassen ausgeprägte Polyeder und tiefe Trockenspalten in Trockenperioden entstehen, die für die *Pelo(sol-)Rendzina* charakteristisch sind, oder aber Wasserstau hat zu rostfleckigem Unterboden und damit zu einer *Pseudogley-Rendzina* geführt.

(4) Eigenschaften: Mullrendzinen enthalten im A_h-Horizont meist über 5 %, oft sogar 10 bis 20 % *organische Substanz* mit einem engen C/N-Verhältnis (Abb. 159), die vorwiegend koprogen entstanden ist. Bei den Mullrendzinen ist die organische Substanz fest mit dem Mineralkörper verknüpft, bei den übrigen Subtypen oft nicht.

Der A_h-Horizont von Mullrendzinen ist meist carbonathaltig, schwach alkalisch bis höchstens schwach sauer und daher weitgehend mit Ca-Ionen gesättigt. Die Silicate sind kaum chemisch verwittert, so daß der Mineralbestand der Böden entscheidend von dem des Ausgangsgesteins abhängt. Im A_h-Horizont sind Nährstoffreserven, die in silicatischer Bindung vorliegen, gegenüber dem Gestein durch die relative Anreicherung im Lösungsrückstand stark vermehrt, was auch für Spurenelemente (z. B. Cu, Co, Mn, Zn) nachgewiesen wurde[10]. Das hohe pH und die hohe Ca-Sättigung haben eine starke Tätigkeit von *Bodenorganismen* zur Folge, insbesondere von Regenwürmern. Daher besteht der A-Horizont der Mullrendzinen vorwiegend aus wasserstabilen Krümeln, die aus Tierkot hervorgegangen sind.

Die Rendzinen sind demnach (sowie wegen Hanglage und/oder klüftigen Gesteins) trotz hoher Tongehalte (bis auf die Pseudogley-Rendzinen) gut durchlüftet.

Rendzinen aus dolomitischen Massenkalken der Schwäbischen Alb weisen häufig einen sandigen Oberboden auf, der sie zu Trockenstandorten macht, verursacht durch große, nicht verwitterte Dolomitkristalle.

(5) Verbreitung: Rendzinen aus Carbonatgesteinen treten in Mitteleuropa vorwiegend auf Sedimentgesteinen auf, die im Paläozoikum (Rheinisches Schiefergebirge), im Mesozoikum (Schwäbische und Fränkische Alb, Mainfranken, Bergland von Ostwestfalen, Südniedersachsen, Thüringen, Nordhessen) und im Tertiär (Mainzer Becken) entstanden. Sie sind dabei auf Hochflächen mit Terrae fuscae oder (in Lößlandschaften) mit Parabraunerden vergesellschaftet, wobei sie die Kuppenlagen einnehmen; an Hängen treten neben ihnen oft Pelosole auf, die aus Mergeltonen entstanden. Rendzinen sind ferner in den Kalkalpen auf mesozoischen Gesteinen weit verbreitet. Gipsrendzinen findet man auf Gipsgesteinen des Zechstein (Südharz) und des Keuper (Südwestdeutschland). Auch in anderen Klimaten der Erde findet man auf Carbonatgesteinen in Erosionslagen verbreitet Rendzinen. In Trockengebieten sind sie als Xerorendzinen allerdings humusarm und wenig belebt[11].

(6) Nutzung: Mullrendzinen aus festen Carbonatgesteinen sind meist flachgründig und insbesondere an Südhängen trocken. Sie werden daher trotz günstiger physikalischer und chemischer Eigenschaften ihres Wurzelraumes vorwiegend als Hutung oder Forst genutzt. Nur bei tieferer Gründigkeit ist in ebenen und hängigen Lagen auch Ackerbau möglich, der fast immer eine starke Abnahme des Humusgehaltes, eine Aufhellung und eine Gefügeverschlechterung der Krume zur Folge hat.

f) Pararendzina

(1) Profil: Die Pararendzina ist ein A-C-Boden aus Sand- oder Lehmmergel (2−70 % $CaCO_3$) mit normalem Ah (sonst Tschernosem, s. u.).

(2) Name: Der Name Pararendzina (nach *Kubiena*) soll die Verwandschaft dieser Böden mit den Rendzinen ausdrücken, mit denen sie vor allem den $CaCO_3$-haltigen A-Horizont gemeinsam haben.

Im FAO-System gehören die Pararendzinen zu den Calcaric Regosols oder Rankern, teilweise auch zu den Tschernosemen, im US-System entsprechend zu den Inceptisolen oder den Rendolls.

(3) Entwicklung: Die Pararendzina entwickelt sich aus Löß, Geschiebemergel, carbonathaltigen Schottern, Sanden und Sandstein durch Humusakkumulation, Bildung koprogener Aggregate und mäßige Carbonatverarmung. Sie entsteht in semiariden Gebieten (z. B. Kaiserstuhl) durch sekundäre $CaCO_3$-Bildung auch aus Ca-reichen, Si-armen Magmatiten. Unter Wald geht sie nach Entkalkung bald in Braunerden und/oder Parabraunerden über, während unter Steppe Schwarzerden entstehen.

(4) Eigenschaften: Der A_h-Horizont der Pararendzina ähnelt dem der Rendzina im Hinblick auf pH, Ca-Sättigung, Humusform (mullartiger Moder bis Mull) und Krümelgefüge. Die Pararendzina unterscheidet sich von der Rendzina in der Regel durch höhere Sand- und Schluffgehalte und vom Pelosol durch Fehlen eines ausgeprägten Polyedergefüges.

Verbreitung: Als Klimaxstadium treten Pararendzinen nur in semiariden Gebieten auf (z. B. in der Oberrheinebene aus Löß)[12], teilweise vergesellschaf-

[10] *Kabata-Pendias, A.:* Roczmki Gleboznawcze 15 (Warschau 1965) 251.
[11] *Dan, J., D. Yaalon, H. Koyundijinsky:* Israel J. Earth Sci. 21 (1972) 99.
[12] *Moll, W.:* Ber. Naturfr. Ges. Freiburg 49 (1959) 5; 54 (1964) 135.

tet mit Schwarzerden. Sie sind ferner in Hanglagen, an denen durch Erosion ständig carbonathaltiges Ausgangsmaterial freigelegt wird, anzutreffen. Größere Verbreitung haben sie hier in semihumiden Gebieten (z. B. im Kraichgau aus Löß, im westlichen Bodenseeraum aus Geschiebemergel), wo sie beackerte Hänge einnehmen, während unter Wald oder auf Plateaulagen Parabraunerden geringer Entkalkungstiefe auftreten. *Geröll-Pararendzinen* haben sich aus pleistozänen Terrassenschottern der Isar[13] und des Rheins[12] gebildet, wo sie mit Rötlichen Parabraunerden vergesellschaftet sind. Jüngste Bildungen stellen hingegen Pararendzinen unter Ruderalvegetation aus Trümmerschutt des letzten Krieges dar[14].

Nutzung: Pararendzinen aus Löß oder Geschiebemergel sind tiefgründig, ausreichend durchlüftet und nährstoffreich, allerdings bisweilen trocken: intensive acker- und weinbauliche Nutzung ist möglich, weil auch der leicht durchwurzelbare C-Horizont zur Verfügung steht. Ungünstiger sind Pararendzinen aus Kalksandstein wegen ihrer Flachgründigkeit und aus Schottern sowie Trümmerschutt wegen hoher Steingehalte und geringer Wasserkapazität.

g) Tschernosem (Schwarzerde)

(1) Profil: Der Tschernosem ist ein A−C-Boden aus Mergelgestein mit einem über 40 cm mächtigen, dunklen „Mull-Ah" (Abb. 158). Dieser lockere, krümelige, basenreiche (V-Wert > 50 %) Ah ist als *mollic epipedon* nach FAO- und US-System feucht grauschwarz gefärbt (Munsell-Farbwert < 3,5, Farbtiefe ≤ 2) und über 50 cm mächtig (wenn Solum unter 75 cm mächtig, genügen 35 cm, über Festgestein 20 cm). Außerdem weist der untere Ah Sekundärkalk auf.

Typisch für die Schwarzerde und als Folge intensiver Bioturbation (s. Kap. XXVIII 9 a) sind metertief reichende, mit humosem Bodenmaterial verfüllte, ehemalige Wurmgänge und *Krotowinen* wühlender Nagetiere, die − bei einem Durchmesser von 10−20 cm − im C-Horizont dunkles A_h-Horizontmaterial, im Oberboden teilweise hellgelbes C-Horizontmaterial enthalten (s. Abb. 158).

(2) Name: Schwarzerde ist der deutsche Name für den Tschernosem der UdSSR. Er wird nur für dunkel gefärbte, durch intensive Bioturbation entstandene Böden der Steppe und Waldsteppe angewendet, nicht für die Tschernitza oder den Vertisol. Im FAO-System ist der Name Tschernosem den (z. B. in der UdSSR vorkommenden) Schwarzerden mit oft

über 80 cm mächtigem A_h-Horizont vorbehalten, während die mitteleuropäische, oft degradierte Schwarzerde als *Phaeozem* bezeichnet wird. Im US-System bilden Schwarzerden die Hauptvertreter der *Mollisole*.

(3) Entwicklung: Die Schwarzerden bildeten sich in Europa vorwiegend aus Löß. Eine günstige Konstellation verschiedener Faktoren führte dazu, daß die Entwicklung über die einer Mull-Pararendzina hinausging. Es sind dies vor allem die charakteristischen Eigenschaften eines $CaCO_3$-haltigen lockeren Ausgangsgesteins, der Einfluß eines kontinentalen, semiariden bis semihumiden Klimas, die Auswirkung einer grasreichen Vegetation und die wühlende, vermischende Tätigkeit von Steppentieren. Diese Faktoren sind z. B. im Bereich innerhalb von Naturschutzgebieten erhalten gebliebenen Steppen der UdSSR und der USA auch heute noch wirksam.

Die vorwiegend aus Stipa-, Koeleria-, Festuca- und Artemisia-Arten bestehende *Steppenvegetation* Osteuropas erzeugt im Frühjahr und Frühsommer viel N-reiche Biomasse, die im heißen und trockenen Spätsommer verdorrt und infolge gehemmter mikrobieller Aktivität nur teilweise mineralisiert wird. Hamster (Cricetus cricetus), Ziesel (Citellusarten), in den USA auch Präriehund (Gynomusarten) arbeiten gemeinsam mit Regenwürmern die organische Substanz in den Boden ein, sofern sie sich nicht bereits als abgestorbene Wurzelmasse im Boden befindet, und mischen sie mit ihm. Auf einen kurzen, etwas feuchteren Herbst folgt ein kalter Winter, der die biologische Aktivität völlig stillegt. Durch diesen Witterungsverlauf wird insbesondere der Abbau der relativ stabilen und mit Mineralpartikeln verknüpften Huminstoffe gehemmt, so daß im Laufe vieler Jahrhunderte bis Jahrtausende viel organische Substanz in der Schwarzerde akkumuliert wurde. Sommertrockenheit und Winterkälte zwangen dabei die Bodentiere, zeitweilig auch den tieferen Untergrund aufzusuchen und durch ihre wühlende Tätigkeit einen mächtigen A_h-Horizont zu schaffen und einer Entkalkung entgegen zu wirken.

Die Schwarzerden Deutschlands wurden aus den im Spätglazial entstandenen Löß-Rohböden vermutlich bereits im Frühholozän (Praeboreal und Boreal) unter kontinentalen Klimaverhältnissen und einer baumarmen Vegetation gebildet[15]. Ihre Entwicklung wurde durch das Einsetzen eines humideren, ozeanisch getönten

---

[13] *Diez, Th.:* Erläut. z. Bodenkarte 1:25000, Bl. 9731. München 1967.
[14] *Runge, M.:* 12 in Kap. XXX.
[15] *Roeschmann, G.:* Geol. Jb. 85 (1968) 841.

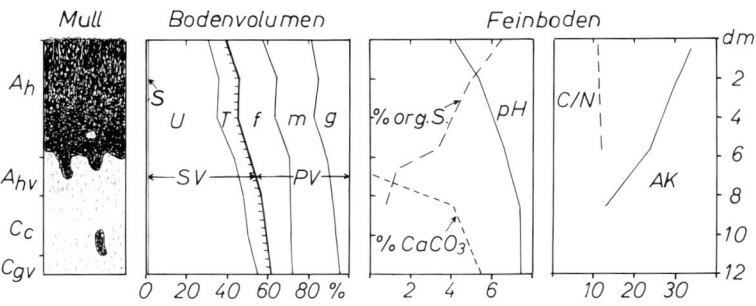

Abb. 160 Eigenschaften einer Schwarzerde aus Löß unter Eiche–Hainbuche; Aseler Holz, Niedersachsen; n. Analysen von *B. Meyer* und Mitarb. (Abk. s. Anhang 2)

Klimas im Atlantikum und dem damit verbundenen Schließen der Walddecke beendet, so daß die in Deutschland noch vorhandenen Schwarzerden als ein Relikt des älteren Holozän gedeutet werden können. In Ost- und Südosteuropa wurde die Entwicklung hingegen erst während späterer Perioden des Holozän unterbrochen, z. B. als die Steppe kultiviert wurde, oder läuft auch heute noch in den nichtkultivierten Teilen der Waldsteppen des Balkans oder der UdSSR ab.

In den Randgebieten der Schwarzerdezone sind die Böden häufig degradiert *(Degradierte Schwarzerden)*. Neben der Krumendegradation, die sich in der Aufhellung des oberen A_h-Horizontes äußert, können auch Entkalkung, pH-Erniedrigung, Verwitterung primärer Silicate unter Bildung von Tonmineralen und Fe-Oxiden sowie Tonverlagerung stattfinden, die zunächst den A_h-, später auch den C-Horizont erfassen. Stufen zunehmender Veränderung sind dabei *Braunerde-Tschernosem, Parabraunerde-Tschernosem* und *Tschernosem-Parabraunerde.* Letztere weist einen fahlgrauen, teilweise lessivierten A_h-Horizont, mithin eine A_h–A_{hl}–A_{ht}–(B_t)–C_c–C-Horizontierung auf und wird auch als *Griserde* (nach *B. Meyer*) bezeichnet. Diese in Deutschland seit dem Atlantikum verbreitete unter Wald ablaufende Degradation ehemaliger Schwarzerden wurde auf Standorten, die der Mensch seit der Jungsteinzeit (etwa ab 2500 v. Chr.) beackerte, verzögert.

Die Weiterentwicklung der Schwarzerde zur Parabraunerde konnte dort nicht erfolgen, wo nach Einsetzen des feuchten Klimas die Böden von Stau- und Grundwasser beeinflußt wurden, so daß *Pseudogley-Tschernoseme* oder *Gley-Tschernoseme* entstanden. Die Vernässung ist dabei in der Regel auf wenig durchlässige Schichten (z. B. mesozoische Tone, Geschiebelehme) zurückzuführen, die den Löß unterla-

gern. Daher wurde ein Teil der deutschen Schwarzerden (z. B. in der Hildesheimer Börde) reliktisch, ohne sich in ihrer Morphe wesentlich zu verändern. Andere Autoren sehen diese Böden aber auch als monogenetische Feuchtbildungen an und bezeichnen sie dann als Pseudotschernoseme oder Feuchtschwarzerden. Ähnliche Böden des Balkans oder der USA werden teilweise als *Wiesentschernoseme* oder *Wiesenböden* bezeichnet.

Schließlich hat auch Umlagerung am Hang Schwarzerden einerseits verschwinden, andererseits in Form mächtiger Kolluvien erhalten lassen[16].

(4) Eigenschaften (s. Abb. 160): Der Mineralkörper deutscher Schwarzerden weist einen Tongehalt im A_h-Horizont von 15–25 % auf. Als Minerale dominieren in der Tonfraktion Illite, in den übrigen Fraktionen Quarz neben Feldspäten und Glimmern. Der obere A_h-Horizont deutscher Schwarzerden ist normalerweise entkalkt, das pH mithin schwach sauer. Geringe $CaCO_3$-Gehalte von maximal 2 % können jedoch infolge Düngung, kolluvialer Überdeckung oder Zufuhr von $Ca(HCO_3)_2$-reichem Hangwasser auftreten.

Der *Humusgehalt* mitteleuropäischer Schwarzerden beträgt 2–6 %, während osteuropäische über 10 % im A_h-Horizont enthalten können. Die organische Substanz ist gut benetzbar, besitzt eine hohe Austauschkapazität (bis 300 mval/100 g) sowie ein enges C/N-($\sim$ 10) und C/P-Verhältnis (20–100). Die Huminstoffe liegen vorwiegend in organomineralischer Bindung vor (s. Kap. VIII). Ackerbau vermindert den Humusgehalt als Folge verstärkten mikrobiellen Abbaus. Auch eine Versauerung des A_p-Horizontes führt zu einer Aufhellung der Ackerkrume, weil der Anteil an Cahumaten zurückgeht, Kotaggregate teilweise

---

[16] *Tippkötter, R.:* Diss., Hannover 1979.

zerfallen und Huminstoffe teilweise depolymerisieren und verlagert werden. Die dunkle Farbe der Huminstoffe begünstigt eine raschere Erwärmung im Frühjahr und damit eine längere Vegetationsperiode.

Die *Austauschkapazität* deutscher Schwarzerden beträgt 15–30 mval/100 g, woran die Huminstoffe zu 30–50 % beteiligt sind. Das hohe K-Nachlieferungsvermögen der Schwarzerden beruht auf dem hohen Illitgehalt. Mit pflanzenverfügbaren Mikronährstoffen (B, Cu, Mn, Mo, Zn) sind Schwarzerden allgemein gut versorgt. Der A_h-Horizont von Löß-Schwarzerden besitzt ein *Porenvolumen* von ~ 50 % mit relativ hohem Mittel- und Grobporenanteil. Diese Böden sind damit gut durchwurzelbar, ausreichend belüftet und Löß-Schwarzerden vermögen im oberen Meter ~ 200 mm Niederschlag nutzbar zu speichern, so daß die Vegetation auch längere Trockenperioden ohne Schaden überdauern kann.

Bei degradierten Schwarzerden sowie Pseudogley- und Gley-Tschernosemen sind die Bodenaggregate häufig weniger stabil, so daß auch Subpolyeder bis Prismen entstehen können. Humusabbau und Aggregatzerfall werden durch fortschreitende Entkalkung und intensive Bodenbearbeitung beschleunigt. Sie erhöhen die Verschlämmungs- und Verdichtungsneigung und führen zu plattigen und scholligen Absonderungen, was Durchwurzelbarkeit und Gasaustausch beeinträchtigt.

(5) Verbreitung: Deutschland weist im Raum Erfurt–Halle–Magdeburg ein ausgedehntes Schwarzerdegebiet auf, das bis nach Hildesheim reicht (s. Abb. 179). Dabei sind alle Degradationsstufen bis hin zu den Parabraunerden anzutreffen. Im übrigen Deutschland kommen nur einzelne, stark veränderte Schwarzerde-Relikte vor. Auch auf der Insel Fehmarn befinden sich Böden, die den Pseudogley-Tschernosemen bzw. Gley-Tschernosemen nahe stehen. In den trockensten und wärmsten Gebieten des Oberrheintals treten neben Schwarzerden auch sogenannte *Braune Steppenböden* mit 50–70 cm mächtigem, $CaCO_3$-haltigem, graubraunem A_h-Horizont aus Löß oder Hochflutlehm auf. Sie entstanden nach *Zakosek*[17] aus degradierten Schwarzerden des Boreal, die später durch aufsteigendes $Ca(HCO_3)_2$-haltiges Grundwasser erneut mit $CaCO_3$ angereichert wurden.

(6) Nutzung: Tschernoseme sind ausgezeichnete Ackerstandorte, gehören zu den fruchtbarsten Böden überhaupt und sind die wichtigsten Weizenböden der Erde.

h) Braunerde

(1) Profil (Abb. 158): Braunerden weisen einen humosen A-Horizont auf, der in der Regel gleitend in einen braun gefärbten Bv-Horizont übergeht. Darunter folgt in 25 bis oft erst 150 cm Tiefe der C- bzw. R-Horizont.

Beträgt die Mächtigkeit von Ah und Bv zusammen weniger als 25 cm und ist letzterer als B(v) nicht voll entwickelt, z. B. sehr steinreich (> 75 %) liegt hingegen noch ein (verbraunter) A–C-Boden vor.

Zur Klasse der Braunerden gehören in der deutschen Bodensystematik neben der typischen Braunerde auch die Parabraunerden und die Fahlerde. Der erstere Typ wird im folgenden vereinfacht als Braunerde bezeichnet.

(2) Name: Der Begriff Braunerde geht auf *E. Ramann* zurück[18]. Früher wurden die Braunerden auch als braune (z. T. auch rostfarbene) Waldböden bezeichnet. Der (typischen) Braunerde entspricht im FAO-System der *Cambisol*, in der französischen Literatur der *sol brun*; im US-System wäre sie überwiegend den Entisolen oder den Inceptisolen zuzuordnen.

(3) Entwicklung: Braunerden gehen im gemäßigt-humiden Klima aus Rankern, Regosolen oder Pararendzinen hervor, sobald die durch die Silicatverwitterung hervorgerufene Verbraunung und Verlehmung (s. Kap. XXVIII 1 b) jene tieferen Teile des Profils erfaßt, in denen kein Humus angereichert wurde.

Im Bv-Horizont der Braunerde sind definitionsgemäß relativ leicht verwitterbare Minerale wie z. B. Calcit in der Regel gelöst und ausgewaschen, deren Gehalte im Vergleich zum Ausgangsgestein zumindest stark vermindert. Gleichzeitig ist gegenüber dem nach unten folgenden C- bzw. R-Horizont der V-Wert niedriger und entweder der Munsell-Farbton roter (z. B. 7,5 YR anstelle 10 YR) oder bei rotgefärbten Gesteinen (z. B. oft Buntsandstein) gelber oder die Farbe leuchtender (z. B. Munsell-Farbtiefe 6 statt 4) oder der Tongehalt höher. Andererseits ist ein Bv-Horizont nicht so stark verwittert wie der für Oxisole typische Bu-Horizont: sein Steingehalt kann demnach auch über 5 Vol.-% betragen und entweder die Austauschkapazität der Tonfraktion beträgt über 16 mval/100 g oder der Gehalt der Feinerde an leichter verwitterbaren Silicaten (Feldspäte, FeMg-haltige Silicate, Gläser, 2:1 Tonminerale) beträgt noch über 3 % oder der an Muskovit noch über 6 %.

---

[17] *Zakosek, H.:* Abh. Hess. L. Amt Bodenforsch. H. 37 (1962).
[18] *Scheffer, F., H. Gebhardt:* Geoderma 17 (1977) 145.

Eu(trophe-)Braunerden (bzw. Basenreiche Braunerden), gekennzeichnet durch einen V-Wert des Bv von über 70 %, sind in der Regel reich an austauschbaren Ca- und Mg-Ionen und besitzen ein stabiles Gefüge[19]. Sie können auf silicat- und (Ca, Mg)-reichen Magmatiten (Basalt, Gabbro u. a.) oft ziemlich tiefgründig sein und das Klimaxstadium darstellen. Auf anderen Ca-reichen sowie calcithaltigen Gesteinen (z. B. Geschiebemergel, Löß) treten sie in Deutschland meist nur als kurzfristiges Durchgangsstadium in der Entwicklung zur Parabraunerde auf; in ausgeprägt ozeanischen Klimaten (z. B. England) sind sie weiter verbreitet.

Die *Sauerbraunerden* (sols brun acid, auch Basenarme oder Oligotrophe Braunerde)[20] weisen selbst im B-Horizont einen niedrigen V-Wert auf (unter 20 %); außerdem besitzen sie durch die Anwesenheit von Al-Ionen und/oder der verklebenden Wirkung der Eisenoxide stabile Aggregate. Sie entstehen vorwiegend aus (Ca, Mg)-armen Gesteinen, und zwar aus Rankern (bzw. Regosolen). Auf silicatarmen Gesteinen (quarzreichen Sanden, Sandsteinen u. a.) sind sie meist nur ein Übergangsstadium zu den Podsolen. Weit verbreitet sind sie hingegen auf silicatreicheren Ca-armen Gesteinen (Ca-arme Schiefer, Grauwacken, tonreichere Sande und Sandsteine, Granit u. a.). Diese Böden neigen nur selten zur Tonverlagerung; dies beruht darauf, daß sie besonders hohe Mengen an Fe- oder Al-Oxiden enthalten, die zur Verkittung beitragen.

Den *Sauerbraunerden* verwandt sind die *Lockerbraunerden*, deren Bv-Horizont sehr porenreich ist (Raumgewicht der Feinerde unter 0,85 g/cm^3): sie haben sich in höheren Lagen der Mittelgebirge aus calcitfreiem, oft tuffhaltigem, lößartigem Sediment[21] bzw. aus Gneisschutt entwickelt und zeigen relativ hohe Gehalte an Fe-Oxiden (ähnlich den für Südengland beschriebenen Ferritischen Braunerden[22]). Sauer- und Lockerbraunerden neigen nur selten zur Tonverlagerung, weil viel Austausch-Al bzw. hohe Mengen an Fe- und Al-Oxiden eine Dispergierung erschweren.

In Altmoränengebieten Norddeutschlands entwickelten sich aus 0,5–1 m mächtigen, periglaziär verformten Tonverarmungshorizonten interglaziärer Parabraunerden im Holozän ebenfalls Oligotrophe Braunerden[23].

Typische Braunerden (im engeren Sinne) weisen im Bv einen mittleren V-Wert von 20–70 % auf: sie werden daher auch als Mittelbasische Braunerden bezeichnet. Solche Braun-erden stellen in Deutschland oft nur kurze Zwischenstadien dar, weil in ihnen entweder eine Tonverlagerung einsetzt oder sie sich zur Sauerbraunerde weiter entwickeln. Häufiger sind sie dort anzutreffen, wo Sauerbraunerden (oder Podsolbraunerden) unter Ackernutzung gedüngt und gekalkt wurden.

Sind A- und Bv-Horizont zusammen unter 25 cm mächtig, liegen Übergangsformen zu den A–C-Böden vor: z. B. über einem Mergelgestein eine *Pararendzina-Braunerde*, über lockerem Silicatgestein eine *Regosol-Braunerde*, über festem Silicatgestein eine *Ranker-Braunerde*.

Weiterentwicklungen der Braunerden bilden einmal podsolierte Formen[24, 25]. Die sauren Braunerden sind oft schwach podsoliert, kenntlich an einer Bleichung der Mineralkörner und einer bereits deutlichen Abnahme an Al, Mn und P im Ah gegenüber dem Unterboden, während Fe nur im Horizont selbst umverteilt wurde (Abb. 161). Bei der *Rostbraunerde* ist der Oberboden als Aeh auch etwas an Fe verarmt, dem ein rostbrauner Bsv mit schwacher Anreicherung auch aus dem Oberboden gegenüber steht. Ihr folgt die *Podsol-Braunerde* mit einem Bleichsaum (Ahe) unter dem Aeh. Rost- und Podsolbraunerde sind oft zusätzlich schwach lessiviert, und zwar sowohl die norddeutscher Dünen- bzw. Geschiebesande als auch die aus Sandstein- oder Granit-Fließerden, wobei unter anderem dünne Tonbänder in 1–2 Meter Tiefe auftreten.

In höheren Berglagen treten saure Braunerden mit lockerem rostbraunem B-Horizont und starker Eisenanreicherung auf, die als *Ocker-(braun)erden* bezeichnet werden[26]. Sie sind stets mit Stagnogleyen vergesellschaftet und haben von diesen durch lateralen Wasserzug Eisen zugeführt bekommen (s. Kap. XXVIII 10).

[19] *Stefanovits, P.:* Brown forest soils of Hungary. Budapest 1971.
[20] *Stahr, K.:* Freiburger Bodenkdl. Abh., Heft 9 (1979).
[21] *Schönhals, E.:* Eisenzeitalter u. Gegenwart 8 (1957) 5.
[22] *Storrier, R., A. Muir:* J. Soil Sci. 13 (1962) 259.
[23] *Heinemann, B.:* Diss. Hannover 1964.
[24] *Lentsching, S., H. J. Fiedler:* Chemie der Erde 25 (1966) 300.
[25] *Zezschwitz, v. E., U. Schwertmann, B. Ulrich:* Z. Pflanzenernähr. Bodenkd. 136 (1973) 4.
[26] *Schweikle, V.:* Diss., Hohenheim 1971.

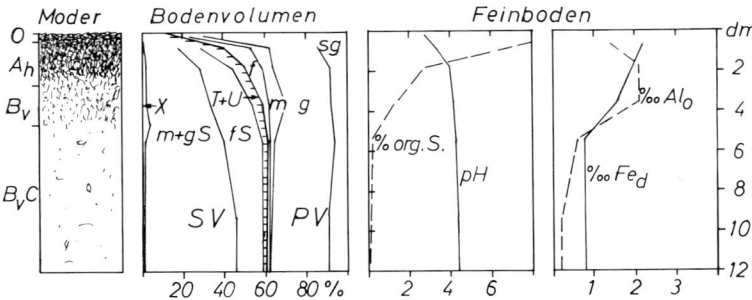

Abb. 161 Eigenschaften einer Sauerbraunerde aus jungpleistozänem Geschiebesand unter Buche–Kiefer; Grunewald, Berlin; n. Analysen von *H.-P. Blume* (Abk. s. Anhang 2)

Die Bodenentwicklung der Braunerden kann ferner über die Pseudogley-Braunerde oder die Gley-Braunerde, deren Oberböden noch Braunerdemerkmale zeigen, zu den Pseudogleyen und Gleyen führen.

(4) Eigenschaften (s. Abb. 161): In Abhängigkeit von dem Ausgangsgestein, der Vegetation und dem Versauerungsgrad variieren die Eigenschaften der Braunerden sehr stark. Eutrophe Braunerden sind meist mäßig sauer und basenreich. Kalkbraunerden treten dort auf, wo durch Grund- oder Hangwassereinfluß, Anwehung, kolluviale Auftragung oder Düngung, eine nachträgliche CaCO₃-Anreicherung in einem bereits verbraunten Material stattgefunden hat. Sauerbraunerden sind an primär CaCO₃-freie bis -arme Gesteine gebunden.

Die *Humusform* ist unter Laub- und Mischwald bei den Eutrophen Braunerden vorwiegend Mull; bei zunehmender Versauerung, z.B. unter Nadelwald, tritt auch Moder oder in extremen Fällen Rohhumus auf. Bei Sauerbraunerden und ihren Übergängen zu den Podsolen ist die Humusform Moder bzw. Rohhumus. Diese unterschiedlichen Humusformen haben zur Folge, daß auch das C/N-Verhältnis in dem weiten Bereich von etwa 10–22 schwankt. Unter Ackerkultur liegt der Gehalt an organischer Substanz im Aₚ-Horizont meist zwischen 2 und 3 %.

Die *Körnung* der Braunerden reicht von Sand bis Schluff und Lehm. Dementsprechend variieren auch die Gehalte an organischer Substanz und an Nährstoffen sowie das Gefüge in hohem Maße.

Braunerden weisen in mikromorphologischer Hinsicht ein *Feinkoagulatgefüge* auf, das an der ausgeprägten Aggregierung der Tonteilchen und der sie zum Teil umhüllenden Fe-Oxide erkennbar ist.

Die *Porenverteilung* der Braunerden aus Sand (s. Abb. 161) ist durch eine Zunahme der Anteile an Fein- und Mittelporen von unten nach oben im Profil gekennzeichnet; dies hat eine Zunahme des Gesamtporenvolumens und eine Abnahme des Anteils an Grobporen zur Folge. Die Wasserleitfähigkeit ist bei Sandbraunerden infolge des hohen Anteils an Grobporen hoch.

(5) Verbreitung: Eutrophe Braunerden sind in Mitteleuropa selten. Sauerbraunerden findet man einmal in Mittelgebirgslagen aus Granit-, Grauwacke-, Tonschiefer- oder Sandstein-Fließerden, wobei sie mit Rankern aus anstehendem Festgestein und stärker podsolierten Böden vergesellschaftet sind. Außerdem haben sie sich in Norddeutschland aus pleistozänen und holozänen Sanden entwickelt, auch hier, insbesondere in niederschlagsreicheren Gebieten, mit Podsolen vergesellschaftet. Das Nebeneinander unterschiedlich stark podsolierter Böden beruht dabei sowohl auf Körnungsunterschieden im Profil[27, 20] als auch auf Nutzungsunterschieden, da Braunerden unter naturnahem Laubwald auch im relativ feuchten Subatlantikum teilweise erhalten blieben, unter Heide oder Nadelhölzern hingegen stärker podsolierten.

(6) Nutzung: Der ackerbauliche Wert der Braunerden schwankt in einem weiten Bereich. Die meisten Eutrophen Braunerden werden wegen ihrer Flachgründigkeit oder ihres hohen Steingehaltes forstlich genutzt. Auch die weniger fruchtbaren Sauerbraunerden dienen vor allem in Nordwestdeutschland häufig als Waldstandort, doch lassen sie sich bei ausreichender Düngung und Zufuhr von Wasser heute vielfach auch sehr gut ackerbaulich nutzen.

[27] *Blume, H.-P., M. Eaqub:* Z. Pflanzenernähr. Bodenkd. 136 (1973) 97.

i) Terra fusca*

(1) Profil (Abb. 162): Die Terra fusca ist ein Ah−Bav−kR-Boden auf Carbonat- oder Gipsgestein. Der B-Horizont ist im Unterschied zu dem der Braunerde leuchtend gelbbraun bis rotbraun gefärbt und weist ein dichtes Polyedergefüge mit sepischem Plasma auf. Er wird daher auch mit T (von *Terra*) signiert.

(2) Name: Tonreiche, plastische, dichte Böden aus Carbonat- oder Gipsgesteinen werden nach *Kubiena* als Terrae calcis (lat.) bezeichnet und in die braune *Terra fusca* (bzw. Kalksteinbraunlehm) und die rote *Terra rossa* (Kalksteinrotlehm, s. Kap. XXX 2) gegliedert. In den FAO- und US-Systemen werden die Terrae fuscae nicht gesondert ausgeschieden, sondern wie Braunerden oder Parabraunerden behandelt.

(3) Entwicklung: Die Terra fusca entsteht aus einer Rendzina, wenn der silicatische, tonreiche Lösungsrückstand eines Kalksteins, Dolomits oder Gipsgesteins (bzw. Fließerden entsprechender Gesteine) versauert und gleichzeitig mächtiger als 10−30 cm geworden ist, so daß nicht mehr das gesamte Solum durch Bodentiere mit dem Humuskörper vermischt wird. Das leuchtende Ocker der Terra fusca kann die Farbe des Lösungsrückstandes sein; in der Regel wurde aber zusätzlich carbonatisch[7] und silicatisch gebundenes Fe freigesetzt und oxidiert, fand also eine echte Verbraunung statt. Ihr Silicatmineralbestand kann weitgehend dem des Gesteins entsprechen und ist dann oft illitreich, oder wurde durch Verwitterung verändert und ist dann meist kaolinitreich. Letzteres wird mit warmfeuchten Klimaverhältnissen des Tertiär in Zusammenhang gebracht. In manchen Terrae fuscae hat eine Tonverlagerung stattgefunden. Häufiger sind aber Tongehaltsunterschiede zwischen Ober- und Unterboden auf eine Fremdsedimentüberdeckung (z. B. Löß) zurückzuführen[29]. Die Entwicklung der Terra fusca verläuft sehr langsam, weil der Lösungsrückstand des Ausgangsgesteins meist gering ist (oft unter 5 %). Sie pseudovergleyt trotz hoher Tongehalte nur unter perhumiden Klimaverhältnissen[31], weil im klüftigen Gestein das Sickerwasser rasch abzieht.

(4) Eigenschaften (s. Abb. 162): Die Terra fusca ist meist mäßig bis stark sauer, reich an Ton (oft mehr als 60 %), sehr dicht und in feuchtem Zustand plastisch. Ihr Humusgehalt ist in der Regel niedriger als der benachbarter Rendzinen. Die nutzbare Wasserkapazität liegt bei 50−150 mm, ist aber häufig trotz größeren Wurzelraumes kaum höher als die benachbarter Rendzinen wegen sehr hoher Totwassergehalte.

(5) Verbreitung: Die Terra fusca tritt in Mitteleuropa nur vereinzelt auf erosionsfernen, vornehmlich alten (d. h. altpleistozänen bis tertiären) Landoberflächen auf und ist dann mit Rendzinen auf Kuppen und mit Braunerden oder Parabraunerden aus Kolluvien in den Senken vergesellschaftet. Häufig wurde sie erodiert oder umgelagert.

(6) Nutzung: Die Terrae fuscae werden vorwiegend als Wald oder Weideland genutzt. Wegen schwerer Bearbeitbarkeit und starkem Wechsel mit flachgründigen, steinreichen Böden ist eine ackerbauliche Nutzung begrenzt.

j) Parabraunerde und Fahlerde**

(1) Profil (Abb. 163): Parabraunerden weisen die Horizontfolge Ah−Al−Bt−C auf, weil Ton im Profil verlagert wurde. Der an Ton verarmte A-Horizont kann bis zu 60 cm mächtig sein; er umfaßt den krümeligen, humosen, geringmächtigen Ah- und den humusarmen, fahlbraunen, häufig plattigen Al-Horizont. In dem darunter folgenden tiefbraunen Bt-Horizont (Definition s. Kap. XXIX) mit Subpolyeder- bis Prismengefüge, der in Mitteleuropa zwischen 40 und 400 cm mächtig sein kann, hat eine Tonanreicherung stattgefunden, und zwar in Form von Tonbelägen an Aggregatoberflächen und Bioporen-Wandungen.

Eine *Fahlerde* liegt vor, wenn der tonverarmte Oberboden deutlich aufgehellt ist, mithin als Ael-Horizont vorliegt. In der Regel sind A(e)l und Bt deutlicher differenziert und mächtiger als bei der Parabraunerde. Außerdem besitzt der Ael-Horizont keilförmige Ausbuchtungen und es treten oft schluffreiche Überzüge auf

---

* Zusammenfassende Literatur[7, 28−30].

[28] *Werner, J.:* Arb. Geol. Inst. TH Stuttgart, N. F. 16 (1958).

[29] *Hemme, H.:* Diss. Hohenheim 1970.

[30] *Gury, M., Ph. Duchaufour:* Sci du sol (1972) 19.

[31] *Zech, W., W. Voelkl:* Mitt. Dtsch. Bodenkd. Ges. 29 (1979) 661.

** Zusammenfassende Literatur[19, 32−35].

[32] *Schlichting, E., H.-P. Blume:* Z. Pflanzenernähr. Bodenkd. 95 (1961) 194, 227; 96 (1962) 144.

[33] *Fölster, H., B. Meyer, E. Kalk:* Z. Pflanzenernähr. Bodenkd. 99 (1962) 37; 100 (1962) 1.

[34] *Fobian, A.:* Pedologie 16 (1966) 183.

[35] *Thiere, J., D. Laves:* Thaer Arch. 12 (1968) 659; 14 (1970) 211, 691.

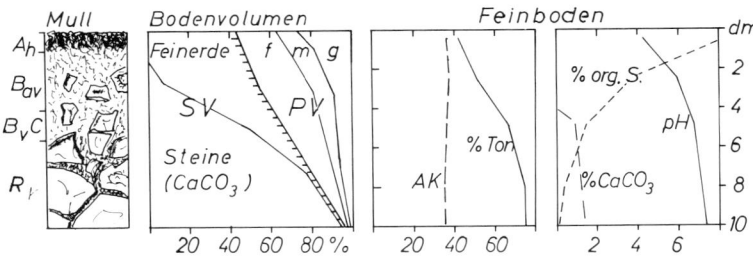

Abb. 162 Eigenschaften einer Terra fusca aus Malm-Massenkalken unter Fichte; Ob. Lindenhof, Württemberg; n. Analysen von *H. Hemme* und *E. Schlichting* (Abk. s. Anhang 2)

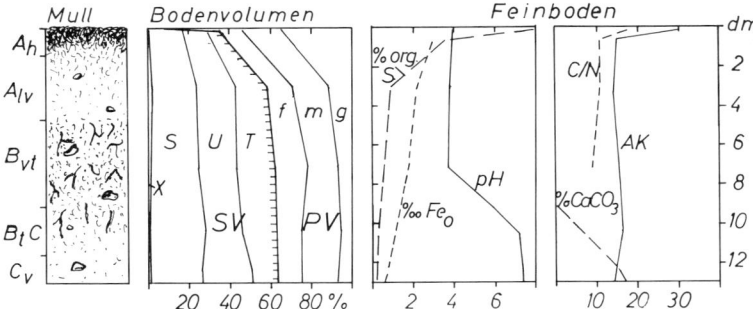

Abb. 163 Eigenschaften einer Parabraunerde aus jungpleistozänem Geschiebnemergel unter Buche–Eiche; Siggen, Schleswig-Holstein; n. Analysen von *H.-P. Blume* (Abk. s. Anhang 2)

Aggregaten im Übergang zum Bt auf (engl.: glossic h.). Diese werden teils als Ergebnis einer Schluffumlagerung, teils als Rückstände einer Tonauswaschung oder auch Tonzerstörung gedeutet[36].

Bei tiefgründig entkalkten Böden ist zwischen B_t- und C-Horizont ein B_v-Horizont eingeschoben. Der C-Horizont selbst ist insbesondere in trockeneren Klimaten oben als C_c-Horizont ausgebildet. Bei Parabraunerden aus sandreichem Ausgangsmaterial treten an die Stelle eines geschlossenen B_t-Horizontes oft eine große Anzahl dünner, brauner Tonbänder, die mehrere Meter tief reichen können[37]. Eine in Form feiner Bänder und Flecken auftretende Verteilung tonreicherer und tonärmerer Zonen wird auch bei manchen Löß-Parabraunerden beobachtet (= Lamellenfleckenzone).

(2) Name: Der Name Parabraunerde (nach *E. Mückenhausen*) kennzeichnet die insbesondere ökologische Verwandtschaft dieses Typs mit den Eutrophen Braunerden. Der Name Fahlerde (nach *E. Ehwald*) wurde aufgrund der diagnostischen, fahlen Ael-Horizonte eingeführt. Beide Typen werden auch als *Lessivé* (von fr. lessivage = ausgewaschen) zusammengefaßt. Im FAO-System entsprechen die Parabraunerden den *Luvisols* (bei einem V-Wert im

B von über 50%) oder den *Acrisols* (bei < 50%) und die Fahlerden den *Podzoluvisols* (besser wäre *Glossisol* n. griech. glossa = zungenförmig, da nicht podsoliert), während im US-System beide zu den *Alifisols* gestellt werden, und zwar die Fahlerden als *Glossudalfs* oder *Glossoboralfs*.

(3) Entwicklung: Parabraunerden und Fahlerden bilden sich bevorzugt aus lockeren Mergelgesteinen, aber auch aus carbonatfreien Lehmen und lehmigen Sanden. Im gemäßigthumiden Gebieten Europas ging die Entwicklung meist von Pararendzinen oder Braunerden aus, bei denen Carbonat-Auswaschung und schwache Versauerung eine Tonverlagerung ermöglichte (Kap. XXVIII 4). Diese ist hier in den trockeneren, wärmeren Lagen stärker ausgeprägt als in niederschlagsreichen, kühlen Gebieten[38], weil dann der der Tonpeptisation begünstigende pH-Bereich zwischen 6,5 und 5 nur

[36] *Ranney, R. W., M. T. Beatly:* Soil Sci. Soc. Amer. Proc. 33 (1969) 768.
[37] *Götz, D:* Dissertation, Berlin 1971.
[38] *Werner, J.:* Schr. R. Ld., Forstverw. Baden-Württ. 17 (1964).

langsam durchlaufen wird und in lehmigen Böden periodische Austrocknung zur besseren Bildung dränender Schrumpfrisse führt.

Verschiedene Autoren nehmen an, daß die Bildung rezenter Parabraunerden schon im Spätglazial einsetzte[39], andere sehen ihre Körnungsunterschiede als Periglazialphänomene an[40, 41] und führen allenfalls die Tonbeläge auf holozäne Umlagerungen innerhalb ihres B_t-Horizontes zurück[35]. Holozäne Tonverlagerung wurde jedoch in Substraten nachgewiesen, die z. B. als prähistorische oder römische Bauten erst seit ein bis zwei Jahrtausenden der Bodenbildung unterliegen[42-44]. Auch die im Sickerwasser von Parabraunerden vorhandenen Gehalte an Tonteilchen[33], das Auftreten frischer Tonfüllungen in Wurzelgängen und die Bildung neuer A_l-Horizonte im oberen Teil von B_t-Horizonten bei Parabraunerden, die durch teilweise Erosion, starken Klimawechsel oder Kultivierung beeinflußt wurden, deuten auf einen rezenten Verlauf der Tonverlagerung. Andererseits wurde der tonarme Oberboden vielfach nicht allein durch Tonverlagerung verursacht sondern auch durch Fremdsedimenteinmischung (z. B. Flugsand)[45].

In den Randzonen der mitteldeutschen Schwarzerdegebiete haben sich Parabraunerden teilweise aus Schwarzerden durch Degradation gebildet. Diese Tschernoparabraunerden (bzw. Griserden nach *Meyer*, s. Kap. g) weisen tiefschwarze Tonbeläge auf und lassen im unteren B_t-Horizont noch Reste des Schwarzerde-A_h erkennen.

Aus Parabraunerden können bei starker Versauerung *Podsol-Parabraunerden* und schließlich Podsole entstehen. Eine Staunässebildung kann bei Parabraunerden mit starker Tonverlagerung oder in niederschlagsreichen Gebieten auftreten. Die Entwicklung führt dann über *Pseudogley-Parabraunerden* zu Pseudogleyen, in denen die ehemaligen A_l- und B_t-Horizonte durch Fe-Verlagerung und Marmorierung so stark umgewandelt wurden, daß die vorausgegangene Parabraunerde-Entwicklung oft kaum noch wahrnehmbar ist. Allerdings kann es sich hierbei auch um primäre Pseudogleye handeln, bei denen das anders geartete Wasserregime eine Tonverlagerung verhindert hat[46].

(4) Eigenschaften (s. Abb. 163): Die Tonverlagerung hat zu Tongehaltsunterschieden zwischen A_l- und B_t-Horizont geführt, die bei Parabraunerden im norddeutschen Lößgebiet bis zu 20% Ton betragen. In kontinentaleren Gebieten und bei tonreicheren Gesteinen können die Differenzen noch größer sein. Die verlagerten, an Hohlraumwandungen parallel orientierten Tonminerale können dabei mehr

als 5% des Bodenvolumens im B_t-Horizont ausmachen.

Der Humuskörper der Parabraunerden liegt als Mull oder Moder vor und weist im A_h-Horizont ein C/N-Verhältnis von 10–15 auf.

Die Entkalkungstiefe von Parabraunerden aus den jungpleistozänen Lössen oder Geschiebemergeln beträgt in Deutschland meist 0,5–1,5 m; die altpleistozäner Mergelgesteine kann 4 m und mehr betragen. Unter Wald sind Parabraunerden mäßig bis stark versauert. In ersterem Fall weisen Parabraunerden aus Löß oder Geschiebemergel ein hohes Kalium-Nachlieferungsvermögen (aber auch Fixierungsvermögen) auf. In letzterem Fall ist ein größerer Teil der illitischen Tonminerale an Kalium verarmt und in Bodenchlorit umgewandelt worden. Die Parabraunerden weisen in Abhängigkeit von Gestein und Verwitterungsgrad hohe bis mäßige Nährstoffreserven auf.

Der B_t-Horizont besitzt im Vergleich zu den A_l- und C-Horizonten oft weniger Grobporen und meist einen höheren Gehalt an Feinporen. Dennoch ist auch der Unterboden in der Regel gut durchwurzelbar und belüftet; bei Pseudogley-Parabraunerden kann es allerdings zeitweilig zu Luftmangel kommen. Lehm- und Schluff-Parabraunerden weisen mit 150 bis 200 mm im ersten Meter eine hohe nutzbare Wasserkapazität auf.

(5) Verbreitung: Parabraunerden und Fahlerden gehören zu den verbreitetsten Böden der gemäßigt-humiden Klimagebiete Eurasiens und Amerikas. In Deutschland sind sie besonders häufig in den Lößgebieten einschließlich der norddeutschen Sandlößgebiete, in den nord- und süddeutschen Jungmoränenlandschaften und den glazialen Schotterflächen[47] Süddeutschlands. In humiden Gebieten sind sie dabei mit Pseudogleyen in Plateaulage vergesellschaftet, in semihumiden Gebieten häufig mit Pararendzinen in Erosionslage.

---

[39] *Brunnacker, K.:* Geol. Jb. 76 (1959) 561.
[40] *Plass, W.:* Z. Pflanzenernähr. Bodenkd. 114 (1966) 12.
[41] *Šály, R.:* Geoderma 5 (1971) 79.
[42] *Parsons, R., W. Scholtes, F. Riecken:* Soil Sci. Soc. Amer. Proc. 26 (1962) 491.
[43] *Rohdenburg, H., B. Meyer:* Göttinger Bodenk. Ber. 6 (1968) 127.
[44] *Fickel, W.* u.a.: Mitt. Dtsch. Bodenk. Ges. 25 (1977) 639.
[45] *Hoffmann, R., H.-P. Blume:* Catena 4 (1977) 359.
[46] *Becher, H., K. H. Hartge:* in 52 Kap. XXVIII.
[47] *Wilke, B.:* Z. Pflanzenernähr. Bodenkd. (1975) 153.

(6) Nutzung: Lehm-Parabraunerden sind allgemein günstige Ackerstandorte mit Bodenzahlen zwischen 50 und 90. Insbesondere Löß-Parabraunerden neigen allerdings wegen der Verschluffung des lessivierten Oberbodens zur Verschlämmung und werden in Hanglage leicht erodiert.

i) Podsol*

(1) Profil (s. Abb. 158): Typische Podsole weisen die Horizontfolge O_l–O_f–A_h–A_e–B_h–B_s–C auf, entstanden durch Podsolierung, d. h. durch eine Verlagerung von Fe und Al mit organischen Stoffen im Profil (s. Kap. XXVIII 5).

Unter einer meist mächtigen Humusauflage folgt als Bleichhorizont der aschgraue A_e (Definition s. Kap. XXIX), der kaum organische Substanz enthält, aber bisweilen violettstichig ist, direkt oder im Anschluß an einen geringmächtigen, schwarzgrauen A_{eh}-Horizont. Unter den *Eluvialhorizonten* beginnt mit scharfem Übergang der dunkle *Illuvialhorizont,* der je nach Verfestigungsgrad als *Ortstein* oder *Orterde* bezeichnet wird und oft im oberen Teil (B_h) braunschwarz, darunter rostbraun (B_s) gefärbt ist. Der Übergang zum C-Horizont ist unscharf und kann über einen B_v-Horizont erfolgen.

Die Eluvialhorizonte sind 20–60 cm mächtig (in Hanglagen der Mittelgebirge bis zu 150 cm). Der B_{hs}-Horizont ist in der Regel nur 10 bis 20 cm mächtig, kann aber in Form von Ortsteinzapfen oder -töpfen mehrere dm nach unten ausbuchten. Diese Ortsteintöpfe entstanden in Zonen bevorzugter Sickerwasserbewegung (z. B. im Bereich alter Wurzelröhren). Oft weist der B-Horizont eine auffällige Panther-Fleckung auf.

(2) Name: Podsol ist ein russischer Bauernname, der „Asche-Boden" bedeutet. Früher sprach man auch von Bleicherde, Bleichsand oder (bei schwacher Podsolierung) von Bleicherdewaldboden. Beim FAO-System spricht man auch von Podsolen; im US-System bilden sie die Gruppe der *Spodosole.*

(3) Entwicklung: Im Podsol haben Verwitterungs- und Verlagerungsvorgänge des kalt- bis gemäßigt-humiden Klimas ihr höchstes Ausmaß erreicht. Podsole entstehen bevorzugt dort, wo die wichtigsten Faktoren folgende Eigenschaften aufweisen:

(a) Klima: Hohe Niederschläge, hohe relative Luftfeuchte und verhältnismäßig niedrige Jahresmitteltemperatur.

(b) Gestein: Ca- und Mg-arme Gesteine, die entweder wie Sande leicht durchlässig sind oder nach physikalischer Verwitterung ein grobkörniges Substrat liefern (z. B. Sandstein, Granit).

(c) Vegetation: Vorwiegend Pflanzenarten wie Nadelhölzer, Ericaceen usw. mit geringen Nährstoffansprüchen und nährstoffarmen Vegetationsrückständen.

Unter diesen Bedingungen verschlechtern sich nach Versauerung und Nährstoffverarmung die Lebensbedingungen der Bodentiere und Mikroben so, daß die Streu nur zögernd und unvollständig zersetzt wird und gleichzeitig verstärkt organische Komplexbildner und Reduktoren in der Bodenlösung auftreten, die Fe und Al freisetzen und umlagern. An feuchten Standorten, z. B. an Moorrändern, kommt es dabei unter Erikaheide zur Bildung von weicher Humusorterde, während an trockenen Standorten mit Calluna-Heide B_h- und B_s-Horizont häufiger harter Ortstein ausgebildet ist.

Podsole entwickeln sich in der Regel als sekundäre Podsole aus Braunerden oder Parabraunerden; unter extremen Bedingungen werden sie auch direkt aus Rankern gebildet und dann als primäre Podsole bezeichnet. In weiten Gebieten Nordwestdeutschlands wurde die Podsolierung dadurch gefördert, daß der ursprüngliche Eichen-Birken-Wald gerodet und durch Nadelholz oder Heidevegetation ersetzt wurde. Vielfach wurde die Bildung eines Podsols erst durch den Menschen ausgelöst, in anderen Fällen reicht seine Entstehung aber bis in das Frühholozän zurück.

(4) Verbreitung und Ausbildungsformen: Podsole treten vor allem in kalt- bis gemäßigt-humiden Klimazonen (z. B. Skandinavien[48]) weit verbreitet auf. Im subpolaren Bereich findet man sie dabei als geringmächtige *Nanopodsole* selbst auf Ca- und Mg-reichem Gestein (z. B. Glimmerschiefer-Fließerden), und zwar mit Permafrostböden vergesellschaftet.

Podsole sind weiterhin auf sandigen Sedimenten (Sander, Talsande, Dünen, Geschiebesande usw.) des nordwestdeutschen Pleistozän vornehmlich unter rezenter und ehemaliger Heide sowie älteren Koniferenbeständen anzutreffen und haben sich dort teilweise aus Parabraunerden entwickelt. Sie kommen hier vor allem als *Eisenhumuspodsole,* bei denen Fe und organische Stoffe gleichermaßen stark verlagert wurden, aber auch als Eisenpodsole und Humuspodsole vor. Eisenhumuspodsole mit besonders mächtigen B-Horizonten findet man auf tiefgründigen, trockenen Sanden unter Calluna-Heide. Der B-Horizont leitet bei ihnen oft mit mehreren schwarzbraunen Eisen-Humus-Bändern in den C-Horizont über.

---

* Weiterführende Literatur: 22–25 in Kap. XXVIII.
[48] *Låg, J.:* Acta Agric. Scand. 10 (1960) 45; 20 (1970) 58.

Der *Eisenpodsol* ist vorwiegend aus silicatreichen Schmelzwassersanden unter Koniferen, der *Humuspodsol* aus Fe-armen Gesteinen (z. B. Dünensand) und in feuchten Senken an Standorten der natürlichen Erica tetralix-Heiden verbreitet.

Die Podsole sind im norddeutschen Raum mit Podsol-Braunerden unter Laubwald oder Acker sowie mit Parabraunerden vergesellschaftet, während in Senken neben Gleyen, und zwar insbesondere *Raseneisen-Gleyen,* Moore vertreten sind. In der Umgebung ausgedehnter Moore findet man auch *Gley-Podsole,* deren B-Horizonte jedoch vielfach fossil sind, weil die Böden nachträglich unter den Einfluß von Grundwasser gelangt sind.

Auch auf Sandsteinen und Sanden des Devon (z. B. Harz), des Buntsandstein (z. B. Schwarzwald), des Keuper (stellenweise in Süddeutschland), der Kreide (z. B. im Münsterschen Becken) und des Tertiärs, auf Quarziten (z. B. Rheinisches Schiefergebirge) sowie auf Graniten und grobkörnig verwitternden Gneisen (z. B. Harz, Schwarzwald, Fichtelgebirge, Bayer. Wald, Alpen) haben sich Podsole entwickelt. Sie treten dort bevorzugt an Hängen auf, deren Fließerden im Unterboden verdichtet (z. B. als fragipan) oder durch Tonverlagerung und/oder Schichtung etwas tonreicher sind. An Südhängen ist die Podsolierung dabei häufig stärker ausgeprägt, während an Nordhängen die A_e-Horizonte längerfristig naß und durch infiltrierte Huminstoffe dunkel gefärbt sind. In den Alpen tritt nach *Pallmann* unter Zwergstrauchgesellschaften an der oberen Waldgrenze (über 2200 m) bevorzugt der Humuspodsol auf, während sich unter Hochwald ein Eisenhumuspodsol gebildet hat.

Im Schwarzwald treten in perhumiden Hochlagen über 800 m auf Sandstein-Fließerden verbreitet Podsole auf, die eine wenig ausgebildete, harte Eisenschwarte von 1−5 mm Dicke in 30−120 cm Bodentiefe aufweisen und daher als *Bändchen-Staupodsole* bezeichnet werden. Diese Schwarten wurden erstmals von *K. Regelmann* beschrieben und von *K. Stahr* eingehend untersucht[49]. Sie stauen das Wasser in starkem Maße, sind kaum durchwurzelbar, lassen sich teilweise durchgängig über km verfolgen und treten dabei nicht nur in Böden mit Podsol-, sondern auch in solchen mit Braunerde- und Stagnogley-Morphologie auf (Abb. 178). Sie kommen auch in den Vogesen, den Alpen, in Schottland und Wales sowie in anderen perhumiden Klimaten (z. B. Subarktis, Tropen) vor. Weichere Bändchen an der Oberkante des B-Horizonts sind auch bei Flachland-Podsolen zu beobachten[4].

(5) Eigenschaften (Abb. 164): Die Entwicklung aus vorrangig sandigen Substraten bedingt sandige Bodenarten und in der Regel hohe Quarzgehalte. Durch Verwitterung sind resistente Minerale (Quarz, grobe K-Feldspäte, Turmalin, Rutil, Zirkon) zusätzlich angereichert. Humusauflagen mit weitem C/N-Verhältnis (oft 30−40) und starke Versauerung sind weitere Kennzeichen und korrespondieren mit niedrigen Nährstoffgehalten. An der Podsolierung beteiligte Nährstoffe (Fe, Mn, Cu, Co, Zn, indirekt auch P) sind teilweise im Unterboden etwas angereichert.

Bei kultivierten Podsolen sind der Auflagehumus abgebaut, Nährstoffgehalte und pH-Werte erhöht. Podsole weisen im gesamten A-Horizont Einzelkorn*gefüge* auf. Der B-Horizont ist oft hüllig. Sie sind meist gut durchlüftet aber trocken.

Das *Porenvolumen* ist im B-Horizont häufig größer als im A_e-Horizont[50]. Dies wird darauf zurückgeführt, daß im A_e-Horizont infolge des Abtransportes von feineren Teilchen eine Sackung hervorgerufen wird und im B-Horizont die infolge der Einlagerung dieser feinen Teilchen theoretisch zu erwartende Abnahme des Gesamt-Porenvolumens durch die Bildung neuer Grobporen infolge der Wurzel- und Tiertätigkeit ausgeglichen wird. Wenn diese Tätigkeit bei der Verfestigung des B-Horizontes zum Ortstein auch unterbunden wird, kann der Ortsteinhorizont dennoch einen hohen Anteil

---

[49] *Stahr, K.:* Arb. Geol. Paläont. Univ. Stuttgart. N. F. 69 (1973) 85.
[50] *Hartge, K. H.:* Z. Pflanzenernähr. Bodenkd. 106 (1964) 1.

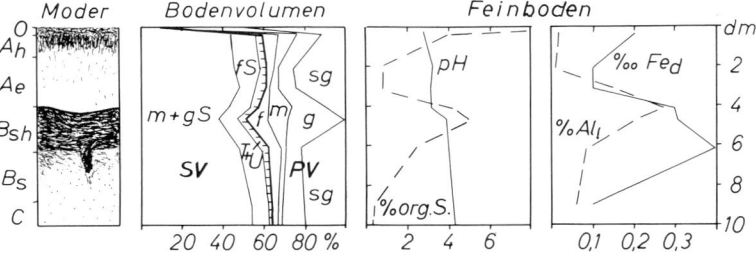

Abb. 164 Eigenschaften eines Eisenhumuspodsol aus Flugsand/Flußsand unter Kiefer; Mellendorf, Niedersachsen; n. Analysen von *K. H. Hartge* (Abk. s. Anhang 2)

grober Poren aufweisen, wie aus Abb. 164 ersichtlich ist. Der Ortstein wirkt daher nur selten als Staukörper, weist vielmehr oft eine höhere Wasserleitfähigkeit auf als der A$_e$-Horizont.

(6) Nutzung: Stark entwickelte Podsole, die früher als nicht kultivierungsfähig angesehen wurden, erbringen bei künstlicher Bewässerung und starker Düngung hohe Erträge und ermöglichen dann sogar einen produktiven Hackfruchtanbau. Die pH-Erhöhung sollte nur bis pH 5,0−5,8 erfolgen, da bei höheren pH-Werten Mn-Mangel auftritt. Der weitverbreitete Kupfermangel kann durch Zufuhr von Cu-haltigen Düngemitteln, der Bormangel durch B-Düngung beseitigt werden (s. dort).

Ortsteinhorizonte wirken sich um so ungünstiger auf das Pflanzenwachstum aus, je näher sie sich an der Oberfläche befinden. Sofern sie weniger als ~ 80 cm tief liegen, ist ein Aufbrechen des Ortsteins zweckmäßig. Dadurch wird der Ortstein meist innerhalb von 2−4 Jahren abgebaut, sofern es sich nicht um einen sehr Fe-reichen Ortstein handelt. Podsole mit Orterdehorizonten werden meist ohne Tiefenlockerung in Kultur genommen.

k) Pelosol*

(1) Profil: Pelosole sind Böden mit ausgeprägtem Absonderungsgefüge, die sich aus tonreichem Gestein entwickelt haben. Zwischen dem A-Horizont und dem unveränderten tR- bzw. tC-Horizont treten tonreiche (> 45 %) Horizonte auf, in denen das Schichtgefüge des Ausgangsgesteins aufgelöst (sog. Aufweichungshorizonte) und in ein polyedrisches bis prismatisches Gefüge übergegangen ist.

Sie werden als Ba- bzw. Ca-Horizonte (a von Absonderungsgefüge, Definition s. XXVIII) oder P-Horizonte (P von Pelosol) bezeichnet. Die Prismen des Unterbodens zeigen oft glänzende Oberflächen (= slicken sides) und in Trockenperioden treten tiefreichende Spalten von über 10 cm Breite auf (FAO: vertic properties).

(2) Name: Pelosol (nach *F. Vogel*) leitet sich von pelos (griech. = Ton) ab. Ältere Bezeichnungen sind bunter Ton- und Mergelboden, Lettenboden u. a. In FAO- und US-Systematik gehören sie zu den *Vertisolen* (s. XXXII 1), sofern ihre Trockenspalten im Unterboden (50 cm Tiefe) zeitweilig über 1 cm breit sind, ansonsten meist zu den Regosols (FAO) bzw. Orthents (USA).

(3) Entwicklung: Anhaltende Durchfeuch-

tung hat durch Quellung der Tonminerale zu einer Aufweichung und Zerteilung eines tonreichen Gesteins geführt, so daß ein Kohärentgefüge entstand. Vielfach erfolgte diese Zerteilung bereits im Pleistozän unter periglaziären Bedingungen, unter denen nach Frostsprengung selbst verfestigte Schiefertone plastisch wurden[51]. Das Kohärentgefüge wurde dann bei Wechselfeuchte in ein Absonderungsgefüge umgeformt: es entstanden oben Subpolyeder, darunter Polyeder und Prismen, die nach unten gröber werden XXVIII 3. Durch den Quellungsdruck wurden auch Bodenaggregate gegeneinander verschoben, wobei sich der Ton einregelte und die oben erwähnten Slickensides entstanden.

Vorstufen der Pelosole sind häufig Syroseme oder Ranker, bei denen nur der A$_h$-Horizont aufgeweicht wurde und Bioturbation einer Polyederbildung entgegenwirkte. Manche Pelosole sind verbraunt und lassen dann eine schwache Umwandlung quellfähiger Tonminerale in Al-Chlorite (bei dolomithaltigem Gestein auch Mg-Chlorite) erkennen[55]. Bisweilen wurden aber lediglich sulfidisches und/oder carbonatisches Eisen oxidiert, und zwar bereits vor der Entcarbonatisierung.

Insbesondere in ebener Lage weisen Pelosole oft Stauwassermerkmale auf oder haben sich bereits zu *Pelosol-Pseudogleyen* weiter entwickelt. Um Pelosol-Pseudogleye oder Pelosol-Braunerden handelt es sich aber auch dann, wenn eine über 40 cm mächtige, tonärmere Decke die Bildung eines Absonderungsgefüges im Oberboden verhindert hat. Relativ tonarme Oberböden vieler Pelosole sind auf Fremdsedimentbeimengung (z. B. Löß) und/oder Tonverlagerung zurückzuführen[56].

Außerdem dürfte es zu einer *Entschluffung* durch einen Aufstieg gröberer Partikel als Folge von Quellung und Schrumpfung kommen, was *E. Schlichting* experimentell nachwies.

(4) Eigenschaften (s. Abb. 165): Die Pelosole besitzen bei Trockenheit starke Schrumpfungs-

* Zusammenfassende Literatur[51−54].

[51] *Brunnacker, K.:* Geol. Bl. NO-Bayern 12 (1962) 183; Bayer. Landw. Jb. 40 (1963) 322.

[52] *Ehwald, E., S. Sch-Dschin:* Albrecht-Thaer-Archiv 8 (1964) 419.

[53] *Diez, Th.:* Diss. Bonn 1959 u. Bayer. Landw. Jahrb. 45 (1968) 7.

[54] *Schlichting, E.:* Trans. 9. Int. Congr. Soil Sci. Adelaide 4 (1968) 411.

[55] *Khader, S.:* Diss. Hohenheim 1966.

[56] *Nagarajarao, Y.:* Diss. Hohenheim 1965.

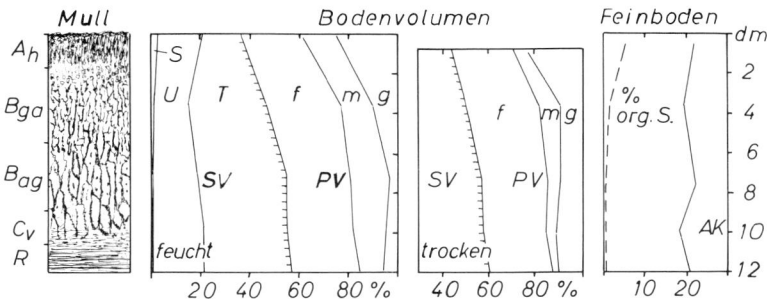

Abb. 165 Eigenschaften eines Pseudogley-Pelosol aus Dogger-Ton unter Grünland; Mögglingen, Württemberg; n. Analysen von *Y. Nagarajarao* und *E. Schlichting* (Porung im trockenen Boden mit Xylol bestimmt) (Abk. s. Anhang 2)

risse, während sie feucht meist so stark gequollen sind, daß Luftmangel auftritt. Sie weisen zwar oft einen hohen Wassergehalt auf; der Gehalt an verfügbarem Wasser ist jedoch gering und nimmt bei Austrocknung auch dadurch ab, daß das verbleibende Wasser durch Schrumpfung fester gebunden wird[56]. Das Innere der Unterbodenaggregate ist besonders dann kaum durchwurzelbar, wenn eingeregelter oder eingelagerter Ton die Prismenoberflächen abdichtet. Daher ist oft nur der Oberboden stärker belebt. Im allgemeinen weisen Pelosole hohe Nährstoffreserven auf.

(5) Verbreitung: Pelosole treten auf den Keuper- und Kreidetonen des niedersächsisch-westfälischen Berglandes, auf den Tonen und Mergeltonen des schwäbisch-fränkischen Stufenlandes oder am Thüringer Becken auf, und zwar oft mit Pelo(sol)-Gleyen in Senken vergesellschaftet. Im Stufenland hat dabei rascher Gesteinswechsel nicht selten zu einem Nebeneinander von Pelosolen, Terrae fuscae und Braunerden geführt, wozu Parabraunerden auf Lößinseln treten können. Pelosole sind ferner auf Tonen des Röt und Tertiär verbreitet, seltener hingegen auf Schiefertonen paläozoischer Gesteine.

(6) Nutzung: Pelosole können infolge hoher Tongehalte und damit starker Quellungs- und Schrumpfungsvorgänge – vor allem bei carbonatfreiem Gestein – oft nur als Grünland oder Wald genutzt werden. Ackerbau ist meist nur auf *Tonmergel-Pelosolen* möglich, weil hier Durchwurzelbarkeit und Lufthaushalt günstiger und die Pflugarbeit weniger stark erschwert sind. Bisweilen lassen sich *Tonmergel-Pelosole* sogar besser ackerbaulich nutzen, weil sie für Grünlandnutzung zu trocken sind.

m) Pseudogley*

Der Pseudogley gehört zusammen mit dem Stagnogley zu den Stauwasserböden. Beide weisen

hydromorphe (s. Kap. XXVIII 6) Merkmale auf, die aber im Gegensatz zu den Grundwasserböden durch gestautes Niederschlagswasser verursacht wurden.

(1) Profil (Abb. 158): Pseudogleye sind grundwasserferne Böden, in denen ein Wechsel von Stauwasser und Austrocknung Konkretionen und Rostflecken vornehmlich im Aggregatinneren entstehen ließ, während die Aggregatoberflächen gebleicht wurden. Typische Pseudogleye weisen unter dem A_h einen gebleichten durchlässigen A_g bzw. S_w auf, auf den ein dichter B_g bzw. S_d folgt. Zur Definition von g bzw. S s. Kap. XXIX.

Bei *sekundären Pseudogleyen,* die sich häufig aus Parabraunerden entwickelt haben, ist die Horizontfolge A_h–A_{lg}–B_{tg}–C_{gv}. Unter dem A_h-Horizont folgt ein meist fahlgrauer, konkretionshaltiger oder schwach rostfleckiger, relativ tonarmer Horizont mit häufig plattigem Gefüge (A_{lg}). Die meist schwarzbraunen Konkretionen sind 0,5–50 mm groß und bilden keine Hohlraumfüllungen (wie bei vielen Gleyen), sondern durchsetzen die Bodenmatrix selbst. Die tonreicheren Unterbodenhorizonte (B_{tg}) sind demgegenüber fahlgrau/rostbraun marmoriert (oft gestreift) und besitzen oft ein ausgeprägtes Polyeder- bis Prismengefüge. Oft bilden der B_t-Horizont und das bereits dichte Ausgangsgestein gemeinsam den *Staukörper,* während A_h- und A_{lg}-Horizont als *Stauzone* bezeichnet werden.

Primäre Pseudogleye, d. h. unmittelbar aus meist tonreichen Gesteinen mit geringer Wasserleitfähig-

* Weiterführende Literatur[57–61].

[57] *Zakosek, H.:* Abh. Hess. L.-Amt Bodenforsch. H. 32 (1960).

[58] *Blume, H.-P.:* 27 in Kap. XXVIII 6.

[59] *Schlichting, E., U. Schwertmann:* 28 in XXVIII 6.

[60] *Thiere, J., H. Morgenstern:* Albrecht-Thaer-Archiv 14 (1970) 413, 587, 599, 701.

[61] *Lieberoth, A.* (Red.): Mineral. Grund- und Staunässeböden. Bodenkd. Ges. DDR, Rostock 1970.

keit hervorgegangene Pseudogleye, sind weniger deutlich oder kaum in Stauzone und Staukörper differenziert. Sie haben die Horizontfolge $A_{(g)h}-B_g-C_g$. Bei ihnen treten Konkretionen zugunsten von Rostflecken zurück. Die Marmorierung ist in der Regel kleinflächiger; in den Rostflecken dominieren die rötlichgelben Farben des Lepidokrokits. Auch die $CaCO_3$-haltigen Horizonte sind bei ihnen stark marmoriert, wenngleich es bisweilen schwierig ist, Bleichung der Aggregatoberflächen von ausgefälltem $CaCO_3$ zu unterscheiden.

(2) Name: Die Bezeichnung Pseudogley (nach *Kubiena*) wurde gewählt, weil dieser Boden in einer Reihe von Eigenschaften dem Gley ähnlich ist. Ältere Bezeichnungen sind Staunässegley, gleyartiger Boden oder nasser Waldboden. In der DDR spricht man von *Staugley*. Im US-System werden Pseudogleye nicht gesondert geführt, sondern mit den Gleyen als hydromorphe Unterordnungen der Alfisole, Inceptisole oder Mollisole angesprochen (s. Kap. XXX 3). Im FAO-System gehören sie teils zu den Planosols (sofern scharfer Texturunterschied zwischen Ag und Bg), teils zu den Gleysols, weil kein Unterschied zwischen Stau- und Grundwasserbildung gemacht wird, die weniger stark marmorisierten Formen aber auch zu anderen Einheiten (z. B. Podzoluvisols).

(3) Entwicklung: Pseudogleye entstehen durch Hydromorphierung (s. Kap. XXVIII 6) unter dem Einfluß eines häufig wiederkehrenden Wechsels von Vernässung und Austrocknung. Temporäre *Staunässe** tritt nahe der Bodenoberfläche auf und verschwindet meist während der Vegetationszeit[57]. Sie wird durch dichte Unterbodenlagen verursacht, die insbesondere in humiden Klimaten und in ebener Lage Niederschlagswasser stauen und dadurch Sauerstoffmangel hervorrufen, was zu einer Lösung und Umverteilung von Eisen und Mangan innerhalb der Horizonte führt. In der Stau-

zone entstehen dabei vor allem Konkretionen, während der Staukörper marmoriert und dabei (im Gegensatz zu den Gleyen) die Aggregatoberflächen gebleicht, das Innere der Aggregate mit Eisen angereichert werden. Dieses liegt nicht nur als Goethit, sondern in $CaCO_3$-freien, lehmigtonigen Horizonten teilweise auch als Lepidokrokit vor. Silicate sind hingegen weniger stark verwittert als in benachbarten durchlässigen Böden[58].

Sekundäre Pseudogleye bilden sich häufig aus Parabraunerden (s. hierzu Kap. XXVIII 11), während sich primäre Pseudogleye vielfach aus Pelosolen bilden. Häufiger sind voll entwickelte Pseudogleye hingegen Übergangsformen zu anderen Bodentypen, in denen die Merkmale der Staunässe nur schwach oder nicht in allen Horizonten erkennbar sind, weil relativ kurzen Naßphasen längeren Trockenphasen gegenüber stehen. Hierzu gehören z. B. die *Parabraunerde-Pseudogleye, Schwarzerde-Pseudogleye,* die im Untergrund stark marmoriert sind, und die *Pelosol-Pseudogleye.*

Es ist meist schwierig, aus dem Grad der Marmorierung Rückschlüsse auf den Grad der Vernässung dieser Böden zu ziehen, weil die charakteristischen Staunässemerkmale je nach der Zusammensetzung des Ausgangsgesteins sehr unterschiedlich stark ausgebildet werden[57]. Häufig sind Rostflecken und Konkretionen auch fossile Merkmale. Bei diesen *Relikt-Pseudogleyen* spiegelt die Marmorierung dann nicht die gegenwärtigen, sondern frühere Redoxverhältnisse wider.

(4) Eigenschaften (s. Abb. 166): Pseudogleye sind temporär luftarm. Sie trocknen im Oberboden häufiger stark aus als benachbarte, durchlässige Böden, weil sie oben wurzelreicher sind als unten. Die Zeitdauer der Naß-, Feucht- und Trockenphasen bzw. O_2-armen und -rei-

---

* Staunässe: österr. Tagwasser; franz. nappe perchée; engl. impeded water.

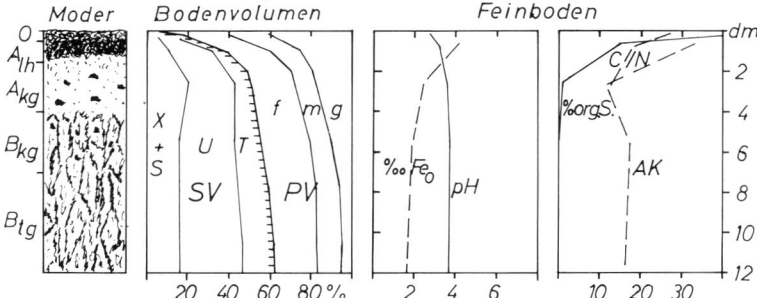

Abb. 166 Eigenschaften eines sekundären Pseudogley aus Riß-Geschiebemergel unter Fichte; Sentenhart, Württemberg; n. Analysen von *H.-P. Blume* (Abk. s. Anhang 2)

chen Phasen hängen sowohl vom Klima als auch von der Wasserleitfähigkeit des Staukörpers, der Mächtigkeit der Stauzone und vom Relief ab. In ebener Lage überwiegt oft die Feuchtphase, während in flachen Mulden die Naßphase und in Hanglage die Trockenphase am längsten dauern.

Sekundäre Pseudogleye sind häufig Bildungen älterer Landoberflächen und dann stark an Nährstoffen verarmt. Viele primäre Pseudogleye sind hingegen nährstoffreich. In jedem Fall wurden aber durch die Hydromorphierung Fe und Mn häufig auch P, Mo, Cu und Co in für Pflanzenwurzeln schwerer zugänglichen Konkretionen und Rostflecken konzentriert. Andererseits erhöhen niedrige Redoxpotentiale die Verfügbarkeit dieser Nährstoffe.

(5) Verbreitung: Pseudogleye sind weit verbreitete Böden humider Klimate und treten sowohl in den kalt- und gemäßigt-humiden Klimaten auf als auch in den humiden Tropen und Subtropen. In Deutschland findet man sie einmal in Löß- und Geschiebemergellandschaften mit Jahresniederschlägen über 700 mm, wobei sie bevorzugt die ebenen Lagen einnehmen neben Parabraunerden an Hängen und Gleyen in Senken. In trockeneren Gebieten haben sie sich nur auf bzw. über älteren pleistozänen, stärker verlehmten und verdichteten Sedimenten entwickelt, außerdem auf Ton. In den Mittelgebirgen nehmen sie nur die tieferen Lagen ein und werden in höheren, feuchteren Positionen durch Stagnogleye ersetzt.

(6) Nutzung: Pseudogleye sind vielfach gute Wiesen- und auch Waldstandorte. Besonders unter Fichten-Monokulturen kommt es bei sekundären Pseudogleyen leicht zum Windwurf.

Eine Ackernutzung ist oft wegen anhaltender Frühjahrsvernässung, die O_2-Mangel hervorruft und frühe Bearbeitung nicht zuläßt, erschwert. Röhren- oder Grabendränung schafft dann meist wegen starker Bindung des Wassers im Boden keine Abhilfe und ist im Grunde auch nicht erwünscht, weil das abgeführte Wasser in sommerlichen Trockenperioden

fehlt. Günstiger wirkt sich häufig eine Tiefenbearbeitung (Lockern oder Pflügen) aus[62], weil hierbei luftführende Grobporen nicht auf Kosten des Wassers geschaffen werden. Schwierigkeiten bereitet hier allerdings das Bewahren der Lockerung, die oft durch Sackung innerhalb weniger Jahre wieder verloren geht[63]. Die Melioration sollte daher durch den Anbau von Tiefwurzlern und bei sauren, nährstoffarmen Pseudogleyen durch Tiefenkalkung und -düngung ergänzt werden, um eine erneute Verdichtung zu mildern. Vielversprechend wäre auch zeitweilig pfluglose Bewirtschaftung.

n) Stagnogley*

(1) Profil (Abb. 167): Diagnostische Horizonte der Stagnogleye sind Aeg–Bg bzw. Sew–Sd (Definitionen s. Kap. XXIX). Es handelt sich um Stauwasserböden, bei denen anhaltende Vernässung zu einer starken Bleichung des Oberbodens geführt hat. Die 10 bis 30 cm mächtige Humusauflage besteht aus Grobhumus über oft schlammigem Pechhumus; der Bg bzw. Sd ist stark marmoriert und sehr viel tonreicher als der Oberboden.

(2) Name: Der Name Stagnogley (nach *F. Vogel*) soll die geringe Wasserzügigkeit und die mit Gleyen verwandte Dynamik dieser Böden kennzeichnen. Ältere und teils volkstümliche Namen sind *Molkenboden, Molkenpodsol* oder *Missenboden.* Im FAO-System gehören die Stagnogleye zusammen mit den Solods semiarider und den Gleypodsolen subarktischer Klimate zu den *Planosolen,* im US-System teilweise zu den Aqualfs.

---

[62] *Schulte-Karring, H.:* Landw. Forsch. 17. Sonderh. (1963) 40.
[63] *Blume, H.-P., Ch. Parasher:* Z. Kulturtech., Flurberein. 15 (1974) 285.
* Zusammenfassende Literatur[58, 59, 64].
[64] *Schweikle, V.:* Diss., Hohenheim 1971.

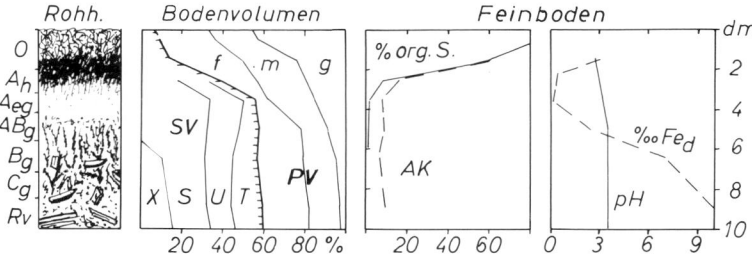

Abb. 167 Eigenschaften eines Stagnogley aus Sand-Tonstein des oberen Buntsandstein unter Fichte; Grömbach, Württemberg; n. Analysen von *V. Schweikle* (Abk. s. Anhang 2)

(3) Entwicklung: Stagnogleye entstehen bevorzugt unter kühlfeuchten Klimaverhältnissen aus Sandkerf, d. h. sandreichem Material über dichtem, sandiglehmigem bis schluffigtonigem Untergrund. Unter diesen Bedingungen hemmen anhaltende, häufig ganzjährige Vernässung und niedrige Bodentemperaturen den mikrobiellen Abbau organischer Komplexbildner und Reduktoren in der Bodenlösung, so daß Fe, Mn und teilweise auch Al gelöst und lateral im sandigen Oberboden über größere Strecken transportiert werden können. Der Oberboden wird also naßgebleicht; eine Umlagerung der gelösten Stoffe in den Unterboden erfolgt im Gegensatz zur Podsolierung praktisch nicht, weil dieser nahezu ständig mit stagnierendem Wasser gesättigt ist. Das ausgelagerte Eisen wird teilweise unterhalb der Stagnogleye im Bereich stärkeren Gefälles akkumuliert[64] (Kap. XXVIII 10 c). Der Körnungsunterschied zwischen A- und B-Horizont ist lithogenen Ursprungs und kann durch Tonverlagerung verstärkt sein. *Dudal* nimmt bei Planosols Tonzerstörung als Ursache an. Tonzerstörung könnte auch in deutschen Stagnogleyen eine gewisse Rolle spielen, weil anhaltende Vernässung offensichtlich eine Stabilisierung quellfähiger Tonminerale durch Al-Einlagerung verhindert[58].

Bei ganzjähriger Wassersättigung bis nahe der Bodenoberfläche geht der Stagnogley in *Torfstagnogleye* und letztlich in *Moore* über, bei denen die Humusauflagen mächtiger sind und der Unterboden kaum noch marmoriert, sondern ebenfalls gebleicht ist.

(4) Eigenschaften (s. Abb. 167): Stagnogleye sind mittelgründige, luftarme, häufig stark versauerte und dann im Oberboden nährstoffarme Standorte.

(5) Verbreitung: Stagnogleye treten in hochgelegenen Verebnungen deutscher Mittelgebirge (Reinhardswald, Schwarzwald, Pfälzer Wald, Eifel, Erzgebirge) verbreitet auf, und zwar an flachen Oberhängen bzw. quelligen Talanfängen und in kleinen, vernäßten Dellen; sie sind dort mit weniger vernäßten Braunerden vergesellschaftet. Böden unterhalb der Stagnogleye sind dabei häufig mit lateral gewanderten Eisen als *Ocker(braun)erden*[64, 65] angereichert. (Vergesellschaftung s. Abb. 177 auf S. 403.) Stagnogleye kommen im perhumiden Klimabereich aber selbst bei Hangneigungen von 10° noch vor, sofern die Körnungs- und damit Wasserleitfähigkeitsunterschiede im Profil groß genug sind. Kleinflächig treten Stagnogleye auch in tieferen Lagen mit Pseudogleyen vergesellschaftet auf.

(6) Nutzung: Stagnogleye sind für eine landwirtschaftliche Nutzung ungeeignet; auch Forsten zeigen meist nur eine geringe Wuchsleistung.

2. Grundwasserböden (semiterrestrische Böden)

Semiterrestrische Böden haben sich unter dem Einfluß von Grundwasser entwickelt. Unter diesem weisen die zeitweilig überfluteten bzw. überstauten Auenböden kaum hydromorphe Merkmale auf, die Gleye der Senken und Quellengleye der Hänge sowie die Marschen der Küste hingegen ausgeprägte.

In den Grundwasserböden reicht (bzw. reichte vor der Entwässerung) der geschlossene Kapillarsaum des Grundwassers zeitweilig bis mindestens 4 dm unter die Oberfläche des Bodens (und hinterließ dort bei Gleyen und Marschen hydromorphe Spuren). Böden, in denen der Grundwasser-Kapillarsaum stets unterhalb 4 dm endet, gehören zu den Landböden; sie können allerdings semiterrestrische Subtypen darstellen, sofern ihr Unterboden durch Grundwasser geprägt wurde (z. B. Gley-Braunerde).

a) Gleye*

(1) Profil: Der typische Gley besitzt die durch Grundwasser geprägte Horizontfolge A_h–G_o–G_r (Abb. 158). Auf den vom Grundwasser unbeeinflußten A_h-Horizont folgt der rostartige G_o-Horizont (Oxidationshorizont) und darunter der stets nasse, fahlgraue bis graugrüne oder auch blauschwarze G_r-Horizont (Reduktionshorizont). Der mittlere Grundwasserspiegel liegt höher als 80–100 cm, der Kapillarsaum (des hohen Grundwasserspiegels) selten höher als 20–40 cm.

Naßgley und *Anmoorgley* fehlen die G_o-Horizonte, weil deren Grundwasser zeitweilig die Bodenoberfläche erreicht. Der A_h-Horizont des Naßgleys besitzt oft verrostete Wurzelröh-

---
[65] *Hädrich, Fr.* u. a.: Mitt. Dtsch. Bodenkdl. Ges. 28 (1979) 173.
* Zusammenfassende Literatur[59, 66–68].
[66] *Schlichting, E.:* Chemie der Erde 24 (1965) 11.
[67] *Roeschmann, G.:* Geol. Jb. 77 (1960) 741.
[68] *Knibbe, M.:* Gleygronden in Salland. Wageningen 1969.

ren, während der des Anmoorgleys einen hohen Humusgehalt (15–30 %) aufweist.

(2) Name: Der Name *Gley* entstammt dem Russischen und bedeutet schlammige Bodenmasse. Ältere Namen sind u. a. *Bruchboden, Wiesenboden* und mineralischer Naßboden. Im US-System bilden die Gleye (mit anderen hydromorphen Böden) aquatische Unterordnungen verschiedener Ordnungen (z. B. Aquept, Aquoll). Im FAO-System werden sie Gleysols genannt.

(3) Entwicklung: Gleye entstehen unter dem Einfluß sauerstoffarmen Grundwassers. In dem ständig nassen G_r-*Horizont* typischer Gleye herrschen ständig reduzierende Verhältnisse, weil das Grundwasser in abflußlosen Senken oder lehmigtonigen Auen nur langsam zieht. Sauerstoffmangel führt hier zur Lösung von Fe und Mn, die mit dem Grundwasser kapillar aufsteigen und im G_o-Horizont als Oxide dort gefällt werden, wo sie mit Luftsauerstoff in Berührung kommen, was vorrangig an Grobporenwandungen (z. B. Wurzelröhren) der Fall ist (s. Kap. XXVIII 6). Ein Teil des Fe und Mn verbleibt allerdings in Form graublau gefärbter Fe(II)- und Mn(II)-Verbindungen sowie schwarzer Fe(II)-sulfide im Grundwasserbereich.

Die sehr unterschiedliche Ausprägung der Gleye hängt vom Gestein, vom Rhythmus und Ausmaß der Grundwasserschwankungen, von der Fließgeschwindigkeit des Wassers und vom Gehalt an Sauerstoff, organischen Verbindungen und Salzen ab. Eine große Rolle spielen auch die Eigenschaften der Landböden im Einzugsbereich des Grundwassers, da aus ihnen teilweise dessen Stofffracht stammt. Bei längerer Einflußdauer eines wenig schwankenden Grundwassers und zusätzlicher Fe-Zufuhr aus umgebenden Landböden können stark verkittete, harte, Fe-reiche (bis 40 % Fe) G_{mo}-Horizonte entstehen, die als *Raseneisenstein* bezeichnet werden (und trotz geringer Mächtigkeit von nur 10–20 cm bis vor kurzem häufig als Erz abgebaut und verhüttet wurden). In *Auengleyen* ist das verlagerte Fe wegen starker Grundwasserschwankungen hingegen auf einen mächtigen G_o-Horizont verteilt. In Niederungen Fe- und Mn-armer Gesteine sind die G_o- und G_r-Horizonte der Gleye bisweilen nur schwach ausgebildet und dann schwer erkennbar. Bei fließendem, O_2-reichem Grundwasser, das in Unterhanglagen oder bei kiesigem Untergrund auftreten kann, sowie bei Fehlen reduzierender Stoffe kann ein G_r-Horizont auch gänzlich fehlen. Bei solchen *Oxigleyen* reicht der G_o-Horizont oft sehr tief. In tonreichen Gleyen tritt im dichten Oberboden, der dann stark marmoriert ist, gleichzeitig eine Pseudogleydynamik auf, typisch für *Pseudogley-Gleye* und *Pelo(sol)-Gleye.*

In Mergellandschaften ist das Grundwasser oft reich an $Ca(HCO_3)_2$; anstelle des G_o entsteht in den Gleyen dann ein carbonatreicher G_c-Horizont, der als *Wiesenkalk* oder *Almkalk* bezeichnet wird. Bei über 50 % $CaCO_3$ liegt dann ein *Kalkgley* vor, ansonsten ein *kalkhaltiger Gley*. Ein *Humusgley* weist 8–15 % org. Substanz im Ah auf.

Permanent nahe bis zur Bodenoberfläche reichendes Grundwasser läßt nur eine Fe-Akkumulation im Ah-Horizont oder gar keine zu, so daß sich *Naßgleye* mit der Horizontfolge AG_o–G_r bilden. Ist gleichzeitig wegen O_2-Mangel der Abbau organischer Substanz gehemmt, bilden sich *Anmoor-Gleye* oder gar *Moor-Gleye* mit 15-30 bzw. über 30 % organischer Substanz.

Die Moorgleye unterscheiden sich von den Mooren durch die geringe Mächtigkeit (< 30 cm) ihrer Torflage. Aus nährstoffarmen Sanden sind anstelle normaler Anmoorgleye *Podsol-Gleye* entwickelt, bei denen sich ein Bh-Horizont im winterlichen Grundwasserbereich befindet und deren Profil oft nahezu keine Eisenoxide mehr enthält.

Wenn sich der mittlere Grundwasserspiegel erst in 8–13 dm Bodentiefe befindet, verläuft im Oberboden die terrestrische Entwicklung und es entstehen *Braunerde-Gleye, Podsol-Gleye* oder *Parabraunerde-Gleye.*

Bei Grundwasserabsenkung wird der G_r-Horizont meist rasch in größere Tiefe verlegt, während die Morphe des G_o-Horizontes lange erhalten bleiben kann. Bei diesen *Relikt-Gleyen* ist eine Verrostung also fossiler Natur, was nur über die Untersuchung der gegenwärtigen Wasserdynamik festgestellt werden kann. Aus dichten Pseudogley-Gleyen bilden sich bei Grundwassersenkung häufig Pseudogleye.

(4) Eigenschaften (s. Abb. 168): Je nach Zusammensetzung und Schwankungsbereich des Grundwassers treten in den typischen Gleyen unterschiedliche Humusformen auf. Moder, zum Teil mit hohem Gehalt an Kot von Wassertieren (= Anmoorhumus), und Torfauflagen entstehen bei starker Vernässung des Oberbodens. Mull hingegen bildet sich bevorzugt bei tieferem Grundwasserstand sowie bei Ca- und sauerstoffreichem Grundwasser.

Während das Gefüge der nur zeitweilig nassen Horizonte meist krümelig, polyedrisch oder prismatisch ist, sind die ständig nassen Horizonte im Unterboden typischer Gleye und im Oberboden der Naßgleye meist kohärent. Die Porengrößenverteilung kann in Gleyen sehr unterschiedlich sein; z. T. ist der G_o-Horizont analog dem Podsol-B_{hs} relativ porenreich (Abb. 168). Gleye bieten der Vegetation stets ausreichend Wasser, während es im Unterboden an Sauerstoff fehlt.

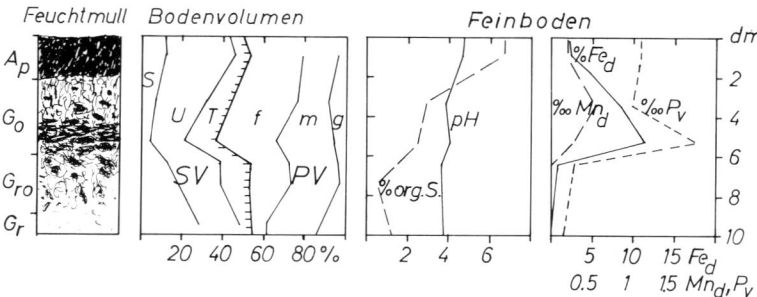

Abb. 168 Eigenschaften eines Gley aus Auenlehm unter Grünland; Kirchhofen, Nordrhein/Westfalen; n. Analysen von *R. Sunkel* und *H.-P. Blume* (Abk. s. Anhang 2)

Die Reaktion der meisten Gleye ist, ausgenommen CaCO₃-haltige Gleye, schwach bis stark sauer. Nach einer Grundwasserabsenkung und der damit verbundenen Durchlüftung des G_r-Horizontes kann eine Oxidation von Eisensulfiden stattfinden; dies führt zu der Bildung von Eisensulfat und aufgrund der Hydrolyse zu einer starken pH-Erniedrigung[69].

Gleye sind von Natur aus häufig nährstoffreicher als benachbarte Landböden, weil ihnen aus diesen gelöste Stoffe zugeführt werden. Die Verfügbarkeit der zugeführten Stoffe ist aber oft gering. So weisen Gleye mit Raseneisenstein trotz hohen P-Gehaltes meist eine geringe P-Verfügbarkeit und eine starke P-Fixierung auf[70]. Dies ist auf den mechanischen P-Einschluß in Fe-Oxiden und die starke P-Bindung an Fe-Oxide zurückzuführen. Ein ähnliches Verhalten zeigt nach den Untersuchungen von *E. Schlichting* auch das Molybdän[70].

(5) Verbreitung: Gleye finden sich weit verbreitet aber in meist nur kleinflächiger Ausdehnung auf sehr unterschiedlichen Gesteinen. Sie kommen in allen Gebieten mit hoch anstehendem Grundwasser vor, wobei ihre Eigenschaften entscheidend von den vergesellschafteten Landböden bestimmt werden.

(6) Nutzung: Gleye sind die natürlichen Standorte nässeverträglicher Pflanzengesellschaften wie Bruchwälder u. a. Die forstliche Eignung ist oft sehr gut, vor allem bei Anbau von Baumarten mit hohem Wasserverbrauch wie Pappeln, Eschen, Erlen usw. Bei nicht zu hohem Grundwasserstand können Gleye auch als Wiesen und Weiden genutzt werden. Ackerbauliche Nutzung ist meist nur bei Gleyen mit niedrigem Grundwasserstand bzw. nach Absenkung des Grundwassers möglich.

b) Quellengleye und Hanggleye

Quellaustritte bewirken in Hanglage vernäßte Flächen, die je nach Intensität und jahreszeitli-

chem Wechsel der Quellschüttung eine Vielzahl verschiedener Böden entstehen lassen. Nahezu ständige Oberbodenvernässung bewirkt *Moor-* oder *Anmoor-Quellengleye,* sommerliche Oberbodentrocknis hingegen *typische Quellengleye* mit G_o-Horizont (in Mergellandschaften Kalk-Quellengleye mit G_{oc}). Bei rasch ziehendem, mithin sauerstoffreichem Hanggrundwasser fehlt ein G_r-Horizont, so daß ein *Oxi-Quellengley* vorliegt. Quellengleye sind besonders dort zu finden, wo im Gebirgsaufbau am Hang durchlässiges und dichtes Gestein wechseln. Wegen ihrer Kleinflächigkeit kommt ihnen keine wirtschaftliche Bedeutung zu.

In niederschlagsreichen Gebieten (z. B. Mittelgebirgs-Hochlagen) kann auch ohne Schichtwechsel ganzjährig Wassersättigung auftreten: die dortigen Böden werden als *Hanggleye* bezeichnet (s. auch Kap. XXVIII 10 c).

c) Auenböden*

(1) Profil: Auenböden sind Böden der Flußtäler. Sie werden periodisch überflutet oder hinter Hochflutdeichen von Druckwasser (bzw. *Qualmwasser*) überschwemmt. Im Gegensatz

---

[69] *Dost, H.* (Ed.): Acid sulfate soils; Proc. Symp. Intern. Bodenkde. Ges., Wageningen 1973.

[70] *Schlichting, E.:* Z. Pflanzenernähr. Bodenkd. 90 (1960) 204.

* Zusammenfassende Literatur[71-76].

[71] *Abdelkader, F. H.:* Albrecht-Thaer-Archiv, 13 (1969) 3, 129.

[72] *Wildhagen, H., B. Meyer:* Gött. Bodenkdl. Ber. 21 (1972) 1, 7.

[73] *Cronewitz, E., K. Dörter, J. Lieberoth, M. Pretschel:* Arch. Acker-Pflanzenb. 18 (1974) 121.

[74] *Džatko, M.:* Biologicke Práce 4 XVIII (1972).

[75] *Schröder, D.:* Habilitationsschrift, Bonn 1979.

[76] *Neumann, F., H.-P. Blume:* Catena 7 (1980) 195.

zu den Gleyen weisen sie aber kaum hydromorphe Merkmale auf, jedenfalls nicht oberhalb 8 dm Bodentiefe. In größerer Tiefe folgt zwar häufig ein rostfleckiger G_o-Horizont; ausgeprägte Reduktionshorizonte fehlen jedoch. Je nach Entwicklungsgrad beobachtet man daher Horizontfolgen wie Ai−aC, A_h−GC oder A_h−B_v−G_o.

(2) Name: Auenböden werden als Böden holozäner Talebenen (Auen) von Flüssen und Bächen auch als Schwemmlandböden oder alluviale Böden bezeichnet.

Nach *Kubiena* werden die Auen-Rohböden als *Rambla* (von ramla [arab.] = grober Sand), die Si-reichen A−C-Böden als *Paternia* (nach dem Rio Paternia in Spanien), die carbonatreichen, rendzinaartigen A−C-Böden als *Borowina* (pol. Volksname) und die verbraunten Auenböden als *Vega* (aus dem Spanischen) bezeichnet. Tief humose, grauschwarze, carbonathaltige A−C-Böden bezeichnet man als *Tschernitza* (nach tscherni [tschech.] = schwarz). Bei der Bodenkartierung werden auch Landbodenbezeichnungen mit entsprechendem Zusatz verwendet (z. B. Auenrendzina = Borowina). Periodisch überflutete Auenböden gehören im FAO-System zu den Fluvisols.

(3) Entwicklung: Auenböden entstehen aus den Sedimenten von Fluß- und Bachauen. Sie werden einmal durch starke Grundwasserschwankungen geprägt, die im Laufe eines Jahres bis 4 m betragen können. Der Einfluß des Flußwasserspiegels auf den benachbarten Grundwasserspiegel wird mit dem Abstand vom Fluß geringer, kann sich bei durchlässigem Untergrund (z. B. Kies) aber 4−5 km auswirken. Außerdem werden sie periodisch überflutet, wobei feste und gelöste Stoffe zugeführt, teilweise aber auch abgeführt werden. Die Bodenentwicklung wird also durch Sedimentation und/oder Erosion unterbrochen. Demzufolge liegt ein (alluviales), geschichtetes Gestein vor (aC-Lage) und der humose Oberboden besteht aus mehreren Lagen mit wechselndem Humusgehalt.

Beim Transport und entsprechend bei der Sedimentation im Fluß findet eine von der Strömungsgeschwindigkeit abhängige Korngrößensortierung statt. Oft geringeres Gefälle im Unterlauf bedingt dort feinerkörnige Sedimente. Gleiches gilt für die flußferneren Bereiche der Aue, weil die Fließgeschwindigkeit des Wassers nach seinem Uferübertritt stark gebremst wird. Dies hat oft auch die Bildung eines Uferwalles zur Folge. Der Charakter der Auensedimente wird aber auch entscheidend durch die Gesteins- und Bodeneigenschaften im Einzugsgebiet eines Flusses bestimmt. So dominieren im Bereich

norddeutscher Sand-Landschaften sandige Auen, während in Lößlandschaften (sowie lößbedeckten Mittelgebirgen) Auenlehme abgelagert wurden.

Die Ablagerung der Auenlehme steht in Zusammenhang mit Klimaänderungen, Schwankungen des Meeresspiegels und vor allem der Besiedlungsgeschichte[72]. Sie wurde in Mitteleuropa in Einzelfällen bereits für das Atlantikum nachgewiesen und erreichte zu Beginn des Subatlantikums vor ~ 3000 Jahren erstmals ein größeres Ausmaß, als weite Teile der Lößgebiete in Ackerkultur genommen wurden und die Bodenerosion verstärkt einsetzte. Eine besonders starke Ablagerung fand seit der Zeitwende bis zur Zeit der frühmittelalterlichen Rodungsperioden (etwa 1000 n. Chr.) statt. Schließlich wurden etwa vom 15. Jahrhundert an bis zur Zeit der Flußkorrekturen um 1850 erneut in starkem Maße Auenlehme abgelagert.

Auf Ablagerungen unverwitterten Gesteinsmaterials − beispielsweise in vielen süddeutschen Flußtälern im Einzugsbereich der Hochgebirge − entsteht zunächst die meist grobkörnige *Rambla* mit einem Ai−aC-Profil. Die Streu ihrer schütteren Pioniervegetation wird meist vom nächsten Hochwasser erodiert. Wenn das Ausmaß der Sedimentation nachläßt, führt eine stärkere Anreicherung von organischer Substanz im Oberboden zu oft $CaCO_3$-haltigen, sandig-lehmigen *Jungen Auenböden,* den *Paternen* mit der Horizontfolge A_h−C. Sie besitzen häufig eine charakteristische graue Farbe. Aus besonders $CaCO_3$-reichen, lockeren, grobkörnigen Sedimenten entwickelt sich hingegen auf relativ trockenen Standorten die *Borowina,* deren meist geringmächtiger A_h-Horizont grauschwarze Farbe besitzt. Eine tiefreichende Verwitterung am Ort der Ablagerung führt schließlich zur *Vega* mit der A_h−B_v−G_o-Horizontierung. Die Freisetzung größerer Mengen Fe-Oxide hat in ihr ähnlich wie in den Braunerden zur Verbraunung des Bodens geführt.

Vegen dürfen nicht mit Böden aus braunen Sedimenten (auch als Kolluvien bezeichnet und mit M signiert) erodierter Böden verwechselt werden. Diese Sedimente erkennt man an ihrer oft sehr tiefgründigen Braunfärbung mit schichtweise wechselnder Farbtiefe; häufig sind sie auch kalkhaltig. Die daraus entwickelten Paternen werden auch als *Allochtone braune Auenböden* bezeichnet.

Tschernitzen besitzen einen mächtigen Mull-A, der durch intensive Bioturbation entstanden ist.

Auenböden weisen kaum hydromorphe Merkmale auf, weil das flußbegleitende Grundwasser wegen starker Schwankungen, nur kurzer Stillstandsphasen und hoher Fließgeschwindigkeit relativ sauerstoffreich ist. In einer Auenlandschaft können andererseits auch Übergänge zu Gleyen, Gleye selbst und sogar Moore auftreten, und zwar bei geringer Fließgeschwindigkeit des Grundwassers. Diese ist entweder durch eine geringere Wasserleitfähigkeit lehmigtoniger Sedimente bedingt oder durch geringere Fließgeschwindigkeit eines zum See erweiterten Flusses.

Die Ablagerung von Auensedimenten ist heute vielfach durch Eindeichungen und Flußregulierungen weitgehend unterbunden. Dennoch unterscheidet sich auch dann noch die Dynamik dieser Böden von derjenigen der Landböden, weil sie periodisch von Druckwasser überschwemmt werden, deren gelöst transportierte Stofffracht Versauerung und Verwitterung entgegenwirkt. Zwar wird ein Auenboden oft nur einmal je Jahrhundert kurzfristig überschwemmt, was nicht sehr prägend wirkt, aber sein Unterboden und oft auch sein Oberboden steht anläßlich der Frühjahrhochwässer in jedem Jahr unter Druckwassereinfluß. Wenn die Aue hingegen entwässert ist, z. B. durch Eintiefung des Flußbettes nach einer Begradigung, so daß auch kein Druckwasser mehr zeitweilig bis 4 dm unter Flur ansteigt, ist die Entwicklung vom Auenboden zum Landboden vollzogen. Dabei können Übergangsformen zwischen Land- und Auenböden beobachtet werden (z. B. *Parabraunerde-Vega, Vega-Braunerde*).

(4) Eigenschaften: Auenböden sind im allgemeinen sauerstoffreich, weil eine hohe Wasserleitfähigkeit einen raschen Austausch mit O_2-reichem Grundwasser ermöglicht. Insbesondere die grobkörnigen *Ramblen* und *Borowinen* sind ausgesprochen wechseltrockene Standorte mit starkem Wassermangel bei sommerlichem Niedrigwasser. Viele Vegen besitzen wegen lehmiger Bodenart demgegenüber eine hohe nutzbare Wasserkapazität, mithin ausgeglichenere Wasserverhältnisse. Gleiches gilt für die humusreichen Tschernitzen.

Der $CaCO_3$-Gehalt streut in weiten Grenzen. Vegen aus älteren Sedimenten enthalten meist kein $CaCO_3$ mehr, sofern sie nicht erneut von $Ca(HCO_3)_2$-haltigem Grundwasser durchzogen wurden. Viele Auenböden sind nährstoffreich, besitzen eine hohe Ca-Sättigung und eine hohe biologische Aktivität. Manche flußnahen Auenböden sind heute stark mit Salzen und Schwermetallen verschmutzter Flüsse kontaminiert.

(5) Vorkommen: Auenböden mit A−C-Profil sind vorwiegend auf Flüsse des Berglandes beschränkt, Ramblen und Paternen kommen aber auch auf den häufig überfluteten Uferwällen der Tieflandflüsse

vor. Hier dominiert ansonsten die Vega neben allochtonen braunen Auenböden. Tschernitzen sind vor allem in Schwarzerdelandschaften anzutreffen, kommen aber selbst außerhalb des Lößgebietes vor.

(6) Nutzung: Die natürliche Vegetation der Auen sind die Auenwälder, die bei nährstoff- und sauerstoffreichem Grundwasser und bei mittlerem Tongehalt sehr artenreich sind und in Mitteleuropa oft einen hohen Anteil an Ulmen, Stieleichen und Eschen enthalten. Für eine forstliche Nutzung (z. B. Pappelanbau) kommen häufig die Paternen in Betracht. Akkerbaulich genutzt wird die Tschernitza, während die Vega häufig als Grünland dient. Akkerbau ist auf den Braunen Auenböden nur möglich, wenn das Grundwasser gesenkt und häufige Überschwemmungen durch Anlage von Deichen und Vorflutern verhindert werden.

d) Marschen*

(1) Profil: Marschen weisen im allgemeinen wie die Gleye eine A_h−G_o−G_r-Horizontierung auf. Die durchlüfteten Horizonte sind mehr oder weniger rostfleckig, während der G_r häufig durch Eisensulfide schwarz oder graublau gefärbt ist. Viele Marschen sind als Bildungen aus Küstensedimenten im Tidebereich des Meeres von sturmflutbedingten Feinsandstreifen durchzogen, andere können fossile A-Horizonte, G_o-Horizonte oder auch Torfschichten aufweisen.

(2) Name: Als *Marsch* bezeichnet man eine Flachlandschaft, die etwa in Höhe des Meeresspiegels an einer Wattenküste oder im Tidebereich der Flüsse liegt. Der Name Marsch wurde auf die Böden dieser Landschaft übertragen.

Ältere Bezeichnungen sind *Kleiboden, Polderboden* oder *Koogboden*. Im US-System und auf der Weltbodenkarte bilden die Marschen keine besondere Gruppe, sondern werden wie andere Grundwasserböden mit vergleichbarer Morphe klassifiziert.

* Zusammenfassende Literatur[77−81].

[77] *Müller, W.:* Diss. Gießen 1954 − Developments in Sedimentology 1 (1964) 293.

[78] *Kuntze, H.:* Die Marschen. Parey, Hamburg 1965.

[79] *Pons, L. J., I. Zonneveld:* Soil Ripening and Soil Classification. Int. Inst. Land Red. 13, Wageningen 1965.

[80] *Brümmer, G.:* Diss. Kiel 1968.

[81] *Brümmer, G., H.-S. Grunwaldt, D. Schroeder:* Z. Pflanzenernähr. Bodenk. 122 (1969) 228; 128 (1971) 208; 129 (1971) 92.

(3) Entwicklung: Marschen bilden sich aus Schlick, einem carbonat- und sulfidhaltigen, feinkörnigen Sediment der Wattenküsten und Fluß-Mündungsbereiche mit „primärer" org. Substanz.

In Mittel- und Westeuropa wurden seit dem Atlantikum (550 v. Chr.) durch stärkere Meerestransgressionen nach dem Abschmelzen des Inlandeises der Weichsel-Vereisung marine, brackige und fluviale Sedimente in einer Mächtigkeit von wenigen dm bis 20 m über pleistozänen Schichten abgelagert. Der Schlick kann – in Abhängigkeit von den Strömungsverhältnissen zur Zeit der Sedimentation – aus glimmer- und illitreichem, schluffigem Ton bis nahezu tonfreiem, quarzreichem Feinsand bestehen; Mittel- und Grobsand fehlen aber fast völlig. Gleichzeitig wurden organische Ausscheidungsprodukte und Rückstände der marinen Flora und Fauna (Seegras, Algen, Diatomeen, Foraminiferen, Krebse, Muscheln, Schnecken) sowie deren mehr oder weniger zerriebene Kalkschalen sedimentiert.

Insbesondere tonreiche Schlicke sind auch reich an organischer Substanz (10–15 %), während die Carbonatgehalte in feinschluffigen Sedimenten mit mittlerem Tongehalt besonders hoch sind. Der Carbonatgehalt der marinen und brackigen Sedimente nimmt von Süd nach Nord ab (Belgien 30–35, Schleswig-Holstein 3–8 %). Die Carbonate bestehen vorwiegend aus Calcit und zu geringen Anteilen aus Dolomit (0,2–5 %).

Der Kationenbelag der Wattsedimente wird durch Salzgehalt und -zusammensetzung des Überflutungswassers geprägt. Im Meerwasser (> 1,8 % Salze) und Brackwasser (1,8–0,05 %) sind vor allem Na- und Mg-Ionen enthalten, während im (nicht verschmutzten) Flußwasser (< 0,05 % Salze) die Ca-Ionen überwiegen. Demzufolge sind im marinen und brackigen Bereich viele Mg- und Na-Ionen sorbiert, während im fluvialen Bereich Ca-Ionen absolut dominieren.

Bereits unmittelbar nach Ablagerung der Schwebstoffe setzt unter zunächst subhydrischen Verhältnissen die Bodenbildung ein. Bei Anwesenheit von organischer Substanz findet in dem *Schlickwatt* eine mikrobielle Reduktion von Sulfaten des Meerwassers und von Eisenoxiden statt, wobei vor allem Eisensulfide, die den Schlicken die schwarze Farbe verleihen, und elementarer Schwefel entstehen. Gleichzeitig wird unter überwiegend anaeroben Bedingungen ein Teil der organischen Substanz mikrobiell abgebaut, wobei ebenfalls Sulfide und CO_2 entstehen.

Sobald die natürliche Aufschlickung eine Höhe von etwa 40 cm unter dem mittleren Tidehochwasser (MThw) erreicht hat, siedelt sich Queller (Salicornia herbacea) oder Wattgras (Spartina townsendii) an. Die von Pflanzenwurzeln und Mikroben freigesetzten Säuren leiten die Carbonatlösung ein. Nach Anwachsen des Sedimentkörpers auf 20 cm unter MThw treten an die Stelle des Quellers Aster trifolium, Plantago maritima, Suaeda maritima und die ersten Gräser wie der Andel (Puccinellia maritima). Die Ve-

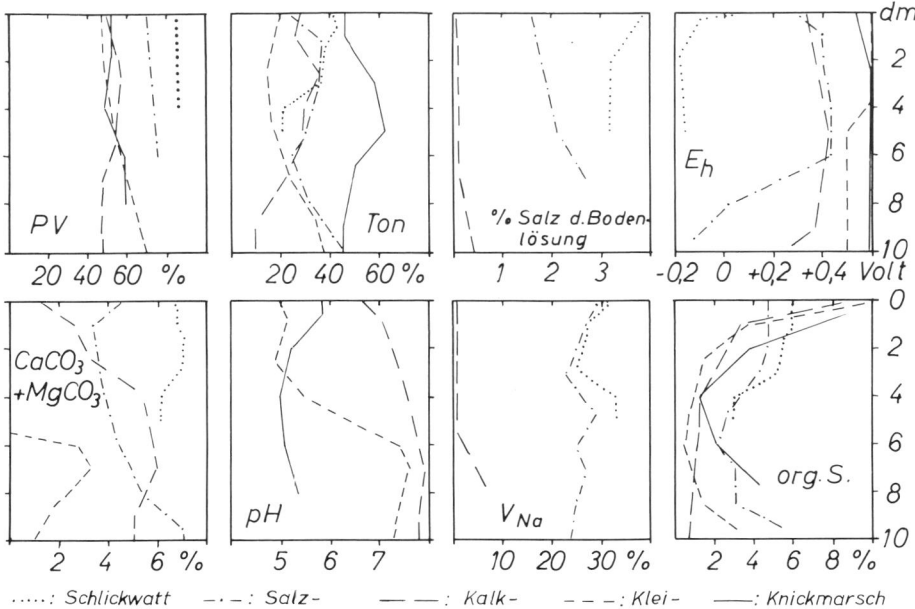

Abb. 169 Eigenschaften typischer Böden der Westküste Schleswig-Holsteins; n. Analysen von *G. Brümmer* und Mitarb. (Abk. s. Anhang 2)

getation wirkt als Schlickfänger und fördert die Auflandung.

Mit dem Herauswachsen der Watt-Sedimente aus dem Bereich täglicher Überflutung erfolgt der Übergang zur *Salzmarsch,* einem semiterrestrischen Boden. In der von oben belüfteten Salzmarsch setzen gleichzeitig die Prozesse der Setzung, der Aussüßung und der Sulfidoxidation ein (s. Abb. 169).

Die durch Entwässerung und Entsalzung bewirkte *Setzung* führt zu einer Verminderung des Porenvolumens von nicht selten 90 % auf 50−40 % des Gesamtvolumens (s. PV in Abb. 169). Sie geht einher mit einer biogenen Stabilisierung des Bodengefüges und wird auch als *Reifung* der Marsch bezeichnet. Die Eisensulfide werden durch Luftsauerstoff unter Mitwirkung von Mikroben oxidiert, wobei Eisenoxide und Schwefelsäure entstehen. Die Schwefelsäure wird durch die Carbonate des Schlickes neutralisiert, wobei diese in aequivalenten Mengen gelöst und ausgewaschen werden. Die Belüftung intensiviert auch den Abbau organischer Stoffe. Die dabei entstehende Kohlensäure löst ebenfalls die Carbonate, so daß die Entkalkung in Marschen meist wesentlich rascher abläuft als in Landböden mit vergleichbarem Anfangscarbonatgehalt.

Nach der Entsalzung des Oberbodens ist eine *Kalkmarsch* entstanden, auf der Rotschwingel (Festuca rubra) und Weißklee (Trifolium repens) stocken, sobald die Landoberfläche eine Höhe von 30−50 cm über MThw erreicht. Die Salzauswaschung führt auch zu einer Verschiebung adsorbierter Kationen zugunsten der Ca-Ionen. Der Boden wird nur noch selten von Sturmfluten überspült, wobei vornehmlich sandige Sedimente abgelagert werden. Intensive Tätigkeit wühlender Bodentiere läßt ein stabiles Wurmlosungsgefüge entstehen und die Sturmflutschichtung verschwinden. Nach der Entkalkung des Oberbodens geht die Kalkmarsch in eine *Kleimarsch* über, in der die vorgenannten Prozesse insbesondere im Unterboden weiter laufen und mit der Versauerung auch Silicatverwitterung, Verbraunung sowie in manchen Fällen Tonverlagerung verstärkt einsetzen. Tonverlagerung trägt zur Bildung tonreicher, dichter Horizonte bei, die als *Knick* bezeichnet werden. Häufig handelt es sich bei diesen diagnostischen Lagen der *Knickmarschen* aber auch um tonreiche Sedimentschichten.

An der Nordseeküste wurden die zur Schlickablagerung führenden Meerestransgressionen durch Stillstandsphasen und Regressionen unterbrochen, in denen die geschilderte Bodenentwicklung ungestört ablaufen konnte, und tiefer gelegene Landschaftsteile

vermoorten. Dadurch enthalten viele der heutigen Marschen fossile Bodenhorizonte; Böden mit überschlickten Torflagen bezeichnet man als *Torfmarsch.*

Durch Anlegen von Faschinendämmen, Buschlahnungen und flachen Gräben (Grüppen) wird die Auflandung an der Wattenküste durch den Menschen beschleunigt und kann dann 2−7 cm pro Jahr betragen. *Deichbau* ermöglicht eine Grabenentwässerung, die Auswaschung der Meeressalze innerhalb weniger Jahre, eine starke Belüftung der Böden und damit intensive Sulfidoxidation sowie einen verstärkten Abbau organischer Substanz. Frühzeitig eingedeichte Marschen sind in der Regel relativ carbonatreich[*].

(4) Eigenschaften: Der Gehalt an *organischer Substanz* kann in weitem Bereich schwanken. Häufig sind Werte zwischen 1 und 5 %. In Niederungen treten jedoch auch Übergangsbildungen zum Anmoor auf. In den $CaCO_3$-haltigen Marschen tritt als Humusform Mull, bei niedrigem pH und starker Vernässung auch Feucht-Moder auf. In den Knickmarschen kommt es teilweise zur Bildung von Grastorf-Auflagen.

Die Marschen besitzen z. T. Polyedergefüge. Die Polyeder können sich zu Prismen und Säulen vereinigen, die vor allem bei den Knickmarschen ähnlich wie in Solonetzen sehr groß sein können. Kalkmarschen und Kleimarschen hoher Basensättigung besitzen ein günstigeres Gefüge als Knickmarschen. Die Porengrößenverteilung ist infolge des weiten Körnungsspektrums sehr unterschiedlich und zeigt auch im Profilverlauf bei häufigem Sedimentationswechsel eine unregelmäßige Verteilung. Grobporen ($> 10 \mu m$) und besonders weite Grobporen sind in den Marschen in der Regel gering ausgebildet und erreichen selten Anteile von mehr als 10 Vol.-%. Besonders der Knick enthält oft nur wenig oder keine Grobporen und weist eine sehr geringe Wasserleitfähigkeit auf (unter 1 cm/Tag). Die ungünstigen Eigenschaften des Knicks können vor allem auf seinen hohen Tongehalt, z. T. auf eine hohe Na-Sättigung zurückgeführt werden.

---

[*] Bei langer Entwicklungszeit im Einflußbereich des Meeres, die − bevor der Mensch in das Naturgeschehen eingriff − für alte Marschen kennzeichnend war, kann es als Folge einer starken Akkumulation reduzierter S-Verbindungen mit deren Oxidation zu einer starken Versauerung kommen. Derartige *sulfatsaure* Böden (n. FAO-Systematik Thionic Fluvisol) weisen nicht selten pH-Werte unter 3 auf und enthalten dann oft den schwefelgelben Maibolt, der vorwiegend aus Jarosit besteht. In sulfatsauren Böden finden starke Al-Auswaschung und Tonzerstörung statt[69].

Die Tonfraktion der Marschen enthält vorwiegend Illit, außerdem Vermiculit, Chlorit, Smectit und Kaolinit[82]. Marschen weisen allgemein hohe Nährstoffreserven auf. Der hohe Illitgehalt bedingt z. B. ein hohes K-Nachlieferungsvermögen.

In alten Marschen mit niedrigen pH-Werten ist teilweise Smectit in Al-Chlorit umgewandelt worden[80].

(5) Verbreitung: Die Verbreitung der Marschen ist in Mitteleuropa weitgehend auf die Küstenzone der Nordsee von Dänemark bis Belgien und den Südosten Englands beschränkt. An den Flußläufen dringen sie innerhalb des Tidebereiches bis ins Binnenland vor und gehen dort in die Auenböden über. *See-, Brack-* und *Flußmarschen* unterscheiden sich dabei nach *W. Müller* oft in ökologisch bedeutsamen Eigenschaften (z. B. im Ca/Mg-Verhältnis[77]), so daß sie bei der Bodenkartierung in Niedersachsen nach diesen Gesichtspunkten gegliedert werden.

Die in Marschlandschaften besonders deutliche, komplexe geo-pedogene Entwicklung bedingt jedoch ein kleinflächig sehr variables Bodenmosaik. Die Struktur der Bodendecke, sowie die Verbreitung stabiler und variabler Bodeneigenschaften (Körnung, Eisen- und Mangangehalte, Kationenbelegung) variieren nämlich wesentlich stärker als in anderen Landschaften[82a].

(6) Nutzung: Die jungen $CaCO_3$-haltigen Kalkmarschen gehören zu den ertragreichsten Ackerböden. Spitzenerträge bis zu 100 dt Weizen/ha sind keine Seltenheit. Auch die bereits entkalkten Kleimarschen können bei gutem Gefüge noch hohe Erträge bringen. Knickmarschen mit undurchlässigem, hoch anstehendem Knick bereiten aufgrund schlechten Gefüges der ackerbaulichen Nutzung große Schwierigkeiten. Tonärmere Knickmarschen sind unter hohen Meliorationsaufwendungen bedingt ackerfähig, tonreichere können dagegen nur als Grünland genutzt werden. Grünlandnutzung findet man meist in älteren Kögen, weil früher länger mit der Eindeichung gewartet wurde, so daß küstenferner schließlich vor allem Ton sedimentiert wurde. Die Ertragsfähigkeit der Marschen kann durch Grundwasserabsenkung und Dränung stark verbessert werden. Besonders bei den Torfmarschen wird die landwirtschaftliche Nutzung durch den hohen Grundwasserstand erschwert. Vor allem auf Kleimarschen mit schlechtem Gefüge und bedingt auf Knickmarschen führen Dränung und Aufkalkung bis in den schwach alkalischen Bereich, wozu mehrere 100 dt CaO/ha erforderlich sein können, zu erheblichen Gefügeverbesserungen und Ertragssteigerungen.

3. Unterwasserböden* (subhydrische Böden)

Unterwasserböden sind Böden des Gewässergrundes. Sie weisen unter einem Wasserkörper einen humosen Horizont auf, der in typischer Form aus humifiziertem Plankton besteht, über 1 % organische Substanz besitzt und dann als F-Horizont bezeichnet wird. Darunter folgen weitere F-Lagen oder wassergesättigte Minerallagen, mithin G-Horizonte. Moore, die teilweise auch unter subhydrischen Bedingungen entstehen (z. B. als Niedermoore unter Röhricht) werden allerdings als eigene Abteilung abgetrennt.

Unterwasserböden gelten als Grenzbildungen der Pedosphäre, da sie von der Atmosphäre wie gesagt durch einen Wasserkörper getrennt, nicht Land- sondern Gewässerökosystemen angehören. Die Grenzen beider Systeme sind dabei unscharf, weil semiterrestrische Böden zeitweilig überflutet werden, während subhydrische Böden flacher Gewässer bisweilen trockenfallen. Von Geologen werden die Böden als Sedimente aufgefaßt, die z. B. als Mudden bezeichnet werden[84]. Ähnlich den Torfen der Moore können auch am Gewässergrund verschiedene humose Lagen in großer Mächtigkeit untereinander folgen, von denen die tieferen kaum noch belebt, mithin fossil sind. Andererseits weisen die Unterwasserböden, die häufig intensiv belebt sind, eine ausgeprägte Dynamik und daraus folgende Entwicklung auf.

Ausgangsmaterial der Bodenbildung sind einmal die Sedimente der Binnengewässer bzw. der Marschenschlick. Außerdem gelangt ständig organische Substanz abgestorbener Organismen zum Gewässergrund. Der Abbau organischer Substanz ist grundsätzlich wegen des gehemmten Gasaustausches mit der Atmosphäre gehemmt. Andererseits ist das Plankton leicht zersetzbar, weil es relativ wenig schwer verdauliche Gerüststoffe enthält. Daher ist der Humuskörper der Unterwasserböden meist sehr feinkörnig und stärker humifiziert. Ausnahmen bilden flache Waldseen, bei denen schwerer zersetzliche Laubstreu, die durch den Wind in die Gewässer gelangt, die Humifizierung erschwert.

Unterwasser-Rohböden (Protopedon [griech.] = Urboden) mit (F)−G-Profil bilden sich aus Sanden, Schluffen, Tonen, carbonatreichen Ablagerungen (Seemergel und -kreide), See-Erz-Bildungen (Limonit) und Diatomeenschalen (Kieselgur), die am Grunde eines Gewässers von Wassertieren und -pflanzen besiedelt sind. Ihr Humusgehalt liegt unter 1 %, weil sie bevorzugt in Bereichen stärkerer Wasserbewe-

---

[82] *Schroeder, D., H. Dümmler:* Z. Pflanzenernähr. Bodenkd. 101 (1963) 129.
[82a] *Dümmler, H.:* Mitt. Dtsch. Bodenkd. Ges. 18 (1974) 305; Trans. 10. Intern. Congr. Soil Scil. 6 Moskau 1974, 591.
* Zusammenfassende Literatur[1, 83, 84].
[83] *Grosse-Brauckmann, G.:* Geol. Jb. 79 (1961) 117.
[84] *Merkt, J.* u. a.: Geol. Jb. 89 (1971) 607.

gung (durch Strömung oder Wellenbewegung) entstehen, wo relativ wenig Streu sedimentiert bzw. wieder erodiert wird und O_2-reiches Wasser den Abbau organischer Substanz begünstigt.

In sauerstoffarmen und gleichzeitig nährstoffarmen bzw. dystrophen Seen entwickeln sich häufig saure, biologisch träge Ff-G-Böden, die als *Dy* (schwedischer Volksname)[1] oder Braunschlammboden bezeichnet werden. Der Ff-Horizont ist sauer (pH unter 6) und besteht vorwiegend aus einer dunkelbraunen, organischen Masse, die durch Ausflokkung der in dem braungefärbten Wasser gelösten organischen Verbindungen entstanden sein soll und arm an pflanzlichen und tierischen Organismen ist. Daneben sind Reste toter Organismen vorhanden, bei kleinen Waldseen z. B. teilzerstörte Blätter. Als Sediment wäre das Dy dem *Limnohumit*[84] vergleichbar.

In extrem sauerstoffarmen, gleichzeitig aber nährstoffreichen Gewässern bildet sich unter anaeroben Bedingungen ein *Sapropel*[1] (als Sediment ein *Faulschlamm*). Der Fr-Horizont des Sapropel ist schwarzgefärbt, sein rH-Wert liegt unter 19 (entspricht bei pH 6 einem Redoxpotential von + 200 mV)[85], enthält oft Metallsulfide und durch anaerob lebende Mikroorganismen werden H_2S, CH_4 und H_2 gebildet.

In gut durchlüfteten nährstoffreichen Gewässern bildet sich hingegen eine *Gyttja* (schwed. Volksname)[1] oder Grauschlammboden. Der Fh-Horizont der typischen Gyttja besteht aus Mineralpartikeln und koprogenen Aggregaten von graugrüner (oliver) bis rotbrauner Farbe und elastischer, „leberartiger“ Konsistenz, dem als Sediment die *Lebermudde*[84] entspricht. Kalkreiche Formen mit Fch-Horizont (= *Kalkmudde*[84]) werden als *Kalkgyttja* bezeichnet. Gemeinsam sind ihnen eine starke Belebtheit durch Tiere und Mikroben sowie rH-Werte über 19, die keine Schwefelwasserstoffbildung zulassen[85].

Gyttjen werden auch nach dem Zerteilungsgrad der organischen Stoffe (Grob-, Mittel-, Feindetritusgyttja), dem vorherrschenden Ausgangsmaterial (Algen-, Diatomeen-, Laub-Gyttja usw.) oder der Entstehungsweise (Wattgyttja, limnische Gyttja) unterteilt.

Heute hat eine anthropogene Eutrophierung vieler Seen oft zu einer Umwandlung (bzw. Überschichtung) der Gyttjen in (durch) Sapropele geführt. Diese Sapropele weisen hohe Nährstoff- und Schwermetallgehalte auf.

In Fließgewässern sind häufiger Unterwasserrohböden anzutreffen, weil Erosion stärker dominiert. Übergangsformen zwischen Gyttjen und Sapropelen sind hier durch braune Fh-Oberbodenhorizonte und schwarze Fr-Unterbodenhorizonte charakterisiert, sofern dem Oberboden noch Sauerstoff aus dem fließenden Wasser zugeführt wird[86]. Stark belastete Gewässer sind aber auch hier durch Sapropele mit durchgehend schwarzen Fr-Horizonten gekennzeichnet.

Unterwasserböden filtern beim Versickern des See-oder Flußwassers gelöste Stoffe ab und bewahren dadurch vielfach das Grundwasser vor einer Verschmutzung.

Nach Trockenlegung stellen die Gyttjen nährstoffreiche Substrate für eine landwirtschaftliche Nutzung dar, deren Wasserkapazität und Porenvolumen hoch ist, die aber oft erheblich quellen und schrumpfen. Ihre pH-Werte liegen bei 4–5, die der Kalkgyttjen naturgemäß höher. Entwässerte Gyttjen sind im Ostseeraum (Schweden, Finnland, Polen) stellenweise von Bedeutung. Sapropele und Dy können demgegenüber nach Trockenlegung kaum landwirtschaftlich genutzt werden: erstere versauern dann infolge H_2SO_4-Bildung oft sehr stark und letztere schrumpfen dann intensiv, wobei sie teilweise in harte Bruchstücke, teilweise – vor allem bei Frost – zu feinem Pulver zerfallen.

4. Moore*

Moore sind vollhydromorphe Böden mit über 3 dm mächtigem Torfhorizont und starken Reduktionsmerkmalen des Mineralkörpers. Es handelt sich also um organische Böden, deren Humushorizonte häufig mehrere Meter mächtig sind und mindestens 30 %, meist aber wesentlich mehr organische Substanz enthalten. Böden mit unter 3 dm mächtigen Torflagen oder Humusgehalten unter 30 % werden als Moor- oder Anmoorgleye zu den Mineralböden gestellt und in Norddeutschland zum Teil auch als *Moorerden* bezeichnet. Man unterscheidet subhydrisch entstandene, topogene *Moore* bzw. *Niedermoore,* unabhängig vom Grundwasser entstandene ombrogene oder Regenwassermoore bzw. *Hochmoore* und die dazwischen stehenden *Übergangsmoore.*

Moore unterscheiden sich von Mineralböden darin, daß durch starke Akkumulation organischer Substanz ständig neue Torflagen entstehen und dabei ältere fossil werden und dann von Geologen als organische Sedimente angese-

[85] *Blume, H.-P.* u. a.: Mitt. Dtsch. Bodenkdl. Ges. 29 (1979) 237.
[86] *Fischer, W. R., G. Baumann:* Z. Pflanzenernähr. Bodenkd. 139 (1976) 387.
* Zusammenfassende Literatur[87–90].
[87] *Baden, W., G. Große-Brauckmann:* Wasser u. Boden 16 (1964) 155.
[88] *Fasnham, R. S., H. R. Finney:* Advanc. Agron. 17 (1965) 115.
[89] *Schneider, R.:* Telma 1 (1971) 105; 2 (1972) 161; 3 (1973) 325.
[90] *Göttlich, Kh.:* Moor- und Torfkunde. Schweizerbart, Stuttgart 1976.

hen werden. Aus diesem Grunde wird vielfach als „Moorboden" nur der obere, durchwurzelte Bereich eines Moorkörpers angesehen.

(1) Name: Der Landschaftsbegriff *Moor* wird gleichzeitig auch für die Böden dieser Landschaft benutzt. Ein Hochmoor (engl. moss) wird in Süddeutschland auch als *Filz* bezeichnet, während für Niedermoor (z. T. zusammen mit Übergangsmoor) auch *Flachmoor* oder *Moos* benutzt wird. Wachsende Niedermoore heißen auch *Ried,* vererdete Niedermoore *Fehn* (bzw. Fen). Im FAO- und US-System werden die Moore als Histosols bezeichnet, zu denen allerdings auch Landböden mit mächtigen Humusauflagen gehören (z. B. die Tangelrendzinen).

(2) Entwicklung: Moore entstehen, wenn hohes Grundwasser (bzw. Oberflächenwasser) oder perhumides Klima Luftmangel induzieren, der den Abbau der Streu hemmt, so daß große Mengen an organischer Substanz als Torf angereichert werden. Niedrige Temperaturen und nährstoffarmes Grundwasser bzw. Gestein begünstigen dabei die Moorbildung.

Niedermoore entwickeln sich (als *Verlandungsmoore*) häufig im Uferbereich stehender Gewässer unter Wasser auf subhydrischen Böden, wobei Schilf (Phragmites), Rohrkolben (Typha) und/oder einige Seggen (Carex) das organische Ausgangsmaterial liefern (s. Abb. 170, oben). Erreicht der Torf die mittlere Wasserlinie, ändert sich unter Erlen (Alnus-) oder Weiden (Salix-)Bruchwald mit der Streu auch die Torfart, während gleichzeitig der Röhrichtgürtel und damit die Niedermoorbildung seewärts verschoben wird, bis schließlich das Gewässer verlandet ist (Abb. 170, Mitte).

Die topogenen Niedermoore entstehen auch in Senken unter dem Einfluß ansteigenden Grundwassers (*Grundwassermoore*) und sind dann nicht von fossilen Unterwasserböden unterlagert. Als *Auenmoore* bilden sie sich im Uferbereich vieler Flüsse, und zwar bevorzugt hinter Uferwällen oder im seichten Innenbogen einer Flußkrümmung, die geringe Fließgeschwindigkeit aufweist. Auenmoore sind infolge periodischer Überflutung häufig von dünnen Mineralschichten durchsetzt. Schichtwasseraustritte lassen schließlich *Quellen-* oder *Hangmoore* entstehen.

In Landschaften nährstoffarmer Gesteine (z. B. quarzreicher Sande) besiedeln hingegen anspruchslose Holzarten wie Moorbirke und Kiefer das Niedermoor und mit dem Herauswachsen des Torfkörpers aus dem Grund (und See)-Wasser-Einflußbereich verstärkt sich Nährstoffmangel, da letztlich nur eine geringe Nährstoffzufuhr über die Niederschläge erfolgt, womit bereits einzelne Hochmoorpflanzen (siehe unten) auftreten. Dieser, durch „Föhrenwaldtorf" gekennzeichnete Zustand stellt das *Übergangsmoor* dar.

Mit weiterem Aufwachsen verschwindet unter den atlantischen Klimabedingungen Norddeutschlands der Bruchwald (während bei süddeutschen Mooren einzelne Latschen (= Bergkiefern) verbleiben) und es dominieren zunächst Scheuchzeria oder Wollgras und schließlich verschiedene Torfmoose (bzw. Sphagnen), deren Rückstände das häufig uhrglasförmig aufgewölbte Hochmoor bilden (Abb. 170, unten). Ein komplettes, aus der Verlandung eines Sees gebildetes Moorprofil kann also aus übereinander geschichtetem Niedermoor-, Übergangsmoor- und Hochmoortorf bestehen und von einem fossilen Unterwasserboden (z. B. Gyttja) unterlagert sein.

Hochmoore haben sich auch direkt auf Rohhumusauflagen nährstoffarmer Podsole (Nordwestdeutschlands) und Stagnogleye (der Mittelgebirgs-Hochlagen) gebildet und werden dann als *wurzelechte* Hochmoore bezeichnet.

Nach *C. A. Weber* begann die Entwicklung vieler Moore des norddeutschen Tieflandes im Spätglazial und Präboreal (s. Tab. 96 im Anhang) mit subhydrischen Böden, die bis 20 m mächtig in Toteisseen und Schmelzwasserrinnen der Moränen- und Sandr-Landschaften aufwuchsen. Im wärmeren Boreal (etwa ab 7000 v. Chr.) verlandeten diese flachen Seen infolge des jetzt stärker einsetzenden Pflanzenwuchses, wobei Niedermoore entstanden. Diese wuchsen seit dem Atlantikum (etwa 5500 v. Chr.) unter feuchteren Klimaverhältnissen zu Hochmooren auf, wobei sich zunächst stärker humifizierter Schwarz-

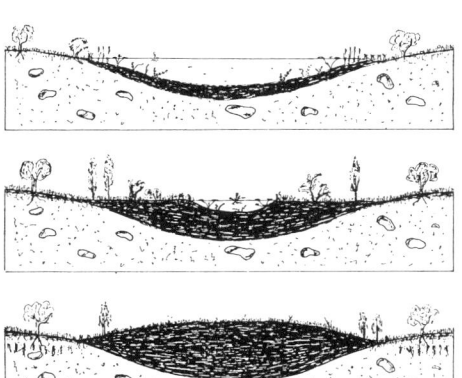

Abb. 170 Entwicklung einer Moorlandschaft

torf und später (insbesondere unter den kühleren Klimaverhältnissen des Subatlantikums) auch wenig humifizierter Weißtorf bildete. In Norddeutschland wurde die Moorbildung durch eine starke Hebung des Grundwasserspiegels während des Holozän begünstigt, die mit einer Küstensenkung gegenüber dem Meeresniveau zusammenhängt. Seit dem Mittelalter haben Mühlenstaue und später die zunehmende Gewässereutrophierung das Moorwachstum begünstigt.

(3) Eigenschaften: Niedermoortorfe sind meist stark humifiziert und dann schwarz. Das hängt damit zusammen, daß ein ausreichendes Nährstoffangebot insbesondere bei tieferem Wasserspiegel des Sommers (und damit Belüftung), Zersetzung und Humifizierung der Sproßstreu ermöglicht, so daß häufig nur die Wurzelstreu (z. B. Schilfrhizome) erhalten bleibt. Hochmoortorfe sind hingegen meist nur mittel (Schwarztorf) oder schwach (Weißtorf) humifiziert, so daß Pflanzenrückstände erkennbar sind.

Der Humifizierungsgrad der Torfe läßt sich im Felde leicht diagnostizieren, indem eine nasse Torfprobe mit der Hand ausgepreßt wird. Die Farbe des austropfenden Wassers, die Menge breiartiger, zwischen den Fingern hindurchgehender Substanz sowie Menge und Art des Rückstandes dienen der Bestimmung des Humositätsgrades nach *v. Post* (H 1 = nicht humifiziert, H 10 = völlig humifiziert; Weißtorf H 1–H 5, Schwarztorf H 6–H 9, Niedermoortorf meist H 8–H 10). Es ist in diesem Zusammenhang falsch, von Zersetzungsgrad zu sprechen, weil auch bei geringem Humifizierungsgrad ein hoher Streuanteil vollständig abgebaut sein kann (z. B. bei Weißtorf durchaus 40 %, und zwar vor allem Zellinhaltsstoffe).

Eine andere Möglichkeit besteht darin, den aus „Fibern" (Fasern) bestehenden Siebrückstand nach einer Na-Pyrophosphatbehandlung zu ermitteln und die Färbung des Durchlaufes zu beurteilen. Im US-System wird danach zwischen *Fibric* (faserigen), *Hemic* (halbfaserigen) und *Sapric* (amorph) *Histosols* (als Fibrist, Hemist, Saprist) unterschieden.

Moore weisen ein hohes Porenvolumen auf: z. B. werden (nach DIN 4220) über 97 Vol.-% als fast schwimmend, 95–97 % als locker und unter 88 % bereits als dicht bezeichnet.

Sie haben eine hohe Wasserkapazität und auch nutzbare Wasserkapazität, die ökologisch naturgemäß erst nach Entwässerung zum Tragen kommt. Wegen ihrer Wassersättigung sind Moore hingegen Luftmangelstandorte. Aus den gleichen Gründen erwärmen sie sich im Frühjahr auch langsamer.

Hochmoore weisen sehr niedrige pH-Werte auf (pH[CaCl$_2$] 2,5–3,5 und sind als reine Regenwassermoore sehr nährstoffarm (durch Luftverschmutzung heute allerdings stärkere Zufuhr) und werden daher als *dystrophe* Moore bezeichnet. Übergangsmoore weisen nur wenig höhere Nährstoffgehalte auf. Bei Niedermooren hängen pH (4–7,5) und Nährstoffgehalt von dem des Grund- bzw. Gewässerwassers ab, der letztlich vom Mineralbestand der Landschaft bestimmt wird. So weisen Niedermoore norddeutscher Sand-Landschaften oder süddeutscher Sandstein-Landschaften nur mäßige Nährstoffgehalte auf, sind also *oligotroph* oder *mesotroph,* während Niedermoore junger Geschiebemergel- oder Lößlandschaften nährstoffreich, mithin *eutroph* sind. Der pH-Wert muß dabei nicht mit dem Nährstoffgehalt korrelieren, denn CaCO$_3$-haltige Niedermoore mit einem pH von 7,5 können *calcitroph,* sonst aber nährstoffarm sein (z. B. in süddeutschen Kalkschotterebenen).

Bei einem Vergleich der Nährstoffverhältnisse sind die Nährstoffgehalte auf den Wurzelraum bzw. auf das Bodenvolumen zu beziehen, da große Unterschiede im Raumgewicht bestehen (Weißtorf um 0,09, Schwarztorf um 0,12, Niedermoortorf 0,2–0,4, Mineralböden meist > 1,2 g/cm^3 in der Trockensubstanz) und sonst insbesondere die porenreichen Hochmoore zu günstig bewertet würden.

(4) Verbreitung: Entsprechend ihrer Entstehung hängt die Verbreitung der Moore in Deutschland eng mit den Klimabedingungen sowie der Oberflächengestaltung nach Rückgang des Inlandeises zusammen. So finden sich die meisten Hochmoore in den niederschlagsreichen, küstennahen Gebieten der norddeutschen Tiefebene. Auch im Alpenvorland sind im Auswirkungsbereich der Alpenvereisung ausgedehnte Moore anzutreffen. Außerhalb der Vereisungszone findet man kleinere Hochmoore in fast allen deutschen Mittelgebirgen (Gebirgsmoore), wo hohe Niederschläge, hohe Luftfeuchtigkeit und Geländeformen mit gehemmtem Wasserabfluß die Ausbildung von Kamm-, Sattel- und Hangmooren ermöglichen (z. B. Harz, Rhön, Schwarzwald, Bayerischer Wald). Große Niedermoorflächen haben sich vor allem im Bereich der Urstromtäler (Spreewald, Warthe-Netze-Oderbruch) und anderer Flußniederungen (z. B. Donau-Moos, Dachauer Moos usw.) gebildet. Niedersachsen und Schleswig-Holstein besitzen zusammen eine Moorfläche von etwa 800 000 ha.

Niedermoore treten auch in grundwassernahen Landschaftsteilen trockener Klimate der Erde auf. In den feuchtkalten Gebieten (z. B. den Tundren) sowie in sehr feuchten ozeanischen Gebieten (z. B. Schottland) dominieren hingegen Hochmoore.

(5) Kultivierung und Nutzung: Hochmoore wurden in vergangenen Jahrhunderten vielfach durch mehr oder minder planlosen Torfstich

zur Gewinnung von Brenntorf oder als extensive Moorbrandkultur genutzt. Heute erfolgt die Kultivierung der Hochmoore hauptsächlich nach dem Verfahren der Sandmischkultur und der deutschen Hochmoorkultur. Mit der Kultivierung, die in Deutschland besonders von *B. Tacke, F. Brüne* und *W. Baden* gefördert wurde, sind meist eine Verbesserung des bodennahen Klimas und ein ausgeglichener Wasserumsatz (erhöhtes Speichervermögen, gleichmäßigerer Abfluß) verbunden[91] und damit höhere Ertragsfähigkeit und breitere Anbaumöglichkeiten.

Andererseits gingen mit der Moorkultivierung ökologisch wertvolle Feuchtbiotope verloren. Heute wird daher über die Naturschutzgesetzgebung versucht, verbliebene Reste in naturnahem Zustand zu erhalten. Außerdem wird versucht, abgetorfte, entwässerte Moore durch Hebung des Grundwasserspiegels zu denaturieren.

Nach niederländischem Vorbild wird bei der aus dem 17. Jahrhundert stammenden *Fehnkultur* das Moor, nachdem die Bunkerde (oberste, stark humifizierte Lage) abgeräumt wurde, bis zum Mineralboden abgetorft. Der hierbei gewonnene Weißtorf wird als Einstreu und Verpackungsmittel, zur Kompostbereitung und als Zusatz zu gärtnerischen Erden und Böden verwendet. Der Schwarztorf wurde vor allem als Brennmaterial verwendet, was heute weitgehend aufgegeben ist. Nach der Abtorfung werden etwa 5 cm der Bunkerde auf die abgetorften Flächen zurückgebracht und mit den obersten 10−15 cm des darunterliegenden Sandes, der gelegentlich einen Ortsteinhorizont enthalten kann, vermischt. Die so gebildeten Böden sind ackerfähig.

Bei der *deutschen Hochmoorkultur* wird das Hochmoor ohne Abtorfung und ohne vorherige Mischung mit dem Mineralboden nach Entwässerung und Düngung in Kultur genommen. Die Flächen werden meist als Grünland genutzt (Schwarzkultur), weil bei Ackernutzung die Moormächtigkeit durch biochemischen Abbau um jährlich über 1 cm und damit stark abnimmt. Außerdem sind entwässerte Moore wegen geringer Wärmeleitfähigkeit und dunkler Farbe sehr spätfrostgefährdet.

Bei Hochmooren geringer Mächtigkeit (< 1,2 m) und geeignetem mineralischem Untergrund bis 2 m Tiefe wird meist die *Sandmischkultur* (Tiefpflugkultur) angewandt. Hierbei wird der Boden bis zu einer Tiefe von 1,8 m gepflügt. Das entstehende Profil besteht aus schräg geschichteten, um etwa 135° überkippten Sand- und Torflagen und besitzt eine gute Durchwurzelbarkeit, ausreichende natürliche Dränung und günstige physikalische Eigenschaften. Die in Kultur genommenen Flächen können als Acker genutzt werden (s. a. Kap. 5).

Die *Entwässerung* der nordwestdeutschen Hochmoore erfolgt durch Anlage weiter Grabennetze und

Entwässerung durch Rohrdräne oder ausgefräste Erddräne. Die Wasserleitfähigkeit der Moorböden ist von der Torfart, deren Zersetzungsgrad und Lagerungsdichte abhängig. Dabei ist die Vorausberechnung der durch Wasserentzug hervorgerufenen Moorsackung wichtig für das Erreichen der endgültig gewünschten Dräntiefe[92].

Nach der Entwässerung folgt als erste *Düngungsmaßnahme* eine ausreichende Zufuhr von Kalk, wobei jedoch nicht die Aufkalkungswerte für Mineralböden zugrunde gelegt werden dürfen. Als optimale $pH(CaCl_2)$-Werte gelten für Acker ∼ 4,0 und für Weide 4,5. Diese im Vergleich zu Mineralböden niedrigen pH-Werte sind notwendig, um Spurenelementmängel sowie raschen Torfabbau zu vermeiden, und können gewählt werden, weil in der Bodenlösung von Mooren der Gehalt an Al- und Mn-Ionen so gering ist, daß keine toxischen Wirkungen auftreten. Neben einem laufenden Ersatz der entzogenen Nährstoffe muß auf den meisten Hochmooren bei der Kultivierung Cu, auf einem Teil der süddeutschen Niedermoore (pH > 5,5) auch Mn zugeführt werden.

Die in Deutschland gebräuchlichen Verfahren der *Niedermoorkultivierung* sind die Schwarzkultur und die Sanddeckkultur. Bei der *Niedermoor-Schwarzkultur* wird der reine Moorboden in Kultur genommen. Wegen der Gefahr des „Puffigwerdens" oder „Vermullens" (Verlust der Wiederbenetzbarkeit nach starker Austrocknung) ist dieses Verfahren für Ackerland weniger geeignet. Bei der für Ackernutzung geeigneten Sanddeckkultur wird auf die Mooroberfläche eine ∼ 15 cm starke Sandschicht gebracht, die aber im Gegensatz zur Mischkultur bei Hochmooren nur wenig mit der organischen Substanz des Untergrundes vermischt wird. Niedermoorböden bedürfen in der Regel keiner Kalkung und in den ersten Jahren nach der Kultivierung auch keiner N-Düngung.

Neuerdings wird auch die *Sandmischkultur* bei Niedermooren angewandt.

5. Anthropogene Böden

In Kap. XXVII 6 wurde dargelegt, auf welche Weise die überwiegende Zahl der in landwirtschaftlicher, forstlicher oder gärtnerischer Nutzung befindlichen Böden durch Eingriffe des Menschen umgeformt werden. Solange die wesentlichen Merkmale der ehemaligen Böden

---

[91] *Vidal, H.:* Bayer. Landw. Jb. 38; Sonderh. 1 (1961) 65.

[92] *Segeberg, H.:* Z. Kulturtech. 1 (1960) 144; 3 (1962) 72, 356.

noch erkennbar sind, wird den hierbei entstehenden Kulturböden, die meist einen durch Pflugarbeit hervorgebrachten A_p-Horizont besitzen, der Name des ursprünglichen Bodentyps gegeben. Kulturböden, in denen der ursprüngliche Bodentyp völlig verändert oder das gesamte Profil von Menschenhand geformt ist, werden demgegenüber als anthropogene Böden oder *Kultosole* bezeichnet. Analog den natürlich entstandenen Böden unterscheidet man dabei zwischen terrestrischen, semiterrestrischen und Moor-Kultosolen, wobei der ursprüngliche Boden im Subtyp genannt wird (z. B. Braunerde-Hortisol, Podsol-Plaggenesch). Die hydromorphen und die organischen Kultosole wurden allerdings meist mit der Kultivierung in ihrem Wasserhaushalt entscheidend verändert, so daß sie häufig eine den Landböden eigene Dynamik aufweisen.

Geplaggte Böden (Plaggenesch) treten in Irland[92a], den Niederlanden[93] und in Nordwestdeutschland[94, 95], besonders im Emsland und Westfalen, verbreitet in Dorfnähe auf. Als *Plaggen* oder Soden bezeichnet man die mit Spaten oder Hacke flach abgehobenen Stücke des stark humosen und stark durchwurzelten Oberbodens von Mineralböden, die mit Heide oder Gras bewachsen sind. Diese Plaggen wurden im Stall als Einstreu verwendet und anschließend mit dem in ihnen enthaltenen Kot und Harn der Tiere auf der etwas höhergelegenen Feldflur des Dorfes, dem *Esch* ausgebracht, wobei die ursprünglichen Böden (vorwiegend Podsole und Braunerden, seltener auch Gleye und Moore) zum Teil vorher mit Gräben durchzogen, umgegraben oder eingeebnet wurden. Der im Laufe von Jahrhunderten künstlich erhöhte, graue bis braune, humose Horizont (E_p oder E_h) kann 30–120 cm mächtig sein. Die Entstehung des Plaggenesch reicht im allgemeinen bis in das 8.–11. Jahrhundert n. Chr. zurück, doch wurden auch Plaggenböden aus vorchristlicher Zeit nachgewiesen[96]. Seit etwa 50–100 Jahren wird keine Plaggendüngung mehr durchgeführt.

Der vorwiegend aus Grasplaggen gebildete E-Horizont des braunen Plaggenesch enthält bis zu 10 % Ton, durchschnittlich 1,1 % Fe, 650–900 ppm Gesamt-Phosphor, ~ 3 % organische Substanz und ein C/N-Verhältnis zwischen 12 und 20[95]. Der weitaus verbreitetere E-Horizont des grauen Plaggenesch wurde aus Heideplaggen gebildet und hat einen Gehalt von nur 1–2 % Ton, durchschnittlich 0,4 % Fe, 450–550 ppm Gesamt-Phosphor, ~ 4 bis 5 %

organische Substanz und ein C/N-Verhältnis zwischen 15 und 30. Der Plaggenesch ist stark sauer (pH ~ 4) und läßt zum Teil in den E-Horizonten schwache Podsolierungserscheinungen erkennen. Plaggenesche weisen allgemein günstigere Wasserverhältnisse auf als ihre natürlichen Ausgangsböden[97].

Gartenböden (Hortisole) sind vor allem in der Nähe der Städte nach jahrzehnte- bis jahrhundertelanger gartenbaulicher Kultur entstanden. Der bis 80 cm mächtige, stark humose A-Horizont ist eine Folge der starken organischen Düngung (zum Teil mit Fäkalien und Müll), der tiefgründigen Bodenbearbeitung, der intensiven Bewässerung, der Beschattung und der dadurch geförderten Tätigkeit von mischenden Bodentieren (Regenwürmer). Sie dienen häufig als Hinweis auf alte Siedlungsplätze. Heute sind sie in allen Gartenbaugebieten (z. B. Vierlande, Regnitz-Niederung bei Bamberg, Rheinaue bei Mainz-Mombach), in alten Klostergärten usw. verbreitet.

Zu den *Rigolten Böden (Rigosole)* werden alle jene Böden gerechnet, die durch tiefgründige Bodenumschichtung entstanden sind. Dies ist der Fall bei den zum Teil über 1000 Jahre alten Weinbergböden[98], die früher alle 30–80 Jahre mit der Hand, heute alle 20–40 Jahre maschinell rigolt werden, und deren Rigolhorizont 50–80 cm, in selteneren Fällen bis 120 cm mächtig ist und unterschiedlich große Mengen an Fremdmaterial (Gesteinsschutt, Mergel, Löß, Schlacken, Müll u. a.) enthält. Auch bei Auenböden und Marschen sind tiefreichende Rigolarbeiten mit dem Ziel vorgenommen worden, die Eigenschaften des Oberbodens zu verbessern.

Zu den rigolten Böden gehören auch beakkerte Parabraunerden und Pseudogleye, die zur Verbesserung des Wasser- und Lufthaushaltes 0,7–1,2 m tief umgebrochen wurden. Morphologisches Charakteristikum dieser Bö-

[92a] *Conry, M. J.:* Pédology 19 (1969) 321; J. Soil Sci. 22 (1971) 401.

[93] *Pape, J. C.:* Geoderma 4 (1970) 229.

[94] *Heinemann, B.:* Jb. Emsld. Heimatverein 6 (1958) 62; 8 (1960) 19.

[95] *Fastabend, H., F. v. Raupach:* Geol. Jb. 78 (1961) 139; 79 (1962) 863.

[96] *Niemeier, G.:* Abh. Braunschw. Wiss. Ges. 11 (1959); Erdkunde 26 (1972) 196.

[97] *Wohlrab, B., C. Langner:* Z. Pflanzenernähr. Bodenkd. 109 (1965) 227.

[98] *Zakosek, H.:* Z. Pflanzenernähr. Bodenkd. 93 (1961) 38.

den sind schräg liegende humose Balken der früheren A_p-Horizonte. Gleiches gilt für die bei der Moorkultivierung entstandenen Böden (s. a. Kap. XXXI 4), die als *Sandgemischte Moore* bezeichnet werden, sowie für die nach Tiefumbruch von Podsolen zwecks Zerteilung harten Ortsteins (z. B. im Emsland, der Lüneburger Heide, den Niederlanden) gebildeten Böden.

Neben der oben geschilderten anthropogenen Pedogenese kommt es zu einer anthropogenen *Lithogenese*, wenn *Aufschüttungen* oder *Aufspülungen*, z. B. von ausgebaggertem Flußschlick auf Sandböden und Mooren der nordwestdeutschen Geest erfolgen. Hierher gehören auch Aufschüttungen mit Trümmerschutt zerbombter Städte, deren Ziegel oft eine beträchtliche Wasserkapazität und hohe Nährstoffreserven aufweisen[14]. Derartige Auftragungen wird man dann als neues Gestein ansprechen, aus dem die Bodenentwicklung mit einem Lockersyrosem beginnt, wenn sie mehr als 20–30 cm betrugen und dann nicht bei der Pflugarbeit mit dem Liegenden vermischt wurden.

XXXII. Wichtige Böden außerhalb Mitteleuropas*

Außerhalb Mitteleuropas haben insbesondere andere Klimaverhältnisse Richtung und Intensität der Bodenbildung so beeinflußt, daß vielfach andere Böden entstanden. Dies gilt besonders für fortgeschrittene Stadien der Entwicklung, während Initialstadien wie Ranker oder Rendzinen entsprechenden Böden Mitteleuropas in ihren Eigenschaften nahestehen.

In den feuchten Tropen und Subtropen laufen wegen hoher Temperaturen und stärkerer Durchfeuchtung Verwitterung und Mineralbildung sehr intensiv ab. Aus den gleichen Gründen ist auch die Organismentätigkeit im Boden und damit der Streuabbau intensiver, so daß trotz stärkeren Pflanzenwuchses und damit höherer Streuproduktion die Humusgehalte dieser Böden häufig niedriger sind als in Mitteleuropa. In den Trockengebieten ist die Auswaschung von Verwitterungsprodukten hingegen gehemmt, so daß Böden entstehen, in denen die Verwitterungsprodukte teilweise als leicht lösliche Minerale im Solum angereichert werden und so eine geringe Intensität der chemischen Verwitterung anzeigen.

In weiten Bereichen der Subtropen und auch in den gemäßigt kontinentalen Klimaten bestimmt ein ausgeprägter Wechsel zwischen Regen- und Trockenzeit die Bodenentwicklung. Dieser Feuchtewechsel führt bei tonreichen Böden (z. B. Vertisolen) zu sehr starkem Gefügewechsel im Jahreslauf und zur Peloturbation, während bei vielen Schluff- und Lehm-Böden (z. B. Chernosemen) die Bioturbation sehr intensiv ist und weit in den Unterboden reicht.

In vielen Böden arktischer Klimate wird die Bodenentwicklung entscheidend dadurch bestimmt, daß der Unterboden ständig gefroren ist (Permafrost), der Oberboden hingegen zeitweilig auftaut. Im Hochgebirge dominiert die Erosion, so daß junge flachgründige Böden vorherrschen.

Von den Böden, die nur außerhalb Mitteleuropas vorkommen, sollen im folgenden einige Typen exemplarisch behandelt werden, die weit verbreitet sind oder eine charakteristische, von den Böden Mitteleuropas verschiedene Genese aufweisen. Dabei wird der FAO-Systematik gefolgt, die der Weltbodenkarte zugrunde liegt. Verbreitung und Nutzungspotential dieser und weiterer, mit ihnen vergesellschafteter Böden werden im Kapitel XXXIII 3 (Bodenzonen der Erde) behandelt.

1. Vertisole**

Vertisole sind tonreiche (> 30 %) Böden mit tiefreichenden und breiten (> 1 cm $\oslash$ in 50 cm

* Zusammenfassende Literatur[1–4].
[1] *Finck, A.:* Tropische Böden. Parey, Hamburg 1963.
[2] *Ganssen, R., Z. Gracanin:* 3 (Kap. XXXI).
[3] *Mohr, E. C., F. A. van Baren, J. V. Schuylenborgh:* Tropical soils, van Hoeve, Den Haag 1972.
[3a] *Buol, S. W. u. a.:* 9 (Kap. XXX).
[4] *Buringh, P.:* Introduction to the study of soils in tropical and subtropical regions. Centre Agric. Publ., Wageningen 1979.
** Weiterführende Literatur[5–5b].
[5] *Dudal, R.:* Dark clay soils of tropical and subtropical regions. FAO Agricult. Developm. Paper 83, Rom 1965.
[5a] *Blokhues, W. A. u. a.:* Geoderma 2 (1969) 173, 4 (1970) 127.
[5b] *Kumar, K.* (Red.): Vertisols and Rice Soils of the Tropics. Symp. Papers II, 12. IBG-Tag. Delhi 1982.

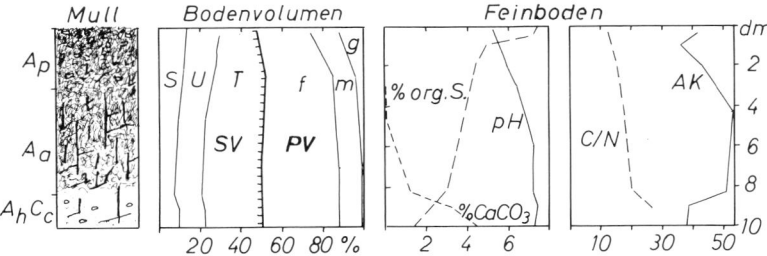

Abb. 171 Eigenschaften eines Vertisol aus Kolluvium einer Basaltverwitterung unter Grünland; Darling Downs, Queensland (Mineralbestand der Tonfraktion: 60 % Smectit, 20 % Kaolinit, 20 % Quarz), Ah entspricht Aah (a s. Kap. XXIX); viel org. S. im oberen Ap wegen geringer Peloturbation während der letzten Jahre); n. Analysen der CSIRO (Abk. s. Anhang 2)

Tiefe), Schrumpfrissen in Trockenzeiten sowie „sliken sides" an Aggregatoberflächen und/ oder ausgeprägtem Gilgairelief.

Der *Vertisol* (lat. vertere = wenden) ist ein Boden mit intensiver Peloturbation (s. Kap. XXVIII 9 c), die durch starke Quellung und Schrumpfung verursacht wird. Diese, oft dunklen, tief humosen Böden (Abb. 171, früher auch Grumosol) umfassen die Smonitzen des Balkans, die Regure und Black Cotton Soils Indiens, die Margalitischen Böden Indonesiens sowie die Tirse bzw. Terres Noires Afrikas.

Vertisole sind junge (meist holozäne) Bildungen aus tonreichen, vorwiegend $CaCO_3$-haltigen Sedimenten oder tonreich verwitterten, Casilicatreichen Festgesteinen (z. B. Basalt). Sie bilden sich bevorzugt in abflußträgen Senken oder weiten Ebenen wechselfeuchter Warmklimate mit 3–4 Trockenmonaten und Jahresniederschlägen zwischen 1300 und 300 mm. Sie kommen aber auch in gemäßigten Breiten (z. B. südosteuropäische Donauniederung, Süditalien) vor. Böden mit Selbstmulch-Effekt treten nach *G. Rückert* selbst im Nördlinger Ries auf.

Intensive Peloturbation – im Sudan wurde z. B. eine vollständige Mischung des Solums innerhalb von 300 Jahren rekonstruiert[6] – läßt oft über 100 cm mächtige, humose A-Horizonte entstehen. Die das Selbstmulchen ermöglichenden Trockenrisse können – in Abhängigkeit von Tongehalt, Tonmineralart und Na-Anteil der Austauschkationen[7] – mehrere cm breit sein und über 150 cm tief reichen. Sie bilden an der Bodenoberfläche oft ein Netz von Polygonen. Neben den Rissen treten im Unterboden ausgeprägte Scherflächen mit oberflächenparallel eingeregelten Tonmineralen auf, die sogenannten sliken sides oder Streßcutane.

Der humose A-Horizont der Vertisole ist oben oft krümelig; sein Gehalt an organischer Substanz liegt trotz dunkelgrauer Farbe meist unter 3 %. Vertisole enthalten oft durchgehend $CaCO_3$, und zwar teilweise in Form von Konkretionen[7].

Häufig sind diese zusammen mit Grobschluff und Sand im Oberboden angereichert. Tägliche Quellung der Smectite während der kühlen Morgenstunden mit hoher relativer Luftfeuchte und Schrumpfung ab Mittag führt nämlich zu einer Aufwärtsbewegung der gröberen, nicht quellfähigen Bestandteile (Kap. XXVIII 9 c).

Da smectitische Tonminerale vorherrschen, ist die Austauschkapazität hoch (bis 60 mval/100 g, s. Abb. 171). Ihre meist hohe Basensättigung wird oft nicht nur durch Ca-reiches Gestein und gehemmte Wasserführung verursacht, sondern hat teilweise auch seine Ursache in der Muldenlage, durch die sie Zufuhr gelöster Verwitterungsprodukte benachbarter Hangböden erhalten.

Sie sind dann als *Pellic Vertisols* sehr dunkel und während der Regenzeit vernäßt, was für die höher gelegenen, humusärmeren, braunen *Chromic Luvisols* nicht gilt.

In trockenen Klimaten enthalten Vertisole relativ viel sorbiertes Na und leiten dann zu Solonetzen über.

Ein großer Teil der Vertisol-Gebiete dient als Weideland. Feuchtere oder bewässerte Standorte werden auch für den Anbau von Tabak, Baumwolle, Weizen, Zuckerrohr, Erdnuß und Reis genutzt.

---

[6] *El Abedine, Z., G. H. Robinson:* Soil Sci. 111 (1971) 200.
[7] *Anderson, J. U.* u. a.: Soil Sci. Soc. Amer. Proc. 37 (1973) 296.

Die Böden sind schwer zu bearbeiten: Trokken sind sie sehr hart, feucht außerordentlich schmierig, so daß sie nur während einer kurzen Periode mittlerer Wasserverhältnisse bestellt werden können.

2. Ferralsole (Oxisole)*

Ferralsole sind intensiv und tiefgründig verwitterte Böden der Tropen und Subtropen. Sie weisen einen ferrallitisierten, d. h. mit Fe- und Al-Oxiden angereicherten (s. XXVIII 1 c), meist kräftig rot oder gelb gefärbten Bu-Horizont auf, der kaum noch verwitterbare Silicate enthält. Die Tonfraktion besitzt eine Austauschkapazität unter 16 mval/100 g und besteht neben den Oxiden praktisch nur aus Kaolinit.

Ferralsole wurden auch als Latosole bezeichnet. Die Amerikaner nennen sie Oxisole, die Franzosen Sols ferralitiques.

Ferralsole entwickelten sich als typische Waldböden der feuchten Tropen aus den verschiedensten Silicatgesteinen. Hohe Temperaturen und starke Durchfeuchtung haben in langen Perioden ungestörter Entwicklung die Silicate intensiv verwittern, Alkali- und Erdkaliionen sowie Kieselsäure auswaschen lassen (Desilifizierung), während Fe und Al als Oxide sowie neugebildeter Kaolinit zurückblieben.

Besonders stark und tiefgründig (20−50 m) verwittert (selbst Quarz) sind viele *Plinthic Ferralsols* (Abb. 172). Deren oberer 2−18 m mächtige B-Horizont besteht aus Fe-reichen, roten und kaolinit- (bzw. Al−Oxid-)reichen weißen *Flecken,* die zusammen den *Plinthit* bilden. Plinthit verhärtet nach Erosion des A-Horizontes infolge starker Austrocknung zu Laterit (later = [lat.] Ziegel, daher Boden früher als *lateritische Roterde* bezeichnet). Auch die z. T. vorhandene *Bleichzone* enthält fast nur kaolinitische Tonminerale, während in der nach unten folgenden 5−20 m mächtigen *Zersatzzone* auch Dreischichtminerale vorkommen können.

Ferralsole sind Bildungen sehr langer Zeiten (Jahrmillionen) und damit alter Landoberflächen. Viele Vorkommen sind reliktisch und unterliegen heute unter veränderten Klimabedingungen einer starken Erosion, so daß in solchen Landschaften Laterit-, Flecken- und Bleich-Horizonte sowie anstehendes Gestein großflächig nebeneinander auftreten[13].

Humic Ferralsols weisen höhere Humusgehalte im Ober- oder Unterboden auf, *Rhodic* (bzw. *Xanthic) Ferralsols* verfügen über einen gleichförmig rot (bzw. gelb) gefärbten B-Horizont, während die effektive AK der Tonfrak-

---

* Zusammenfassende Literatur[3, 8−12].

[8] Committee on Tropical Soils: Soils of the humid tropics. Nat. Acad. Sci., Washington 1972.

[9] *Wambeke, A. van:* Management properties of ferralsols. Soils Bull. 23, FAO, Rom 1974.

[10] *Sanchez, P. A.:* Properties and management of soils in the tropics. Wiley, New York 1976.

[11] *Theng, B.* (Ed.): Soils with variable charge. New Zealand Soc. Soil Sci., Palmerston North 1980.

[12] *Eswaran, H., R. Tavernier:* Classification and genesis of Oxisols, in 11.

[13] *Mulcahy, M. J.:* J. Soil Sci. 11 (1960) 206.

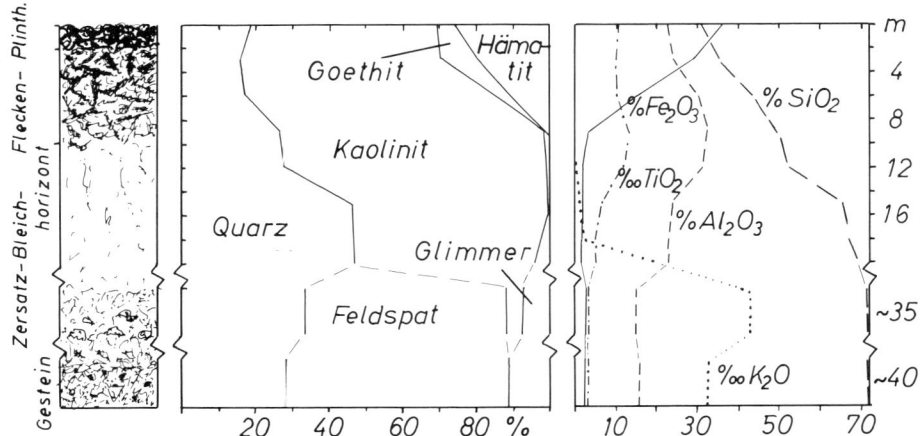

Abb. 172 Eigenschaften eines Plinthic Ferralsol aus Granit unter Ödland; östl. Bangalore, Indien; n. Analysen von *H.-P. Blume* und *H. P. Röper* (Abk. s. Anhang 2)

tion der *Acric Ferralsols* unter 1,5 mval/100 g liegt. Sandböden mit extrem verwittertem B-Horizont werden als *Ferralic Arenosols* bezeichnet.

Die rote Farbe vieler Ferralsole beruht oft auf Hämatit, der neben Goethit als Fe-Oxid vertreten ist. Hohe Fe- und/oder Al-Gehalte sind die Ursache für ein stabiles, erdiges Aggregatgefüge. Dieses bedingt eine hohe Wasserleitfähigkeit und günstige Luftverhältnisse; die Bindung nutzbaren Wassers ist aber selbst bei höheren Tongehalten bisweilen nur mäßig.

Fossile Ferralsole mit Plinthitcharakter sind in Deutschland als Produkt einer tertiären Bodenentwicklung auf Basalt in einigen Teilen des Vogelsberges verbreitet. Kleinere Vorkommen wurden im Westerwald, Taunus und Pfälzer Wald festgestellt.

Viele Ferralsole in Südamerika, Zentralafrika, Südostasien und Australien dienen dem Anbau von Mais, Kaffee, Kakao, Baumwolle u. a. Die Erträge von Ackerfrüchten sinken aber bereits im dritten Jahr stark ab, weil die in Wildpflanzen und an Humus gebundenen Nährstoffe nach (Brand)rodung und intensivem Humusabbau durch Starkregen infolge geringer Transpiration und geringen Nährstoffbindungsvermögens der Bodenminerale rasch aus dem Oberboden ausgewaschen werden. Nach Aufgabe des Ackerbaus bewirkt eine Verbuschung (durch tiefwurzelnde Pflanzen) eine Regeneration der Nährstoffgehalte im Oberboden, so daß nach 8−10 Jahren erneut Kulturpflanzen folgen können. Für (tiefer wurzelnde) Dauerkulturen sind die Bedingungen günstiger: dennoch sind auch hier höhere Erträge nur durch Düngung zu bewahren, deren Wirkung allerdings durch P-Fixierung und N-Auswaschung gemindert wird. Viele Plinthic Ferralsols sind nach Erosion der Ackerkrume irreversibel verhärtet und damit unbrauchbar für weitere landwirtschaftliche Nutzung geworden.

Ferralsole sind Böden mit vorwiegend variabler Ladung[11] (s. S. 85, dort als Oxisol bezeichnet). Ihre Kationenbindung kann daher durch pH-Erhöhung relativ stark gesteigert werden, was für die Versorgung der Pflanzen mit Ca, Mg und K bedeutsam ist. Da die Ferralsole meist sauer sind, ist eine pH-Erhöhung durch Kalkung auch deswegen zweckmäßig, weil damit toxisches Al beseitigt wird. Die Kalkung hat außerdem den Sinn, Ca zuzuführen, das oft fehlt. Häufig besteht auch Schwefelmangel.

3. Nitosole[4]

Nitosole sind leuchtend rot gefärbte, lessivierte, tonreiche Böden der feuchten Tropen und Subtropen. Ihr Name (lat. nitidus = glänzend) bezieht sich auf die charakteristisch glänzenden Cutane der Aggregatoberflächen.

Die aus silicatreichem Gestein (z. B. Basalt, Glimmerschiefer) entstandenen Nitosole weisen mächtige, gleichförmig rot gefärbte Profile mit stabilem Polyedergefüge und nur mäßigen Texturunterschieden auf: die Tongehalte nehmen von ihrem Maximum im oberen But-Horizont bis in 150 cm Tiefe um weniger als 20 % ab. Hydromorphe Merkmale sind zumindest im oberen Meter nicht vorhanden. Die gesteinsbürtigen Minerale sind weitgehend verwittert und als Tonmineral dominiert Kaolinit: im Gegensatz zu den Ferralsolen sind aber noch verwitterbare Minerale vorhanden.

Eutric Nitosols weisen eine Basensättigung von über 50 % auf und entsprechen den Trop- bzw. Paleudalfs der US-Systematik, während die *Dystric Nitosols* (US: Trop- bzw. Rhodudults) und die humusreicheren (> 1 % im Mittel der oberen 18 cm infolge kühlfeuchten Höhenklimas) *Humic Nitosols* (US: Trop- bzw. Palehumults) stärker versauert und entbast sind (V-Werte des Unterbodens unter 50 %). Russen und Australier bezeichnen viele Nitosole als Krasnozeme.

Nitosole sind lockere tiefgründig durchwurzelbare Pflanzenstandorte mit ausreichender Belüftung, hoher nutzbarer Wasserkapazität und zumindest mittleren Nährstoffverhältnissen, die den Anbau auch anspruchsvoller tropischer Pflanzen gestatten (z. B. in Ostaustralien Zuckerrohr und Erdnuß, in Sri Lanka und Georgien Tee).

In Deutschland treten im Gebiet des Vogelsberges und im Westerwald fossile *Rotlehme* auf, die während des Tertiär unter feuchttropischen Bedingungen aus Basalt bzw. vulkanischen Tuffen entstanden und z. T. als (umgelagerte) Nitosole angesehen werden können.

4. Acrisole[4]

Acrisole weisen die Horizontfolge Ah−Al−Bt−Bv auf, sind also durch Tonverlagerung geprägt, im Unterschied zu den Luvisolen (bzw. Parabraunerden) aber unter feuchtwarmem Klima stark verwittert und entbast. Ihr Name (lat. acris = sauer) bezieht sich auf die in der Regel starke Versauerung.

Acrisole entstanden im Unterschied zu den Nitosolen aus silikatarmem, quarzreichem Gestein (z. B. Granit, Sandstein) und zeigen ausgeprägte Tongehaltsunterschiede zwischen Ober- und Unterboden. Die Tongehalte fallen nach unten wieder ab und liegen in 1,5 Meter Tiefe um über 20 % tiefer als in der Tiefe des Tonmaximums. Die Basensättigung des Unterbodens beträgt weniger als 50 %. In der Tonfraktion dominiert zwar Kaolinit und die Austauschkapazität ist demzufolge gering: im Unterschied zu den Ferralsolen sind aber auch Dreischichtminerale bzw. verwitterbare Silicate noch vertreten.

Normale Acrisole werden als *Orthic Acrisols* bezeichnet. Zu diesen gehören die russischen Yeltozeme, deren unterer Bt oft pseudovergleyt ist. *Gleyic Acrisols* weisen bereits im oberen halben Meter ausgeprägte hydromorphe Merkmale auf. *Humic Acrisols* sind durch höhere Humusgehalte gekennzeichnet (> 1 % im Mittel der oberen 18 cm), während *Plinthic* und *Ferric Acrisols* den Ferralsols nahestehen: erstere enthalten einen Plinthithorizont in den oberen 1,25 m, letztere entweder große rote Flecken bzw. viele Fe-Konkretionen oder die Austauschkapazität seiner Tonfraktion liegt unter 24 mval/100 g.

Die Amerikaner ordnen die Acrisole (zusammen mit einem Teil der Nitosole) den Ultisolen zu, die Franzosen den Sols ferralitiques lessivés.

Die Acrisole bilden wie die Ferralsole allgemein nährstoffarme Standorte, die demzufolge nur mittels „shifting cultivation" genutzt werden oder gedüngt werden müssen. Gleyic Acrisols werden wegen Luftmangel und Plinthic bzw. Ferric Acrisols wegen schlechter Durchwurzelbarkeit meist nur forstlich oder als Weide genutzt.

5. Kastanozeme

Kastanozeme sind Steppenböden wie die Chernozeme (Kap. XXXI 1 g) und haben ähnliche Eigenschaften wie diese. Auch sie besitzen einen oft mächtigen durch intensive Tiertätigkeit geschaffenen Mull-A-Horizont, der aber im Gegensatz zu dem der Chernozeme brauner ist (Munsell-Chroma über 2), worauf der Name der Böden (Farbe der Eßkastanien) Bezug nimmt. Sekundärkalk ist ebenfalls vorhanden,

und zwar selbst bei carbonatarmem Gestein. Vielfach enthalten sie Gips, durch den ebenso wie durch Kalk die Böden teilweise verfestigt sind. Im Vergleich zu den Chernozemen sind in der Regel Mächtigkeit und Humusgehalt des A-Horizontes geringer, die Kalk- und Gipsanreicherungen weiter oben, und der Unterboden kann auch wasserlösliche Salze enthalten. Diese Unterschiede sind Folge geringerer Bodendurchfeuchtung, d. h. geringerer Niederschläge und/oder höherer Temperaturen (s. Abb. 181 auf S. 410).

Kastanozeme zeigen meist eine neutrale Bodenreaktion. Silicate sind praktisch nicht verwittert und unter ihren Tonmineralen dominieren die des Ausgangsgesteins.

Der Name wurde von russischen Bodenkundlern eingeführt; im US-System entsprechen ihnen viele Ustolls, von den Franzosen werden sie als Sols chatains bezeichnet.

Kastanozeme können ähnlich den Chernozemen sehr fruchtbar sein. Stärker als bei diesen führen Witterungsunterschiede aber zu hohen Ertragsschwankungen in verschiedenen Jahren. Vielfach müssen Anbaupausen mit Schwarzbrachen sowie andere Maßnahmen zur Ergänzung der Wasservorräte eingelegt werden.

6. Xerosole und Yermosole*

Xerosole und Yermosole sind als Böden der Halbwüste bzw. Vollwüste humusarm und durch ein arides Feuchteregime** gekennzeichnet. Der Humusgehalt der Yermosole beträgt im Mittel der oberen 40 cm weniger als 0,5 % bei Sanden, 0,8 % bei Lehmen bzw. 1 % bei Tonen, der der Xerosole ist etwas höher aber unter dem eines Ah-Horizontes (Definition s. Kap. XXIX).

Den Xerosolen (von griech. = Xeros trocken) entsprechen die Mollic Aridisols der US-Systematik, die graubraunen und braunen

---

* Zusammenfassende Literatur[14, 15].
[14] *Yaron, B.* u. a.: Arid zone irrigation. Springer, Berlin 1973.
[15] *Dregne, H. E.*: Soils of arid regions. Elsevier, Amsterdam 1976.
** Arides Feuchteregime bedeutet, daß der Boden während mindestens 6 Monaten des Jahres kein verfügbares Wasser (pF < 4,2) in 10−30 (bei Tonen) bzw. 20−60 (bei Lehmen) bzw. 30−90 (bei Sanden) cm Tiefe enthält (s. auch Tab. 57).

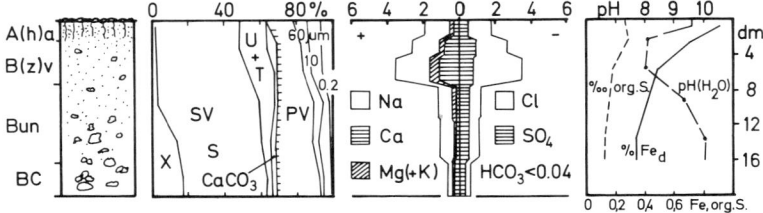

Abb. 173 Eigenschaften eines Salic Yermosol aus sandigen Sedimenten der Vollwüste; Wadi Irawan, Fezzan (n. Analysen von *H.-P. Blume* und *Th. Petermann* (Salze der Bodenlösung in mval/100 g Boden)

Halbwüstenböden (Burozeme) der subborealen und die Grauerden (Sierozeme) der subtropischen Halbwüstengebiete. Den Yermosolen (von span. = yermo Wüste) entsprechen die Typic Aridisols der US-Systematik.

Yermosole entstehen dort, wo kaum Regen fällt (häufig unter 20 mm pro Jahr), die potentielle Verdunstung hoch ist (z. B. 5000 mm) und Grundwasser fehlt. Demzufolge fehlt Vegetation als Streulieferant: nur seltene „Jahrhundertregen" ermöglichen kurzfristigen Wuchs von Pflanzen, deren Wurzelstreu den geringen Gehalt an organischer Substanz verursacht (s. Abb. 173). Stürme haben vielfach die Bodenoberfläche mit Flugsand bedeckt oder durch Erosion ein Kies- bis Steinpflaster geschaffen. Darunter ist ein Säulengefüge ausgebildet, ausgeprägt bei lehmigtoniger Bodenart, aber selbst bei Sanden vorhanden[16]. Dieses takyrische Gefüge ist durch starke Na-Belegung des Tones verursacht. Die oberen 1–2 cm insbesondere schluffreicher Böden sind oft porös und von „schaumiger" Konsistenz, was mit einer Luftkompression nach Starkregen erklärt wird. Die Trockenspalten sind oft mit Flugsand gefüllt[16].

Yermosole sind alkalisch (mit Ausnahme gipsreicher Horizonte) und enthalten regenbürtige Salze. Diese wurden im Laufe langer Zeiten angereichert, in lehmig-tonigen Böden stärker als in sandigen. Das Maximum der Salze liegt im Unterboden (s. Abb. 173), da diese durch episodische Starkregen verlagert werden, das Wasser aber anschließend wegen extrem niedriger relativer Luftfeuchte gasförmig nach oben entweicht. Verwitterung findet durch Wärme- und Salzsprengung statt. Die lösungschemische Verwitterung der Silicate ist minimal, braune oder rote Bodenfarben daher Relikte feuchterer Klimaverhältnisse. Gleiches gilt für den tonangereicherten Unterboden der *Luvic Yermosols*.

Allerdings ist das oben erwähnte Steinpflaster oft schwarz gefärbt: dieser *Wüstenlack* besteht aus Eisen- und Manganoxiden[17], die unter Mitwirkung niederer Pflanzen (Cyanophyceen)[18] im Gesteinsinneren gelöst wurden, wofür der morgendliche Tau ausreichen soll. *Gypsic* bzw. *Calcic* Yermosols weisen

Gips- bzw. Kalkanreicherung, teilweise in Form harter Krusten auf.

Xerosole weisen den Yermosolen ähnliche Eigenschaften auf und werden daher entsprechend benannt: ihr etwas höherer Humusgehalt ist auf eine schüttere, krautreiche Vegetation der Wüstensteppe zurückzuführen.

Xerosole dienen extensiver Beweidung. Akkerbauliche Nutzung der Xerosole und Yermosole ist naturgemäß nur über künstliche Bewässerung möglich. Diese muß eine sekundäre Versalzung vermeiden und daher in der Regel mit einem Entwässerungssystem verknüpft werden, um Salze auswaschen zu können[14].

7. Solonchake*

Solonchake (von russ. sol = Salz) sind Salzböden (s. Abb. 174). Ihre diagnostischen Horizonte enthalten viele wasserlösliche Salze (Definition siehe Seite 12), und zwar entweder als Az-Horizont oder als starke Salzanreicherung im Unterboden (wobei dann Bt, Bh oder Bn fehlen). Sie heißen auch Weißalkaliböden und werden in der US-Systematik vor allem den Salorthids zugeordnet. Die Salze können der Atmosphäre (als Staub oder im Regenwasser gelöst), dem Meere oder einem Salzgestein entstammen. Sie wurden in der Landschaft umverteilt und durch Grund- oder Hangwasser oft in

---

[16] *Blume, H.-P., Th. Petermann:* Mitt. Dtsch. Bodenkdl. Ges. 29 (1979) 799, 811.

[17] *Haberland, W.:* Berliner Geogr. Abh., H. 31 (1975).

[18] *Scheffer, F., B. Meyer, E. Kalk:* Z. Geomorph. N.F. 7 (1963) 112.

* Weiterführende Literatur[14, 19, 20].

[19] *Szabolcs, I.:* Salt effected soils in Europe. Ung. Akad., Budapest 1974.

[20] FAO/Unesco: Irrigation, drainage, salinity. Unesco, Paris 1973.

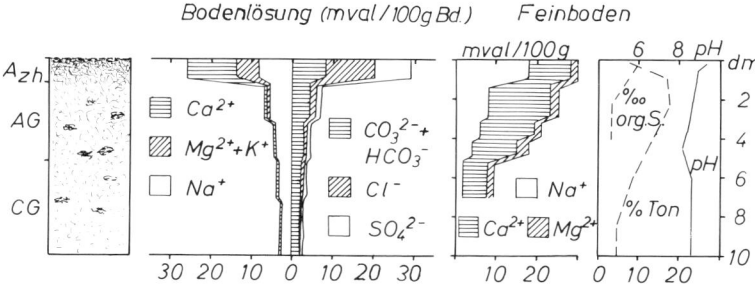

Abb. 174 Eigenschaften eines Solonschak aus Flußsand unter Grünland; Apaj, Ungarn; n. Analysen von *I. Szabolcs* und Mitarb. (Salze der Bodenlösung und Austausch-Kationen i. mval/100 g Boden)

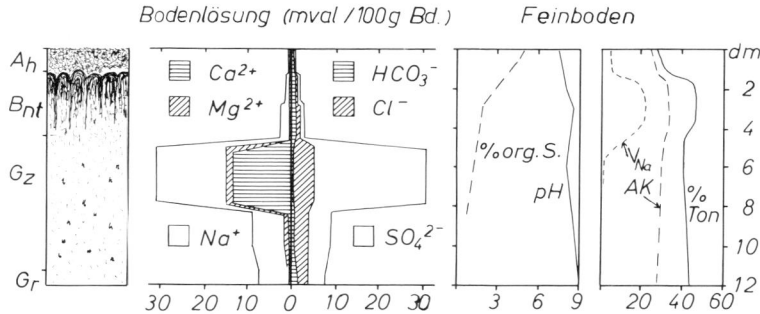

Abb. 175 Eigenschaften eines Solonetz aus Auenlehm unter Grünland; Parepa, Rumänien; n. Analysen von *M. Nicolsu* und *V. Josof* (Abk. s. Anhang 2)

Senken angereichert (s. auch Kap. XXVIII 8 a). Solonchake mit Niederschlags-Salz sind relativ tonreich, weil in tonreichen Böden die Salze kaum ausgewaschen werden. Vielfach handelt es sich um eine durch Bewässerung verursachte, künstliche Versalzung (s. Kap. XXVIII 8 b).

In wechseltrockenen Klimaten werden die Salze im Profil umgelagert: bilden in Trockenperioden oft weiße Krusten auf der Oberfläche, während Regen sie im Unterboden verteilt. Bei den *Gleyic Solonchaks* hängt die Salzverteilung auch von Grundwasserschwankungen ab.

Solonchake sind infolge hoher Salzgehalte allgemein gut aggregiert. Ihre pH-Werte werden von der Art der Salze bestimmt: sodareiche Solonchake sind stark alkalisch (pH (H$_2$O) oft über 9), chloridreiche schwach alkalisch, während gipsreiche neutral (oft unter 7) und daher ökologisch günstiger zu bewerten sind.

Die Vegetation besteht aus halophilen Arten (z. B. Suaeda maritima, Lepidium cartilagineum) und ist oft kaum entwickelt, was geringe Humusgehalte des A-Horizontes bewirkt.

Solonchake sind vor allem in semi- und vollariden Klimaten anzutreffen. In Europa sind sie auf kleine Flächen der südlichen Ukraine, der Balkanländer und Spaniens beschränkt.

Eine Nutzung ist erst nach Auswaschung der Salze möglich: dies gelingt bei höherem Tongehalt nur schwer und führt insbesondere bei CaCO$_3$- und CaSO$_4$-armen Böden leicht zu starker Alkalisierung und labilem Bodengefüge (s. auch Kap. XXVIII 8).

8. Solonetze*

Solonetze sind Böden arider Klimate mit einem Btn-Horizont. Dieser ist durch eine hohe Na-Sättigung (> 15 % oder (Na + Mg) > Ca-Sättigung) ein Säulengefüge, relativ hohe Tongehalte (Abb. 175) und oft auch dunkle Farbe gekennzeichnet. Sie werden auch Natrium- oder Schwarzalkaliböden genannt. In der US-Systematik gehören sie verschiedenen Ordnungen an und werden mit der Silbe „Natr(i)" gekennzeichnet.

---

* Weiterführendes Literatur[14, 19].

Solonetze entstehen meist durch Entsalzung aus Solonchaken infolge einer Grundwasserabsenkung (dann als *Gleyic S.* mit Rostflecken) oder Feuchterwerden des Klimas (meist der normale *Orthic S.*) oder durch Einwirkung Na-haltigen Grundwassers auf Steppenböden (dann als *Mollic S.* mit einem Mull-A). Die hohe Na-Sättigung führt zu hohen pH-Werten zwischen 8,5 und 11 und erleichtert die Verlagerung von Ton und Humus nach unten (und gleichzeitig eine Schluffwanderung im Wechsel von Quellung und Schrumpfung nach oben). Dadurch bildet sich das typische Säulengefüge mit den abgerundeten Kappen aus. Salze können auch in höherer Konzentration vorhanden sein, sind dann aber auf den Unterboden (unterhalb des Bn) beschränkt (Abb. 175).

Solonetze sind im feuchten Zustand stark dispergiert, schlecht durchlüftet und wenig wasserdurchlässig. Im trockenen Zustand bilden sie harte Schollen und werden oft von tiefen Schrumpfrissen durchzogen (Abb. 176). Wegen dieser Eigenschaften stellen sie sehr ungünstige Kulturpflanzenstandorte dar (weiteres hierzu siehe Kap. XXVIII 8 c).

Abb. 176 Schrumpfungsrisse eines Natriumbodens (Aufn. *F. Scheffer*)

9. Planosole*

Planosole weisen einen naßgebleichten *A*-Horizont auf, der abrupt** in einen deutlich tonreicheren Unterboden mit geringer Durchlässigkeit übergeht. Der Bleichhorizont ist an Eisen- und Manganoxiden verarmt oder diese sind als Konkretionen gebunden. Der Name wurde von (lat.) planus (= eben) abgeleitet, weil Planosole meist auf zeitweilig stark vernäßten Ebenen anzutreffen sind. Der ton-

reichere Unterboden kann Folge primärer Gesteinsschichtung oder einer Tonverlagerung sein: ob auch Tonzerstörung im Oberboden eine Rolle spielt, ist noch umstritten (s. hierzu Kap. XXVIII 6).

Der Unterboden kann marmoriert sein, als Btn-Horizont vorliegen (dann *Solodic Planosol*) oder permanent gefroren sein (dann *Gelic Planosol*). Zu den Planosolen mit rostfleckigem Unterboden gehören viele der mitteleuropäischen Pseudogleye und vor allem Stagnogleye (z. B. ist der Stagnogley der Abb. 167 nach der FAO-Systematik ein *Histic Planosol*). In den wechselfeuchten Tropen sind manche Reisböden älterer Landoberflächen stark pseudovergleyte Planosols.

Solodic Planosols sind aus stark ausgewaschenen Solonetzen hervorgegangen und werden auch als Solod bzw. Steppenbleicherde bezeichnet. Ihr Btn-Horizont entspricht dem des Solonetzes, ist also auch durch eine hohe Na-Sättigung (> 6 %), dichtes Säulengefüge, oft dunkle Färbung (durch lessivierten Humus) aber deutlich höhere Tongehaltsunterschiede zum Oberboden gekennzeichnet. Die Solodic Planosols haben sich in der Regel durch Feuchterwerden des Klimas aus den Solonetzen entwickelt und sind im Unterschied zu diesen zumindest im Oberboden versauert. Sie nehmen oft flache Senken ein und tragen bisweilen wegen höheren Wasserangebotes im Gegensatz zur umliegenden Steppe kleinere Gehölze.

10. Andosole***

Andosole (ando, jap. = schwarzer Boden) haben sich aus jungen vulkanischen Aschen gebildet. Das Ausgangsmaterial enthält große Mengen an leicht verwitterbaren vulkanischen Gläsern.

Der A-Horizont ist sehr locker (Feuchtraumgewicht bei pF 2,5 unter 0,85 g/cm³), meist sehr mächtig, dunkel gefärbt und humusreich (bis

---

* Weiterführende Literatur[21, 22].
[21] *Fitz-Patrick, E. A.:* Soils. Longman, London 1980.
[22] FAO-Unesco: 3 in Kap. XXX.
** Abrupt heißt, daß bei unter 20 % Ton im Aeg der Tongehalt in den folgenden 8 cm um mehr als das Doppelte ansteigt; bei über 20 % steigt der Tongehalt in den folgenden 8 cm um 20 % Punkte an und erreicht weiter unten das Doppelte des Aeg.
*** Zusammenfassende Darstellung[3, 11].

30 %). Die Tonfraktion besteht überwiegend aus Allophanen und Halloysiten, die aus den vulkanischen Gläsern entstanden sind. In den übrigen Kornfraktionen dominieren in jungen Böden frische, vulkanische Aschen und Gläser (> 60 %), während in älteren durch Verwitterung der Gläser resistentere Minerale angereichert sein können. Unter dem A-Horizont folgt oft ein brauner B-Horizont, manchmal auch fossile, aus älteren Aschen entstandene A-Horizonte oder durch Siliciumoxide zementierte Verhärtungshorizonte[23].

Andosole entstehen, mit Ausnahme arider Gebiete, in allen Klimaten. Sie sind aufgrund ihrer hohen Wasserkapazität und ihres stabilen, porenreichen Gefüges günstige Pflanzenstandorte[24]. Allerdings sind sie häufig sauer, so daß ihre effektive Austauschkapazität wegen hoher variabler Ladung (s. S. 85) niedrig ist. Der hohe Allophangehalt bedingt, daß viel Phosphat fixiert wird. Infolge einer hohen Verwitterungsrate im feuchten Klima besitzen sie dort ein hohes Nährstoff-Nachlieferungsvermögen.

11. Gelosole*

Gelosole (von lat. gelu = Frost) bzw. *Cryosole* sind Frostböden. Bei einer pergelischen Bodentemperatur, die im Jahresmittel unter 0 °C liegt (s. Tab. 63), ist der Unterboden ständig gefroren, wird als *Cryon* bezeichnet und mit Gjm (wenn wassergesättigt) bzw. Cjm signiert. Darüber folgt der sommerliche Auftauhorizont, der auch *Tjäle* (schwed. Frost) genannt wird. Der Auftauhorizont weist häufig Würge-, Brodel- oder Taschenbildungen auf, ist also durch *Kryoturbation* geprägt (s. Kap. XXVIII 9 b). In der FAO- (und US-Systematik) werden die Gelosole nicht eigenständig klassifiziert, sondern als Untereinheiten (z. B. Gelic Gleysol, Gelic Histosol).

Der Permafrost reicht (in Sibirien) bis zu 1500 m tief. Die sommerliche Auftautiefe beträgt 0,1–6 m: sie ist abhängig von Klima, Relief, Vegetation und Bodeneigenschaften. Kurzer Sommer bzw. lange Schneebedeckung, geschlossene Vegetation und mächtige Humusauflagen (= geringe Temperaturleitfähigkeit) sowie wassergesättigte lehmig-tonige Böden (= hohe Wärmekapazität) bewirken eine geringere Auftautiefe, Sonnhänge und grobkörnige Böden eine große Auftautiefe.

Im Sommer unterliegt die Tjäle einer Boden-

entwicklung. Niedrige Temperaturen und tägliche Schwankungen begünstigen die kryoklastische Verwitterung, während chemische Verwitterung und Mineralbildung gehemmt sind (s. Kap. XXVIII 1). Da das Schmelzwasser nicht im gefrorenen Untergrund versickern kann, sind die Böden vielfach naß und zeigen hydromorphe Merkmale (= *Gelic Gleysol*). Luft-und Wärmemangel hemmen dabei auch das Bodenleben und damit den Streuzersatz, so daß mächtige Humusauflagen und damit *Gelic Histosols* entstehen. Insbesondere Hanglage und sandige Bodenart verhindert demgegenüber Wasserstau: unter diesen Bedingungen entwickeln sich in Abhängigkeit vom Gestein *Gelic Regosols* oder *Ranker* und durch Verbraunung auch *Gelic Cambisols*.

Tjäle und Oberfläche aller genannten Gelosole können nun durch Kryoturbation und Solifluktion mehr oder weniger stark geprägt sein, worauf in Kapitel XXXIII 3 a näher eingegangen wird. Gelosole können allenfalls extensiv genutzt werden, in der Tundra z. B. als Rentierweide, in der Taiga auch forstlich.

12. Reisböden**

Eine bestimmte Nutzung rechtfertigt für sich keinen eigenständigen Bodentyp. Viele Reisböden unterscheiden sich infolge langfristigen Überstaus mit Wasser in ihrer Dynamik jedoch sehr deutlich von benachbarten Böden anderer Nutzung, die im folgenden beschrieben werden soll. Eine oft wochenlange Wasserüberstauung erfolgt durch (a) Regenwasser, (b) künstliche Bewässerung, (c) künstliches Anheben des Grundwasserspiegels oder (d) gelenkte Überflutung durch Flüsse, die während der Regenzeit über die Ufer treten. Das Wasser wird in der Regel durch Dämme auf den Feldern gehalten und sein Versickern häufig durch „Pudd-

[23] *Miehlich, G.*: Münster. Forsch. Geol. Paläont. 44/45 (1978) 27.
[24] *Kanno, J.*: Trans. Int. Soc. Soil Sci., Comm. 4 und 5 (New Zealand 1962) 422.
* Weiterführende Literatur[25, 26].
[25] *Tedrow, J.*: Soils of the polar landscapes. Rutgers, New Brunswick 1977.
[26] *Clayton, I. S.* u. a.: Soils of Canada. Dep. of Agricult. Ottawa 1977.
** Zusammenfassende Literatur[3, 5b, 27].
[27] *Moormann, F. R., N. van Breemen*: Rice: Soil, Water, Land. IRRI, Manila 1978.

ling" (Bearbeiten des wassergesättigten Bodens) erschwert. Bereits wenige Tage nach Wassersättigung werden unter anaeroben Bedingungen besonders im Oberboden CO, H_2S, N_2 und CH_4 gebildet, die blasenförmig entweichen, SO_4 und NO_3 reduziert, ebenso Mn und Fe. Außerdem steigen die NH_4-, PO_4- und H_4SiO_4-Konzentrationen in der Bodenlösung stark an, während das Redoxpotential stark absinkt ($< 0,3$ Volt bei pH 6), was bei sauren Böden mit einem pH-Anstieg verbunden ist [s. Kap. XIII]. Während der Trockenperioden laufen die genannten Prozesse dann in umgekehrter Richtung ab: die Eh-Werte steigen an, die pH-Werte sinken ab, Eisen und Mangan werden oxidiert und bevorzugt an der Oberfläche der Trockenrisse ausgefällt[28]. Durch periodische Überflutung entstehen also in starkem Maße hydromorphe Merkmale. Im schwächer belebten Unterboden sinkt das Redoxpotential

kaum ab (besonders, wenn unten sandreich), so daß oft an der Grenze zum Oberboden Mangan-und Eisenoxide angereichert werden. Da auch durch das Puddling das Bodengefüge zerstört wird und bei der Anlage ebener Parzellen oder Terrassen Bodenmaterial in starkem Maße umgelagert wird, gehören viele Reisböden zu denjenigen Böden, die besonders stark von Menschen verändert wurden und stetig verändert werden.

Vor allem Reisböden älterer Landoberflächen besitzen häufig einen tonarmen Oberboden, was z. T. auf Tonzerstörung durch Ferrolyse zurückgeführt wird (s. Kap. XXVIII 6), aber wohl hauptsächlich auf selektiver Erosion (z. B. beim Überlaufen oder Brechen der die Beete umgrenzenden Dämme) beruht[28].

---

[28] *Eaqub, M., H.-P. Blume:* 54 in Kap. XXVIII 6.

XXXIII. Bodenverbreitung

Die Verbreitung der Böden ist *Bodenkarten* zu entnehmen. Bodenkarten dienen nicht nur dem Naturverständnis, sondern bilden eine wichtige Grundlage für die Bodennutzung. Die Herstellung der Bodenkarten obliegt in der Bundesrepublik Deutschland den Landesämtern für Bodenforschung (bzw. Geologischen Landesämtern). Die Bodenaufnahme erfolgt dabei weitgehend nach vereinheitlichten Kartierschlüsseln[1]. Je nach den Nutzungsbedürfnissen werden Karten verschiedenen Maßstabs erstellt (vgl. Abb. 177 bis 180).

1. Grundsätze der Bodenvergesellschaftung*

Böden sind *Naturkörper* und dabei *Landschaftssegmente*. Innerhalb einer *Landschaft*** treten Böden mit gleichen oder verschiedenen Eigenschaften auf, die also gleich oder unterschiedlich zu typisieren sind, und die in ihrer Gesamtheit ein bestimmtes Bodenmosaik oder eine bestimmte *Bodenlandschaft*[4] (engl. soil [land] scape[5]) bilden. Die verschiedenen Böden sind nämlich in bestimmter, nicht selten regelmäßiger Weise in der Landschaft angeordnet

(z. B. Landböden am Hang, Grundwasserböden in der Senke); die Bodendecke weist mithin eine für die Landschaft charakteristische Struktur auf.

In Mitteleuropa ist die Struktur vieler Bodenlandschaften sehr heterogen, weil sich ihre Böden in ihren Eigenschaften stark unterscheiden, und zwar als Folge eines oft kleinflächigen Wechsels mindestens eines der bodenbildenden Faktoren (z. B. Relief, Gestein)[6].

---

* Zusammenfassende Literatur[2-5].
[1] Arbeitsgemeinschaft Bodenkunde der Geol. Landesämter, Kartieranl., Hannover 1971.
[2] *Friedland, V. M.:* Podwovedenie 4 (1965) 15.
[3] *Haase, G., R. Schmidt:* Albr. Thaer-Arch. 14 (1970) 399.
[4] *Schlichting, E.:* Z. Pflanzenernähr. Bodenkd. 127 (1970) 1.
[5] *Buol, S. W. u. a.:* 9 (Kap. XXX).
** Eine Landschaft ist ein dreidimensionaler Ausschnitt der Erdoberfläche mit bestimmtem Inventar an und bestimmter Anordnung von Oberflächenformen, Gesteins- und Bodenkörpern, Gewässern sowie Organismengesellschaften, und für dessen Luftraum ein bestimmtes Klima kennzeichnend ist.
[6] *Bailly, F.:* Geol. Jb., F 1. Schweizerbartsche Verl., Stuttgart 1973.

Das kleinste, nicht mehr teilbare Individuum einer Bodendecke ist das *Pedon,* das eine Grundfläche von etwa 1 m^2 aufweist (s. Abb. 177). Benachbarte Peda gleicher Bodenform bilden ein *Polypedon,* oder *soil body*[5]. Den Raum, den ein Polypedon einnimmt, bezeichnet man als *Pedotop*[3]. Die Eigenschaften der Peda eines Polypedons variieren nur in engen Grenzen (z. B. die Horizontmächtigkeit) aufgrund kleiner Geländeunebenheiten, Gesteins- oder Nutzungsunterschiede. Polypeda haben eine räumliche Ausdehnung von wenigen m^2 (z. B. Syroseme am Steilhang) bis über 1000 km^2 (z. B. Tschernoseme russischer Steppengebiete)[2]. Häufig wechseln verschiedene Polypeda so kleinflächig, daß sie selbst bei großmaßstäbiger Kartierung nicht gegeneinander abgegrenzt werden können, sondern zu *Pedokomplexen* zusammengefaßt werden (z. B. handelt es sich bei der Stagnogley-Fläche in Abb. 177 b bereits um einen Pedokomplex, da in kleinen Geländemulden vereinzelt Torfstagnogleye und bei gröberkörnigem Gestein vereinzelt Braunerde-Stagnogleye auftreten).

Mehrere gleiche und/oder verschiedene Polypeda (bzw. Pedokomplexe) bilden eine *elementare Bodenlandschaft* kurz *Bodenschaft,* ihr Raum eine *Pedochore*[3] (Abb. 177). Die verschiedenen Bodenformen einer Bodenschaft bilden dabei eine *Bodengesellschaft.* Die Raumstruktur einer Bodenschaft läßt sich am besten durch einen *Landschaftsschnitt** charakterisieren, aus dem die Relief- und Gesteinsbeziehungen zwischen den einzelnen Polypeda hervorgehen (Abb. 178). Bisweilen ist allerdings die zusätzliche Angabe von Begleitschnitten erforderlich, wenn z. B. innerhalb einer Hangbodenschaft die Polypeda nicht nur mit der Höhenlage wechseln, sondern auch höhengleiche Sporne und Rinnen verschiedene Polypeda aufweisen. Die Benennung einer Bodenschaft kann durch die Angabe der Leitbodenformen (oft der dominierende Land- und der häufigste Grundwasserboden) in Kombination mit der Landschaftsform (geomorphe Einheit) erfolgen (z. B. Schwarzerde-Mullgley-Lößhügel-Bodenschaft). Benachbarte Pedochoren unterscheiden sich in ihrer Bodengesellschaft, wobei der Unterschied im einfachsten Fall nur in verschiedenen Flächenanteilen der Polypeda zu beruhen braucht (z. B. dominieren auf Para-

braunerde-Pseudogley-Löß/Sandstein-Riedeln die Parabraunerden, auf entsprechenden Platten die Pseudogleye), aber auch gänzlich verschiedene Polypeda auftreten können (z. B. bei einem Wechsel von Kalkgestein zu Sandstein).

Mehrere gleiche und verschiedene Pedochoren bilden eine *Bodenregion* (s. Abb. 178), mehrere Regionen eine *Bodenprovinz* (s. Abb. 179), mehrere Provinzen eine *Bodenzone* (s. Abb. 180), die von immer komplexeren und großflächigeren Bodenlandschaften erfüllt sind. Dabei ergeben sich verschiedene Bodenlandschaften zunächst überwiegend aufgrund verschiedener petrographischer oder geomorphologischer Faktoren, teilweise auch durch unterschiedliches Alter der Landoberflächen. Bei den Bodenzonen dominieren hingegen klimatische Einflüsse, so daß dann klimabestimmte Bodenbildungen (s. z. B. Steppenbodenserie in Abb. 181, S. 410) als Leitböden dienen (zonale Böden nach *Dokucajev*)**.

Häufig sind die Böden einer Landschaft durch *Stoffumlagerungen* (Massenversatz am Hang, Erosion, Umlagerungen von und durch Hangzugwasser, s. Kap. XXVIII 10) miteinander verbunden. Sie beeinflussen sich dann in ihrer Genese gegenseitig. So führte bei der in Abb. 177 dargestellten Bodenlandschaft Wasserzufuhr aus dem Braunerdebereich zur verstärkten Vernässung und damit Bildung der Stagnogleye, während das aus diesen ebenfalls durch Hangzugwasser ausgelagerte Fe eine Verockerung ergab und damit die Bildung von Ockerbraunerden ermöglichte. Die Böden einer

---

* Der idealisierte Schnitt einer Bodenlandschaft wird auch als Catena bezeichnet.
** Bisher wurden Bodenlandschaften oft nur nach der dominierenden Bodenform benannt, so wie viele Bodentypen nach einer Eigenschaft eines Horizontes benannt werden (z. B. Braunerde). Das verleitet bei entsprechenden Kartendarstellungen aber Unkundige zur Annahme, es handle sich um eine in sich homogene Einheit.

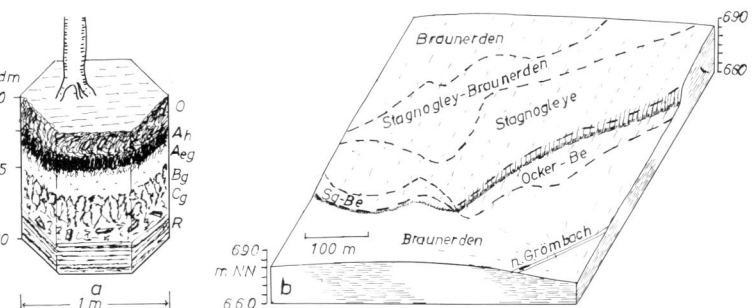

Abb. 177 Pedon (Stagnongley: a) und *Bodenschaft* (b) (mit 6 Pedokomplexen) unter Fichte einer Missenlandschaft des Sandstein-Schwarzwaldes; Grömbach, Württemberg (n. *V. Schweikle*)

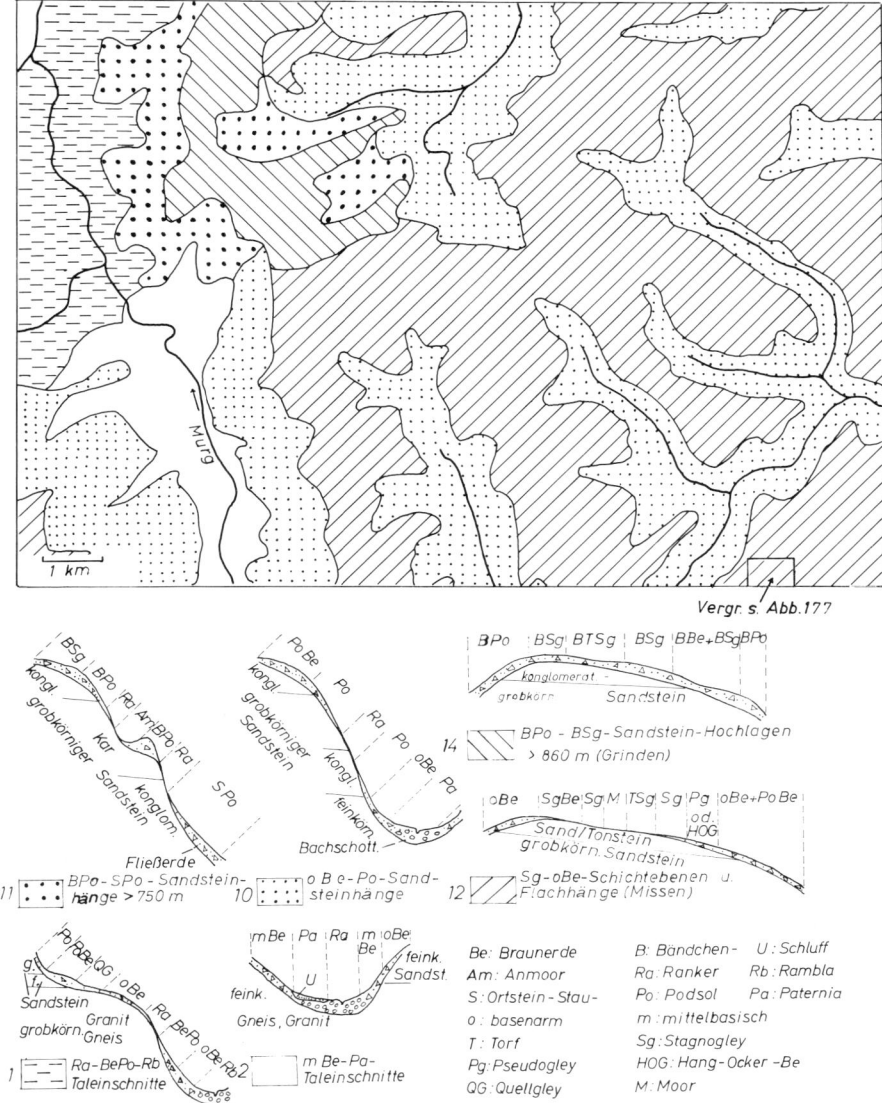

Abb. 178 Ausschnitt einer Bodenregion des Schwarzwaldes nördl. Freudenstadt und Raumstruktur seiner Bodenschaften (n. *H.-P. Blume*)

Landschaft bilden also oft eine funktionale Einheit[4]. Die Aufklärung derartiger Zusammenhänge ist nicht allein für das Verständnis der Boden- und Landschaftsgenese wichtig, sondern vor allem für die Nutzungsplanung. So ist bei einer Rodung der Hangstandorte eines Forstes zu berücksichtigen, daß das wegen verminderter Evapotranspiration und verstärktem Oberflächenabfluß zu einer Vernässung der Senkenstandorte führt. In Westaustralien wurden auf diese Weise Salze, die zuvor gleichmäßig (in ökologisch unwirksamen Mengen) in allen Böden der Landschaft vorhanden waren, durch Hangzugwasser in den Niederungen konzentriert, so daß es dort zu starken Salzschäden bei der Vegetation kam, woraus sich zusätzlich Erosionsschäden ergaben[7].

---

[7] *Smith, S. T.:* J. Agric. West Australia 2 (1961) 3.

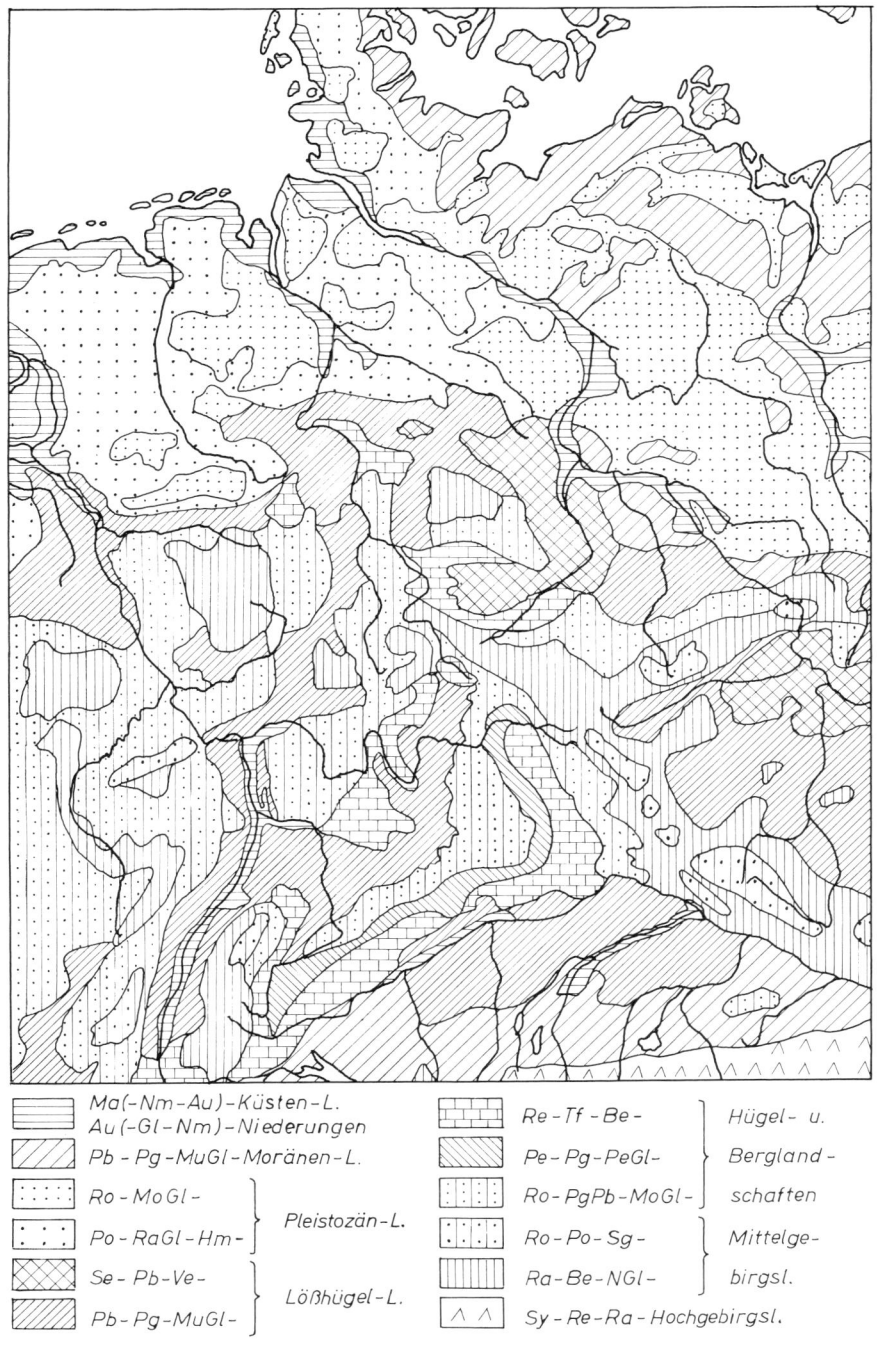

Ma(-Nm-Au)-Küsten-L.	
Au(-Gl-Nm)-Niederungen	
Pb-Pg-MuGl-Moränen-L.	
Ro-MoGl-	
Po-RaGl-Hm-	Pleistozän-L.
Se-Pb-Ve-	
Pb-Pg-MuGl-	Lößhügel-L.

Re-Tf-Be-	Hügel- u.
Pe-Pg-PeGl-	Bergland-
Ro-PgPb-MoGl-	schaften
Ro-Po-Sg-	Mittelge-
Ra-Be-NGl-	birgsl.
Sy-Re-Ra-Hochgebirgsl.	

Abb. 179 Bodenregionen Mitteleuropas (Benennung nach den Leitböden der dominierenden Bodenschaften) (n. Bodenkarten von Europa der *FAO* und von *R. Ganssen,* verändert)
(Abkürzungen s. Abb. 178; dazu: Au = Auenböden, Gl = Gley, Mu = Mull, Mo = Moder, NGl = Naßgley, RaGl = Raseneisengley, Ma = Marsch, Hm = Hochmoor, Nm = Niedermoor, Pb = Parabraunerde, Re = Rendzina, Ro = Rostbraunerde, Pe = Pelosol, Se = Schwarzerde, Sy = Syrosem, Ve = Vega, Tf = Terra fusca)

2. Bodenregionen Mitteleuropas*

Die Bodenregionen Mitteleuropas sind Abb. 179 zu entnehmen. Die starke Differenzierung ergibt sich vor allem aus petrographischen (s. Abb. 4) und geomorphologischen Unterschieden. Die Klimaverhältnisse sind relativ einheitlich mit einem gemäßigt humiden, ozeanisch getönten Großklima. Dieses bewirkte starke Versauerung und Entbasung, hingegen mäßige Silicatverwitterung und Tonbildung bei silicatischen Gesteinen.

Außerdem führte das bei Landböden sandiger Substrate zur Podsolierung, bei entsprechenden, abflußträgen Grundwasserböden zur Vermoorung, während lehmige und tonreiche Landböden lessivierten und teilweise pseudovergleyten, und sich in den Niederungen Mullgleye und Auenböden entwickelten. Lediglich im Windschatten von Gebirgen gelegene Beckenlandschaften (z. B. Magdeburger Börde, Thüringer Becken) sind trockener, so daß als Folge starker Bioturbation und nur geringer Verwitterung von Parabraunerden durchsetzte Schwarzerde – Feuchtschwarzerde – Tschernitza-Gesellschaften entstanden.

In den Flachländern (z. B. norddeutsche Tiefebene) wirkte sich die Dauer der Bodenbildung dahingehend aus, daß sich bei sandigen Moränen, Dünen und Talfüllungen jungpleistozäner Landoberflächen mäßig podsolierte Braunerden, Modergleye und limnische Unterwasserböden entwickelten, während ältere Landoberflächen Podsol-Hochmoor-Gesellschaften aufweisen, zu denen sich die anthropogenen Plaggenesche gesellen. Die Parabraunerden der (meist stärker verebneten) älterpleistozänen Geschiebemergel-Moränen und Lößhügel sind tiefgründiger entkalkt und lessiviert und stärker mit Pseudogleyen durchsetzt als die jungpleistozäner Landschaften.

In den Mittelgebirgslagen dominieren junge Bodengesellschaften aus jungpleistozänen Fließerden, von denen auch alte Landoberflächen weitgehend bedeckt sind. Trotz solifluktiver Mischung bewirkten die verschiedenen magmatischen sowie paläozoischen, mesozoischen und tertiären Sedimentgesteine, zusätzlich differenziert durch unterschiedlich starke Lößbeimengungen und große Reliefunterschiede, ein breites Spektrum verschiedener Bodengesellschaften, deren Vielfalt nur auf großmaßstäbigen Karten darstellbar ist. Lediglich verkarstete Platten mesozoischer Carbonatgestei-

ne weisen in größerem Umfange mit Terrae fuscae auch ältere Böden auf.

Die Hochgebirgslagen der Alpen werden von Roh- und AR-Böden beherrscht.

Die Mehrzahl der Böden Mitteleuropas wurde durch menschliche Nutzung mehr oder weniger verändert.

3. Bodenzonen der Erde**

Im folgenden sollen die wichtigsten Böden (Tab. 88) der einzelnen Bodenzonen (Abb. 180) in ihrem Landschaftsbezug und ihren Nutzungsmöglichkeiten kurz besprochen werden.

Der Weltbodenkarte, die im Maßstab von 1:5 Mill. in 17 Blättern vorliegt, und den Erläuterungsheften können die Bodenregionen entnommen werden[14]. Die Benennung erfolgt auch hier nach dem dominierenden Leittyp; bei gleichem Leittyp sind zusätzlich die wichtigsten Begleittypen sowie dominierende Körnung des Oberbodens (1 = Sand, 2 = Lehm, 3 = Ton) und Topographie (a = eben, b = hängig, c = sehr hängig) angegeben.

a) Gelosol (Frostboden)-Zonen***

Im äußersten Norden Amerikas und Eurasiens befinden sich in der Tundra die Zonen der Gelosole bzw. Frostböden. Ständige Unterbodengefrornis und geringe Wasserverdunstung trotz oft nur geringer Nie-

* Zusammenfassende Literatur[8-13].

[8] *Ganssen, R., Z. Gracanin:* Bodengeographie. Koehler, Stuttgart 1972.

[9] *Hugenroth, P.* (Red.): Landschaften und Böden in der BRD. Mitt. DGB 13 (1971).

[10] *Schlichting, E.:* Typische Böden Schleswig-Holsteins. Parey, Hamburg 1960.

[11] *Blume, H.-P.* (Red.): Landschaften und Böden Baden-Württembergs. Mitt. DGB 14 (1971).

[12] *Semmel, A.:* Grundzüge der Bodengeographie Teuber, Stuttgart 1977.

[13] *Rehfuess, K. E.:* Waldböden. Parey, Hamburg 1981.

** Zusammenfassende Literatur[8, 14-16].

[14] FAO-Unesco: Soil map of the world. Unesco, Paris 1972–1978.

[15] *Young, A.:* Tropical soils and soil survey. Cambridge Univ. Press, 1976.

[16] *Buringh, P.:* 4 in Kap. XXXII.

*** Zusammenfassende Literatur[17-19].

[17] *Zoltai, S. C., C. Tarnocai:* Can. J. Earth Sci. 12 (1975) 28.

[18] *Tedrow, J.:* Soils of the polar landscapes. Rutgers, New Brunswick 1977.

[19] *Clayton, I. S. u. a.:* Soils of Canada. Dept. of Agric., Ottawa 1977.

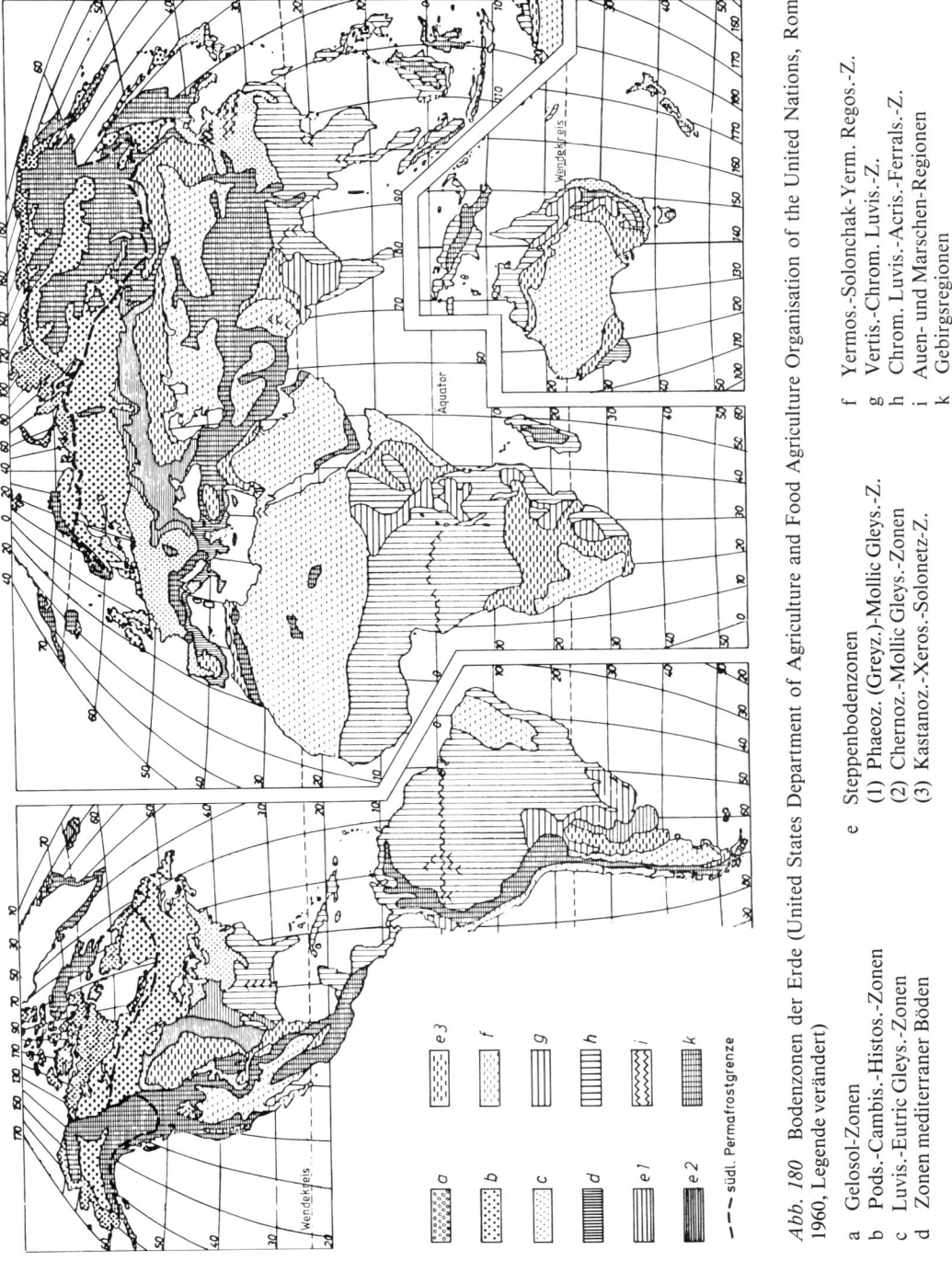

Abb. 180 Bodenzonen der Erde (United States Department of Agriculture and Food Agriculture Organisation of the United Nations, Rom 1960, Legende verändert)

a Gelosol-Zonen
b Pods.-Cambis.-Histos.-Zonen
c Luvis.-Eutric Gleys.-Zonen
d Zonen mediterraner Böden

e Steppenbodenzonen
  (1) Phaeoz. (Greyz.)-Mollic Gleys.-Z.
  (2) Chernoz.-Mollic Gleys.-Zonen
  (3) Kastanoz.-Xeros.-Solonetz-Z.

f Yermos.-Solonchak-Yerm. Regos.-Z.
g Vertis.-Chrom. Luvis.-Z.
h Chrom. Luvis.-Acris.-Ferrals.-Z.
i Auen- und Marschen-Regionen
k Gebirgsregionen

Tabelle 88   Hauptböden der Erde mit Anteil potentiellen Ackerlandes (pot. Ack.)[16]

Böden	gesamt Mill. ha	%	pot. Acker Mill. ha	%
Acrisols, Nitosols	1050	8,0	300	9
Andosols	101	0,8	80	2
Cambisols	925	7,0	500	15
Chernozems, Grey-zems, Phaeozems	408	3,1	200	6
Ferralsols	1068	8,1	450	14
Fluvisols	316	2,4	250	8
Gleysols	623	4,7	250	8
Histosols	240	1,8	10	0
Lithosols, Rendzi-nas, Rankers	2264	17,2	0	0
Luvisols	922	7,0	650	20
Planosols	120	0,9	20	1
Podzols	478	3,6	130	4
Podzoluvisols	264	2,0	100	3
Regosols, Arenosols	1330	10,1	30	1
Solonchaks, Solonetz	268	2,0	50	2
Vertisols	311	2,4	150	5
Xerosols, Kastano-zems	896	6,8	100	3
Yermosols	1176	8,9	0	0
stark wechselnde Bodenverhältnisse	420	3,2	0	0
Total	13180	100	3270	100

derschläge führen zum Wasserstau, so daß *Gelic
Gleysols* und *Gelic Histosols* dominieren. Hängige,
sandige Lagen werden von *Gelic Regosols* eingenommen. An strahlungsexponierten Südhängen sowie in
den kontinentalsten Gebieten der Tundra, Wald-
tundra und der nördlichen Taiga ist es zur Verbraunung gekommen, und es sind (meist sehr saure) *Gelic
Cambisols* entstanden, während sich andernorts Regosole auch direkt zu geringmächtigen *Nanopodso-
len* entwickelt haben.

Viele Böden dieser Zonen sind durch Kryoturbation geprägt. In Mooren und Mineralböden haben
sich Netze eisgefüllter Spalten (Kap. XXVIII 9 b),
mit einer Maschenweite von 0,4 bis 10 m gebildet. Im
Zentrum der Netze ist der Boden aufgewölbt (Frostmusterböden, engl. = *humock terrain*) und zeigt oft
eine Verknetung von O-, A- und B-Horizonten. In
steinhaltigen Böden sind gleichzeitig Steine auf- und
seitwärts gewandert (*Steinringböden*). Auch Moore
sind durch Eislinsenbildung aufgewölbt zu *Palsen*
oder gar mächtigen *Pingos*. In Hanglagen dominiert
Umlagerung durch Bodenfließen über gefrorenem
Grund, hat *Solifluktion* die Humocks und Palsen in
talwärts gestreckte *Streifenböden* bzw. *Strangmoore*
gewandelt.

Frostmusterböden sind im Übergang zur vegetationsfreien Kaltwüste (z. B. Spitzbergen) bzw. der ve-
getationsarmen Flechten-Tundra besonders ausgeprägt, aber selbst in der Baumtundra vorhanden (wo

Kryoturbation oft zu einem Schrägstellen der Bäume
geführt hat).

Nur wenige Flächen der Tundren werden derzeit
genutzt, und zwar überwiegend extensiv als Rentier-
oder Schafweiden. Tierverbiß und -tritt fördert in
Hanglage aber den Bodenabtrag, dem sich durch N-
Düngung und damit Festigung der Narbe entgegenwirken läßt (z. B. auf Island). Vereinzelt werden Gerste, Kartoffel und einige Futterpflanzen mit Erfolg
angebaut; die Ungunst des Klimas läßt aber keinen
intensiven Pflanzenbau zu und der Permafrost erschwert die Erschließung durch Straßen und Siedlun-
gen.

b) Podsol-Cambisol-Histosol-Zonen

Die Zonen der borealen Wälder (bzw. Taiga) lassen
sich in Bodenregionen mit bzw. ohne Permafrost untergliedern. Die Grenze südlicher Permafrostverbrei-
tung ist Abb. 180 zu entnehmen (auf der Südhalbku-
gel Permafrost nur in Antarktis, Falklandinseln und
Hochanden).

(1) Regionen mit Permafrost

Die kontinentalen Bereiche Sibiriens und Innerkana-
das werden von *Cambisolen* (Braunerden) beherrscht, die mit *Gleysols* und *Histosolen* (Mooren)
der Senken vergesellschaftet sind. Das ozeanische
bzw. perhumide Nordeuropa, Ostkanada und Alas-
ka läßt hingegen Podsole und Stauwasserböden
(Gleysols) stärker hervortreten. Wenngleich dabei
vor allem in Ostsibirien Frostböden dominieren, ist
Permafrost nicht mehr durchgehend vorhanden. Insbesondere sonnenexponierte Hänge und grobkörnige,
sandige Böden enthalten zumindest in den oberen
Metern keinen Permafrost mehr, so daß dann (je
nach Gestein) *Dystric* oder *Eutric* Cambisols (bzw.
Orthic Podzols) auftreten, im übrigen aber Gelisole.
Weiter im Süden sind letztere auf schattige Unter-
hänge und vor allem (die besonders temperaturiso-
lierten) Histosole und *Humic Gleysols* (Moorgleye)
beschränkt, während durchlässige, lehmige Substrate
bereits *Podzoluvisols* (Fahlerden) bzw. *Albic Luvisols* (Podsol-Parabraunerden) aufweisen. Auch diese
Böden zeigen deutliche Kryoturbations- und Soli-
fluktationsspuren als Zeugen früherer Permafrostes.
Tonreiche Mehrschichtböden trockener, kontinenta-
ler Becken (besonders Zentraljakutische Niederung)
sind als *Gelic Solodic Planosols* (Solod mit Permafrost) entwickelt.

(2) Regionen ohne Permafrost

In Westsibirien und Nordosteuropa sind lehmige *Dy-
stric* (Fahlerden) und *Gleyic* (= Pseudogleye) *Podzo-
luvisols* mit sandigen *Orthic* (= normale) und *Gleyic
Podzols* und vermoorten Senken vergesellschaftet. In
Kanada dominieren in Abhängigkeit vom Gestein
Podsole, Cambisole oder Albic Luvisols (Podsol-

Parabraunerden); vor allem Regionen mit dichtem Geschiebemergel der inneren Becken (z. B. NW Großer Sklavensee) werden von Gleysols (hier Pseudogleye) und Mooren beherrscht.

Insbesondere Regionen mit Permafrost werden überwiegend forstlich genutzt. Außerhalb davon ermöglicht ein kühlfeuchtes Klima vor allem auch Grünlandwirtschaft sowie den Anbau von Sommergetreide und Futterpflanzen: Dabei verlangen die vielfach vernäßten und/oder sauren Standorte starke Entwässerung und/oder Kalkung.

c) Luvisol-Eutric Gleysol-Zonen

In Europa und dem Nordosten der USA entwickelten sich unter einem feuchtgemäßigten Klima aus Mergeln vor allem Luvisole (Parabraunerden) sowie *Eutric Gleysols* (basenreiche Gleye) der Senken. Feuchtes Klima oder Muldenlage bedingt *Gleyic Luvisols* (Pseudogleye), trockenes Klima aus Löß zum Teil *Phaeozeme* (z. B. Schwarzerden Mitteldeutschlands). Unter den kontinentaleren Klimaverhältnissen Osteuropas sind vornehmlich *Podzoluvisole* (Fahlerden) entstanden. Ozeanisches Klima bedingte in England und Neuseeland auf Lehmen *Cambisole*, die auch allgemein Berglagen sandiger bzw. sandig verwitternder Gesteine beherrschen. Podsole sind nur im Gebirge sowie auf quarzreichen Sanden bei ozeanischem Klima vertreten. In Südostaustralien sind lessivierte Böden als *Acrisole* stärker versauert, daneben dominieren auf Tongestein *Solodic Planosols*. In Ostchina wird diese Bodenzone von dem Delta des Hwangho beherrscht, so daß neben Luvisolen der Lößhügel *Eutric* und vor allem *Mollic Gleysols* vertreten sind.

Die Gunst des Klimas und vieler Böden bedingt eine hohe Fruchtbarkeit der Luvisol-Eutric Gleysol-Zonen, so daß eine intensive Landwirtschaft entwickelt ist, die bei entsprechender Düngung Höchsterträge in der Pflanzen- und Tierproduktion ermöglicht. Demzufolge wurden viele Böden stark vom Menschen verändert, vor allem in Ostchina durch intensiven Reisanbau und Gartenbau.

d) Zonen mediterraner Böden

Die sommertrockenen Subtropen wie der Mittelmeerraum sowie küstennahe Bereiche Nordchiles, Kaliforniens, der Kapprovinz und Südwestaustraliens sind klimatisch durch relativ milde, feuchte Winter, hingegen trockene Sommer gekennzeichnet. Letztere ließen unter Hartlaubgewächsen humusarme, vorrangig rötlich gefärbte Böden mäßiger Versauerung (als *Chromic Cambisols*) oder sekundärer Kalkanreicherung (als *Calcic C.*) und oft starker Lessivierung entstehen (dann *Chromic Luvisols*). Tonreiche, leuchtend rot gefärbte Chromic Luvisols auf Kalkstein sind als *Terrae rossae* charakteristisch für den Mittelmeerraum. Senkenböden sind teilweise versalzen (= Gleyic Solonchaks).

Limitierender Standortfaktor ist hier die Wasserkapazität des Bodens: ist diese hoch, können gute Ernten erzielt werden und auf grundwassernahen Talböden ist sogar Reisanbau möglich. Durchlässige, wasserarme Böden lassen hingegen nur die Anlage tiefwurzelnder Dauerkulturen (z. B. Oliven, Wein) zu. Der Mittelmeerraum wurde frühzeitig entwaldet, so daß die Böden erodierten und als flachgründige, trockene *Xero-Ranker* und *Rendzinen* nur noch extensive Viehweide zulassen.

e) Steppenboden-Zonen*

Für die interkontinentalen Becken der gemäßigten Klimazonen sind Böden typisch, in denen Humusakkumulation durch Bioturbation eine wesentliche, profilprägende Rolle spielt. In Abhängigkeit von der Durchfeuchtung der Böden als Resultierende von Niederschlag und Verdunstung besteht hier aber eine weitere deutliche Boden-Zonierung in Phaeozem, Chernosem und Kastanozem als Leittypen, die in der Sowjetunion von Nord nach Süd, in Nord- und Südamerika von Ost nach West zu beobachten ist und mit der ausgeprägte Vegetationszonierung einhergeht (Abb. 181).

(1) Phaeozem (Greyzem)-Mollic Gleysol-Zonen

Im Bereich der winterkalten Waldsteppe mit 500–700 mm Jahresniederschlag dominiert in den USA und der argentinischen Pampa mit dem deutlich humosen aber entkalkten und verbraunten Phaeozem der typische Prärieboden, der oft lessiviert ist (= *Luvic Ph.*) und mit mächtig humosen Grundwasserböden (*Mollic Gleysols*) vergesellschaftet ist. In der Ukraine und Sibirien sind sandiglehmige *Luvisole* und staunasse *Gleyic Podzoluvisols*, Ah-gebleichte *Greyzeme* und lehmigtonige lessivierte *Luvic Chernozems* vergesellschaftet, während feuchte Senken vielfach von humusreichen Mollic Gleysols, bei hohem Tongehalt auch von *Mollic Vertisols* sowie Alkaliböden (= *Mollic Solonetz*) eingenommen werden. Letzteres gilt auch für Argentinien.

(2) Chernozem-Mollic Gleysol-Zonen

In der Langgrassteppe dominieren über ein weites Bodenartenspektrum von sandigem Lehm bis zu lehmigem Ton die sehr tiefgründig humosen (= Haplic) und oft kalkreichen (= Calcic) *Chernozems*. Auch die Grundwasserböden sind durch tief humose, oft kalkreiche A-Horizonte (= *Mollic Gleysols*) gekennzeichnet, deren hoher Natriumanteil des Sorptionskomplexes (= natric phase) schwache Alkalisierung erkennen läßt: bei höherem Tongehalt dominiert bereits der Mollic Solonetz.

---

* Zusammenfassende Literatur[20].
[20] *Dregne, H. E.:* Soils of arid regions. Elsevier, Amsterdam 1976.

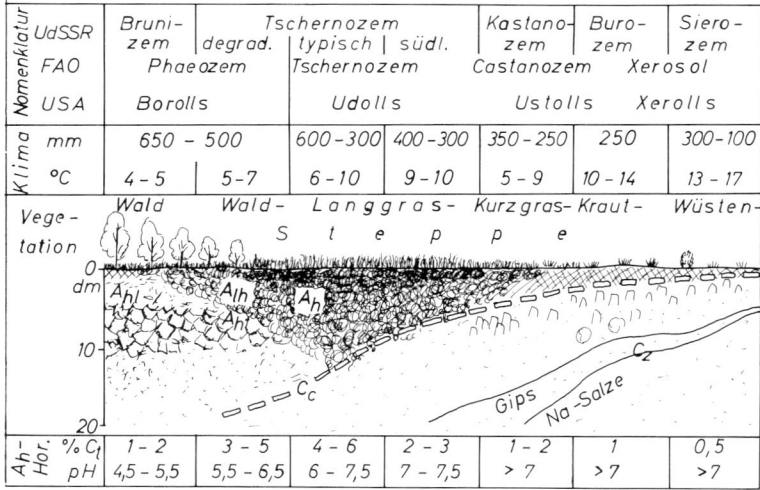

Nomenklatur	UdSSR	Bruni-zem	degrad.	Tschernozem typisch | südl.		Kastano-zem	Buro-zem	Siero-zem
	FAO	Phaeozem		Tschernozem		Castanozem	Xerosol	
	USA	Borolls		Udolls		Ustolls	Xerolls	
Klima	mm	650 – 500		600 – 300	400 – 300	350 – 250	250	300 – 100
	°C	4 – 5	5 – 7	6 – 10	9 – 10	5 – 9	10 – 14	13 – 17
Vegetation		Wald	Wald-	Langgras-		Kurzgras-	Kraut-	Wüsten-
				Steppe				
Ah-Hor.	% C_t	1 – 2	3 – 5	4 – 6	2 – 3	1 – 2	1	0,5
	pH	4,5 – 5,5	5,5 – 6,5	6 – 7,5	7 – 7,5	> 7	> 7	> 7

Abb. 181 Steppenböden der UdSSR; n. Angaben und Darstellungen von *A. A. Rode* und *D. G. Wilenski*

(3) Kastanozem-Xerosol-Solonetz-Zonen

Die Kurzgrassteppe wird von *Kastanozemen* beherrscht, die in Abhängigkeit vom Gestein kalk- oder gipsreich sind. Auf tonigen Substraten sind *Vertisole* entwickelt, auf sandigen kalkhaltige *Regosole*, während Senken von *Solonetzen* und auch *Solonchaken* eingenommen werden. Steigende Aridität ergibt unter Kraut- und Wüstensteppen die humusarmen, oft gips- und salzangereicherten *Xerosole*. Entsprechende Böden umranden auch die Vollwüstenbereiche Australiens, Afrikas und Innerchinas.

Die Chernozem-Zonen weisen die fruchtbarsten Ackerböden der Erde auf. Trockenjahre führen allerdings zu Ertragseinbußen. Von den Bodeneigenschaften her ungünstiger sind sowohl viele Böden der Waldsteppe wie die der Kurzgras- und Wüstensteppe. Bei beiden dominieren humusärmere Standorte, die im Falle der Phaeozeme außerdem nährstoffärmer als die Chernozeme sind, während Kastanozeme und vor allem Xerosole zu trocken und durch Kalk- oder Gipsbänke zudem häufig schlecht durchwurzelbar sind. Die Zone der Phaeozeme ist aber bei Düngung ertragsreicher als die der Chernozeme, weil selbst in Trockenjahren ausreichend Niederschläge fallen. Kastanozem-Zonen bilden überwiegend Weideland: Ackerbau ist nur bei Zusatzbewässerung möglich, wobei aber die Gefahr sekundärer Versalzung groß ist.

f) Yermosol-Solonchak-Yermic Regosol-Zonen*

In den Wüstengebieten der Erde lassen sich grob drei durch unterschiedliches Gestein geprägte Landschaftstypen mit ihren eigenen Bodengesellschaften unterscheiden (z. B. Abb. 182):

1. die Dünenfelder oder *Ergs*,
2. die Festgesteinsplateaus und Bergländer als *Hamada* bzw. Steinwüsten ausgebildet, sowie
3. die weiten Verebnungen lockerer Wassersedimente, auch *Serire* genannt, in die Wadis eingeschnitten sind, außerdem die Mehrzahl der Oasen vertreten sind.

Die *Ergs* weisen wegen aktiver Sandbewegung naturgemäß kaum Bodenentwicklung auf. In der Vollwüste haben seltene Regen den *Yermic* Regosol zu geringen Salzgehalten und minimalen Gehalten an organischer Substanz kurzfristig entwickelter Algen verholfen. Braune oder rote Bodenfarben sind hier

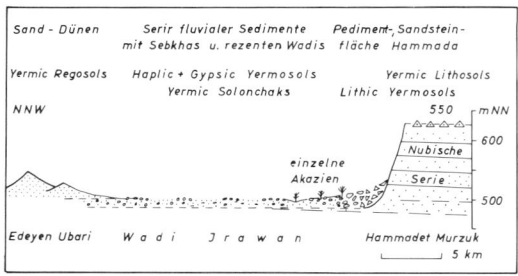

Abb. 182 Landschaftsaufbau und Bodengesellschaft der Vollwüste WSW Ubari, Fezzan (n. *H.-P. Blume* und *Th. Petermann*)

---

* Weiterführende Literatur[20, 20a, 21].

[20a] *Dan, G.* u. a.: Aridic soils of Israel. Bet Dagan 1981.

[21] *Stace, H. C.* u. a.: A handbook of australian soils. Rellim, Glenside 1968.

Relikteigenschaften feuchter Klimaepochen. In der Halbwüste können sie als *Ferralic Arenosols* mehr organische Substanz enthalten und schwach rubefiziert sein.

Hamadas sind wegen fehlender Vegetation durch das Wasser episodischer Starkregen sowie Wind stark erodiert. Daher bilden meist Steine als *Deflationspflaster* die Oberfläche, unter denen bei *Yermic Lithosols* der Fels, bei *Lithic Yermosols* hingegen ein 20–50 cm mächtiges, extrem humusarmes, meist salzhaltiges Solum folgt. Einzige Spuren einer Bodenbildung sind bei den Lithosols FeMn-Krusten, während für viele Lithic Yermosols ein Säulengefüge mit Salzausblühungen und sandgefüllten Trockenspalten sowie schwache Verbraunung typisch sind. Das trockene Bett der Wadis einer Hamada-Landschaft weist tiefgründige Yermosole auf: Endpfannen sind hier oft ton- und schluffreich und in der Vollwüste als *Sebken* mit Gips oder Salz angereichert, während sich in der Extremwüste (unter 5 mm mittlerer Jahresniederschlag) als *Playa* häufig ein ausgeprägtes Säulengefüge gebildet hat (= *Takyric Yermosols*).

Die Serire der Vollwüste sind durch eine Vergesellschaftung salzhaltiger Yermosole und salzreicher, trockener Solonchake gekennzeichnet, wobei das Salzmaximum im Unterboden liegt und letztere in der Regel die höheren Tongehalte aufweisen. Bei Rücken bildet die ein kiesiges Deflationspflaster die Oberfläche, bei flachen Mulden oft eine Flugsanddecke. Auch viele Serirböden sind dabei durch ein Säulengefüge mit sandgefüllten Trockenspalten gekennzeichnet. Frühere Seen dieser Landschaft weisen als ausgedehnte Sebkhas extrem salz- und/oder gipsreiche Böden auf, z. B. der Salzsee in Utah sowie vor allem in der Wüste Gobi. Oasenböden sind in der Regel durch salzhaltiges Grundwasser beeinflußt, d. h. als *Gleyic Solonchaks* mit einem ausgeprägten Salzmaximum im Oberboden und oft auch takyrischem Gefüge versehen.

In der Halbwüste treten unter spärlicher Vegetation die etwas humusreicheren Xerosole an die Stelle der Yermosole, ebenfalls mit Solonchaken als tonreicherem Glied und/oder Senkenböden vergesellschaftet. Auch trockene Kältewüsten z. B. der Antarktis besitzen Böden mit Salzanreicherung. Außerdem ist häufig ein Netz flugsandgefüllter Spalten vorhanden, bei denen es sich im Gegensatz zu heißen Wüstenregionen aber um Frostspalten handelt.

Die Halbwüste wird als extensive Weide genutzt. In der Vollwüste ist allenfalls Bewässerungs-Feldbau möglich, für den nur sandige bis sandlehmige Yermosole der Serirlandschaft in Frage kommen.

g) Vertisol-Chromic Luvisol-Zonen

Unter einem wechselfeuchten bis trockenen Klima der Savanne bis Wüstensteppe dominieren in Landschaften toniger Sedimente oder Verwitterung *Vertisole*, in Ostaustralien[21] und Indien[21a] ebenso wie im Sudan und in Uruguay. Vergesellschaftet sind mit ihnen auf tonärmeren Substraten junger Landoberflächen *Vertic Cambisols* und *Chromic Luvisols*, älterer Landoberflächen *Acrisole* und *Nitosole* und sehr alter Oberfläche auch *Ferralsole*. Die Vertisole beherrschen dabei Ebenen und Senken, während die übrigen Böden vorrangig auf benachbarten Rücken vertreten sind.

In Sonderheit die Vertisole sind nährstoffreiche, fruchtbare Standorte, die in der Feucht-Savanne sowie bei Zusatzbewässerung trotz schwerer Bearbeitbarkeit ackerbaulich, ansonsten als Weide genutzt werden.

h) Chromic Luvisol-Acrisol-Ferralsol-Zonen*

Die immerfeuchten und wechselfeuchten Tropen weisen in Abhängigkeit von Gestein, Relief und vor allem Alter der stabilen Landoberfläche ein breites Spektrum verschiedenster Böden auf. Auf älteren Landoberflächen unterschiedlicher Gesteine vor allem des Amazonasbecken und Zentralafrikas dominieren die extrem stark und tiefgründig verwitterten *Ferralsole* und zwar oft *Rhodic* (rote) *F.* in Plateau- und *Xanthic* (gelb) *F.* in Hanglage. Lediglich quarzreiche Sande sind mit *Ferric Arenosols* ausgestattet. Jüngere Landoberflächen mit bewegterem Relief (z. B. Hinterindien) sowie Landschaften mit längerer Trockenzeit (z. B. Indiens) werden demgegenüber von *Nitosolen* sowie *Ferric Acrisols* und *Ferric Luvisols* eingenommen, wobei vor allem Mulden und Senken vergleyte bzw. pseudovergleyte Formen aufweisen, unter tropischem Regenwald z. B. Indonesiens auch Moore.

Insbesondere die Ferralsole sind nach Rodung des Waldes wegen fehlender Nährstoffreserven ohne Düngung nur wenige Jahre nutzbar. Demzufolge dominiert hier *Shifting Cultivation* (Wanderackerbau). Oft kommt landwirtschaftliche Nutzung auch dadurch rasch zum Erliegen, daß Erosion der lockeren Krume der sesquioxidreiche Unterboden zu Laterit verhärtet und dann ein Wurzel- und Bearbeitungshemmnis darstellt. Acrisole, Nitosole und vor allem Luvisole sind die günstigeren Ackerstandorte, was die Nährstoffreserven anbelangt, besitzen häufig aber ein labiles Gefüge (daher früher auch Plastosole genannt), das Verschlämmung und Luftmangel begünstigt.

i) Auen- und Marschen-Regionen

Die Marschen flacher Gezeitenküsten und die Auenböden breiter Flußniederungen weisen hohe, stark wechselnde Grundwasserstände auf und werden pe-

---

[21a] *Murthy, R. S.* u. a.: Benchmark soils of India. ICAK, Delhi 1982.

* Weiterführende Literatur[22, 23].

[22] *Drosdoff, M.* u. a.: Soils of the humid tropics. Nat. Acad. Sci., Washington 1968.

[23] *Mohr, I., F. van Baren, J. van Schuylenborgh:* Tropical soils. Mouton, Den Haag 1972.

riodisch überflutet. Die hier vorherrschenden *Fluvisole* und *Gleye* der FAO-Systematik weisen in Abhängigkeit von Körnung und Mineralbestand sehr unterschiedliche ökologische Eigenschaften auf, sind aber in der Regel nährstoffreicher als benachbarte Landböden. Insbesondere in den gemäßigten Breiten und den wechselfeuchten Tropen (besonders Asiens) dominieren fruchtbare, intensiv landwirtschaftlich genutzte Standorte, sofern Überflutungsschutz durch Deichbau erfolgt ist. Ein besonderes Problem stellen allerdings die nach Entwässerung schwefelsauren *Thionic Fluvisols* dar[24], die insbesondere im Mündungsdelta tropischer Flüsse (z.B. Ganges, Niger) verbreitet sind, aber auch in den Marschengesellschaften der Nordseeküste sporadisch auftreten.

Die Niederungs- und Küstenstandorte sind wesentlich weiter verbreitet als auf einer kleinmaßstäbigen Karte dargestellt werden kann.

k) Gebirgsregionen

Im Hochgebirge sind oberhalb der Baumgrenze Böden vertreten, die bereits für die Tundra als charakteristisch geschildert wurden: *Gelosole* also, häufig mit Frostmustern wie Steinringen bzw. -girlanden, Würge-, Tropfen- und Eiskeilbildungen. Daneben dominieren wegen starker Erosion naturgemäß *Lithosole*. Unterhalb der Baumgrenze entsprechen die Böden weitgehend denen, die für die benachbarten Flachlandregionen typisch sind. Entwicklungstiefe und Verwitterungsgrad sind allerdings in der Regel geringer. Außerdem sind sie in der Regel mit flachgründigen *Rankern, Rendzinen* und *Lithic Regosols* vergesellschaftet. In den USA, Mexiko, Kolumbien und Indonesien haben sich aus vulkanischen Tuffen verbreitet *Andosole* entwickelt.

In manchen Hochtälern besteht seit langem Weidenutzung und extensiver Ackerbau, z. B. in Mexiko oder Peru in 2500 m Höhe. Ansonsten dominiert (unterhalb der Baumgrenze) die Forstnutzung. Landbau ist wegen starker Erosionsgefahr häufig erst nach Terrassierung möglich, manchenorts aber verbreitet (besonders China).

---

[24] *Breemen, N. van:* Diss. Wageningen 1976.

C. Bodennutzung

Die Mehrzahl der Böden unserer Erde werden genutzt. Flächenmäßig dominieren Formen, bei denen Böden als Pflanzenstandort genutzt werden: Äcker, Wiesen und Weiden, Forsten, Sonderkulturen mehrjähriger Pflanzen wie Obst, Wein, Tee, Kaffee, Gewächse zur Kautschuk- und Ölgewinnung usw. Hierzu gehören auch begrünte Freiflächen, die der Freizeit und Erholung dienen: Gärten, Parks, Friedhöfe, Sportplätze usw.

Andere Formen der Nutzung[1] sind die als Unterlage für Hochbauten und Verkehrsbauten sowie für Abfalldeponien bzw. als Filter für Abwässer (Rieselfelder).

In der Bundesrepublik Deutschland betrug der Flächenanteil im Jahre 1979 (in 1000 ha)[1a]: Gesamtfläche 24864, Gebäude und Freifläche 1286, Betriebsfläche 131, Erholungsfläche 123, Verkehrsfläche 1138, Landwirtschaftsfläche 14091 (davon unkultivierte Moor- und Heidefläche 196), Waldfläche 7318, Wasserfläche 425, Flächen anderer Nutzung 352, Unland 155.

Genutzte und ungenutzte Böden haben wichtige Funktionen bei der Grundwasserbildung und als Puffer für Umwelteinflüsse. Böden verzögern z. B. die Verschmutzung von Grundwasser oder Gewässern durch Industrie- oder Verkehrsemissionen, weil in ihnen Schadstoffe gebunden und organische abgebaut werden.

Die genannten Nutzungen stellen unterschiedliche Anforderungen an die Eigenschaften eines Bodens, die wiederum bei den verschiedenen Böden in unterschiedlichem Maße verwirklicht sind.

Eine erfolgreiche Nutzung setzt die genaue Kenntnis der Standortverhältnisse, d. h. eine *Bodenbewertung* voraus.

Durch Nutzung werden Böden verändert. Besonders nachteilig wirken sich Veränderungen durch Bodenabtrag aus, weil hierdurch der Wurzelraum teilweise oder ganz zerstört wird. Daher sollte jede Nutzung mit einer *Erosionsverhütung* einhergehen, die die Kenntnis der *Erosionsgefährdung* eines Standortes voraussetzt.

---

[1] *Kézdi, A.:* 5 in Kap. XV.
[1a] Statistisches Bundesamt, Wiesbaden. Pflanzliche Erzeugung 1979.

XXXIV. Bodenbewertung

1. Allgemeines

Die Eignung eines Bodens für eine Nutzung als *Pflanzenstandort* hängt von seiner *Fruchtbarkeit* (auch Ertragsfähigkeit oder Produktivität genannt) ab. Ein fruchtbarer Boden gewährleistet den Pflanzenwurzeln eine ausreichende Verankerung, Wärme und eine gleichbleibende harmonische Versorgung mit Wasser, Sauerstoff und Nährstoffen, ohne daß Stoffe, die das Wachstum hemmen können (z. B. CO_2, Al) in toxischen Konzentrationen auftreten. Durchwurzelbarkeit sowie Wasser-, Luft-, Wärme- und Nährstoffverhältnisse werden daher als Standortfaktoren eines Bodens bezeichnet[2]. Deren Güte hängt nicht nur von Bodeneigenschaften ab sondern auch von den Klimaverhältnissen (Niederschlag, Temperatur, Luftfeuchte) eines Standortes.

Unterschiedliche Standortansprüche verschiedener Kulturpflanzen erfordern eine auf die Kulturart abgestimmte Bewertung eines Bodens für die Nutzungsplanung. Für die Bewertung wurden bisher verschiedene Wege beschritten: pflanzensoziologische Beobachtung, der Feldversuch, die Bodenuntersuchung.

---

[2] *Blume, H.-P., E. Schlichting:* Landw. Forsch. 18 (1965) 169.

Die *Pflanzensoziologie*[*] beschäftigt sich mit den wechselseitigen Beziehungen zwischen Pflanzengesellschaft (abstrahierte Vegetationseinheiten, z. B. Assoziation, Subassoziation, Variante usw.) und Standort. Die pflanzensoziologische Systematik beruht in erster Linie auf der typischen Artenkombination der Pflanzengesellschaften als umfassendem Ausdruck der Standortverhältnisse, also auf soziologischen und synökologischen Kriterien. Aus diesem Grunde ist es möglich, Pflanzengesellschaften oder Artengruppen in diesen Gesellschaften als *Indikatoren* für bestimmte Standortverhältnisse zu nutzen. Das ist verbreitet zur ökologischen Kennzeichnung von Waldstandorten geschehen (Näheres s. Kap. 2) und von *H. Ellenberg* auch für Standorte verwendet worden, die in Acker- oder Grünlandnutzung stehen. Sie sind allerdings nur bei Beschränkung auf einen begrenzten, klimatisch einheitlichen Wuchsraum (sog. Wuchsbezirke) verwendbar. Ihre Brauchbarkeit ist außerdem im Rahmen der Gesamtartenkombination einer Pflanzengesellschaft möglich, in der die Arten im Konkurrenzkampf miteinander stehen; bei Ausschaltung dieses Wettbewerb ist die Amplitude der Standortansprüche einer Art wesentlich weiter und infolgedessen meist weniger spezifisch.

Die *Pflanzengesellschaften* und die ökologischen Artengruppen treten heute als wesentlich verfeinerte Indikatoren an die Stelle der in der älteren geobotanischen Literatur verwendeten *Zeigerpflanzen*. Die Anwendung ökologischer Artengruppen in der forstlichen Standortkunde erlaubt z. B. eine relativ genaue Beurteilung des Wasserhaushaltes eines Bodens, der durch bodenkundliche Geländeuntersuchungen oft nur schwer zu erfassen ist. *Schönhar*[6] gab eine allgemeine Übersicht über mehr als 20 Artengruppen mit etwa 350 Arten der Waldbodenvegetation in Südwestdeutschland: sie sind geordnet nach ihren Ansprüchen an den Nährstoffgehalt und den Wasserhaushalt und stellen als ökologische Indikatoren kontinuierliche Reihen (z. B. von „trocken" zu „naß") dar. Die Aufgliederung einer solchen Reihe in ökologische Artengruppen muß je nach den regionalen Bedürfnissen feiner oder gröber durchgeführt werden. Für Gefäßpflanzen Mitteleuropas gibt *Ellenberg*[4] eine Zusammenstellung von ökologischen Gruppen, die z. B. den Wasserhaushalt des Bodens (F-Reihe) und die Reaktion und den Kalkgehalt des Bodens (R-Reihe) erfassen.

Die *pflanzensoziologische Aufnahme* erlaubt nur eine Ermittlung der Ertragsfähigkeit, sofern die beobachteten Artengruppen ähnliche Standortansprüche wie die Kulturpflanzen aufweisen bzw. eine Eichung am Feldversuch erfolgte. Hierfür werden bei Forstnutzung die Pflanzen der Krautschicht, bei Wiesen und Weiden Artenbestand und Habitus der Gräser und Kräuter und bei Ackerkulturen Unkrautgesellschaften begutachtet. Letzteres wird allerdings durch den verbreiteten Einsatz selektiv wirkender Herbicide sehr erschwert. Auf diese Weise werden wie beim Feldversuch Klima- und Bodeneinflüsse integriert. Damit wird die Ermittlung der wuchsbegrenzenden Faktoren erschwert. So ist es z. B. zwar möglich, Luftmangel festzustellen, während es offen bleibt, ob dieser wuchsbegrenzende Faktor durch hohen Grundwasserstand verursacht wurde, mithin durch Entwässerung zu beheben ist, oder durch Verdichtung bewirkt wurde, mithin eine Lockerung angezeigt wäre.

Der mit einer Ertragsermittlung verbundene *Feldversuch* erlaubt es, die aktuelle Ertragsfähigkeit eines Bodens für eine bestimmte Kulturpflanze exakt zu ermitteln. Um aber den Einfluß wechselnder Witterungsverhältnisse mit zu erfassen, muß der Versuch über mehrere Jahre wiederholt werden, wodurch dieses Verfahren sehr aufwendig wird. Außerdem integriert der Ertrag den Einfluß aller Standortfaktoren; daher ist es über den Feldversuch kaum möglich, die Ursache eines Minderertrages bzw. den wuchsbegrenzenden Faktor aufzuklären. Dieses wäre aber spätestens dann erforderlich, wenn eine Standortverbesserung geplant ist.

Die *Bodenuntersuchung* ermöglicht die Analyse *aller* bodenabhängigen Standortfaktoren und damit auch die Aufklärung wuchsbegrenzender Faktoren. Eine Aussage über die Ertragsfähigkeit eines Standortes für eine bestimmte Kulturart ist auf diese Weise jedoch nur dann möglich, wenn die Standortansprüche dieser Kulturart im Detail bekannt sind und/oder wenn die bodenkundliche Standortbewertung am Feldversuch geeicht wurde (s. Kap. XX 4 a).

Die Ertragsfähigkeit eines Bodens für eine bestimmte Kulturart läßt sich also über die Untersuchung der für sie spezifisch bedeutsamen Standortfaktoren klären und damit bewerten. Aus diesem Grunde wurden für die wichtigsten Kulturarten effektive Bewertungssysteme geschaffen, die im folgenden an Beispielen der Forstnutzung und Ackernutzung näher besprochen werden sollen. Sind die spezifischen

---

[*] Zusammenfassende Literatur[3-5].

[3] *Braun-Blanques, J.*: Pflanzensoziologie. Springer, Wien 1964.

[4] *Ellenberg, H.*: Zeigerwerte der Gefäßpflanzen Mitteleuropas. Scripta Geobotanica 9 (1974).

[5] *Ellenberg, H:* Vegetation Mitteleuropas. Ulmer, Stuttgart 1978.

[6] *Schönhar, S.*: Allg. Forst- und Jagdztg. 125 (1954) 259.

Standortansprüche einer Kulturart im Detail bekannt, ist es aber auch möglich, aus der *Bodenform* (Bodentyp der genetischen Klassifikation und Ausgangsgestein) eine ökologische Bewertung abzuleiten. Dafür ist allerdings erforderlich, daß der Boden in die niedrigste Kategorie des Klassifikationssystems (und d. h. beim System der BRD als Subvarietät) richtig eingestuft wurde, weil in höheren Kategorien (z. B. Subtyp) die mögliche Variation ökologisch bedeutsamer Eigenschaften noch zu groß ist.

2. Bewertung für forstliche Nutzung*

Die Standortbewertung für eine forstliche Nutzung hat neben der Ermittlung der Ertragsfähigkeit vor allem zum Ziel, der Forsteinrichtung bei der standortgemäßen Holzartenwahl zu dienen. In Ländern mit der Nutzung natürlich bestockter Wälder erfolgt eine Bewertung der Ertragsfähigkeit teilweise über die Messung der *Bestandshöhe* oder über die Schätzung der *Holzmasse*. Dabei wird der Einfluß klimatischer und edaphischer Faktoren integriert. Außerdem wurde die *Vegetation* der Krautschicht zur Klassifikation herangezogen, nachdem die Beziehungen zwischen Pflanzengesellschaft und Standort erkannt worden waren (s. Kap. XXXIV 1), und zwar erstmals in Finnland von *Cajander*[10]. Dieses Verfahren erbrachte bei natürlich bestockten Standorten teilweise brauchbare Ergebnisse. Allerdings boniert die Vegetation der Krautschicht vornehmlich nur Eigenschaften des Oberbodens, so daß der Einfluß (für Waldbäume wichtiger) unterschiedlicher Unterbodenverhältnisse auf die Ertragsfähigkeit nicht ausreichend erfaßt wird.

Ganssen[11], *Kittredge*[12] und andere haben eine Bewertung der edaphischen Standorteigenschaften aus der *Bodenform* abgeleitet, und zwar teilweise mit gutem Erfolg. So fand *Kittredge* bei Pappel-Aufforstungen zwischen 22 Bodenformen und Ertrag einen Korrelationskoeffizienten von 0,79, während die mittlere Bodenart einen Koeffizienten von 0,57, der Gesteinstyp von 0,63 und der Indikatortyp der Krautvegetation von 0,76 erbrachten.

Heute werden in Deutschland Verfahren vorgezogen, bei denen für einen Wuchsraum Standorteinheiten über die Kartierung ökologisch bedeutsamer Bodeneigenschaften *und* die Aufnahme ökologischer Artengruppen ausge-

schieden werden, z. B. in Baden-Württemberg[8] oder in der DDR[9].

3. Bewertung für landwirtschaftliche Nutzung

In Deutschland wurde mit dem Gesetz über die Bewertung des Kulturbodens[13, 14] (Bodenschätzungsgesetz vom 16. 10. 1934) die Möglichkeit geschaffen, die Ertragsfähigkeit landwirtschaftlich und gärtnerisch genutzter Böden zahlenmäßig zu erfassen. Dabei werden die Bodeneigenschaften eines Ackerstandortes durch die Bodenzahl bewertet, während eine zusätzliche Berücksichtigung von Klima und Relief die Ackerzahl ergibt.

Die *Bodenzahl* ist ein ungefähres Maß für die Ertragsfähigkeit der Böden. Zu ihrer Bestimmung werden folgende 3 Faktoren herangezogen:

1. Die *Bodenart* (= Körnungsklasse) des Profils von der Ackerkrume bis zu einer Tiefe, die für das Pflanzenwachstum von Bedeutung ist. Es werden acht mineralische Bodenarten und eine Moorgruppe unterschieden. Besteht das Profil aus verschiedenen Bodenarten, so wird das Gesamtgepräge des Bodens durch die mittlere Bodenart ausgedrückt. Die Einordnung der Böden nach der Bodenart erfolgt bei der Bodenschätzung nur nach dem Gehalt der Böden an der Fraktion < 0,01 mm (Tab. 89).

2. Das *geologische Alter* des Ausgangsgesteins. Danach werden die Böden in vier Grup-

---

* Zusammenfassende Literatur[7–9].

[7] Arbeitskreis Standortkartierung: Forstliche Standortaufnahme. 4. Aufl. Landwirtschaftsv., Münster-Hiltrup 1980.

[8] *Krauss, G. A., G. Schlenker:* Allg. Forst- und Jagdztg. 125 (1954) 249.

[9] *Kopp, D.* und Mitarb.: Ergebnisse der forstlichen Standorterkundung in der DDR, VEB Forstprojekt. Potsdam 1969.

[10] *Cajander, A. K.:* Acta forest. fenn. 1 (1909); Silva fenn. 15 (1930).

[11] *Ganssen, R. H.:* Z. Forst- und Jagdwesen 64 (1932) 193; 68 (1936) 449; 69 (1937) 273.

[12] *Kittredge, J.:* Ecol. Monogr. 8 (Durham 1938) 151.

[13] *Rothkegel, W., H. Herzog:* Das Bodenschätzungsgesetz. Heymann, Berlin 1935.

[14] *Rothkegel, W.:* Geschichtliche Entwicklung der Bodenbonitierung und Wesen und Bedeutung der deutschen Bodenschätzung. Ulmer, Stuttgart 1950. Landwirtschaftliche Schätzungslehre. Ulmer, Stuttgart 1952; Mitt. DLG 72 (1957) 595.

Tabelle 89 Einteilung der Bodenarten für die Bodenschätzung

Fraktion <0,01 mm (%)	Bodenart	Abkürzung
< 10	Sand	S
10–13	anlehmiger Sand	Sl
14–18	lehmiger Sand	lS
19–23	stark sandiger Lehm	SL
24–29	sandiger Lehm	sL
30–44	Lehm	L
45–60	toniger Lehm	LT
> 60	Ton	T

pen eingeteilt: *Diluvialböden* (D), entstanden aus Ablagerungen der Eiszeit (außer Lößböden; einschließlich Böden aus tertiären Ablagerungen); *Lößböden* (Lö); *Alluvialböden* oder *Schwemmlandböden* (Al) aus den jüngsten Ablagerungen in Niederungen, Talauen und an der Küste; *Verwitterungsböden* (V), entwickelt aus dem anstehenden paläozoischen oder mesozoischen Muttergestein ohne Umlagerung. Die stark steinhaltigen Verwitterungsböden werden als *Gesteinsböden* (V$_g$) bezeichnet.

3. Die *Zustandsstufe* der Böden. Der Begriff Zustandsstufe gibt den Entwicklungsgrad an, den ein Boden bei seiner Entwicklung vom Rohboden über eine Stufe höchster Leistungsfähigkeit bis zur Ausbildung eines Podsols erreicht hat. Bei der Einordnung in die betreffende Zustandsstufe spielt die Tiefe des Wurzelraumes und der Ackerkrume eine wesentliche Rolle. Es werden sieben Zustandsstufen unterschieden, wobei die Stufe 1 den günstigsten Zustand, Stufe 7 den ungünstigsten Zustand, also die geringste Entwicklung oder stärkste Verarmung kennzeichnet (Abb. 183).

Stufe 1: Gutes Krümelgefüge in der Ackerkrume, gut durchlüfteter Unterboden, allmählicher Übergang von der Krume zu dem meist CaCO$_3$-haltigen Unterboden; keine Rostflecke und keine Anzeichen von Versauerung.

Stufe 3: Gehalt der Krume an organischer Substanz geringer als bei Stufe 1, schrofferer Übergang zum Unterboden, der vielfach schon fahle Flecke und eine graue Färbung aufweist; größere Entkalkungstiefe, beginnende Versauerung und erste Anzeichen von Verlagerungen.

Stufe 5: Scharf abgesetzte Krume, Auftreten einer Verarmungszone, erste Anzeichen einer Verdichtung des Unterbodens und beginnende Rostfärbung, meist stärkere Versauerung.

Stufe 7: Scharf abgesetzte Krume, mehr oder weniger stark ausgeprägte Bleichzone; in der Regel starke Verdichtung im Unterboden und Rostfärbung; bei Sandböden vielfach Orterde- oder Ortsteinbildung.

Der Bewertung der Moorböden liegen nur sechs Stufen zugrunde. Wichtig für die Einstufung sind hier in erster Linie Eigenschaften der organischen Substanz und der Grundwasserstand. Im folgenden sind für einige Zustandsstufen ackerbaulich genutzter Mineralböden die charakteristischen Kennzeichen angegeben.

Je nach Bodenart, geologischem Alter des Ausgangsgesteins und Zustandsstufe haben die Böden im Ackerschätzungsrahmen (Tab. 90) bestimmte Wertzahlen (Bodenzahlen) mit mehr oder weniger großen Spannen erhalten. Diese Bodenzahlen sind Verhältniszahlen; sie bringen die Reinertragsunterschiede zum Ausdruck, die unter sonst gleichen Verhältnissen (s. u.) lediglich durch die Bodenbeschaffenheit bedingt sind. Der beste Boden erhält die Bodenzahl 100 (z. B. einige Schwarzerden aus der Umgebung Magdeburgs). Als Bezugsgrößen bei der Aufstellung des Schätzungsrahmens wurden die

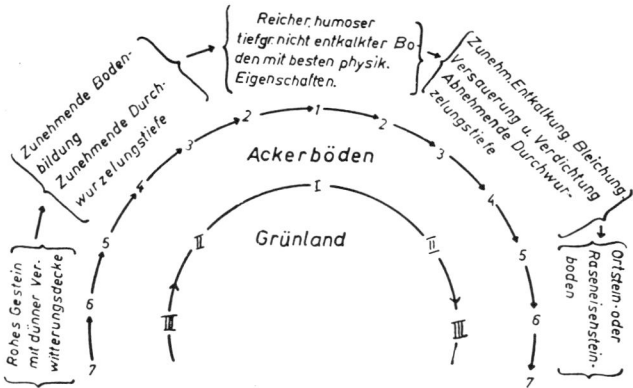

Abb. 183 Schema der Zustandsstufen (n. *Görtz*)

Tabelle 90 Ackerschätzungsrahmen

Bodenart	Entstehung	Zustandsstufe						
		1	2	3	4	5	6	7
S	D	–	41–34	33–27	26–21	20–16	15–12	11– 7
	Al	–	44–37	36–30	29–24	23–19	18–14	13– 9
	V	–	41–34	33–27	26–21	20–16	15–12	11– 7
Sl	D	–	51–43	42–35	34–28	27–22	21–17	16–11
(S/lS)	Al	–	53–46	45–38	37–31	30–24	23–19	18–13
	V	–	49–43	42–36	35–29	28–23	22–18	17–12
lS	D	68–60	59–51	50–44	43–37	36–30	29–23	22–16
	Lö	71–63	62–54	53–46	45–39	38–32	31–25	24–18
	Al	71–63	62–54	53–46	45–39	38–32	31–25	24–18
	V	–	57–51	50–44	43–37	36–30	29–24	23–17
	Vg	–	–	47–41	40–34	33–27	26–20	19–12
SL	D	75–68	67–60	59–52	51–45	44–38	37–31	30–23
(lS/sL)	Lö	81–73	72–64	63–55	54–47	46–40	39–33	32–25
	Al	80–72	71–63	62–55	54–47	46–40	39–33	32–25
	V	75–68	67–60	59–52	51–44	43–37	36–30	29–22
	Vg	–	–	55–48	47–40	39–32	31–24	23–16
sL	D	84–76	75–68	67–70	59–53	52–46	45–39	38–30
	Lö	92–83	82–74	73–65	64–56	55–48	47–41	40–32
	Al	90–81	80–72	71–64	63–56	55–48	47–41	40–32
	V	85–77	76–68	67–59	58–51	50–44	43–36	35–27
	Vg	–	–	64–55	54–45	44–36	35–27	26–18
L	D	90–82	81–74	73–66	65–58	57–50	49–43	42–34
	Lö	100–92	91–83	82–74	73–65	64–56	55–46	45–36
	Al	100–90	89–80	79–71	70–62	61–54	53–45	44–35
	V	91–83	82–74	73–65	64–56	55–47	46–39	38–30
	Vg	–	–	70–61	60–51	50–41	40–30	29–19
LT	D	87–79	78–70	69–62	61–54	53–46	45–38	37–28
	Al	91–83	82–74	73–65	64–57	56–49	48–40	39–29
	V	87–79	78–70	69–61	60–52	51–43	42–34	33–24
	Vg	–	–	67–58	57–48	47–38	37–28	27–17
T	D	–	71–64	63–56	55–48	47–40	39–30	29–18
	Al	–	74–66	65–58	57–50	49–41	40–31	30–18
	V	–	71–63	62–54	53–45	44–36	35–26	25–14
	Vg	–	–	59–51	50–42	41–33	32–24	23–14
Mo		–	54–46	45–37	36–29	28–22	21–16	15–10

folgenden Klima- und Geländeverhältnisse sowie betriebswirtschaftlichen Bedingungen festgelegt: 8 °C mittlere Jahrestemperatur, 600 mm Niederschlag, ebene bis schwach geneigte Lage, annähernd optimaler Grundwasserstand (vgl. Tab. 54), weiterhin die betriebswirtschaftlichen Verhältnisse mittelbäuerlicher Betriebe Mitteldeutschlands.

So variiert nach *B. Heinemann* die Bodenzahl – in Klammern Bodenarten und Zustandsstufen – der Löß-Schwarzerden von 85–100 (L 1–L 2), der Rendzinen bei einem A_h-Horizont < 10 cm von 35–50 (LT 5) und > 25 cm von 50–70 (LT 3), der Löß-Parabraunerden von 70–80 (L 3), der pseudovergley-ten Löß-Parabraunerden von 65–70 (L 4), der Pelosole von 36–60 (T 5–LT 4), der Pseudogleye aus Löß 35–65 (L 7–L 5) und aus Geschiebemergel von 30–50 (lS 5–sL 5), der Braunerden von 35–65 (Sl 3–sL 3), der Podsole von 10–20 (S 6–S 5, Ortstein-Orterde), der Ranker ~ 10 (S 7) und der Plaggenböden von 30–40 (S 3–S 2).

Die *Ackerzahl:* Weichen die Klima- und Geländeverhältnisse von den angeführten Bezugsgrößen ab, so werden an den Bodenzahlen Zu- oder Abschläge vorgenommen; man erhält dann die Ackerzahl als Maßstab für die durch Ertragsfähigkeit *und* natürliche Ertragsfaktoren bedingte Ertragsleistung*. Folgende Beispiele mögen einen Anhalt für die Höhe der Zu- und Abschläge geben:

In den klimatisch ungünstigen Mittelgebirgslagen des Bayrischen Waldes erfolgen Abschläge bis zu 30 % der Bodenzahl, dagegen in der klimatisch günstigen Kölner Bucht (mittlere Jahrestemperatur 9,5 °C) Zuschläge von 12 %, an der Bergstraße sogar von 16–18 %. Auch die Bodenart wird hierbei berücksichtigt. Das regenreiche Klima an der Nordseeküste wirkt sich für einen Sandboden sehr günstig aus (Zuschläge 12 %), dagegen nicht für die schweren Marschen (Abschläge 8 %). Bei einer Geländeneigung von 5° betragen die Abschläge 2–5 %, bei einer solchen von 20° 18–26 %.

Das gesamte Schätzungsergebnis eines Bodens lautet dann z. B. L4Al 65/70, d. h. es handelt sich um einen Lehmboden, Zustandsstufe 4, Alluvium, Bodenzahl 65, Ackerzahl 70.

Bei der Bewertung des *Grünlandes* wird die Beurteilung nach Bodenart und Zustandsstufe beibehalten, jedoch weniger differenziert, da hier insbesondere die Wasser- und Temperaturverhältnisse für die Ertragsfähigkeit entscheidend sind. Es werden nur vier Bodenarten und die Moorgruppe sowie 3 Zustandsstufen unterschieden (s. Abb. 183). Die Gliederung nach dem Ausgangsgestein wird wegen der untergeordneten Bedeutung fortgelassen. Demgegenüber sind die Wasserverhältnisse in fünf Stufen gegliedert, wobei Stufe 1 (frisch) die besten, Stufe 5 (naß bis sumpfig) die schlechtesten Wasserverhältnisse kennzeichnet. Die Klimaeinteilung erfaßt die durchschnittliche Jahrestemperatur in drei Gruppen (a = 8,0 °C und mehr, b = 7,9–7,0 °C, c = 6,9–5,7 °C). Die sich aus Bodenart, Zustandsstufe, Wasserverhältnissen und Klima ergebenden Wertzahlen sind die *Grünlandgrundzahlen*, die durch Zu- und Abschläge unter Berücksichtigung örtli-

cher Besonderheiten wie Vegetationsdauer, Pflanzenbestand, Luftfeuchtigkeit, Geländegestaltung, zu den *Grünlandzahlen* führen. Der Grünlandschätzungsrahmen entspricht dem Ackerschätzungsrahmen.

Die Bodenschätzung hat einen sehr guten Überblick über die in Kultur befindlichen deutschen Böden gegeben. Die Beziehungen zwischen Ertrag und Bodenwertzahl sind allerdings nicht sehr straff, weil auch betriebswirtschaftliche Faktoren den Ertrag stark beeinflussen[15]. Inzwischen wurde die gesamte landwirtschaftlich genutzte Fläche Deutschlands durch die Bodenschätzung erfaßt.

Die Bodenzahlen charakterisieren allerdings nur die Ertragsfähigkeit von Böden als Ganzes. Ihnen sind nicht die Gründe zu entnehmen, die z. B. zu einer schlechten Bewertung geführt haben. Daher sind Bodenzahlen für die Nutzungsplanung bzw. die landwirtschaftliche Beratung besonders dann ungeeignet, wenn Standortsverbesserungen durch geeignete Meliorationsmaßnahmen geplant werden. Einen höheren Informationswert besitzt in dieser Hinsicht das gesamte Schätzungsergebnis (z. B. L4Al 65/70, einschl. der Profilbeschreibung); umfassende Aussagen wären hingegen nur möglich, wenn die Standortfaktoren im Detail analysiert wurden.

---

* Die betriebswirtschaftlichen Abweichungen von den genannten Voraussetzungen werden erst bei der Ermittlung der Betriebs- oder Ertragszahl berücksichtigt. Der Faktor Arbeit des Menschen, der durch zweckmäßige Bodenbearbeitung, Düngung, Meliorationen und planmäßige Pflanzenzucht die Ertragsfähigkeit des Bodens wesentlich zu beeinflussen vermag, wird bei der Schätzung bewußt nicht mit erfaßt.
[15] *Wittmann, O.*: Mitt. Dtsch. Bodenkdl. Ges. 29 (1979) 849.

XXXV. Bodenerosion*

Ein Prozeß der Bodendegradation, der zwar an vielen Stellen der Erde ein natürlicher Prozeß ist, weltweit aber durch Nutzung der Böden verstärkt oder oft sogar erst ausgelöst wurde, ist die Bodenerosion. Man versteht darunter den Abtrag von Bodenmaterial entlang der Oberfläche durch Wasser und Wind. Während die Wassererosion nur bei Gefälle auftritt, zieht die Winderosion hauptsächlich ebene Flächen in Mitleidenschaft. Da die Krume zuerst von der Erosion erfaßt wird und diese meist der ökologisch günstigste Teil des Bodens ist, geht bei der Erosion wertvolles Bodenmaterial verloren. Die Bodenerosion kann daher die Ertragsfähigkeit der Böden erheblich senken.

1. Bodenerosion durch Wasser

Die Erosion durch Wasser erfolgt in zwei Teilschritten. Im ersten Teilschritt werden die Bodenaggregate durch die kinetische Energie der Regentropfen zerschlagen (Planschwirkung, engl. splash). Es bildet sich hierdurch Feinmaterial, das im zweiten Schritt mit dem ober-

flächlich abfließenden Wasser hangabwärts transportiert und bei nachlassender Schlepp-

* Zusammenfassende Literatur[1-10].

[1] *Barrows, H. L., V. J. Kilmer:* Plant nutrient losses from soils by water erosion. Adv. Agron. 15 (1963) 303–316.

[2] *Breasley, R. P.:* Erosion and sediment pollution control. The Iowa State University Press, Ames, Iowa 1972.

[3] *Hudson, N. W.:* Soil conservation. 2nd printing, T.B. Batsford Ltd., London 1976.

[4] American Society of Agricultural Engineers (ASAE): Proceedings of the national symposium on soil erosion and sedimentation by water 1977.

[5] Soil Conservation Society of America (SCSA): Soil erosion: Prediction and control. Special publ. No. 21 (1977).

[6] *Boodt, M., D. Gabriels:* Assessment of erosion. John Wiley & Sons 1978.

[7] *Morgan, R. P. C.:* Soil erosion. Longman, London and New York 1979.

[8] *Holy, M.:* Erosion and environment. Pergamon Press 1980.

[9] *Kirby, M. J., R. P. C. Morgan:* Soil erosion. John Wiley & Sons 1980.

[10] Mitt. Dtsch. Bodenkundl. Ges. 30 (1981) 191–420.

Abb. 184 Erosion durch einen Starkregen von 20–30 mm in 15–20 Minuten auf einem Maisfeld Ende Mai. Standort: Lößlehmüberdeckte Braunerde aus Molassesedimenten bei Pfaffenhofen, Niederbayern (Aufn.: Bayer. Landesanstalt für Bodenkultur und Pflanzenbau)

kraft am Unterhang als Kolluvium größtenteils wieder abgelagert wird (Abb. 184). Dort, wo Aggregate fehlen, ist der erste Teilschritt nicht erforderlich. Das fließende Wasser kann weitere Teilchen losreißen.

Dieser Vorgang verursacht verschiedene Formen des Abtrags. In vielen Gebieten, besonders auf den intensiv ackerbaulich genutzten Flächen des gemäßigt-humiden Klimaraumes herrscht der gleichmäßige Abtrag auf der ganzen Fläche (Flächenerosion = Denudation, engl. sheet erosion) vor. Bei stärkerer Erosion geht er zunächst in eine *Rillenerosion* (engl. rill erosion) (Abb. 184) und schließlich in eine *Grabenerosion* (engl. gully erosion) über, die besonders in tropischen und subtropischen Gebieten metertiefe Gräben reißen kann. Rillen- und Grabenerosion treten dann ein, wenn größere Mengen von Oberflächenwasser auf bevorzugten Bahnen (z. B. in Fahrspuren oder kleinen Wegen) hangabwärts fließen. Sind die tiefer liegenden Horizonte eines Bodens besonders erosionsanfällig, so kann es auch zu unterirdischer oder Tunnelerosion kommen, wie sie insbesondere unter Grünland mit seiner durch Wurzeln stabilisierten Krume vorkommt.

Das Ausmaß der Erosion und Auswirkungen auf die Ertragsfähigkeit von Böden können in sehr weiten Grenzen variieren. Weite Landschaften mit hoher Erosivität der Niederschläge, z. B. im Südosten der USA, sind nach Inkulturnahme oder unsachgemäßer Waldnutzung (Altertum) in relativ kurzer Zeit durch Erosion zerstört worden. Besonders hoch sind die Schäden in Gebieten der Tropen, wo sowohl in den feuchten als auch in den trockenen Gebieten bis hin zu den Wüsten ganze Bodendecken durch Grabenerosion beseitigt worden sind.

Dagegen ist in gemäßigt-humiden Gebieten Mitteleuropas die Erosivität der Niederschläge wesentlich geringer. Trotzdem treten auch in diesem Gebiet Bodenverluste in einer Höhe auf, die in den gefährdeten Gebieten[11] Gegenmaßnahmen erfordern. Wenn die Bodenerosion auch bereits mit der Besiedlung insbeson-

dere der Lößlandschaften, d. h. schon sehr früh, einsetzte und in zahlreichen Gebieten die 80–100 cm mächtige, unter natürlicher Walddecke gebildete Bodendecke vollständig beseitigte, so hat der Abtrag offenbar in letzter Zeit noch deutlich zugenommen. Dies wird z. T. auf den Anbau von Reihenkulturen, z. B. Mais, aber auch auf die mangelnde Zufuhr organischer Substanz, die Verlängerung der hängigen Feldstücke in Gefällerichtung im Rahmen der Flurbereinigung und die Bodenverdichtung durch schwere Maschinen zurückgeführt.

Langfristige Abtragsmessungen an ackerbaulich genutzten Flächen unter natürlichen Bedingungen (einschl. Hanglänge) liegen kaum vor. Aus Stoffbilanzen wurden jährlich Abträge bis zu 200 t/ha errechnet[12] (bei einem Volumengewicht von $1,3–1,5\,\mathrm{g\cdot cm^{-3}}$ entsprechen $130–150$ t einem Verlust von 1 cm Boden). Besonders hoch sind die Abträge in den Steillagen des Weinbaus. Ein großer Teil des abgeschwemmten Bodens bleibt am Unterhang liegen und kann die dort wachsenden Kulturen bedecken oder zu Auflaufschäden führen. Ein kleiner Teil gelangt jedoch auch in den Vorfluter und trägt durch seinen Phosphatgehalt zur Eutrophierung der Gewässer bei. Diese Phosphatmenge wurde für die BRD auf 6000 t P/Jahr geschätzt[13].

Der Einfluß des Bodenabtrags auf die Erträge landwirtschaftlicher Kulturpflanzen ist meist schwierig zu ermitteln, wenn, wie es häufig geschieht, die Nährstoffverluste kurzfristig durch Düngung ausgeglichen werden. Je nach der Art der Böden können jedoch auch andere Bodeneigenschaften beeinträchtigt werden, z. B. die nutzbare Feldkapazität. Dies tritt z. B. dann ein, wenn eine Lößdecke auf Sanden oder Kiesen mit geringerer nutzbarer Feldkapazität ruht und durch Erosion allmählich aufgezehrt wird[14, 15]. Dadurch sinken die nutzbare Feldkapazität und, wahrscheinlich als Folge davon, auch die Erträge (Tab. 91).

Aus dem eingangs geschilderten Mechanismus ergeben sich auch die *Faktoren,* von denen die Höhe des Bodenabtrags abhängt. Sie steigt mit steigender kumulativer *Energie des Regens,*

Tabelle 91 Einfluß der Mächtigkeit einer Lößbodendecke über Kies auf die nutzbare Feldkapazität und die relativen Erträge von Weizen und Hafer[14]

Lößmächtigkeit (cm)		40	60	80	100	120
Nutzbare Feldkapazität (mm)		92	128	184	230	276
Erträge (dt/ha)	Hafer	27,4	32,8	38,5	43,3	45,9
	Weizen	–	–	40,1	47,6	49,3

[11] *Richter, G.:* Bodenerosion in der BRD. Bundesamt f. Landeskunde u. Raumforschung, Bad Godesberg 1965.
[12] *Schmidt, F.:* Diss. TU München 1978.
[13] *Bernhardt, H.* (Hrsg.): Phosphor. Verlag Chemie, Weinheim 1978.
[14] *Schröder, D.:* in[10].
[15] *Becher, H.-H.:* in[10].

Tabelle 92 Mittlere prozentuale Jahresverteilung erosiver Regen in Bayern[16]

Monat	J	F	M	A	M	J	J	A	S	O	N	D
Rel. Anteil %	0,1	0,6	0,7	3,0	10,4	29,1	20,6	21,1	9,1	2,9	1,4	1,0

die von der Menge und Größe der Tropfen abhängt. Sie bestimmt das Ausmaß der Planschwirkung und, neben der Durchlässigkeit des Bodens, die Menge des Oberflächenwassers. Erfahrungsgemäß sind im gemäßigt-humiden Klima nur Regen erosionswirksam, die mindestens 10−12 mm mit einer Intensität von mindestens ca. 10 mm/h erbringen. In Mitteleuropa fallen die meisten der erosiven Niederschläge zwischen Mai und August[16] (Tab. 92).

Unter den *Bodeneigenschaften* fördert ein hoher Schluff- und Feinstsandgehalt (0,002−0,1 mm) und eine geringe Durchlässigkeit die Erosionsanfälligkeit, während sie mit steigendem Gehalt an organischer Substanz, Ton und Sand (> 0,1 mm) und steigender Aggregatstabilität sinkt. Humusarme Lößböden sind daher sehr erosionsanfällig[17]. Naturgemäß steigt der Abtrag stark mit zunehmender *Hangneigung*, aber auch, wenn auch schwächer, mit zunehmender *Hanglänge*, da hierdurch Menge

Tabelle 93 Zunahme des relativen Bodenabtrags auf einem 120 m langen Hang mit steigender Hang*neigung* und auf einem 9 % geneigten Hang mit steigender Hang*länge*

Hangneigung (%)	5	10	15	20
Rel. Bodenabtrag	100	293	500	806
Hanglänge (m)	50	100	150	200
Rel. Bodenabtrag	100	139	170	194

Tabelle 94 Relativer Bodenabtrag unter verschiedenen landwirtschaftlichen Kulturpflanzen für die mittleren Niederschlagsverhältnisse in Ackerbaugebieten Bayerns (Schwarzbrache = 100)

Fruchtart	Relativer Bodenabtrag Ernterückstände	
	weggeführt	belassen
Hopfen	61−97[1]	−
Mais	48[2]	37[3]
Zuckerrüben	50	36
Getreide:		
Normalbestellung	29	17
Minimalbodenbearbeit.	19	6
Rotklee	−	2

[1] Bei Anbau in Gefällerichtung; Wert steigt mit Häufigkeit des Grubberns (0−4mal)
[2] Silomais
[3] Körnermais

und Schleppkraft des Oberflächenwassers ansteigen (Tab. 93).

Bedeutsam ist weiterhin, in welchem Ausmaß die Oberfläche gegen die aufprallenden Regentropfen geschützt ist. Permanente *Bedeckung*, wie unter Wald und Grünland mit geschlossener Grasnarbe, verhindert die Flächenerosion so gut wie ganz. In dem Maße, wie die Flächen offen liegen und auf ihnen ein Gefügezustand erzeugt wird, der einen hohen Anteil leicht transportierbarer Primärteilchen und Aggregate aufweist, wie z. B. bei der Saatbettbereitung im Gegensatz zur groben Scholle, steigt der Abtrag an, insbesondere, wenn dieser Zustand mit der Periode starker Regen zusammenfällt. Dies ist z. B. bei den meisten Hackfrüchten in Mitteleuropa sehr häufig der Fall, nicht dagegen bei Getreide (Tab. 94). Da sich der Bedeckungsgrad durch die wachsende Pflanze im Laufe ihrer Entwicklung ständig vergrößert, wird auch der Erosionsschutz immer besser. Er ist um so größer, je näher über der Bodenoberfläche die Regentropfen abgefangen werden. Hochwachsende Pflanzen sind daher weniger wirksam als niedrig wachsende, und eine Bedeckung der Oberfläche mit Ernterückständen (sog. Mulch) ist besonders wirksam.

Grünlandflächen sind dann gefährdet, wenn die Grasnarbe verletzt wird, z. B. durch Überweidung, Trittbeanspruchung durch Freizeitnutzung und Beweidung in stark hängigen Gebieten. Hierbei ist die Beweidung durch Schafe besonders gefährlich, weil sie die Kräuter bevorzugen und die Gräser bis zur Bodenoberfläche verbissen werden. Auch im Wald kann die Erosion durch Trittschäden ausgelöst werden. Sie wird durch Schatthölzer, wie z. B. Rotbuche, gefördert, da diese kaum erosionsschützende Krautvegetation aufkommen läßt.

Aus den genannten Faktoren ergeben sich wiederum die vielfältigen *Maßnahmen zur Verhinderung* oder Verminderung des Bodenabtrages. Mit ihnen soll der Abtrag langjährig auf ein Maß beschränkt werden (*Toleranzgrenze*), das die langfristige Erhaltung der Bodenfrucht-

[16] *Rogler, H., U. Schwertmann:* Kulturtechn. u. Flurber. 22 (1980) 99.
[17] *Jung, L., R. Brechtel:* Schriftenreihe, Dtsch. Verb. Wasserwirtsch. Kulturb. Heft 48, 1980.

barkeit garantiert. Die Toleranzgrenze steigt mit zunehmender Gründigkeit des Bodens und liegt zwischen 1 und 15 t/ha · a.

Die Erodierbarkeit der Böden läßt sich durch Maßnahmen verringern, die ihren Humusgehalt erhöhen, die Durchlässigkeit steigern und das Gefüge stabilisieren. Im Ackerbau können hierzu organische Düngung und Zwischenfruchtbau beitragen. Die Bodenbearbeitung sollte, da sie häufig transportierbares Material und ungeschützte Oberflächen schafft, auf ein Minimum beschränkt werden (Minimalbodenbearbeitung, conservation tillage). Um die Menge des Oberflächenwassers auf einem Feldstück zu verringern, sollte seine Länge in Gefällerichtung bestimmte Werte nicht überschreiten. An steileren Hängen kann das Gefälle und besonders die Länge der Feldstücke durch Terrassierung reduziert werden, eine Maßnahme, die in früherer Zeit in fast allen Ackerbaugebieten der Erde üblich war.

Bei der Fruchtfolgegestaltung sind besser und länger deckende Früchte zu bevorzugen. An besonders gefährdeten Hängen sind Hackfrüchte zu vermeiden und durch Getreide oder sogar Futterpflanzen oder Dauergrünland zu ersetzen. Ein weiterer Erosionsschutz entsteht dadurch, daß Bodenbearbeitung und Nutzung parallel zu den Höhenlinien erfolgt (*Konturnutzung*), weil dadurch Wasserleitbahnen (Ge-

rätespuren) in Gefällerichtung vermieden werden. Schließlich wird die hangparallele Streifennutzung empfohlen, bei der schlecht- und gutdeckende Früchte streifenweise im Wechsel angebaut werden, wobei die deckenden Streifen auch reine Schutzwirkung haben können (z. B. Wintergerste als Frühjahrssaat zu Mais)[18]. Diese Streifen fangen das Bodenmaterial, weniger dagegen das Oberflächenwasser ab.

Auf Weiden ist Überweiden zu vermeiden. Andererseits sollte das Gras kurz gehalten werden, damit sich flachwurzelnde Kräuter halten können. Portionsweiden mit häufigem, kurzem Umtrieb wären am besten. Hilfreich ist hier oft eine N-Düngung, da sie die Bildung einer stabilen Grasnarbe fördert.

Zur richtigen Dimensionierung solcher Maßnahmen muß der langjährig zu erwartende mittlere Bodenabtrag hinreichend genau vorausgeschätzt werden können. Dies ist mit Hilfe der sog. *Bodenabtragsgleichung* nach *Wischmeier* und *Smith*[19] möglich. Sie lautet

A = RKLSCP

und besagt, daß der mittlere jährliche Abtrag

[18] *Diez, Th., U. Hege:* in [10].

[19] *Wischmeier, W., D. D. Smith:* Predicting rainfall erosion losses- a guide to conservation planning. U.S. Dept. Agric. Agric. Handbook No. 537, 1978.

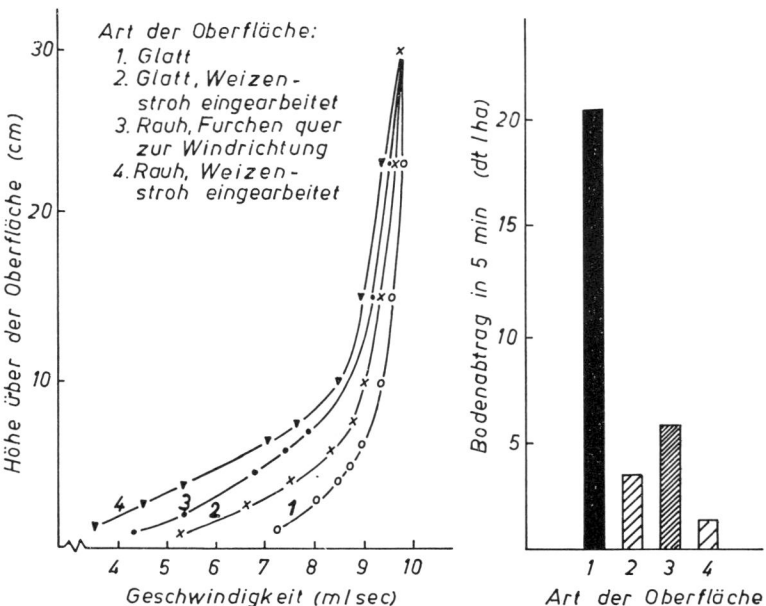

Abb. 185 Windgeschwindigkeit in verschiedenen Höhen über der Bodenoberfläche (links) und Bodenabtrag (rechts) in Abhängigkeit von der Rauheit der Oberfläche eines tonigen Lehmbodens (n. *Chepil*)

A(t/ha) aus der Multiplikation derjenigen Faktoren errechenbar ist, die den Abtrag bestimmen. Hierzu wurden die Faktoren in geeigneter Weise mit Hilfe einer großen Zahl von Einzelversuchen in den USA quantifiziert, wie sie in ähnlicher Weise auch in der BRD von *Kuron* und *Jung*[17] durchgeführt wurden. Die Faktoren sind: Der Regen- und Oberflächenabflußfaktor R, der Bodenfaktor K, der Hangfaktor LS und der Bedeckungs- und Bearbeitungsfaktor C. P ist ein Faktor, in dem Erosionsschutzmaßnahmen, wie Konturnutzung und Terrassierung, berücksichtigt werden. Die Abtragsgleichung ist nach Adaptation der Faktoren auch für Gebiete außerhalb der USA verwendbar, also auch für den gemäßigt-humiden Klimaraum (z. B. Bayern[20]). Für andere Einzelgebiete sind andere Abtragsgleichungen entwickelt worden[2].

2. Bodenerosion durch Wind[21]

Streicht Luft über eine Bodenoberfläche, so bildet sich über ihr ein bestimmtes Geschwindigkeitsprofil der Luftbewegung aus. Unmittelbar an der Oberfläche befindet sich eine sehr dünne Schicht, in der die Luft laminar mit geringer Geschwindigkeit strömt. Mit zunehmender Entfernung steigt die Geschwindigkeit zunächst sehr stark, dann in abnehmendem Maße an (s. Abb. 185). In der Zone der starken Geschwindigkeitszunahme treten, insbesondere bei rauher Oberfläche, starke Turbulenzen auf. Ragt ein Bodenteilchen in sie hinein oder wird es in sie hineingeschleudert, so kann es soviel Energie erhalten, daß es vom Wind abtransportiert wird.

Die Transportart hängt vor allem von der Teilchengröße und der Windgeschwindigkeit ab. Teilchen mit einem Durchmesser von 0,1–0,5 mm werden vorwiegend springend (Sprunghöhe 10–20 cm) über den Boden bewegt (Saltation). Beim Herabfallen treffen sie auf noch ruhende Teilchen und können diese in die turbulente Schicht hineinschleudern und so zur Bewegung bringen. Hierbei kann ein Teilchen mehrere andere losschlagen. Größere Teilchen (0,5–1 mm) rollen dagegen meist nur auf der Oberfläche entlang, während kleinere Teilchen (< 0,1 mm) nach Überwindung der Kohäsionskräfte in größere Höhen (3–5 km) gehoben und im Luftstrom abtransportiert

---

[20] *Schwertmann, U.* u. Mitarb.: Die Vorausschätzung der Bodenerosion in Bayern. Bayr. Min. für Landwirtschaft, Ernährung und Forsten 1981.
[21] Zusammenfassende Literatur[2, 6–10, 22].

Abb. 186 Links: Bodenverwehung auf einem Sandboden NW-Deutschlands (Aufn. *H.-H. Becher*). Rechts: Auf der verblasenen Oberfläche reichern sich die gröberen Bestandteile relativ an

Tabelle 95 Mindestgeschwindigkeit des Windes zur Erosion runder Quarzkörner untrschiedlichen Durchmessers, gemessen in 15 cm Höhe über einer 91 cm langen, ebenen Versuchsfläche; nach *W. S. Chepil* und Mitarb.

Teilchen-durchmesser (µm)	5–10	10–20	20–50	50–100	100–150	150–250	1000	2000	Feinkies
Wind-geschwindigkeit (m/sec)	17	10	6	4	4	5	11	16	18–25

werden (Staubstürme, Abb. 186). Am Ausblasungsort bleiben häufig die groben Teilchen zurück und bilden mehr oder weniger geschlossene Decken, z. B. sog. Steinpflaster (Abb. 186). Zur Ablagerung der feinen Teilchen kommt es dann, wenn die Energie des Windes und damit sein Transportvermögen nachlassen. Auf diese Weise sind u. a. der Löß (s. S. 8), aber auch die meist aus Feinsand bestehenden Flugsanddecken und Dünen entstanden.

Voraussetzungen für die Winderosion sind eine vegetationsarme, trockene und kohäsionsarme bis kohäsionslose Bodenoberfläche größerer Ausdehnung und ein mehr oder weniger beständiger Wind aus einer oder wenigen Windrichtungen. Dies ist nicht auf die semiariden bis ariden Gebiete beschränkt, sondern kommt auch in den ackerbaulich genutzten Regionen sowie bei Kahlschlag und in Küstengebieten des gemäßigt-humiden Klimabereichs vor[11].

Das Ausmaß der Winderosion hängt außer von der Transportkraft des Windes von den Eigenschaften der Böden, insbesondere der Körnung und dem Gefüge, und der Oberflächen- u. Geländebeschaffenheit ab. Die zur Bewegung eines Bodenteilchens erforderliche Mindestgeschwindigkeit v (Tab. 95) steigt mit der Wurzel aus dem Produkt von Durchmesser d und Dichte φ des Teilchens $v = c\sqrt{d\varphi}$. (c = Proportionalitätsfaktor). Wird die Mindestgeschwindigkeit erreicht oder überschritten, so steigt die maximale Menge an transportiertem Bodenmaterial mit der 3. Potenz der Windgeschwindigkeit an.

Die genannte Gleichung gilt allerdings nur für Teilchen > 0,1 mm Durchmesser. Teilchen < 0,1 mm bedürfen zum Transport wiederum einer höheren Windgeschwindigkeit, weil sie erstens nicht aus der relativ ruhigen, laminar strömenden Luftschicht unmittelbar an der Bodenoberfläche in die turbulente Schicht hineinragen und zweitens meist mit anderen Teilchen zu Aggregaten verbunden sind. Sie müssen daher erst durch aufprallende größere Teilchen in die turbulente Luftschicht hineingeschleudert werden. Diese Turbulenzen machen allerdings die Angabe genauer Mindestwindgeschwindigkeiten schwierig.

Aus obigem geht hervor, daß unter den Mineralböden besonders humus- und tonarme Schluff- und Feinsandböden der Winderosion ausgesetzt sind. Dagegen werden Grobsandböden sowie Lehmböden (mit Ausnahme der ca. 0,1–0,5 mm großen Aggregate) weniger oder

nicht erodiert. Während humusreiche Mineralböden meist gut aggregiert und daher erosionsresistent sind, werden organische Böden, insbesondere Niedermoore, aber auch kultivierte Podsole, sehr leicht verblasen, da die organischen Teilchen eine sehr geringe Dichte haben und nach Austrocknung keine größeren Aggregate bilden (Puffigkeit).

Da das Wasser Bodenteilchen aneinanderbindet, spielt der Wassergehalt der oberflächlichen Bodenschicht eine entscheidende Rolle. Das Erosionsausmaß ist dem Quadrat der Feuchtigkeit annähernd reziprok. Ausreichend feuchte Böden werden also nicht verblasen. Dazu muß die Wasserspannung um so tiefer sein, je tonärmer und humusreicher der Boden ist. Feinsandböden unterliegen vor allem deswegen stärkerer Winderosion als Lößböden, weil sie rascher abtrocknen.

Die Beschaffenheit der Oberfläche beeinflußt die Winderosion, da von ihr das Geschwindigkeitsprofil der Luftströmung über der Oberfläche abhängt. In gleicher Höhe über der Oberfläche sind über einer rauhen Oberfläche die Windgeschwindigkeit und damit auch der Abtrag deutlich geringer als über einer glatten Oberfläche (Abb. 185). Die Erhöhung der Turbulenz über der rauhen Oberfläche wirkt sich also weniger stark aus als die Bremsung des Windes. Allerdings können auf einer sehr rauhen Oberfläche einzelne Teile so stark in die turbulente Zone mit relativ hoher Windgeschwindigkeit hineinragen, daß auch sie verweht werden. Optimale Höhendifferenzen auf der Oberfläche liegen etwa zwischen 5 und 12 cm. Ähnlich einer rauhen Oberfläche, jedoch wirksamer ist der Erosionsschutz durch eine Vegetationsdecke, die die Windgeschwindigkeit stark reduziert, evtl. bewegte Teilchen auffängt und die Verdunstung und damit die Austrocknung des Bodens herabsetzt.

Das Ausmaß der Erosion nimmt mit der Länge einer Fläche in Hauptwindrichtung zu, weil hiermit die Zahl der Teilchen, die durch Saltation losgeschlagen werden, lawinenartig ansteigt.

Die besprochenen Faktoren finden in eine empirische Gleichung Eingang, mit der, ähnlich wie für die Wassererosion, auch das Ausmaß der Winderosion geschätzt werden kann[22]. Zu den Faktoren dieser Gleichung gehören das Bodengefüge, insbesondere die Aggregatgröße, die Rauheit der Oberfläche, die Wind- und Niederschlagsverhältnisse, die Feldlänge in vorherrschender Windrichtung und die Vegetationsbedeckung.

Die Bedeutung der Winderosion für die Ertragsfähigkeit der Böden ist ähnlich wie bei der Wassererosion. Auch hier gehen wertvolle Teile der Krume am Ausblasungsort verloren. Am Ablagerungsort kann die wachsende Vegetation bedeckt werden. Zudem verursacht die scheuernde Wirkung der bewegten Sandteilchen oft starke Schäden an den Pflanzen (Korrasion).

Zu den Maßnahmen gegen die Winderosion gehören die Verbesserung des Bodengefüges, die Schaffung rauher Oberflächen, die Bedekkung durch Vegetation – bei Reihenkulturen Anbau quer zur Hauptwindrichtung – und durch Ernterückstände und schließlich die Errichtung von Windschutzpflanzungen, die sich insbesondere in den USA und in der UdSSR, im kleinen aber auch in Niedersachsen und Schleswig-Holstein bewährt haben[23]. Die Windschutzstreifen bremsen nicht nur den Wind sondern verlangsamen auch die Verdunstung und damit die Austrocknung der obersten Bodenschicht.

---

[22] *Chepil, W. S., N. P. Woodruff:* Adv. Agron. 15 (1963) 211.
[23] *Schwerdtfeger, G.:* in[10].

Anhang 1

Tabelle 96   Gliederung der Spät- und Nacheiszeit in Mitteleuropa[1-3]

Geologische Gliederung		Zeit (angenähert)	Klima	Vegetationskundliche und prähistorische Gliederung
Holozän	Subatlantikum (Nachwärmezeit)	Gegenwart	Heutiges gemäßigt-humides Klima (ozeanisch)	Buche, Eiche, Fichte, Rodung während Eisenzeit und historischer Zeit
		600 v. Chr.		
	Subboreal (späte Wärmezeit)		Warm, einzelne trockenere Perioden (kontinental)	Eichenmischwald mit Buche und Fichte. Bronzezeit
		2500 v. Chr.		
	Atlantikum (mittlere Wärmezeit)		Warm, feucht (Klimaoptimum) (ozeanisch)	Eichenmischwald. Rodungen seit Beginn des Neolithikums
		5500 v. Chr.		
	Boreal (frühe Wärmezeit)		Warm, trocken (kontinental)	Birken-Kiefern-Wälder mit Hasel-Maximum
		6800 v. Chr.		
	Präboreal (Vorwärmezeit)		Erwärmung (kühl, kontinental)	Kiefern-Birken-Wälder. Beginn des Mesolithikums
		8500 v. Chr.		
Würm-Spätglazial	Jüngere Dryaszeit		Kalt	Parktundra mit Birke. Ende des Paläolithikums
		9000 v. Chr.		
	Allerödzeit		Vorübergehend wärmer	Schütterer Wald mit Birke und Kiefer
		9800 v. Chr.		
	Ältere Dryaszeit		Kalt	Tundra
		10 300 v. Chr.		
	Böllingzeit		Geringe Erwärmung	Parktundra mit Birke
		10 800 v. Chr.		
	Älteste Dryaszeit		Kalt (arktisch)	Tundra
		14 000 v. Chr.		

Ende des Weichsel-Hochglazials (Pommerscher Eisvorstoß)

[1] *Fiedler, H. J., W. Hunger:* Geologische Grundlagen der Bodenkunde. Steinkopff, Dresden 1970.
[2] *Woldstedt, P., K. Duphorn:* Norddeutschland im Eiszeitalter. K. F. Koehler, Stuttgart 1974.
[3] *Brinkmann, R.:* Abriß der Geologie. Enke, Stuttgart; 1. Band, 12. Aufl. von W. Zeil (1980); 2. Band, 11. Aufl. von K. Krömmelbein (1977).

Anhang 2

Tabelle 97 Gliederung der geologischen Formationen[1, 3]

Zeit-alter	Formation	Abteilung	Alter (Mio. Jah.)	Unterabschnitte (Stufen usw.) (nur z. T. angegeben)
Känozoikum (Neozoikum)	Quartär	Holozän (= Alluvium)	0,01 0,072 0,1	(s. Tab. 96) (Dauer ~ 10 000 Jahre) Weichsel-(= Würm-*)Kaltzeit Eem-Warmzeit Saale-(= Riß-)Kaltzeit mit Warthe- und Drenthestadium Holstein-Warmzeit
		Pleistozän (= Diluvium)	0,16 0,33	Elster-(= Midel-)Kaltzeit Cromer-Warmzeit Weybourne-(= Günz-)Kaltzeit und ältere Warm- und Kaltzeiten
			1,5	
	Tertiär	Jungtertiär	12 23	Pliozän Miozän } Molasse*
		Alttertiär	35 55	Oligozän Eozän Paläozän
			70	
Mesozoikum	Kreide	Oberkreide		Dan Maastricht } (= Senon) Campan Santon } (= Emscher) Coniac Turon Cenoman
			100	
		Unterkreide		Alb } (= Gault) Apt Barrême Hauterive } (= Neokom) Valendis Wealden
			135	
	Jura	Malm (= Weißer J.)		Purbeck Portland Kimmeridgien Oxfordien
		Dogger (= Brauner J.) Lias (= Schwarzer J.)	155 172	
			195	
Mesozoikum	Trias	Keuper		Oberer K. (= Rät*) Mittlerer K. (= Gipskeuper) (Nor, Karn*) Unterer K. (= Lettenkeuper) } (= Ladin*) Oberer M.
		Muschelkalk	205	Mittlerer M. Unterer M. } (= Anis*) (= Wellenkalk)
		Buntsandstein	215	Oberer B. (= Röt) } Mittlerer B. } (= Skyth*) Unterer B. } * im Alpenraum
			225	

Fortsetzung der Tabelle 97

Zeit-alter	Formation	Abteilung	Alter (Mio. Jah.)	Unterabschnitte (Stufen usw.) (nur z. T. angegeben)
Paläozoikum	*Perm*	Zechstein	240	Tatar Kasan Artinsk Sakmara
		Rotliegendes		
			280	
	Karbon	Oberkarbon	325	
		Unterkarbon (= Kulm)		
			360	
	Devon	Oberdevon Mitteldevon Unterdevon		
			410	
	Silur (Gotlandium, früher Obersilur)			
			435	
	Ordovicium (früher Untersilur)			
			500	
	Kambrium	Oberkambrium Mittelkambrium Unterkambrium		
			570	
Präkambrium	*Proterozoikum*			
			1800	
	Archaikum			
			2700	
	Katarchaikum			
			3500	

Anhang 3

Abkürzungen

Å	=	Ångströmeinheit ($= 10^{-10}$ m)
μm	=	Mikrometer ($= 10^{-6}$ m)
nm	=	Nanometer ($= 10^{-9}$ m)
mg	=	Milligramm ($= 10^{-3}$ g)
μg	=	Mikrogramm ($= 10^{-6}$ g)
ppm	=	parts per million (z. B. mg/kg)
ppb	=	parts per billion* (z. B. μg/kg)
D	=	Diffusionskoeffizient
d_B	=	Dichte des Bodens, Lagerungsdichte (g/cm^3)
E E_h	=	Redoxpotential
M	=	molar, Metallionen
mval	=	Milliaequivalent
mmol	=	Millimol
N	=	normal
n	=	Anzahl der Versuche
%	=	Gew.-% = g/100 g
Vol.-%	=	cm^3/100 cm^3
AK	=	Kationenaustauschkapazität in mval/100 g
$Al_0 Al_l$	=	oxalatlösliches bzw. NaOH-lösliches Al
C/N	=	C/N-Verhältnis
Fe_0, Fe_d	=	oxalatlösliches bzw. dithionitlösliches Fe
Mn_d	=	dithionitlösliches Mn
FK	=	Feldkapazität
nFK	=	nutzbare Feldkapazität
org.S.	=	organische Substanz
PWP	=	permanenter Welkepunkt
pH	=	pH (CaCl$_2$)
PV	=	Porenvolumen in % (f = Feinporen $< 0,2$ μm, m = Mittelporen $0,2-10$ μm, g = Grobporen > 10 μm, sg = Grobporen > 50 μm $\varnothing$)
P_v	=	in 30 %-HCl bei 100 °C löslicher Phosphor
SV	=	Substanzvolumen (T = Ton, U = Schluff, fS = Feinsand, mS = Mittelsand, gS = Grobsand, X = Kies und Steine
V	=	Basensättigung
V_{Na}	=	Na-Sättigung
WS	=	Wassersäule
r	=	Korrelationskoeffizient
>	=	größer als
<	=	kleiner als
$\approx$	=	ungefähr
ψ	=	Potentiale des Bodenwassers
Tr.S.	=	Trockensubstanz
Fr.S.	=	Frischsubstanz
rH	=	$\frac{E}{28,75} + 2\,\text{pH}$ (E = Redoxpotential in mV)

---

* 1 Billion in den USA $= 10^9$ (in Deutschland 10^{12}).

Sachverzeichnis